de Gruyter Lehrbuch

Hake/Grünreich/Meng · Kartographie

Günter Hake † · Dietmar Grünreich
Liqiu Meng

Kartographie

Visualisierung raum-zeitlicher Informationen

8., vollständig neu bearbeitete und erweiterte Auflage

W
DE
G

Walter de Gruyter
Berlin · New York 2002

Univ.-Prof. Dr.-Ing.
Dietmar Grünreich
Bundesamt für Kartographie
und Geodäsie
Richard Strauss Allee 11
60598 Frankfurt a. M.

Univ.-Prof. Dr.-Ing.
Liqiu Meng
Technische Universität München
Lehrstuhl für Kartographie
Arcisstr. 21
80333 München

Auflagen

1. Auflage 1962
2. Auflage 1966
3. Auflage 1968
4. Auflage 1970
5. Auflage 1975
6. Auflage 1982
7. Auflage 1994

♾ Gedruckt auf säurefreiem Papier, das die
US-ANSI-Norm über Haltbarkeit erfüllt.

Die Deutsche Bibliothek – CIP-Einheitsaufnahme

Hake, Günter:
Kartographie: Visualisierung raum-zeitlicher Informationen
Günter Hake ; Dietmar Grünreich ; Liqiu Meng. – 8., vollst. neu bearb. und
erw. Aufl. – Berlin ; New York : de Gruyter, 2002
ISBN 3-11-016404-3

© Copyright 2002 by Walter de Gruyter & Co., 10785 Berlin, Germany

Printed in Germany.
Einbandgestaltung: Hansbernd Lindeman, Berlin.
Datenkonvertierung: medio Technologies AG, Berlin.
Druck und buchbinderische Verarbeitung: Hubert & Co. GmbH & Co. KG, Göttingen

Vorwort (8. Aufl.)

Seit dem Erscheinen der 7. Auflage im Jahre 1994 hat die Kartographie aufgrund der rasanten Entwicklung des Geoinformationswesens und der Geoinformatik grundlegende Veränderungen erfahren, denen mit der nun vorliegenden 8. Auflage Rechnung getragen werden soll. Das Erscheinen dieser Neuauflage wurde leider durch zwei Ereignisse erheblich verzögert. Die schwere Erkrankung Prof. Hakes im Herbst 1998 und sein Tod im April 2000 sowie der Wechsel von Prof. Grünreich an das Bundesamt für Kartographie und Geodäsie, dessen Leitung er im Mai 1999 übernahm, führten zu Unterbrechungen der Arbeiten am Buch. Die 8. Auflage konnte schließlich zum Abschluß gebracht werden, nachdem Frau Prof. Dr.-Ing. Liqiu Meng, Technische Universität München, als neue Autorin gewonnen wurde.

Wie bei den Vorauflagen ist das Buch nach der stofflichen Entwicklung und Gliederung sowie nach dem Grad der Ausführlichkeit und Schwierigkeit so angelegt, dass es sich möglichst vielseitig verwenden lässt. In erster Linie dient es als einführendes und begleitendes Lehrbuch für Hochschulstudierende der Fachrichtungen Vermessungswesen, Kartographie, Geoinformatik, Geographie sowie der Geowissenschaften und der mit raumbezogener Planung befaßten Studiengänge. Daneben eignet sich das Lehrbuch zum Selbststudium und zur beruflichen Fortbildung für alle, die mit der Darstellung raumbezogener Informationen zu tun haben. Schließlich vermittelt und erleichtert es den Einstieg in ein weiterführendes und vertiefendes Fachstudium.

Dieses Buch wäre ohne die Unterstützung einer Reihe von Kolleginnen und Kollegen nicht zu Stande gekommen. Die Autoren danken deshalb allen Personen und Einrichtungen, die ihnen manche großzügige Hilfe sowie wertvolle Hinweise und Anregungen gaben. Insbesondere fühlen sie sich Prof. Dr.-Ing. Grothenn zu Dank verpflichtet, ohne dessen Unterstützung das Buch nicht zum vorgesehenen Termin hätte erscheinen können. Ein besonderer Dank gilt auch Dipl.-Ing. Kauper und Mag. Angsüsser für ihre tatkräftige Mitarbeit bei der Herstellung der CD-ROM sowie Dr. Behrens, Dr. Grosser und Dipl.-Ing. Kunz für die Bereitstellung der dafür verwendeten digitalen Bildvorlagen. Ferner danken wir Frau Kursell für das Lesen der Korrekturen und Schreibarbeiten sowie dem Verlag Walter de Gruyter für die stete Förderung des Vorhabens, die große Geduld und die vertrauensvolle Zusammenarbeit.

Statt der bisherigen gedruckten Kartenanlagen ist dem Buch erstmalig eine CD-ROM beigelegt, deren Aufbau, Inhalt und Benutzung auf der „Startseite" erklärt sind. Dadurch ist es möglich, auch die aktuellen Entwicklungen in der Kartographie zur Visualisierung raum-zeitlicher Informationen darzustellen. Daneben enthält die CD-ROM digitale Kartenbeispiele, die dankenswerterweise von folgenden Stellen teilweise bereits für die 7. Auflage zur Verfügung gestellt wurden:

1–4	Landesvermessungsamt (heute: Landesamt für Vermessung und Geobasisinformation) Rheinland-Pfalz, Koblenz,
5–8	Institut für Angewandte Geodäsie (heute: Bundesamt für Kartographie und Geodäsie), Frankfurt am Main,
9	Stadtvermessungsamt Hannover, Hannover,
10	Bundesamt für Seeschiffahrt und Hydrographie, Hamburg,
13–15, 18–20	Institut für Länderkunde, Leipzig.

Die Verfasser und der Verlag danken allen beteiligten Personen und Einrichtungen für ihre großzügige und wirkungsvolle Unterstützung.

Inhaltsverzeichnis

Teil 3: Gegenwart und Geschichte der Kartographie

Teil 1:
Allgemeine Kartographie

1 Einführung

Zusammenfassung

Das Kapitel 1 beschreibt als Einführung in die Kartographie ihre Aufgaben und dementsprechend die wissenschaftlichen Quellen, aus denen sie sich in Theorie und Praxis speist. Dabei geht es sowohl um die konkreten Produkte der Darstellung als auch um die abstrakten Inhalte der dargestellten Zeichen. Daher spielen die Grundzüge der Kommunikation ebenso eine bedeutende Rolle wie die Strukturen der Informationstheorie und die Erkenntnisse der Zeichentheorie. Stets geht es aber um raumbezogene Objekte und ihre Eigenschaften sowie darum, wie die Informationen über Objekte und Objektbeziehungen kartographisch zu vermitteln sind. Dabei ergibt sich, dass alle Präsentationen den Charakter von Modellen aufweisen, und zwar seit alters als analoge Modelle und heute mit zunehmender Bedeutung auch als digitale Modelle im Rahmen raumbezogener Informationssysteme. Dem weiteren Verständnis der Kartographie dienen schließlich die Erläuterungen der wichtigsten Begriffe für kartographische Darstellungen, sowie Aussagen darüber, wie sich diese Disziplin nach verschiedenen Gesichtspunkten gliedern lässt.

1.1 Begriffe und Aufgabe der Kartographie

Wie viele andere Disziplinen, so unterliegt gegenwärtig auch die Kartographie einem erheblichen Wandel ihrer Inhalte und Verfahren. Über Jahrhunderte hinweg waren ihre graphischen Darstellungen trotz aller inneren und äußeren Vielfalt stets zugleich Medium und Speicher raum-zeitlicher Informationen, und Zahlen dienten weitgehend nur als bloße Hilfsmittel auf dem Wege zur Graphik. Im heutigen Informationszeitalter besitzen dagegen die Zahlen durch den vielseitigen Einsatz der digitalen Rechentechnik einen eigenen Stellenwert von zentraler Bedeutung. Im Zuge dieser Entwicklung bedient sich die Kartographie zunehmend auch multimedialer Präsentationsformen: So verknüpft sie ihre graphischen Darstellungen mit Animationen und akustischen Zeichen und bietet ferner dem Benutzer die Möglichkeit eigener Gestaltung durch interaktive Eingriffe.

Angesichts einer solchen, noch nicht abgeschlossenen Entwicklung lässt sich Kartographie gegenwärtig etwa wie folgt beschreiben: Die Kartographie ist ein Fachgebiet, das sich befasst mit dem Sammeln, Verarbeiten, Speichern und Auswerten raumbezogener Informationen sowie in besonderer Weise mit deren Veranschaulichung durch kartographische Darstellungen.

Die *Internationale Kartographische Vereinigung (IKV) beschloss* 1995 die folgende Definition: „Cartography – the discipline dealing with the conception, production, dissemination and study of maps" (*Grünreich* in *DGfK* 1997a). Frühere Definitionen beschränkten sich dagegen meist auf die direkte Herstellung und die Benutzung von Karten, teilweise in umfangreichen Beschreibungen. Zahlreiche Begriffsbestimmungen dieser Art finden sich z. B. bei *Witt* (1979).

Als eins von mehreren Produkten von Informationssystemen und vergleichbaren Datensammlungen entsteht nunmehr die Karte in ihrer Graphik als sog. *Digital-Analog-Wandlung,* und sie beschränkt sich damit auf die mediale Funktion im Umgang mit Informationen. Dabei gewinnt sie jedoch infolge neuer Techniken eine größere Vielfalt an Ausdrucks- und Anwendungsmöglichkeiten bis hin zu den kartenverwandten Darstellungen und erweitert um die Möglichkeiten multimedialer Präsentationen. Eine solche Entwicklung könnte auch einem größeren Benutzerkreis helfen, die Vorstellung von räumlichen Zusammenhängen und Prozessen leichter zu gewinnen und zu vertiefen und damit die zunehmend komplexen Strukturen der Umwelt besser zu erkennen.

In der Kartographie gilt als *raumbezogene Information* jede Angabe, in der zur Sachaussage über ein Objekt auch dessen geometrische Festlegung in einem *Bezugssystem* gehört. Demgemäß sind *kartographische Darstellungen* – auch *kartographische Ausdrucksformen* genannt – vor allem gekennzeichnet durch ein System geometrisch gebundener graphischer Zeichen aus einem endlichen, mit vereinbarten Bedeutungen versehenen Zeichenvorrat. Unter diesen ist die *Karte* (Begriffe in 1.6.1) am bedeutendsten; die übrigen Darstellungsformen (z. B. Luftbild, Panorama, Globus) gelten als *kartenverwandte Darstellungen* (Begriffe in 1.6.3).

Mit den wachsenden Systemtechnologien und ihren durchgehenden Arbeitsabläufen werden die Sachgrenzen der Kartographie immer unschärfer: Einerseits ist es schon bei vielen anderen fachlichen Datenerfassungen (z. B. Statistik) möglich, in einem Zuge bis zum kartographischen Endprodukt zu gelangen; andererseits ist gerade deshalb in allen raumbezogenen Disziplinen schon bei der Erfassung zunehmend auch der Aspekt einer dem jeweiligen Thema angemessenen Kartengestaltung zu beachten. Zwangsläufig folgt daraus, dass kartographische Techniken sich zunehmend mit denen der Nachbargebiete verzahnen. Auch verschaffen sich Benutzer unmittelbar über Datennetze raumbezogene Informationen und setzen diese selbst zu kartographischen Produkten um bzw. erzeugen aus digitalen Karten auf interaktive Weise ihre ganz persönlichen Karten.

Die vorgenommenen Begriffsbestimmungen beziehen sich auf das Sammeln, Verarbeiten, Speichern, Darstellen und Gebrauchen raumbezogener Informationen sowie auf den Aufbau von Informationssystemen, und sie beschreiben damit bereits umfassend die *konkreten* Aufgaben der Kartographie. Darüber hinaus besteht aber ihre zentrale, mehr *ideelle* Aufgabe darin, aus wissenschaftlichen Erkenntnissen und methodischen Möglichkeiten solche kartographischen Darstellungen als digitale oder graphische Modelle zu schaffen, aus denen jeder Benutzer eine richtige Wahrnehmung und danach auch eine möglichst zutreffende Vorstellung und Erkenntnis der vergangenen, gegenwärtigen oder geplanten Wirklichkeit gewinnt.

Bei dieser Aufgabe erzeugt der Kartograph gewissermaßen einen Kommunikationskanal zwischen den Fachleuten und den Anwendern raumbezogener Informationen. Das Gelingen eines solchen Transports setzt jedoch zweierlei voraus:
- Einerseits muss er Einblick in die *Informationsabsichten* des Fachmanns und in die fachbezogene Aufbereitung der Umweltinformationen gewinnen,
- andererseits hat er für die *Informationsbedürfnisse* und für die *Auswertefähigkeit* des Benutzers Verständnis zu besitzen.

Diese Aufgaben sind jedoch nicht einmalig oder zeitlich begrenzt. Vielmehr erfordern die sich ständig verändernde Wirklichkeit sowie neu gewonnene Erkenntnisse und Aspekte zur Erfassung und Gestaltung der Umwelt auch fortgesetzt das Sammeln und Verarbeiten neuer Daten bis hin zu daraus abgeleiteten neuen oder aktualisierten Modellen. Es kommt hinzu, dass mit der weltweit wachsenden funktionalen und technischen Vernetzung auch der Austausch von Informationen nach Art und Menge zunimmt und dass sich dabei ferner der Aufgabenkatalog durch neue Inhalte und Formen ständig erweitert.

Die Kartographie bedient sich bei ihren Aufgaben auch der Erkenntnisse und Entwicklungen anderer Disziplinen; dazu gehören vor allem Topographie und Hydrographie (6.3), Photogrammetrie und Fernerkundung (6.4) sowie die graphischen Techniken (Kap. 4 und 7). In neuerer Zeit geben ihr besonders die Geo-Informatik (1.7) und die multimedialen Möglichkeiten die Chance, ihren Aufgabenbereich zu erweitern: Neben den bekannten Produkten für einen längerfristigen Gebrauch (Atlanten, topographische und geologische Karten usw.) geht es dabei zunehmend um Präsentationen, die kurzfristig und nur vorübergehend benötigt werden (Bildschirmdarstellungen oder Kopien für Entscheidungen, touristische Beratung, Navigation, geographische Information).

Dass der Informationsbedarf der Praxis bisher erst lückenhaft erfüllt ist, geht beispielhaft aus dem Stand der Erschließung der Erde durch topographische Karten hervor (*Böhme* 1989/1991/1993): Viele Landflächen der Erde sind nicht einmal durch brauchbare Karten 1:100 000 oder 1:50 000 gedeckt. Auch übersteigt die wachsende Nachfrage nach thematischen Karten das derzeitige Angebot.

1.2 Wissenschaftliche Grundlagen der Kartographie

1.2.1 Entwicklung der kartographischen Wissenschaft

Kartographische Darstellungen gibt es schon seit langer Zeit. Dennoch hat sich die Kartographie erst relativ spät aus einem Hilfsmittel zur Erforschung der Erde, zur Abgrenzung privaten Besitzes und politischer Zuständigkeit, zur Landnutzung sowie für den Verkehr und für militärische Operationen zu einem eigenständigen Wissenszweig entfaltet. Auf diesem langen Wege war sie durch zwei

Wirkungsfelder gekennzeichnet: Empirisch-handwerkliche Techniken der Zeichnung und Vervielfältigung einerseits und graphisch-künstlerische Gestaltung andererseits. Erst mit Beginn einer exakteren Geländedarstellung am Ende des 18. Jh. entwickelten sich auf theoretischen Grundlagen methodische Ansätze, und am Beginn des 20. Jh. vertieften *Peucker* (1902) und *Eckert* (1921) (siehe *Freitag* in *Koch* 2001) solche und weitere Ansätze zu einem ersten wissenschaftlichen Lehrgebäude.

Diese Entwicklung führte zur üblichen Zweiteilung in theoretische und praktische Kartographie. Eine solche Gliederung wird aber der heutigen Situation immer weniger gerecht, weil sich in vielen Stoffgebieten Theorie und Praxis stark miteinander mischen und weil auch in die technischen Bereiche immer mehr die Theoriebezüge eindringen. Eine Einteilung in allgemeine und angewandte Kartographie erweist sich dagegen als sinnvoller; sie liegt auch der Gliederung dieses Lehrbuchs zugrunde: Dabei erstreckt sich die *allgemeine* Kartographie auf das Basiswissen und den methodischen Kern des Fachgebietes, und sie vereint dazu Theorie und Praxis. Dagegen bedient sich die *angewandte* Kartographie dieses Grundvorrates, indem sie für die jeweilige Anwendung die zweckmäßigen Varianten entwickelt und vertieft. Weitere Einzelheiten hierzu sowie andere Gliederungsmöglichkeiten der Kartographie finden sich in 1.8.

Von grundlegender Bedeutung für die *allgemeine* Kartographie ist jedoch die Erkenntnis, dass die Kartographie sich mit einem besonderen Merkmal von anderen Disziplinen unterscheidet: Die Visualisierung raumbezogener Daten beginnt im Kopf als abstrakt-gedanklicher Ansatz zur Konstruktion analoger oder digitaler Bilder; dagegen führt der konkret-apparative Einsatz technischer Sensoren zunächst zu einer physikalischen Bilderzeugung. Daraus ergibt sich, dass die Kartographie sich auf verschiedene Wissensbereiche stützt (Abb. 1.01): Im Vorgang der Erfassung der Daten, vor allem ihrer Geometrie, sowie im Gebrauch der Werkzeuge zu ihrer Verarbeitung, Darstellung, Speicherung und Verwaltung beruht sie auf den *mathematischen und technischen* Prinzipien des Vermessungswesens, der Informatik, Reproduktionstechnik und Statistik. Dagegen geht es bei der Strukturierung der Bildzeichen, vor allem ihrer semantischen Objektmerkmale, sowie in ihrer Generalisierung und späteren Auswertung auch um den mehr *geisteswissenschaftlichen* Bezug einer spezifischen Zeichensprache.

Die ersten Entwürfe einer umfassenden Theorie der Kartographie wurden erst zu Beginn des 20. Jahrhunderts vorgestellt. In deutschsprachigem Raum versuchte *Peucker* 1902 zum ersten Mal die Grundstruktur einer Theorie der Kartographie zu entwickeln. 1905 gebrauchte er dafür den Begriff „Geotechnologie" (*Freitag* in *Koch* 2001). In seinen Betrachtungen zur Theorie der Kartographie stellt *Freitag* (1991, 2001 in *Koch* 2001) vor allem die Beiträge von *Arnberger* (1966, 1976), *Imhof* (1956, 1972), *Ogrissek* (1987) und *Witt* (1970, 1979) vor und zeigt dabei auch unterschiedliche Auffassungen auf. Er selbst gliedert die allgemeine Kartographie in einen theoretischen, einen methodologischen und einen praktischen Bereich, und zur Theorie zählt er vor allem die Zeichen-, die

Modell- und die Kommunikationstheorie. Insgesamt offenbart die Vielfalt theoretischer Erörterungen neben persönlichen Standpunkten auch den allgemeinen Auffassungswandel und die anhaltende Entwicklung und Veränderung der Kartographie.

Abb. 1.01 Wissenschaftliche Grundlagen der Kartographie

Hierzu gehören auch die Betrachtungen über die Beziehungen der Kartographie zu den Nachbarwissenschaften, z. B. durch *Schmidt-Falkenberg* (1964). *Arnberger* (1976) und *Kretschmer* (1980) sehen die Kartographie vor allem als Formalwissenschaft und damit die Kartengraphik als zentrales Anliegen. Dagegen weisen die von *Freitag* (in *Koch* 2001) genannten Theorien auch zu einem erkenntnistheoretischen Aspekt, bei denen es um die Objektbeziehungen nach Raum, Zeit und Sprache geht. Die mit der graphischen Datenverarbeitung zunehmenden Modellierungen der Wirklichkeit von der Erfassung bis zur Auswertung könnten solche Entwicklungen vertiefen, obwohl auch im internationalen Schrifttum umstritten ist, ob die Kartographie sich auch mit dem Wesen der zu erfassenden Außenwelt zu beschäftigen hat oder sich nur einer spezifischen Informationsvermittlung widmen sollte (*Board* 1967, *Robinson/Petchenik* 1976, *Sališcev* 1982b, *Kanakubo u. a.* 1996). Gegenwärtig erhält die letztere Auffassung durch den Einfluss der modernen Informations- und Kommunikationstechnik eine zunehmende Bedeutung; insbesondere wird versucht, den Erkenntnisprozess durch die neue Methode der interaktiven kartographischen Visualisierung wirksamer zu unterstützen (u. a. *MacEachren* 1995, *Kraak/Ormeling* 1996).

1.2.2 Begriffe und Arten der Kommunikation

Allgemein lassen sich alle Kommunikationsvorgänge durch den Satz „Wer sagt was zu wem mit welcher Wirkung?" beschreiben. Eine solche Kommunikation zwischen *Kommunikationsgrößen, Kommunikatoren* (Menschen, Tiere und Automaten) ist entweder

- *dialogisierend (Duplex-Kommunikation)* als *wechselseitige*, sich gegenseitig beeinflussende Beziehung oder
- *diagnostizierend (Simplex-Kommunikation)* als *einseitige* Erfassung, Beobachtung, Analyse oder Erkenntnis der Außenwelt, wie sie sich für den einzelnen Kommunikator jeweils als Gesamtheit der belebten und unbelebten Umwelt ergibt.

Kommunikation dient der *Informationsübertragung*; ihre Wirkung besteht in dem Einfluss, den die empfangene Information auf den Kommunikator ausübt. Die große Bedeutung der Kommunikation für das Leben liegt darin, dass sie offenbar eine existentielle und soziale Notwendigkeit ist, denn „man kann nicht nicht kommunizieren" (*Watzlawick* 1971).

Unter dem Begriff der *Information* versteht man umgangssprachlich soviel wie Nachricht oder Mitteilung. Dieses Wort hat inzwischen aber auch im Sprachgebrauch vieler Disziplinen der Natur- und Geisteswissenschaften Eingang gefunden, dabei allerdings oft seine jeweils fachspezifischen Ausprägungen erfahren. Dennoch lässt sich allgemein für alle diese Bereiche die *Information* mit einer vereinfachten wissenschaftliche Definition etwa beschreiben als *Signalfolge zur Kodierung von Zeichen eines Kommunikationsprozesses.*

1.2.3 Informationstheorie

Die klassische Informationstheorie beschreibt aus vorwiegend mathematisch-physikalischer Sicht die Vorgänge einer einseitigen (unidirektionalen) Informationsübertragung durch ein Schema, dessen Begriffe weitgehend der Nachrichten-technik entstammen *(Mildenberger* 1990). Nach Abb. 1.02 wird ein Kommunikator zum Sender (Expedient) und der andere zum Empfänger (Rezipient) der Information. Der Inhalt dieser Information wird zunächst beim Sender im Wege der sog. Codierung (Verschlüsselung) in bestimmte Zeichen (z. B. Buchstaben) umgesetzt. Diese wiederum werden auf einem bestimmten Kanal als physikalische Signale (z. B. als Schallimpulse) ausgestrahlt und erreichen so den Empfänger. Dort werden sie wieder zu Zeichen zusammengesetzt, die ihrerseits dann im Wege der sog. Decodierung (Entschlüsselung) die Nachricht ergeben. Auf den Informationskanal können von außen Störquellen (z. B. Lärm) einwirken und die Zeichenbildung und damit auch den Inhalt der Nachricht beim Empfänger beeinflussen.

Aus dieser Beschreibung folgt, dass Informationen stets in codierter Form als Zeichen übertragen werden. Zeichen oder Zeichenfolgen lassen sich demnach auch als Realisationen von Informationsinhalten auffassen. Dabei beschränkt sich der Begriff des Zeichens keineswegs nur auf das, was sich im optischen Wege wahrnehmen lässt. Auch Laute, Gerüche und Berührungen gehören zu den Zeichen. Darüber hinaus spricht man von *Zeichensystemen*, wenn aus einem Zeichenvorrat mannigfaltige Kombinationen zusammenhängender Zeichen zu einer Vielzahl von Ausdrucksmöglichkeiten führen.

Die Entwicklung der Informationstheorie vollzog sich zunächst auf einer mathematisch-technischen Grundlage, die vor allem für die Nachrichtentechnik geeignet war. Dabei orientiert sich das Informationsmaß an den relativen Häufigkeiten diskreter Informationsquellen bzw. an der Wahrscheinlichkeitsdichte kontinuierlicher Quellen. Solche Aussagen bleiben damit zunächst auf die syntaktische Struktur der Quellen beschränkt und lassen somit den Sinngehalt informationeller Quellen noch weitgehend außer Betracht. Später treten auch andere Definitionen auf, die die wahrscheinlichkeitstheoretischen Ansätze mit anderen Grundlagen verknüpfen (*Seiffert* 1991).

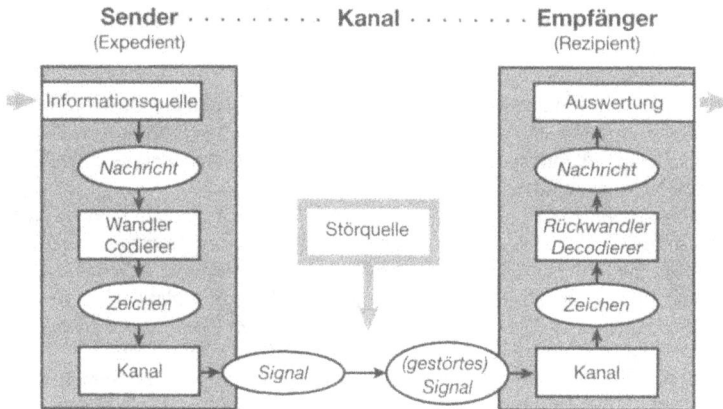

Abb. 1.02 Schema der Informationsübertragung

Für die Informationsverarbeitung sind folgende Definitionen üblich:

Zeichen: Ein Element aus einer zur Darstellung von Information vereinbarten endlichen Menge (Zeichenvorrat) von verschiedenen Elementen.

Signal: Die physikalische Darstellung von Nachrichten oder Daten.

Daten: Zeichen (als digitale Daten) oder kontinuierliche Funktionen (als analoge Daten), die zum Zwecke der Verarbeitung Information auf Grund bekannter oder unterstellter Abmachungen darstellen (DIN 44 300, DIN 44 301).

1.2.4 Zeichentheorie (Semiotik, Semiologie)

Über den dargestellten informationstheoretischen Aspekt hinaus ist eine wechselseitige, dialogisierende *(bidirektionale)* Kommunikation nur dann sinnvoll, wenn die Kommunikatoren ein bestimmtes gemeinsames Repertoire an Zeichen (Zeichenvorrat) und Zeichenbedeutungen besitzen. Nur dann nämlich ist es dem Empfänger möglich, die durch die Zeichen codierten Informationen in ihrem Sinngehalt zu gewinnen. Wer z. B. das lateinische Alphabet nicht kennt und/oder die deutsche Sprache nicht beherrscht, wird den Inhalt dieses Buches seinem Sinne nach ohne weitere Hilfe nicht begreifen.

   Daher gehen vor allem in den Geisteswissenschaften die zeichentheoretischen Betrachtungen über die Untersuchung der Zeichenstruktur hinaus, indem sie den Vorgang der Informationsübertragung stets mit der Frage nach dem Sinngehalt des Zeichens verbinden und ferner untersuchen, welche Wirkung das Zeichen beim Empfänger hervorruft bzw. hervorrufen soll. Dabei spielt naturgemäß innerhalb der Semiotik das sprachliche Zeichensystem eine zentrale Rolle, da es in den menschlichen Kommunikationsprozessen am häufigsten auftritt.

   Die Zeichentheorie unterscheidet dabei zwischen drei folgenden Betrachtungsweisen als sog. *Zeichendimensionen*:

a) Die *syntaktische* Dimension regelt die formale Bildung der Zeichen und ihre Beziehungen untereinander. So wäre ein Verkehrszeichen syntaktisch einwandfrei, wenn es in seiner Graphik richtig erkennbar ist und sich von Verkehrszeichen anderer graphischer Struktur ausreichend und eindeutig unterscheidet.

b) Die *semantische* Dimension betrifft die Beziehung der Zeichen zu den Objekten, die sie anzeigen sollen, bringt also die sog. Zeichenbedeutung zum Ausdruck. Erst sie stellt sicher, dass die beim Empfänger eintreffende Nachricht möglichst identisch ist mit der von der Informationsquelle ausgehenden. Im Falle des syntaktisch einwandfreien Verkehrszeichens müssten sich beim Verkehrsteilnehmer die richtigen Hinweise zu den Geboten bzw. Verboten über das Verhalten im Straßenverkehr einstellen.

c) Die *pragmatische* Dimension regelt die Beziehung zum wahrnehmenden Subjekt und nimmt damit Einfluss auf dessen Verhaltensweise. Dem syntaktisch einwandfreien und semantisch richtig bewusst gewordenen Verkehrszeichen wäre daher im Rahmen der Verkehrsregeln in richtiger Weise Folge zu leisten.

   Allgemeines zur Zeichentheorie findet man z. B. bei *Morris* (1972), *Eco* (1972) und *Seiffert* (1991).

   Wie bei der Informationstheorie kommt es auch bei der Anwendung der Zeichentheorie in den verschiedenen Fachdisziplinen zu unterschiedlichen Akzenten und Entwicklungen. So gibt es auch Ansätze zu einer *Kartosemiotik* (1.2.5).

1.2.5 Kartosemiotik

Die in 1.5.1 beschriebenen Merkmale kartographischer Kommunikation erlauben es, von einer besonderen Ausprägung der Zeichentheorie (Semiotik) zu sprechen, die man als *Kartosemiotik* bezeichnen kann. Diese lässt sich beschreiben durch die Besonderheiten und Unterschiede, die sich beim Umgang mit kartographischen Ausdrucksformen ergeben, und zwar im Vergleich zu anderen Kommunikationsmitteln wie schriftlichen oder bildhaften Zeichen im optischen Kanal oder dem gesprochenen Wort bzw. der Musik im akustischen Kanal.

Nöth (in *Pravda/Wolodtschenko* 1994) stützt sich bei der Betrachtung kartographischer Zeichen auf das *triadische Zeichenmodell* nach *Peirce* (1839–1914), wonach das Zeichen in einer Relation zwischen den drei Korrelaten

Objekt – Zeichenträger – Interpretant (Kognition)

besteht (vgl. die Bezüge in Abb. 1.07). Aus den Merkmalen dieser drei Korrelaten ergibt sich zugleich deutlich, in welcher Weise die Kartosemiotik und damit auch die gesamte Kartographie sowohl in den naturwissenschaftlich-technischen als auch in den geisteswissenschaftlichen Bereich eingebettet ist.

Eine für die Kartosemiotik weniger geeignete Betrachtungsweise ist das auf der Linguistik basierende *dyadische Zeichenmodell* nach *Saussure* (1857–1913). Bei diesem geht es lediglich um die Beziehung zwischen dem Zeichen *(Signifikant)* und der Vorstellung davon *(Signifikat)*; dagegen bleibt der Bezug zum Objekt außerhalb dieses Modells.

Aufbau des Zeichensystems	Kartenzeichen	Sprachliches Zeichen	
		schriftlich	mündlich
Elementares Zeichen (Elementare Einheit)	Punkt Linie, Fläche	Buchstabe	Laut
Zusammengesetztes Zeichen (Begriffliche Einheit)	Signatur, Diagramm, Halbton, Schrift (Wort)	Wort als Bezeichner (Prädikator) des Objekts, als Angabe (Indikator) von Objektbeziehungen, als Eigenname, Abkürzung, Formelzeichen	
Zeichenrelation als komplexe Aussage	Graphisches Gefüge der Zeichen	Satz	
Zeichenvariation	Größe, Form, Füllung, Tonwert, Richtung, Farbe	Tempo, Lautstärke, Klangfarbe, Satzmelodie	
	Graphische Gewichtung	Wortstellung im Satz	

Abb. 1.03 Beziehungen zwischen Kartenzeichen und sprachlichen Zeichen

Typische Merkmale der Kartosemiotik ergeben sich bereits aus der in 1.1 für alle kartographischen Darstellungen gegebenen Definition. Danach gilt im einzelnen folgendes:

1. Die Informationsvermittlung beruht auf *graphischen* Zeichen, d.h. alle Nachrichten über reale Erscheinungen und über abstrakte Sachverhalte werden für die Möglichkeiten eines optischen Kanals in einer Weise aufbereitet und präsentiert, die man insgesamt als *Visualisierung* (1.5.2) bezeichnet. Im Zeitalter multimedialer Entwicklung lässt sich dieses auch mit Informationen im

akustischen Kanal verbinden, und darüber hinaus kann sich ferner eine Verknüpfung mit Bild, Text und Animation zu einer komplexen Präsentation ergeben.

2. Die graphischen Zeichen sind *geometrisch gebunden*, d.h. die beabsichtigte Information über den Raumbezug der Objekte zwingt die Zeichen zu einer mehr oder weniger eindeutigen Position. Aus dieser muss sowohl die absolute Fixierung als auch die Nachbarschaftsbeziehung erkennbar sein.

3. Die Struktur der Zeichen und ihre Aussage lässt sich als ein dreistufiges System denken, das in 3.2.1 näher beschrieben ist und über dessen graphische Variationen sich in 3.2.2 weitere Aussagen finden. Dabei ergibt sich im Verhältnis zu den sprachlichen Zeichen ein vergleichbares Ordnungsschema mit zahlreichen Entsprechungen (Abb. 1.03).

4. Die Zeichen bilden in ihrer Gesamtheit eine *endliche Menge mit festgelegten Bedeutungen*. Diese Endlichkeit des Zeichenvorrats entspricht der für die Informationsaufbereitung notwendigen Objektklassifizierung (1.3.1): Jedes Zeichen repräsentiert damit eine Objektklasse bzw. ein Objektmerkmal. Individualitäten lassen sich damit nur durch Zutaten (z.B. von Eigennamen) angeben. Die endliche Zeichenmenge ist somit vergleichbar der Menge der Buchstaben bzw. dem Wortschatz in der Sprache. Die Festlegung der Bedeutung bezieht sich auf die Verknüpfung von Syntax und Semantik; sie führt in der Praxis zur notwendigen Zeichenerklärung. Im einzelnen kann man bei der Zeichenrelation zum Objekt wie folgt unterscheiden:

– *Ikonische Zeichen* beruhen auf einer mehr oder weniger, d.h. individuellen bis schematischen Ähnlichkeit mit dem Objekt (siehe Abb. 3.17). Dazu gehört auch die Art, mit der graphische Variable (z.B. Farben) eingesetzt werden, um gedankliche oder empfindungsgemäße Assoziationen hervorzurufen.

– *Indexikalische Zeichen* besitzen den Charakter von Hinweisen. Sie ergeben sich nicht nur bei Einzelzeichen für die Darstellung von Größenangaben (z.B. durch geometrische Figuren, Abb. 3.21) oder eines Beziehungsgefüges (z.B. Pfeile bei Wetterkarten, Angaben von Ortsnamen), sondern auch in der Karten-Gesamtheit durch Positionsangaben (z.B. mittels Kartennetzen), durch Orientierungs- und Richtungshinweise (Nordpfeil, Zielangaben bei Straßen) und durch Wahl des Kartenausschnittes.

– *Symbolische Zeichen* stehen in enger Beziehung zu den ikonischen Zeichen, wenn z.B. eine Laubbaumsignatur auf eine Objektklasse verweist. Häufig gelten jedoch im Sprachgebrauch der Kartographie als Symbole nur solche Zeichen, bei denen ein besonders typisches Merkmal (z.B. Geweih, christliches Kreuz) für das Objekt (z.B. Forstamt, Kirche, siehe Abb. 3.17) steht.

Die Betrachtungen zu den drei *Zeichendimensionen* (1.2.4) führen in der Kartosemiotik zu folgenden fachbezogenen Feststellungen:

a) Für die *syntaktische* Dimension ist eine kartographische Darstellung bereits dann syntaktisch einwandfrei, wenn die Zeichen in ihrer Struktur richtig erkannt werden (weil z. B. Größe, Abstand und Kontrast der Zeichen ausreichend gewahrt sind). Im syntaktischen Bereich liegt damit die zentrale Zuständigkeit des Kartographen; er stützt sich dabei auf Erkenntnisse der Wahrnehmungspsychologie, die die Sicherheit und Schnelligkeit bei der Auffassung graphischer Gestalten untersucht.

b) Für die *semantische* Dimension kann eine Signatur zwar syntaktisch einwandfrei sein, aber durch den Leser (z. B. ein Kind) in ihrem Sinngehalt nicht erfasst werden. Allgemein erfordert die kartographische Semantik eine eindeutige und verständliche Zeichenerklärung, und dieses Erfordernis betrifft sowohl den Fachautor als auch den Kartographen. Darüber hinaus können Zeichenassoziationen sehr hilfreich sein, wenn sich damit der gedankliche Brückenschlag zum gemeinten Objekt spontan einstellt.

c) Schließlich kann z. B. in der *pragmatischen* Dimension das syntaktisch einwandfrei wahrgenommene und semantisch als Wanderweg erkannte Kartenzeichen den Wanderer zum Begehen oder Verlassen dieses Weges veranlassen. Es gehört daher auch zur kartographischen Pragmatik, dass sich das Niveau der Kartenaussage auf das Repertoire an Wissen, Intelligenz und Erfahrung der Kartenbenutzer einstellt. Allgemein kann das Kartenlesen Bekanntes sichtbar machen, aber auch Neues vermitteln.

Stehen am Beginn kartosemiotischer Erörterungen zunächst die Vorgänge der *Wahrnehmung*, so sind sie jedoch stets mit den anschließenden Prozessen der *Vorstellung* verbunden. Der konkrete Kartenraum geht damit in den abstrakten Vorstellungsraum (kognitiver Raum) über (siehe auch 1.5.2).

Damit bleibt im Wechselspiel von Wahrnehmung und Vorstellung weiterhin die Frage offen, ob mit den Folgerungen aus allen bisherigen Erkenntnissen ein Zeichen in seiner semantischen Dimension dem „wirklichen" Objekt deutlich näher kommt. Darüber hinaus erhält diese Frage weiteres Gewicht durch den konstruktivistischen Denkansatz der modernen Kommunikationstheorie ( ), wonach das Erfassen und Verarbeiten von Informationen gar nicht zu einer *Abbildung* der Welt führt, sondern zu einer *Konstruktion* und der damit verbundenen Möglichkeit, auf diese Welt einzuwirken. Solche Ansätze können verstärkt auftreten, wenn kartographische Ausdrucksformen sich zunehmend der multimedialen Möglichkeiten bedienen. Dann wäre nämlich der Benutzer in der Lage, seinen Informationsbedarf stärker und direkter zu steuern und zu kontrollieren, und die Karten erhielten damit den Status, der im Multimediabereich begrifflich als *kognitive Medien (cognitive tools)* bezeichnet wird.

Grundlegende Betrachtungen zur Kartosemiotik finden sich in der Schriftenreihe „Kartosemiotik" (bisher 5 Bände ab 1991) sowie in den Standardwerken von *Bertin* (1974, 1982) und im Sammelwerk von *Freitag* (1992). Die genannten Werke enthalten zahlreiche Schrifttums-Nachweise.

1.3 Objektinformationen in der Kartographie

Die Kartographie ermöglicht Aussagen über alle Objekte (1.3.1), die einen räumlichen Bezug aufweisen und sich durch mindestens ein weiteres Merkmal (Attribut) beschreiben lassen. Damit besteht die kartographische Beschreibung eines Objekts allgemein aus den Angaben über seinen räumlichen (1.3.2), sachlichen (1.3.3) und zeitlichen (1.3.4) Bezug.

1.3.1 Zum Begriff des Objekts

Im weitesten Sinne gilt nachstehend die Bezeichnung „Objekt" für alle konkreten Gegenstände (z. B. Gebäude) und abstrakten Sachverhalte (z. B. Bevölkerungsdichte), für die in der Sprache ein Hauptwort (Substantiv) besteht (Gegenstände im weitesten Sinne). Das Wort als sprachlicher Indikator kann der Umgangssprache angehören (z. B. Weg) oder ein Fachbegriff sein (z. B. Pleistozän als geologischer Terminus). Im einzelnen erhält der Objektbegriff bei verschiedenen Anwendungen spezifische Festlegungen, z. B. bei Informationssystemen.

Nicht alle Objekte sind zur *kartographischen* Erfassung und Darstellung geeignet; vielmehr kommen nur solche in Betracht, die einen mehr oder weniger exakten Raumbezug aufweisen. Nur für diese Objekte ist nämlich die Frage nach dem „Wo?" sinnvoll und durch die Darstellung lösbar. Dagegen sind z. B. Schuldrechte, Musikstücke, Formeln, aber auch Empfindungen von undifferenziertem Raumbezug. Objekte mit Raumbezug lassen sich wie folgt einteilen:

– *Gegenstände* im engeren Sinne sind die konkreten, unbelebten und belebten Gebilde unserer Umwelt. Da diese sinnlich wahrnehmbar, meist sichtbar sind, spricht man auch von Erscheinungen oder Phänomenen (z. B. See, Haus, Tier, Mensch).
– *Sachverhalte* beschreiben mehr abstrakt die immanenten Merkmale eines Objekts oder seine Beziehung zu anderen Objekten. Beim *Sachverhalt eines Objekts selbst* geht es um bestimmte, häufig nicht sofort wahrnehmbare Eigenschaften und Attribute (z. B. Temperatur eines Gewässers, Merkmale eines Bodenprofils). Das *Verhalten zu anderen Objekten* beruht entweder auf einer einfachen Relation (z. B. Bevölkerungsdichte als Relation zwischen Gesamtbevölkerung und Bezugsfläche) oder auf raumzeitlichen Veränderungen (z. B. Wasserstände, Berufspendler).

Allgemein – und damit auch in der Kartographie – erfordert eine wirkungsvolle Verständigung (Kommunikation) unter Menschen sowie ein besseres Begreifen der Umwelt, die einzelnen Objekte durch Bildung von Klassen, Arten, Gattungen usw. einem Ordnungsschema zu unterwerfen. Jedes Objekt verliert damit bestimmte individuelle Kennzeichen: An die Stelle der eingehenden Beschreibung eines einzelnen *realen* Gegenstands tritt ein abstrakter Allgemeinbegriff mit den Merkmalen eines *idealen* Gegenstands. Eine solche *Klassifizierung* von Objekten gehört zu den wesentlichen Kennzeichen der Verallgemeinerung (Generalisierung, 3.7), die zur Bildung von Modellen der umgebenden Welt (1.4.2) unvermeidbar ist. Lediglich durch Eigennamen (bei Orten, Wasserläufen usw.) und ähnliche Angaben bleiben individuelle Merkmale erhalten.

Bei Sachverhalten lassen sich neben Klassen, Gruppen usw. auch *Typen* bilden. Solche Typen entstehen als *Realtypen,* wenn sich aus der Verknüpfung verschiedenartiger Merkmale charakteristische Ausprägungen ergeben, z. B. Bodentyp im Gegensatz zur Bodenart als Klasse, Alterstypen im Zuge einer demographischen Beschreibung, Verbrauchertypen in der Wirtschaftsstatistik.

Die Behandlung der verschiedenen Objekte in digitalen Prozessen erfordert ihre Gliederung durch ein detailliertes und eindeutiges Schema. Dies geschieht im Rahmen von Informationssystemen durch Zahlencodes zur Beschreibung der Objektklassen und ihrer hierarchischen Stufen. Die Liste solcher Codes wird meist als *Objektartenkatalog* bezeichnet (3.6.4).

1.3.2 Räumlicher Bezug (Geometrische Information)

Die Angabe zum Raumbezug eines Objekts ist das für die Kartographie notwendige und besonders typische Merkmal. Sie ist die Antwort auf die Frage „*Wo* ist das Objekt und welche Form hat es?" als die nach außen gerichtete Beziehung eines Objektes zu seiner Umwelt.

Bei der *klassischen Karte* beruht der geometrische Raumbezug auf ihrer grundrisslichen Projektion und ihrer die Realität verkleinernden Maßstäblichkeit. Absolute Bezüge ermöglicht das Kartennetz; Nachbarschaftsbeziehungen ergeben sich nach dem Augenschein oder durch weitere Kartenauswertung. Bei *digitaler Darstellung des geometrischen Raumbezug* ergibt sich dieser gewöhnlich aus Koordinaten und Höhen als absoluten Objektpositionen sowie aus Formparametern für Flächen, Linien und Punkte; dabei stehen die Daten zur Wirklichkeit im Verhältnis 1:1. Die aus ihnen nicht unmittelbar wahrnehmbaren Nachbarschaftsbeziehungen erfordern weitere Daten in Form eines topologischen Raumbezugs, z. B. durch Kanten- und Knoten-Strukturen (2.3).

Nach Art und Abgrenzung ihres Vorkommens lassen sich die Objekte in (1) Diskreta und (2) Kontinua unterscheiden:

1. *Diskreta* lassen sich nach allen Seiten gegen andere Objekte abgrenzen. Die geometrische Information liegt damit in der Beschreibung dieser Abgrenzung, und zwar meist als Flächenkontur, sonst als Mittellinie (z. B. Hochspannungsleitung) oder Mittelpunkt (z. B. Denkmal), wenn dies wegen der Größe und Form des Objekts bzw. wegen des vorgesehenen Auflösungsvermögens bei der Modellbildung nicht anders möglich ist. Innerhalb der Diskreta ist zu unterscheiden zwischen (a) Objekt-, (b) Verbreitungs- und (c) Bezugsflächen (Beispiele siehe Abb. 1.04):

   a) *Objektflächen* kennzeichnen das Vorkommen von Objekten in einer absoluten, also eindeutigen Weise. Jedes Objekt tritt sozusagen ausschließlich auf: Wo Wald ist, kann kein See sein.

   b) *Verbreitungsflächen* stellen streng genommen nicht das Objekt selbst dar, sondern die Fläche, über die sich das Objekt (z. B. Tierart) verbreitet. Das Objekt wird jedoch erst ab einer bestimmten Häufigkeit des Vorkommens (relatives Vorkommen) zur Kenntnis genommen: Wenige Indios in Mitteleuropa bleiben damit z. B. unberücksichtigt. Auch kann es zu Überlappungen kommen, z. B. bei konfessionellen Mischgebieten.

c) *Bezugsflächen* ergeben sich aus der Zuordnung bestimmter, vor allem statistischer, d. h. quantitativer Sachverhalte.

Merkmal des Diskretums	Art des Objekts	
(Merkmal der Darstellung)	Gegenstand	Sachverhalt
Absolutes Vorkommen (Objektfläche)	Gebäude, Gewässer, Wald, Bodenart, geolog. Struktur	Verwaltungsbereich, Rechtsgebiet
Relatives Vorkommen (Verbreitungsfläche)	Pflanzenart, Tierart, Volksstamm, Hausform	Sprache, Beruf, Konfession, Seuche
Flächenbezogen (Bezugsfläche)	-------------------	Bevölkerungsdichte, Produktionsmenge

Abb. 1.04 Gliederung der Diskreta mit Beispielen

2. *Kontinua* sind räumlich oder flächenhaft unbegrenzt und dabei von lückenlosem, stetigem Verlauf. Ihre geometrische Information besteht in der Lageangabe für Zahlenwerte, die sich von Ort zu Ort kontinuierlich ändern (sog. *Wertefelder*). Die Tabelle der Abb. 1.05 gibt eine Übersicht mit Beispielen. Dabei können Kontinua sein

a) *reale Kontinua*, bei denen das Prinzip der Stetigkeit nicht immer in aller Strenge erfüllt ist (z. B. bei Bruchkanten einer Geländeoberfläche) oder

b) *Modelle*, die meist auf einem physikalischen oder auf einem geometrischen Ansatz beruhen.

Merkmal des Kontinuums		Art des Kontinuums	
		flächenhaft	raumfüllend
Reales Kontinuum	sichtbar	Oberfläche des Geländes, des Grundwassers, des Meeres	Lithosphäre, Hydrosphäre
	nur messbar	Fläche gleicher Temperatur	Schwerefeld, Wetterdaten
Modell-Kontinuum	physikalisch	Oberfläche des Geoids	Klimadaten
	geometrisch	Oberfläche des Rotationsellipsoids, Isodeformaten im Kartennetz	Isochronen

Abb. 1.05 Gliederung der Kontinua mit Beispielen

1.3.3 Sachlicher Bezug (Semantische Information)

Im Gegensatz zu dem nach außen gerichteten Raumbezug umfasst der Sachbezug alle nach innen, auf das Wesen des Objekts bezogenen Angaben (substantielle Merkmale, Attribute, Deskriptionsdaten). Dabei geht es in der sprachlichen Benennung des Objekts (Denotation) um seine begriffliche Grundbedeutung, und zwar (1) stets in Bezug auf seine Art (Qualität) und (2) nach Bedarf auch über eine damit verbundene Menge (Quantität).

1. *Qualität* – hier als völlig wertfreier Begriff gedacht – ist die Angabe von Art, Beschaffenheit, Eigenschaft oder Kennzeichen eines Objekts durch Bezeichnung der Klasse und evtl. seiner individuellen Benennung. Sie ist daher die Antwort auf die Frage „*Was* ist da und dort?". Zwischen solchen Qualitäten können geordnete Beziehungen bestehen (z.B. zeitlich bei geologischen Formationen, räumlich in der Folge vom Bach zum Strom oder hierarchisch bei Verwaltungsebenen), oder es gibt eine vereinbarte Bedeutungsskala (z.B. bei topographischen Objekten). Solche Merkmale spielen bei der begrifflichen Generalisierung eine Rolle (siehe 3.7.2).

2. *Quantität* ist die gewöhnlich durch Zahlen dargestellte Angabe von Menge, Wert, Intensität, Größe usw. und damit die Antwort auf die Frage „*Wieviel* ist da und dort?" Originale Daten der Erfassung sind entweder *diskrete (abzählbare, meist ganzzahlige)* oder *kontinuierliche (stetige,* durch Messung entstandene) Werte; findet die Erfassung einer stetigen Zahl nicht an einer (analogen) Messskala statt, sondern als digitale Anzeige, so liegt eine Diskretisierung des stetigen Wertes vor. Die Aufbereitung der Originaldaten führt von konkreten Einzelwerten oft über Vereinfachungen zu abgeleiteten Werten wie Mittel- und Summenwerte, Zeitfolgen usw. Dabei sind die Zahlenangaben entweder absolute oder relative Größen (Verhältniszahlen), letztere als Mess-, Gliederungs- oder Beziehungszahlen. Die Tabelle der Abb. 1.06 gibt eine Übersicht mit Beispielen.

Art der Zahl	Quantitäten	
	konkrete Einzelwerte	statistisch abgeleitete Werte
Absolutzahl	- ursprüngliche oder abgeleitete Zahl der Datenerfassug	
kontinuierlich (stetig, aus Messungen)	Wetterdaten, Wasserstände	Klimadaten aus Wetterdaten
diskret (abgegrenzt, aus Zählungen)	Personen, Produkte	Durchschnittseinkommen, mittleres Lebensalter
Relativzahl (Verhältniszahl)	- thematische Verknüpfung von Absolutzahlen	
Messzahl (Indexzahl)	Kostenentwicklung (1950 = 100)	
	eines Produkts	der gesamten Lebenshaltung
Gliederungszahl	Altersgliederung der Bevölkerung in %	
	im Zählbezirk (Gemeinde)	im Staatsgebiet
Beziehungszahl Personenbezug	Patienten je Arzt	
	in der Einzelpraxis	im Bereich der Ärztekammer
Flächenbezug	Baulandpreise je m²	
	für einzelnes Grundstück	Richtpreis für Baugebiet
Sachbezug	Jahresumsatz je to	
	für ein Produkt	für gesamte Branche

Abb. 1.06 Gliederung quantitativer Angaben mit Beispielen

Im einzelnen ergibt sich bei der *Skalierung* von vorwiegend statistischen Zahlen:
- Die *Nominalskala (Kategorialskala)* besteht aus einer willkürlichen, nicht eindeutigen Reihenfolge, z. B. Personenzahl in Merkmalsgruppen wie Berufen, Konfessionen usw.
- Die *Rangskala (Ordinalskala)* beruht auf einer geordneten Reihenfolge, z. B. nach dem Lebensalter. Soweit dabei die Angaben durch Ordnungszahlen repräsentiert werden (z. B. Gütestufen beim Ackerboden), sind dies keine echten Quantitäten, sondern *geordnete Qualitäten*, deren Ordnungsschema lediglich aus Zahlenangaben besteht.
- Die *Intervallskala* weist gleiche Skalenabstände, jedoch einen willkürlichen Nullpunkt auf, z. B. Temperaturangaben in C .
- Die *Verhältnisskala (Ratioskala)* ist eine Intervallskala mit absolutem Nullpunkt, z. B. Temperatur in K , Gewicht in to.

1.3.4 Zeitlicher Bezug (Temporale Information)

Diese Angabe beschreibt das zeitliche Verhalten eines Objekts und ist daher die Antwort auf die Frage „*Wann* war das Objekt wo und wie?". Streng genommen enthalten alle Objekte eine dynamische Komponente, doch bringt eine kartographische Wiedergabe vorzugsweise entweder (1) das Beharrende (Statische) oder aber (2) das sich Ändernde (Dynamische) zum Ausdruck:
1. *Statisches Verhalten* bedeutet die Konstanz der Erscheinungen und Sachverhalte in bezug auf Geometrie und Substanz. Die kartographische Darstellung hat den Charakter einer "Momentaufnahme", wie dies vor allem für topographische Karten gilt.
2. *Dynamisches Verhalten* bewirkt die kartographische Wiedergabe geometrischer und substantieller Veränderungen (z. B. Strömungen, Transporte, Stadtentwicklungen), meist in bestimmten thematischen Karten. Dazu gehören auch Darstellungen, wie sie in Geologie und Geophysik als sog. Prozessmodelle üblich sind.

Das Interesse am Zeitbezug richtet sich in vielen Fällen nicht so sehr auf die zeitliche Datierung, sondern mehr auf die räumliche Veränderung, die das Objekt in einem bestimmten Zeitabschnitt erfährt. Dabei geht es entweder um einen Ortswechsel des gesamten Objekts (z. B. Vogelflug, Berufspendler) und die Angabe des dabei benutzten Weges oder nur um eine Änderung der Objektausdehnung (z. B. Küstenlinie, Staatsgebiet).

1.3.5 Objektgruppen, direkte und abgeleitete Informationen

Durch Kombination der Merkmale über Raum-, Sach- und Zeitbezug lassen sich Objektgruppen bilden, zu denen spezifische Strukturen der kartographischen Informationen und Darstellungsweisen gehören. In *topographischen* Karten herrschen Diskreta mit rein qualitativen Angaben vor, und daneben tritt nur noch das Geländerelief als reales flächenfüllendes Kontinuum auf. Da alle Objekte zudem statisch wirken, ergeben sich für einen Maßstabsbereich typische und relativ ähnliche Graphikmerkmale. In *thematischen* Karten führen dagegen die Objektmerkmale der jeweiligen Fachthematik zu vielfältigen Kombinationsmöglichkeiten, und sie bestimmen damit auch die sehr unterschiedlichen Erscheinungsbilder der einzelnen Karten.

Im Hinblick auf spätere Auswertungen (8.2) aus digitalen Datensammlungen oder durch Kartennutzung kann man wie folgt unterscheiden:

– *Direkte (primäre, originäre) Informationen* ergeben sich als unmittelbare Angaben zum Raum-, Sach- und Zeitbezug (Antwort auf Wo, Was, Wann).

– *Abgeleitete (sekundäre, mittelbare, indirekte) Informationen* entstehen als Ergebnis der Auswertung.

1.4 Informationsdarstellung in der Kartographie

1.4.1 Allgemeiner Modellbegriff

Modelle sind Bestandteile der täglichen Kommunikation und Arbeitsmittel der Wissenschaft. Durch Ansatz mathematischer Beziehungen, graphischer Darstellungen, verbaler Formulierungen, körperlicher Nachbildungen usw. nähern sie sich entsprechend dem jeweiligen Erkenntnisstand mehr oder weniger gut der Wirklichkeit oder Teilen davon. Die damit eintretende Ordnung und Reduktion der Informationen ist ihrem Wesen nach eine Verallgemeinerung (Generalisierung, z. B. in Form der Bildung von Objektklassen, 1.3.1), aber erst auf diesem Wege gelingt es, die Fülle der Umweltinformationen zu verarbeiten und die Wirklichkeit in ihren Merkmalen leichter begreifbar zu machen.

Im wissenschaftlichen Sprachgebrauch hat der Modellbegriff vielfältige Ausprägungen erfahren. Allgemein gelten jedoch stets die folgenden Aussagen:

– Jedes Modell steht immer *für* etwas anderes, das es repräsentieren soll. In dieser zweistelligen Relation ist das eine ohne das andere nicht sinnvoll: So soll ein Abbildungsmodell der Wirklichkeit helfen, diese zu „ergründen"!

– Jedes Modell ist an bestimmte, mitunter nicht näher präzisierte Vorgaben gebunden.

Damit lässt sich jedes Modell beschreiben als *Modell von bestimmten Objekten für bestimmte Informanden zu bestimmten Zwecken und im Rahmen bestimmter Zeiten.*

1.4.2 Modellmerkmale in der Kartographie

Das wichtigste Gliederungsmerkmal bei den Modellen der Kartographie ist die Unterscheidung nach *digitalen* und *analogen* Modellen:

- *Digitale* Modelle beruhen auf Zahlen zur Beschreibung der Objektmerkmale. Ihre technische Realisierung führt zu einer *Sequenz* als *zeitlicher* Folge elektronischer Signale. Dieser Umstand zwingt dazu, für alle Objekte neben der Angabe der absoluten Positionen auch noch ihre Nachbarschaftsbeziehungen explizit zu beschreiben. Dabei gibt es graphikfreie Objektmodelle und graphikbezogene kartographische Modelle. Näheres hierzu siehe 1.6 und 3.6.1.
- *Analoge* Modelle als graphische (also Karten) oder tastbare (taktile) Modelle entstehen unmittelbar oder aus digitalen Modellen. Sie besitzen als *Konfiguration* den Vorteil der unmittelbaren Anschauung der Zusammenhänge im Vergleich zu Tabelle oder Text. Soweit es sich dabei um eine statische Darstellung handelt, ist diese im Sinne der Informationstheorie (1.5.1) nur eine *räumliche* Folge physikalischer (optischer) Signale und damit nur an Orts- und nicht an Zeitkoordinaten gebunden. Aber selbst bei *bewegten* Karten vermag der Einfluss der Zeitkomponente die Wahrnehmung der Zusammenhänge nur teilweise einzuschränken. Weitere Einzelheiten siehe 1.7.

Die Theorie der Modellbildung unterscheidet nach steigendem Abstraktionsgrad zwischen ikonischen (z. B. Bildern), analogen (z B. Nachbildungen) und symbolischen (z. B. Formeln) Modellen. Wegen ihrer spezifischen Kartengraphik und deren Darstellungskennzeichen kann man auch die Karte als *Symbolmodell* auffassen. Da sie ferner Objektzusammenhänge und damit räumliche Strukturen erkennbar macht, ist sie insoweit auch ein *Strukturmodell*. Eine weitere Differenzierung ergibt sich für die einzelnen Bestandteile der Karte. So ist die Darstellung des Kartennetzes, einer Planung oder eines Geoids eine theoretische Konstruktion und damit ein *deduktives* Modell. Dagegen ergibt die graphische Umsetzung einzelner Informationen über Topographie, Bodennutzung, Grundstücke usw. ein ortsgebundenes *Abbildungsmodell*. Soweit daraus für größere Bereiche typische allgemeingültige Aussagen entstehen (z. B. zur Siedlungsstruktur), wird es ein *induktives* Modell.

Für die Modelle in der Kartographie ergibt sich im klassischen Ablauf von Entstehung und Gebrauch eine typische Modellfolge (1.5.2 und Abb. 1.08):
- Das *Primärmodell* ist das Ergebnis der Erfassung der Umwelt durch den Fachmann (Topograph, Geologe, Sozialgeograph usw.).
- Das *Sekundärmodell* ergibt sich aus der Umsetzung des Primärmodells in das Darstellungsmodell des Kartographen.
- Das *Tertiärmodell* entsteht beim Benutzer als Vorstellungsmodell durch die Auswertung des Sekundärmodells.

Greift der Benutzer mittels externer Datenspeicher oder über Datennetze unmittelbar auf die Fachdaten des Primärmodells oder auf die Datensammlung dazu zurück, so entsteht sein Modell direkt aus den Umweltdaten (primär oder sekundär), erfordert aber einen höheren Verarbeitungsaufwand.

1.4.3 Arten der Informationsdarstellung

Die klassische Form kartographischer Darstellung war und ist die Karte auf
einem materiellen Träger. Diese ist im Vergleich zu früher aber nicht mehr die
alleinige Möglichkeit der Informationsdarstellung und ferner nicht mehr nur
stets ein Endprodukt, sondern sie kann auch ein – mitunter vorläufiges – Zwi-
schenprodukt sein. Durch Einsatz von Reproduktions-, Computer- und Multime-
dia-Techniken stehen heute folgende Möglichkeiten zur Verfügung:
- Nach der *Form der Erscheinung* nicht nur eine materielle (reale) Präsentation
  in Form von Kartenbildern und taktilen Oberflächen (Blindenkarten durch
  haptische Wahrnehmung), sondern auch eine immaterielle (virtuelle) Darstellung (z. B. Bildschirmkarte als sog. papierlose Karte) sowie eine latente, nicht
  wahrnehmbare Form (z. B. belichteter Photofilm).
- Nach der *Art der Daten* kommt es nicht nur zur klassischen und statischen
  (festen) graphischen (analogen) Darstellung, sondern auch zu digitalen Wiedergaben, ferner auch zu bewegten Darstellungen (Animationen, 4.8.1.2) in
  Form von Filmen, Videoaufzeichnungen oder Computergraphiken.

Erscheinungsform der Darstellung / Art der Daten		**präsent** (wahrnehmbar)		**latent** (nicht wahrnehmbar)
		real (materiell)	virtuell (immateriell)	
analog (graphisch)	fest	visuelle (klassische) **Karte** und verwandte Darstellungen	Dia-Projektion	Repro-Aufnahme (unentwickelt)
		taktile Karte	Bildschirmkarte	
	bewegt	(klassischer) Kinofilm	Video-Wiedergabe	Kinofilm (unentwickelt) Videoband
digital	fest	alphanumerischer		
		Listendruck	Bildschirm	
	bewegt	alphanumerische Darstellung diskreter Schritte auf		Datenspeicher für Bewegungsdaten
		Liste	Bildschirm	

Abb. 1.07 Möglichkeiten der End- und Zwischenprodukte in der Kartographie

Abb. 1.07 gibt hierzu eine Übersicht. Die Umrandung einzelner Felder kennzeichnet etwa den gegenwärtigen Stellenwert der Möglichkeiten. Dabei lassen
sich immaterielle Karten durch technische Prozeduren in reale Karten (Hard-

copy), digitale in analoge Darstellungen umwandeln. Umgekehrte Vorgänge sind ebenfalls möglich (z. B. durch Video, Digitalisierung).

1.5 Kommunikationsprozesse in der Kartographie

Entstehung und Gebrauch kartographischer Darstellungen sind ihrem Wesen nach spezielle Kommunikationsprozesse, und zwar sind sie typische Mittel menschlicher Kommunikation über räumliche Strukturen der Umwelt. Damit gelten auch für sie die allen Kommunikationen zugrundeliegenden Merkmale und Abläufe.

1.5.1 Das kartographische Kommunikationsnetz

Wendet man die allgemeinen Erkenntnisse über Kommunikation auf die Kartographie an, so ergibt sich ein Netz aus mehreren Kommunikationsvorgängen, wie es Abb. 1.08 in groben Zügen darstellt. Dabei wird die Umwelt zunächst durch eine weitgehend einseitige diagnostische Kommunikation erfasst.

Innerhalb des dargestellten Kommunikationsnetzes ist der Kartograph einerseits Empfänger und andererseits Sender von Informationen, und es geht sowohl um den Ablauf konventioneller Kartenherstellung als auch um den von GIS-Techniken.

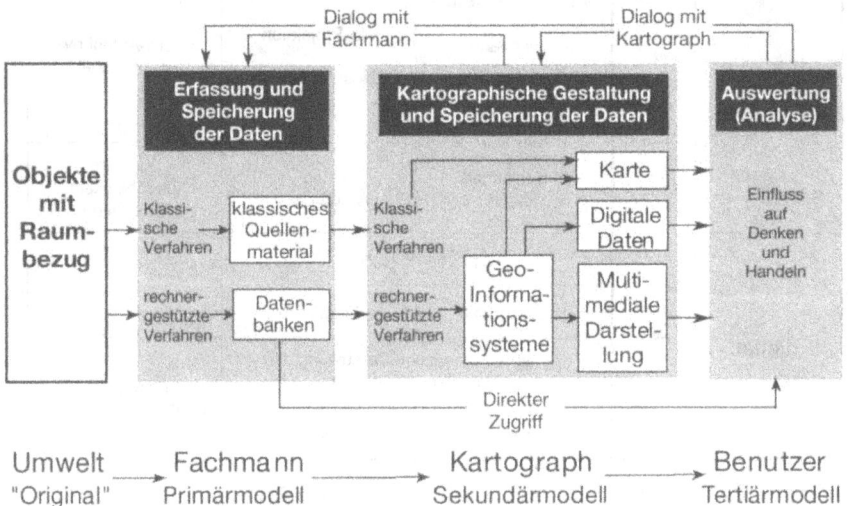

Abb. 1.08 Das kartographische Kommunikationsnetz

Der erste Kommunikationsvorgang führt von der Umwelt zum Fachmann: Die Zeichen der Umwelt, die der Fachmann (z. B. Topograph, Geologe, Statistiker) oder sein

Gerät auf verschiedenen physikalischen Kanälen als Signale empfängt, werden im Gedächtnis oder als Protokolle, Registrierungen, Karteneintragungen usw. gespeichert und zu einem fachbezogenen Modell der Umwelt als Primärmodell (1.4.2) verarbeitet. In der nächsten Informationsübertragung empfängt der Kartograph die Zeichen dieses Fachmodells und bildet daraus ein kartographisches Modell durch Karten oder digitale Daten (Sekundärmodell). Am Ende der dritten Kommunikation verarbeitet der Benutzer als Empfänger die Ergebnisse seiner Auswertung zur eigenen Umweltvorstellung (Tertiärmodell).

Dieser zunächst sehr einseitig gerichtete Verlauf der Informationen gilt streng genommen nur dann, wenn der Benutzer auf diesem Wege neue Informationen über die Umwelt erhält. Wird dagegen die kartographische Wiedergabe vorwiegend zu Vergleichen benutzt, so erweitert sich die Informationskette zu einem oder mehreren Regelkreisen. Solche Vergleiche können sich beziehen a) auf die Umwelt selbst (z. B. Geländevergleich), b) auf eine andere kartographische Darstellung und c) auf bereits bestehende Kenntnisse von der Umwelt. Die Vergleiche können bewirken, dass der Fachmann neue Sachinformationen codieren muss, der Kartograph die Kartenzeichen zu ändern hat oder der Benutzer sein Weltbild korrigiert. Schließlich lässt sich das Netz noch erweitern um die vielen und wichtigen Fälle, in denen mehrere Benutzer mit Hilfe der Karte untereinander kommunizieren, ferner wenn der Kartograph die von ihm aufbereiteten Daten nicht nur dem Benutzer, sondern auch der Datensammlung des Fachmanns überlässt und dieser wie ein Benutzer weitere Aktivitäten und damit auch Kommunikationsvorgänge auslöst.

Bei jedem Kommunikationsvorgang ist mit Verfälschungen und Minderung der Informationen zu rechnen. Im einzelnen können sich bei der kartographischen Kommunikation folgende Fälle ergeben:
- *Erfassung durch den Fachmann:*
  - Schwierige fachwissenschaftliche Erhebungen nur im Rahmen des sinnlich und apparativ Wahrnehmbaren sowie nur im Rahmen des allgemeinen Wissensstandes und Weltbildes möglich (Fachproblem),
  - Mangel an Wahrhaftigkeit der Aussage als Folge politischer oder wirtschaftlicher Tendenz und Propaganda (ethisches Problem).
- *Modellierung durch den Kartographen:*
  - Kartengraphik mangelhaft (syntaktisches Problem),
  - Fachinformationen nicht sachgerecht umgesetzt (Ausbildungsproblem und semantisches Problem),
  - Einflüsse der notwendigen Generalisierung führen zu Fortfall oder Veränderung von Detailinformationen (Gestaltungs-Problem),
  - Daten nicht ausreichend nachgeführt (Aktualitäts-Problem).
- *Kartengebrauch durch den Benutzer:*
  - Beim Kommunikationsvorgang zwischen Kartograph und Benutzer mit dem Medium Karte können die in Abb. 1.09 zusammengestellten Informationsminderungen und -verfälschungen eintreten.

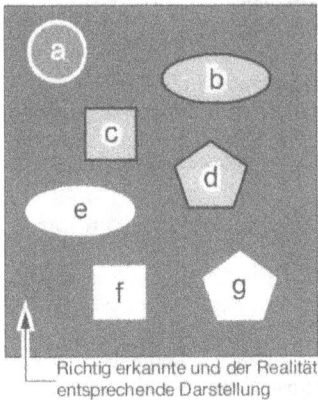

Ursache eingeschränkter Kommunikation	Wahrnehmung der Zeichen		
	richtig	falsch	keine
Aktualität : Veraltete Kartendarstellung	a		
Kartengraphik: Mangelhafte Kartengestaltung (schlechte Syntax)		b	e
Störungsquellen: Beleuchtung, Lärm, Stress, Ablenkung usw.		c	f
Bildungsstand: Mangelhafte Erfahrung im Umgang mit Kartenzeichen und deren Bedeutungsinhalt		d	g

Richtig erkannte und der Realität
entsprechende Darstellung

Abb. 1.09 Die Karte in der Kommunikation zwischen Kartograph und Benutzer: Kartenbereiche reduzierter Kommunikation und ihre Ursachen

1.5.2 Visualisierung, Vorstellungskarten

Die wichtigste Form kartographischer Kommunikation ist nach wie vor die *visuelle* Kommunikation mittels Karten, und zwar unabhängig davon, ob diese direkt analog oder durch Umwandlung digitaler Daten (z. B. als Bildschirmkarten) entstanden sind. Dabei hat die Karte als graphische Präsentation der Objektinformationen die Funktion eines Kommunikationsangebotes. Der auch als *Visualisierung (Visualisation)* bezeichnete Vorgang lässt sich in drei Stufen beschreiben:

– Zunächst besteht die *konkrete Notwendigkeit* zur Formalisierung und Realisierung der graphischen Zeichen durch geeignete Methoden und Werkzeuge der Zeichen-, Computer- und Reproduktionstechnik (Kap. 4 und 7) .

– Sodann ergibt sich die *eigentliche visuelle Wahrnehmung*, deren Erfolg auf der Wirkung einer geeigneten Zeichensprache beruht. Dies führt in den Bereich der Kommunikation, vor allem der Zeichentheorie (Semiotik, 1.2.4) und hierin speziell der Kartosemiotik (1.2.5). Mit zunehmenden multimedialen Techniken ergibt sich dabei zugleich eine wachsende Interaktion mit Bild, Text, Sprache und anderen Möglichkeiten, die sich vor allem mit den Mitteln der sog. *Computer Visualisation* ausschöpfen lassen.

– Schließlich bilden sich als *abstrakter Hintergrund* die aus den visuellen Eindrücken durch Einsatz von „Methoden des Sehens" entstehenden Vorstellungen. Diese sind stets mit dem Vorgang der Kartenauswertung (Kap. 8) verbunden und liegen dem gesamten raumbezogenen Denken und Analysieren zugrunde. Dabei entsteht beim jeweiligen Empfänger der Daten (Fachmann, Kartograph, Benutzer) zunächst ein in seinem Innern verankertes *Vorstellungsmodell*, das von anderen Personen nicht „einsehbar" ist. Das bedeutet, dass eine konkrete Karte oder eine Vorstufe davon – darüber hinaus aber auch jede unmittelbare Raumerfahrung – bei jedem Menschen zu einer bestimmten Vorstellung über die Umwelt führt. Diese innere Vorstellung entsteht erstmalig als sog. *kognitive Karte (Vorstellungskarte, mental map)* oder sie bestätigt bzw. ergänzt oder korrigiert eine solche bereits vorhandene Vorstellungskarte *(Downs/Stea* 1982, *Gould/White* 1986). Eine solche „innere" Karte lässt sich als Kartenskizze abfragen und gestattet dann Rückschlüsse auf Bildungsstand, räumliches Vorstellungsvermögen, Erfahrungen und Gewohnheiten.

1.6 Analoge Modelle in der Kartographie

Alle analogen (meist graphischen) Erzeugnisse der Kartographie bezeichnet man als *kartographische Darstellungen.* Dazu gehören die *Karte* als wichtigster Fall und die *kartenverwandten Darstellungen.* Alle Darstellungen lassen sich sowohl in fester als auch in bewegter Form verwirklichen. Dabei ist es im Zuge digitaler Prozesse möglich, Karten Zug um Zug in kartenverwandte Darstellungen zu verwandeln und auch in umgekehrter Weise vorzugehen. Über Definitionen siehe 1.1, zur Terminologie kartographischer Darstellungen siehe u. a. *Herzog* (1988).

1.6.1 Die Karte – Begriffe und Bezeichnungen im Wandel

Eine in der *Internationalen Kartographischen Vereinigung* 1995 vereinbarte Definition beschreibt die Karte wie folgt: „A map is a symbolised image of geographical reality, representing features of characteristics, resulting from the creative effort of it's authors execution of choices, and is designed for use when spatial relationships are of primary relevance." (*Grünreich* in *DGfK* 1997). Eine andere Definition berücksichtigt stärker die Tatsache, dass es auch möglich ist, die Karte durch ein latentes Modell digitaler Daten dauerhaft (z. B. in Informationssystemen) oder zwischenzeitlich (z. B. am Reproscanner) zu repräsentieren. So heißt es z. B.: „Die Karte ist ein maßgebundenes und strukturiertes Modell räumlicher Bezüge. Sie ist im weiteren Sinne ein digitales, graphikbezogenes Modell, im engeren Sinne ein graphisches (analoges) Modell." *(Hake* 1988). Für das graphische Modell gilt schließlich inhaltlich das, was allgemein alle kartographischen Darstellungen kennzeichnet, nämlich die Verwendung eines Zeichenvorrats mit vereinbarten Bedeutungen. Frühere Definitionen der klassischen Karte hat *Witt* (1979) zusammengestellt.

Jede Karte entsteht *geometrisch* als senkrechte Projektion (Grundrissbild) auf eine definierte Bezugsfläche (z. B. Ellipsoid) und deren anschließende Abbildung in die Ebene; bei ausreichend großen Maßstäben und damit geringer Gebietsfläche ergibt sich annähernd eine senkrechte Parallelprojektion auf die in Meereshöhe gedachte Horizontalebene des Gebiets (Abb. 2.42). Näheres zum Maßstab einer Karte siehe 3.5.2, zu ihren Bestandteilen in 3.5.1.

Der Name *Karte* kommt vom lateinischen Charta (Brief, Urkunde), bürgerte sich jedoch erst im 15. Jh. ein. Bis dahin war die Bezeichnung *mappa* üblich, die im englischen Sprachgebiet noch als *map* für Landkarten erhalten geblieben ist, während mit *chart* ausschließlich See- und Luftfahrtkarten gemeint sind. Vom 15. bis 17. Jh. wurde häufig auch noch die Bezeichnung *Landtafel* bzw. das dieser Bezeichnung entsprechende lateinische Wort *tabula* benutzt. Zum Alter der Begriffe Karte und Kartographie äußert sich eingehend u. a. *Sališcev* (1979). Mit der Bezeichnung *Landkarte* grenzt sich die Kartographie nach *außen* von anderen Bedeutungsinhalten der Karte ab (z. B. Spielkarte, Fahrkarte); nach *innen* versteht sie darunter alle Karten, die im Gegensatz zu den Seekarten ganz oder überwiegend Landflächen darstellen.

1.6.2 Gruppierungen und Benennungen von Karten

Karten lassen sich nach verschiedenen Gesichtspunkten gruppieren, und innerhalb solcher Bereiche gibt es zahlreiche Benennungen, die im einzelnen auf besondere Merkmale hinweisen. Allgemein kann man begrifflich unterscheiden:

- *Kartenart* bezieht sich vorwiegend auf den Karteninhalt und den damit angezeigten Gebrauch (z. B.geologische Karte),
- *Kartentyp* kennzeichnet mehr die Merkmale der Kartengraphik und des damit verbundenen Maßstabs (z. B. Isolinienkarte).

Über *kognitive Karten (mental maps)* siehe 1.5.2, zum Begriff der *Landkarten* 1.6.1 und zu den *digitalen Karten* 1.7.3. Über *Kartenfolge, -reihe, -sammlung, -satz* und *-serie* und deren begriffliche Inhalte gibt Nr. 6 Auskunft.

Die folgenden Betrachtungen beziehen sich auf *unbewegte* (feste, statische) Kartendarstellungen. Darüber hinaus ergeben sich mit den Möglichkeiten digitaler Bearbeitungen in zunehmendem Maße auch *bewegte* Kartendarstellungen. Solche *(animated maps)* stellen durch Filme, Videoaufzeichnungen oder Computergraphiken räumliche Veränderungen als Ablauf (Vorgang) dar, die es auch gestatten, von einem der nachfolgenden Gruppierungsmerkmale zu einem anderen zu wechseln. So kann z. B. eine kleinmaßstäbige Darstellung allmählich einen größeren Maßstab annehmen und dabei die Kartengraphik maßstabsbedingt anpassen. Auch lassen sich landschaftliche Veränderungen im Zuge einer Zeitreihe aufzeigen, oder es können wechselnde thematische Inhalte zur Darstellung gelangen.

1. Gruppierung nach der Art der sinnlichen Wahrnehmung

Die meisten Karten erscheinen über den *optischen* Kanal; sie beruhen daher auf *visueller* Wahrnehmung. Daneben ermöglicht der Tastsinn auch die *haptische* Wahrnehmung; die entsprechenden *taktilen* Karten (Blindenkarten) enthalten erhabene Punkte und Linienelemente sowie Blindenschrift (Braille-Zeichen) zum Abtasten. Als *multimediale* Karten gelten einerseits solche analogen Karten, die neben der eigentlichen Kartengraphik in größerem Umfang auch Texte, Tabellen, Diagramme und Bilder enthalten, andererseits solche Präsentationen, bei denen neben der visuellen auch ein akustische Wahrnehmung von Wort, Musik, Geräusch usw. stattfindet.

2. Gruppierung nach dem Karteninhalt (Kartenthema)

Die heute vorherrschende Auffassung geht aus von einer Zweiteilung in topographische und thematische Karten. In topographischen Karten sind die „…Situation, Gewässer, Geländeformen, Bodenbewachsung und eine Reihe sonstiger… Erscheinungen…Hauptgegenstand…". Dagegen stellen die thematischen Karten die „…Erscheinungen und Sachverhalte zur Erkenntnis ihrer selbst…" dar *(Internat. Kartograph. Vereinigung* 1973), d.h. sie machen ein bestimmtes Thema (z. B. Klima, Planung) durch das Medium „Karte" verständlich. Das Thema selbst kommt durch die Kartenbenennung als *Kartenart* zum Ausdruck.

Diese Zweiteilung liegt auch der Gliederung dieses Buches zugrunde. Streng genommen ist zwar die Topographie auch nur ein Thema wie jedes andere, und die Gruppierung nach dem Karteninhalt wäre dann ein jederzeit erweiterungsfähiger Katalog vieler Themengebiete. Demgegenüber lässt sich jedoch die besondere Stellung der Topographie als Thema begründen mit ihrer Basisfunktion als notwendiger Kartengrund aller thematischen Karten. Auch orientieren sich in der Praxis der Kartenherstellung die Organisationsformen, besonders bei den Fachbehörden, sachlich und als Folge historischer Entwicklungen an dieser Zweiteilung. Einzelheiten über die zum Teil unterschiedlichen begrifflichen Auffassungen lassen sich in zahlreichen Veröffentlichungen nachlesen (z. B. bei *Sališčev* 1967, *Imhof* 1968, *Arnberger/Kretschmer* 1975).

Die Grenze zwischen topographischen und thematischen Karten ist nicht exakt anzugeben. Zunächst ist festzustellen, dass nahezu jede topographische Karte auch thematische Darstellungen (z. B. politische Grenzen, Gebäudenutzung) enthält; sie bleibt dennoch eine topographische Karte. Andererseits machen aber bereits wenige, aber graphisch betonte thematische Darstellungen auf einer vollständigen topographischen Karte diese zur thematischen Karte. Dazwischen gibt es Mischformen (z. B. bei bestimmten Stadt-, Straßen- und Wanderkarten); die dafür früher auch verwendete Bezeichnung als angewandte Karte ist nicht treffend und entbehrlich. Letztlich werden der Zweck und die Gestaltung einer Karte die Zuordnung in eine der beiden Gruppen in den meisten Fällen ermöglichen. Zur weiteren Gliederung topographischer und thematischer Karten und den damit verbundenen Bezeichnungen siehe 9.2 und 10.2.

Der Begriff *Plan* wird noch sehr unterschiedlich benutzt:

a) Die überlieferte Auffassung versteht darunter eine geometrisch exakte, aber kartographisch einfach gestaltete Kartierung in sehr großen Maßstäben (z. B. Katasterplan 1:1 000) oder

b) eine Karte, die vorwiegend der Übersicht dienen soll und daher ihrem Maßstab entsprechend geometrisch und inhaltlich stärker vereinfacht ist (z. B. Stadtplan), oder

c) eine Karte, die nur Teildarstellungen enthält (z. B. Lageplan).

d) Heute versteht man unter Plan vorwiegend die Darstellung eines künftigen Vorhabens (z. B. Bebauungsplan, Regionalplan), unter anderem auch im Rahmen gesetzlicher Formulierungen. Ein solcher Plan besteht in vielen Fällen aus dem Kartenteil und einem vorgeschriebenen Textteil.

3. Gruppierung nach dem Kartenmaßstab

Karten sind *maßstäblich* und können groß-, mittel- und klein*maßstäbig* sein, wobei sich etwa folgende Einteilung ergibt:

Große Maßstäbe: 1:10000 und größer,
mittlere Maßstäbe: kleiner als 1:10000 bis etwa 1:300000,
kleine Maßstäbe: kleiner als 1:300000.

Die angegebenen Grenzbereiche zwischen den drei *Maßstabsgruppen* können allerdings noch erheblichen Schwankungen unterliegen:
– Sie gehen davon aus, dass in einem Gebiet, wie z. B. Mitteleuropa, bereits zahlreiche Karten und Kartenwerke unterschiedlichsten Maßstabs vorliegen. Dagegen kann in einem kartographisch unerschlossenen Bereich ein Kartenwerk 1:50000 durchaus als großmaßstäbig gelten.
– Sie setzen den normalen kartographischen Duktus voraus. Daher gelten z. B. Wandkarten auch dann noch als kleinmaßstäbig, wenn ihr Kartenmaßstab rein zahlenmäßig in die mittlere Maßstabsgruppe fällt.

4. Gruppierung nach der Art der Entstehung

Man unterscheidet zwischen Grundkarten und Folgekarten. *Grundkarten* sind die unmittelbare, vollständige und exakte Wiedergabe der originalen Daten aus topographischen Vermessungen, thematischen Aufnahmen oder Bildauswertungen. *Folgekarten (abgeleitete Karten)* entstehen dagegen durch kartographisches Umgestalten (Generalisieren) von Grundkarten oder anderen Folgekarten meist größeren Maßstabs (3.7). Ist diese Unterscheidung bei der erstmaligen Kartenherstellung noch relativ eindeutig, so können bei späteren Aktualisierungen je nach Quellenlage Mischformen auftreten. Darüber hinaus kann eine klare Unterscheidung bei bestimmten thematischen Karten wegen der Art der Datenaufbereitung schwierig sein (10.2.2 Nr. 3).

5. Gruppierung nach der graphischen Struktur des Kartenbilds (Kartentyp)

Man spricht von *Strichkarten, Signaturenkarten, Isolinienkarten* usw., wenn diese Gefüge im Kartenbild jeweils überwiegen. Dagegen bezeichnet man die klassischen Karten insgesamt auch als *Strichkarten*, wenn man sie von *Halbtonkarten (Photokarten)* unterscheiden will. Solche *Bildkarten* entstehen auf der Grundlage entzerrter Luft- und Satellitenbilder, die mit kartographischen Gestaltungsmitteln ergänzt werden (3.8.1.1). Als *Kartogramm* gilt die Darstellung eines Zahlenwertes je Bezugsfläche (z. B. Bevölkerungsdichte); über einen anderen Bedeutungsinhalt siehe Nr. 11.

6. Gruppierung nach äußerer Form und Art des Verbundes

Als *Kartenwerk* (z. B. topographisches Kartenwerk, Flurkartenwerk) bezeichnet man die Gesamtheit der Karten, die auf einer systematischen Grundlage von Kartennetz, Blattschnitt und -bezeichnung in einheitlicher Gestaltung und meist in gleichem Maßstab ein bestimmtes Gebiet (z. B. den Bereich eines Staates) lückenlos überdecken. Das einzelne Stück daraus ist das *Karten-* oder *Einzelblatt*. Als *Kartenserie* gilt meist – vor allem im internationalen Sprachgebrauch – ein militärisches Kartenwerk.

Eine *Kartensammlung* ist eine räumlich geschlossene, systematisch geordnete Zusammentragung von Karten für Dokumentation und Benutzung. Weitere Bezeichnungen wie Kartenfolge, -reihe oder -satz besitzen keinen eindeutig benutzten Bedeutungsgehalt: Meist gilt als *Kartenfolge* die Wiedergabe eines Gebietes durch die Folge von Maßstäben oder aus verschiedenen Zeitabschnitten. Eine *Kartenreihe* fasst oft Karten gleichen Inhalts bzw. verschiedener Teile davon zusammen, die nach dem jeweiligen Zweck auch verschieden gestaltet sein können. Ein *Kartensatz* besteht dagegen meist aus Karten verschiedener Themen, die aber unter einem Gesamtaspekt (z. B. Planung) miteinander verknüpft sind; mitunter ist damit aber auch die Gesamtheit der Einzelkarten eines Kartenwerks gemeint..

Als *Atlas* gilt die systematische, meist buchförmig gebundene Sammlung von Karten ausgewählter Maßstäbe und Themen für ein bestimmtes Gebiet (z. B. Weltatlas, Nationalatlas), zur Darstellung eines besonderen Themas (z. B. Klimaatlas, Seuchenatlas) oder typischer topographischer Erscheinungen (z. B. topographischer Atlas, Luftbildatlas). Näheres siehe Kap. 11.

Wandkarten sind Karten sehr großen Formats und relativ grober graphischer Gestaltung, um bei Unterricht und Vortrag die Lesbarkeit auch bei größerem Betrachtungsabstand zu ermöglichen. Im Gegensatz dazu bezeichnet man auch Karten des üblichen, handlichen Formats als *Handkarten*.

Eine zunehmende Rolle spielen *Medienkarten* als kartographische Darstellungen in bestimmten visuellen Informationsmitteln. Darunter sind die kleinformatigen, meist einfarbigen *Textkarten* in Sachbüchern (z. B. Schulbüchern) und Fachzeitschriften für einen längeren Gebrauch bestimmt. Dagegen sind *Kurzzeitkarten* nur für eine begrenzte Verwendungs- bzw. Wahrnehmungsdauer konzipiert. Zu ihnen gehören einerseits Karten und kartenverwandte Darstellungen, die in der Touristik, bei Veranstaltungen, im Verkehr usw. einem bestimmten Benutzerkreis als Schnellinformation dienen, andererseits die *Massenmedien-Karten* *(Scharfe* 1997) als *Pressekarten (Zeitungskarten)* oder als *Fernsehkarten (Videokarten)*.

Deckblattkarten (Oleatenkarten) auf durchsichtiger Folie lassen sich über anderen Karten einpassen und gestatten damit die Zusammenschau verschiedener Darstellungen (graphische Addition) für Sach- oder Zeitvergleiche, für kartometrische Arbeiten oder zur Orientierung. In besonderen Fällen enthalten sie Angaben über inzwischen eingetretene oder über geplante Veränderungen.

7. Gruppierung nach der institutionellen Herkunft

Entsprechend der Einteilung in amtliche und private Kartographie (1.8) kann man auch zwischen *amtlichen* und *privaten* Karten unterscheiden.

8. Gruppierung nach Häufigkeit und Technik der Ausfertigung

Da vervielfältigte Karten überwiegend als Offsetdrucke erscheinen, findet ein Hinweis auf das Vervielfältigungsverfahren nur in Sonderfällen (z. B. *Holzschnittkarte, Siebdruckkarte*) statt. Der seltenere Fall der einzigen Ausfertigung gilt als *Unikat*. Der Bezug zur graphischen Datenverarbeitung ist erkennbar im Falle der *Computerkarte* sowie durch den Hinweis auf verwendete Hardware wie z. B. *Bildschirmkarte, Plotterkarte, Printerkarte*.

9. Gruppierung nach der Entstehungszeit (zeitliche Einstufung)

Hierbei liegen *alte Karten* oder *Karten aus früherer Zeit* dann vor, wenn sie ein gewisses Alter erreicht haben und nicht mehr bearbeitet werden oder bereits durch neuere Karten in anderer Darstellungsweise ersetzt wurden. Dabei treten auch Benennungen einzelner Epochen oder Kartenarten (z. B. *Portulankarten*) auf. Dagegen sollten als *historische Karten (Geschichtskarten)* nur solche Karten gelten, die geschichtliche Themen behandeln.

10. Gruppierung nach besonderen Funktionen

Als *Arbeitskarten* gelten a) Karten, die für bestimmte Eintragungen bereitgehalten werden (mitunter in der einfachen Form der *Umrisskarte*), aber auch b) solche Karten, in denen erstmalig (und evtl. nur vorläufig) die Ergebnisse von Vermessungen oder thematischen Aufnahmen dargestellt sind. *Grundlagenkarten* können dagegen nicht nur Arbeitskarten im Sinne von a) sein, sondern darüber hinaus auch Quelle oder Kartengrund für andere Karten. Zu Haupt- und Nebenkarten, stummen Karten, Umriss-, Lern-, Leer-, Frage- und Beikarten siehe 3.5.1.

11. Gruppierung nach dem Grade der Maßstäblichkeit

Als *Karten-Anamorphose* gilt eine nach bestimmten Regeln verzerrte Darstellung, deren Maßstab entweder größere Schwankungen aufweist oder auf nichtgeometrischer Grundlage beruht (3.8.2). Ein *Kartogramm (Topogramm)* ist im Gegensatz zur eigentlichen Karte eine topographisch nicht exakte, mehr schematische Darstellung von Raumbezügen (3.7.4 Nr. 4; vgl. aber die andere Bedeutung in Nr. 5). Eine *Kartenskizze* ist darüber hinaus auch graphisch nicht exakt; entsteht sie örtlich nach einfachen Messungen oder Schätzungen, so gilt sie auch als *Geländeskizze*.

12. Gruppierung nach den Eingriffsmöglichkeiten

Karten, die sich lediglich durch manuelle Zusätze ergänzen bzw. korrigieren lassen, gelten als *passive* Karten. Dagegen sind *interaktive* Karten solche Darstellungen, die sich auf digitalem Wege dauerhaft verändern lassen.

13. Weitere Gruppierungen

Über die bisherigen Gruppierungen hinaus lassen sich noch weitere Merkmale verwenden. So kann es u. a. um die Aufnahmeart (z. B. Messtischblatt), um Eigenschaften des Kartennetzes (z. B. flächentreue Karte), Abgrenzung des Kartenfeldes (z. B. Rechteckkarte), Herkunft der Informationen (z. B. statistische Karte), Art und Umfang der Aussage (z. B. analytische Karte) oder um das dargestellte Gebiet (z. B. Kontinentkarte) usw. gehen. Solche Wortzusammensetzungen sind für den praktischen Sprachgebrauch sehr nützlich, für die Systematik im Rahmen der allgemeinen Kartographie aber von geringerer Bedeutung, da die Merkmale selbst im anderen Zusammenhang behandelt werden.

1.6.3 Kartenverwandte Darstellungen – Begriffe und Merkmale

Als solche gelten alle *kartographische Darstellungen*, die es neben der Karte noch gibt: Sie lassen sich unterteilen in *ebene (zweidimensionale)* und *körperhafte (dreidimensionale)* kartenverwandte Darstellungen; dabei sind sowohl feste (statische) als auch bewegte (dynamische) Darstellungen möglich. Die Verwandtschaft zur Karte besteht in der Ähnlichkeit hinsichtlich Objekt- und Maßstabsbereich, der Unterschied im Ansatz anderer, mehr oder weniger exakter geometrischer Regeln. Die graphische Struktur reicht von der exakten Strichzeichnung (z. B. beim Profil) über Photos (z. B. beim Luftbild) bis zur bildhaft-künstlerischen Darstellung (z. B. bei der Vogelperspektive). Über geometrische Grundlagen siehe 2.3, weitere Einzelheiten 3.8.

1.7 Geo-Informationssysteme (GIS)

1.7.1 Begriffe und Aufgaben

Wie in den anderen Kommunikations- und Informationswissenschaften hat der Begriff *Informationssystem* auch für die Kartographie eine große Bedeutung bekommen. Damit wird allgemein ein System bezeichnet (Abb. 1.10), in dem ein Systembetreiber auf Anforderung der Systemanwender Informationen unter Einsatz geeigneter Techniken und Methoden produziert und bereitstellt (nach *Dworatschek* 1989, *Schneider* 1991). Bei den modernen Informationssystemen werden computergestützte Informations- und Kommunikationstechniken eingesetzt, weil nur damit praktisch beliebig große Datenmengen schnell und effizient erfasst, verknüpft, verwaltet, analysiert sowie präsentiert und verteilt werden können.

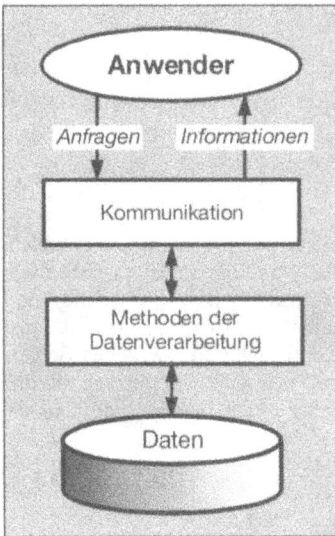

Abb. 1.10 Aufbau und Funktion eines
allgemeinen Informationssystems

Eines der wichtigsten Unterscheidungsmerkmale zwischen Informationssystemen ist die Art des Datenbezuges. Danach geht es um Personen (z.B. Bevölkerungsdaten), um Sachen (z.B. Literaturauskunft), um den Zeitbezug (z.B. bei Wetterdaten) oder um den Raumbezug (z.B. Ortspositionen) sowie um die Kombination solcher Datenarten. So sind *raumbezogene Informationssysteme (RIS)* dadurch gekennzeichnet, dass sie bei Personen-, Sach- und Zeitangaben stets auch einen Raumbezug beschreiben. Dieser bezieht sich auf jedes einzelne Objekt durch geometrische Informationen über Lage und Form sowie auf Objekt-Beziehungen durch topologische Informationen, die unabhängig von einer Metrik (2.4.4) sind.

Unter den raumbezogenen Informationssystemen stehen die *Geo-Informationssysteme (GIS)* im Vordergrund. GIS ermöglichen intensiven Datenverbund und erfordern dafür sorgfältige und leistungsfähige Datenverwaltung und -aktualisierung. Die auf einheitlichem Raumbezug basierenden primären Geo-Informationen (Geo-Daten) sind ganz überwiegend sachbezogen, zunehmend auch zeitbezogen und selten personenbezogen. Unter Verwendung fachlicher Modelle (z.B. für die Hochwassersimulation) werden daraus die für bestimmte Frage- bzw. Aufgabenstellungen benötigten Geo-Informationen erzeugt und kartographisch visualisiert.

GIS werden weltweit zunehmend in allen *Aufgabengebieten* mit Geo-Bezug eingesetzt, z.B. Liegenschaftskataster, Versorgung und Entsorgung, topographische und geowissenschaftliche Landesaufnahme, Raumordnung und Regionalplanung, Umweltschutz, Fahrzeugnavigationssysteme u.a.m.. Sie treten dabei an die Stelle der traditionellen topographischen Landeskartenwerke, der vielfältigen thematischen Karten bzw. Kartenwerke und Atlanten, die nach Struktur und

Funktion im weiteren Sinne als klassische Geo-Informationssysteme angesehen werden können.

Sinn und Zweck des Einsatzes von GIS ist einerseits die zweckgerichtete *Analyse* von Geo-Daten, die in Verbindung mit der sachgerechten *Präsentation* der Analyseergebnisse räumliche Erkenntnis- und Entscheidungsprozesse unterstützt, und andererseits die wirtschaftliche *Produktion von Karten* nach Verfahren der Digitalkartographie. *Erfassung* und *Verwaltung* der Geo-Daten, mit denen fachliches Geo-Wissen zum Zweck der Datenverarbeitung dargestellt wird, liefern die dafür notwendige Voraussetzung. Ziel der Erfassung ist es, ein fachliches Primärmodell der Umwelt aufzubauen oder zu aktualisieren. Dieses beschreibt einen fachlich relevanten Ausschnitt der Realität in digitaler Form. Das fachlich definierte Primärmodell ist Gegenstand des Geo-Datenmanagements, für das eine leistungsfähige Datenorganisation, Funktionen der Datenverwaltung und eine Datenschnittstelle erforderlich sind. Das Geo-Datenmanagement umfasst auch die Verwaltung der Meta-Daten (Informationen über Herkunft, Genauigkeit, Aktualität des Primärmodells u. a. m.), aus denen sich Aussagen zur Qualität der Geo-Informationen ableiten lassen.

Mit dem Begriff Analyse (auch GIS-Analyse) wird der Prozess zur Lösung von Aufgaben aus den Anwendungsbereichen unter Einsatz entsprechender Methoden und Modelle bezeichnet, wie z. B. die Analyse der räumlichen Verteilung von Stationen des Personennahverkehrs in bezug auf die Bevölkerung mit dem Ziel einer optimalen Nutzung der Transportkapazität. Im Hinblick auf den Erkenntnis- und Entscheidungsprozess der GIS-Anwender hat die kartographische Visualisierung (Präsentation) eine Schlüsselfunktion. In diesem Zusammenhang weist *Spiess* (in *Mayer* 1990) darauf hin, dass sinnvoll und interessant gestaltete Karten im Gegensatz zu standardisierten, langweiligen graphischen Darstellungen die Betrachter zum Denken anregen. Dieses ist aber die Bedingung für Erkenntnis (*Roszak* 1986).

Elektronische Atlanten stellen spezielle GIS dar, die sich weniger an Experten als an Laien richten. Von wissenschaftlichen Kartographen gestaltet, erfüllen sie die Erfordernisse einer modernen hochwertigen kartographischen Visualisierung unter Verwendung von Multimedia- und Hypermediatechniken in Verbindung mit ausgewählten Analysemöglichkeiten in besonderer Weise (11.4).

Die aus den Techniken und Methoden der graphischen Datenverarbeitung, der kartographischen Automationssysteme und der Datenbanktechnik entwickelte *GIS-Technik* umfasst die für die Datenerfassung und Datenverwaltung, die numerische und graphische Datenverarbeitung und die Präsentation erforderliche Hardware und Software. In der Literatur wird für letztere häufig auch die Bezeichnung GIS verwendet.

Als *Geo-Informatik* gilt die Disziplin, die sich mit den Theorien der Datenmodellierung, Speicherung, Verwaltung und Verarbeitung von Geo-Daten sowie der Entwicklung entsprechender Methoden einschließlich der dafür benötigten Informations- und Kommunikationstechniken befasst. Die moderne Entwicklung ist geprägt durch das Zusammenwachsen von Computertechnik, audiovisuellen Medien und Telekommunikation (z. B. Internet, Worldwide Web) sowie durch den objektorientierten Ansatz der Softwareentwicklung, die die Entwicklung wissensbasierter Systeme wirkungsvoll unterstützt. Zu den Aufgaben der Geo-Informatik gehört auch die Entwicklung von Konzepten für die Formalisierung der räumlichen Vorstellungen der Menschen, die eine für bestimmte Anwendnungen optimierte Darstellung raumbezogener Daten in Computermodellen ermöglicht.

1.7.2 Digitale Objektmodelle

Eine Schlüsselfunktion für GIS haben die primären Geo-Informationen (Geo-Daten). Sie stellen gewissermaßen den „Treibstoff" für GIS-Anwendungen dar. Bei der Bereitstellung flächendeckender, objektstrukturierter Geo-Datenmodelle (digitale Objektmodelle – DOM) hoher Aktualität konkurrieren öffentliche und kommerzielle Institutionen. DOM sind das Ergebnis (a) unmittelbarer oder (b) mittelbarer Erfassung der Objekte und noch weitgehend graphik-unabhängig, d.h. noch frei von digitaler Codierung graphischer Zeichen und weiterer Zeichenbefehlen.

a) Die *unmittelbare* Erfassung ist z. B. der Normalfall der Topographie, bei dem aus digitaler terrestrischer oder photogrammetrischer Vermessung oder durch Kartendigitalisierung ein digitales *Landschaftsmodell* (DLM) entsteht. Dieses besteht durch Datenintegration aus dem digitalen *Situationsmodell* (DSM) und dem digitalen *Geländemodell (Reliefmodell, Höhenmodell)* (DGM).

b) Die *mittelbare* Erfassung ist ein Vorgang, der mit kartographischer Tätigkeit noch nicht in direktem Zusammenhang zu stehen braucht, vor allem dann, wenn die Erfassung der Daten gar nicht primär auf eine kartographische Wiedergabe ausgerichtet ist (z. B. bei Wetterbeobachtungen, Bodenbewertungen, Volkszählungen). Sollen jedoch diese Daten auch als Quelle einer GIS-Analyse oder thematischen Darstellung dienen, so entsteht zunächst ein digitales (thematisches) *Fachmodell* (DFM). Es entsteht durch Verknüpfung eines mehr oder weniger reduzierten DLM und der eigentlichen Fachaussage.

Digitale Objektmodelle lassen sich entsprechend dem Grade der Feinheit ihrer Daten (der semantischen und geometrischen Auflösung) auf einen bestimmten Maßstabsbereich beziehen und unterliegen bei Anwendung in einem (meist kleineren) Maßstabsbereich einer Modellgeneralisierung. Näheres siehe 3.6.4.

1.7.3 Digitale kartographische Modelle (Darstellungsmodelle)

Durch kartographische Datenverarbeitung entsteht aus einem digitalen Objektmodell ein digitales kartographisches Modell (DKM). Dieses ist die Summe aller Objektinformationen in Gestalt graphischer Strukturen (Darstellungsgeometrie in Verbindung mit Signaturen-Codes usw.), die durch eine entsprechende Präsentationssoftware interpretiert und auf dem ausgewählten Medium (z. B. Bildschirm) ausgegeben werden kann. Damit lässt sich ein DKM auch bezeichnen als „Inhalt einer (klassischen) Karte in digitaler Form", als „digital gespeicherte Karte" oder kurz als „digitale Karte". Näheres siehe 3.6.5.

1.7.4 Gruppierung von GIS

1. Gruppierung nach Themenbereichen

Für die auf enger begrenzte Themenkreise bezogenen Fachinformationssysteme (FIS) ist eine weitere Gliederung nach Themenbereichen sinnvoll. Diese kann auch die Funktion der fachlichen Daten für integrierte GIS berücksichtigen, z. B. Basisdaten für den einheitlichen Raumbezug.

Als spezielle GIS-Ausprägung können dazu *Landinformationssysteme (LIS)* gelten, deren Thematik vor allem mit dem Grund und Boden verbunden ist und sich damit vorwiegend auf große bis mittlere Maßstäbe bezieht;

2. Gruppierung nach Aufgabenbereichen bzw. nach Trägern der GIS

Diese Gruppierung unterscheidet nach amtlichen GIS (z. B. ATKIS), kommerziellen GIS (z. B. GIS für die Kfz-Navigation) oder GIS im Bereich der Wissenschaft. Diese Gruppierung ist sinnvoll in Verbindung mit einer weiteren Gliederung nach Themenbereichen.

3. Gruppierung nach der inneren Struktur des GIS

Diese Gliederung berücksichtigt den Aufbau eines GIS (z. B. zentrale und/oder dezentrale Organisation) und den dadurch bedingten Ablauf der GIS-Anwendungen.

4. Gruppierung nach Detaillierungsgrad (Modellauflösung)

Diese Gruppierung lehnt sich an die bei analogen Karten übliche Betrachtungsweise (Grundkarte – Folgekarte) an. Sie ist bei bestimmten Themen (GIS bzw. digitale Modelle im Umweltbereich) sinnvoll, lässt sich aber nicht durchgängig anwenden, weil viele Themen nur in einem Maßstabsbereich auftreten (z. B. Grundstücksbezug bei Landinformationssystemen). In Verbindung mit einer Gruppierung der GIS nach Aufgabenbereichen kann eine weitere Untergliederung nach der Modellauflösung vorgenommen werden (z. B. bei Umweltinformationssystemen).

5. Gruppierung nach methodisch-technischen Merkmalen

Gliederungsmöglichkeiten ergeben sich nach der Datenform (z. B. vektor- und rasterorientierte GIS), nach dem Datenmodell (z. B. objektrelationales oder objektorientiertes GIS), nach den Methoden der Datenverarbeitung (z. B. Raster- oder Vektor-Datenverarbeitung) u. a. m.

Weitere Einteilungen ergeben sich aus der territorialen Abgrenzung (z. B. für ein Ballungsgebiet) sowie aus der inneren Struktur eines Systems (z. B. in Bezug auf Basisdaten, dezentrale Organisation).

1.8 Sachgliederungen der Kartographie

Die in 1.2.1 bereits beschriebene und kritisch kommentierte Zweiteilung der Kartographie in einen *theoretischen* und einen *praktischen* Bereich entspricht etwa einer vertikalen Gliederung der Kartographie, doch lässt sich heute eine scharfe Trennlinie nicht mehr angeben. Dagegen bedeutet die ebenfalls in 1.2.1 aufgeführte Gliederung in *allgemeine* und *angewandte* Kartographie eine mehr horizontale Gruppierung durch die Aufteilung nach Stoffgebieten. Sie ist die in Bezug auf inhaltliche Systematik wichtigste Gliederung und liegt auch der Einteilung dieses Buches wie folgt zugrunde:

- Teil 1: *Allgemeine Kartographie.* Sie umfasst die Grundlagen des Fachwissens, ihre Verfahren und Werkzeuge. Dazu gehören die Merkmale des kartographischen Raumbezugs (Kap. 2), der kartographischen Modellbildung (Kap. 3) und ihrer technischen Realisierung (Kap. 4), ferner die mehr methodisch orientierten Aussagen zur Planung kartographischer Arbeiten (Kap. 5), zur Erfassung der Informationen (Primärmodelle, Kap. 6), zur weiteren Verarbeitung zu graphischen und digitalen Darstellungen (Sekundärmodelle, Kap. 7) und zu deren Auswertung (Tertiärmodelle, Kap. 8).
- Teil 2: *Angewandte Kartographie.* Sie orientiert sich an den produktbezogenen Tätigkeiten und umfasst mit Bezug auf jeweils geeignete Geoinformationssysteme die topographischen Karten (Kap. 9), thematischen Karten (Kap. 10) und Atlanten (Kap. 11).
- Teil 3: *Gegenwart und Geschichte der Kartographie.* Sie ist die Kunde der Institutionen, der Ausbildungsgänge und des Schrifttums (Kap. 12) sowie der geschichtlichen Entwicklung der Kartographie (Kap. 13).

Der früher oft benutzte Begriff *Kartenkunde* erstreckt sich vorwiegend auf alle Stoffgebiete, die für den Umgang mit Karten von Bedeutung sind. Dazu gehören auch meist Angaben über bestimmte Karten und Kartenwerke sowie geschichtliche Betrachtungen.

Weitere Gliederungsmöglichkeiten der Kartographie ergeben sich wie folgt:
- Die Gliederung nach *institutioneller Herkunft und Zweckbestimmung* kartographischer Darstellungen führt zur Einteilung in amtliche und private (gewerbliche) Kartographie: Die *amtliche* Kartographie wird von öffentlichen Institutionen ausgeübt, die im Rahmen von Gesetzen, Verwaltungsanordnungen oder -vereinbarungen tätig sind. In diesen Bereich fallen die amtlichen topographischen Kartenwerke, die Katasterkarten sowie weitere Karten und Kartenwerke (z.B. Seekarten, Luftverkehrskarten), an deren Vorhandensein aus Gründen der Rechts- und Verkehrssicherheit, der Landesverteidigung, der Verwaltung, Planung usw. ein besonderes öffentliches Interesse besteht. Die *private (gewerbliche)* Kartographie erfüllt dagegen, von öffentlichen Aufträgen abgesehen, in erster Linie die in der heutigen Zeit rasch wachsenden Bedürfnisse nach Information auf verschiedensten Gebieten. In ihren Bereich gehören vor allem die Atlanten sowie die Schul-, Stadt-, Straßen- und Freizeitkarten (z.B. Wanderkarten) und zahlreiche weitere thematische Karten.

– Entsprechend der stofflichen *Gruppierung der Karten* (1.6.2) ist es auch üblich, von topographischer und thematischer Kartographie zu sprechen. Weitergehende Gliederungen führen dann zur Planungs-, Seekartographie usw.

– In ähnlicher Weise kommt es im Hinblick auf die *Maßstabsgruppen* zur Kartographie großer, mittlerer und kleiner Maßstäbe.

– Die Einteilung nach *historischen Epochen* orientiert sich gewöhnlich an jeweils typischen Merkmalen in der Entwicklung von Gestaltung, Technik usw. (z. B. Kartographie des Mittelalters).

– Nach der *äußeren Form* der Darstellung kann man z. B. Atlaskartographie, Pressekartographie, Fernsehkartographie unterscheiden.

– Beim Vergleich *geographischer Bereiche* wie Kontinente, Länder usw. in Bezug auf Entwicklung und Stand der jeweiligen Kartographie spricht man z. B. von der Kartographie Nordamerikas, der Schweiz usw.

2 Raumbezug in der Kartographie

Zusammenfassung

In der Kartographie bilden die Angaben zum Raumbezug die notwendigen und zugleich typischen geometrischen Basisdaten für die übrigen Objektinformationen. Daher geht es im Kapitel 2 um alle die Sachverhalte, die sicherstellen sollen, dass ein weiträumiger und widerspruchsfreier geometrischer Zusammenhang aller Daten gewährleistet ist. Dies erfordert zunächst ein geodätisches Referenzsystem aus Bezugsfläche und Grundlagenvermessung. Die daraus entstehenden geometrischen und physikalischen Festlegungen (Verortungen, Geocodierungen) ergeben sich in numerischer Form durch die Angabe von Koordinaten, Höhen und Schwerewerten. Daraus lassen sich für die verschiedenen Anwendungen jeweils bestimmte Kartennetze in numerischer und/oder graphischer Weise ableiten. Beim Einsatz der Geo-Informatik erhalten die Raumbezugsdaten eine Vektor- oder Rasterform als jeweils elementare geometrische Struktur, und dazu gehören auch noch topologische Aussagen über die Nachbarschaftsbeziehungen der Objekte.

2.1 Geodätische Grundlagen

2.1.1 Gestalt und Größe des Erdkörpers, Bezugsflächen

2.1.1.1 Die Erde als Kugel

Nach der Vorstellung der Naturvölker war die Erde eine Scheibe. Die vermutlich erste Erkenntnis über die Erde als *Kugel* stammt von *Pythagoras* (um 500 v. Chr.) und von *Aristoteles* (um 350 v. Chr.). *Eratosthenes* führte um 200 v. Chr. die erste geschichtlich beglaubigte Erdmessung durch (*Bialas* 1982).

Eratosthenes bestimmte an dem Tage, an dem in Syene (heute Assuan) die Sonne mittags im Zenit stand, im nördlich davon gelegenen Alexandria ihren Zenitwinkel γ zu rund 7,2° (Abb. 2.01). Die zugehörige Meridianbogenlänge b leitete er vermutlich aus verschiedenen Vermessungsergebnissen ab. Mit der Annahme einer sehr weit entfernten Sonne erhielt er als Zentriwinkel zu b ebenfalls γ und konnte damit den Radius R berechnen. Die erste Gradmessung der Neuzeit führte 1525 *Fernel* am Meridianbogen Paris-Amiens mit Hilfe der Umdrehungen eines Wagenrades durch.

2.1.1.2 Die Erde als Rotationsellipsoid

Mit dem um 1670 von *Newton* gefundenen Gravitationsgesetz ergaben sich erste Zweifel an der Kugelgestalt der rotierenden Erde: Die Schwerkraft auf der Erdoberfläche setzt sich zusammen aus der zum Erdinnern weisenden Anziehungskraft und der normal zur Rotationsachse gerichteten Fliehkraft. Da letztere im Äquator am größten ist, muss die Erde im Flüssigkeitsstadium am Äquator eine Aufwölbung erfahren haben. Dies führt zu einem *Rotationsellipsoid* mit der großen Halbachse *a* und der kleinen Halbachse *b*, und die geographische Breite φ ergibt sich als Winkel zwischen der Senkrechten in einem Oberflächenpunkt und der Äquatorebene (Abb. 2.02 und 2.05b). Da dieses Erdellipsoid näherungsweise der Kugel (*sphere*) entspricht, wird es im angloamerikanischen Schrifttum auch als *spheroid* bezeichnet.

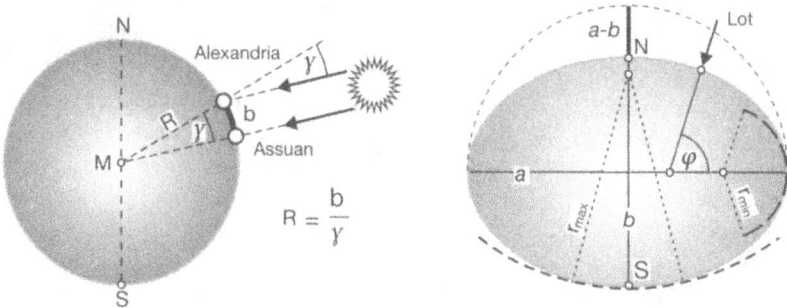

Abb. 2.01 Erdmessung des Erathostenes
Abb. 2.02 Geometrie des Rotationsellipsoids

Die Gradmessungen französischer Wissenschaftler um 1736 äquatornah im heutigen Ekuador und polnah in Lappland fanden den größten Krümmungshalbmesser r_{max} am Pol, den kleinsten Wert r_{min} am Äquator (Abb. 2.02) und bestätigten damit die Annahme eines Ellipsoids. Die ersten wissenschaftlich exakten Gradmessungen in Deutschland waren die von *C.F. Gauß* zwischen Inselsberg/Thüringer Wald und Altona (1822–1824) sowie *Bessel* in Ostpreußen (1831). Daraus und aus weiteren Messungen errechnete *Bessel* um 1840 unter Ausgleichung der Messungswidersprüche die Dimensionen eines Erdellipsoids, das seitdem den Landesvermessungen in Deutschland zugrunde liegt.

Unter den später mehrfach berechneten Erddimensionen wurde 1924 das von *Hayford/USA* bestimmte Ellipsoid als „Internationales Ellipsoid" empfohlen. 1942 verar-

Erdmaße durch	im Jahr	Große Halbachse *a*	Kleine Halbachse *b*	Abplattung $f = (a–b) / a$
Bessel	1841	6377397 m	6356079 m	1 : 299,15
Clarke	1880	6378249 m	6356515 m	1 : 293,47
Hayford	1909	6378388 m	6356912 m	1 : 297,0
Krassowskij	1942	6378245 m	6356863 m	1 : 298,3
IUGG	1967	6378160 m	6356775 m	1 : 298,25
IUGG/GRS 80	1980	6378137 m	6356752 m	1 : 298,26

Abb. 2.03 Übersicht zu den bekanntesten Erddimensionen

beitete *Krassowskij/UdSSR* sehr großräumiges Material zu neuen Erddimensionen. Die *Internationale Union für Geodäsie und Geophysik (IUGG)* empfahl 1967 in Luzern ein „Geodätisches Bezugssystem 1967" und 1979 in Canberra/Australien ein neues „Geodätisches Bezugssystem 1980 (engl. Abk. GRS 80)" *(Torge* 2001*)*. Letzteres entspricht in den Dimensionen dem „World Geodetic System 1984 (WGS 84)", das den Positionsbestimmungen nach Satelliten des Global Positioning System (GPS) zugrunde liegt. Das GRS 80 ist auch die Grundlage der modernen Landesvermessung in Deutschland. Abb. 2.03 enthält die bekanntesten Erddimensionen; weitere Erd-Maße siehe 2.1.2.5 Nr.1.

2.1.1.3 Die Erde als Geoid

Die zahlreichen Berechnungen der Erddimensionen zeigten Differenzen, die sich nicht allein durch Messungsungenauigkeiten erklären ließen. Daher kann ein *mathematisches* Rotationsellipsoid den Erdkörper nur genähert darstellen. Eine bessere Näherung ergibt sich mit dem *physikalischen* Modell einer ruhend gedachten Meeresoberfläche, die man sich auch unter den Kontinenten – etwa durch ein System kommunizierender Röhren – fortgesetzt denken kann. Diese 1873 von *Listing* als *Geoid* bezeichnete Fläche gleichen Schwerepotentials *(Äquipotentialfläche, Niveaufläche)* wird in allen Punkten von den Lotrichtungen senkrecht geschnitten. Da aber die Lotrichtungen von der in der Erdkruste relativ unregelmäßigen Massenverteilung abhängen, ist die Geoidfläche keine glatte, sondern eine schwach gewellte Fläche (Abb. 2.04).

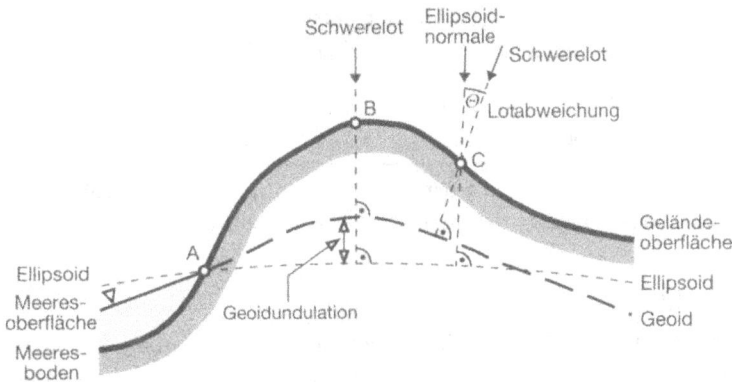

Abb. 2.04 Geoidoberfläche mit Bezug zur realen Erdoberfläche und zum Ellipsoid

Die Abweichungen des Geoids von einem ihm optimal angepassten Rotationsellipsoid, die sog. Geoidundulationen, bleiben meist unter 50 m. Die auftretenden Lotabweichungen Θ als die Winkel zwischen der Ellipsoidnormalen und der physischen Lotrichtung, an der sich die Messgeräte mit Libellen usw. orientieren, können im Flachland und Mittelgebirge bis zu 10", im Hochgebirge bis zu 1' betragen.

In der Praxis beziehen sich die Höhenmessungen aus physikalischen Gründen (z. B. wegen des Verhaltens des Wassers) auf das Geoid. Das geometrische Ellipsoid ist dagegen wegen seiner besseren Berechenbarkeit die Bezugsfläche für die Lagekoordinaten einer Landesvermessung. Wissenschaft und spezielle, vor allem globale Anwendungen (z. B. Satellitentechnik) bevorzugen schließlich dreidimensionale geozentrische Systeme (2.1.2.5 Nr.2).

2.1.2 Einheiten und Koordinatensysteme

Jede messbare Größe ergibt sich aus einem **Zahlenwert** *(Maßzahl)* und der zugehörigen Angabe der **Einheit** *(Vergleichsgröße, Normal)*. Das gegenwärtige Einheitensystem beruht auf einer internationalen Konvention von 1969 als „Système International d'Unités" (SI, *Internationales Einheitensystem*), das in Deutschland durch Bundesgesetz von 1969 (mit späteren Änderungen) eingeführt wurde (mit Hinweis auf die Definitionen in DIN 1301). Dabei gelten als *SI-Basiseinheiten* die 7 Größen

Länge *(Meter)*,   Masse *(Kilogramm)*,   Zeit *(Sekunde)*,
Stromstärke *(Ampere)*,   Stoffmenge *(Mol)*,   Lichtstärke *(Candela)*,
thermodynamische Temperatur *(Kelvin)*.

Davon *abgeleitete SI-Einheiten* sind z. B. ebener Winkel *(Radiant)*, Kraft *(Newton)*, Temperatur *(Grad Celsius)*; *Einheiten außerhalb des SI*, aber darauf bezogen, sind z. B. *Stunde*, *Liter* sowie die Winkelangaben in *Grad* bzw. *gon*. Dezimale *Vielfache* und *Teile* der SI-Einheiten entstehen durch Voranstellen von Vorsätzen vor Einheitennamen bzw. Vorsatzzeichen vor Einheitenzeichen:

Vielfaches	10	100	1000	1 000 000	1 000 000 000
Vorsatz; Vorsatzzeichen	Deka; da	Hekto; h	Kilo; k	Mega; M	Giga; G
Teil	1/10	1/100	1/1 000	1/1 000 000	1/1 000 000 000
Vorsatz; Vorsatzzeichen	Dezi; d	Zenti; c	Milli; m	Mikro; μ	Nano; n

2.1.2.1 Längenmaße

In den meisten Staaten der Erde ist die Einheit der Längenmessung das Meter (m). Nichtmetrische Maßsysteme gelten vor allem noch in Großbritannien und in den USA. Dabei ist

1 inch (in) (deutsch : Zoll)			=	2,54	cm
1 foot (ft) (deutsch : Fuß)	=	12 in	=	30,48	cm
1 yard (yd)	=	3 ft	=	91,44	cm
1 fathom (deutsch : Faden)	=	6 ft	=	1,8288	m
1 statute (british) mile	= 5280	ft	=	1609	m
1 engl. (London) mile	= 5000	ft	=	1524	m

Die internationale Luftfahrt benutzt für Höhenangaben noch die Einheit „Fuß" (30,48 cm), und in der Seeschifffahrt gilt als nautisches Maß heute noch die Seemeile (sm) = 1852 m als mittlere Länge einer Bogenminute auf dem Erdmeridian. Seit 1965 werden in Großbritannien die Maßangaben in den amtlichen Karten auf das Meter umgestellt.

Das 1868 im Norddeutschen Bund und 1872 im Deutschen Reich gesetzlich eingeführte Meter war durch einen Platin-Iridium-Endmaßstab definiert (*Legales* Meter). 1893 wurde nach einem internationalen Prototyp das *internationale* Meter eingeführt. Die zuletzt 1983 international festgelegte Definition beschreibt das Meter als Länge des Weges, den das Licht im Vakuum während der Dauer von 1/299 792 458 einer Sekunde durchläuft.

Vor Einführung des Meters gab es zahlreiche, sehr uneinheitliche Maßsysteme. Einige davon sind nachfolgend zusammengestellt. Dabei wurde der Zoll (mit dem Kurzzeichen ″) häufig noch in 12 Linien (mit dem Kurzzeichen ‴) unterteilt, und das 6fache des Fuß galt meist als Klafter (z. B. in Österreich).

Land	Zoll (″) [cm]	Fuß (′) [cm]	Rute (bzw. Klafter) [m]	Meile [m]
Preußen (Rheinland)	2,615 · 12 = 31,38 · 12	= 3,766 · 2000	=	7532,5
Bayern (München)	2,432 · 12 = 29,18 · 10	= 2,918 ---		7420,4[1]
Württemberg	2,865 · 10 = 28,65 · 10	= 2,865 · 2600	=	7448,7
Sachsen	2,360 · 12 = 28,32 ---	4,295[3] ---		7500,0[2]
Hannover (Calenberg)	2,434 · 12 = 29,21 · 16	= 4,673 ---		7419
Österreich	2,634 · 12 = 31,61 · 6	= 1,896 · 4000	=	7585,9
Schweiz	3,000 · 10 = 30,00 · 10	= 3,000 · 1600	=	4800,0[4]

[1] = deutsche (geographische oder gemeine) Meile = 1/15 Äquatorgrad = 7420,4 m
[2] = Post-Meile = vom Norddeutschen Bund 1968 festgelegte Meile   = 7500,0 m
[3] Zugleich 10faches des Dezimalfuß von 42,95 cm
[4] Auch als Wegstrecke bezeichnet

2.1.2.2 Flächenmaße

Durch Quadrieren der Längeneinheit m ergeben sich die Flächeneinheit m² sowie die Vielfachen dam², hm², km² bzw. die Teile dm², cm², mm² usw. Daneben gibt es die gesetzlich zugelassenen Bezeichnungen 1 Ar (a) = 100 m² und 1 Hektar (ha) = 10 000 m² bei Angabe von Flur- und Grundstücksflächen.

In den nichtmetrischen Systemen ist 1 square foot (sqft) = 0,0929 m², 1 acre (ac) = 4047 m². Einige ältere Flächenmaße sind z. B. 1 preußischer Quadratfuß = 0,099 m², 1 preuß. Quadratrute = 14,18 m², 1 preuß. Morgen = 2553 m², 1 württembergischer Morgen = 3152 m², 1 bayerisches Tagwerk = 3407 m², 1 Wiener Joch = 1600 Quadrat-Klafter = 5755 m², 1 geographische Quadratmeile = 55,0629 km².

2.1.2.3 Höhen- und Schweremaße

Höhenangaben in Karten und digitalen Modellen sind stets metrische Informationen. In Bezug auf die geophysikalische Realität (siehe 2.1.1.3) repräsentieren sie jedoch nicht völlig exakt die Relationen zwischen den Potentialflächen des Erdschwerefeldes. Für feinere Betrachtungen benutzt man daher die *geopotentielle Kote* als Ausdruck der Potentialdifferenz mit den Dimensionen [m²/s²]. Aus dieser ergibt sich die *Normalhöhe* in [m] als Division durch die mittlere Normalschwere γ_m. Näheres siehe z. B. bei *Torge* (1975, 2001).

Die *Normalschwere* γ_0 der Erde beträgt am Äquator in Meereshöhe 9,78 m/s²; sie wächst zu den Polen infolge verringerter Zentrifugalkraft. Für die Breite φ = 50° ergibt sich z. B. 9,81 m/s². Abweichungen der wirklichen Schwere g von diesem Normalwert entstehen aus lokalen Massenanomalien oder aus Höhenlagen. Früher gab es für 0,01 m/s² auch die Bezeichnung 1 Gal.

2.1.2.4 Winkelteilungen

Die *darauf bezogene SI-Einheit* ist der Radiant (rad) als Zentriwinkel eines Kreises vom Halbmesser 1 m und einem Bogen von 1 m (1 rad = 1 m/m). Als herkömmliche Einheit des ebenen Winkels gilt die Teilung des Vollkreises in 360° (Grad) mit den sexagesimalen Untereinheiten 1' (Minute) = 1°/60 und 1" (Sekunde) = 1'/60 = 1°/3600. Der SI-Bezug lautet 1° = π/180 rad. Das Vermessungswesen bevorzugt dagegen wegen der Vorteile bei Messung und Berechnung die Teilung des Vollkreises in 400 gon mit den dezimalen Untereinheiten 1 cgon = 0,01 gon und 1 mgon = 0,1 cgon = 0,001 gon. Der SI-Bezug beträgt 1 gon = π/200 rad. Für die gegenseitigen Umwandlungen ist:

1 rad	= 57,29578°		= 3437,75'		= 206 265"
1 rad	= 63,66198 gon		= 6366,20 cgon		= 63 662 mgon

1°	= 0,017453 rad	1'	= 0,000291 rad	1"	= 0,000005 rad
1 gon	= 0,015708 rad	1 cgon	= 0,000157 rad	1 mgon	= 0,000016 rad

1°	= 1,111111 gon	1'	= 1,851851 cgon	1"	= 0,308642 mgon
1 gon	= 0,9°	1 cgon	= 0,54'	1 mgon	= 3,24"

2.1.2.5 Koordinatensysteme

1. Geographische Koordinaten

Das bereits von den Griechen benutzte System beschreibt eine Punktlage auf der definierten Erdoberfläche durch zwei dimensionslose Winkelgrößen als krummlinige *Flächenkoordinaten*. Dabei gilt als Äquator Ä der Kreis, dessen Ebene senkrecht zur Rotationsachse NS der Erde durch den Erdmittelpunkt verläuft (Abb. 2.05). Die parallel zum Äquator verlaufenden Breiten- oder Parallelkreise (z. B. B_P) werden vom Äquator aus polwärts in Winkelwerten von 0° bis ± 90° als nördliche (+) bzw. südliche (−) **geographische Breite** φ gezählt. Die Meridiane oder Längenkreise (z. B. L_P) schneiden den Äquator und alle Breitenkreise senkrecht und gehen durch die beiden Pole N und S. Ihre **geographische Länge** λ

wird vom 1884 international vereinbarten Nullmeridian in *Greenwich* aus westlich und östlich bis jeweils 180° gezählt. Über Erddimensionen siehe 2.1.1.2.

Bei der Annahme der Erdfigur als *Rotationsellipsoid* ist die geographische Breite φ der Winkel zwischen der Oberflächennormale in P und der Äquatorebene; der Scheitelpunkt liegt damit außerhalb des Erdmittelpunktes (Abb. 2.02, 2.05b). Bei der Annahme als *Kugel* ist dagegen der Scheitelpunkt von φ stets mit dem Kugelmittelpunkt identisch (Abb. 2.05a).

In Karten des 16. und 17. Jahrhunderts sind die Angaben der geographischen Länge meist auf die Azoren oder die Kapverdischen Inseln bezogen. 1634 einigte man sich auf den 20° westlich von Paris definierten Meridian von Ferro, der westlichsten Kanarischen Insel (17°39'46" westl. Greenwich). Weitere früher häufig benutzte Nullmeridiane sind u. a. der von Paris (2°20'14" ö. L.), von Berlin (13°23'44" ö. L.), von Pulkowo bei St. Petersburg (30°19'39" ö. L.) und von Washington (77°03'02" w. L.).

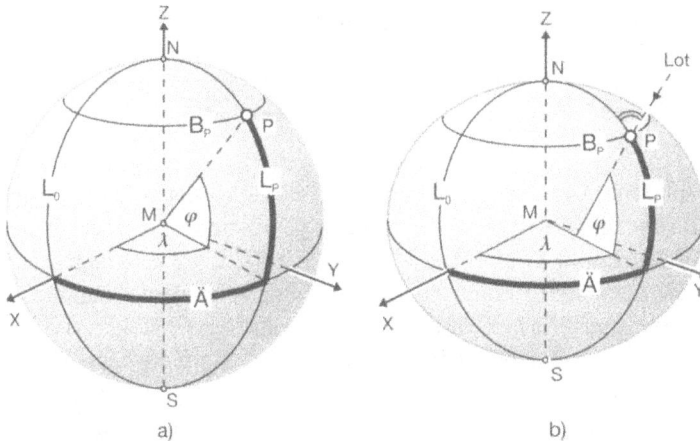

Abb. 2.05 Geographisches Koordinatensystem φ, λ (a) auf der Kugel und (b) auf dem Ellipsoid sowie globales Koordinatensystem X,Y,Z

Mit der Erdfigur als Kugel ergeben sich einfachere Rechenformeln, die eine leichte und meist ausreichend genaue Ermittlung von Größen gestatten. Die beste Näherung erreicht man dabei mit der dem Erdellipsoid etwa oberflächen- und volumengleichen Kugel vom Radius $R = 6371$ km. Für diese ergeben sich die wichtigsten Längen-, Flächen- und Volumenangaben wie folgt:

Umfang aller Großkreise (damit auch Äquator und Meridiane)	$= 2R\pi = 40\,030$ km,
Umfang eines Breitenkreises mit der Breite φ	$= 2R\pi\cos\varphi$
Länge eines Breitenkreisabschnittes zwischen λ_1 und λ_2	$= 2R\pi\cos\varphi\,(\lambda_1 - \lambda_2)°/360°$
Oberfläche der gesamten Kugel	$= 4R^2\pi = 510{,}1$ Mio. km²
Oberfläche der Zone zwischen den Breitenkreisen φ_1 und φ_2	$= 2R^2\pi\,(\sin\varphi_1 - \sin\varphi_2),$

Oberfläche des Zonenabschnitts zwischen φ_1 und φ_2 sowie zwischen λ_1 und λ_2 $(= \Delta\lambda°)$

$$= 2R^2\pi\,(\sin\varphi_1 - \sin\varphi_2)\,\Delta\lambda°/360°$$

Volumen der gesamten Erdkugel $= 4/3\,R^3\pi = 1\,083\,000$ Mio. km³.

Abb. 2.06 zeigt für das Besselsche Erdellipsoid einige ausgewählte Werte für jeden vollen 10. Breitenkreis (nach *Jordan/Eggert/Kneißl* 1956ff.). Zwischenwerte und Vielfache der Angaben lassen sich daraus genähert ermitteln.

	Bogenlänge in km					Flächengröße in km²	
	Für einen Breitenkreis-abschnitt			Für einen Meridianbogen		Für ein Eingradfeld	
Bei φ	$\Delta\lambda = 1°$	1'	1"	Von φ_1 bis φ_2	$\varphi_1 = 1°$	Von φ_1 bis φ_2	$\Delta\varphi_1=1°, \Delta\lambda_1 = 1°$
±0°	111,307	1,855	0,0309	± (0°–1°)	110,564	± (0°–1°)	12 306
±10°	109,627	1,827	0,0304	± (10°–11°)	110,600	± (10°–11°)	12 105
±20°	104,635	1,744	0,0091	± (20°–21°)	110,700	± (20°–21°)	11 546
±30°	96,475	1,608	0,0268	± (30°–31°)	110,849	± (30°–31°)	10 640
±40°	85,384	1,419	0,0237	± (40°–41°)	111,032	± (40°–41°)	9 411
±50°	71,687	1,195	0,0199	± (50°–51°)	111,226	± (50°–51°)	7 890
±60°	55,793	0,930	0,0155	± (60°–61°)	111,407	± (60°–61°)	6 122
±70°	38,182	0,636	0,0106	± (70°–71°)	111,555	± (70°–71°)	4 157
±80°	19,391	0,323	0,0054	± (80°–81°)	111,649	± (80°–81°)	2 058
±89°	1,949	0,032	0,0005	± (89°–90°)	111,680	± (89°–90°)	109

Abb. 2.06 Bogenlängen und Flächengrößen auf dem Besselschen Erdellipsoid

Das geographische Koordinatensystem lässt sich geometrisch leicht umsetzen in ein **Polarkoordinatensystem** α, r auf einer gekrümmten Oberfläche: Der Nullpunkt befindet sich im Erdpol, das Azimut α entspricht der geographischen Länge λ, und die Poldistanz r ergibt sich als Produkt aus lokalem Krümmungsradius R_k und dem zugehörigen Zentriwinkel δ. Im Falle der Erdkugel ist dabei $R_k = R$ und $\delta = 90° - \varphi$; für den Fall des Erdellipsoids wird auf die Fachliteratur verwiesen (z. B. *Torge* 1975, 2001, *Großmann* 1976, *Kuntz* 1990, *Heck* 1995b).

Sphärische Polarkoordinatensysteme mit einem *anderen Nullpunkt* als dem Erdpol spielen in der Praxis keine große Rolle: Man trifft sie in erster Linie bei schiefachsigen Kartennetzentwürfen (z. B. Funkorientierungskarten). Über Transformationen zwischen einem solchen System und dem geographischen Koordinatensystem siehe 2.2.1.3 Nr. 2.

2. Geozentrisches Koordinatensystem

Dieses *globale* System ist ein erdfestes dreidimensionales rechtwinkliges System (X, Y, Z) mit dem Ursprung im Erdschwerpunkt (Geozentrum), der Z-Achse in der mittleren Rotationsachse der Erde, der XY-Ebene in der mittleren Äquatorebene und der XZ-Ebene in der mittleren Meridianebene von Greenwich (Abb. 2.05). Im Gegensatz zu den regional begrenzten Systemen der Landesvermessungen mit ihrer Trennung in zweidimensionale, auf das Ellipsoid bezogene Lagesysteme (2.1.3.1) und eindimensionale, auf das Geoid bezogene Höhensysteme (2.1.3.2) kommt es ohne Bezugsflächen aus. Unter Einbeziehung von Zeit- und Rotationsparametern eignet es sich besonders für Satellitentechnik, Astronomie, Navigation, Geophysik und andere globale Bereiche (z. B. WGS 84, siehe 2.1.1.2).

3. Ebene Koordinatensysteme

Zur numerischen Festlegung von Punkten im Grundriss und zur Darstellung in Karten großer und mittlerer Maßstäbe dient das System der *geradlinigen* **rechtwinkligen (kartesischen) Koordinaten** der Landesvermessung. Dieses entsteht durch geodätische Abbildung (2.2.1.2) der Ergebnisse der Lagevermessungen (2.1.3.1) von der Oberfläche eines definierten Erdellipsoids in die Ebene. Dabei zeigt die positive x-Achse (Abszisse) nach oben (Gitter-Nord), die positive y-Achse (Ordinate) nach rechts (Abb. 2.07). Die Lage des Nullpunktes 0 ergibt sich aus der Festlegung, die bei der einzelnen geodätischen Abbildung getroffen wird. Ein solches System gilt im Gegensatz zu den geographischen und geozentrischen Koordinaten nur für einen definierten Abbildungsbereich (z. B. Meridianstreifen); es lässt sich jedoch durch fortgesetztes Aneinanderfügen von Abbildungsbereichen zu einem *globalen* System ausbauen (z. B. UTM-System). In Einzelfällen entstehen daneben örtliche (topozentrische) Koordinatensysteme mit lokalem Nullpunkt und vereinbarter Richtung der x-Achse.

In Abb. 2.07a ist der Punkt P_1 durch das rechtwinklige Koordinatenpaar x_1 und y_1 fixiert. Beschreibt man dagegen P_1 durch die beiden Elemente r und α (rechtsdrehend), so liegt ein **Polarkoordinatensystem** vor (Abb. 2.07b). Für die Koordinaten von P_1 und damit allgemein für jeden Punkt P_i ergeben sich die gegenseitigen Umformungen wie folgt:

$$r_i = \sqrt{x_i^2 + y_i^2}, \quad \tan\alpha_i = \frac{y_i}{x_i} \qquad (2.1.1 \text{ a})$$

$$x_i = r_i \cdot \cos\alpha_i, \quad y_i = r_i \cdot \sin\alpha_i \qquad (2.1.1 \text{ b})$$

Zwischen den Punkten P_1 und P_2 kann man in Abb. 2.07a die Strecke s und den rechtsdrehenden Richtungswinkel t gegen die Parallele zur x-Achse auffassen als ein lokales Polarkoordinatensysten mit dem Nullpunkt in P_1. Dann erhält man wie bei (2.1.1 a und b)

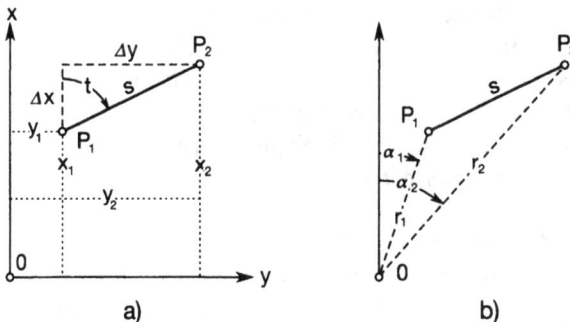

a)   b)

Abb. 2.07 Rechtwinkliges (a) und polares (b) Koordinatensystem

$$s = \sqrt{\left(x_2 - x_1\right)^2 + \left(y_2 - y_1\right)^2}, \quad \tan t = \frac{y_2 - y_1}{x_2 - x_2}. \tag{2.1.1.c}$$

Umgekehrt erhält man aus s und t von P_1 aus die Koordinaten von P_2 zu

$$x_2 = x_1 + s \cdot \cos t \text{ und } y_2 = y_1 + s \cdot \sin t. \tag{2.1.1 d}$$

In den meisten Taschenrechnern stehen die Formeln für diese Koordinatenumwandlungen (rechtwinklig/polar und umgekehrt) zur Verfügung.

2.1.3 Grundlagenvermessungen

Diese sind in fast allen Staaten öffentliche Aufgaben, die meist durch Institutionen der Landesvermessung wahrgenommen werden. Dabei entstehen Festpunktfelder als Gesamtheit von örtlich dauerhaft markierten Punkten; diese werden nach Auswertung der Messungen beschrieben durch Angabe ihrer Lage, Höhe und Schwere im jeweiligen Bezugssystem. Sie stellen sicher, dass die nachfolgenden Einzelvermessungen (zur Topographie, zum Liegenschaftskataster und zu größeren Bauprojekten und -werken) und deren kartographische Wiedergabe sowie darüber hinaus die Datenspeicherung in einem Informationssystem widerspruchsfrei und in größerem Zusammenhang möglich ist. Zu Geräten und Meßtechniken siehe Kap. 6.

2.1.3.1 Bestimmung von Lagefestpunkten

1. Aufbau und Vermarkung eines Lagefestpunktfeldes

Die Bestimmung von Lagefestpunkten beruhte bzw. beruht auf folgenden Verfahren:

a) *Triangulation* (Abb. 2.08). Diese seit dem 17. Jh. benutzte Methode besteht in der Messung aller Dreieckswinkel in einem weiträumigen Dreiecksnetz. Das damit in seiner Form eindeutige Netz erhält seinen Maßstab durch Bestimmung der Länge mindestens einer Dreiecksseite (im Beispiel FG); diese ergibt sich indirekt aus der sehr genau gemessenen Basis b durch Messung und rechnerische Übertragung in einem sog. Basisvergrösserungsnetz.

b) *Trilateration* (Abb. 2.09). Mit der hochgenauen elektronischen Streckenmessung fand diese Technik auch Einsatz in Festpunktfeldern. Sie erstreckt sich dabei nicht nur auf die eigentlichen Dreiecksseiten, sondern auch auf Diagonalverbindungen und ist in ihren äußeren Bedingungen (weniger Beobachtungstürme, weniger Zwang zu optischer Sicht) meist günstiger als die Triangulation.

c) *Polygonierung* (Abb. 2.10). Bei dieser seit Beginn des 20. Jh. praktizierten Methode entsteht ein Netz aus großräumigen Vieleckszügen (Traversen) durch Streckenmessung der einzelnen Polygonseiten und Winkelmessung für die Brechungswinkel zwischen jeweils zwei benachbarten Polygonsei-

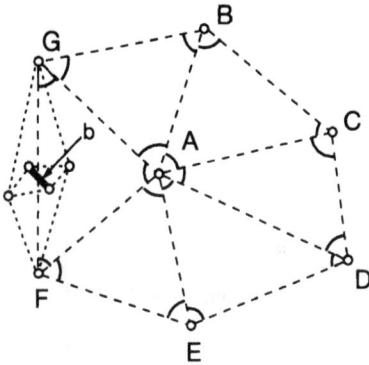

Abb. 2.08 Triangulationsnetz A bis G mit Basisvergrößerungsnetz zur Übertragung der Basis b auf FG

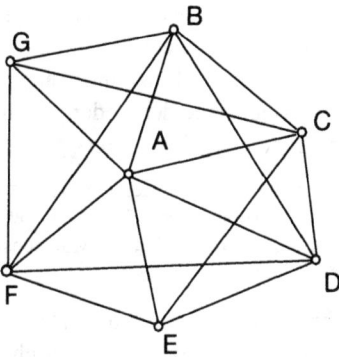

Abb. 2.09 Trilaterationsnetz A bis G mit den zusätzlichen Diagonalen BD, BF, CG, CE, DF

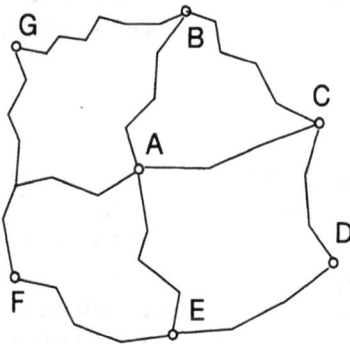

Abb. 2.10 Polygonnetz aus den Punkten A bis G durch Strecken- und Winkelmessung in den Vieleckszügen

ten. Mit diesem Verfahren lassen sich topographische Hindernisse flexibler umgehen.

d) *Positionsbestimmung mittels Satelliten* (Abb. 2.11). Die Punktbestimmung nach den Satelliten des *Global Positioning System (GPS)* erfordert wegen der für ein Festpunktfeld erforderlichen Genauigkeit eine Messanordnung, die man als *Differential GPS (DGPS)* bezeichnet. Die Neupunkte beziehen sich dabei auf bekannte Festpunkte der Region als Referenzpunkte; diese Differenzmethode beseitigt damit systematische Messfehler an beiden Punkten.

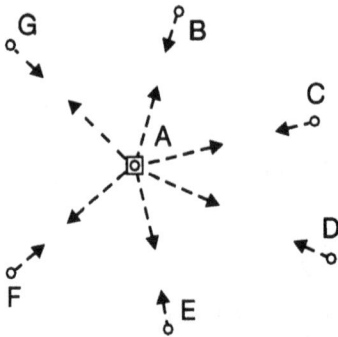

Abb. 2.11 Festpunktbestimmung nach Satelliten (GPS) durch simultane Relativmessung zwischen den Neupunkten B bis G und dem bekannten Referenzpunkt A

Die weitere Verdichtung eines Festpunktfeldes ergibt sich durch Bildung engmaschigerer Netze oder durch Kombination der Verfahren. Als Verdichtungsverfahren eignen sich auch Aerotriangulationen mit einem flächendeckenden Verband von Luftbildern sowie inertiale Messsysteme, ferner Einzelmessungen durch Winkelmessungen (Vorwärts- oder Rückwärtseinschneiden) oder durch Strecken- und Winkelmessungen (polares Anhängen an einen Festpunkt).

Da stets mehr Messgrößen ermittelt werden, als zur ·eindeutigen Festlegung erforderlich sind, erhält man durch rechnerische Ausgleichung Kontrollen, bestmögliche Ergebnisse und Angaben zur erreichten Genauigkeit. In modernen Netzen beträgt der Maßstabsfehler etwa 0,5 ppm~1 ppm, und die Punktgenauigkeit erreicht etwa ± 0,03 m.

Die Festpunkte sind *Hochpunkte* (Kirchturmspitzen, hohe Türme) oder *Bodenpunkte* (Steinpfeiler, Metallbolzen). Zentrische (tief gelegte) oder exzentrische Marken dienen zur Sicherung. Im Zuge der Messungen befinden sich über oder neben den Festpunkten bzw. ihren Exzentren Meßgeräte, Signale, Antennen, Beobachtungsleitern usw.

2. *Festlegung der Lagebezugsfläche*

Soweit in den Verfahren a) bis c) das Festpunktfeld nur in Form und Maßstab als *relative* Festlegung entsteht, ist noch eine *absolute* Fixierung durch Messung nach Gestirnen (astronomisch) oder Satelliten erforderlich. Dabei gilt als **Geodätisches Datum** eines Festpunktfeldes neben der Beschreibung des sog. Fundamentalpunktes die Angabe der Dimensionen des gewählten Ellipsoids, der Lage seines Mittelpunktes zum Geozentrum (Schwerpunkt der Erde) sowie der Orientierung zur Erdrotationsachse und zum Nullmeridian (Greenwich). Durch Satellitenmethoden aufgebaute Festpunktfelder sind stets geozentrisch positioniert. Sind danach für die Festpunkte zunächst geographische Koordinaten φ, λ ermittelt worden, so entstehen daraus die für Folgerechnungen besser geeigneten rechtwinkligen metrischen Koordinaten x, y der Landesvermessung.

Das deutsche Hauptdreiecksnetz (DHDN) basiert auf dem Ellipsoid von Bessel mit dem Punkt Rauenberg bei Berlin als Fundamentalpunkt (bei angenommener Lotabweichung Null) und der Orientierung durch das astronomische Azimut Rauenberg – Berlin/

Marienkirche. In der ehemaligen DDR entstand das staatliche trigonometrische Netz 1. Ordnung (STN 1.O.) aus einem einheitlichen Astronomisch-Geodätischen Netz (AGN) osteuropäischer Länder; es beruht auf einem einheitlichen Koordinatensystem mit dem Krassowskij-Ellipsoid als Grundlage (*Ihde* 1991) und wird über ein neues GPS-Netz mit dem DHDN verknüpft. Auf das Besselsche Ellipsoid beziehen sich auch die Dreiecksnetze von Österreich (mit dem Fundamentalpunkt Hermannskogel bei Wien und der Orientierung nach dem Azimut von dort zum Hundsheimer Berg) sowie der Schweiz (mit dem Fundamentalpunkt Berner Sternwarte).

Die isolierten Festlegungen der Lagefestpunktfelder der einzelnen Staaten führten wegen der getrennten Messungen und der unterschiedlichen Ansätze in den Dimensionen und Rechnungen an den Nahtstellen der Netze zu großen Klaffungen, die bis zu mehreren 100 m betragen. Nach den ersten rechnerischen Zusammenschlüssen zu einem einheitlichen (west)europäischen Netz ab 1950 ist über mehrere Zwischenstufen nunmehr als künftiges gemeinsames Bezugssystem das *European Terrestrial Reference System 1989 (ETRS 89)* vorgesehen, das weitgehend dem *WGS 84* entspricht (2.1.1.2). Dieses System wird in Europa durch das *European Reference Frame (EUREF)* und in Deutschland durch das *German Reference Frame (GREF)* realisiert.

3. Weitere Verdichtung des Lagefestpunktfeldes

Reicht das Lagefestpunktfeld für den unmittelbaren Anschluss von Einzelvermessungen noch nicht aus, so lassen sich weitere Verdichtungen durch Punkte vornehmen, die als Polygonpunkte, Aufnahmepunkte, Lagefestpunkte 5. Ordnung usw. bezeichnet werden. Sie wurden früher durch Polygonzüge bzw. -netze oder durch polares Anhängen in Abständen zwischen 50m und 500m bestimmt und durch weitere feste Marken fixiert. Heute lassen sich topographische Zwänge (durch Hindernisse) ausschalten durch eine von festen Punkten unabhängigere Aufstellung (freie Stationierung) von Tachymetern als Totalstation oder von GPS-Empfängern, wobei höhere Meßgenauigkeiten noch die Flexibilität der nachfolgenden Einzelvermessung erweitern.

2.1.3.2 Bestimmung von Höhenfestpunkten

1. Messung und Vermarkung

Mit dem geometrischen Nivellement werden Höhenunterschiede entlang von Linien zwischen Festpunkten bestimmt. Das Nivellement ist vom Schwerefeld beeinflusst; deshalb müssen bei Präzisionsnivellements Schwerereduktionen berücksichtigt werden. Bei schwierigen Hochgebirgsverhältnissen kommt auch die *trigonometrische Höhenmessung* zum Zuge. Neuerdings gibt es auch Ansätze der Höhenbestimmung aus Messungen zu Satelliten, insbesondere mittels GPS und *Satellitenaltimetrie*.

Durch Verknüpfung der Liniennivellements entstehen großräumige Netze mit nachfolgender weiterer Verdichtung. Die damit gewonnenen *relativen* Höhenangaben erhalten ihre *absolute* Fixierung durch die Anschlüsse an den Normalhöhenpunkt (NH), also an die definierte Bezugsfläche, an weitere unterirdische

Festlegungen (UF) zur Netzstabilisierung sowie Gravimetermessungen zur Korrektur der Meßdaten infolge lokaler Massenanomalien.

In solchen Nivellementsnetzen lassen sich die Messungsergebnisse rechnerisch ausgleichen und damit auch die erreichten Genauigkeiten ermitteln. Diese liegen bei ± 0,4mm bis etwa ± 0,7mm/1 km.

Eine Identität von Lage- und Höhenfestpunkten war früher im Hinblick auf Vermarkung, örtliche Lage und Messung nicht möglich. Die meisten Höhenfestpunkte sind durch metallische Höhenbolzen festgelegt, die in Außenwänden von Gebäuden, in Mauern oder in Granitpfeilern eingelassen sind.

2. Höhenbezugsfläche

Die Höhen des geometrischen Nivellements beziehen sich auf das Geoid als Niveaufläche des Erdschwerefeldes in Höhe des mittleren Meeresspiegels. Tatsächlich haben die meisten Staaten auch eine Höhenbezugsfläche gewählt, die angenähert mit dem mittleren Wasserstand eines benachbarten Meeres zusammenfällt, im Anhalt daran aber durch eine bestimmte Marke exakt festgelegt ist. Man spricht wegen dieses Zusammenhangs auch oft von *Meereshöhen*. Höhenmessungen nach Satelliten sind zunächst auf das definierte Ellipsoid bezogen. Sie lassen jedoch auf die übliche Höhenbezugsfläche umrechnen, wenn für den Messungsbereich die Geoidhöhen über diesem Ellipsoid bekannt sind.

Im Bereich der Bundesrepublik Deutschland beziehen sich die Höhenangaben seit 1879 auf eine als Normalnull (NN) bezeichnete Niveaufläche. Diese war durch Nivellements vom Amsterdamer Pegel auf etwa ± 0,1 m genau abgeleitet und 37,000 m unter einer Höhenmarke an der alten Berliner Sternwarte definiert worden. Wegen des Abbruchs der Sternwarte entstand 1912 etwa 40 km östlich von Berlin ein neuer Normalhöhenpunkt (NH von 1912). Die heutige Definition der Bezugsfläche beruht auf der Gesamtheit der Punkte 1. Ordnung als deutsches Haupthöhennetz (DHHN 85) mit Einschluss der unterirdischen Festlegungen (UF). In der ehemaligen DDR entstand das staatliche Nivellementsnetz 1. Ordnung (SNN) aus einer Gesamtausgleichung des Hauptnivellementsnetzes osteuropäischer Länder; es ist auf den Kronstädter Pegel bei St. Petersburg bezogen. Die SNN-Bezugsfläche liegt etwa 8 bis 16 cm höher als NN. Inzwischen wurde das gesamte deutsche Nivellementsnetz neu ausgeglichen und als DHHN 92 in Normalhöhen eingeführt (2.1.2.3). Die Bezugsfläche ist das Quasigeoid, deren Niveau durch die Höhe des Punktes Wallenhorst im europäischen Nivellementsnetz REUN 86 (s.u.) festgelegt ist (Weber 1991b). Die Höhen des DHHN 92 werden als Höhen über Normalhöhennull (NHN) bezeichnet.

In Österreich beziehen sich die Höhenangaben auf eine Marke am Molo Sartorio in Triest, die 3,352 m über dem Mittelwasser des Adriatischen Meers liegt. Für die Schweiz gilt eine Höhenmarke am Pierre du Niton, einem Felsblock im Hafen von Genf. Die Höhe dieses Punktes bezieht sich auf den mittleren Wasserstand des Mittelmeers und ist mit 373,60 m ü.M. festgelegt. Die unterschiedliche Festlegung der Höhensysteme in anderen europäischen Staaten führt an den Grenzen der Bundesrepublik Deutschland etwa zu folgenden Durchschnittswerten, um die die benachbarten Bezugsflächen unter NN liegen:

Niederlande 0,02 m, Schweiz 10,35 m, Dänemark 0,01 m, Österreich 0,35 m, Frankreich 0,49 m, Belgien 2,31 m (Bezugsfläche = mittleres Tideniedrigwasser!).

Das Einheitliche Europäische Nivellementsnetz (*Réseau Européen Unifié de Nivellement = REUN*) entstand 1960 durch gemeinsame Ausgleichung ausgewählter Nivellementslinien des westlichen Europas unter Bezug auf den Amsterdamer Pegel für 1950.0; eine Neuberechnung liegt seit 1973 vor. Damit erfüllte sich für Teilbereiche zum ersten Mal der Wunsch nach einem gemeinsamen internationalen und widerspruchsfreien Höhennetz.

Die Höhen- bzw. Tiefenangaben in den Seekarten der deutschen Nordseeküste sind auf ein besonderes Seekartennull (SKN) bezogen, das als örtliches mittleres Springniedrigwasser (MSpN) definiert ist und damit etwa um den halben Betrag eines statistisch ermittelten Gezeitenhubs unter NN liegt. Dieser Unterschied beträgt in Borkum etwa 1,4 m, Wilhelmshaven 1,9 m und List/Sylt 0,9 m. Im Bereich der deutschen Ostseeküste ist SKN praktisch gleich NN.

2.1.3.3 Bestimmung von Schwerefestpunkten

Die Modellierung des Schwerefeldes der Erde ermöglicht es u. a., die Beziehungen zwischen Ellipsoid und Geoid exakter zu beschreiben und damit Höhenbestimmungen mittels GPS in Gebrauchshöhen umzuformen. Daneben liefert das Schwerefeld wertvolle Informationen für geowissenschaftliche und geodynamische Untersuchungen sowie zur Berechnung von Satellitenbahnen.

In Deutschland entstand 1994 ein Schweregrundnetz (DSGN 94) durch absolute Schweremessungen. Daraus formt sich durch Verdichtung mit Schwerenetzen 1. Ordnung und durch gemeinsame Ausgleichung das Deutsche Hauptschwerenetz (DHSN 96), in dem sich weitere Netze 2. und 3. Ordnung bilden.

2.2 Kartennetzentwürfe

2.2.1 Grundlagen

2.2.1.1 Begriffe und Aufgaben

Kartennetzentwürfe (Kartenabbildungen) bilden die Netzlinien und Punkte eines Koordinatensystems von der mathematisch definierten Oberfläche eines Weltkörpers (**Urbild**) so in die Ebene (**Abbild**) ab, dass dort eine geeignete geometrische Grundlage für digitale kartographische Modelle und kartographische Darstellungen entsteht.

Kartennetzentwürfe sind damit spezielle Anwendungen der Gesetze mathematischer Abbildungen auf die Kartographie; man spricht daher auch von mathematischer Kartographie. Der in älterem Schrifttum häufiger anzutreffende Begriff *Kartenprojektion* hat sich historisch aus dem französischen bzw. englischen Wort *projection* mit der Bedeutung von geometrischer Perspektive entwickelt. Keineswegs ist der Begriff aber allgemein für alle Netzentwürfe aufzufassen, denn nur wenige – wie noch gezeigt wird – sind das Ergebnis einer Zentral- oder Parallelprojektion.

Ausführlichere Darstellungen zu den Kartennetzentwürfen finden sich z. B. in *Jordan-Eggert-Kneißl* (1956ff.), *Wagner* (1962), *Arnberger/Kretschmer* (1975), *Hoschek* (1984), *Snyder* (1987), *Schröder* (1988), *Canters/Decleir* (1989), *Kuntz* (1990), *Maling* (1992). Eine Bibliographie stammt von *Snyder* (1988).

Die weiteren Betrachtungen beschränken sich auf Abbildungen der Erdoberfläche. Dabei ist stets von einem **Bezugsellipsoid** (2.1.1.2) auszugehen, wenn die Ergebnisse von Grundlagenvermessungen abzubilden und Karten bis etwa zum Maßstab 1:2 Mio. herzustellen sind. Die Annahme der Erdfigur als **Kugel** ist dagegen bei kleineren Maßstäben und bei Überschlagsrechnungen zulässig, soweit die bei dieser Vereinfachung zusätzlich auftretenden Fehler wesentlich geringer bleiben als die unvermeidbaren Abbildungsverzerrungen.

2.2.1.2 Einteilung der Netzentwürfe

1. Einteilung nach den Parametern des Kartennetzes

Das Kartennetz stellt die Linien des allgemeingültigen geographischen oder eines bestimmten geodätischen (ebenen rechtwinkligen) Koordinatensystems dar.

Geographische Netze (Gradnetzentwürfe) als Repräsentation des globalen geographischen Koordinatensystems liegen gewöhnlich den kleinmaßstäbigen Karten ab 1:500 000 zugrunde und gelten auch als *kartographische Abbildungen im engeren Sinne*. Bei den je nach Formelansatz unterschiedlichen Netzbildern sind die Netzlinien bestimmter runder Koordinatenwerte in der Regel vollständig darzustellen. Als *Gradfeld* gilt dabei die einzelne Netzmasche, als *Eingradfeld* das Flächenelement, das einer Differenz von 1° in Länge und Breite entspricht. *Gradabteilungskarten* sind durch geographische Netzlinien begrenzte Karten.

Geodätische Netze (Geodätische Abbildungen) als begrenzte Systeme geodätischer Koordinaten sind mit Nullpunkt und Koordinatenrichtung auf dem Ellipsoid geographisch fixiert. Mit diesen Vorgaben entstehen danach die rechtwinklig-ebenen Koordinaten von Lagefestpunkten und Netzpunkten durch Transformation aus ihren geographischen Koordinaten. Solche Netze sind in der Regel die Grundlage für Karten im Maßstab 1:500 000 und größer. Dabei erleichtert die stets quadratische Gitterstruktur das Berechnen, Kartieren und Auswerten. Als *Gitterelement* gilt die quadratische Netzmasche, die in Karten unter Vorgabe einer runden und konstanten Koordinatendifferenz vollständig dargestellt oder nur angedeutet ist. Gegenüber den Gradnetzentwürfen unterscheiden sich die geodätischen Abbildungen noch wie folgt:
- Sie sollen nicht nur die Netzlinien von Koordinaten in Karten *graphisch* darstellen, sondern auch die *digitale* Bearbeitung der geodätischen Grundlagen und der Objekte des Karteninhalts ermöglichen.
- Wegen der höheren Genauigkeitsansprüche müssen die Beträge der Abbildungsverzerrungen sehr gering bleiben. Das bedeutet jeweils begrenzte Abbildungsbereiche in Form von Meridianstreifen, Breitenzonen o. ä. mit eindeutigen Übergängen zwischen benachbarten Systemen. Da Karten kleiner Maßstäbe meist mehrere solcher Bereiche überdecken würden, sind in solchen Karten schon aus diesem Grunde geodätische Netze unzweckmäßig.

Netzteile	konisch	azimutal	zylindrisch
Bild des Pols (alsHauptpunkt)	Punkt oder Kreis	Punkt	Gerade (tlw. im Unendlichen)
Bild der Meridiane	Geraden durch das Bild des Pols		Parallele Geraden
Bild der Breitenkreise	Konzentrische Kreisausschnitte um Polbild	Konzentrische Kreise um Polbild	Parallele Geraden
Schnittwinkel • zweier Meridiane (α) • Meridian/ Breitenkreis	< Längendifferenz $\Delta\lambda$ 90°	= Längendifferenz $\Delta\lambda$ 90°	0° 90°
Abbildungsfläche gedeutet als	*Kegelmantel um Erdfigur, verebnet*	*Tangentialebene am Pol*	*Zylindermantel um Erdfigur, verebnet*

Abb. 2.12 Merkmale der Netzbilder echter Abbildungen in normaler Lage

2. Einteilung nach der Art des Netzbildes

Geographische Netze gelten als *echte Abbildungen*, wenn sich in normaler Lage (siehe Nr. 3) die Meridianbilder als Geraden in einem Punkt treffen (im Grenz-falle im Unendlichen), wenn die Breitenkreisbilder konzentrische Kreise um diesen Punkt (im Grenzfalle mit unendlich großen Radien) darstellen und wenn Meridian- und Breitenkreisbilder sich rechtwinklig schneiden (Abb. 2.12).

Abb. 2.13 zeigt die geometrische Deutung. Im Gegensatz zur Vielfalt *geogra-phischer* Netzbilder ergeben *geodätische* Netze stets ein quadratisches Gitter.

Neben den *echten* Netzentwürfen gibt es solche, die sich nicht mehr vollstän-dig durch die unmittelbare Vorstellung einer Abbildungsfläche erklären lassen:
- Sog. *unechte* Abbildungen (z. B. Planisphären und Planigloben, 2.2.6),
- Kartennetze mit vorsätzlichen Verzerrungen *(Kartenanamorphosen*, 3.8.2),
- Kartennetze als Ergebnis von Transformationen zwischen Karten.

3. Einteilung nach der Lage der Abbildungsfläche

Nach der gegenseitigen Lage zwischen Erdkörper und Abbildungsfläche kann man unterscheiden (Abb. 2.14):
- **Normale** (normalachsige, erdachsige, polständige) Abbildungen: Die Erd-achse fällt zusammen mit der Achse bzw. Lotlinie der Abbildungsfläche.
- **Transversale** (querachsige, äquatorständige) Abbildungen: Die Erdachse bil-det einen rechten Winkel mit Achse bzw. Lotlinie der Abbildungsfläche.
- **Schiefachsige** (zwischenständige) Abbildungen: Die Erdachse bildet einen beliebigen Winkel > 0° bis < 90° mit Achse bzw.Lotlinie der Abbildungsflä-che.

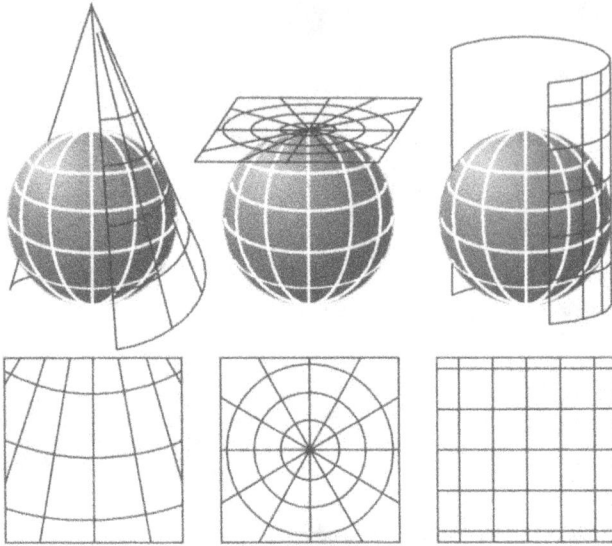

Abb. 2.13 Geometrische Deutung konischer, azimutaler und zylindrischer Abbildungen

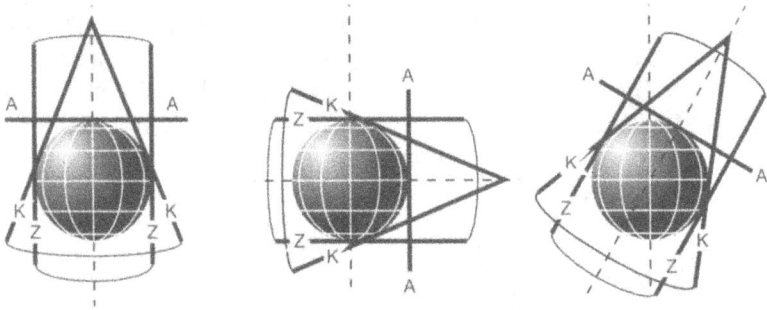

Abb. 2.14 Lage der Abbildungsflächen bei konischen (K), azimutalen (A) und zylindrischen (Z) Abbildungen

4. Einteilung nach den Abbildungseigenschaften

Eine Abbildung, die der definierten Erdoberfläche in allen geometrischen Elementen ähnlich ist, ist im Ergebnis nur möglich auf einer Ellipsoid- bzw. Kugelfläche, z. B. auf dem Globus unter Berücksichtigung des konstanten Verkleinerungsverhältnisses. Dagegen ergibt die Abbildung in eine Ebene, dass die geometrische Ähnlichkeit nur in einzelnen Elementen zu erzielen ist und die jeweils anderen Elemente *Verzerrungen* aufweisen. Dabei gibt es folgende Fälle:

– *Längentreue* (Äquidistanz), gilt im Endlichen nur in bestimmten Richtungen,
– *Flächentreue* (Äquivalenz), gilt im Endlichen,

– *Winkeltreue* (Konformität), gilt jedoch nur im Differentiellen.

– *Vermittelnde* Abbildungen sind ohne besondere Abbildungseigenschaft, aber meist so konzipiert, dass die Verzerrungen insgesamt geringer ausfallen.

Abbildungseigenschaften und Verzerrungsverhältnisse entscheiden in erster Linie die Wahl des Netzentwurfes, der dem Zweck der Karte am besten entspricht. Geographen bevorzugen für vergleichende Untersuchungen die flächentreuen Abbildungen. In der Navigation und im Vermessungswesen gibt man dagegen den konformen Abbildungen den Vorzug. Verkehrskarten beruhen häufig auf partiell längentreuen Netzen. Verwendung und Eignung von Kartennetzen nach Maßstab und Zweckbestimmung erörtern u. a. *Kretschmer* (in *Österr. Geogr. Ges.* 1970), *Heupel/Schoppmeyer* (1979) und *Hufnagel* (in *Dodt/Herzog* 1988).

2.2.1.3 Abbildungsgleichungen und Abbildungsverzerrungen

1. Allgemeine Abbildungsgleichungen

Die Abbildungsgleichungen für die einzelnen Netzentwürfe sind die mathematischen Gesetze, nach denen die Punkte der definierten Erdoberfläche in die Ebene abzubilden sind. Je nach Ansatz für die Abbildung mit polaren Koordinaten m,α oder rechtwinkligen Koordinaten x',y' als Funktion der geographischen Urbildkoordinaten φ,λ gilt damit in allgemeinster Form

$$m = f_1\,(\varphi,\lambda), \qquad \alpha = f_2\,(\varphi,\lambda) \quad \text{bzw.} \quad x' = f_3\,(\varphi,\lambda), \qquad y' = f_4\,(\varphi,\lambda). \quad (2.2.1\ a)$$

Bei den *echten* Abbildungen (2.2.1.2 Nr. 2) hängt die Abbildungskoordinate jeweils nur von *einer* geographischen Koordinate ab. Bei ihnen vereinfachen sich damit die Gleichungen (2.2.1 a) zu

$$m = f_1\,(\varphi), \qquad \alpha = f_2\,(\lambda) \quad \text{bzw.} \quad x' = f_3\,(\varphi), \qquad y' = f_4\,(\lambda)\,. \qquad (2.2.1\ b)$$

Die Gleichungen führen zum Abbildungsmaßstab 1:1, wenn sie die Erddimensionen enthalten. Beim Bezug auf eine Karte sind daher noch alle linearen Maße durch die Maßstabszahl m_k und alle Flächenmaße durch $(m_k)^2$ zu dividieren.

Die weiteren Ausführungen beschränken sich zur Vereinfachung und zur besseren Veranschaulichung auf geschlossene Formeln für die Erdfigur als **Kugel** mit dem Radius R. Ellipsoidische Rechnungen beruhen dagegen weitgehend nicht auf geschlossenen Formeln, sondern auf Reihenentwicklungen. Aus Platzgründen muss wegen des umfangreichen Formelapparats auf die Fachliteratur verwiesen werden (z. B. *Torge* 1975/2001, *Großmann* 1976, *Kuntz* 1990, *Heck* 1995a).

2. Geographisches Netz und Konstruktionsnetz

Bei echten Abbildungen in transversaler oder in schiefachsiger Lage gelten die Abbildungsgleichungen nicht für geographische Koordinaten, sondern für ein durch die Lage der Abbildungsfläche fixiertes **Konstruktionsnetz**. Dessen Pol oder *Hauptpunkt H* ist der Berührungspunkt der Ebene bzw. der Durchstoßpunkt der Zylinder- bzw. Kegelachse. Auf ihn beziehen sich die *Netzmeridiane (Hauptkreise)* und *Netzbreiten (Horizontalkreise)* mit den Konstruktionskoordinaten (azimutalen Koordinaten) α, δ; von ihm aus mit den bekannten geographischen Koordinaten φ_H und λ_H lassen sich für alle Punkte N des zur Darstellung vorgesehenen geographischen Netzes (meist runde Werte) die Abbildungsvariablen δ_N, α_N nach den Regeln der sphärischen Trigonometrie für die schiefachsige Lage (Abb. 2.15) wie folgt berechnen, wobei $\Delta\lambda = \lambda_H - \lambda_N$:

$$\cos \delta_N = \sin \varphi_H \cdot \sin \varphi_N + \cos \varphi_H \cdot \cos \varphi_N \cdot \cos \Delta\lambda . \qquad (2.2.1\ \text{c})$$

$$\cos \alpha_N = \frac{\sin \varphi_N - \sin \varphi_H \cdot \cos \delta_N}{\cos \varphi_N \cdot \sin \delta_N} \quad \text{bzw.} \quad \sin \alpha_N = \frac{\sin \Delta\lambda \cdot \cos \varphi_N}{\sin \delta_N} . \qquad (2.2.1\text{d})$$

Mit den so gewonnenen Werten δ_N *und* α_N werden die Abbildungsgleichungen berechnet und deren Ergebnisse in rechtwinklige Koordinaten zur Kartierung des Netzes umgeformt. Für bestimmte Ansätze verwendet man statt des Parameters δ auch dessen Komplement $\varepsilon = 90° - \delta$ (siehe 2.2.4.4 Nr. 1).

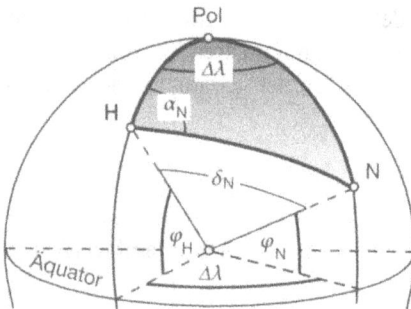

Abb. 2.15 Beziehungen zwischen geographischem Netz und Konstruktionsnetz bei schiefachsigen Abbildungen

Bei der *transversalen* Lage liegt der Hauptpunkt im Äquator, so dass $\varphi_H = 0$ wird. Damit vereinfachen sich die Formeln zu:

$$\cos \delta_N = \cos \varphi_N \cdot \cos \Delta\lambda \quad \text{bzw.} \quad \cos \alpha_N = \frac{\sin \varphi_N}{\sin \delta_N} . \qquad (2.2.1\ \text{e})$$

3. Verzerrungsellipse (Tissot'sche Indikatrix)

Die Untersuchung lokaler Verzerrungen geht aus vom Verhältnis $\varrho = s'/s$ zwischen zwei sich entsprechenden differentiell kleinen Längenelementen s' im Abbild und s im Urbild (Abb. 2.16). Diese **Längenverzerrung** (genauer: *Längenverzerrungsfaktor*) ist in ihrem Wert nicht nur von Punkt zu Punkt verschieden, sondern auch am selben Punkt 0 von der Richtung α abhängig. Dreht man nämlich s einmal um 0, so ergibt sich im Urbild ein differentiell kleiner Kreis, während im Abbild bei Drehung von s' um $0'$ allgemein kein Kreis zu erwarten ist. Auch stimmen die Richtungen α von s und α' von s' nicht überein, so dass zwei beliebige, im Urbild zueinander senkrechte Längenelemente sich auch nicht rechtwinklig abbilden. Von besonderem Interesse sind nun die Werte

$h = \varrho_\varphi$ = Längenverzerrung in Richtung des (Netz-)Meridians,

$k = \varrho_\lambda$ = Längenverzerrung in Richtung des (Netz-)Breitenkreises,

$a = \varrho_{max}$ = größter Wert der Längenverzerrung,

$b = \varrho_{min}$ = kleinster Wert der Längenverzerrung.

Tissot fand 1881, dass es zwei im Urbild zueinander senkrechte Richtungen gibt, die auch im Abbild wieder einen rechten Winkel bilden. In diesen Richtungen liegen zugleich die Extremwerte a und b (*Hauptverzerrungsrichtungen*). Da aber die echten Abbildungen gerade durch Rechtwinkligkeit der Netzlinien-Schnitte in Urbild und Abbild gekennzeichnet sind, fallen bei ihnen a und b auf die Netzlinien und sind damit zugleich die Werte h und k. Ist dabei $h > k$, so ergibt sich $h = a$ und $k = b$; ist $h < k$, so wird $h = b$ und $k = a$.

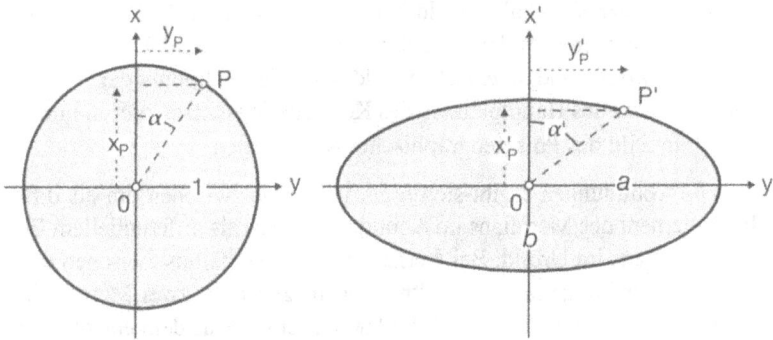

Abb. 2.16 Urbildkreis ($r = 1$) und seine Abbildung als Verzerrungsellipse

Die Abbildung des Urbildkreises mit $r = 1$ ergibt – wie sich zeigen läßt – die **Verzerrungsellipse** *(Tissot'sche Indikatrix)* mit a bzw. b als große bzw. kleine Halbachse (Abb. 2.16). Dabei tritt bei der Abbildung eines beliebigen Punktes P nach P' eine Richtungsverzerrung $(\alpha' - \alpha)$ auf, bei der im einzelnen $\tan \alpha = y/x$ und $\tan \alpha' = y'/x'$. Da $y' = a \cdot y$ und $x' = b \cdot x$, so wird $\tan \alpha'/\tan \alpha = a/b$, und mit korrespondierender Subtraktion und Addition ergibt sich

$$\frac{a-b}{a+b} = \frac{\sin \alpha' \cdot \cos \alpha - \cos \alpha' \cdot \sin \alpha}{\sin \alpha' \cdot \cos \alpha + \cos \alpha' \cdot \sin \alpha} = \frac{\sin(\alpha' - \alpha)}{\sin(\alpha' + \alpha)}. \qquad (2.2.1\ \text{f})$$

Es genügt, für die Indikatrix bei der *Richtungsverzerrung* $(\alpha' - \alpha)$ deren Maximalwert ω zu kennen, und dieser ergibt sich, wenn $\sin(\alpha' + \alpha) = 1$, also ist

$$\sin(\alpha' - \alpha)_{max} = \sin \omega = \frac{a-b}{a+b}. \qquad (2.2.1\ \text{g})$$

Da ein Winkel aus der Differenz zweier Richtungen hervorgeht, wird das Maximum w der *Winkelverzerrung* dann auftreten, wenn sich die maximalen Richtungsverzerrungen ω addieren. Demnach ist $w = 2\ \omega$.

Die **Flächenverzerrung** (genauer: der *Flächenverzerrungsfaktor*) ist der Quotient $\Phi = F'/F$, wobei die Fläche des Urbildkreises $F = 1 \cdot \pi$ und die Fläche der Abbildellipse $F' = a \cdot b \cdot \pi$ betragen. Damit wird

$$\Phi = a \cdot b = h \cdot k\ . \tag{2.2.1 h}$$

Bestimmte Abbildungseigenschaften (2.2.1.2 Nr. 4) erfordern damit die jeweils folgenden Bedingungen:
- *(Partielle) Längentreue:* $a = 1$ oder $b = 1$ ($h = 1$ oder $k = 1$),
- *Flächentreue:* $a \cdot b = 1$ ($h \cdot k = 1$),
- *Konformität:* $a = b$ ($h = k$, $\omega = 0$ in Gl. 2.2.1 g, Ellipse = Kreis).

4. *Formelansätze für echte Abbildungen mit Polarkoordinaten*

Solche Ansätze mit der *Kugel* als Urbild beginnen mit den Größen h und k als Gegenüberstellung entsprechender Netzelemente in Abbild und Urbild. Dazu befindet sich für *konische* und *azimutale* Abbildungen der Nullpunkt der Polarkoordinaten m,α im Bild des Hauptpunktes des Konstruktionsnetzes α,δ, in normaler Lage damit im Bild des Pols geographischer Koordinaten.

a) Für *konische* Abbildungen ergibt sich h als Verhältnis zwischen dm als differentiellem Element des Meridians im Abbild und $(R\ d\delta)$ als differentiellem Element des Meridians im Urbild. Bei k erhält man das Verhältnis zwischen dem Wert $(m\cdot\alpha)$ als der Länge des Breitenkreisbogens zwischen zwei Meridianbildern unter dem Schnittwinkel α im *Abbild* und $(R\ \sin\delta\ \lambda)$ als dem entsprechenden Breitenkreisabschnitt mit dem Längenunterschied λ im *Urbild*. Bezeichnet man dazu den Wert α/λ als die Abbildungskonstante n, so ergibt sich

$$h = \frac{dm}{R\cdot d\delta}, \quad k = \frac{m\cdot n}{R\cdot\sin\delta}\ . \tag{2.2.1 i}$$

Man stellt die Formel für h zur Differentialgleichung

$$dm = R\ d\delta\ h \tag{2.2.1 j}$$

um und setzt jeweils den Wert von h nach folgender Abbildungseigenschaft ein:
- bei *längentreuen Meridianen* mit $h = 1$ $dm = R\ d\delta$,   (2.2.1 k)
- bei *Flächentreue* mit $h \cdot k = 1$ $m\ dm = R^2\ \sin\delta\ d\delta\ 1/n$,   (2.2.1 l)
- bei *Konformität* mit $h = k$ $dm/m = n\ d\delta/\sin\delta$.   (2.2.1 m)

Die Integration dieser Gleichungen ergibt jeweils ein spezifisches sog. *Halbmessergesetz* für m (Weiteres in 2.2.2); für α entsteht eine einfache Beziehung aus der Abbildungskonstanten $n = \alpha/\lambda$ (siehe oben). Damit erhält man die allgemeinen Gleichungtypen aller echter konischer Abbildungen nach Gl.(2.2.1b)

$$m = f(\delta), \quad \alpha = n\lambda. \tag{2.2.1 n}$$

b) Bei *azimutalen* Abbildungen als Grenzfall konischer Abbildungen wird $n = 1$. Damit vereinfachen sich die Differentialgleichungen (2.2.1 k – m) wie folgt:

- bei *längentreuen Meridianen* mit $h = 1$ $\quad dm = R\, d\delta,$ $\qquad$ (2.2.1 o)
- bei *Flächentreue* mit $h \cdot k = 1$ $\qquad m\, dm = R^2 \sin\delta\, d\delta$ $\quad$ (2.2.1 p)
- bei *Konformität* mit $h = k$ $\qquad\quad dm/m = d\delta/\sin\delta.$ $\quad$ (2.2.1 q)

Daraus ergeben sich durch Integration sowie durch Vereinfachung bei α die allgemeinen Gleichungstypen für azimutale Abbildungen zu (Weiteres in 2.2.3)

$$m = f(\delta), \quad \alpha = \lambda. \tag{2.2.1 r}$$

5. Formelansätze für echte Abbildungen mit rechtwinkligen Koordinaten

Bei *zylindrischen* Abbildungen als Grenzfall konischer Abbildungen ist $n = 0$, und daher ist der Ansatz mit Polarkoordinaten ungeeignet. Statt dessen kommen rechtwinklige Koordinaten x', y' in Betracht, deren Nullpunkt sich im Bild des Konstruktionsnetz-Äquators befindet, in normaler Lage damit im Bild des geographischen Äquators.

Für h ergibt sich die Gegenüberstellung zwischen dx' als differentiellem Element des Meridians im Abbild und $(R\, d\varphi)$ als differentiellem Element des Meridians im Urbild. Bei k erhält man das Verhältnis zwischen $(r\,\lambda)$ als Breitenkreisabschnitt auf dem Abbild und $(R \cos\varphi\,\lambda)$ als dem entsprechenden Breitenkreisabschnitt mit dem Längenunterschied λ im Urbild. Dabei lässt sich der Wert r als Maßstabsfaktor bezeichnen und geometrisch als Radius des Abbildungszylinders deuten. Somit erhält man

$$h = \frac{dx'}{R \cdot d\varphi}, \quad k = \frac{r}{R \cdot \cos\varphi}. \tag{2.2.1 s}$$

Man stellt die Formel für h zur Differentialgleichung um

$$dx' = R\, d\varphi\, h \tag{2.2.1 t}$$

und setzt jeweils den Wert für h nach folgender Abbildungseigenschaft ein:

- Bei *längentreuen Meridianen* mit $h = 1$ $\qquad dx' = R\, d\varphi,$ $\quad$ (2.2.1 u),
- bei *Flächentreue* mit $h \cdot k = 1$ $\qquad\quad dx' = (R^2/r) \cos\varphi\, d\varphi,$ (2.2.1 v),
- bei *Konformität* mit $h = k$ $\qquad\qquad dx' = r\, d\varphi/\cos\varphi.$ $\quad$ (2.2.1 w)

Die Integration dieser Gleichungen ergibt in 2.2.4 die jeweiligen Abbildungsformeln. Für y' folgt die Gleichung sofort aus dem Breitenkreisabschnitt $(r\,\lambda)$ im Abbild. Allgemein erhält man stets die Gleichungstypen nach (2.2.1b)

$$x' = f(\varphi), \quad y' = r\lambda. \tag{2.2.1 x}$$

6. Lokale und globale Abbildungsverzerrungen

Sind die Abbildungsgleichungen bekannt, so lassen sich aus den Gleichungen (2.2.1 i bzw. s) die Längenverzerrungen h und k *allgemein* für die Abbildung und *im einzelnen* für jeden beliebigen Wert φ bzw. λ bestimmen. Man erkennt ferner, welche Zuordnung zwischen h und k einerseits und a und b andererseits besteht, und man erhält schließlich die Angaben für die Richtungsverzerrung ω und die Flächenverzerrung Φ.

Linien gleicher Längen-, Flächen- und Winkelverzerrungen in Netzentwürfen gelten als *Isodeformaten (Äquideformaten)*. Da bei echten Abbildungen die Verzerrungsbeträge nur von der Breite (bzw. Netzbreite) abhängen, fallen dort die Isodeformaten mit den zugehörigen (Netz-)Breitenkreisbildern zusammen.

Lokale Betrachtungen mit Hilfe der differentiellen *Verzerrungsellipse* ermöglichen es, Eignung und Eigenschaften eines Netzentwurfes zu untersuchen. Dazu ist es erforderlich, die Untersuchung eines Netzentwurfes an mehreren Stellen und vor allem in kritischen Bereichen (z. B. in Randzonen und in der Mitte des Kartenfeldes) durchzuführen. So ergibt sich außerhalb der längentreuen Bereiche bei Flächentreue aus $a \cdot b = 1$, dass dann $b < 1$ und $a > 1$, während bei Konformität wegen $a = b$ beide Werte <1 oder >1. Das bedeutet, dass mit wachsendem Abstand vom längentreuen Bereich die Flächentreue große Winkelverzerrungen bzw. die Konformität große Flächenverzerrungen erzeugt.

Eine mehr **globale** Betrachtungsweise ergibt sich, wenn man alle über das gesamte Netz verteilten Verzerrungswerte durch Integration zu einem Mittelwert zusammenfasst und damit ein quantitatives Gesamt-Kriterium für die Beurteilung des Netzes erhält. Darüber hinaus lassen sich auch die Verzerrungen *endlicher* Größen ermitteln durch Vergleich von Längen, Flächen und Winkeln auf Urbild und Abbild. Die Urbild-(Soll-)Werte gewinnt man aus den geographischen Koordinaten von Punkten oder unmittelbar aus dem Gradnetz (z. B. für die Fläche einer Netzmasche), die Abbild-(Ist-)Werte aus den Abbildungskoordinaten. Solche Verfahren erfordern einen höheren Rechenaufwand.

Den Weg zu Kartennetzen mit möglichst geringen Verzerrungen untersuchen u. a. *Frančula* (1971), *Albinus* (1981), *Peters* (1982), *Grafarend/Niermann* (1984), *Györffy* (1990).

2.2.1.4 Orthodrome und Loxodrome

Zwischen zwei Orten der Erdoberfläche spielt der Verlauf der kürzesten Verbindung ebenso eine große Rolle wie der eines konstanten Kurses. Es ist daher wichtig zu wissen, welche Gestalt diese Linien in Kartennetzen aufweisen.

Die *Orthodrome (Geradlaufende)* ist auf der Kugel als Teil eines Großkreises die kürzeste Verbindungslinie zwischen zwei Punkten (Abb. 2.17). Daher spielt sie besonders in der See- und Luftfahrt sowie im Funkverkehr eine wichtige kartometrische Rolle. In den Kartennetzen bildet sie sich jedoch nur in der gnomonischen Projektion (2.2.3.4) stets als Gerade ab.

Wegen dieses Sachverhaltes lassen sich lange Entfernungen in Karten nicht immer mit der möglichen Genauigkeit messen; man greift in solchen Fällen besser die geographischen Koordinaten der Endpunkte ab und rechnet die Entfernung mit den Bezeichnungen der Abb. 2.15 zu $HN = R \cdot \delta_N$, wobei δ_N aus der Formel (2.2.1 c) bzw. (2.2.1 e) zu gewinnen

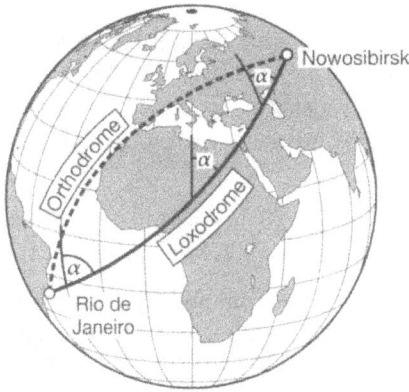

Abb. 2.17 Orthodrome und Loxodrome zwischen Rio de Janeiro und Nowosibirsk. Die Orthodrome ist etwa 14 400 km lang; die Loxodrome verläuft unter dem konstanten Kurswinkel von rund $\alpha = 55°$ und ist annähernd 600 km (rund 4%) länger als die Orthodrome.

ist. Zwischenpunkte auf der Orthodrome lassen sich nach den Formeln der sphärischen Trigonometrie rechnen oder mit der gnomonischen Abbildung (2.2.3.4) als Hilfsnetz graphisch ermitteln und dann in das Kartennetz übertragen.

Als *Loxodrome (schief laufende Linie)* gilt jede Kurve, die in ihrem Verlauf auf der Kugel alle Meridiane unter konstantem Winkel (= Azimut) schneidet (Abb. 2.17). Sie spielt daher bei Navigationsverfahren in der See- und Luftfahrt als sog. Kurslinie eine wichtige Rolle. Bei einer *magnetischen* Loxodrome gilt der konstante Kurswinkel in bezug auf die magnetischen Meridiane.

Zwischen zwei Punkten P_1 (φ_1, λ_1) und P_2 (φ_2, λ_2) beträgt das Azimut α der Loxodrome

$$\tan \alpha = \frac{\lambda_2 - \lambda_1}{\ln \tan(45° + \varphi_2/2) - \ln \tan(45° + \varphi_1/2)}. \qquad (2.2.1\ y)$$

Daraus folgt auch die allgemeine Gleichung der Loxodrome für den Fall, dass ihr Anfangspunkt P_1 (φ_1, λ_1) und ihr Azimut α gegeben sind:

$$\lambda = \lambda_1 + \tan \alpha \cdot [\ln \tan (45° + \varphi/2) - \ln \tan (45° + \varphi_1/2)]. \qquad (2.2.1\ z)$$

Dabei kann die Variable φ alle Werte von $-90°$ bis $+90°$ annehmen. Damit ergeben sich für den Verlauf der Loxodrome folgende Fälle:

1. Für $\alpha = 0°$ und $\alpha = 180°$ wird $\tan \alpha = 0$ und damit $\lambda = \lambda_1$, d. h. die Loxodrome verläuft auf dem Meridian des Anfangspunktes.
2. Für $\alpha = \pm 90°$ wird $\tan \alpha = \infty$, d. h. λ wird unbestimmt, und die Loxodrome verläuft auf dem Breitenkreis des Anfangspunktes. Zwangsläufig ist damit auch $\varphi = \varphi_1$.
3. Für alle anderen Werte α gilt dann:
   a) Jeder Wert $(-90°) < \varphi < (+90°)$ liefert *einen* endlichen Wert von λ.
   b) Bei $\varphi = \pm 90°$ wird $\lambda = \pm \infty$, d. h. die Loxodrome nähert sich den Polen in unendlich vielen Umläufen.
   c) Umgekehrt liefern die Werte $\lambda, \lambda + 2\pi, \lambda + 4\pi$ usw. jeweils einen anderen Wert von φ, d. h. jeder Meridian wird unendlich oft von der Loxodrome geschnitten. Praktisch interessiert nur der erste Wert.

Die Loxodrome ist also eine Kurve, die sich in unendlich vielen Windungen spiralförmig den beiden Polen nähert, ohne sie im Endlichen erreichen zu können. Das Verhalten bei den Polen hat jedoch keine praktische Bedeutung.

Ähnlich wie die Orthodrome erscheint auch die Loxodrome in den Kartenabbildungen im allgemeinen als gekrümmte Linie; lediglich in der Mercatorprojektion bildet sie sich stets als Gerade ab (2.2.4.3).

2.2.1.5 Meridiankonvergenz, Deklination, Nadelabweichung

Bei geodätischen Abbildungen gilt die Richtung der zur positiven x'-Achse parallelen Netzlinien als *Gitter-Nord*, wenn die x'-Achse selbst nach Geographisch-Nord weist. Auf dieser x'-Achse fallen damit Gitter-Nord und Geographisch-Nord zusammen, sonst weichen sie in jedem östlich und westlich gelegenen Punkt voneinander um einen bestimmten Winkel γ, die *Meridiankonvergenz*, ab. Diese wird vom Meridian aus im Uhrzeigersinn gezählt, so dass γ ostwärts der Abszissenachse positiv, westlich negativ ist (Abb. 2.18). Die Größe der Meridiankonvergenz in einem bestimmten Punkt hängt ab von seinem Längenunterschied $\Delta\lambda$ (bzw. seinem Abstand y') gegen den Mittelmeridian und von seiner geographischen Breite φ. Genähert ist

$$\gamma = \Delta\lambda \cdot \sin\varphi \quad \text{bzw.} \quad \gamma° = \tan\varphi \cdot 57,3 \cdot y'/R. \tag{2.2.1 aa}$$

Im deutschen Gauß-Krüger-System mit $\Delta\lambda = 1,5°$ für den Grenzmeridian erreicht demnach γ Maximalwerte von etwa $\pm 1° 10'$.

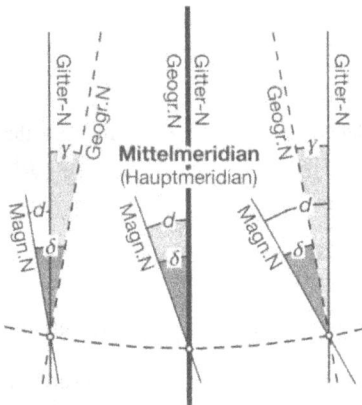

Abb. 2.18 Meridiankonvergenz γ, Deklination δ und Nadelabweichung d in einem Meridianstreifensystem.

Bei Arbeiten mit einem Kompaß, z. B. bei der Kartenorientierung (Einnorden, 8.2.3.4) oder mit einer Bussole, z. B. bei Kartenberichtigungen, kommt noch eine weitere Nordrichtung in Frage, nämlich die Richtung einer freischwebenden Magnetnadel, die als *Magnetisch-Nord* bezeichnet wird. Dabei gilt als (magnetische) *Deklination* (auch *Missweisung* der Magnetnadel) der Winkel δ, den die Richtungen nach Magnetisch-Nord und nach Geographisch-Nord einschließen, als *Nadelabweichung d* der Winkel zwischen den Richtungen nach Magnetisch-Nord und Gitter-Nord (Abb. 2.18).

Die magnetische Deklination schwankt in Deutschland von Norden nach Süden zwischen etwa 1,0° westlich und etwa 1.0° ostwärts vom jeweiligen geographischen Meridian (Stand von 1995). Sie unterliegt tageszeitlichen Schwankungen sowie lokalen und regionalen Störungen; ferner ändert sich die Richtung zu Magnetisch-Nord im Uhrzeigersinn um etwa 0,1° jährlich.

2.2.2 Konische Abbildungen

Konische Abbildungen gibt es fast nur in *normaler* Lage und vorwiegend mit *geographischen* Koordinaten. Sie eignen sich vor allem für Gebiete mittlerer Breite mit größerer West-Ost-Ausdehnung.

Die Integrationskonstante *C* aus den Gleichungen (2.2.1 k – m) und die Abbildungskonstante *n* nach Gleichung (2.2.1 n) lassen sich so festlegen, dass zwei besondere Abbildungsbedingungen eintreten, z. B.:
– ein längentreuer Breitenkreis und der Pol als Punkt,
– ein längentreuer Breitenkreis und der Kegel als Berührungskegel,
– zwei längentreue Breitenkreise und der Kegel als Schnittkegel.

Abb. 2.19 zeigt Beispiele von Netzbildern, Abb. 2.20 Verzerrungsdiagramme.

2.2.2.1 Mittabstandstreue konische Abbildungen

Als solche gelten die längentreuen Abbildungen der Meridiane. Durch Integration der Gleichung (2.2.1 k) erhält man zunächst allgemein

$$m = R\,\delta + C \tag{2.2.2 a}$$

und daraus die einzelnen Abbildungsgleichungen durch Verfügen über *C* und *n*.
1. Abbildung mit *einem* längentreuen Breitenkreis δ_0 im Berührkegel:

$$\alpha = \cos\delta_0\,\lambda, \qquad m = R\,(\tan\delta_0 + \delta - \delta_0) \tag{2.2.2 b}$$

$$h = 1, \qquad k = \frac{m \cdot \cos\delta_0}{R \cdot \sin\delta} = \Phi \geq 1. \tag{2.2.2 c}$$

2. Abbildung mit *zwei* längentreuen Breitenkreisen δ_1 und δ_2 (sog. Schnittkegel- oder *De l'Islesche Projektion* von 1745):

$$\alpha = \frac{\sin\delta_2 - \sin\delta_1}{\delta_2 - \delta_1} \cdot \lambda, \qquad m = R \cdot \delta + \frac{R}{n}\big(\sin\delta_1 - n\delta_1\big). \tag{2.2.2 d}$$

2.2.2.2 Flächentreue konische Abbildungen

Aus der Gleichung (2.2.1 l) folgt in vergleichbarer Weise:

1. **Ein** längentreuer Breitenkreis bei δ_0 und der Pol als Punkt (*Lambert* 1772):

$$\alpha = \left(\cos\frac{\delta_0}{2}\right)^2 \cdot \lambda, \qquad m = 2R \cdot \frac{\sin(\delta/2)}{\sin(\delta_0/2)}. \qquad (2.2.2\ e)$$

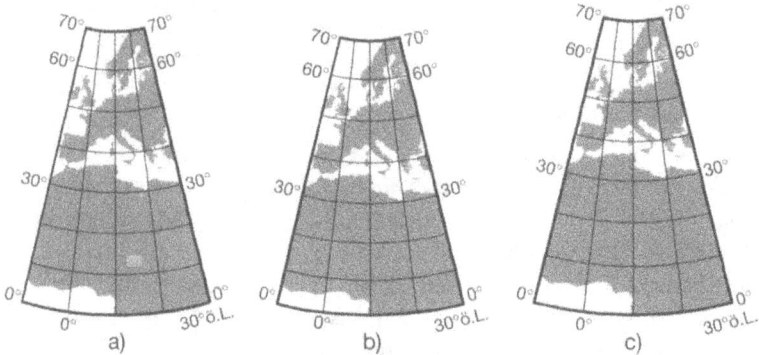

Abb. 2.19 Konische Abbildungen 1:200 Mio. in normaler Lage mit zwei längentreuen Parallelkreisen bei $\varphi_1 = 30°$ und $\varphi_2 = 60°$ (10°-Netz mit Breitenangaben φ): a) mittabstandstreu, b) flächentreu, c) konform

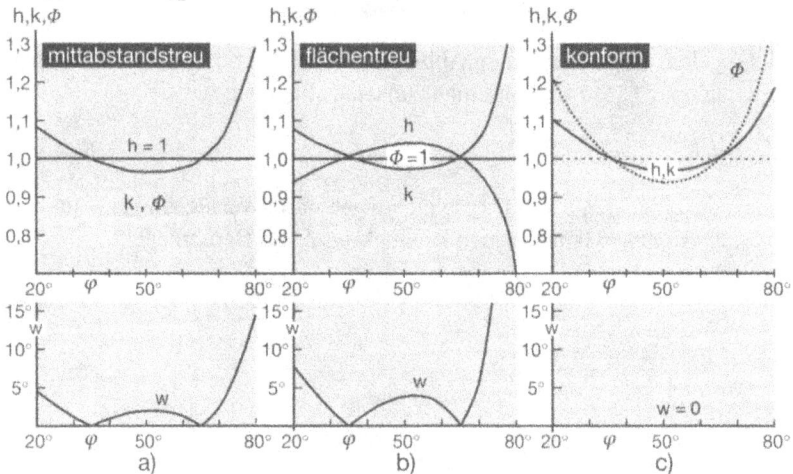

Verzerrungsbeträge konischer Abbildungen in normaler Lage
mit $\varphi_1 = 35°$ und $\varphi_2 = 65°$

Abb. 2.20 Verzerrungsbeträge konischer Abbildungen mit zwei längentreuen Parallelkreisen bei $\varphi_1 = 35°$ und $\varphi_2 = 65°$

2. *Zwei* längentreue Breitenkreise bei δ_1 und δ_2 (*Albers-Projektion* von 1805):

$$\alpha = \frac{\cos\delta_1 + \cos\delta_2}{2} \cdot \lambda, \quad m = \frac{2R}{n} \cdot \sqrt{\left(\sin\frac{\delta_1}{2}\right)^2 \cdot \left(\sin\frac{\delta_2}{2}\right)^2 + n\left(\sin\frac{\delta}{2}\right)^2} . \quad (2.2.2\ \text{f})$$

2.2.2.3 Konforme konische Abbildungen

Aus Gleichung (2.2.1 m) ergibt sich mit den bekannten Möglichkeiten:

1. Ein längentreuer Parallelkreis bei δ_0 am Berührkegel (*Lambert* 1772):

$$\alpha = \cos\delta_0 \cdot \lambda, \quad m = \frac{R\tan\delta_0}{\left[\tan(\delta_0/2)\right]^n} \cdot \left[\tan(\delta/2)\right]^n . \quad (2.2.2\ \text{g})$$

2. *Zwei* längentreue Parallelkreise bei δ_1 und δ_2 (*Lambert* 1772):

$$\alpha = \frac{\ln\sin\delta_2 - \ln\sin\delta_1}{\ln\tan(\delta_2/2) - \ln\tan(\delta_1/2)} \cdot \lambda, \quad m = \frac{R \cdot \sin\delta_1}{n} \cdot \frac{\left[\tan(\delta/2)\right]^2}{\left[\tan(\delta_1/2)\right]^n} . \quad (2.2.2\ \text{h})$$

2.2.2.4 Konische Abbildungen mit geodätischen Koordinaten

Diese gibt es fast nur als **konforme** Abbildungen mit ellipsoidischen Daten. Dazu werden die Abbildungskoordinaten m, α in ein x', y'-System transformiert (Gl. 2.1.1 b). Dessen Nullpunkt liegt entweder auf *einem* längentreuen Breitenkreis (Berührkegel) oder zwischen *zwei* längentreuen Breitenkreisen (Schnittkegel). Die x'-Achse zeigt in Meridianrichtung; die dazu senkrechte y'-Achse entfernt sich damit zunehmend vom Breitenkreisbild nach Süden. Die Längen- und Flächenverzerrungen nehmen nach Norden und Süden zu; daher beschränkt sich jedes System auf eine bestimmte Breitenzone. Nach Osten und Westen wächst allerdings die Meridiankonvergenz erheblich. Da benachbarte Systeme jeweils von unterschiedlichen Kegelparametern ausgehen, ist eine globale Verwendung nicht so günstig wie bei den vergleichbaren zylindrischen Abbildungen (2.2.4.4).

In Frankreich gibt es vier konforme (Lambert-)Systeme mit dem Clarke-Ellipsoid von 1880, je zwei längentreuen Breitenkreisen und der x'-Achse auf dem Pariser Meridian. In den Nullpunkten ist $x' = 600$ km und $y' = 200$ km und die Längenverzerrung beträgt dort etwa 0,9999 (*Reignier* 1957). Über weitere Systeme (z.B. in Belgien, Dänemark) siehe *United Nations* 1983.

2.2.3 Azimutale Abbildungen

Azimutale Abbildungen gibt es in *allen* Lagen der Abbildungsebene und meist mit *geographischen Koordinaten*. Sie eignen sich besonders für Gebiete beliebiger Breite, aber mit etwa gleicher Ausdehnung in allen Richtungen.

Die bei der Integration der Gleichungen (2.2.1 o – q) auftretende Integrations-konstante C muss 0 sein, damit des Bild des Hauptpunktes – in normaler Lage des Pols – stets als Punkt erscheint. Darüber hinaus gilt immer $n = 1$, so dass keine zusätzlichen Abbildungsbedingungen möglich sind. Beispiele von Netzbil-dern zeigt Abb. 2.24, die Verzerrungsdiagramme Abb. 2.25.

2.2.3.1 Mittabstandstreue azimutale Abbildung

Die Integration der Gleichung (2.2.1 o) ergibt bei Längentreue (auch *Speichen-treue*) in Richtung Hauptpunkt, also auf den Hauptkreisen (Netzmeridianen)

$$\alpha = \lambda, \quad m = R\delta, \quad h = a = 1, \quad k = \frac{R\delta}{\sin \delta} = b = \Phi \leq 1. \tag{2.2.3 a}$$

2.2.3.2 Flächentreue azimutale Abbildung

Die Integration der Gleichung (2.2.1 p) sowie $n = 1$ ergeben (*Lambert* 1772):

$$\alpha = \lambda, \quad m = 2R \cdot \sin \frac{\delta}{2}. \tag{2.2.3 b}$$

$$h = \cos \frac{\delta}{2} = b \leq 1, \quad k = \frac{1}{\cos(\delta / 2)} = a \geq 1. \tag{2.2.3 c}$$

2.2.3.3 Konforme azimutale Abbildung

Aus der Integration der Gleichung (2.2.1 q) und mit $n = 1$ folgt

$$\alpha = \lambda, \quad m = 2R \cdot \tan \frac{\delta}{2}, \quad h = k = \frac{1}{\left[\cos(\delta/2)\right]^2} = a \geq 1. \tag{2.2.3 d}$$

Aus Abb. 2.21 ist zu erkennen, dass es sich bei dieser sog. *stereographischen Projek-tion* um eine echte Perspektive mit dem Zentrum im Südpol (allgemein im Gegenpol des Berührungspunktes) handelt; sie war schon im Altertum bekannt. In dieser Abbil-dung ist ferner nicht nur die Indikatrix ein Kreis, sondern es werden alle Kreise der Kugeloberfläche – auch Kleinkreise – wieder als Kreise (u. U. mit dem Radius ∞) abgebil-det (Kreistreue), allerdings nicht mit identischen Kreismittelpunkten.

2.2.3.4 Gnomonische Abbildung

Bei dieser Perspektive mit dem Zentrum im Kugelmittelpunkt (Abb. 2.22) lauten die Abbildungsgleichungen und die Formeln für die Verzerrungen

$$\alpha = \lambda, \quad m = R \tan \delta, \quad h = 1/\cos^2 \delta \geq k = a, \quad k = 1/\cos \delta = b. \tag{2.2.3 e}$$

In normaler Lage liegt der Äquator im Unendlichen. Die starken Randverzerrungen machen damit die Abbildung meist wenig geeignet. Ihre große Bedeutung erhält sie dadurch, dass sie alle Großkreise – und damit jede *Orthodrome* (2.2.1.4) als kürzeste Verbindungslinie zweier Punkte – als gerade Linie abbildet. Man benutzt daher diese Abbildung in der See-, Flug- und Funknavigation als Hilfskonstruktion zur Ermittlung der Orthodrome und deren Übertragung in ein anderes Kartennetz.

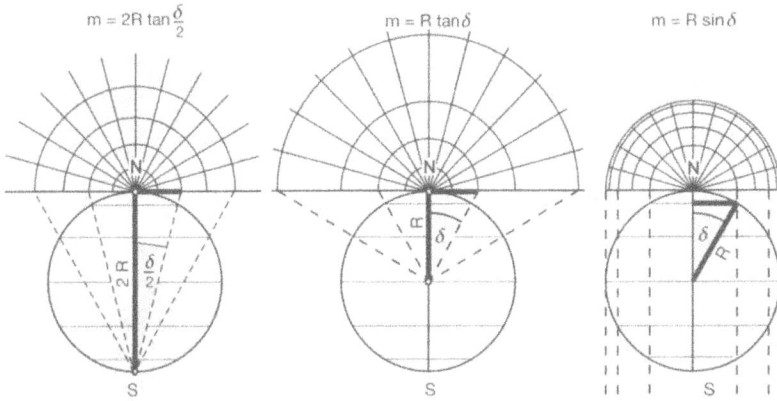

$$m = 2R \tan \frac{\delta}{2} \qquad\qquad m = R \tan \delta \qquad\qquad m = R \sin \delta$$

Abb. 2.21 Stereographische Abbildung (links)
Abb. 2.22 Gnomonische Abbildung (mitte)
Abb. 2.23 Orthographische Abbildung (rechts)

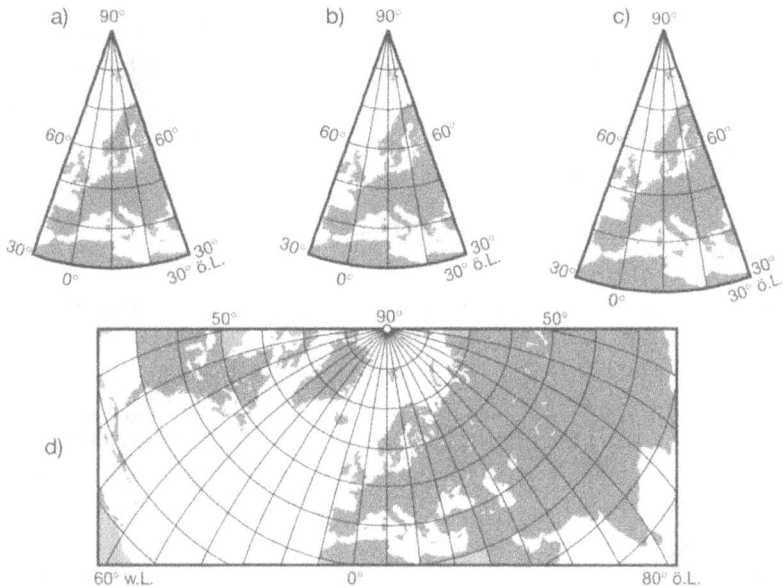

Abb. 2.24 Azimutale Abbildungen 1:200 Mio. in normaler Lage (10°-Netz): a) mittabstandstreu, b) flächentreu, c) konform (stereographisch) sowie in schiefachsiger Lage als d) mittabstandstreu mit dem Hauptpunkt auf $\varphi = 50°$ und $\lambda = 10°$ ö. L.

Verzerrungsbeträge azimutaler Abbildungen in normaler Lage

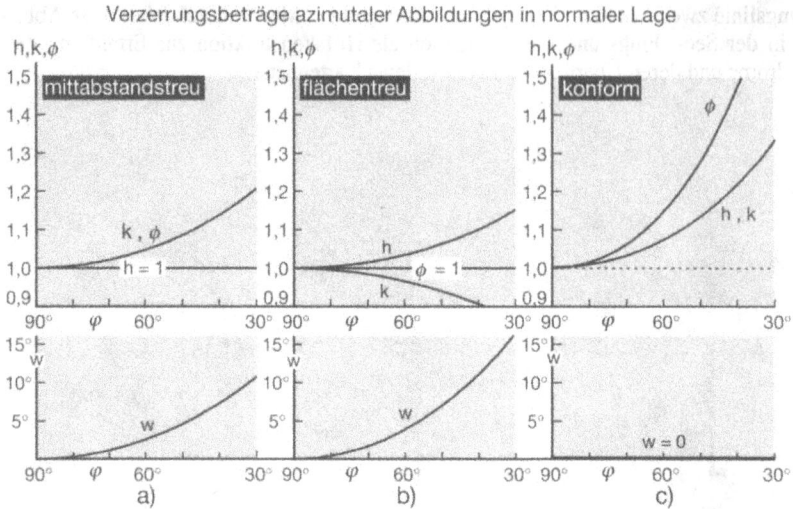

Abb. 2.25 Verzerrungsbeträge azimutaler Abbildungen

2.2.3.5 Orthographische Abbildung

Bei diesem Grenzfall der echten Perspektive liegt das Projektionszentrum im Unendlichen (Abb. 2.23). Das Kartennetz wirkt ansprechend, ist aber kartometrisch wenig geeignet. Die Abbildungsgleichungen und Verzerrungen lauten

$$\alpha = \lambda, \quad m = R \sin \delta, \quad h = \cos \delta = b = \phi, \quad k = a = 1. \qquad (2.2.3\ \text{f})$$

2.2.3.6 Allgemeinster Fall perspektiver Azimutalabbildungen

Die geometrische Konstellation der bisher behandelten perspektiven Abbildungen lässt sich wie folgt verallgemeinern:

1) An die Stelle der Berührungsebene tritt eine beliebige, dazu parallele Ebene. Dadurch verändern sich die Abbildungsergebnisse nur um einen Maßstabsfaktor bei der gnomonischen und der stereographischen Projektion.
2) Als Projektionszentrum gilt jeder beliebige Punkt auf der zur Ebene senkrechten Geraden (verlängerte Kugelachse). In diesem Falle ergeben sich jeweils andere Abbildungsgleichungen. Liegt das Projektionszentrum von der Erdkugel her jenseits der Abbildungsebene, so entspricht das Abbildungsergebnis einer Senkrechtphotographie aus einem Luft- oder Raumfahrzeug.
3) Eine weitere Verallgemeinerung tritt ein, wenn die Abbildungsebene nicht mehr senkrecht zur Kugelachse steht. Eine solche Abbildung entspricht im Ergebnis einer Schräg-aufnahme aus einem Luft- oder Raumfahrzeug. Die Abbildungsgleichungen entsprechen damit zugleich den Formeln der Photogrammetrie über die Beziehungen zwischen Bild- und Objektkoordinaten. Bei

bekannter Position des Projektionszentrums ist es damit z. B. möglich, das geographische Netz nachträglich in Bildern zu konstruieren.

2.2.3.7 Azimutale Abbildungen mit geodätischen Koordinaten

In der Praxis kommen nur *konforme* Abbildungen mit ellipsoidischen Daten vor. Die Abbildungskoordinaten m, α werden dazu in ein x', y'-System transformiert (Gl. 2.1.1 b). Ist der Pol der Nullpunkt (normale Lage), so zeigt die x'-Achse in Richtung eines Meridians, die y'-Achse zum dazu senkrechten Meridian. Bei anderen Lagen verläuft die x'-Achse vom vereinbarten Nullpunkt (Hauptpunkt) nach Norden in Meridianrichtung; von der y'-Achse entfernt sich dann das Bild des Nullpunkt-Breitenkreises immer mehr nach Norden. Dabei nehmen die Längen- und Flächenverzerrungen mit wachsender Entfernung vom Nullpunkt zu; gleiches gilt für den Wert der Meridiankonvergenz.

Für die geodätischen Abbildungen der Landesvermessung in den Niederlanden, in Rumänien und Ungarn gibt bzw. gab es schiefachsige konforme Azimutalabbildungen; sie werden teilweise durch transversale Zylinderabbildungen abgelöst (*United Nations* 1983). Als Ergänzung zum *UTM*-System (2.2.4.4) gibt es für Polargebiete oberhalb 84° nördlicher bzw. unterhalb 80° südlicher Breite die *Universal Polar Stereographic (UPS)* als normale konforme Azimutalabbildung des Internationalen Ellipsoids (*Jeschor-Bleiel* 1989). Die x'-Achse liegt auf dem Nullmeridian von Greenwich; am Nullpunkt sind x' und $y' = 2000$ km (damit im System stets positiv), die Längenverzerrung ist dort 0,994 (*Snyder* 1987). Wie beim *UTM*-System gibt es ein Meldegitter.

2.2.4 Zylindrische Abbildungen

Zylindrische Abbildungen gibt es
- in *normaler* Lage und mit **geographischen** Koordinaten für äquatoriale Bereiche, bei Seekarten auch in höheren Breiten,
- in *transversaler* Lage mit **geodätischen** Koordinaten (2.2.4.4),
- in *schiefachsiger* Lage selten.

Die Ableitung der Abbildungsgleichungen durch Integration von (2.2.1 u bis w) erfordert für die Integrationskonstante C den Wert 0, weil sich sonst der (Netz-) Äquator als Band abbilden würde. Damit verbleibt nur noch die Verfügung über den Wert r in Gl. (2.2.1 x) mit den folgenden Bedingungen:
- Längentreuer Äquator (Berührungszylinder) oder
- zwei längentreue Breitenkreise (Schnittzylinder).

Abb. 2.27 zeigt Netzbilder, Abb. 2.28 Verzerrungsdiagramme.

2.2.4.1 Mittabstandstreue zylindrische Abbildungen

Sollen sich die Meridiane längentreu abbilden, so ergibt die Integration der Gleichung (2.2.1 u) sowie der Ansatz der Gleichung (2.2.1 x)

$$x' = R\,\varphi\,, \quad y' = r\,\lambda.$$ (2.2.4 a)

1. Bei der Abbildung mit **längentreuem Äquator** ist $k = 1$ für $\varphi_0 = 0$ und damit nach Gl. (2.2.1 s) wegen cos $\varphi_0 = 1$ der Wert $r = R$. Man erhält

$$x' = R\,\varphi\,, \quad y' = R\,\lambda\,, \quad h = 1 = b\,, \quad k = 1/\cos\varphi = a = \Phi \geq 1.$$ (2.2.4 b)

Die quadratische Netzstruktur der bereits im Altertum bekannten Abbildung hat zu der Bezeichnung als *quadratische Plattkarte* geführt (Berührungszylinder).

2. Bei **zwei längentreuen Breitenkreisen** (Schnittzylinder) ist $k = 1$ für die Fälle $\varphi_1 = -\varphi_2$, und damit wird nach Gl. (2.2.1 s) mit dem Wert $r = R$ cos φ_1

$$x' = R\,\varphi\,, \quad y' = R\cos\varphi_1\,\lambda\,, \quad h = 1\,, \quad k = \cos\varphi_1/\cos\varphi = \Phi.$$ (2.2.4 c)

Wegen der rechteckigen Netzmaschen spricht man von *rechteckiger Plattkarte*.

2.2.4.2 Flächentreue zylindrische Abbildungen

Durch Integration der Gleichung (2.2.1 v) wird unter Verfügung über r
1. bei **längentreuem Äquator** ($r = R$)

$$x' = R\sin\varphi, \quad y' = R\,\lambda\,, \quad h = \cos\varphi \leq 1 = b\,, \quad k = 1/\cos\varphi = a.$$ (2.2.4 d)

2. bei **zwei längentreuen Breitenkreisen** (1910 von *Behrmann*) ($r = R$ cos φ_1)

$$x' = (R/\cos\varphi_1)\sin\varphi\,, \quad y' = R\cos\varphi_1\,\lambda\,, \quad h = \cos\varphi/\cos\varphi_1 = 1/k.$$ (2.2.4 e)

2.2.4.3 Konforme zylindrische Abbildung (Mercatorprojektion)

Aus der Integration der Gl. (2.2.1 w) sowie mit Gl. (2.2.1 x) folgt allgemein

$$x' = r\ln\tan(45° + \varphi/2)\,, \quad y' = r\,\lambda.$$ (2.2.4 f)

1. Bei **längentreuem Äquator** ist mit $r = R$ (Berührungszylinder)

$$x' = R\ln\tan(45° + \varphi/2)\,, \quad y' = R\,\lambda\,, \quad h = k = 1/\cos\varphi \geq 1.$$ (2.2.4 g)

2. Bei **zwei längentreuen Breitenkreisen** (Schnittzylinder) tritt gegenüber dem Berührungszylinder in den Gleichungen für x' und y' noch der Faktor cos φ_1 auf. Die Abbildung unterscheidet sich von der in Nr. 1 damit nur im Maßstab um den genannten Faktor.

Gerhard Kremer (latinisiert *Mercator*) entwarf 1570 dieses Netz für eine Weltkarte (Seekarte). Dabei sind Längen- und Flächenverzerrungen so erheblich, dass sich z. B. für $\varphi = 60°$ bereits ein doppelter Längen- bzw. vierfacher Flächenmaßstab ergibt. Daher sind mitunter solchen Netzen Maßstabsdiagramme (*Maßstab der wachsenden Breiten*) beigefügt (Abb. 2.26). Die Pole sind nicht darstellbar, da sie im Unendlichen liegen. Der Wert dieser Abbildung liegt in der Tatsache, dass sich die *Loxodrome* (Kurslinie, 2.2.1.4) als Gerade abbildet. Sie eignet sich daher z. B. als Netz für Seekarten mit jeweils längentreuer *Bezugsbreite* in Kartenmitte zur Minderung der Längenverzerrungen.

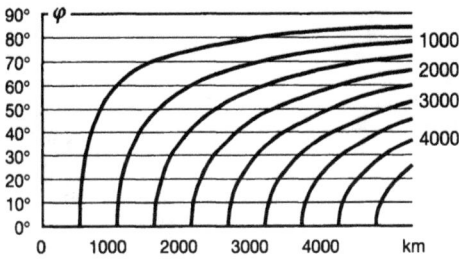

Abb. 2.26 Maßstabsdiagramm für eine konforme Zylinderabbildung in normaler Lage als sog. Maßstab der wachsenden Breiten: Für jede Breite φ lässt sich damit die entsprechende Maßstabsleiste entnehmen.

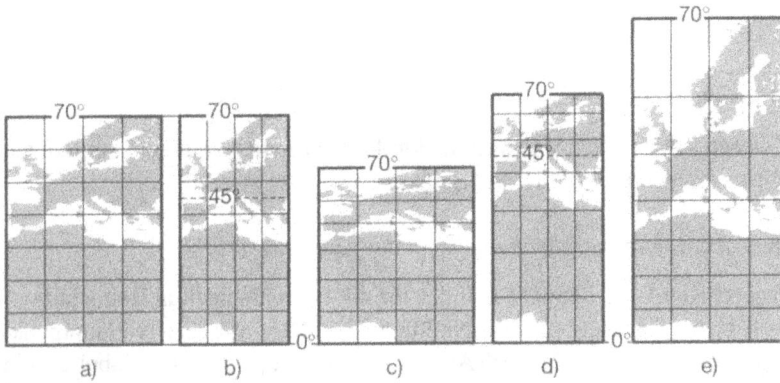

Abb. 2.27 Zylindrische Abbildungen 1:200 Mio. in normaler Lage (10°-Netz): Mittabstandstreu a) mit längentreuem Äquator (quadratische Plattkarte) und b) mit zwei längentreuen Breitenkreisen ($\varphi_{1,2} = \pm 45°$, rechteckige Plattkarte); flächentreu c) mit längentreuem Äquator und d) mit zwei längentreuen Breitenkreisen ($\varphi_{1,2} = \pm 45°$), e) konform mit längentreuem Äquator (Mercator-Abbildung).

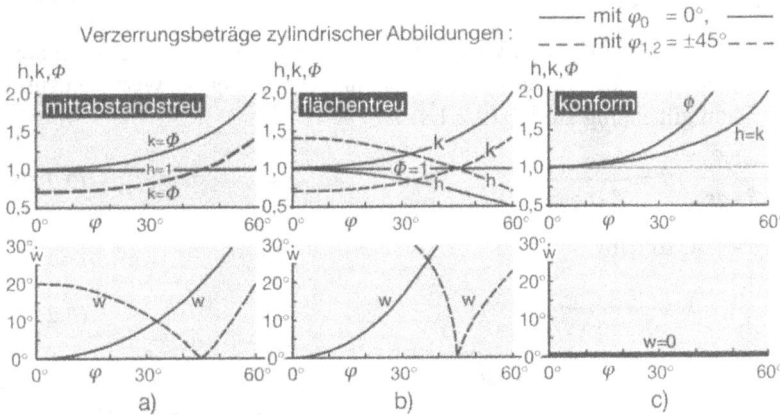

Abb. 2.28 Verzerrungsbeträge zylindrischer Abbildungen mit längentreuem Äquator, bei mittabstandstreuer und flächentreuer Abbildung auch mit Längentreue bei $\varphi_{1,2} = \pm 45°$

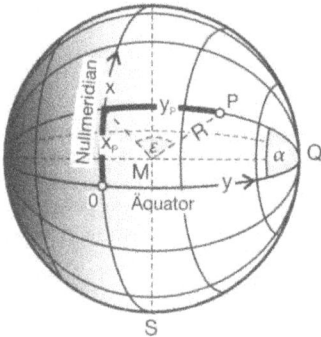

Abb. 2.29 Metrisches Koordinatensystem x,y auf
der Kugel mit dargestelltem Konstruktionsnetz für
Abbildungen in transversaler Lage

2.2.4.4 Zylindrische Abbildungen mit geodätischen Koordinaten

Unter diesen stehen heute weltweit die **konformen transversalen** Abbildungen
mit ellipsoidischen Daten im Vordergrund.

1. Allgemeine Abbildungsgleichungen mit der Kugel als Urbild

Bei transversaler Lage befindet sich das für die Berechnungen in Betracht kom-
mende Konstruktionsnetz (2.2.1.3 Nr.2 und Abb. 2.15) mit seinem Hauptpunkt
H als *Querpol Q* im Erdäquator (Abb. 2.29). Nunmehr tritt aber dabei an die
Stelle der auf dem Urbild bisher verwendeten dimensionslosen Parameter φ, λ
das metrische System *x,y* mit seinem Nullpunkt im Erdäquator. Die Abszisse
x liegt auf einem ausgewählten *Hauptmeridian (Nullmeridian, Mittelmeridian =
Äquator des Konstruktionsnetzes)*, und die Ordinate *y* verläuft senkrecht dazu in
Richtung auf den Querpol *Q* (also auf den Konstruktionsmeridianen). Damit ist

$$x = R\,\alpha, \quad y = R\,\varepsilon \text{ mit } \varepsilon = 90° - \delta. \tag{2.2.4 h}$$

Zur Bestimmung von *h* und *k* ist zu beachten, dass gegenüber der normalen
Lage nunmehr x' und y' zu vertauschen sind und dass für φ der Wert ε einzusetzen ist. Dann gilt analog zur Gl. (2.2.1 s)

$$h = \frac{dy'}{R \cdot d\varepsilon}, \quad k = \frac{r}{R \cdot \cos\varepsilon}. \tag{2.2.4 i}$$

und da $\varepsilon = y/R$, so wird

$$h = \frac{dy'}{dy}, \quad k = \frac{r}{R \cdot \cos(y/R)}. \tag{2.2.4 j}$$

Da auch hier C = 0 sein muss, ist nur über den Wert *r* zu verfügen. Analog zu Gl.
(2.2.1 x) ergibt sich somit für die transversale Lage aus $x' = r\,\alpha$ sowie $y' = f(\varepsilon)$

$$x' = \frac{r}{R} \cdot x, \quad y' = f\!\left(\frac{y}{R}\right). \tag{2.2.4 k}$$

2. Ordinatentreue Abbildung

Bei längentreuen Ordinaten y' muss $h = 1$ sein, und wenn zusätzlich die x'-Achse selbst längentreu sein soll (also $k_0 = 1$), bedeutet dies mit $y = 0$ in Gl. (2.2.4 j) nunmehr $r = R$. Somit wird nach Gl. (2.2.4 i – k)

$$x' = x, \quad y' = y, \quad k = \frac{1}{\cos(y/R)} = 1 + \frac{y^2}{2R^2} + ... \geq 1 = \Phi. \tag{2.2.4 l}$$

Diese Abbildung entspricht der mittabstandstreuen Abbildung (2.2.4.1) in Form der quadratischen Plattkarte, jedoch in anderer Lage und mit anderen Parametern. So wie dort mit wachsendem Abstand vom längentreuen Äquator die y'-Werte gedehnt werden, so tritt hier eine Dehnung der Abszissen x' auf. Die vom Franzosen *Cassini* erstmalig 1745 angewandte Abbildung kam im 19. Jahrhundert auch in Bayern, Württemberg und Preußen mit verschiedenen Modifikationen zur Anwendung.

3. Konforme Abbildungen

a) Gaußsche Abbildung der Kugel
Entsprechend der Konformitätsbedingung $h = k$ folgt aus den Gl. (2.2.4 j) in Analogie zur Gl. (2.2.1 w)

$$dy = \frac{r}{R} \cdot \frac{dy}{\cos(y/R)}. \tag{2.2.4 m}$$

Nach Integration wird damit bei *längentreuem Hauptmeridian* $(r = R)$

$$x' = x, \quad y' = y + \frac{y^3}{6R^2} + ..., \quad h = k = 1 + \frac{y^2}{2R^2} + ... \geq 1 = \Phi. \tag{2.2.4 n}$$

Während bei der ordinatentreuen Abbildung der Wert k in Gl. (2.2.4 l) die mit wachsendem y zunehmende *Abszissendehnung* nur in x' anzeigt, findet diese Dehnung hier auch in y' statt. Dies bewirkt den *Ordinatenzuschlag* $y^3/6\,R^2$ in Gl. (2.2.4 n). Bei Fehlerabschätzungen ist es zulässig, in h und k statt y den Wert y' einzusetzen.

C.F. Gauß entwickelte für die hannoversche Landesvermessung (1822–1847) auch die Abbildung des Ellipsoids. Seine Notizen brachten 1866 *Schreiber* und 1912/1919 *Krüger* zur geschlossenen Darstellung, und daher führen diese Koordinaten die Bezeichnung als **Gauß-Krüger-Koordinaten**, im Ausland meist als *transversale Mercator-Koordinaten*.

b) Das deutsche Gauß-Krüger-System
Die 1927 in Deutschland eingerichteten Meridianstreifen auf dem Bessel-Ellipsoid als Bezugsfläche gruppieren sich um die längentreuen *Haupt-* oder *Mittelmeridiane* 6°, 9°, 12°, 15° ö. L. als Abszissenachsen, wobei die x'-Werte ab Äquator gezählt und als *Hochwerte* bezeichnet werden. Um negative Vorzeichen bei den y'-Werten (Ordinaten) zu vermeiden, erhält jeder Hauptmeridian den Wert $y' = 500\,000$ m. Davor setzt man die Kennziffer des Systems als die durch 3 geteilte Längengradzahl des Hauptmeridians. Die so veränderten Ordinaten heißen *Rechtswerte*. Die Ausdehnung jedes Systems nach beiden Seiten um 1,5° Längengrade (rund 100 km) (Abb. 2.31) hält die Werte der Längenverzerrung in

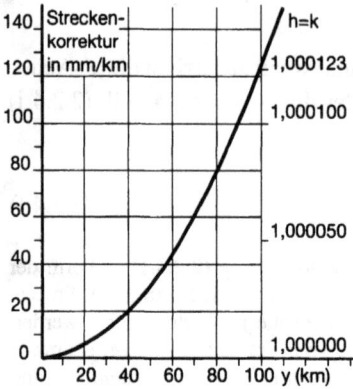

Abb. 2.30 Streckenkorrekturen in mm/km und Längenverzerrungen $h = k$ beim deutschen Gauß-Krüger-System in Abhängigkeit von Punktabstand y vom Hauptmeridian (Mittelmeridian)

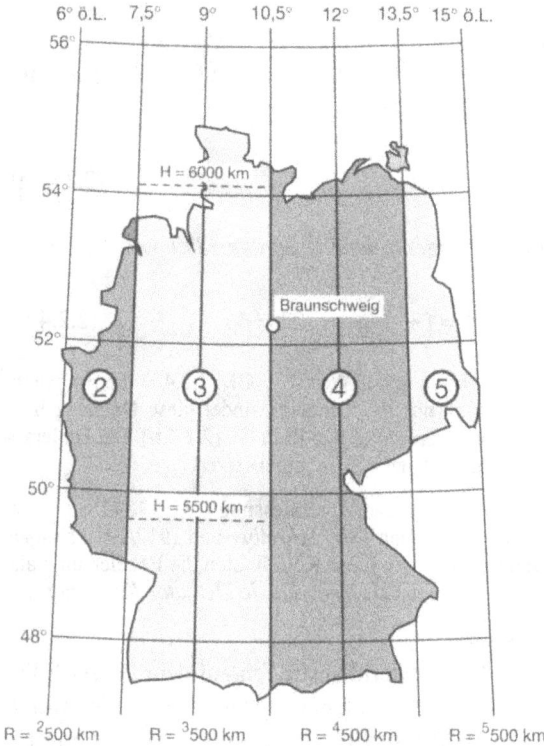

Abb. 2.31 Meridianstreifensysteme nach Gauß-Krüger in Deutschland

Grenzen (Abb. 2.30). Punkte im Bereich der Grenzmeridiane 7° 30′, 10° 30′ usw. werden nach Bedarf in beiden Systemen koordiniert. Jedem Meridianstreifensystem entspricht im Urbild damit ein ellipsoidisches Zweieck.

Beispiel: Turmspitze (Knopfmitte) der Andreaskirche in Braunschweig mit den geographischen Koordinaten $\lambda = 10°31'15,8414''$ und $\varphi = 52°\ 16'\ 09,4416''$. Ihre Gauß-Krüger-Koordinaten sind

im System des 9. Längengrades $R_9 = 3\ 603\ 820,13$ m und $H_9 = 5\ 793\ 801,08$ m,
im System des 12. Längengrades $R_{12} = 4\ 399\ 055,56$ m und $H_{12} = 5\ 793\ 741,52$ m.

Der Ordinatenfußpunkt ist im System mit der Kennziffer 3 um den Betrag H_9, im 4. System um den Betrag H_{12} vom Äquator entfernt. Die Ordinate beträgt im 3. System $y' = +\ 103\ 820,13$ m, d.h. der Punkt liegt östlich des Hauptmeridians von 9° ; im 4. System ergibt sich $y' = -100\ 944,44$ m, d. h. der Punkt liegt westlich des Hauptmeridians von 12°.

c) Das UTM-System

Die auf dem Internationalen Ellipsoid (2.1.1.2) beruhende konforme **Universal Transversal Mercator Projection (UTM-Projection)** überdeckt die Erde zwischen 84° nördl. und 80° südl. Breite mit 60 Meridianstreifensystemen *(Zonen)* von je sechs Längengraden Ausdehnung. Die Gesamtheit der 60 Koordinatensysteme bildet das *UTM Reference System (UTMREF)*. Die Polbereiche nördlich 84°N und südlich 80°S werden durch das Netz der *Universal Polar Stereographic (UPS)* abgebildet (2.2.3.7).

Um im UTM-System größere Längenverzerrungen im Bereich der Grenzmeridiane zu vermeiden, ist der Mittelmeridian nicht längentreu, sondern mit dem Verjüngungsfaktor 0,9996 abgebildet (Schnittzylinder). Eine Längentreue ergibt sich damit etwa bei 180 km beiderseits des Mittelmeridians, während die Längenverzerrung am Grenzmeridian bei 50° nördlicher bzw. südlicher Breite etwa 1,00015 beträgt. Die x'-Zählung beginnt am Äquator (auf der Südhalbkugel mit Zuschlag von 10000 km zu den negativen x'-Werten), die y'-Zählung am Mittelmeridian mit 500 km zur Vermeidung negativer Werte. Die so entstandenen Koordinaten bezeichnet man mit E (East = Ost) und N (North = Nord).

Das UTM-System kam zunächst bei Militärkarten der USA und der NATO in Gebrauch *(Jeschor-Bleil 1989)*, wurde aber 1951 durch die *Internationale Assoziation für Geodäsie (IAG)* auch für Landesvermessungen empfohlen. In Deutschland tritt die auf dem GRS80 beruhende UTM-Projektion künftig an die Stelle des Gauß-Krüger-Systems, und sie soll auch europaweit als einheitlicher Netzentwurf für groß- und mittelmaßstäbige Kartenwerke bzw. Geo-Datenbanken eingeführt werden.

Abb. 2.32 zeigt einen Ausschnitt aus der Anordnung der als *Zonen* bezeichneten Meridianstreifen. Deren Mittelmeridiane liegen bei 3°, 9°, 15° usw. östl. und westl. Länge von Greenwich. Ihre durchlaufende Numerierung von West nach Ost beginnt beim Mittelmeridian 177° westl. Länge; damit trägt z. B. die Zone mit dem Mittelmeridian 3° östl. Länge die Nummer 31, Zone 9° ö. L. die Nummer 32 usw. Diese Zählweise entspricht übrigens der Benennung der Streifen bei der Internationalen Weltkarte (3.5.1.1 Nr.4). Innerhalb der Zonen, d. h. in Richtung der Breitenkreise, verlaufen *Bänder* mit einem Breitenunterschied von jeweils 8°, zwischen 72° und 84° auch mit 12°. Ihre Bezeichnung beginnt mit dem Großbuchstaben C oberhalb 80°S und setzt sich in alphabetischer Folge

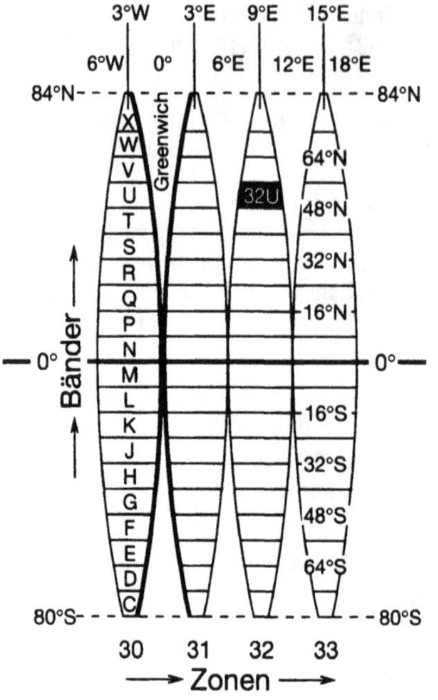

Abb. 2.32 UTM-Streifensysteme: Anordnung und
Benennung der Zonen und Bänder

fort bis zum Band X unterhalb von 84°N. Dabei sind die Buchstaben I und O
zum Vermeiden von Verwechslungen nicht berücksichtigt. Die aus Zonen und
Bändern entstandenen *Felder* werden damit durch Zahl und Buchstabe bezeichnet.

Jedes der so entstandenen Felder wird vom Mittelmeridian aus durch Gitterlinien mit vollen 100 km-Werten in E und N weiter in Quadrate unterteilt,
die man entsprechend einer Anordnung in Zeilen und Spalten durch Doppel-
buchstaben kennzeichnet (Abb. 2.33). Innerhalb eines Quadrates findet dann
eine Punktfestlegung mit Hilfe der Koordinaten statt. Damit ist das Koordinatennetz des UTMREF zugleich ein universelles *Meldegitter*.

d) Weitere konforme zylindrische Systeme

Die geodätischen Abbildungen der Staaten der Erde beruhen heute überwiegend
und zunehmend auf transversalen konformen Zylinderabbildungen (siehe die
Übersicht in *United Nations* 1983).

In den *osteuropäischen Staaten* und in der ehemaligen *DDR* galten bisher einheitliche Meridianstreifensysteme nach Gauß-Krüger mit 6° Längenunterschied,
längentreuem Mittelmeridian und dem Ellipsoid von Krassowskij (2.1.1.2), bei
Karten in den Maßstäben 1:5000 und größer auch 3° breite Meridianstreifen.

In *Österreich* gibt es 3° breite Meridianstreifen mit den längentreuen Mittel-
meridianen 28°, 31° und 34° ostwärts Ferro (Ferro = 17° 40' westl. Greenwich)
auf der Grundlage des Besselschen Ellipsoids. Die Zählung der x'- oder Hoch-

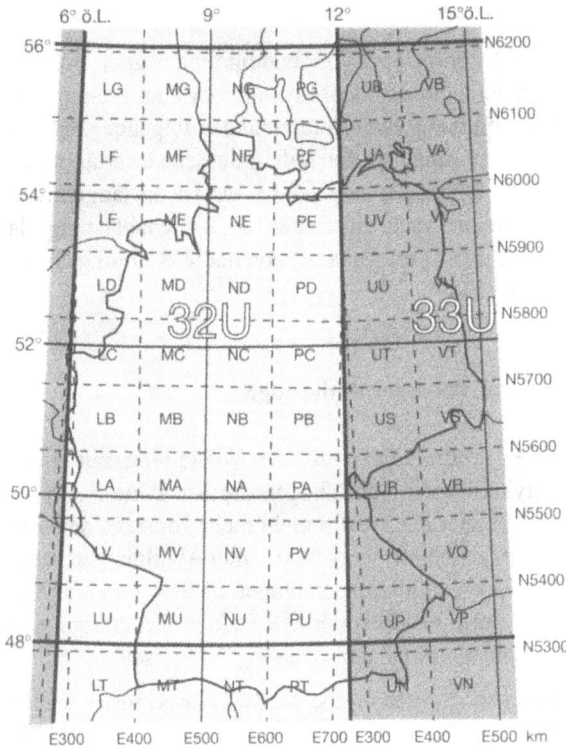

Abb. 2.33 UTM-Koordinatennetz und Meldegitter für den Bereich Deutschlands

werte beginnt am Äquator, die der y'- oder Rechtswerte am Mittelmeridian, so dass westlich der x'-Achse negative y'-Werte auftreten. Der Bezug auf Ferro-Meridiane wird beibehalten, weil sich hierbei 3 günstig auf das Staatsgebiet verteilte Streifensysteme ergeben (*Arnberger/Kretschmer* 1975).

In der *Schweiz* wird eine konforme schiefachsige Zylinderabbildung benutzt, deren Nullpunkt in Bern liegt und deren x'-Achse nach Norden zeigt. Die längentreue y'-Achse ist das Bild der Berührungslinie des Zylinders mit dem Erdellipsoid. Zur Vermeidung negativer Zahlenwerte und von Koordinatenvertauschungen hat der Nullpunkt die Koordinatenwerte $x' = 200$ km, $y' = 600$ km. Der Abbildung liegt das Besselsche Erdellipsoid zugrunde (*Bolliger* 1967). Die maximale Streckenverzerrung beträgt im Süden 1,00019, die maximale Meridiankonvergenz im Osten rund 2°.

In *Großbritannien* führte der Ordnance Survey ab 1945 das National Grid ein als transversale Zylinderabbildung des Ellipsoids von Airy mit dem Maßstabsfaktor 0,9996 auf dem Mittelmeridian $\lambda = 2°$ w. L., für den y' (= East) den Wert 400 km aufweist und damit im System stets positiv ist. Die x'-Zählung (= North) beginnt an einem Punkt im Kanal (*Maling* 1992).

4. Space Oblique Mercator Projection

Diese schiefachsige, nicht exakt konforme Zylinderabbildung eignet sich als Abbildungssystem für die Abtastergebnisse sonnensynchroner Satelliten. Dabei ergibt sich die x'-Achse als Verbindung zweier aufeinander folgender Schnittpunkte der Flugbahnlinie mit dem Äquator; die Bahnlinie selbst verläuft zwischen den Schnittpunkten jeweils links oder rechts der x'-Achse als längentreue gekrümmte Kurve. Damit erscheinen auch die Linien der Zeilenabtastung als leicht gekrümmte Kurven, die bis zu 4° (am Äquator) von der y'-Richtung abweichen (*Snyder* 1982, *Buchroithner* 1989).

2.2.5 Polykonische Abbildungen, Polyederabbildungen

Während die echten konischen Abbildungen auf der Vorstellung nur *eines* Kegels beruhen, liegt den polykonischen Abbildungen die Annahme *mehrerer* Kegelflächen zugrunde. Damit ist aber der Wert n nicht mehr konstant, sondern eine Funktion der Breite φ. Dabei gehen die Merkmale echter Abbildungen verloren, doch sind nunmehr größere Nord-Süd-Ausdehnungen beiderseits eines Mittelmeridians möglich (z. B. von Nord- bis Südamerika). Es gibt flächentreue und konforme Abbildungen sowie solche mit längentreuen Breitenkreisen.

Beim Entwurf mit längentreuem Mittelmeridian sind die Bilder längentreuer Breitenkreise zwar weiterhin Kreise, aber wegen der unterschiedlichen Lage der Kegelspitzen S' nicht mehr konzentrisch. Für die Meridianbilder entstehen stetig gekrümmte Kurven, wenn man unendlich viele Kegel auf unendlich kleine Kugelzonen bezieht. Die Netzlinien schneiden sich nicht mehr rechtwinklig, und die Hauptverzerrungsrichtungen a und b fallen nicht mehr mit den Werten h und k längs der Netzlinien zusammen (Abb. 2.34).

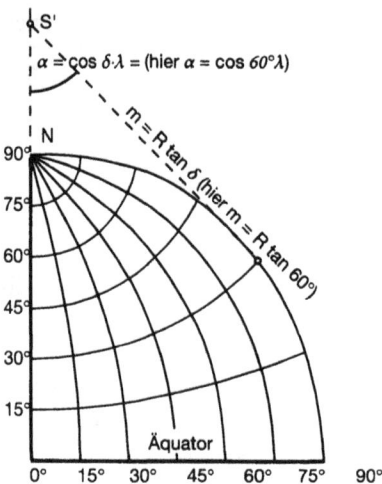

Abb. 2.34 Polykonische Abbildung mit längentreuem Mittelmeridian, längentreuen Breitenkreisen und stetig gekrümmten Meridianen

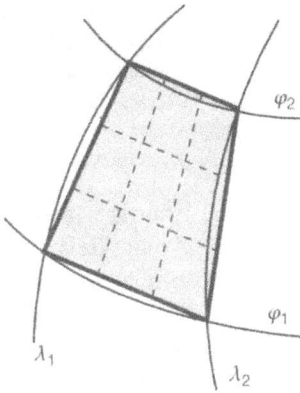

Abb. 2.35 Polyederabbildung auf ein Trapez aus
Kugelsehnen als Abbildungsfläche für eine Karte

Eine **Polyederabbildung** entsteht, wenn man sich die Eckpunkte der eine
Karte auf der Kugel begrenzenden Netzlinien geradlinig verbunden denkt. Es
entsteht ein Trapez aus Kugelsehnen als Abbildungsfläche, und in der Folge solcher Abbildungseinheiten ergibt sich bei einem Kartenwerk die Annäherung der
Kugel durch ein inneres Polyeder (Abb. 2.35).

2.2.6 Gesamtdarstellungen der Erde

2.2.6.1 Planigloben

Diese früher häufig benutzte, heute kaum noch verwendete Darstellungsweise
besteht aus zwei benachbarten Kreisflächen, die jeweils eine Karte der Erdhalbkugel bilden. Für Planigloben eignen sich damit auch die azimutalen Abbildungen (2.2.3) mit Ausnahme der gnomonischen Projektion.

2.2.6.2 Planisphären

Sie sind zusammenhängende Darstellungen, und zwar meist mit elliptischem
Umriss, aber auch mit den Polen als Linie. Dabei stehen flächentreue und vermit-
telnde Entwürfe im Vordergrund. Aspekte der Anwendung von Projektionen für
Erdkarten untersucht *Brandenberger* (1996).

Grundsätzlich ließen sich für Erdkarten in zusammenhängender Form neben der mittabstandstreuen Azimutalabbildung auch die Zylinderabbildungen verwenden, und nicht
selten trifft man hierzu auch heute noch auf die Mercatorabbildung (2.2.4.4), obwohl sie
in höheren Breiten erhebliche Verzerrungen aufweist und die Pole selbst überhaupt nicht
enthalten kann. Allgemein sind daher für Erdkarten die Planisphären günstiger. *Frančula*
(1971) hat unter Ansatz bestimmter Verzerrungs-Kriterien festgestellt, dass dabei die ver-
mittelnden Abbildungen am günstigsten sind und ferner solche, bei denen die Pole als
nicht zu lange Linien erscheinen und die Meridiane und Breitenkreise sich als gekrümmte

Linien abbilden. Dagegen steht die Auffassung, dass die Netzlinien – vor allem bei Schul-
karten – geradlinig darzustellen seien, um die gegenseitige Lage geographischer Örter
nach Länge und Breite besser erkennbar zu machen. Weitere Untersuchungen stammen
von *Hufnagel* (in *Dodt/Herzog* 1988).

1. Unechte konische Abbildung (Bonnesche Abbildung)

Der im 19. Jh. häufig benutzte Entwurf von *Bonne* (1752) lehnt sich an die
mittabstandstreue Kegelabbildung: Ein Breitenkreis ist Berührungskreis; die
übrigen Breitenkreise sind dazu konzentrische Kreise. Mittelmeridian und Breitenkreise sind längentreu unterteilt (sog. *Abweitungstreue*), wodurch sich die
Meridiane allerdings als gekrümmte Linien abbilden. Die flächentreue Abbildung erreicht mit wachsendem Abstand vom Mittelmeridian erhebliche Längen-
und Winkelverzerrungen.

2. Unechte azimutale Abbildungen

Aus einer transversalen Azimutalabbildung entsteht ein im Äquator und im
Mittelmeridian längentreuer (*Aitoff* von 1889) bzw. ein flächentreuer (*Hammer*
von 1892) Entwurf durch Dehnen und *Umbeziffern* der jeweiligen ebenen Dar-
stellung: Aus der Abbildung einer *Halbkugel* auf die Kreisfläche entsteht die
Abbildung der *ganzen* Kugeloberfläche auf die Fläche einer Ellipse mit dem
Achsverhältnis 1:2. Abb. 2.36 zeigt den flächentreuen Entwurf von Hammer; der
Aitoffsche Entwurf ist diesem sehr ähnlich.

3. Unechte zylindrische Abbildungen

Im Gegensatz zu den echten Zylinderabbildungen sind die Meridianbilder hier
gekrümmte Linien. Der von *Mollweide* stammende Entwurf (1805) ergibt eine
Ellipse mit dem Achsverhältnis 1:2. Die Parallelkreiszonen sind flächentreu,
und durch gleichabständiges Unterteilen der Parallelkreisbilder entstehen auch
flächentreue Gradabteilungen (Abb. 2.37). *Eckert* stellte sechs Entwürfe 1906
nach folgenden Grundsätzen auf: Die Pollinie ist so lang wie der Mittelmeridian, der Äquator doppelt so lang wie die Pollinie, und die Parallelkreise bilden
sich parallel zum Äquator ab. Alle Abbildungen sind im ganzen, einige auch
in den Breitenzonen flächentreu (aber nicht in den Gradabteilungen). Die Entwürfe unterscheiden sich in den Meridianbildern: Diese sind in den Entwürfen
1 und 2 geradlinig, aber am Äquator geknickt (Trapez-Entwürfe), in den Entwürfen 3 und 4 Ellipsen (elliptische Entwürfe) und in den Entwürfen 5 und
6 Sinuslinien (sinusoidale Entwürfe). Abb. 2.38 zeigt den Entwurf Nr. 6. Das
System unechter Zylinderabbildungen beschreibt *Hufnagel* (1989). Die Abbildung von *Robinson* (1974) (Abb. 2.39) untersuchen *Beineke* (1991) und *Bretterbauer* (1994).

4. Kombinierte Abbildungen

Durch **Mitteln von Netzen** entstehen *Mischkarten*. Ein Beispiel hierfür ist der 1913 entstandene Entwurf von *Winkel* als arithmetisches Mittel aus dem Aitoff-Entwurf (siehe Nr.2) und der mittabstandstreuen Zylinderabbildung mit zwei längentreuen Parallelkreisen (2.2.4.1). Als vermittelnde Abbildung ist sie zwar in keiner Hinsicht abbildungstreu, gilt aber als eine der besten Planisphären (*Frančula* 1971) (Abb. 2.40).

Das **Zusammenfügen von Netzen** verknüpft mehrere Entwürfe *nebeneinander*. Beispiele dazu stammen von *Wagner* (1966).

2.2.6.3 Zerlappte Netze

In den meisten Planisphären ergeben sich die größten Verzerrungen dort, wo die Darstellungen weit vom Äquator und Mittelmeridian entfernt liegen. Eine Minderung dieser Schwierigkeit ist möglich, wenn man statt *eines* Mittelmeridians *mehrere* Mittelmeridiane in günstiger Lage einführt. Durch das partielle Gruppieren der Netzteile um diese Meridiane herum muss aber das Netz an anderen Stellen aufgeschnitten werden, und zwar am besten dort, wo dies am wenigsten stört. Solche aufgeschnittenen Netze – auch *interrupted projections* oder *mehrpolige* Abbildungen genannt – können z. B. die Kontinente geschlossen und mit geringeren Verzerrungen darstellen, wenn man das Aufschneiden hierbei etwa durch die Mitte der Weltmeere führt. Eine Übersicht gibt *Dahlberg* (1962).

Aus unechten Zylinderabbildungen entwickelte *Goode* (1916) mehrere Entwürfe. Abb. 2.41 zeigt die aus zwei Planisphären (sinusoidal und nach Mollweide) entwickelte homolosine Projektion. Auch normale azimutale Abbildungen gestatten eine zerlappte Darstellung. Dabei bildet ein Pol das Zentrum, während der Gegenpol mehrfach dargestellt wird. Eine solche, vom Äquator ab aufgeschnittene Darstellung eignet sich zur Wiedergabe der Weltmeere.

2.2.7 Transformation von Kartennetzen

Im weiten Sinne gilt als Netztransformation jede geometrische Änderung in der Abbildung eines koordinatengebundenen digitalen oder graphischen Ausgangsbestandes mit sonst unverändertem Raumbezug der Objekte. Dabei kann man unterscheiden zwischen

– Transformationen im engeren Sinne, bei denen es um den Übergang zwischen zwei Netzen mit ihren Inhalten geht, und
– Transformationen, die aus Darstellungsgründen vorsätzlich Verzerrungen zum Ziele haben (siehe 3.8)

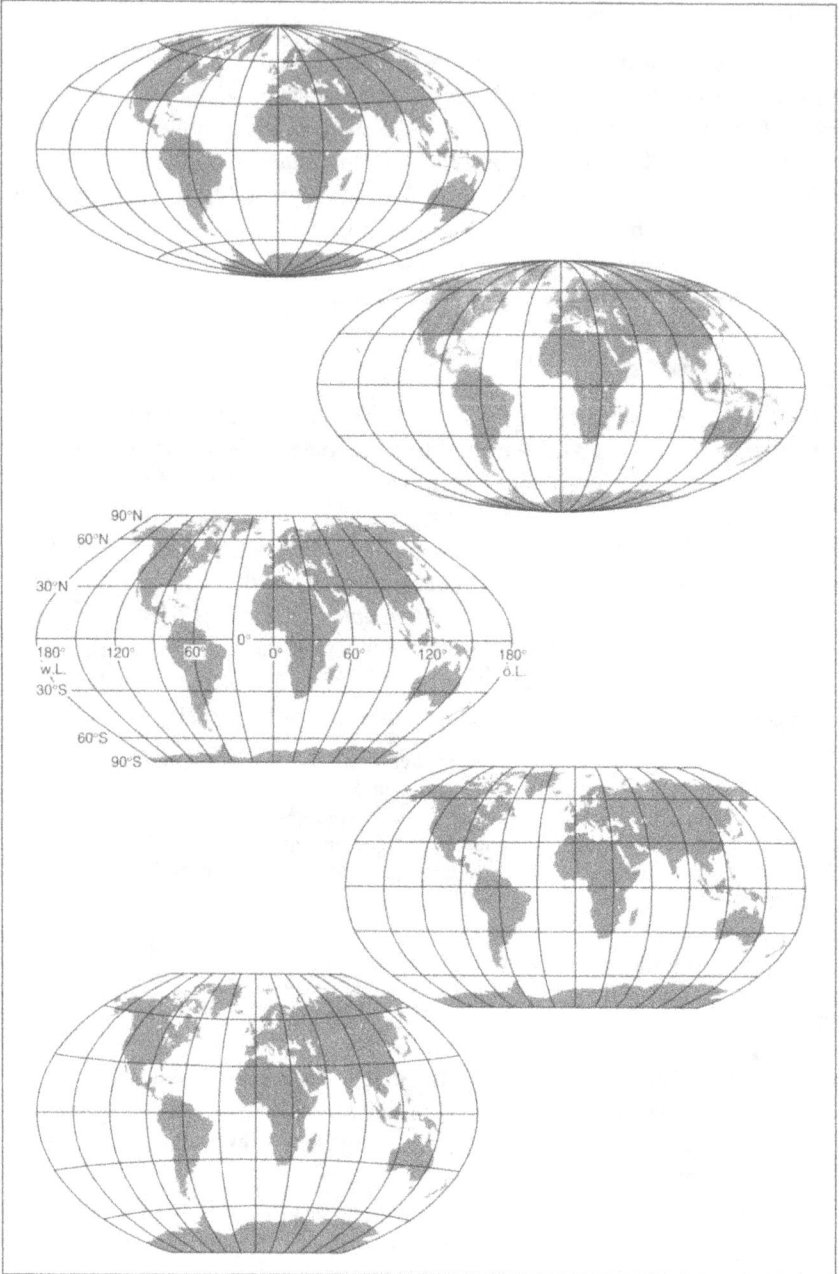

Abb. 2.36–2.40 (von oben nach unten) Alle Planisphären 1:500 Mio. für ihre jeweils längentreuen Bereiche
Abb. 2.36 Entwurf von Hammer
Abb. 2.37 Entwurf von Mollweide
Abb. 2.38 Entwurf von Eckert (Entwurf 6)
Abb. 2.39 Entwurf von Robinson
Abb. 2.40 Entwurf von Winkel

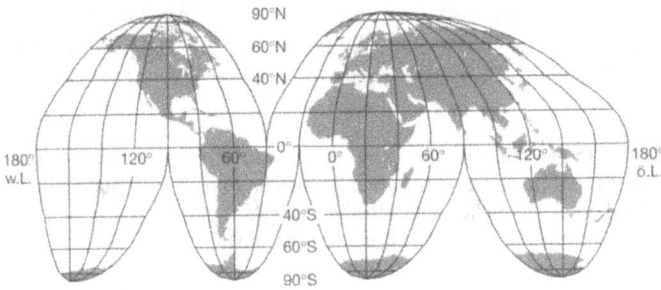

Abb. 2.41 Homolosine Abbildung 1:500 Mio. von Goode

2.2.7.1 Freier Netzentwurf aus einem anderen Netzentwurf

Hierbei kommt es darauf an, einen Netzentwurf zu finden, der in geometrischer Hinsicht günstige Voraussetzungen schafft für die vorgesehene Darstellung und Auswertung eines Karteninhalts. Eine seit langem bekannte Methode ist das sog. *Umbeziffern*. Dabei wird ein Ausgangsentwurf dadurch verändert, dass den Netzlinien in systematischer Weise ein anderer Zahlenwert zugeteilt wird. So führt z. B. ein Umbeziffern von Meridianbildern einer Zylinderabbildung zu einer affinen Transformation. Viele Planisphären lassen sich als Ergebnis eines Umbezifferns deuten, wobei auch bisherige Abbildungseigenschaften beibehalten oder neue erzwungen werden können. Ein Beispiel ist bei den Entwürfen von *Aitoff* und *Hammer* (2.2.6.2) beschrieben. Weitere Beispiele und Möglichkeiten beschreiben *Wagner* (1982) und *Bartsch* (1983). Die praktische Bedeutung liegt vor allem bei Karten sehr kleiner Maßstäbe.

2.2.7.2 Datenübertragung zwischen zwei vorgegebenen Netzen

Hierzu kann man unterscheiden zwischen manuellen, optischen, photographischen und mathematischen Verfahren sowie zwischen geschlossenen Lösungen und solchen, die ein partielles Vorgehen erfordern. Die methodischen Schwierigkeiten ergeben sich besonders dadurch, dass gewöhnlich nicht nur das Netz selbst, sondern auch der darin eingebundene Karteninhalt zu transformieren ist.

1. Überführung eines Ist-Netzes in das Soll-Netz

Dieser wegen der instabilen Zeichenträger früher wichtige Fall der klassischen Kartentechnik bestand im *manuellen* Hochzeichnen und partiellen Einpassen einzelner Netzmaschen, evtl. unter weiterer Verdichtung durch ein Hilfsnetz, bei größeren Maßstabsänderungen auch in *optischen* Verfahren mit Hilfe optischer Umzeichner. Als geschlossenes *photographisches* Verfahren dient seit langem die kartographische Entzerrung als optisch-mechanische Realisierung projektiver Geometrie; eine partielle Variante hierzu ist die optische Differentialentzerrung mittels Orthoprojektor (*Jansa/Vozikis* 1985). Mit wachsendem digitalen Datenbestand kommen heute überwiegend die *mathematischen* Methoden der Transformation und deren programmtechnische Realisierung zum Zuge.

Geschlossene Ansätze setzen die Abbildungsgleichungen der beiden Netze miteinander in Beziehung. Bei Karten großer und mittlerer Maßstäbe eignen sich auch solche Formeln, denen das Prinzip der Projektivität, Affinität oder Ähnlichkeit zugrunde liegt, bei größerer Anzahl von Stützpunkten auch mit Einschluss eines Ausgleichungsverfahrens. Unterscheiden sich die Netzstrukturen stärker, so sind *partielle* Ansätze erforderlich, die von ausreichend dichten und gut verteilten Stützpunkten ausgehen und mit Polynomen, Lagrange- und Spline-Interpolationen u. ä. arbeiten (*Fischer* 1979, *Brandenberger* 1985).

2. Zusammentragen des Inhalts zweier Karten

Hierfür eignen sich ebenfalls alle bisher genannten Verfahren, jedoch meist nur mit dem jeweils partiellen Ansatz. Dies folgt daraus, dass gewöhnlich nicht nur die Netze unterschiedliche Grundlagen besitzen (z. B. beim Zusammenführen thematischer Karten mittlerer und kleiner Maßstäbe), sondern auch der Karteninhalt inhomogene Daten in Bezug auf Geometrie und Aktualität aufweisen kann. Die damit oft verbundenen Zwänge gegenseitiger lokaler und regionaler Anpassung erfordern viele einwandfreie Stützpunkte, evtl. auch eine Analyse hinsichtlich größerer Lagefehler. Die Schwierigkeiten können sich noch vergrößern, wenn die Netzgrundlage einer Karte unbekannt ist oder die Karte überhaupt kein Kartennetz enthält (z. B. bei der Datenübernahme aus Karten früherer Jahrhunderte).

3. Datenübertragung aus Erfassungsvorgängen

Digitale Daten aus Luftbild- und Satellitenaufnahmen, Echogrammen, Laserscanning usw. werden im Wege ihrer Aufbereitung in ein geodätisches Bezugssystem umgesetzt, das mit dem vorgesehenen Kartennetz identisch sein kann, aber nicht sein muss. Auch können dabei die Daten noch mit Einflüssen des Erfassungssystems (z. B. physikalischen Effekten) oder mit Identifizierungsfehlern behaftet sein. In beiden Fällen kommen keine geschlossenen Ansätze zum Zuge, sondern in erster Linie Interpolationsvorgänge mit Hilfe von Stützpunkten. So ist bei den Ergebnissen von Zeilenabtastern (Scannern) zu berücksichtigen, dass sich durch das Aneinanderreihen der Abtastzeilen senkrecht zur Flugrichtung eine Parallelprojektion ergibt, während die Abtastgeometrie innerhalb jeder Zeile auf einer Zentralprojektion beruht (2.3.2, 2.3.3). Der Einfluss von Höhenunterschieden lässt sich mit den Daten eines Digitalen Geländemodells (DGM) berücksichtigen. Ein spezieller Ansatz ergibt sich für die Auswertung von Radar-Aufnahmen, weil sich die Lage der Pixel nicht durch Projektion in eine Horizontalebene ergibt, sondern durch die Laufzeitmessungen des Radarimpulses.

4. Datenübertragung zum bzw. vom Informationssystem

Im Gegensatz zu 3. herrschen dagegen geschlossene Ansätze vor
- wenn der digitalisierte Bestand einer Karte in ein – z.B. im Aufbau befindliches – Informationssystem übernommen wird,
- wenn umgekehrt aus einem Informationssystem eine Karte als graphische Ausgabe (evtl. sogar unter Änderung der Netzgrundlage) entsteht,
- wenn Daten zwischen Informationssystemen ausgetauscht werden.

5. Wechsel der Netzgrundlage innerhalb eines Informationssystems

Wird ein Informationssystem auf eine andere Abbildungsgrundlage gestellt oder ist im Grenzbereich zwischen zwei Abbildungssystemen (z.B. Meridianstreifensystemen) der Objektnachweis in beiden Systemen erwünscht, so kommen die hierfür vorhandenen geschlossenen Transformationsformeln zum Ansatz. Das setzt allerdings voraus, dass sich an den Raumbezugsdaten der Objekte (z.B. aus einer neuen Erfassung) nichts geändert hat.

2.3 Netzentwürfe für kartenverwandte Darstellungen

2.3.1 Grundlagen

Kartenverwandte Darstellungen unterscheiden sich von der Karte oft durch eine andere Projektion und/oder durch eine andere Lage der Abbildungsebene. Einzelheiten siehe 3.8. Die Darstellungen entstehen geometrisch
- als *geschlossene Abbildungen* (*Perspektiven*) durch Parallelprojektion (2.3.2) bzw. durch Zentralprojektion (2.3.3) oder
- als *zusammengefügte Abbildungen*, z.B. bei Globus-Oberflächen (2.3.4) und bei der Verknüpfung von Elementen (Pixeln) aus Abtastvorgängen (2.4.2).

Bewegte ebene kartenverwandte Darstellungen wechseln im zeitlichen Ablauf den Abbildungsmaßstab sowie Aufnahmeort und -richtung und können darüber hinaus auch von einer Art der Abbildung in eine andere Art übergehen.

Die Gleichungen in 2.3 beziehen sich – wie in 2.2 – auf den Abbildungsmaßstab 1:1. Beim Bezug auf eine Karte sind daher die Ausgangskoordinaten noch durch die Maßstabszahl m_k zu dividieren. Darüber hinaus ist noch ein *Skalierungsfaktor* μ_i anzusetzen, wenn durch die Projektion in einer Koordinatenrichtung eine Verkürzung (Verkleinerung bei $\mu_i < 1$) bzw. eine Verlängerung (Überhöhung bei $\mu_i > 1$) des Abbildungsmaßstabes stattfindet.

2.3.2 Parallelprojektionen

Wird bei der Parallelprojektion der Objektraum durch ein rechtwinkliges Koordinatensystem x,y,z beschrieben, so spricht man bei den Abbildungsvorgängen auch von *Axonometrien*.

2.3.2.1 Senkrechte Parallelprojektion

Treffen die Projektionsstrahlen stets senkrecht auf die Bildebene, so gilt die Abbildung eines räumlichen Objekts als *orthogonale Parallelperspektive* und beim Bezug auf die Objektkoordinaten x,y,z als *senkrechte Axonometrie*.

1. Senkrechte Parallelprojektion auf eine horizontale Ebene

a) Bei *ebenen* Darstellungen wird die Grundrissebene (xy-Ebene) als $x'y'$-Ebene grundrisstreu, d. h. längen-, flächen- und winkeltreu wie folgt abgebildet:

$$x' = x, \qquad y' = y. \tag{2.3.2 a}$$

Angaben zur dritten Dimension (z-Koordinate) sind nur indirekt durch Darstellung von Zahlen, Isolinien usw. möglich. Die Abbildung gilt genähert als Normalfall der Grundriss-Abbildung einer *Karte größeren Maßstabs* (Abb. 2.42).

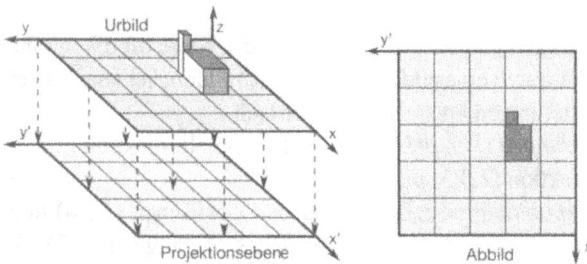

Abb. 2.42 Vertikalprojektion auf eine Horizontalebene

b) *Dreidimensionale (körperhafte)* Darstellungen auf der Grundlage dieser Projektion führen zum Normalfall des *Reliefs*. Bei der Wiedergabe der z-Koordinate liegt meist eine *Überhöhung* um den Faktor μ_z vor, dessen Wert zunimmt, je kleiner der Grundrissmaßstab ist:

$$z' = \mu_z \cdot z \quad \text{mit } \mu_z > 1. \tag{2.3.2 b}$$

2. Senkrechte Parallelprojektion auf eine vertikale Ebene

Liegt die x-Achse des Urbild-Koordinatensystems x,y,z senkrecht zur Projektionsrichtung (Abb. 2.43), so gilt folgendes:

a) Die xz-Vertikalebene wird aufrisstreu, d.h. längen-, flächen- und winkeltreu
   als $x'z'$-Ebene abgebildet. Dabei können Objektausdehnungen in der z-Koordinate die in Projektionsrichtung hinter ihnen liegenden Objekte ganz oder
   teilweise verdecken. Damit ist

$$x' = x, \quad y' = 0, \quad z' = z \,.$$ (2.3.2 c)

b) Eine Abbildung der Grundrissebene (xy-Ebene) ist nicht möglich.

c) Der für die Praxis bedeutendste Fall ergibt sich, wenn sich die Abbildung
   auf Objekte längs einer Geraden mit konstantem y-Wert beschränkt. Dies entspricht einem Vertikalschnitt durch den Objektkörper, und es entsteht in der
   Abbildung ein vertikales *Profil*. Mit der meist üblichen Überhöhung in z ergibt
   sich für das Profil (Abb. 8.12)

$$x' = x, \quad y' = 0, \quad z' = \mu_z z \quad \text{mit } \mu_z > 1 \,.$$ (2.3.2 d)

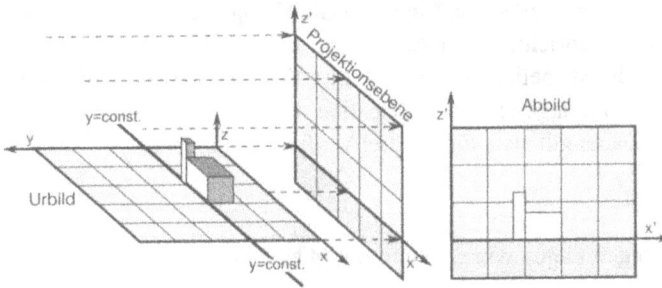

Abb. 2.43 Horizontalprojektion auf eine Vertikalebene

3. Senkrechte Parallelprojektion auf eine schräge Ebene

Diese Abbildung trifft man bei raumbildlichen Darstellungen in Form von *Blockbildern* und *Raumgittern*. Dabei findet man an den vertikalen Begrenzungsebenen solcher Darstellungen auch profilartige Wiedergaben, die allerdings nicht die
Aufrisstreue echter Profile besitzen. Liegt die x-Achse des Urbilds senkrecht zur
Projektionsrichtung, so lässt sich die Abbildung (Abb. 2.44) wie folgt beschreiben:

Alle x-Werte bleiben im Abbild längentreu. Dagegen bilden sich die y- und
z-Werte in einer reduzierten Skalierung ab. Damit ist

$$x' = x, \quad y' = \mu_y \cdot y, \quad z' = \mu_z \cdot z \quad \text{mit } \mu_y < 1 \text{ und } \mu_z < 1 \,.$$ (2.3.2 e)

Bei einem Winkel α zwischen Urbildebene und Projektionsebene ergibt sich

$$x' = x, \quad y' = \cos \alpha \cdot y, \quad z' = \sin \alpha \cdot z \,.$$ (2.3.2 f)

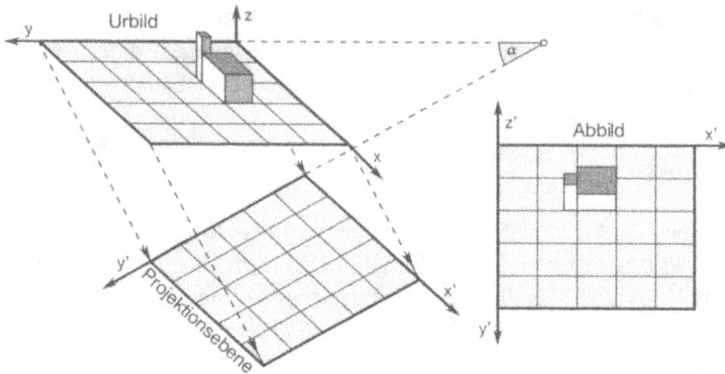

Abb. 2.44 Senkrechte Parallelprojektion auf eine schräge Ebene

Die Abbildung ist weder flächen- noch winkeltreu. z-Objekte können sich im Abbild ganz oder teilweise verdecken. Nach den Gleichungen 2.3.2 e und f ergibt sich für jede Koordinatenrichtung im Abbild ein anderer Skalierungsfaktor μ. Dies gilt allgemein für jede beliebige Lage der x,y,z-Koordinaten im Urbild. Man bezeichnet solche Abbildungen mit den Begriffen der Axonometrie als *trimetrische Projektionen*. Dabei gilt stets für die drei Verjüngungsfaktoren

$$\mu_x^2 + \mu_y^2 + \mu_z^2 = 2. \tag{2.3.2.g}$$

Unter den beliebigen Lagen von x,y,z und α gibt es folgende Sonderfälle:
- Die *dimetrische* Projektion, bei der wenigstens für zwei Koordinatenrichtungen die Maßstabsfaktoren μ gleich sind.
- Die *isometrische* Projektion, bei der alle drei Skalierungsfaktoren gleich sind. Nach (2.3.2 g) ist dann

$$3\mu^2 = 2, \quad \mu = 0.8165. \tag{2.3.2 h}$$

2.3.2.2 *Schiefe Parallelprojektion*

Treffen die Projektionsstrahlen nicht senkrecht auf die Projektionsebene, so liegt eine *schiefe Parallelperspektive* vor, beim Bezug auf ein objektbezogenes Achsenkreuz x,y,z eine *schiefe Axonometrie*.

1. *Schiefe Parallelprojektion auf eine horizontale Ebene*

Die auch als *Militärperspektive* bezeichnete Abbildung unterscheidet sich von der senkrechten Parallelprojektion auf eine horizontale Ebene (2.3.2.1 Nr. 1) in der Wiedergabe der z-Koordinate. Mit den Einzelheiten aus 3.8.1.7 und Abb. 3.73b gilt dabei:

a) Die Grundrissebene (xy-Ebene) wird als $x'y'$-Ebene grundrisstreu abgebildet. Damit ergibt sich wie Gleichung 2.3.2 a:

$$x' = x, \quad y' = y. \tag{2.3.2 i}$$

b) Für die Abbildung der z-Koordinate unter einem Winkel α zwischen Urbild-ebene und Projektionsstrahlen bzw. mit der oft üblichen Überhöhung $\mu_z > 1$ gilt

$$z' = z \cdot \cot \alpha \quad \text{bzw.} \quad z' = z \cdot \mu_z. \tag{2.3.2 j}$$

2. Schiefe Parallelprojektion auf eine vertikale Ebene

Bei dieser teilweise auch als *Kavalierperspektive* bezeichneten Abbildung gilt im Vergleich zur senkrechten Parallelprojektion (2.3.2.1 Nr. 2) mit den Einzelhei-ten aus 3.8.1.7 und Abb. 3.73a:

a) Die Abbildung der Grundrissebene (xy-Ebene) ergibt ein schiefwinkliges Koordinatensystem mit dem Winkel α zwischen den Achsen x' und y' und mit dem Verjüngungsfaktor μ_y:

$$y' = \mu_y \cdot y. \tag{2.3.2 l}$$

b) Die Vertikalebene (xz-Ebene) wird aufrisstreu, d.h. längen-, flächen- und winkeltreu als $x'z'$-Ebene abgebildet. Dabei können die Objektbilder in der z'-Koordinate die in Projektionsrichtung hinter ihnen liegenden Objekte ganz oder teilweise verdecken. Auch sind Objekte mit gleichem x'-Wert, aber ver-schiedenem y-Wert je nach Größe des Winkels α gegenseitig verschoben. Damit ist wie in Gl. 2.3.2 c

$$x' = x, \quad z' = z. \tag{2.3.2 k}$$

3. Schiefe Parallelprojektion auf eine schiefe Ebene

Dieser allgemeine Fall liegt vielen Darstellungen von parallelperspektiven *Block-bildern* zugrunde, bei denen es vorwiegend auf eine optimale Wiedergabe des Inhalts und weniger auf bestimmte geometrische Bedingungen ankommt. Liegen dazu die Daten des x,y,z-Systems in digitaler Form vor, so lässt sich die gra-phische Darstellung in Gestalt eines gitterförmigen Würfels *(Raumgitter)* leicht verwirklichen (Abb. 2.45a). Eine solche Wiedergabe eignet sich nicht nur für topographische Objekte, sondern auch für die Visualisierung thematischer Daten (z. B. Oberflächen von Klimadaten).

2.3.3 Zentralprojektionen

Vergleicht man die Parallelprojektionen mit den Zentralprojektionen (siehe Abb. 2.45), so ergibt sich folgendes:

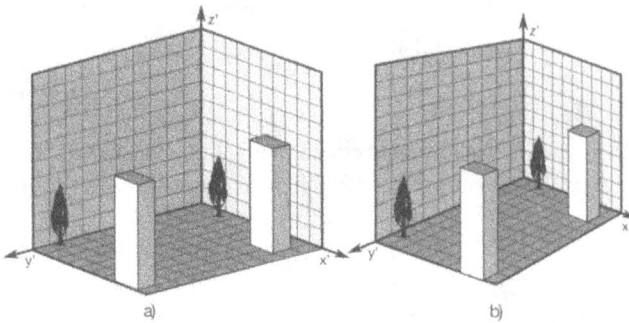

Abb. 2.45 Parallelprojektion (a) und Zentralprojektion (b) eines Raumgitters

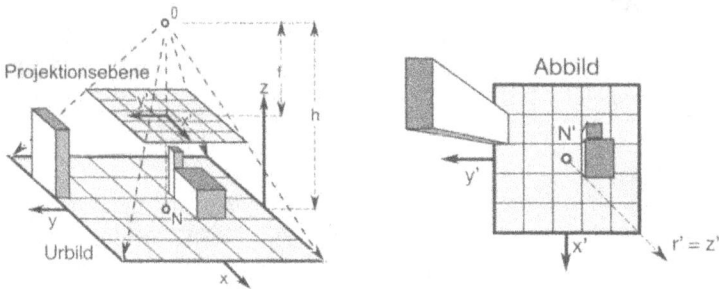

Abb. 2.46 Zentralprojektion auf eine horizontale Ebene

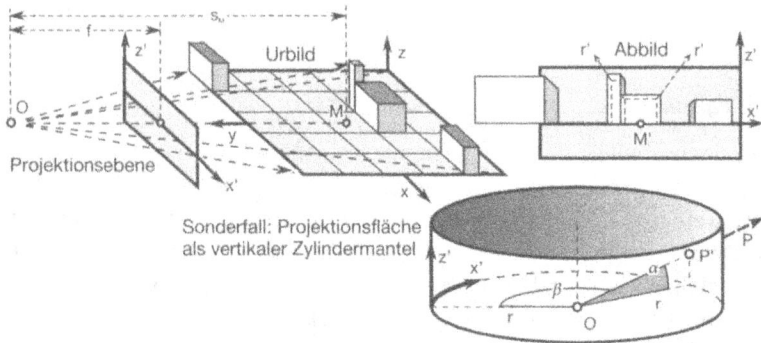

Abb. 2.47 Zentralprojektion auf eine vertikale Ebene bzw. auf einen Zylindermantel

– Beim Einsatz manueller Entwurfsmethoden waren Parallelprojektionen leichter zu konstruieren als Zentralprojektionen. Soweit die Konstruktion nunmehr auf Verfahren der digitalen Graphik beruht, bestehen jedoch beim Einsatz geeigne-

ter Programme keine Unterschiede mehr beim Aufwand. Auch lassen sich die
Darstellungen relativ leicht von einer Projektionsart in die andere überführen.

– Das kartometrische Ausmessen und Vergleichen der dargestellten Objekte ist
bei Parallelprojektionen einfacher als bei Zentralprojektionen. Letztere sind
dafür anschaulicher, weil sie einen natürlicheren Eindruck räumlicher Tiefe
vermitteln. Zentralprojektionen erfordern die Festlegung je eines Fluchtpunk-
tes für alle drei Dimensionen (Drei-Punkt-Perspektive). In der Entwurfspraxis
beschränkt man sich jedoch meist als Näherungslösung auf die Ein-Punkt-Perspektive für die wichtigste Betrachtungsrichtung. In den beiden anderen Richtungen beruht daher der Ansatz weiterhin auf einer Parallelprojektion (siehe
Abb. 2.45b).

2.3.3.1 Zentralprojektion auf eine Horizontalebene

Diese Projektion ergibt sich für *Luftbilder*, die mit senkrechter Aufnahmeachse
entstanden sind, entsprechend auch für eine *Vogelperspektive* mit senkrechter
Betrachtung (Abb. 2.46). Dabei bestehen folgende Eigenschaften:

a) Die Grundrissebene (xy-Ebene) wird als $x'y'$-Ebene grundrisstreu abgebildet,
jedoch im Gegensatz zur Parallelprojektion nur im Bereich eines festgelegten
Niveaus z_0.

b) Der Maßstabsfaktor m der Abbildung im Niveau z_0. folgt aus Abb. 2.47 zu

$$m = h/f, \quad x' = m \cdot x, \quad y' = m \cdot y. \tag{2.3.3 a}$$

c) Alle Objekte oberhalb und unterhalb dieses Niveaus erleiden radiale Verschiebungen in Bezug auf den Nadirpunkt N, der sich als Grundrissprojektion des
Aufnahmeortes ergibt.

2.3.3.2 Zentralprojektion auf eine Vertikalebene

Für diese Projektion gilt bei horizontaler Aufnahmerichtung (Abb. 2.47):

a) In der Aufrissebene (xz-Ebene), die durch den Mittelpunkt M des Objektbe-
reichs führt, beträgt der Maßstabsfaktor m

$$m = s_M/f, \quad x' = m \cdot x, \quad y' = m \cdot y. \tag{2.3.3 b}$$

In allen anderen Aufrissebenen ergibt sich der Maßstabsfaktor in Abhängigkeit von y. Gegenüber der Darstellung in der Aufrissebene durch M erleiden
damit die Abbildungen der z-Koordinaten eine radiale Verschiebung r' von M'
her.

b) Eine Darstellung der Grundrissebene (xy-Ebene) ist nicht möglich.

c) Ein häufiger Sonderfall dieser auch als **Panorama** bezeichneten Abbildung
liegt vor, wenn die Projektionsebene aus dem abzuwickelnden Mantel eines
senkrechten Zylinders vom Radius r entsteht. Dabei lässt sich im Vergleich
zum *Teilpanorama* sogar der gesamte Horizont als *Rundbild* abbilden. In der
Zylinderachse befindet sich das Projektionszentrum O, und für das Bild P'

eines Objektpunktes P mit x' längs des Zylindermantels und der Vertikalen z' gilt dann

$$x' = r \cdot \beta , \quad z' = r \cdot \alpha. \tag{2.3.3 c}$$

2.3.3.3 Zentralprojektion auf eine schiefe Ebene

Diese Projektion entspricht der Geometrie in **Schräg-Luftbildern**, in **Vogelperspektiven** und in zentralperspektiven **Blockbildern** (Abb. 2.48).

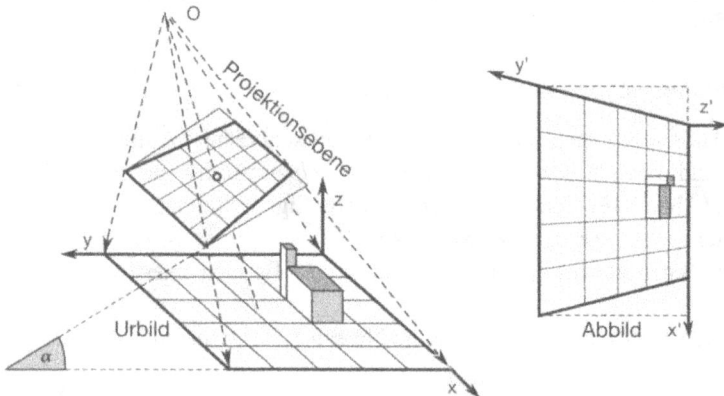

Abb. 2.48 Zentralprojektion auf eine schiefe Ebene

Ist die Projektionsebene um den Winkel α gegen die Urbildebene geneigt, so variiert der Abbildungsmaßstab im Grundriss umso mehr, je größer α ist. Zugleich wächst der Abbildungsmaßstab der Höhen im Vergleich zum Grundrissmaßstab. Von einem bestimmten Wert α ab ergibt sich schließlich auch eine Abbildung des Horizonts. Beim Vorliegen digitaler Daten führt dieser Fall meist zur Darstellung eines Raumgitters (Abb. 2.45b).

Bei zentralperspektiven Darstellungen kommt es häufig zu Näherungslösungen, um methodische Vereinfachungen oder bestimmte visuelle Eindrücke zu erzielen. Eine geometrische Vereinfachung ergibt sich in Form der Ein-Punkt-Perspektive, bei der lediglich in der Richtung ein Fluchtpunkt festgelegt wird, in der die größte Tiefenwirkung eintreten soll. Bei den beiden anderen Richtungen liegt dagegen eine Parallelprojektion zugrunde. Zur Verbessung der Raumvorstellung wird bei touristischen Prospekten häufig der Horizont in sog. *progressiver Perspektive* näher herangerückt.

2.3.4 Netzentwürfe für die Oberflächen von Globen

Für die Netze von Globus-Oberflächen gibt es vor allem zwei Verfahren:

a) Die herkömmliche Methode besteht im Aneinanderreihen von sphärischen Zweiecken (Abb. 2.49) mit eingedrucktem Karteninhalt, die jeweils einen Bereich mit einem bestimmten Längenunterschied (z. B. $\Delta\lambda = 30°$) aufweisen. Die Netzlinien – vor allem die Breitenkreisbilder – sind so zu berechnen, dass beim Abwickeln und Befestigen auf der Globusoberfläche die Klaffungen zwischen benachbarten Zweiecken möglichst gering bleiben; dazu eignen sich vor allem polykonische Abbildungen (2.2.5) (*Bugayevskiy* und *Snyder* 1995). Die Abgrenzungen der Zweiecke sollten aus praktischen Gründen nicht mit den Längenkreisbildern zusammenfallen, die dargestellt werden sollen. Die Netze der beiden Polkappen beruhen auf der mittabstandtreuen Azimutalabbildung (2.2.3.1).

b) Jüngere Verfahren beruhen auf dem plastischen Verformen von Kunststoff-Flächen mit vorab bedrucktem Karteninhalt. Die dafür zugrunde gelegten Netzkonfigurationen sind im Ausgangszustand so beschaffen, dass ihre Verzerrungen durch die anschließende thermoplastischen Verformung möglichst vollständig kompensiert werden.

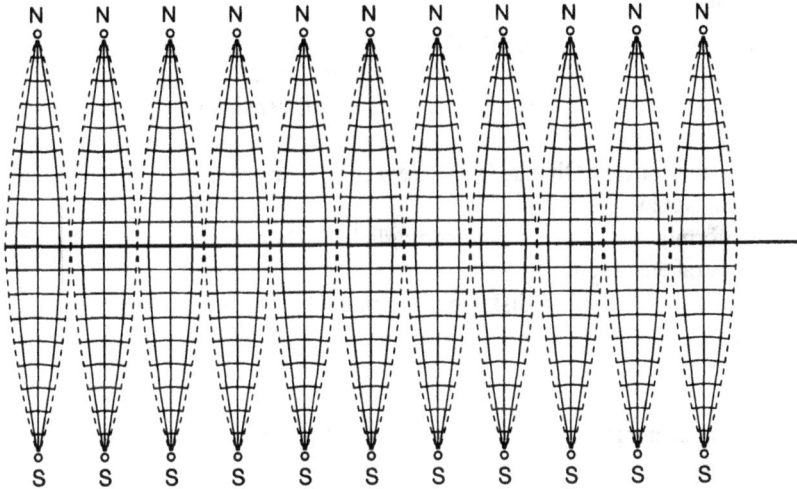

Abb. 2.49 Globus-Kartennetz: 12 sphärische Zweiecke mit je 30° Längenunterschied

2.4 Raumbezug in der digitalen Kartographie (Geo-Informatik)

2.4.1 Grundzüge der geometrischen Datenmodelle

Die *klassische* Kartographie kann den Raumbezug der Objekte nur in zwei Schritten vollständig vermitteln: Im Herstellungsprozess geht es zunächst nur um die absolute Position der Objekte und ihre Form, während die Nachbarschaftsbeziehungen sich erst im Zuge der Kartenauswertung durch Betrachtung der Objekte im Zusammenhang erschließen (siehe 1.3). Dagegen muß die *digitale* Kartographie die geometrischen und topologischen Informationen der Objekte umfassend abbilden und in einem Computersystem speichern. Das gespeicherte Datenmodell soll einerseits die Herstellung der klassischen Karte ermöglichen und andererseits im Zuge der computergestützten Auswertung (siehe 6.5 und 8.3) zu Ergebnissen führen, die mit denen der klassischen Kartenauswertung mindestens vergleichbar sind.

Die geometrischen Angaben eines solchen Datenmodells lassen sich auf folgende *Grunddatentypen* zurückführen:
1. *Punktdaten* beschreiben
   - reale punktförmige Objekte (z. B. Lage- oder Höhenfestpunkte),
   - punktförmig generalisierte, ursprünglich flächenförmige, diskrete Objekte (z. B. Brunnen) oder
   - ausgewählte Punkte kontinuierlicher Objekte in Form von Wertefeldern durch Koordinaten im zwei- oder dreidimensionalen Raum.
2. *Liniendaten* als Punktfolgen im zwei- oder dreidimensionalen Raum ergeben sich für
   - reale linienförmige Objekte (z. B. Grenzen von Verwaltungsgebieten, Bruchkanten, Netzwerke) oder
   - linienförmig generalisierte, ursprünglich flächenhafte diskrete Objekte (z. B. Straßenachsen).
3. *Flächendaten* beschreiben diskrete Flächenobjekte durch geschlossene Randlinien. Jede Fläche stellt eine Teilmenge des zwei- oder dreidimensionalen Raumes dar.

Geometrische Datenmodelle enthalten gewöhnlich eine Kombination dieser Grunddatentypen.

2.4.2 Elementare digitale Darstellungsformen

2.4.2.1 Darstellung mit Vektordaten

Diese Darstellung nähert die Form und die Position einer Linie durch eine Folge von Punkten (Stützpunkten) in der Weise an, dass zwischen zwei benachbarten Punkten P_i und P_{i+1} jeweils ein kleines gerades Linienelement, ein Vektor, entsteht (Abb. 2.50b). Dessen explizite Beschreibung nach Form und Position beruht auf kartesischen Koordinaten von Anfangs- und Endpunkt in einem zwei- oder dreidimensionalen Koordinatensystem. Ein Punkt lässt sich als Nullvektor auffassen, bei dem Anfangs- und Endpunkt identisch sind. Eine Fläche ergibt sich aus einem geschlossenen Linienzug.

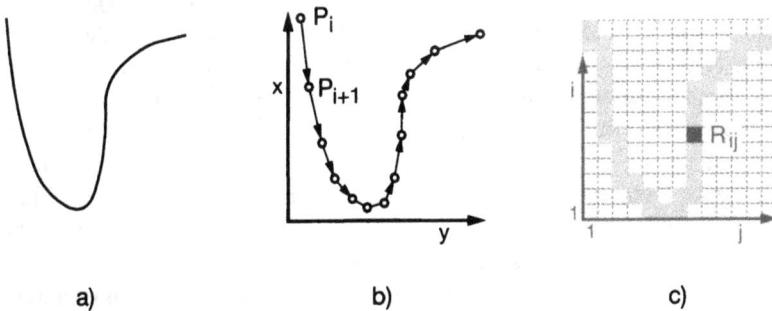

Abb. 2.50 Darstellung einer Linie (a) in Vektorform (b) und in Rasterform (c)

2.4.2.2 Darstellung mit Rasterdaten

Bei dieser flächenhaften Betrachtungsweise gilt als kleinste Einheit das diskrete Flächenelement *(Masche, Zelle, Pixel)* eines feinen quadratischen Rasters *(Rastermatrix)*, das sich dem Objekt überlagern läßt. Die Lage R_{ij} einer Zelle ergibt sich durch Abzählen der Zeilen i und der Spalten j (Abb. 2.50c).

2.4.3 Mathematische Grundlagen des Raumbezugs

2.4.3.1 Metrik

Für die vollständige Abbildung des Raumes ist es erforderlich, die Objektgeometrie durch Koordinaten und deren Umgebung durch eine Distanzfunktion, die sog. *Metrik*, zu beschreiben. Unter einer Metrik versteht man die Distanz $d(p,q)$ zweier Punkte p und q mit den folgenden Eigenschaften:

1. Die Distanz von einem Punkt zu sich selbst ist Null: $d(p,q) = 0 \Leftrightarrow p = q$
2. Die Distanz ist symmetrisch: $d(p,q) = d(q,p)$
3. Die Summe zweier Dreiecksseiten ist größer als oder gleich der Länge der dritten Seite (k ist dritter Dreieckspunkt): $d(p,q) + d(q,k) \geq d(p,k)$

Ein Raum mit diesen Eigenschaften wird als *metrischer* Raum bezeichnet. Ein Beispiel hierfür ist der euklidische Raum, weil die *euklidische Distanz* zwischen den Punkten $p(x_1,...,x_n)$ und $q(y_1,...,y_n)$ die Eigenschaften 1–3 erfüllt:

$$d(p,q) = \sqrt{\sum_{i=1}^{n}(x_i - y_i)^2} \qquad\qquad (2.4.3a)$$

Dabei ist für den zweidimensionalen Darstellungsraum der Karte n = 2 und für den dreidimensionalen Anschauungsraum n = 3.

Mit Hilfe einer Metrik können Lage, Richtung und Distanz definiert werden. Damit lassen sich Abstände zwischen Objekten berechnen, kürzeste Wege finden und nächste Nachbarn identifizieren. Die euklidische Distanz ist das klassische Modell für die Lösung geometrischer Probleme. Sie beruht auf der Betrachtung des Raumes als Kontinuum mit einer unbegrenzten Zahl von Punkten. Die *analytische* Geometrie ermöglicht dazu die Abbildung des Raumes in den Koordinatenraum; sie ist jedoch nicht das einzige Konzept für die Behandlung raumbezogener Phänomene. So versagt die euklidische Geometrie und führt zum Ansatz der *diskreten* Geometrie, wenn sich z. B. bei Erreichbarkeitsbetrachtungen in einer Stadt die kürzesten Abstände nicht als Euklidische Distanz, sondern nur nach dem Straßennetz angeben lassen. Eine Möglichkeit dazu ist durch die *City-Block-Metrik* gegeben, wenn eine Nachbarschaft vom Typ N. 4 definiert ist. Die auch als *City-Block-Distanz* (Taxi-Distanz) bezeichnete Distanzfunktion ergibt sich dabei als die Summe aller horizontalen (*i*) und vertikalen (*j*) Segmente, mit denen die Punkte *p* und *q* verbunden werden (Abb. 2.51a):

$$d_4\,(p,q) = |\,i_q - i_p\,| + |\,j_q - j_p\,|. \qquad\qquad (2.4.3b)$$

Da die Kombination der Segmente keine Rolle spielt, gibt es nicht nur *einen* kürzesten Weg, sondern eine exakt bestimmbare Anzahl gleichkurzer Wege zwischen *p* und *q*, die gleich der Anzahl aller Kombinationen vertikaler und horizontaler Schritte ist.

Ist eine Nachbarschaft vom Typ N. 8 gegeben, so wird die *Schachbrett-Metrik* verwendet. Eine Distanz ergibt sich als Summe aller horizontalen Segmente, der in Diagonalen verlaufenden Segmente und der vertikalen Segmente, mit denen die Punkte *p* und *q* verbunden werden (Abb. 2.51b):

$$d_8\,(p,q) = \max\,(\,|\,i_q - i_p\,|\,,\,|\,j_q\,,\,j_p\,|\,). \qquad\qquad (2.4.3c)$$

Zwar gelten auch hierfür die Eigenschaften einer Metrik (Symmetrie u. Dreiecksungleichung), doch unterscheiden sich die räumlichen Nachbarschaftsbeziehungen. Außerdem sind die Distanzen nicht unabhängig von Änderungen des Koordinatensystems: Bei geänderter Orientierung der Koordinatenachsen können sich andere Streckenlängen ergeben. Abstandsdefinitionen dieser Art sind Gegenstand der diskreten Geometrie, die zu den Grundlagen der digitalen Bildverarbeitung gehört (z. B. *Haberäcker* 1991).

Ist mindestens eine der genannten Bedingungen für eine Metrik nicht erfüllt, so liegt ein *nicht-metrischer* Raum vor. Das ist z. B. der Fall, wenn schnellste

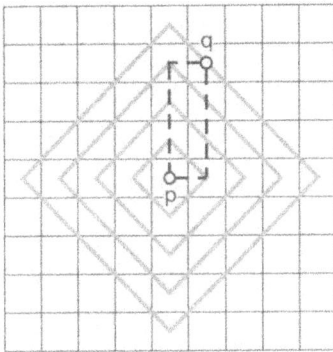

Distanz p,q bei N.4-Nachbarschaft
(beispielhaft)

Linien konstanten Abstands
um einen Bezugspunkt p

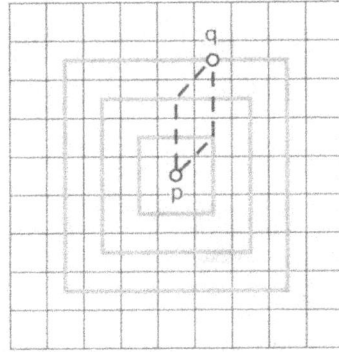

Distanz p,q bei N.8-Nachbarschaft
(beispielhaft)

Linien konstanten Abstands
um einen Bezugspunkt p

Abb. 2.51 a) City-Block-Distanz und b) Schachbrett-Distanz

Verbindungen in einem Straßennetz mit Strecken unterschiedlicher Gewichtung
(Einbahnstraßen, enge Ortsdurchfahrten, Schnellstraßenabschnitte) zu ermitteln
sind und dabei metrische Betrachtungen auch von charakterisierenden Angaben
(Attributen, siehe 3.6.2) abhängen. Nicht-metrische Räume erlangen eine wachsende Bedeutung in der raumbezogenen Analyse.

2.4.3.2 Topologie

Die Topologie befasst sich mit solchen Eigenschaften von Figuren, die unabhängig
sind von ihrer Größe und Gestalt, also ihrer Metrik. Den Untersuchungen liegen
umkehrbar eindeutige stetige Abbildungen *(topologische Abbildungen, Homöo-
morphismen)* zugrunde. Die Topologie wird deshalb als „Gummihautgeometrie"
bezeichnet; jeder metrische Raum ist zugleich ein spezieller *topologischer Raum*.
Zu den topologischen Abbildungen gehören auch die Translationen, Rotationen
und Skalierungen der analytischen Geometrie, und die bei solchen Transformationen unveränderten Eigenschaften gelten als topologische Invarianten.

Die erst seit der Jahrhundertwende als selbständige mathematische Disziplin angese-
hene Topologie wurde anfangs als „Geometrie der Lage" bezeichnet und geht auf Arbeiten von *Euler* (1707–1783) zur Lösung des bekannten Königsberger Brückenproblems
zurück. Sie gliedert sich heute in die geometrische, algebraische und mengentheoretische
Topologie. Dabei beruht die Beschreibung von Punkten und ihren gegenseitigen Beziehungen auf der algebraischen Topologie.

Die topologische Beschreibung raumbezogener Objekte und ihrer gegenseitigen Beziehungen verwendet folgende Elemente (Abb. 2.52):

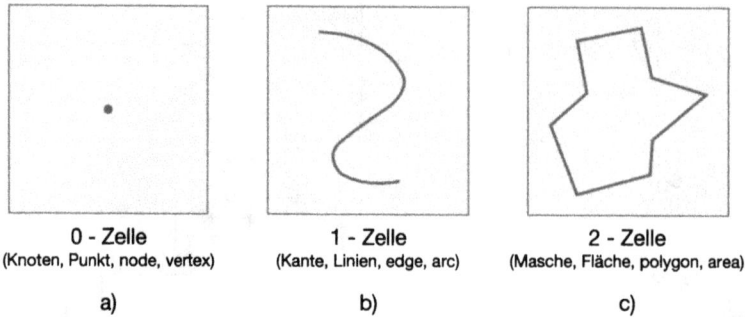

0 - Zelle	1 - Zelle	2 - Zelle
(Knoten, Punkt, node, vertex)	(Kante, Linien, edge, arc)	(Masche, Fläche, polygon, area)
a)	b)	c)

Abb. 2.52 Topologische Elemente

Die zwischen Knoten (= 0-Zelle), Kanten (= 1-Zelle) und Maschen (= 2-Zelle) bestehenden topologischen Relationen werden wie folgt beschrieben (Abb. 2.53):

1. Knoten-Adjazenz: Adjazente (benachbarte) Knoten werden durch Kanten verbunden.
2. Knoten-Kanten-Inzidenz: Jeder Knoten liegt am Anfang oder Ende einer Kante.
3. Maschen-Adjazenz: Benachbarte Maschen werden durch gemeinsame Kanten getrennt.
4. Maschen-Kanten-Inzidenz: Jede Masche wird durch Kanten begrenzt.

Diese vier Grundbeziehungen gelten auch dann, wenn zwei Knoten bzw. zwei Kanten in den geometrisch gleichen Ort fallen und zu einem Knoten bzw. einer Kante verschmelzen (sog. Singularitäten). Aus den Grundbeziehungen lassen sich als weitere topologische Beziehungen die Kanten-Adjazenz und die Knoten-Maschen-Adjazenz ableiten.

Bei einer topologischen Struktur mit n Knoten, m Kanten und r Maschen gilt die Eulersche Formel

$$n - m + r = 2. \tag{2.4.3 d}$$

Die topologische Beschreibung des Raumes ist für die digitale Kartographie und Geo-Informatik in zweifacher Hinsicht bedeutend: Einerseits ist die topologische Beschreibung der Nachbarschaft von Objekten eine wichtige Grundlage für die Gestaltung raumbezogener Datenstrukturen, andererseits lassen sich die topologischen Beziehungen mittels der *Eulerschen* Formel überprüfen und für effiziente räumliche Analysen nutzen.

Das topologische Konzept hat enge Bezüge zur *Graphentheorie*, die ihren Ursprung in dem *Vier-Farben-Problem* hat (z. B. *Aigner* 1984). Dabei geht es um das Problem, eine Landkarte mit nur vier Farben so zu gestalten, dass Länder mit gemeinsamen Kanten stets in verschiedenen Farben dargestellt werden. Die heutige Bedeutung der Graphentheorie besteht darin, dass sich raumbezogene

Strukturen und Prozesse (z. B. Straßennetze, Fahrzeugnavigation) mit Hilfe zweidimensionaler Netzwerke darstellen und untersuchen lassen. Eine besondere Bedeutung für die Beschreibung zweidimensionaler Strukturen des Raumes haben die *planaren Graphen*, die dadurch gekennzeichnet sind, dass sich die Kanten nur in den Knoten schneiden. Wenn bei einem planaren Graph auch die durch Kanten und Knoten gebildeten Maschen betrachtet werden, spricht man von einer *Landkarte im graphentheoretischen Sinn*.

Diese stellt eine zweidimensionale komplexe topologische Struktur mit folgenden Eigenschaften dar (Abb. 2.53 und 2.54):

1. Jede 1-Zelle inzidiert mit genau zwei 2-Zellen (Maschen-Kanten-Inzidenz).
2. Um jede 0-Zelle gibt es eine eindeutige Kette von einander abwechselnden 1- und 2-Zellen (Knoten-Kanten- und Knoten-Maschen-Inzidenz).
3. Für je zwei 2-Zellen der komplexen Struktur sollen die gemeinsamen begrenzenden 1-Zellen gegensinnig orientiert sein. Es handelt sich dann um eine geschlossene Fläche.

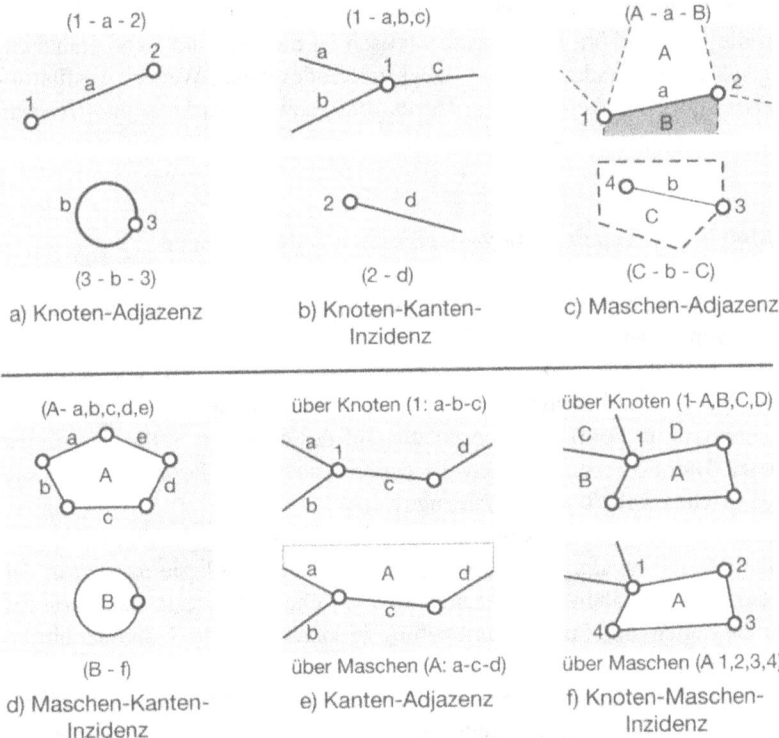

Abb. 2.53 Topologische Beziehungen zwischen Knoten, Kanten und Maschen

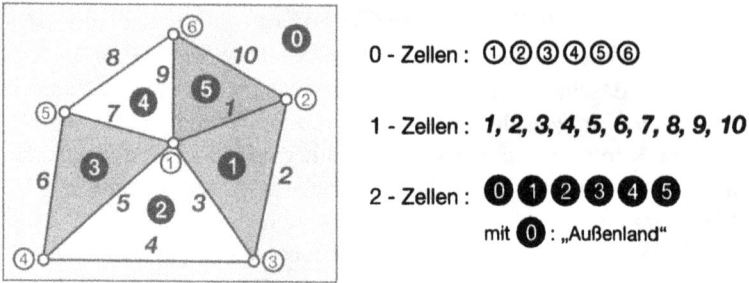

0 - Zellen : ①②③④⑤⑥

1 - Zellen : *1, 2, 3, 4, 5, 6, 7, 8, 9, 10*

2 - Zellen : ⓿❶❷❸❹❺

mit ⓿ : „Außenland"

Abb. 2.54 Topologische Beschreibung einer Landkarte

2.4.3.3 Ordnungstheorie

Die *Ordnungstheorie* ergänzt die metrischen und topologischen Aspekte der Datenmodellierung um solche ohne unmittelbaren Raumbezug. Das Konzept der Ordnung ermöglicht es, Objektmengen durch Angabe einer Ordnungsrelation zu strukturieren und ohne Koordinatenoperationen zu vergleichen. Der Unterschied zwischen topologischen und ordnungstheoretischen Beziehungen läßt sich an folgendem Beispiel erklären: Gegeben seien die Objekte einer Stadt und das Land, zu dem die Stadt gehört. Ordnungstheoretisch ist die Stadt im Land enthalten, topologisch ist das Stadtgebiet eine Insel im Landesgebiet. Weitere Ausführungen hierzu findet man bei *Kainz* (in *Meyer* 1989) sowie *Egenhofer* und *Herring* (1991).

2.4.4 Metrik und Topologie in geometrischen Datenmodellen

Bei geometrischen Datenmodellen sind folgende Verbindungen von Metrik und Topologie von Bedeutung:

1. Ein *topologisches Vektormodell* beschreibt die geometrischen Objektinformationen nach einem hierarchischen Schema. Dabei befindet sich die metrische Beschreibung in Form von Koordinaten auf der untersten Stufe. Der nächst höheren Hierarchiestufe werden die daraus ableitbaren Relationen und die topologischen Relationen *explizit* zugeordnet.

2. In einem *Rastermodell* als wichtigstem Vertreter der regelmäßigen Mosaikmodelle (engl. *regular tessellation models*) ist die Topologie *implizit* in der Rastermatrix enthalten. Für eine beliebige Masche gibt es feste Nachbarn, die über die Zeilen- und Spaltennumerierung zu lokalisieren sind; darüber hinaus lassen sich weitere Nachbarschaftstypen definieren.

3. Beim *unregelmäßigen Netzmodell (irregular tessellation model)* wird der Raum vollständig in Maschen unterschiedlicher Größen und Formen unterteilt. Die geometrischen Informationen werden wie im Vektormodell beschrieben,

und für die Bestimmung der Topologie wird eine Triangulation der Maschen-
bezugspunkte (sog. Zentroide) durchgeführt.

Zur Verknüpfung der geometrischen Datenmodelle mit semantischen Objektinformationen zu raumbezogenen Datenmodellen siehe 3.6.2.

Weiterführende Betrachtungen zu den Grundlagen geometrischer Datenmodelle findet
man z. B. in *Peuquet* 1991 (in *Taylor* 1991), *Bartelme* 2000 und *Bill* 1999a,b; geometrische Datenmodelle sind auch Gegenstand der internationalen und nationalen Standards
und Normen im Bereich Geoinformation (siehe Anhang 2).

3 Grundlagen kartographischer Modellbildung

Zusammenfassung

Kartographische Modellierung bezieht sich heute sowohl auf analoge als auch auf digitale Datenmodelle. Analoge (graphische) Modelle dienen der visuellen Präsentation der Daten, und daher bildet die sog. Kartengraphik als Summe graphischer Gestaltungsregeln einen ersten Schwerpunkt dieses Kapitels. Damit verbunden sind auch die Erläuterungen zu den Bestandteilen und zum Maßstab einer Karte. Ein zweiter Schwerpunkt umfasst die digitalen Strukturen raumbezogener Objekte, vor allem im Zuge der Bildung von Geo-Informationssystemen, und zwar neben den Objektmodellen selbst auch die daraus entstehenden kartographischen Modelle, die der graphischen Ableitung durch Digital-Analog-Wandlung dienen. Einen dritten Schwerpunkt bilden schließlich die Fragen der Generalisierung, die sich als objekt- und maßstabsbedingte Notwendigkeit ergibt.

3.1 Kartographische Darstellung – Begriffe und Aufgaben

Der Weg von der ersten Idee bis zum kartographischen Produkt lässt sich durch die Bereiche *Konzept* und *Verwirklichung* beschreiben:

- Im *gedanklich-konzeptionellen* Bereich geht es in der Folge von *Vorgang* (Prozess) und *Ergebnis* (Resultat) um die allgemeinen Grundsätze einer sinnvollen Informationsdarstellung. Im *Vorgang* bildet sich allmählich das Konzept aus eigenen Vorstellungen, fremden Vorgaben, Versuchen, Änderungen, Skizzierungen usw. Das *Ergebnis* als endgültiges Konzept legt die Art der graphischen Präsentation bzw. der Strukturierung digitaler Daten fest. Zu den mehr redaktionellen Überlegungen siehe Kap. 5.
- Im *praktisch-technischen* Bereich (Kap. 4 und 7) ist das gestalterische Konzept konkret zu verwirklichen, und zwar durch die Prozesse und Resultate vom konkreten Entwurf bis zur Vervielfältigung.

Beide Bereiche beeinflussen sich gegenseitig: So müssen gedankliche Ansätze berücksichtigen, ob die gewünschten graphischen Strukturen auch ausführbar sind; andererseits bestimmen berufliche Qualifikationen sowie verfügbare Geräte, Verfahren und Programme das Ausmaß des Gestaltungsspielraums.

Jedes Konzept hat – unabhängig davon, ob analog oder digital – zu beachten, dass es bei der Präsentation kartographischer Informationsdarstellungen auch weiterhin primär um die graphische Wiedergabe in Form von Karten geht. Deren Gestaltung ist gekennzeichnet durch eine typische *Kartengraphik* (3.2), ferner durch ihre Maßstäblichkeit (3.5.2) und die klare Strukturierung nach bestimmten Bestandteilen (3.5.1). Darüber hinaus geht es zunehmend auch um die sachgerecht strukturierte Verarbeitung, Speicherung und langfristige Verwaltung digitaler Objektdaten (3.6). Stets aber erfordert die gegenüber der Umwelt eintretende maßstäbliche Verkleinerung auch eine Generalisierung bei der Erfassung und Wiedergabe der Objekte (3.7).

Jedes Ergebnis eines analogen und digitalen Konzepts besitzt stets das Kennzeichen eines Modells (1.4.2), und zwar eines *Sekundärmodells*, das aus dem *Primärmodell* der Erfassung (Kap. 6) hervorgegangen ist:

- *Graphische (analoge) Modelle* (1.6) entstehen im Falle von Karten und kartenverwandten Darstellungen und ihren Vorstufen. Das gilt sowohl für die unmittelbar graphisch entstehenden Darstellungen als auch für solche, die sich mittelbar über GDV als Digital-Analog-Wandlung digitaler Daten ergeben.
- *Digitale Modelle* (1.7) sind entweder *Objektmodelle* mit einem von graphischen Merkmalen noch völlig unabhängigen Datenbestand (Landschaftsmodelle der Topographie oder thematische Fachmodelle) oder *Darstellungsmodelle* mit allen Angaben zur Objektbeschreibung durch graphische Zeichen (Kartographische Modelle als digitale Karten).

3.2 Kartengraphik als Zeichensystem

Als *Kartengraphik* gilt die Gesamtheit der für Karten aller Art typischen Darstellungsweisen; diese lässt sich auffassen als ein Zeichensystem im Sinne der Zeichentheorie (Semiotik, 1.2.4). Ein solches Zeichensystem umfasst die Merkmale und Regeln *aller* graphischen Darstellungen wie auch die der *kartographischen* Darstellungen. Jedes Kartenzeichen stellt eine codierte Information dar; diese liefert für sich *allein* sowie aus der Beziehung *zwischen* den Zeichen mannigfaltige Aussagen über Raumbezüge und Eigenschaften von Objekten.

3.2.1 Aufbau des kartographischen Zeichensystems

Bei näherer Analyse der Kartengraphik ergibt sich ein dreistufiger Aufbau dieses Zeichensystems. Dabei gilt der in der Kartographie übliche Fall der *Positivdarstellung*, d. h. dass die Bildstellen meist dunkler sind als die bildfreien Stellen.

1. *Graphische Elemente* sind die nach ihrer geometrischen Ausbreitung zu unterscheidenden *Punkte, Linien* und *Flächen* als Bausteine jeder Graphik. Sie lassen sich mit dem Laut bzw. Buchstaben der Sprache vergleichen.
2. *Zusammengesetzte Zeichen* sind spezifische Zusammenfügungen der graphischen Elemente zu höheren Gebilden. Das für die Kartographie typische, originale und bedeutendste zusammengesetzte Zeichen ist die *Signatur (das Kartenzeichen)*. Drei weitere Zeichen (*Diagramm, Halbton* und *Schrift*) stam-

men aus anderen Bereichen graphischer Darstellungen. Graphische Elemente und zusammengesetzte Zeichen bilden gemeinsam die kartographischen Gestaltungsmittel (3.4). Sie sind dem Wort der Sprache vergleichbar.

3. *Graphische Gefüge* ergeben sich, wenn die Elemente und Zeichen bei jeweils bestimmten Objektarten typische graphische Strukturen erzeugen und damit in starkem Maße den Gesamteindruck der Karte bestimmen *(Kartentyp);* dies entspricht etwa dem Satz der Sprache mit seiner Aussage. Die Abb. 3.01, 3.09 und 3.13 zeigen Beispiele linearer, punktförmiger und flächenhafter Gefüge.

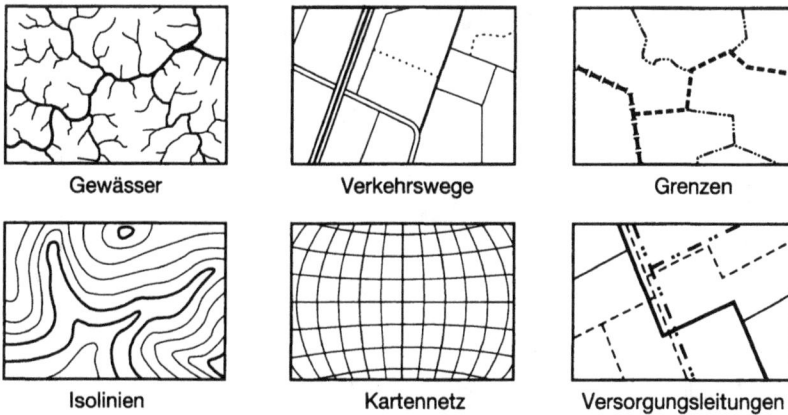

| Gewässer | Verkehrswege | Grenzen |

| Isolinien | Kartennetz | Versorgungsleitungen |

Abb. 3.01 Beispiele linearer graphische Gefüge

Ein solches kartographisches Zeichensystem ist jedoch keine alleingültige Theorie; es bietet aber eine plausible Möglichkeit der fachlogischen Strukturierung des Stoffgebietes. Andere Möglichkeiten, die Kartengraphik systematisch zu gliedern und die fachlichen Begriffsinhalte zu bezeichnen, sind in 3.4.8 zusammengestellt.

3.2.2 Graphische Variation der Zeichen

Der dreistufige Aufbau des kartographischen Zeichensystems beschreibt die Vielfalt der graphischen Erscheinungsmöglichkeiten noch nicht vollständig. Vielmehr ist es möglich, die Zeichen (Gestaltungsmittel) in ihrer Erscheinung durch den Einsatz *graphische Variabler* in jeweils bestimmter und typischer Weise zu verändern (variieren) und damit bestimmte Sachinhalte zum Ausdruck zu bringen (Abb. 3.02).

Allgemein führen alle Variablen zu folgenden Wirkungen:

a) *objektive Gliederung* durch differenzierte Darstellung nach Qualitäten und bzw. oder Quantitäten der Objekte,

b) *subjektive Bewertung* durch Betonen oder Zurückdrängen,

c) verstärkte *Anschaulichkeit* auf der Basis von Assoziationen.

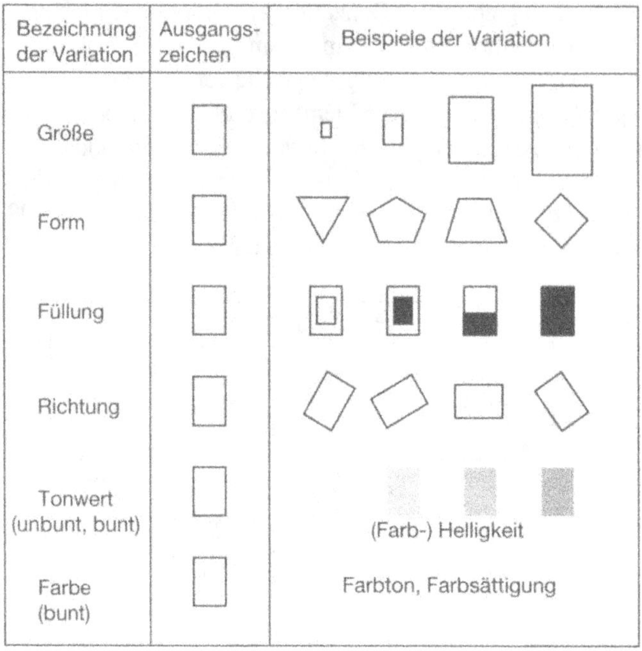

Bezeichnung der Variation	Ausgangs-zeichen	Beispiele der Variation
Größe		
Form		
Füllung		
Richtung		
Tonwert (unbunt, bunt)		(Farb-) Helligkeit
Farbe (bunt)		Farbton, Farbsättigung

Abb. 3.02 Möglichkeiten der graphischen Variation eines Zeichens

Im *einzelnen* beschreiben die Variablen die Objektmerkmale wie folgt:
a) *Größe (Breite)* zeigt unterschiedliche Quantitäten und eignet sich besonders gut zum Bewerten durch Betonen oder Abschwächen.
b) *Form* lässt Qualitäten unterscheiden und erleichtert bei bild- und symbolhaften Zeichen die Assoziation.
c) *Füllung* kann sowohl Qualitäten als auch Quantitäten gliedern.
d) *Tonwert* als Helligkeitsstufe beschreibt Quantitäten, vor allem flächenbezogene Relativzahlen (Dichtewerte), meist in gestufter Weise.
e) *Richtung (Orientierung)* eignet sich für weitere Aufgliederung von Merkmalen sowie zum Hinweis auf zeitliches Verhalten.
f) *Farbe* beschreibt als Farbton in erster Linie verschiedene Qualitäten, als Farbsättigung und als Farbhelligkeit auch Quantitäten, daneben auch zeitliches Verhalten. Sie ist in hohem Maße für Assoziationen geeignet. Weitere Einzelheiten siehe 3.3.

3.2.3 Kartenlogische Bedingungen für die Kartengraphik

Um die Merkmale einer Karte zu erfüllen, gelten für die Anwendung der Kartengraphik die folgenden Rahmenbedingungen:

1. Maßstab (3.5.2) und Grundrissdarstellung (3.7.4) erfordern eine geometrisch möglichst exakte, d. h. ortsgebundene Anordnung der Zeichen.
2. Bedeutung (Semantik) und Generalisierung der Zeichen führen bei den Gestaltungsmitteln und ihrer Variation zu folgenden Grundsätzen:
   – Gleiches gleich, Ungleiches ungleich darstellen;
   – Wichtiges erhalten, Unwichtiges fortlassen;
   – Typisches betonen, Untypisches abschwächen.
3. Die Lesbarkeit des *einzelnen* Kartenzeichens setzt voraus
   – eine visuell noch wahrnehmbare graphische Mindestgröße (3.2.4), unter Umständen zu Lasten geometrischer Exaktheit (3.7.4),
   – die Wahrnehmbarkeit seiner typischen Gestalt (3.2.5),
   – die Realisierbarkeit und Konstanthaltung in den technischen Prozessen wie Zeichnung, Vervielfältigung, GDV usw. (3.2.6).
4. Die Lesbarkeit in Bezug auf ihre *gegenseitigen Beziehungen* hat graphische Dichte, Kontrast, Differenzierung und Gewichtung zu berücksichtigen (3.2.5).

3.2.4 Graphische Mindestgrößen

Mit kleiner werdendem Maßstab schrumpft auch jede maßstäbliche Objektwiedergabe immer mehr zusammen, bis schließlich ihre Lesbarkeit in Frage gestellt ist. Daher spielt die *Mindestgröße* als Grenzwert der syntaktischen Zeichenerkennung – vor allem bei gedruckten Papierkarten – eine wichtige Rolle. Von der so definierten Mindestgröße sind folgende Größen zu unterscheiden:
– Grenzwerte, die durch *Zeichenvorschriften* für die Beträge von Breiten, Abständen usw., festgelegt sind. Dies betrifft u. a. auch Mindestlängen (z. B. von Wasserläufen) im Zuge von Generalisierungsmaßnahmen.
– verschiedene Auflösungen bei unterschiedlichen Ein- und Ausgabemedien und ihr Zusammenspiel. Die meisten Bildschirmauflösungen sind von der Auflösung der Druckgraphik und vom Wahrnehmungsvermögen des Auges noch weit entfernt. Die Darstellung einer gescannten Rastergraphik am Bildschirm führt oft zu einer noch geringeren Feinheit. Daher sind die Grenzwerte mediumabhängig zu bestimmen. Beispiele dafür siehe *Malic* (1998).

Eine im Offsetdruckverfahren gedruckte Graphik besitzt bei guter Papieroberfläche eine Auflösung von 10 bis 20 μm; dies entspricht 2500 bis 1200 dpi (*dot per inch*) oder 1000 bis 500 L/cm. Moderne leistungsfähige Raster-Laser-Belichter zur Erzeugung von Druckfilmen aus digitalen Daten (bzw. bei Computer-to-plate-Technologie unmittelbar zur Erzeugung der Druckplatte) können solche Auflösungen realisieren. Hochauflösende Laser- und Tintenstrahldrucker haben im Schwarz-Weiß-Modus einer Auflösung von 1200 dpi, für Farbdarstellungen eine von 600 dpi. Diese Bildausgabetechnologie liegt also bereits nahe an der Auflösung des klassischen Auflagendruckes und des menschlichen Auges (*Brunner* 2001).

Die Werte der Mindestgröße sind darüber hinaus umso höher anzusetzen, je geringer der Kontrast (helle Farben, helle Grautöne) ist und je feiner die Farbabstufungen sind (z. B. bei komplexen Karten), damit auch bei kleinen Flächen die Zuordnung fehlerfrei bleibt. Auf der anderen Seite lassen sich kleine Signaturen durch die Einführung kinetischer Parameter – beispielsweise Blinken und Bewegen in der Animation (4.8.1.2) – leichter erkennen. Allgemein ist bei neueren Karten eine Tendenz zu größeren Werten der graphischen Mindestgröße, einfachen Signaturen und geringer inhaltlicher Dichte zu beobachten. Sie ergibt sich aus den veränderten Sehgewohnheiten, die u. a. von einer möglichst raschen Zeichenerkennung ausgehen und durch die Einflüsse der graphischen Datenverarbeitung verstärkt werden (z. B. Bildschirme mit stark variierenden Größen, die unterschiedliche Betrachtungsabstände bedingen).

Die Werte der graphischen Mindestgröße hängen vom menschlichen Sehvermögen (1) und von der Leistungsfähigkeit der Kartentechnologie (2) ab.

(1) Das *menschliche Sehvermögen* geht hier von der Annahme aus, dass ein Auge mit normaler Sehkraft unter normalen Beleuchtungsverhältnissen und mit dem üblichen Betrachtungsabstand auf die Karte blickt. Ein Kartenelement wäre dann einwandfrei erkennbar, wenn es die in Abb. 3.03 dargestellten Mindestgrößen nicht unterschreitet, und wenn ferner die Mindestgröße von Farbflächen etwa 1 mm² beträgt, damit die Farbe erkennbar ist. Werden statt der Farbe Rasterflächen dargestellt, so vergrößert sich der Mindestbetrag noch je nach Feinheit des Rasters. Für größere Betrachtungsabstände (wie z. B. bei Schulwandkarten) ergeben sich auch entsprechend größere Minimaldimensionen. Umgekehrt wären z. B. Strichbreiten und Signaturgrößen für vorgesehene oder zu erwartende Verkleinerungen richtig zu wählen.

(2) Die Leistungsfähigkeit der *Kartentechnik* ist von der Qualität der einzelnen Prozesse abhängig, die von der ersten graphischen bzw. digitalen Festlegung

Graphische Mindestgrößen	Kleine Figur			Linie		Fläche	
	Punkt	Kreis Quadrat voll / hohl	Buchstabe Ziffer	Breite	Zwischenraum dünne Linien dicke Linien	Einzelmaß	Zwischenraum kleine Flächen große Flächen
Beschreibung	•⤓	●⤓ ○⤓ ■⤓ □⤓	Aa9 ⤓	⤓	═══⤓ ═══⤓	■⤓ ▄⤓	▪▪⤓ ▪⤓ ▄▄⤓
Werte in mm	0,25	0,5 0,6 0,5 0,6	0,6	0,05	*Maximalkontrast: Schwarz-weiß-Darstellung* 0,25 0,3 0,15 0,3		0,20 0,15
	0,45	0,7 1,0 0,7 1,0	1,0	0,08	*Geringerer Kontrast: Farbdruck, farbiger Grund* 0,20 0,4 0,30 0,4		0,25 0,20

Abb. 3.03 Graphische Mindestgrößen in Karten (Die graphischen Beispiele sind unmaßstäblich vergrößerte Darstellungen).

eines Zeichens bis zur endgültigen Ausgabe zu durchlaufen sind. Dabei sind die Einflüsse von Abbildungsunschärfen, Passerungenauigkeiten, Strichverbreiterungen und Auflösungsgrenzen der Ausgabegeräte usw. möglichst gering zu halten. Bei der Bildschirmdarstellung sind ferner die Maßnahmen gegen Beschränkungen wie z.B. der durch die rechteckige Geometrie des Bildpunktes hervorgerufene *Aliasingseffekt* (*Treppeneffekt*) und der hardwarebedingte Flimmereffekt erforderlich.

Die Antialiasing-Technik erzeugt weiche Übergänge an Linienkanten. Derzeit verfügen fast alle Bildbearbeitungsprogramme über die Antialiasing-Technik. Allerdings treten die Linienzüge mit Antialiasing unscharf auf.

Wilfert (1998) empfehlt für Bildschirmkarten stehende seriflose Schriftarten mit einer Mindestschriftgröße von 12p (1p = 0.35 mm), Punktsignaturen mit einem Mindestdurchmesser von 2 mm, ausgezogene Liniensignaturen mit einer Mindeststrichbreite von 1p, Flächensignaturen mit einer Mindestfläche von 3×3 mm^2 (siehe Beispiele kartographischer Darstellungen – Anlage 11, 12 auf CD-ROM). Weitere empirische Angaben finden sich in *Malic* (1998) und *Thissen* (2000).

3.2.5 Kartengraphik und Gestaltwahrnehmung

Neben dem objektiv-geometrischen Erfordernis der Mindestgröße spielen auch die Gesetze der subjektiven Wahrnehmung eine Rolle. Nach den Erkenntnissen der *Gestaltpsychologie* beruht die Gestaltwahrnehmung durch Menschen darauf, dass nach bestimmten Gestalt-Gesetzen aus graphischen Elementen Figuren gebildet werden. Insbesondere bewirkt das *Prägnanzprinzip* (Prinzip der guten Gestalt), dass derjenige Zusammenschluss von Elementen bevorzugt wird, der eine möglichst geschlossene, stabile, in sich folgerichtige und einfache Gestalt ergibt. Eine solche Gestalt ist in hohem Maße invariant gegen Verschiebungen, Drehungen, Maßstabsänderungen, Kontraständerungen und -umkehrungen (Abb. 3.04) sowie gegen Farbänderungen und kleine Unterbrechungen (Freistellungen, z.B. bei Linien), die als scheinbare (virtuelle) Teildarstellungen der Gesamtgestalt die richtige Wahrnehmung der Gestalt noch nicht erschweren.

Für die Kartengraphik gelten damit folgende Grundsätze:

a) Die *graphische Differenzierung* muss ausreichend sein. Darum sollten die Möglichkeiten der graphischen Variation weitgehend ausgeschöpft werden (z.B. in Breite und Farbe von Linien). Karten, die aus Kostengründen oder als Textkarten in Büchern einfarbig sein müssen, sind daher oft schwierig zu gestalten.

b) Die *graphische Dichte* darf nicht zu groß sein. Hierzu ergeben sich bei Karten großer Maßstäbe kaum Probleme, aber bereits in mittleren Maßstäben können sich die Darstellungen von Siedlungen, Verkehrswegen usw. so häufen, dass die Lesbarkeitsgrenze bereits bei Werten erreicht ist, die größer als die Minimaldimensionen in 3.2.4 sind.

c) *Kontrast* und *Objekttrennung* müssen ausreichend sein. Dies erfordert vor allem hellen Untergrund, kräftige Linienfarben und eine erkennbare Abstufung bei Farbtönen und Tonwerten, ferner eine klare *Freistellung* zwischen den Gestaltungsmitteln.

d) Der *Kontext der Darstellung* soll die Tendenz zum Erkennen bestimmter Ordnungen und Strukturen (z.B. beim Siedlungsbild und Verkehrsnetz) erleichtern.

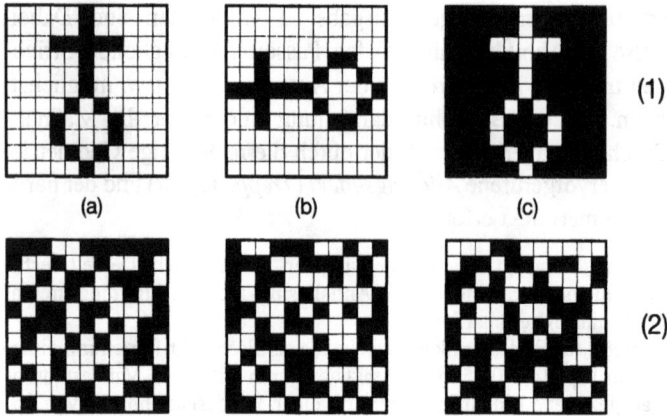

(a)   (b)   (c)

(1)

(2)

Abb. 3.04 Beispiele der Gestaltwahrnehmung: Rasterbild (a) nach Linksdrehung um einen rechten Winkel (b) und nach einer Positiv-Negativ-Wandlung (c). Die Identität der Gestalt ist in Zeile (1) sofort, in Zeile (2) erst nach eingehender Analyse erkennbar.

e) *Optische Täuschungen* sind zu vermeiden oder möglichst gering zu halten: So erscheint ein von größeren Kreisen umgebener Kreis kleiner als der gleich große Kreis, wenn dieser von kleineren Kreisen umgeben ist (Abb. 3.05). Auch wirkt bei benachbarten Tonwertstufen die hellere Fläche am Rande der dunkleren Fläche scheinbar heller und umgekehrt die dunklere Fläche am Rande der helleren noch dunkler (*Machsches Phänomen,* Abb. 3.06). Entsprechend erscheint ein konstanter Tonwert heller in dunkler Umgebung und dunkler bei heller Umgebung (*Simultankontrast,* Abb. 3.07).

f) Auch Gewohnheiten und Erwartungen des Kartenbenutzers spielen eine Rolle: Er geht z. B. aus von der üblichen Nordorientierung, dem Lichteinfall aus Nordwest bei Schummerungen sowie von bestimmten Farben und bildhaften Zeichen bei Stadt- und Straßenkarten.

Über das Wahrnehmen von Kartenzeichen berichten u. a. *Bollmann* (1981), *Arnberger* (1982b), *Peterson* (1984), *Castner/Eastman* (1984/1985), *Asche* (1988) und *McEachren* (1995).

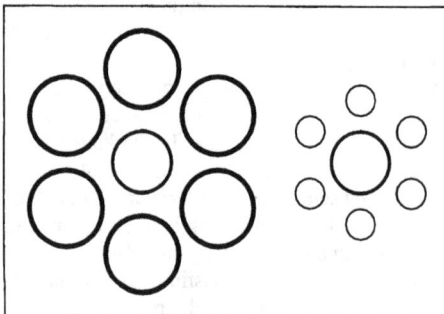

Abb. 3.05 Optische Täuschungen

Abb. 3.06 Machsches Phänomen

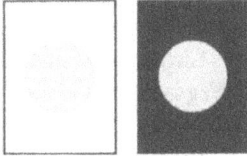

Abb. 3.07 Simultankontrast

3.2.6 Kartengraphik und Kartentechnik

Die Kartengraphik hat auch die Möglichkeiten der Kartentechnik zu berücksichtigen, denn der graphische Gestaltungsspielraum hat dort seine Grenzen, wo die weitere Verarbeitung einer graphischen Struktur durch Zeichnung, Reproduktion, GDV und Druck schwierig oder gar unmöglich wird oder wo aufwendige Vorgänge zur Kostenfrage werden (Kap. 4 und 7).

Die Holzschnittkarten des 15. Jh. ließen nur einen relativ groben Duktus zu. Dagegen konnte man später auf den Kupferplatten in sehr feiner Strichmanier arbeiten. Dabei waren Flächendarstellungen jedoch nur durch verschiedene Schraffuren, Vignettierungen usw. oder durch manuelles Kolorieren der gedruckten Strichkarten möglich. Erst die Rastertechnik erlaubte das mechanische Aufhellen von Farbflächen und die Wiedergabe von Halbtönen (Schummerung). Maßbeständige Folien, standardisierte Kopierprozesse und Offsettechnik verbessern und verbilligen heute den Mehrfarbendruck. Nach wie vor ist aber zu beachten, dass sehr feine und dichte Darstellungen die Reproduktionsvorgänge erschweren und den Verkleinerungsspielraum für eine Karte einengen können: Kleine Punkte und schmale Linienelemente werden „krank" oder verschwinden völlig, schmale Zwischenräume „verschmieren" oder füllen sich teilweise oder ganz.

Neue Kartentechniken können auch die Entscheidung über eine Kartengestaltung stark beeinflussen: Lineare und bildhafte Signaturen erfordern bei manueller Zeichnung einen hohen Aufwand; ihre Realisierung durch Abreiben, Montieren oder Lichtzeichnen ist dagegen meist rasch und problemlos. Die Aufteilung des Karteninhalts auf zahlreiche Farbfolien und die damit verbundenen Kombinationsmöglichkeiten erfordern die graphische Abstimmung zwischen den Inhalten der einzelnen Folien, vor allem bei Reduktion der Farbenzahl bis hin zur einfarbigen Wiedergabe. In ähnlicher Weise bedarf es sorgfältiger Entwurfsüberlegungen bei Anwendung der sog. kurzen Skala (Druck mit Normfarben der subtraktiven Farbmischung).

Der vorhandene Gerätepark hat Einfluss auf das größtmögliche Kartenformat, auf die Schriftherstellung, auf die Wahl des Arbeitsmaßstabes und seine Veränderung usw. Die verfügbaren Kopierraster und autotypischen Raster bestimmen die Wahl von Tonwerten und die Gestaltung der Schummerung. Beim Einsatz der GDV sind die Möglichkeiten des

automatischen Zeichnens, der Raster-Vektor-Transformation und umgekehrt, der Schrift-
erzeugung und der Zwischenausgabe als Hardcopy zu beachten. Auch kann man dabei
zahlreiche Entwurfsvarianten entstehen lassen und sich danach für die kartographisch
günstigste Lösung entscheiden.

3.3 Grundlagen der Farbtheorie

Farbe ist ein *Sinneseindruck*, der sich ergibt aus einem physikalischen Vorgang
(*Farbreiz* durch elektromagnetische Schwingung in Form des Lichtes) und einem
physiologischen Vorgang (*Farbempfindung* am Ende des Weges Auge-Gehirn).
Farbe als *Substanz* (z.B. Druckfarbe) ist im Gegensatz dazu besser als Farbmittel oder Farbstoff zu bezeichnen. Zur Farbenlehre siehe z.B. *Richter* (1981) und
Küppers (1985), zur Farbreproduktion in der Kartographie z.B. *Schoppmeyer*
(1991).

Lichtfarbe ist die farbige Wirkung der von einer Lichtquelle ausgehenden
emittierten Strahlung. Trifft die Lichtfarbe auf einen Körper, so wird ein Teil
des Spektrums von diesem aufgenommen (absorbiert). Den übrigen, zurückgeworfenen (remittierten) Anteil bezeichnet man als *Körperfarbe*. Durch Farbmittel lässt sich die Körperfarbe verändern; dabei können die Mittel deckend
oder lasierend (transparent) sein.

Unbunte Farben reichen von Weiß über Grau bis Schwarz und unterscheiden
sich damit nur durch die Helligkeit (Leuchtdichte). *Bunte Farben* werden
dagegen durch drei Merkmale beschrieben: (1) Der *Farbton* ist die Eigenschaft,
die eine bunte Farbe von einer unbunten unterscheidet; (2) die *Sättigung* kennzeichnet den Grad der Buntheit im Vergleich zum gleichhellen Unbunt; (3) die
Helligkeit ist ein Ausdruck für die Stärke der Lichtempfindung. Dabei ist es wichtig zu wissen, dass Sättigungsstufe und Helligkeitsstufe nicht in einer konstanten,
sondern für jeden Farbton verschiedenen Beziehung zueinander stehen.
Bei der Mischung von Farben ergeben sich drei Fälle:
1. Die *additive Farbmischung* als physiologischer Vorgang tritt ein, wenn mehrere Farbreize zusammenwirken, vor allem bei den Lichtfarben von Selbst-
   leuchtern. Dabei führt die fortgesetzte Mischung vom Dunkleren zum Helleren. Mit den drei Grundfarben Rot, Grün und Blau (RGB) ist bei entsprechender Tonwertvariation nahezu jede bunte Farbe bis hin zum Weiß darstellbar (z.B. am Farbbildschirm) (Abb. 3.08a).
2. Die *subtraktive Farbmischung* als physikalischer Vorgang ergibt sich durch
   direktes Vermischen von Farbstoffen oder wenn lasierende Farbmittel übereinander liegen und damit die darunter befindliche Körperfarbe wie mit Farb-
   filtern verändern. Sie ist von praktischer Bedeutung beim Mehrfarbendruck
   von Vollflächen. Die fortgesetzte Mischung führt hierbei vom Helleren zum
   Dunkleren. Die drei Grundfarben (Normfarben CMY) Cyanblau, Magentarot
   und Gelb (Yellow) entsprechen den Mischfarben 1. Ordnung der additiven

Mischung; mit ihnen lässt sich bei entsprechender Tonwertvariation nahezu jede Farbe bis hin zum Schwarz darstellen (Abb. 3.08b).

3. Die *autotypische Farbmischung* entsteht durch das Zusammenspiel additiver und subtraktiver Mischung. Sie spielt eine wichtige Rolle in der für die technische Farbwiedergabe benutzten Methode der Rasterung: Soweit sich dabei die Farbstoffe überlagern, kommt es zur subtraktiven Mischung, ihr unmittelbares Nebeneinander führt zur additiven Mischung. Zum Übergang zwischen den Bildschirmfarben auf RGB-Basis und den Druckfarben auf CMY-Basis siehe 4.6.2.2.

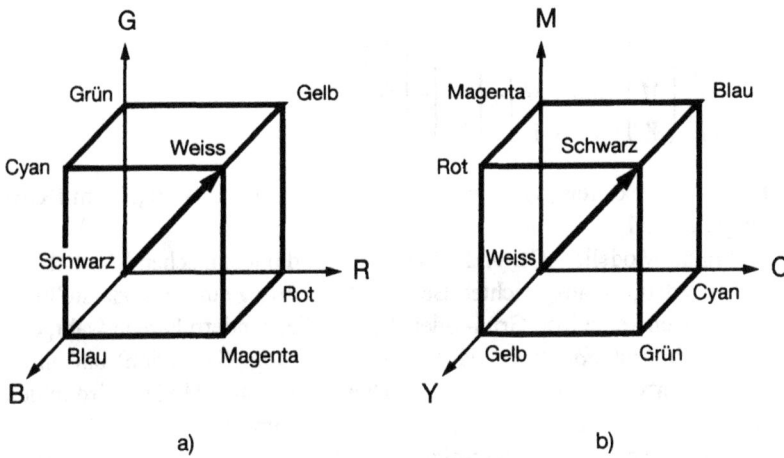

Abb. 3.08 Farbräume: a) RGB-Farbraum, b) CMY-Farbraum

Bei interaktiven Kartengestaltungsprozessen besteht eine Aufgabe darin, das Ergebnis am Farbrasterbildschirm direkt zu beurteilen und eventuell einen Kartenandruck einzusparen. Dazu sind die mit den Bildschirmphosphoren Rot, Grün und Blau (RGB) erzeugten Farbtöne so einzustellen, dass sie denen mit den Druckfarben Cyan, Magenta und Gelb (CMY) entsprechen. Die Einstellwerte lassen sich durch eine sog. *Farbraumtransformation* bestimmen. Grundlage hierfür ist das 1. Graßmannsche Gesetz (siehe z.B. *Schoppmeyer* 1991), wonach sich jede Farbe (Farbvalenz) durch additive Mischung dreier Grundfarben (Primärvalenzen) darstellen lässt. Dies lässt sich mathematisch durch eine Vektorgleichung beschreiben:

$$\vec{F} = R_F \cdot \vec{r} + G_F \cdot \vec{g} + B_F \cdot \vec{b}. \qquad (3.3.0a)$$

Darin sind $\vec{r}, \vec{g}, \vec{b}$ die Einheitsvektoren des RGB-Farbraumes und R_F, G_F, B_F die Farbwerte der entsprechenden *Primärvalenzen*.

Abb. 3.08a stellt den RGB-Farbraum dar. Die Verbindung des Schwarzpunktes mit dem diametral gelegenen Weißpunkt bildet die Unbuntgerade; auf ihr liegen alle unbunten Farben, die sich nur durch ihre Helligkeit unterscheiden. Entsprechend lässt sich ein Farbraum mit den Grundfarben Cyan (*C*), Magenta (*M*) und Gelb (*Y*, yellow) definieren (siehe Abb. 3.08b); es unterscheiden sich dabei nur die Bezeichnungen der Eckpunkte. Die Farbe Schwarz liegt auf dem Punkt (1,1,1), da vom einfallenden Licht alle Grundfarben absorbiert werden, d. h. es wird kein Licht reflektiert. Umgekehrt werden bei der Farbe Weiß alle Grundfarben reflektiert, und deshalb wird ihr der Punkt (0,0,0) zugeordnet.

Beide Farbräume lassen sich mit folgenden Vektorgleichungen ineinander umrechnen:

$$\begin{pmatrix} R \\ G \\ B \end{pmatrix} = \begin{pmatrix} S \\ S \\ S \end{pmatrix} - \begin{pmatrix} C \\ M \\ Y \end{pmatrix} \quad \text{und} \quad \begin{pmatrix} C \\ M \\ Y \end{pmatrix} = \begin{pmatrix} W \\ W \\ W \end{pmatrix} - \begin{pmatrix} R \\ G \\ B \end{pmatrix}.$$

Darin sind die Vektoren (*S,S,S*) im CMY-Farbraum sowie (*W,W,W*) im RGB-Farbraum gleich (1,1,1).

Die Farbraum-Modelle RGB und CMY sind auf die technischen Möglichkeiten der Farbwiedergabe ausgerichtet. Bei der Betrachtung einer Farbdarstellung nimmt man jedoch keine Rot, Grün- oder Blauanteile, sondern Farben wahr, die sich hinsichtlich ihres *Farbtones* (Hue), ihrer *Sättigung* (Saturation) und ihrer *Helligkeit* (Intensity, Value) unterscheiden. Dieses Farbraum-Modell wird in der Literatur als *IHS-*(oder *HSV-) Modell* bezeichnet. Geometrisch lässt sich dieses Modell durch eine sechsseitige Pyramide veranschaulichen, die durch Projektion des RGB-Einheitswürfels entlang der Unbuntgeraden entsteht; diese bildet die Pyramidenachse (*S*=0) (siehe Abb. 3.09). Ein *Farbton* wird als Winkel *H* ange-

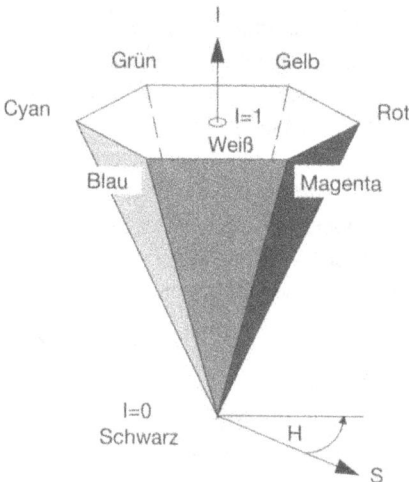

Abb. 3.09 Das IHS-Farbmodell

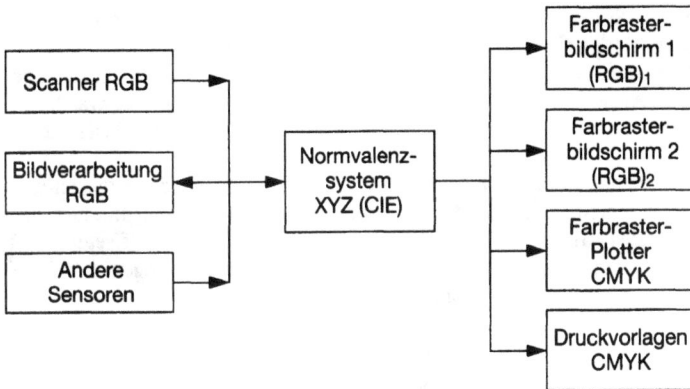

Abb. 3.10 Geräteunabhängiges Farbmodell (CIE) in einem GDV-System.

geben, beginnend mit Rot bei $0°$. Die *Sättigung* stellt das Verhältnis der Reinheit einer Farbe zu ihrer maximalen Reinheit (bei $S=1$) dar. Ebenen mit $I=$ constant stellen die Intensitäten (Value) der verschiedenen Farben dar. Die größte Intensität (1) liegt an der Basis, die geringste (0) an der Spitze der Pyramide. Die reinsten Farben besitzen die Werte $I=S=1$ und unterscheiden sich nur im Farbwinkel. Bei der Verwendung eines Farbtons wird zunächst die entsprechende reine Farbe ausgewählt ($H=\alpha$, $I=S=1$) und dann Weiß oder Schwarz zugemischt.

Zur Bewertung und Einordnung der Farben hat die Commission Internationale de l'Eclairage (CIE) ein international gültiges *Normfarbsystem* entwickelt, das auf drei Farben aus dem roten ($\lambda_R=700$ nm), grünen ($\lambda_G=546,1$ nm) und blauen ($\lambda_B=435,8$ nm) Spektralbereich als Primärvalenzen aufbaut (DIN 5033, Teil 1–9: Farbmessung, 1964 bis 1978). Dieses auf dem Farbgleichheitsurteil von etwa 95% der Bevölkerung beruhende System (*Frey* 1988) ermöglicht eine zahlenmäßige Festlegung der Farben. Mit Hilfe des Normvalenzsystems lassen sich die in den unterschiedlichen technischen Systemen realisierten Farbräume ineinander umrechnen. Dazu wird das charakteristische Farbverhalten (Gamut) jedes Ein-/Ausgabegeräts unter Verwendung standardisierter Farbvorlagen und in Beziehung zur menschlichen Farbwahrnehmung beschrieben. Das in Abb. 3.10 dargestellte Konzept eines Gesamtsystems für die Farbübertragung ermöglicht es, z. B. das Farbverhalten eines Farbrasterplotters (CMYK) im interaktiven Gestaltungsprozess auf einem Farbrasterbildschirm (RGB) zu simulieren.

Farbordnungen und -systeme (z. B. Ostwald, Hickethier) versuchen, die Farbentheorie für die Praxis anwendbar und standardisierbar zu machen. Eine *Farbtafel* entsteht aus der Kombination der drei Grundfarben der subtraktiven Farbmischung oder anderer Farbtöne in jeweils verschiedenen Tonwertabstufungen. Sie ermöglicht Auswahl und Vergleich von Farben für bestimmte Darstellungen und macht zugleich das technisch Erforderliche erkennbar. Mehrere Farbtafeln lassen sich zu einem *Farbenatlas* zusammenstellen (z. B. *Küppers* 1978).

Farbassoziationen fördern die Anschaulichkeit einer Darstellung, z. B. bei Naturfarben (Waldgrün, Gewässerblau) sowie bei Farbkontrasten und -skalen als Ausdruck für Empfindungen (z. B. Temperaturen) oder Tendenzen (z. B. Gewinn und Verlust bei Bevölkerungsbewegungen). Als *Vier-Farben-Problem* wird die Tatsache bezeichnet, dass sich vier Farben so auf diskrete Flächen verteilen lassen, dass sich an keiner Stelle Flächen gleicher Farbe berühren.

Das digitale *Farbmanagement* ist eine Basistechnologie mit der Aufgabe, die getrennten Farbräume unterschiedlicher farbenerfassender, farbenverarbeitender und farbenreproduzierender Geräte (z. B. Scanner, Bildschirm, Inkjetdrucker, Plotter, Offsetdrucker) (vgl. Kapitel 4) über ein Referenzfarbprofil in Zusammenhang zu bringen. Als Referenzfarbprofil fungiert entweder ein gerätespezifischer Farbraum oder ein übergeordneter geräteunabhängiger Farbraum. Bei der Wiedergabe einer farbigen Darstellung wird sowohl in der graphischen Industrie als auch in der Kartographie eine höchstmögliche Farbübereinstimmung zwischen Vorlage und Wiedergabeergebnis als Qualitätssicherung angestrebt. Durch das digitale Farbmanagement lässt sich eine farbige Kartenvorlage in digitaler oder analoger Form farbtreu auf eine Vielfalt von Ausgabemedien übertragen.

3.4 Kartographische Gestaltungsmittel

Als kartographische Gestaltungsmittel gelten die Grundelemente Punkt, Linie und Fläche sowie die zusammengesetzten Zeichen Signatur, Diagramm, Halbton und Schrift. Für diese Zeichen und ihre graphischen Variationen (3.2.2) geht es um eine *allgemeine* systematische Zuordnung zu den Objektmerkmalen (1.3), die sich mit den Zeichen jeweils darstellen lassen. Darüber hinaus gelten für jede Karte beim *einzelnen* Objekt weitere Festlegungen durch den Zeichenschlüssel.

Im Gegensatz zu dieser *graphikorientierten* Betrachtungsweise ergibt sich ein *objektorientierter* Ansatz, der vom Objektmerkmal ausgeht und nach den Darstellungsmöglichkeiten dazu fragt. Zu diesem Ansatz siehe Kap. 9 und 10.

3.4.1 Punkte

Als solche gelten kleine graphische Punkte mit einem Mindestdurchmesser von etwa 0,3 mm (3.2.4), die jeweils einzeln die Lage eines Objekts angeben. Dagegen gelten solche Punkte, die Teile eines Punktrasters oder ähnlicher Anordnungen sind, als Elemente flächenhafter Signaturen. Der Übergang zu lokalen Signaturen (z. B. sehr kleinen Kreisflächen) ist fließend.

Die graphische Variation ist fast nur mit der Farbe und damit zur Angabe unterschiedlicher Objektqualitäten möglich. Ohne Farbvariation gibt der Punkt nur die *Lage* an; die Angabe von *Qualität* oder *Quantität* erfordert daher weitere Gestaltungsmittel (Schrift in Abb. 3.11c, Signatur und Schrift in Abb. 3.11b). Die Angabe der *Lage* eines Punktes kann sich auf folgende Fälle beziehen:

1. Lokale (punktförmige) Diskreta:
   - Der Punkt stellt jeweils ein einziges Objekt dar; dies ist z. B. je nach Maßstab eine kleine Insel oder ein Festpunkt (Abb. 3.11c und b).
   - Der Punkt repräsentiert eine konstante Anzahl von Objekten und besitzt damit – vor allem bei großer Häufung artgleicher Objekte – die Bedeutung eines *Mengenwertes*. Diese Darstellungsweise eignet sich neben der Angabe absoluter Mengen besonders gut zur Wiedergabe typischer *Objektverteilungen* (z. B. zur Bevölkerung; Abb. 3.11a und 3.12), vor allem dann, wenn für Signaturen nicht genügend Platz vorhanden ist.
2. Zahlenwerte im Kontinuum:
   - Beispiele sind Höhen- und Tiefenpunkte in topographischen Karten, Messpunkte in Wetterkarten usw. Die notwendige geometrische bzw. quantitative Angabe liefert der beigeschriebene Zahlenwert (Abb. 3.11d).

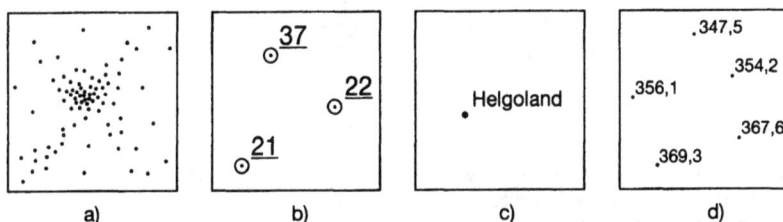

Abb. 3.11 Punktdarstellungen:
a) Reine Punktdarstellung: Lage von Punkten konstanten Werts einer Objektmenge
b)-d) Punktdarstellungen mit weiteren Gestaltungsmitteln zur Objektbeschreibung:
b) Lage von Festpunkten in großmaßstäbiger Karte (mit Signatur und Schrift),
c) Lage einer Insel in kleinmaßstäbiger Karte (mit Schrift),
d) Lage von Punkten eines Kontinuums (mit Zahlenwerten)

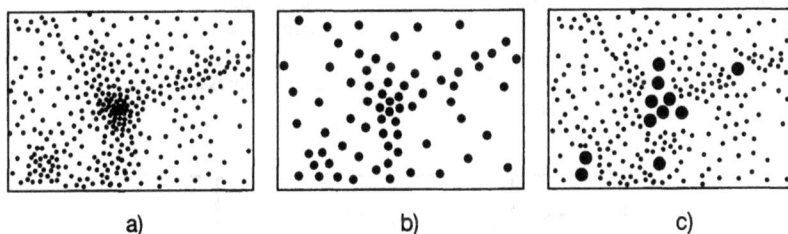

Abb. 3.12 Punktmethode zur Darstellung einer Objektstreuung
a) mit einheitlichem Mengenwert (1 Punkt entspricht 10 Einheiten),
b) mit einheitlichem Mengenwert (1 Punkt entspricht 50 Einheiten),
c) mit gestuften Mengenwerten (1 Punkt entspricht 10 bzw. 100 Einheiten)

3.4.2 Linien

Dazu gehören alle nicht unterbrochenen Striche, die eine *Lage* angeben. Die graphische Variation ist nach Farbe oder nach Größe (Strichbreite) möglich. Ohne diese Variation sind qualitative oder quantitative Angaben nur mit *zusätzlichen* Gestaltungsmitteln - Signatur oder Schrift - oder durch *Umwandlung* in lineare Signaturen (z. B. Linienunterbrechung) zu gewinnen.

Linien ermöglichen folgende Aussagen (Abb. 3.01 und 3.13):

1. Abgrenzung diskreter Objekte. wie z. B. Grundstücke, Wälder. Bei schmalen Objekten (Abb. 3.13b) tritt an die Stelle der *Begrenzungslinien* die *Mittellinie* (Abb. 3.30); hierzu gehört auch die *Bewegungslinie* als Weg räumlicher Veränderungen, graphisch gewöhnlich als Übergang zu Signaturen (Abb. 3.13c).
2. Verbindung gleicher Werte im Kontinuum als *Isolinien* oder *Wertelinien* (z. B. Höhenlinien, Isothermen, Isochronen usw., Abb. 3.13d).

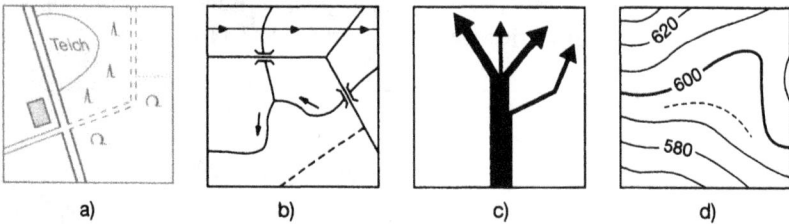

a)   b)   c)   d)

Abb. 3.13 Liniendarstellungen: Lageangabe von Objekten mit weiteren Erläuterungen durch Signaturierung, Schrift und (hier nicht darstellbar) durch Farbvariation:
a) Begrenzungslinien diskreter flächenhafter Objekte,
b) Mittellinien relativ schmaler linienhafter Objekte,
c) Bewegungslinien diskreter Objekte oder im bewegten Kontinuum,
d) Isolinien im Kontinuum

Die Wahl der Linienbreite kann abhängen
- von der Objektbedeutung im Rahmen einer bestimmten Rangfolge (Abb. 3.14), z. B. für überregionalen Verkehrsweg oder Grenze eines übergeordneten Bereiches;
- vom Wert einer quantitativen Angabe (z. B. Transportmenge), und zwar in stetiger oder gestufter Weise (Abb. 3.31);
- vom Grad der geometrischen Exaktheit im Raumbezug des Objekts: Dünne Linien wirken exakt, dicke dagegen weniger lagetreu.

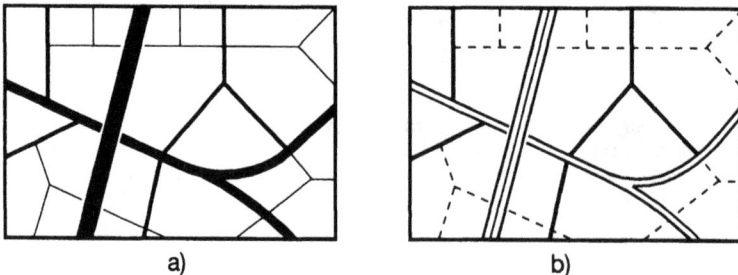

a)   b)

Abb. 3.14 Verkehrsnetz, dargestellt durch Linienvariation als Ausdruck einer Bedeutungsskala oder einer administrativen Zuständigkeit
a) Variation der Linienbreite, b) Variation in Breite und Füllung

Linienbreiten werden meist durch Zeichenvorschriften festgelegt. Eine darüber hinaus-gehende allgemeine Normung wie bei technischen Zeichnungen ist jedoch bei der Karten-graphik unzweckmäßig.

3.4.3 Flächen

Es handelt sich um Vollflächen, die in ihrer gesamten Ausdehnung in Farbton und Tonwert konstant sind. Das schließt auch solche Darstellungen ein, die lediglich aus technischen Gründen durch sehr feine Raster (Mikroraster) wie-dergegeben werden. Grobe, dem Auge als solche erkennbare Raster (Makro-raster, Schraffuren) zählen dagegen zu den Flächensignaturen. Die graphische Variation ist nur nach Farbton und -helligkeit (Tonwert) möglich.

Die Flächendarstellung gestattet folgende Aussagen:

1. *Lage* und *Qualität* flächenhafter Diskreta. Der Flächenrand (die Kontur) gibt die Abgrenzung des Objekts wieder, während in der Variation des Farbtons (bzw. des Tonwerts bei einfarbigen Karten) die Qualität zum Ausdruck kommt. Solche *Arealkarten* sind demnach *Objektflächen* (z. B. bebaute Gebiete, Abb. 3.15a) oder *Verbreitungsflächen* (z. B. Sprachgebiete, Abb. 3.15b).

2. *Flächenbezogene Quantitäten*. Die Bezugsflächen erscheinen als Variation des bunten oder unbunten Tonwerts (sog. *Flächendichtekarte* oder *Flächen-kartogramm*. Abb. 3.15c); die Zahlenangaben sind meist Relativzahlen. Über die Wahl der Bezugsfläche und die Bildung von Wertgruppen siehe 10.2.3.2.

3. *Wertstufen eines Kontinuums*. Die *Intervallfläche* zwischen zwei Isolinien weist einen konstanten Farbton bzw. Tonwert auf (Abb. 3.15d). Deren Varia-tion entspricht eine Folge von Wertintervallen (z. B. bei farbigen Höhenschich-ten).

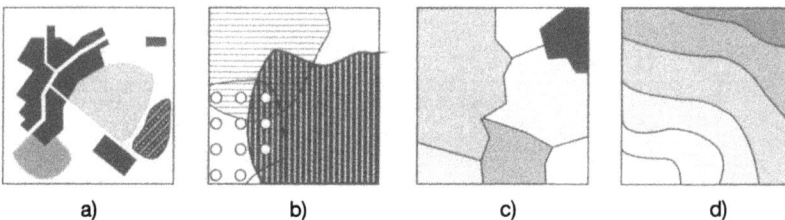

a)	b)	c)	d)

Abb. 3.15 Flächendarstellungen: Lageangabe von Objekten durch die Kontur von Vollflächen sowie weitere Erläuterungen durch Signaturen oder (hier nicht darstellbar) durch Farbvariation;
a) Objektflächen (absolutes Vorkommen, keine Überlappungen, Arealkarte),
b) Verbreitungsflächen (relatives Vorkommen, Überlappungen möglich),
c) Bezugsflächen (Flächendichtekarte mit Wertstufen),
d) Wertstufenflächen im Kontinuum (Schichtenkarte)

3.4.4 Signaturen

Signaturen, auch *Kartenzeichen* oder *Symbole* genannt, reichen von mehr oder weniger abstrahierten Objektbildern bis zu konventionellen Zeichen (Näheres zur Terminologie u. a. bei *Koch* 1998). Sie lassen sich allen graphischen Variatio nen unterziehen und ermöglichen damit Aussagen über nahezu alle Objektmerk male. Als kartenspezifische Kurzschrift benötigen sie im Vergleich zur Karten schrift weniger Kartenfläche und wirken auch unmittelbarer auf das Vorstellungs vermögen. Allerdings besteht keine allgemein-verbindliche Festlegung zwischen dem Zeichen (Syntax) und seinem begrifflichen Sinngehalt (Semantik); daher sind die Signaturen für jede Karte noch in einer besonderen Zeichenerklärung (*Legende*) zu erläutern.

Die Vielfalt in Ausdruck und Anwendung macht die Signatur zu einem der wichtigsten Gestaltungsmittel in der kartographischen Visualisierung (Abb. 3.16)

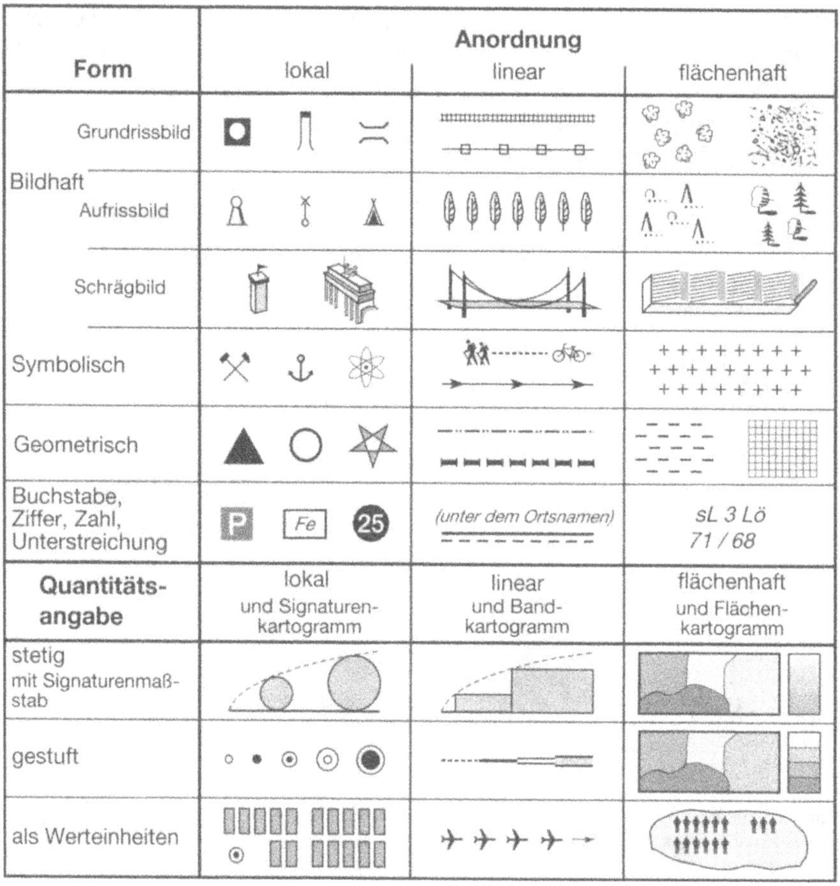

Form	Anordnung		
	lokal	linear	flächenhaft
Bildhaft — Grundrissbild			
Aufrissbild			
Schrägbild			
Symbolisch			
Geometrisch			
Buchstabe, Ziffer, Zahl, Unterstreichung		*(unter dem Ortsnamen)*	sL 3 Lö 71 / 68
Quantitäts- angabe	lokal und Signaturen- kartogramm	linear und Band- kartogramm	flächenhaft und Flächen- kartogramm
stetig mit Signaturenmaß- stab			
gestuft			
als Werteinheiten			

Abb. 3.16 Beispiele für Formen und Anordnungen von Signaturen

Dabei kann die Signatur allein oder in Verbindung mit anderen Gestaltungsmitteln auftreten.

3.4.4.1 Gestalt der Signaturen

1. Bildhafte (konkrete, sprechende, anschauliche oder abgeleitete) Signaturen sind Grundriss-, Aufriss- oder Schrägbilder von Objekten in schematischer bis individueller Darstellung (Abb. 3.17a). Man findet sie z.B. für Industriestandorte, Lagerstätten und Sehenswürdigkeiten (Wirtschaftskarten, Freizeitkarten).
2. *Symbolhafte* Darstellungen als typische und allgemeinverständliche abstrahierte Sinnbilder der Objekte, z.B. Blitzzeichen für Hochspannung (Abb. 3.17b).
3. *Geometrische* (abstrakte) Signaturen reichen von einfachen Figuren (Kreis, Dreieck, Quadrat usw.) über Linienunterbrechungen (Strichpunktierungen usw.) bis zu Schraffuren (als Makroraster). Sie sind zwar nicht so anschaulich wie die bildhaften und die symbolischen Zeichen, ihr Vorteil liegt aber in der großen Variationsvielfalt, in der einfacheren Herstellung und bei quantitativen Vergleichen in der bequemen und eindeutigen Ausmessbarkeit (Abb. 3.18).
4. Buchstaben, Ziffern, Zahlen, Unterstreichungen: *Buchstaben* werden als Abkürzungen dann benutzt, wenn sie auf einer klaren begrifflichen Festlegung beruhen und damit verständlicher sind als konventionelle Symbole oder wenn sie eine bessere Gesamtdarstellung ermöglichen (z.B. in Bodenkarten, geomorphologischen Karten) (Abb. 3.16, 3.17c). *Ziffern* und *Zahlen* fungieren

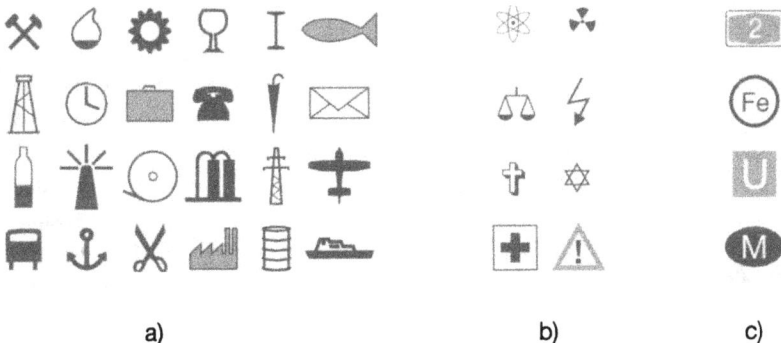

a)   b)   c)

Abb. 3.17 Beispiele bildhafter bis symbolischer Signaturen sowie von Buchstaben- und Zahlensignaturen:
a) Bildhaft-konkrete Darstellungen von Gegenständen als jeweils typische Merkmale für sonst komplexe Objekte,
b) abstrakt-symbolhafte Darstellungen von Vorgängen oder geistigen Inhalten als typische Kennzeichen für Sachverhalte,
c) Buchstaben bzw. Zahlen als Kennzeichen und Ordnungsmerkmale für Objekte.

△ ○ ◌ □ ▯ ◇ ⬡

△ ◉ ◐ ■ ▮ ◆ ⬢

▲ ● ◕ ■ ▮ ◆ ⬣

△ ◖ ◗ ◻ ▮ ◆ ◖

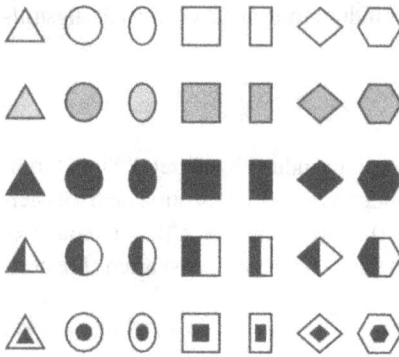

△ ◉ ◉ ▣ ▢ ◈ ⬡   Abb. 3.18 Beispiele geometrischer Signaturen
                 mit Variation in Form und Füllung

als Index-, Schlüssel- oder Verhältniszahlen. *Unterstreichungen* von Schriften liefern eine zusätzliche qualitative Angabe für das Objekt (z. B. Sitz einer Verwaltung) (Abb. 3.16).

3.4.4.2 Anordnung der Signaturen und Umfang ihrer Aussage

1. Lokale Signaturen mit rein qualitativen Aussagen

Diese *Positionssignaturen* geben als *Objektsignaturen* (*Gattungssignaturen*) Lage und Qualität solcher Objekte an, die maßstabsbedingt nicht mehr grundrisstreu oder -ähnlich darstellbar sind und damit größer erscheinen als das entsprechende Grundrissbild (im Gegensatz zur Kartogrammsignatur Abb. 3.36). Die Lage wird durch die Mitte oder den Fußpunkt der Signatur angegeben, die Qualität durch Variation nach Form, Farbe oder Richtung. Dafür eignen sich bildhafte, symbolische und geometrische Signaturen, z. B. in. topographischen Karten.

Die Unterscheidung nach Objektqualitäten ergibt sich durch graphische Variation, evtl. mit einer auf das Objekt hinweisenden, einprägsamen Assoziation. Die wirkungsvollste Variation nach der Farbe erfordert jedoch einen Mehrfarbendruck. Bei einfarbiger Darstellung und geometrischen Signaturen erhöht sich die Unterscheidbarkeit, wenn mindestens zwei Arten der Variation stattfinden. Dabei ist die nach Form und Füllung am wirksamsten (Abb. 3.19a). Die Verknüpfung von Füllung mit Richtung (Orientierung) wirkt weniger differenzierend (Abb. 3.19c); die von Form und Richtung erscheint wie eine reine Formvariation (Abb. 3.19b; vgl. auch Abb. 3.18).

Beziehungen *zwischen* Objektqualitäten in Form bestimmter Strukturen lassen sich am besten mit geometrischen Signaturen darstellen, wenn deren Gestaltung eine entsprechende graphische Logik aufweist:

– Die *Verknüpfung (Überlagerung, Mischung)* von Qualitäten (z. B. der Merkmale Industrie und Landwirtschaft) kommt zum Ausdruck, wenn deren Signaturen ineinander gestellt werden (Abb. 3.20a).

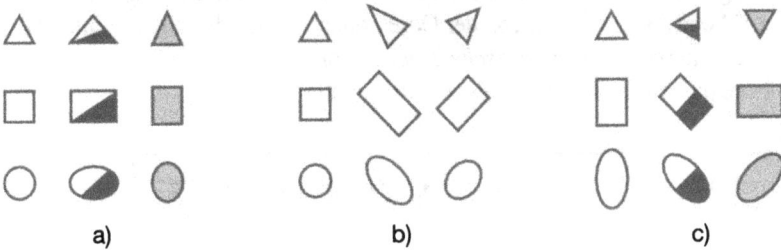

Abb. 3.19 Zweifache graphische Variation von Signaturen und ihre Wirkung auf den Grad der Unterscheidbarkeit:
a) Form und Füllung, b) Form und Richtung, c) Füllung und Richtung

- Die *hierarchische Stufung* von Qualitäten in Ober-, Mittel- und Unterbegriffen lässt sich verdeutlichen durch gemeinsame graphische Merkmale für den Oberbegriff einerseits (z. B. in der Form) und verschiedenartige Merkmale für die einzelnen Unterbegriffe andererseits (Abb. 3.20b).
- Die *geordnete Folge* als sachliche Wertung (z. B. als Skala einer Objektbedeutung) oder als zeitliche Folge von Zuständen (z. B. geplant – im Bau – fertig) zeigt sich in Entwicklung und Gewichtung einer Signatur (Abb. 3.20c).

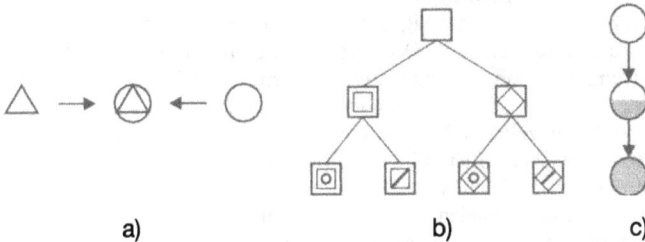

Abb. 3.20 Graphische Logik von Signaturen zur Wiedergabe von Beziehungen (Strukturen) der Objektqualitäten: a) Verknüpfung, b) hierarchische Stufung, c) geordnete Folge

2. Lokale Signaturen mit qualitativen und quantitativen Aussagen

Die Wiedergabe unterschiedlicher Quantitäten mittels lokaler Signaturen lässt sich (a) gestuft, (b) stetig oder (c) mittels Werteinheiten vornehmen:

a) Die *gestufte Darstellung* beruht auf sprunghaftem Wechsel in Größe, Füllung, Form oder Farbe der meist geometrischen Signaturen (Abb. 3.21). Größere Werte erhalten größere „Signaturgewichte" oder „Farbgewichte". Das Verfahren setzt die Bildung einer begrenzten Anzahl von Wertgruppen voraus, die jeweils typische Bereiche (z. B. Klein-, Mittel- und Großbetriebe) kennzeichnen.

b) Die *stetige Darstellung* führt zu einer kontinuierlichen Veränderung der Signaturengröße in Abhängigkeit von der Objektquantität. Da die Signatur messbar
sein muss, herrschen *geometrische Zeichen* vor (Abb. 3.18). Dabei spielt die
Wahl des passenden *Größenmaßstabs* eine zentrale Rolle.

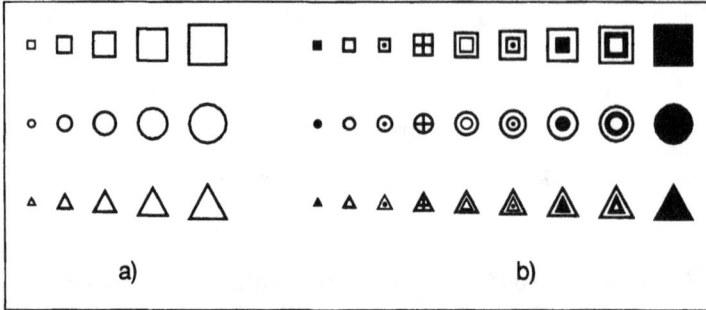

Abb. 3.21 Beispiele gestufter Signaturen:
a) Variation der Größe, b) Variation in Größe und Füllung

Für einen visuellen Vergleich der Signaturen wären eindimensionale Veränderungen
der Figuren (stabförmige Signaturen, Abb. 3.22a) am besten geeignet. Sie differieren
jedoch bei großen Wertunterschieden stark, können sich erheblich von der Kartenlage des
Objekts entfernen und damit auch leicht mit anderen Signaturen zusammenstoßen. Eine
bessere Lösung sind daher solche Formen, bei denen die Zahlenwerte proportional der
Fläche oder dem scheinbaren Volumen der Signatur sind (Abb. 3.22b,c). Der dazu erforderliche Signaturenmaßstab (Abb. 3.23, 3.24) befindet sich meist im Kartenrand. *Bildhafte Figuren* wirken in eindimensionaler Veränderung verzerrt; sie sind daher unter Erhaltung der Ähnlichkeit stets flächen- oder raumproportional zu verändern (Abb. 3.25). Bei
sehr großen Differenzen der Einzelwerte können die Größenmaßstäbe auch auf logarith-
mischen Skalen basieren. In solchen Fällen zeigt die Differenz zweier Figurenhöhen nicht
mehr den Unterschied, sondern das Verhältnis ihrer Werte.

Der Signaturenmaßstab ist so zu wählen, dass er groß genug ist, um die visuelle Wahrnehmung der Größenunterschiede zu gewährleisten, andererseits aber klein genug bleibt,
damit die Ausdehnung der Signatur die Kartengraphik nicht beeinträchtigt. Zwar können
sich größere Signaturen bis zu einem gewissen Maße gegenseitig durchdringen, wobei
die kleineren auf den größeren Darstellungen zu liegen scheinen, doch ist die Grenze der
Lesbarkeit erreicht, wenn die einzelne Signatur nicht mehr spontan erkennbar ist, wenn
Mehrfachüberlappungen sich häufen oder wenn kein Platz mehr für weitere Kartendarstellungen bleibt. (Abb. 3.26). Beim Einsatz der GDV lässt sich der optimale Größenmaßstab
am Bildschirm aus zahlreichen Entwurfsvarianten leicht herausfinden.

Soll die Objektquantität noch nach einzelnen Untermerkmalen gegliedert
werden, so ergeben sich Signaturen in diagrammartiger Form. Einzelheiten dazu
finden sich in 3.4.5.

Quantitative Aussagen mittels stetig veränderter Signaturen sind spürbar eingeschränkt,
wenn sich die Signaturen in Ballungsgebieten oder bei komplexen Karten häufen. Man
könnte dann zwar kleinere Signaturen mit beigeschriebenem Zahlenwert wählen, doch
vermittelt dies keinen guten visuellen Überblick. Bessere Lösungen sind differenziertere

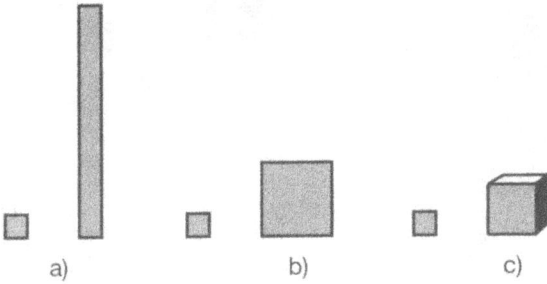

Abb. 3.22 Zwei Mengen im Verhältnis 1 : 10. Darstellung durch
a) stabförmige (lineare), b) quadratische (flächenhafte),
c) würfelartige (quasi-räumliche) Signaturen

h = Höhe der Signatur, a = freier Maßstabsfaktor

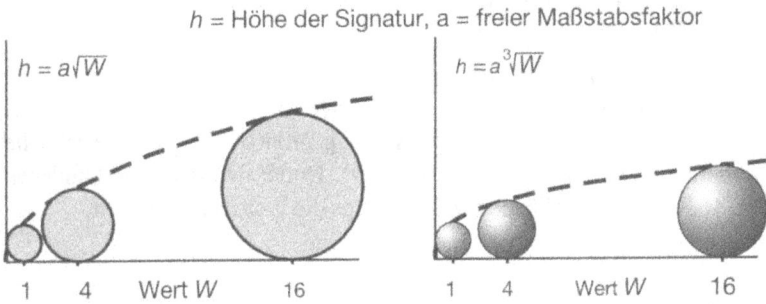

$$h = a\sqrt{W}$$

$$h = a\sqrt[3]{W}$$

Abb. 3.23 Größenmaßstab für Kreissignaturen   Abb. 3.24 Größenmaßstab für „Kugel"-Signaturen
Die Werte verhalten sich in beiden Fällen wie 1 : 4 : 16.

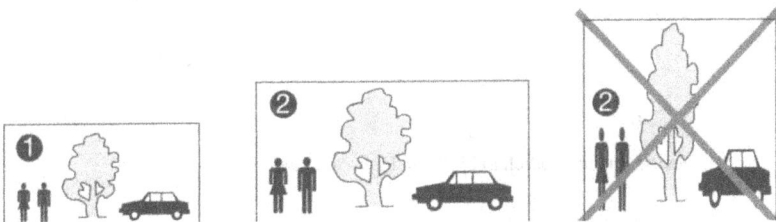

Abb. 3.25 Mengenvergleich mittels Figurensignaturen im Verhältnis 1:2 : Doppelte Menge in richtiger (Proportionen erhaltender zweidimensionaler) und in falscher (verzerrter, eindimensionaler)
Darstellung

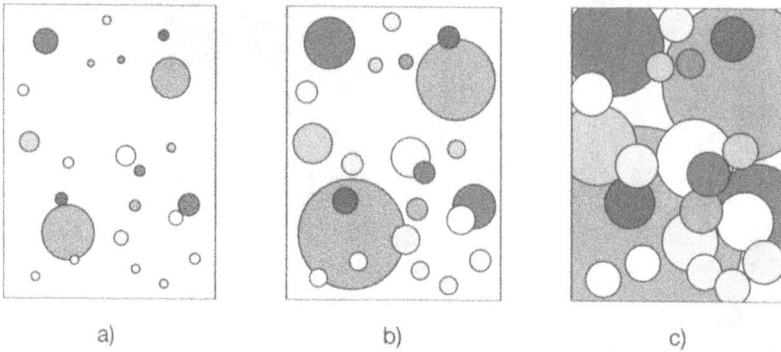

Abb. 3.26 Wahl des Signaturenmaßstabs: a) zu klein, b) richtig, c) zu groß.

Darstellungen in Nebenkarten oder stärkere Generalisierungen, schließlich der Übergang zu Werteinheitssignaturen.

c) Bei *Werteinheitssignaturen* stellt jede Signatur eine konstante Werteinheit (Kartenzeichenwerteinheit) dar. Die quantitative Angabe ergibt sich damit als Summe gleich großer und geometrisch streng geordneter Zeichen, die schnelle und sichere Vergleiche zulassen (Abb. 3.27). Durch den damit verbundenen großen Bedarf an Kartenfläche geht allerdings die Lagetreue verloren.

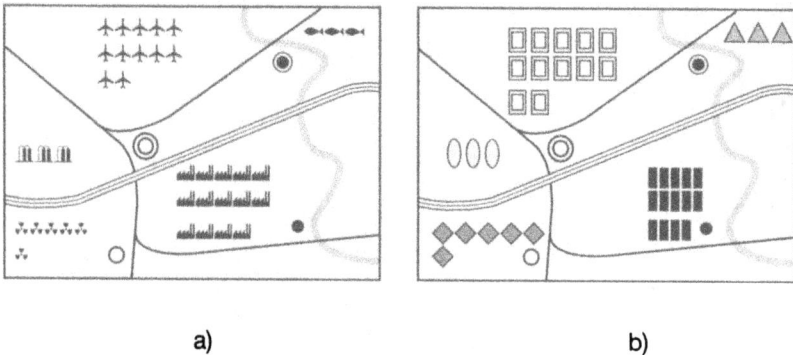

Abb. 3.27 Werteinheitssignaturen durch a) bildhafte Figuren, b) geometrische Zeichen

Im Gegensatz zu dieser sog. Wiener Methode der Bildstatistik, Zählrahmenmethode oder Darstellung nach Abzählgruppen verwendet die *Kleingeldmethode* Werteinheiten unterschiedlicher Größenordnung; sie kann damit vor allem große Zahlenwerte noch auf relativ kleiner Fläche zum Ausdruck bringen, doch gehen dabei Anschaulichkeit und visueller Vergleich teilweise verloren (Abb. 3.28). Die *Block-* oder *Quadermethode (Baukastenmethode)* setzt kleine Werteinheitskörper (z. B. Würfel) zu einem größeren auszählbaren Gebilde zusammen (Abb. 3.29).

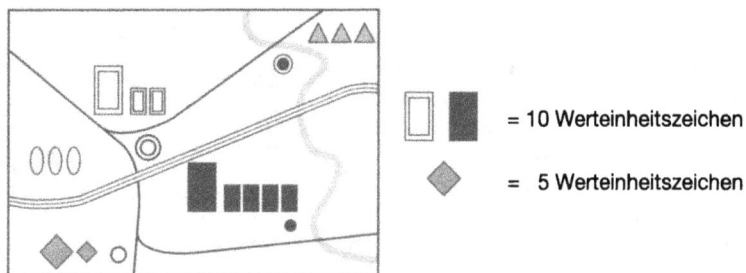

Abb. 3.28 Werteinheitszeichen als „Kleingeldmethode"

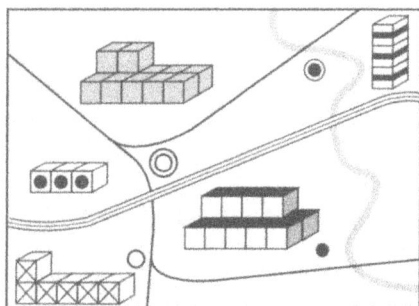

Abb. 3.29 Werteinheitszeichen als „Baukastenmethode"

3. Lineare Signaturen mit rein qualitativen Angaben

Sie treten in Verbindung mit Linien bzw. Schriften oder allein auf; die begriffliche Abgrenzung zwischen Linie und linearer Signatur ist fließend. Solche Darstellungen geben stets die Lage an und bestehen meist in einer regelmäßigen Folge bildhafter oder geometrischer Zeichen (z. B. für Grenzen).

Qualitative Angaben beziehen sich vorwiegend auf eine Variation von Form und Farbe. Variationen in der Breite (Größe) sind bei rein qualitativen Darstellungen wie bei den reinen Linien meist der Ausdruck einer Bedeutungsskala (Abb. 3.30)

4. Lineare Signaturen mit qualitativen und quantitativen Angaben

Quantitative Darstellungen (z. B. Transportmengen entlang der Verkehrswege) sind gestuft oder stetig möglich. Gestufte Darstellungen entstehen meist aus unterschiedlichen Breiten, Formen und Füllungen der Linienunterbrechung (Abb. 3.31a) oder es gilt für jede Stufe ein fester Breitenwert (Abb. 3.31b). Die Darstellungen erfordern die Bildung von Wertgruppen.

Bei stetiger Wiedergabe werden die Liniensignaturen bis zu bandförmigen Darstellungen verbreitert (Bandsignaturen Abb. 3.32), wobei lineare (Abb. 3.32a)

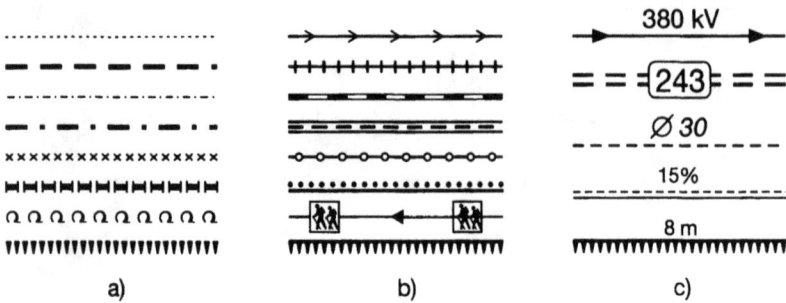

a)   b)   c)

Abb. 3.30 Beispiele linearer Signaturen
a) Lineare Signaturen allein, b) Lineare Signaturen mit Linien verknüpft,
c) Lineare Signaturen mit Schrift verknüpft, teilweise auch noch mit Linien

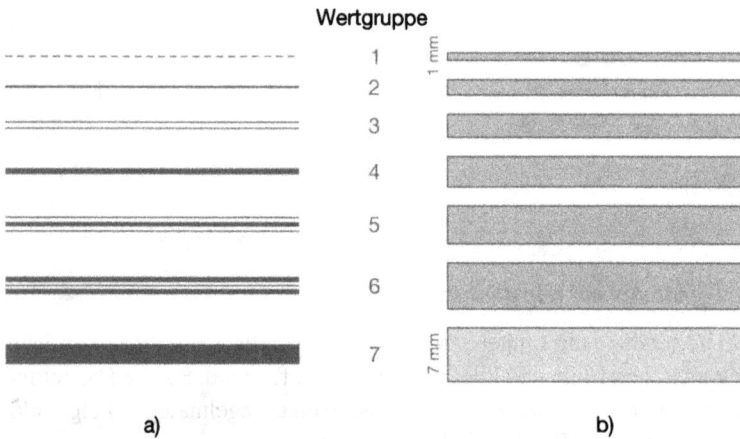

Wertgruppe

a)   b)

Abb. 3.31 Gestufte Darstellung von Quantitäten durch lineare Signaturen
a) Linienvariation in Breite, Form und Füllung, b) Linienvariation durch feste Breitenwerte für
jede Stufe

oder quadratische Größenmaßstäbe (Abb. 3.32b) zum Zuge kommen können.
Sind die Quantitäten noch nach einzelnen Untermerkmalen zu gliedern
(Abb. 3.32b), so ergeben sich Übergänge zu diagrammartigen Formen (3.4.5).

In *Kontinua* liefern lineare Signaturen als Isolinien (z. B. gestrichelte Hilfshöhenlinien) Wertangaben (Höhe, Temperatur usw.). In Darstellungen *räumlicher Veränderungen* zeigen sie Richtung und Größe des Ortswechsels, meist durch pfeilartige Signaturen
(Transporte, Strömungen).

b = Breite der linearen Signatur, a = freier Maßstabsfaktor

$b = a\,W$

$b = a\sqrt{W}$

Teilmerkmale $\left\{\begin{array}{l}\alpha \\ \beta \\ \gamma\end{array}\right.$

Wert W

Wert W

a)

b)

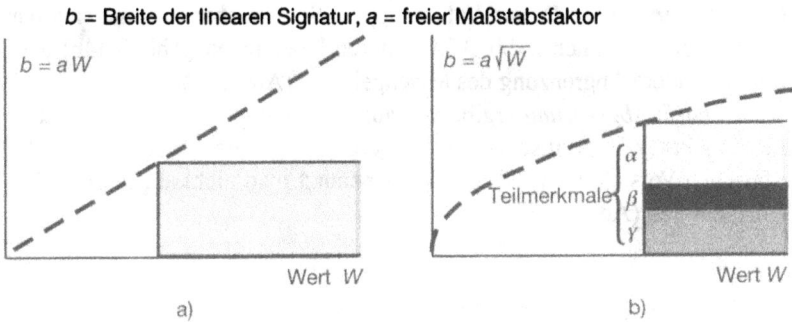

Abb. 3.32 Stetige Darstellung von Quantitäten durch lineare Signaturen
a) Bandsignatur mit linearem Größenmaßstab
b) Bandsignatur mit quadratischem Größenmaßstab und diagrammartiger Teilung

5. Flächenhafte (flächig verteilte) rein qualitative Signaturen

Es sind Kartenzeichen, die in ständiger Wiederholung über eine Fläche gleich-mäßig oder unregelmäßig verteilt sind einschließlich der als solche sichtbaren Raster (Makroraster, Schraffuren). Sie bezeichnen die Qualität flächenhaft erscheinender Diskreta (Wald, Bodenarten, Sprachen usw., Abb. 3.33). Die Abgrenzung wird durch eine Linie oder einfach durch das Ende des Auftretens der Signaturen angezeigt. Zu dieser Gruppe rechnet man oft auch aus der Gelän-dedarstellung die Schraffen und die Formzeichen

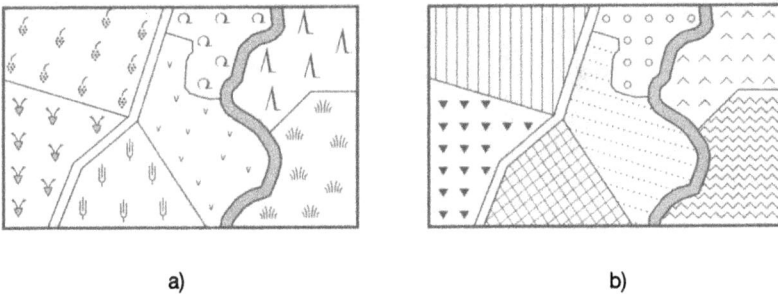

Abb. 3.33 Beispiele flächenhafter Signaturen
a) bildhaft (Vegetationssignaturen), b) geometrisch-rasterförmig.

Die *Abgrenzung* flächenhafter Diskreta ist geometrisch von unterschiedlicher Exaktheit. Künstliche Festlegungen (z. B. Gebäudemauern) sind meist sehr genau fixiert; dagegen weisen natürliche Grenzen (z. B. Wald) oder abstrakte Trennun-gen (z. B. von Dialekträumen) oft größere Unschärfen auf. Dafür eignen sich die Darstellungen (1) der *Durchdringung* und (2) der *unscharfen Abgrenzung*.

(1) Die *Durchdringung* (z. B. von Volksgruppen, Sprachgebieten) lässt sich darstellen durch Verzahnen (Abb. 3.34a), durch Überlappen (Abb. 3.34b) oder durch besondere Abgrenzung des Mischgebietes (Abb. 3.34c).

(2) Die *unscharfe Abgrenzung* ergibt sich aus der nicht genau fixierbaren Lage eines Objekts (z. B. politisches Einflussgebiet). Eine Grenzlinie würde dabei zu falschen Vorstellungen führen, daher benutzt man nicht abgegrenzte Flächensignaturen (Abb. 3.35).

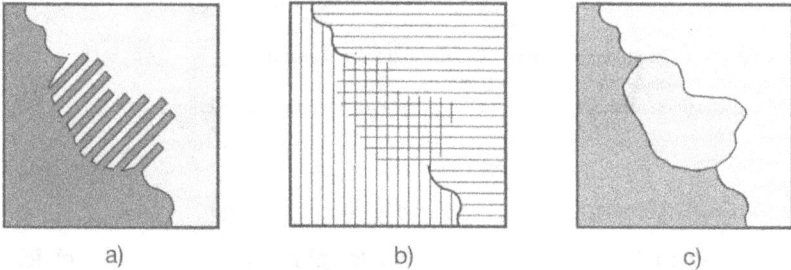

a)   b)   c)

Abb. 3.34 Gegenseitiges Durchdringen qualitativer Objekte (Mischgebiete): a) Verzahnung, b) Überlappung c) besondere Abgrenzung

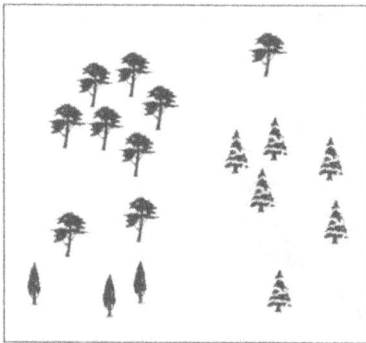

Abb. 3.35 Darstellung einer nicht exakt abgrenzbaren Objektverbreitung

6. Flächenbezogene qualitative und quantitative Signaturen

Sie stellen die für jeweils eine Bezugsfläche gültige Quantität dar. Bei *absoluten* Größen (z. B. Fördermengen) entsteht eine rein äußerlich den lokalen Signaturen entsprechende Wiedergabe. Im Gegensatz zu den lokalen Signaturen sind jedoch die Zeichen kleiner als die Bezugsfläche und auch in dieser verschiebbar (*Signaturenkartogramm*, Abb. 3.36).

Flächenbezogene Quantitäten, die zugleich eine räumliche Veränderung anzeigen sollen (z. B. Exportmengen von Land zu Land), sind

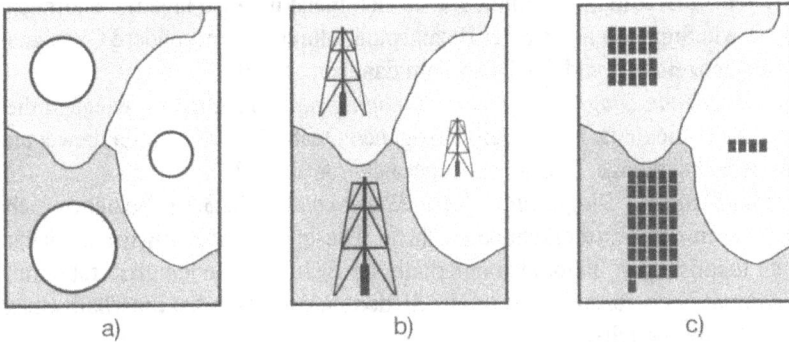

Abb. 3.36 Absolutdarstellungen (Signaturenkartogramme):
a) geometrisch (Kreissignatur), b) bildhaft (Figurensignatur), c) Werteinheitssignaturen (Zählrahmen)

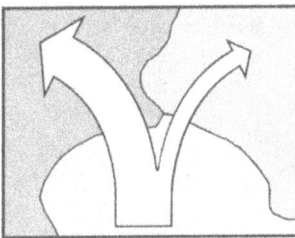

Abb. 3.37 Bandkartogramm durch Pfeilsignatur:
Ausfuhr in verschiedene Nachbarstaaten

– entweder lagetreu auf den Transportweg bezogen und damit lineare Bandsignaturen (siehe Nr.4 und Abb. 3.31)
– oder sie erscheinen raumtreu-schematisch in meist stetig veränderter Breite
als sog. *Bandkartogramme* (Abb. 3.37).

Bei *relativen* Größen (z. B. Bevölkerungsdichte) liegt eine Flächenfüllung vor,
die den flächenhaften Signaturen entspricht, in der visuellen Wirkung aber eine
Variation nach Tonwerten ausdrückt (Flächendichtekarte, Abb. 3.15c).

3.4.5 Diagramme

Diagramme sind graphische Mittel zur Wiedergabe quantitativer Daten, vor
allem statistischer Größen (Abb. 3.38). Graphische Variationen ändern Art und
Umfang der Aussage nicht, können aber die Verdeutlichung fördern.
Nach dem *Raumbezug* kann man unterscheiden:
– *Punktbezogene (lokale) Diagramme (Ortslagediagramme, Positionsdia-
gramme)* sind mit ihren quantitativen Angaben jeweils auf einen festen Punkt

bezogen (z. B. Winddiagramm). Da sie sich meist nicht so lagetreu anordnen lassen wie Signaturen, wird der Bezugspunkt durch eine besondere Ortssignatur gekennzeichnet und das Diagramm daneben gestellt.

- *Linienbezogene Diagramme* (meist *Banddiagramme*) stellen vorwiegend die auf Linienobjekte (z. B. Straßen) bezogenen Quantitäten von Objektbewegungen (z. B. Fahrzeuge, Transportmengen) dar (Abb. 3.32b).
- *Flächenbezogene Diagramme (Kartodiagramme,* Abb. 3.39) beziehen sich auf eine in der Karte erkennbare Fläche. Die quantitative Angabe ist daher nicht lokalisierbar, bleibt also innerhalb der Bezugsfläche lediglich raumtreu und damit noch verschiebbar (z. B. Gliederung nach Berufen innerhalb eines Verwaltungsbereichs).

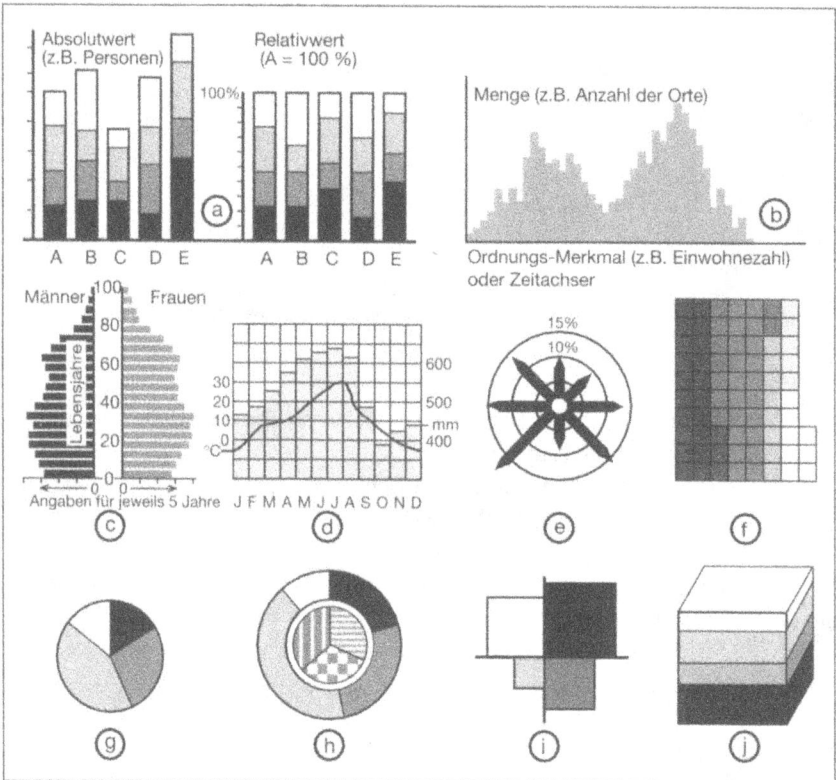

Abb. 3.38 Beispiele von Diagrammfiguren:
a) Stab- oder Säulendiagramm (absolute und relative Werte), b) Stabdiagramm als Histogramm (für Häufigkeitsverteilungen), c) Stabdiagramm als Bevölkerungspyramide (absolute und relative Gliederung nach Alter und Geschlecht), d) Kurvendiagramm (für zeitliche Gliederungen), e) Winddiagramm (prozentuale Häufung der Windrichtungen), f) Flächendiagramm (hier Baukastendiagramm), g) Kreissektorendiagramm (Tortendiagramm), h) kombinierte Kreissektorendiagramme, i) Quadrantendiagramm (für Gegenüberstellungen), j) Körperdiagramm (hier Quaderdiagramm)

Äußerlich entsprechen die Kartodiagramme den lokalen Diagrammen, unterscheiden sich von diesen aber durch den Raumbezug als Summenwert für eine bestimmte Bezugsfläche, während die lokalen Diagramme einen eindeutigen lokalen Bezug besitzen.

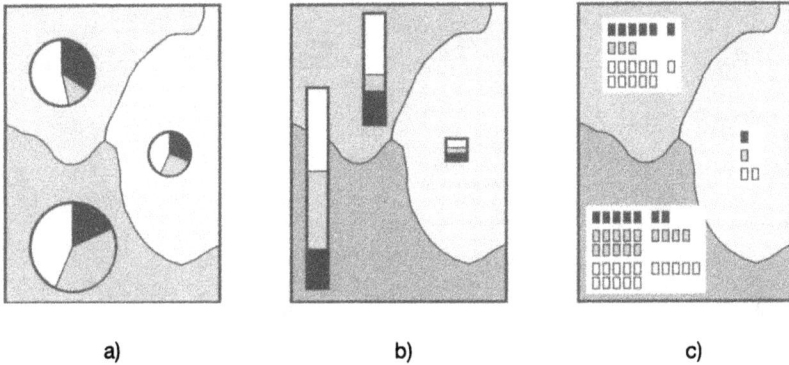

a)   b)   c)

Abb. 3.39 Gegliederte flächenbezogene Quantitäten, dargestellt durch
a) Kreissektorendiagramme (Tortendiagramme), b) Stab-(Säulen-)diagramme, c) Werteinheitszeichen

Die *inhaltliche Aussage* eines Diagramms bezieht sich bei *einem* Objekt
– auf die *sachliche Gliederung* nach einzelnen Merkmalen oder
– auf die *zeitliche Entwicklung* eines Sachverhalts.

Für den Vergleich zwischen *mehreren* Objekten beruhen die Diagramme
– auf Gegenüberstellungen zu einem bestimmten Zeitpunkt oder
– auf Vergleichen zeitlicher Entwicklungen.

Als Häufigkeitsdiagramme eignen sie sich als Grundlagen für die Bildung von Wertgruppen oder von Typen der Struktur bzw. der Entwicklung von Objekten.

Nach der Art der graphischen Wiedergabe gibt es folgende Diagramme:
– *Eindimensionale (lineare)* Figuren als Stäbe, Säulen, Pfeile usw.,
– *zweidimensionale (flächenhafte)* Figuren wie Kreise, Quadrate u. ä.,
– *dreidimensionale (körperhafte)* Figuren in Gestalt von Quadern, Kugeln usw.

Die meisten Figuren eignen sich zur Wiedergabe *diskreter* Werte; für *kontinuierliche* Funktionen kommen meist nur Kurvendiagramme in Betracht.

Soll in Diagrammen die *multiplikative Verknüpfung* von Zahlenwerten erkennbar sein, so gibt es vor allem folgende Möglichkeiten:

- *Rechteckdiagramme* bringen durch ihre Fläche das Produkt zweier Werte zum Ausdruck. Ist z. B. m = Anzahl der Urlauber, n = durchschnittliche Übernachtung je Urlauber, dann ist mn = Gesamtzahl der Übernachtungen (Abb. 3.40a).
- *Quaderdiagramme* stellen in ihrem Rauminhalt das Produkt dreier Werte dar. Ist dabei z. B. r = Anzahl der Arbeitspersonen, s = Anzahl der Arbeitsstunden, t = Produktionsleistung je Person und Stunde, dann ist $r \cdot s \cdot t$ = Gesamtproduktion (Abb. 3.40b).

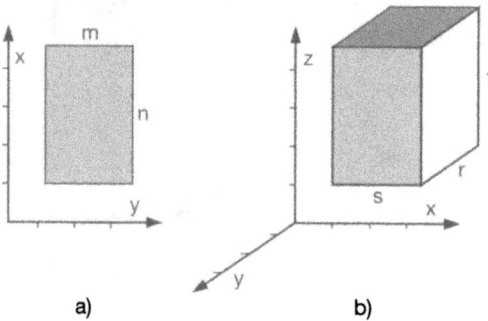

a)   b)

Abb. 3.40 Multiplikative Verknüpfung quantitativer Daten als
a) Rechteckdiagramm, b) Quaderdiagramm

3.4.6 Halbtöne

Halbtöne sind Flächen, die im Gegensatz zu den Flächenfarben (3.4.3) wechselnde Tonwerte aufweisen. Sie kommen wie folgt vor:
1. Als Wiedergabe von *Luftbildern* und ähnlichen Darstellungen (Abb. 3.41a). Dabei können sprunghafte Veränderungen der Halbtöne Grundrissmerkmale konturenhaft anzeigen (z. B. Wegegrenzen). Qualitative Objektmerkmale werden durch Signaturen, Schrift usw. erläutert; sonst sind sie im Wege der *Interpretation* zu gewinnen.

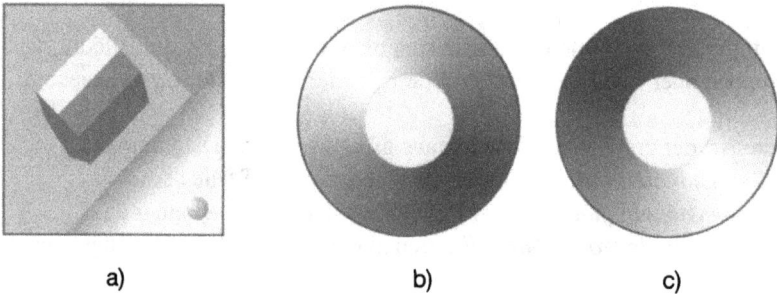

a)   b)   c)

Abb. 3.41 Beispiele von Halbtondarstellungen:
a) Ausschnitt aus einem Luftbild (Simulation),
b) Schattenplastik eines Kegelstumpfs mit angenommener Nordwest-Beleuchtung,
c) Schattenplastik eines Kegelstumpfs mit angenommener Südost-Beleuchtung

2. Als *Schattierung (Schummerung)* zum Zwecke einer möglichst formanschaulichen Geländedarstellung (9.2.3.2) sowie zur Anzeige von Lage und Gefällverhältnissen. Der mit dieser Schattierung beabsichtigte plastische Eindruck geht wegen der allgemeinen Wahrnehmungsgewohnheiten gewöhnlich von der Annahme einer Lichtquelle von links oben aus (Abb. 3.41b). Bei einer angenommenen Beleuchtung von rechts unten kann sich dagegen leicht der Effekt einer sog. Reliefumkehr ergeben (Abb. 3.41c). Über Probleme der Geländeschummerung siehe u. a. *Krüger* (1998).

Für die drucktechnische Wiedergabe sind die Halbtöne in feine Rasterelemente aufzulösen; streng genommen entstehen daher nur *Pseudo-Halbtöne*.

3.4.7 Kartenschrift

Die Kartenschrift gilt als besonderer Bestandteil des Karteninhalts (3.5.1.2), da sie unter allen Gestaltungsmitteln die geringste *geometrische* Aussagemöglichkeit besitzt. Dagegen ist sie aber das wichtigste *erläuternde* Element der Karte: Durch die Variation nach Form und Farbe lassen sich Qualitäten beschreiben, durch die Variation nach Größe auch Quantitäten angeben. Die Kartenschrift bezieht sich auf Namen (Namengut), Abkürzungen und Zahlen. Stumme Karten wirken unfertig, Karten mit einer dem dem Betrachter nicht verständlichen Schriftsprache (z. B. Japanisch) erscheinen fremd und unverständlich.

3.4.7.1 Allgemeine Schriftmerkmale

Die Klassifikation der Schriften nach Form und Stil beschreibt DIN 16518. Die für die Kartographie wichtigen Merkmale sind in Abb. 3.42 zusammengestellt.
1. Die *Schriftart (Duktus, Font, Typ)* bestimmt weitgehend das Gesamtbild und damit zugleich Lesbarkeit und ästhetische Wirkung der Kartenschrift. Man kann folgende Gruppen *(Schriftfamilien)* unterscheiden:
   - *Antiqua* oder römische Schrift mit wechselnden Strichbreiten und mit Fußstrichen (Serifen, Endstriche);
   - *Grotesk-*, Block- oder Balkenschrift mit konstanten Strichbreiten und ohne Serifen (Sans Serif);
   - *Fraktur-* oder gebrochene Schrift, in Karten überwiegend nur bis zum 16. Jh. angewandt;
   - *Normschrift* als Schreibschrift für einfachere Darstellungen, mit konstanten Strichbreiten und gerundeten Enden (Schablonenschrift). Dazu gehören die Schriften nach DIN 6776 (ISO 3098) mit besonderer Eignung für Mikroverfilmung; sie finden sich z. B. in großmaßstäbigen Flurkarten.
2. Die *Schriftgröße (Schriftgrad, Schrifthöhe)* beeinflusst die Lesbarkeit und kann Objekte nach Bedeutung und Quantität differenzieren. Die Angabe fin-

det im modernen Schriftsatz in mm statt und gilt für die Höhe eines Großbuchstabens. Häufig trifft man aber noch die Angabe in *typographischen Punkten*.

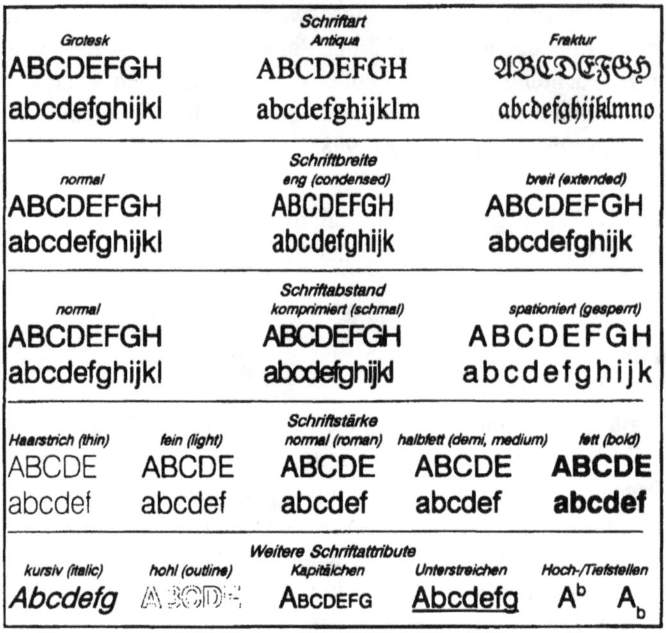

	Schriftart	
Grotesk	Antiqua	Fraktur
ABCDEFGH	ABCDEFGH	ABCDEFGH
abcdefghijkl	abcdefghijklm	abcdefghijklmno

	Schriftbreite	
normal	eng (condensed)	breit (extended)
ABCDEFGH	ABCDEFGH	ABCDEFGH
abcdefghijkl	abcdefghijk	abcdefghijk

	Schriftabstand	
normal	komprimiert (schmal)	spationiert (gesperrt)
ABCDEFGH	ABCDEFGH	A B C D E F G H
abcdefghijkl	abcdefghijkl	a b c d e f g h i j k

		Schriftstärke		
Haarstrich (thin)	fein (light)	normal (roman)	halbfett (demi, medium)	fett (bold)
ABCDE	ABCDE	ABCDE	ABCDE	**ABCDE**
abcdef	abcdef	abcdef	abcdef	**abcdef**

		Weitere Schriftattribute		
kursiv (italic)	hohl (outline)	Kapitälchen	Unterstreichen	Hoch-/Tiefstellen
Abcdefg	ABCDE	ABCDEFG	Abcdefg	A^b A_b

Abb. 3.42 Merkmale der Schrift

Dieses vom Schriftsatz im Buchdruck stammende Maß bezieht sich auf die Höhe der gesamten Bleiletter (Buchstabenkörper, Kegelgröße); seine Einheit ist der vom Franzosen *Didot* 1785 entwickelte Didot-Punkt p = 0,376 mm. Daneben gibt es noch den für Schreibmaschinen entwickelten Pica-Punkt pt = 0,352 mm (= 1/72 inch) aus dem angloamerikanischen Bereich. Für den heutigen Schriftsatz beschränken sich die Angaben im typographischen Maßsystem weitgehend auf ihren Gebrauch als Vergleichszahlen.

3. Die *Schriftbreite* beschreibt die tatsächliche Breite des Schriftzeichens. Dagegen ergibt sich die *Dickte* mit Berücksichtigung der Zwischenräume aus der Breite zuzüglich der jeweils halben Abstände nach links und rechts; sie leitet sich ab aus der Breite der früher benutzten Bleilettern. Mit einer Veränderung der Abstände durch *Spationieren (Sperren)* werden die Buchstabenabstände größer, durch *Komprimieren* kleiner.

4. Die *Schriftstärke* bezieht sich auf die Strichbreite des Schriftzeichens bei gleicher Schriftgröße.

5. Weitere *Schriftattribute* ergeben sich wie folgt:
   – Bei *Schriftlagen* gibt es neben der stehenden Schrift vor allem die rechtsliegende *Kursivschrift*.
   – *Majuskeln*, *Versal*- oder *Kapitalschrift* weisen nur gleich hohe Großbuchstaben auf, während bei *Minuskeln* auch Kleinbuchstaben verschiedener

Ober- und Unterlänge auftreten. *Kapitälchen* stellen Großbuchstaben in der Größe der Mittelängen der Satzschrift dar.

- *Unterstreichen* dient dem Hervorheben, *Hoch-* bzw. *Tiefstellen* dem Einsatz bei Formeln, für die Angabe von Indizes, Abkürzungen usw.
- *Farbe* gestattet weitere und vor allem deutlichere Differenzierungen.

3.4.7.2 Anwendung der Kartenschrift

1. Kartenschrift allein

Die Schrift bringt neben der qualitativen Angabe noch einen Raumbezug zum Ausdruck, allerdings nur als raumtreue Darstellung. Dieser Sachverhalt ergibt sich vor allem bei nicht exakt abgrenzbaren Verbreitungsflächen, wie es z. B. die Lebensräume von Menschen und Tieren sowie die Angaben von Gebirgszügen und Landschaften (Abb. 3.43a), Agrargebieten und Lagerstätten sind.

2. Kartenschrift in Verbindung mit einem anderen Gestaltungsmittel

Qualitative Angabe
- anstelle einer Signatur oder Farbvariation (Graben in Abb. 3.43b),
- zur weiteren Differenzierung einer Objektqualität, z. B. bei Straßen der Name (Wiesenstraße in Abb. 3.43b), bei öffentlichen Gebäuden die besondere Behördenbezeichnung (Forstamt in Abb. 3.43c) oder zu den Ortssignaturen die Eigennamen als jeweils wichtige Identifizierung (Abb. 3.43d).

Quantitative Angabe
- durch einen Zahlenwert, z. B. als Transportleistung (20 kV in Abb. 3.43c),
- durch Variation der Schriftgröße, z. B. als Ausdruck der Einwohnerzahl eines Ortes (Abb. 3.43d).

3. Schriftplazierung

Die Lage der Schrift soll eine klare Zuordnung zum bezeichneten Objekt gewährleisten, möglichst wenig Verdeckungen anderer Darstellungen hervorrufen und Bereiche vermeiden, in denen Aktualisierungen zu erwarten sind. Im einzelnen lassen sich dazu etwa folgende Regeln angeben:

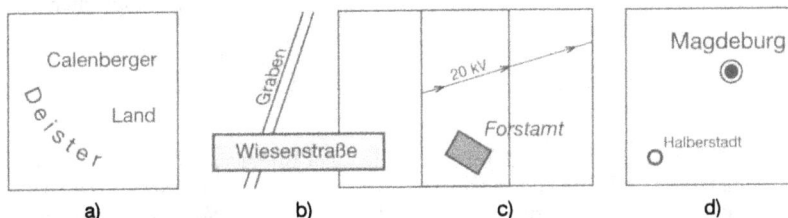

Abb. 3.43 Beispiele zur Anwendung der Kartenschrift

a) Bei flächenhaften Objekten (z. B. Gebirge, Staatsgebiete) waagerecht oder in Richtung der größten Ausdehnung;

b) bei linearen Objekten (z. B. Flusslauf) parallel zur Linienführung;

c) bei lokalen Objekten (z. B. Ortsignatur) rechts von der Objektdarstellung und etwas höher als diese, soweit freie Fläche vorhanden. Dabei entweder waagerecht oder - wie bei Atlaskarten häufig - parallel zu den Breitenkreisen.

3.4.8 Weitere Möglichkeiten zur Gliederung der Kartengraphik

Etwa seit 1965 gibt es in verstärktem Maße Ansätze zum wissenschaftlichen Durchdringen der Kartengraphik, und zwar vor allem durch die zunehmenden Entwicklungen in der thematischen Kartographie. Allgemein unterscheiden sich diese Ansätze zunächst durch die zwei Möglichkeiten des *graphikorientierten* und des *objektbezogenen* Vorgehens (Näheres dazu siehe am Beginn in 3.4).

Witt (1970) stützt sich in vergleichbarer, nur etwas anders strukturierter Weise auf eine Einteilung in qualitative und quantitative Karten, letztere in Gestalt von Isolinienkarten, absoluten und relativen Karten.

Imhof (1972) geht dagegen von den kartographischen Erscheinungsbildern aus (Kartentypen) und erhält damit eine *methodenorientierte* Betrachtungsweise als Gefüge thematischer Karten (unbeschadet der objektbezogenen Bezeichnung bei 4 und 5):

A. Gefüge vorwiegend grundrisslich gestalteter oder grundrisslich bezogener Vorkommnisse	B. Gefüge zur Darstellung statistischer Werte, sogenannte statistische Karten
1. lokale Gattungssignaturen,	6. Wertpunkte und Wertsignaturen,
2. Netze linearer Elemente,	7. Dichtemosaiken,
3. Gattungsmosaiken,	8. andere statistische Mosaiken,
4. Kontinua,	9. Orts- und Gebietsdiagramme,
5. Darstellung von Bewegungen und Kräften,	10. Banddiagramme.

Pillewizer (1964) stellt die folgenden zehn Hauptmethoden der graphischen Gestaltung als ebenfalls methodenorientierte Systematik vor:

Methode der	Methode der
1. Signaturen,	6. Isolinien,
2. lokalisierten Diagramme,	7. Vektoren und Bewegungslinien,
3. Objektlinien und -bänder,	8. Punkte,
4. Flächen,	9. Kartodiagramme,
5. Flächenhaupt- oder Mittelwerte,	10. Flächenkartogramme.

Meynen (1972) beschreibt durch Texte, Tabellen und Kartenausschnitte 27 verschiedene Strukturformen und Grundtypen und legt dazu Begriffe fest, die jeweils auf die typische Graphik hinweisen, z. B. Grundrisskarte, Ortsignaturenkarte, Vektorkarte, Positionskarte usw. Auch *Imhof* vergleicht seine Einteilung mit der von *Meynen*.

Arnberger (1966, 1977) führt alle kartographischen Gestaltungsmöglichkeiten auf die folgenden vier Grundprinzipien zurück:
1. Das *Lageprinzip (topographisches Prinzip)* umfasst alle grundriss- bzw. lagetreuen, vorwiegend qualitativen Darstellungen mit geeignetem topographischen Kartengrund.
2. Das *Diagrammprinzip* dient der quantitativen Aussage mit Hilfe von Diagrammen, aber auch mit Flächenfarben und Signaturen.
3. Das *bildstatistische Prinzip* beruht auf dem Gebrauch von Werteinheitssignaturen, die absolute quantitative Daten darstellen.
4. Das *bildhafte Prinzip* führt zu einer rein qualitativen, stark vereinfachten Aussage mit bildhaften Signaturen als Individualbilder (z. B. Aufrissbilder bedeutender Bauwerke) oder Typenbilder (z. B. zum Veranschaulichen von Flächennutzungen).

Kowanda (1997) gliedert die kartographischen Darstellungsmethoden oberhalb der Ebene der graphischen Grundelemente in die Gruppen der

Signaturen – Kontinua – Halbtöne – Diagramme – Kartogramme –Vektoren – Schriften

mit weiterer Verfeinerung durch das Lagemerkmal. Darüber setzt er in einer zu 3.2.1 vergleichbaren Weise die Ebene des kartographischen Gefüges.

3.5 Bildung analoger Modelle

Karten sind der Hauptfall analoger kartographischer Modelle und lassen sich meist eindeutig in ihren *Bestandteilen* beschreiben (3.5.1). Ihr herausragendes Merkmal ist die *geometrische* Bindung der Kartengraphik auf der Grundlage eines gewöhnlich festen und runden Kartenmaßstabs (3.5.2).

Die Anwendung der Kartengraphik (3.2) und ihrer Gestaltungsmittel (3.4) ist über die dort dargestellten *allgemeinen* Grundsätze hinaus abhängig vom jeweiligen Karteninhalt. Dazu ergibt sich Näheres in den *Anwendungen* (siehe Teil 2) für den Bereich der topographischen Karten in Kap. 9, für die thematischen Karten in Kap. 10, für die Besonderheiten der Atlanten in Kap. 11 sowie für die kartenverwandten Darstellungen in 3.8. Konkrete Festlegungen finden sich schließlich in den jeweiligen *Zeichenvorschriften*.

3.5.1 Bestandteile der Karte

Der Aufbau einer Karte lässt sich nach zwei verschiedenen Merkmalen beschreiben (Abb. 3.44):
– *formal* durch Kartenfeld, Kartenrahmen, Kartenrand und Kartenbenennung (3.5.1.1),
– *sachlich* durch Karteninhalt, Kartennetz und Kartenrandangaben (3.5.1.2).

3.5.1.1 Formale (äußere) Bestandteile der Karte

Die äußere Abmessung einer gezeichneten oder gedruckten Karte ergibt sich
– als *Blattformat (Blattgröße, Papierformat)* durch Angabe der Dimensionen des meist rechteckigen Trägermaterials,
– als *Rahmenformat* aus den Abmessungen des Kartenrahmens (Nr.2).

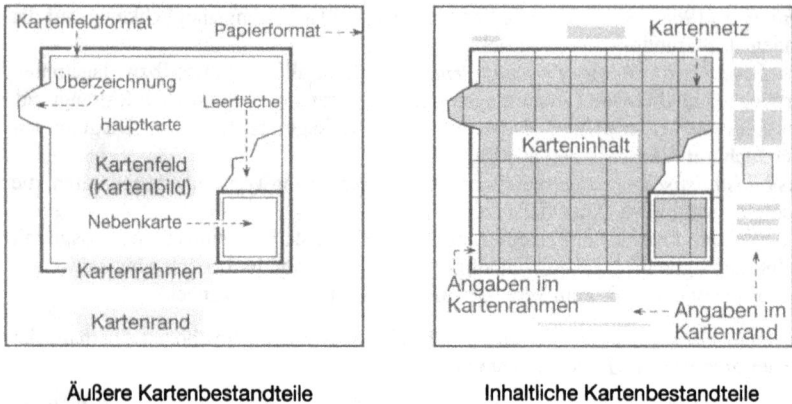

Äußere Kartenbestandteile   Inhaltliche Kartenbestandteile

Abb. 3.44 Bestandteile der Karte

Allgemein ist zu berücksichtigen, dass bei allen technischen Arbeiten bis hin zum Druck die vorgesehenen Formate ohne Schwierigkeiten darstellbar sind.

1. Kartenfeld

Das *Kartenfeld (Kartenbild, Kartenspiegel)* ist die Fläche, die den Karteninhalt als Hauptkarte enthält. Man unterscheidet zwischen *Rahmenkarten* und *Inselkarten*. Das Kartenfeld der *Rahmenkarten* ist von quadratischer, rechteckiger oder trapezartiger Form, wobei die Begrenzungslinien meist durch Linien des Kartennetzes gebildet werden. *Inselkarten* stellen bestimmte topographische, politische oder andere thematische Bereiche ohne ihre Nachbarschaft, also inselartig dar.

Neben der *Hauptkarte* treten mitunter noch *Nebenkarten* auf. Diese können sowohl innerhalb als auch außerhalb des Kartenfeldes liegen. Sie enthalten einen Hauptkartenausschnitt in größerem Maßstab (z.B. die Stadtmitte bei einer Stadtkarte), einen Anschlussbereich, der bei richtiger Lage über das Kartenfeld hinausgehen würde, oder im Kartenrand kleinmaßstäbige Karten als Übersichten für thematische Daten usw. *Leerflächen* sind Flächen des Kartenfeldes, die keinen Inhalt aufweisen; dagegen zeigen *Überzeichnungen* wichtige Kartenobjekte außerhalb der Kartenschnittlinie. Wenn es schwierig oder gar unmöglich ist, bestimmte thematische Daten für das gesamte Kartenfeld zu erfassen (z.B. bei Wirtschaftskarten über Staatsgrenzen hinaus), sollte neben der inselartigen thematischen Darstellung wenigstens der topographische Kartengrund stets als Rahmenkarte zum Verständnis sachlicher Zusammenhänge vorliegen.

Die *Größe* des Kartenfeldes hängt von verschiedenen Gesichtspunkten ab:
- Bei *Einzelkarten* ergibt sie sich aus dem Ausmaß des darzustellenden Gebietes und aus dem gewählten Kartenmaßstab; letzterer richtet sich nach der Darstellbarkeit der Kartenobjekte.
- Bei *Kartenwerken* ergeben sich Größe und Format des Kartenfeldes aus der Blattschnittsystematik.
- *Atlaskarten* und *Buchkarten* müssen sich den Zwängen der Atlas- und Buchformate unterwerfen.

– *Kartensätze* als multithematische Kartenwerke und Atlanten eines bestimmten Gebietes weisen meist ein einheitliches Format des Kartenfeldes auf.

2. Kartenrahmen

Der Kartenrahmen ist eine streifenförmige schmale Fläche zwischen der inneren *Kartenschnittlinie*, die das Kartenfeld abgrenzt (*Kartenfeldrandlinie, Kartenfeldbegrenzungslinie*), und einer äußeren Begrenzungslinie, an der der Kartenrand beginnt. Die graphische Gestaltung dieser Fläche richtet sich nach Art und Umfang der im Rahmen vorgesehenen Angaben (z. B. Koordinaten des Kartennetzes, Abb. 3.48). Sind solche Angaben nicht vorgesehen, so besteht der Kartenrahmen oft nur aus einer einzigen Begrenzungslinie zwischen Kartenfeld und Kartenrand. Inselkarten gibt es sowohl mit als auch ohne Kartenrahmen.

Die genaue Plazierung des Rahmens innerhalb des Papierformats richtet sich nach dem Kartengebrauch und einer sinnvollen Anordnung der erforderlichen Kartenrandangaben in der Randfläche. Kartenwerke, bei denen häufig benachbarte Blätter zusammenzufügen sind, enthalten mitunter die (sonst störenden) Kartenschnittlinien nicht mehr. In anderen Fällen ist die Kartenschnittlinie an zwei Seiten identisch mit der Blattkante (Papiergrenze), so dass ein Zusammenfügen sofort ohne Beschneiden möglich ist.

Die meisten Karten sind Rahmenkarten. Bei ihnen liegt Norden gewöhnlich oben. Die geometrische Form der Kartenschnittlinien führt bei Kartenwerken zur sog. *Blattschnittsystematik*. Allgemein kann man nach der Art der Abgrenzung wie folgt unterscheiden:

1. *Rechteckkarten* aus den Netzlinien *geodätischer* Koordinaten. Dieser Fall der *Gitternetzkarten (Rechteckkarten)* herrscht vor bei Kartenwerken großer Maßstäbe. Dabei ergibt sich für fast alle Karten ein konstantes Format (Abb. 3.45a); nur an den Rändern der Streifensysteme (2.2.4.4) bilden sich verschieden große Sonderformate (z. B. Trapeze und Sechsecke bei der Deutschen Grundkarte 1:5 000).

2. *Gradnetzkarten* aus den Netzlinien *geographischer* Koordinaten. Die aus Meridian- und Parallelkreisabschnitten begrenzten Karten *kleiner* Maßstäbe bis etwa 1:2,5 Mio. (*Gradabteilungskarten*, Abb. 3.45b) sind meist schwach trapezförmig und damit bei Kartenwerken in Nord-Süd-Richtung von unterschiedlichem Format. Die Abgrenzung findet man bei vielen Kartenwerken *mittlerer* Maßstäbe; soweit sie (nachträglich) auf geodätischen Koordinaten beruhen, ist die Abgrenzung meist historisch bedingt (Abb. 3.45c).

3. *Rechteckkarten* unabhängig von den Netzlinien. Bei Verlagsprodukten wie *Stadt-, Straßen- und Wandkarten* richten sich die *Einzelkarten* nach einer möglichst günstigen Lage der wichtigsten darzustellenden Objekte im Kartenfeld, die *Kartenwerke* nach dem günstigsten Gebrauchsformat und die *Atlaskarten* nach dem Atlasformat (Abb. 3.45d).

Ist der topographische Kartengrund einer thematischen Karte eine unveränderte oder nur inhaltlich veränderte topographische Karte, so bleiben Format und Blattschnitt meist erhalten, z. B. bei Baugrundkarten (aus Stadtkarten), geologischen Karten (aus topographischen Karten 1:25 000). In anderen Fällen ist die Abgrenzung des Kartenfeldes nach außen in ihrem Verlauf häufig unabhängig vom Kartennetz, wenn dies thematisch möglich und sinnvoll ist. Die Nordorientierung bleibt aber meist erhalten.

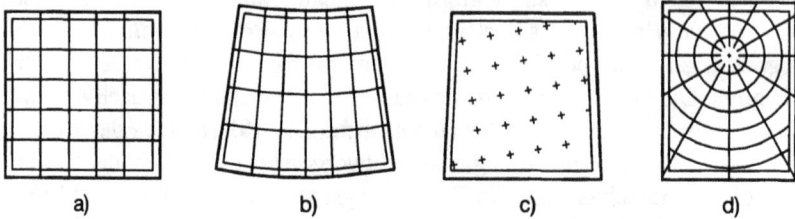

Abb. 3.45 Zusammenhang zwischen der Form der Rahmenkarten und dem Kartennetz
a) Rechteckkarte: Abgrenzung und Netzgrundlage in geodätischen Koordinaten
b) Gradabteilungskarte: Abgrenzung und Netzgrundlage in geographischen Koordinaten
c) Gradabteilungskarte: Abgrenzung in geograph., Netzgrundlage in geodät. Koordinaten
d) Rechteckkarte: Abgrenzung netzunabhängig, Netzgrundlage in geograph. Koordinaten

3. Kartenrand

Der Kartenrand ist die Kartenfläche außerhalb des Kartenrahmens; er wird durch das meist rechteckige *Blattformat* (Papierformat) abgegrenzt. Bei der Plazierung der Randangaben und einem möglichen Textlayout für die Rückseite (z. B. für touristische Informationen) ist auf das Falzschema Rücksicht zu nehmen.

Größe und Form des *Kartenrandes* richten sich nach dem Umfang und einer sinnvollen Verteilung der Kartenrandangaben. Die Kartenbenennung befindet sich meist im oberen Teil des Randes; die Anordnung der übrigen Angaben richtet sich nach der Art der Falzung sowie danach, ob auch die Rückseite bedruckt wird. Das *Papierformat* hängt ab von der Handlichkeit im Gebrauch, vom Unterbringen und schnellen Herausfinden in Schränken sowie für den Hersteller von der Wahl eines einheitlichen Formats für verschiedene Kartenwerke zur Vereinfachung des Papiervorrats.

Bei der Verteilung der Randangaben (Texte, Graphiken, Nebenkarten usw.) sind übersichtliche Gruppierungen, sachliche Zusammenfassungen und Trennungen, betontes Hervorheben und Unterdrücken zu beachten und auch auf ihre ästhetischen Wirkungen zu prüfen. Auch bei Inselkarten und Gesamtdarstellungen der Erde in Form von Planisphären usw. ist gleichfalls eine sorgfältige Verteilung der Randangaben auf der relativ großen Freifläche vorzunehmen. *Imhof* (1972) gibt Beispiele für gute und schlechte Lösungen der Randgestaltung.

4. Kartenbenennung

Die Kartenbenennung (der *Kartentitel*) soll das Kartenthema (Topographie oder Fachthema), den dargestellten geographischen Bereich und den Maßstab einer Karte angeben.

Die Bezeichnung von *Einzelkarten* beschränkt sich meist auf die Angabe von Kartenart, Ortsname und Maßstab (z. B. „Stadtkarte Hannover 1 : 20000"). Lässt sich das Thema nur mit größerem Wortaufwand nennen, so kann es günstig sein, zunächst eine Kurzform in größerer Schrift zu wählen und dann das genaue Thema als Untertitel in einem kleineren Schriftgrad ausführlicher zu beschreiben.

Bei *Kartenwerken* gibt es oft eine Benennungs-Systematik für die Einzelblätter; sie setzt sich meist aus der Blattnummer und dem Blattnamen zusammen. Für solche Kartenwerke gibt es gewöhnlich *Blattübersichten*. Thematische Kartenwerke auf der Grundlage topographischer Kartenwerke orientieren sich meist an der dort geltenden Systematik.

Die *Blattnummer* ergibt sich häufig aus der Kombination von Ziffern und/oder Buchstaben, die jeweils den horizontalen, westöstlichen Reihen (Zonen) und den vertikalen, nordsüdlichen Spalten (Kolonnen) von Blättern zugeordnet sind und von einem bestimmten Ausgangspunkt aus gezählt werden. Zu diesen Angaben kann noch eine Maßstabskennzahl (z. B. das römische C für 1:100000) treten. Atlaskarten, die gewöhnlich unregelmäßiger und auch überlappend angeordnet sind, werden meist durchlaufend nummeriert.

Bei der deutschen Topographischen Karte 1:25000 (TK 25) zählt man die Reihen von Norden nach Süden und die Spalten von Westen nach Osten jeweils mit zwei Ziffern. Die aus vier Blättern der TK 25 bestehende Top. Karte 1:50000 erhält ihre Benennung durch den Vorsatzbuchstaben L und die Nummer der in der Südwestecke gelegenen TK 25. Entsprechend ergibt sich für die Bezeichnung der Top. Karte 1:100000 der Vorsatzbuchstabe C. In allen Fällen tritt dazu der Name des jeweils bedeutendsten Ortes (Abb. 3.46a).

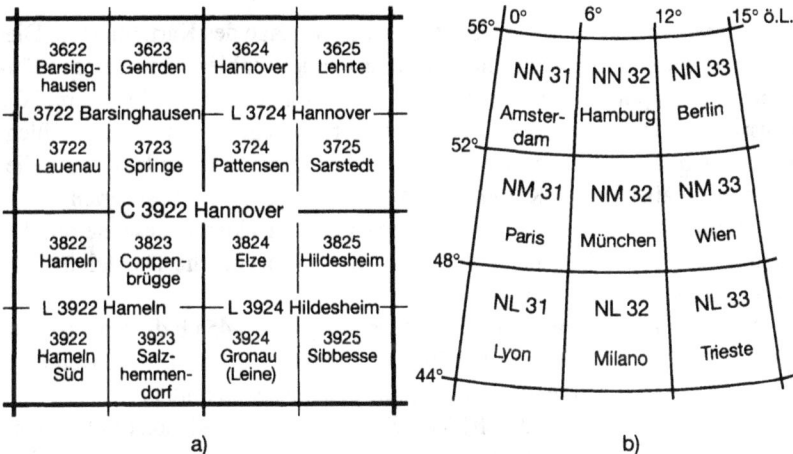

Abb. 3.46 Beispiele von Blattbezeichnungen

Bei der Internationalen Weltkarte 1:1 Mio. werden die Reihen ab Äquator nach Norden mit Großbuchstaben A, B, C usw. bezeichnet, während die Zählung der Spalten vom 180. Längengrad aus nach Osten durch fortlaufende Nummern entsteht. Diese Zählweise entspricht übrigens der Numerierung der Zonen, die jeweils einen UTM-Meridianstreifen (2.2.4.4) bilden. Der vorgestellte Buchstabe N bzw. S kennzeichnet die nördliche bzw. südliche Erdhalbkugel. Jedes Blatt trägt dazu den Namen des wichtigsten Ortes (Abb. 3.46b).

Der *Blattname* bezieht sich meist auf die im Blatt dargestellte größte Siedlung, sonst auf den wichtigsten topographischen Gegenstand (z. B. Berg oder See). Karten kleiner Maßstäbe, z. B. Atlaskarten, tragen gewöhnlich den Namen einer Region, eines Staates, eines Kontinents oder eines Teiles davon.

3.5.1.2 Sachliche (inhaltliche, substantielle) Bestandteile der Karte

1. Karteninhalt

Der *Karteninhalt* (die Hauptkarte) liegt innerhalb des Kartenfeldes. Er ist
- im syntaktischen Sinne die Summe der graphischen Darstellungen (das *Kartenbild*) bzw. der dafür stehenden digitalen Daten (digitale Modelle),
- im semantischen Sinne die Gesamtheit der Objekte (das *Kartenthema*), für die die Graphik bzw. deren digitale Daten stehen.

Der Karteninhalt besteht bei *topographischen* Karten aus Situation (Grundriss), Höhendarstellung, Schrift und vereinzelten thematischen Angaben (z. B. Grenzen), bei *thematischen* Karten aus thematischer Darstellung, topographischem Kartengrund und Schrift. Karten ohne Schrift gelten als *stumme* Karten (z. B. Fragekarten oder Lernkarten des Unterrichts, oft in der Form der Umrisskarte).

2. Kartennetz

Das *Kartennetz* ist das Gerüst für die geometrische Lage des Karteninhalts. Die Netzlinien repräsentieren konstante und meist runde Zahlenwerte der geodätischen oder geographischen Koordinaten (z. B. alle runden 200m, 1km, 2km; 30′, 1°, 5° usw.). Ist das Kartennetz nicht dargestellt, so liegt in den meisten Fällen wenigstens dem Entwurf oder der Vorlage ein Kartennetz zugrunde. Karten, die ein Kartennetz, aber keinen Karteninhalt aufweisen, gelten als *Leerkarten*.

Die Netzlinien erscheinen im *Kartenrahmen* meist als kurz angesetzte Striche mit beigeschriebenen Koordinatenwerten (Abb. 3.48). Für die Darstellung im *Kartenfeld* ergeben sich folgende Fälle:
1. Die Netzlinien erscheinen voll durchgezogen (Abb. 3.45a,b,d). Dies ist notwendig, wenn geographische Netzlinien gekrümmt verlaufen bzw. wenn sie bei geradem Verlauf unterschiedlich große Netzmaschen bilden.
2. Die Netzlinien werden nur durch kleine Schnittkreuze angedeutet (Abb. 3.45c) oder sie erscheinen überhaupt nicht. Dieser für Quadratnetze mögliche Fall stört das Kartenbild wenig bzw. gar nicht, erfordert jedoch für kartometrische Arbeiten evtl. die nachträgliche Vervollständigung des Netzes.

Bei bestimmten thematischen Karten ist das Kartennetz entbehrlich, wenn der Bezug zwischen Thema und Netz nicht möglich ist, weil die Darstellung nur raumtreu ist oder weil nur die gegenseitige (relative) räumliche Beziehung der thematischen Aussagen interessiert, nicht aber die absolute Fixierung im System von Koordinaten.

Das *Suchnetz* als rechtwinkliges Suchgitter oder polares Strahlennetz dient in Stadt-, Straßen- und Atlaskarten dem Auffinden von Straßen, Orten usw. mit Hilfe von Kennbuchstaben und -zahlen im Kartenrahmen, teilweise auch im Kartenfeld (Abb. 3.47, siehe Beispiele kartographischer Darstellungen – Anlage 9 auf CD-ROM). Es ist mit dem Kartennetz identisch (z. B. als *Meldenetz* im Katastrophenschutz) oder bildet ein besonderes Netz in anderer Farbe oder befindet sich auf einer für mehrere Karten geeigneten Deckfolie.

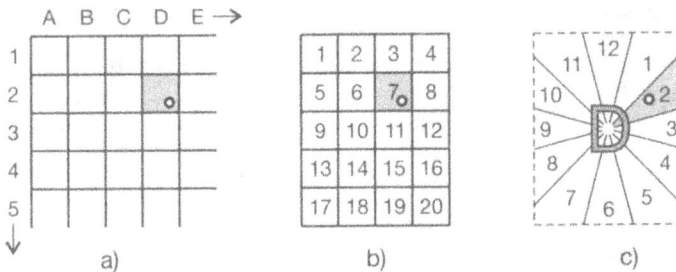

Abb. 3.47 Beispiele von Suchnetzen

In Abb. 3.47a ergibt sich die gesuchte Netzmasche aus der Spaltenbezeichnung (ab A) und Zeilenbezeichnung (ab 1) zu D2. In Abb. 3.47b erhält man aus den durchnumerierten Netzmaschen einer Karte die Masche Nr.7. In Abb. 3.47c findet man für das Kartenblatt D einer Atlasseite aus der Einteilung der Deckfolie den Sektor D2.

3. Angaben in Kartenrand und Kartenrahmen

Die Angaben im *Kartenrand* umfassen neben denen im *Kartenrahmen* alle zum Verständnis und zur Auswertung des Karteninhalts erforderlichen Hinweise, Erläuterungen, Beschreibungen usw. Ist die Karte eine Inselkarte, so verteilen sich die Angaben auf die außerhalb des inselartigen Kartenfeldes gelegenen Flächen.

Zu den wichtigsten Kartenrandangaben gehören die Kartenbenennung, der Kartenmaßstab (3.5.2), auch als graphischer Längenmaßstab (Maßstabsbalken), der Name des Herausgebers und der Zeitpunkt der Herausgabe (Herausgabevermerk, Impressum). Eine bedeutende Rolle spielen die Hinweise zum Quellenmaterial, zur Entstehung und eventuellen Aktualisierung der Daten sowie die mitunter umfangreiche *Zeichenerklärung* (*Legende, Freitag* 1987). Weitere Angaben beziehen sich auf den Kartennetzentwurf, auf die Namen des Kartenautors, des Entwurfskartographen, der kartographischen Anstalt, der Druckerei sowie sonstiger beteiligter Institutionen und Personen, wenn die einzelnen Teilarbeiten bei verschiedenen Stellen abgewickelt wurden, schließlich auf urheberrechtliche Vermerke, z. B. durch den Copyright-Vermerk ©.

Häufig findet man auch noch Hinweise zur magnetischen Orientierung, zum Gebrauch eines Suchnetzes, Orientierungsvermerke und Verzeichnisse bei Stadt-, Straßen- und Wanderkarten, sowie *Nebenkarten* (*Beikarten*) als Blattübersichten, zur Anzeige von Verwaltungsgrenzen oder als sog. Zuverlässigkeitsskizze mit Einzelheiten über die topographischen und thematischen Quellen. Schließlich können sich auf der *Rückseite* der Karte weitere Angaben in Form von Blattübersichten, Titelangaben, Straßen- oder Ortsverzeichnissen, heimatkundlichen Beschreibungen, Bildern, Werbungen usw. befinden.

Manche thematischen Karten (z. B. geomorphologische und vegetationskundliche Karten) benötigen viel Fläche für die Legende, während z. B. Punktstreuungskarten meist mit wenigen Angaben auskommen. Eine sachlogische und übersichtliche Gliederung kann das Verständnis umfangreicher Legenden erleichtern. Zur Zeichenerklärung gehören auch die *Größenmaßstäbe* der Signaturen. Ferner können *Nebenkarten* auftreten, die verwandte Themengebiete darstellen (z. B. Geologie bei geomorphologischen Karten) bzw. die thematische Darstellung als Ausschnittvergrößerung für Teilbereiche verdeutlichen. Durch *Profile* (z. B. bei Bodenkarten), *Diagramme* (z. B. Pegelkurven) und *textliche Beschreibungen* (z. B. von Klimazonen) lassen sich weitere Erklärungen geben.

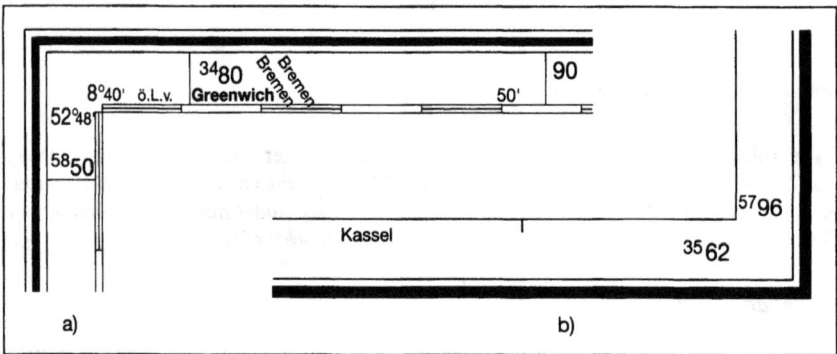

Abb. 3.48 Beispiele von Kartenrahmen (Ausschnitte)
a) Topographische Übersichtskarte 1:200 000 mit Angaben der geodätischen und geographischen Koordinaten, Darstellung von Netzlinien-Abschnitten und Minutenleisten sowie Angaben zu Verkehrszielen (Anlehnung an die TÜK 200 CC 3918),
b) Stadtkarte Hannover 1:20 000 mit Angaben zu geodätischen Koordinaten, kurzen Netzlinien-Abschnitten für geographische Koordinaten sowie zu Verkehrszielen

Die Angaben im *Kartenrahmen* (Abb. 3.48) bestehen aus den Koordinatenwerten für die Kartennetzlinien, den Zahlen und Buchstaben des *Suchnetzes*, den Anschlusshinweisen zu Nachbarblättern, den Richtungsangaben zum Verkehrsnetz sowie Teilen der Schrift, die als sog. Abgangsschrift das Kartenfeld verlässt oder als sog. Zugangsschrift in das Kartenfeld hineinführt (z. B. Gebirgsname).

3.5.2 Kartenmaßstab

Als Kartenmaßstab gilt das *lineare* Verkleinerungs- oder Verjüngungsverhältnis der Karte gegenüber der Natur (Längenmaßstab). Aus dem Vergleich einer Kartenstrecke s' mit der ihr entsprechenden Naturstrecke s ergibt sich der *Maßstab* zu $M_K = s' : s$ oder in anderer Schreibweise zu $M_K = s'/s$. Streng genommen handelt es sich bei der Naturstrecke s stets um den auf Meereshöhe reduzierten horizontalen Anteil der räumlichen Entfernung zwischen zwei Punkten. Nur dann nämlich ist eine widerspruchsfreie grundrissliche Darstellung möglich.

Anstelle der Maßstabsangabe $M_K = s'/s$ für den einzelnen Streckenvergleich erhält man eine allgemeine normierte Aussage, wenn man im Zähler statt der variablen Größe s' die Längeneinheit 1 einführt. Mit dieser Kürzung des Bruches s'/s durch s' erhält man $M_K = 1:(s/s')$. Wird $s/s' = m_K$ gesetzt, so ergibt sich mit

$$M_K = 1 : m_K. \tag{3.5.2a}$$

die übliche Form der Angabe des *numerischen* Kartenmaßstabes. Sie besagt, dass einer Längeneinheit in der Karte m_K Einheiten in der Natur entsprechen. Dabei wird m_K als *(Karten)maßstabszahl* oder *Maßstabsfaktor* bezeichnet.

Die Umrechnung von Kartenmaßen in Naturmaße und umgekehrt lässt sich mit Hilfe der Formeln $s = m_K \cdot s'$ und $s' = s : m_K$ leicht durchführen. Einige Kartenwerke geben neben dem numerischen Kartenmaßstab zusätzlich an, welcher Kartenstrecke in cm die Naturstrecke von 1 km entspricht, so z. B. bei der TK 25 mit der Angabe „1 : 25 000 (4 cm der Karte = 1 km der Natur)".

Die Kartenmaßstäbe beruhen allgemein auf *runden* Maßstabszahlen, z. B. 1:25 000, 1:100 000 usw. Thematische Karten weisen aus Formatgründen oder bei geringer geometrischer Auswertung häufig auch seltenere Maßstäbe auf, z. B. 1:550 000, 1:800 000. *Unrunde* Maßstabsangaben ergeben sich aus nichtmetrischen Maßsystemen. So liegt z. B. der britischen Karte 1 : 63 360 das Verhältnis 1 Zoll (inch) zu 1 Meile (mile) zugrunde; damit ergibt sich (siehe 2.1.2.1) 1:(12 · 5280) = 1:63 360. Die alten hannoverschen Separationskarten besaßen oft einen Maßstab von 1,5 Fuß zu 200 Ruten. Bei 1 Rute = 16 Fuß ergibt sich 1,5 : (16 · 200) = 1:2133,3. Näheres über Maßstäbe alter Karten siehe z. B. *Neumann* (in *Neumann/Zögner* 1992).

Der Maßstab einer Karte ist streng genommen innerhalb des Kartenfeldes nicht konstant, da es theoretisch keine vollständig längentreue Abbildung der definierten Erdoberfläche geben kann. In Karten größerer Maßstäbe wirkt sich dies jedoch praktisch nicht aus. Dagegen treten bei Karten sehr kleiner Maßstäbe relativ große Längenverzerrungen auf. Dann wird entweder der Maßstab der längentreuen Bereiche, ein Maßstabsdiagramm, der Mittelpunktmaßstab oder ein Durchschnittswert angegeben.

Setzt man in die Formel $M_K = 1 : m_K$ Zahlenwerte für m_K ein, so wird der Betrag von M um so größer, je kleiner m_K ist. Dementsprechend ergeben sich große Maßstäbe (bzw. großmaßstäbige Karten) bei relativ kleinen Maßstabszahlen und umgekehrt kleine Maßstäbe (bzw. kleinmaßstäbige Karten) bei relativ großen Maßstabszahlen.

Neben der numerischen Maßstabsangabe enthalten Karten meist auch einen graphischen Maßstab in Form einer *Maßstabsleiste (Maßstabsskala)*, einfach gestaltete Karten mitunter nur diese allein. Man findet mitunter in Wanderkarten einen

Schrittmaßstab, in älteren Karten einen *Transversalmaßstab* und einen *Neigungs-maßstab (Böschungsdiagramm)* zur Gefällbestimmung. Als graphischer Karten-maßstab eignet sich auch das dargestellte Kartennetz. Thematische Karten mit quantitativen Angaben enthalten einen *Signaturenmaßstab* (*Wertmaßstab*).

Da ein graphischer Maßstab bei einer Papierkarte die Dimensionsschwankungen mit-macht, die durch Schwankungen der Luftfeuchtigkeit auftreten, kann man ihn direkt und relativ zuverlässig zur Längenbestimmung heranziehen. Man erhält ferner den tatsächli-chen mittleren Maßstab einer solchen Karte, wenn man für das Kartennetz oder die Maß-stabsleiste die Istwerte dem Soll gegenüberstellt.

Zum *Flächenverhältnis* zwischen Natur und Karte ergibt sich

$$F = F' \cdot (m_K)^2 \text{ und umgekehrt } F' = F : (m_K)^2. \qquad (3.5.2b)$$

Für die *Umrechnung* zwischen zwei Maßstäben $(M_k)_1$ und $(M_k)_2$ gilt

$$\text{für identische Strecken } s_1' : s_2' = (m_K)_2 : (m_K)_1, \qquad (3.5.2c)$$

$$\text{für identische Flächen } F_1' : F_2' = (m_K)_2^2 : (m_K)_1^2. \qquad (3.5.2d)$$

Der Übergang von einer Karte größeren Maßstabs in eine solche kleineren Maßstabs ergibt damit einen großen Verlust an Zeichenfläche; dies ist die Hauptursache für die Kar-tengeneralisierung. So geht z. B. bei der Ableitung einer Karte 1:100 000 aus einer Karte 1:25 000 die Darstellungsfläche auf 1/16 ihrer ursprünglichen Größe zurück.

Als *Maßstabsfolge* bezeichnet *Freitag* (1962) den Fall, bei dem die Maßstabszahlen ver-schiedener Karten durch einen einfachen Faktor (z. B. 2) oder eine festgelegte Folge von Faktoren miteinander verbunden sind. Dagegen liegt eine *Maßstabsreihe* vor, wenn ver-schiedene Faktoren ohne Regelhaftigkeit auftreten. Häufig werden jedoch beide Begriffe als Synonyme angesehen. Die Wahl einer Maßstabsfolge spielt eine wichtige Rolle in der Atlaskartographie und in der amtlichen Kartographie.

Aufnahmemaßstab in der Datenerfassung (z. B. am Messtisch) oder *Arbeitsmaß-stab (Bearbeitungsmaßstab)* bei Entwurf oder Zeichnung sind gewöhnlich größer als der endgültige *Originalmaßstab (Endmaßstab)*. Die Verkleinerung reduziert dabei die geometrischen und graphischen Ungenauigkeiten.

Über Maßstäbe bei der *Verzerrung* von Kartennetzen sowie über *nicht-geome-trische* Kartennetze (mit Zeit- oder Sachparametern) siehe 3.8.2.

3.6 Bildung digitaler Modelle

3.6.1 Begriffe und Aufgaben

Die Hauptaufgabe der Kartographie, räumliche Strukturen und Prozesse so darzu-stellen, dass sie sich kommunizieren lassen und der Betrachter aufgrund seines all-gemeinen geographischen und speziellen fachlichen Wissens eine richtige Vorstel-lung der Umwelt gewinnen kann, erfordert im Rahmen von Geo-Informationssys-temen einen anderen Ansatz als bei der klassischen Kartenherstellung. Während bei dieser sämtliche konzeptionellen und gestalterischen Arbeiten vom Kartenautor zu leisten sind, gliedert sich die konzeptionelle Arbeit in der digitalen Kartographie in die Abschnitte (Abb. 3.49): (1) Konzeption des Primärmodells der Umwelt, (2) Konzeption des kartographischen Sekundärmodells sowie (3) Konzeption und Implementierung des kartographischen Transformationsprozesses (Entwicklung von Computerprogrammen), mit dem das Sekundärmodell aus dem Primärmodell abzuleiten ist. Die Bewältigung dieser Arbeit erfordert den Einsatz von Experten der beteiligten Fachdisziplinen, der Kartographie und der Geoinformatik.

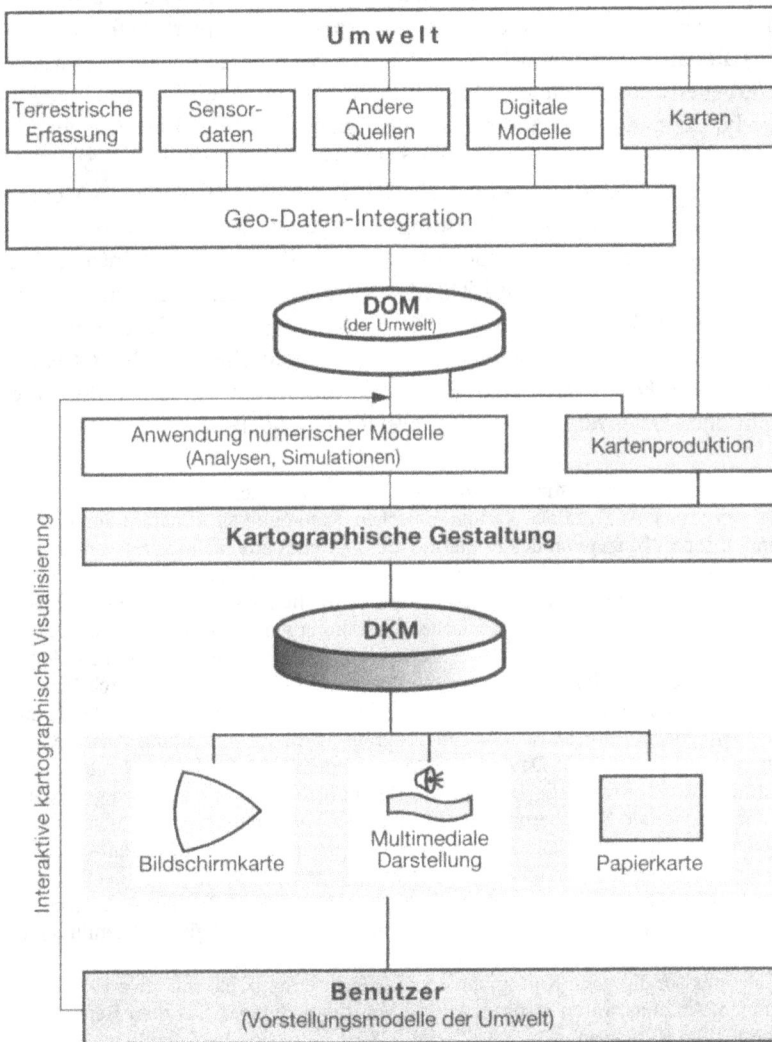

Abb 3.49 Schema der digitalen Kartographie

Ein *Primärmodell* besteht aus den geometrischen, semantischen und temporalen Beschreibungen der Objekte eines fachspezifischen Umweltausschnittes (1.3) sowie der zwischen ihnen bestehenden Beziehungen unabhängig von einer konkreten kartographischen Präsentation; die Realisierung eines Primärmodells ergibt ein digitales Objektmodell (Kap. 6). Dieses liefert die Ausgangsdaten für die Herstellung kartographischer Darstellungen oder für Modellrechnungen im Rahmen von GIS-Anwendungen (GIS-Analyse, 8.3). Die auf Grund der verschiedenen fachlichen Wirklichkeitsvorstellungen entstehenden Primärmodelle der Umwelt (konzeptionelle Modelle, conceptual models) können sich hinsichtlich der Objektbildung und/oder des Koordinatensystems voneinander unterscheiden. Deshalb sind sie zu *einem* geometrisch und semantisch widerspruchsfreien (konsistenten) digitalen Objektmodell zu verknüpfen, bevor ihre Objektdaten zusammen verarbeitet werden können. Die dafür durchzuführende Geo-Datenintegration ist in konzeptioneller, methodischer und organisatorischer Hinsicht einer der schwierigsten Prozesse der Modellbildung (6.7.3).

Die kartographische Visualisierung des DOM oder der Ergebnisse der Modellrechnungen geschieht in einem zweistufigen Prozess (7.3). Der weitaus wichtigere kartographische Gestaltungsprozess steht am Beginn. Dabei entsteht ein *digitales kartographisches Modell* (DKM) als ein virtuelles, nicht wahrnehmbares Sekundärmodell der Umwelt. Für die Kommunikation zu Benutzern wird dieses anschliessend in eine wahrnehmbare kartographische Darstellung (*analoges kartographisches Modell*) unter Einsatz geeigneter Hardware und Software der graphischen Datenverarbeitung (4.6-4.9) umgewandelt.

Eine detailliertere Betrachtung der *konzeptionellen Phase* der digitalen Kartenherstellung geht von einer Analyse des kartographischen Kommunikationsnetzes aus (1.5.1). Sie beginnt mit der Konzeption des Primärmodells, welches alle fachlich relevanten Ausprägungen der Umwelt zu berücksichtigen hat; dabei ist zwischen Objekten und ihren strukturbildenden Beziehungen zu unterscheiden. In ähnlicher Weise wird eine formale Beschreibung des Inhalts und der graphischen Gestaltung jedes kartographischen Sekundärmodells benötigt. Sodann müssen unter Berücksichtigung der kartographischen Methodenlehre die Regeln entwickelt werden, nach denen ein Sekundärmodell durch Einsatz rechnergestützter Verfahren aus dem Primärmodell abgeleitet werden soll. Ziel der darauf folgenden *Implementierungsphase* ist es, die Programme für die Verwaltung, Analyse, Verarbeitung und Präsentation der Daten eines Primärmodells und der daraus abzuleitenden Sekundärmodelle zu entwickeln. Die formale Datenorganisation als notwendige Voraussetzung für die digitale Speicherung, Verwaltung und Verarbeitung der Geo-Daten und der digitalen Modelle ergibt sich durch Anwendung der in der Informatik entwickelten Methoden (3.6.2). Die damit mögliche *Produktionsphase* unterscheidet sich deutlich von dem stark gegliederten klassischen Kartenherstellungsprozess (4.2). Kennzeichnend ist der durch automatische und interaktive Arbeitsprozesse realisierte digitale Datenfluss zwischen dem Primärmodell und dem Sekundärmodell.

Die Literatur zur digitalen Kartographie und Geo-Informatik hat seit etwa 1975 rasch zugenommen. Anfangs waren es überwiegend Veröffentlichungen aus dem Bereich der rechnergestützten Kartographie, seit Mitte der 1980er Jahre sind Veröffentlichungen von eigenständigen GIS-Konferenzen hinzugekommen. Die IKV/ICA führt regelmäßig internationale Konferenzen zu diesem Themenbereich durch und veröffentlicht die Vortragsmanuskripte in sog. Conference Proceedings. Einen Meilenstein in der Entwicklung der digitalen Kartographie stellt die 1986 als AUTO CARTO London veranstaltete „Internationa Conference on the acquisition, management and presentation of spatial data" dar (*Blakemore* 1986). Die 16. Internationale Kartographische Konferenz fand 1993 in Deutschland statt (Mesenburg 1993). FIG und ISPRS widmen diesem Gebiet ebenfalls eine große Aufmerksamkeit. Mittlerweile existieren auch mehrere englischsprachige Monographien zu Geo-Informationssystemen, z. B. von *Maguire u. a.* (1991) und von *Laurini/Thompson* (1992). Sie enthalten u. a. ausführliche Abschnitte zur Modellbildung. Diese Thematik wird auch durch das National Center for Geographic Information and Analysis (NCGIA), in Beiträgen zu den in den USA jährlich stattfindenden Konferenzen des Vermessungs- und Kartenwesens und der Photogrammetrie und Fernerkundung (ACSM und ASPRS Annual Meetings) sowie in eigenen Veröffentlichungen zu bestimmten Themen, wie Generalisierung (*Buttenfield/McMaster* 1991, *Müller* u. a. 1995) und Datenqualität (*Goodchild/Gopal* 1989, *Caspary* 2000) behandelt. Die Ansätze für eine raumbezogene Informationstheorie (spatial information theory) *Frank/Mark* (in *Maguire* u. a. 1991) und die Geoinformatik sind mittlerweile auf einem hohen Entwicklungsstand. Im deutschsprachigen Raum sind die Arbeiten von *Bartelme* (2000), *Bill* (1999a,b), *Fritsch* (1991) und *Göpfert* (1991) zu nennen.

3.6.2 Grundlagen der Datenmodellierung

Allgemein ist bei jeder Anwendung eine Modellierung des im Computer zu speichernden und zu verarbeitenden Realitätsausschnitts erforderlich. Dieser häufig als *Datenmodellierung* bezeichnete Vorgang berücksichtigt, dass Computerprogramme formale Systeme sind, die Symbole nach bestimmten Regeln manipulieren, aber die Bedeutung der Symbole nicht verstehen. Die Abbildung einer Wirklichkeitsvorstellung in ein Computersystem geschieht durch stufenweise Formalisierung, wobei folgende Stufen unterschieden werden (Abb. 3.50):
1. Stufe: logisches Datenmodell,
2. Stufe: logische Datenstruktur und
3. Stufe: physische Dateistruktur.

Während die Stufen 1 und 2 von einer DV-technischen Realisierung (Implementierung) unabhängig sind, dient die 3. Stufe der digitalen Speicherung in einem Computer.

1. Als erstes ist ein *logisches Datenmodell* als formalisierte Beschreibung einer fachspezifisch generalisierten Wirklichkeitsvorstellung zu entwickeln. Zu diesem Zwecke müssen die fachlich relevanten Objekte einer Anwendung identifiziert und in Form von Klassen benannter Objekte, ihrer Attribute und Relationen sowie ihrer Funktionen festgelegt werden. Dieser Vorgang wird auch als *semantische Modellierung* der Realität bezeichnet. Der dabei entstehende *Datenkatalog* enthält eine abstrakte Beschreibung des Datenmodells sowie weitere Angaben, die die Qualitätssicherung der Daten ermöglichen. Hierzu gehören vor allem Regeln für die Prüfung der Widerspruchsfreiheit (Konsistenz) der Daten und die *Metadaten* als Informationen über das gespeicherte Datenmodell.

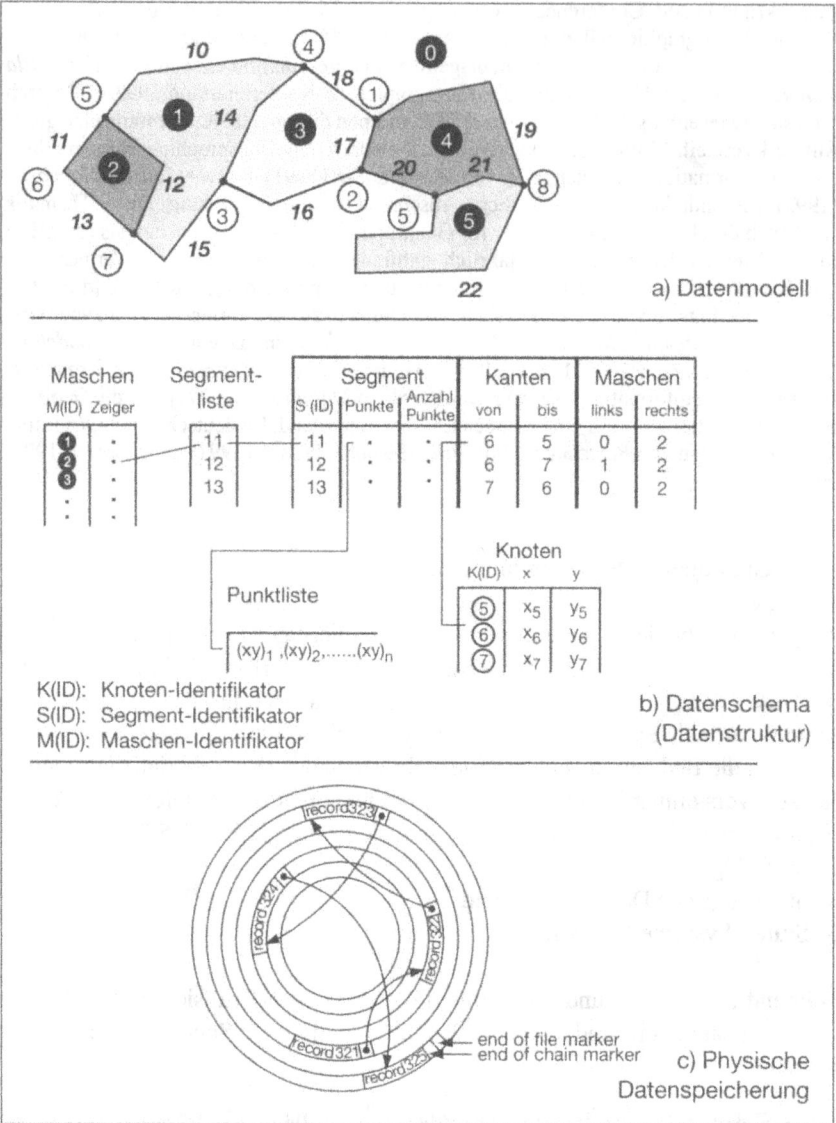

a) Datenmodell

b) Datenschema (Datenstruktur)

c) Physische Datenspeicherung

K(ID): Knoten-Identifikator
S(ID): Segment-Identifikator
M(ID): Maschen-Identifikator

Abb. 3.50 Stufen der Datenabstraktion

Ein *logisches Datenmodell* kann unterschiedliche Ausprägungen haben (Abb. 3.51).

Nach abnehmender Komplexität unterscheidet man (in Klammern die in der Abb. 3.51 verwendeten Abkürzungen):

– objektorientierte Datenmodelle (OODM),

Komponenten des allgemeinen Datenschema	Merkmale			
	OODM	NDM	HDM	UDM
Objekte	X	X	X	X
Komplexe Objekte	X			
Namen	X	X	X	X
Attribute	X	X	X	X
Klassen				
– Klassenattribute	X	X	X	
– Verhalten	X			
Relationen	X	X	(X) nur hierarchisch	

Abb. 3.51 Ausprägungen des allgemeinen Datenmodells

– Netzwerk-Datenmodelle (NDM),
– hierarchische Datenmodelle (HDM),
– unstrukturierte Datenmodelle (UDM).

Mittels eines *objektorientierten Datenmodells* lässt sich die menschliche Wirklichkeitsvorstellung am besten beschreiben. Dabei entstehen aus den fachlich relevanten Objekten der Realität (Entitäten, entities) digitale Objekte, denen eindeutige Namen und Attribute zugeordnet werden. Letztere bestehen jeweils aus einem Attributtyp und einem Attributwert, womit sich eine bestimmte generalisierte Eigenschaft einer Entität beschreiben lässt. Gleichartige Objekte werden zu Klassen (Objektarten) zusammengefasst, die durch bestimmte Klassenattribute sowie Funktionen und Regeln (Verhalten) gekennzeichnet sind, welche auf alle ihre Mitglieder zutreffen. Sie werden auf untergeordnete Klassen vererbt. Darüber hinaus werden die Beziehungen zwischen den Entitäten in Form von Relationen zwischen den entsprechenden Objekten modelliert. Aus den Objekten lassen sich komplexe Objekte (auch rekursiv) bilden. Alle weiteren Datenmodelle lassen sich aus dem objektorientierten Datenmodell (OODM) ableiten.

2. Für den Übergang auf die nächste Abstraktionsstufe der *logischen Datenstrukturen* werden sog. Modellbeschreibungssprachen eingesetzt. Diese formalen Sprachen verwenden als Sprachelemente abstrakte Datentypen, zu denen eine interne Datenstruktur sowie zugeordnete Funktionen und Regeln gehören. Ein Beispiel für einen solchen abstrakten Datentyp ist das (digitale) Objekt. Als Standard hat sich die Universal Modelling Language (UML) durchgesetzt (*ISO* 2000).

Die historische Entwicklung der Beschreibungssprachen für Datenmodelle verlief nach steigendem logischen Niveau (*Weber* 1991b). Dabei unterscheidet man

- die aus der Anfangsphase der EDV stammende lineare Syntax;
- die für die Modellierung von Netzwerken entwickelte CODASYL- Syntax (CODASYL = Conference on Data Systems Languages, USA);
- die relationale Syntax, mit der, gestützt auf Tabellen mit Zeilen (Tuples) und Spalten (Domains), Relationen konstruiert, jedoch noch keine Objekte gebildet werden können;
- die Entity-Relationship Syntax benutzt Entitäten (entities) für Objekte und ihre Mengen (entity sets), für Relationen (relationships) und deren Attribute; Erweiterungen dieser Syntax sind unter der Bezeichnung Extended Entity-Relationship-Model (EER) bekannt geworden, die graphisch durch sog. EER-Diagramme sehr übersichtlich dargestellt werden;
- die Syntax der objektorientierten Programmiersprachen, wie z.B. C++ und JAVA, verfügt über Klassen von Objekten mit einer internen Datenstruktur; die Objekte haben Verbindungen untereinander, tauschen Meldungen aus, die bestimmte Funktionen auslösen, und es lassen sich Attribute, Algorithmen und Regeln von Klassen vererben, die zusammen mit individuellen Attributen und Regeln in sie eingekapselt sind; auf Grund dieser Merkmale spricht man von struktureller und verhaltensmäßiger Objektorientiertheit.

Jedes logische Datenmodell lässt sich grundsätzlich mit verschiedenen Sprachen formal als logische Datenstruktur beschreiben, doch haben sich die objektorientierten Programmiersprachen durchgesetzt, weil sie die gleichen oder allgemeinere abstrakte Datentypen verwenden wie bzw. als das Datenmodell selbst.

3. Schließlich dient die herstellerspezifisch implementierte *physische Dateistruktur* der Abspeicherung der digitalen Daten auf einem Massenspeicher.

3.6.3 Raumbezogene Datenmodellierung in der Geo-Informatik

Die Datenmodellierung ist auch in der Kartographie eine wesentliche Voraussetzung für den effizienten Einsatz digitaler Technologien. Sie hat nicht nur eine geordnete Beschreibung der einzelnen geometrischen, semantischen und temporalen Objektinformationen, sondern auch deren Kontext und Beschaffenheit (Qualität) zu ermöglichen, so dass sich mit Hilfe der kartographischen Datenverarbeitung und Visualisierung aus den digitalen Geo-Daten die Strukturen des Raumes wieder erkennbar machen lassen und das Dargestellte beurteilt werden kann.

Raumbezogene Datenmodelle stellen Sonderfälle des allgemeinen Datenmodells dar, bei denen alle zu modellierenden Entitäten einen Bezug zur Erdoberfläche haben (spatial entities). Durch die Abstraktion der raumbezogenen Wirklichkeitsvorstellung entstehen raumbezogene Objekte bzw. Geo-Objekte. Ihre geometrischen Informationen (1.3.2) werden mit raumbezogenen Attributen und Relationen beschrieben, und ihre semantischen und temporalen Informationen (1.3.3, 1.3.4) mit nicht-räumlichen, thematischen Attributen. Darüber hinaus gibt es auch nicht-raumbezogene Relationen wie z.B. die sog. Aggregationsrelation (m:n-Relation oder many-to-many-Relation), die angibt, wie sich komplexe Objekte aus einfachen Objekten zusammensetzen. Mit diesen Elementen ergibt sich das allgemeine raumbezogene Datenmodell, das in Abb. 3.52 in Form eines Entity-Relationship Diagramms dargestellt ist.

Im einzelnen ergeben sich dazu noch folgende Erläuterungen:

1. Räumliche Attribute

Die Beschreibung der geometrischen Objektinformationen (räumliche Attribute) in einem Datenmodell lassen sich auf drei Grundtypen zurückführen (*Peuquet* in *Taylor* 1991, *Weber* 1991b, vgl. auch 2.4):

– vektororientierte Datenmodelle,

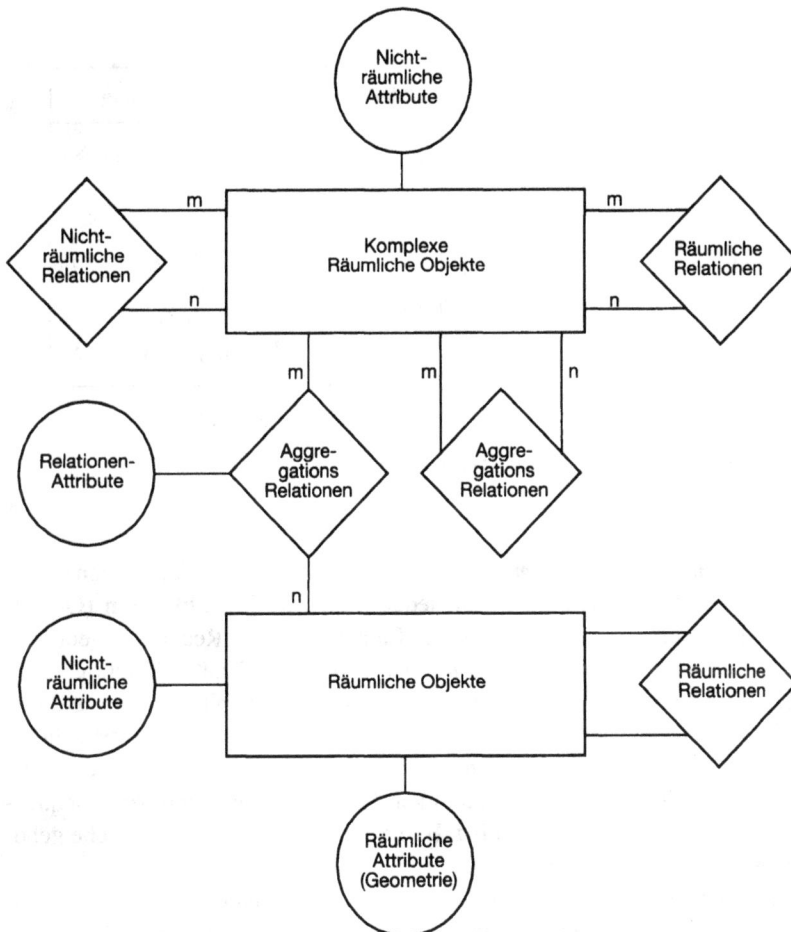

Abb. 3.52 Allgemeines raumbezogenes Datenmodell (nach *Weber* 1991b)

– mosaikartige Datenmodelle,
– hybride Datenmodelle.

a) Bei *vektororientierten Datenmodellen* ist die durch Koordinaten beschriebene Linie die elementare geometrische Einheit. Für die Modellierung der geometrischen Objektinformationen ist eine Reihe von Methoden entwickelt und untersucht worden.

Das sog. *Spaghetti-Datenmodell* (Abb. 3.53) entsteht bei der linienweisen Digitalisierung von Landkarten. Nachbarschaftsbeziehungen können dabei nur aus den redundant gespeicherten Koordinaten errechnet werden. Deshalb ist dieses Datenmodell für raumbezogene Analysen kaum, für die Kartenherstellung jedoch gut geeignet.

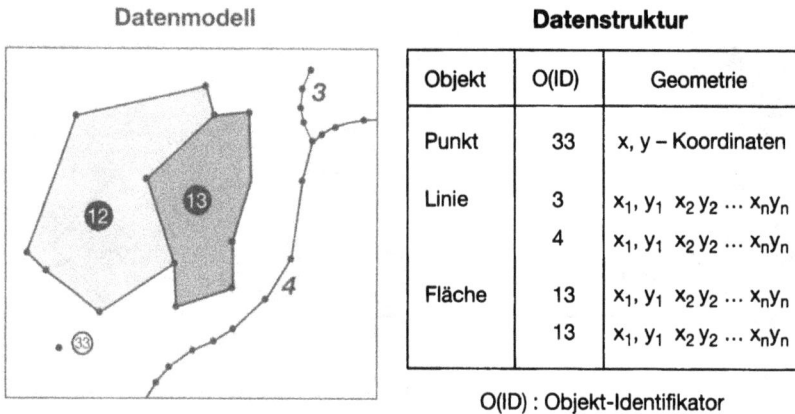

Datenmodell

Datenstruktur

Objekt	O(ID)	Geometrie
Punkt	33	x, y – Koordinaten
Linie	3	$x_1, y_1\ x_2\, y_2\ \ldots\ x_n y_n$
	4	$x_1, y_1\ x_2\, y_2\ \ldots\ x_n y_n$
Fläche	13	$x_1, y_1\ x_2\, y_2\ \ldots\ x_n y_n$
	13	$x_1, y_1\ x_2\, y_2\ \ldots\ x_n y_n$

O(ID) : Objekt-Identifikator

Abb. 3.53 Unstrukturiertes Datenmodell („Spaghetti-Modell")

Beim *topologischen Datenmodell* (Abb. 3.54) werden die Nachbarschaftsbeziehungen explizit modelliert, indem jeder Kante die Identifikatoren (Objektnamen oder -nummern) der Objekte zur Linken bzw. zur Rechten zugeordnet werden. Durch die Auswertung des mittels Knoten und Kanten beschriebenen Modells (planarer Graph) lassen sich flächenhafte Objekte bilden. Aufgrund der redundanzfreien Speicherung stellt dieses Datenmodell bereits eine erhebliche Verbesserung gegenüber dem Spaghetti-Modell im Hinblick auf raumbezogene Analysen dar, jedoch sind bei großräumigen Auswertungen zeitraubende sequentielle Suchprozesse erforderlich, bis z. B. die Menge aller zu einer Masche gehörenden Kanten gefunden worden ist.

Dieser Nachteil ist beim *hierarchischen Vektor-Datenmodell* als Weiterentwicklung des topologischen Datenmodells beseitigt worden (*Peucker/Chrisman* 1975) (Abb. 3.55).

Datenmodell **Datenstruktur**

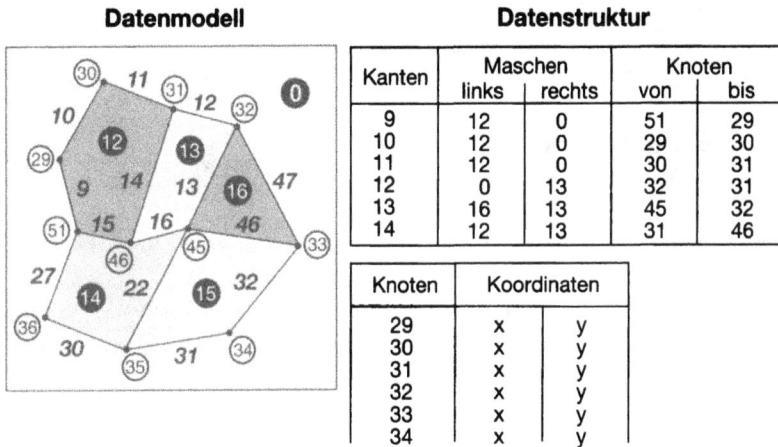

Kanten	Maschen		Knoten	
	links	rechts	von	bis
9	12	0	51	29
10	12	0	29	30
11	12	0	30	31
12	0	13	32	31
13	16	13	45	32
14	12	13	31	46

Knoten	Koordinaten	
29	x	y
30	x	y
31	x	y
32	x	y
33	x	y
34	x	y

Abb. 3.54 Topologisches Datenmodell

Datenmodell **Datenstruktur**

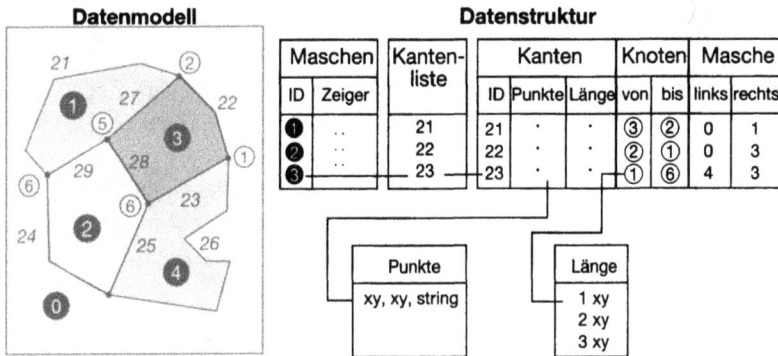

Maschen		Kanten-liste	Kanten			Knoten		Masche	
ID	Zeiger		ID	Punkte	Länge	von	bis	links	rechts
❶	..	21	21	·	·	③	②	0	1
❷	..	22	22	·	·	②	①	0	3
❸	..	23	23	·	·	①	⑥	4	3

Punkte
xy, xy, string

Länge
1 xy
2 xy
3 xy

Abb. 3.55 Hierachisches Vektormodell

Dazu wurde die Kette (chain) als logisches Grundelement eingeführt. Jede Kette ist durch einen Anfangsknoten und einen Endknoten begrenzt. Die Anzahl der Ketten hängt lediglich von der Anzahl der Maschen ab, nicht aber von der Anzahl der Stützpunkte, d. h. der Form der Ketten. Die durch Listen realisierte Hierarchie von Knoten, Ketten und Maschen unterstützt auch großräumige Auswertungen sehr effizient.

Vektordatenmodelle lassen sich gewöhnlich einem dieser drei Grundtypen zuordnen.

b) *Mosaikartige Datenmodelle* sind dadurch gekennzeichnet, dass sie auf polygonal definierten Raumeinheiten (Maschen, engl. polygons) aufbauen, die nach bestimmten semantischen Kriterien gebildet werden (Flächen gleicher Ertragsfähigkeit, Teilflächen des Geländereliefs u. ä.). Verknüpft man die Maschen zu einem flächendeckenden Netz („Mosaik"), wird der kontinuierliche Raum diskretisiert (engl. tesselation).

Zu den Datenmodellen dieses Typs gehören:
- das Raster-Datenmodell mit rechteckigen oder quadratischen Pixeln (regular tesselation),
- die regelmäßige hierarchische Rasterung durch geschachtelte Quadrate (quadtrees) und
- ungleichmäßige Mosaike (irregular tesselation), bei denen die Modellierung von Geo-Objekten mittels topologisch strukturierter Vektordaten geschieht.

Das *Raster-Datenmodell* hat eine große praktische Bedeutung. Es tritt auf
- bei der Datenerfassung mit Scannern (digitale Rasterkarten, Sensordaten),
- bei der Datenverarbeitung von digitalen Bildern (digitale Orthobilder) oder von Stützwerten eines Kontinuums zu digitalen Oberflächenmodellen oder digitalen Geländereliefmodellen und
- bei der Datenausgabe auf Graphikbildschirmen oder Rasterplottern.

Ein Nachteil der Raster-Datenmodelle ist ihr großer Speicherbedarf. Zur Reduktion werden verschiedene Komprimierungsverfahren angewendet, z. B. die Lauflängenkodierung (run length coding (rlc)), (Abb. 3.56).
Eine weitere Reduktion des Speicherbedarfs, eine Beschleunigung des Datenzugriffs und Vorteile bei der Raster-Datenverarbeitung erreicht man mit einer hierarchischen Rasterung. Durch rekursive Zerlegung eines aus quadratischer

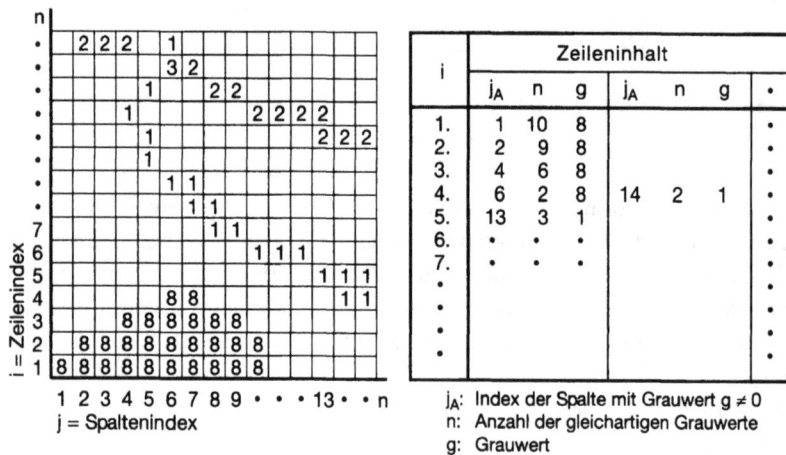

i	Zeileninhalt					
	j_A	n	g	j_A	n	g
1.	1	10	8			
2.	2	9	8			
3.	4	6	8			
4.	6	2	8	14	2	1
5.	13	3	1			
6.	•	•	•			
7.	•	•	•			

1 2 3 4 5 6 7 8 9 • • • 13 • • n
j = Spaltenindex

i = Zeilenindex

j_A: Index der Spalte mit Grauwert g ≠ 0
n: Anzahl der gleichartigen Grauwerte
g: Grauwert

a) Rasterkarte   **b) komprimierte Rasterkarte**

Abb. 3.56 Rasterdatenmodell mit Lauflängenkodierung (rlc-Struktur)

Pixeln gebildeten Gitters erhält man einen sog. Quadtree (Abb. 3.57). Es handelt sich um eine Baumstruktur, bei der jede Rastermasche in vier Rastermaschen der nächstniedrigen Hierarchiestufe zerlegt wird. Dieser Vorgang wird so lange fortgesetzt, bis nur noch Rastermaschen mit eindeutigen Werten vorliegen. Baumstrukturen sind in der Informatik gründlich untersucht worden, ein Standardwerk stammt von *Samet* (1989). Quadtrees unterstützen auch bestimmte Prozesse der kartographischen Rasterdatenverarbeitung, z. B. bei der kartographischen Generalisierung (*Aasgaard* 1992).

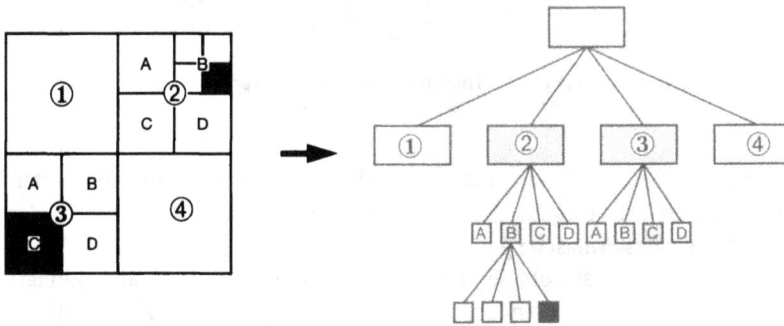

Abb. 3.57 Quadtree-Datenmodell

Datenmodelle mit *unregelmäßigen Maschen* (irregular tessellation) ermöglichen eine gute Modellierung flächenhafter Kontinua, wenn eine ausreichende Zahl repräsentativer Stützpunkte erfasst worden ist. Vorteile dieses Datenmodells sind die explizite topologische Struktur und die redundanzfreie Speicherung. Eine wichtige topologische Eigenschaft ist das in Maschennetzen geltende Dualitätsprinzip, z. B. *Aigner* (1984). Danach lässt sich zu jedem Netz ein duales Netz konstruieren, dessen Knoten den Maschen des Ausgangsnetzes zugeordnet sind. Eine robuste Methode für die Erzeugung des Datenmodells ist die Triangulation eines Stützpunktfeldes (engl. triangulated irregular network = TIN). Das zu dem triangulierten Netz duale Netz ergibt sich aus den sog. Thiessen-Polygonen (Abb. 3.58).

c) Die Aufgaben der digitalen Kartographie und der Geo-Informationsverarbeitung lassen sich weder allein mit Vektor-Datenmodellen noch mit mosaikartigen Datenmodellen optimal lösen. Dafür wurden *komplexe (hybride) Datenmodelle* entwickelt. Diese Bezeichnung wird in zweifacher Weise verwendet:
– Man benutzt für die effiziente Verwaltung der geometrischen Objektinformationen regelmäßige Raster- oder Quadtree-Strukturen, mit denen das Gesamtgebiet in Quadrate segmentiert wird. Jedem Quadrat (Blatt des Baumes) werden die in ihm enthaltenen Koordinaten der Punkte und Linien zugeordnet. Raumbezogene Operationen werden in einem zweistufigen Verfahren durchgeführt: Im ersten Schritt werden dabei die betroffenen

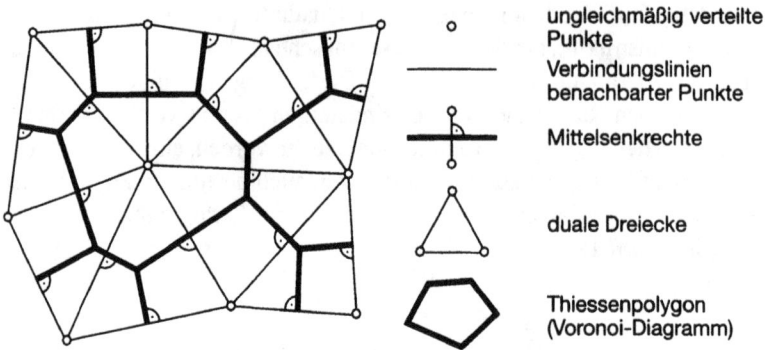

Abb. 3.58 Trianguliertes Netzwerk (TIN = Triangulated Irregular Network)

Rastermaschen durch Raster-Datenverarbeitung bestimmt, und im zweiten Schritt wird die Aufgabe durch Vektor-Datenverarbeitung im Innern der ermittelten Rastermasche gelöst.

– Die Umwelt kann sowohl durch objektstrukturierte DOM als auch bildhaft durch digitale Rasterdaten (gescannte Karten, digitale Luft- oder Satellitenbilder) beschrieben werden. Die Kombination beider Datenmodelle ergibt ein hybrides Datenmodell.

2. Nicht-räumliche Attribute und Relationen

Ziel einer fachspezifischen semantischen Modellierung der Umwelt ist ein konzeptionelles Modell (conceptual schema, ISO 2001). Dazu sind die wichtigen Objekte zu identifizieren und formal zu beschreiben. Dafür werden Objektarten und weitere qualifizierende Attribute mit ihren möglichen Werten (Ausprägungen) verwendet.

Zu den nicht-räumlichen Relationen gehören die Hierarchie- und Ordnungsrelationen, mit denen Beziehungen zwischen bestimmten Objektarten (z.B. die Hierachie der Verwaltungseinheiten Gemeinde-Kreis-Bezirk-Land) beschrieben werden. Hierzu gehört auch die (rekursive) Bildung komplexer räumlicher Objekte aus elementaren (einfachen) DOM-Objekten.

3. Raumbezogene Relationen

Mit raumbezogenen Relationen werden die zwischen raumbezogenen Objekten bestehen Beziehungen explizit beschrieben. Sie sind unerlässlich im Hinblick auf eine effiziente Wiederherstellung räumlicher Strukturen im Rahmen von GIS-Analysen, sollten aber nur dann verwendet werden, wenn diese Strukturen von allgemeinem Interesse sind. Raumbezogene Relationen lassen sich stets aus der Koordinatengeometrie errechnen. Von dieser Möglichkeit macht man vor allem bei Geo-Basisdatenmodellen Gebrauch.

Zu den raumbezogenen Relationen gehören
- die Hierarchien ineinandergeschachtelter Flächen,
- die Überführungsrelationen (z. B. zwischen Verkehrswegen und Gewässern),
- räumliche Reihenfolgen (z. B. in räumlich geordneten Netzwerken von Dreiecken),
- geometrische Nachbarschaftsbeziehungen und
- die topologischen Relationen (2.3).

3.6.4 Bildung digitaler Objektmodelle (DOM)

Bei der Bildung eines *digitalen Objektmodells (DOM)* wird ein Ausschnitt der Wirklichkeit unter Verwendung eines objektorientierten Datenmodells (d. h. fachspezifisch) beschrieben. Das Ergebnis wird entsprechend der ausgewählten logischen Datenstruktur digitalisiert und in einer Datenbank mit einer bestimmten physischen Dateistruktur gespeichert. Die Datenbank ist somit der Träger des DOM.

In der Topographie ist die Landschaft das Objekt; in diesem Fall wird das DOM als Digitales Landschaftsmodell (DLM) bezeichnet (6 und 9.1). In den raumbezogenen Disziplinen entstehen in vergleichbarer Weise digitale fachthematische Modelle (DFM). Dabei hat jeweils das DLM der entsprechenden räumlichen Auflösung die Funktion eines Referenzsystems; ein DOM entsteht also durch Integration eines oder mehrerer DFM auf der Basis eines DLM.

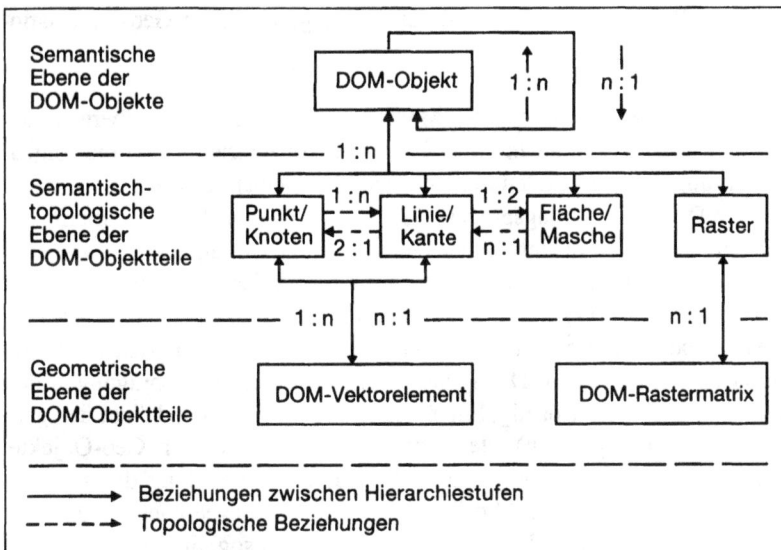

Abb. 3.59 Schema eines objektorientierten Datenmodell für DOM

Ein DOM wird in folgenden Schritten gebildet:
1. Identifizierung und Zuordnung der relevanten Umweltobjekte zum entsprechenden Datenkatalog (Objektartenkatalog), dadurch semantische Bildung der Modellobjekte (Geo-Objekte).
2. Festlegung der Definitionsgeometrie der Geo-Objekte sowie ihrer expliziten Relationen.
3. Objektweise digitale Erfassung der Geo-Daten.
4. Bildung der Objektrelationen.
5. Bei DFM: Integration in das Referenz-DLM
6. Konsistenzprüfung.
7. Speicherung des Modells in einer Datenbank.

Ein für die DOM-Bildung geeignetes Datenmodell ist in Abb. 3.59 dargestellt. Außerdem sind die das DOM beschreibenden *Metadaten* wie Herkunft (Datenquelle), geometrische Genauigkeit, semantische Richtigkeit, topologische Konsistenz und Aktualität zu erfassen und ebenso in der Datenbank zu speichern.

3.6.5 Bildung digitaler kartographischer Modelle (DKM)

Die Herstellung digitaler kartographischer Modelle (DKM) ergibt sich aus drei Anlässen:
1. Ein DOM ist kartographisch darzustellen, z.B. als topographische (9.2) oder analytische thematische Karte (10.2).
2. Die Ergebnisse einer Modellauswertung sind zu präsentieren.
3. Die Qualität der DOM-Daten und der daraus gewonnenen Geo-Informationen sind zu visualisieren.

Die für die Präsentation verwendeten Methoden decken den Gesamtbereich der kartographischen Darstellungen ab (1.4), jedoch konzentrieren sich die folgenden Ausführungen auf die Ableitung eines DKM aus einem DOM.

Bevor ein DKM-Gestaltungsprozess durchgeführt werden kann, muss ein vollständiges Regelwerk für die inhaltliche und graphische Gestaltung der Karte erarbeitet werden. Im einzelnen geht es dabei um folgende Festlegungen:
1. Die darzustellenden Objekte des DOM und ihre Beziehungen sind formal so zu beschreiben, dass sie dem Zweck der Karte entsprechen und sich durch Signaturen darstellen lassen. Dazu sind die geometrischen Ausprägungen der Signaturen (z.B. punktförmig, linienförmig) zu definieren und diese den geometrischen (topologischen) Merkmalen der darzustellenden Geo-Objekte gegenüberzustellen. Darüber hinaus sind für die Darstellung der semantischen Objektinformationen (Attributtypen und -werte) geeignete graphische Variable (3.2.2) auszuwählen. Das Ergebnis legt als sog. *Signaturenkatalog* den Inhalt und die objektbezogene Gestaltung einer Karte fest (Abb. 3.60).

Objektbereich: z.B. Vegetation (4000)	Objektgruppe: z.B. *Vegetationsflächen (4100)*
Kartenobjektart: z.B. *Laubwald (409)*	

Abteilung aus DOM:
    Objektart: z.B. *Wald, Forst*
    Attribute: z.B. *Laubwald*
    Namen: z.B. *Nr. d. Forstabteilung*

Regeln für die kartographische Gestaltung (beispielhaft)
1. Festlegung des topologischen Objekttyps: z.B. *flächenförmig (F)*
2. DKM-Objektteile bilden für
   – *den Flächenrand in dunkelgrün, Darstellungspriorität: 5*
   – *den Flächendecker in dunkerlgrün, Darstellungsprorität: 1*
   – *die Laubbaumsignaturen in dungelgrün*
3. Modellierungsregeln
   Die Laubbaumsignaturen sind im Abstand von ca. 1 cm gleichmäßig zu verteilen.
   Der Mindestabstand zum Flächhenrand beträgt 0,3 cm.
4. Signaturendefinitionen   Signatur-Muster

   Flächenrand

   Flächendecker

   Punkktform

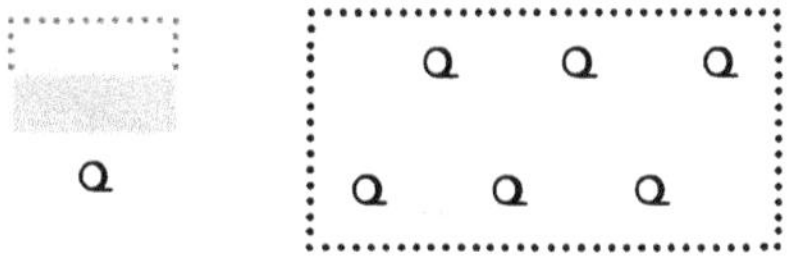

Abb. 3.60 Prinzipieller Aufbau eines Signaturenkatalogs

Der Signaturenkatalog wird in Form einer digitalen Signaturenbibliothek implementiert, die eine parametrisierte Beschreibung der Signaturen enthält.

2. Für die Verwendung der kartographischen Signaturen sind *Regeln* festzulegen, so dass eine *kontextabhängige Gestaltung* der kartographischen Darstellung gewährleistet ist. Hierzu gehören auch die Generalisierungsregeln sowie die Festlegung der Darstellungspriorität der einzelnen Kartenobjektarten für den Fall der Konfliktlösung.

Wenn diese Festlegungen softwaremässig implementiert worden sind, ergibt sich der Gesamtprozess für die Herstellung eines DKM in folgenden Schritten:
1. Automatische Klassifizierung der Geo-Objekte des DOM und Auswahl der darzustellenden Objektinformationen (als kartographisch determinierte Modellgeneralisierung, 3.7).
2. Bildung von Kartenobjekten unter Berücksichtigung eines objektorientierten DKM-Datenmodells (Abb. 3.61).
3. Rechnergestützte kartographische Modellierung (visuell kontrollierte Kartengestaltung).

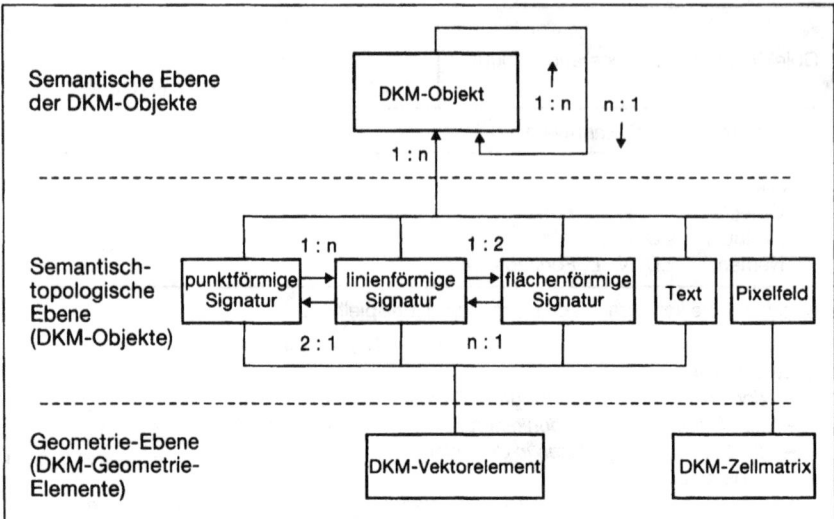

Abb. 3.61 Schema eines objektorientierten Datenmodells für DKM

3.7 Generalisierung

3.7.1 Notwendigkeit der Generalisierung

Wichtigstes Merkmal aller in den verschiedenen Fachdisziplinen benutzten Modelle ist der mehr oder weniger große Grad ihrer Generalisierung im Vergleich zur Umwelt.

In der *klassischen Kartographie* wurde die Generalisierung ausschliesslich als wichtiger Teil der graphischen Gestaltung gesehen und ihre Notwendigkeit mit Blick auf das Grundkarte-Folgekarten-Prinzip wie folgt begründet: Bereits Grundkarten stehen zur Realität in einem erheblichen Verkleinerungsverhältnis und erfordern daher bei den zu erfassenden Daten einen dem Maßstab entsprechenden Generalisierungsgrad. Folgekarten weisen gewöhnlich kleinere Maßstäbe auf als ihre Ausgangskarten. Würde man aber eine Ausgangskarte einfach nur photographisch verkleinern, so ergäbe sich bei fortgesetzter Anwendung dieses Vorgangs eine unleserliche Wiedergabe des Realitätsausschnitts. Durch die Maßstabsverkleinerung schrumpft jede geometrisch exakte Wiedergabe eines Objekts immer mehr zusammen, bis sie schließlich unterhalb des Betrages der graphischen Mindestgröße (3.2.4) liegen würde. Da dies aber nicht praktikabel ist, hat man wie folgt zu entscheiden:

– Man beachtet entweder das *Prinzip der Lesbarkeit*, muss dann aber das Objekt vergrößern, also unmaßstäblich wiedergeben und schränkt damit das *Prinzip der geometrischen Richtigkeit* ein, oder

– man betreibt Verzicht auf Wiedergabe und schränkt damit das *Prinzip der Vollständigkeit* ein. Dieser Verzicht lässt sich entweder aus der geringen Objektbedeutung oder aus dem Mangel an Darstellungsfläche begründen.

In der *modernen (digitalen) Kartographie* ergibt sich die Notwendigkeit der Generalisierung bei der Bearbeitung von digitalen Objektmodellen einerseits und bei der kartographischen Visualisierung andererseits. Durch die Objektgeneralisierung wird ein digitales Objektmodell mit einer semantischen und geometrischen Auflösung erzeugt, die dem Zweck des Modells und der Erfassbarkeit der Objekte genügt. Dagegen hat die kartographische Generalisierung als Gestaltungsprozess die Voraussetzungen für eine wirkungsvolle Kommunikation zu schaffen. Vorrang haben dabei das Prinzip der Lesbarkeit und das Prinzip der möglichst vollständig rekonstruierbaren Übertragung der bedeutenden Objekte durch ausreichende Redundanz.

3.7.2 Arten der Generalisierung

Die Arten der Generalisierung ergeben sich (1) aus den einzelnen Aufgaben-(Anwendungs-)Bereichen sowie (2) aus den Merkmalen der Objekte. Einen Überblick mit Beispielen gibt Abb. 3.62.

Aufgabe der G.→	Objekt – G.		Kartographische G.		
	Erfassungs – G. (von Umwelt zu Modell) - Bildung des Ausgangs-M.		Modell – G. (von Modell zu Modell)		
Art der Information ↓	Umwelt → A	Umwelt → D	D → D (Objekt.-M. → Objekt - M.)	D → D → A (Objekt-M. → Kartogr. M. →Karte)	A → A (Ausgangs-K. → Folge-K.)
	(Grundkarte)	(M.-Daten)			
Geometrische G. (G. des Raumbezugs)	Einfluss auf Umfang und Genauigkeit Mess- und Registrierdaten		Einschränkungen in		
			Geometrie des Ausgangs-M.	Geometrie und Graphik des Ausgangs-K.	
Semantische G. (G. des Sachbezugs, begriffliche G.)	Qualitative G.: Bildung von und Zuordnung zu Objektklassen				
	angemessen detailliert		weniger detailliert graphikbedingte Einschränkung		
	Quantitative G.: Bildung von Summen-, Mittel- und Durchschnittswerten				
	angemessen detailliert		Abrund. und Fortfall von Zahlenwerten graphikbedingte Einschränkung		
Temporale G. (G. des Zeitbezugs)	Zeitbezug der Erfassungsvorgänge: Zeitpunkte und -intervalle thematischer Daten				
	angemessen genau		ungenauer und selektiert		
Abkürzungen: G – Generalisierung A – Analoges Modell M – Modell D – Digitales Modell K – Karte					

Abb. 3.62 Arten der Generalisierung und ihre Wirkungen

1. Aufgaben-(Anwendungs-)Bereiche der Generalisierung

Die Generalisierung bezieht sich sowohl (a) auf die Objekte und ihre Beziehungen als auch (b) auf deren kartographische Darstellung.

a) Die **Objektgeneralisierung** ist Erfassungs- oder Modellgeneralisierung:

- Die **Erfassungsgeneralisierung** ist eine Aufgabe der Fachdisziplinen (Topographie, Geologie usw.) und/oder der Kartographie. Entsprechend der Beschaffenheit der erfassten Daten nach Umfang und Genauigkeit wird dabei die Realität (Umwelt) in ein erstes digitales Objekt-Modell oder eine Grundkarte umgesetzt. Dabei geht es sachlich um die Bildung von Objektklassen (z. B. Bodenarten), die Aufbereitung statistischer Daten usw. sowie geometrisch vor allem um messtechnische Vereinfachungen (z. B. Vernachlässigung von Gebäudeteilen, Erfassung eines Mastes nur in seinem Mittelpunkt). Solche Vorgänge lassen sich damit je nach Sachinhalt auch als topographisches bzw. thematisches Generalisieren bezeichnen.

- Die **Modellgeneralisierung** als Bearbeitung von Objektmodellen ist mit der Erfassungsgeneralisierung vergleichbar, aber mit dem Unterschied, dass dieser Vorgang sich nicht auf das Objekt selbst bezieht, sondern auf ein Objektmodell, aus dem ein neues Objektmodell geringerer semantischer und geometrischer Auflösung abgeleitet werden soll (Einzelheiten hierzu siehe 6.8.2).

b) Die **kartographische Generalisierung** führt zu digitalen kartographischen Modellen oder Folgekarten. Sie ist weitgehend eine Aufgabe des Kartographen:

- Beim digitalen kartographischen Modell (DKM) beruht die Generalisierung auf den semantischen Bewertungen und graphikbedingten Einschränkungen, denen das zugrundegelegte Objektmodell zu unterziehen ist.

- Beim Folgekarten-Prinzip entsteht die Folgekarte unmittelbar aus einer anderen Karte meist größeren Maßstabs. Dies war in der klassischen Kartographie der Standardfall generalisierender Maßnahmen.

2. Objektbezogene elementare Vorgänge der Generalisierung

Entsprechend den in 1.3 beschriebenen Objektmerkmalen unterscheidet man zwischen (a) semantischer (sachbezogener), (b) geometrischer (raumbezogener) und (c) temporaler (zeitbezogener) Generalisierung. Dabei treten in jeweils unterschiedlichem Ausmaß folgende elementare Vorgänge auf:

Vereinfachen – Vergrößern – Verdrängen – Zusammenfassen (Aggregieren) – Auswählen (Selektieren) – Klassifizieren – Bewerten (Abb. 3.63).

- Sie sind Einzelschritte, deren Einsatz und sinnvolle Verknüpfung, dargestellt an Beispielen zur geometrischen Generalisierung sich ergibt aus der allgemeinen Kartenlogik (3.2.3), aus geometrischen Bedingungen (Abb. 3.64) und methodischen Festlegungen (7.4.4).

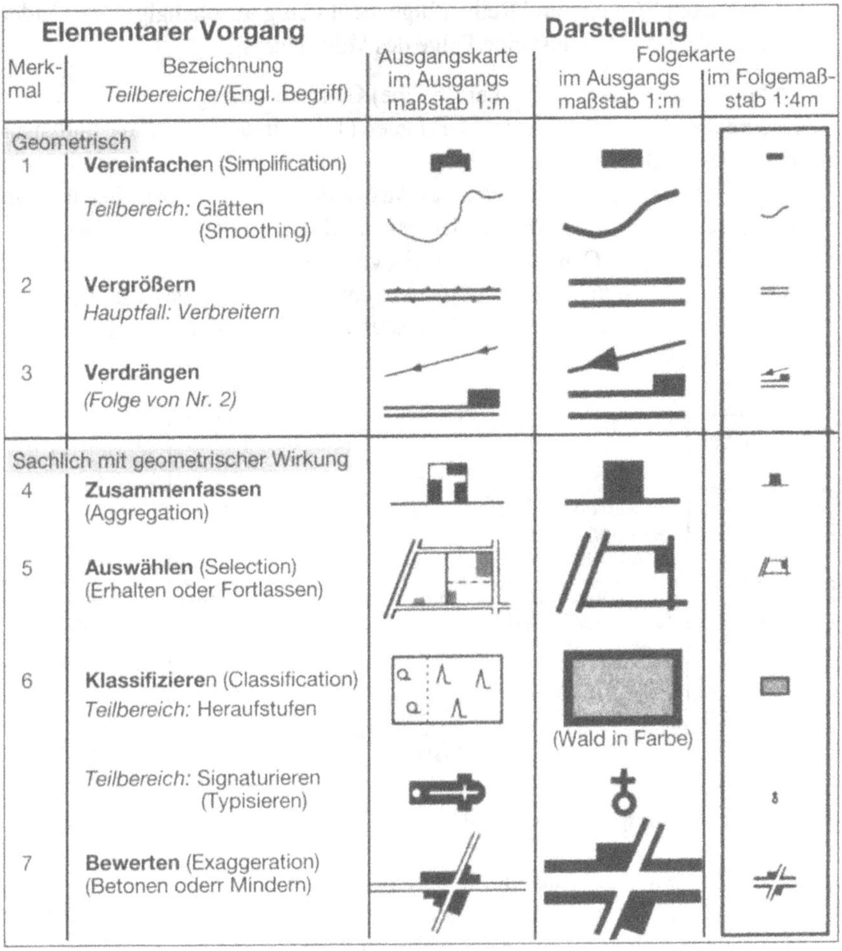

Elementarer Vorgang		Darstellung		
Merk-mal	Bezeichnung *Teilbereiche/(Engl. Begriff)*	Ausgangskarte im Ausgangs maßstab 1:m	Folgekarte im Ausgangs maßstab 1:m	im Folgemaß- stab 1:4m
Geometrisch				
1	**Vereinfachen** (Simplification) *Teilbereich:* Glätten (Smoothing)			
2	**Vergrößern** *Hauptfall: Verbreitern*			
3	**Verdrängen** *(Folge von Nr. 2)*			
Sachlich mit geometrischer Wirkung				
4	**Zusammenfassen** (Aggregation)			
5	**Auswählen** (Selection) (Erhalten oder Fortlassen)			
6	**Klassifizieren** (Classification) *Teilbereich:* Heraufstufen		(Wald in Farbe)	
	Teilbereich: Signaturieren (Typisieren)			
7	**Bewerten** (Exaggeration) (Betonen oderr Mindern)			

Abb. 3.63 Elementare Vorgänge der kartographischen Generalisierung

Bedingung	Beispiele
Graphisch	Maßstabsbedingte Mindestgrößen von Strecken und Flächen,Flächenverhältnis von Bildstellen zu bildfreien Stellen, Einfluss des Zeichenschlüssels
Geometrisch	Streckentreue, Proportionstreue, Flächentreue, Parallelitäten,Geradlinigkeiten, Rechtwinkeligkeiten
Strukturell	Nachbarschaft (zu Grenzen, Wegen usw.), Genese (z. B. Relief), Typus (z. B. Ort), Funktionelle Verknüpfung (z. B. Häuser)

Abb. 3.64 Bedingungen der geometrischen Generalisierung

– Sie sind nach Wirkung und Reihenfolge nicht völlig unabhängig voneinander (z. B. ist Verdrängen meist eine Folge des Vergrößerns).

a) Semantische (sachbezogene, begriffliche) Generalisierung
Entsprechend den inhaltlichen Merkmalen (1.3.3) treten qualitative und quantitative Generalisierungen auf. Bei der qualitativen Generalisierung stehen die Vorgänge des Zusammenfassens, des Auswählens und des Klassifizierens im Vordergrund. Abb. 3.64 gibt eine Übersicht mit Beispielen.

Die quantitative Generalisierung tritt vor allem bei thematischen Generalisierungen auf. Hierbei geht es besonders um die Vorgänge des Vereinfachens, des Zusammenfassens, des Auswählens und des Klassifizierens. In Abb. 3.65 sind Beispiele zusammengestellt.

Merkmal der Qualitäten	Vorgang	Beispiele
Gleichwertig	Auswählen (tlw. auch Bewerten und Zusammenfassen)	Straße, Haus, Wald, See
Geordnet	Auswählen und Zusammenfassen	Bach – Fluss – Strom – Meer – Weg – Straße – Autobahn
Hierarchisch	Klassifizieren und Zusammenfassen	Laub-, Nadel-, Mischwald → Wald Gemeindebezirk →Kreis →Bezirk →Land

Abb. 3.65 Vorgänge der qualitativen Generalisierung

b) Geometrische (raumbezogene) Generalisierung
Bei der Generalisierung der geometrischen Objektinformationen können alle elementaren Vorgänge auftreten, wobei in der kartographischen Generalisierung die folgenden speziellen Ausprägungen eine herausragende graphische Bedeutung besitzen:
– Glätten als wichtigster Fall des Vereinfachens, wie dies bei stärker gekrümmten Verläufen linearer Objekte sowie bei Flächenkonturen und Höhenlinien notwendig sein kann, ferner
– Verbreitern als wichtigster Fall des Vergrößerns, wie dies bei linearen Objekten (Gewässer, Verkehrswege) meist unvermeidlich ist.
– Um inhaltlich und graphisch sachgerechte Ergebnisse zu gewinnen, sind die elementaren Vorgänge unter bestimmten Bedingungen einzusetzen, die in Abb. 3.66 näher erläutert sind. Anwendungsbeispiele siehe Abb. 9.04, 9.05, 9.15.

c) Temporale (zeitbezogene) Generalisierung
Diese bezieht sich auf Angaben zum zeitlichen Verhalten (1.3.4) im Rahmen thematischer Generalisierungen. Dabei treten vor allem die Vorgänge des Ver-

Merkmal der Qualitäten	Vorgang	Beispiele
Absolutzahlen	Vereinfachen Zusammenfassen Auswählen Typisieren	Rundungen (Einwohnerzahlen) Summenwerte (versch. Berufe) Werte unter Schwellenwert Mittelwerte (Klimadaten)
Relativzahlen (Verhältnis-zahlen)	Vereinfachen Klassifizieren Und Typisieren (Auswählen)	Rundungen (Pkw-Dichte) Wertgruppen (Bevölk.-Dichte) Mittelwerte (Richtpreise) Indexierung (Handelspreise) Standardisierung (Vergleiche) (Nur ausnahmsweise, da auch Relativzahl 0 meist wichtig)

Abb. 3.66 Vorgänge der quantitativen Generalisierung

Art der zeitlichen Datierung	Vorgang	Beispiele
Lokaler Bezug	Vereinfachen Auswählen	Rundungen (nur Jahresangabe bei geschichtl. Ereignis) Weniger bedeutendes Datum (lokales Ereignis)
Lineare Folge (Räumliche Veränderungen des gesamten Objekts)	Vereinfachen Auswählen Zusammenfassen	Rundungen (Datierung einer neuen Grenze) Weniger bedeutendes Datum (bei militär. Operation) Summe mehrerer Zeitintervalle (bei Völkerwanderung)
Räumliche Ausdehnung (Räumliche Veränderung der Objektgrenze, = genetische Karte)	Vereinfachen Auswählen Zusammenfassen	Rundungen (Datierungen einer Expedition) Weniger bedeutendes Datum (Geringe Grenzveränderung) Summe mehrerer Zeitintervalle (Geolog. Epoche, Stadterwei- terung)
Geschwindigkeit	Vereinfachen Typisieren	Rundungen (Strömungsge- schwindigkeit in vollen m/s) Mittelwerte (Autobahnverkehr, rezente Krustenbewegung

Abb. 3.67 Vorgänge der zeitlichen Generalisierung

einfachens, des Zusammenfassens, des Auswählens und des Typisierens auf.
Eine Zusammenstellung mit Beispielen gibt die Abb. 3.67.

3.7.3 Konzeptionen der Generalisierung

Die Anwendung der in 3.7.2 Nr.2 beschriebenen elementaren Vorgänge und ihrer Bedingungen führt zu zwei typischen Arbeitsweisen:
- Dem intuitiven Vorgehen (Nr.1) kartographischer Experten oder
- dem Ansatz verbindlicher Regeln (Nr.2) in Form von Gestaltungsvorschriften und Rechenprogrammen.

Die bisherige Praxis besteht meist aus einer Mischung beider Möglichkeiten: So schafft z. B. in der topographischen Kartographie ein genau vorgegebener Zeichenschlüssel eine Reihe von Vorschriften; dennoch verbleibt auch hier ein individueller Gestaltungsspielraum, in dem die subjektiven Auffassungen der Bearbeiter ihren Niederschlag finden.

1. Intuitives Generalisieren durch Experten

Diese auch als freies Generalisieren bezeichnete Methode tritt als ein Generalisieren mit unterschiedlicher Gewichtung immer stärker mit kleiner werdendem Maßstab auf, wenn die Richtigkeit einer Darstellung zugunsten der Lesbarkeit so weit einzuschränken ist, dass statt einer Gruppe gleichwertiger Objekte nur noch ein Objekt wiedergegeben wird: So werden z. B. Häufungen von Einzelgebäuden, Flussschleifen oder Straßenkehren durch jeweils eine einzige Darstellung ersetzt, die umgekehrt keine eindeutigen Schlüsse mehr auf die örtliche Situation zulässt. Trotz solcher oft willkürlich erscheinenden Entscheidungen gibt es auch bei dieser Methode gewisse Regeln; sie lassen sich aber nicht oder nur schwierig in formale Vorgaben kleiden (z. B. zur Betonung bestimmter Strukturen).

2. Regelhaftes Generalisieren

Die Bemühungen um solche Methoden haben sich verstärkt
- mit den gestiegenen Anforderungen an Generalisierungsergebnisse und
- vor allem mit dem Einsatz automatisierter Verfahren.

Hierfür gibt es zwei verschiedenartige Ansätze:
- Die *empirische* Methode (a), die sich vorwiegend auf Erfahrungen sowie auf die Analyse von Karten und darin enthaltener Generalisierungsergebnisse stützt, und
- die *konstruktive* Methode (b), die sich fester Vorgaben sach- und zeitbezogener und geometrischer Art bedient.

In der Praxis durchdringen sich häufig beide Ansätze, z. B. bei der Entwicklung und Erprobung eines neuen Zeichenschlüssels für eine Folgekarte.

Die bisherigen Teillösungen bei Anwendungen der GDV berechtigen zu der Annahme, dass solche Regeln in stärkerem Maße als bisher anwendbar sind (*Wu* 2001). Diese haben jedoch keinen absoluten Charakter wie Naturgesetze oder mathematische Axiome, sondern sind lediglich sinnvolle und kartenlogisch (3.2.3) konsequente Konventionen über Art und Folge in der Anwendung elementarer Vorgänge. Sie sind daher so gut oder so schlecht, wie es die Ansätze und Programme selbst sind. Daher können sie auch keine objektive Karte im absoluten Sinn erzeugen, aber sie liefern wenigstens homogene und damit vergleichbare Ergebnisse.

a) Empirische Methoden
Ein typischer Fall ist die Reihenfolge, in der die Objektgruppen generalisiert werden. In topographischen Karten beginnt man z. B. mit dem Netz der Gewässer und Verkehrswege; dann folgt das Siedlungsbild, während die Oberflächenformen erst zum Schluss an die Reihe kommen. Dieses Prinzip lässt sich allerdings bei späteren Aktualisierungen der Karten nicht immer konsequent einhalten. Auch Zeichenvorschriften beruhen auf empirisch gefundenen und erprobten Regeln, soweit in ihnen die Erfahrungen aus ersten Entwürfen und Probekarten ihren Ausdruck gefunden haben.

Einer der ersten Ansätze, solche Regeln in mathematische Formen zu kleiden, ist das 1961 von *Töpfer* (1974) aus umfangreichen Analysen und mit der Annahme sachgerechter Ausgangsdaten gefundene Auswahlkriterium

$$n_F = n_A \sqrt{m_A / m_F}$$

mit n_A bzw. n_F = Anzahl der Objekte im Ausgangs- bzw. Folgemaßstab, m_A bzw. m_F = Maßstabszahl im Ausgangsmaßstab bzw. Folgemaßstab.

Die Formel gilt vor allem für die Generalisierung topographischer Karten großen und mittleren Maßstabs. Sie lässt sich noch zu einer Reihe spezieller Formeln modifizieren, wenn im Folgemaßstab Objektbedeutung bzw. Zeichenschlüssel wesentlich von den Verhältnissen im Ausgangsmaßstab abweichen. Auch kann man sie auf die geometrische Formvereinfachung ansetzen, wenn man Ecken und Wendepunkte bei linienhaften Objekten (Straßen, Flüsse usw.) und bei den Umringslinien flächenhafter Objekte (Seen, Ortsumrisse usw.) als fiktive Einzelobjekte auffasst. Das Auswahlkriterium lässt noch weitgehend die Entscheidung offen, welches Objekt nun unter gleichwertigen Objekten auszuwählen ist, doch verstärken sich die Bemühungen, hierzu erste Lösungen mit Hilfe statistischer Methoden zu finden.

b) Konstruktive Methoden
Schon Zeichenvorschriften enthalten eine konstruktive Komponente, wenn sie durch Vorgabe von Karteninhalt, Kartennetz, graphischem Duktus usw. eine bestimmte Vorgehensweise bei der Generalisierung erfordern. Ein konsequenter konstruktiver Ansatz besteht aus einer Fülle sinnvoller formaler Bedingungen zur Bearbeitungsreihenfolge, zur Geometrie (Abb. 3.64), zur Klassenbildung (z. B. Überführung in vorgegebene Zeichentypen) usw. Dabei dürfen

diese Ansätze sich nicht nur auf diese Objekte allein beziehen, sondern sollen auch deren Beziehungen untereinander berücksichtigen. Die Einsatzmöglichkeiten solcher Verfahren liegen vor allem bei der GDV. Problemfälle, die ein Programm nicht zufriedenstellend lösen kann, sind interaktiv unter visueller Kontrolle zu korrigieren. Weitere Einzelheiten siehe 7.4.4.

3.7.4 Lagemerkmale kartographischer Darstellungen

Das Ideal kartographischer Darstellung ist, dem Betrachter die Bildung einer richtigen Wirklichkeitsvorstellung (Tertiärmodell) durch Interpretation und Kartometrie (Kap. 8) zu ermöglichen. Ziel des Gestaltungsprozesses muss es deshalb sein, die für eine bestimmte Anwendung wichtigen räumlichen Strukturen gut lesbar, verständlich und geometrisch ausreichend genau zu präsentieren. Das erfordert vor allem mit kleiner werdendem Maßstab und bei unbedeutenderen Objekten, die metrische Genauigkeit der Darstellung zugunsten ihrer topologischen Richtigkeit einzuschränken. Dazu werden durch die semantische Generalisierung die geometrischen Ausprägungen (Definitionsgeometrie) festgelegt, z. B. der Mittelpunkt (statt der Fläche bei unbedeutenderen Objekten), die Mittelachse (statt der Ränder bandförmiger Flächen). Hinsichtlich der geometrischen Genauigkeit wird dabei zwischen folgenden Lagemerkmalen von Objekten unterschieden (Abb. 3.68).

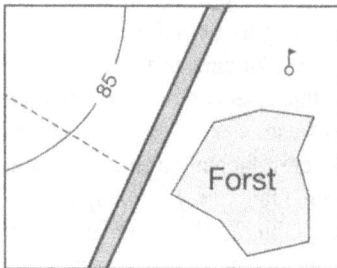

Abb. 3.68 Lagemerkmale kartographischer Darstellungen
grundrisstreu: Waldbegrenzung, Höhenlinie,
grundrissähnlich: Straße (verbreitert),
lagetreu: Turm (Kreismitte), Weg (Mittellinie),
raumtreu: Schrift (innerhalb Forstfläche und im Zuge der Höhenlinie)

1. Grundrisstreue Darstellung

Diese auch als *Maßstabstreue* bezeichnete Darstellungsweise herrscht in Karten großen Maßstabs vor. Diskrete flächenhafte Objekte werden durch ihre Begrenzungslinien, Kontinua durch Isolinien maßstäblich exakt wiedergegeben. Die Genauigkeit kartometrischer Arbeiten (z. B. Längen- und Flächenmessungen) findet ihre Grenze lediglich in der Genauigkeit des kartometrischen Verfahrens und in der geometrischen Genauigkeit der zeichnerischen Darstellung.

2. Grundrissähnliche Darstellung

Diese Darstellungsweise ist vorwiegend bei Karten mittlerer Maßstäbe anzutreffen. Die Lineare Objekte werden verbreitert wiedergegeben, und allgemein ist der Verlauf aller Linien und Flächenkonturen stärker vereinfacht, bei Höhenlinien jedoch unter Beachtung typischer Formen. Kartometrische Arbeiten sind meist mit ausreichender Genauigkeit möglich, haben jedoch die beschriebenen Wirkungen zu berücksichtigen.

3. Lagetreue Darstellung

Diese auch als *Positionstreue* bezeichnete Darstellungsweise tritt in Karten mittlerer, noch mehr aber in Karten kleinerer Maßstäbe auf. Die Grundrissgestalt des Objektes ist nicht mehr darstellbar; die Mitte einer Signatur kennzeichnet lediglich den Mittelpunkt eines lokalen Objektes, und bei bandförmigen Objekten gibt eine einzige Linie die gedachte Mittellinie an (Abb. 3.68). Damit sind auch kartometrische Arbeiten bereits stärker eingeschränkt.

4. Raumtreue Darstellung

Sie zeigt nur noch die ungefähre geographische Lage eines Objektes in der Karte an. Dabei treten drei Fälle auf:
a) Das Objekt ließe sich zwar lagetreu darstellen, die tatsächliche Wiedergabe ist jedoch stark schematisiert, bisweilen in fast skizzenhafter Manier (sog. *Topogramm*, z. B. bei schematisch dargestellten Verkehrsnetzen, Abb. 10.21b).
b) Das Objekt ist eine flächenbezogene Quantität (z. B. ein statistischer Mittelwert wie die Bevölkerungsdichte) und lässt sich damit nach seiner Lage überhaupt nicht eindeutig fixieren. Bei solchen *Flächendichtekarten (Kartogramme,* Abb. 3.15c) bzw. *Kartodiagrammen* (Abb. 3.39) lassen sich kartometrische Arbeiten nur auf die grundrisstreue bzw. -ähnliche Bezugsfläche oder auf die nach der Größe variierte geometrische Signatur beziehen.
c) Auch die Kartenschrift ist raumtreu, soweit sie linienhafte oder flächenhafte Objekte bezeichnet (Abb. 3.43a und b).

3.8 Kartenverwandte Darstellungen und kartographische Anamorphosen

Karten und kartenverwandte Darstellungen ergänzen einander und bieten daher einen verbesserten Zugang zum Raumverständnis seitens eines breiten Publikums. Von den Karten unterscheiden sich die *kartenverwandten Darstellungen* durch:
– die geometrischen Eigenschaften (Kartenprojektion und Kartenanamorphose),
– die verwendeten Darstellungsdimensionen (ebene, körperliche und bewegte Darstellungen),
– die Gestaltungsstile (abstrakte und photorealistische Darstellungen),

- die Gestaltungsmedien (monomediale und multimediale Darstellungen) oder
- die medienbedingten Wahrnehmungsformen (sensorisch, motorsensorisch und nicht-sensorisch).

Die Verwandtschaft zur Karte besteht in der Ähnlichkeit bzw. Vergleichbarkeit hinsichtlich der Darstellungsinhalte und des Maßstabsbereichs. Die Objektinformationen stammen aus vorhandenen Karten, aus digitalen Datenbeständen oder aus besonderen Erfassungen (z. B. Satellitenbild). Kartenverwandte Darstellungen gibt es für sich allein oder in Verbindung mit Karten, Bildern, Tabellen, Texten und Klang zur weiteren Erläuterung und Ergänzung des jeweiligen Sachverhalts. Dabei geht der Einsatz der klassischen Strichzeichnung, vor allem bei Vogelperspektiven und Panoramen, zurück. An ihre Stelle treten jedoch photographische Halbtonbilder und in zunehmendem Maße animierte perspektivische Darstellungen, teilweise mit Zusätzen von Texten und Symbolen.

Eingehendere Darstellungen finden sich z. B. bei *Klein* (1961), *Imhof* (1963), *Herrmann/Kern* (1986), *Peterson* (1995), *Kriz* (1998), *Kretschmer/Kritz* (1999), *Cartwright u. a.* (1999), *Buziek u. a.* (2000).

3.8.1 Ebene kartenverwandte Darstellungen

Die *Karte* entsteht geometrisch als Senkrechtprojektion (Grundrissbild) auf eine horizontal gedachte Bezugsfläche (1.6.1), die *ebenen kartenverwandten Darstellungen* beruhen dagegen auf anderen Projektionen und/oder einer anderen Lage der Projektionsebene; die einzelnen Merkmale dazu sind in Abb.3.69 zusammengestellt. Mit Ausnahme des Profils bezeichnet man die ebenen kartenverwandten Darstellungen mitunter auch als *Raumbilder*.

Art der Projektion		Lage der Projektionsebene		
		horizontal	schräg	vertikal
Parallel-projektion	senkrecht zur Projektionsebene (senkrechte Axonometrie)	Karte als Stereo-Darstellung	Blockbild	Profil
	schräg zur Projektionsebene (schiefe Axonometrie)	Militär-perspektive	–	Kavaliers-perspektive
Zentral-projektion	Projektionszentrum für das gesamte Bild	Senkrecht-Luftbild, Stereo-Darstellung	Schräg-Luftbild, Vogelperspektive, Blockbild	terrestrisches Meeresbild, Panorama
	Projektionszentrum nur für jeweils ein Bildelement	Zellenabfassung der Fernerkundung		–

Abb. 3.69 Merkmale ebener kartenverwandter Darstellungen

3.8.1.1 Von Luft- und Satellitenbildern bis zur Bildkarte

Luft- und Satellitenbilder entstehen durch Aufnahme aus Luftfahrzeugen und bemannten bzw. unbemannten Satelliten durch Einsatz von Kameras oder Abtastsystemen (Kap. 6). Nachfolgend geht es vorwiegend um die analogen, d. h. bildhaften Aufnahmeergebnisse; dazu sind digitale Registrierungen jeweils noch einer Digital-Analog-Wandlung zu unterziehen.

In der Praxis sind solche Luftbilder von Interesse, die mit großformatigen Messkammern als Senkrechtaufnahmen auf Film entstanden sind, ferner zunehmend auch Satellitenbilder. Die weitere Verarbeitung der Bilder dient gewöhnlich dem Zweck, diese Bilder Zug um Zug kartenähnlicher werden zu lassen. Dabei führt die *geometrische* Bildtransformation im Wege der Entzerrung zur Maßstäblichkeit, die Ergänzung mit kartographischen Gestaltungsmitteln zur Bildkarte und die *strukturelle* Bildverarbeitung mit speziellen Techniken zur Erhöhung der Lesbarkeit, zur Vereinfachung der Vervielfältigung usw.

1. Bilder mit der Geometrie des Aufnahmevorgangs

Sie dienen vorwiegend der Arbeitsplanung, der Bildinterpretation und für Übersichtszwecke. Dazu gehören
- einfache Kontakt-Abzüge oder Vergrößerungen vom Originalfilm einer photographischen Kamera,
- Bilder, die aus Abtastsystemen durch einfache Digital-Analog-Wandlung entstanden sind.

Abzüge und Vergrößerungen weisen gewöhnlich keinen einheitlichen Maßstab auf, da die Aufnahmeachse einer Kamera meist nicht streng lotrecht ist. Sie sind somit zur Entnahme geometrischer Daten wie Strecken und Winkeln nicht geeignet und werden daher in erster Linie nur zur *Bildinterpretation* (evtl. durch Stereobetrachtung) herangezogen. Aus einer Gruppe benachbarter Abzüge bzw. Vergrößerungen kann man auch ein *Bildmosaik* herstellen, das allerdings nur von geringer Lagegenauigkeit ist und an den Nahtstellen zwischen den Einzelbildern mehr oder weniger große Sprungstellen aufweisen kann.

Für Daten aus Abtastsystemen wird man aus praktischen Gründen, z. B. des Formats, innerhalb des Streifens in sinnvoller Weise „Bilder" abgrenzen. Beim Zusammenfügen mehrerer Streifen zu einem *Streifenmosaik* würden an den Nahtstellen der Streifen Klaffungen entstehen. Um diese zu vermeiden, ist es daher zweckmäßig, bei der analogen Umsetzung sogleich auch eine rechnerische Entzerrung vorzunehmen.

2. Entzerrte Bilder

Die durch Entzerrung (als Sonderfall der geometrischen Bildtransformation) entstandenen Bilder dienen meist

- als Ausgangsmaterial zur Herstellung von Bildplänen und -karten oder
- als Arbeitsmaterial (Datenquelle) zur Herstellung oder Aktualisierung konventioneller Strichkarten.

Solche Entzerrungen entstehen zunehmend aus gescannten Originalbildern als digitale Orthophotos (6.4.1.2). Sie eignen sich nicht nur für Interpretationszwecke, sondern wegen ihrer Maßstäblichkeit auch zur Entnahme von Strecken, Winkeln und Flächen; Voraussetzung dazu ist eine einwandfreie Identifizierung der Objekte. Zwar sind die Entzerrungsergebnisse nur Grundrissangaben, doch stehen indirekt aus der Orthoprojektion auch Höhenangaben zur Verfügung. Darüber hinaus kann man Stereo-Orthophotos (Stereopartner) zur räumlichen Betrachtung und zugleich Ausmessung benutzen.

3. Bildpläne

Sie entstehen durch das analoge oder digitale Zusammentragen entzerrter Bilder und das anschließende Abgrenzen der Ergebnisse einer solchen Montage nach einer übersichtlichen Blattschnittsystematik der Bildpläne. Damit entfällt die bei Einzelentzerrungen auftretende unregelmäßige Abgrenzung der Bilder, ihre teilweise gegenseitige Überlappung und die aus beiden Gründen erschwerte geographische Orientierung. Im einzelnen ist dabei zu unterscheiden zwischen der Bearbeitung der Kamera-Bilder (1) und der von Abtast-Registrierungen (2):

(1) Bildpläne entzerrter Kamera-Bilder

Diese ergeben sich, wenn man benachbarte entzerrte Luftbilder in den Überlappungsbereichen beschneidet und zu einer großen *Bildmontage* zusammenfasst. Nach Einfügen einiger Schriftangaben (z. B. Orte und Gewässer) nimmt man dann Abgrenzungen nach bestimmten Gitterlinien oder im Blattschnitt vorhandener Kartenwerke vor (Abb. 3.70). Die einzelnen Pläne werden entweder herausgeschnitten oder jeweils durch eine aufgelegte Maske begrenzt, die wie ein Kartenrand mit Benennung, Maßstabsangabe usw. versehen ist. Durch Aufnahme mit einer großformatigen Reproduktionskamera oder am Kopiergerät entsteht dann ein *Luftbildplan* als buntes oder unbuntes Halbtonphoto oder bereits in gerasterter Form. Bei digitalen Prozessen ist eine unmittelbare Trennung nach Blättern möglich und mit einem Belichtungsgerät sofort in das Ergebnis umsetzbar.

Luftbildpläne gibt es vorwiegend im Maßstabsbereich 1:2000 bis 1:25000, zunehmend auch bis 1:100000. Ihr großer Wert liegt in der sehr bildhaften Wirkung, welche die Aussage von Karten gleichen Maßstabs durch hohe Anschaulichkeit und viele weitere Einzelheiten ergänzt. Damit eignen sich die Luftbildpläne besonders als Unterlagen für planerische Maßnahmen, aber auch zur Bestands-Dokumentation für einen bestimmten Zeitpunkt. Luftbildplanwerke gibt es daher sehr häufig für den Bereich von Städten, Flurbereinigungen, Verkehrswegen und Forsten.

(2) Bildpläne entzerrter Abtaster-Registrierungen

Hier lässt sich bereits im Zuge der rechnerischen Entzerrung auch die Abgrenzung der Bildpläne unmittelbar berücksichtigen, so dass einige der bei (1) beschriebenen Prozesse entfallen. Weitere Arbeiten, z. B. das Zusammentragen mit vorbereiteten Randangaben sowie die farbliche Gestaltung, hängen vom Einzelfall ab. Bisher veröffentlichte Satelli-

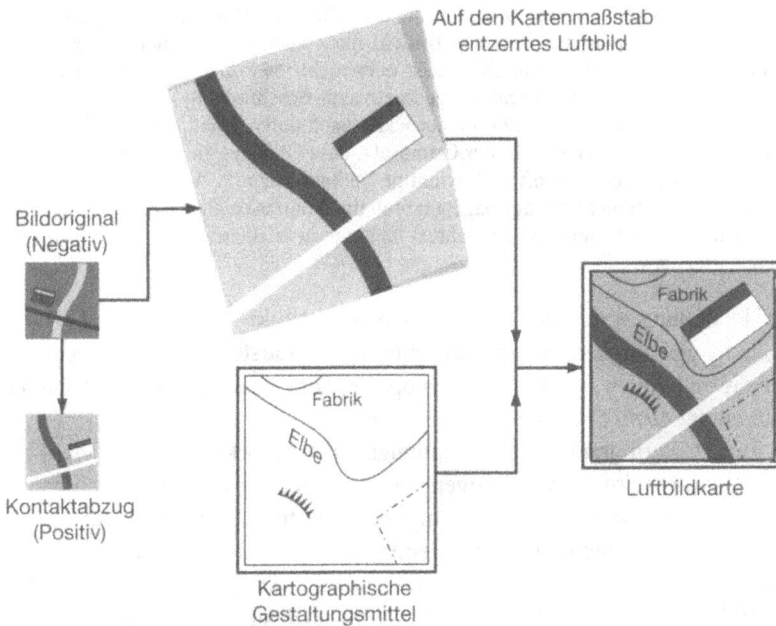

Abb. 3.70 Vom Luftbildoriginal bis zur Luftbildkarte

tenbilder entsprechen meist dem, was hier als Satellitenbildplan zu bezeichnen ist. Solche Pläne gibt es als Anhang oder im Text zu Veröffentlichungen, in der Gegenüberstellung zu Karten, als Atlaswerk oder in der Aufmachung wie eine Wandkarte. Die bisherigen Maßstäbe liegen bei etwa 1:200000 und kleiner.

4. Bildkarten

Sie entstehen aus Bildplänen, wenn diese zusätzlich in größerem Umfang mit kartographischen Gestaltungsmitteln (z.B. Signaturen, Linien, Flächenfarben, Schrift) versehen werden. Nach dem Ausgangsmaterial lassen sich *Luftbildkarten* und *Satellitenbildkarten* unterscheiden.

Eine solche Überarbeitung von Bildplänen ergibt sich aus dem Gedanken, ob derartige Bildkarten ganz oder teilweise auch die Funktion klassischer Strichkarten übernehmen könnten. Dafür sprechen der hohe Grad von Anschaulichkeit, die Menge der entnehmbaren Informationen sowie die schnelle und wirtschaftliche Herstellung. Dabei sind folgende Fälle denkbar:

– Die Bildkarten treten *neben* vorhandene Strichkarten als Ergänzung oder Aktualisierung.
– Die Bildkarten treten *an die Stelle* geplanter oder veralteter Strichkarten, und zwar entweder vorübergehend als eine Vorstufe bis zur späteren Fertigstellung der Strichkarten oder auf Dauer unter Verzicht auf diese.

Solche Aufgaben können reine Bildpläne nicht erfüllen, da manche Angaben, die regelmäßig in Karten enthalten sind, aus den Bildern nicht oder nur unsicher zu gewinnen sind. Dazu gehören z. B. die nicht sichtbaren oder nicht identifizierbaren Objekte bzw. Objektqualitäten, das Namengut und die geometrische Beschreibung des Reliefs. Auch muss mit der Übernahme der Funktion einer Karte auch deren graphische Logik (3.2.3) ausreichend gewährleistet sein, z. B. der Grundsatz, dass Gleiches gleich darzustellen ist. In Luftbildern erscheinen aber oft z. B. wichtige Verkehrswege in Waldgebieten schmal und kontrastarm, in offener Feldlage dagegen breit und kontrastreich; darüber hinaus sind Luftbildinhalte auch abhängig von den jahres- und tageszeitlichen Verhältnissen (Sonnenstand, Vegetation usw.).

Für die Herstellung von *Luftbildkarten* ergibt sich damit:
- Wegen der Genauigkeitsansprüche beruht die Bilddarstellung in der Regel auf einer differentiellen Entzerrung (Orthoprojektion); man spricht daher häufig auch von der *Orthobildkarte (Orthophotokarte)*.
- Der Einsatz kartographischer Gestaltungsmittel bewirkt allgemein, dass an die Stelle einer mitunter schwierigen oder gar unmöglichen Bildinterpretation eine aufbereitete und damit eindeutige Aussage tritt. Dabei beschränkt sich die Gestaltung oft nicht nur auf ein einfaches Hinzufügen kartengraphischer Strukturen, z. B. durch Einkopieren von Linien; es kann auch vorteilhaft sein, den Bildinhalt selbst noch zu verändern, um z. B. die Lesbarkeit zu verbessern.

Im einzelnen lassen sich die Gestaltungsvorgänge nach ihrer Wirkung wie folgt beschreiben:
- *Ergänzen* durch Darstellung von Objekten, die im Luftbild nicht sichtbar sind, weil sie verdeckt liegen (z. B. Waldweg), für den Bildmaßstab zu klein sind (z. B. Denkmal) oder als abstrakte Sachverhalte überhaupt nicht erkennbar sind (z. B. Naturschutzgebiet, Verwaltungsgrenze). Dazu gehört auch die Reliefdarstellung durch Höhenlinien.
- *Erläutern* durch Namen und Abkürzungen.
- *Verdeutlichen* der nicht gut identifizierbaren Objekte durch Nachzeichnen der Kontur (z. B. Böschungskante) oder der Mittellinie (z. B. Schienenweg) oder durch Signaturen (z. B. Bodennutzungen, Kleinformen), evtl. auch durch Herstellen von Farbdeckern beim Mehrfarbendruck (z. B. für Wald- und Gewässerflächen).
- *Klassifizieren* durch graphisches Vereinheitlichen und Betonen, z. B. beim Verkehrsnetz.

Vom Kartenmaßstab her liegt die hauptsächliche Anwendung von Luftbildkarten zwischen den Maßstäben 1:2000 und 1:25000, da in diesem Bereich die topographische Informationsfülle der Luftbilder diejenige vergleichbarer Karten weit übersteigt. Bei größeren Maßstäben ist kaum noch ein Gewinn an zusätzlich wichtiger topographischer Information zu verzeichnen, wenn man von Sonderanwendungen im Kataster, bei der Stadttopographie und in der Erfassung von Verkehrswegen absieht. Bei kleineren Maßstäben ist dagegen die Lesbarkeit bedeutender linearer Objekte (z. B. Wasserläufe, Verkehrswege) in Frage gestellt; die Luftbilder bekommen Übersichtscharakter, geben aber noch viele wichtige Flächeninformationen (z. B. über Landnutzungen und Formzusammenhänge) sowie solche thematischer Art (z. B. geologische Strukturen) wieder.

Die Vorteile der Luftbildkarte in Bezug auf Inhalt und Herstellung zeigen sich vor allem dort, wo Strichkarten noch nicht vorliegen oder der Aktualitätsgrad vorhandener Strichkarten nicht ausreichend ist. Im allgemeinen dürfte die Situationsdarstellung der Luftbildkarte den meisten Ansprüchen genügen. Bei der Geländedarstellung ist zu beachten, ob die Höhenlinien aus einer besonderen topographischen Vermessung stammen oder - meist ungenauer - im Zuge der Orthoprojektion erstmalig abgeleitet wurden.

5. Bearbeitungstechniken für Bildpläne und Bildkarten

Über die allgemeinen Arbeitsschritte hinaus, die sich auf dem Wege vom Originalbild bzw. von den digitalen Aufnahmedaten bis zur Bildkarte ergeben, stehen weitere technische Möglichkeiten zur Verfügung, um (1) Verbesserungen der Darstellung sowie (2) Vereinfachungen bei Gebrauch und Vervielfältigung zu erzielen.

- Die Grauwertveränderung durch analoge oder digitale Verfahren dient u. a. der Verbesserung der Lesbarkeit: Sehr dunkle Stellen werden aufgehellt, sehr helle Stellen besser durchgezeichnet (Kontrastausgleich).
- Die photomechanische Konturierung (z. B. mit Hilfe eines speziellen Konturenfilms oder durch digitale Kantenextraktion) betont Begrenzungslinien (z. B. von Wegen) und unterdrückt Flächentöne. Das Bild tendiert zur Strichkarte, wird also „kartenähnlicher".
- Die Betonung von Flächen gleicher Helligkeit (z. B. durch Farbabstufung mit sog. Äquidensitenfilm) eignet sich z. B. zur Klassifizierung thematischer Sachverhalte.
- Die Farbveränderungen durch analoge Techniken (z. B. Filter) oder digitale Methoden (z. B. Berechnung anderer Helligkeitswerte) wandelt z. B. bei Multispektralaufnahmen die übliche Falschfarbendarstellung der Landsat-Abtastung in eine den Naturfarben weitgehend entsprechende sog. „Grünversion" um.
- Das Zusammenfügen von Bildinhalt und kartographischen Gestaltungsmitteln auf einer Folie geht aus von der kartographischen Darstellung (Zeichnung oder Montage) von Wegeflächen, Signaturen oder Schriften auf einer besonderen Folie (als sog. Maske oder Decker). Wird diese dann zusammen mit dem negativen Bild (z. B. Orthophoto) auf eine Photoemulsion im Kontakt belichtet, so entsteht ein positives Bild, das in den abgedeckten Zeichnungsbereichen keinen Halbton mehr enthält. Die Zeichnung erscheint als Negativdarstellung in Weiß mit meist gutem Kontrast zur Umgebung. Wird dagegen die Zeichnung als Negativ und danach das negative Orthophoto aufbelichtet, so erscheint im positiven Bild die Zeichnung in Schwarz, also ebenfalls positiv. Ein Zusammenfügen des Bildinhalts mit dem kompletten Inhalt einzelner oder aller Farbfolien eines gleichmaßstäbigen Kartenwerks ist nur vertretbar, wenn die graphische Dichte der Karte nicht allzu groß ist.

- Die *Rasterung* des Bildes (4.2.5) ist erforderlich für dessen Vervielfältigung durch Druck oder mit gewöhnlichem Lichtpauspapier.
- Das *Farbauszugsverfahren* auf photomechanischem Wege (z. B. mit Reproduktionskamera) oder elektronisch (z. B. mit Repro-Scanner) erzeugt darüber hinaus die notwendigen Farbfolien für den Mehrfarbendruck nach bunten Bildern, meist direkt verknüpft mit der Rasterung.
- Die *Farbtrennung nach Sachgruppen* erzeugt zusätzlich einzelne Farbfolien (z. B. für schmale Wasserläufe in Blau, Waldflächen in Grün), um einen einfarbigen Bildinhalt mit Farbaufdrucken zu versehen. Darüber hinaus lässt sich das Bild selbst in Farbfolien zerlegen und zwar durch jeweiliges Auskopieren mit Deckern, die auf besonderer Folie durch Zeichnung der auszukopierenden Stellen entstehen.

3.8.1.2 Vogel- und Satellitenperspektiven

Solche auch als *Vogelschau* bezeichneten Perspektiven entsprechen der Sicht von einem hohen Berge oder aus einem Luft- bzw. Raumfahrzeug. Sie sind geometrisch Zentralprojektionen auf eine schräge Ebene und entsprechen daher perspektiv einem Photo vom selben Aufnahmepunkt mit gleicher Aufnahmerichtung (Schrägbild). Die geometrische Grundlage ergibt sich nach 2.3.3.3 und Abb. 2.48. Sie berücksichtigt jedoch nicht den Einfluss der Erdkrümmung und eignet sich daher nur für kleinere Ausschnitte der Erdoberfläche.

Ist der Einfluss der Erdkrümmung zu berücksichtigen (z. B. bei größeren Bereichen, in denen auch der Horizont im Bild erscheint), so führt die strenge Lösung bei der Wiedergabe des Gitters oder geographischer Netzlinien zu den Formeln der allgemeinen zentralperspektiven Azimutalabbildung (2.2.3.6). Eine Näherungslösung zieht als sog. *progressive Perspektive* (nach *Hölzel* 1963) die hinteren Felder eines Konstruktionsgitters soweit zusammen, dass als Abschluss stets ein echter Horizont und nicht eine willkürliche Schnittlinie entsteht.

Beruht die Inhaltsgestaltung solcher Perspektiven vor allem auf den bildhaften Elementen künstlerischer Landschaftsmalerei, so spricht man von *Vogelschaubildern*; überwiegt dagegen die Anwendung kartographischer Mittel, so liegen *Vogelschaukarten* vor (*Stollt* 1958). Dem Vorteil hoher Anschaulichkeit - bei den Bildern auch der Naturähnlichkeit - steht der Nachteil gegenüber, dass diese Perspektiven, sofern sie nicht mit einer Datenbank verknüpft sind, sich nicht zur Entnahme von Entfernungen, Höhen usw. eignen. Sie kommen daher in erster Linie für Tourismus, Übersichtszwecke und Werbung sowie als Lehrmittel in Betracht.

3.8.1.3 Panoramen

Panoramen sind zentralperspektivische Abbildungen auf vertikale Flächen. Dabei entsteht die Abbildung entweder auf einer Vertikalebene als *Teilpanorama* oder auf einem senkrechten Kreiszylindermantel rund um den ganzen Horizont als *Rundbild*. Zu den geometrischen Grundlagen siehe 2.3.3.2 und Abb. 2.47.

In den geometrischen Grundlagen entspricht damit das Teilpanorama einem Photo mit Horizontalrichtung bzw. dem Sonderfall der Vogelschau mit vertikaler Projektionsebene. Beim Zusammenfügen mehrerer Photos zu einem Photopanorama können dann aber an den Nahtstellen unstetige Übergänge auftreten.

In der Praxis sind die genannten geometrischen Bedingungen oft nur genähert erfüllt. Mitunter liegt die Projektionsrichtung nicht streng horizontal, so dass der allgemeinere Fall der Vogelschau vorliegt. Ferner wird beim Rundbild statt der strengen Formel (2.3.3c) für z' näherungsweise $z' = \alpha$ gesetzt, d. h. es werden in x' und z' direkt die Winkelwerte β und α abgetragen.

Vor- und Nachteile der Panoramen stimmen sinngemäß mit denen überein, die für die Vogelperspektiven gelten. Die Hauptanwendung liegt bei *Gebirgspanoramen (Arnberger* 1970). *Kretschmer* beschreibt dazu frühe Alpenpanoramen (1996). Aus historischer Zeit sind zahlreiche *Schlachtenpanoramen* bekannt. *Flusspanoramen* wie z. B. das von *Klein* (1961) beschriebene Rheinpanorama von *Delkeskamp* sowie die zahlreichen Panoramenkarten von *Berann* (in *Asche/Topel* 1989) sind von der Konstruktion her keine Panoramen, sondern Vogelperspektiven (3.8.1.2) oder Axonometrien (3.8.1.6 - 3.8.1.7). Ausführungen zum Panorama geben allgemein *Solar* (1979), zum Einsatz modernerer Techniken *Stummvoll* (1986), zur automatischen Konstruktion aus digitalen Geländemodellen *Weibel/Herzog* (1988).

3.8.1.4 Blockbilder

Solche auch *Blockdiagramme* genannten Darstellungen sind Projektionen auf schräge Bildebenen. Dabei erzeugen *zentralperspektive* Blockbilder einen natürlicheren Eindruck; *parallelperspektive* Blockbilder sind dagegen leichter zu konstruieren und auszumessen. Im Gegensatz zur Vogelschau ist das Blockbild durch vertikale Schnittebenen wie ein quadratischer oder rechteckiger Block begrenzt. Die geometrischen Grundlagen ergeben sich für die Parallelperspektive aus 2.3.2.2 Nr. 3 und Abb. 2.45a, für die Zentralperspektive aus 2.3.3.3 und Abb. 2.45b.

Liegen dreidimensionale digitale Objektdaten vor, so entstehen die Blockbilder nach Programmen der GDV, wobei am Bildschirm Drehungen, Maßstabsänderungen usw. sowie Oberflächendarstellungen nach digitalen Luft- bzw. Satellitenbildern möglich sind.

Blockbilder spielen vor allem in der Geologie, Geomorphologie und Geographie eine große Rolle, in zunehmendem Maße auch in den Umwelt- und Sozialwissenschaften. Im geowissenschaftlichen Blockbild liegt ein besonderer Vorzug darin,

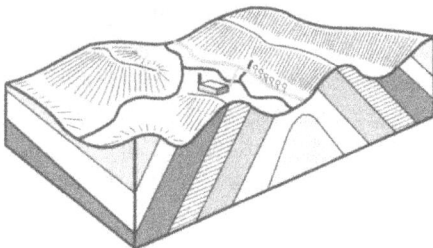

Abb. 3.71 Blockbild eines geologischen Sattels

dass neben der raumbildlichen Darstellung der Geländeformen auch der geologische Aufbau in den vertikalen Schnittebenen wiedergegeben werden kann
(Abb. 3.71). Bei der Wiedergabe von Umweltdaten erscheinen die Blockbilder
oft als transparente Raumgitter, in denen sich Klimadaten, Emissionsausbreitun-
gen usw. dreidimensional darstellen lassen.

3.8.1.5 Profile

Geländeprofile entstehen durch Parallelprojektion auf eine senkrechte Ebene.
Die Abbildungsgeometrie ergibt sich aus 2.3.2.1 Nr.2. Profile lassen sich insoweit als Sonderfall der senkrechten Axonometrie (3.8.1.6) betrachten.
In der Praxis beginnt die Konstruktion mit einer waagerechten Bezugsgeraden
(sog. Horizont), die einen meist runden Höhenwert erhält. Danach trägt man
auf diesem Horizont die Horizontalentfernungen der Profilpunkte ab (im Ingenieurbau in Form der sog. Stationierung) und senkrecht dazu die Differenzen zwischen Punkthöhen und Horizonthöhe. Zum Verdeutlichen von Höhenunterschieden wählt man häufig den Höhenmaßstab größer als den Längenmaßstab (sog.
Überhöhung). Abb. 8.12 zeigt ein aus Höhenlinien erzeugtes Vertikalprofil.

Im Ingenieurbau (z. B. Straßenbau, Wasserbau) beträgt die Überhöhung bei *Längspro-
filen* meist 10:1 oder 5:1. Solche Profile folgen dem Verlauf der Straße, des Kanals usw.
und können daher im Grundriss auch gekrümmt verlaufen. *Querprofile* (quer zur Linienführung) werden dagegen ohne Überhöhung dargestellt, um graphische Bestimmungen
der Profilflächen und damit auch Massenberechnungen zu ermöglichen.

Profile eignen sich auch zur *Sichtbarkeitsermittlung* bei großräumigen Vermessungen
(Triangulation) und militärischen Aufgaben sowie zur *Erreichbarkeitsermittlung* für Funk
und Fernsehen. Die Daten werden digitalen Geländemodellen oder Karten entnommen
(z. B. Abb. 8.12). Mit einer großen Anzahl von Parallelprofilen, die gegeneinander ver-
setzt dargestellt werden, lassen sich raumbildliche Wirkungen erzielen *(Profilreihen)*.

In wissenschaftlichen Darstellungen erscheinen *geologische Profile* als *Profilflächen*
mit Darstellung des Verlaufs geologischer Schichten, in größeren Maßstäben meist nicht
oder nur geringfügig überhöht (siehe hierzu die Begrenzungsebenen in Abb. 3.71). Dagegen sind *Kontinentalprofile*, wie man sie z. B. in Atlanten und Fachbüchern trifft, bis etwa
zum 100fachen überhöht. Ein *geographisches Kausalprofil* stellt durch Profil und Text die
kausalen Zusammenhänge zwischen Geländeform, Klima, Vegetation, Besiedlung, Wirtschaft usw. dar.

3.8.1.6 Senkrechte Axonometrien

Senkrechte Axonometrien sind Projektionen, bei denen parallele Projektionsstrahlen vertikal zu einer Abbildungsebene verlaufen (*senkrechte Parallelperspektive*). Die Lage der Abbildungsebene im Objektraum ist beliebig; die Axonometrie beschreibt ihre Anordnung zu einem räumlichen Achsenkreuz *x,y,z*
(Abb. 3.72). Näheres zur Abbildungsgeometrie mit der Darstellung einzelner
Fälle ergibt sich aus 2.3.2.1. Der allgemeinste Fall der senkrechten Axonometrie
lässt sich wie folgt näher erläutern:

- Die Abbildungsebene liegt zu keiner der drei durch das System x,y,z aufgespannten Ebenen (xy, xz, yz) parallel. Das bedeutet, dass sich jede der drei Koordinaten mit einem Maßstabsfaktor (Verjüngungsfaktor) $\mu < 1$ abbildet.
- Darüber hinaus weisen im allgemeinsten Fall die drei Koordinatenachsen unterschiedliche Werte μ auf, d.h. $\mu_x \neq \mu_y \neq \mu_z$, jedoch gilt nach der Gleichung 2.3.2 g stets $\mu_x^2 + \mu_y^2 + \mu_z^2 = 2$. Ferner bildet sich der rechte Winkel zwischen den Koordinatenachsen stets > 90° ab.

Innerhalb dieser allgemeingültigen Aussagen gibt es folgende Sonderfälle:
- Die *horizontale* Abbildungsebene parallel zur xy-Ebene (Grundrissebene) ergibt den Fall der *Karte* (2.3.2.1 Nr.1) mit $\mu_x = \mu_y = 1$ und $\mu_z = 0$.
- Die *vertikale* Abbildungsebene parallel zur xz-Ebene (Aufrissebene) führt zum Fall des *Profils* (2.3.2.1 Nr.2, 3.8.1.5) mit $\mu_x = \mu_z = 1$ und $\mu_y = 0$.

Bei den zum Achsenkreuz x,y,z *schiefen* Abbildungsebenen kann man die folgenden Fälle unterscheiden (2.3.2.1 Nr.3):
- Bilden sich die Koordinatenachsen mit unterschiedlichen Maßstabsfaktoren ab ($\mu_x \neq \mu_y \neq \mu_z$, siehe oben), so liegt eine *trimetrische* Projektion vor.
- Stimmen die Maßstabsfaktoren in *zwei* Koordinatenrichtungen überein, so handelt es sich um eine *dimetrische* Projektion. Unter den Möglichkeiten dieser Projektion, mit der nach DIN 5 Blatt 2 „in *einer* Ansicht Wesentliches gezeigt werden soll", empfiehlt das Normblatt für die Praxis die in Abb. 3.72a dargestellte Anordnung. Dabei sind aus praktischen Gründen die Maßstabsfaktoren zu $\mu_x = \mu_z = 1$ und $\mu_y = 0,5$ festgelegt, was einer Vergrößerung der Gesamtdarstellung (ohne Änderung der Winkel und Proportionen) um etwa 1,06 entspricht. Statt des strengen Achsenverhältnisses von 9:10 bei der Ellipse E ist diese zum Kreis vereinfacht.

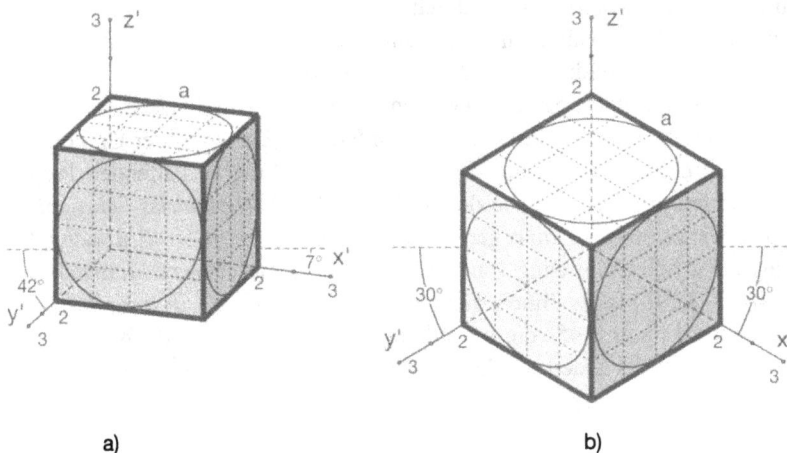

a)   b)

Abb. 3.72 Senkrechte Axonometrie eines Würfels (Kantenlänge $a = 2$) mit eingeschriebenen Kreisen als a) dimetrische Projektion und b) isometrische Projektion

- Bei gleich großen Maßstabsfaktoren in allen *drei* Koordinatenachsen ergibt sich die *isometrische* Projektion. Aus Gleichung 2.3.2 g folgt damit $3\mu^2 = 2$, d.h. $\mu \approx 0{,}816$. In der Praxis vermeidet man jedoch - ähnlich wie bei der dimetrischen Projektion - die Reduktion der Objektkoordinaten um diesen Faktor, sondern man trägt auch in der Abbildung diese Koordinaten ab, was einer Vergrößerung der Gesamtdarstellung um $1/0{,}816 \approx 1{,}22$ entspricht. Die Winkel zwischen den abgebildetetn Koordinatenachsen betragen jeweils 120° (Abb. 3.72b). Diese Darstellungsweise wird in DIN 5 Blatt 1 empfohlen, „wenn in *drei* Ansichten Wesentliches klar gezeigt werden soll".

Über Vergleiche zwischen verschiedenen Axonometrien siehe 3.8.1.7.

3.8.1.7 Schiefe Axonometrien

Schiefe Axonometrien sind Projektionen, bei denen parallele Projektionsstrahlen schräg zu einer Abbildungsebene verlaufen *(schräge Parallelperspektive)*. Die Lage der Abbildungsebene im Objektraum ist beliebig; die Axonometrie beschreibt ihre Anordnung zu einem räumlichen Achsenkreuz x,y,z. Näheres zur Abbildungsgeometrie mit Darstellung einzelner Fälle ergibt sich aus 2.3.2.2.

Unter den Möglichkeiten der gegenseitigen Konfiguration zwischen der Richtung der Projektionsstrahlen, der Lage der Abbildungsebene und dem Achsenkreuz x,y,z sind folgende Fälle von praktischer Bedeutung *(Ferschke* 1953):
- Die Bildebene verläuft parallel zur Aufrissebene x,z (2.3.2.2 Nr.2). Bei der senkrechten Axonometrie ergäbe dies den Fall des *Profils* mit der Unmöglichkeit, die Achse x abzubilden. Dagegen ist bei schräg verlaufenden Projektionsstrahlen eine Darstellung der x-Werte möglich *(Aufriss-Schrägbild).* Verlaufen dabei die Strahlen so, dass die abgebildeten Achsen x' und y' einen Winkel von $\beta = 135°$ miteinander bilden und die y'-Achse einen Verkürzungsfaktor von $\mu_y = 0{,}5$ aufweist, so ist es üblich, von *Kavalierperspektive* zu sprechen (Abb. 3.73a). Als Kavalier galt früher ein hoher Punkt bzw. Turm in Festungsbauwerken mit besonders guter Übersicht über das Vorgelände.
- Die Bildebene verläuft parallel zur Grundrissebene x,y (2.3.2.2 Nr.1). Bei der senkrechten Axonometrie ergäbe dies den Fall der *Karte* mit der Unmöglichkeit der direkten z-Abbildung. Dagegen ist bei schräg verlaufenden Projektionsstrahlen eine Wiedergabe der z-Werte möglich *(Grundriss-Schrägbild).* Sind dabei die Strahlen um α gegen die x,y-Ebene geneigt, so wird nach Gleichung 2.3.2 j die Abbildung von z zu $z' = z \cot \alpha$. Bei dieser *Militärperspektive* (Abb. 3.73b) ist es üblich, sich auf bestimmte Werte von α zu beschränken. So wird für $\alpha = 45°$ die Abbildung $z' = z$, d.h. $\mu_z = 1$, doch kommt es häufig auch aus Gründen der Anschaulichkeit zu einer *Überhöhung* mit $\mu_z = 1{,}5$ ($\alpha = 33{,}7°$) oder $\mu_z = 2$ ($\alpha = 26{,}6°$).

Eine vergleichende Gegenüberstellung zwischen verschiedenen Axonometrien bietet sich in den folgenden zwei Fällen an:

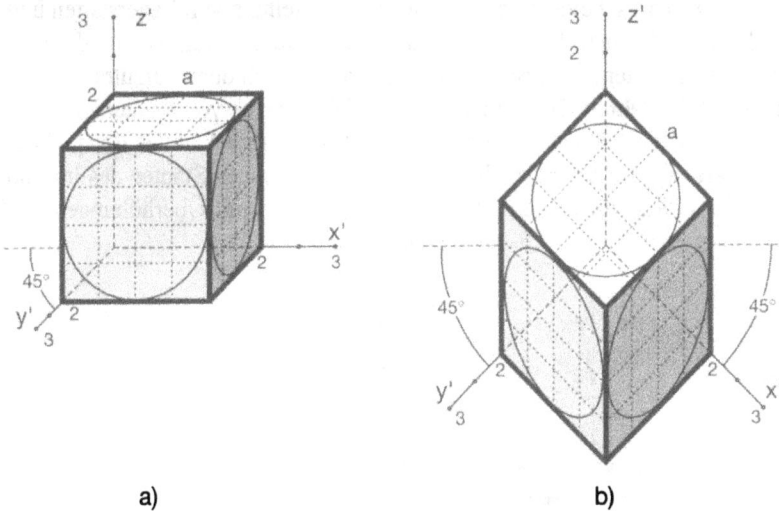

a)   b)

Abb. 3.73 Schiefe Axonometrie eines Würfels (Kantenlänge $a = 2$) mit eingeschriebenen Kreisen
a) als Kavalierperspektive und b) als Militärperspektive

– Dimetrische Projektion und Aufriss-Schrägbild (Kavalierperspektive): Alle
  Aufrisse parallel zur x,y-Ebene bilden sich längs der Koordinatenlinien längentreu ab. Die Ähnlichkeit (Winkeltreue) in der Abbildung der Aufrisse
  ergibt sich bei der Kavalierperspektive exakt, bei der dimetrischen Projektion
  dagegen nur genähert. Der Grundriss der x,y-Ebene wird in beiden Fällen
  gestaucht und verzerrt. Erhebungen wie Gebäude, Berge usw. können größere
  Verdeckungen im Aufriss hervorrufen; dieser Umstand kann die Eignung bei-
  der Projektionen als raumbildliche Darstellung u. U. erheblich einschränken.
  Als Perspektive von einem höheren Standpunkt wirkt die dimetrische Projektion gefälliger. Für die Kavalierperspektive entsteht der beste Eindruck beim
  Betrachten in Projektionsrichtung, d. h. von rechts oben.
– Isometrische Projektion und Grundriss-Schrägbild (Militärperspektive): Alle
  Grundrisse parallel zur xy-Ebene bilden sich in beiden Axonometrien längs der
  Koordinatenlinien längentreu ab. Eine Ähnlichkeit (Winkeltreue) in der Grundriss-Abbildung ergibt sich jedoch nur bei der Militärperspektive. Dass sich bei
  dieser Perspektive auch die z-Komponente längentreu abbildet, hat ihr die mitunter übliche, aber unzutreffende Bezeichnung als isometrische Darstellung
  verschafft. Bei der richtigen isometrischen Abbildung sind die Abbildungsver-
  hältnisse in allen drei Ebenen die gleichen, während sich für die Militärperspektive für die xz- und yz-Ebenen erhebliche Winkelverzerrungen ergeben. Der
  Gesamteindruck der isometrischen Projektion ist gefälliger; für die Militärperspektive ergibt sich der beste visuelle Eindruck beim Betrachten von schräg
  unten, d. h. in Projektionsrichtung. Die isometrische Projektion eignet sich für
  die Anfertigung von Blockbildern und raumbildlichen Darstellungen bebauter

Gebiete. Im Markscheidewesen wird sie zur Darstellung von Lagerstätten und Grubenbauten benutzt. Die Militärperspektive bietet sich an, wenn auf einem vorhandenen Kartengrundriss Gebäudehöhen o. ä. nach oben aufzutragen sind. Ein solches Verfahren für die raumbildliche Wiedergabe von Städten und Bauwerken ist schon seit Jahrhunderten im Gebrauch. Ein bekanntes Beispiel der Gegenwart sind die *Bollmann-Bildkarten* von zahlreichen Städten des In- und Auslandes in Maßstäben von 1:5000 und kleiner und mit Überhöhungen in z' (Gebäudehöhen) um das 1,5- bis 1,8-fache (Abb. 3.74).

Abb. 3.74 Ausschnitt aus einer Bollmann-Bildkarte von Münster in Westfalen. Das Herausgabeexemplar ist mehrfarbig.

3.8.1.8 Stereodarstellungen

Diese vermitteln bei stereoskopischer Betrachtung einen echten Raumeindruck. Man findet sie in erster Linie bei Luftbildern, seltener bei Karten und Blockbildern. Ihre Herstellung setzt voraus, dass zwei Perspektiven vom *selben* Objekt, aber mit *verschiedenen* Projektionszentren vorliegen. Beide Perspektiven sind so zu wählen, dass sie einem stark erweiterten menschlichen Augenabstand entsprechen und möglichst parallele oder leicht konvergierende Blickrichtungen aufweisen. Durch sog. *Bildtrennung* wird jedes Bild sodann einem Auge allein zugeordnet. Die von den Augen getrennt wahrgenommenen, geometrisch verschiedenen Bilder verschmelzen im Gehirn zu einem einzigen Bild mit räumlicher Wirkung.

Für die erforderliche Bildtrennung benutzt man vorwiegend das *Anaglyphen-Verfahren*: Die eine Darstellung erscheint in blauer Farbe; die zweite wird in roter Komplementärfarbe darüber gedruckt oder gezeichnet. Bei Betrachtung durch eine Brille mit entsprechender blauer bzw. roter Filterfarbe wird jeweils ein Bild gelöscht, d. h. jedes Auge nimmt nur das ihm zugedachte Bild wahr.

Luftbilder sowie Photos von Geländemodellen sind fertige Vorlagen für *zentralperspektive Anaglyphenbilder*; eine entsprechende Gestaltung bei Stereopartnern der Orthophototechnik (3.8.1.1 Nr.2) führt zur Parallelperspektive. *Parallelperspektive Anaglyphenkarten, -Blockbilder* usw. sind noch besonders zu konstruieren. Liegt z. B. die Karte bereits vor, so beschränkt sich die Konstruktion auf die zweite Darstellung, in der u. a. die Höhenlinien um konstante Beträge parallel zur Augenbasis zu verschieben sind, um die nötigen Betrachtungsparallaxen für die verschiedenen Höhenwahrnehmungen zu erzeugen. In Anlehnung an das Höhenlinienbild ist sodann auch das Grundrissbild zu verschieben. Liegen die Ausgangsdaten in digitaler Form vor, so lassen sich solche Verschiebungen im Wege der GDV erzeugen.

Statt die beiden Darstellungen wie beim Anaglyphenverfahren übereinander zu legen, kann man sie auch nebeneinander anordnen und die Bildtrennung z. B. durch ein *Stereoskop* vornehmen (Abb. 6.13). Ein weiteres Verfahren besteht in der Verwendung synchron arbeitender Schwingblenden, die in rascher Folge jeweils ein Bild und ein Auge abdecken. Schließlich lässt sich bei transparenten Darstellungen im Durchlicht eine Bildtrennung auch durch Projektion mit polarisiertem Licht und Betrachtung mittels Polarisationsfilter erzielen.

3.8.1.9 Holographie

Holographie ist ein autostereoskopisches Verfahren zur Speicherung und Wiedergabe dreidimensionaler Strukturen. Ein monochromatisch kohärentes Licht (z. B. Laser) wird in zwei Strahlungen geteilt, von denen die eine das Objekt beleuchtet; die andere dient als Vergleichslicht. Durch die Überlagerung des vom Objekt reflektierten Lichts mit dem Vergleichslicht auf einer Fotoplatte entsteht ein *Hologramm*. Anders als eine normale fotografische Registrierung enthält das Hologramm Informationen über Intensität und Phasenlage des vom Objekt kommenden Lichtes. Zur Wiedergabe wird das Hologramm mit monochromatisch kohärentem Licht aus der gleichen Richtung beleuchtet, aus der bei der Aufnahme das Vergleichslicht einfällt. Durch Beugung entstehen zu beiden Seiten des direkten Lichtbündels hinter dem Hologramm zwei Lichtbündel, von denen das eine ein virtuelles Bild an der Stelle liefert, wo sich bei der Aufnahme das Objekt befand; das andere Lichtbündel erzeugt ein reelles Bild hinter dem Hologramm. Das virtuelle Bild kann mit dem Auge in begrenztem Raumwinkel von verschiedenen Seiten aus betrachtet werden; das reelle Bild lässt sich fotografieren oder auf einem Bildschirm auffangen. Beide Bilder liefern eine räumliche Rekonstruktion des Objektes (Abb. 3.75). Sollen Hologramme mit natürlichem inkohärentem Licht betrachtet werden, sind spezielle Aufnahmeanordnungen nötig, um zu erreichen, dass das Hologramm bei der Bildrekonstruktion nur eine Wellenlänge des weißen Lichts auswählt.

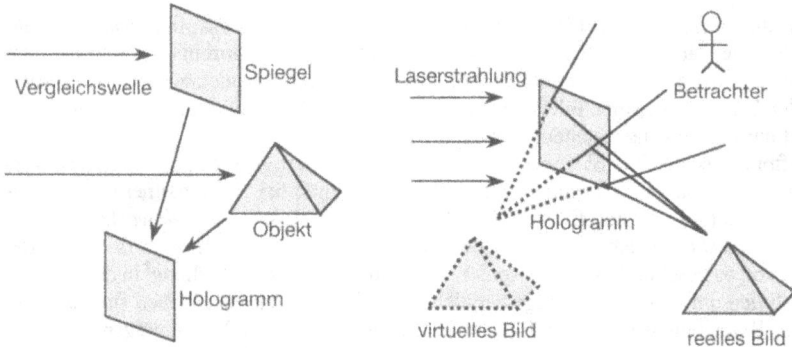

Abb. 3.75 Holographischer Prozess (vgl. *Strothotte* 1998)

Der optische holographische Prozess lässt sich durch ein Computerprogramm simulieren; man spricht dann von der synthetischen Holographie. Die direkte Simulation ist rechenaufwendig. Dabei wird das Objekt durch eine Menge Leuchtpunkte repräsentiert. Jeder Punkt emittiert eine sphärische Welle, die eine fresnelsche Zoneplatte (Beugungsgitter) generiert. Beiträge aller Punkte werden an jedem Hologrammpixel summiert. Das Hologramm des Objektes entsteht als eine Akkumulation aller fresnelschen Zoneplatten aus allen Punkten einschließlich der Vergleichswelle. Zu den Vorteilen der synthetischen Holographie zählen u. a. das Einsparen sämtlicher optischer Geräte und die Fähigkeit zur Konstruktion von Objekten, für die nur mathematische Beschreibungen existieren. Weitere Ausführungen über holographische Verfahren finden sich in *Strothotte* (1998), *Buchroithner/Schenkel* (1999).

3.8.2 Kartographische Anamorphosen

In der Regel gilt für Netzentwürfe das Prinzip, die unvermeidbaren Verzerrungen so gering wie möglich zu halten. Bei bestimmten Fällen der Kartendarstellung und -nutzung kann es aber durchaus zweckmäßig sein, dem Karteninhalt (1) größere Schwankungen in der Maßstabsgeometrie oder gar einen (2) nicht-geometrischen Maßstabsparameter aufzuzwingen. Die durch Verzerrungen entstehenden kartenähnlichen bzw. kartenverwandten Darstellungen wirken mehr oder weniger ungewöhnlich, sind aber oft in der Lage, Blicke zu fangen und bei den Lesern Neugier zu wecken (siehe Abb. 3.76 a,b, Beispiele kartographischer Darstellungen – Anlage 19, 20 auf CD-ROM). In der Kunst haben wir es mit Artefakten zu tun, die oftmals in jedem kleinsten Detail von bekannten Alltagssituationen abweichen und von daher unsere ganze Aufmerksamkeit beanspruchen (*Bischoff* in *Sachs-Homback/Rehkämper* 2000).

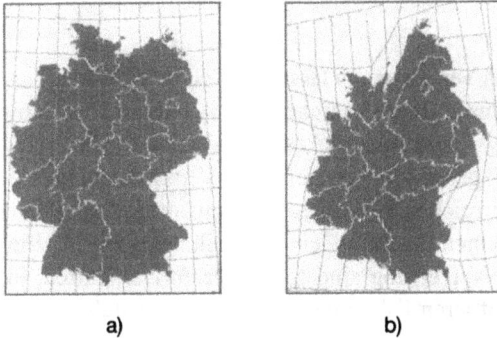

a)   b)

Abb. 3.76 a) Basiskarte und b) Kartenanamorphose (nach *Rase* in *Koch* 2001)

Nach der Verzerrung bleibt zwar die topologische Struktur einer Karte weitgehend erhalten, doch ist die Wiedergabe eines geometrischen Kartennetzes meist nicht mehr möglich oder notwendig. Damit geht zwar der Bezug zum *absoluten* (geometrischen) Raum verloren, doch lassen sich andererseits geographische Erkenntnisse zum *relativen* Raum gewinnen. Ein Schienennetz z. B. lässt sich sowohl lagetreu in einem Stadtplan als auch mit einer unbekannten Geometrie in einem schematischen Topogramm darstellen. Eine effiziente Nutzung des Topogramms wird nicht durch seine großen geometrischen Verzerrungen gestört, sofern die relative Orientierung, die Netzverbindungen und die Haltestationen eindeutig identifizierbar sind.

Folgende Verzerrungsarten treten bei kartenverwandten Darstellungen auf:

a) Lagebezogene Verzerrungen

Lagebezogene Verzerrungen orientieren sich vor allem an der wechselnden Verteilungsdichte der darzustellenden Geo-Objekte und dem damit verbundenen Grad von Lesbarkeit. Beispiele sind die Netze bestimmter Stadtkarten: Innerstädtische Bereiche erscheinen in einem größeren, Außenbezirke in kleinerem Maßstab (z. B. für Hamburg 1:17000 bis 1:40000).

b) Sachbezogene Verzerrungen

Unabhängig von der Verteilungsdichte der Geo-Objekte besteht oft der Bedarf, die für bestimmte Anwendungen wichtigen Teile einer Karte graphisch hervorzuheben. Beispielsweise werden Einzugsgebiete eines Flusses oder Gebiete, die über große Sachquantitäten verfügen, vergrößert und die restlichen Gebiete verkleinert. Die exakte Bindung an die Maßstabsgeometrie wird somit aufgegeben; an ihrer Stelle werden sachbezogene Maßstabsparameter eingeführt. Ein Beispiel dafür sind isodemographische Abbildungen. Indem die Flächen von Bezugseinheiten in Abhängigkeit von der Einwohnerzahl proportional vergrößert oder verkleinert werden, weist eine solche Karte in allen Bezugseinheiten die gleiche Bevölkerungsdichte auf. Die topologischen Beziehungen des Grenznetzwerks bleiben erhalten (Abb. 10.11).

c) Zeitbezogene Verzerrungen

Ähnlich wie bei sachbezogenen Verzerrungen lassen sich zeitbezogene (dynamische) Geo-Informationen durch ihren Raumbezug mit starken Maßstabsschwankungen als Gestaltungsmittel ausdrücken. Geo-Objekte mit variierenden Änderungsmaßen oder -geschwindigkeiten (z. B. Verschmutzungsprozess eines Industriegebiets, Erreichbarkeit eines Orts mit öffentlichen Verkehrsmitteln) beanspruchen einen variierenden Darstellungsmaßstab. Ein Beispiel für die zeitbezogene Verzerrung sind sog. *mittzeittreue* Karten, in denen der Maßstab auf den mittleren Fahrzeiten von Verkehrsmitteln beruht (*Kadmon* 1975).

3.8.2.1 Fischaugen-Ansicht (fish-eye view)

Analog zu der Funktionsweise der Fischaugen-Objektive in der Photographie mit extrem kurzer Brennweite (bis zu 6,3 mm) und extrem großem Öffnungswinkel (bis zu 220°) wird in der Fischaugen-Ansicht die Netzgeometrie nach dem Gesetz der sphärischen Perspektive verzerrt. Ein rechtwinkliges Kartennetz wird auf eine sphärische Oberfläche projiziert und erscheint nach der Transformation als ein aufgeblasenes Kreisbild (Abb. 3.77). Um einen derartigen radialen „Lupeneffekt" zu erreichen, wählt man zunächst einen Fokuspunkt. Ausgehend von einem Basismaßstab $1:m_k$ wird der Fokusbereich (der Teil um den Fokuspunkt) größer dargestellt als $1:m_k$. Der Maßstab wird mit der Entfernung vom Fokuspunkt kleiner als $1:m_k$, um den verdrängten Raum wieder auszugleichen.

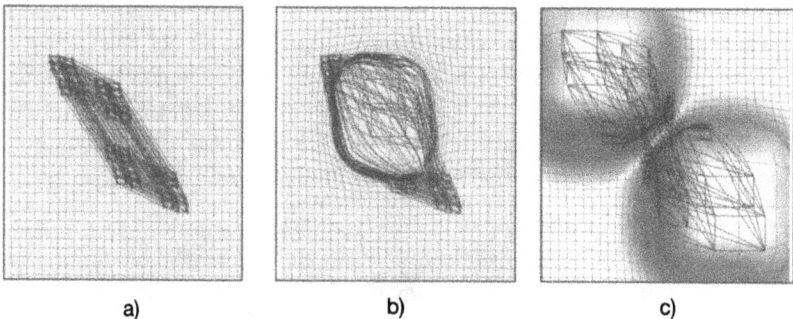

| a) | b) | c) |

Abb. 3.77 a) Originales Bild, b) Fischaugen-Ansicht mit einem Fokuspunkt und c) Fischaugen-Ansicht mit zwei Fokuspunkten (*Carpendale* u. a. 1995)

Für die Konstruktion der Fischaugen-Ansicht sind neben dem Ort des Fokuspunktes zwei Parameter variierbar, der Durchmesser des Fokusbereiches und das maximale Verzerrungsmaß. Für kartographische Anwendungen ist die Definition mehrerer Fokuspunkte mit unterschiedlichen Durchmessern und Verzerrungsmaßen möglich. Die Vektorwerte der Transformationsfunktionen werden an jedem Punkt der Karte addiert und ergeben eine polyfokale Verzerrung (vgl. *Rase* in *Koch* 2001).

Bei der Entwicklung eines Verkehrslinienplanes für den Großraum Hannover nach dem Prinzip der Fischaugen-Ansicht ergab sich eine Maßstabsänderung von 1:25000 bis 1:100 000 als die beste Variante bei einem vorgegebenen Kartenfeld (*Lichtner* 1983a). Die *polyfokalen* Verzerrungen, bei denen sich mehrere Zentren vergrößert darstellen lassen, eignen sich besonders für Karten von Großgemeinden mit mehreren, isoliert liegenden Ortsteilen (Abb. 3.78). Anders als bei einer Nachbildung echter Lupen oder Zoom-Techniken, mit denen ein ausgewähltes Sichtfenster nur um einen konstanten Faktor skaliert und unter Verzicht auf den generellen Kontext betrachtet werden kann, wird bei polyfokalen Verzerrungen ein gleitender Übergang vom vergrößerten Bereich zum Rest der Darstellung bewahrt. Der visuelle Zusammenhang eines Gebiets mit seiner Umgebung ist besonders wichtig für die Informationsgewinnung aus einer geometrisch verzerrten Karte.

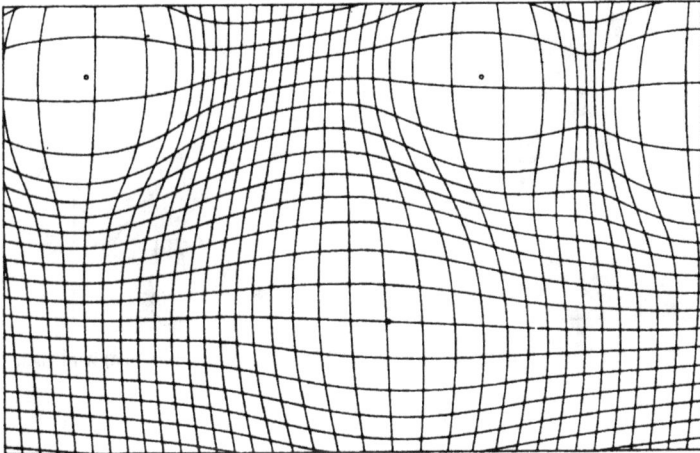

Abb. 3.78 Polyfokal verzerrtes Kartennetz für eine Großgemeinde mit mehreren Ortsteilen (nach *Lichtner*)

Das Prinzip der Fischaugen-Ansicht wird für bestimmte Anwendungen erweitert. Beispielsweise lässt sich eine kissenförmige Fischaugen-Ansicht konstruieren. Ausgegend vom Fokuspunkt ändert sich der Maßstab in einer kissenförmigen Fischaugen-Ansicht linear. Dabei treten zwar sowohl Längen- als auch Winkelverzerrungen auf, die Orthogonalität eines rechtwinkligen Netzes bleibt jedoch nach der Transformation erhalten (Abb. 3.79).

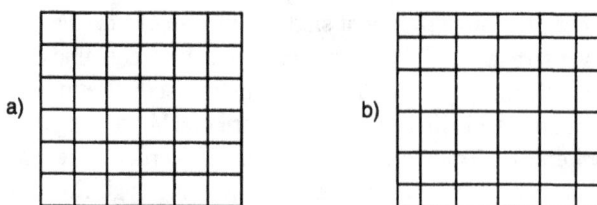

Abb. 3.79 Kissenförmige Fischaugen-Ansicht: a) vor der Verzerrung b) nach der Verzerrung

3.8.2.2 Hyperbolischer Raum

Einen hyperbolischen Raum kann man sich als Aufsicht auf einen Globus vorstellen, deren Zentrum und Rand jeweils dem Pol und dem Äquator entsprechen. Während das Zentrum der Ansicht fast unverzerrt ist, verkürzen sich die zum Äquator abfallenden Seiten exponentiell so sehr, dass sie ganz am Rand nicht mehr lesbar sind (Abb. 3.80a). Rückt man einen anderen Punkt des Globus ins Zentrum, so wird das vorherige Zentrum zum Rand hin verzerrt (Abb. 3.80b). Ähnlich wie in der Fischaugen-Ansicht sind Überblick und Detailsicht im hyperbolischen Raum ohne weitere Hilfsmittel miteinander verbunden.

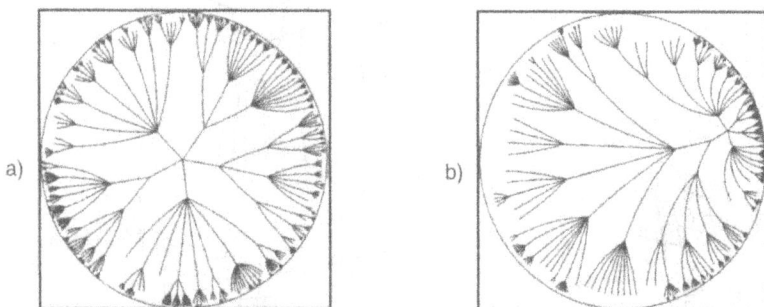

Abb. 3.80 a) Hyperbolischer Raum mit dem Zentrum in der Mitte b) Das Zentrum in a) wird nach rechts verschoben (aus *Strothotte* 1998

3.8.2.3 Die perspektive Wand (perspective wall)

Bei der *perspektiven Wand* wird eine ausgewählte Fokusfläche auf die Mittelwand unverzerrt projiziert, die angrenzenden Bereiche werden auf die Seitenflügel projiziert, die durch die Perspektive verkleinert sind. Dieses Verfahren dient dazu, eindimensional strukturierte Information (z. B. alphabetisch sortierten Text) darzustellen (Abb. 3.81).

3.8.2.4 Fokuslinie

Da die meisten punkt- und flächenförmigen Verzerrungen nicht in der Lage sind, charakteristische Formen von linienhaften Objekten (z. B. Straßenzüge) zu

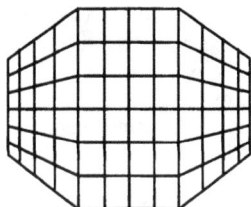

Abb. 3.81 Perspektive Wand

bewahren, wird das Verfahren der *Fokuslinie* in (*Rainer* 2000) entwickelt. Nach diesem Verfahren wird ein Linienzug (z. B. eine gerade Linie oder eine Polylinie) als Fokuslinie (das Verzerrungszentrum) gewählt. Ausgehend von der Fokuslinie finden Verzerrungen beidseitig statt, die sich zum Kartenrand hin fortsetzen. Die Stärke der Verzerrung fällt mit der steigenden Entfernung von der Fokuslinie ab. Die Parametrisierung der Fokuslinie lässt sich durch eine Schar von fünf parallelen Symbollinien erläutern. Die mittlere Linie markiert das Verzerrungszentrum. Die daneben verlaufenden Linienpaare besitzen jeweils den gleichen Abstand zum Zentrum. Das innere Linienpaar markiert den Ausgangsabstand und das äußere Linienpaar entsprechend den Zielabstand. Alle Punkte, die auf dem inneren Linienpaar liegen, werden also im Ergebnis auf das äußere Linienpaar verdrängt (Abb. 3.82a,b).

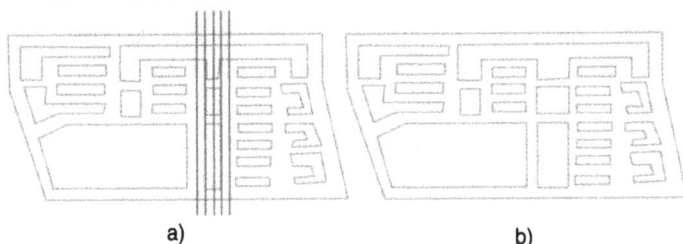

a)   b)

Abb. 3.82 Verzerrung mit Fokuslinie. a) Ausgangssituation, b) Ergebnis nach der Transformation (nach *Rainer* 2000)

3.8.3 Reliefs

Die Schwierigkeiten, aus ebenen Darstellungen eine zutreffende Vorstellung der Oberflächenformen zu gewinnen, haben neben den Stereodarstellungen stets den Wunsch nach echten dreidimensionalen Wiedergaben aufkommen lassen. Als einfachstes Verfahren gilt die *Sandkastenmethode*, die typische Geländeformen gut erkennbar machen kann, jedoch ohne genauere Lage und Höhe der Objekte. Eine exaktere Methode ist dagegen die Entwicklung von *Stufenreliefs* aus horizontalen Platten bestimmter Dicke, die den Höhenlinien entsprechend abgegrenzt sind. Ein solcher Modellaufbau ist in anderer Weise auch mit Hilfe vertikaler *Profilplatten* möglich.

Das Material der Plattenreliefs besteht meist aus Holz oder Pappe. Beim weiteren Modellieren zum Beseitigen der Stufen und Absätze wird Gips oder plastischer Kunststoff benutzt. Das gehärtete Relief wird sodann an der Oberfläche weiter gestaltet. Mit Spezialgeräten lässt sich die Reliefherstellung heute weitgehend mechanisieren. So wird z. B. das für die mechanische Schummerung (4.2.7.2) erforderliche Geländemodell durch eine Gipsfräsmaschine hergestellt, bei der das Abfahren einer Kartenhöhenlinie auf die Fräse übertragen wird.

Großes Gewicht und oft erhebliche Ausmaße machen solche Reliefs für eine leichte Handhabung und einen bequemen Transport ungeeignet. Für viele Zwecke sind daher die leichten und flexiblen plastischen *Kartenreliefs* - auch als *Reliefkarten* bezeichnet - günstiger. Diese bestehen aus einer mit Kartendruck versehenen Kunststofffolie, die erwärmt und dann durch Unterdruck gegen eine Form gepresst wird (Vakuumverformung). Die Form besteht meist aus Gips, der an mehreren Stellen zur Erzeugung des Vakuums durchbohrt ist. Die Geländeüberhöhung ist um so größer, je flacher das Gelände bzw. je kleiner der Maßstab ist. Bei 1:50000 und größer liegt die Überhöhung je nach Relief etwa zwischen 1 und 2; bei 1:1 Mio. beträgt sie das 2–4fache und kann bei 1:40 Mio. das 20-80fache erreichen.

Man unterscheidet zwischen der *Negativverformung (Tiefziehen)*, bei der die Form ein Negativmodell des Geländes ist, und der *Positivverformung*, bei der eine positive Geländeform vorliegt *(Mühle* 1967). Widersprüche, die nach der Verformung zwischen dem entstandenen Relief und dem vorher aufgedruckten Höhenlinienbild auftreten können, sind am geringsten in der Negativverformung für die Talbereiche, in der Positivverformung für die Bergspitzen. Sie lassen exakte kartometrische Arbeiten meist noch nicht zu.

Auch *Blindenkarten (Tastkarten, taktile Karten, tactual maps)* entstehen durch thermische Kunststoff-Verformung. Sie stellen als Stadtkarte das Stadtrelief dar, meist in negativer Form durch hochgestellte Straßen in Verbindung mit der Blindenschrift nach Braille *(Podschadli* 1988).

3.8.4 Globen

Globen sind Nachbildungen der Erde, eines anderen Weltkörpers oder der scheinbaren Himmelskugel. Sie bestehen aus Holz, Pappe, Blech, Glas oder Kunststoff und weisen meist Durchmesser von rund 25 bis 50 cm auf, was bei Erdgloben Maßstäben von 1:50 Mio. bis 1:25 Mio. entspricht.

Das besondere Merkmal des Globus ist seine geometrische Ähnlichkeit mit dem Urbild (z. B. der Erde als Kugel) im Kleinen wie im Großen. Damit liegt eine völlig verzerrungsfreie, d. h. längen-, flächen- und winkeltreue kartographische Abbildung vor. Diesem wesentlichen Vorzug im ganzen stehen allerdings Nachteile gegenüber, die sich beim Vergleichen zwischen weit auseinanderliegenden Darstellungen, bei kartometrischen Arbeiten (z. B. Flächenbestimmungen) sowie bei Handhabung und Transport ergeben.

Die meisten Globen sind um eine Achse drehbar, die in den beiden Endpunkten eines halbkreisförmigen Meridianteilers liegt; dieser wiederum ist auf einem Sockel so befestigt, dass die Drehachse den planetarischen Verhältnissen entsprechend geneigt ist, z. B. beim Erdglobus um etwa 23,5° gegen die Lotrichtung. Der *Rollglobus* ist dagegen eine lose Kugel, die in zwei gekreuzten Quadranten ruht. Mit Hilfe der auf den Quadranten befindlichen Maßskalen kann man auf dem Globus beliebige Entfernungen messen.

Wie bei der Gruppierung der Karten nach dem Inhalt kann man auch bei den *Erdgloben* zwei Gruppen unterscheiden:

- *Physische* Globen sind wie geographische (also topographische) Karten gestaltet; sie stellen teilweise auch die Formen des Meeresbodens dar. Einen Sonderfall bilden die *Reliefgloben*, die wie Kartenreliefs (3.8.3) mit sehr starker Überhöhung die großen Gebirge der Erde plastisch wiedergeben, ferner *taktile* Globen.
- *Thematische Globen* begannen als *politische* Globen, später erschienen auch Globen über Geologie, Geotektonik, Klima, Wirtschaft und Verkehr.

Himmelsgloben bilden – entsprechend einer scheinbaren Betrachtung des Himmelsgewölbes von außen – den Sternenhimmel seitenverkehrt ab. Die waagerechte Ebene durch den Globusmittelpunkt ist dabei als örtlicher Horizont zu denken. Neben topographischen und geologischen Globen vom Erdmond gibt es auch erste Globen von anderen Planeten und Monden.

Leuchtgloben kombinieren zwei Darstellungen, z.B. beleuchtet die physische und unbeleuchtet die politische Situation *(Duo-Globen)*. Andere Leuchtgloben demonstrieren mit Hilfe der teilweise abgedeckten Lichtquelle die Tag-Nacht-Situation auf der Erdoberfläche im Wandel der Tages- und Jahreszeiten. *Induktionsgloben* sind meist schwarze Kugeln (z.B. Schiefergloben) mit oder ohne Gradnetz für Lehrzwecke (siehe z.B. die Kugeloberfläche in Abb.2.13). Neben solchen kugelartigen Globen gibt es auch ellipsoidische Formen.

Das Schrifttum zur Globenkunde bis etwa 1960 hat *Bonacker* (1960) zusammengestellt. Mit thematischen Globen befasst sich *Jensch* (in *Oesterreichische Geographische Gesellschaft* 1970). Zahlreiche Einzelinformationen über Globen enthält „Der Globusfreund", die Zeitschrift der Coronelli-Gesellschaft für Globen und Instrumentenkunde, Wien (*Schmidt* 1995). Über taktile Globen für Sehbehinderte berichtet *Podschadli* (1988). Wie man umgekehrt die Oberfläche eines historischen Globus durch Photogrammetrie und digitale Bildverarbeitung verbessern und dazu auch bewegte Bilder erzeugen kann, beschreiben *Kager/Kraus/Steinnocher* (1992).

Zur Herstellung von Globen wird eine Folge von sphärischen Zweiecken (Globuszwickel) wie eine ebene Karte mehrfarbig bedruckt und dann Zweieck für Zweieck auf die Globusoberfläche geklebt. Bei gewöhnlichen Globen sind die Zweiecke meist in einem Längenunterschied von 30° durch Schnittlinien begrenzt, die zwischen den gedruckten Meridianen liegen. Die beiden Polbereiche werden als kreisrunde Kappen geklebt. Bei Globuskugeln aus Kunststoff ist auch ein direktes Bedrucken der Oberfläche möglich. Einzelheiten zur Abbildungsgeometrie der sphärischen Zweiecke finden sich in 2.3.4 und Abb. 2.49.

4 Techniken für die kartographische Visualisierung

Zusammenfassung

Das im Kapitel 3 behandelte *gedankliche* Konzept kartographischer Modellbildung ist zu seiner Verwirklichung in *konkrete* Zwischen- und Endprodukte umzusetzen. Dazu befasst sich das Kapitel 4 mit den Materialien, Geräten und Methoden, die der Kartographie zur Verfügung stehen. Nach allgemeinen Erläuterungen werden zunächst entsprechend der historischen Entwicklung die klassischen kartographischen Techniken und Methoden einschließlich der Vervielfältigung durch Druck im heute erforderlichen Umfang beschrieben. Den Schwerpunkt dieses Kapitels bilden jedoch die digitalen Techniken. Zu deren Beschreibung gehören die Merkmale der graphischen Datenverarbeitung, der Digitalisierung analoger Quellen sowie des Aufbaus und der Verwaltung von Geo-Datenbanken. Am Schluss werden die aktuellen Trends einschließlich der multimedialen Techniken behandelt. Sind damit die elementaren Bausteine kartographischer Technik beschrieben, so lässt sich im Kapitel 7 nunmehr das Anwenden und Verknüpfen der Werkzeuge und Methoden zu Verfahren zusammenhängend betrachten.

4.1 Begriffe und Aufgaben, Überblick

Mit dem Aufkommen der graphischen Datenverarbeitung (GDV) erfassen die kartographischen Techniken alle Bereiche kartographischer Arbeiten. Aus der klassischen *Kartentechnik* der Herstellung und Aktualisierung der Kartenoriginale sowie der Kartenvervielfältigung ist nunmehr eine umfassende *Kartentechnologie* geworden. Bei dieser sind die technischen Abläufe immer weniger isolierte Einzelschritte, sondern sie bilden miteinander verknüpfte Teile eines offenen und flexiblen Systems. Diese Verknüpfung ist zweifach:

– Methoden, Geräte und Materialien bedingen einander durch die Verarbeitungskette hindurch (z. B. Bilddarstellung im Vektor- oder Rastermodus).
– Für die Teilprozesse gibt es keine eindeutige Reihenfolge mehr, wie sie in der klassischen Kartentechnik durch das Schema „Entwurf-Original-Vervielfältigung" üblich ist. Damit verlieren diese Begriffe auch ihren festen Bedeutungsinhalt, denn es können z. B. Enddarstellungen am Bildschirm zugleich als Vorlagen für andere Darstellungen dienen.

Gemeinsamkeiten zwischen klassischer und moderner Kartentechnik bestehen für materielle kartographische Darstellungen vor allem in der Verwendung der Trägermaterialien und in den Methoden des Bildaufbaus. Dagegen gibt es grundlegende Unterschiede im Einsatz von Werkzeugen und Methoden, doch lassen sich wieder Übereinstimmungen aufzeigen zwischen den beiden Techniken bei der graphischen Ausgabe der Daten, vor allem dort, wo die klassische Drucktechnik zum Einsatz kommt. Über Herstellung von Originalen und Druckplatten durch digitale Prozesse siehe 4.7.3.

Das *allgemeine* Schrifttum über graphische Techniken und deren Teilbereiche ist sehr umfangreich. Neuere Lehr- und Handbücher zur Papierverarbeitung stammen z. B. von *Tenzer* (1989), zur Reproduktionstechnik von *Golpon* (1988), *Ihme* (1991) und *Morgenstern* (1985, Rasterungstechnik), zur Drucktechnik von *Duppen* (1986, Siebdruck), *Gaitzsch* (1987, Druckformen), *Stiebner* (1986, allgemein), *Teschner* (1990, Offsetdruck), *Walenski* (1991, Offsetdruck). Daneben gibt es Fachwörterbücher und geschichtliche Darstellungen. Zahlreiche Fachzeitschriften informieren über den gegenwärtigen Stand und über Entwicklungstendenzen.

Dagegen ist die *spezielle* Literatur zu kartographischen Techniken verteilt auf wenige Monographien (z. B. *Keates* 1989, *Schoppmeyer* 1991), auf Sammelwerke (z. B. die Ergebnisse der Arbeitskurse Niederdollendorf in *Bosse* (1973, 1976, 1978, 1979), *Leibbrand* (1984b, 1985, 1989, 1991, 1994) und *DGfK* (1997) sowie auf zahlreiche Fachaufsätze. Für das gesamte graphische Gewerbe gibt es zahlreiche Regelungen in den DIN-Normen (siehe auch Anhang 2); solche mit dem Schwerpunkt Kartentechnik zählt *Leibbrand* in *Dodt/Herzog* (1988) auf.

4.2 Klassische kartographische Techniken

4.2.1 Grundzüge des Bildaufbaus

Sie beziehen sich auf sichtbare und materielle Darstellungen in gezeichneten bzw. vervielfältigten Karten. Außer Betracht bleiben daher virtuelle Darstellungen (Bildschirminhalte und Projektionen) sowie nicht sichtbare Darstellungen (z. B. in der Form latenter digitaler Modelle auf Speichermedien).

Der Bildaufbau einer konkreten Darstellung erfordert einen materiellen Träger, dessen Oberfläche fest und dauerhaft mit der Darstellung verbindet (4.2.2). Diese Darstellung ergibt sich aus einer *Bilddifferenzierung* als Kontrast zwischen ihr und dem darstellungsfreien Bereich der Trägeroberfläche. Diese Bilddifferenzierung beruht entweder auf den sichtbar gemachten Wirkungen einer Strahlung (4.2.3) oder auf dem Auftragen bzw. Entfernen von Substanzen auf der Oberfläche (4.2.4). Einige Methoden ergeben sich aus der Kombination beider Möglichkeiten. Darüber hinaus gibt es eine spezielle Technik zur Darstellung feiner Rasterstrukturen, wie dies bei Helligkeitsvariationen oder beim Einsatz der kurzen Skala erforderlich ist (4.2.5).

4.2.2 Träger der Darstellung

Solche *Bildträger* (*Zeichnungsträger* im weiteren Sinne) tragen die Ergebnisse von Zeichnungen, Montagen, Reproduktionen, Drucken, Digital-Analog-Wandlungen usw. Art und Beschaffenheit des Materials sind oft von erheblichem Einfluss auf die Einzelheiten der technischen Abläufe. Die wichtigsten Trägerstoffe für eine *dauerhafte* Darstellung sind Papier, Kunststoff-Folien und Metalle.

4.2.2.1 Papier

Dieses hat in der Kartentechnik eine dreifache Bedeutung:
– Als beschichtetes oder unbeschichtetes Papier trifft man es bei Zwischenprozessen (Ergebnisse von Computerdruck, Faxen, Scannen, Lichtpause, Photo, Bürokopie) und bei Arbeitsunterlagen (Listen, Dokumente usw.).
– Als Kartenpapier ist es der Bedruckstoff für den Auflagedruck.
– Als Karton trägt es mitunter noch den Entwurf und die Reinzeichnung.

Das etwa um 100 n. Chr. in China erfundene Papier kam erst um 1150 über Arabien und Spanien nach Europa. Hier war seit etwa 200 v. Chr. das aus ungegerbten Tierhäuten hergestellte *Pergament* im Gebrauch. 1350 entstand die erste deutsche Papiermacherei. Der Name stammt vom *Papyrus*, der seit etwa 3500 v. Chr. in Ägypten aus den Markfasern der Papyrusstaude gewonnen wurde.

Als Rohstoffe dienen Holz, Stroh, Lumpen (Hadern) und Altpapier. Daraus entstehen Faserstoffe (Halbstoffe), die nach mechanischer Bearbeitung mit weiteren Füllstoffen einen Papierbrei (Ganzstoff) bilden. Dieser wird auf dem Siebband der Papiermaschine gerüttelt und entwässert, und danach durchläuft er beheizte Trockenzylinder und Glättwerke. Durch Beschichten (Streichen) und spezielles Glätten (Satinieren) in sog. Kalandern lässt sich die Oberfläche weiter verbessern. Für holzfreies Kartenpapier wird aus dem Rohstoff Holz auf chemischem Wege nur die Zellulose, nicht auch der Holzschliff zur Verarbeitung entnommen. Das Gewicht für 1 m² Papier beträgt bis zu 150 g; Kartenpapier wiegt etwa 90 g/m². Sorten bis 600 g/m² bezeichnet man als Karton, über 600 g/m² als Pappe. Bei einer Stoffdichte von rund 1 gibt diese Gewichtsangabe zugleich die ungefähre Papierdicke in μm an. Weitere Einzelheiten siehe z. B. *Sandermann* (1988), *Tenzer* (1989) und *Walenski* (1994).

Der besondere Vorteil des Papiers liegt darin, dass es Graphit, Schreibpaste, Tinte, Tusche und Druckfarben problemlos annimmt und rasurfähig ist. Nachteilig ist die starke Abhängigkeit der Papierdimensionen vom Grad der Luftfeuchtigkeit. Dieser *Papierverzug* ist quer zur Laufrichtung etwa 3–6mal größer als in Laufrichtung. Als *Laufrichtung* gilt die Richtung der Breifasern; sie stellen sich beim Rütteln des Siebbandes stets in Bandrichtung ein. Ein gefeuchtetes Papier krümmt sich stets quer zur Laufrichtung (sog. Feuchtprobe). Das z. B. für den Mehrfarbendruck erforderliche Einhalten der Papierdimensionen ergibt sich durch Raumklimatisierung.

Bedrucktes Kartenpapier gibt es gefaltet (gefalzt) oder ungefaltet (plano). Eine gut durchdachte *Falzung* steigert die Handlichkeit im Gebrauch. Das *Falzschema*, d. h. die Anordnung der Knickkanten (Brüche), besteht häufig aus einer harmonikaartigen Falzung durch Parallelbrüche (sog. Zickzack- oder Leporello-falzung) in Nord-Süd-Richtung und aus einer oder zwei Falzungen quer dazu. Bei höheren Kartenauflagen kommen Falzmaschinen zum Einsatz.

Synthetische Papiere bestehen aus reinem Kunststoff oder aus einer Mischung von Kunststoffasern mit herkömmlichen Zellstoff- oder Holzschliffasern. Sie sollen die guten Oberflächeneigenschaften des Papiers beibehalten, zugleich aber widerstandsfähiger sein gegen Reißen, Scheuern, Falzen und Feuchtigkeit. Ande-rerseits sind sie leichter dehnbar, nicht so steif wie Papier, kaum besser zu bedru-cken als dieses und merklich teurer.

Die Trägereigenschaften von Maßbeständigkeit und Transparenz kann das Papier zugleich nicht erfüllen: Dimensionsstabiliertes Papier ist nicht transpa-rent, Transparentpapier nicht maßbeständig. Aus diesem Grunde eröffnet sich den Kunststoff-Folien ein weites Anwendungsgebiet.

4.2.2.2 Kunststoff-Folien

Erste brauchbare Zeichenfolien waren *Celluloseacetate*, die sich leicht bezeichnen lassen, jedoch nicht sehr maßbeständig sind. Die meisten Zeichenfolien bestehen heute aus *Polyvinylchlorid (PVC)* oder *Polyester (PE)*.

Polyvinylchloride entstehen aus dem Monomer Vinylchlorid durch sog. Polymerisation, bei der sich hochmolekulare, meist langkettige Verbindungen bilden. Nach der Polymeri-sation entstehen die Folien durch Walzen in geheizten Kalandern; eine Mattierung wird durch Oberflächenprägung oder mechanisches Aufrauhen erzeugt. *Polyester* sind Poly-mere mit der Estergruppe, die sich durch Polykondensation von Dicarbonsäuren mit Alko-holen ergeben; ihre Oberflächenmattierung entsteht durch Pigmentlackierung. *Polycarbo-nate* sind *Polyester* der Kohlensäure durch Polykondensation von Diphenolen mit Phos-gen.

Die Folien sind einseitig bzw. beidseitig mattiert, glasklar oder undurchsichtig (opak) und etwa 0,05 bis 0,25 mm stark. *Unbeschichtete* Folien dienen als Zei-chenfolien (mindestens einseitig mattiert) oder als Montagefolien. *Beschichtete* Folien tragen eine Lichtpaus-, Photo-, Kopier-, Gravur-, Maskier-, Schneide- oder Strippingschicht in Form eines dünnen *Films*. Die Eignung von Folien hängt ab vom Einfluss der Temperatur und der Luftfeuchtigkeit, von ihrer Wärme- und Alterungsbeständigkeit, Festigkeit, Flexibilität und Knickbeständigkeit sowie von ihrem Verhalten zu Tuschen und Farben.

Die Wärmeausdehnungskoeffizienten solcher Folien liegen je 1° C bei etwa $25 \cdot 10^{-6}$ bis $60 \cdot 10^{-6}$, während die Ausdehnungskoeffizienten je 1% Änderung der relativen Luftfeuch-tigkeit sich zu rund $5 \cdot 10^{-6}$ bis $10 \cdot 10^{-6}$ ergeben. Bei höheren Temperaturen ändert sich das Maßverhalten, bei sehr niedrigen Temperaturen erhöht sich die Sprödigkeit. Polyes-terfolien sind von hoher mechanischer Festigkeit, jedoch haften auf ihnen Tuschen und Kopierfarben nicht unmittelbar, sondern nur mit Hilfe einer besonderen Lackmattierung. Alle Folien laden sich ferner bei geringer Luftfeuchtigkeit elektrisch auf.

4.2.2.3 Metalle

Metallplatten (Aluminium, verchromtes Kupfer, mit Chrom und Kupfer beschichteter Stahl) dienen als Druckformen in Druckmaschinen. Für die Übertragung der Darstellung auf die Druckplatte dienen verschiedene Belichtungsverfahren. Dazu und über die Beschaffenheit der Metallplatten siehe 4.2.6.2).

4.2.3 Bildaufbau durch Strahlung

Alle Verfahren, bei denen eine *aktinische* Strahlung durch partielles Verändern einer Schicht eine Bildübertragung ermöglicht, gelten als *photographische Verfahren im weitesten Sinne*. Dabei ist aktinisches Licht der Teil des elektromagnetischen Spektrums, auf den die sensibilisierte Schicht photochemisch reagiert.

Strahlungsempfindliche Schichten kommen vorwiegend zum Einsatz, wenn von der Vorlage eine weitere, evtl. modifizierte Ausfertigung entstehen soll. Man erhält dann eine *Kopie*. Als Eignungskriterien zur Anwendung der einzelnen Schichten gelten:
- Materialqualität in Bezug auf Maß- und Alterungsbeständigkeit, Festigkeit, Planlage, Reaktion auf Zeichnung und Korrektur,
- Ergebnisqualität nach Auflösung, Dichte und Standardisierbarkeit,
- Wirtschaftlichkeit hinsichtlich Materialkosten, Geräteeinsatz, Verarbeitungsgeschwindigkeit, Wiederholbarkeit (Generierungsrate),
- Grad der Umweltbelastung durch Chemikalien, Belichtung, Abluft.

Weitere, mehr organisatorische Kriterien ergeben sich aus der Qualifikation des Personals und dem vorhandenen Gerätepark. Übersichten zu reprotechnischen Filmen gibt es von *Schulz/Stupp*, zu Farbkopierverfahren von *Schoppmeyer/Averdung* (alle in *Dodt/Herzog* 1992).

4.2.3.1 Photographie mit Silberhalogeniden (Silbersalzen)

Sie gilt als *Photographie im engeren Sinne* und ist das wichtigste Verfahren der Reproduktionsphotographie. Bei dem seit 1834 bekannten Verfahren wird die belichtete Schicht aus Silberhalogenid (z. B. Bromsilber) zu Silber reduziert; das zunächst latente Bild wird durch die Entwicklung sichtbar gemacht. In der Kartentechnik geht es fast immer um Schwarz-Weiß-Material; Farbphotographien trifft man bei der direkten Wiedergabe bunter Vorlagen (z. B. bei alten Karten). Je nach Empfindlichkeit der Photoschichten wird der photographische Prozess im Dunkelraum- oder Hellraumbetrieb durchgeführt.

Der normale photographische Prozess verwandelt unter Seitenvertauschung ein Positiv in ein Negativ bzw. umgekehrt. Die Entwicklung wird zunehmend standardisiert und automatisiert. Korrekturen beruhen auf Abdecken im Negativ, seltener auf Rasuren im Positiv. *Direktpositivfilme* sind vorbelichtete Filme; sie enthalten eine latente Schwärzung. Diese

wird unter einem Positiv an den bildfreien Stellen abgebaut, und zwar bei geringempfind-
licher Schicht mit gelber Strahlung bzw. Gelbfolie (Herschel-Effekt) oder bei hochemp-
findlichem Film mit UV-Strahlung (Solarisationseffekt). In der Farbphotographie ist die
dreistufige Schicht jeweils für Rot, Grün bzw. Blau sensibilisiert. Für die nachfolgende
Entwicklung zum farbigen Positiv gibt es verschiedene Verfahren.

Die für die meisten kartographischen Vorlagen verwendeten *Strichfilme* besitzen ein
hohes Auflösungsvermögen, aber eine geringere Allgemeinempfindlichkeit. Sie sind nach
der spektralen Empfindlichkeit orthochromatisch, und ihre Gradationskurve (Schwärzungskurve) steigt steil an. *Lithfilme* weisen besonders hohe Schwärzung und Randschärfe auf; *Linefilme* erreichen diese extremen Merkmale nicht ganz, sind aber infolge
größeren Belichtungs- und Entwicklungsspielraums in der Verarbeitung leichter standardisierbar und kostengünstiger. *Tageslichtfilme* sind für kurzwelliges Licht sensibilisiert
und reagieren daher nur auf Lichtquellen mit sehr hohem UV-Anteil; dabei gibt es positiv
(Positiv zu Positiv) und negativ (Negativ zu Positiv) arbeitende Materialien. *Panchroma-
tische Halbtonfilme* mit nicht so steiler Gradation eignen sich für die Wiedergabe von
Halbtonvorlagen; gegenüber der Vorlage sind Tonwert- und Kontrastveränderungen zur
Verbesserung der Lesbarkeit möglich (z.B. im Luftbild).

Zur Standardisierung des photographischen Prozesses in Belichtung und Entwicklung bezeichnet die *Sensitometrie*

bei Durchsichtsvorlagen	*bei Aufsichtsvorlagen*
den Transmissionsgrad T (Transparenz,Durchlässigkeit)	den Reflexionsgrad R (Reflexionsvermögen)
als Verhältnis (Quotient) aus	als Verhältnis (Quotient) aus
durchgelassenem Lichtstrom Φ_T und auftreffendem Lichtstrom Φ_O	reflektiertem Lichtstrom Φ_R und auftreffendem Lichtstrom Φ_O
$T = \Phi_T / \Phi_O.$	$R = \Phi_R / \Phi_O.$

Der Kehrwert $1/T$ bzw. $1/R$ als Verhältnis zwischen auftreffendem und durch-
gelassenem bzw. reflektiertem Lichtstrom entspricht damit dem Grade der photographischen Schwärzung und wird als Opazität (Undurchlässigkeit) O_p bezeichnet. Da die Zahlenwerte für T und R sich von 0 bis 1 erstrecken können, ergeben
sich für O_p Werte zwischen ∞ und 1 mitunter große Zahlen. Daher verwendet
man in der Praxis zur Angabe der Dichte (Schwärzung) D den Zehnerlogarith-
mus der Opazität:

$$D = \lg O_p = \lg 1/T \quad \text{bzw.} \quad \lg 1/R.$$

Die so definierte *Dichte* lässt sich bei Vorlagen und Ergebnissen messen mit
Densitometern, und zwar lokal (z.B. beim Einzelpunkt) oder integral (z.B. für
eine kleine Rasterfläche). Als *Dichteübertragungsfunktion* gilt die Beziehung
zwischen dem Dichteumfang ($D_{max} - D_{min}$) einer Vorlage und dem des Ergeb-

nisses. Sie wird im Einzelfall durch Einhalten bestimmter Belichtungs- und Entwicklungszeiten verwirklicht und durch Densitometer kontrolliert.

Die Definition der Dichte weist den Vorteil auf, dass beim Zusammentreffen mehrerer Vorlagen oder Filter die Dichtewerte einfach zu addieren sind, während die Werte der Opazitäten zu multiplizieren wären. Hart arbeitende Strichfilme besitzen ein $D = 4$ ($T = 1{:}10000$) und mehr, kontrastreiche Halbtonfilme ein $D = 3$ ($T = 1{:}1000$). Die maximale Dichte von Schwarz-Weiß-Darstellungen auf Photopapier, von schwarzen Tuschezeichnungen und Druckergebnissen liegt bei etwa $D_{max} = 1{,}5$ ($R = 1{:}30$). Weiße Photo- und Druckpapiere besitzen selbst eine Dichte von etwa $0{,}1$ ($R = 1{:}1{,}3$).

4.2.3.2 Photopolymer-Verfahren

Monomere als niedermolekulare Kunststoffe (z. B. Styrol) formen sich unter Einwirkung von Licht, Wärme und bestimmten Zutaten zu langkettig vernetzten Polymeren mit geänderten physikalischen Eigenschaften (Polymerisation). Die Technik breitete sich aus mit dem Aufkommen der photopolymeren Druckplatten um 1960. Bei der sog. *Photohärtung* befindet sich die mit Farbpigmenten versehene Schicht auf einem Träger aus Kunststoff oder Metall und unter einer Schutzschicht. Durch Belichten mit UV-Strahlen im Kontakt mit der Vorlage wird die Polymerschicht hart, und die nicht belichteten Teile lassen sich mit Wasser abspülen (*Wash-Off-Verfahren, Auswaschfilme*). Bei diesem Negativverfahren (Negativ zu Positiv) werden die verbliebenen Schichtstellen (Bildpartien) nach dem Trocknen durch Nachbelichten fixiert; die bildfreien Stellen sind frei von einer Schicht und daher problemlos zu bezeichnen, die Bildstellen leicht zu radieren. Neben dem üblichen Schwarz-Weiß-Verfahren gibt es auch die Möglichkeit der Farbwiedergabe. Ist der Schichtträger eine Metallplatte, so eignen sich die Schichtstellen als Träger der Druckfarbe im Flachdruck.

4.2.3.3 Elektrophotographie

Sie ist seit etwa 1970 in der Bürotechnik das gebräuchlichste Verfahren der Kopie bzw. der Vervielfältigung in nicht zu hohen Auflagen. Neben der einfarbigen Wiedergabe 1:1 nach Aufsichtsvorlagen sind auch Verkleinerungen und Vergrößerungen sowie farbige Reproduktionen möglich. Das Verfahren beruht auf der Bilddifferenzierung durch eine von der Vorlage reflektierte Strahlung auf eine lichtempfindliche Schicht mittels optischer Projektion oder direkter Aufzeichnung sowie auf einer nachfolgenden Substanzübertragung. Die Allgemeinempfindlichkeit der Schichten ist geringer als bei Photoschichten, vor allem wenn die Strahlung mit einem Laser erzeugt wird. Die Spektralempfindlichkeit lässt sich auf den gesamten Bereich des sichtbaren Lichts ausdehnen.

Beim heute üblichen Verfahren mit unbeschichtetem Papier *(Transfer-Verfahren, Xerographie)* wird die positive Vorlage auf eine elektrostatisch aufgeladene Halbleiterschicht (z. B. Selen, Zinkoxid) projiziert. Die Ladung fließt an den belichteten, bildfreien Stellen ab; das latente Ladungsbild wird durch feste oder flüssige Farbpartikel (Toner) sichtbar gemacht, auf einen entgegengesetzt aufgeladenen Träger (Papier, Kunststoff) übertragen und dort fixiert. Bei farbiger Wiedergabe verlaufen Belichtung und Farbauftrag nacheinander für die Grundfarben Cyan, Magenta und Gelb mit anschließender gemeinsamer Fixierung. In der *Elektrographie* als Variante entsteht das Ladungsbild nicht durch Projektion, sondern direkt auf einem Träger mit Hilfe einer digital gesteuerten Schreibelektrode. Moderne Gerätesysteme erreichen die Qualität des Offset-Druckverfahrens, so dass sie für den Andruck oder kleinere Auflagen eingesetzt werden.

4.2.3.4 Mikroverfilmung

Diese diente vor Einführung der digitalen Datenspeicherung der Dokumentation und Sicherung von Zeichnungen, Schriftstücken usw. mit den Vorzügen des geringen Bedarfs an Raum, Mobiliar und Material sowie der übersichtlichen und leichten Benutzung und Verwaltung. Sie benutzt hochauflösende Silberhalogenidemulsionen (etwa 200 Linien/mm) mit ausreichender Schwärzung ($D = 1,0$) der Negative. Bei *analoger* Methode wird eine Aufsichtsvorlage durch die reflektierte Strahlung in einem Zuge mittels optischer Projektion unter starker Verkleinerung auf eine photographische Schicht übertragen. Das *digitale* Verfahren setzt einen digitalen Datenbestand mittels Kathoden- oder Laserstrahl in die analoge Filmdarstellung um.

Die Mikroverfilmung führt bei Zeichnungen in der Regel zu Aufnahmen auf 35 mm breiten unperforierten photographischen *Rollfilm* mittels Schrittkamera (Format des Bildfeldes maximal 30×41 mm²). Schriftstücke werden meist auf 16 mm-Film oder auf Mikrofiche erfasst. Das *Mikrofiche* ist ein Planfilm vom Format 105×148 mm² (DIN A 6), der auch eine gleichzeitige Aufnahme mehrerer Vorlagen gestattet (z. B. 6×12 Vorlagen DIN A 4). *Mikrofilm-Jackets* entstehen, wenn der in Streifen zerschnittene Rollfilm in Klarsichttaschen untergebracht ist.

Die Ergebnisse lassen sich wie folgt weiterverarbeiten:
- *Dupliziergeräte sind Kontaktgeräte zum Anfertigen von Zweitexemplaren.*
- *Lesegeräte* projizieren das Filmbild auf eine Mattscheibe (Maximalformat DIN A 1).
- *Rückvergrößerungsgeräte* projizieren das Filmbild auf eine lichtempfindliche Schicht, wobei meist Positive bis zum Maximalformat DIN A 0 entstehen.
- *Kombinierte Lese- und Rückvergrößerungsgeräte* (Reader-Printer) bieten Vorzüge bei bestimmten dezentralen Anwendungen, vor allem bei Flurkarten, Betriebskarten, Leitungskarten und Karten der raumbezogenen Fachplanung.

4.2.3.5 Thermographie

Sie beruht auf der Bilddifferenzierung durch Wärmestrahlen. Dabei werden entweder an den von der Strahlung getroffenen Stellen des Trägers Farbstoffe freigesetzt (direktes Verfahren), oder die erwärmte Farbe wird auf einen anderen Stoff übertragen (indirektes Verfahren, Transfer-Thermographie). Durch die Begrenzung in Format und Auflösung eignet sich die Thermographie vorwiegend für bürotechnische Arbeiten.

4.2.3.6 Magnetische Bildaufzeichnung

Die durch das Objektiv einer Videokamera fallenden Lichtstrahlen bewirken eine von der Intensität und den Farbwerten abhängige lokale Magnetisierung einer Magnetschicht. Diese befindet sich auf einem Kunststoffband und besteht aus feinen Kristallen (z. B. Chromdioxid). Die analoge Aufzeichnung als Standbild oder in Form von Bewegtbildern lässt sich analog oder nach Umwandlung auch digital weiter verarbeiten.

4.2.4 Bildaufbau durch Auftragen von Substanzen

Zum *Auftragen* auf dem Trägermaterial eignen sich alle Substanzen, die sich fest mit dem Träger verbinden und für Augen und optische Systeme einen ausreichenden Kontrast besitzen.

Solche Substanzen werden verwendet
– beim Zeichnen mit Graphit, Tusche, Schreibpaste und ähnlichen Stoffen,
– bei den Verfahren des Abreibens, des Aufklebens und der Retusche,
– bei allen Verfahren der Drucktechnik mittels Farbstoffen,
– bei den Verfahren der Laser-, Tintenstrahl-, Thermotransfer- und Zeilendrucker durch den Auftrag von Tonern, Tinten und Farbpartikeln sowie durch den Abdruck von Farbbändern.

4.2.5 Einsatz und Merkmale der Rasterung

Der Begriff des Rasterns (der Rasterung) bezieht sich nachfolgend ausschließlich auf die Erzeugung bestimmter kleiner graphischer Strukturen und nicht auf Raster als Datenformat der GDV. Die so gemeinte Rasterung findet bei kartographischen Darstellungen in folgenden Fällen statt:
– Echte und modulierte Halbtöne in Schattierungen und Luftbildern lassen sich drucktechnisch nicht identisch wiedergeben. Die Flächen sind daher so zu rastern, dass sie einen Halbton vortäuschen (autotypische Rasterung).
– Bei mehrfarbigen Darstellungen ermöglicht die Anwendung von Rastern in Farbauszügen eine Vielfalt von Farbmischungen und eine kostengünstige Beschränkung auf wenige Druckfarben (bis zur kurzen Skala).
– Darüber hinaus kann der Einsatz bestehender Rastermuster in relativ grober und damit sichtbarer Form (z. B. Strukturraster) die Herstellung flächenhafter Darstellungen erleichtern.

Dabei ist die Bilddifferenzierung sowohl durch Strahlung (4.2.3) als auch mittels Substanzen (4.2.4) möglich. Die Rasterstrukturen werden beschrieben durch die Kennzeichen des Musters, der Feinheit und des Tonwerts.

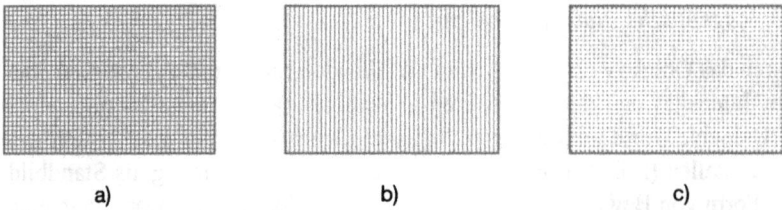

Abb. 4.01 Kreuzraster (a), Linienraster (b) und Punktraster (c) (16er Raster)

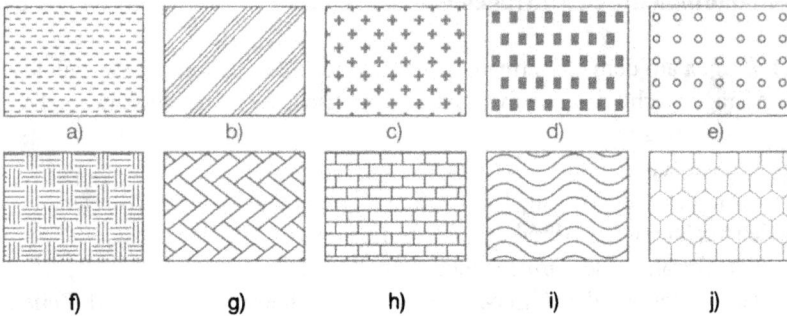

Abb. 4.02 Strukturraster als Abwandlungen elementarer Rastermuster (a-d) oder als mechanische bzw. softwaregebundene Realisation konstanter Flächensignaturen (e-j).

1. Als *Rastermuster* mit regelmäßiger Anordnung der Elemente Linie und Punkt und gelten die Kreuz- und Linienraster (Schraffuren) und die Punktraster (Abb. 4.01). Dabei können die Punkte kreisförmig, elliptisch und quadratisch sein.

Ist die Rasterstruktur eindeutig erkennbar, so ergeben sich *Makroraster* als Übergänge zu Signaturen (3.2.2). Durch regelmäßige oder unregelmäßige Anordnung von Punkten, Linien, Signaturen oder Kombinationen davon (Abb. 4.02) ergeben sich Strukturraster für meist qualitative Aussagen.

2. Die *Rasterfeinheit* (*Rasterweite*) ergibt sich bei regelmäßigen Rastern durch die Anzahl *der* Linien bzw. Punktreihen je cm. Der Kehrwert K_{mm} gilt als *Rasterkonstante* oder *Rasterperiode*. In der Praxis reicht die Weite vom groben Raster (20 bis 30 Linien/cm) über den Mittelraster (40 bis 54 Linien/cm) und den Feinrastern (60 bis 80 Linien/cm) bis hin zum extrem feinen Raster (120 Linien/cm). Etwa ab 60 Linien/cm und mehr lassen sich die Raster mit bloßem Auge bei normalem Betrachtungsabstand nicht mehr auflösen (Abb. 4.03).

3. Der *Rastertonwert* als *optische* Größe hängt von der densitometrisch gemessenen Dichte der Rasterelemente und des Untergrundes ab. Dagegen ist die etwa

a)   b)

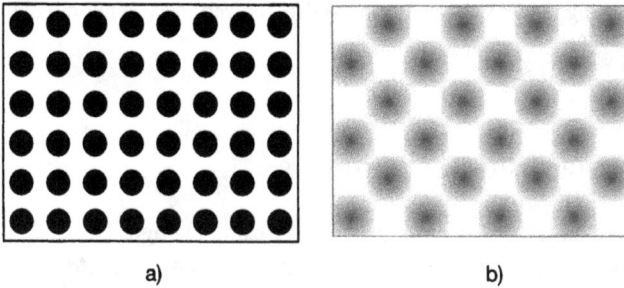

Abb. 4.03 Scharf konturierter Kopierraster mit 20% Tonwert (a) zur Wiedergabe konstanter Flächentonwerte und unscharfer autotypischer Raster (b) zur Rasterung echter Halbtöne. Die Darstellungen sind stark vergrößert.

gleich große *Flächendeckung* eine *geometrische* Größe als prozentuales Verhältnis der Fläche der Rasterelemente zur Gesamtfläche.

In der heutigen kartentechnischen Praxis entstehen gerasterte Darstellungen in *digitalen* Verfahren. Dabei findet eine programmgesteuerte sequentielle Belichtung statt, und zwar auf eine Photoschicht mit Hilfe Laserstrahls. In der amplitudenmodulierten Rasterung setzen sich die Rasterpunkte aus kleinen Elementen zusammen, während in der frequenzmodulierten Rasterung die einzelnen Elemente nach einem Programm verteilt werden.

Bei der *amplitudenmodulierter* Rasterung (Abb. 4.04a) als herkömmliches Rasterverfahren sind die regelmäßig angeordneten gleichabständigen Punkte von konstanter Rasterweite, aber in ihrer Größe variabel. Das Verfahren lässt sich sowohl analog mit Rasterfilmen als auch auf digitalem Wege verwirklichen. Dagegen sind bei der *frequenzmodulierten* Rasterung (Abb. 4.04b) alle Punkte von konstanter Größe, aber ohne eine feste

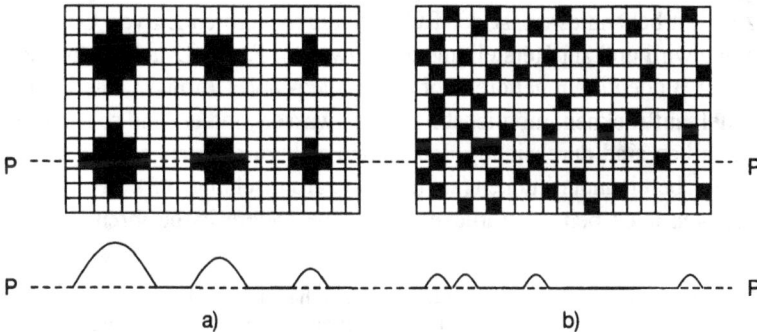

a)   b)

Abb. 4.04 Amplitudenmodulierte (a) und frequenzmodulierte (b) Rasterung (vergrößerte Darstellung). Die Schwärzungskurve im Profil P-P zeigt in (a) die variablen Amplituden und in (b) die variablen Frequenzen. Der Tonwert der Darstellung fällt jeweils von etwa 25% links bis etwa 10% rechts.

Rasterweite. Ihre Anordnung richtet sich nach dem lokalen Tonwert; dies ist nur mit digitalen Methoden realisierbar.

4.2.6 Vervielfältigung durch Druckverfahren

Vervielfältigen bedeutet das Ableiten einer größeren Anzahl analoger Darstellungen nach einem analogen Original oder einem digitalen Modell (DKM). Bis heute ist der Druck das wichtigste Vervielfältigungsverfahren für Karten. Er ist vor allem bei mehrfarbigen Karten die Regel.

Für eine geringere Anzahl Vervielfältigungen eignen sich bestimmte Verfahren der Reprographie sowie alle höherwertigen Techniken der Digital-Analog-Wandlung (4.7). Die Reprographie umfasst als Sammelbegriff verschiedene Verfahren, die vorwiegend der Büro- und Dokumentenvervielfältigung dienen. Für die Kartentechnik sind darunter in erster Linie die Elektrophotographie und daneben auch die Mikroverfilmung von Bedeutung.

4.2.6.1 Allgemeines zur Drucktechnik

Drucken beruht auf der Bilddifferenzierung durch Substanzübertragung, d. h. der Abgabe der Druckfarbe von der bzw. durch die Druckform an den Bedruckstoff (meist Papier). Der Druck wird mit *Druckmaschinen (Pressen)* ausgeführt. Entsprechend der Formulierung „Drucken" bzw. „Pressen" erfordert die Farbübertragung auf den Bedruckstoff (meist Papier) einen nicht geringen Kraftaufwand. Die Druckform liegt in der Maschine eben (Flachformdruck) oder ist auf einen Zylinder gespannt (Rotationsdruck); der Gegendruck wird in beiden Fällen meist durch einen Zylinder ausgeübt. Der Rotationsdruck ist das schnellere Verfahren; bei ihm wird das Papier aus einem Stapel Bögen einzeln abgenommen (Bogenrotation), oder es läuft als Rolle durch (Rollenrotation).

Die *Druckfarben* bestehen im wesentlichen aus Farbkörpern (Pigmenten) und Bindemitteln. Die Farbkörper sind pulverige anorganische oder organische Substanzen; am bekanntesten ist der Ruß, der durch Verbrennen von Gas oder Öl gewonnen wird und zur Herstellung der schwarzen Farbe (Druckerschwärze) dient. Zu den Bindemitteln gehören vor allem Harz- und Ölfirnisse. Die Farben sollen schnell auftrocknen, möglichst lichtecht, wasser-, radier- und scheuerfest sein. Lasurfarben sind durchsichtig und eignen sich zum Erzeugen von Mischfarben durch Übereinanderdrucken (subtraktive Farbmischung, 3.3). Deckfarben ändern dagegen auch beim Aufdrucken über eine andere Farbe ihren Farbton nicht.

Die Zusammensetzung der Farben im einzelnen hängt von den Druckverfahren, -maschinen, -formen, -geschwindigkeiten usw. ab. Für den Mehrfarbendruck gibt es neben dem üblichen Sortiment die sog. Normfarben: Für den Hochdruck nach DIN 16508, für den Offsetdruck nach DIN 16509 oder die sog. Europa-Skala nach DIN 16538 bzw. 16539. Allgemeine Farbbegriffe werden in DIN 16515 erläutert. Zur Kontrolle der Farbwiedergabe werden oft am Rande des Papierbogens die gedruckten Farben als Teile des

Kontrollstreifens in einer Farbskala zusammengestellt. Beim Kartendruck – vor allem bei Kartenwerken, die immer wieder neu gedruckt werden – ist besonders darauf zu achten, dass die einmal gewählten Farbtöne (z. B. Waldgrün, Gewässerblau) bei allen Drucken für lange Zeit konstant bleiben.

Die Herstellung von *Druckvorlagen* geht in der Regel aus vom Original auf Kunststoff. Die Übertragung mittels Druckplattenkopie benutzt heute meist die bereits mit einer Diazo- oder Photopolymerschicht versehenen und lichtdicht verpackten Platten. Die Druckvorlagen sind in der Regel seitenverkehrte Positive, die Darstellungen auf der Druckplatte seitenrichtige Positive.

Sind die *Druckformen* hergestellt, so kommt es zunächst zum Andruck. Dieser dient als Probedruck einer letzten Durchsicht (Korrekturlesung) des Inhalts, der Prüfung der Passer sowie der endgültigen Entscheidung über die Wahl der Farben. Der *Andruck* findet auf besonderen Andruckpressen (meist Flachformmaschinen) statt; über Mehrfarbenkopien als möglichen Andruckersatz siehe 4.2.3.3. Erfüllt der Andruck die gestellten Anforderungen, so steht mit der *Druckfreigabe (Imprimatur)* durch den Auftraggeber dem *Auflagedruck (Fortdruck)* nichts mehr im Wege. Als Schön- und Widerdruck gilt die Reihenfolge bei beidseitigem Bedrucken des Bedruckstoffs, als Nutzendruck der gleichzeitige Druck mehrerer identischer oder verschiedener Darstellungen zur Ausschöpfung des Druckformats und Verkürzung des Druckganges. Ein Nachdruck findet statt, wenn eine Auflage ohne Änderung später erneut gedruckt wird; ist dagegen die Vorlage geändert, so liegt ein Neudruck vor.

Dabei umschließt das Format der Druckform jeweils das des Bedruckstoffes, dieses wiederum das eigentliche Druckformat (z. B. unter Abzug der nicht bedruckbaren Greiferkante beim Papiertransport) und dieses schließlich das Blattformat (der Karte). Die außerhalb des Blattformats mitgedruckten Kontrollelemente gestatten beim Druck die laufende Prüfung der Farbgebung, der Rasterqualität, der Passer usw.

4.2.6.2 Druckverfahren

Kennzeichen der Druckverfahren ist die vertikale Gliederung der druckenden und der nicht druckenden Teile (also der Bildstellen und der bildfreien Stellen) auf der Druckform. Dabei unterscheidet man entsprechend der historischen Entwicklung zwischen Hochdruck, Tiefdruck, Flachdruck und Durchdruck.

1. In der Kartographie hat sich das Verfahren des *Flachdrucks* durchgesetzt. Dabei liegen Druckbild und Leerfläche in nahezu einer Ebene an der Oberfläche der Platte. Da demnach ein Relief nicht vorhanden ist, beruht die Trennung zwischen druckenden und nicht druckenden Elementen auf einem anderen Prinzip, nämlich der Unvermischbarkeit von fetthaltiger Druckfarbe und Wasser. Während die druckenden Teile Wasser abstoßen, aber Farbe annehmen, verhält es sich an den Leerstellen gerade umgekehrt. Für einen solchen Vorgang ist daher neben dem Einfärben der Druckform stets auch eine Feuchtung erforderlich; diese ist das typische Merkmal des Flachdrucks. Die Bildübertragung im Flach-

druck ist im direkten und im indirekten Wege möglich, wobei in der Kartographie nur das zweite Verfahren praktische Bedeutung hat.

Beim *indirekten Flachdruck (Offsetdruck)* wird das seitenrichtige Druckbild zunächst auf einen mit Gummituch bespannten Zylinder übertragen und dann von diesem auf das Papier gedruckt (Abb. 4.05). Dieser Vorgang des „Absetzens" kommt auch in der heute üblichen, aus dem Englischen stammenden Bezeichnung als Offsetdruck zum Ausdruck. Der Offsetdruck ermöglicht hohe Auflagen bei großer Stundenleistung und mit einem sehr geringen, nahezu problemlosen Feuchtungsaufwand. Die Anpassungsfähigkeit des Gummituches sichert ferner eine gute Wiedergabequalität auch beim Bedrucken von Papieren minderer Güte. Durch diese Vorteile dominiert der Offsetdruck außer im klassischen Mehrfarbendruck (mittlere bis große Formate und Auflagen von etwa 1000 bis 50 000 Stück) auch in den Bereichen des Buchdrucks und des Zeitungsdrucks.

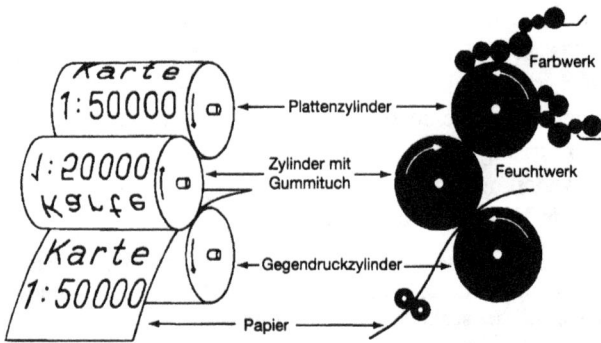

Abb. 4.05 Offsetdruck (Schema)

Für Andrucke und geringe Auflagehöhen werden Offsetflachpressen eingesetzt. Vorherrschend ist jedoch der Einsatz von Offsetrotationspressen (Abb. 4.06). Das Kernstück jeder Offsetpresse besteht aus Farbwerk, Feuchtwerk und Druckwerk.

a) *Farbwerk.* Die Druckfarbe gelangt aus einem Farbkasten unter genau regelbarer Abgabe auf rotierende Zwischenwalzen (Reibzylinder). Diese bewirken durch begrenztes Hin- und Herbewegen in Achsrichtung eine einwandfreie Farbverteilung. Danach gelangt die Farbe auf 3 bis 4 Auftragswalzen, die mit der Druckplatte in Berührung stehen. Für das beim Farbwechsel nötige Walzenwaschen gibt es besondere Waschvorrichtungen.

b) *Feuchtwerk.* Die verschiedenen Systeme gehen von einem Wasserkasten aus, von dem das Feuchtmitel über Zwischenwalzen auf eine oder mehrere Auftragswalzen gelangt. Alkoholzusätze verringern die erforderliche Feuchtmenge und damit deren Einfluss auf das Druckpapier.

c) *Druckwerk.* Bei den Flachpressen befinden sich Druckform und Gegendruckplatte (mit einem Bogen Papier darauf) in ebener Lage nebeneinander. Der Gummizylinder läuft über die Druckform und gibt anschließend die dort aufgenommene Farbe an das Papier ab. Beim Rückweg wird er angehoben, während nun die Feuchtwalzen und die Farb-walzen über die Druckform laufen und sie damit für den nächsten Druck vorbereiten. Bei den Rotationspressen besteht das Druckwerk aus drei Zylindern, nämlich 1. dem Platten- oder Formzylinder mit aufgespannter Druckplatte, 2. dem Gummizylinder und 3. dem Druckzylinder (Gegendruckzylinder), der das durchlaufende Papier gegen den Gummizylinder drückt. Da die Zylinder durch Zahnradantrieb rotieren, lassen sich durch Verringern der Plattenunterlage auch die Druckbildlängen verändern und somit u. U. Passerschwierigkeiten verringern.

Abb. 4.06 Zweifarben-Bogenoffset-Druckmaschine Speedmaster 102 (Heidelberg)

Beim *Bogenrotationsdruck* sind die Bögen als Einlegestapel geordnet und werden ein-zeln von Gummisaugern abgehoben und zum Anlegetisch geführt, wo sie schuppenförmig angeordnet liegen und dann Stück für Stück an die Anlegemarken (vordere und seitliche Anschläge) geführt werden. Das Papier liegt dabei so, dass seine Laufrichtung (4.2.2.1) senkrecht zur Transportrichtung steht. Die richtige Weiterführung zwischen Gummi- und Druckzylinder hindurch wird durch das sog. *Einrichten* sichergestellt. Dieser Prozess, mit dem jeder Druckgang beginnt, sorgt dafür, dass das Druckbild richtig innerhalb des Papiers liegt und dass beim Mehrfarbendruck die einzelnen Farbdarstellungen mit Hilfe des Pass-systems in richtige Beziehung zueinander gelangen. Die bedruckten Bögen werden auf einem Auslegestapel wieder geordnet. Nach dem Druck werden die Bögen stapelweise in einer Schneidemaschine geschnitten und nach Bedarf mit einer Falzmaschine gefalzt.

Die *Offsetdruckplatten* sind meist feingekörnte oder oberflächen-oxydierte Alumini-umplatten, wobei die Körnung dem Erhalt des Feuchtmittels auf der Platte dient. Für höhere Auflagen eignen sich besonders Mehrmetallplatten: Die Bimetallplatten bestehen aus einer elektrolytisch verchromten Kupferplatte, aus der bei der Plattenkopie das Kupfer an den Bildstellen durch Ätzung freigelegt wird. Kupfer ist für Fett, Chrom für Wasser optimal empfänglich. Bei Trimetallplatten bilden Chrom und Kupfer jeweils eine dünne Schicht auf einer dicken Stahl- oder Aluminiumplatte.

Für den Mehrfarbendruck spielt die richtige *Papierbehandlung* eine große Rolle, z. B. durch Klimatisierung von Papierlager und Drucksaal. Da bei jedem Farbgang das Einrich-ten und die Farbgebung sich erst allmählich vervollkommnen und bis dahin eine Anzahl unbrauchbarer Drucke anfällt (Ausschuss, Makulatur), erfordert jeder Mehrfarbendruck die Abschätzung der tatsächlich benötigten Papiermenge. Die Anzahl der ausgeführten Drucke lässt sich an einem Zählwerk ablesen. Während des Auflagedrucks werden durch ständige Stichproben einzelne Bögen auf Passer, Farbführung, Kontrollstreifen usw. über-prüft.

Entscheidend für die herausragende Bedeutung des Offsetdruck-Verfahrens im Bereich des Kartendrucks sind neben den bereits genannten Vorteilen auch die Möglichkeiten, die sich durch direkte Belichtung der Druckplatten mit Laserlicht (4.7) ergeben. Zum Einsatz gelangen meist Offsetmaschinen der Formatklassen II (61×86 cm^2) bis VII (110×160 cm^2). Die mögliche Stundenleistung liegt bei Flachpressen zwischen 200 und 500, bei Bogenrotationspressen zwischen 5000 und 15000 Drucken und bei Rollenrotationspressen zwischen 250 und 300 m/min. Tatsächlich liegen im Kartendruck diese Stundenleistungen jedoch deutlich niedriger, um die hohen Passergenauigkeiten besser einhalten zu können. Die Reihenfolge der Druckfarben (Farbreihenfolge) richtet sich meist nach dem Anteil der geometrisch exakten Darstellung in den einzelnen Farbfolien: Strichdarstellungen kommen daher in der Regel vor Flächen, Signaturen und Schriften. Beim Gebrauch der kurzen Skala hängt die Folge vorwiegend vom Einsatz von Einfarben- oder Mehrfarbenmaschinen ab.

Für den Mehrfarbendruck hoher Auflagen ist der Einsatz von Zweifarbenmaschinen, evtl. sogar von Vierfarbenmaschinen wirtschaftlich. Der Tatsache, dass damit die Anzahl der Durchläufe vermindert wird, steht allerdings eine wesentlich höhere Einrichtezeit gegenüber. Der an solchen Maschinen stattfindende Nass-in-Nass-Druck erfordert besondere Druckfarben. Für spezielle Anwendungen gibt es auch das Verfahren des rasterlosen Offsets, bei dem vom Plattenkorn gedruckt wird, sowie das des wasserlosen Offsets (Trockenoffset). Als Kleinoffset gelten die in der Bürotechnik üblichen Offsetverfahren bis zum Format DIN A 2.

2. Der *Hochdruck* ist das älteste Druckverfahren. Seine große Bedeutung gewann er mit der Erfindung der beweglichen Lettern durch *Gutenberg* (1445); man spricht daher auch oft vom Buchdruck. Bei ihm sind die druckenden Elemente erhaben. Da in der Regel direkt gedruckt wird, ist das Druckbild seitenverkehrt. Im Kartendruck spielt dieses Verfahren keine Rolle.

3. Beim *Tiefdruck* sind die druckenden Elemente in einer Platte tiefgelegt. Da es sich stets um einen Direktdruck handelt, ist das Druckbild auf der Druckform seitenverkehrt. Für den Kartendruck hat der Kupfertiefdruck lange Zeit bis in das 20. Jh. hinein eine bedeutende Rolle gespielt. Infolge der Möglichkeiten und Vorzüge des Flachdrucks ist er heute für die Kartenvervielfältigung unbedeutend geworden.

4. Beim *Durchdruck (Siebdruck)* hat die Druckform die Funktion einer Schablone. Durch die offenen Stellen, die den Bildstellen entsprechen, gelangt die Druckfarbe auf das darunter liegende Papier. Damit lassen sich jedoch nur dann brauchbare Qualitäten erzielen, wenn die Strichelemente nicht zu fein sind bzw. wenn ein sehr feinmaschiges Sieb benutzt wird. Die frühere wirtschaftliche Bedeutung des Siebdrucks lag bei der Vervielfältigung mehrfarbiger großmaßstäbiger Karten in geringer Auflagenhöhe. Er ist heute durch die leistungsfähigeren Farbrasterplotter verdrängt.

4.2.7 Ältere Kartentechniken

Über Jahrhunderte hinweg wurde die Kartentechnik nahezu ausschließlich bestimmt von manuellen Verfahren, doch mit dem Einsatz der Computergraphik ist nunmehr ein radikaler Wandel eingetreten: Manuelle Techniken kommen nur noch in geringem Umfang zum Zuge, z. B. dann, wenn solche Verfahren bei kleineren Änderungen einer Darstellung – etwa im klassischen Original – aus bestimmten Gründen (Personal, Zeit, Material) zweckmäßig erscheinen.

4.2.7.1 Materialien und Verfahren der Originalherstellung

Manuelle Zeichnungen der klassischen Kartentechnik erfordern den Gebrauch von Zeichengeräten (Zeichenwerkzeugen) und Zeichenmitteln (Farbmitteln).

– Zu den *Zeichengeräten* gehören Lineale (auch Kurvenlineale), Anlegemaßstäbe, Dreiecke, Winkelmesser (Transporteure), Kartiernadeln, Zirkel, Zieh- und Zeichenfedern, Tuschefüller mit Patronen und Röhrchenfedern, Graviergeräte, Schneidmesser, Schablonen und Radierwerkzeuge.

– Als *Zeichenmittel* gelten lasierende und deckende Farbmittel wie Graphit- und Farbminen, Tuschen, Tinten und andere flüssige Farbstoffe, Schreibpasten, Kleb- und Abreibfolien.

Für reproduktionsfähige *Zeichnungen* bevorzugt man schwarze Tuschen in Zieh-, Zeichen- und Röhrchenfedern. Damit lassen sich am besten gleichmäßige, randscharfe sowie genügend gedeckte und kontrastreiche Striche erzielen. Die Zeichnung ist auf Karton oder Folie möglich. Farbige Tuschen kommen nur für Unikate und für Vorlagen im Farbauszugsverfahren in Betracht.

Durch *Gravur* beschichteter Kunststoffolien bzw. Glasplatten wird an den Zeichnungsstellen die Schicht entfernt und so der Schichtträger freigelegt. Aus der Negativdarstellung entsteht das Positivoriginal im Fall der *Negativgravur* durch Reproduktion oder im Fall der Positivgravur durch Einfärbung. Die Schichtgravur galt in der Praxis vor Einführung der GDV als das beste Originalisierungsverfahren. Gegenüber der Tuschezeichnung ergibt sich eine höhere Zeichengeschwindigkeit, eine gleichmäßigere Strichbreite und eine bessere Randschärfe.

4.2.7.2 Ältere mechanische und reprographische Techniken

Bis zur schrittweisen Ablösung durch digitale Prozeduren gehörten die folgenden Verfahren zu den häufig eingesetzten Techniken der klassischen Kartenoriginalherstellung:

1. *Bildübertragung mit gleichzeitiger Maßstabsänderung.* Der schon historische Gebrauch des *mechanischen Pantographen (Storchschnabel)* ging im 20. Jh. in den Einsatz des *optischen Pantographen* über, bei dem sich die auf eine Mattscheibe projizierte Vorlage nachzeichnen lässt.

2. *Kartierung mit Koordinatographen.* Kartennetze und koordinierte Punkte entstehen mit großformatigen *Präzisionskoordinatographen* durch mechanische Kartiervorrichtung (Kartiernadel, Tuschefüller, Graphitmine oder Gravurstichel) über einem Zeichentisch. Für kleine Teilbereiche und bei Nachträgen eignen sich auch *Kleinkoordinatographen*.

3. *Schriftsatz. Schablonen* und *elektromechanische Schreibgeräte* eignen sich nur für die Darstellung einfacher Schriften wie z. B. Normschriften. Auch kann man solche Schriften durch Abreiben von Klebfolien auf einen anderen Träger übertragen. Andere Schriften lassen sich durch Photographie erzeugen und in eine separate Schriftfolie einmontieren.

4. *Montage- und Abreibeverfahren.* Ähnlich wie bei der Schrift kann man auch Signaturen durch Montage oder mittels Abreibtechnik in andere Darstellungen übertragen.

5. *Abziehverfahren (Strip-Mask-Verfahren)* ergeben sich beim Negativ einer Strichdarstellung, wenn die lichtundurchlässige Schicht zwischen den hellen Strichen sich wie ein dünnes Häutchen abziehen lässt. Damit entstehen passgerechte Farbflächen (z. B. Baublöcke, Gewässer) in negativer und durch weitere Kopie auch in positiver Darstellung.

6. *Mechanische Schattierung (Schummerung)*. Dieses 1930 vom Bildhauer *Wenschow* entwickelte Verfahren fräst aus einem Gipsblock ein körperliches Geländemodell durch Abfahren von Höhenlinien einer Kartenvorlage. Die photographische Halbtonaufnahme des Modells ergibt die Vorlage für eine Schummerungsfolie.

7. Für die Weiterverarbeitung und Benutzung der aus verschiedenen Teilergebnissen hergestellten Gesamtdarstellung (zur Leserichtigkeit, zum Maßstab usw.) musste das Original auf eine strahlungsempfindliche Schicht übertragen werden. Dafür wurde entweder die Technik der *optischen Projektion* mit großformatigen Reproduktionskameras oder die *Kopie* mit Kontaktkopiergeräten eingesetzt. Große praktische Bedeutung hatten früher die Diazotypie (Lichtpause) und das Dichromat-Verfahren. Das *Diazotypie-Verfahren* ist ein Kontaktkopierverfahren mit positiven, transparenten Vorlagen und Trockenentwicklung. Die Empfindlichkeit der Schichten ist wesentlich geringer als bei photographischen Emulsionen. Die *Dichromat-Verfahren* entwickelten sich aus den photolithographischen Verfahren des 19. Jh. und breiteten sich vor allem seit etwa 1920 aus. Heute werden diese Verfahren wegen ihres Aufwands und des Gebrauchs umweltschädlicher Chemikalien nicht mehr eingesetzt.

4.3 Rechnersysteme für die graphische Datenverarbeitung (GDV)

4.3.1 Allgemeines zur GDV

Als *graphische Datenverarbeitung* (GDV, Computer Graphics) gilt der Teil der elektronischen Datenverarbeitung, bei dem graphische Darstellungen die Vorlagen oder die Ergebnisse einer digitalen Datenverarbeitung sind. Dieser Fall liegt auch bei der Erfassung und Speicherung digitaler Geo-Daten aus Karten und bei der rechnergestützten Kartenherstellung vor. Insgesamt hat die GDV eine große Bedeutung, weil graphisch dargestellte Informationen für den Menschen besonders schnell, anschaulich und auch komplex wahrzunehmen und zu verarbeiten sind. Graphische Informationen sind im engeren Sinne die linienhaften Strukturen, wie sie bei Zeichnungen, Schriften, Diagrammen usw. und damit auch bei den klassischen Strichkarten auftreten. Darüber hinaus lassen sich aber auch die flächenhaften Bilder (z. B. gescannte Karten, Farbphotos) einbeziehen.

Ein bedeutendes Anwendungsgebiet der GDV ist das rechnergestützte Entwerfen (Computer Aided Design = CAD). Seine Technologien eignen sich sowohl für Konstruktionszeichnungen, Gebäudeplanungen usw. als auch für die rechnergestützte Kartenherstellung. Allerdings sind in der Kartographie die zu bearbeitenden Geo-Objekte bereits real vorhanden (außer bei Planungskarten) und damit geometrisch gebunden, jedoch freier in der Art der graphischen Wiedergabe; in anderen Bereichen verhält es sich dagegen mehr oder weniger umgekehrt. Die fachspezifischen Anwendungen der digitalen Bildverarbeitung reichen vom Fernsehen bis zur Medizin. In Photogrammetrie und Fernerkundung dient sie neben Korrekturen und Transformationen vor allem der Interpretation von Aufnahmen aus Flugzeugen und Satelliten, z. B. zur Objektklassifizierung. In der digitalen Kartographie hat die Bild- bzw. Raster-Datenverarbeitung wichtige Anwendungsgebiete z. B. bei der automatischen Datenerfassung aus Karten in Verbindung mit der kartographischen Mustererkennung, bei der Auswertung digitaler Kartenmodelle sowie bei der Vorbereitung der Herstellung von Kopieroriginalen.

Wie in der Datenverarbeitung üblich unterscheidet man auch in der GDV zwischen der Hardware (Geräte, Verbindungen usw.) als dem materiellen Anteil und der Software (Programme) als dem geistigen Anteil eines Datenverarbeitungssystems. Dieses stellt allgemein eine Funktionseinheit zur Verarbeitung von Daten dar, und zwar durch eine Reihe von Operationen, die nach bestimmten Programmen eine Aufgabe erledigen. Dabei wird die Gesamtheit der Geräte eines solchen Systems als Datenverarbeitungsanlage (DVA) bezeichnet. Die speziell für die GDV entwickelten Anlagen heißen Graphik-Arbeitsstationen (graphic workstation). Sie bestehen neben dem eigentlichen Rechner aus peripheren Einheiten, die der Eingabe, Speicherung und Ausgabe der Daten dienen. Dabei ist es für die GDV typisch, dass ein Teil der peripheren Einheiten für die Analog-Digital-Wandlung bzw. für den umgekehrten Vorgang geeignet sein muss. Abb. 4.07 stellt den prinzipiellen Aufbau einer Graphik-Arbeitsstation dar; Abb. 4.08 den einer Multimedia-Arbeitsstation.

Innerhalb der GDV gibt es folgende Verfahrensweisen:

– Die passive GDV besteht nur aus dem einseitig gerichteten Durchlauf der Daten von der Erfassung bis zur graphischen Ausgabe nach einem festen Programm.

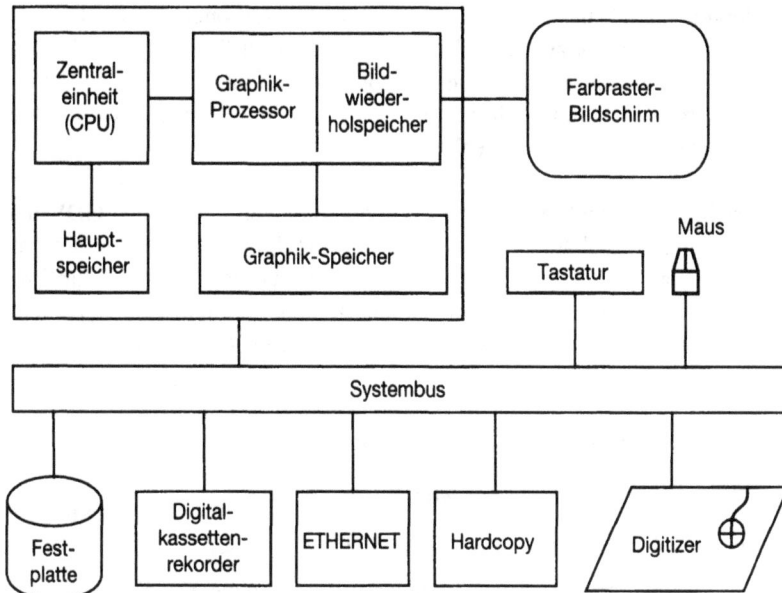

Abb. 4.07 Graphik-Arbeitsstation

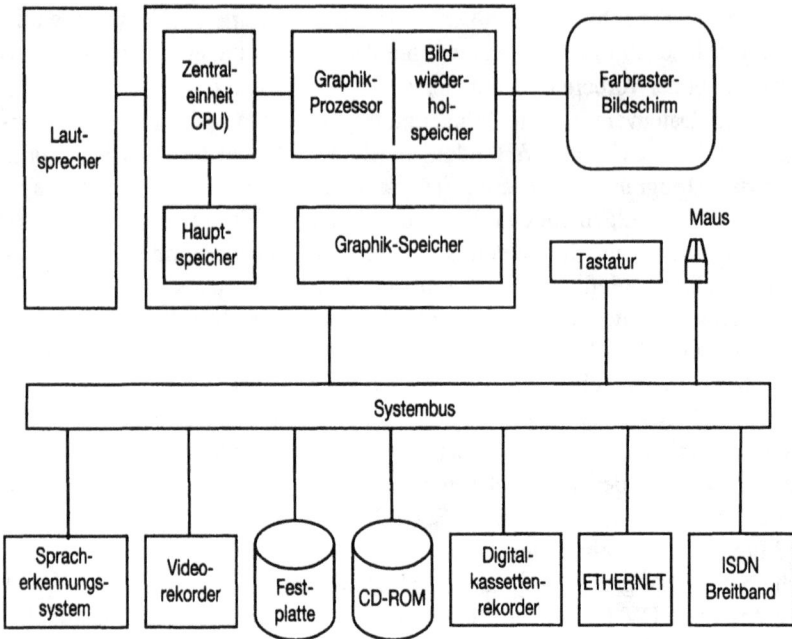

Abb. 4.08 Multimedia-Arbeitsstation

– Die interaktive GDV besteht aus Interaktionen, d. h. Aktionen und Reaktionen
in Form eines Dialogs zwischen Mensch und dem im Rechner ablaufenden
Programm. Die damit verbundenen Entscheidungen führen zur Manipulation
von Daten im Wege von Regelkreisen, und zwar so lange, bis das gewünschte
Ergebnis oder bestimmte Rahmenbedingungen erreicht sind.

Die Verfahrensentwicklungen der Kartographie nutzen die passive GDV bei
mathematisch beschreibbaren Aufgaben, z. B. Berechnung von Kartennetzentwürfen sowie Vor- und Nachbereitung der Kartengestaltungsaufgaben. Im Prozess der Kartengestaltung selbst kommt grundsätzlich die interaktive GDV zum
Einsatz, zunehmend in Verbindung mit Expertensystemen (Abb. 4.09).

4.3.2 Hardware einer Graphik-Arbeitsstation

4.3.2.1 Rechner und allgemeine Peripherie

1. Zentraleinheit CPU (central processing unit)

Die für die Datenverarbeitung und Datenverwaltung sowie für die Steuerung
der Peripheriegeräte wichtigste Komponente einer Arbeitsstation ist die Zen-

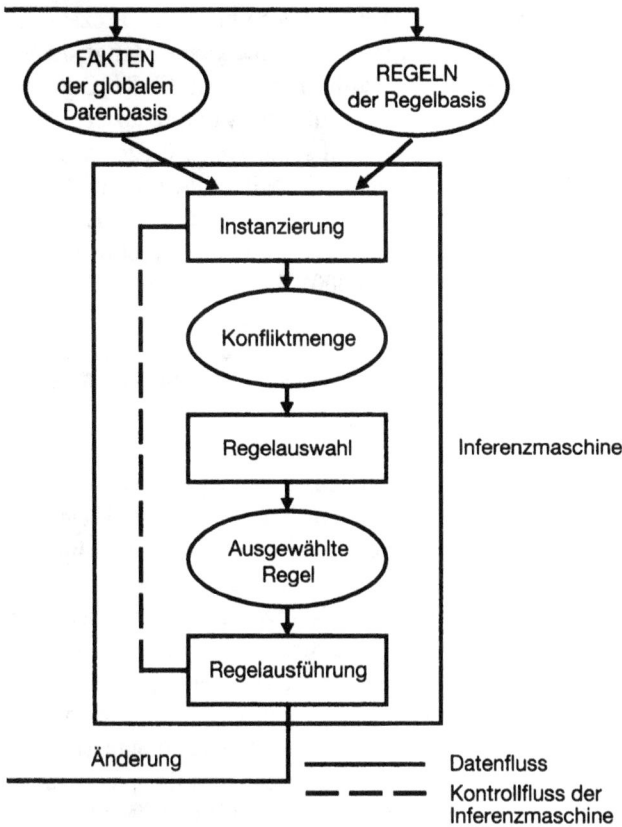

Abb. 4.09 Allgemeiner Aufbau eines Expertensystems (aus *Liedtke/Ender* 1989)

raleinheit. Sie besteht aus dem Steuerwerk (Leitwerk), dem Rechenwerk und dem internen Speicher RAM (RAM = Random Access Memory, Hauptspeicher, Arbeitsspeicher, Primärspeicher) für Programme und Daten sowie den Ein- Aus-gabekanälen. Die für die interne Darstellung der Daten verwendeten Worte (als Vielfaches von 8 Bit) haben eine Länge von 32 oder 64 Bit. Für die GDV-Anwen-dungen in der Kartographie sind Hauptspeicher mit einer Speicherkapazität von mindestens 32 Megabyte (MB) erforderlich. Weil die dafür verwendeten Halblei-terspeicher Programmbefehle und Daten nur so lange speichern, wie Strom ein-geschaltet ist, und außerdem aus Kostengründen nicht in beliebiger Größe einge-baut werden, kommen zusätzlich externe Speicher zum Einsatz.

Zur Erledigung einer Aufgabe werden in der Regel mehrere Instruktionen benötigt. Mehrere Zyklen sind erforderlich für die Ausführung einer Instruktion. Für die Beschleunigung der graphischen Datenverarbeitung verfügen sog. Hoch-leistungsarbeitsstationen über zusätzliche Graphikprozessoren. Für die GDV in der Kartographie eignen sich vor allem Arbeitsstationen mit RISC-Prozessoren (RISC = *Reduced Instruction Set Computer*). Indem eine kleine Menge der am häufigsten gebrauchten Maschinenbefehle hardwaremäßig in die RISC-Prozessoren integriert wird, wird die Anzahl von Instruktionszyklen reduziert. Diese Strategie führt zu kurzen Ausführungszeiten und somit hohen Prozessorleistungen. Beispiele für RISC-Prozessoren sind SPARC-, MicroSPARC- und UltraSPARC-Familien von der Firma SUN. Bei RISC-Prozessoren liegt die in Millionen Instruktionen pro Sekunde (MIPS) angegebene Rechengeschwindigkeit gegenwärtig bei 800 MIPS (z. B. RISC R10000). Bei manchen Prozessoren kommt eine Untermenge von RISC-Instruktionen, die sog. *Visual Instruction Set* (VIS), zum Einsatz. Durch VIS werden u. a. leistungsfähige 2D-/ 3D-graphische Verarbeitungen, multimediale Anwendungen sowie distributive Netzwerkkommunikationen realisiert.

Bei geringeren Anforderungen an Rechengeschwindigkeit, Auflösung, Datenmengen usw. kommen auch CISC-Prozessoren (CISC = Complex Instruction Set Computer) in Frage, die überwiegend bei Personal Computern (PC) für *Desktop-Mapping* eingesetzt werden. Beispiele für die CISC-Architektur sind Intel(R) 80x86, Motorola 68K und IBM AS/400 Prozessoren. Indem komplexe Instruktionssätze verwendet werden, benötigt ein CISC-Prozessor für die Erledigung einer Aufgabe eine geringere Anzahl der Instruktionen. Auf diese Weise wird die Leistungsfähigkeit des Prozessors erhöht. Insgesamt kann aber ein RISC-Prozessor mehr Instruktionen schneller und kostengünstiger ausführen als ein CISC-Prozessor. Durch neue Fortschritte bei der Prozessortechnologie ist es mittlerweile möglich, RISC-Prozessoren bei PC einzusetzen. Ein Beispiel dafür ist die 64-Bit-PowerPC-Architektur, die gemeinsam von den Firmen Apple, Motorola und IBM entwickelt wurde.

Zur Unterstützung multipler Ausführungseinheiten pro Prozessor und multipler Prozessoren pro Chip ist in der jüngsten Zeit ein alternativer Typ von Prozessoren entwickelt worden, der auf der VLIW-Architektur (VLIW = *very long instruction word*) basiert. Der MAJC-Prozessor von der Firma SUN ist ein Beispiel dafür. VLIW-Prozessoren sind gut geeignet für die on-line multimediale Kartenherstellung, Breitband-Telekommunikation, E-Commerce usw.

2. Server-Client

An einen *Hauptrechner* darf ein oder mehrere *Terminals* angeschlossen werden, das bedeutet, ein oder mehrere Benutzer können gleichzeitig mit demselben Rechnersystem arbeiten. Der Hauptrechner betreibt das System und überwacht die Daten und Programme. Er hat eine verwaltende Aufgabe bezüglich der Benutzerkonten, Zugriffsrechte, Speicherverteilung, Peripheriesteuerung (z. B. simultane Druckaufträge) u. a. m. Man nennt einen derartigen Rechner *Server* oder Datei-Server. Ein Terminal hingegen ist lediglich ein kombiniertes Ein- und Ausgabegerät für den Dialog zwischen dem Menschen und dem Rechner. Es besteht aus Tastatur, Bildschirm sowie Zeigergeräten (z. B. Maus) und dient der Eingabe von Befehlen oder Daten sowie der Ausgabe von Systemmeldungen und Ergebnissen. Jedes Terminal wird als *Client* bezeichnet. Ein Client kann aber auch ein eigenständiger Rechner mit eigenen Prozessoren, Programmen und zusätzlichen Peripheriegeräten sein. Der Dateiserver kann ebenfalls eine alternative Rolle spielen. Im *Dedicated-Modus* arbeitet er ausschließlich als Server. Im Gegensatz dazu kann er im *Non-dedicated-Modus* sowohl als Datei-Server als auch als Client eingesetzt werden.

3. Ausgabegeräte

Zur Standardperipherie eines Rechners gehört ein Drucker, mit dem sich alphanumerische und graphische Ergebnisse auf Papier oder Folie ausgeben lassen. In Verbindung mit einer Arbeitsstation kommen z. B. Laser-, Tintenstrahl- und Thermodrucker zum Einsatz. Die Auflösung bei solchen Geräten beträgt derzeit bis 1200 dpi im Schwarz-Weiß-Modus und 600 dpi im Farbmodus. Diese Qualität ist meist ausreichend für kleinformatige Zeichnungen (3.2.4). Geräte für die Ausgabe graphischer Daten mit hoher Qualität und in großem Format sind die Plotter.

4.3.2.2 Externe Speicher

Die externen Speichermedien (Sekundärspeicher) eines Datenverarbeitungssystems sollen Programme und digitale Daten dauerhaft speichern. Als Merkmale gelten Kapazität, Zugriffsart, Arbeitsgeschwindigkeit (Zugriffszeit und Übertragungsgeschwindigkeit) sowie die Permanenz des Mediums und die Kosten je Speichereinheit. Die wichtigsten Medien für die externe Speicherung sind Magnetplatten, Magnetbänder und optische Platten. Bei sinkenden Kosten spielen auch zunehmend Halbleiterspeicher (sog. RAM-Disks) eine große Rolle, z. B. bei Quasi-Echtzeitverarbeitungen.

Magnetplatten speichern die Daten auf magnetisierbaren Schichten. Standardmäßig verfügen sie über eine Speicherkapazität bis 2 Gigabyte (GB). Der direkte Zugriff führt infolge der schnellen Rotation zu einer Zugriffszeit zwischen 10 und 20 ms; die Übertragungsgeschwindigkeit liegt zwischen 1,5 bis zu 10 MB/s. Kleinere Varianten sind die Diskettenspeicher mit wesentlich geringeren Speicherkapazitäten (z. B. 500 MB). Für PC sind neben der kleinsten Floppydiskette mit einer Standardkapazität von 1.44 MB zunehmend auch ZIP-Disketten erhältlich, die jeweils zwischen 100 und 250 MB Daten speichern können. Eine weitere, noch leistungsfähigere Variante bilden die JAZ-Disketten, die jeweils über eine Speicherkapazität bis 2 GB und einer Übertragungsgeschwindigkeit bis zu 8 MB/s verfügen.

Magnetbänder besitzen eine Standardbandlänge von 730 m und eine Datendichte von z. B. 6250 bpi. Die Magnetbandspeicherung ist eine relativ preisgünstige Archivierungstechnologie. Die zur Standardausstattung einer Arbeitsstation gehörenden Magnetbandkassetten (Streamer) haben eine unkomprimierte Speicherkapazität bis 25 GB (bis 50 GB für einen Serverrechner). Beim sequentiellen Zugriff beträgt derzeit die Übertragungsgeschwindigkeit bis 4 MB/s für eine Arbeitsstation und bis 10 MB/s für einen Serverrechner.

Bei den optischen Plattenspeichern lassen sich drei Techniken unterscheiden. Die aus der Unterhaltungselektronik bekannte laseroptische Platte CD (*Compact Disc*) hat eine Standardkapazität von 650 MB. CD-ROM (ROM = *Read Only Memory*) wird herstellerseitig beschrieben. Der Inhalt kann beliebig oft gelesen, aber nicht verändert werden. Solche Speicherplatten werden standardmäßig zur Verteilung von Software und Dokumentationen sowie auch von digitalen Karten eingesetzt. Im Gegensatz zu CD-ROM darf man den Inhalt auf CD-R (R = *recordable*) einmal und auf CD-RW (RW = *rewritable*) mehrmals bespielen. Speicherplatten vom Typ WORM (*Write Once Read Multiple*) sind mit entsprechenden Laufwerken vom Anwender einmalig beschreibbar. Sie eignen sich u. a. wegen ihrer großen Kapazität von 2-6 GB und geringen Fehlerrate sehr gut als Archivmedium. Einen erweiterten Einsatzbereich ermöglichen die optischen Platten vom Typ WMRM (*Write Multiple Read Multiple*). Die Wiederbeschreibbarkeit wird durch eine magneto-optische Beschichtung der Plattenoberfläche ermöglicht. Platten dieses Typs eignen sich besonders für die Speicherung großer Datenmengen, die regelmäßig zu aktualisieren sind.

DVD (*Digital versatile disc*) ist ein Nachfolgemedium von CD. Die Standardspeicherkapazität einer DVD beträgt 4.39 GB und ist somit etwa 7-fach so groß wie die einer CD. Eine doppelseitige und doppelschichtige DVD verfügt über eine Speicherkapazität von ca. 17 GB. Gegenüber einer herkömmlichen CD-ROM weist jede Seite einer DVD zwei Schichten auf, die durch unterschiedliche Fokussierung des Laserstrahls erreicht werden können. Jede Schicht hat eine Speicherkapazität von 4,39 GB. Damit können vor allem Videoprogramme, die nach dem MPEG-2-Verfahren und einer maximalen Übertragungsgeschwindigkeit von 10 MB/s komprimiert wurden, bis zu einer Länge von 130 Minuten aufgenommen werden. Ähnlich wie bei CD werden auch Varianten DVD-ROM, DVD-R und DVD-RW entwickelt.

4.3.2.3 Graphikbildschirme (Monitore)

1. Allgemeine Merkmale der Graphikbildschirme

Die Graphikbildschirme sind Ein- und Ausgabegeräte, mit denen sich alphanumerische und graphische Daten sichtbar machen lassen. Der alphanumerischen Eingabe dient eine entsprechende Tastatur und der graphischen Eingabe eine Reihe von Vorrichtungen, die das Identifizieren (Objektansprache) und das Positionieren (Punktangabe) ermöglichen.

Zu den bekanntesten graphischen Eingabevorrichtungen gehören die Maus (mouse), der Steuerknüppel (joystick), die Rollkugel (tracking ball) und der Lichtgriffel (light pen). Diese Vorrichtungen führen am Bildschirm ein Fadenkreuz (cross-hairs) oder einen Zeiger (cursor, pointer) zur Bezeichnung der Punktlage. Zu den Eingabevorrichtungen, die für umfangreichere graphische Veränderungen (z. B. Kartenaktualisierung) geeignet sind, gehören graphische Menüs oder an den Graphikbildschirm angeschlossene graphische Tablette.

Bei Bildschirmen gibt es verschiedene Anzeigeprinzipien, z. B. Kathoden-strahlröhren CRT (*Cathod Ray Tube*) und Flüssigkristall LCD (*Liquid-Crystal Display*).

Das CRT-Prinzip wird überwiegend bei großformatigen (z. B. >14″) und stationären Bildschirmen eingesetzt. Dabei emittiert in der luftleeren Glasröhre eine metallische Kathode (sog. Kanone) Elektronen; diese durchdringen ein Spannungsgitter, das die Menge der Elektronen steuert. Die anschließende zylindrische Anode beschleunigt die Elektronen und führt sie dann dem Fokussier- und dem Ablenksystem zu. Die Ablenkung erfolgt mit Ablenkplatten (elektrostatisch) oder Ablenkspulen (elektromagnetisch). Das Ablenksystem sorgt dafür, dass der fokussierte Strahl die Sichtfläche an der vorgesehenen Stelle erreicht. Die Sichtfläche ist mit Phosphor beschichtet, der vom Elektronenstrahl lokal zur Lichtemission (Fluoreszenz) angeregt wird. Soll ein Punkt für das menschliche Auge kontinuierlich leuchten, so muss er mindestens 25 mal pro Sekunde angestrahlt werden.

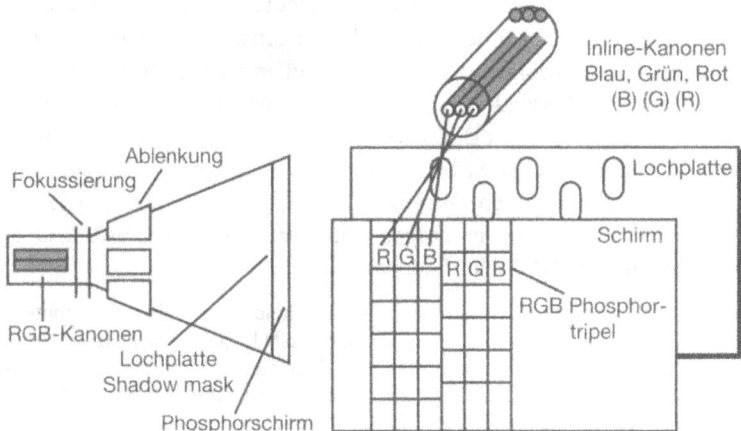

Abb. 4.10 Anzeigeprinzip eines Farbraster-Bildschirms

Bei Farbbildschirmen (Abb. 4.10) ist – ähnlich wie bei Farbfernsehgeräten – die Innenseite des Bildschirms mit Dreiergruppen von roten, grünen und blauen Phosphorpunkten beschichtet. Anstelle einer einzigen Kathode werden drei Kathoden – je eine für die roten, grünen und blauen Phosphorpunkte – verwendet. Da die Phosphortripel sehr nahe beieinander liegen, lässt sich durch individuelle

Ansteuerung der einzelnen Farbpunkte praktisch jeder Farbton erzeugen. Es handelt sich dabei um eine Anwendung des additiven Farbmodells (3.3). Damit jeder der drei Kathodenstrahlen jeweils nur auf den ihm zugeordneten Phosphorpunkt trifft, ist unmittelbar vor den Phosphortripeln eine Lochmaske (shadow mask) montiert. Die komplizierte Technologie der Lochplattenherstellung und die Anordnung der Phosphortripel lässt typischerweise einen Abstand der Löcher von 0,28 mm zu; damit ergibt sich eine Auflösung der Farbbildschirme von 1280x1024 Bildpunkten (Pixel) bei einem Format von 348x261 mm^2 (Bildschirmdiagonale 19″). Der für eine optimale Betrachtung günstigste Abstand zum Bildschirm liegt zwischen 0,6 und 0,9 m. Bildschirmdarstellungen lassen sich schnell mit einem sog. Hardcopygerät auf Papier übertragen. Der ergonomischen Gestaltung von Bildschirmarbeitsplätzen ist die DIN-Norm 66234, Teil 7 gewidmet.

Die meisten kleinformatigen Bildschirme sind LCDs. Sie arbeiten auf der Basis von Kristallen, die in einer Flüssigkeit eingelagert sind. DSTN (*Dual Scan Displays*) sind aus einzelnen LCD-Elementen aufgebaut. Einige übereinandergeklebte Folien erzeugen aus den drei Grundfarben ein Computerbild. Die hinterste Schicht (Hintergrundbeleuchtung) liefert lediglich das Licht. Polarisationsfilter filtern das Licht und lassen es in eine Richtung schwingen. Die Flüssigkristallschicht dreht das polarisierte Licht in einen bestimmten Winkel. Werden die Flüssigkristalle pro Bildpunkt von winzigen Transistoren gesteuert, so spricht man von TFT (*Thin Film Transistor*). TFTs sind besonders leistungsfähige und teure Displays (Flatscreen). Die Schalttransistoren liegen direkt am jeweiligen Farbpixel. Deshalb sind TFT-Displays wesentlich schneller als DSTN. Es entsteht so eine aktive Matrix aus tausenden transistorgesteuerten Bildpunkten. Die TFT-Displays liefern ein flimmerfreies Bild und sind frei von geometrischen Verzerrungen. Ihre elektromagnetischen Strahlungen sind weitaus geringer als bei Röhrenbildschirmen, und sie kommen mit erheblich weniger Platz aus. Für jeden Bildpunkt müssen drei Transistoren aufgebracht werden (bei einer Auflösung von 1024 × 768 immerhin 2 359 296 Transistoren).

LCDs werden vor allem in Taschengeräte (z. B. Mobiltelefon, Handheld-Computer) oder tragbare Rechner (z. B. Notebooks) integriert. Ebenfalls lassen sie sich auf stationären (z. B. Bauwerken) bzw. mobilen Plattformen (z. B. Fahrzeuge) montieren. Die gegenwärtige LCD-Technik ermöglicht eine farbige Kartendarstellung auf einem Handheld-Format von 80×60 mm^2 mit der Auflösung von 320×240 Pixel.

2. Rastergraphik-Bildschirm

Eine Graphik-Arbeitsstation ist meist mit einem Farbraster-Bildschirm ausgestattet, der nach dem Raster-Scan-Prinzip funktioniert. Die Bildwiederholungsrate soll aus ergonomischen Gründen mindestens 72 Hz betragen. Dies zwingt zum Einsatz eines Bildwiederholspeichers (Frame Buffer, Refresh Buffer) in Verbindung mit einem Graphikprozessor (Graphik-Adapter). Dieser führt zur Beschleunigung der Ausgabe die wichtigsten graphischen Funktionen aus, wie das Aufrastern von Vektoren aus einem speziellen Segmentspeicher, das Zeichnen von Pixel, das Vergrößern (Zoom) und Verschieben (Scroll, Roam) des Bildes.

Die Bildinformation liegt als rechteckige Matrix mit $n \times m$ Pixel im Bildwiederholspeicher. Vor der Ausgabe wird die Bildmatrix zeilenweise von oben nach unten gelesen und für jedes Pixel die Information über Farbe bzw. Helligkeit entnommen. Daraus werden die Steuersignale generiert. Der Graphikprozessor muss so leistungsfähig sein, dass auch inhaltsreiche Bilder innerhalb der Wiederholungsrate vollständig regenerierbar sind.

Die Zahl der verschiedenen darstellbaren Farben wächst exponentiell mit der Zahl der Bitebenen des Bildwiederholspeichers (siehe Abb. 4.11). Für kartographische Anwendungen sind mindestens 8 Bitebenen, d.h. 8 Pixel, erforderlich. Damit lassen sich $2^8 = 256$ verschiedene Farbtöne darstellen. Diese werden aus der großen Menge aller möglichen Farbtöne ausgewählt und mit den Zahlen des Wertebereichs 0 bis 255 codiert. Zur Darstellung eines Farbtons wird sein Farbcode mittels einer Referenztabelle (LUT = Color Look-up Table) in die prozentualen Rot-, Grün- und Blauanteile umgewandelt; damit wird die Intensität der Kathodenstrahlen gesteuert. Die LUT ist variabel definierbar, so dass sich die Farbcodes in verschiedenen Farb- oder Grautönen darstellen lassen. Bei der Gestaltung mit sogenannter Echtfarbendarstellung werden 3×8 Bitebenen, d.h. je 8 Bit, eine für Rot, Grün und Blau benötigt. Zusätzliche Bitebenen sind erforderlich, wenn die kartographische Darstellung z.B. mit einem farbigen Luft- oder Satellitenbild überlagert werden soll.

Der Vorteil des Raster-Scan-Prinzips besteht darin, dass interaktive Eingriffe sofort angezeigt werden und die übrigen Bereiche dabei ständig präsent bleiben. Damit ist es auch rasch möglich, Bildausschnitte (windows) darzustellen oder Bilddrehungen und -verschiebungen vorzunehmen. Für die Anwendung in der Kartographie ist von Bedeutung, dass sich die Kartengraphik (3.2) ohne größere Einschränkungen realisieren lässt, z.B. die Gestaltung flächenhafter Graphikob-

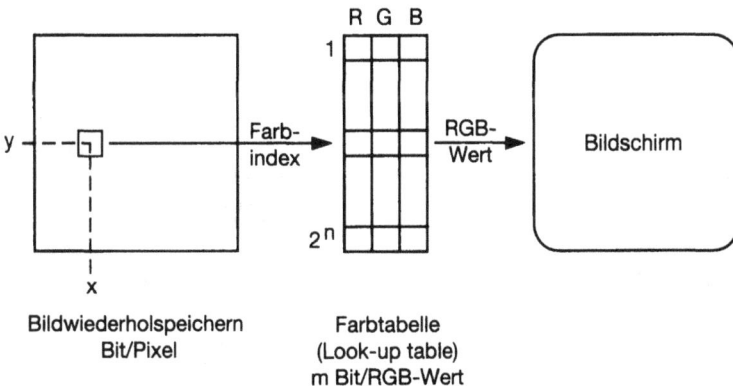

Abb. 4.11 Farbauswahl mittels Farbtabelle (Color Look-up Table)

jekte. Auch können mit besonderen Programmen dreidimensionale Modelle perspektiv dargestellt und Bewegungsvorgänge simuliert werden (siehe animierte Karten auf CD-Anhang).

4.3.3 Netzwerk

Größere Datenverarbeitungsaufgaben werden nach dem Schema der verteilten Datenverarbeitung (distributed processing) durchgeführt. Für diesen Zweck sind Arbeitsstationen als Clients miteinander (z. B. über Kabel) und/oder mit einem für die Datenspeicherung und -verwaltung eingesetzten Server sowie mit gemeinsamen Ein- und Ausgabegeräten verbunden. Daraus ergibt sich ein *Netzwerk.* Die Datenübertragung, -verwaltung und -sicherheit wird von einem schnellen und übergeordneten Programm, dem Netzwerkbetriebssystem geregelt. Folgende Netztypen sind derzeit verbreitet:

- LAN (*Local Area Network*) mit einer Ausdehnung von wenigen Kilometern (<2.4 km). Es dient zum Datenaustausch z. B. innerhalb eines Bürogeländes. Die Übertragungsgeschwindigkeiten liegen bei 1 bis 100 MB/s.
- MAN (*Metropolitan Area Network*) mit einer Ausdehnung zwischen 10 und 100 km. Es ist gut geeignet für Stadtgebiete oder Betriebe, deren Standortgrundstücke nicht aneinander grenzen. Sprache und Daten können gleichzeitig übertragen werden. Eine Übertragungsgeschwindigkeit von >100 MB/s wird angestrebt.
- WAN (*Wide Area Network*) mit einer Ausdehnung von >100 km. Es wird aus der Verknüpfung von LANs und MANs gebildet. Durch Datenfernverbindungen, z. B. das digitale Telefonnetz ISDN (*Integrated Services Digital Network*) bzw. B-ISDN (B = Breitband), ermöglichen WANs die flächendeckende Netzkommunikation über kontinentale Grenzen hinweg. Man unterscheidet u. a. GAN (*Global Area Network*), wie z. B. *Internet* (siehe 4.3.4) und Enterprise (Verbindung aller LANs einer Firma).

Die linien-, ring- oder sternförmig gestalteten Netzwerke bestehen hardwaremäßig aus der Verkabelung, aus speziellen Geräten für die Signalverstärkung (Repeater) sowie Prozessoren für die Herstellung und Kontrolle der Verbindungen und die Konvertierung der Übertragungsprotokolle u. a. m. Die Art der Verkabelung richtet sich nach bestimmten Standardspezifikationen, z. B. dem weitverbreiteten *Ethernet* für LAN, *IEEE-Norm 802.6* für MAN. Üblich sind Koaxialkabel und Glasfaserkabel. Soll ein Rechner in ein LAN integriert werden, so ist er z. B. mit einem Ethernet-Interface auszustatten. Dieses wird mit einem sog. Transceiverkabel und einem Transceiver an das Ethernet-Kabel angeschlossen.

Im Nahbereich ist auch ein WLAN (*wireless LAN, drahtloses LAN*) möglich. Die Grundlage dafür bildet die in Schweden entwickelte Technik *Bluetooth.* Ähnlich wie Infrarot, aber auf der Basis von Funkwellen, werden bei der Datenübertragung auch Wände durchdrungen. Dadurch können Notebooks, Handeld-Computer, Mobiltelefone, Drucker, Mäuse und Headsets in einer Reichweite im Gebäude bis zu ca. 200 m problemlos miteinander kommunizieren. In einem WLAN spielt der sog. AP (*access point*) eine zentrale Rolle. APs arbeiten nach unterschiedlichen Standardprotokollen (z.B. *IEEE 802.1d, IEEE 802.11/D2*) und fungieren als Verbindungs- bzw. Übergangsstelle (*Bridge, Gateway*) zwischen verschiedenen Netzen (z.B. Funknetz und Internet). Unterstützt ein AP Ethernetnetzwerke, so kann eine mobile Arbeitsstation auf Daten im LAN ohne Kabel zugreifen. Derzeit beträgt eine drahtlose Übertragungsgeschwindigkeit bis 3 MB/s. Mit Spezialantennen kann man auch Verbindungen bis zu 5 km erreichen. Zur flächendeckenden und sicheren Versorgung ist es oft notwendig, mehrere APs im Verbund zu installieren. Wenn sich der Benutzer von einem Netzbereich (cell) zum anderen bewegt, wird er dann automatisch weitergereicht. Man bezeichnet diese Funktion als *Roaming*.

4.3.4 Internet, WWW, Intranet

4.3.4.1 Internet

Internet (*interconnecting network*) ist ein globales Netzwerk von Rechnern (Internet Servern), die über TCP/IP (*Transmission Control Protocol / Internet Protocol*) miteinander kommunizieren. Internet-Server stellen ihre Dienstleistungen über Lokal- oder Fernverbindungen und eine *Protokoll-Suite* anderen Rechnern (Internet-Clients) zur Verfügung. In der Regel betreiben große Firmen oder Institutionen als sog. ISP (*Internet Service Provider*) die Teilnetze innerhalb des Internet. Jeder ISP stellt sein jeweiliges Netz zur Verfügung und sorgt für den Datenaustausch mit anderen, benachbarten Netzen, die das Internet in der Gesamtheit ausmachen. Um sich in ein solches Netz einzuklinken, nutzt man in der Regel den Weg über den lokalen Einwahlknoten (*Point of Presence*) des ISPs. Wenn der ISP außer dem Zugang zum Internet noch weitere Dienste für seine Mitglieder anbietet, spricht man von einem Online-Dienst.

Alle Rechner im Internet lassen sich durch eine eindeutige IP-Adresse identifizieren. Der Ursprung des Internet war ein Militär- und Forschungsnetzwerk in den USA Ende der 1960er Jahre, das nur für den Austausch von Daten zwischen angeschlossenen Rechnern gedacht wurde. Im Laufe der Jahre schlossen sich jedoch immer mehr kleine lokale Netze von Firmen, Universitäten und Behörden zusammen, so dass ein weltweites Gesamtnetz ohne Oberaufsicht entstand. Der Boom des Internet hat Anfang der 90er Jahre eingesetzt.

Je nach Aufgabenverteilung gibt es verschiedene Typen von Internet-Servern:

- *Proxy-Server* dient als eine Zwischenstation auf dem Weg vom Client zum eigentlichen Server. Der Client fordert ein Dokument nicht unmittelbar vom Ursprungsserver an, sondern wendet sich an den Proxy. Dieser besorgt das Dokument und leitet es an den Client weiter. Der Proxy tritt gegenüber dem Client als Server auf; gegenüber dem Ursprungsserver fungiert er als Client.
- *Datenbank-Server* bewahrt große Datenbanken (z.B. digitale Objektmodelle, digitale Karten) und führt notwendige Verwaltungsfunktionen aus (z.B. Über-

tragung, Speicherung, Schutz, Archivierung, Aktualisierung, Synchronisierung usw.). Dadurch können mehrere Clients gleichzeitig auf eine gemeinsame Datenbank zugreifen.

- *Applikations-Server* führt Standardanwendungsprogramme (z. B. Konvertierung zwischen Vektor- und Rasterformat, Berechnung einer Route, Reduzierung der Stützpunkte auf einer Linie) für seine Clients aus.
- *Mail-Server* stellt eine Mailbox dar und verfügt über die dazu notwendigen Programme und Speicherkapazitäten. Auch die Verteilung der Mails an die entsprechenden Teilnehmer werden vom Mail-Server gesteuert.
- *News-Server* hält themenorientierte Nachrichten aus einer Diskussionsgruppe (z. B. automatische Kartengeneralisierung) zum Lesen und Herunterladen bereit.

Zu der Protokoll-Suite im Internet gehören z. B.:
- FTP (*File Transfer Protocol*),
- HTTP (*Hyper Text Transfer Protocol*),
- SMTP (*Simple Mail Transfer Protocol*),
- NNTP (*Network News Transport Protocol*), und
- Telnet (*Remote Terminal Emulation*).

Nach diesen Protokollen sind derzeit u. a. folgende Internet-Dienste möglich:
- Dateiübertragung zwischen zwei Rechnern. Dieser Dienst wird durch das Protokoll FTP realisiert. FTP kennt die beiden Übertragungsmodi ASCII-Texte und beliebige Dateien (*binary files*). Anonymous FTP wird von vielen Internet-Servern angeboten, als Möglichkeit, dort Dateien abzurufen, auch wenn man auf dem Rechner keinen Benutzereintrag besitzt.
- Such- und Informationsdienst. Dabei wird u. a. das Protokoll HTTP zur Lokalisierung und Übertragung von Webseiten eingesetzt. Jede Webseite lässt sich explizit durch den URL (*Uniform Resource Locator*) eindeutig spezifizieren, z. B. http://www.carto-tum.de. Ein URL beinhaltet den Typ der Resource (z. B. WWW, Gopher, WAIS), die Adresse des Servers und den Ort der Datei. Bei WWW (*World Wide Web*) handelt es sich um ein multimediales Unternetz von Internet. Gopher ist ein Vorgängerverfahren des WWW und repräsentiert einen Suchdienst. Der Benutzer kann per Mausklick zwischen den Gopher-Seiten hin und her springen. WAIS (*Wide Area Information System*) stellt eine weitere Suchmethode dar, die Informationen aus verteilten Datenbanken abrufen und Volltextsuche durchführen kann.
- Austausch elektronischer Nachrichten E-Mail (*Electronic Mail*). Eine E-Mail kann an einzelne Teilnehmer oder an Gruppen von Teilnehmern geschickt werden. Dabei muss aber jeder Teilnehmer eine eindeutig identifizierbare E-Mail-Adresse besitzen. An eine E-Mail lassen sich auch alle anderen Arten von Dateien, z. B. Programme, Grafiken, Fotos, Tonfolgen, Videos usw., anhängen. Das Standardprotokoll für den E-Mail-Dienst ist SMTP.

– Newsgroups. Sie sind öffentliche Diskussionsforen mit verschiedenen Themen. In Newsgroups darf jeder seine Nachrichten hinterlassen und andere Nachrichten lesen. Dabei kommt das Protokoll NNTP zum Einsatz. Newsgroups lassen sich aber auch mit Programmiersprachen wie CGI-Scripts (CGI = *Common Gateway Interface*) und Java-applets einrichten.

– Chat. Es handelt sich um eine Echtzeit-Unterhaltung zweier oder mehrerer Benutzer über Tastatur und Bildschirm. Zugelassen für die Kommunikation sind geschriebene Wörter, Tonfolgen und Videos.

– Fernsteuerung eines fremden Rechners. Über Telnet-Prokoll ist es möglich, von einem lokalen Rechner aus auf einem entfernten Rechner so zu arbeiten, als säße man direkt davor. Dabei wird ein Terminalbetrieb emuliert, wie er an Großrechnern abläuft.

Internet ermöglicht die distributive Kartenherstellung und –nutzung. Bei der dezentralen Datenverarbeitung holt man für eine Arbeitstation zunächst einen Auszug, z. B. einen Kartenausschnitt, aus einem oder mehreren vernetzten Datenservern. Dieser wird lokal bearbeitet und anschließend in die Server zurückgeschrieben oder an weitere Benutzer geleitet.

4.3.4.2 WWW

Das WWW, auch W3 genannt, ist derzeit der wichtigste Teil im Internet. Aufgrund seines dominanten Erfolgs wird WWW oft als Synonym für Internet verwendet. Das WWW besteht aus Webseiten, deren Inhalte als Texte, Bilder, Karten, Klänge, Videos oder Animationen auf weitweit verteilten Webservern abgelegt sind. Die einzelnen Webseiten lassen sich nach dem Hypertextprinzip strukturieren. Dabei werden zusammenhängende Inhalte durch anklickbare Hyperlinks (Querverbindungen, siehe 4.8.1) miteinander verknüpft. Es gibt keine fest fixierte Seitenlänge für die Webseiten. Seitenbeschreibungssprachen für ihre Gestaltung sind jedoch notwendig, damit sie überall betrachtet bzw. gehört werden können. Beispiele dafür sind HTML (*Hyper Text Markup Language*) für Textbeschreibung, VRML (*Virtual Reality Modelling Language*) für die Beschreibung räumlicher Szenen und XML (*Extensible Markup Language*) als Metasprache.

Webseiten lassen sich entweder durch den URL oder mit Hilfe von Suchmaschinen (z. B. Lycos, Yahoo) im WWW lokalisieren. Das Lesen der Webseiten bei Clients erfolgt mittels eines Browsers. Zwei derzeit gängige Browser sind der *Netscape Communicator* und *der Microsoft Internet Explorer*. Da diese Browser nicht alle denkbaren Datentypen unterstützen, werden u. U. zusätzliche Programme, sog. *Plug-Ins*, benötigt. Plug-Ins ermöglichen dem Browser u. a., verschiedene Audio- oder Video-Nachrichten und Vektorkarten wiederzugeben.

4.3.4.3 Intranet

Intranet ist ein Netzwerk mit der Technologie des Internet. Es ist aber nur einer begrenzten Nutzerzahl (z. B. innerhalb einer Vermessungsbehörde) zugänglich.

Das Intranet wird durch einen sog. *Firewall* (meist als Software-Zusätze von *Routern*) vor unberechtigtem Zugriff geschützt. Firewalls analysieren die Datenströme und reagieren situationsabhängig. Wenn ein Firewall an der Grenze zwischen Internet und Intranet eingesetzt wird, kann ein externer Internet-Benutzer ohne Passwort keinen Zugang zum Intranet haben. Wird das Intranet für Kunden (z. B. Besteller digitaler Karten) und Zulieferer (z. B. Anbieter thematischer Informationen) geöffnet, spricht man von einem *Extranet*.

4.3.5 Mobile Clients des Internet

4.3.5.1 Mobiltelefon (Handy)

Die rasante Entwicklung der Informationstechnologie tendiert dazu, verschiedene Telekommunikationsnetze zu einem noch umfangreicheren globalen Netz zu verschmelzen. Ein erfolgreiches Beispiel dafür ist die Verbindung zwischen dem Internet und dem mobilen Funknetz. Mit einem Mobiltelefon kann man neben dem Telefonieren und dem One-Way-Service wie SMS (*Short Message Service*) auch On-Line-Dienste im Internet nutzen. Man kann mit einem Handy z. B. E-Mails versenden und empfangen. Mit UMS (*Unified Messaging Service*) lassen sich die E-Mails automatisch in gesprochene Worte umwandeln. Außerdem kann der Handybenutzer rund um die Uhr lagebezogene oder lageunabhängige Nachrichten vom Funknetz und/oder Internet zum Lesen oder Anhören abrufen. In diesem Sinne sieht man im Handy einen mobilen und multimedialen Client. Sind zusätzlich ein Ortungsgerät, z. B. ein GPS-Sensor (GPS = *Global Positioning System*), und eine Echtzeit-Kartenübertragungsmethode verfügbar, so wird aus dem Handy ein genaues Navigationssystem.

Die derzeitigen Mobiltelefonstandards GSM (*Groupe Spécial Mobile*, Kapazität bis 9,6 KB/s) und GPRS (General Packet Radio Service, Kapazität bis 150 KB/s) werden auf UMTS (*Universal Mobile Telecommunications System*, Kapazität bis 2 MB/s) umgerüstet. Die Einführung des UMTS ist in Deutschland für 2001 geplant.

Ähnlich wie konventionelle Internet-Clients werden Handys über verschiedene Protokolle mit Internet-Servern verbunden. Ein verbreiteter Standard ist das WAP (*Wireless Application Protocol*), mit dem eine beidseitige Kommunikation zwischen dem Handy und dem Internet durchgeführt werden kann.

Texte und Grafiken für das Handy-Display lassen sich durch die Sprache WML (*Wireless Markup Language*) beschreiben. Die WML-Seiten liegen im Internet auf gewöhnlichen Webservern. Der in den WAP-fähigen Handys eingebaute WAP-Browser übernimmt dann deren Wiedergabe. Im Unterschied zum HTTP, das Datenübertragungen im WWW regelt, verwendet WAP ein binäres Dateiformat WBMP (*WAP Binary XML*) für die Übermittlung der Inhalte zwischen dem WAP-Gateway bzw. WAP-Proxy (Übergang zwischen dem Internet und dem Mobilfunknetz) und dem Handy. Die WML-Seiten werden bei der Kompilierung in binäre Codes umgewandelt, dadurch schrumpft die zu übertragende Datenmenge auf etwa ein Viertel zusammen.

4.3.5.2 PDA (Personal Digital Assistant)

Einen weiteren Typ mobiler Clients bilden die verschiedenen PDAs (Handheld-Computer, PenComputer, PalmComputer) (Abb. 4.12, Abb. 4.13). Unter PDA versteht man alle mobilen Geräte in Handgröße, die über einen Hauptspeicher und eine Reihe PIM-Anwendungsprogramme (PIM = *Personal Information Manager*) verfügen. Mit einem PDA in der Hand kann man z.B. Terminkalender, Adressbuch und Notizbuch verwalten und einfache Berechnungen durchführen. Die meisten PDAs bestehen aus einem kleinen Bildschirm (schwarz-weiß oder farbig), einer winzigen Tastatur und/oder einem elektronisch empfindlichen Stift zur Eingabe der Handschrift. In neue PDAs ist eine akustische Ein- und Ausgabekomponente eingebaut.

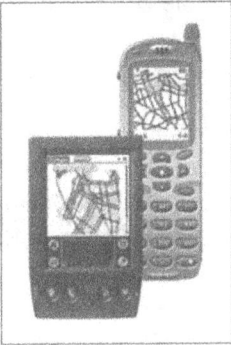

Abb.4.12 Handy und PDA als mobile Clients

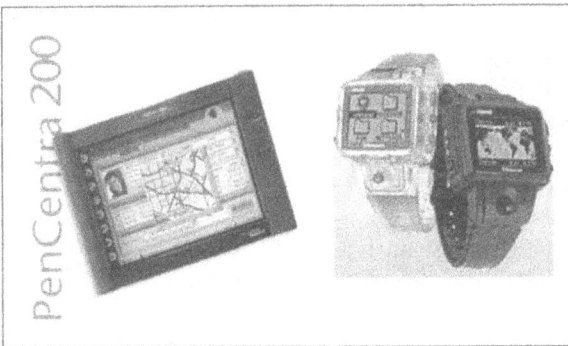

Abb. 4.13 Verschiedene PDAs

Über Modem, Netzwerkkarte oder Infrarot-Port erfolgt der beidseitige Datenaustausch zwischen einem PDA und dem Internet oder zwischen einem PDA und einem Handy. Dabei funktioniert ein PDA einerseits als ein Internet-Terminal und andererseits als ein eigenständiger Rechner, der über einen RAM bis 64 MB verfügt. Durch die Verbindung kann ein PDA, ähnlich wie ein Handy, auch geortet werden. Derzeit arbeiten viele PDAs mit der WCA-Architektur (WCA = *Web Clipping Application*). WCA besteht aus 1) Anwendungsprogrammen, die auf PDA ausführbar sind, 2) Webservern, die Informationen (z.B. Texte, Stadtpläne) im HTML-Format bereithalten, sowie 3) Proxy-Servern, die für die Konvertierung des HTML-Formats in ein WCA-Format zuständig sind. Nach der Installation der Anwendungsprogramme auf PDA lässt sich eine Untermenge der HTML-Dateien von Webservern zu PDA übertragen. Die Datenübertragung und Installation der Anwendungsprogramme geschieht mittels eines Synchronisierungsprogramms.

4.3.6 Systemsoftware (Betriebssystem)

Das Funktionieren eines Rechnersystems setzt voraus, dass die Daten in einer bestimmten Weise codiert und formatiert sind und dass ferner geeignete Programme in einer vom Rechner lesbaren Programmiersprache existieren. Bei den Programmen kann man wie folgt unterscheiden:

Die Systemsoftware (Betriebssystem, Operating System) ermöglicht den Betrieb des Rechners durch Organisationsprogramme zur Steuerung der Zentraleinheit und der Peripheriegeräte, Übersetzungsprogramme (Compiler) für die Programmiersprachen sowie Dienstprogramme für Datenübertragungen, Fehlersuche usw. Die Anwendungssoftware dient der Lösung der fachlichen Aufgaben.

Zur Systemsoftware einer Arbeitsstation gehören z.Zt. Betriebssysteme wie UNIX, Windows NT, Linux usw. PDAs haben eigene Betriebssysteme. Stellvertretend dafür sind J2ME, Palm OS, Windows CE und EPOC. Programme für die Datenübertragung über Ethernet-LAN arbeiten überwiegend nach dem Protokoll TCP/IP. Zu den Dienstprogrammen für die Softwareentwicklung gehören u.a. die Programmiersprachen C, C++, Java, Visual Basic, Graphikbibliotheken sowie zahlreiche plattformabhängige oder plattformübergreifende (*crossplatform*) Standardmethoden der GDV. Die API (*application program interface*) gewinnt heutzutage für die Entwicklung kartographischer Anwendungsprogramme zunehmend an Bedeutung.

Hierzu ist das Graphische Kernsystem (GKS) (DIN 66252 bzw. ISO 7942 von 1985) erwähnenswert. Das GKS-Konzept lässt sich in folgenden Punkten beschreiben (Abb. 4.14):

1. Zwischen den graphischen Gerätesystemen und den Anwendungsprogrammen wird eine einheitliche Schnittstelle festgelegt. Diese enthält sechs logische Eingabemöglichkeiten, z.B. Locator für Positionseingaben und Pick für die Identifizierung graphischer Objekte.

2. GKS definiert eine anwendungsunabhängige und effizient realisierbare Funktionsbibliothek für die graphische Verarbeitung zweidimensionaler Objekte.

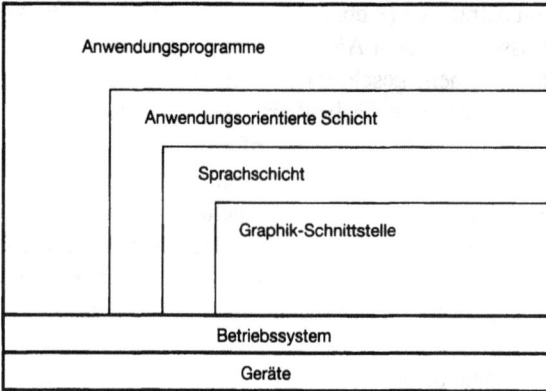

Abb. 4.14 Das GKS-Schichtenmodell

3. GKS berücksichtigt Anforderungen aus möglichst vielen graphischen Anwendungsgebieten.
4. GKS trennt zwischen graphischen Grundfunktionen und den auf höherer logischer Ebene liegenden Modellierungsfunktionen.

Die nachhaltige Bedeutung von GKS liegt in der allgemeingültigen Strukturierung der GDV, die auch bei der Entwicklung neuer Graphikstandards berücksichtigt wird. Nach Abschluss der GKS-Normierung hat sich die internationale Normung u. a. der Standardisierung auf dem Gebiet der GDV dreidimensionaler Objekte (GKS-3D, ISO 8805 und PHIGS = Programmer's Hierarchical Interactive Interface Graphics System, ISO 9592-1) sowie der Archivierung und dem Transport graphischer Informationen (CGM = Computer Graphics Metafile, ISO 8632) zugewandt.

4.4 Techniken der Digitalisierung graphischer Darstellungen

4.4.1 Grundsätze der Analog-Digital-Wandlung

Das Umsetzen analoger Darstellungen in digitale Daten bezeichnet man als Digitalisierung. Diese besteht darin, dass in der graphischen Darstellung bestimmte diskrete Elemente ausgewählt und in ihrer Position durch digitale Angaben meist als Werte eines rechtwinkligen ebenen Koordinatensystems x, y beschrieben werden. Dabei ist die Auswahl so zu treffen, dass die analoge Vorlage mit Hilfe der digitalen Daten und der Verarbeitungsprogramme stets reproduzierbar ist, d. h. dass jede spätere graphische Ausgabe mit dieser Vorlage innerhalb der zulässigen graphischen Ungenauigkeit übereinstimmt.

Die Analog-Digital-Wandlung führt in der rechnergestützten Kartographie zu Daten im Vektorformat (Vektor-Daten) oder im Rasterformat (Raster-Daten). Im Fall der Vektor-Daten (2.4.2.1) kann man die Linie als die graphische Grundstruktur der Analoginformation betrachten (Abb. 2.50a,b). Ein graphischer Punkt lässt sich als Nullvektor auffassen, bei dem Anfangs- und Endpunkt identisch sind; eine Fläche bildet sich aus einem geschlossenen Linienzug. Im Fall der Raster-Daten (2.4.2.2) steht dagegen eine flächenhafte Betrachtungsweise im Vordergrund. Als graphische Grundstruktur der Analoginformation gilt daher die Fläche, die man sich aus kleinen Pixel mosaikartig zusammengesetzt denken kann. Der computergerechte Aufbau solcher Mosaiken geht von einem feinen quadratischen Raster (Rastermatrix) aus, das von der Vorlage überdeckt wird. Die Beschreibung graphischer Punkte, Linien und Flächen führt damit zur Registrierung aller Pixel, die von den graphischen Darstellungen ganz oder teilweise bedeckt werden (Abb. 2.50c).

Die rechnergestützte Kartographie begann zunächst mit der Digitalisierung in Vektor-Daten. Die später entwickelte Erfassung in Raster-Daten hat heute eine größere Bedeutung, insbesondere bei mittel- und kleinmaßstäbigen Karten mit dichter graphischer Darstellung. Ihr besonderer Vorzug liegt in der wesentlich kürzeren Erfassungsdauer. Die früher noch bestehenden Nachteile der Speicherung und Verarbeitung größerer Datenmengen sind durch die Verfügbarkeit leistungsfähiger Hardware- und Softwaresysteme der GDV beseitigt. Andererseits ergeben sich bei der Trennung der Pixel nach Einzelobjekten grundsätzliche Schwierigkeiten. Beim Aufbau objektorientierter Modelle für GIS wird deshalb die Vektorform gewählt. Um in den einzelnen späteren Arbeitsstadien jeweils die Vorteile einer Datenart auszuschöpfen, spielen Transformationen zwischen Vektor- und Raster-Daten und umgekehrt eine wichtige Rolle.

4.4.2 Digitalisierng im Vektordatenformat

4.4.2.1 Geräte zur Digitalisierung im Vektorformat

Die Digitalisierungsgeräte (Koordinatenerfassungsgeräte, Digitizer) bestehen aus dem Tisch, der Messvorrichtung und einem Interface (Mikroprozessor) für den Anschluss an eine Arbeitsstation bzw. einen PC (Abb. 4.15).

Der Tisch ist in seinem Format meist so bemessen, dass sich auch große Vorlagen auf ihm befestigen lassen; in vielen Fällen ist er auch nach Höhe und Neigung verstellbar. Einige Hersteller liefern auch durchleuchtbare Tischflächen für transparente Vorlagen.

Bei den Messvorrichtungen zur Ermittlung der Tischkoordinaten herrschen heute die elektronischen Verfahren vor, bei denen sich in der Tischfläche ein gitterförmiges Drahtgewebe befindet. Die Messvorrichtung (Cursor) lässt sich frei führen. Die Ermittlung der Wegstrecken in Richtung der Drahtgitter beruht meist auf einem induktiven Prinzip; weniger gebräuchlich ist die Anwendung kapazitiver oder magnetostriktiver Prinzipien. Die Koordinatenmessung ist absolut (auf einen festen Nullpunkt bezogen) oder inkrementell (durch Summation konstanter Koordinatendifferenzen). Eine Variante dieses Gerätetyps ist das graphische

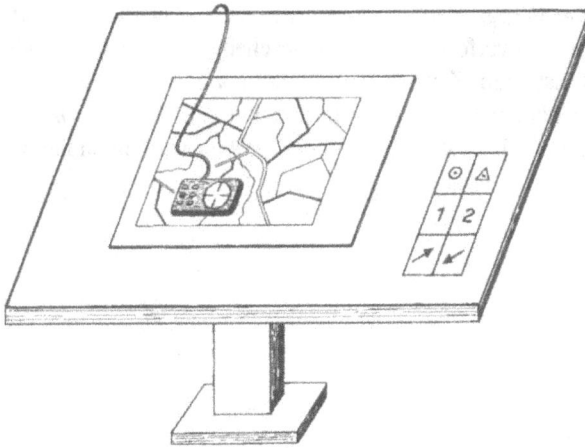

Abb. 4.15 Schema eines Digitalisiergeräts für manuelle Digitalisierung im Vektorformat, Tisch mit Vorlage und Menü, Cursor mit Messmarke und Tasten

Tablett, das vorwiegend bei dezentraler Teilbearbeitung, Kartenfortführung usw. in Verbindung mit einem Bildschirm eingesetzt wird.

Seit Einführung der Graphik-Arbeitsstationen mit hochauflösenden, nach dem Raster-Scan-Prinzip funktionierenden Graphikbildschirmen gewinnt die Digitalisierung am Bildschirm (*on-screen-digitizing*) zunehmend an Bedeutung. Diese setzt voraus, dass ein Scanner sowie Software für die Speicherung und Verarbeitung kombinierter Vektor- und Raster-Daten verfügbar sind. Mit einer zusätzlichen Tastatur lassen sich weitere Angaben, z.B. zur Objektkennzeichnung, eingeben.

Für die rechnergestützte Kartenherstellung sollte das Digitalisierergebnis eine Lagegenauigkeit von mindestens 0,1 mm besitzen. Um dies zu gewährleisten, liegt die gerätetechnisch bedingte Auflösung der Digitizer (Resolution) als kleinstes messbares Element bei 0,025 mm. Die erreichbare Lagegenauigkeit wird von der zeitlichen Konstanz der Digitizerelektronik, der Einstellgenauigkeit des Operators und der Homogenität des Gerätekoordinatensystems beeinflusst; bei letzterer wirken die Cursorexzentrizität (Differenz zwischen dem elektronischen und dem optischen Mittelpunkt der Messlupe), Maßstabs- und Winkelabweichungen, Verzerrungen im Randbereich und lokale Inhomogenitäten der Gerätekoordinaten zusammen.

4.4.2.2 Methoden der Digitalisierung im Vektorformat

Hierbei gibt es folgende Möglichkeiten:
a) Die *manuelle* Digitalisierung besteht im visuell kontrollierten Einstellen der Messmarke des Cursors. Der Operator kann dabei das Messen eines Punktes durch Knopfdruck auslösen (Punktmodus), z.B. für den Mittelpunkt eines lokalen Objekts, für den Knickpunkt einer sonst geraden Grenze, für einen Flä-

chenschwerpunkt usw. Die Digitalisierung einer Linie kann sowohl im Punktmodus als auch im sog. Linienverfolgungsmodus geschehen. Dabei findet die
Punktregistrierung im konstanten Zeitintervall (*time mode, stream modem*)
(Abb. 4.16a) oder im konstanten Intervall für lineare Größen (*distance mode,*
z. B. für $dx+dy$=const.) (Abb. 4.16b) statt. Die Intervallgröße ist in beiden Fällen
innerhalb bestimmter Grenzen frei wählbar.

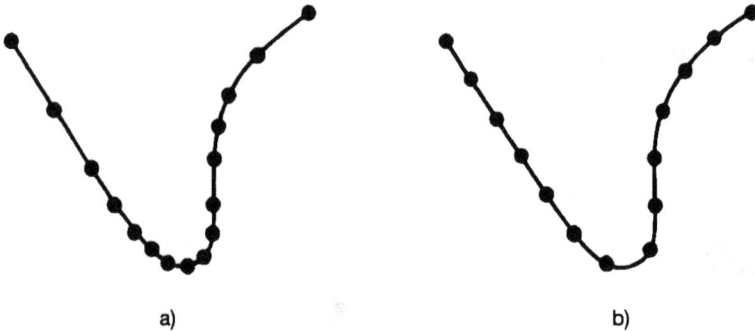

a)   b)

Abb. 4.16 Vektorielle Digitalisierung einer Linie mit konstantem Zeitintervall (a) bzw. mit konstantem Wegintervall (b)

b) Die *Digitalisierung am Bildschirm* unterscheidet sich grundsätzlich wenig
von der manuellen Digitalisierung. Ihre Vorteile liegen in der höheren geometrischen Genauigkeit, die durch die vorhergehende automatische Abtastung der Vorlage mit einer Auflösung z. B. von 0,05 mm erzielt wird, in der größeren Schnelligkeit der Digitalisierung sowie in der einfacheren Kontrolle auf Vollständigkeit
und Richtigkeit der Erfassung (Abb.4.17).

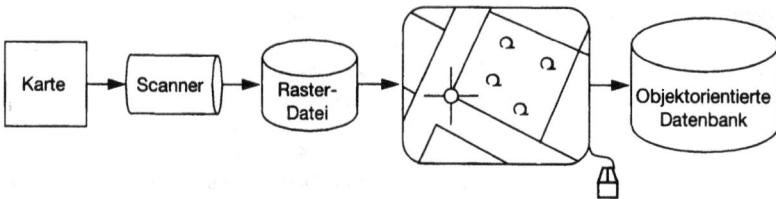

Abb. 4.17 Vektorielle Digitalisierung am Graphikbildschirm

c) Eine frühere Variante der *halbautomatischen Digitalisierung* benutzt ein elek-
trooptisches Prinzip, mit dessen Hilfe eine Linie in einer negativen Vorlage, z. B.
in einem Mikrofilm, durch einen geeigneten Sensor (z. B. Laser mit Photodi-
ode) automatisch verfolgt wird. Der Operateur hat jedoch das Messgerät meist
interaktiv zum Anfangspunkt der Linie zu führen, Objektkennzeichnungen zu
geben und u. U. bei Kreuzungspunkten Entscheidungen zu treffen. Der reine

Erfassungsvorgang ist je nach Inhalt der Vorlage etwa 5–15mal schneller als die manuelle Digitalisierung.

Diese recht aufwendige Hardwarelösung hat weitgehend an Bedeutung verloren, seitdem die Linienverfolgung in Verbindung mit einer Graphik-Arbeitsstation auch softwaremäßig möglich ist. Die Linienverfolgung geschieht dabei in einer gescannten Karte, d. h. also im Hauptspeicher der Arbeitsstation, unter Bildschirmkontrolle eines Operateurs (*Trepper* 1991).

d) Zu den Methoden der halbautomatischen Digitalisierung gehört auch jene, bei der, ausgehend von gescannten Vorlagen (Raster-Daten), zunächst unstrukturierte Vektor-Daten automatisch berechnet werden, um daraus anschließend in einem teils automatischen, teils interaktiven Prozess strukturierte Vektor-Daten zu erzeugen.

Die *Kontrolle* der Digitalisierung auf Vollständigkeit und Richtigkeit geschieht durch den Vergleich einer Plotterzeichnung der digitalisierten Daten mit der Vorlage. Bei interaktiven Systemen kann der Graphikbildschirm den Fortgang der Digitalisierung laufend anzeigen und damit sofortige Eingriffe veranlassen.

Die *Menü-Technik* arbeitet entweder mit einer gefelderten Vorlage, die sich auf der Tischfläche meist am Rande befindet, oder mit programmgesteuert dargestellten Tabellen auf einem Graphikbildschirm. Das Digitalisieren eines einzigen Punktes eines Menü-Feldes aktiviert die darin festgelegte Funktion (z. B. Programmaufruf von Digitalisiervorgängen).

Über Erfahrungen mit der Digitalisierung am Rasterbildschirm berichtet *Ohlhof* (1992). Die Entwicklung von Methoden der halbautomatischen Digitalisierung mittels Raster-Vektor-Konvertierung und kartographischer Mustererkennung stellen *Lichtner* (1987), *Illert* (1990), *Yang* (1989) und *Klauer* (1993) vor.

4.4.3 Digitalisierung im Rasterdatenformat

4.4.3.1 Geräte zur Digitalisierung im Rasterformat

Digitalisierungsgeräte im Rasterformat (Abtaster, Scanner) bestehen in der Regel aus einer zylindrischen Trommel (Trommelscanner) oder einem Tisch als Träger der Vorlage (Flachbettscanner) oder rotierenden Zylindern, ferner aus einer Abtast- und Registriervorrichtung. Nach Art der Abtastvorrichtung unterscheidet man das elektro-optische Prinzip und CCD-Scanner (Charge Coupled Device) mit vielen gleichzeitig messenden Sensoren (lichtempfindlichen Halbleitern).

Bei dem *elektro-optischen Prinzip* wird der ausgesandte Lichtstrahl z. B. einer Xenonlampe von der Aufsichtsvorlage diffus reflektiert. Der Sensor eines Farbscanner spaltet das reflektierte Licht in drei Strahlen auf und filtert daraus die Signale der Spektralbereiche Blau (400–510 nm), Grün (510–580 nm) und Rot (580–700 nm). Die Lichtsignale gelangen auf Photodioden, in denen die

Lichtstärken in elektrische Signale (Stromstärken) umgewandelt werden. Daraus entsteht dann eine digitale Angabe, die je nach Scanner aus Binärdaten oder Grauwertdaten besteht. Diese Wandlung vom analogen Signal in das digitale Pixel bezeichnet man als Quantisierung. Die Pixeldaten gelangen zum Rechner, in dem sie meist in komprimierter Form gespeichert werden. Neben Aufsichtsvorlagen lassen sich vielfach auch Durchsichtsvorlagen verarbeiten. Die in der Reproduktionstechnik eingesetzten Abtastgeräte bezeichnet man als *Reproscanner* (Farbscanner). Sie setzen die empfangenen Signale sofort oder später in photographisch gerasterte Folien als Vorlagen für die Druckplattenherstellung um.

Videoscanner benutzen als Abtastvorrichtung eine Videokamera mit flächenhaft angeordneten Halbleiterelementen (CCD). Solche Photodioden dienen in zeilenweiser Anordnung als Abtastvorrichtung beim Einzugscanner. Typische Einzugscanner haben eine geometrische Auflösung von 16–63 Pixel/mm ($\approx$ 400–1600 dpi) und eine radiometrische Auflösung von 256 Graustufen.

4.4.3.2 Methoden der Digitalisierung im Rasterformat

Im Gegensatz zur Digitalisierung im Vektor-Format handelt es sich hier stets um automatische Verfahren der Analog-Digital-Wandlung, die nach Einstellung des Vorlagenformats usw. selbständig ablaufen.

Beim *Trommelscanner* (Abb. 4.18) rotiert die Trommel und die Abtastvorrichtung bewegt sich mit Hilfe einer Spindel parallel zur Trommelachse. Mit jeder Umdrehung wird ein schmaler Streifen der Vorlage erfasst; innerhalb des Streifens ergibt sich die Folge der Pixel aus der Signalfolge des Abtasters. Die Größe der Pixel sollte $0,1\times0,1$ mm^2 nicht überschreiten; gute Ergebnisse werden in der digitalen Kartographie mit $0,05\times0,05$ mm^2 erzielt. Trotz dieser geringen Dimension lässt sich eine Vorlage in wenigen Minuten vollständig digitalisieren. Weitere Kenngrößen eines Trommelscanners sind seine radiometrische Auflösung (bis 256 Graustufen), sein Abtastformat (bis ca. 1 m$\times$2,5 m), seine Abtastgeschwindigkeit (bis zu 1200 Zeilen/min), seine absolute Genauigkeit (bis zu $\pm0,02$ mm) und seine Wiederholgenauigkeit (bis zu $\pm0,01$ mm). Für anspruchsvollere kartographische Zwecke sind Schwarzweiß- und Einzelfarbenscanner mit Auflösungen ab 32 P/mm und 12 Graustufen bzw. Farben, Abtastformate ab 60 cm$\times$60 cm, Geschwindigkeiten ab 500 Upm geeignet. Die sehr großen Datenmengen erzwingen bei der hohen Erfassungsgeschwindigkeit eine schnelle Speichermöglichkeit in Verbindung mit einer Datenkompression, z. B. Lauflängenkodierung (run length encoding) (4.5.2.2). Der reine Erfassungsvorgang kann bis zu 200mal schneller sein als das manuelle Digitalisieren; jedoch ist ein höherer Aufwand für die Nachbearbeitung erforderlich.

Beim *Flachbettscanner* fährt ein brückenartiger Schlitten in seiner Gesamtbreite über die Vorlage, und ein sich darauf bewegender Abtaster erfasst gleichzeitig mehrere Streifen (z. B. 500 Streifen von je 0,1 mm Breite) in einer Zone. Danach verschiebt sich der Abtaster für die Erfassung der nächsten Zone. Die

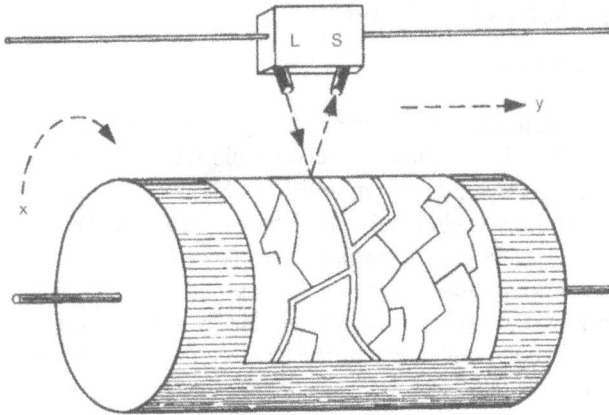

Abb. 4.18 Schema eines Trommelscanners für automatische Digitalisierung im Rasterformat. Trommel mit Vorlage, Abtastkopf mit Lichtquelle (L) und Empfangssensor (S)

geringe Relativgeschwindigkeit zwischen Vorlage und Abtaster wird kompensiert durch die gleichzeitige Erfassung vieler Streifen, so dass auch hier der Erfassungsvorgang nur wenige Minuten dauert. Auch der *Videoscanner* arbeitet mit einer ebenen Vorlage. Die mit einem Zoom-Objektiv versehene Videokamera kann verschieden große Teilbilder nacheinander erfassen und diese mit Hilfe eines Programms rechnerisch zum Gesamtbild zusammenfügen. Bei einem *Einzugscanner* wird die Vorlage an einem Arbeitspult eingeführt und läuft über die rotierenden Zylinder über oder unter der Abtastoptik hindurch. Mit jedem Vorlagenvorschub wird eine Zeile in der von der Empfindlichkeit und der Anzahl der CCD-Elemente abhängigen Auflösung digitalisiert. Diese Geräte spielen bei der Digitalisierung großformatiger Schwarz-Weiß-Vorlagen mit einfacher Graphik eine bedeutende Rolle. Sie eignen sich jedoch nicht für andere kartographische Vorlagen, da die Vorlagenzuführung zu größeren Verzerrungen führt.

Auch die *digitale Bildverarbeitung* in Photogrammetrie und Fernerkundung (6.4.1) und bei der Bearbeitung von Bildkarten (3.8.1) geht von einer Raster-Datenerfassung aus. Dabei gilt als besonderer Vorzug, dass neben der Ortslage des Pixels auch die Werte von Farbton- und Farbhelligkeit erfassbar sind. Die digitale Registrierung von 256 Graustufen (= 8 bit) erfordert Grauwertoperationen. Sieht man diese Möglichkeit der Grauwertregistrierung als Normalfall an, so kann man die rechnergestützte Kartenherstellung mit Strichkarten als Sonderfall der auf zwei Grauwertstufen (0 für leere Stelle, 1 für Zeichnungsstelle) reduzierten Bildverarbeitung auffassen: es entstehen sog. Binärbilder.

4.5 Grundzüge der Datenverwaltung

4.5.1 Allgemeines zur Datenverwaltung

Unter Datenverwaltung versteht man allgemein das Ablegen erfasster oder verarbeiteter Daten auf einem Speichermedium (Speichern), die Aktualisierung der Daten, die Kontrolle des Zugriffs auf die Daten im Hinblick auf Datensicherheit und Datenschutz sowie das Bereitstellen der gespeicherten Daten für Verarbeitungs- und Ausgabeprozesse. Die Datenverwaltung verbindet die computerunabhängige Modellbildung (3.6) mit der Datenverarbeitung mittels eines Computers; sie hat somit eine zentrale technische Funktion. Die in der Kartographie anfallenden großen Datenmengen stellen erhebliche Anforderungen an die Speicherkapazität und die Organisation der Datenspeicherung im Hinblick auf die Bereitstellung und die Aktualisierung; darüber hinaus erfordert die interaktive Arbeitsweise kurze Zugriffs- und Verarbeitungszeiten.

4.5.1.1 Dateiverwaltung

Die klassische Datenverwaltung geht aus von einer Unterteilung der Benutzerdaten in Datenelemente, Datensätze (Records), Datenblöcke (Blocks) als Vielfaches von Datensätzen sowie Dateien. Als Datei (File) gilt eine Dateieinheit, die aus sachlich zusammengehörenden Datensätzen gebildet und auf einem externen Speichermedium zusammengefasst ist. So kann man z. B. die Gesamtheit der Punktkoordinaten für einen bestimmten Bereich als Koordinatendatei auffassen; dabei bildet jeder Punkt mit seinen Koordinaten und weiteren Merkmalen (Attributen) einen Datensatz. Auch die gespeicherten Namen eines Atlasregisters können eine Datei bilden.

Ein Dateiverwaltungssystem (File Management System – FMS) hat als Komponente des Betriebssystems folgende Grundfunktionen:
– die erfassten bzw. verarbeiteten Daten werden blockweise in den freien, einer Datei zugeordneten Bereich eines Speichermediums geschrieben,
– die Datensätze erhalten im Zuge der Einspeicherung automatisch eine interne Adresse (Schlüssel, Key),
– bei Bedarf werden die Datensätze für die Verarbeitung oder Ausgabe bereitgestellt, d. h. mit Hilfe ihrer Adressen gesucht, identifiziert, gelesen und in den Hauptspeicher geschrieben.

Zur Dateiverwaltung gehören auch Funktionen für die Sicherung der Daten, für die Schaffung freier Speicherbereiche (Reorganisation), für das Löschen von Dateien u. a.. Sie hat vor allem die Dateiorganisation zu berücksichtigen, die auch die Zugriffsart festlegt. Diese ist einerseits vom Speichermedium abhängig, z. B. der direkte Zugriff auf einzelne Datensätze bei Magnetplatten, andererseits wird eine Dateiorganisation danach ausgewählt, wie die zu speichernden Daten erfasst bzw. die gespeicherten Daten verarbeitet werden sollen.

4.5.1.2 Datenbankverwaltung

Die wachsenden Anforderungen an die Wirtschaftlichkeit der Datenverarbeitung und die Archivierung großer Datenmengen führten seit Mitte der 1960er Jahre zur Entwicklung und zum Einsatz von *Datenbankverwaltungssystemen* DBMS (Data Base Management Systems). Es handelt sich dabei um Programmsysteme zur Speicherung, Pflege, Bereitstellung und Sicherung von großen Datenbeständen (Datenbanken). Als *Datenbank* (database) gilt die Gesamtheit aller gespeicherten Daten, die für eine rechnergestützte Bearbeitung fachlicher Informationen erforderlich sind. Sie bildet zusammen mit dem DBMS ein *Datenbanksystem*. Abb. 4.19 stellt die Zusammenhänge zwischen Anwendungsprogrammen und Daten bei Einsatz eines Datenbankverwaltungssystems dar.

Datenbanksysteme haben folgende Merkmale:

1. Die Daten sind von den Anwendungsprogrammen getrennt;
2. Alle Datenbankoperationen wie Anfragen, Eintragungen und Korrekturen werden über eine einheitliche Datenbankschnittstelle abgewickelt;
3. Die Zugriffsberechtigung des Datenbankbenutzers wird geprüft;
4. Die Konsistenz (Widerspruchsfreiheit) der Daten wird nach jeder Änderung geprüft;
5. Die Datenbankbenutzer erhalten eine ihren Erfordernissen entsprechende Sicht (view) der Daten.
6. Es können konkurrierende Zugriffe auf die Datenbank verwaltet werden (Multi-User-Betrieb).

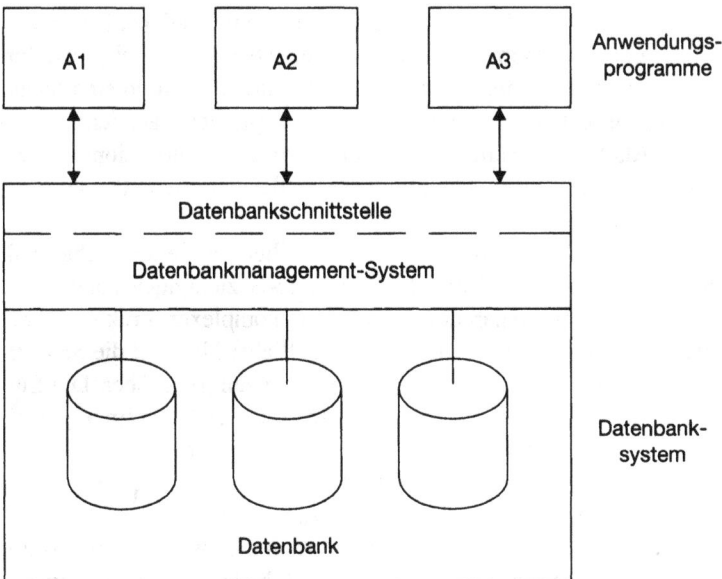

Abb. 4.19 Aufbau eines Datenbanksystems

Als Vorteile gegenüber einem Dateiverwaltungssystem sind zu nennen:
- die erhöhte Sicherheit der Daten vor Zerstörung, Verfälschung und Missbrauch;
- die Möglichkeit der redundanzfreien Datenspeicherung und die einfachere Austauschbarkeit von Programmen und Dateien.

Dies wird durch die in der Informatik entwickelte Beschreibung eines Datenbanksystems auf drei Abstraktionsebenen erreicht. Zu unterscheiden sind (vgl. *Dworatschek* 1989, *Schneider* 1991)
- das konzeptionelle Schema,
- das interne Schema und
- mehrere externe Schemata.

Das konzeptionelle Schema beschreibt die logischen Beziehungen der Daten. Dabei geht es z. B. um die Zuordnung von Attributen zu Objekten und um Beziehungen zwischen Objekten. Es entspricht dem logischen Datenmodell. Im internen Schema werden die Art und der Aufbau der physischen Datenstrukturen beschrieben, z. B. mit wie viel Byte ein bestimmtes Attribut an welcher Stelle eines bestimmten Datensatzes gespeichert werden soll und wie die Zugriffe auf das Attribut geregelt sind. Für die Zugriffe, die Organisation des physischen Speichers und die Datensicherheit sorgt das Betriebssystem. Die Abstraktionsebene des externen Schemas dient der Vereinfachung und Erleichterung der Datenbankbenutzung. Hierfür werden entsprechend den Anforderungen der unterschiedlichen Nutzer Ausschnitte aus dem konzeptionellen Schema als individuelle Sichten (Views) auf eine Datenbank festgelegt. Damit wird zugleich ein Schutz vor unberechtigtem Datenbankzugriff erreicht.

Jede Datenbank lässt sich nach der Art der Beziehungen der einzelnen Datengruppen (Menge gleichartiger Datenelemente, z. B. Punktnummern) einem der folgenden Grundtypen zuordnen:
1. Das *hierarchische Datenbankmodell* dient der Speicherung solcher Daten, die in einer 1:*n*–Beziehung (Baumstruktur) zueinander stehen. Ein Beispiel dafür sind alle zu einer Stadt gehörenden Stadtteile. Solche Strukturen sind leicht zu modellieren; sie bieten effiziente Such- und Einfügungsstrategien für einzelne Themen. Als Datenbankmodell für raumbezogene Informationen ist es jedoch nicht geeignet, da es nicht möglich ist, die dabei auftretenden komplexen Strukturen zu beschreiben.
2. Das *Netzwerk-Datenbankmodell* erlaubt die Modellierung hierarchischer und netzartiger Strukturen, d. h. es sind 1:*n*- und *m:n*-Beziehungen zugelassen. Seine Vorteile sind die platzsparende Speicherung komplexer Strukturen und der schnelle Zugriff darauf. Dem steht als wesentlicher Nachteil die Schwerfälligkeit bei der Anpassung an geänderte Bedingungen gegenüber. Die Einführung neuer Datenelemente und neuer Zugriffspfade bedeutet im allgemeinen eine Neuorganisation der gesamten Datenbank. Dieses Modell ist deshalb für Anwendungen geeignet, die vorhersehbar und weitgehend stabil sind. Das ist z. B. der Fall bei der topographischen Landesaufnahme.
3. Beim *relationalen Datenbankmodell* (RDB) werden die Daten gruppenweise in Tabellenform gespeichert. Die Spalten einer Tabelle bezeichnet man als Domänen (Domains) und die Zeilen als Tupel (Tuple). Beim relationalen Kon-

zept müssen die Datengruppen nicht von vornherein über Verweise (Pointer) miteinander verknüpft werden; vielmehr lassen sich die Beziehungen (Relationen) zum Zeitpunkt der Auswertung implizit über die Werte herstellen. Ein erfolgreiches Beispiel für die RDB ist die Oracle-Datenbank, die von der Oracle Corporation seit 1984 kontinuierlich entwickelt wird. Das RDB hat vor allem folgende Vorteile:

- die Organisation *einer* Tabelle ist von der der anderen unabhängig;
- es ist eine weitgehend redundanzfreie und damit stabile Datenspeicherung möglich;
- für Auswertungen werden von vornherein explizite Angaben über die Zugriffspfade nicht benötigt;
- Tabellen lassen sich in einfacher Weise kombinieren, verändern und abfragen; hierfür stehen Anfragesprachen, z. B. die *Structured Query Language* (SQL), und Möglichkeiten zur Einbindung in eine Programmiersprache zur Verfügung.

4. Das *objektorientierte Datenbankmodell* (OODB) besteht aus einzelnen, in sich abgeschlossenen Objekten (z. B. topographischen Gegenständen oder Sachverhalten), die miteinander im Zusammenhang stehen. Ein Objekt wird nicht nur durch seine geometrischen und semantischen Eigenschaften definiert, sondern auch durch seine spezifischen Funktionen bzw. die mit ihm assoziierten Aktionen. Eine für die Kartographie besonders wichtige Objektfunktion ist die graphische Präsentation eines Datenbankobjekts. Je nach Anwendungszwecken und Zielgruppen lässt sich dasselbe Objekt auf unterschiedliche Weise visualisieren. Ein Beispiel für das OODB-Konzept ist LAMPS 2, das von der Firma Laser-Scan entwickelt wurde und seit Mitte der 1990er Jahre in vielen kartographischen Systemen implementiert wurde. Objektorientierung ermöglicht eine bessere Strukturierung und damit einen besseren Überblick, da sie der menschlichen Denkweise entspricht. Zwei wichtige Merkmale des OODBs sind:

- Kapselung: Daten und Prozeduren werden als gemeinsame Objekte zusammengefasst.
- Vererbung: alle Klassen sind in einer Hierarchie angeordnet und erben von übergeordneten Klassen Merkmale und Verhaltensmuster.

Der Trend in der Forschungswelt geht dahin, durch Kombination der Vorteile von RDB und OODB das sog. *objektrelationale Datenbankmodell* zu entwickeln.

4.5.2 Verwaltung raumbezogener Daten

4.5.2.1 Anforderungen und Merkmale

Die Verwaltung raumbezogener Daten hat unterschiedliche Zielsetzungen zu berücksichtigen. Einerseits erfordert die langfristige Speicherung (Archivierung) großer Datenmengen besondere Maßnahmen der Konsistenzerhaltung (Widerspruchsfreiheit), der Aktualisierung und der Bereitstellung für verschiedenartige Anwendungen. Hierbei ist auch zu berücksichtigen, dass Geo-Daten einen Anteil von etwa 80% am Gesamtwert der technischen Komponenten eines GIS haben. Andererseits sind Modellrechnungen und interaktive kartographische Gestaltungsprozesse mit kleinen Datenmengen räumlich begrenzter Gebiete zu unterstützen; hierbei kommt es besonders auf einen schnellen Zugriff über Positionsangaben sowie einen möglichst raschen Bildaufbau an. Während sich die Anforderungen an die Verwaltung einer Archivdatenbank mit Standard-DBMS erfüllen lassen, sind zur Unterstützung der interaktiven graphischen Datenverarbeitung spezielle Maßnahmen erforderlich (*Frank* 1985):

1. Die gebündelte Speicherung räumlich benachbarter Daten auf dem Massenspeicher;
2. Die Verwendung von ausreichend dimensionierten schnellen Pufferspeichern zur Beschleunigung der interaktiven Bearbeitung, z. B. eines Kartenblattes;
3. Die Durchführung von Konsistenzprüfungen nicht nach jeder Datenänderung, sondern erst nach Ausführung einer Anzahl interaktiver Vorgänge (sog. Transaktion), z. B. zur Aktualisierung eines Kartenausschnitts. Jede Transaktion überführt eine Datenbank von einem konsistenten Anfangszustand in einen neuen konsistenten Endzustand.

Die Überlegungen zur Speicherung schließen auch die Abschätzung der Datenmenge ein. Bei der rechnergestützten Herstellung einer Karte bezieht sich diese Abschätzung gewöhnlich auf den Inhalt der gesamten Karte oder der einzelnen Farbfolien (z. B. Höhenliniendarstellung). Beim Aufbau einer Datenbank ist die Datenmenge meist für ein ganzes Kartenwerk zu ermitteln. So ergeben sich z. B. für die Speicherung eines Blattes einer TK 50 im Vektorformat etwa 3 MB (*Weber* 1991), für die eines Blattes der TK 25 mit allen Folien (Auflösung 320 L/cm) im komprimierten Rasterformat etwa 30 MB (*Jäger* in Festschrift für *Günter Hake* 1992) und für die eines Blattes der TÜK 200 etwa 50 MB.

Die Verwaltung raumbezogener Daten wird seit 1980 in Verbindung mit ihrer Modellierung in einer wachsenden Zahl von wissenschaftlichen Untersuchungen zunächst im Vermessungswesen und danach in der Informatik behandelt und in Fachaufsätzen sowie Dissertationen dargestellt.

4.5.2.2 Verwaltung von Raster-Daten

Liegen die geometrischen Informationen in Form von Raster-Daten vor, können sie einfach als zweidimensionale Matrizen gespeichert werden. Jedes Pixel belegt eine durch Zeilen- und Spaltennummer definierte Position, die der räumlichen Lage entspricht. Treten nur die Werte 0 und 1 auf, handelt es sich um ein Binärbild. Bei Grauwertbildern (z. B. digitalisierten Luftbildern) ist ein Wertebereich von 0 bis 255 entsprechend einem Byte bzw. bei Farbbildern je Grundfarbe üblich.

Matrizen sind mathematisch gut definiert, allgemein verwendbar und einfach zu implementieren. Dem steht als Nachteil gegenüber, dass ein erheblicher Speicherbedarf besteht. Die zu speichernde Datenmenge hängt von der Auflösung der geometrischen und semantischen Informationen ab. Wird z. B. eine Karte von 50×50 cm^2 mit einer geometrischen Auflösung von 50μm gescannt, ergeben sich 10^8 Pixel; bei 1 Byte je Pixel bedeutet dies einen Speicherbedarf von 100 MB (Netto).

Zur Lösung der Speicher- und Verarbeitungsprobleme stehen verschiedene Methoden der Datenkompression zur Verfügung, wobei nur solche in Betracht kommen, bei denen kein Informationsverlust auftritt:

- Die *Lauflängenkodierung* (run length encoding) (Abb. 3.56) wird bei der Datenerfassung mit Scannern angewendet. Zur Komprimierung werden diejenigen Pixel innerhalb einer Zeile zu einem Block zusammengefasst, die den gleichen Wert haben; die Komprimierungsfaktoren liegen zwischen 5 und 10. Da diese Methode zeilenorientiert ist, berücksichtigt sie nicht unmittelbar die Nachbarschaftsbeziehungen in einer Matrix.
- Besser angepasst an die zweidimensionalen Vorlagen ist die Speicherung von *Kacheln* oder Superpixeln, deren Größe nach Potenzen von 2 festgelegt wird. Übliche Kachelgrößen sind z. B. 64×64 oder 128×128 Pixel. Jeder Datensatz besteht aus einem Superpixel; es handelt sich um eine statische Blockung.
- *Quadtrees* (Abb. 3.57) ermöglichen eine dynamische Blockung. Für die Speicherverwaltung ergibt sich die Möglichkeit, die Adressen der Quadtree-Elemente (Quadtree-Codes) für den geometrisch-optimierten Zugriff zu verwenden. Der Komprimierungsfaktor beträgt zwischen 5 und 10; gegenüber der Lauflängenkodierung besteht der Vorteil, dass die Nachbarschaftsoperationen besser unterstützt werden.

Sind für das gleiche Gebiet verschiedene semantische Informationen, z. B. Gewässer und Wald, zu verwalten, so geschieht dies nach dem Ebenen- oder Layer-Prinzip. Wie beim Folienprinzip der analogen Kartentechnik werden die Informationen einschließlich ihrer aufeinander abgestimmten geometrischen Beschreibung unterschiedlichen Ebenen zugeordnet (Abb. 4.20). Eine Gesamtdarstellung ergibt sich durch Überlagerung dieser Ebenen.

4.5.2.3 Verwaltung von Vektor-Daten

Vektor-Datenmodelle dienen der objektorientierten Beschreibung der geometrischen und semantischen Informationen (1.3). Für die Implementierung solcher Modelle gibt es folgende Varianten, die sich hinsichtlich der Organisation und der Behandlung der geometrischen und der nicht-geometrischen Informationen unterscheiden:

1. Die geometrischen und semantischen Daten (Attribute) werden *getrennt* gespeichert und verwaltet (Abb. 4.21). Für die Abbildung der Netzstrukturen

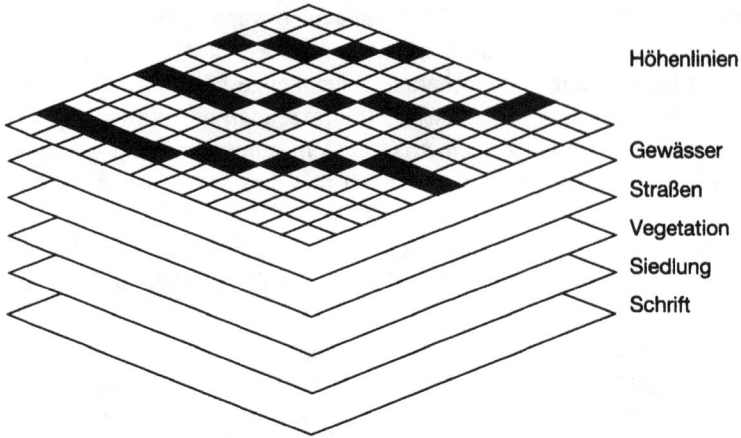

Höhenlinien

Gewässer

Straßen

Vegetation

Siedlung

Schrift

Abb. 4.20 Ebenenprinzip und Raster-Datenverwaltung

Anwendung /Interaktiv/Batch

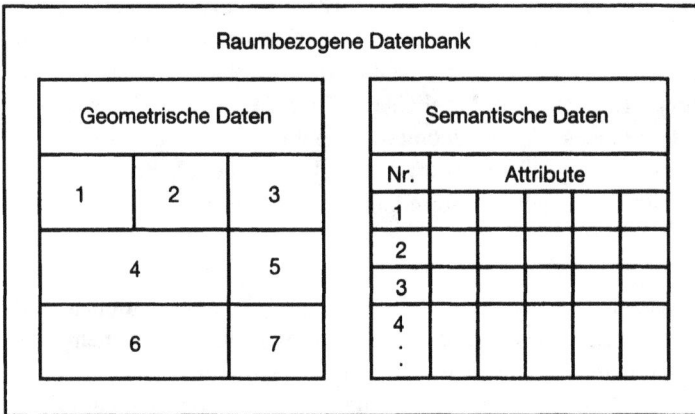

Abb. 4.21 Getrennte Speicherung von Geometrie und Attributen

des geometrischen Datenmodells finden spezialisierte Dateiverwaltungssysteme Anwendung, während für die Attributdaten meistens relationale DBMS zum Einsatz kommen. Die notwendigen logischen Verbindungen ergeben sich mittels eindeutiger Verweise (Pointer). Diese Technik wird bei vielen kommerziellen GIS-Systemen verwendet.

2. Die in Abb. 4.22 dargestellte Variante verwendet eine *einheitliche* Verwaltung (z. B. relationales DBMS) für geometrische, semantische und temporale Informationen. Mit einem speziellen DB-Verwaltungsprogramm (sog. Shell), das in der Lage ist, raumbezogene Operationen auszuführen, gelingt die Trennung

Anwendung /Interaktiv/Batch

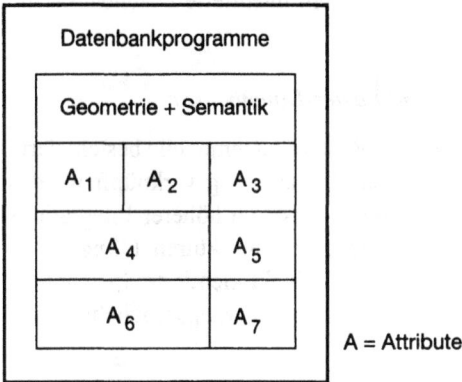

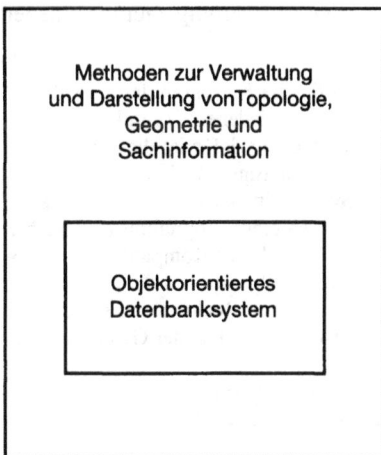

```
┌─────────────────────────────────────┐
│  Datenbankprogramme                 │
│  ┌───────────────────────────────┐  │
│  │  Geometrie + Semantik         │  │
│  │  ┌────────┬────────┬────────┐ │  │
│  │  │  A₁    │  A₂    │  A₃    │ │  │
│  │  ├────────┴───┬────┴────────┤ │  │
│  │  │   A₄       │    A₅       │ │  │
│  │  ├────────────┼─────────────┤ │  │
│  │  │   A₆       │    A₇       │ │  │
│  │  └────────────┴─────────────┘ │  │
│  └───────────────────────────────┘  │
└─────────────────────────────────────┘
```

A = Attribute

Abb. 4.22 Gemeinsame Speicherung von geometrischen und semantischen Informationen
(A_i = Attribute zum Objekt i)

von Anwender und Datenbank. Diese Technik ist vor allem in den Bereichen interessant, in denen mit großen Datenmengen gearbeitet wird und Fragen der Datenbankadministration, Datensicherheit, Datenschutz u. ä. eine wichtige Rolle spielen.

3. Die *objektorientierte* Datenbanktechnik wird künftig eine große Rolle für die Verwaltung raumbezogener Informationen spielen (Abb. 4.23). Diese Datenbanktechnik verspricht größere Flexibilität und bessere Konfigurierbarkeit als die derzeit verfügbaren Systeme. Sie kann auch Funktionen der Modellrech-

Anwendung /Interaktiv/Batch

```
┌────────────────────────────────────┐
│                                    │
│   Methoden zur Verwaltung          │
│  und Darstellung vonTopologie,     │
│        Geometrie und               │
│        Sachinformation             │
│                                    │
│   ┌──────────────────────────┐     │
│   │                          │     │
│   │   Objektorientiertes     │     │
│   │   Datenbanksystem        │     │
│   │                          │     │
│   └──────────────────────────┘     │
│                                    │
└────────────────────────────────────┘
```

Abb. 4.23 Objektorientiertes
Datenbanksystem

nungen und der Generalisierung ausführen. Es handelt sich also nicht mehr um reine Datenverwaltungssysteme, sondern um integrierte Datenbank- und Methodenbanksysteme.

4.5.2.4 Verwaltung integrierter Vektor- und Raster-Datenbanken

Ein Nachteil getrennt verwalteter Vektor- und Raster-Datenmodelle besteht darin, dass sie zum Zweck der Verarbeitung durch Überlagerung verknüpft werden müssen. Neuere Untersuchungen haben gezeigt, dass ein höherer Integrations-grad durch die alleinige Speicherung von Quadtree-Strukturen (*Yang* 1992) erreichbar ist. Damit lassen sich die ebenen- und objektorientierte Speicherung kombinieren, und es ergibt sich eine wirksamere Modellierungsmöglichkeit.

4.6 Graphische Datenverarbeitung in der Kartographie

4.6.1 Grundzüge der kartographischen Datenverarbeitung

Allgemein hat die GDV die Aufgabe, geometrische Informationen des dreidimen-sionalen Raumes in den zweidimensionalen Darstellungsraum abzubilden und darauf bestimmte Operationen z. B. im Zuge von Modellrechnungen und für gra-phische Darstellungen durchzuführen.

Der Einsatz der graphischen Datenverarbeitung in der Kartographie dient
– der Aufbereitung digitalisierter Daten;
– der digitalen Speicherung, um den unmittelbaren Zugriff auf einen systema-tisch geordneten und möglichst aktuellen Datenbestand zu ermöglichen;
– der Bearbeitung der erfassten und gespeicherten Informationen mit dem Ziel der analogen Ausgabe in Form von Kartenentwürfen oder Kartenoriginalen (bzw. Teilen oder Vorstufen dazu).

Darüber hinaus kommt die GDV im Zuge der Auswertung raumbezogener Informationen zur Anwendung (Kap. 8).

Mit dem Einsatz digitaler Technologien stellt sich für die Kartographie die Aufgabe, die Daten mit den Anwendungsprogrammen auch auf verschiedenen Graphik-Arbeitsstationen verarbeiten zu können. Eine allgemeine Voraussetzung dafür ist die *Kompatibili-tät* (Verträglichkeit). Diese bezieht sich nicht nur auf Codierung und Format der Daten, sondern auch auf Hardware und Software des Datenverarbeitungssystems. Als Portabili-tät (Übertragbarkeit) gilt der Grad der Anpassungsfähigkeit eines Programms an verschie-dene Datenverarbeitungsanlagen; sie lässt sich als Sonderfall der Kompatibilität auffas-sen. Dazu sollten auch die allgemeinen und grundlegenden Operationen der graphischen Datenverarbeitung möglichst unabhängig sein vom jeweiligen Rechner und seiner Peri-pherie sowie von der spezifischen Anwendung. Dies ist wegen folgender Gemeinsamkei-ten sinnvoll:
a) bei den graphischen Interaktionen (z. B. bestimmten Änderungsvorgängen) und
b) bei der graphischen Ausgabe (z. B. Linienunterbrechungen der Vektorgraphik, Grau-werten der Rastergraphik).

Diese Anforderungen haben zur Entwicklung des GKS-Schichtenmodells geführt (Abb. 4.14). Ein Mittel für die Standardisierung kartographischer Operationen sind außerdem die sog. Kartiersprachen, mit denen sich auf flexible Weise bestimmte Arbeitsabläufe in Form von Prozeduren zusammenstellen lassen.

Entsprechend dem GKS-Schichtenkonzept werden in diesem Abschnitt elementare (4.6.2) und komplexere Standardmethoden (4.6.3 – 4.6.5) beschrieben. Durch Kombination der Methoden der kartographischen Vektor- und Raster-Datenverarbeitung entstehen die Verfahren der hybriden kartographischen Datenverarbeitung.

Die erforderlichen mathematischen Grundlagen der digitalen Kartographie waren und sind Gegenstand einer Reihe wissenschaftlicher Untersuchungen (z. B. *Meier* 1993). Die folgende Ausführung muss sich auf eine exemplarische Behandlung beschränken.

4.6.2 Elementare Operationen der GDV

4.6.2.1 Operationen mit Vektor-Daten

Die geometrischen Operationen mit Vektor-Daten beziehen sich auf die Definitionspunkte der Objekte, die im dreidimensionalen und zweidimensionalen Objektraum gewöhnlich durch kartesische Koordinaten beschrieben werden. Die mathematischen Ansätze entstammen der analytischen Geometrie bzw. der Vektorrechnung.

Für die darstellungsbezogenen elementaren Operationen der vektororientierten graphischen Datenverarbeitung werden dagegen sog. *homogene Koordinaten* verwendet, mit denen eine besonders effiziente Berechnung großer Datenmengen möglich ist. Zwischen den kartesischen Koordinaten eines Punktes P (x,y) im R^2 und seinen homogenen Koordinaten (x_h, y_h, w) besteht die einfache Beziehung

$$x = x_h : w$$
$$y = y_h : w \qquad \text{(mit } w \neq 0, \text{ i. d. R. } w = 1\text{)}.$$

Durch die Entwicklung effizienter Rechenmethoden der GDV hat sich in der Mathematik der spezielle Bereich der Computergeometrie (Computational Geometry) entwickelt (*Fellner* 1992). Ohne Anspruch auf Vollständigkeit seien für Anwendungen folgende Beispiele elementarer Operationen genannt:

- im Bereich der *graphischen Wiedergabe* handelt es sich um Koordinatentransformationen für die Abbildung von Ausschnitten aus einer Datenbank auf die Darstellungsfläche eines Gerätes (z. B. Graphik-Bildschirm, sog. Window-Viewport-Transformation), um Sichtbarkeitsberechnungen, Freistellungen bzw. Beseitigung verdeckter Kanten;
- bei der Selektion von Geo-Daten aus einer Datenbank oder bei räumlichen Analysen werden explizite topologische Beziehungen, z. B. die Lage eines Punktes zu einer gegebenen Kurve, die relative Lage zweier Kanten und zweier Polygone (Maschen) zueinander benötigt und durch Schnittberechnungen bestimmt;

– im Zuge von Modellberechnungen sind Strecken, Richtungen, Geradenschnitte, Krümmungen, Flächeninhalte, Volumen usw. zu bestimmen.

4.6.2.2 Operationen mit Raster-Daten

1. Elementare Operationen

Die Raster-Datenverarbeitung ist in ihren elementaren Operationen das Kernstück der digitalen Bildverarbeitung, und zwar weitgehend unabhängig von den
fachspezifischen Anwendungen, die von der Medizin bis zur Fernerkundung reichen. Die folgenden Ausführungen beschränken sich jedoch auf solche Operationen, die für kartographische Anwendungen von Bedeutung sind. Bemerkenswert
ist dabei, dass die Raster-Datenverarbeitung sich weitgehend aus wenigen der
folgenden elementaren Operationen zusammensetzt:

– Bei den *arithmetischen Operationen* werden die sich entsprechenden Pixelpaare zweier Bilder arithmetisch (z. B. durch eine Addition) verknüpft
(Abb. 4.24);
– Bei den *logischen Operationen* werden die sich entsprechenden Pixelpaare
zweier Bilder logisch verknüpft (z. B. das logische UND) (Abb. 4.25);
– Durch die *Parallelverschiebung* erhalten alle Pixel eines Bildes entsprechend
der N.4-Nachbarschaft (2.4) eine neue Lage innerhalb der Bildmatrix;
– Bei der *Schwellwertoperation* erhalten alle Pixel mit einem Grauwert größer/
gleich einem Schwellwert den neuen Grauwert 1, alle anderen den Grauwert
0 (Abb. 4.26a); es entsteht ein sog. *Binärbild* und der Vorgang wird als *Binä-
risierung* bezeichnet;
– Durch die *Grauwertselektion* lassen sich aus einem Bild alle Pixel mit Grau-
werten innerhalb eines vorgegebenen Werteintervalls ermitteln (Abb. 4.26b);

Mit elementaren Operationen lassen sich z. B. die Ergebnisse der Scanner-
digitalisierung wie folgt verarbeiten: Sind Grauwerte in der Stufenskala von
0–255 (Quantisierung) erfasst worden, so lässt sich mit Hilfe eines Grauwerthis-
togramms ein geeigneter Schwellwert (z. B. 200) festlegen und mittels einer

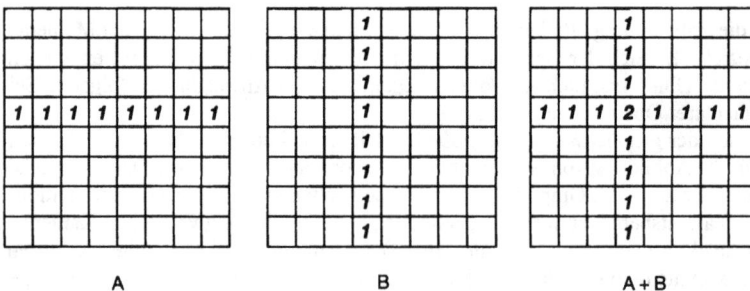

Abb. 4.24 Arithmetische Verknüpfung der Binärbilder A und B

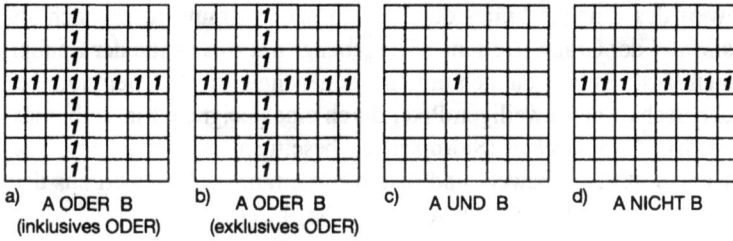

a) A ODER B
(inklusives ODER)

b) A ODER B
(exklusives ODER)

c) A UND B

d) A NICHT B

A	B	A∨B	A∀B	A∧B	A~B
1	1	1	0	1	0
0	1	1	1	0	0
1	0	1	1	0	1
0	0	0	0	0	0
Abb.		a)	b)	c)	d)

Abb. 4.25 Logische Verknüpfung der Binärbilder A und B

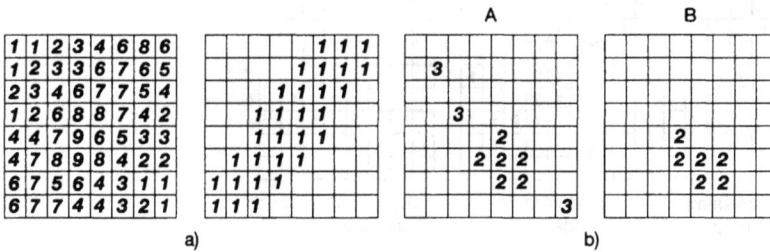

A   B

Abb. 4.26 a) Schwellwertoperation am Grauwert 5, b) Selektion der Grauwerte < 3

Schwellwertoperation ein Binärbild, d. h. eine Strich- bzw. Flächenkarte erzeugen. Diese kann aber noch Störpixel enthalten.

2. Filteroperationen

Mit *Filteroperationen* lassen sich bestimmte Frequenzbereiche einer durch periodische Schwingungen gekennzeichneten Erscheinung abschwächen oder unterdrücken. In der DBV handelt es sich bei den periodischen Schwingungen um Änderungen der Bildhelligkeit bzw. der digitalen Grauwerte in Abhängigkeit vom Bildort (Lagekoordinaten). Die theoretischen Grundlagen entstammen der *digitalen Signalverarbeitung*; sie unterscheidet zwischen Filteroperationen im Ortsbereich und im Frequenzbereich. Die Filterung wird durch eine bestimmte Übertragungsfunktion (Transferfunktion) erreicht, mit der sich die Grauwerte des Eingangsbildes zu einem neuen Bild umrechnen lassen; eine Zusammenstellung der wichtigsten Transferfunktionen gibt *Göpfert* (1991).

Bei kartographischen Raster-Daten wird häufig das Verfahren der Konvolution (Faltung) angewendet. Diese im Ortsbereich arbeitende Filteroperation ersetzt jeden Grauwert des Eingangsbildes durch einen neuen Grauwert, der sich als gewichtetes Mittel der Grauwerte seiner Umgebung (mit Ausnahme der Randpixel) berechnen lässt. Es handelt sich um eine sogenannte lokale Operation, bei der die Nachbarschaft des jeweiligen Pixel durch eine geeignete Maske berücksichtigt wird. Um Bildrauschen (Störpixel) zu beseitigen, wird z. B. eine 3x3-Maske über die Bildmatrix bewegt und pixelweise ein neuer Grauwert aus den Grauwerten der N.8-Nachbarschaft berechnet (Abb. 4.27).

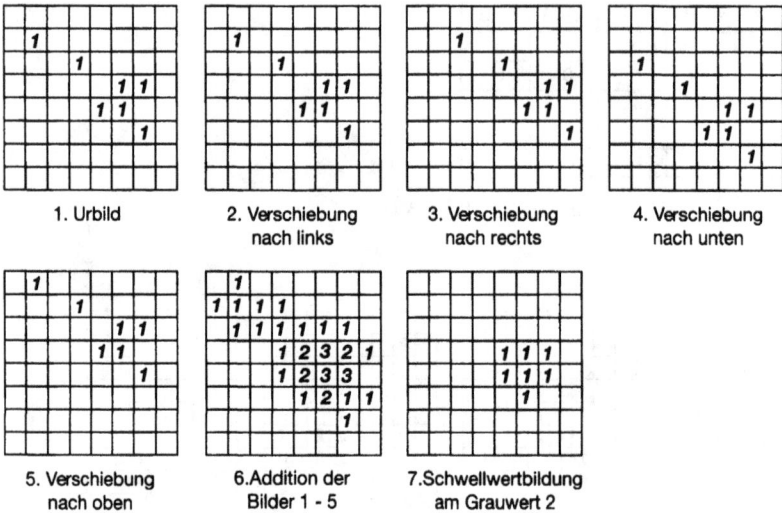

1. Urbild	2. Verschiebung nach links	3. Verschiebung nach rechts	4. Verschiebung nach unten
5. Verschiebung nach oben	6. Addition der Bilder 1 - 5	7. Schwellwertbildung am Grauwert 2	

Abb. 4.27 Beseitigung von Bildrauschen (Störpixel) durch Filterung

3. Verdicken und Verdünnen

Abb. 4.28 stellt das Prinzip des Verdickens als eine viermalige Parallelverschiebung und anschließende Vereinigung (log. ODER) des Eingangsbildes und der parallelverschobenen Bilder zu einem Ausgangsbild dar. Bearbeitet man mit diesen Operationen den Bildhintergrund, so bewirkt dies eine Verdünnung der Graphikdarstellung. *Verdicken (Blow)* und *Verdünnen (Shrink)* sind häufig verwendete Grundoperationen, z. B. bei der Elimination von Flächenelementen oder bei der Erzeugung linienförmiger Signaturen bestimmter Breite.

4. Distanz- oder Abstandsmatrix

Die *Distanzmatrix* ist ein Bild, in dem der Grauwert jedes Pixel seinem Abstand zum nächstgelegenen Objektrand im Eingangsbild entspricht. Die Abstandsbestimmung lässt sich als eine wiederholte Anwendung der Operationen „Verdünnen" und „Addition zweier Bilder" beschreiben (Abb. 4.29). Je nach ausgewählter Metrik unterscheidet man zwischen N.4- und N.8-Distanzen. Für die Bestimmung der Distanzmatrix, z. B. für die Raster-Vektor-Konvertierung und

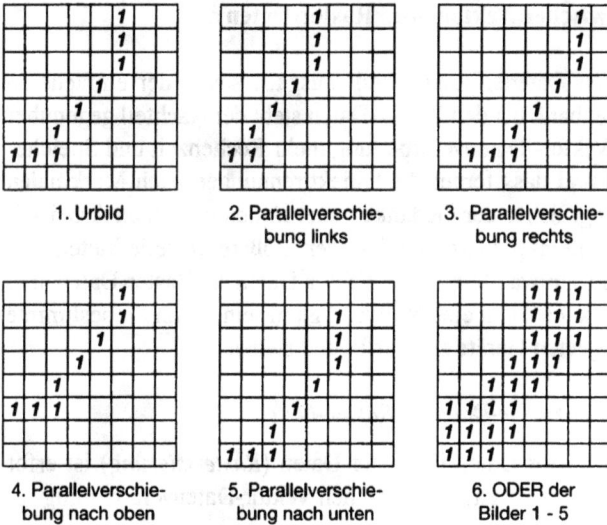

1. Urbild

2. Parallelverschie-
bung links

3. Parallelverschie-
bung rechts

4. Parallelverschie-
bung nach oben

5. Parallelverschie-
bung nach unten

6. ODER der
Bilder 1 - 5

Abb. 4.28 Verdicken bei N.4-Nachbarschaft

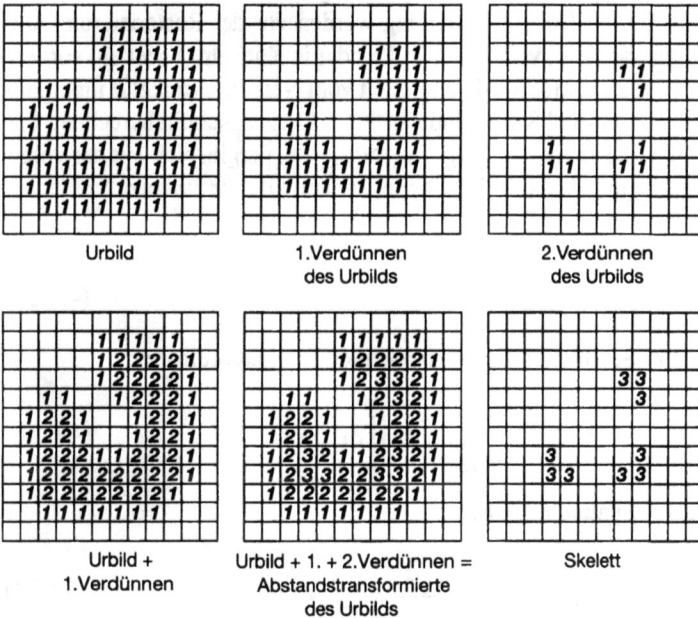

Urbild

1.Verdünnen
des Urbilds

2.Verdünnen
des Urbilds

Urbild +
1.Verdünnen

Urbild + 1. + 2.Verdünnen =
Abstandstransformierte
des Urbilds

Skelett

Abb. 4.29 Distanz- oder Abstandsmatrix (N.4-Nachbarschaft)

für Abstandsberechnungen in raumbezogenen Analysen, sind leistungsfähige Algorithmen (z. B. sequentielle Vorwärts- und Rückwärtstransformation) entwickelt worden (*Lichtner* 1981). Aus einer Distanzmatrix lässt sich durch Schwellwertoperation das Skelett des Eingangsbildes ableiten.

4.6.3 Umwandlung zwischen Vektor- und Raster-Daten

Dem Vorteil der raschen Datenerfassung und -ausgabe sowie der einfacheren Strukturierung der Datenbank bei den Raster-Daten steht der Nachteil gegenüber, dass im Vergleich zur Vektor- Datenverarbeitung mehr Rechenzeit und Speicherplatz erforderlich sind und dass ferner die Objekttrennungen nach Merkmalen schwieriger sind. Es liegt daher der Gedanke nahe, in den einzelnen Arbeitsabschnitten jeweils den Datentyp zu verwenden, der größere Vorteile bietet. Das setzt Methoden für die Umwandlung von Vektor-Daten in Raster-Daten und umgekehrt voraus. Dies kann sogar eine Notwendigkeit sein, wenn für bestimmte Prozesse nicht die geeigneten Geräte zur Verfügung stehen.

4.6.3.1 Umwandlung von Vektor-Daten in Raster-Daten

Die Umwandlung von Vektor-Daten in Raster-Daten (*Rasterisierung*) ist erforderlich, wenn nach Ablauf einer kartographischen Vektor-Datenverarbeitung
– eine Raster-Datenbank entstehen soll,
– für die weitere Verarbeitung Raster-Daten benötigt werden oder
– eine graphische Ausgabe am Rasterplotter vorgesehen ist.
Zur Beschleunigung der Datenverarbeitung werden vor der Rasterisierung alle Vektoren in horizontale bzw. vertikale Bänder oder in Kacheln (Facetten) sortiert. Dann werden für jeden Vektor in Abhängigkeit vom Neigungswinkel α innerhalb eines Bandes die Zeilen-und Spaltenindices durch Geradenschnitt berechnet. Für den in Abb. 4.30 dargestellten Fall $|y_E - y_A| > |x_E - x_A|$ ergibt sich mit der vorgegebenen Pixelgröße m folgender Berechnungsablauf (*Weber* 1982a):

1. Berechnung der Steigung des Vektors

$$\tan\alpha = \frac{x_A - x_E}{y_A - y_E} \tag{4.6.3a}$$

2. Berechnung des Spaltenindex j_a bei bekannter Zeilenkoordinate i:

$$j_a = \text{int}\left[\frac{1}{m}\left[(y_A - y_0) + \frac{i \cdot m - (x_0 - x_A)}{\tan\alpha}\right]\right] + 1. \tag{4.6.3b}$$

3. Berechnung des Spaltenindex j_e:

$$j_e = \text{int}\left[\frac{1}{m}\left[(y_A - y_0) + \frac{(i-1) \cdot m - (x_0 - x_A)}{\tan\alpha}\right]\right] + 1. \tag{4.6.3c}$$

4. Zuordnung des Binärwertes 1 zu allen Pixeln in Zeile i zwischen j_a und j_e „Schwärzung").
5. Die Schritte 3) und 4) sind für alle übrigen Zeilen des Bandes, die den Vektor schneiden, zu wiederholen; dabei ergibt sich der neue Spaltenindex j_a jeweils aus dem j_e der vorhergehenden Zeile.

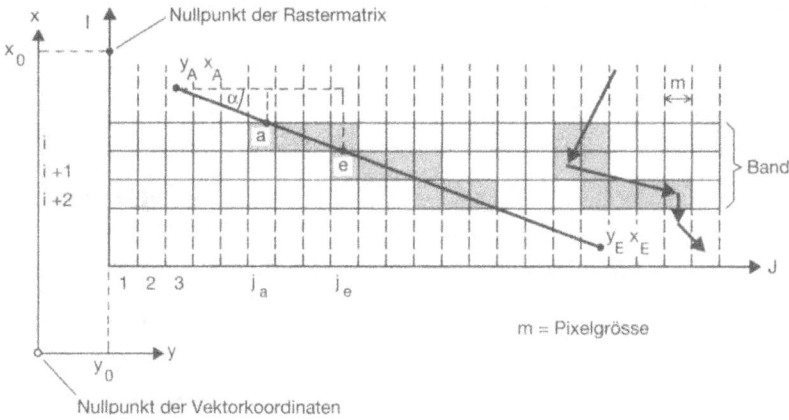

Abb. 4.30 Prinzip der Vektor-Raster-Datenkonvertierung (nach *Weber* 1982a)

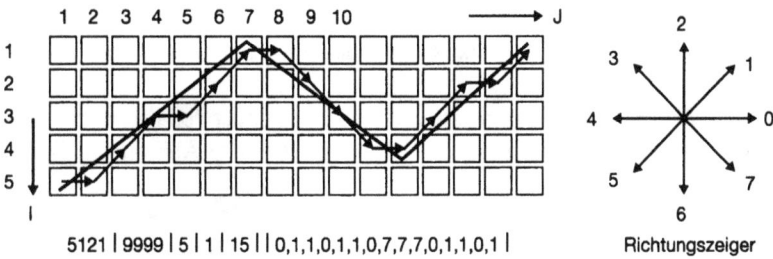

5121 | 9999 | 5 | 1 | 15 | | 0,1,1,0,1,1,0,7,7,7,0,1,1,0,1 | Richtungszeiger

Abb. 4.31 Raster-Skelett und Freeman-Codierung

6. Wiederholung der Schritte 1) bis 5) für die anderen Vektoren, die das Band berühren.

7. Wiederholung der Schritte 1) bis 6) für das nächste Band.

Die Umwandlung eines Vektors ergibt binäre Rasterdaten, die ihm nach Richtung und Länge im Rahmen der Pixelgröße entsprechen. Diese Darstellung wird als *(Raster)-Skelett* bezeichnet. Im einfachsten Fall wird jedes Pixel geschwärzt, das von einem Vektor geschnitten wird; eine graphisch günstigere Gestaltung wird erreicht, wenn die optische Dichte bzw. die Länge des Vektors berücksichtigt wird.

Einem Skelett lassen sich noch weitere Angaben zuordnen, die entweder die graphische Erscheinung (Strichbreite) oder sogar die semantische Information des Objekts beschreiben. Letzteres kann mit der *Freeman-Codierung* erreicht werden, die zugleich den Speicherbedarf reduziert. Der Verlauf eines Skeletts wird dabei nicht durch Angabe von Zeilen- und Spaltenindices beschrieben, sondern durch Angabe des Anfangspixels (i_A, j_A) und die Richtungen $(R_1...R_N)$ zu den N Folgepixeln (siehe Richtungszeiger in Abb. 4.31). Eine Richtungskette hat z. B. folgenden Aufbau:

| Objektschlüssel | Attribut | i_A | j_A | N | R_1 | R_2 | ...R_N .

Ausgehend vom Anfangspixel lässt sich die Lage jedes Pixel in der Bildmatrix berechnen, und die semantische Information kann für die graphische Darstellung objektorientierter Daten in Rasterform ausgewertet werden (*Jäger* 1990).

4.6.3.2 Umwandlung von Raster-Daten in Vektor-Daten

Die Umwandlung von Raster-Daten in Vektor-Daten (*Vektorisierung*) ist notwendig, wenn
- nach der Raster-Digitalisierung einer Vorlage am Scanner die weitere Verarbeitung mit Vektor-Daten (z. B. die kartographische Mustererkennung) oder
- nach einer Verarbeitung in Rasterdaten die Reduktion der Datenmenge erwünscht ist. Das Problem dieser Umwandlung besteht darin, aus den regelmäßigen Rasterelementen das Linienmuster so zu finden, dass sich die Linienachsen, ihre Anfangs-, End- und Knotenpunkte zueinander passend ergeben.

Die Methoden der Vektorisierung gehen von Binärbildern aus, die in einem Vorverarbeitungsprozess zu erzeugen sind. Dabei wird die Eingangsbildmatrix in die Vordergrundflächen der Graphikelemente („1") und in den komplementären Hintergrund („0") zerlegt. Eine praktische Bedeutung haben die beiden folgenden Vektorisierungsmethoden erlangt:

1. Die *Methode der Randlinienextraktion* ersetzt die Ränder der Vordergrundflächen durch geschlossene Polygone im Vektorformat (siehe Abb. 4.32). Diese ergeben sich durch
- eine lokale Transformation zur Ermittlung der Randpixel unter Berücksichtigung eines bestimmten Nachbarschaftstyps; z. B. erhält man eine Kontur durch folgende N.4-Nachbarschaftsoperation (siehe Abb. 4.32 b):
$B'(i,j) = 1$, wenn $B(i,j) = 1$ und mindestens ein N.4-Nachbar = 0,
$B'(i,j) = 0$ sonst.,

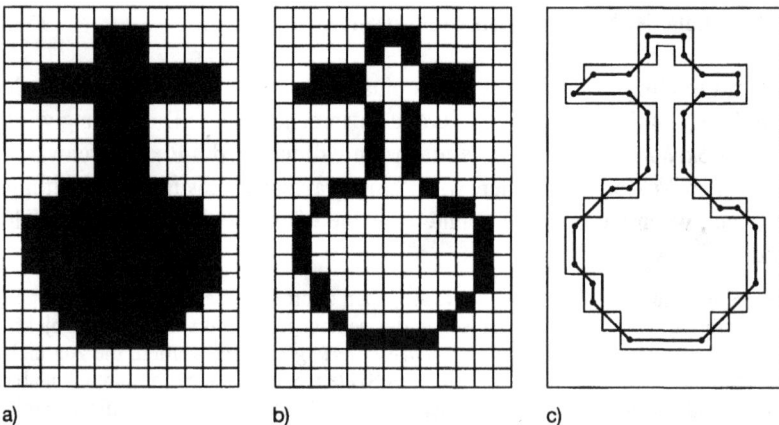

a)   b)   c)

Abb. 4.32 Prinzip der Randlinienextraktion: Binärbild (a), Randlinien in Raster-Daten (b) und in Vektor-Daten (c)

– eine anschließende Linienverfolgung über alle Randpixel mit Transformation in ein kartesisches Koordinatensystem (Abb. 4.32 c) und
– eine Linienglättung, mit der Zacken im Linienverlauf (Treppeneffekt) beseitigt werden.

Diese Methode wird bei der Vektorisierung flächenhafter Darstellungen (z. B. für einen Wald-Decker) angewendet.

2. Die *Methode der Mittellinienextraktion* ersetzt die Vordergrundflächen durch ihre Raster-Skelette und wandelt diese in Vektor-Daten um.
   Ein *Skelett* ist mathematisch definiert als Menge aller Punkte innerhalb eines (graphischen) Objekts, um die herum sich Kreise so in das Objekt einbeschreiben lassen, dass sie seinen Rand an mindestens zwei Stellen berühren. Bei langgestreckten schmalen Objekten ergibt sich dabei die Mittelachse, bei kompakten Flächen ein verästeltes Liniennetz und bei kreisförmigen Objekten der Mittelpunkt.
   Diese Methode bietet sich bei Vorlagen mit Strichdarstellungen an. Aus kartographischer Sicht stellen sich folgende Anforderungen an eine Mittellinienextraktion:
– eindeutige Erkennung der Linienmitten, Linienenden und Schnittpunkte von Linien (Knoten),
– ausreichend genaue Ermittlung der Linienbreiten und der Ausdehnung der Knotenpunktbereiche sowie
– Erhaltung des topologischen Zusammenhangs.

Diese Forderungen werden mit folgendem Verfahren erfüllt (Abb. 4.33):

Schritt 1: Ableitung der Distanzmatrix (siehe Abb. 4.29 und Abb. 4.33b).
Schritt 2: Topologische Skelettierung (siehe Abb. 4.33c).

Die *topologische Skelettierung* bestimmt das Linienskelett unter Erhaltung des topologischen Zusammenhangs. Grundlage dafür ist eine Klassifizierung aller möglichen Nachbarschaftskonfigurationen in einem Binärbild unter Berücksichtigung der N.8-Nachbarschaft. Aus den 256 Möglichkeiten ergeben sich nach Elimination von Symmetrien und Rotationen 51 Grundmuster (*Kreifelts u. a.* 1974). Diese lassen sich entsprechend ihrer topologischen Bedeutung in sechs Klassen einteilen. Für die Skelettierung werden die Klassen „Linienanfang" (A-Klasse), „Linienelement" (L-Klasse) und „Knoten" (K-Klasse) benötigt (siehe Abb. 4.34).
   Im Prozess der Skelettierung sind die Konfigurationen dieser Klassen im Binärbild zu erkennen und besonders zu markieren (siehe Abb. 4.33 c). Dabei sind die Nachbarschaftsuntersuchungen in einer bestimmten Reihenfolge durchzuführen (Partitionierung), die gewährleistet, dass das Skelett dem Verlauf der Mittellinien entspricht. Gute Ergebnisse lassen sich mit einer *Partitionierung*

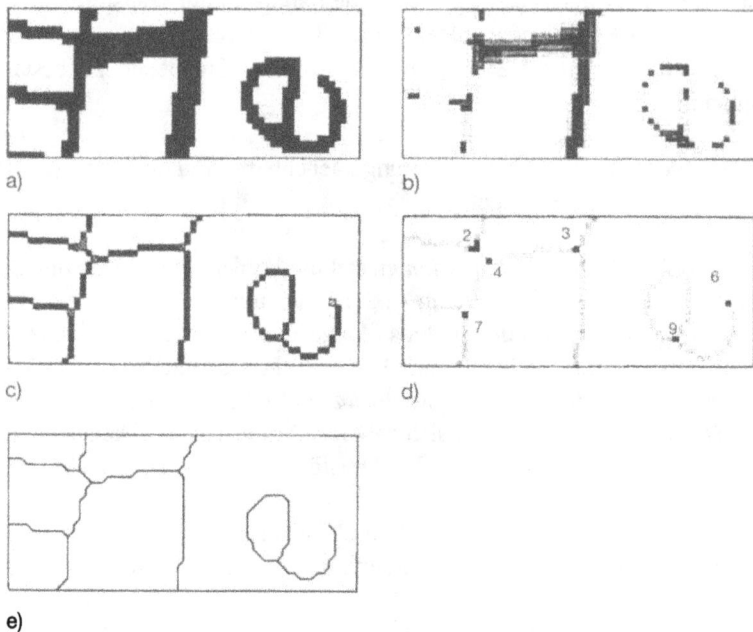

a)

b)

c)

d)

e)

Abb. 4.33 Ablauf der Raster-Vektor-Datenkonvertierung (aus *Illert* 1990)

Linienanfang

A-Klasse

Linienelement

L-Klasse

Knoten   K-Klasse

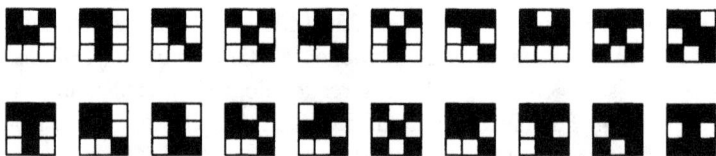

Abb. 4.34 N.8-Nachbarschaftskonfigurationen für die topologische Skelettierung

über Distanzen erreichen. Zunächst werden dabei nur Pixel mit der Distanz „1" untersucht, dann solche mit der Distanz „2" usw.. Die Distanzangaben werden der Distanzmatrix entnommen.

Schritt 3: Knotenextraktion (siehe Abb. 4.33 d)

Im markierten Skelett werden zunächst für zusammenhängende Knotenpixel die Schwerpunktpixel berechnet und dann die Linienanfänge und Knoten durchnumeriert. Anschließend erfolgt die Transformation ihrer Zeilen- und Spaltenindices in ein rechtwinkliges X,Y-Koordinatensystem. Punktnummern und Koordinaten werden in einer Knotendatei zusammengefasst.

Schritt 4: Linienverfolgung (siehe Abb. 4.33 e)

Ausgehend von den Knoten werden die Linienpixel (L-Klasse) verfolgt. Dabei ergeben sich Linien (Kanten) zwischen zwei Knoten, zwei Linienanfängen oder einem Knoten und einem Linienanfang; außerdem können auch Zyklen (Ringpolygone) auftreten, die jeweils im gleichen Knoten beginnen und enden. Den Linien lässt sich noch die über die Länge gemittelte Breite (Distanz) zuordnen, z.B. für die graphische Wiedergabe mit Vektor-Plottern (4.7.2) oder für die Bestimmung von Objekteigenschaften in der Mustererkennung (6.5).

Das Ergebnis des Vektorisierungsprozesses kann noch die in Abb. 4.35 dargestellten Mängel aufweisen. Die Mängel lassen sich durch folgende Maßnahmen teilweise automatisch beheben:

- Mit Glättungsverfahren wird der gezackte Verlauf geglättet (4.6.4.1);
- Stoppel lassen sich aufgrund ihrer Länge erkennen und anschließend löschen;
- für die Korrektur von Knotenverschiebungen und -brücken sowie Eckenausrundungen stehen kontextabhängige Methoden zur Verfügung.

Automatisch nicht lösbare Mängel sind interaktiv zu beheben.

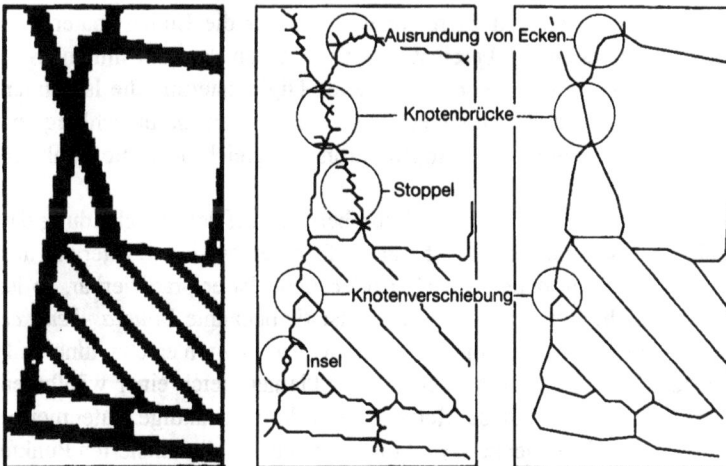

Abb.4.35 Mängel der Vektorisierung. a) Binärbild, b) Vektordarstellung, c) Ergebnis nach Korrekturen (aus *Illert* 1990)

Mängel und ihre Korrekturmöglichkeiten werden eingehend von *Illert* (1990) und *Klauer* (1986, 1993) diskutiert. Die Erfahrung lehrt, dass sich durch eine sorgfältige *Bildvorverarbeitung* die möglichen Mängel erheblich reduzieren lassen. Dementsprechend konzentriert sich die aktuelle Entwicklung auf Verbesserungen der Eingangsbilder durch Methoden der digitalen Bildverarbeitung.

Die Vektorisierung ist eines der ersten Probleme, das in den Forschungsarbeiten der Bildverarbeitung und der digitalen Kartographie bearbeitet wurde. Anfangs entstanden Skelettierungsmethoden, bei denen so lange Pixel vom Rand der Vordergrundobjekte „abgeschält", d. h. zu Hintergrundpixeln umgewandelt werden, bis nur noch zusammenhängende Linien mit der Breite eines Pixels übrigbleiben. Hierüber berichten z. B. *Kreifelts u. a.* (1974) und *Weber* (1982a). Eine andere Methode findet die Mittellinien durch Mittelung der Abstände gegenüberliegender Punkte auf den Rändern des Vordergrundes. An der Universität Hannover wurde ein Verfahren entwickelt, das an die Arbeiten von *Kreifelts u. a.* und *Woetzel* anknüpft und die kartographischen Anforderungen mit dem Raster-Vektor-Konvertierungsprogramm RAVEL erfüllt (*Lichtner* 1987 und *Klauer* 1986). Über die Entwicklung kombinierter Verfahren berichtet *Klauer* (1993).

4.6.4 Methoden der kartographischen Vektor-Datenverarbeitung

In diesem Abschnitt werden ausgewählte Methoden der kartographischen Vektor-Datenverarbeitung beschrieben, die als Komponenten in vielen Anwendungen (Verfahren) zum Einsatz kommen.

4.6.4.1 Datenreduktion

Bei der Digitalisierung in Vektordaten ergibt sich eine größere Menge unregelmäßig verteilter registrierter Punkte. Zur Begrenzung des Speichervolumens und zur Vermeidung unnötigen Rechenaufwands liegt der Wunsch nahe, die Menge der Punkte bis zu dem Bestand zu reduzieren, der für die Linien später eine graphisch noch ausreichende Übereinstimmung mit den Ausgangslinien (Soll-Linien) gewährleistet. Da sich bei der manuellen Digitalisierung die Ist-Linien im Rahmen graphischer Ungenauigkeiten um die Soll-Linien „herumschlängeln", könnte die Datenreduktion (Datenkomprimierung) zugleich noch die Funktion einer Glättung erfüllen.

Die meisten Methoden der Datenreduktion beruhen auf der Entscheidung darüber, ob sich ein digitalisierter Punkt innerhalb einer gewissen Toleranz aus den signifikanten Punkten berechnen lässt oder nicht. Ist er prädizierbar, so ist eine Speicherung nicht notwendig. Ein Ansatz ist die bekannte *Douglas-Peucker-Methode*, die eine digitalisierte Linie durch ein Sehnenpolygon ersetzt, innerhalb dessen die originären Punkte mit einem Fehler kleiner/gleich einer wählbaren Toleranz a prädizierbar sind. Diese Methode setzt die vollständige Datenmenge voraus und benötigt viel Rechenzeit, weil die Abstände der digitalisierten Punkte zu den einzelnen Sehnen mehrfach zu berechnen sind. Zu den ökonomischeren Methoden gehört die Datenreduktion nach *Skappel* (*Fischer* 1982b). Sie geht von einer stückweisen Betrachtung der zu reduzierenden Kurve aus. Solange ein originärer Punkt innerhalb eines begleitenden Grenzbandes liegt, wird er weggelassen. Liegt er außerhalb, so wird er gespeichert, und die Orientierung des Begleitbandes wird neu berechnet. Zusätzlich wird zwischen den Punkten P_i und P_{i+1} jeweils die *Douglas-Peucker*-Methode angewendet, um zu verhindern, dass signifikante Kleinformen der Kurve unbeabsichtigt eliminiert werden (Abb. 4.36).

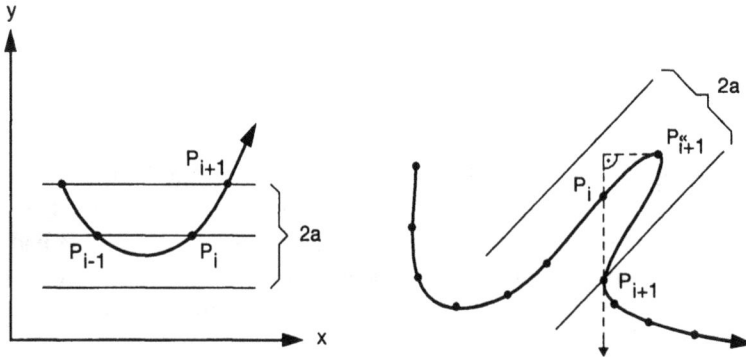

Abb. 4.36 Datenreduktion nach Skappel und Douglas/Peucker (aus *Fischer* 1982b)

4.6.4.2 Koordinatentransformation

Bei den Transformationen zwischen verschiedenen Koordinatensystemen handelt es sich vor allem um die Fälle, bei denen rechtwinklig-ebene Koordinaten der Landesvermessung aus Tischkoordinaten bzw. vektorisierten Raster-Daten der Digitalisierung entstehen.

Bei der Transformation von Tischkoordinaten wird allgemein die *Affin-(6-Parameter)-Transformation* angewendet (Abb. 4.37). Damit lassen sich die zu transformierenden Punkte

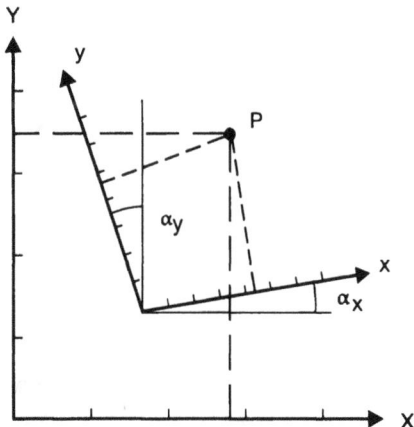

Abb. 4.37 Affintransformation

- in beiden Koordinatenrichtungen verschieben (Translation),
- getrennt nach den Koordinaten x und y um die Winkel α_x und α_y drehen (Rotation) und
- durch Multiplikation mit den getrennt nach Koordinatenachsen bestimmten Maßstäben m_x und m_y so ändern, dass diese in beiden Koordinatensystemen übereinstimmen (Skalierung).

$$X = a_0 + a_1 x + a_2 y \qquad\qquad (4.6.4a)$$

$$Y = b_0 + b_1 x + b_2 y \qquad\qquad (4.6.4b)$$

Mit diesen Parametern lassen sich z. B. lineare Deformationen des Zeichenträgers und systematische Fehler des Digitizers kompensieren. Für die eindeutige Bestimmung der sechs Unbekannten reichen drei identische Punkte aus. Üblicherweise verwendet man aber bei Karten mindestens die vier Blattecken und z. B. weitere Gitterpunkte, um durch Ausgleichung der überschüssigen Punktdigitalisierungen eine zuverlässige Aussage über die Genauigkeit der Transformation zu erhalten.

Daneben können Transformationen zwischen verschiedenen Systemen der Landesvermessung sowie zwischen diesen und geographischen Daten auftreten. Die mathematischen Ansätze beruhen auf geschlossenen Formeln oder auf Interpolationsfunktionen mit Hilfe von Passpunkten. Zur Bearbeitung von Kartennetzen siehe 2.2.

4.6.4.3 Interpolation und Approximation von Linien

Aus den durch diskrete Punkte beschriebenen geometrischen Objektinformationen müssen möglichst genaue, glatte Kurven erzeugt werden. Mit solchen Kurven sind linienförmige oder die Ränder flächenhafter zweidimensionaler Objekte oder Schnittlinien in dreidimensionalen Objekten (z. B. Höhenlinien aus einem DGM) darzustellen. Die mathematische Modellierung der Kurven geht üblicherweise von einer Parameterdarstellung aus. Als Parameter t verwendet man die Länge des Polygonzuges zwischen den gegebenen diskreten Punkten (Abb. 4.38). Damit kann $x = x(t)$ und $y = y(t)$ in Abhängigkeit von t dargestellt werden.

Für kartographische Anwendungen geeignete Interpolationsansätze sind *B-Splines* und die *Akima-Interpolation*. Beide Ansätze beruhen auf einer stückweisen Interpolation mit Polynomen, wobei nur Stützpunkte der näheren Umgebung verwendet werden. Daher tritt das bei Polynominterpolationen über die gesamte Stützpunktmenge übliche Ausschwingen nicht auf, und der Rechenaufwand ist vergleichsweise gering. Der nur mit kubischen Polynomen arbeitende Akima-Ansatz ergibt unter Beschränkung auf gewisse Brechungswinkel Kurven,

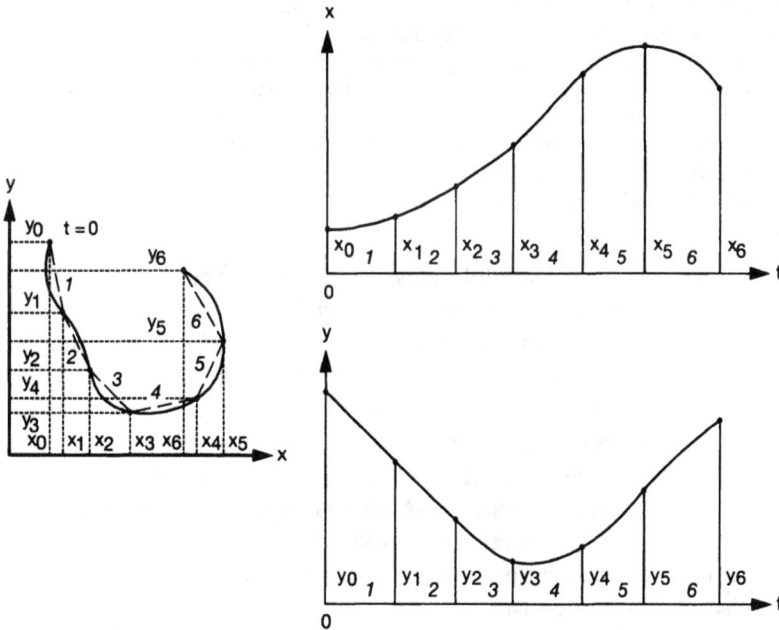

Abb. 4.38 Parameterdarstellung einer Kurve

die unter allen möglichen Interpolationsansätzen der freihändigen Interpolation durch einen geübten Zeichner am nächsten kommt (*Kraus* 1994/1996).

Da alle graphischen Ausgabegeräte für Vektor-Daten (4.7.2) lediglich zwei Punkte geradlinig verbinden können, müssen die Kurven vor der graphischen Ausgabe durch einen Polygonzug so approximiert werden, dass visuell der Eindruck einer glatten Kurve entsteht. Dafür sind in den Prozessoren moderner graphischer Ausgabegeräte geeignete Programme implementiert. Für die Berechnung eines gut approximierenden Polygons gibt *Kraus* (1994/1996) folgende Formel für die Schätzung des mindestens einzuhaltenden Polygonpunktabstands an:

$$\Delta t \le \sqrt{8 \cdot dS_{max} \Big/ \left| S''_{max} \right|}.$$

mit Δt: Abstand der Polygonpunkte,

dS_{max}: max. Approximationsfehler, näherungsweise Zeichengenauigkeit,

S''_{max}: Krümmung zwischen den Stützpunkten der Interpolationskurve.

4.6.4.4 Signaturieren in Vektor-Daten

Durch *Signaturierung* werden digital gespeicherte Objektinformationen mit kartographischen Gestaltungsmitteln (3.2.2, 3.2.3) sichtbar gemacht.

In der Literatur findet man auch die Bezeichnung Symbolisierung, analog zum englischen Begriff „symbolization". Im Hinblick auf die Ausführungen in 3.2.2.1 wird jedoch dem Begriff Signaturierung der Vorzug gegeben. Seitdem die Wiedergabe der Kartengraphik mit hochauflösenden Laser-Rasterplottern (4.7.3) hardware-technisch möglich geworden ist, stellen die in Verbindung mit den verfügbaren digitalen Datenmodellen rasch wachsenden Anforderungen an die Visualisierung eine große Herausforderung an die digitale Kartographie dar. Die dafür entwickelten bzw. noch zu entwickelnden Methoden gehören zur Grundausstattung der für die digitale Kartographie geeigneten Graphik-Arbeitsstation.

Die Signaturierung setzt sich aus folgenden Arbeitsschritten zusammen:

1. Die vorbereitende *Gestaltung und Konstruktion* der Signaturen nach sorgfältiger Analyse der darzustellenden Objektinformationen und ihrer Zuordnung zu geeigneten kartographischen Gestaltungsmitteln (3.2.2, 5.1).

2. *Speicherung und Verwaltung* der Signaturen in einer Signaturen-Bibliothek (digitales „Musterblatt") für eine bestimmte Kartenart mit allen Angaben wie Signaturennummer, Linienmuster, Linienbreiten, Farbgebung, Darstellungspriorität u. a., die für den kartographischen Modellierungsprozess erforderlich sind.

3. Die *Anwendung* der Signaturen im konkreten Gestaltungsprozess; zunächst ist dabei eine Signatur entsprechend den vorgegebenen geometrischen und semantischen Objektinformationen auszuwählen und dann auf die Bezugsgeometrie (z. B. Mittelachse eines Straßenobjekts) in die Darstellungsfläche abzubilden. Diesen Vorgang kann man sich als ein (virtuelles) Kartieren und Zeichnen im Hauptspeicher der Graphik-Arbeitsstation vorstellen.

Da als Ausgabegerät für qualitativ einwandfreie Karten Laser-Rasterplotter einzusetzen sind, liegt es nahe, die Signaturierung vollständig im Wege der Raster-Datenverarbeitung durchzuführen (4.6.5.3). Es hat sich jedoch gezeigt, dass die Signaturierung in Vektor-Daten für eine Reihe von Kartenarten und Kartentypen zweckmäßiger ist bzw. nur sie allein bestimmte Gestaltungsaufgaben lösen kann. Dies gilt u. a. dann, wenn

- objektstrukturierte Geo-Informationen zu visualisieren sind;
- dieselben Geo-Informationen oder Teilmengen davon flexibel in verschiedenen Gestaltungsvarianten zu präsentieren sind;
- Signaturen entlang von Kurven zu plazieren sind.

Zur systematischen Betrachtung der Signaturierung in Vektor-Daten gibt es noch folgendes zu bemerken:

1. Die Konstruktion digitaler Signaturen ist grundsätzlich ohne wesentliche Einschränkungen möglich. Im Hinblick auf eine wirtschaftliche Ausgabe sollten jedoch folgende Empfehlungen berücksichtigt werden (*Weber* 1991):
   - Verwendung von Punktsignaturen mit konstanter Orientierung,
   - Mindestbreiten der Striche ≥ 0,1 mm,
   - Darstellung schmaler Linien in einer Farbe der kurzen Skala.

2. *Lineare Signaturen* lassen sich allein aus den Grundelementen Rechteck und Kreis bilden. Da diese gewöhnlich eine feste Größe haben, d. h. nicht skaliert werden dürfen, können sie nicht regelmäßig zwischen den Polygonpunkten

(4.6.4.3) verteilt werden. Ausgehend von sauber gestalteten Polygonpunkten ist ein Ausgleich der Elementpositionen durchzuführen (Abb. 4.39).

Ein weiteres Detailproblem ist die Füllung bzw. Vermeidung der an den Polygonpunkten auftretenden Risse (Abb. 4.39b), so dass glatte gleichmäßig erscheinende Linien entstehen. Mögliche Lösungen sind die Kreisbogenmethode (Abb. 4.39d) und die Polygonmethode (Abb. 4.39e). Während die erste Methode die Lücken durch nachträglich eingepasste Kreisbögen füllt, vermeidet die zweite Methode von vornherein Lücken durch Konstruktion des Signaturenrandpolygons. Beide Methoden unterscheiden sich deutlich hinsichtlich ihres Verarbeitungs- und Speicher- bzw. Verwaltungsaufwands. Aus wirtschaftlichen Gründen sollen möglichst keine unterbrochenen, asymmetrischen, ornamentierten oder breitenvariablen Liniensignaturen verwendet werden.

3. Die vektorielle *Signaturierung von Flächen* ist nur in einfachen Fällen zu empfehlen (z. B. Gebäudedarstellung in Katasterkarten). Die bei der Überlagerung mehrerer Darstellungsebenen auftretenden Prioritätsprobleme sind besser mit der Raster-Datenverarbeitung zu lösen. Die Raster-Datenverarbeitung ist auch allein geeignet, unbunte oder bunte Flächentöne zu realisieren.

Die sich an die mehr objektbezogene Signaturierung anschließende kartographische Modellierung, z. B. Generalisierung und Freistellung, wird im Zusammenhang mit der digitalen kartographischen Informationsverarbeitung behandelt (7.3). Auch die mit der Signaturierung eng verwandte Schriftgestaltung wird in einem eigenen Abschnitt dargelegt (4.6.6).

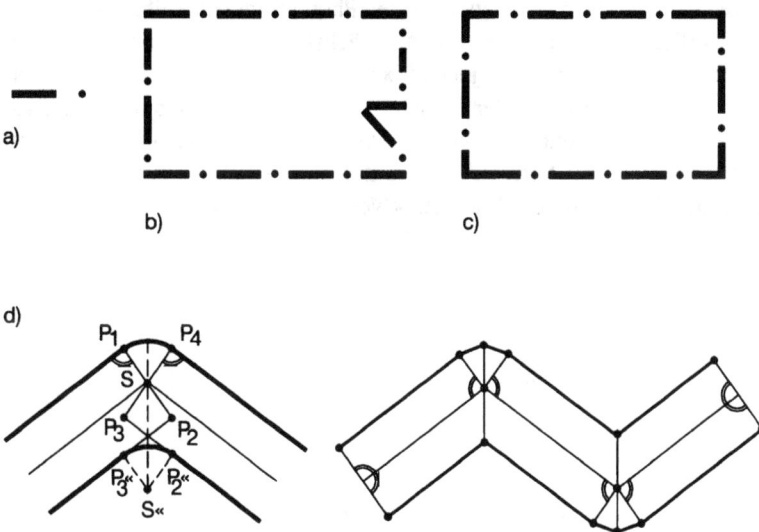

Abb. 4.39 Probleme der Signaturierung in Vektordaten
a) Grundelemente, b) Ungünstige Aufteilung der Elemente, c) Gute Aufteilung der Elemente mit ausgearbeiteten Ecken, d) Lückenkorrektur nach der Bogenmethode, e) Lückenkorrektur nach der Polygonmethode

4.6.5 Methoden der kartographischen Raster-Datenverarbeitung

In diesem Abschnitt werden ausgewählte Standardmethoden der kartographischen Raster-Datenverarbeitung beschrieben. Ausführliche Darstellungen stammen vor allem von *Weber* (1980, 1982a), *Lichtner* (1981), *Fischer* (1982a) und *Göpfert* (1991).

4.6.5.1 Verarbeitung von Linien einschließlich Datenreduktion

Die in Raster-Daten erfassten Linien und Flächen sind vor der weiteren Verwendung noch zu überarbeiten. Hierfür werden die in 4.6.2.2 beschriebenen Operationen problembezogen ausgewählt und eingesetzt, damit sich gezielte Maßnahmen durchführen lassen. So sind z. B. mit den Operationen des Verdickens und Verdünnens Löcher in homogenen Flächen aufzufüllen, kleine Unterbrechungen von Linien zu beseitigen und Kanten zu glätten. Mit anderen Bildverarbeitungsoperationen sind falsche Klassenzuordnungen oder eine zu geringe Differenzierung des Bildinhaltes (z. B. nur in Vordergrund und Hintergrund) zu korrigieren.

Im Hinblick auf die Datenspeicherung sind Filterverfahren und Datenkomprimierungsverfahren anzuwenden; dies allerdings erst nach der Entzerrung und dem Resampling des Eingangsbildes (4.9.5.2).

4.6.5.2 Entzerrung von Bildmatrizen

Die sachlichen Anlässe hierzu entsprechen den bei der Vektordatenverarbeitung (4.6.4.2) genannten Fällen. Der auch in der Photogrammetrie übliche Ansatz (indirektes Verfahren) besteht darin, dass zunächst im Ergebnisbild das Rastermuster erzeugt wird und dann für jedes Pixel dieses Musters das Pixel der Vorlage gesucht wird, das ihm nach der Transformationsvorschrift geometrisch ganz oder überwiegend zugeordnet ist. Die beste Genauigkeit liefert eine pixelweise Entzerrung, doch wird zur Vermeidung des dabei entstehenden großen Rechenaufwands in der Praxis das sog. Ankerpunktverfahren bevorzugt.

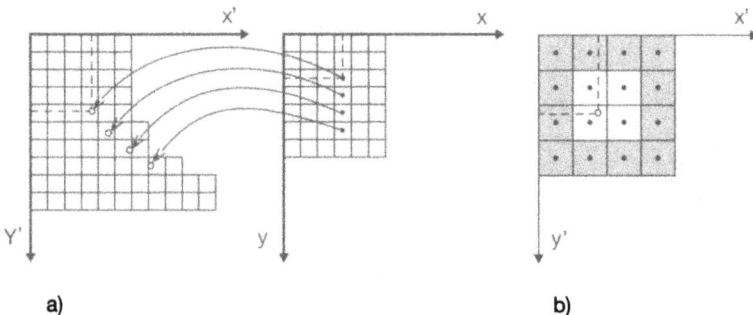

Abb. 4.40 Indirekte Entzerrung gescannter Kartenbilder. a) Prinzip der Entzerrung (links: Eingangsbild, rechts: Ausgangsbild), b) Prinzip der Grauwertzuordnung (Resampling)

Dabei werden gewöhnlich die Transformationsparameter nach dem Ansatz der Affin-Transformation über die vier Blattecken bestimmt (4.6.4.2). *Die indirekte Entzerrungsmethode* gibt anschließend im Ausgangsbild gleichmäßig über das Rasterbild verteilte Pixel (sog. Ankerpunkte) vor und berechnet dafür mittels der Transformationsparameter die entsprechenden Lagen im Eingangsbild. Die Positionen aller zwischen den Ankerpunkten liegenden Pixel lassen sich damit linear interpolieren. Für sie sind anschließend plausible Grauwerte des Eingangsbildes (z. B. der Grauwert des jeweils nächsten zu ermittelnden Pixels) zu entnehmen und den entzerrten Pixeln im Ausgangsbild zuzuordnen; dieser Vorgang wird als *Resampling* bezeichnet (*Albertz* u. a. 1987, *Göpfert* 1991). Das Prinzip ist in Abb. 4.40 dargestellt.

4.6.5.3 *Signaturieren in Raster-Daten*

Die *Signaturierung in Raster-Daten* setzt sich aus den gleichen Arbeitsschritten zusammen, wie in Abb. 4.41 dargelegt.

Punktförmige Signaturen werden aus der Signaturenbibliothek (in Raster-Datenform) entnommen und an die Positionen der digitalen Raster-Karte kopiert, wo ein Pixel mit entsprechendem Grauwert den Bezugspunkt markiert. *Lineare Signaturen* lassen sich bei vorgegebenem Raster-Skelett (Mittelachse) entweder mittels einfacher Grundelemente (*Giebels* 1983) oder durch Kreisschablonen erzeugen. Der zweite Ansatz ist vor allem bei komplizierteren Signaturen und in Verbindung mit weiterführenden kartographischen Modellierungen (z. B. Behandlung von Über- bzw. Unterführungen im Straßennetz, Verdrängen) angebracht. Eine praktikable Lösung stammt von *Jäger* (1990).

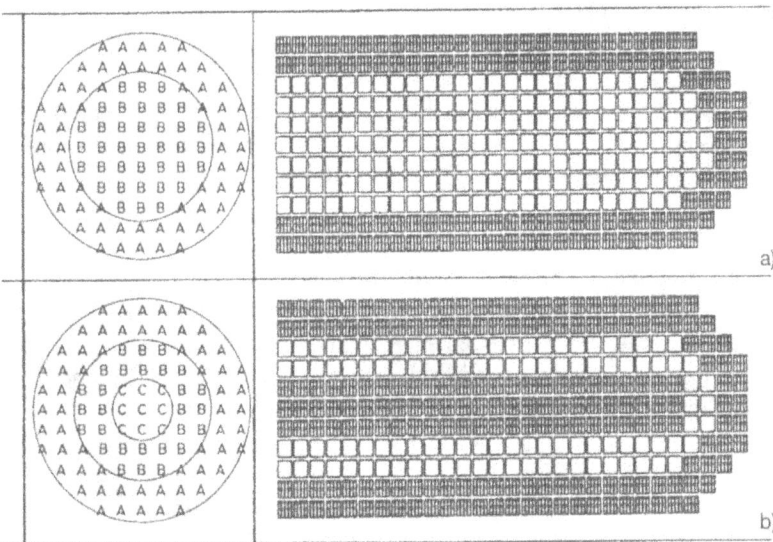

Abb. 4.41 Signaturierung in Raster-Daten mit Kreisschablonen zur Erzeugung einer a) doppellinigen, b) dreilinigen Signatur.

Zur Erzeugung *komplexer Signaturen* ist es zweckmäßig, die Mittelachse in Vektor-Daten zu beschreiben, um die erforderlichen Parameter (z. B. Linienlängen und Tangentenrichtungen) leichter berechnen zu können. Hat man die Liniensignatur erzeugt, werden die Vektoren (wieder) rasterisiert. Schließlich lassen sich *Flächenobjekte* mit der sog. Fülloperation signaturieren. Das Prinzip wird in Abb. 4.42 dargestellt.

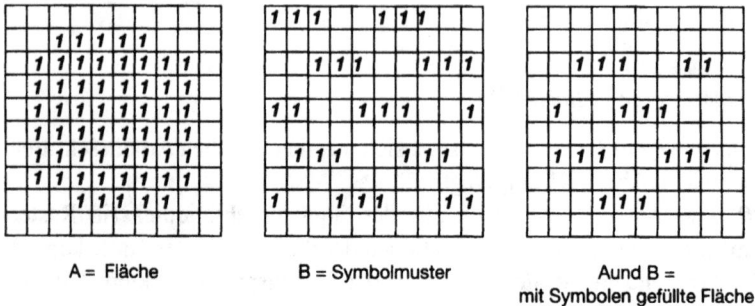

A = Fläche   B = Symbolmuster   A und B =
                                              mit Symbolen gefüllte Fläche

Abb. 4.42 Flächensignaturierung in Raster-Daten

4.6.5.4 Digitale Rasterung

Die analoge Darstellung der signaturierten Informationen ist in hoher Qualität allein mit einem Laser-Raster-Plotter möglich (4.7.3.1). Diese Geräte sind in der Lage, eine *Druckrasterung (elektronische Rasterung, Screening)* software- und hardwaremäßig zu realisieren. Damit sind folgende Anforderungen zu erfüllen:

- Der Druck muss sich wirtschaftlich durchführen lassen; das führt zur Anwendung der kurzen oder einer verkürzten Skala;
- Der Druck soll eine hohe Qualität haben; d. h., es dürfen keine Moirés auftreten, es muss eine ausreichende Anzahl von Tonwerten unterscheidbar sein, und auch feine Linien müssen trotz Rasterung einwandfrei wiedergegeben werden können.

Diese Anforderungen lassen sich mit der *amplitudenmodulierten elektronischen Rasterung* erfüllen. Dazu werden mittels einzelner Plotter-Pixel Punkte des Druckrasters mit gleichbleibendem Abstand (Rasterweite) aber variabler Fläche auf Film belichtet. Dabei bestimmt die Größe einer Elementarfläche (z. B. 7×7 Pixel) die *Rasterweite*, die vertikale Anordnung der Pixel in der Elementarfläche die Rasterwinkelung und die Anzahl der belichteten Pixel den *Rastertonwert* (Abb. 4.43a). Bei geringer Pixelauflösung macht sich jedoch bei dieser Art der elektronischen Rasterung nachteilig bemerkbar, dass bei feinen Rasterweiten (60 Druckrasterpunkte/cm) zu wenig Tonwerte unterscheidbar sind.

Bei der *frequenzmodulierten Rasterung* entstehen flächengleiche Druckrasterpunkte aus jeweils der gleichen Anzahl der Pixel, jedoch mit unterschiedli-

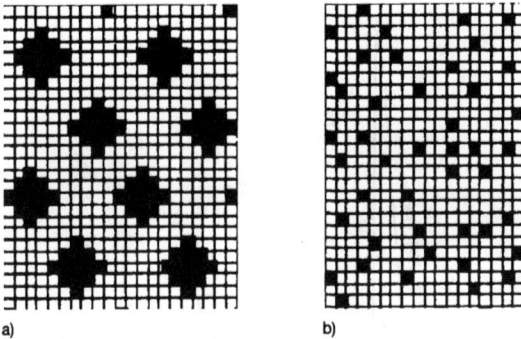

a)   b)

Abb. 4.43 Digital erzeugte Druckrasterpunkte: a) Amplitudenmodulation, b) Frequenzmodulation

chen Abständen. Diese ergeben sich durch Anwendung eines Zufallszahlengenerators. Die Vorteile der Frequenzmodulation bestehen darin, dass aufgrund der variablen Rasterweiten keine Einschränkungen des Tonwertumfangs und aufgrund der fehlenden Rasterwinklung auch keine Moire-Effekte auftreten (Abb. 4.43b).

Ob sich diese neue Methode der elektronischen Rasterung auch im Kartendruck durchsetzen wird, hängt vor allem davon ab, ob sich schmale Linien in der kurzen oder einer verkürzten Skala farbig deckend reproduzieren lassen. Die bisher erforderlichen hohen Rechenzeiten, die einen praktischen Einsatz dieser Rastertechnik verhindert haben, sind aufgrund der Leistungsfähigkeit moderner Computer erheblich zurückgegangen.

Die theoretischen Grundlagen der amplitudenmodulierten digitalen Rasterung behandelt *Schoppmeyer* (1991), praktische Anwendungen *Christ* (1988). Eine Untersuchung zur frequenzmodulierten Rasterung stellt *Humbel* (1993) vor. Erste Überlegungen zum Einsatz in der digitalen Kartographie stellt *Jäger* (1990) an.

4.6.6 Digitale kartographische Schriftgestaltung

Die Schriftgestaltung in Karten hat sich bisher weitgehend einer automatischen Bearbeitung entzogen, obwohl es bereits seit Anfang der 1970er Jahre Untersuchungen und Entwicklungen auf diesem Gebiet gibt. Die Konstruktion praktisch beliebiger Schriftzeichen (ähnlich wie punktförmige Signaturen) in Form von Vektor- oder Raster-Daten ist zwar uneingeschränkt möglich; die Hauptprobleme entstehen jedoch bei dem Versuch, die allgemeinen Regeln der Schriftgestaltung in ein automatisches Verfahren umzusetzen. Deshalb werden gegenwärtig interaktive Verfahren der Schriftgestaltung angewendet. Die Definition von Schriftzeichen in Raster-Daten und in Vektor-Daten wird in Abb. 4.44 dargestellt.

Die bisherigen Lösungsansätze bearbeiten das Gestaltungsproblem grundsätzlich in folgenden Teilschritten:

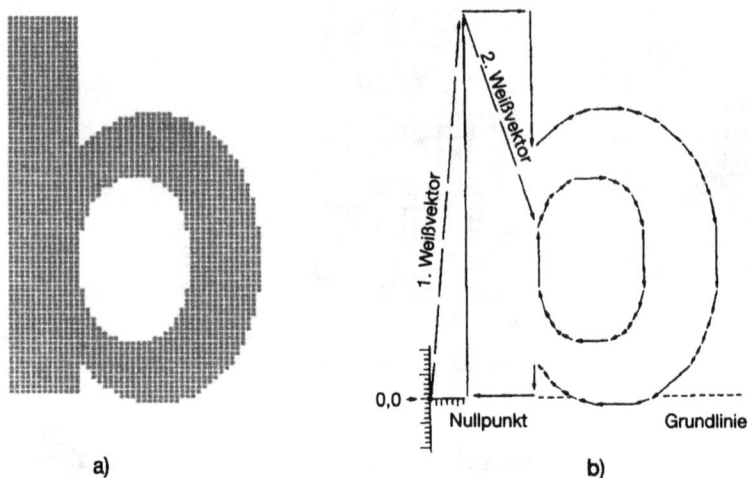

Abb. 4.44 Schriftzeichen a) in Raster-Daten, b) in Vektor-Daten

1. Für jeden Namenszug werden zunächst einzeln die möglichen Positionen in der Darstellungsfläche berechnet und bewertet; dabei wird zwischen der Beschriftung von punktförmigen, linienförmigen und flächenhaften Objekten unterschieden.
2. Dann werden alle Namenszüge plaziert und dazu die Standlinien nach Lage und Form berechnet sowie die Zeichen des jeweiligen Namenszuges positioniert und orientiert.
3. Anschließend sind aufgetretene Konfliktsituationen zu identifizieren und zu lösen, z. B. durch geometrische Veränderung der Schriftpositionen oder durch Generalisierung (Auswahl) der Schrift.

4.7 Ausgabe graphischer Daten

4.7.1 Grundsätze der Digital-Analog-Wandlung

Das Ergebnis der kartographischen Datenverarbeitung ist ein digitales kartographisches Modell. Es ist mit den Sinnen nicht wahrnehmbar und muss deshalb in ein wahrnehmbares analoges, d. h. graphisches Modell umgewandelt werden. Dieser Vorgang wird als Digital-Analog-Wandlung bezeichnet. Hierfür gelten folgende Grundsätze:

– Aus Vektor-Daten entstehen graphische Linienstrukturen als Folge kleiner gerader Linienelemente.
– Aus Raster-Daten entstehen graphische Rasterstrukturen in Form kleiner Flächenelemente evtl. mit variablen Helligkeitswerten oder (wie am Reproscanner) in Gestalt verschieden großer Rasterpunkte.

- Sollen dagegen aus Vektordaten Rasterstrukturen oder aus Rasterdaten Linienstrukturen entstehen, so sind im Zuge der Datenverarbeitung entsprechende Umwandlungen vorweg vorzunehmen (4.6.3)

Im Gegensatz zu der in 4.5 behandelten digitalen Datenspeicherung kann man die graphische Datenausgabe auch als eine graphische Datenspeicherung auffassen. Die für eine graphische Ausgabe in Betracht kommenden Geräte benötigen für ihre Funktion eine eigene Steuerelektronik (Mikroprozessor). Wird diese von der Zentraleinheit einer Datenverarbeitungsanlage selbst wahrgenommen, so spricht man von einem *on-line Plotter*. Besitzt dagegen das Ausgabegerät einen eigenen Steuerrechner, so liegt ein *off-line Plotter* vor. Es handelt sich um reine Ausgabegeräte, die das Ergebnis der graphischen Ausgabe auf einem Zeichnungsträger festhalten. Eine solche permanente und vom Gerät trennbare Fixierung lässt sich im weiteren Sinne als Hardcopy bezeichnen; im engeren Sinne bezieht sich dieser Begriff auf Papierkopien, mit denen die Darstellungen eines Bildschirms festgehalten werden können.

Die *Zeichengeräte* lassen sich nach verschiedenen Aspekten klassifizieren (vgl. *Weber* 1991), u. a.
- nach der Form der Zeichen*fläche*: *Tisch*zeichner (-Plotter) und Trommelzeichner (-Plotter);
- nach dem Zeichen*werkzeug*: z. B. Stiftplotter, Lichtzeichner, Elektronenstrahlplotter, Laserplotter, Tintenstrahlplotter;
- nach der Art der *Steuerung* des Werkzeugs: z. B. Inkrementalsteuerung (d. h. in kleinen, festen Schritten) oder Stetigbahnsteuerung (d. h. kontinuierlich);
- nach der *Genauigkeit* und *graphischen Qualität*: Präzisionsplotter für hohe graphische Ansprüche und Verifikationsplotter hauptsächlich für Kontrollzwecke;
- nach der *Art der auszugebenden digitalen Daten*: Vektor-Plotter und Raster-Plotter.

Vektorplotter können nur Vektor-Daten ausgeben, und sie verfügen auch nur über eingeschränkte Möglichkeiten, die kartographischen Gestaltungsmittel wiederzugeben. Sie fahren die vorgegebenen Punkte mit einem Zeichenwerkzeug an, wobei die Bewegungen meist in eine x- und eine y-Komponente zerlegt werden.

Nach der Genauigkeit kann man wie bei den Digitalisierungsgeräten zwischen der Wiederholungsgenauigkeit, die sich aus der Streuung bei gleichen Ausgangswerten ergibt, und der absoluten Genauigkeit, die aus dem Vergleich mit Sollwerten hervorgeht, unterscheiden. Letztere sollte bei einem Grenzwert von ± 0,1 mm liegen: dazu müsste die inkrementelle Auflösung etwa 0,025 mm betragen. Ein wichtiges Kriterium ist ferner die dynamische Genauigkeit als die absolute Genauigkeit in Abhängigkeit von der Geschwindigkeit bzw. Beschleunigung des Zeichenwerkzeugs. Schließlich ist die mechanische Genauigkeit als Teil der absoluten Genauigkeit ein Ausdruck für die Genauigkeit der Spindeln, Zahnstangen usw.

Rasterplotter erzeugen wie die Rasterbildschirme (4.3.2.3) die graphische Darstellung aus matrixartig angeordneten Pixeln unterschiedlicher Helligkeit oder Farbe. Diese Geräte können sowohl für die Raster- als auch für die Vektor-Datenausgabe eingesetzt werden, letztere nach Umwandlung der Vektor- in Raster-Daten (4.6.3). Mit Geräten dieser Art können die kartographischen Gestaltungsmittel vollständig (mit gewissen Einschränkungen bei einigen Plottern) wiedergegeben werden.

4.7.2 Zeichengeräte für die Ausgabe von Vektordaten

4.7.2.1 Tischzeichner (flatbed plotter)

Diese Zeichengeräte stellen Linien wie folgt dar (Abb.4.45):
- Durch kleine Einzelschritte (Inkremente) in Form konstanter Koordinatendifferenzen und die daraus sich ergebenden Kombinationen (Inkrementalsteuerung) oder

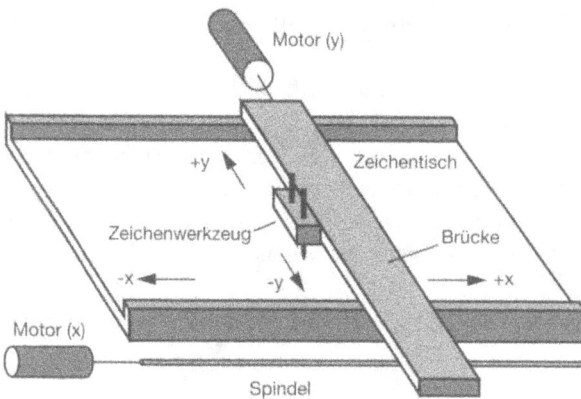

Abb. 4.45 Schema eines Tischzeichners

- als stetige, mathematisch über eine Reihe von Punkten interpolierte Funktion (Stetigbahnsteuerung).

Sind die Inkremente kleiner als 0,1 mm, kann man von einer Quasi-Stetigbahnsteuerung sprechen. Die nach *elektromechanischem Prinzip* arbeitenden Geräte erstellen eine Karte nach rechtwinkligen Koordinaten: Über dem Tisch mit dem befestigten Zeichnungsträger bewegt sich das Zeichenwerkzeug, und zwar in einer Koordinatenrichtung längs einer Brücke und in der anderen, dazu senkrechten Richtung durch Verschieben der gesamten Brücke. Der Tisch ist meist horizontal, manchmal auch schräg oder vertikal angeordnet. Ein Stellsystem besorgt den Antrieb in den Koordinatenrichtungen mit Motoren über Spindeln oder Zahnstangen. Ein Messsystem registriert die Ist-Position des Werkzeugs durch elektro-optisches Abtasten codierter Lineale oder durch Winkelcodierer. Die Steuereinheit vergleicht die Ist- mit der Soll-Position und bewirkt Korrekturen.

Die *Zeichenwerkzeuge* sind in einfachen Fällen Graphitminen, eingesetzte Tuschefüller, Minen für Schreibpasten, Faserstifte und runde Gravurnadeln. Bei den Präzisionsgeräten sind die übrigen Werkzeuge wie meißelförmige Gravierer, Folienschneider und Lichtzeichner mit einer Richtungscharakteristik versehen. Letztere bewirkt, dass bei Kurvenstücken das Werkzeug so nachgeführt wird, dass seine Richtung stets mit der Kurventangente übereinstimmt (Tangentialsteuerung). Der Folienschneider trennt die sich auf der Folie befindende Schicht längs der geschnittenen Kontur auf, so dass Flächenstücke abgezogen werden können.

Neben dem mechanischen *Zeichenwerkzeug* (pen plotter) gibt es noch den Lichtzeichner (Lichtprojektor), der als sog. *Photoplotter* mit einem faseroptischen Lichtleiter über ein optisches System durch eine Projektionsschablone (für Signaturen, Zahlen, Schriften und kleine quadratische Linienelemente) eine Photoschicht belichtet und damit Dunkelraumbetrieb erfordert.

Als *Präzisionszeichenmaschinen* gelten Geräte, die mittels Gravur oder Lichtzeichnung geometrisch und graphisch so exakt arbeiten, dass unmittelbar Kartenoriginale entstehen können. Das erfordert jedoch einen leistungsfähigen Steuerrechner und eine relativ geringe Zeichengeschwindigkeit. Präzisionsvektorplotter haben meistens DIN A0-Format, eine Auflösung von ca. 0,0025 mm, eine absolute Genauigkeit um ± 0,05 mm und eine Wiederholgenauigkeit um ± 0,02 mm, ihre maximale Geschwindigkeit liegt bei ca. 30 m/min.

Für Kartenentwürfe und ihre Varianten, Teildarstellungen, Zwischenoriginale usw. sind daher die Verifikationsplotter für Vektor-Daten wirtschaftlicher, die mit einfacherem Werkzeug und relativ hoher Zeichengeschwindigkeit arbeiten. Ihre Auflösung liegt bei 0,025 mm, und sie haben eine absolute Genauigkeit von ±0,1% der Linienlänge sowie eine Wiederholgenauigkeit von ±0,1 mm; ihre maximale Geschwindigkeit liegt bei etwa 50 m/min.

Nach elektro-optischem Prinzip arbeiten diejenigen Photoplotter, bei denen ein Laserstrahl unter Ablenkung mittels Spiegelsystem die Photoschicht belichtet. Als Aufnahmematerial dient meist der Mikrofilm.

4.7.2.2 Trommelzeichner (drum plotter)

Bei diesen Geräten liegt der Zeichnungsträger auf einer Trommel, deren Rotation die x-Bewegung ergibt; das parallel zur Rotationsachse bewegte Zeichenwerkzeug (meist Tuscheröhrchen oder Schreibminen) stellt die y-Bewegung dar (Abb. 4.46). Das inkremental zeichnende Gerät gehört zum Typ des Verifikationsplotters. Benutzt man als Zeichnungsträger Rollenware, so tritt in der Längsrichtung (x-Richtung) praktisch keine Formatbegrenzung auf. Die Zeichengeschwindigkeit beträgt rund 500 Inkremente/s; die Inkremente weisen Längen zwischen 0,1 und 0,3 mm auf. Geräte dieses Typs finden sich auch als Ausgabeeinheiten bei Registriergeräten, z. B. als Echographen, Pegelschreiber.

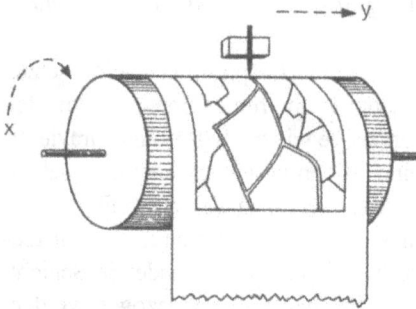

Abb. 4.46 Schema eines
Trommelzeichners.

4.7.2.3 Mikrofilmzeichner (COM-Plotter)

Auch die Ausgabe auf Mikrofilm (Computer Output on Microfilm, COM) arbeitet mit Vektor-Daten. Beim *indirekten Verfahren* entsteht das Strichbild zunächst mittels Kathodenstrahl auf einem Bildschirm, von wo es durch eine Mikrofilmkamera erfasst wird. Die trägheitslose und formatsparende Aufzeichnung ist so schnell, dass etwa 2 Bilder/s entstehen können und damit keine besondere Regenerierung des Schirmbildes erforderlich ist. Beim *direkten Verfahren* zeichnet ein Laserstrahl mit Hilfe eines Spiegel-Ablenksystems. Bei einer Zeichengeschwindigkeit von rund 10 cm/s ist das Gerät in bezug auf den Karteninhalt etwa 10–20mal schneller als ein Zeichentisch. Die Geräte können auch alphanumerische Zeichen ausgeben. Die Nachteile bei der Ausgabe von Karten auf Mikrofilm liegen drin, dass die geometrische und graphische Qualität der Präzisionsplotter infolge der notwendigen Rückvergrößerung nicht erreichbar ist.

4.7.3 Zeichengeräte für die Ausgabe von Rasterdaten

4.7.3.1 Laser-Rasterplotter

Die zuerst in der Kartographie eingesetzten Laser-Rasterplotter sind Trommelplotter mit Argonionen-Laser (488 nm) oder Helium-Neon-Laser als Lichtquelle. Das Filmmaterial wird von außen auf der Trommel befestigt, die sich während des Belichtungsvorgangs dreht (Außentrommelprinzip). Dabei werden die digitalen Pixel mittels des durch eine Blende zu einem Punkt bestimmter Größe und Form gebündelten Laserstrahls auf Film belichtet. Bei einer Trommelumdrehung wird eine Zeile oder Spalte der Bildmatrix abgearbeitet. Der Laserstrahl wird in seiner Intensität moduliert und ggfs. elektronisch gerastert. Letzteres wird entweder durch spezielle Programmierung eines einzigen (singulären) Strahls oder des in mehrere Teilstrahlen zerlegten Laserstrahls erreicht. Durch Vorschub der Laser-Belichtungseinheit in Richtung der Trommelachse wird die gesamte Zeichnung zeilenweise belichtet. Die neueren Laser-Rasterplotter (Laserbelichter) verwenden Laserdioden. Der Film wird im Innern der Trommel fixiert (Innentrommelprinzip). Dadurch wird erreicht, dass der optische Weg des Laserstrahls stets eine konstante Länge hat, während der Laserstrahl mit hoher Geschwindigkeit abgelenkt wird. Das Prinzip wird in Abb. 4.47 dargestellt.

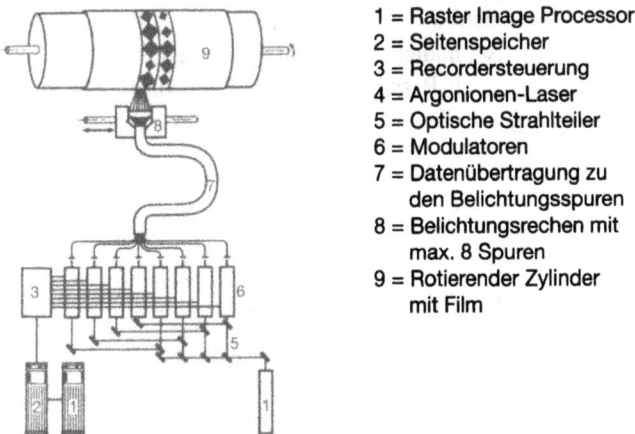

1 = Raster Image Processor
2 = Seitenspeicher
3 = Recordersteuerung
4 = Argonionen-Laser
5 = Optische Strahlteiler
6 = Modulatoren
7 = Datenübertragung zu
    den Belichtungsspuren
8 = Belichtungsrechen mit
    max. 8 Spuren
9 = Rotierender Zylinder
    mit Film

Abb. 4.47 Prinzip eines Laserbelichters

Laser-Rasterplotter für die Kartenproduktion müssen folgende Anforderungen erfüllen (*Christ* in *Mayer* 1989):

1. Zeichnungsformate von mindestens 60×60 cm^2;
2. Geometrische Auflösung von mindestens 30 bis zu 100 Linien/mm, kontinuierlich veränderbar mit variabler Größenänderung des jeweiligen Laser-Belichtungspunktes;
3. Genauigkeit von mindestens ± 25 µm in Achsen- und Umfangsrichtung;
4. Strichzeichnung und Zeichnung von flächigen sowie verlaufenden Druckrastern mit mindestens 120 Tonwertstufen;
5. sichere Befestigung der Filme, z. B. mit Passstiften und Vakuum-Halterung.

Bei *Scanner/Recordern* (sog. *Reproscanner*) befindet sich auf derselben Achse die Abtastwalze mit der Vorlage; deshalb können die Vorgänge von Erfassung und Ausgabe gleichzeitig stattfinden. Die dazwischenliegende Datenverarbeitung dient der geometrischen und graphischen Manipulation der Vorlage (z. B. Entzerrung, Tonwertveränderung). Die systematische Flächenabtastung und -aufzeichnung erlaubt eine hohe Zeichengeschwindigkeit. Eine Zusammenstellung technischer Merkmale einiger Rasterplotter findet man in *Jäger* (in *DGfK* 1993).

4.7.3.2 Elektrostatische Rasterplotter

Diese Geräte erstellen eine Zeichnung nach dem *elektrophotographischen Prinzip*. Die Rasterdaten werden dabei zeilenweise durch elektrostatische Punktladungen auf dem Papier dargestellt. Die flächenhafte Rasterdarstellung erfolgt aus dem schrittweisen Zeilenvorschub. Die Ladungspunkte werden durch erwärmte Farbkörper oder durch eine Toner-Fontäne sichtbar und fest gemacht (siehe Abb. 4.48). Die Rasterweite beträgt 8 Punkte/mm, lässt sich aber auch verdoppeln. Die Vorschubgeschwindigkeit liegt je nach Papierbreite zwischen 5 und 25 mm/s. Eine neuere Variante hierzu ist die Möglichkeit der farbigen Wiedergabe mit der kurzen Farbskala. Bei manchen Geräten erfordert jede Farbe einen erneuten Papierdurchlauf, der durch Passmarken kontrolliert wird. Wegen der Möglichkeit, auch alphanumerische Zeichen auszugeben, spricht man auch vom Printer-Plotter.

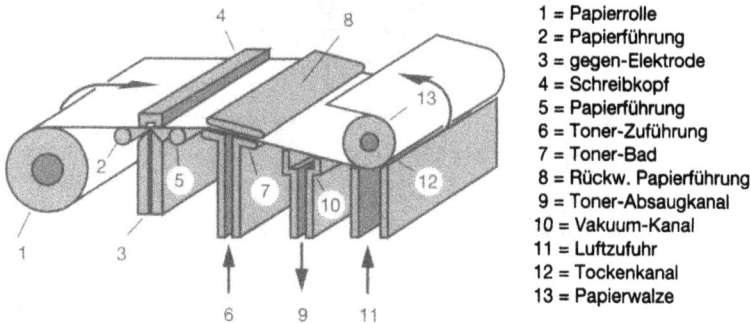

1 = Papierrolle
2 = Papierführung
3 = gegen-Elektrode
4 = Schreibkopf
5 = Papierführung
6 = Toner-Zuführung
7 = Toner-Bad
8 = Rückw. Papierführung
9 = Toner-Absaugkanal
10 = Vakuum-Kanal
11 = Luftzufuhr
12 = Tockenkanal
13 = Papierwalze

Abb. 4.48 Schema eines elektrostatischen Rasterplotters

4.7.3.3 Tintenstrahlzeichner (ink jet plotter)

Das Gerät erzeugt die Rasterpunkte zeilenweise auf dem Zeichnungsträger durch feine elektronisch abgelenkte Farbtröpfchen aus einer Düse. Durch die Drehung der Trommel, auf der sich der Zeichnungsträger befindet, entsteht der Zeilenvorschub. Es stehen vier Sprühköpfe (Düsen) für die kurze Farbskala zur Verfügung. Die Rasterfeinheit liegt bei etwa 8 Punkten/mm. Das Gerät kann auch alphanumerische Zeichen darstellen.

4.8 Multimediale Darstellungen

Im Vergleich zu den auf Papier oder anderen dauerhaften Trägern gedruckten Karten bzw. kartenverwandten Darstellungen sind Bildschirmdarstellungen gekennzeichnet durch zwei weitere miteinander zusammenhängende Gestaltungsmöglichkeiten – Multimedia und Interaktivität.

4.8.1 Multimedia

Unter *Multimedia* versteht man das Zusammenspiel von verschiedenen Kodierungsformaten wie Text, Bild, Graphik, Akustik (*Audio, Sound Track*), Video und Animation zum Zweck einer besseren Kommunikation. Ursprünglich wurden unterschiedliche Kodierungsformate auf unterschiedlichen Trägermaterialen (*Medien*) gespeichert, dadurch entstand der Begriff Multimedia im engeren Sinne. Je nach Anwendungszwecken und Zielgruppen werden die verfügbaren Medien mit verschiedenen interaktiven Gestaltungsmodalitäten verknüpft. Zwei Medien z. B. lassen sich einander ergänzen oder ersetzen. Sie können gleichzeitig oder hintereinander aktiviert werden. Für die Informationsaufnahme aus einer multimedialen Darstellung kommen multiple Wahrnehmungskanäle (z. B. Sehen, Hören und Tasten) zum Einsatz.

Unter der Annahme, dass der Informationsraum aus einer Menge Informationseinheiten besteht, ist zwischen zwei grundsätzlichen Arten von multimedialen Darstellungen zu unterscheiden:

1. Sequentielle multimediale Darstellungen

Bei sequentiellen multimedialen Darstellungen (z. B. einer verbalen Ansage oder einer Diaschau) verläuft die Informationsdarbietung, ausgehend von einer vordefinierten Anfangseinheit, Schritt für Schritt entlang einer Richtung bis zu der Schlusseinheit.

2. Nichtsequentielle multimediale Darstellungen

In nichtsequentiellen multimedialen Darstellungen (z. B. interaktiven elektronischen Atlanten) werden Informationseinheiten beliebig miteinander verbunden. Es gibt weder eine absolute Anfangseinheit noch eine absolute Schlusseinheit. Jede Informationseinheit fungiert als ein Knoten in einer Baumstruktur oder einem Netzwerk. Zwei Knoten können aufeinander verweisen. Von oder zu einem bestimmten Knoten können parallel mehrere Verbindungen verlaufen, dabei wird jedoch keine feste Bewegungsrichtung vorgegeben. Der Benutzer muss daher durch Interaktion eine Route für die Informationsdarbietung selbständig bestimmen.

Eine Spezialform der nichtsequentiellen multimedialen Darstellungen in der Kartographie bilden die sog. hypermedialen Darstellungen oder Hyperkarten (siehe Web-Karten auf CD-Anhang). In einer *Hyperkarte* werden raumzeitliche Informationseinheiten aus unterschiedlichen Quellen durch Hyperlinks (Querverbindungen) nach bestimmten Regeln (z. B. Lageidentität, Ähnlichkeit, Assoziation, Ursache und Auswirkung) miteinander verknüpft oder übereinander gelagert. Zu Hyperkarten gehören beispielsweise interaktive Webkarten und mobile Karten auf Handheld-Computern oder Mobiltelefonen (siehe 4.3). Damit man sich im komplizierten Informationsraum nicht verläuft, wird bei der Gestaltung von Hyperkarten Orientierungshilfe geboten. Zur Orientierungshilfe zählen Übersichtskarten, die Hyperlinks strukturieren und veranschaulichen, sowie Computerprogramme wie *Navigationsassistenten* oder *autonome Agenten* (*Gloor* 1997, *Müller u. a.* 2001).

4.8.1.1 Akustische Zeichen

Das Grundelement eines akustischen Zeichens ist der Ton oder Sinuston. Dabei handelt es sich um ein Schallsignal, das durch eine sinusförmige Schwingung eines Senders hervorgerufen wird. Diese Senderschwingung führt im angrenzenden Übertragungsmedium zu Druckschwankungen (Schalldruck), die ebenfalls einer sinusförmigen Zeitfunktion gehorchen und von den Ohrmuscheln aufgenommen werden (DIN 1320). Reine Töne weisen nur diskrete Frequenzen auf und können auf elektroakustischem Wege unter Verwendung eines geeigneten Tonfrequenzgenerators erzeugt werden. Im alltäglichen akustischen Umfeld kommen reine Töne nicht vor: bei den dort auftretenden Signalen handelt es sich zumeist um Mischungen von Frequenzen im Bereich von 16 bis rd. 20 000 Hz. Aus mehreren zusammengesetzten Tönen entstehen komplexe Schallstrukturen wie Klang und Geräusch. In der Alltagssprache gebraucht man „Ton" im Sinne von „Klang".

Bei einem Klang handelt es sich um ein Schallsignal mit harmonisch verteilten Teilfrequenzen. Der tiefste Teilton (Grundton) bestimmt die subjektiv empfundene Klanghöhe. Die Frequenzen der höheren Teiltöne (Obertöne) sind ganzzahlige Vielfache des Grundtons. Bei einem Geräusch werden üblicherweise keine auffallenden Tonhöhenempfindungen erzeugt. Sie sind daher unerwünschte akustische Reize. Die Wahrnehmung eines akustischen Zeichens ist subjektiver Natur. Sie hängt einerseits von den physikalischen Eigenschaften des akustischen Zeichens ab, andererseits wird sie von der Intention des Senders, dem Wissensprofil des Empfängers und dem Hörkontext mehr oder weniger stark beeinflusst. So wird z.B. ein und derselbe Klang bei zwei verschiedenen Personen einmal als angenehm und einmal als unangenehm (störend) empfunden. Während einfache Töne ohne spezielle Kenntnisse wahrgenommen werden, spielt bei komplexen Schallereignissen das Wissen des Empfängers eine wichtige Rolle. Der für den Menschen nicht mehr hörbare Schall heißt Infra-Schall (unter 16 Hz) bzw. Ultra-Schall (über 20 000 Hz). Die räumliche Ortung einer akustischen Quelle erfolgt über die neuronale Auswertung der Verzerrung von Schallwellen, die durch schräges Auftreten auf die Ohrmuschel entsteht.

In den multimedialen kartographischen Darstellungen werden visuelle Zeichen durch akustische Zeichen ergänzt oder begleitet, die in vier möglichen Erscheinungsformen auftreten: einzelne Töne, Wohlklänge (z.B. Musik), Geräusche (z.B. Lärm) und gesprochenes Wort (z.B. synthetische Stimme oder aufgenommene Menschenstimme).

Ein plötzlich erklingender Ton ist in der Lage, uns aufmerksam zu machen oder zu Handlungen zu veranlassen. Semantische und raumzeitliche Merkmale eines Objekts oder Sachverhalts lassen sich durch geordnete Töne präsentieren. Wohlklänge und Geräusche können das emotionale Klima für die visuelle Botschaft erzeugen, indem sie bestimmte Assoziationen hervorrufen und auf bestimmte Ereignisse hinweisen. Das gesprochene Wort wird eingesetzt, um Informationen zu übertragen, die nicht im Bild enthalten oder mit Bild schwer darstellbar sind.

Verschiedene Ton- bzw. Klangvariablen bilden die Grundlage für die akustische Gestaltung (vgl. *Rieländer* 1982, *Dransch* 1997, *Buziek u. a.* 2000):

1. Tonhöhe (hoch – tief). Die Tonhöhe beschreibt die Stufe des Tons innerhalb einer Oktave. Sie ist frequenzabhängig. Je größer die Frequenz, desto höher der Ton. Eine Reihe wechselnder und mit verschiedenen Intervallen aufeinanderfolgender Töne bildet eine Melodie.

2. Lautstärke des Tons (leise – laut). Die Lautstärke hängt senderseitig in erster Linie von der Schwingungsamplitude und damit im Übertragungsmedium vom Schalldruck ab. Zwischen der wahrgenommenen Lautstärke und dem Schalldruck der absoluten Hörwelle besteht ein logarithmisches Verhältnis. Die wahrnehmbare Lautstärke umfasst den Bereich von absoluter Stille (0 dB) bis ca. 180 dB. Eine deutliche Empfindung der Lautstärkeänderung ergibt sich nach einer Schalldruckpegeländerung von mindestens 5 dB. Wird das Gehör einem Schalldruck von über 90 dB ausgesetzt, können Hörschäden auftreten.

3. Timbre des Klangs (hell – dunkel). Das Timbre beschreibt die Klangfarbe einer Tonquelle, z. B. einer Gesangstimme oder eines Instruments. Es wird durch die Anzahl und die relativen Stärkeverhältnisse der Teilfrequenzen entscheidend determiniert.

4. Dauer des Tons (kurz – lang). Die Dauer des Tons gibt an, wie lange ein Ton gehalten wird. Sie ist die Grundlage für das Entstehen von Rhythmus, Periodik und Tempo einer Melodie. Die subjektive Dauer der Ton- bzw. Pausenwahrnehmung ist mit der physikalischen Dauer nicht identisch.

5. Lage des Tons (nah – fern). Die Lage des Tons gibt die Position des Tons im Hörraum wieder. Der Ton kann ein-, zwei- oder dreidimensional vom Zuhörer geortet werden. Im Vergleich zur visuellen Ortung können Raumpositionen eines Tons jedoch nur ungenau dem Hörer übermittelt werden.

4.8.1.2 Kartographische Animation

In einer statischen Kartengraphik werden räumliche Veränderungen üblicherweise durch ihre Zustände zu bestimmten Zeitpunkten oder die Wege der Bewegungen wiedergegeben. Bessere Möglichkeiten bietet dagegen die Animationstechnik. Dabei wird Objektdynamik so verdeutlicht, dass die Abläufe quasi kontinuierlich wie ein Kinofilm erscheinen.

Der Begriff *Animation* hat seinen Ursprung im lateinischen Wort *animare*, zu Deutsch *beleben* (*Dransch* in *Buziek u. a.* 2000). Animation wird in der Computergraphik ausgiebig zur Generierung von bewegten Bildern verwendet. Der Eindruck einer fließenden Bewegung entsteht, wenn man eine Reihe Bilder mit variierenden Inhalten schnell und sukzessiv betrachtet (ab 24 Bilder pro Sekunde). Anders als Video, das durch eine aufgenommene Bildsequenz gekennzeichnet ist, versteht man unter der Animation generell eine vom Computer konstruierte bewegte Bildsequenz. Die benachbarten Bilder in der Reihe können vollkommen verschieden sein oder einige gemeinsame Bezugsobjekte enthalten. Variationen in einer Animation werden durch graphische and akustische Manipulationen hervorgerufen. Sie beziehen sich z. B. auf die Größe, die Form, die Textur, die Farbe, die Lage und den Ton der Objekte, den Maßstab des Raumbezugs sowie die Veränderungsgeschwindigkeit. Weitere visuelle Effekte wie z. B. Blinken, Blenden und Schatten können genutzt werden, um bestimmte Teile zu akzentuieren.

Die Animation verfügt über ein zusätzliches Gestaltungsmittel, nämlich die Präsentationszeit. Sie wird in der Kartographie eingesetzt mit dem Ziel, dynamische Informationen zwischen den einzelnen aufeinanderfolgenden Bildern zu erwerben. Je nach dem was die Präsentationszeit wiedergibt, unterscheidet man zwei Hauptformen von kartographischen Animation, die temporale und die nontemporale Animation. Bei einer *temporalen Animation* entspricht die Präsentationszeit der realen Zeit von Veränderungen (z. B. Prozesse der städtischen Entwicklung oder Umweltverschmutzung). Bei einer *nontemporalen Animation* hingegen werden Veränderungen dargestellt, die durch andere Faktoren als Zeit versacht sind. Zu diesen Faktoren zählen beispielsweise Kartenprojektion, Klassifizierungsmethode, Parametereinstellung eines Algorithmus, Perspektive, Betrachtungsabstand usw.

Einer Animation besteht aus folgenden Grundelementen (vgl. *Dransch* in *Buziek u. a.* 2000):

1. *Animationsobjekte.* Wesentliche Animationsobjekte bilden die graphischen Signaturen der Geo-Objekte. Zur Verleihung eines plastischen Eindrucks oder Hervorhebung bestimmter Signaturen sind zusätzlich eine Kamera und eine oder mehrere Lichtquellen erforderlich. Die *Kamera* legt den Betrachtungsstandpunkt, die Betrachtungsdistanz und den Betrachtungswinkel fest. Damit ist der Bildausschnitt, der Maßstab und die Perspektive bestimmt. Die *Lichtquellen* definieren die Beleuchtungsparameter.

2. *Szenen (Frames).* Eine Szene ergibt sich aus einer Komposition von Animationsobjekten. In der kartographischen Animation entspricht die Szene einer Karte oder einer kartenverwandten Darstellung. In Animationen werden bestimmte Szenen als Schlüsselszenen *(keyframes)* definiert. Die Schlüsselszenen bilden das Grundgerüst der Animationssequenz. Aus den Schlüsselszenen werden die Zwischenszenen *(inbetweens)* mittels Interpolationsverfahren abgeleitet.

3. *Sequenzen.* Eine Sequenz ist eine Folge von variierenden Szenen. Zu einer Sequenz werden alle Szenen zeitlich hintereinander zusammengefügt, die eine bestimmte Aktion in der Animation festlegen. Sequenzen werden oft mit Hilfe von Bildübergängen verbunden. Bildübergänge können klare Schnitte

oder Überblendungen zwischen den Anfangs- und Endszenen aufeinanderfolgender Sequenzen sein.

4. *Veränderungen.* Sie sind die Unterschiede, die zwischen den Szenen auftreten. Veränderungen können sich auf alle Animationsobjekte – Graphikobjekte, Kamera, Lichtquellen – beziehen.

5. *Akustik.* Die visuellen Komponenten einer Animation werden häufig durch akustische Zeichen unterstützt. Animationen bieten dem Betrachter in kurzer Zeit eine große Menge an Information und überfordern damit oft dessen Wahrnehmung. Auch können zusätzliche Informationen in den Randbereichen nicht oder nur sehr schwer verfolgt werden. Akustische Zeichen lassen sich in unterschiedlicher Weise in kartographischen Animationen einsetzen.

Je nach Anwendungszwecken stehen verschiedene Animationsmethoden zur Verfügung (vgl. *Gersmehl* 1990, *Peterson* 1995, *Dransch* in *Buziek u. a.* 2000):

1. Diaschau (*slide show*). Die einfachste Animationsform ist die Diaschau. Sie besteht aus einer Folge von Einzelszenen, die in festgelegter Reihenfolge abgespielt werden.

2. Text-Animation. Bewegte Texte entstehen, indem die Grundelemente (z. B. Buchstabe, Wort, Zeile) im Text der Reihenfolge nach und/oder in Synchronisation mit akustischen Zeichen erscheinen.

3. Metamorphose (*polymorphic tweening*). Man definiert eine Ausgangsszene und eine Zielszene. Mittels Interpolationsverfahren werden so viele Zwischenszenen berechnet, dass eine fließende Überführung von der Ausgangsform in die Zielform stattfindet.

4. Pfad-Animation. Ein Pfad wird definiert und in kleine Segmente zerlegt, die jeweils durch eine geringfügig unterschiedliche Farbe markiert werden. Die Farben rücken ein Segment nach dem anderen in die vorgegebene Pfadrichtung und vermitteln somit den Eindruck der Bewegung.

5. Bühne-Darsteller-Animation (*stage-and-actor animation*). Darsteller (Vordergrundobjekte) werden von der Bühne (Hintergrund) unterschieden und verändern ihre Gestalt und Bewegungsgeschwindigkeit nach bestimmten Handlungsskripten. Die Bühne bleibt entweder statisch oder verändert sich gleichzeitig.

6. Modell-und-Kamera-Animation. 3D-Objekte werden modelliert z. B. in Form eines Drahtgitters (*wireframe*) und in Beziehung zur aktuellen Kameraposition auf die Darstellungsoberfläche projiziert. Beleuchtungseffekte und Texturen werden in Abhängigkeit von der Kameraposition hinzugefügt, um einen realitätsnahen Eindruck zu vermitteln. Mit der systematisch wechselnden Kameraposition lässt sich ein sog. Überflug (*fly-through*) über ein Gebiet konstruieren.

Für die Implementierung der Animationsmethoden bestehen grundsätzlich zwei Möglichkeiten:

1. Aufgezeichnete Animation. Die einzelnen Bilder der Animation werden nach der Berechnung und Generierung auf einem Datenträger gespeichert. Die Trennung von Produktion und Betrachtung erlaubt die Generierung komplizierter und vor allem photorealistischer Einzelbilder. Interaktionen während der Vorführung sind allerdings nicht möglich.
2. Echtzeit-Animation. Die Berechnung der Einzelbilder erfolgt quasi zeitgleich mit der Vorführung. Jedes Einzelbild muss daher innerhalb von 33 bis 40 Millisekunden erzeugt werden, was der üblichen Bildfolge von 24 bis 30 Bildern pro Sekunde entspricht. Diese Form der Animation ist Voraussetzung für interaktive Eingriffe während der Betrachtung. Die Notwendigkeit der schnellen Bildberechnung stellt allerdings hohe Ansprüche an die Leistungsfähigkeit von Hardware und Software. Aus technischen und wirtschaftlichen Gründen werden bei der Echtzeit-Animation erheblich vereinfachte Szenen in Kauf genommen.

Über den technischen Prozess zur Erstellung der Animation siehe u. a. (*Buziek u. a.* 2000).

4.8.2 Interaktivität

Als Interaktion kann man generell die aufeinander bezogene Wechselwirkung von zwei oder mehreren Handlungspartnern bezeichnen (*Gartner* in *Kretschmer/ Kriz* 1999). Beim Umgang mit multimedialen Systemen erwarten Menschen unbewusst, dass das System ihre Fragen beantwortet und ihre Aktion versteht (*Thissen* 2000). Interaktive kartographische Darstellungen sind gekennzeichnet durch eine graphische *Bedienungsoberfläche* (*Benutzerschnittstelle*), die üblicherweise aus systematisch strukturierten graphischen Schaltflächen (*Menü*), Eingabetastatur, Zeigergerät (z. B. Maus) und einer nahezu unverzüglichen Bildschirmanzeige besteht.

Mittels interaktiver Funktionen wie Pannen und Zoomen darf man sich in einem großen Informationsraum beliebig bewegen und bestimmte Teile vergrößern bzw. verkleinern. Durch das Anklicken einer Signatur oder eines Textteils darf man auf eine andere Information oder ein anderes Medium zugreifen. Die Kombination der Signaturen mit dem Mauszeiger führt zur Gestaltung und Nutzung von *sensitiven Signaturen*. Beim „klicklosen" Überfahren des Mauszeigers über eine sensitive Signatur lassen sich ihre Gestaltungsmerkmale (z. B. Farbe, Größe, Form, Lage und Ton) verändern (*Müller u. a.* 2001). Ebenfalls kann man die Bedeutung, die geometrischen und semantischen Eigenschaften einer sensitiven Signatur bei Berührung mit dem Mauszeiger erfahren.

Da Benutzerschnittstellen eine wesentliche Grundlage für die Mensch-Karte-Interaktion bilden, sollen sie überschaubar und intuitiv bedienbar sein. Die interaktiven Funktionen (z. B. Handlungen, Hinweise usw.) sollen leicht verständlich sein. Mit dem Ziel der Benutzerfreundlichkeit wird ferner angestrebt, Benutzerschnittstellen zu personalisieren. Dabei handelt es sich um eine interdisziplinäre Forschungsaufgabe. Damit ein System über eine Eigendynamik und Adaptionsfähigkeit verfügt, müssen die kognitiven Prozesse von beiden Systemgestaltern und Systembenutzen simuliert werden (*Mulken* 1999, *Meng* 2001a,b, *Reichenbacher* in *Buzin/Wintges* 2001).

Die Implementierung der Interaktivität in kartographische Darstellungen dient hauptsächlich folgenden Zwecken:

1. Effizienter Zugriff auf multimediale Informationen. Raumzeitliche Gegenstände, Sachverhalte und Relationen lassen sich durch eine Vielzahl von Dokumenten beschreiben, die unter Verwendung multimedialer Techniken aufbereitet und an verschiedenen Standorten aufbewahrt sind. Weil aber der Darstellungsplatz limitiert ist, können diese Dokumente nicht gleichzeitig am Bildschirm erscheinen. Die Interaktivität erlaubt eine flexible Strukturierung, Steuerung und *on-demand*-Präsentation (siehe 8.3.1) verfügbarer multimedialer Informationen.

2. Personalisierte Navigation. Eine der Hauptnutzungen von kartographischen Darstellungen ist von einem Ort zu einem anderen zu gelangen. Navigationsprogramme lassen sich ohne weiteres mit interaktiven Bildschirmdarstellungen verbinden. So z. B. ist es möglich, eine Route nach benutzer- und anwendungsbezogenen Optimierungskriterien zu bestimmen und präsentieren.

3. Geodatenanalyse. Sowohl die räumliche Anfragesprache als auch die unmittelbare graphische Selektion funktioniert auf der Basis der Interaktivität. Für die Geodatenanalyse sind kartographische Darstellungen unverzichtbare Hilfsmittel. Aufgrund ihrer engen Verknüpfung mit der zugrundeliegenden Datenbank wird jedoch auf maßgebliche kartographische Gestaltungsmittel verzichtet. Oft genügt eine graphische Umsetzung der in der Datenbank gespeicherten Objektgeometrie am Bildschirm. Weitere Ausführungen finden sich in (*Kelnhofer* in *Koch* 2001).

4. *Virtual reality* (VR). VR als eine Simulation der Umwelt besteht aus Stereovision, Stereoakustik sowie einem interaktiven Steuerungselement (*tracking device*) (z. B. Datenhandschuh, Headsets). Die Bedienungsoberfläche bei der VR hat eine eintauchende (*immersive*) Auswirkung auf den Betrachter. Das VR-System und der Betrachter agieren und reagieren gegenseitig in beinahe Echtzeit. Der Betrachter fühlt sich integriert oder eingestiegen in die dargestellte Szene, indem seine Berührung mit der realen Umwelt durch die audiovisuelle Umgebung der VR „getrennt" wird. Die Szenen in VR sind üblicherweise perspektivische Darstellungen mit großer Annäherung an die realen Szenen (z. B. Stadtmodelle, Landschaften). Weitere Ausführungen finden sich z. B. bei *Peterson* (1995), *Haase u. a.* in *Nielson u.a* (1997).

4.9 Systemkonfigurationen für die digitale Kartographie

Durch Integration der in den Abschnitten 4.3 bis 4.7 dargestellten Hardware- und Softwarekomponenten der GDV sowie aufgabenbezogener Programme der kartographischen Datenverarbeitung (siehe 6.5, 7.3, 7.4 und 8.3) entsteht ein *kartographisches Automationssystem* oder – bei stärkerer Betonung raumzeitlicher Modellrechnungen, Analysen und Simulationen – ein *System für die Geoinformationsverarbeitung.*

4.9.1 Kartographische Automationssysteme

Zu einem vollständigen kartographischen Automationssystem gehört ein Farb-Rasterscanner, mehrere vernetzte Arbeitsstationen mit ausreichend dimensioniertem Magnetplattenspeicher und optischem Speicher, einem Verifikationsplotter und einem Präzisions-Rasterplotter (siehe Abb. 4.49). Ist der Umfang der darzustellenden Geo-Daten klein und soll überwiegend interaktiv gearbeitet werden, so kann man ein PC-basierendes *Desktop-Mapping-System* (DTM) einsetzen (*Asche* in *Mayer* 1989, *Peyke* 1989). Bei einfacheren Systemkonfigurationen kann man zugunsten einer Datenein- und -ausgabe über Datenschnittstellen auf Scanner und Präzisionsplotter verzichten.

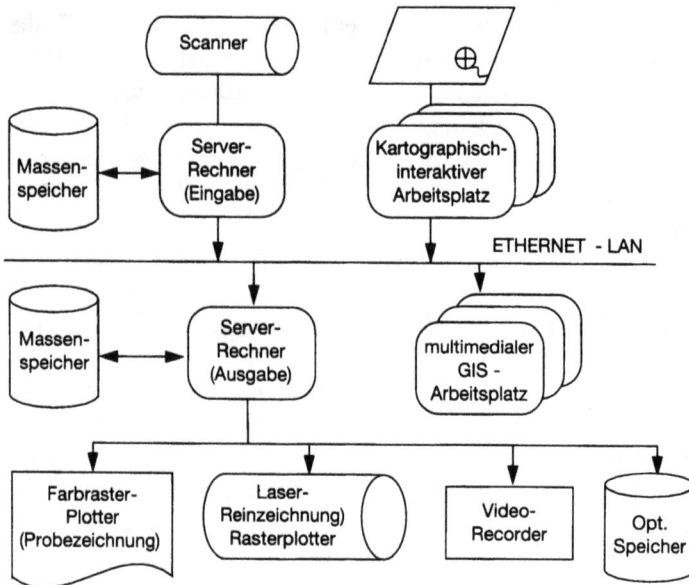

Abb. 4.49 Konfiguration eines kartographischen Automationssystems

Die Software-Komponenten eines kartographischen Automationssystems werden aus den in 4.6.1 bis 4.6.5 beschriebenen Methoden gebildet. Für viele Anwendungen, wie die Digitalisierung von Karten, Kartengestaltung, besonders die Generalisierung, die Aktualisierung von Kartenwerken und die Zeichnungsaufbereitung, ist die Verknüpfung von Komponenten der Vektor- und Raster-Datenverarbeitung zu einem hybriden Verarbeitungssystem mit einer entsprechenden Datenverwaltung (4.5) erforderlich.

Die Verbindung zu Geo-Informationssystemen wird über Datenschnittstellen für die Übernahme bzw. Abgabe von Daten in standardisierter Struktur hergestellt. Interne Sprachschnittstellen ermöglichen es, mit dem System zu kommunizieren, z. B. über eine „Benutzeroberfläche", mit der sich aus Grundfunktionen aufgabenorientierte komplexere Funktionen (Prozeduren, Makros) zusammensetzen lassen.

4.9.2 Systeme für die Geo-Informationsverarbeitung

Diese Systeme unterscheiden sich zunächst hardware- und weitgehend auch softwaremäßig nicht von den kartographischen Automationssystemen, jedoch sind die Methoden der Modellrechnung stärker ausgeprägt. Arbeitsstationen für die Geo-Informationsverarbeitung müssen die Möglichkeiten der verteilten Datenbanken (client-server-Modell) mit denen der verteilten Datenverarbeitung (distributed Processing) verbinden.

5 Projektplanung in der Kartographie

Zusammenfassung

Dieses Kapitel gibt im ersten Teil Antwort auf die Frage „Was ist für den Ablauf einer Kartenherstellung zu beachten?" Als Karte gilt hierzu im engeren Sinne das für einen längeren Gebrauch vorgesehene konkrete Produkt. Dabei werden die unterschiedlichen Anlässe zur Kartenherstellung auch zu sehr verschiedenen konzeptionellen Überlegungen führen. Sind aber die allgemeinen Vorgaben eines Projekts einmal festgelegt, so führen die weiteren redaktionellen Tätigkeiten zu sachlichen und organisatorischen Einzelheiten, die insgesamt im Redaktionsplan ihren Niederschlag finden. Einen zweiten Schwerpunkt bildet die Planung von GIS-Projekten, die analog zu kartographischen Projekten in die Festlegung sachlicher und organisatorischer Einzelheiten einmündet. Eine besondere Rolle spielen in beiden Fällen die Fragen des Urheber- und des Nutzungsrechts an Karten und Datenbanken sowie auch im Hinblick auf die Probleme, die der weltweit mögliche Datenaustausch aufwirft.

5.1 Konzeption von Projekten in der Kartographie

Als *Konzeption* gilt hier die Summe der gedanklichen Ansätze und Vorstellungen zu Form und Inhalt eines kartographischen Projekts. Dabei kann es sich um ein klassisches kartographisches Projekt handeln, bei dem die *Herstellung* einer kartographischen Darstellung, später zum Teil auch deren *Aktualisierung* das Ziel ist. Von bereits derzeit großer und künftig noch größerer Bedeutung sind jedoch die GIS-Projekte, bei denen auch die Herstellung von Karten eine wesentliche Rolle spielt, die jedoch aufgrund ihres breiteren Anwendungsspektrums weiterführende Überlegungen erfordern (5.3)

Die *Anlässe solcher Projekte* können verschieden sein:
- *Gesetzliche Vorschriften oder Verwaltungsvereinbarungen* im Zuge öffentlicher Erfordernisse sowie *aktuelle Anlässe* zwingen die zuständigen Institutionen zur Herstellung und Aktualisierung von Datenmodellen oder bestimmter Karten und Kartenwerke in den Bereichen von Topographie, Liegenschaftskataster, Seefahrt, Luftfahrt, Landesverteidigung, Raumordnung usw.
- Die *Nachfrage am Geo-Informations- bzw. Kartenmarkt* durch einen größeren Interessentenkreis führt zu einem Kundenauftrag oder zur Eigeninitiative; sie

erstreckt sich vorwiegend auf Anwendungen wie Navigation und Freizeitge-
staltung sowie Bildung (Atlanten, Panoramen, Globen usw.).

- Ein *spezieller Auftrag* für Zwecke der Planung, Marktanalyse, Bestandserhebung usw. bezieht sich vorwiegend auf Geo-Informationen (digitale Modelle
  oder Karten) der Fachplanung, der Bevölkerungs- und Wirtschaftstruktur
  usw.
- Die *Präsentation von Untersuchungsergebnissen* aus Verwaltung, Wirtschaft
  und Wissenschaft in Monographien, Fachzeitschriften usw. bezieht sich im
  Rahmen einer Kooperation zwischen Fachautor, Kartograph und Verlag vor
  allem auf Karten aus Geowissenschaften, Archäologie, Siedlungsgeschichte,
  Bevölkerungsstruktur, Geomedizin, Volkswirtschaft usw.

Solche *sachbezogenen* Konzeptionen sind ferner einzubetten in ein *Marketing-
Konzept*, das die Nachhaltigkeit eines Geo-Informationsproduktes und seine Aufnahme auf dem Markt sicherstellen soll (*Reinkemeier* in *DGfK* 1997).

Die Kartenkonzeption führt zu einer Reihenfolge in den Dimensionen der Zeichentheorie (1.2.4), die umgekehrt verläuft wie bei der Kartenauswertung: Zuerst geht es beim
Zweck des Vorhabens, der Kartenfunktion, um die Pragmatik, bei dem daraus folgenden
Sachinhalt um die Semantik und in deren Folge in der Art der Darstellung um die Syntak-
tik. Letztere umfasst
- die *Strukturierung* digitaler Daten von der Erfassung bis zur möglichen Einbettung in
  ein Geo-Informationssystem sowie
- die *Gestaltung* der kartographischen Darstellung.

Im Hinblick auf die oben genannten, sehr unterschiedlichen Ausgangssituati-
onen sind folgende Fälle zu unterscheiden:

1. Das bisherige Konzept bleibt bestehen, z. B. wegen der weiteren Gültigkeit
   bestehender Zeichenvorschriften.
2. Das bisherige Konzept soll teilweise oder ganz geändert werden, z. B. für die
   nächste Ausgabe einer Stadtkarte.
3. Ein Konzept ist erstmalig zu erarbeiten, z. B. für den Aufbau eines Geo-Informationssystems im Bereich der topographischen Landesaufnahme.

Die Betrachtungen des Abschnittes 5.2 beziehen sich in erster Linie auf die Fälle 2 und
3. Dabei geht es neben der eigentlichen kartographischen Präsentation auch um die *sachliche Aussage* der Daten. Dazu ist zwischen Auftraggeber, Fachmann und Kartographen
zu klären, welches Gewicht den einzelnen Aussagen zu geben ist (z. B. bei Straßenkarten
die Gewichtung zwischen Straßennetz und Eisenbahnnetz). Lassen es die äußeren Vorgaben zu, ist auch der Umfang der zu erfassenden Objekte zu erörtern, wenn dadurch ein
wesentlicher Informationsgewinn erzielbar ist und die graphische Darstellungsdichte dies
gestattet.

Solche fachlichen Erörterungen und Abgrenzungen stehen bereits in enger Wechselwirkung mit der Klärung formaler und inhaltlicher kartographischer Fragen. In *formaler* Hinsicht geht es vor allem um die Entscheidung über den Kartenmaßstab und das Blattformat, *inhaltlich* um die Art der Kartengraphik. Je größer dabei die Komplexität der Aussage und je vielfältiger die verfügbaren Wege der technischen Verwirklichung sind, umso
mehr empfiehlt es sich, eine Reihe von graphischen Gestaltungsmöglichkeiten zu erpro-

ben und aus ihnen die optimale Variante auszuwählen. Dabei sind auch die Fähigkeiten und Gewohnheiten im Kartenlesen bei dem zu erwartenden spezifischen Benutzerkreis (z. B. im Schulunterricht) zu berücksichtigen.

Neben diesen zentralen Überlegungen erfassen die konzeptionellen Ansätze auch noch folgende Bereiche:

– Die Herkunft und Bewertung der Ausgangsdaten,
– die methodischen Grundzüge von Erfassung und Bearbeitung,
– die Fragen der Speicherung und Aktualisierung der Daten.

Erörterung und Beschluss zu einem kartographischen Projekt haben auch zu berücksichtigen, dass eine Konzeption nur dann praxisnah und realisierbar sein kann, wenn dazu geeignete äußere Rahmenbedingen geschaffen werden und gewahrt bleiben. Dazu gehören

– die Organisation der Arbeiten, von Kooperationen und Auftragsvergaben,
– die Kalkulation der Kosten und Termine,
– die Fragen der Verbreitung und der Bereithaltung.

Ist mit dem Beschluss über ein Konzept das Vorhaben zur Verwirklichung vorgesehen, so führt die Erörterung weiterer Einzelheiten innerhalb der genannten Rahmenbedingungen bereits in das Aufgabegebiet der *Redaktion* ein. Diese legt auf der Grundlage der nunmehr verbindlichen Konzeption die Einzelheiten der Arbeitsabläufe bis hin zu den technischen Maßnahmen fest, bei größeren Vorhaben in Form des *Redaktionsplans*.

Die hierzu folgenden Darstellungen (5.2) gelten analog auch bei der Planung von GIS-Projekten. Eine ergänzende Betrachtung dazu enthält 5.3.

5.2 Redaktionelle Arbeiten

5.2.1 Überlegungen zur Datenerfassung, Quellenkritik

Zur *Erfassung* der Daten ist vorab deren Ausgangslage zu klären:
1. Es gibt bereits geeignete Daten, die evtl. nur zu aktualisieren wären.
    a) Diese Daten liegen in der eigenen Institution vor oder
    b) die Daten liegen anderweitig vor und sind verfügbar.
2. Geeignete Daten sind nicht vorhanden und daher zu erfassen
    a) im Eigenbetrieb oder
    b) durch Auftragsvergabe.

Die *Eignung* der Daten orientiert sich an folgenden Merkmalen:
– Die erforderliche *geometrische* Genauigkeit richtet sich nach der Genauigkeit, mit der die Objekte überhaupt ansprechbar sind (Objektunschärfe), ferner nach der mit dem Kartenmaßstab verbundenen graphischen Genauigkeit sowie nach der erwünschten Genauigkeit bei digitaler Datenauswertung (z. B. bei Flächenberechnungen).
– Die Forderung nach *Zuverlässigkeit* bezieht sich vor allem auf die semantische Objektinformation. Diese soll sachgerecht, d. h. ausreichend detailliert, exakt und vollständig sein sowie dem letzten Erkenntnisstand entsprechen.

Das gilt vor allem für thematisch-wissenschaftliche Darstellungen (z. B. mit historischem Inhalt).

– Die Daten sollen so *aktuell* wie möglich sein (z. B. bei Verkehrskarten). Dies lässt sich in geeigneter Weise durch zeitliche Angaben zu den einzelnen Quellendaten sichtbar machen.

Die *Eignung* der Daten ist meist unproblematisch, wenn eine originäre und aktuelle Erfassung topographischer oder thematischer Informationen (6.3, 6.4) vorliegt (z. B. geeignete Photoemulsion von Luftbildaufnahmen für fachthematische Aussagen). Mit praxisreifen Verfahren und Geräten lässt sich der *Grad der Zuverlässigkeit* durch den methodischen und instrumentellen Ansatz beeinflussen. Dagegen ist z. B. bei Forschungsarbeiten eine strenge Prüfung und Wertung aller neuen Arbeitsschritte unerlässlich.

Eine *erstmalige* Erfassung der Daten wirft auch die Frage auf nach ihrer anderweitigen Eignung und künftigen Bedeutung auf:

– Bei Karten über ein einmaliges aktuelles Ereignis (z. B. Pressekarten), kann eine darüber hinausgehende Speicherung der Daten entbehrlich sein.
– Bei größerem Erfassungsaufwand ist zu klären, ob die Daten nicht ohne wesentliche zusätzliche Arbeit auch anderen Zwecken dienen könnten. Nicht selten ist aber ein anderer oder gar künftig neuer Informationsbedarf noch nicht zu erkennen, doch sollte mindestens in allen Fällen der Raumbezug in einem allgemein verbindlichen System (z. B. UTM) sichergestellt sein.

Bei der Erfassung *aus anderen Quellen* können sehr unterschiedliche Verhältnisse vorliegen. Probleme der geometrischen Exaktheit ergeben sich z. B. bei der Verwendung älterer Karten. Aber auch bei der umfangreichen Auswertung neuerer Karten (z. B. für die Atlasherstellung) sind die Genauigkeiten in Lage und Höhe ebenso zu beachten wie die Eigenschaften und Verzerrungen der Netzentwürfe. Mangelnde Merkmalsangaben, unklare oder mehrdeutige Beschreibungen und Fachbegriffe, umstrittene wissenschaftliche Grundlagen oder unzureichende statistische Stichproben können den inhaltlichen Wert der Informationen in Frage stellen.

Solche Fälle erfordern eine sorgfältige Prüfung, evtl. unter Vergleich verschiedener Quellen zum selben Sachverhalt. Sind andere vergleichbarer Quellen nicht verfügbar, sind u. U. auch mangelhafte Quellen auszuschöpfen. Stets sollte aber die endgültige Karte ausreichende Hinweise auf die Quellenlage geben (*Quellenvermerk*), vielleicht sogar durch den graphischen Duktus (z. B. verlaufende Flächenfarben) den geringeren Grad an Zuverlässigkeit deutlich machen.

Besondere Schwierigkeiten können auftreten, wenn der Wert des Quellenmaterials große regionale Unterschiede aufweist. Das ist z. B. der Fall, wenn die Karte Länder mit sehr unterschiedlichem topographischen Kartengrund oder mit verschiedenartiger Statistik darzustellen hat. Eine solche heterogene Quellenlage lässt sich z. B. in einer Nebenkarte im Kartenrand *(Zuverlässigkeitsskizze)* zum Ausdruck bringen.

5.2.2 Redaktionelle Rahmenbedingungen

Zu den redaktionellen Arbeiten gehören alle Überlegungen, Beschlüsse und Maßnahmen, die auf der Grundlage der endgültigen Konzeption die Einzelheiten bei
der Herstellung bzw. Aktualisierung von Karten regeln. Die dazu bestehenden
Rahmenbedingungen ergeben sich neben den von außen kommenden Anlässen
(1) aus den eigenen Möglichkeiten (z. B. personelle Besetzung) und (2) aus den
Fragen und Festlegungen zu den Kosten und Terminen.

1. Die *eigenen Möglichkeiten* des Kartenherstellers orientieren sich am erforderlichen Einsatz von (a) Personal, (b) Geräten und Material.

   a) Bei den *personellen Möglichkeiten* ist zu klären, welche fachlichen Qualifikationen bereits im Hause zur Verfügung stehen, z. B. Kartographen, Geographen, Programmierer, Techniker, Reproduktions-Fachleute. U. U. sind von
   außerhalb wissenschaftliche Berater und Spezialisten (z. B. für das Namengut) heranzuziehen und bestimmte technische Teilarbeiten zu vergeben.

   b) Zu *Geräten und Materialien* stellt sich die Frage, ob im Hause auf Geräte der
   klassischen Zeichentechnik, der graphischen Datenverarbeitung sowie der
   Reproduktions- und Vervielfältigungstechnik zurückgegriffen werden kann
   oder ob teilweise auch hierzu andere Stellen in Anspruch zu nehmen sind.

2. Zu den (a) Kosten und (b) Terminen ergibt sich folgendes:

   a) Die *Kosten* bestimmen sich aus dem Umfang der notwendigen Arbeiten
   und Materialien in Verbindung mit der Auflagenhöhe. Sie erfordern eine
   technische und kaufmännische Vorkalkulation und haben evtl. auch noch
   die künftig zu erwartenden Folgearbeiten zu berücksichtigen. Auch kann
   eine spätere Nachkalkulation erforderlich sein, um u. a. für die nächste
   Vorkalkulation realistischere Ansätze zu gewinnen.

   b) Die *Termine* richten sich danach, ob es sich z. B. um vorgegebene Zyklen
   der Aktualisierung bei Kartenwerken handelt oder ob es um die Beachtung
   der Marktlage bei Atlanten geht.

5.2.3 Inhalt des Redaktionsplans

Der Redaktionsplan regelt die Einzelheiten der Kartenherstellung und –vervielfältigung, der späteren Datenverwaltung, des personellen Einsatzes, der technischen Verfahren und des organisatorischen und zeitlichen Ablaufs. Für die Karte
selbst kommt es vor allem auf folgende Einzelheiten an:

1. Die *Benennung* der Karte soll das darzustellende Thema zutreffend und möglichst kurz bezeichnen. Sie sollte auch – besonders bei Kartenwerken und
   Atlanten – längere Zeit bestehen bleiben und damit einen höheren Bekanntheitsgrad und eine werbewirksame „Titelpflege" schaffen.

2. *Maßstab und Format* stehen in enger Beziehung miteinander, z. B. wenn ein
   bestimmtes Gebiet in einer einzigen Karte darzustellen ist: Ein kleinerer Maß-

stab hat ein kleineres Format zur Folge und umgekehrt. Beschränkungen im Format können sich ergeben durch die Blattschnittsystematik von Kartenwerken, durch die Größe von Atlasbänden sowie durch die Maximalformate bei Materialien und Geräten (Reproduktionsgeräte, Druckmaschinen usw.).

3. Die *Wahl des Netzentwurfes* orientiert sich an der Art der Kartenauswertung.

4. Die *Abgrenzung des Kartenfeldes* führt meist zu Rahmenkarten. Sie ist bei Kartenwerken an den Blattschnitt gebunden, bei Einzelkarten dagegen wesentlich freier. Nebenkarten (z. B. bei Stadtkarten) sowie Überlappungsbereiche (z. B. bei Straßen- und Atlaskarten) sind sorgfältig festzulegen.

5. *Umfang und Gestaltung* des Karteninhalts sind eine zentrale Aufgabe der Redaktion. Einzelheiten haben sich im Rahmen der allgemeinen Festlegungen durch die vorangegangene Konzeption zu halten. Mit den Überlegungen zum „Was" und „Wie" der Darstellung ergeben sie den *Zeichenschlüssel* als eine zunächst interne Zeichenanweisung (Zeichenvorschrift), die evtl. im Anhalt an Probekarten und Gestaltungs-Varianten entsteht und zu erproben ist; daraus entwickelt sich später die *Zeichenerklärung* für den Benutzer. Beim „Wie" spielt neben der Lesbarkeit (unter Beachtung evtl. in Betracht kommender Verkleinerungen) auch das technisch Mögliche (z. B. bei Rasterung für den Einsatz der sog. kurzen Skala) eine Rolle.

6. Beim *Namengut* sind amtliche Schreibweisen von Ortsnamen, regional übliche Bezeichnungen bestimmter Bereiche, Transkriptionsregeln usw. ebenso zu beachten wie die Bedeutung des einzelnen Namens.

7. Die Gestaltung von *Kartenrand und -rahmen* berücksichtigt die vollständige, übersichtliche und graphisch ausgewogene Verteilung der erläuternden Angaben. Bei gefalzten Karten sollten die Teildarstellungen möglichst jeweils geschlossen in einer aus der Falzung entstehenden Teilfläche liegen.

8. Eine *Darstellung auf der Kartenrückseite* ergibt sich mitunter bei Atlanten, umfangreichen Legenden oder bei touristischen Informationen. Sie erfordert u. U. eine sorgfältige Abstimmung zwischen der Plazierung der rückseitigen Darstellungen, der Falzung sowie dem Transparenzgrad des Papiers.

9. Das *Quellenmaterial* ergibt sich im Wege des Sichtens und Zusammentragens (Kompilierens). Die nachfolgende Auswertung hat auch ständig Quellenkritik zu üben.

10. Die *äußere Form der Karte* ergibt sich daraus, ob sie ungefalzt (eben, plano) oder gefalzt ist, ferner ob sie lose, gebunden, in einer Tasche oder im Umschlag in den Vertrieb kommt.

11. Für die *technischen Herstellungsprozesse* ist evtl. auch über die Papierqualität, die verwendeten Druckfarben, einen möglichen Nutzendruck usw. zu entscheiden.

Auf der Grundlage des Redaktionsplans ergibt sich der tatsächliche Arbeitsablauf aus einzelnen *Arbeitsanweisungen*, die den Einsatz von Personal, Geräten und Material sowie einen Zeitplan festlegen (siehe z. B. *Leibbrand* 1981).

Umfangreiche technische Vorgänge lassen sich in diagrammartigen Darstellungen verdeutlichen, in denen die einzelnen Maßnahmen und deren Merkmale durch vereinbarte Symbole (*Flussdiagramme*) zum Ausdruck kommen.

In der *amtlichen Kartographie* mit geschlossen vorliegenden Kartenwerken beziehen sich die laufenden Arbeiten der Kartenredaktion vor allem auf die Probleme der Aktualisierung, die Zykluszeiten, die regionalen Reihenfolgen in der Bearbeitung, die Abläufe in der Maßstabsreihe, daneben auf die Neuherstellung qualitativ unzureichender oder im Zeichenschlüssel veralteter Blätter, Herausgabe von Sonderausgaben und Sonderkarten usw. Die Güte eines amtlichen Kartenwerks beruht nach wie vor auf der Sorgfalt für den Inhalt der Zeichenvorschrift (Musterblatt) und seiner evtl. vorgesehenen Änderung. Es sollte daher in seiner jeweils aktuellen Form erst dann wirksam werden, wenn sich aus einer Anzahl von typischen Probekarten die Eignung einer solchen Darstellungsrichtlinie erwiesen hat.

In der *gewerblichen Kartographie* nehmen die redaktionellen Arbeiten besonders dort einen großen Umfang an, wo es um die Herstellung von Atlanten geht. Das beginnt im Rahmen eines Marketing mit der Verlagsplanung unter Einschluss der Kalkulation des Vorhabens sowie einer Marktanalyse zur Abschätzung der Vertriebschancen. Der anschließende Rahmenentwurf legt den Kreis der Mitarbeiter (vor allem der Kartographen und Fachberater) fest, ferner die Arbeitsanweisungen und Zeichenschlüssel, und er sieht schließlich Probekarten vor. Als Quellenmaterial eignen sich die vorhandenen Erdkartenwerke, andere Erd- und Nationalatlanten, topographische Kartenwerke verschiedener Maßstäbe, Satellitenbilder, Statistiken, amtliche Mitteilungen, Presseveröffentlichungen (z. B. über politische Veränderungen, Anlage von Verkehrswegen), Nachschlagewerke, besondere Informationsdienste usw. Die redaktionellen Überlegungen sollten auch die spätere Aktualisierung ebenso einbeziehen wie z. B. die Führung besonderer Schriftfolien in Fremdsprachen bei Lizenzausgaben.

5.3 Planung von GIS-Projekten

Die Planung von GIS-Projekten unterscheidet sich naturgemäß in technischer, organisatorischer und finanzieller Hinsicht von der Planung klassischer kartographischer Projekte. Doch gelten viele Erläuterungen zur Konzeption kartographischer Projekte (5.2) auch für GIS-Projekte.

Bei ihrer Planung sind speziell folgende Punkte zu beachten:

1. Ausgehend von dem festgestellten Bedarf für ein GIS-Projekt sind ein Datenmodell einschließlich Datenkatalog aufzustellen. Diese müssen so flexibel sein, dass sie auch nach der Aufbauphase erweitert werden können.

Der für die inhaltliche Ausgestaltung maßgebliche Datenkatalog (auch Objektartenkatalog) muss Auskünfte auf folgende Fragen geben:
   – In welche Objektarten gliedern sich die aufzunehmenden Geo-Objekte?
   – Wie sind die Ausprägungen jeder Objektart definiert und begrenzt?
   – Welche geometrischen, semantischen und temporalen Informationen gehören zu jeder vorkommenden Klasse von Geo-Objekten?
   – Welcher Bereich von Attributwerten ist bei jedem vorgesehenen Attribut zugelassen?

- Welche Beziehungen bestehen zwischen Attributen?
- Welche Auflösung soll für die Definitionsgeometrie gewählt werden?
- Welche Maßnahmen der Erfassungsgeneralisierung sind bei der Umwandlung der Objekte der Realität in Geo-Objekte anzuwenden?
- Welcher Modus der geometrischen Darstellung (R/V) soll angewendet werden?
- Welche Informationen werden explizit dargestellt?
- Welches sind die Konsistenzbedingungen der Relationen?
- Wie setzt sich ein komplexes Geo-Objekt aus anderen (komplexen) Geo-Objekten zusammen?

Ein Beispiel für einen solchen Datenkatalog ist der im ATKIS-Vorhaben der deutschen Vermessungsverwaltungen entwickelte Objektartenkatalog (AdV 1989, 1999; siehe Abb. 5.01 und 9.1).

2. Für den Datenaustausch sind eindeutige Schnittstellen und Datenformate zu vereinbaren.

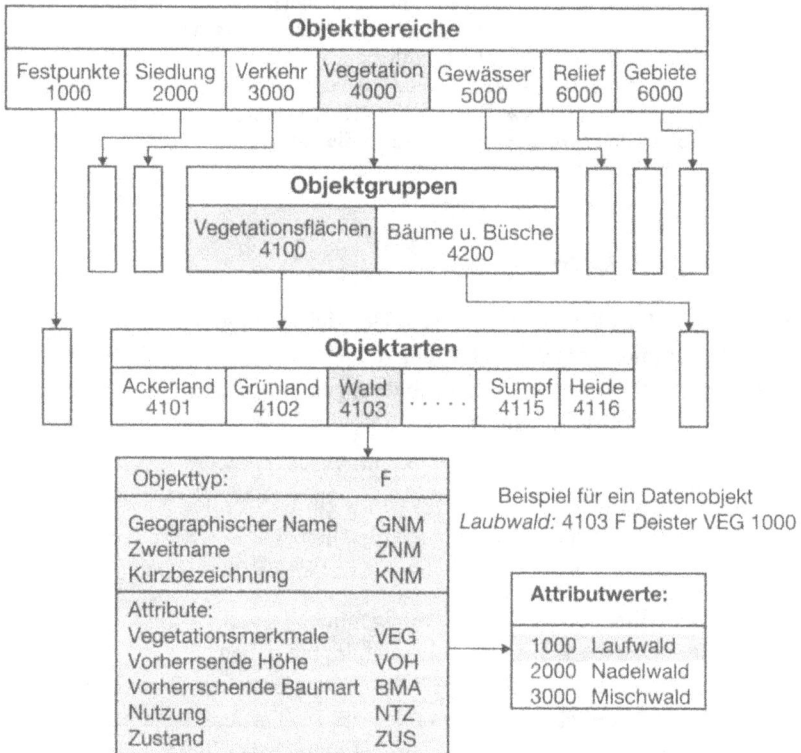

Abb. 5.01 Aufbau des ATKIS-Objektartenkatalogs

3. Für die Datenerfassung sind geeignete Methoden (Kap. 6) durch Tests zu ermitteln. Darüber hinaus sind Konsistenzregeln für die Aufnahme von Daten in die Datenbank zu definieren, zu implementieren und einzusetzen.
4. Für die Datenverwaltung sind u. a. Festlegungen hinsichtlich des Datenbankverwaltungssystems, der Implementierung des logischen Datenstruktur, der Datensicherheit im Netzbetrieb, der Historienverwaltung zu treffen; dabei sind Normen und Standards zu berücksichtigen.
5. Für die Erfassung, Verwaltung, Verarbeitung und Präsentation der Geo-Daten sind benutzerfreundliche Programmwerkzeuge (sog. Oberflächen) bereit zu stellen. Eine erhebliche Rolle spielen auch hierbei Normen und Standards (Anhang 2).

Nachdem umfangreiche Erfahrungen aus der Aufbauphase und dem Einsatz der ersten GIS-Generation aus den 1970er Jahren vorliegen, wird gegenwärtig die zweite Generation vorbereitet. Hierbei fließen die Forschungs- und Entwicklungsergebnisse der Geo-Informatik, der digitalen Kartographie und der internationalen Normung ein. Ein Beispiel für eine solche Entwicklung ist das ALKIS/ATKIS-Projekt der AdV.

5.4 Urheberrecht und Nutzungsrecht

Kartenkonzeption als gedankliche Entwicklung und teilweise auch charakteristische Anwendung eines bestimmten Programm- und Zeichensystems für eine Karte ist eine *eigenschöpferische Leistung des Autors*. Als Ergebnis eines solchen Ansatzes ist diese Karte ein Werk, das als persönliche geistige Schöpfung seines Autors urheberrechtlichen Schutz genießt. Handelt es sich beim Kartenautor nicht um einen freischaffend Tätigen, so wird sein persönliches Urheberrecht meist im Rahmen dienst- bzw. arbeitsrechtlicher Vereinbarungen durch seinen Arbeitgeber (Dienststelle, Verlag, Ingenieurbüro usw.) wahrgenommen.

In der Bundesrepublik Deutschland nennt das *Urheberrechtssgesetz von 1965* (UrhG, mit Einschluss späterer Änderungen) unter anderem „Programme für die Datenverarbeitung" und „Darstellungen wissenschaftlicher oder technischer Art wie Zeichnungen, Pläne, Karten, Skizzen, Tabellen und plastische Darstellungen" ausdrücklich als geschützte Werke, wenn sie persönliche geistige Schöpfungen sind. Zwar genießen amtliche Werke (Gesetze, Erlasse, Urteile usw.) keinen Urheberschutz, doch gilt dies nach bisheriger Rechtsprechung nicht für amtliche Kartenwerke, da diese nicht zur allgemeinen öffentlichen Kenntnisnahme, sondern zur Information für Einzelfälle bestimmt sind.

Fragen des Urheberrechts treten besonders dann auf, wenn eine Karte im Anhalt an eine andere Karte entsteht, z. B. der Entwurf einer privaten Wanderkarte nach dem Inhalt einer amtlichen Karte. Werden dabei lediglich Abzeichnungen oder Maßstabsveränderungen, mechanische Vervielfältigungen oder einfache Änderungen in den Farben oder Schriftarten vorgenommen, so liegt keine eigene Leistung vor; es handelt sich vielmehr um rechtsverletzende Plagiate der Vorlage. Dagegen bestehen durchaus eigenschöpferische Tätigkeiten, wenn der Inhalt der Vorlage durch wesentlich andere graphische Betonung neugestaltet wird, wenn andere Darstellungsmittel zum Zuge kommen (z. B. Schummerung) oder wenn wesentlich neue Eintragungen stattfinden (z. B. Wanderwege mit Kennzeichnungen). Bei Karten, die ganz oder überwiegend nach strengen Formvorschriften entstehen (z. B. großmaßstäbige Flurkarten und Lagepläne), kann es umstritten sein, ob sie überhaupt schutzwürdige Werke sind.

Das Urheberrecht umfasst neben dem *Veröffentlichungsrecht* das Verwertungsrecht und das Nutzungsrecht. Das *Verwertungsrecht* besteht aus dem Recht der Vervielfältigung, der Verbreitung und der Ausstellung. Bearbeitung und Umgestaltung einer Karte zum Zwecke der Veröffentlichung oder Verwertung erfordern daher die Einwilligung des Urhebers, jedoch mit Ausnahmen
– bei einzelnen Vervielfältigungen (laut Rechtsprechung maximal 7 Exemplare) zum persönlichen und eigenen wissenschaftlichen Gebrauch,
– bei sonstigem eigenen Gebrauch von kleinen Teilen eines Werks oder wenn dieses seit zwei Jahren vergriffen ist, und
– bei eigenem Gebrauch für den Unterricht in der erforderlichen Anzahl.

Das *Nutzungsrecht* kann der Urheber ganz oder teilweise an andere Personen (z. B. an einen Herausgeber) übertragen; dabei sind räumliche, zeitliche und inhaltliche Beschränkungen möglich.

Aus den gesetzlich zugelassenen Vervielfältigungsmöglichkeiten ergibt sich ein Vergütungsanspruch des Urhebers gegen die Hersteller von Vervielfältigungs-(Kopier-)geräten (Geräteabgabe) bzw. gegen Schulen, Bibliotheken usw., die solche Geräte betreiben (Betreiberabgabe). Da diese Abgaben an sog. Verwertungsgesellschaften zu zahlen sind, findet z. B. für kartographische Verlage die entsprechende Ausschüttung auf vertraglicher Grundlage durch die Verwertungsgesellschaft WORT in München statt.

Solche Fälle ergeben sich z. B. für kartographische Verlage bei Atlas-Lizenzen in anderen Ländern oder bei der Benutzung von Stadt- und Verkehrskarten in Publikationen anderer Verlage. Die Nutzung amtlicher Karten der Landesvermessungen ergibt sich außer nach dem UrhG aus den jeweiligen Vermessungsgesetzen und erstreckt sich damit auch auf Werke, die nach dem UrhG nicht schutzwürdig sind. Neben den durch diese Gesetze festgelegten Schranken der Vervielfältigung geht es meist um die Abgabe von Transparenten (Zweitoriginalen) und – von digitalen Datenbeständen. Bei deren Nutzung sind gewöhnlich die Datenquellen und Genehmigungsvermerke anzugeben.

Bei der Abgabe digitaler Geo-Daten an andere Nutzer dürfte sich die Schutzwürdigkeit zwar nicht auf die einzelnen Daten beziehen, jedoch auf den der digitalen Modellierung zugrunde liegenden geistigen Ansatz. Auch Datenbankwerke – z. B. ATKIS (9.1) – sind aufgrund der Auswahl oder Anordnung der Elemente eine persönliche geistige Schöpfung und somit wie selbständige Werke geschützt. Darüber hinaus erscheinen Kostenansätze für die Datennutzung gerechtfertigt, wenn für die Datenerhebung die ausschließliche Zuständigkeit gesetzlich geregelt ist. Bei wachsender Nutzung digitaler Daten werden schließlich auch die Fragen der Haftung für die Richtigkeit der Daten und Programme (z. B. im See- und Luftverkehr, bei Planungen) eine zunehmende Rolle spielen.

Abgesehen von möglichen Streitfällen können Sinn und Nutzen des Urheberschutzes sich auch ins Gegenteil verkehren, wenn eine nicht unbedingt bessere Variante in der Kartengestaltung vom Autor nur deshalb bevorzugt wird, um sich selbst einen Urheberanspruch zu sichern, oder wenn eine gute Graphik durch urheber- oder gar patentrechtliche Hindernisse keine Verbreitung findet. Zu Fragen des Urheberrechts in der Kartographie äußern sich u. a. *Schmidt-Falkenberg* (1974b), *Bormann* (1975), *Vonhoff* (1987), *Strobel* (1988), *Appelt* (2001).

Vergleichbare urheberrechtliche Regelungen gibt es auch in Österreich (Gesetz von 1936 mit zahlreichen späteren Novellierungen) und in der Schweiz (Gesetz von 1922 mit späteren Neufassungen).

Im internationalen Urheberschutz ist die sog. *Revidierte Berner Übereinkunft (RBÜ) von 1886/1908* (in der Pariser Fassung von 1971) ein mehrseitiger völkerrechtlicher Vertrag, dessen Inhalt in Form von Mindestfestlegungen unmittelbar für die Vertragspartner verbindlich ist. Demgegenüber verpflichtet das *Welturheberrechtsabkommen von 1952* (in der revidierten Fassung von 1971) die Vertragspartner lediglich zum Erlass von Schutzrechten im eigenen Lande nach den getroffenen Abmachungen. Es regelt u. a., dass veröffentlichte Werke von Ausländern Urheberschutz erlangen, wenn das Copyright-Zeichen © mit dem Namen des Urhebers und dem Jahr der ersten Veröffentlichung angegeben ist, und zwar unabhängig von inländischen Formalitäten wie Registrierung usw. Beiden Abkommen sind bisher 83 Staaten (1990) beigetreten. Sie wurden in der Bundesrepublik Deutschland durch Gesetz von 1973 im UrhG in der Weise berücksichtigt, dass Ausländer wie Inländer zu betrachten sind.

6 Aufbau und Aktualisierung digitaler Modelle der Umwelt

Zusammenfassung

Das Kapitel 6 befasst sich mit verschiedenen Aspekten des Aufbaus digitaler Primärmodelle der Umwelt (Digitale Objektmodelle – DOM) als zunehmend wichtigster Quelle für die Ableitung von Geo-Informationen durch analytische Auswertungen und für die Herstellung kartographischer Darstellungen. Einen ersten Schwerpunkt bilden die Erfassungsmethoden des Vermessungswesens einschließlich der Photogrammetrie und Fernerkundung sowie der digitalen Kartometrie. Darüber hinaus werden die klassischen Quellen beschrieben, die sowohl für den Aufbau digitaler Objektmodelle als auch für die Kartenherstellung genutzt werden. Einen zweiten Schwerpunkt bildet der Aufbau digitaler Landschaftsmodelle und die Ableitung digitaler Geo-Daten durch Modellgeneralisierung. Hieran schließt sich eine Betrachtung der für die Bereitstellung zuverlässiger Geo-Informationen wichtigen Aspekte der Datenqualität und der Metadaten an.

6.1 Allgemeines zur Erfassung und Modellbildung

Die Gewinnung von Geoinformationen (Kap. 8) und die Herstellung kartographischer Darstellungen (Kap. 7) erfordern vorab die Überlegung, woher und wie die benötigten Geo-Daten zu gewinnen sind. Dabei sind die Daten auch daraufhin zu überprüfen, ob sie hinsichtlich der Zuverlässigkeit, Genauigkeit, Aktualität, erforderliche Detailtreue (Modellauflösung) und Vollständigkeit usw. geeignet sind (Quellenkritik, 5.2.1).

Nach der Herkunft (Quelle) kann man unterscheiden:

– *Originäre Geo-Daten* erhält man in der Umwelt (6.3) sowie aus Sensordaten (z. B. digitalen Luftbildern, 6.4); weiterhin kommen in Betracht hochaufgelöste Modelle der Umwelt wie Grundkarten (6.5) oder digitale Basis-Landschaftsmodelle (6.7);.

– *Abgeleitete Geo-Daten* stammen aus solchen Quellen, die bereits das Ergebnis maßstabs- oder themenbedingter Aufbereitung der Objektdaten sind, z. B. generalisierte Karten (6.5.1). Dazu gehören auch Fachinformationssysteme und Fachdaten (z. B. über Klima, Statistik, 10.1.3), vor allem dann, wenn diese ursprünglich für andere Zwecke entstanden und erst später für kartographische Vorhaben herangezogen werden (z. B. Wahlergebnisse).

Die Geo-Daten werden aus diesen Quellen durch einen Erfassungsprozess gewonnen. Bei der Erfassung kann man nach der Art der Daten (1.3) wie folgt gliedern:

- *Raumbezugsdaten* (1.3.2) liefern die für jede digitale Modellierung und kartographische Darstellung notwendigen geometrischen Informationen über Ort und Form der einzelnen Objekte im Anhalt an Bezugssysteme auf geodätischer Grundlage (2.1). Sie sind daher als Vektor- oder Rasterdaten das direkte oder indirekte Ergebnis von Vermessungen.
- *Semantische Daten* (1.3.3) sind Informationen über Art und Menge der Objekte. Diese entstehen durch Zuordnung der erfassten Objektmerkmale zu einem Klassifizierungsschema (1.3.1). Dabei ist die Erfassung topographischer Objekte stets und unmittelbar mit den Vermessungen des Raumbezugs verknüpft. Erfassungen thematischer Gegenstände und Sachverhalte ergeben sich aus den Aufnahme-Verfahren der einzelnen Fachdisziplinen; ihr Raumbezug lässt sich unmittelbar oder im Anhalt an topographische Objekte gewinnen.
- *Zeitbezogene (temporale) Daten* (1.3.4) liefern Angaben zum Zeitpunkt von Erst- oder Wiederholungserfassungen eines Bereiches (z. B. bei Bodenschätzungen) oder zum Thema selbst (z. B. bei Geschichtskarten).

Die Erfassung bezieht sich auf Situation, Geländerelief, Namen und thematische Merkmale:

- Als *Situation* gilt die Lage der auf der Erdoberfläche vorhandenen und mit ihr verbundenen Gegenstände wie Gebäude, Verkehrswege, Gewässer, Bodenbedeckungen usw. Sie wird nach den Objektumrissen, Mittellinien oder Mittelpunkten als orthogonale Grundrissprojektion in die Bezugsfläche eingemessen und in den durch Abbildung entstehenden Koordinaten (Raumbezugssystem) bzw. in der Kartenebene dargestellt (9.2.3.1).
- Das *Gelände (Relief)* ist die Erdoberfläche als Grenzfläche zwischen der festen Erde (Lithosphäre) einerseits und der Luft (Atmosphäre) bzw. dem Wasser (Hydrosphäre) andererseits. Die Erfassung besteht darin, Höhen- oder Tiefenlinien aus einem Punktfeld oder unmittelbar zu gewinnen und diese zusammen mit weiteren Kleinformen gleichfalls grundrisslich durch Zahlen oder Graphik darzustellen (9.2.3.2).
- Das *Namengut* (z. B. Namen von Orten, Gewässern, Bergen) und wichtige thematische Merkmale (z. B. Kreisgrenzen) werden in ihrem mehr oder weniger exakten Raumbezug festgelegt.

Bei der Bildung eines DOM wird ein Ausschnitt der Wirklichkeit unter Verwendung eines Objektartenkatalogs in folgenden Schritten erfasst:

1. Klassifizierung aller relevanten Umweltobjekte entsprechend einem Objektartenkatalog,
2. Bildung der Geo-Objekte mit Festlegung der geometrischen und semantischen Informationen sowie der expliziten Relationen,

3. objektweise digitale Erfassung der Geo-Daten,
4. Bildung der Objektrelationen,
5. Konsistenzprüfung,
6. Speicherung des Modells in einer Datenbank.

Die folgenden Betrachtungen zur Erfassung der Objektinformationen beziehen sich zunächst auf das DLM als Ergebnis der modernen topographischen Landesaufnahme (9.1). In vielen Fällen ist die Erfassung sowohl vor Ort (am Objekt, 6.3) als auch aus einer mehr oder weniger großen Distanz bis hin zur Satellitenaufnahme (6.4) möglich.

Bis etwa zur Mitte des 20. Jh. beruhte die topographische Landesaufnahme als topographische Vermessung eines ganzen Staatsgebietes auf terrestrischen Verfahren. Umfang und Genauigkeit der Aufnahme orientierten sich ausschließlich an der zweckbestimmten Objektauswahl und dem vorgesehenen Kartenmaßstab (*Krauss/Harbeck* 1984). Im 19. Jahrhundert lagen solche Maßstäbe etwa bei 1:25 000 und kleiner; heute sind meist die größeren Maßstäbe 1:2 500 bis 1:10 000 üblich. Heute bestimmen Aufbau und Aktualisierung von topographischen Geo-Informationssystemen Art und Ausmaß der Erfassung (Kap. 9).

6.2 Überblick über die Vermessungskunde

Die Vermessungskunde – oder Geodäsie im weiteren Sinne – befasst sich mit der Ausmessung und Abbildung der Erdoberfläche. Im engeren Sinne erstreckt sich der Begriff der Geodäsie – wie im englischen und französischen Sprachgebiet üblich – nur auf die Grundlagenvermessungen.

1. Nach der *Anwendung* ergibt sich folgende Einteilung:

a) *Grundlagenvermessungen* (2.1.3) haben stets die Krümmung der Erdoberfläche zu berücksichtigen. Darunter bestimmt die *Erdvermessung* Figur und „äußeres Schwerefeld der Erde durch Messungen kontinentalen Ausmaßes. Die Landesvermessung schafft für ein Staatsgebiet Lage-, Höhen- und Schwerefestpunkte und legt diese in einem aus der Erdvermessung gewonnenen Bezugssystem (2.1.3) fest.

b) *Einzelvermessungen* sind in der Regel eingebettet in die von Erd- und Landesvermessung geschaffenen geodätischen Grundlagen. Als Bezugsfläche im Grundriss reicht aber bei einem Vermessungsgebiet von geringerer Ausdehnung als etwa 10 km gewöhnlich eine örtliche Horizontalebene aus. Damit sind einfachere Berechnungen in ebenen Koordinatensystemen möglich.

– Topographische Vermessungen (6.3.1, 6.4) erfassen die sichtbaren Gegenstände an der Erdoberfläche und die Geländeformen, meist als Hauptaufgabe der Landesvermessung (topographische Landesaufnahme). Ist die Erdoberfläche vom Wasser bedeckt, spricht man von hydrographischen Vermessungen (6.3.2).

– Katastervermessungen (Vermessungen von Liegenschaften) dienen der Abgrenzung von Eigentum und Nutzung am Grund und Boden.

- Ingenieurvermessungen beziehen sich auf Bauwerke und Maschinen im Stadium ihrer Planung, Absteckung, Errichtung und Überwachung.

2. Nach den **Komponenten der geometrischen Festlegung** unterscheidet man:

a) *Lagemessungen* (Horizontalmessungen, Grundrissmessungen) legen die Objekte zweidimensional auf der Lagebezugsfläche fest (z. B. im Liegenschaftskataster).

b) *Höhenmessungen* (Vertikalmessungen) ermitteln den vertikalen Abstand gegen die Höhenbezugsfläche (z. B. bei Messungen von Höhenfestpunkten, Fundamenten, Pegeln).

c) *Messungen nach Lage und Höhe* (dreidimensionale Messungen) sind als räumlich eindeutige Festlegungen das Kennzeichen der meisten topographischen Vermessungen.

3. Nach der **Art der Objekterfassung** (räumliche Anordnung) gibt es:

a) *Messungen am Objekt* (vor Ort) erfassen dieses unmittelbar von einem meist erdfesten Standpunkt (terrestrische Messung, 6.3).

b) *Bildmessungen* (Photogrammetrie) oder *Abtast-Ergebnisse* (Fernerkundung) beziehen sich auf ein Abbild oder eine Signalregistrierung des Objekts (6.4).

Sprachlich versteht man unter dem Begriff *Messung* vorwiegend den technischen Vorgang, unter *Vermessung* dagegen mehr den Bezug der Messung auf das Objekt. Nähere Darstellungen zur Vermessungskunde finden sich in den Lehrbüchern zur Vermessungskunde von *Witte/Schmidt* (2000), *Baumann* (1991/1992) und *Kahmen* (1997), zur Instrumentenkunde von *Deumlich* (1988), zur Photogrammetrie von *Schwidefsky/Ackermann* (1976), *Konecny/Lehmann* (1984), *Kraus* (1994/1996) und *Regensburger* (1990), zur Fernerkundung von *Kraus/Schneider* (1988/1990), *Gierloff-Emden* (1989), *Buchroithner* (1989), *Albertz* (1991) und *Hildebrandt* (1992), zur Geodäsie von *Torge* (2001) und *Groten* (1979/1980), zur Satellitengeodäsie von *Seeber* (1993) und *Bauer* (1992). Begriffliche Erläuterungen befinden sich u. a. in den 18 Bänden des dreisprachigen Fachwörterbuches Benennungen und Definitionen im deutschen Vermessungswesen (*IfAG* 1971), des deutschen Fachwörterbuches Photogrammetrie und Fernerkundung (*IfAG* 1993) sowie in den Normblättern DIN 18709 und 18716; ferner gibt es Taschenbücher zur Photogrammetrie (*Albertz/Kreiling* 1989), zum Vermessungswesen (*Dresbach* 1993), zur Fernerkundung (*Strathmann* 1993).

6.3 Erfassung vor Ort

6.3.1 Terrestrische Vermessungen

6.3.1.1 Überblick über die geodätische Messtechnik

Sowohl bei den Grundlagenvermessungen (2.1.3) als auch bei den folgenden Einzelvermessungen dominieren heute die Verfahren der Satellitengeodäsie. In der **Grundlagenvermessung** werden für die Bestimmung von Größe und Figur der Erde und deren Veränderung sowie für die kontinuierliche Kontrolle und Bereitstellung der internationalen und regionalen terrestrischen Referenzsysteme folgende Messtechniken eingesetzt:

- Laserimpulsentfernungsmessungen zu Satelliten und zum Mond;
- Very Long Baseline Interferometry (VLBI), das ist eine interferometrische Messung der Radiostrahlung von Quasaren über einer meist mehrere 1000 km langen Basis;
- Globale Navigationssatellitensysteme (GNSS) wie das US-amerikanische Global Positioning Sytem (GPS) oder das russische System GLONASS.

Wenn sich die Positionsbestimmung mittels GPS auch bei der Erfassung der geometrischen Objektinformationen durchsetzt, so haben hierfür nach wie vor die klassischen terrestrischen Verfahren vor allem in Verbindung mit digitaler Registrierung der Messelemente und zur Ergänzung der satellitengestützten Positionsbestimmung eine Bedeutung, wenn ihr Einsatz wirtschaftlich nicht lohnend oder technisch nicht möglich ist. Diese Verfahren beruhen auf der Bestimmung von Winkeln, Strecken und Höhen unter Einsatz geeigneter Messtechniken.

1. Positionierung mittels Satelliten

An erster Stelle solcher Verfahren steht zur Zeit das Global Positioning System (GPS). Dieses besteht aus 24 Satelliten, die in rund 20000 km Höhe die Erde in etwa 12 Stunden umkreisen, und von denen sich jeweils mindestens 4 Satelliten über dem örtlichen Horizont befinden. Zu diesen werden mit einem über dem Messpunkt aufgestellten Antennen-Empfänger sichtunabhängig die Laufzeiten der von ihnen ausgestrahlten Signale (Trägerwelle im dm-Bereich) gemessen und daraus sog. Pseudoentfernungen ermittelt. Nach deren Umwandlung in echte Entfernungen ergibt sich nach dem Prinzip des räumlichen Bogenschlags die Punktposition in Koordinaten und Höhen; dies erfordert die Kenntnis der Bahnparameter der Satelliten, des erdfesten Koordinatensystems X, Y, Z (2.1.2.5) und der Transformationsparameter in das jeweilige geodätische Bezugssystem.

Durch simultane Messungen (Relativmessung) mit mehreren Empfängern auf Neu- und Referenzpunkten einer Region lassen sich die größten systematischen Fehlereinflüsse eliminieren (differentielle satellitengestützte Positionsbestimmung) und damit Punktgenauigkeiten erreichen, die für die meisten vermessungstechnischen Belange ausreichen (Abb. 6.01).

2. Winkelmessung

Im Vermessungswesen werden Horizontal- und Vertikalwinkel gemessen, und zwar mit Theodoliten (nur für Winkelmessung) oder Tachymetern (für Winkel- und Streckenmessung). Die Geräte sind gewöhnlich auf einem dreibeinigen Stativ befestigt. Ihr Fernrohr kann mit dem Oberbau horizontal um die vertikale Stehachse sowie allein vertikal um die horizontale Kippachse gedreht werden. Das im Fernrohr befindliche Strichkreuz dient der exakten Einstellung von Zielpunkten. Das Messergebnis wird visuell über ein eingebautes Mikroskop abge-

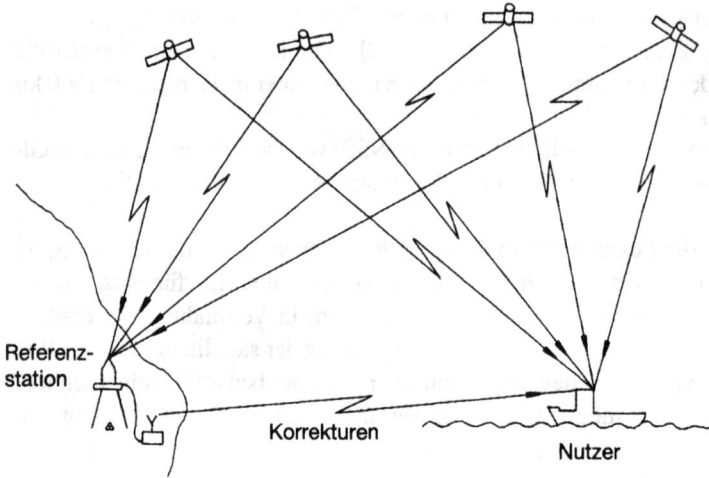

Abb. 6.01 Prinzip der differentiellen satellitengestützten Positionsbestimmung

lesen oder elektronisch registriert. Mit Nivelliergeräten zur Höhenbestimmung sind Horizontalwinkelmessungen möglich, wenn sie einen Horizontalkreis besitzen.

Am Horizontalkreis wird stets nur die Richtung zu einem Punkt abgelesen; ein Horizontalwinkel ergibt sich demnach als Differenz zweier Richtungen. Am Vertikalkreis liest man den Vertikalwinkel dagegen unmittelbar als Zenitwinkel z gegen die Zenitrichtung (senkrecht nach oben) oder seltener als Höhenwinkel α gegen die Horizontale ab. Damit gilt $z = 100 - \alpha$ (gon). Zenitrichtung bzw. Horizontale erhält man mit Hilfe einer Libelle oder eines automatischen Indexes. Je nach Leistungsfähigkeit des Gerätes liegt die Genauigkeit einer gemessenen Richtung etwa zwischen $\pm 0,1$ mgon und ± 10 mgon.

Besondere Horizontalwinkel für Orientierungen, Berechnungen usw. ergeben sich wie folgt:

- Richtungswinkel t gegen die x-Achse (Gitter-Nord) eines geodätischen Koordinatensystems (Abb. 2.07) aus Berechnungen,
- Geographisches Azimut α gegen die geographische Nordrichtung (Abb. 2.15), aus Beobachtung von Gestirnen oder aus geodätischen Berechnungen,
- Magnetisches Azimut gegen die magnetische Nordrichtung aus Messungen mit der Kompassnadel (Bussole)

3. Streckenmessung

Als endgültige Strecke zwischen zwei Punkten gilt im Vermessungswesen in der Regel die auf die Höhenbezugsfläche (Meeresspiegel) reduzierte horizontale Komponente der räumlichen Entfernung. Nach dem Messprinzip unterscheidet man zwischen mechanischer, optischer und elektronischer Streckenmessung.

a) Mechanische Streckenmessung

Sie wird hauptsächlich mit Rollbändern aus Stahl ausgeführt. Diese sind 20, 25, 30, 50 oder auch 100 m lang. Solche Messgeräte kamen bisher vor allem in der Katastervermessung zum Einsatz. Als Einheit der Ablesung gilt dabei in der Regel 1 cm.

b) Optische Streckenmessung

Auf der Strichplatte des Fernrohrs eines Theodolits, Nivelliers oder Tachymeters befinden sich zusätzlich zwei Distanzstriche. Liest man zwischen diesen Strichen den Abschnitt l einer im Zielpunkt aufgehaltenen Vertikallatte ab, so erhält man bei einer unter dem Zenitwinkel z geneigten Visur die Entfernung $E=(c+kl)\sin^2 z$. Dabei wird bereits bei der Fernrohrkonstruktion angestrebt, dass $c=0$ und $k=100$ ist. Damit ist $E=100 l/\sin^2 z$. Die Reduktionsrechnungen mit $\sin^2 z$ lassen sich beim Einsatz sog. Reduktionstachymeter vermeiden, da bei diesen statt der festen Distanzstriche im Gesichtsfeld zwei Kurvenpaare ihre Abstände beim Kippen des Fernrohrs nach der Funktion $\sin^2 z$ verändern.

Da die Ablesung des Lattenabschnittes l mit cm-Feldern höchstens auf ± 1 mm möglich ist, ergibt sich danach mit $k=100$ eine Streckengenauigkeit von höchstens ± 0,1 m. Im Vergleich zur mechanischen Streckenmessung ist das optische Verfahren daher ungenauer, aber schneller und bequemer. Es war bis zum Aufkommen der elektronischen Streckenmessung die vorherrschende Methode in der terrestrisch-topographischen Vermessung.

c) Elektronische Streckenmessung

Sie ermittelt die Laufzeit elektromagnetischer Wellen, die am Standpunkt in Streckenrichtung ausgestrahlt, am Zielpunkt durch ein oder mehrere Prismen reflektiert und am Standpunkt wieder empfangen werden. Man erhält die räumliche (schräge) Entfernung durch Multiplikation der halben Laufzeit mit der Ausbreitungsgeschwindigkeit c der Wellen in der Atmosphäre.

Für c ergibt sich $c=c_0 : n$, wobei $c_0 = 299792,5$ km/s die Ausbreitungsgeschwindigkeit im Vakuum ist. Der Brechungsindex n schwankt in mittleren Breiten zwischen 1,00029 und 1,00034 und ist durch Messung von Temperatur, Druck und Feuchtigkeit der Luft zu ermitteln. Die Laufzeit wird nicht direkt gemessen, sondern ergibt sich durch Vergleich zwischen den Phasenlagen der gesendeten und der empfangenen Messwelle. Um deren eindeutige Ausbreitung zu gewährleisten, wird sie durch Modulation einer sog. Trägerwelle aufgeprägt.
Nach der Länge der Trägerwellen unterscheidet man:
- Mikrowellen-Entfernungsmesser, z.B. mit Trägerwelle 0,03 m (= 10 GHz Frequenz) und mit Messwelle 40 m (= 7,5 MHz Frequenz);
- elektrooptische Entfernungsmesser mit Trägerwelle im Bereich von Infrarot oder von sichtbarem Licht (z.B. 0,9 µm) und mit Messwelle 20 m (= 15 MHz) für die Feinmessung.

Nach dem Aufbau der Geräte unterscheidet man:
- Geräte nur für die Streckenmessung,
- Geräte in Verbindung mit einem Theodolit zur gleichzeitigen Messung von Strecken und Winkeln,

Abb. 6.02 Computer-Tachymeter Rec Elta 3 mit Prisma von Zeiss

- Integrierte Geräte (elektronische Tachymeter) als Einheit von Theodolit und Entfernungsmesser (Abb. 6.02).

Die Reduktion der gemessenen schrägen Entfernung s' zur Horizontalstrecke s ergibt sich bei relativ kurzen Strecken aus der gleichzeitigen Messung des Zenitwinkels z (Abb. 6.03) zu $s = s' \sin z$. Die Messgenauigkeit liegt selbst bei Streckenlängen von mehreren km noch bei etwa ±1 bis 2 cm. Dies und die wirtschaftliche Arbeitsweise verschafften diesem Verfahren breiten Eingang sowohl in die Grundlagen- wie in die Einzelvermessungen.

Zur elektronischen Streckenmessung gehören auch die Funkortungsverfahren zur Lagebestimmung auf Gewässern durch gleichzeitiges Messen von Entfernungen bzw. Entfernungsunterschieden zu mehreren Festpunkten. Geometrische Örter der Funkortung sind dabei die auf die Festpunkte bezogenen Kreise bzw. Hyperbeln. Die Satellitenaltimetrie mit Radarwellen dient der Bestimmung der Satellitenhöhe über der Erdoberfläche.

4. Höhenmessung

Als Höhe (oder Tiefe) gilt im Vermessungswesen der in der Lotlinie gemessene Abstand von einer Bezugsfläche (2.1.3.2). Da diese meist nicht direkt zur Verfü-

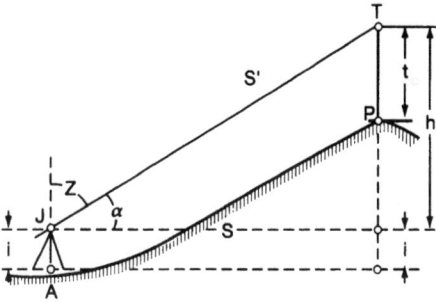

Abb. 6.03 Reduktion der gemessenen Schrägstrecke und trigonometrische Höhenmessung über kurze Strecken

gung steht, erfassen die Messungen selbst nur Höhenunterschiede. Über Tiefenmessungen in Gewässern siehe 6.3.2.

a) Geometrisches Nivellement

Hierbei wird der Höhenunterschied benachbarter Punkte durch horizontales Zielen nach lotrecht gestellten Nivellierlatten bestimmt. Bezeichnet man die Ablesung an der Latte im Punkt A (Abb. 6.04) mit R_1 (Rückblick) und die in W_1 mit V_1 (Vorblick), so ist der Höhenunterschied zwischen A und W $h_1 = R_1 - V_1$. Durch fortlaufendes Summieren der gemessenen Höhenunterschiede ergibt sich der Höhenunterschied aus einem solchen Liniennivellement zwischen A und einem Punkt B in größerer Entfernung zu

$$\Delta H = h_1 + h_2 + h_3 + \dots = \Sigma h = \Sigma R - \Sigma V.$$

Ist die Höhe des Anschlusspunktes A bekannt, so erhält man die Höhe des Punktes B aus $H_B = H_A + \Delta H$.

Die Messausrüstung besteht aus dem Nivelliergerät (Abb. 6.05) mit Stativ und den 3 bis 5 m langen Nivellierlatten mit Maßteilung (z. B. cm-Felder)

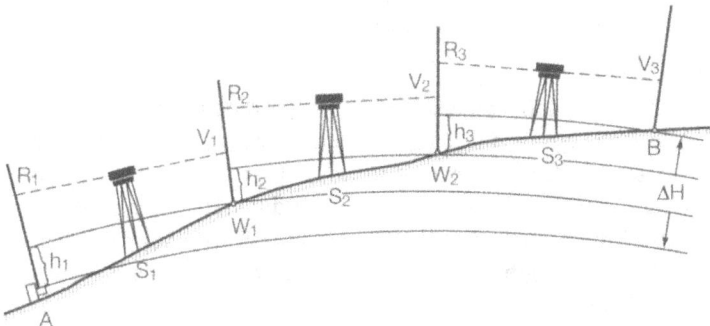

Abb. 6.04 Prinzip des Nivellements

Abb. 6.05 Digitalnivellier WILD
NA 3000 mit Strichcodelatte

oder Strichcodierung. Die Horizontierung der Ziellinie ergibt sich automatisch über einen eingebauten pendelförmigen Kompensator mit optischen Bauelementen.

Die Leistungsfähigkeit eines Nivelliers wird durch die Standardabweichung $s_n = a\sqrt{n}$ beschrieben (n = Nivellementslänge in km). Bei Baunivellieren für einfache technische Zwecke ist a ≈ 10 mm, bei Ingenieurnivellieren für genauere Zwecke beträgt a ≈ 3 bis 5 mm, bei Fein- oder Präzisionsnivellieren für Nivellements höchster Genauigkeit ist a ≈ 1 mm und besser.

b) Hydrostatisches Nivellement

Die horizontale Bezugslinie wird nach dem Gesetz der kommunizierenden Röhren durch eine mit Wasser gefüllte Schlauchwaage erzeugt. An den Schlauchenden befinden sich Standgläser mit Skalen zur Ablesung des Wasserstandes. Mit Präzisionsgeräten lässt sich die Höhe auf ± 1 mm und genauer übertragen; beim Einsatz längerer Schläuche sind Stromübergänge und Inselanschlüsse möglich.

c) Trigonometrische Höhenmessung
Hierbei ergibt sich der Höhenunterschied h zwischen dem Punkt J und der Zieltafel T (Abb. 6.03) aus dem in J gemessenen Zenitwinkel z (Höhenwinkel α) und der Horizontalentfernung s zu $h = s \cot z$ (= $s \tan \alpha$) . Man erhält s aus direkter oder indirekter Streckenmessung oder durch Rechnung aus Koordinaten (2.1.2.5). Mit der Instrumentenhöhe i in A , der Tafelhöhe t in P und der bekannten Höhe H_A ergibt sich damit die Höhe von P bei kurzen Entfernungen bis etwa 250 m zu

$$H_P = H_A + s \cdot \cot z + i - t.$$

Bei größeren Strecken ergibt sich die Höhe des Punktes P unter Berücksichtigung der Erdkrümmung und der atmosphärischen Strahlenbrechung (Refraktion) zu

$$H_P = H_A + s \cdot \cot z + \frac{s^2}{2R} \cdot (1-k) + i - t.$$

Mit R = 6370 km und dem Durchschnittswert des sog. Refraktionskoeffizienten von $k = 0{,}13$ erhält man für das Glied $s^2/2R$ $(1 - k)$ den ungefähren Wert 0,068 s^2 (km). Die Korrektur wegen Erdkrümmung und Refraktion beträgt damit z. B. + 0, 07 m für $s = 1$ km und + 0, 27 m für $s = 2$ km. Das Verfahren erreicht gewöhnlich nicht die Genauigkeit des Nivellements, ist aber z. B. in sehr bergigem Gebiet wesentlich wirtschaftlicher als dieses.

d) Barometrische Höhenmessung
Ihr liegt die physikalische Tatsache zugrunde, dass der Luftdruck mit wachsender Höhe abnimmt. Zu seiner Messung dienen Quecksilberbarometer (Flüssigkeitsbarometer) in einem Zentralpunkt zur Registrierung der meteorologisch bedingten Druckschwankungen und damit zur Korrektur der Messungsergebnisse sowie Federbarometer (Trockenbarometer, Aneroide) für die eigentliche Feldmessung.

Die Maß einheit des Luftdrucks ist 1 hPa (Hektopascal, früher = 1 mbar) = 100 N/m² (N = Newton). *Altimeter* sind Geräte, die statt der hPa-Teilung eine lineare Meterskala besitzen und damit das unmittelbare Ablesen der Höhenwerte gestatten. In mittleren Breiten und in Meereshöhe entspricht einer Luftdruckänderung von 1 hPa eine Höhenänderung von etwa 8 m. Da der Luftdruck höchstens auf ±0,3 hPa messbar ist, folgt daraus eine Höhengenauigkeit von höchstens ±2 m. Das Verfahren eignet sich für Erkundungen, Expeditionen und überschlägliche Vermessungen.

5. Positionierung mittels inertialer Messsysteme

Das nach dem Trägheitsprinzip arbeitende Messsystem besitzt für jede Achse dreier orthogonaler Koordinaten einen die Orientierung stabilisierenden Kreisel und einen Beschleunigungsmesser. Die doppelte Integration der Beschleunigung ergibt die Längenangabe in der jeweiligen Koordinatenrichtung. Damit erhält man zwischen Festpunkt und Neupunkt die dreidimensionalen Koordinatenunterschiede, die Schwereanomalie und die Komponenten der Lotabweichung. Mit bestimmten Messanordnungen kann man die Koordinaten auf etwa ± (0,1 bis 1) m genau bestimmen. Die Systeme werden in Hubschraubern und Kraftfahrzeugen eingesetzt.

6.3.1.2 Topographische Vermessungen

Das Ziel topographischer Vermessungen ist heute überwiegend die Aktualisierung digitaler Landschaftsmodelle (DLM), die an die Stelle der klassischen Herstellung und Aktualisierung topographischer Grundkarten getreten ist. Im wei-

teren Sinne gelten als topographische Vermessungen aber auch solche, die nur
fachbezogenen Aufgaben dienen, z. B. für Leitungskarten und bautechnische Planungsgrundlagen; dabei richten sich Maßstab, Genauigkeit und Messungsanord-
nung (z. B. in Profilen) ausschließlich nach den Erfordernissen des jeweiligen
Projekts.

Wichtigstes Verfahren der terrestrischen topographischen Vermessung ist die
elektronische Tachymetrie mit digitaler Registrierung der gemessenen Daten.
Hierfür kommen entweder Computertachymeter (Messroboter) oder bewegliche
GPS-Antennen und Empfänger (sog. Rover) in Frage. Das Verfahren wird vor
allem dann eingesetzt, wenn

– das Aufnahmegebiet relativ klein ist und sich daher ein Bildflug mit anschließender Auswertung durch Bildmessung nicht lohnt,
– ausgedehnte Waldgebiete eine Luftbildauswertung nicht gestatten,
– es um Arbeiten zur Aktualisierung topographischer Datenbanken oder Karten
  geht und diese nur von begrenztem Umfang sind,
– Terminzwänge und schlechtes Bildflugwetter vorliegen oder wenn Luftbild-
  auswertungen terrestrisch zu prüfen sind.

Kennzeichen der terrestrisch-topographischen Verfahren ist die punktweise
Erfassung der Situation und des Geländereliefs. Allgemein sind die *Situations-
punkte* in einer so dichten Folge zu legen, dass eine zutreffende Darstellung der
Umrisslinien topographischer Objekte, vor allem bei gekrümmten Linien (z. B.
Bäche, Waldwege) gewährleistet ist. Eine einwandfreie Darstellung des Geländereliefs erfordert, dass zunächst *charakteristische Geländelinien* als Hilfslinien
der Geländeerfassung erkannt und im Anhalt daran die zu messenden *Geländepunkte* sachgerecht verteilt werden.

Zu den *Geländelinien* gehören (Abb. 6.06):

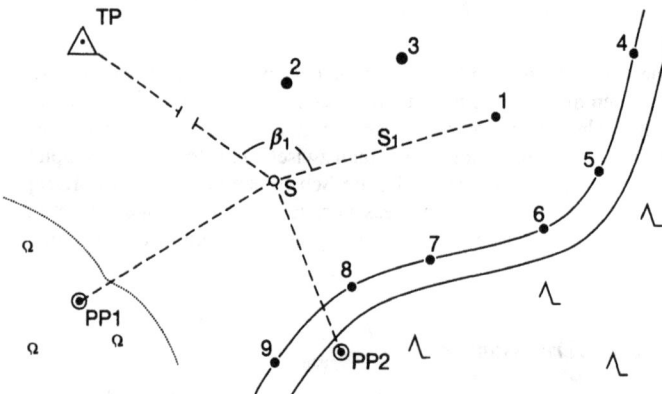

Abb. 6.06 Graphische Darstellung von Geländelinien mit einem Beispiel für die Verteilung von
Geländemesspunkten

1. Die *Geripplinien*, die als
   a) Rückenlinien (Kammlinien, Wasserscheiden) oder
   b) Muldenlinien (Tallinien, Wassersammler), die Geländeoberfläche sinnvoll in Teilbereiche gliedern;
2. die *Falllinien*, die die Richtung des stärksten Geländegefälles (Böschung) aufzeigen;
3. die *Formlinien* (Leitlinien), die – vor allem im Bereich der Geripplinien – den Grad der Ausprägung von Rücken und Mulden anzeigen und damit den ungefähren Verlauf der Höhenlinien andeuten;
4. die *Kantenlinien* (Bruchkanten, Geländekanten), die im Gelände einen mehr oder weniger ausgeprägten Wechsel der Hangneigung anzeigen (vor allem bei Kleinformen) und die zusammen mit den Geripplinien eine notwendige Information besonders bei der rechnergestützten Weiterverarbeitung der Messungsergebnisse (6.7.3) bilden.

Die zu messenden Geländepunkte sind die höchsten Stellen der Kuppen, die tiefsten der Mulden sowie die Sattelpunkte. Sie liegen ferner auf den Geripplinien sowie in den übrigen Geländeteilen in profilartiger Anordnung. In den beiden letzten Fällen sind sie so zu verteilen, dass zwischen benachbarten Punkten in Fallrichtung möglichst konstantes Gefälle besteht, so dass die spätere lineare Interpolation der Höhenlinien weitgehend den örtlichen Verhältnissen entspricht. Die notwendige Punktzahl ist damit abhängig von den Geländeverhältnissen, den Genauigkeitsansprüchen und dem Kartenmaßstab. Für den Maßstab 1:5 000 schwankt sie zwischen 300 und 700 Punkten je km^2.

Der Topograph führt einen ungefähr maßstäblichen Feldriss (Feldskizze), in dem er die gemessenen Punkte mit ihrer Nummer, die Situation und die Geländelinien darstellt. Im Falle einer reinen Höhenaufnahme über einem bereits erfassten und damit bekannten Grundriss ist evtl. der Feldriss entbehrlich.

Abb. 6.07 Punktweise Erfassung nach dem Verfahren der Polaraufnahme

Bei *satellitengestützter Punktbestimmung* (sog. kinematische GPS-Positionierung) werden die Koordinaten der Objektpunkte *direkt* bestimmt. Dagegen sind sie beim *Einsatz elektronischer Tachymeter* aus polaren Messelementen zu berechnen, die von einem günstig gelegenen Standpunkt bestimmt werden (2.1.2.5 Nr. 3, Abb. 6.07). Dies setzt voraus, dass im Aufnahmegebiet eine ausreichende Anzahl örtlich markierter und nach Lage und Höhe bekannter Anschlusspunkte verfügbar ist. Reichen für deren Bestimmung die vorhandenen Lage- und Höhenfestpunkte der Landesvermessung nicht aus, so ist evtl. noch eine Verdichtung dieser Festpunktfelder vorzunehmen. Dabei erlaubt es der Einsatz elektronischer Tachymeter, durch sog. freie Stationierung von der direkten Aufstellung auf Festpunkten abzugehen und dafür einen beliebigen, örtlich günstigsten Standpunkt für die Aufnahme zu wählen, wobei Beobachtungen zu den umliegenden Anschlusspunkten einbezogen werden. Dieser Grad von Flexibilität erhöht sich noch, wenn sich die Standpunkte durch Satellitenbeobachtungen (GPS-Messungen) fixieren lassen. Ein weiterer Gewinn ergibt sich, wenn der Topograph die Zielpunkte mit dem Prisma selbst auswählt und das Gerät am Standpunkt sich als Messroboter automatisch zum Zielpunkt nachsteuert und dann auf Abruf misst und registriert.

Durch den Einsatz der elektronischen Tachymetrie einschließlich der automatischen Verarbeitung und Kartierung der Situations- und Geländereliefdarstellung sind die klassischen Verfahren der topographischen Landesaufnahme praktisch bedeutungslos geworden:
- Messtischaufnahmen: Hierbei führt die Punktmessung mit einer Kippregel auf dem Messtisch zur sofortigen Punktkartierung auf einem vorbereiteten Aufnahmeoriginal. Unmittelbar danach entsteht das Höhenlinienbild durch örtliches Interpolieren zwischen den gemessenen Punkten mittels Gefällmesser o. ä. (sog. Krokieren).
- Kombinierte Methoden: Nach Messung und häuslicher Grundrisskartierung entsteht das Höhenlinienbild örtlich durch Krokieren. Dies verbindet den Vorteil der schnelleren Zahlenmethode mit den qualitativen Vorzügen der Messtischmethode.
- Nivelliertachymetrie: Sie gestattet in sehr ebenem Gelände die Polaraufnahme mit einem Nivelliergerät, das einen Horizontalkreis besitzt.

Für die Auswertung der Feldmessungen gilt folgendes:
- Bei *digitaler Registrierung* der Daten werden diese vom Datenträger in einer Rechner eingelesen, mit Programmen zur Prüfung, Korrektur usw. bearbeitet, um danach als bereinigte Daten für die Bildung digitaler Situations- und Geländemodelle zur Verfügung zu stehen (6.7.1).
- Bei *manueller Registrierung* der Messungselemente (Feldbuch) entsteht die Kartierung im Anschluss an Zwischenrechnungen zunächst als Grundrissbild durch linienhaftes Verbinden von kartierten Punkte eines Objekts nach den Angaben des Feldrisses. Die Höhen werden den kartierten Punkten beigeschrieben. Höhenlinien entstehen dann Zug um Zug durch lineares Interpolieren (8.2.3.6) zwischen solchen Punkten, die ungefähr auf einer Falllinie liegen; dabei sind weitere Formhinweise zu beachten.

Überarbeitungen und Ergänzungen bei tachymetrischen Vermessungen sind erforderlich, wenn

- die Höhenlinien auf eine vorhandene Situation einzupassen sind,
- der Inhalt von Flurkarten, Stadtgrundkarten oder Lageplänen übernommen werden soll oder
- die Vermessung der Datenbank- oder Kartenaktualisierung dient.

Thematische Angaben, die nach Objektartenkatalogen oder Zeichenvorschriften in der topographischen Datenbank bzw. Karte enthalten sein sollen, lassen sich meist im Zuge der Messungen nicht ermitteln (z. B. Grenzen von Grundstükken, Gemeinden, Naturschutzgebieten). Man muss sie daher anderen Unterlagen entnehmen. Das gleiche gilt für die zur Kartenschrift gehörenden Namen der Orte, Berge, Täler, Wälder, Seen, Straßen usw. Näheres über die Informationsquellen hierzu siehe 6.5 bis 6.6.

6.3.2 Hydrographische Vermessungen

Hydrographische Vermessungen beziehen sich auf die vom Wasser bedeckte Erdoberfläche, daneben auf Inseln, Häfen, Uferbefestigungen, Riffe, Seezeichen, Leuchtfeuer, Wracks usw. Die auch als Peilungen bezeichneten Vermessungen bestehen aus getrennten (1) Tiefenmessungen und (2) Lagemessungen sowie deren (3) Korrektur und (4) gegenseitiger Zuordnung.

1. Die Tiefenmessung (*Lotung*) findet meist von einem in Fahrt befindlichen Boot oder Schiff statt. Da die Formen des Gewässerbodens nicht sichtbar sind, verläuft die punktweise Erfassung meist in Parallelprofilen, die annähernd senkrecht die vermuteten Niveaulinien schneiden.

   Zur Messung wurden früher meist Peilstangen oder an Leinen befestigte Lote verwendet. Heute benutzt man Echolote nach dem Schallmessverfahren. Dabei wird die Laufzeit abgestrahlter und am Boden reflektierter Ultraschallimpulse in Tiefenangaben umgesetzt, die digital registriert und/oder als Bodenprofile (Echogramme) gezeichnet werden. Temperatur und Salzgehalt des Wassers sind wegen ihres Einflusses auf die Ausbreitungsgeschwindigkeit (etwa 1400 m/s) zu ermitteln. Die Geräte lassen sich meist auf verschiedene Tiefenmessbereiche einstellen. Den Übergang von Tiefenprofilen zu bandförmigen Flächenerfassungen ermöglichen Bodenkartenschreiber, die eine größere Anzahl von Echoloten an Auslegern beiderseits des Schiffes aufnehmen, oder Fächerecholote, die senkrecht zur Fahrtrichtung in einem bestimmten Sektor hin- und her schwenken. Die erreichbare Lotungsgenauigkeit beträgt im Flachwasser etwa +/– (0,05 bis 0,20) m, bei größeren Tiefen etwa +/– 0,8‰ der Tiefe. Tiefenmessungen mit Lasergeräten sind bisher wegen der Trübung des Wassers nur bis zu einer Tiefe von etwa 50 m möglich gewesen.

2. Die Lagemessung (*Ortung*) reicht von den auf Landflächen üblichen Verfahren bei Binnengewässern und in Küstennähe bis zum Einsatz von GPS-Positionierungen auf hoher See. Ihre Genauigkeit hängt sehr stark vom Verfahren

ab. Bei Binnengewässern erreicht sie nicht ganz die Genauigkeit terrestrischer Vermessungen. Im Küstenbereich schwankt sie zwischen +/– 1 und +/– 10 m, auf hoher See zwischen +/– 10 m und mehreren 100 m.

3. Die Korrektur (*Beschickung*) der Tiefenmessung ergibt sich daraus, dass die zunächst gegen die im Messungszeitpunkt reale Wasseroberfläche gemessene Tiefe auf eine Höhenbezugsfläche (2.1.3.2) umzurechnen ist. Als solche gilt bei Binnengewässern und im Bereich gezeiternfreien Küsten der Landeshorizont (z. B. NN) sowie im Gezeitenbereich ein definiertes Seekartennull (SKN). Die Korrektur ergibt sich aus der simultanen Messung benachbarter Pegel oder durch Gezeitenberechnungen. Schließlich werden die auf offener See bestimmten Tiefen auf das der Satellitenpositionierung zugrundeliegende Niveauellipsoid reduziert.

4. Die Verknüpfung (*Zuordnung*) von Lotung und Ortung ergibt sich über eine simultane Zeitmessung, so dass sich jeder Lotung eine bestimmte Schiffsposition zuordnen lässt.

Kleinere Wasserläufe werden gewöhnlich im Anhalt an eine talwärts verlaufende Stationierung in regelmäßigen Abständen durch Querprofile und durch ein Längsprofil aus den tiefsten Punkten der Querprofile erfasst. In den Querprofilen legt man die Lage der Punkte durch Streckenmessungen, ihre Tiefe durch Peilstäbe oder schwere Lote fest. *Größere Wasserläufe* werden in Querprofilen durch ein Vermessungsschiff unter tachymetrischer Positionsbestimmung (Punktverfolgung) und Echolotung abgefahren. Bei Vermessungen *größerer Binnenseen* und auf dem Meer wird gleichfalls ein Schiff, evtl. mit mehreren Beibooten, eingesetzt. Dabei wählt man den Abstand zwischen den parallelen Lotlinien so, dass sich auch für die zwischen ihnen liegenden Bereiche eine zuverlässige Tiefenliniendarstellung entwickeln lässt. Zur Ortung eignen sich bei Landnähe terrestrische Verfahren der Punktverfolgung und allgemein alle Funkortungsverfahren und GPS-Methoden, die den jeweiligen Genauigkeitsanspruch erfüllen. *Wattgebiete* als die im Gezeitenbereich der Küste bei Niedrigwasser trockenfallenden Flächen lassen sich terrestrisch (bei Niedrigwasser, 6.3.1.2), hydrographisch (bei Hochwasser) oder photogrammetrisch (bei auflaufendem Wasser, 6.4.2.1) vermessen.

Die Auswertung von Tiefenmessung und Ortung, ihre zeitbezogene Verknüpfung, die Zuordnung zu den Bezugsflächen und die Darstellung von Profilen und Tiefenlinien (Isobathen) beruht auf digitalen Rechentechniken. Beim Einsatz spezieller Vermessungsschiffe sind solche Auswertungen bereits an Bord möglich.

6.3.3 Thematische Erfassungen

Wie die topographischen Informationen bei der topographischen Vermessung sind auch thematische Informationen unmittelbar und erstmalig zu erfassen, wenn sie aus anderen Quellen (6.4–6.6) nicht zu gewinnen sind. In diesem Falle orientiert sich die Erfassung ausschließlich oder überwiegend an den Erfordernissen eines Fachinformationssystems oder für die Herstellung der vorgesehenen thematischen Karte. Werden thematische Informationen aus verschiedensten

Fachgebieten als Bestandserhebung für ein ganzes Staatsgebiet erfasst, so spricht man auch von *thematischer Landesaufnahme*.

Als Informationsquellen kommen die Umwelt selbst (thematische Feldaufnahme) oder von den Objekten empfangene Signale (Luftbilder, Satellitenbilder, Abtaster) in Betracht. Entsprechend dem Inhalt eines Fachinformationssystems (Kap. 10.1) oder einer thematischen Karte (Kap. 10.2) gehört zur Erfassung der Informationen auch der Raumbezug, in der Regel auf ein digitales Landschaftsmodell oder auf eine topographische Grundlage.

Die *thematische Feldaufnahme* ist das klassische Verfahren vieler geowissenschaftlicher, aber auch zahlreicher anderer Disziplinen. Dabei besteht die eigentliche thematische Aufnahme im Erfassen der semantischen und temporalen Objektinformationen (1.3.3-1.3.4). Der topographische, also geometrische Raumbezug ergibt sich durch terrestrische Vermessungsverfahren oder durch Feldkartierung. An der Grenze zwischen topographischer und thematischer Vermessung liegt die Katastervermessung, die dem Nachweis der Rechte am Grund und Boden dient und dabei auch den Gebäudebestand und die Bodennutzungen erfasst (Liegenschaftskataster).

Sind die fachlich bedeutenden semantischen Informationen, also Arten oder Eigenschaften von Objekten (*qualitative Informationen*) zu erfassen, so kommt es darauf an, die festgestellten Objektmerkmale einer zuvor durch bestimmte Attribute definierten Objektklasse (Objektartenkatalog) zuzuordnen. Beispiele solcher Beschreibungen sind geologische Strukturen, Bodenprofile, Pflanzengesellschaften, Landnutzungen, archäologische Funde, Ortsentwicklungen, Wanderwege, Freizeiteinrichtungen. Im geowissenschaftlichen Bereich gehen dem Klassifikationsvorgang häufig Messungen mit speziellen Geräten zur Ermittlung physikalischer oder chemischer Eigenschaften voraus (z. B. von Korngrößen, pH-Werten).

Liegen in bestimmten Fällen noch keine Klassenmerkmale vor, so bleibt es zunächst bei den einzelnen Feststellungen, vor allem, wenn mit Hilfe der Karte selbst erst das räumliche Verteilungsmuster und Klassifizierungsschema erforscht werden soll (z. B. bei der Dialektforschung). Im sozialgeographischen Bereich entsteht die Beschreibung häufig im Wege der Befragung (z. B. für die Ermittlung sozialräumlicher Verteilungen).

Das Erfassen von *quantitativen Informationen*, also von Mengen oder Werten, besteht im Messen oder Zählen. Das *Messen* erfasst gewöhnlich kontinuierliche Merkmale (z. B. meteorologische Daten, Schwereanomalien, Wasserstände, Luftverschmutzungen). Bei Messdaten, die einer zeitlichen Veränderung unterliegen, tritt an die Stelle der lokalen Einzelmessung häufig die kontinuierliche Registrierung in Form digital registrierter Zeitreihen oder in graphischer Form (z. B. Barogramm, Pegelkurve). Das *Zählen* bezieht sich auf diskrete Merkmale (z. B. statistische Erhebungen über die Anzahl von Brutvögeln, über den forstlichen Baumbestand, über den ruhenden und fließenden Kraftfahrzeugverkehr). Hierbei können sich die Daten nach dem Augenschein, über eine Befragung, durch Registrierung mittels elektrischer Kontakte usw. ergeben.

Für den topographischen Bezug liegen die Aufnahmemaßstäbe meist zwischen 1:5000 und 1:25000. Vorhandene topographische Karten und Luftbilder dienen im Felde unmittelbar zur Eintragung der Ergebnisse. Liegen solche Unterlagen nicht vor, so sind die thematischen Objekte wie bei einer topographischen Vermessung (6.3.1.2) zu erfassen und in Feldbüchern und Feldrissen (Feldskizzen) zu protokollieren.

Die geometrische Genauigkeit der Erfassung richtet sich dabei nicht nur nach dem Kartenmaßstab, sondern auch nach der Schärfe, mit der das Objekt überhaupt zu erfassen ist. Unterirdische Leitungen lassen sich z. B. exakt bestimmen; forstliche Bestandsgrenzen sind dagegen örtlich nicht immer eindeutig. In vielen Fällen genügt daher schon eine geometrische Festlegung durch Einsatz von Gefällmesser, Kompass und anderem Kleingerät, durch Einschreiten von Bezugslinien oder -punkten und durch anschließendes Kartieren.

Bei den meisten Objekten handelt es sich um *Diskreta*. Diese sind – bezogen auf die digitale Modellierung oder die Darstellung in einer Karte – als flächenhaft (z. B. Landnutzungen), linear (z. B. Leitungen) oder lokal (z. B. Bohrungen) anzusehen. Die Erfassung bezieht sich dabei auf die Grenze der Fläche bzw. auf die Mittellinie bzw. auf den Mittelpunkt des Objekts. Ist das Objekt ein *Kontinuum* (z. B. Temperaturverteilung), so bilden die gemessenen Quantitäten (Beobachtungen) ein sog. Wertefeld. Dieses wird in einem digitalen Modell häufig durch ein Gitter beschrieben, dessen Punkte unter Verwendung eines mathematischen Ansatzes (z. B. Flächenpolynom) aus den Beobachtungen interpolierte Werte zugeordnet werden. Die Darstellung in einer Karte entsteht aus der Interpolation bestimmter Isolinien im Anhalt an die gemessenen Werte oder die interpolierten Gitterwerte. Das Verfahren gleicht insoweit der Berechnung eines digitalen Geländemodells bzw. dem Entwurf der Höhenlinien bei der Auswertung topographischer Vermessungen, doch ist die Punktdichte meist wesentlich geringer, und bei der Interpolation sind neben dem rein geometrischen Prinzip auch die kausalen Zusammenhänge mit anderen Einflussgrößen zu beachten (z. B. Niederschlagsmenge in Abhängigkeit von Relief und vorherrschender Windrichtung).

Die methodischen und instrumentellen Vorgehensweisen und der jeweilige Erfahrungsstand sind bei den einzelnen fachthematischen Erfassungen sehr unterschiedlich. So gestatten z. B. die wissenschaftlichen Erkenntnisse in der Geomorphologie eine sehr intensive und komplexe Feld- und Laborarbeit (*Leser* 1977). Ein typisches Beispiel für eine durch Verwaltungsvorschriften eingehend festgelegte Erfassung ist die Bodenschätzung, deren Ergebnisse in den Schätzungskarten des Katasters, teilweise auch in Bodenkarten 1:5000 dargestellt werden. In anderen Fällen wiederum muss der Bearbeiter erst eigene Erfahrungen aus seinen Feldarbeiten gewinnen, um erste Regeln für spätere Arbeitsweisen festlegen zu können.

6.4 Erfassung durch Photogrammetrie und Fernerkundung

Diese Verfahren beruhen darauf, dass die natürliche Strahlung (z. B. Sonnenlicht) oder eine künstliche Strahlung (z. B. Radar, Schall) von den einzelnen Objekten unterschiedlich zurückgeworfen (reflektiert) wird. Erfasst man die reflektierte Strahlung mit einem Sensor (z. B. Kamera), so erzeugt die Strahlungsdifferenzierung auf einem Informationsträger (z. B. Film) Helligkeits- bzw. Ladungsunterschiede und damit Bildstrukturen.

Für die Herstellung von Karten kommen vorwiegend in Betracht:
- als Strahlung aus dem elektromagnetischen Spektrum, meist der Bereich des sichtbaren bis infraroten Lichts, daneben auch Mikrowellen,
- als Sensoren Messkammern oder Abtastsysteme,
- als Sensorplattformen Flugzeuge zur Luftbildaufnahme (Aerophotogrammetrie) oder Satelliten (bemannt oder unbemannt) zur Satellitenaufnahme,
- als Informationsträger photographische Emulsionen (für analoge Daten) oder elektronische Speichermedien (für digitale Daten),
- als Informationsverarbeitung (Auswertung) die Veränderung des Bildinhaltes (Bildverarbeitung), die Deutung des Bildinhaltes (Bildinterpretation) und die Entnahme geometrischer Daten (Bildmessung).

Während in der Photogrammetrie die geometrische Bildmessung in analoger Form oder im digitalen Vektormodus vorherrscht, ist in der Fernerkundung die digitale Bildverarbeitung im Rastermodus die Regel. Die methodischen Möglichkeiten durchmischen sich jedoch stark. Über Lehrbücher zur Photogrammetrie und Fernerkundung siehe 6.2.

6.4.1 Geräte und Verfahren der Photogrammetrie und Fernerkundung

6.4.1.1 Aufnahmetechnik

1. Optisch-photographische Systeme

Bei einer photographischen Aufnahme ist die Rekonstruktion eines Objekts am genauesten, wenn die gegenseitige Lage zwischen der Bildebene im Anlegerahmen des Films und dem Objektiv als Projektionszentrum mit seinem Abbildungsgesetz bekannt ist. Diese sog. *innere Orientierung* kennzeichnet das Aufnahmegerät als *Messkammer*, das Aufnahmeergebnis als *Messbild*.

Luftbildaufnahmen entstehen meist als Senkrechtaufnahmen mit Reihenmesskammern, bei denen die Teilvorgänge automatisch ablaufen. Das Bildformat beträgt vorwiegend 23×23 cm^2. Die dazu üblichen Objektivbrennweiten $f = 9$, 15, 21, 30 und 60 cm führen zu Kammertypen mit den Merkmalen des Überweit-, Weit-, Zwischen-, Normal- und Schmalwinkel.

Der *Luftbildfilm* (*Fliegerfilm*) ist eine bis zu 60 m lange Rolle aus weitgehend maßbeständigem Polyester als Träger der Photoschicht. Je nach Auswertezweck

benutzt man Schwarz-Weiß-Emulsionen mit panchromatischer oder mit infra-
roter Sensibilisierung sowie Colorfilme als Diapositiv- oder Falschfarbenfilme
(Color-Infrarot-Filme). Anstelle eines Colorfilms erhält man ein farbiges Bild
auch auf indirektem Wege:

   In einer Kamera mit mehreren Objektiven und unterschiedlichen Filtern davor
entstehen auf Schwarz-Weiß-Film jeweils Bilder für verschiedene Spektralbereiche, meist in den vier Bändern blau, grün, rot und infrarot auf infrarotem Film.
Für die spätere Verarbeitung und Auswertung sind solche Aufnahmen flexibler
als die direkten Farbaufnahmen. Dafür geeignete *Multispektralkammern* werden
in Flugzeugen und in bemannten Satelliten eingesetzt.

   Für den Bildflug erhält man die Flughöhe über Grund h_g aus Bildmaßstab
$M_b = 1 : m_b$ und Brennweite f. Nach Abb. 6.08 ergibt sich aus der Geländestre-
cke s und der ihr entsprechenden Bildstrecke s' das Verhältnis $s : s' = h_g : f$, und
da $s : s' = m_b$, so folgt daraus $h_g = f \cdot m_b$. Die Flughöhen der meisten kommerziellen Bildflüge liegen zwischen 300 und 7500m. Das aufzunehmende Gebiet
wird meist in parallelen Flugstreifen beflogen, die möglichst in OW- oder NS-
Richtung verlaufen und zwischen denen eine Querüberdeckung von 20 bis 30%
besteht (Abb. 6.09). Innerhalb eines Flugstreifens weisen benachbarte Bilder
eine mindestens 60%ige Längsüberdeckung auf, so dass jeder Geländepunkt in
mindestens zwei Luftbildern abgebildet ist und sich demnach stereoskopisch
betrachten und messen lassen kann. In der Praxis trifft man oft auf noch höhere
Längsüberdeckungen, um eine optimale Bildauswahl vornehmen zu können.

   Über zivile Bildflüge in Deutschland führen die Landesvermessungsbehörden und das
Bundesamt für Kartographie und Geodäsie Nachweise mit Angabe der Bildflugdaten und
der Aufnahmezeitpunkte. In Österreich besteht ein Luftbildarchiv beim Bundesamt für
Eich- und Vermessungswesen, in der Schweiz ein Nachweis von Stereoluftbildern bei
der Eidgenössischen Vermessungsdirektion. Der erstmalige Einsatz einer Messkammer in

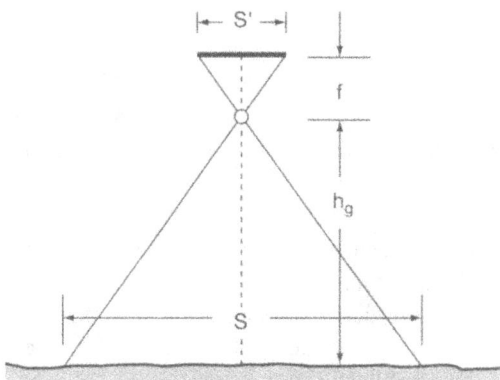

Abb. 6.08 Flughöhe und Bildmaßstab

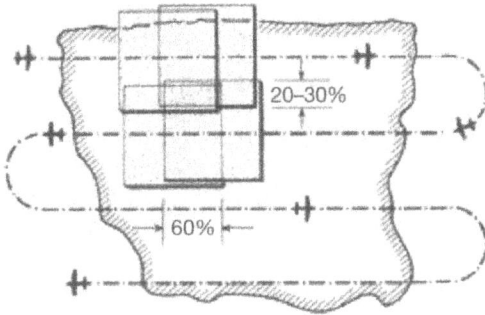

Abb. 6.9 Anordnung eines Bildflugs

Satelliten fand 1983 und 1984 in den Space-Shuttle-Flügen bei 250 km Flughöhe statt; mit der Metric Camera MC (f = 30 cm, 23 × 23 cm²) war die Eignung für Kartenmaßstäbe bis 1:50000 zu testen. In den russischen Kosmos-Satelliten wird bei etwa gleicher Flughöhe eine ferngesteuerte Kamera KFA (f = 100 cm, 30 × 30 cm²) eingesetzt.

2. Abtastsysteme (Scanner)

a) *Passive Systeme* erfassen die elektromagnetische Strahlung im Bereich des sichtbaren Lichts bis zur Thermalstrahlung. Dabei gab es zunächst *optisch-mechanische* Scanner wie den Multispektralscanner (MSS) bzw. den Thematic Mapper (TM) in den US-LANDSAT-Satelliten, später auch *optoelektronische* Scanner wie im französischen Satelliten SPOT.

Der Scanner vom Typ Landsat-MSS arbeitet seit 1972 in 4 Kanälen für den Bereich des sichtbaren Lichts und des nahen Infrarots (Wellenlängen für grün-gelb 0,5–0,6; orangerot 0,6–0,7; rot-infrarot 0,7–0,8; infrarot 0,8–1,1 μm). Ein senkrecht zur Flugrichtung schwingender Spiegel lenkt die Strahlung für jeden Kanal (Band) gleichzeitig auf 6 Detektoren, was einer Abtastung von 6 parallelen Geländezeilen entspricht (Abb. 6.10). Der Strahlungsintensität entsprechend entstehen in den Detektoren elektrische Signale. Diese werden abschließend in digitaler Form dargestellt und entweder unmittelbar oder nach Zwischenspeicherung auf Band zur Erde übermittelt. Bei einer mittleren Flughöhe von 915 km ergibt sich aus der Spiegelauslenkung für jede Satellitenbahn ein erfasster Geländestreifen von rund 185 km Breite. Innerhalb jeder Zeile erfasst jeder Detektor als Bildelement (Pixel) gleichzeitig eine Geländefläche von rund 80 × 80 m². Im Thematic Mapper (TM, ab 1982) gibt es 7 Spektralkanäle, die bei einer Flughöhe von 705 km zu einer Pixelgröße von 30 × 30 m² führen. LANDSAT 7 (ab 1999) ist der neueste NASA-Satellit in der Serie und mit einem Enhanced Thematic Mapper Plus Instrument (ETM+) ausgerüstet. Das ETM+ arbeitet mit 8 Spektralkanälen (Wellenlängen zwischen 0,45 und 12,5μm) für den Bereich des sichtbaren Lichts, des nahen Infrarots, des Thermalinfrarots und der Kurzwelle. Die Pixelgröße beträgt 15 × 15m² im panchromatischen Kanal, 60 × 60 m² im Thermalinfrarotkanal und 30 × 30 m² in den 4 sichtbaren Kanälen, im nahen Infrarot- sowie im Kurzwellenkanal. Dasselbe Gebiet wird periodisch aufgenommen in einem Turnus von 16 Tagen.

Das vom französischen Centre National d'Etudes Spatiales (CNES) entwickelte optoelektronische „Système Pour l'observation de la Terre" (SPOT) beruht auf ladungs-

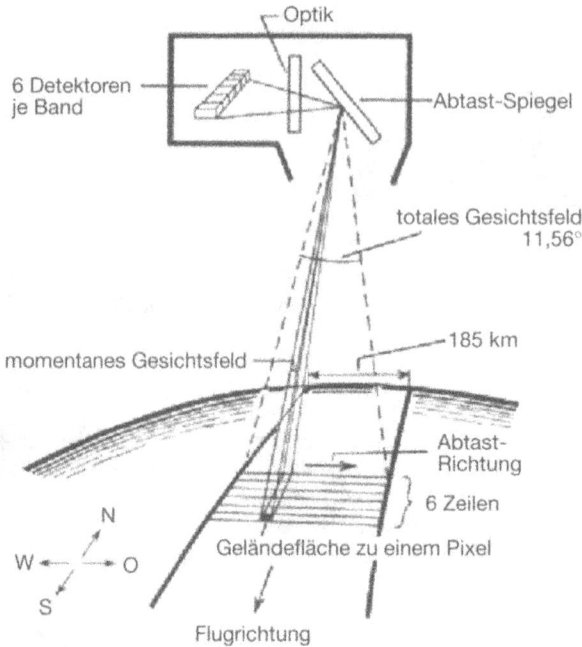

Abb. 6.10 Multispektralscanner-Aufnahmesystem im Satelliten Landsat (Quelle: NASA-Handbuch)

gekoppelten Halbleiter-Bauelementen (CCD = Charge Coupled Devices) flächenhafter Anordnung, wobei jeweils die Elemente einer Bildzeile gleichzeitig belichtet und digital gespeichert werden. SPOT 1, 2, 3 und 4 wurden jeweils in 1986, 1990, 1993 und 1998 gestartet. Wahlweise stehen für SPOT-Satelliten 3 Spektralkanäle (0,50–0,59 µm; 0,61–0,68 µm; 0,79–0,89 µm) und ein panchromatischer Kanal (0,51–0,73 µm) zur Verfügung, die bei einer Flughöhe von 832 km eine Pixelgröße von 20×20 m^2 in den Spektralkanälen bzw. 10×10 m^2 im panchromatischen Kanal erzeugen. Die Wiederholungsrate beträgt bisher bei Senkrechtblick und Seitenblick jeweils 26 Tage und 3 Tage. Der Start von SPOT 5 ist für Ende 2001 geplant. SPOT 5 verfügt über einen zusätzlichen Kanal des Kurzwelleninfrarots (1,58–1,75 µm) mit einer Pixelgröße von 20×20 m^2. Die Pixelgröße in den Multispektralkanälen und im panchromatischen Kanal im Vergleich zu SPOT 4 wird jeweils auf 10×10 m^2 und 5×5 m^2 (oder $2,5 \times 2,5$ m^2) verfeinert.

Der in Deutschland entwickelte CCD-Scanner MOMS-01 (Modular Optoelectronic Multispectral Scanner) kam bei zwei Shuttle-Missionen 1983 und 1984 zum Einsatz, die Version MOMS-02 bei der deutschen Spacelab-Mission D2 im Jahre 1993 in der US-Raumfähre Columbia. Das modifizierte Instrument MOMS-2P (MOMS auf PRIRODAKomplex) wurde 1996 in Baikonur/Kasachstan gestartet und flog zu der russischen Raumstation MIR (1986–2001), wo es bei einer präoperativen Mission bis 1999 eingesetzt wurde. MOMS-2P verfügt über 4 spektrale Kanäle im sichtbaren und nahinfraroten Bereich (Band 1: 0,45–0,51 µm; Band 2: 0,53–0,58 µm; Band 3: 0,65–0,68µm; Band 4: 0,77–0,82µm) und einen panchromatischen Kanal, der mit einem Nadir-Modul (Senkrechtblick) (Band 5: 0,51–0,77 µm) und zwei Off-Nadir-Modulen (Seitenblick) (Band 6–7: 0,52–0,76µm) arbeitet. Bei einer Flughöhe von 400 km entsteht eine Pixelgröße von 6×6 m^2 auf Band 5 und 18×18 m^2 auf Band 1–4 und Band 6–7.

Mit dem Start von IKONOS 2 der Firma Space Imaging 1999 begann im 1. Quartal 2000 die operationelle Datenaufzeichnung des ersten kommerziellen Satelliten mit der Pixelgröße von 30×30 m^2, d. h. 1m-Bodenauflösung. Die Daten für Mitteleuropa werden von SIE (Space Imaging Europe) in Athen empfangen. Die Wiederholungsrate von IKONOS beträgt 140 bis 141 Tage.

b) Zu den Sensoren *aktiver Systeme* gehört vor allem das Radarverfahren (*radio detection and ranging*). Die Mikrowellenimpulse (Wellenlänge zwischen 1 und 30 cm) werden von einer Antenne des Radars gesendet. Gegenstände, die sich im Strahlungsfeld befinden, werfen die auf sie fallenden Wellen zurück. Ein Teil der gesendeten Energie wird von der Antenne empfangen. Aus der Impulslaufzeit wird die Entfernung und aus dem Antennenwinkel die Richtung des Objekts ermittelt. Durch Vergleich der Sendefrequenz mit der durch *Doppler*-Effekt veränderten Echo-Frequenz lässt sich auch der Bewegungszustand (Geschwindigkeit und Bewegungsrichtung) eines angepeilten Objekts bestimmen. Das übliche Seitensicht-Radar schielt seitlich nach unten und weitet sich so stark, dass jeder Punkt des Geländes über lange Zeit beobachtet werden kann.

Lidar (*light detection and ranging*) ist ein Laser-Radar, das mit einem Laser als Sender und einer Art optischen Teleskops als Empfänger arbeitet. Es sendet und empfängt elektromagnetische Wellen im Bereich des Ultravioletts, des sichtbaren Lichts und des Infrarots. Sein Strahl ist extrem scharf gebündelt und erzeugt daher eine entsprechende hohe Auflösung.

Dem Vorteil des Radars, dass Aufnahmen bei jedem Wetter und zu jeder Zeit möglich sind, steht als Nachteil der hohe technische Aufwand gegenüber: Da aus großer Flughöhe die erforderliche Bildauflösung direkt nur mit einer riesigen Antenne zu erzielen wäre, gewinnt man sie im SAR-Verfahren (*Synthetic Aperture Radar*) indirekt mit kleinerer Antenne und wiederholter Abtastung identischer Punkte. Dieser Umstand und das zeitliche Entstehen der Bildelemente in Abhängigkeit vom Eintreffen der reflektierten Impulse führen zu einer aufwendigen geometrischen Datenverarbeitung.

Erste erfolgreiche Ergebnisse lieferte 1991 der Europäische Fernerkundungssatellit ERS-1 (European Remote Sensing Satellite) mit einer Auflösung von 30 m. In Verbindung damit sind seitdem auch Radarkarten Deutschlands hergestellt worden. Beim InSAR (IfSAR, *interferometric SAR*) handelt es sich um eine Erweiterung von SAR mit der Aufgabe, ein DHM (6.7.2) mit der Genauigkeit von <10 m zu erzeugen und Höhenveränderungen im DHM zu bestimmen. Nach InSAR lässt sich aus mindestens zwei korrelierten SAR-Bildern desselben Geländeteils ein Interferogramm generieren. Durch Phasenabwicklung (*phase unwrapping*) wird dann die komplette Phaseninformation bestimmt und diese führt zur Rekonstruktion einer Phasenoberfläche des Interferogramms. Nach der Kalibrierung des Interferometers wird schließlich die abgewickelte Phase in die Geländehöhe konvertiert. Bei einem derartig komplizierten Verarbeitungsprozess verwendet man oft ein bereits vorhandenes DHM geringerer Qualität, das einerseits der Phasenabwickelung hilft und andererseits als Referenz zur Kalibrierung des Interferometers dient. Die koinzidenten SAR-Bilder entstehen entweder gleichzeitig mit separaten Antennen oder als zwei oder mehrere sukzessive Aufnahmen einer Antenne. Mit InSAR-Daten aus ERS Tandem Mission und anderen Satelliten wurden bereits zahlreiche Höhenlinienkarten hergestellt. In der jüngsten Zeit wird zunehmend auch das flugzeuggetragene InSAR zur Generierung des 3D-Stadt- oder Landschaftsmodells eingesetzt.

Das flugzeuggetragene Laserscanning ist eine weitere neue Technologie zur automatischen Generierung des hochaufgelösten DHMs, DGMs und DLMs. Über die ersten Untersuchungen mit Laserscanning wurde 1996 auf dem ISPRS-Kongress in Wien berichtet. Ein Laserscanning-System besteht im wesentlichen aus einem Laserscanner, einer Positionierungs- und Orientierungskomponente, die durch ein integriertes *DGPS* (*Differential GPS*) und eine IMU (*Inertial Measurement Unit*) realisiert ist, und einer Steuerungskomponente. Beim Laserscanning findet keine gerichtete Messung statt. Aus dem *blinden* Abtasten mit einem Winkel < ±30° ergibt sich eine Punktwolke, deren Auswertung sehr aufwendig ist. Das System wird jedoch durch die hohe Genauigkeit, die hohe Messdichte und den hohen Automationsgrad gekennzeichnet. Bei einer Flughöhe bis zu 1000 m liegt die Messdichte zwischen 1 Punkt in 20m^2 und 20 Punkten in 1m^2 und die Entfernungsgenauigkeit liegt im Dezimeterbereich. Die Bestimmung der Entfernung erfolgt nach dem Prinzip der Pulsentfernung (bei pulsierter Laserstrahlung) oder Phasendifferenz zwischen dem gesendeten und dem von der Objektoberfläche zurückgeworfenen Signal (bei kontinuierlicher Laserstrahlung) (*Wehr/Lohr* 1999). Neben der Entfernungs-, Lage- und Höheninformation liefert das System auch die globalen X, Y, Z-Koordinaten einzelner beleuchteter Punkte mit Hilfe der Positionierungs- und Orientierungskomponente. Die Punktwolke gibt in der Regel die sichtbare Geländeoberfläche und Objekte darauf wieder. Objekte ohne eine klare Oberfläche wie z.B. Wald oder Baum könnten aber aus einem einfallenden Laserpuls mehrere separat aufnehmbare Reflexionen erzeugen, d.h., ein Laserpuls kann eine Vegetationsschicht durchdringen. Diese Eigenschaft bedeutet die Möglichkeit zur Generierung des DGMs im Waldgebiet.

c) Alle genannten Satelliten umlaufen die Erde *sonnensynchron*, d.h. beim Überqueren des Äquators ergibt sich immer die gleiche Ortszeit. Die Erde dreht sich so unter den Umlaufbahnen hindurch, dass ein Bereich beiderseits des Äquators bis zu einer bestimmten geographischen Breite erfasst wird und dass nach einer Anzahl von Tagen dieselbe Region wieder erreicht ist. Dagegen befinden sich *geostationäre* Satelliten, z.B. der europäische Wettersatellit Meteosat, in rund 36000 km Höhe stets über demselben Punkt der Erdoberfläche.

6.4.1.2 Auswertetechnik

1. Bildverarbeitung

Die einfachste Form der Bildverarbeitung besteht bei den *optisch-photographischen* Systemen in der Ableitung von Abzügen und Vergrößerungen von den auf Film entstandenen Einzelbildern. *Abzüge* sind positive seitenrichtige Kontaktkopien auf Papier, Film oder Glas vom Originalfilm. Sie stehen also zur Originalaufnahme im Verhältnis 1:1 (Abb. 3.70). *Vergrößerungen* entstehen durch optische Übertragung auf eine Ebene, die sich parallel zum Film befindet; sie behalten damit die Aufnahmegeometrie unter Berücksichtigung des etwa bis zum

6-fachen möglichen Vergrößerungsfaktors bei. Bei *Abtastsystemen* wie CCD-Kameras werden die in digitaler Form registrierten Bildelemente (Pixel) mit einem Aufzeichnungsgerät in analoge Zeichen (Grauwerte) umgesetzt und dann in parallelen Zeilen zu einer bildhaften Wiedergabe zusammengefügt. Damit ergibt sich ein Bildzusammenhang für den gesamten abgetasteten Streifen und zwar entsprechend der Aufnahmegeometrie.

Hierbei legt die für das Bildelement vorgesehene analoge Größe den ungefähren Bildmaßstab fest; Begriffe wie „Abzug" oder „Vergrößerung" haben damit hier keinen Sinn.

Die weitere Verarbeitung der Bilder soll deren Auswertung erleichtern oder überhaupt erst ermöglichen. Beim einzelnen Bild beziehen sich die dabei eintretenden Veränderungen

– auf die *Geometrie*, vor allem zum Zweck der Entzerrung, daneben zur Korrektur infolge der Abbildungsfehler des Systems usw., ferner
– auf die *Struktur*, insbesondere durch Grauwertoperationen.

Die Technik der Bildverarbeitung beruht auf *analogen* (photographischen) oder *digitalen* Verfahren. Die letzteren erfordern meist eine hohe Rechenkapazität, eröffnen aber auch eine große Vielfalt weiterer Möglichkeiten bis in den Bereich der Interpretation hinein. Das Verknüpfen der Bilddaten mit den Raumbezugsdaten eines geodätischen Systems bezeichnet man als *Geocodierung*.

a) Geometrische Verarbeitung von Bildern durch Entzerrung

Als erster Teil der *Einbildauswertung* stützt sie sich auf Passpunkte, Karten oder Orientierungsdaten. In Aufnahmen mit photographischen Kameras beseitigt die Entzerrung die perspektiven Verzerrungen, die eintreten, wenn die Aufnahmerichtung der Kamera um einen Nadirwinkel v (bis etwa 2 gon) gegen die Lotrichtung geneigt ist. Dabei lässt sich das Bild gleichzeitig so vergrößern, dass ein runder Maßstab entsteht. Im Entzerrungsergebnis bleibt somit der photographische Bildcharakter erhalten, doch liefert der Bildinhalt nur Angaben zum Grundriss.

Im *analogen* Verfahren der gleichzeitigen Entzerrung des gesamten Bildes am *Entzerrungsgerät* verbleiben aber noch die zum Nadir (= Lotfußpunkt des Aufnahmeortes) radialen Lagefehler Δr, die infolge der zentralperspektiven Aufnahme an einem Punkt P durch den Höhenunterschied Δh des Geländes entstehen (Abb. 6.11). Streng genommen sind daher auf diesem Wege nur Luftbilder eines völlig ebenen Gebietes fehlerfrei zu entzerren. Erst die *Differentialentzerrung* an einem Orthophotosystem beseitigt auch diesen Fehlereinfluss.

Die Entwicklung der *Orthophototechnik* begann mit dem *Orthoprojektor*: Bei diesem mechanischen Prinzip werden jeweils kleine Bildelemente nacheinander durch eine Spaltblende belichtet, die in parallelen Streifen über die Photoschicht läuft. Die dabei laufende Veränderung des Abstandes zwischen dem Bildprojektor und der Pho-

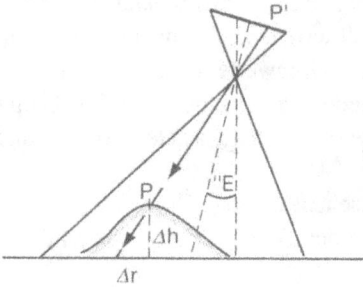

Abb. 6.11 Analoge optische Entzerrung
eines Luftbildes

tofläche ergibt sich aus den bekannten Geländehöhen. Damit entsteht ein im Grundriss fehlerfreies *Orthophoto*.

Der Einsatz *digitaler* Orthophotosysteme (Abb. 6.12) erweitert die geometrischen Verarbeitungsmöglichkeiten und verbindet sie mit strukturellen Maßnahmen (siehe b) durch die digitale *Bildverarbeitung*. Die digitalen Ausgangsdaten ergeben sich direkt aus CCD-Aufnahmen oder indirekt aus analogen Bildern mit Hilfe eines Scanners (4.4.3); sie werden mit Kameradaten, Passpunkten und einem vorhandenen oder am System gewonnenen digitalen Geländemodell verarbeitet: Jedem Flächenelement (Pixel) eines vorgesehenen Orthophotos wird ein korrigiertes Bildpixel mit seinem Grauwert zugeordnet (*indirekte Entzerrung*). Die Raster-Ausgabe am Bildschirm oder als Hardcopy ist in einem bestimmten Maßstabsbereich und auch farbig möglich. Dabei lassen sich Mosaiken, Perspektiven und Stereopartner (zur räumlichen Betrachtung zweier *Stereophotos*) sowie Verknüpfungen mit Vektordaten einer Strichkarte erzeugen. Über die weitere Verarbeitung bis zu Bildkarten siehe 3.8.1.1.

Eine geometrische Verarbeitung im Rastermodus ergibt sich auch bei Satellitenaufnahmen mit Abtastern, wenn deren Inhalt pixelweise mit Hilfe von Passpunkten in ein vorgegebenes Kartennetz übertragen werden soll.

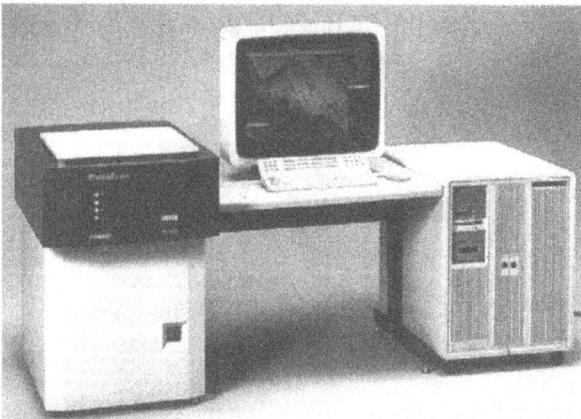

Abb. 6.12 Hochleistungsscanner PhotoScan PS1 von Zeiss für photographische Bilder als Teil des Bildverarbeitungssystems PHODIS

b) Strukturelle Verarbeitung von Bildern

Solche Verarbeitungen dienen dazu, die topographischen und mehr noch die verschiedenen thematischen Interpretationen zu verbessern. Dazu gehören bei *Einzelbildern* die Kontraständerungen (z. B. durch photographische oder elektronische Maskierung) und die Farbcodierung mittels Äquidensiten im Anhalt an festgelegte Grauwertintervalle. Auf digitaler Grundlage arbeiten auch radiometrische Korrekturen, bei denen z. B. ein Helligkeitsabfall zum Bildrand hin, der Einfluss von Sonnenlicht und Atmosphäre, Streifenstrukturen bei Satellitenbildern usw. beseitigt werden. Filterungen ermöglichen z. B. eine Verstärkung von Kanten (Hochpassfilter) und erhöhen damit scheinbar die Bildschärfe.

Bei *Mehrfachbildern* vom selben Bereich soll durch strukturelle Verarbeitungen das Mischen und Vergleichen erleichtert werden. *Multispektrale* Bilder sind Aufnahmen in verschiedenen Spektralbereichen; ihre Mischung zu einem Gesamtbild in naturnahen oder bewusst falschen Farben erfordert meist eine Grauwertoperation oder Maskierung der einzelnen Farbkanäle. Ihr Vergleich dient vor allem der Objektklassifizierung (6.4.3.1). *Multitemporale* Bilder beziehen sich auf verschiedene Aufnahmezeitpunkte und informieren über Objektänderungen mit Hilfe von Grauwertunterschieden.

2. Bildinterpretation

Soweit sich die Auswertung auf die Interpretation allein beschränkt, genügen als Unterlagen meist die – evtl. durch Bildverarbeitung verbesserten – Kontaktabzüge, Entzerrungen, Satellitenbilder o. ä. Im Vergleich zur Aufnahme, Verarbeitung und Messung ist der Geräteaufwand relativ gering. Häufig reicht schon die räumliche Bildbetrachtung mittels *Stereoskop* (Abb. 6.13). Das Stereoskop lässt sich auch mit einem Leuchttisch zur Durchmusterung transparenter Bilder verbinden. Daneben gibt es Interpretationsgeräte, die gleichzeitig eine Betrachtung durch zwei Personen gestatten. Einige Geräte sind mit einfachen Zeichenvorrichtungen verbunden.

Mit Projektionsgeräten lassen sich starke Bildvergrößerungen zur eingehenden Betrachtung erzeugen. Sog. Teilchengrößen-Analysatoren erleichtern das Erkennen und Auszählen von Objekten. Farbmischprojektoren erlauben das Mischen von Multispektralaufnahmen, während ein sog. *change detector* beim Vergleich multitemporaler Bilder Unterschiede erkennt, automatisch registriert und damit rasches Aktualisieren von Daten ermöglicht.

3. Bildmessung

Am wichtigsten für die Kartenherstellung ist die Zweibildmessung (Stereophotogrammetrie). Sie gestattet es, zwei an verschiedenen Aufnahmeorten entstandene Messbilder, soweit sie dasselbe Geländestück darstellen (Abb. 6.14), an

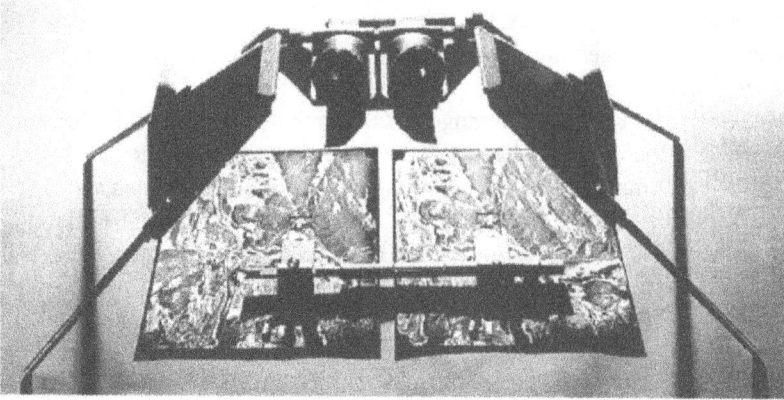

Abb. 6.13 Spiegelstereoskop WILD ST4 von Leica

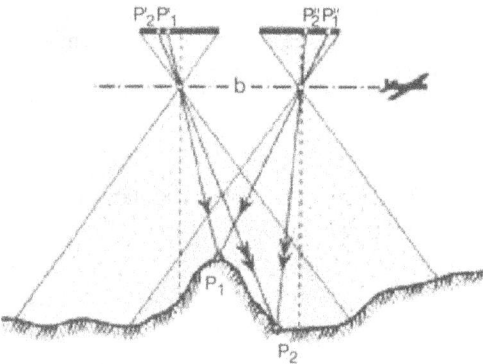

Abb. 6.14 Zweibildmessung

einem dafür geeigneten Gerät räumlich, d. h. nach Lage und Höhe auszumessen. Dabei betrachtet jedes Auge mit Hilfe eines optischen Systems eines der beiden Messbilder. Die Prozesse im Gehirn verschmelzen nun physiologisch die beiden Bilder zu einem räumlich wahrgenommenen Modell des Geländes (stereoskopisches Sehen), das sich am Gerät mit Hilfe einer ebenfalls räumlich gesehenen Messmarke dreidimensional punkt- oder linienweise als analoge Strichzeichnung oder als digitale Speicherung im Vektormodus ausmessen lässt.

Das Messprinzip besteht nach Abb. 6.14 darin, die Aufnahmeverhältnisse beider Bilder mit dem Abstand b zwischen den Kammern in einem virtuellen Modell so wiederherzustellen, dass die einander entsprechenden Bildstrahlen (z. B. von P_1' im ersten Bild und P_1'' im zweiten Bild) den Punkt P_1 auch im

Modell richtig erzeugen und in einem vorgegebenen Modellmaßstab nach Lage und Höhe messbar machen. Wird sodann die Position der Messmarke unter Wahrung des räumlichen Oberflächenkontakts verändert, so kann

- sie eine sichtbare Linie (z. B. Wegegrenze) abfahren,
- bei unveränderter Höheneinstellung eine Höhenlinie erzeugen oder
- in einem vorgegebenen Grundrissgitter die Punkthöhen eines digitalen Geländemodells messen.

Den meisten Zweibildgeräten lag früher ein *analoges* Auswerteprinzip zugrunde, bei dem auf optischem, optisch-mechanischem oder mechanischem Wege die Aufnahmeverhältnisse in kleinerem Modellmaßstab rekonstruiert werden (analoge Photogrammetrie). Die neueren Geräte nach *analytischem* und *digitalem* Auswerteprinzip gehen dagegen von den rechnerischen Beziehungen zwischen den beiden Bildkoordinatensystemen, den Orientierungsparametern sowie den Landeskoordinaten und Höhen der Passpunkte aus. Die dabei auftretenden umfangreichen mathematischen Beziehungen sind beim Bewegen der Messmarke laufend mit neuen Bildkoordinaten zu versehen und daher nur mit leistungsfähigen Rechnern ohne Verzögerung zu mechanischen Bewegungen zu verarbeiten (Abb. 6.15).

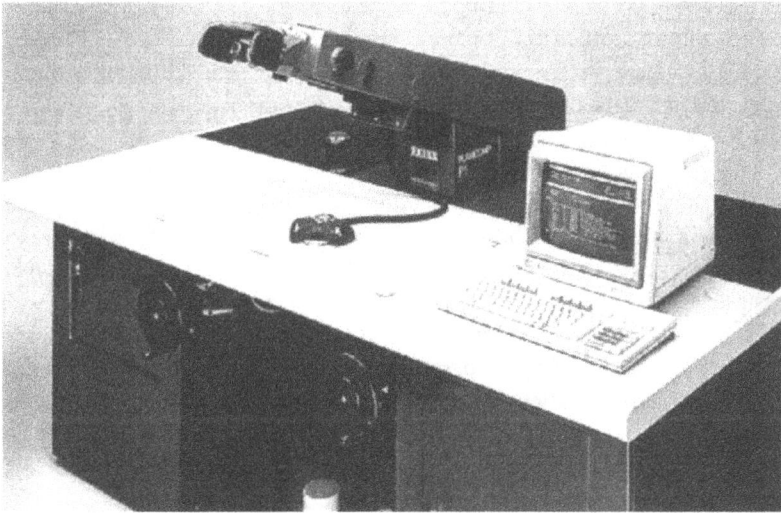

Abb. 6.15 Stereomesssystem Planicomp P1 von Zeiss

Bei der *räumlichen Aerotriangulation* misst man an den Auswertegeräten oder an Präzisionskomparatoren die Modell- bzw. Bildkoordinaten ausgewählter Punkte im Verband eines Flugstreifens oder mehrerer, zu einem Block zusammengefasster Streifen (Blocktriangulation). Die gemessenen Daten werden sodann im Anhalt an relativ wenige Festpunkte mit besonderen Rechenverfahren in die gesuchten Landeskoordinaten und Höhen überführt. Damit erhält man für einen großen Bereich die für die einzelne Modellorientierung und -auswertung benötigten Passpunkte sowie neue terrestrische Festpunkte mit einem Minimum an örtlichen Arbeiten.

Die mit der Zweibildmessung erreichbare Genauigkeit lässt sich etwa wie folgt angeben: Geht man von einer auf das Bild bezogenen Messgenauigkeit von rund ± 0,01 mm aus, so ergeben sich bei Bildmaßstäben zwischen 1:10 000 und 1:30 000 Punktungenauigkeiten zwischen ± 0,10 m und ± 0,30 m nach Lage und Höhe. Allgemein wird die Höhenungenauigkeit mit etwa ± 0,1‰ der Flughöhe angegeben. Mit Präzisionskomparatoren lassen sich diese Angaben noch verbessern.

6.4.2 Topographische Anwendungen

6.4.2.1 Topographische Anwendungen der Photogrammetrie

Die Topographie war und ist weltweit das Hauptanwendungsgebiet der exakten Bildmessung. Die dafür notwendigen Bildflüge finden meist im Frühjahr statt. Die dann noch laubfreien Hochwaldgebiete ermöglichen eine exakte Auswertung. Vorzüge und Merkmale der Photogrammetrie ergeben sich im Vergleich zu den terrestrischen Verfahren wie folgt:
- Die Bestimmung örtlicher Passpunkte lässt sich durch den Einsatz der Aerotriangulation stark verringern; oft genügt es, vorhandene Festpunkte durch weiße Platten o. ä. in der Luft sichtbar zu machen (Signalisierung). Daneben sind nach Bedarf noch Höhenkontrollpunkte zu bestimmen.
- Die analoge Kartierung hat den Vorzug der unmittelbaren linienweisen Erfassung der Situation. Auch Höhenlinien lassen sich direkt abfahren, wenn die Geländeneigungen größer als etwa 3 gon sind; dann entsteht eine Wiedergabe, die meist geometrisch genauer und formtypischer ist als bei tachymetrischen Messungen.
- Bei digitaler Punktmessung entsteht ein Situationsmodell; die Umrisslinien ergeben sich durch Zeichenprogramme. Regelmäßig angeordnete Höhenpunkte führen zum digitalen Geländemodell, aus dem durch Interpolationsprogramme Höhenlinien gebildet werden.
- Die häusliche, vom Wetter unabhängige Ausmessung der Luftbilder erbringt hohe Flächenleistungen und ist jederzeit wiederholbar.

Für die weitere Bearbeitung kann im Vergleich zu terrestrischen Vermessungen (6.3.1.2) eine umfangreichere und besondere topographische Überarbeitung und Ergänzung in den folgenden Fällen erforderlich sein:
- Wenn die Höhenlinien-Kartierung differentielle Unsicherheiten aufweist oder wenn digitale Interpolationsergebnisse unzutreffend wirken, ist eine örtliche Prüfung der Geländeformen geboten.

- Bei unsicherer Ausmessung ist die Identifizierung, die Art und Bedeutung sowie die Lage des Objekts zu prüfen.
- Bei unvollständiger Ausmessung (z. B. im Wald) und bei späteren topographischen Veränderungen sind Ergänzungsvermessungen unumgänglich.

Die Verfahren sind etwa bis zum Kartenmaßstab 1:100000 unmittelbar anwendbar. Sie eignen sich damit auch für den Einsatz in kartographisch wenig erschlossenen Gebieten sowie zu einer Kartenaktualisierung, die sich gleichzeitig auf verschiedene Maßstäbe beziehen kann.

Durch die *Orthophototechnik* kommt es in wachsendem Umfang auch zur Herstellung von *Luftbildkarten*, vor allem in den Maßstäben 1:5000–1:25000. Dabei tritt zur photographischen Darstellung der Situation oft noch eine Höhenliniendarstellung und die Angabe von Namen. Näheres siehe 3.8.1.1 Luftbildkarten oder ihre Vorstufen eignen sich auch in analogen oder digitalen Verfahren zur Kartenaktualisierung.

Ein Sonderfall der Verwendung von Entzerrungen ist das *Wasserlinienverfahren* bei der Vermessung von Wattgebieten. Dabei erfassen Luftbilder zwischen Niedrigwasser und Hochwasser in zeitlichen Abständen immer wieder dasselbe Gebiet (Serieneinzelbildmessung). Wegen des auflaufenden Wassers bildet sich die Wasserlinie, d. h. die Grenzlinie zwischen Wasser und trockenem Watt, in jedem Bild anders ab. Da die Wasserlinien nur genäherte Niveaulinien sind, müssen sie im Wege einer Höhenzuordnung (Beschickung) nach Pegelmessungen oder Passpunkten noch in Höhenlinien überführt werden. Das Höhenlinienbild wird anschließend mit der Luftbildentzerrung vom Niedrigwasser-Zeitpunkt kombiniert (*Buziek/Hake* 1991).

6.4.2.2 Topographische Anwendungen der Fernerkundung

Aufnahmen mit Messkammern oder Abtastern aus Satelliten oder Flugzeugen gewinnen für topographische Karten zunehmend an Bedeutung. Dabei wird die kritische Grenze der Identifizierung und damit der Anwendung in erster Linie durch schmale, aber wichtige lineare Objekte wie Gewässer und Verkehrswege bestimmt. Weitere Einschränkungen können dort eintreten, wo die Höhenmessgenauigkeit für sonst in Betracht kommende Kartenmaßstäbe nicht ausreicht. Andererseits ist mit den fortgesetzt stattfindenden Satellitenüberfliegungen die Chance der raschen Datenaktualisierung verbunden.

Abtastsysteme (z. B. LANDSAT TM) erlauben daher z. Zt. nur Arbeiten in den Maßstäben etwa ab 1:200 000 und kleiner. Dort sind sie allerdings besonders vorteilhaft für Übersichtszwecke sowie bei der Bearbeitung von Atlaskarten von Bereichen, für die konventionelle Karten nur beschränkt oder gar nicht zu erhalten sind. Mit Messkammern (z. B. Metric Camera in der Shuttle-Mission, KFA in Kosmos-Satelliten, Kammern des SPOT-Satelliten) lassen sich auch Karten bis etwa zum Maßstab 1:50000 bearbeiten.

Die panchromatischen und multispektralen IKONOS-Satellitenszenen sind für Kartierungen bis in den Maßstabsbereich 1 : 5000 geeignet. Allerdings müssen Bewölkungen bis zu 20% akzeptiert werden. Der Schrägblickwinkel, unter dem mehr oder weniger alle Aufnahmen gemacht werden, kann bei entsprechender Größe zu erheblichen Auswerteproblemen führen. Derzeit sind noch keine für eine Orthorektifizierung notwendigen System-daten verfügbar (*Meinel/Reder* 2001).

Analog zu den Luftbildkarten stoßen auch die *Satelliten-Bildkarten* auf wachsendes Interesse, das weit über die rein topographische Information hinausgeht. Für das Entzerren und ein möglichst nahtloses Zusammenfügen der einzelnen Szenen wird die digitale Bildverarbeitung ebenso mit Erfolg eingesetzt wie bei den Farbmanipulationen bis hin zu einer naturnahen Farbskala. Auch hier ist vor allem bei kontrastarmen linearen Objekten die Grenze der Identifizierung am ehesten erreicht. Darüber hinaus kann es zu Schwierigkeiten bei einer umfangreicheren Plazierung von Namen kommen. Als größtmöglicher Maßstab solcher Bildkarten gilt z. Zt. etwa 1:50000.

6.4.3 Thematische Anwendungen

6.4.3.1 Methoden der thematischen Anwendungen

Die in 6.4.2.1 genannten Vorzüge gelten in besonderem Maße auch für das Erfassen thematischer Informationen. Im Vergleich zu den klassischen Verfahren der thematischen Feldaufnahme (6.3.3) ist das Arbeiten mit Abbildern der Objekte meist schneller, billiger und müheloser. Darüber hinaus lassen sich manche Informationen nur auf diesem Wege gewinnen, wenn das aufgenommene Gebiet schwer zugänglich ist oder wenn die thematischen Sachverhalte örtlich nicht erkennbar sind. Im Vergleich zur topographischen Anwendung ist die Bildmessung von geringerem Umfang und/oder meist ungenauer; dafür liegt der Schwerpunkt in der fachbezogenen Interpretation.

Die thematische Auswertung bezieht sich auf das Originalbild oder auf das Ergebnis einer mit diesem Original durchgeführten Bildverarbeitung (6.4.1.2 Nr.1) in Bezug auf Maßstab, Grauwerte, Farben usw. Sie kann sich ferner auf das einzelne Bild oder auf die Beziehung zwischen multispektralen oder multitemporalen Bildern erstrecken. Der notwendige topographische Raumbezug der Sachdaten ergibt sich entweder aus dem Bild selbst oder durch eine Verknüpfung des Bildes mit einer Karte bzw. einem terrestrischen Koordinatensystem. Die dabei auftretenden Arbeiten reichen von der Entnahme und Umrechnung einzelner Bildgrößen bis zur vollständigen Entzerrung.

Fachbezogene Interpretationen sind (1) visuell (analog) oder (2) automatisiert (digital) möglich. Ihre Ergebnisse können zu Bildvermerken, Interpretationsskizzen, Kartendarstellungen, Merkmalslisten, Zahlentabellen, Fachdateien usw. führen.

1. Die *visuelle Bildinterpretation* ist zur Zeit noch die am häufigsten benutzte Methode der Informationsgewinnung aus Bildern. Die dabei auftretenden Vorgänge lassen sich in ihrer Systematik mit denen der Karteninterpretation (8.2.2) vergleichen. Danach beginnt jede Interpretation mit dem *Erkennen*,

d. h. mit dem Identifizieren eines Objekts nach Lage und Art. Im Anschluss daran sind Vorgänge wie das *Zählen* oder *Schätzen* von Objektmengen sowie das *Vergleichen* nach Art und Menge (zum Zwecke des Ordnens, Bewertens usw.) möglich. Solche Arbeiten sind oft Vorstufen zum Prozess des *Deutens* unter einer meist fachspezifischen Zielsetzung, z. B. einer Analyse nach funktionalen, naturräumlichen usw. Aspekten.

Das Erkennen ist ein sehr komplexer Vorgang, der in relativ kurzer Zeit abläuft. Dabei geht es um das Wahrnehmen prägnanter Bildgestalten, denen sich aus Erfahrung und Analogie ein Sinngehalt zuordnen lässt. Solche Bildgestalten formen sich aus dem Zusammenspiel von Helligkeitswerten (Kontrast), von Farbtönen (bei Colorbildern), von Formen und Feinstrukturen (Texturen). Bei stereoskopischer Betrachtung tritt dazu noch der dreidimensionale Effekt. Das Erkennen wird begünstigt durch den hohen Grad an Redundanz, den die Bildinformationen aufweisen. Es wird andererseits erschwert durch die Abhängigkeit der Bildgestalt von der Tages- und Jahreszeit der Aufnahme, vom Aufnahmegebiet, vom Bildmaßstab, von der Art der lichtempfindlichen Schicht und des Filters, von der Beleuchtung (Schatten), vom Umfang der perspektivischen Verdeckung durch andere Objekte und von der Art der Bildverarbeitung.

2. Die *automatisierte* Interpretation als digitale Bildauswertung strebt an, das Erkennen und Deuten über *Computervision* zu betreiben. Sie ist damit die auf Photogrammetrie und Fernerkundung bezogene besondere Form der bereits in vielen Disziplinen eingesetzten *Mustererkennung (Pattern Recognition)*. Ihre wichtigste Anwendung besteht z. Zt. in den Ansätzen zur automatischen Extraktion von Objektklassen wie z. B. Straßennetz, Leitungslinien, Siedlungen, und Vegetation.

Die Objektklassifizierung beruht z. B. auf der quantitativen Merkmalsbildung mit mathematisch-statistischen Methoden, nach denen die Verteilungsmuster bestimmter Grauwerte der Pixel in den verschiedenen Multispektralbildern untersucht werden. In der sog. überwachten Klassifizierung definiert der Bearbeiter Musterklassen aus dem Bildmaterial und „trainiert" damit den Rechner, vergleichbar dem Beispielschlüssel der visuellen Interpretation. Die sog. nicht-überwachte Klassifizierung beschränkt sich dagegen auf die Analyse der Häufigkeitsverteilung des spektralen Bildmusters (Cluster-Bildung). Eine Variation solcher Verfahren ergibt sich beim Vergleich multitemporaler Bilder zum Erkennen von Veränderungen. Bei der Identifizierung einzelner Objekte bzw. Objektteile werden die Kontextinformation (z. B. Schatteneffekt, Nachbarschaftsrelation) und das generische Wissen (z. B. Gebäudeumriss ist normalerweise rechtwinkelig) einbezogen. Der Einsatz der Datenfusionstechnik dient mit Hilfe von redundanten Informationen aus verschiedenen Aufnahmenquellen zur Reduzierung der Mehrdeutigkeit und Bestätigung der Hypothese.

6.4.3.2 Beispiele der thematischen Anwendungen

Solche Anwendungen sind bereits heute sehr mannigfaltig, und sie entwickeln und verfeinern sich weiterhin ständig. Der Maßstabsbereich der aus photogrammetrischen und Fernerkundungsdaten hergestellten thematischen Karten reicht von 1:500 (z. B. Stadtplanung) bis 1:1 000 000 (z. B. Landwirtschaft). Einen detaillierten Überblick geben u. a. *Konecny* in *Mayer/Kriz* (1996) und *Acker-*

mann (1999). Die nachstehenden Angaben beziehen sich nur auf die typischen Anwendungsgebiete.

In der *Geologie* hat sich die Photogeologie zu einem speziellen Arbeitsgebiet entwickelt, mit dem sowohl wissenschaftliche als auch wirtschaftliche Ziele verfolgt werden. Dabei erstrecken sich die Auswertungen auf einen relativ großen Maßstabsbereich und sind von Bedeutung für Geomorphologie und Bodenkunde. Das Zusammenspiel von Gewässernetz, Bodenbedeckung und Strukturlinien (Lineamenten) gestattet Schlüsse auf Gesteins- und Bodenarten, Wassergehalt (z. B. aus Radarbildern), rezente Formbildungen, Erosionen, unsichtbare Strukturen wie Lagerstätten usw. Eine Einführung in die Photogeologie gibt *Kronberg* (1984), zum Einsatz in der Geomorphologie *Verstappen* (1977), in der Bodenkunde *Mulders* (1987).

Für *Gewässer* aller Art lassen sich z. B. neben Wasserständen und -strömungen, Überschwemmungen und Einzugsgebieten auch Verschmutzungen und Temperaturen (z. B. beim Abwasser) mit bestimmten Emulsionen (z. B. für thermales Infrarot) oder mit Abtastern sehr differenziert erfassen. Veränderungen in ozeanographischen Daten, Eisbedeckungen des Wassers sowie Gletscher sind Gegenstand des Vergleichs multitemporaler Bilder.

Im Bereich der *Vegetationskartierung* hat sich vor allem das forstliche Luftbildwesen bereits früh und breit entfaltet. Schwarzweiße Infrarotfilme und Colorfilme liefern die besten Voraussetzungen für die Unterscheidung nach Holzarten. Farbinfrarotfilme geben sichere und frühzeitige Hinweise auf Pflanzenkrankheiten. Aus Kronendurchmesser, Kronenschluss und Bestandshöhe kann man relativ genau auf den Holzvorrat schließen. Für den Bereich landwirtschaftlicher Flächen geht es vor allem um Nutzungskartierung und Ertragsabschätzung, evtl. in Verbindung mit dem Erkennen von Schäden. Einen Überblick zu den Anwendungen liefern *Huss* (1984) und *Oesten u. a.* (1991) für die Forstwirtschaft, *Kühbauch u. a.* (1990) für die Landwirtschaft, *Ahlqvist* (2000) für die kontextbezogenen Nutzungsarten.

Geostationäre *Wettersatelliten* erfassen mit Multitemporalaufnahmen die Veränderungen der Großwetterlage. Mit Thermalaufnahmen aus Flugzeugen und Satelliten erhält man differenzierte Aussagen zu lokalen und regionalen Klimaverhältnissen, evtl. noch nach Tageszeiten unterschieden. Sie gestatten auch Hinweise zu Umwelteinflüssen bei durchgeführten oder beabsichtigten Eingriffen in die Landschaft.

Disziplinen mit historischem Bezug, wie *Archäologie* und *Heimatkunde*, versuchen, aus den Bildstrukturen Hinweise auf örtlich nicht mehr erkennbare Siedlungsreste, Feldlager, Grabstätten, Wege- und Grabensysteme usw. zu entnehmen. Damit sind exakte Kartierungen und gezielte Grabungen möglich. Spezielle Aufnahmetechniken, z. B. bei sehr niedrigem Sonnenstand, verbessern die Erkennbarkeit solcher Objekte. Zur Luftbildarchäologie siehe u. a. *Deuel* (1977), *Becker u. a.* (1998).

Für Zwecke der *Raumordnung*, der *Planungsprozesse* und deren Erfolgskontrolle sowie zur *Umweltüberwachung* eignen sich Luft- und Satellitenbilder durch den aktuellen Nachweis der Flächennutzungen, des ruhenden und fließenden Verkehrs, der baulichen Struktur, der Dichte und funktionalen Gliederung einer Siedlung sowie der Dokumentation von Altlasten und des Altzustandes nach örtlichen Veränderungen. Einen Überblick gibt z. B. *ARL* (1984).

6.5 Erfassung aus Karten

Eine *Karte* beruht auf dem **gedanklichen Ansatz** zur Konstruktion eines graphischen Symbolmodells der Umwelt. Ihre Vorteile als Informationsquelle liegen in der eindeutigen Codierung der semantischen Informationen, der Strukturierung nach dem Folienprinzip sowie der im Rahmen des Kartenzwecks vollständigen topologischen Beschreibung der Umwelt und der maßstabsbedingten geometrischen Genauigkeit. Zur Gewinnung von Geo-Daten aus Karten ist es notwendig, die Kartengraphik syntaktisch einwandfrei zu erkennen und die Semantik der Kartenzeichen richtig zu verstehen (8.2.1). Im Anschluss an diesen Decodierungsprozess lassen sich die geometrischen und semantischen sowie in bestimmten Fällen auch die temporalen Objektinformationen (primäre Objektinformationen) erfassen.

Die Erfassung von Primärinformationen aus Karten kann aus zwei Anlässen geschehen: (1) Aufbau digitaler Objektmodelle und (2) Kartenherstellung.

6.5.1 Digitalisierung von Karten für den Aufbau von DOM

Die Erfassung primärer Objektinformationen aus Karten in digitaler Form gilt, geeignete Karten vorausgesetzt, als das wirtschaftlichste Verfahren für den Aufbau objektstrukturierter digitaler Objektmodelle (DOM).
Einen Überblick über die Verfahren gibt Abb. 6.16:

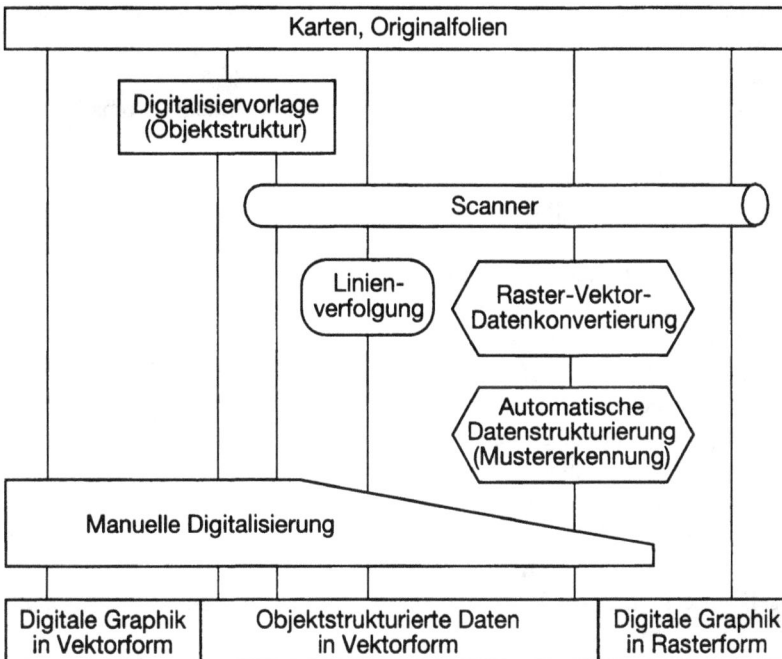

Abb. 6.16 Verfahren zur Digitalisierung von Karten

Die Verfahren unterscheiden sich nach
- den Techniken der Analog-Digital-Wandlung
- dem Automationsgrad (Zeitbedarf)
- dem Umfang der Vorlagenvorbereitung,
- der Genauigkeit der geometrischen Objektinformationen (stets Vektordaten),
- der Datenaufbereitung für ein DOM.

6.5.1.1 Interaktive Digitalisierung

Dieses Verfahren umfasst folgende Arbeitsschritte:
- Interpretation der Kartenvorlagen und Erarbeiten einer Erfassungsvorlage,
- Interaktive Digitalisierung am (1) Digitizer oder am (2) Bildschirm (4.4.2.2);
- Korrektur und Aufbereitung der Daten für das DOM.

Bei der von einem Operateur ausgeführten Datenerfassung spielt die Vorlagenvorbereitung eine große Rolle. Karteninterpretation, Generalisierung und
fachlogische Objektbildung einschließlich Codierung mit Attributen sind sorgfältig durchzuführen, damit die Digitalisierung zügig durchgeführt werden kann.
Diese beginnt im Falle (1) mit einer Einpassung der Kartenvorlage durch Trans-
formation identischer Punkte im Tisch-Koordinatensystem in das Benutzerkoordinatensystem (4.6.4.2). Mit Hilfe der Transformationsparameter werden die
Koordinaten der Objektpunkte on-line in das Benutzerkoordinatensystem trans-
formiert. Für die Erfassung der Topologie der Kartendarstellung lassen sich drei
Vorgehensweisen unterscheiden:
- Digitalisieren geschlossener Polygone für jede Masche;
- Knotenweises Digitalisieren der Kanten mit nachfolgendem automatischem
  Maschenschließen;
- Digitalisieren der Linien und späteres Berücksichtigen der Knoten-Kanten-
  struktur.

Semantische Informationen (Objektarten, Attribute) werden interaktiv menü-
gesteuert eingegeben. Zur Datenaufbereitung gehören die Glättung der Linien
z. B. durch gleitende Mittelbildung, die Reduktion überflüssiger Stützpunkte
(Datenkompression), die Berichtigung topologischer Fehler, z. B. Schließen von
Lücken. Abschließend werden die Objekte gebildet und in eine Arbeitsdatenbank
eingetragen. Nach Erfassung aller Objekte wird das Erfassungsgebiet im Zusammenhang auf etwaige Fehler der geometrischen und semantischen Objektinformationen überprüft. Diese Vorgänge werden teilweise interaktiv und teilweise
automatisch durchgeführt.
    Das Verfahren liefert unmittelbar objektstrukturierte Vektor-Daten, und es ist
universell einsetzbar. Besonders vorteilhaft ist die visuelle Kontrollmöglichkeit.

6.5.1.2 Automatisierte Erfassung aus Karten

Das automatisierte Verfahren ist dadurch gekennzeichnet, dass die Interpretation und die Objektbildung durch Verfahren der **kartographischen Mustererkennung** teilweise auf den Computer übertragen wird. Durch den verstärkten Einsatz von Methoden der Künstlichen Intelligenz wird eine noch größere Effzienzsteigerung erwartet, doch wird das Verfahren immer in Kombination mit der interaktiven Digitalisierung einzusetzen sein.

Der Verfahrensablauf wird in Abb. 6.17 dargestellt.

Die *Vorlagenvorbereitung* beschränkt sich im einfachsten Fall auf das Schließen von Lücken u. ä., damit topologische Fehler reduziert werden. Die Codie-

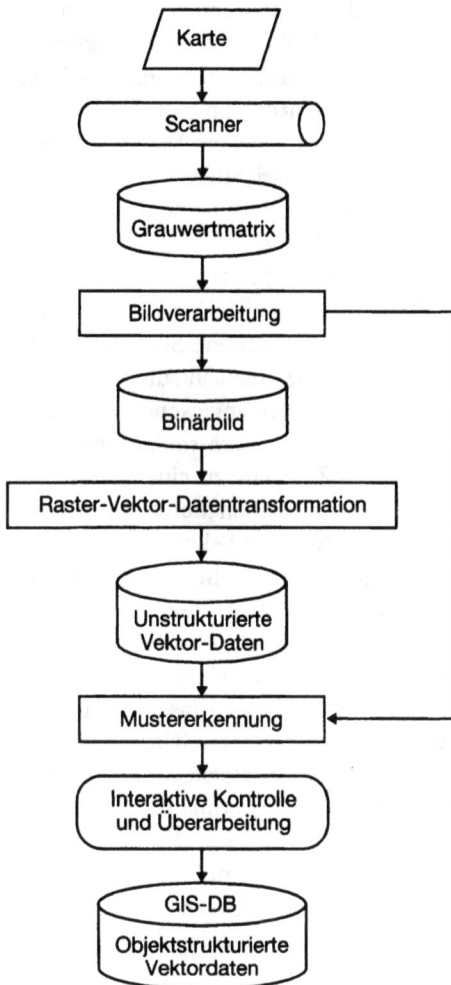

Abb. 6.17 Ablauf der automatisierten Digitalisierung

rung der zu erfassenden Objekte mit verschiedenen Farben für die Unterstützung der automatischen Objektbildung stellt dagegen eine aufwendigere Vorbereitungsmassnahme dar. Die eigentliche Digitalisierung (Analog-Digital-Wandlung) geschieht durch Scannen der Kartenvorlage. Bei der Einstellung der geometrischen Scan-Auflösung ist das Abtasttheorem der Signaltheorie zu berücksichtigen, wonach die Pixelgröße (Abtastintervall) kleiner sein muss als die Hälfte der kleinsten in der Karte vorkommenden Strichbreite. Wichtig für den Erfolg der anschließenden Strukturierung ist, dass durch die Vorverarbeitung der gescannten Karte nach Methoden der digitalen Bildverarbeitung eine bestmögliche topologische Qualität erreicht wird. Das Ergebnis dieses Prozesses ist ein Binärbild. Durch Anwendung von Methoden der kartographischen Mustererkennung wird anschließend versucht, aus dem Binärbild eine digitale Vektorgraphik mit den syntaktischen Merkmalen der Karte zu errechnen. Den dabei gefundenen graphischen Strukturen werden weitgehend automatisch ihre Bedeutungen zugewiesen, aus denen abschließend Objekte gebildet werden.

Bei dem dabei ablaufenden *Mustererkennungsprozess* geht man nach der Strategie vom Kleinen ins Große vor. Im ersten Schritt sind einzelne Buchstaben, Ziffern und Signaturen zu erkennen. Eine relativ sichere Methode für die Erkennung von Zeichen in einheitlicher Größe und Orientierung ist das *Template Matching*. Dabei wird für jedes zu erkennende Zeichen eine digitale Schablone (Rastermatrix, Template) für den Vergleich mit der gescannten Rasterkarte bereitgestellt. Ein Kartenausschnitt in der Größe des Templates wird dann als Zeichen erkannt, wenn sich eine hohe Korrelation zwischen Template und Ausschnitt ergibt. Da bei der Kartengestaltung häufig mehrere Schriftarten und Schriftgrößen verwendet werden und die Schriftzüge unterschiedlich orientiert und gesperrt sind, müssen andere Erkennungsmethoden angewendet werden.

Am weitesten verbreitet sind die Methoden der *numerisch-statistischen Klassifizierung*. Dabei beruht die Zuweisung eines Zeichens zu einer Klasse auf Merkmalen, welche die charakteristischen Eigenschaften durch numerische Größen beschreiben. Wenn Objekte einer Stichprobe mit bekannter Klassenzugehörigkeit in den Merkmalsraum eingetragen werden, bilden die einzelnen Klassen typische Häufungen (Gebiete) aus. Die Gebiete der Klassen sind dann durch Trennfunktionen voneinander abzugrenzen. Zeichen mit unbekannter Bedeutung werden jener Klasse zugeordnet, in deren Gebiet sie aufgrund ihrer Merkmale fallen. Entscheidend für den Erfolg dieser Klassifizierungsmethode ist die Festlegung geeigneter Merkmale. Je schärfer die Klassen in Merkmale voneinander getrennt sind, desto sicherer ist die Klassenzuordnung (*Illert* 1992). Ein Beispiel zur numerisch-statistischen Klassifizierung ist in Abb. 6.18 dargestellt.

Als Unterscheidungsmerkmale werden in diesem Beispiel die Linienlänge und die Höhe der Zeichen verwendet. Die Trennung der Gebiete geschieht mit Hilfe des sog. Quader-Klassifikators; die Trennflächen sind dabei Parallelen zu den Koordinatenachsen des Merkmalsraums.

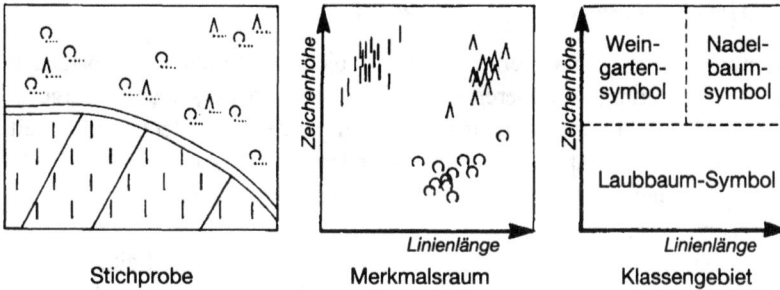

Abb. 6.18 Numerisch-statistische Klassifizierung von Signaturen (aus *Illert* 1992)

Eine Analyse komplexer graphischer Strukturen ist ohne Berücksichtigung der Nachbarschaft (Kontext) nicht möglich. Dabei kommen prozedurale und wissensbasierte Methoden zur Anwendung. Im ersten Fall werden verschiedene Algorithmen in fester Reihenfolge zu Erkennungsprozeduren zusammengefasst. Diese Maßnahme ist von der jeweiligen Kartenart abhängig. Wissensbasierte Methoden versuchen die graphischen Strukturen in Form von Regeln zu beschreiben. Damit lassen sich die graphischen Elemente zu komplexeren Elementen verknüpfen, aus denen wiederum die Objektbedeutung abzuleiten ist.

Die automatisierte Erfassung konnte bislang erst dann erfolgreich angewendet werden, wenn die Strukturen der Kartengraphik einfach sind; das ist z. B. der Fall bei Katasterkarten und Höhenliniendarstellungen. Aber auch dabei hängt die Erfolgsrate wesentlich von der graphischen Qualität der Vorlage ab. Während ein menschlicher Betrachter Mängel der Kartengraphik ausgleichen kann, sind die bisher verfügbaren Programme der Mustererkennung dazu kaum in der Lage. Angesichts des großen Entwicklungsaufwands lohnt sich die automatisierte Digitalisierung nur bei umfangreichen Kartenwerken. Gegenüber der Digitizer-Erfassung ergeben sich jedoch signifikant genauere Geometrie-Daten und kürzere Erfassungszeiten (*Schmitz* in *Schilcher* 1991, *Späni* 1990, *Fischer* 1992, *Grüner/Carstensen* 1993).

Die dem Gebiet der sogenannten künstlichen Intelligenz (KI) zuzuordnende Mustererkennung ist ein aktuelles Forschungsgebiet in vielen Anwendungsbereichen. Die Grundlagen entstammen der Signaltheorie und der Informatik. Theoretische Ansätze und praktische Ergebnisse auf dem Gebiet der kartographischen Mustererkennung stammen von *Weber* (1988) und *Yang* (1989) für die Erkennung von linearen Signaturen, Ziffern und Zeichen, von *Illert* (1990) für die Erkennung flächenhafter, linearer und punktförmiger Signaturen einschließlich Schriftzeichen, von *Klauer* (1993) für die Optimierung der Erkennungsleistung bei großmaßstäbigen Strichkarten und von *Meng* (1993) für die Erkennung von Kartenschrift unter Einsatz moderner KI-Techniken. Eine erhebliche Leistungssteigerung der Verfahren ist aufgrund der im DFG-Schwerpunktprojekt „Semantische Modellierung" entwickelten KI-Ansätze zu erwarten (*Tönjes u. a.* 1999).

6.5.1.3 Datenaufbereitung

Im Anschluss an die Digitalisierung sind die objektstrukturierten Vektor-Daten vor der Abspeicherung aufzubereiten. Hierbei kommen folgende Vorgänge in Betracht: Berücksichtigung geometrischer Bedingungen, z. B. Rechtwinkligkeit, Geradlinigkeit, Parallelität oder Identität mit anderen Linien (*Brüggemann* 1981), Flächenangaben bei der Digitalisierung von Katasterkarten (*Boljen* 1987), und lokale Verzerrungen.

In mehreren Arbeiten sind dazu praktikable Verfahren für die digitale Umgestaltung alter Inselflurkarten mit heterogener Qualität in einen einheitlichen Maßstab (Homogenisierung) entstanden. Die Verfahrenslösungen für die Homogenisierung lassen sich zwei verschiedenen Grundkonzepten zuordnen. Die sequentiell arbeitenden Verfahren führen die Schritte Umformung der digitalisierten Koordinaten, Verteilung der Restklaffungen und Berücksichtigung geometrischer Bedingungen getrennt aus (*Wiens* 1986, *Morgenstern u. a.* 1988, *Rose* 1988). Die simultane Lösung wertet alle zur Verfügung stehenden Informationen in einem geschlossenen Ausgleichungsansatz aus. Über einen Vergleich beider Homogenisierungsansätze berichten (*Benning/Scholz* 1990).

Die *interaktive* (manuelle) Digitalisierung mit Digitizer oder Bildschirm hat bislang die größte praktische Bedeutung beim Aufbau von DOM. Auch für die automatisierte Datenerfassung gibt es mittlerweile praktikable Verfahrenslösungen. Dagegen hat sich die halbautomatische Linienverfolgung für diese Anwendung nicht durchsetzen können.

6.5.2 Informationserfassung zum Zweck der Kartenherstellung

Wenn für die Herstellung *von topographischen oder thematischen Karten* digitale Objektmodelle als Datenquellen nicht zur Verfügung stehen, kommen neben terrestrischen oder photogrammetrischen Messungsergebnissen auch vorhandene Karten gleichen oder größeren Maßstabs als Datenquellen in Frage:
- Für topographische Grundkarten kommen vor allem die Inhalte von Flurkarten (z. B. Grundstücksgrenzen), Stadtgrundkarten (z. B. Parkwege) sowie von Bestands- und Entwurfsdarstellungen anderer Stellen (z. B. forstliche Grenzen, Straßenbau) in Betracht.
- Topographische Folgekarten entstehen definitionsgemäß ohnehin nur aus anderen Karten.

Bei der Anfertigung *thematischer Karten* können topographische Karten über den notwendigen Raumbezug hinaus in Einzelfällen auch noch thematische Informationen liefern (*Hake* in *ARL* 1971, *Satzinger* 1975). So kann z. B. die Geomorphologie der Geländedarstellung morphographische Angaben entnehmen. Aus dem Vergleich älterer und jüngerer Karten lassen sich Daten zur Änderung der

Landnutzung, zur Siedlungsgeschichte und zur Entwicklung des Verkehrsnetzes ableiten. Aber auch thematische Karten eignen sich mitunter als Quellen für andere thematische Karten: Alte Flurkarten geben Informationen über die Agrarverfassung; hydrogeologische Karten, Klima- und Bodenkarten sind Unterlagen für eine Darstellung der potentiellen Vegetation.

Erfassung und Aufbereitung der Informationen aus vorhandenen Karten sind vor allem durch zwei Vorgänge gekennzeichnet: Interpretation und Generalisierung. Die *Karteninterpretation* (Näheres siehe 8.2.2) findet meist unter einem fachspezifischen Gesichtspunkt statt. Die für die Herstellung einer anderen Karte benötigten Informationen werden entweder dem Kartenbild ohne Veränderung entnommen oder noch generalisiert. Die *Generalisierung* (Näheres siehe 3.7) ist maßstabs-, objekt- oder darstellungsbedingt. Dabei ergibt sich die Maßstabsbedingtheit bei der Auswertung von Karten größerer Maßstäbe. Die Objektbedingtheit führt gewöhnlich zu einer Selektion, wenn das thematische Interesse sich nur auf bestimmte Objektgruppen beschränkt. Schließlich ergibt sich eine darstellungsbedingte Generalisierung, wenn der graphische Duktus der Vorlage von dem der vorgesehenen Karte erheblich abweicht.

Die Ergebnisse von Interpretation und Generalisierung werden auf der ausgewerteten Karte selbst, auf einer Deckfolie dazu oder auf einem anderen Zeichenträger dargestellt und sind damit eine Vorstufe zum Kartenentwurf des Fachautors. In dieser analogen Form lassen sich die Informationen mittels konventioneller kartographischer Techniken (4.2) weiterverarbeiten oder durch Einsatz der GDV zu kartographischen Darstellungen verarbeitet werden, wenn sie zuvor digital erfasst wurden. Hierfür kommen sowohl die Methoden der Digitalisierung und Aufbereitung im Vektorformat als auch im Rasterformat in Betracht (4.4). Im Hinblick auf ihre möglichst wirtschaftliche Verwendung werden die digitalen Daten gespeichert (archiviert) (4.5). Dazu ist vor der Erfassung ein logisches Datenmodell (3.6) zu entwerfen und verbindlich festzulegen. Aus ihm und den Eigenschaften der Kartenvorlagen ergeben sich die Einzelheiten des anzuwendenden Digitalisierverfahrens (vgl. Kap. 5)

6.6 Erfassung aus anderen Quellen

6.6.1 Erfassung von Namen und anderen Bezeichnungen

Die sachgerechte Erfassung geographischer Namen erfordert gewöhnlich die Auswertung verschiedener Quellen. Ortsnamen ergeben sich aus den amtlichen Gemeindeverzeichnissen. Diese werden in Deutschland von den Statistischen Ämtern der Bundesländer und vom Statistischen Bundesamt herausgegeben (*Thieme* 1968b). Bei Gebieten ohne solche Verzeichnisse muss man auf Karten oder andere Veröffentlichungen zurückgreifen und evtl. auch Sprachforscher, Historiker usw. befragen, z. B. bei der Herstellung kleinmaßstäbiger Atlaskarten.

Das gilt allgemein auch für die Namen von Flüssen, Seen, Bergen, Wäldern usw. Erstmalig erschien 1966 ein Wörterbuch geographischer Namen für Europa ohne die Sowjetunion (*Ständiger Ausschuss für geographische Namen* 1966).

Mehrere Konferenzen der Vereinten Nationen zur Standardisierung geographischer Namen haben seit 1967 in Resolutionen die Herausgabe und Aktualisierung nationaler Namenbücher empfohlen. Als erstes Werk erschien 1975 das Geographische Namenbuch Österreichs (*Breu* 1975). 1981 folgte das Geographische Namenbuch Bundesrepublik Deutschland (*Böhme* 1980, *IfAG* 1981). In beiden Büchern beschränken sich die Angaben auf die Namen, die in den jeweiligen amtlichen topographischen Übersichtskarten 1:500 000 enthalten sind. Das Namenbuch der Bundesrepublik Deutschland ist aus einem Informationssystem für geographische Namen abgeleitet worden. Die Namenbücher nennen für die Objekte neben dem Namen (und vorhandenen Synonymen) die Kategorie (z. B. Fluss), die Größe (z. B. Einwohnerzahl, Berghöhe), die Lage in Koordinaten, im System der topographischen Karten und in den Verwaltungseinheiten sowie bestimmte Kennziffern und Funktionsangaben (z. B. Hafen).

Über die Rolle der Kartenschrift in topographischen Karten und ihre Probleme siehe 9.2.33. In thematischen Karten treten in größerem Umfang bei der Beschreibung der Sachverhalte auch fachspezifische Bezeichnungen auf. Diese ergeben sich meist aus der fachwissenschaftlichen Terminologie und lassen sich daher der jeweiligen Fachliteratur oder speziellen Fachwörterbüchern entnehmen.

6.6.2 Auswertung von Statistiken

Die Statistik ist als (1) beschreibende Statistik die Menge von Informationen, die als Tabellen, Diagramme, Indexzahlen usw. Zustände und Vorgänge beschreiben. Dagegen ist die (2) analytische Statistik die wissenschaftliche Methodenlehre, die vor allem die mathematische Auswertung der Informationen zum Gegenstand hat.

1. Die zur *beschreibenden Statistik* erforderliche Sammlung, Aufbereitung und Veröffentlichung von Daten liegt in den Händen statistischer, meist amtlicher Institutionen. Die Erhebungen finden periodisch oder nach Bedarf statt und beziehen sich auf bestimmte Regionen und Themenkreise.

    So erscheinen statistische Veröffentlichungen von den Vereinten Nationen und ihren Kommissionen, von anderen internationalen Organisationen, von der Europäischen Union, von Staaten und Ländern, von größeren Gemeinden und Gebietskörperschaften, aber auch von Industrie- und Dienstleistungsbetrieben, Forschungsinstituten, Vereinen und Verbänden. Beispiele hierfür sind das Statistische Jahrbuch der Bundesrepublik Deutschland des Statistischen Bundesamtes mit Quellennachweis, die Statistischen Berichte der Statistischen Landesämter, das Statistische Jahrbuch Deutscher Gemeinden des Deutschen Städtetages, Veröffentlichungen einzelner Ministerien, Statistische Berichte von Gemeinden und Fachbehörden (z. B. über Steuern, Schulen, Fremdenverkehr, Wohnungsbau).

In der amtlichen Statistik haben Erhebungen in kürzeren Zeitabständen den Charakter von Stichproben (Mikrozensus). So werden z. B. in Deutschland vierteljährlich 1‰, und jährlich 1% aller Haushalte befragt. Diese Maßnahmen dienen der Aktualisierung langperiodischer Erhebungen (Großzählungen), die wie z. B. die Volks- und Berufszählungen etwa alle 10 Jahre und die Gebäude-, Wohnungs- und Arbeitsstättenzählung auch in kleineren Zeitabständen stattfinden. Daneben gibt es besondere Erhebungen mit relativ vielen Einzelmerkmalen, z. B. Ermittlungen über Wohnverhältnisse und landwirtschaftliche Betriebszählungen. Weitere Daten ergeben sich aus der gesetzlichen Meldepflicht (z. B. bei Seuchen).

Nachteilig ist dabei oft die Tatsache, dass die veröffentlichten Daten selbst schon das Ergebnis einer Aufbereitung der originären Daten der Erhebung unter rein statistischen Gesichtspunkten sind. Von Vorteil ist die Anwendung der Computertechnik, weil es mit ihr möglich ist, Varianten der Aufbereitung durch Veränderung von Parametern durchzuspielen, Daten zu aggregieren und zu generalisieren und das Ergebnis solcher Versuche sogleich in einer Darstellung am Plotter oder Bildschirm sichtbar zu machen. Im Verbund mit anderen Datenquellen lassen sich darüber hinaus fachbezogene Informationssysteme (z. B. für die Regionalplanung) aufbauen und damit die Mängel der amtlichen Statistik hinsichtlich Vollständigkeit und Aktualität vermindern.

Voraussetzung für eine kartographisch sinnvolle Auswertung statistischer Quellen ist eine ausreichend kleinräumige Gliederung der Bereiche, auf die sich die statistischen Daten beziehen. Nach *Witt* (1979) benötigt man bis etwa zum Maßstab 1:1 Mio. als kleinste Bezugsflächen noch die Gemeindegebiete, während für städtische Bereiche mindestens der einzelne Baublock als Bezugseinheit erwünscht ist. Einzelheiten zu den Anwendungen statistischer Daten beim Entwurf thematischer Karten und den damit verbundenen Problemen siehe Kap. 10.

2. Die *analytische Statistik* spielt zwar bei der Aufbereitung statistischer Informationen für kartographische Zwecke eine zunehmende Rolle, steht aber in Bezug auf Umfang und wissenschaftliche Grundlagen dieser spezifischen Anwendung noch in den Anfängen. Bei den bisher angewandten, allgemein üblichen Verfahren handelt es sich in erster Linie um Methoden der Korrelations- und Regressionsrechnung, der Ermittlung von Häufigkeitsverteilungen, Standardabweichungen und Vertrauensbereichen. Dabei sollten jedoch die Besonderheiten der Kartographie berücksichtigt werden, z. B. die Wahrung der Aussagen über räumliche Verteilungsmuster.

6.6.3 Auswertung amtlicher Veröffentlichungen und Nachweise

Die Inhalte *amtlicher Veröffentlichungen* sind auch für die Herstellung von Karten zu berücksichtigen. In Gesetz- und Verordnungsblättern erscheinen u. a. Angaben über Gebiets- und Verwaltungsreformen, neue Namen von Gebietskörperschaften, Änderungen politischer Grenzen, Errichtung von Naturschutzgebieten usw. Andere amtliche Bekanntmachungen (in Amtsblättern, in der Presse usw.) geben Richtlinien für die Darstellung von Grenzen und Namen in Schulatlanten, stellen Wahlergebnisse fest, liefern Angaben zur Auslegung und Feststellung von Plänen, zur Umwidmung von Straßen, zur Umbenennung von Straßen und Plätzen usw.

Amtliche Nachweise können für Bestandsdaten – vor allem im Bereich der raumbezogenen Planung – wichtige Daten liefern. Dabei enthalten die Grundbücher Angaben über die Rechtsverhältnisse am Grund und Boden (Eigentum, Erbbaurecht, Lasten und Beschränkungen, Hypotheken usw.). Sie stützen sich dabei hinsichtlich der örtlichen Merkmale auf die Bücher und Karten des Liegenschaftskatasters (Flurbuch, Liegenschaftsbuch, Flurkarte, Schätzungskarte) als sog. amtliches Verzeichnis der Grundstücke, zunehmend in automatisierter Form. Auch Einwohnermeldekarteien, Beitragslisten usw. können kartographische Informationen liefern. Die Auswertung aller solcher Nachweise setzt selbstverständlich voraus, dass sie aus Gründen des Datenschutzes weder dem Interesse der Öffentlichkeit noch dem der betreffenden Privatpersonen entgegensteht.

6.6.4 Auswertung von Fachliteratur und Archivalien

Für zahlreiche Kartenthemen kommt auch das *fachliche Schrifttum* als Quelle in Betracht. Dazu gehören Hand- und Lehrbücher, Fachzeitschriften, Berichte, Resolutionen wissenschaftlicher Gesellschaften, Bibliographien, Wörterbücher, Lexika, Normblätter, Kursbücher, Flugpläne, Unterlagen zur Schreibweise von Namen, über Transkriptions- und Transliterationssysteme usw. Dabei ist auch älteres Schrifttum sowie wichtiges *Aktenmaterial* aus Bibliotheken und Archiven eingeschlossen; dieses kann ebenso wie die *Archivkarten* insbesondere für alle Kartendarstellungen mit historischer Fragestellung eine wertvolle Fundgrube sein.

6.7 Aufbau digitaler Geo-Datenmodelle

Ein für die DOM-Bildung geeignetes Datenmodell ist in Abb. 3.57 dargestellt (*AdV* 1989).

Ein spezieller Typ eines DOM sind die Digitalen Landschaftsmodelle (DLM). Sie beschreiben die an der Oberfläche der Erde erkennbaren Objekte entsprechend einem einheitlich konzipierten Objektartenkatalog (Konzeptionelles Modell). Bei jedem DLM kann man weiter differenzieren nach den Komponenten *Digitales Situationsmodell (DSM)*, das alle diskreten Objekte mit zweidimensionalen Vektordaten beschreibt, und *Digitales Geländereliefmodell (DGM)*, das die Morphologie des stückweise kontinuierlichen Reliefs durch einen dreidimensionalen Punkthaufen wiedergibt. DSM und DGM werden derzeit separat hergestellt, beruhen aber auf demselben geodätischen Koordinatensystem.

6.7.1 Digitale Situationsmodelle

Im Vordergrund der Erfassung steht die semantische Modellierung der Umwelt; sie ist maßgeblich für die Objektbildung und damit auch für ihre geometrische Beschreibung. So wird beispielsweise durch die Interpretation eines Luftbildes eine mit Bäumen bedeckte Fläche der Objektart „Wald" zugeordnet (klassifiziert), wenn sie größer/gleich der Mindestfläche ist, und die geometrische Information des Waldobjektes (sog. Definitionsgeometrie) ergibt sich aus der Festlegung seiner Grenzen gegenüber Flächen mit anderer Bodenbedeckung. Für die Erfassung der Definitionsgeometrie wird je nach Quellenlage eine der in 6.3 – 6.5 beschriebenen Methoden angewendet.

Ebenso wie die Auswahl bestimmter Attribute ist auch die Festlegung der *Definitionsgeometrie* mit einer Erfassungsgeneralisierung verbunden. Zunächst haben alle topographischen Objekte eine dreidimensionale Geometrie (z. B. Gebäude, Reliefformen). Diese wird im Regelfall auf eine flächenhafte Geometrie (z. B. Gebäudegrundriss) reduziert. Darüber hinaus ist es häufig zweckmäßig, anstelle der flächenhaften eine linienförmige und punktförmige geometrische Beschreibung in Verbindung mit Parametern zu verwenden, wie z. B. Straßenachse mit Straßenbreite (Abb. 6.19). Grundsätzlich wird für Modellrech-

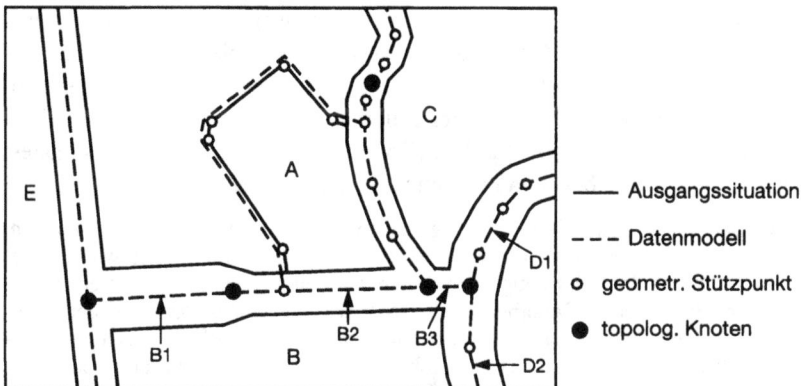

Abb 6.19. Topographische Modellierung eines Ausschnitts der Wirklichkeit

nungen im Rahmen eines GIS die dritte Dimension benötigt; dagegen erfordert die kartographische Darstellung eine zweidimensionale Abbildung der Geometrie.

Während sich die Modellbildung der Schritte 1 und 2 (s. Einleitung zu 6.7) als ein gedanklich-analytischer Prozess charakterisieren lässt, entsteht das DOM bzw. DSM in den folgenden Schritten 3, 4 und 5 nach einer mehr technisch-synthetischen Vorgehensweise. Zuerst werden dabei die geometrischen Objektinformationen digitalisiert und der Ebene der Geometrieelemente zugeordnet (Abb. 3.59). Diese werden für identische geometrische Objektinformationen nur einmal, d.h. redundanzfrei erfasst, um die geometrischen und topologischen Bedingungen auch bei komplexen, aus verschiedenen Geo-Objekten bestehenden DSM sicher einhalten zu können. Unter Hinzufügung lokal geltender semantischer Informationen werden auf der Basis der Geometrieelemente die *Objektteile* eines Objektes gebildet. Aus ihnen entsteht dann im nächsten Teilschritt das *digitale Objekt*, dem die für alle Objektteile geltenden Informationen wie Objektname und Objektart zugeordnet werden. Unter bestimmten Bedingungen sind mehrere elementare Objekte zu einem komplexen Objekt zu verknüpfen. Ein Beispiel dafür sind mehrspurige Straßen, die sich aus den als elementaren Objekten modellierten Richtungsfahrbahnen ergeben. Schließlich sind noch die *expliziten Relationen* zwischen den Objekten zu erfassen und zur Vervollständigung des DOM zu speichern.

6.7.2 Gerechnete digitale Geländereliefmodelle (DGM)

Im Gegensatz zu flächenfüllenden Kontinua lässt sich das Geländerelief aufgrund seiner Morphologie (z.B. Bruchkanten) in der Regel nicht durch einen einheitlichen mathematischen Ansatz beschreiben. Durch die Klassifizierung der morphologischen Strukturen werden diskrete punktförmige (z.B. Muldenpunkte) und linienförmige (z.B. Bruchkanten) sowie flächenhafte kontinuierliche Reliefobjekte gebildet. Zusammen lassen sich diese Objekte als sog. Oberflächengraph beschreiben (*Wolf* 1988, *Weibel* 1989). Zur geometrisch genauen und morphologisch richtigen Erfassung des Reliefs wird dieses so vermessen, dass die diskreten Objekte und die Maschen (Kontinua) durch ein dreidimensionales Stützpunktfeld beschrieben werden können (sog. gemessenes DGM).

Bei der *photogrammetrischen Erfassung* entsteht meist ein aus Profilen oder Rastern bestehendes gemessenes DGM. Die *terrestrische Vermessung* des Reliefs wird in der Regel zur geomorphologisch richtigen Erfassung des Reliefs angewendet; sie ergibt ein aus unregelmäßig verteilten Reliefpunkten bestehendes gemessenes DGM. Bei der in der Praxis weit verbreiteten automatisierten *Digitalisierung von Höhenlinien* aus topographischen Grundkarten ergibt sich meist eine inhomogene Verteilung der Stützpunkte: Entlang der digitalisierten Höhenlinien ist die Punktdichte bedeutend höher als in Richtung der Falllinien.

Für die Verarbeitung der Stützpunkthaufen zu einem gerechneten DGM wird je nach Struktur entweder eine Triangulation des Stützpunkthaufens oder eine Approximation des Reliefs durch Flächenfunktionen angewendet (Abb. 6.20)

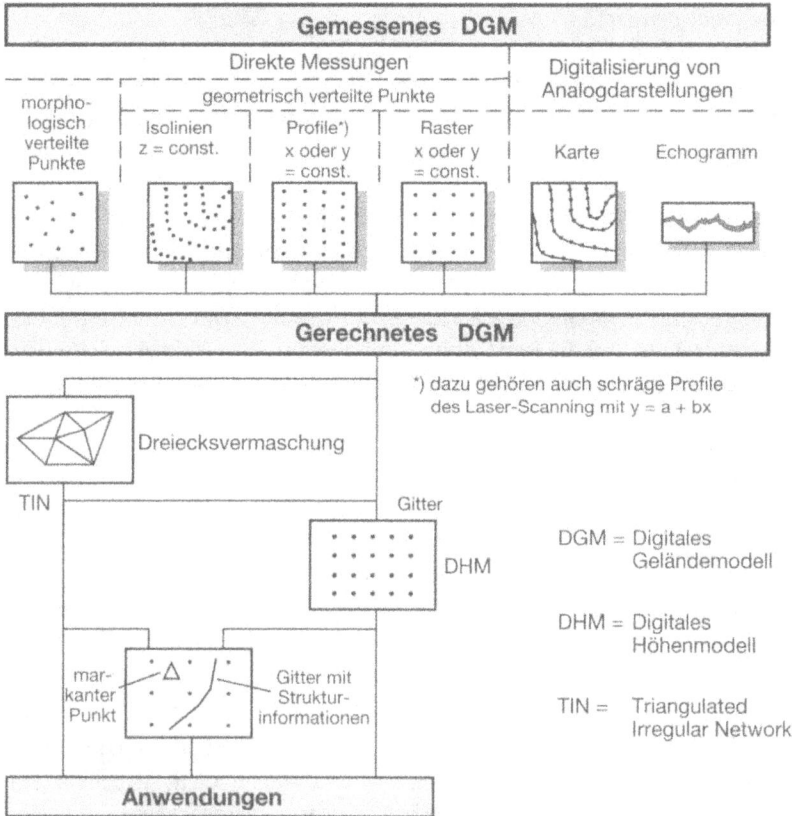

Abb. 6.20 Modellierung des Geländereliefs

Die *Triangulation* ermöglicht bei ausreichend dichtem Stützpunktfeld eine morphologisch richtige Beschreibung des Geländereliefs. Eine bewährte Methode hierfür ist die modifizierte Triangulation nach *Delaunay* (Abb. 3.58), bei der die Strukturlinien des Reliefs als Dreiecksseiten berücksichtigt werden (*Buziek/ Grünreich* 1993). Darüber hinaus ist diese Methode auch geeignet, um aus den topologischen Beziehungen des triangulierten Punkthaufens (Dreiecksnetz) geomorphologische Strukturen zu ermitteln oder redundante Punkte zu identifizieren. Solche Situationen treten auf, wenn das gemessene DGM aus digitalisierten Höhenlinien oder Profilen aus Laserscanning- oder Fächerecholotvermessungen besteht.

Die Approximation des Reliefs durch Flächenfunktionen ergibt ein für die Weiterverarbeitung und Speicherung günstiges rasterförmiges DGM. Dieses besteht in einer einfachen Form lediglich aus einem Punktraster, dessen dreidimensionale Koordinaten ein *digitales Höhenmodell (DHM)* bilden. Die Rasterweite bestimmt die Genauigkeit der Reliefapproximation, den Rechenaufwand und den Speicherbedarf.

Für die Ermittlung der Höhen der Gitterpunkte gibt es verschiedene mathematische Ansätze der flächenhaften Interpolation. Als robust gilt u. a. die Interpolationsmethode mit gleitenden Flächen. Dabei wird das Relief in jedem durch Lagekoordinaten definierten Gitterpunkt mit einem geeigneten Flächenpolynom approximiert, dessen Koeffizienten aus ca. 10–20 repräsentativen Stützpunkten in der Nachbarschaft des Gitterpunktes geschätzt werden. Die Höhe eines Gitterpunktes wird als Abstand des approximierenden Flächenpolynoms zur Höhenbezugsfläche ermittelt. Im Hinblick auf eine bestmögliche Anpassung des Flächenpolynoms an das Relief werden meist mehrere Polynomansätze berechnet und die beste Approximation durch ein numerisch-statistisches Kriterium (Standardabweichung der Punkthöhe) ausgewählt. Mögliche Ansätze sind:

– Ellipsoidische Fläche:
$$z_i = a_1 + a_2 x_i + a_3 y_i + a_4 x_i y_i + a_5 x_i^2 + a_6 y_i^2$$
– Hyperbolische Fläche:
$$z_i = a_1 + a_2 x_i + a_3 y_i + a_4 x_i y_i$$
– Schrägebene:
$$z_i = a_1 + a_2 x_i + a_3 y_i$$
– Horizontalebene:
$$z_i = a_1$$

Um ein morphologisch korrektes DGM zu erzeugen, werden zusätzlich zum DHM die charakteristischen Geländepunkte und -linien (z. B. Bruchkanten) berücksichtigt. Dabei entstehen durch Verschneiden der Bruchkanten mit dem Gitter lokale Dreiecksnetze (Abb. 6.20).

Die digitale Modellierung des Geländereliefs wurde erstmalig von *Miller* und *LaFlamme* (1958) beschrieben. Seit den 1970er Jahren ist zur Theorie und Anwendung der DGM-Methode eine umfangreiche Literatur entstanden. Eine umfassende Darstellung der Methoden und Algorithmen der Vektor-Datenverarbeitung für die Berechnung gitterförmiger digitaler Geländemodelle gibt *Kraus* (1994/1996). Spezielle Programmentwicklungen stammen von *Schaffeld* (1988) zur Anwendung der Methode der Finiten Elemente, *Gottschalk* (1988) und *Ebner u. a.* (1989) zur Anwendung der Raster-Datenverarbeitung und *Fritsch* (1991) zur Splineinterpolation. Über eine modifizierte Delaunay-Triangulation zur Erzeugung eines DGM in Wattgebieten aus Wasserlinien berichtet *Buziek* (1990). Eine Konzeption für die Ermittlung von Strukturinformationen aus einem triangulierten DGM stellen *Buziek/Grünreich* (1993) vor. Einen Überblick über Methoden der Interpolation und zum rationellen Aufbau digitaler Reliefmodelle gibt auch *Höpfner* (1990a,b), ausgereifte Programmsysteme für die Berechnung digitaler Geländemodelle beschreiben z. B. *Kraus* (1994/1996) und *Kruse* (1990).

6.7.3 Datenintegration

Mit Datenintegration wird der Prozess bezeichnet, bei dem aus heterogenen Datenmodellen ein homogenes Modell erzeugt wird. Ziel der Datenintegration ist die widerspruchsfreie semantische und geometrische Verknüpfung aller Geo-Daten eines DOM (3.6.4). Dadurch wird die Voraussetzung für die ökonomische Durchführung von Verarbeitungsprozessen zur Gewinnung von Geo-Informationen (8.3) und zur Herstellung kartographischer Darstellungen (7.3) geschaffen. Bezieht sich die Datenintegration überwiegend auf die geometrischen Informationen der betroffenen Objekte, so wird das als Modellhomogenisierung bzw. einfach *Homogenisierung* bezeichnet. Setzt dagegen die Datenintegration bereits bei den semantischen Informationen (also bei der Objektbildung) an, handelt es sich um die Modellharmonisierung bzw. einfach Harmonisierung.

Die Datenintegration geschieht bislang mit erheblichem Aufwand interaktiv. Robuste, automatisch ablaufende Verfahren sind noch Gegenstand von Forschung und Entwicklung. Allgemeine Aspekte der automatisierten Datenintegration behandeln *Flewerdew* sowie *Shepherd* (in *Maguire u. a.* 1991), mathematische Ansätze der objektorientierten Datenintegration stellen *Becker/Ottmann* in (*Clauer/Purgathofer* 1988) vor; *Finsterwalder* (1993) beschreibt ein Verfahren für die Ermittlung identischer Linien. Eine systematische Betrachtung für die Datenintegration mit Bezug auf das ATKIS-DLM 25 stellt *Grünreich* (in *Günther u. a.* 1992) an.

6.7.3.1 Homogenisierung

Die Notwendigkeit der Homogenisierung ergibt sich aus Unterschieden in der geometrischen Beschreibung identischer Objekte. Diese können dadurch entstehen, dass bei der Digitalisierung der geometrischen Beschreibungen unterschiedliche Zeichenträger, Pass- und Stützpunkte und/oder Transformationsansätze verwendet werden.

Als Folge der geometrischen Unterschiede können sich bei der gemeinsamen Verarbeitung der Geo-Daten folgende topologische Fehler ergeben (Abb. 6.21):
- zusätzliche Flächenobjekte, die wegen ihrer geringen Ausdehnung als Splitterpolygone (engl. sliver polygons) bezeichnet werden,
- fehlerhafte Objektbildung aufgrund fehlender Flächenschlüsse.

Darüber hinaus führt die Überlagerung heterogener Datenmodelle ohne Homogenisierung zu einem erheblichen Mehraufwand bei der Datenspeicherung, der Datenverarbeitung und der Aktualisierung.

Bei der Homogenisierung können zwei Fälle unterschieden werden:
a) Sind die geometrischen Informationen der zu verknüpfenden Datenmodelle gleichgewichtig, müssen Lage und Form der identischen Objekte plausibel geschätzt werden.

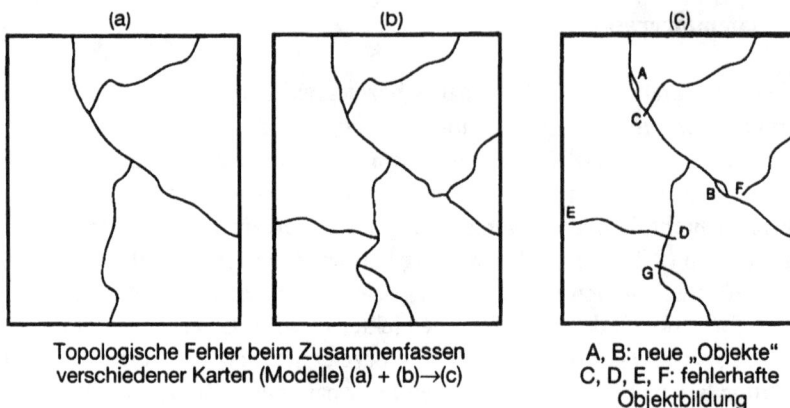

Topologische Fehler beim Zusammenfassen
verschiedener Karten (Modelle) (a) + (b)→(c)

A, B: neue „Objekte"
C, D, E, F: fehlerhafte
Objektbildung

Abb. 6.21 Topologische Fehler bei der Verknüpfung zweier nicht integrierter DOM

b) Hat die geometrische Information eines Datenmodells ein höheres Gewicht (z. B. digitales Landschaftsmodell, 9.1), so ist diese für die geometrische Information der identischen Objekte in den übrigen Datenmodellen maßgeblich.

Verfahrenstechnisch wird bei der Homogenisierung zuerst mit einer geometrischen Transformation aller Datenmodelle über sorgfältig ausgewählte Passpunkte ihre Einpassung in ein einheitliches Koordinatensystem erreicht. Anschließend wird die erforderliche lokale Homogenisierung durchgeführt, so dass bei identischen Objekten und Objektteilen einheitliche Knoten und Kanten geschaffen werden. In diesem Zusammenhang sind auch die geometrischen Bedingungen der Geradlinigkeit, Rechtwinkligkeit und Parallelität von Linien herzustellen.

Anwendungsbeispiele:

1. DLM-Bildung durch Integration von DSM und DGM

DSM und DGM des gleichen Gebiets wurden bisher aus organisatorischen und finanziellen Gründen getrennt erfasst und verwaltet. Für bestimmte Anwendungen (z. B. in den Geowissenschaften) ist jedoch ein homogenes dreidimensionales DLM erforderlich. Dieses lässt sich aus den bereits erfassten DSM und DGM durch Verschneiden berechnen (Abb. 6.22).

Dabei erhält jedes flächenhafte Objekt die in seinem Umring liegende Teilmenge der DGM-Gitterpunkte, und für alle Punkte des DSM werden Höhen interpoliert (6.7.2). Bei der Beseitigung redundanter geometrischer Informationen in DSM und DGM (z. B. Uferlinie eines Gewässers) ist der Fall a) zu lösen.

Ansätze der dreidimensionalen Homogenisierung beschreiben *Fritsch* (1991) und *Kraus* (1991). Weiterführende Ansätze wie z. B. die Beschreibung des Reliefs durch einen

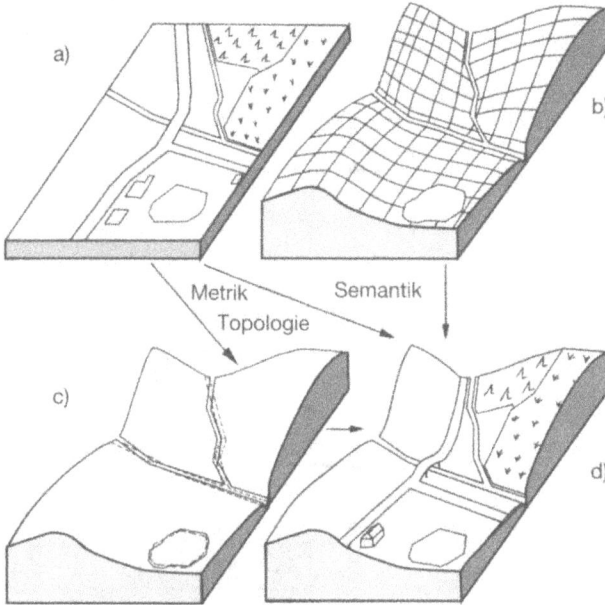

Abb. 6.22 Integration von DSM und DGM zum 3D-DLM.

zweidimensionalen Oberflächengraphen einschließlich der für die einzelnen Maschen geschätzten Koeffizienten der Approximationsfunktionen sind Gegenstand aktueller Forschung (*Lenk* 2001).

2. Inkrementelle Aktualisierung eines DLM

Im Zuge der Aktualisierung eines DLM sind neue Objekte bzw. neue geometrische Beschreibungen bestehender Objekte in ein vorhandenes DLM zu integrieren. Dieser Vorgang ist auch dann notwendig, wenn die Aktualisierungsinformation zunächst einer Modellgeneralisierung (6.8) unterzogen wird. Die objektbezogene Aktualisierung, auch als inkrementelle Aktualisierung bezeichnet, wird gegenwärtig für die Geo-Basisdatenmodelle (9.1) entwickelt. Die Aufgabenstellung wird mit Abb. 6.23 veranschaulicht.

6.7.3.2 Harmonisierung

Die Notwendigkeit der Harmonisierung ergibt sich aus Unterschieden bei der Objektbildung der zu verknüpfenden Datenmodelle. Die Ursache hierfür liegt in der fachspezifisch unterschiedlichen semantischen Modellierung der Umwelt, die durch Vergleich der in den beteiligten Fachdisziplinen entwickelten Objektartenkataloge erkennbar wird. Darüber hinaus treten auch die in 6.7.3.1 dargestellten Mängel auf.

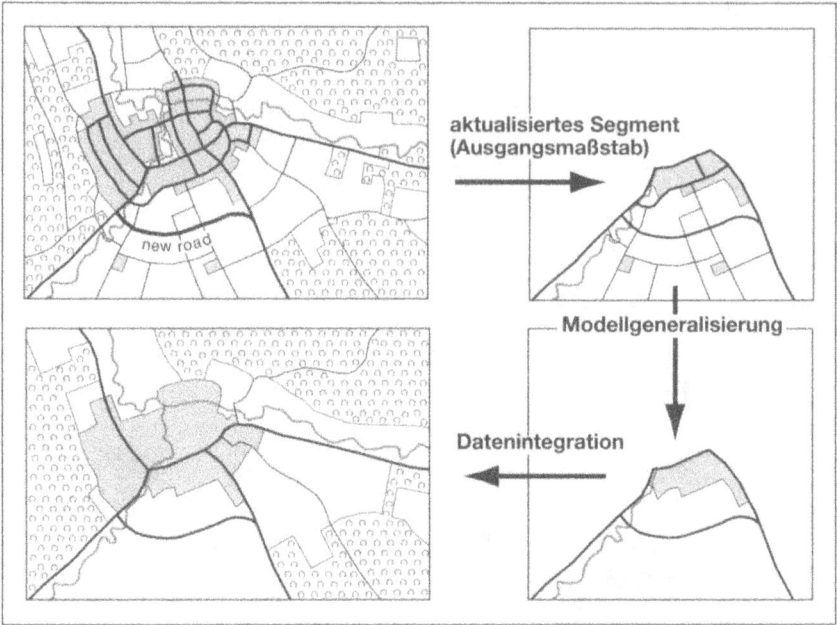

Abb. 6.23 Modellgeneralisierung und Datenintegration

Für fachübergreifende komplexe GIS-Anwendungen ist zunächst eine *Harmonisierung der Objektartenkataloge* erforderlich; Ziel ist ein harmonisiertes Objektverständnis aller beteiligten Fachdisziplinen. Darüber hinaus ist bei der Realisierung eines integrierten DOM in der Regel auch die *Homogenisierung der Objektgeometrien* erforderlich.

Beim Aufbau integrierter DOM in den öffentlichen Verwaltungen der Bundesrepublik Deutschland haben die DLM des ATKIS (9.1) bzw. die digitalen Liegenschaftskarten (9.2) die Funktion von Referenz-Datenmodellen. Die topographischen Objekte und die durch sie gebildeten räumlichen Strukturen bilden für die fachlichen Geo-Objekte den Bezugsrahmen im Hinblick auf die Integration ihrer semantischen und geometrischen Informationen.

Die Integration fachlicher Geo-Daten (Raster-Daten) in das ATKIS-DLM wird in Abb. 6.24 erläutert (*Mutz* in *Günther u. a.* 1992). Zur Integration werden linienförmige Objekte des Verkehrs- und Gewässernetzes automatisch mit einem Pufferbereich in einer der Unschärfe der zu integrierenden Objekte entsprechenden Breite umgeben. Die in einen Pufferbereich fallenden Grenzen fachlicher Geo-Objekte werden durch Verschneidung identifiziert und durch die geometrischen Beschreibungen der DLM-Objekte ersetzt. Das auf diese Weise teilweise neu definierte Netz der Grenzen fachlicher Objekte wird anschließend homogenisiert und in das DFM eingefügt. Dahinter steht die Vorstellung, dass das integrierte DOM nicht an *einer* Stelle geführt wird; vielmehr werden seine Komponenten DLM, DFM_1, DFM_2 usw.) bei den jeweils fachlich zuständigen Stellen betreut.

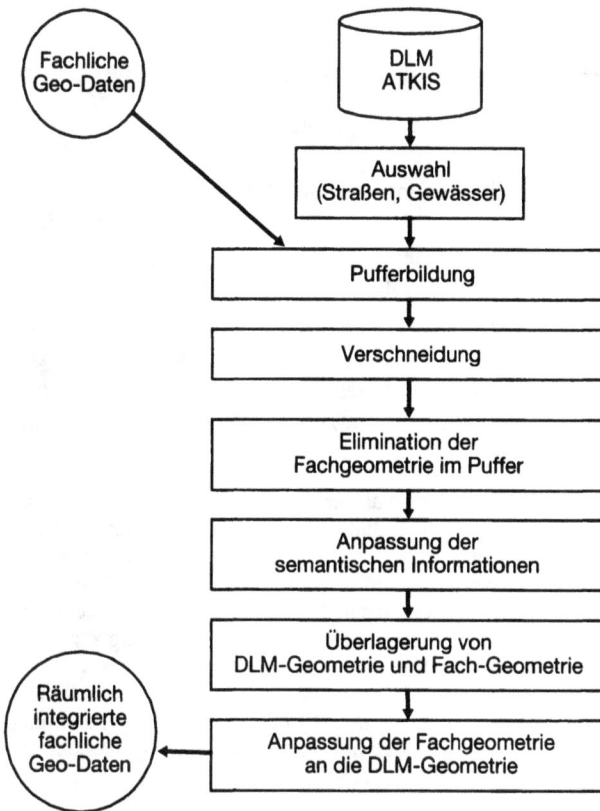

Abb. 6.24 Integration fachlicher Geo-Daten in ein DLM

Eine Realisierung dieses Konzepts darf sich nicht nur auf den Fall der erstmaligen Integration beschränken. Es ist darüber hinaus auch notwendig, dass die zunächst fachgebietsweise durchgeführte Aktualisierung der digitalen Modelle ihren Niederschlag im integrierten DOM findet. Eine nicht zu unterschätzende Bedeutung hat (z. B. in der Übergangsphase bis zum Aufbau vollständiger objektorientierter Modelle) auch die Kombination von DOM-Teilkomponenten mit Raster-Datenmodellen (*Grünreich* in Festschrift für *Günter Hake* 1992).

Die Lösung des hier dargestellten Problems ist eine der schwierigsten Aufgaben der Geoinformatik und der digitalen Kartographie. Sie stellt den Schlüssel für die Realisierung digitaler Objektmodelle dar. Das setzt voraus, dass sich die beteiligten Fachgebiete über die semantische Modellierung der Umwelt verständigen, d. h. ein gemeinsames Objektverständnis entwickeln und ein einheitliches Raumbezugssystem verwenden. Ansätze und erste Ergebnisse werden von *Grünreich* (in *Günther u. a.* 1992) vorgestellt.

6.8 Nutzung digitaler Objektmodelle für die Datengewinnung

6.8.1 Allgemeines zur Nutzung digitaler Objektmodelle

Die Nutzung von DOM für die Gewinnung von Geo-Informationen durch Kartenauswertung oder GIS-Analyse (Kap. 8) erfordert die zweckgerechte Bereitstellung der benötigten Geo-Daten. In vielen Fällen reicht dafür eine Selektion der DOM-Daten aus. In anderen Fällen ist dieser Ansatz nicht ausreichend, weil der bei der Erfassung verwendete konzeptionelle Modellierungsansatz mit dem einer bestimmten Aufgabe nicht kompatibel ist. Der selektierte DOM-Auszug ist dann in einem weiteren Aufbereitungsprozess im Hinblick auf seine semantischen und geometrischen Informationen anzupassen. Dieser Prozess wird als *Modellgeneralisierung* bezeichnet.

Forschungen und Entwicklungen zur Generalisierung wurden Anfang der 1970er Jahre *u. a.* von *Töpfer* (1974), *Staufenbiel* (1974) und *Hake* (1975) durchgeführt. Anfangs strebte man an, den digitalisierten Datenbestand der Ausgangskarte mittels einer passiven GDV zu einem Generalisierungsentwurf der Folgekarte zu verarbeiten. Eine Zusammenfassung des bis Anfang der 1980er Jahre erreichten Forschungsstandes zur rechnergestützten Generalisierung legt *Weber* (1982b) vor. Forschung und Entwicklung zur digitalen Generalisierung wurden im Zusammenhang mit dem Aufbau und Einsatz von GIS intensiviert. Ziele sind hierbei die vielfältige Nutzung der digitalen Objektmodelle und die Herstellung kartographischer Darstellungen durch digitale Informationsverarbeitung. Neuere Arbeiten, die auch moderne Ansätze der Informatik berücksichtigen, stammen von *Harrie/Hellström* (1999), *Sester* (2000) und *Barrault u. a.* (2001).

6.8.2 Modellgeneralisierung

Aufgabe der Modellgeneralisierung ist es, aus einem DOM höherer geometrischer und semantischer Auflösung ein DOM mit geringerer Modellauflösung abzuleiten (Abb. 3.62). Anwendungen dafür sind
- die Ableitung digitaler Landschaftsmodelle zur Vermeidung einer erneuten Erfassung originärer Geo-Daten,
- die Bereitstellung eines DLM als topographische Referenz für ein Digitales Fachdatenmodell und
- die Vorbereitung der kartographischen Generalisierung im Zuge der Herstellung von Karten (7.2).

Die Modellgeneralisierung ist ein komplexer Abbildungsprozess, durch den ein Ausgangsdatenmodell auf ein konzeptionelles Zielmodell abgebildet wird; in der Informatik wird dieser Vorgang als Instanzierung bezeichnet. Für die Modellgeneralisierung sind folgende *Vorbereitungen* erforderlich:

– Analyse der Anforderungen an ein generalisiertes DLM (Folgemodell) hinsichtlich Zweck, Inhalt, Qualität u. a. m.;
– Beschreibung der im Folgemodell abzubildenden Informationen in Form eines Regelwerks (Objektartenkatalog);

Die *Durchführung* der Modellgeneralisierung umfasst folgende Massnahmen:
– Selektion der zu generalisierenden räumlichen Strukturen des Ausgangsmodells,
– Festlegung der Generalisierungsprozesse in einem Prozessmodell,
– Klassifizieren der selektierten Objektinformationen, wodurch sie den generalisierten Objektklassen zugeordnet werden,
– kontextabhängiges Zusammenfassen der klassifizierten Objektinformationen nach semantischen und geometrischen Aspekten (Bildung generalisierter Objekte) und
– Vereinfachen der geometrischen Objektbeschreibungen.

Im Falle topographischer Modelle ergeben sich noch folgende Unterscheidungen:

a) Generalisierung des DSM
Die *semantische Generalisierung* umfasst die Klassifizierung, die Auswahl und die begriffliche Zusammenfassung der Objektqualitäten des Ausgangsmodells zu Oberbegriffen. In quantitativer Hinsicht lässt sich die Menge der Objekte einer bestimmten Objektart auch durch Regeln wie z.B. das Töpfersche Wurzelgesetz (3.7.3) bestimmen.
Die Ansätze der *geometrischen Generalisierung* gliedern sich in Methoden für die Verarbeitung punktförmiger, linienförmiger und flächenhafter Objekte. Punktförmige Objekte werden durch die Auswahl repräsentativer Objekte z.B. nach der Methode der Schwerpunktberechnung bei Punktgruppen oder Methoden der stochastischen Geometrie (*Meier* 1991) generalisiert. Einen breiten Raum nimmt in der Literatur die Generalisierung linienförmiger Objekte nach Methoden der Vektor-Datenverarbeitung ein. Dabei wird unterschieden zwischen Methoden, die nach bestimmten Kriterien Linienstützpunkte weglassen/auswählen (z.B. *Douglas/Peucker* (1973), 4.6.4.1), und solchen, bei denen neue Punkte berechnet werden, z.B. durch die Bildung des gewichteten arithmetischen Mittels für jeden Punkt der Originalkurve (Tiefpassfilterung durch gleitendes arithmetisches Mittel) oder durch die Bestimmung des Kurvenverlaufs aufgrund von Kreisen mit einem Toleranzradius um jeden Stützpunkt nach *Williams* (1978). Für die Generalisierung flächenhafter Objekte werden vektor- und rasterorientierte Ansätze vorgeschlagen. *Lay/Weber* (1983) untersuchen Methoden der Raster-Datenverarbeitung. *Grünreich* (1985) stellt einen graphentheoretischen Ansatz für die Generalisierung von Flächennetzen vor.

b) Generalisierung des DGM
In den ersten Untersuchungen zur Generalisierung des Geländereliefs wurden noch die Höhenlinien als Objekt der Generalisierung betrachtet. Methoden der Vektor- Daten-

verarbeitung untersucht *Hentschel* (1979), *Schweinfurth* (1984) beschreibt die Höhenliniengeneralisierung mit Methoden der digitalen Bildverarbeitung.

In den neueren Untersuchungen hat sich die Erkenntnis durchgesetzt, dass es sachgerechter ist, die Reliefgeneralisierung auf das DGM zu beziehen. Dabei sind jene
Punkte und Strukturlinien des Ausgangs-DGM zu eliminieren, welche für das Folge-
DGM zu klein oder nicht bedeutend genug sind. Erste Ansätze stammen von *Brassel*
(1973) *Brassel/Weibel* (1988) und *Wu* (1981). *Yoeli* (1986) schlägt vor, die Generalisierung topographischer Reliefs in zwei Abschnitten durchzuführen. Zuerst ist das System der Strukturlinien zu generalisieren, danach die durch sie gebildeten Oberflächen-
segmente. Weiterführende Untersuchungen stammen von *Weibel* (1989, 1991); sie
führen zur adaptiven Reliefgeneralisierung. Dabei wird aufgrund einer analytischen
Bestimmung des Reliefcharakters entschieden, nach welchem mathematischen Ansatz
das Folge-DGM abzuleiten ist. Bei einem ruhigen Reliefverlauf wird eine globale Filterung, bei einem mäßig bewegten Relief die selektive Filterung und bei rauhem Relief
eine heuristische Generalisierung angewendet. Letztere geht von der Beschreibung des
Systems der charakteristischen Geländelinien und Geländepunkte in einem sog. Struk-
turlinienmodell (SLM) aus. Dieses wird durch Auswählen/Weglassen, Vereinfachen,
Zusammenfassen, Verdrängen und Betonen generalisiert. Daraus wird das generalisierte DGM durch Triangulation oder Interpolation eines gitterförmigen DGM abgeleitet. Die Reliefgeneralisierung durch Filterung beschreibt auch *Meier* (1991).

c) Generalisierung des DLM
Die weitere Entwicklung ergibt sich aus der Forderung, die dreidimensionale Beschreibung der Landschaft in einem DLM zu generalisieren. Die Untersuchung geeigneter
Ansätze ist Gegenstand der aktuellen Forschung. Konzeptionelle Betrachtungen stammen von *Brassel/Weibel* (1988), *Muller* in *Maguire* u. a. (1991), *Buttenfield/McMaster*
(1991) und *Grünreich* (1993). Neuere Untersuchungen stammen von *Kilpeläinen*
(1997) und *Morgenstern/Schürer* (1999). Für die Praxis ist das Verfahren derzeit noch
nicht operationell.

6.9 Qualität der Geo-Informationen, Metadaten

Eine Aussage über die *Qualität der Geo-Informationen* als Ergebnis der Auswertung der originären DOM-Daten und der Modellrechnungen ist von großer
Bedeutung in Entscheidungs- und Planungsprozessen.

Nach ISO 8402 ist Qualität „die Gesamtheit von Merkmalen einer Einheit
bezüglich ihrer Eignung, festgelegte und vorausgesetzte Erfordernisse zu erfüllen." Demzufolge lässt sich die Qualität eines DOM daran messen, inwieweit es
den Nutzeranforderungen und -erwartungen entspricht. Damit dies bei einem für
viele Anwendungen offenen System vom einzelnen Anwender beurteilt werden
kann, sind bei der Bildung eines DOM Angaben über die Qualität der abgebildeten Geo-Daten z. B. in Form von Qualitätsattributen (Metadaten) zu beschreiben.
Diese können sich auf Aussagen über die geometrische, semantische und temporale Genauigkeit sowie auf Angaben zur Zuverlässigkeit der Datenquellen
und zur Vollständigkeit der Modellierung beziehen. Während eine Ermittlung
dieser Angaben für Geo-Objekte mit einigem Aufwand möglich ist, sind die theoretischen Grundlagen für die Schätzung von Fehlermaßen für die abgeleiteten

Geo-Informationen und für ihre Anwendung sowie für die Zuverlässigkeit der Schätzungen noch nicht ausreichend entwickelt (*Goodchild/Gopal* 1989, *Caspary* 1992). *Kraus/Haussteiner* (1993) weisen auf die unterstützende Funktion der Visualisierung bei Erfassung, Interpretation und Vermittlung der Datenqualität hin. Mit dieser Methode der digitalen Kartographie lassen sich die Anwender der GIS für Genauigkeitsfragen sensibilisieren.

7 Herstellung kartographischer Darstellungen

Zusammenfassung

Das Kapitel 7 beschreibt die in der Kartographie entwickelten und ange-
wendeten Verfahren zur Herstellung kartographischer Ausdrucksformen,
beginnend mit einer kurzen Charakteristik der Verfahren der klassischen,
der rechnergestützten und der digitalen Kartenherstellung. Ihrer praktischen Bedeutung entsprechend werden sodann schwerpunktmäßig die Verfahrensabläufe der rechnergestützten und der digitalen Kartenherstellung
dargelegt und anhand von Beispielen erläutert. Die rechnergestützte Kartenherstellung ist dadurch gekennzeichnet, dass ihr Verfahrensablauf dem
der klassischen Herstellung entspricht, doch werden klassische Techniken
teilweise durch digitale Techniken ersetzt. Dabei kommt es zu Wechseln
zwischen analoger und digitaler Darstellungsform. Die digitale Kartenherstellung ist dagegen durch einen vollständigen digitalen Datenfluss von
der Datenerfassung bis zur Vervielfältigung gekennzeichnet. Dabei werden
neben den interaktiven Bearbeitungsmethoden zunehmend auch automatische Verfahren eingesetzt; ihr Entwicklungsstand wird am Ende des Kapitels erläutert.

7.1 Begriffe und Aufgaben, Überblick

Während das Kap. 4 zunächst in vorwiegend analytischer Weise die grundlegenden kartographischen Techniken beschreibt, geht es in den folgenden, mehr
synthetischen Betrachtungen um die Verknüpfung solcher Techniken zu Verfah-
rensabläufen, die für die Produktion kartographischer Informationsdarstellungen,
also für die konkrete Erzeugung der Sekundärmodelle aus den Primärmodellen
(Kap. 3 und 6) von Bedeutung sind.

Dabei lassen sich die Verfahrensabläufe insgesamt beschreiben durch die
beiden Grenzfälle der (1) klassischen Kartentechnik und der (2) vollständigen
graphischen Datenverarbeitung. Dazwischen sind beliebig viele Mischformen
möglich.

Wenn in den folgenden Darstellungen der Kürze wegen nur von der Kartenherstellung
die Rede ist, so umfasst der Begriff der Karte hier auch ihre digitale Darstellung sowie die
kartenverwandten Darstellungen, wenn dies technisch sinnvoll ist.

7.2 Klassische Kartenherstellung

Die klassische Kartenherstellung vollzieht sich in der Reihenfolge (a) Kartenentwurf – (b) Kartenoriginal – (c) Kartenvervielfältigung:

(a) Im *Kartenentwurf* (auch Kartenmanuskript) finden die gedanklichen Konzepte von Autor, Kartograph und/oder Herausgeber zur Kartengestaltung ihren ersten sichtbaren Ausdruck. Er ist die Vorlage für die Herstellung des Originals und muss daher in allen Lageangaben (z. B. Begrenzungslinien) geometrisch exakt sein. Dagegen ist eine graphisch exakte Darstellung meist noch entbehrlich.

(b) Das *Kartenoriginal* ist allgemein die verbindliche Vorlage für die Vervielfältigung von Karten; es muss daher geometrisch und graphisch exakt, im vorgesehenen Zeichenschlüssel gehalten und reproduktionsfähig sein. Ein Kartenoriginal kann aus einem Satz von Folien bestehen, wenn dies aus Gründen der Drucktechnik, der Gestaltungsvariation, der Bearbeitungsorganisation usw. erforderlich ist.

(c) Als *Kartenvervielfältigung* wird der Prozess bezeichnet, durch den eine große Anzahl von Ausfertigungen entsteht (4.2.6).

7.2.1 Kartenentwurf

Die *Entwurfszeichnung* vervollständigt das geometrische Gerüst der Kartierung um die Darstellungen bzw. Hinweise zu den sach- und zeitbezogenen Aussagen in dem Umfang, der die spätere Originalherstellung eindeutig ermöglicht.

Im Anhalt an das vielfältige Quellenmaterial (Karten, Luftbilder, Statistiken usw.) entsteht gewöhnlich eine Kartengrundlage, auf der die umfangreichen Entwurfs- und Generalisierungsarbeiten stattfinden. Die Herstellung thematischer Karten, besonders solche komplexer oder synthetischer Art, beginnt oft mit einem speziellen Autorenentwurf, für den auch die Bezeichnung als Materialaufbereitungskarte üblich ist. Hierbei wird der thematische Sachverhalt auf einer anderen Karte oder auf dem bereits vorhandenen topographischen Kartengrund dargestellt. Daran schließt sich der Entwurf des Kartographen, der vor allem in der adäquaten kartographischen Gestaltung bzw. Umsetzung des Themas besteht. Die anschließende Autorenkorrektur stellt sicher, dass der kartographische Entwurf keine Mängel in der inhaltlichen Aussage aufweist.

Nach Abschluss der Entwurfsarbeiten findet gewöhnlich eine kritische Durchsicht statt. Dabei stehen Fragen der sachgerechten Wiedergabe, der Lesbarkeit und der Vollständigkeit, aber auch der zeichnerischen und reproduktionstechnischen Ausführbarkeit im Vordergrund. Sind alle Mängel behoben, so kann die Reinzeichnung des Originals stattfinden.

7.2.2 Originalherstellung

In der klassischen Kartentechnik wurden für die Originalherstellung manuelle, mechanische oder photographische Techniken eingesetzt (4.2). In der digitalen Kartographie (7.3, 7.4) wird dafür die GDV eingesetzt.

Die Vielfalt der Prozesse in der klassischen Kartenherstellung erfordert eine klare und vollständige Angabe aller Merkmale, die für die Bearbeitung einer Darstellung eine Rolle spielen. Dazu gehören folgende Unterscheidungen:

a) Art der *Darstellung*:
 - Strich – Halbton,
 - positiv (POS) – negativ (NEG),
 - seiten-(lese-)richtig (SR) – seiten-(lese-)verkehrt (SV),
 - Originalmaßstab – Arbeitsmaßstab,
 - einfarbig – mehrfarbig;

b) Art des *Trägers*:
 - transparent (Durchsicht) – opak (Aufsicht),
 - einseitig/beidseitig mattiert – glatt (poliert),
 - Entstehung durch manuelle, mechanische oder photographische Techniken, durch Druck oder GDV.

Die *Strichdarstellung* ist der Hauptfall der klassischen Kartenherstellung; er schließt auch die Verwendung voll gedeckter Punkte, Flächen und Schriften ein. *Halbtonvorlagen* ergeben sich bei Schummerungen, Luftbildern und Ausgangsdarstellungen für das Farbauszugsverfahren.

7.2.3 Kartenvervielfältigung

Die Vervielfältigung mehrfarbiger Karten beruht überwiegend auf dem Mehrfarbendruck. Die dazu erforderlichen Vorlagen sind meist transparente Folien, deren Inhalte sich auf die Druckplatten übertragen lassen, und zwar so viele transparente Folien wie Druckfarben vorgesehen sind. Jede sog. Farbfolie (Farbplatte) enthält damit nur die Darstellungen, die in einer der Druckfarben erscheinen sollen (Abb. 7.01). Dieses sog. Folienprinzip ermöglicht arbeitstechnische Vorteile, z. B. bei der Aufteilung auf verschiedene Bearbeiter sowie zur getrennten Bearbeitung von Grundriss und Schrift, auch wenn sie später in einer Druckfarbe erscheinen; ferner Kartenvarianten nach Inhalt und Gestaltung durch Zusammenkopieren oder Trennen von Folien-Inhalten, Fortlassen bestimmter Objektgruppen sowie durch mögliche Farbdifferenzierungen.

Damit im Druckergebnis die einzelnen Farbdarstellungen lagerichtig zueinander passen, werden alle Farbfolien durch ein sog. Passsystem miteinander in Beziehung gebracht. Optische (visuelle) Passsysteme bestehen meist aus feinen Passecken oder -kreuzen. Die Ecken decken sich gewöhnlich mit den Ecken des Kartenrahmens; die Kreuze liegen so weit im Randbereich des Zeichenträgers,

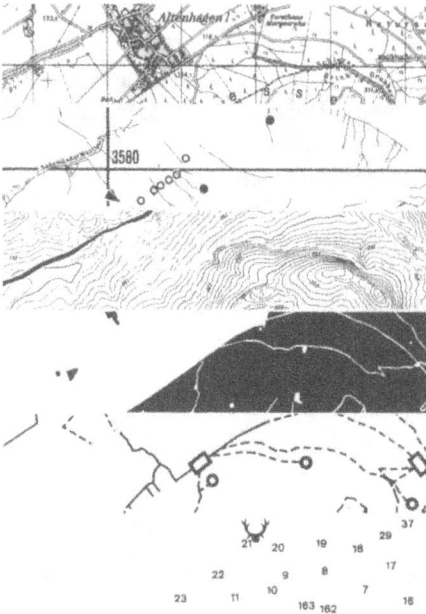

Abb. 7.01 Farbfolien einer Waldbrandeinsatzkarte. Von oben nach unten (für die Druckfarben): Grundriss mit Schrift (schwarz), Gewässer, Meldegitter und Löschwasserentnahmestellen (blau), Höhenlinien, Straßennetz (orange), Wald (hellgrün), Waldwegenetz (violett), Feuerbarrieren und Forstorganisation (dunkelgrün)

dass sie beim späteren Beschneiden der Druckexemplare fortfallen. Bei mechanischen Passsystemen erzeugen Passlochstanzen im Randbereich des Zeichenträgers kreisförmige bzw. schlitzartige Passlöcher in bestimmter Anordnung. Die Vorlage lässt sich sodann mittels Passstiften durch die Passlöcher exakt fixieren; dies ist vor allem beim Arbeiten mit Negativen vorteilhaft. Mit sog. Kontrollstreifen kann man bis zum Auflagedruck nach einer bestimmten Systematik das Einhalten von Qualitätsanforderungen (z. B. für Rastertonwerte) und das Erkennen von Mängeln (z. B. in Kopie und Druck) sicherstellen; sie liegen ebenfalls außerhalb des eigentlichen Kartenblattformats. Ist ein Druck nicht vorgesehen, so verbleibt für die Vervielfältigung in geringer Anzahl der Einsatz des Farbplotters der GDV (4.7).

Zur Einsparung von Druckgängen lässt sich auch die kurze Skala anwenden (Abb. 7.02). Dabei verteilt man den Karteninhalt auf drei Farbfolien für die Grundfarben Cyan, Magenta und Gelb, wobei ein Teil der Darstellungen in Vollfarben, der andere in bestimmten, durch Rasterung erzeugten Tonwerten erscheint. Bei Mischfarben treten identische Darstellungen in mehr als einer Folie auf; so ergibt sich z. B. das Waldgrün aus dem späteren Übereinanderdrucken von Gelb und Cyan. Die Wahl der Mischfarben geschieht meist anhand einer Farbtafel (Farbatlas, 3.3), in der die in Betracht kommenden Grundfarben und ihre Rastertonwerte erkennbar sind. Häufig entsteht daneben noch eine Schwarzfolie als ungerasterte Darstellung der Schrift, teilweise auch der feinen Linien.

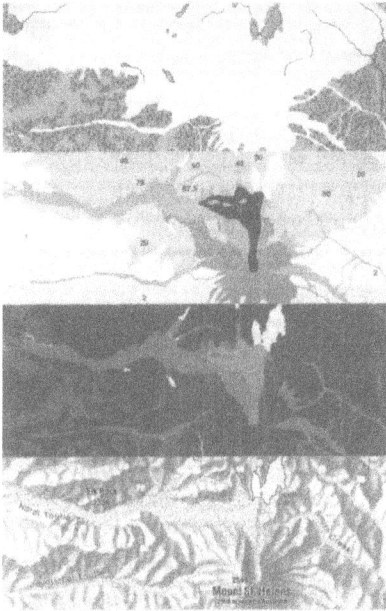

Abb. 7.02 Farbfolien einer Atlaskarte. Von oben nach unten für die Druckfarben der kurzen Skala (CMY) Cyanblau, Magentarot und Gelb (Yellow) sowie Schwarz

Das Verfahren der digitalen Farbtrennung ist heute der Normalfall der Fertigung von Druckplatten. Dabei entstehen drei Druckplatten für die drei bunten Grundfarben Cyan (Blaugrün), Magentarot (Purpur) und Gelb (Yellow) (CMY) der sog. subtraktiven Farbmischung (3.3) und eine Druckplatte für das unbunte Schwarz. Zur digitalen Farbtrennung mittels Rasterplotter siehe 4.6.5.

Der Schwarzauszug erfüllt neben der sog. Tiefe des Druckes häufig noch eine besondere Funktion: Weil die Farbauszüge vollständig gerastert werden, können feine Striche und Schriften ihre Randschärfe verlieren oder gar unterbrochen werden. Da solche feinen graphischen Strukturen meist vorwiegend in der Schwarzdarstellung auftreten, entsteht die Schwarzfolie dann nicht durch Farbauszug, sondern ungerastert im Verfahren der Trennung nach Sachgruppen.

7.3 Rechnergestützte Kartenherstellung

Als rechnergestützte Verfahren gelten allgemein solche, bei denen im Rahmen menschlicher Tätigkeit die Computertechnik bestimmte Aufgaben übernimmt. Bei der rechnergestützten Kartenherstellung ersetzen digitale Methoden bestimmte manuelle, mechanische und reprographische Arbeitstechniken. Dafür wird ein kartographisches Automationssystem eingesetzt (siehe 4.9). Das Verfahren verbindet die Fähigkeit des Kartographen zur graphikorientierten inhaltlichen Gestaltung mit den technischen Möglichkeiten der GDV (Scannen, interaktive Digitalsierung vom Graphikbildschirm, maschinelle Originalherstellung mittels Laserrasterplotter). Bei gleicher kartographischer Qualität lassen sich die Karten wesentlich schneller herstellen als bei Einsatz der klassischen Techniken und Methoden.

Die in 7.2 beschriebene Reihenfolge gilt nicht mehr ausschließlich: Entwürfe können nach ihrer graphischen Qualität zugleich Originale, Orginale zugleich Kopien sein, und aus der rein sequentiellen Arbeitsweise entwickeln sich Programmschleifen, bei denen z.B. das Original zur Vorlage für einen weiteren Entwurf wird usw. Soweit die herkömmliche Drucktechnik zur Vervielfältigung eingesetzt wird, enden solche Prozesse beim Kopieroriginal.

7.3.1 Kennzeichen der rechnergestützten Herstellung

Kennzeichen dieses Verfahrens ist die Kombination von klassischen und digitalen Methoden, wobei die Datenform mehrfach zwischen analog und digital wechseln kann. Der Verfahrensablauf ist wie bei der klassischen Vorgehensweise in Entwurf, Originalherstellung und Vervielfältigung gegliedert. Bei der rechnergestützten Herstellung von Karten werden digitale Methoden in folgenden Arbeitsbereichen eingesetzt:
– Bearbeitung von Kartennetzen,
– Datengewinnung,
– Kartengestaltung und
– Kartentechnik.

Abb. 7.03 zeigt den Verfahrensablauf bei der rechnergestützten Kartenherstellung, der wie bei der klassischen Vorgehensweise in die Abschnitte Kartenentwurf, Originalherstellung und Kartenvervielfältigung gegliedert ist. Diese lassen sich jedoch nicht mehr völlig trennen. Dies gilt vor allem für den Entwurf und die Originalherstellung, weil dabei Varianten im Hinblick auf die visuelle Auswahl der besten graphischen Gestaltung in Originalqualität hergestellt werden können.

Zum Verfahren der rechnergestützten Kartenherstellung ergeben sich noch folgende Bemerkungen:
a) Die Ausgangsdaten können in analoger und digitaler Form vorliegen, z.B. Grundkarten, Feldaufnahmen, entzerrte Luftbilder, statistische Erhebungen u.a.m. Die im Zuge der Entwurfsbearbeitung erforderliche Datenaufbereitung muss schon deswegen zumindest teilweise rechnergestützt erfolgen. Von

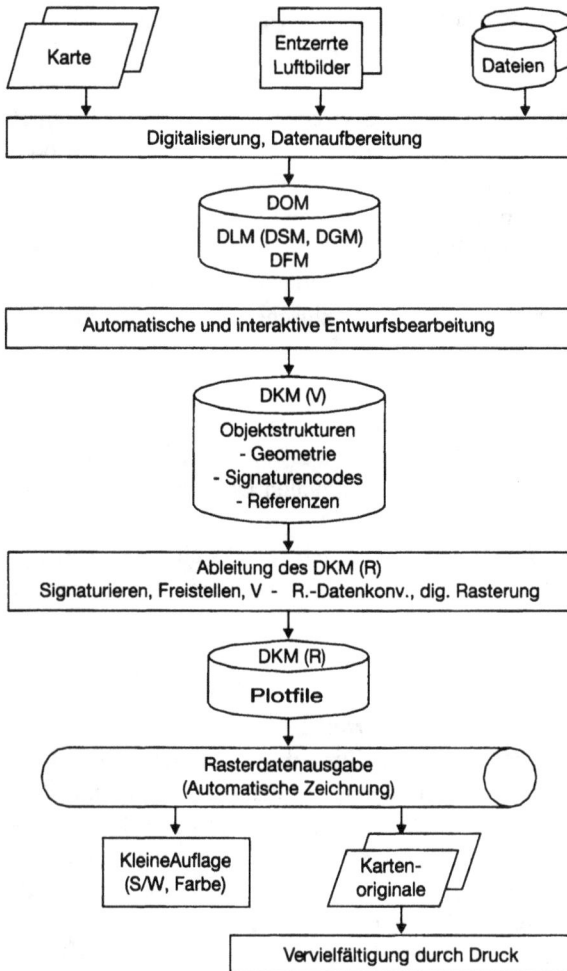

Abb. 7.03 Schema der rechnergestützten Kartenherstellung

Vorteil sind dabei auch Möglichkeiten, die bei der traditionellen Entwurfsbearbeitung nicht zur Verfügung stehen, z. B. die rechnergestützte Auswahl des
optimalen Kartennetzentwurfs.

b) Die Entwurfsbearbeitung geschieht meistens nach der klassischen Methode,
weil für die schwierige kartographische Generalisierung und für die notwendigen Beurteilungen und Entscheidungen zur graphischen Gestaltung geeignete
digitalen Methoden nicht zur Verfügung stehen.

c) Für die Originalherstellung mit einem kartographischen Editor und einem
Rasterplotter wird der Kartenentwurf mit einem Scanner digitalisiert (4.4.3).

d) Im Zuge der Originalherstellung wird die Entwurfsdarstellung am Farbrasterbildschirm vektoriell nachdigitalisiert und nach zusätzlicher Angabe graphi-

scher Attribute für Strichbreite, Farbdarstellung, Signaturennummer u. ä. interaktiv signaturiert. Dabei sind noch Verfeinerungen der Entwurfsdarstellung
möglich.

e) Das als Ergebnis entstandene DKM wird zweckmäßigerweise gespeichert
und steht so für künftige Arbeiten, z. B. Entwurf einer anderen Karte oder
rechnergestützte Aktualisierung, zur Verfügung. Für die Kartenvervielfältigung sind die digitalen Daten noch durch automatische Zeichnung auszugeben. Die dafür durchzuführenden Prozesse, z. B. des Freistellens der Verkehrswege, Gewässer und Schrift und der digitalen Druckrasterung, laufen weitgehend automatisch nach Verfahren der kartographischen Datenverarbeitung ab
(4.6).

Bei der Vervielfältigung sind zwei Fälle zu unterscheiden:
– bei kleinen Auflagen (bis zu 300 Exemplare) lassen sich die Karten mit den
  heutigen Farbrasterplottern direkt aus dem digitalen Datenbestand erzeugen,
  (4.7.3);
– bei großen Auflagen (z. B. Topographische Kartenwerke) sind die Kopierorigi-
  nale (7.2.3) für den Offset-Druck mit einem Laser-Rasterplotter anzufertigen
  (4.7.3).

Im Vergleich zur klassischen Arbeitsweise ergeben sich bei Einsatz der rechnergestützten Kartenherstellung erhebliche *Vorteile*:

a) Die GDV ermöglicht eine flexiblere Aufteilung des Karteninhalts in Objek-
gruppen. In Anlehnung an die Folientrennung der klassischen Kartentechnik
spricht man dabei von einem **digitalen Folienprinzip**. Dadurch können die
Farbfolien auch für andere Kartenprojekte flexibel verwendet werden, z. B.
können Farbfolien für Sonderausgaben oder topographische Grundlagen für
thematische Karten entstehen, die dem Zweck der Karte angepaßt sind.

b) Auch Maßstabsänderungen der Ausgangskarte lassen sich einfach durch graphische Ausgabe im gewünschten Maßstab erzielen. Dabei besteht auch bei
der Wahl des Signaturenschlüssels eine gewisse Flexibilität; Beschränkungen ergeben sich lediglich aus dem Generalisierungsgrad der vorliegenden
Darstellungsgeometrie.

c) Die kartographische Entzerrung wird durch mathematische Transformationsansätze gelöst (2.2.7, 4.6.5). Besonders vorteilhaft ist dabei, dass sich der
Karteninhalt nicht nur von einem Kartennetzentwurf in einen anderen sehr
schnell übertragen lässt, sondern durch GDV auch flexibel ergänzt werden
kann.

d) Eine für nachfolgende reprotechnische Prozesse erforderliche Seitenvertauschung (Kontern) kann durch einfache Vorzeichenumkehr der x-Bildkoordi-
nate erreicht werden (seitenverkehrtes Plotten).

e) Das Problem der Randanpassung kann mit einem Editor einfach bewältigt
werden.

f) Bei der Gestaltung der Kartenschrift bietet sich eine Kombination von digitalem Photosetzgerät für die Schriftherstellung in Verbindung mit einem rechnergestützten Verfahren für die Schriftplazierung an. Das als Schriftdatei auf einem Datenträger mit allen Merkmalen gespeicherte Schriftgut für den Bereich eines Kartenfeldes wird einem digitalen Photosatzgerät zugeführt. Damit lassen sich entsprechend den Rechenanweisungen die Schriftzüge in der näherungsweise richtigen Position ausgeben. Die exakte Positionierung der Schrift (Schriftplazierung) wird mit einem kartographischen Editor durchgeführt. Der Aufwand für diesen Vorgang wird durch fortschreitende Automatisierung der Schriftplazierung noch stärker reduziert werden (*Kresse* 1994, *Plümer* 1999).

g) Beim Einsatz eines Laserrasterplotters (4.7.3) entstehen unmittelbar gerasterte Farbauszüge für die kurze Skala, so dass eine besondere reproduktionstechnische Maßnahme entbehrlich ist. Über erste positive Erfahrungen im Bereich der topographischen Kartographie haben *Meurisch/Weber* berichtet (1985).

7.3.2 Rechnergestützte Bearbeitung topographischer Karten

Rechnergestützte Verfahren werden überwiegend bei der Herstellung und Aktualisierung mittel- und kleinmaßstäbiger topographischer und thematischer Karten angewendet. Bei topographischen Karten wird ausgehend von aktuellen grossmaßstäbigen topographischen Daten (verkleinerte Katasterflurkarten, Grundkarten, Orthobilder, Auszüge bereits existierender Datenbanken) in klassischer Generalisierungsentwurf ausgearbeitet. Dieser wird anschließend mit einem Scanner digitalisiert, interaktiv signaturiert und automatisch gezeichnet (Originalherstellung).

Das Verfahren wird dann wirtschaftlich, wenn die Kartenoriginale als digitale Rasterdaten gespeichert, verwaltet und genutzt werden. Das wirkt sich positiv auch auf ihre Aktualisierung aus. Dabei wird der Aktualisierungsentwurf mit dem gespeicherten Originalfoliensatz digital überlagert und am Farbrasterbildschirm interaktiv eingearbeitet. Der aktualisierte Originalfoliensatz entsteht dabei als vollständige Neuzeichnung.

Die rechnergestützte Arbeitsweise wurde Anfang der 1980er Jahre entwickelt und seit dem Beginn der 1990er Jahre in der Praxis eingesetzt (*Grünreich* 1990a). Ähnliche Verfahren werden seit Anfang der 1980er Jahre unter Einsatz der Rasterdaten- bzw. der hybriden Datenverarbeitung entwickelt (*Weber* (1986), *Appelt* (1986) und *Spiess* (in *Mayer* 1989)) und zur Aktualisierung amtlicher topographischer Kartenwerke eingesetzt. Über ein neues Verfahren zur Fortführung der Kartenserie JOG 250 berichten *Giebels/Meurisch* (1993).

7.3.3 Rechnergestützte Bearbeitung thematischer Karten

Im Vergleich zu den topographischen Karten haben die Verfahren der rechnergestützten Herstellung bei bestimmten thematischen Karten früher Fuß fassen können. Die Gründe dafür liegen in der unproblematischeren Datenverarbeitung, in der meistens einfacheren Kartengraphik oder in den Möglichkeiten, Entwurfs-varianten herzustellen. Dabei ergeben sich besondere Vorteile, wenn die Daten von der Erfassung her bequem und ohne größere Generalisierungsvorgänge zu verarbeiten sind und ein einfacherer Zeichenschlüssel auch eine rasche graphi-sche Ausgabe an einem Plotter oder Drucker gestattet.

Solche Voraussetzungen liegen vielfach vor bei Wetterkarten, Leitungskarten, zahlreichen statistischen Karten zur Bevölkerung, Wirtschaft usw., einigen Dar-stellungen aus dem Planungsbereich, Medienkarten zur Schnellinformation sowie zahlreichen topographischen Kartengrundlagen. In Bezug auf die Karten-graphik sind für eine rechnergestützte Bearbeitung besonders die analytischen Karten geeignet, deren Monothematik ein weitgehend einheitliches graphisches Gefüge aufweist. Dazu gehören vor allem als Typen die Signaturenkarten, die Areal- und Verbreitungskarten, die Bezugsflächenkarten und die Isolinienkarten. Bei komplexen Karten ergeben sich Erleichterungen, wenn keine Zeichenvor-schrift besteht und sich damit die Chance ergibt, unter mehreren kartengraphi-schen Varianten die beste auszuwählen. Bei diesen Karten muss jedoch in der Regel ein gut gestalteter Autorentwurf erarbeitet werden, der dann durch Digita-lisierung der weiteren rechnergestützten Bearbeitung zugeführt wird.

1. Typ der Signaturenkarte (Abb. 3.17, 3.18)

Bei der rechnergestützten Bearbeitung lassen sich alle Signaturenformen (bild-hafte und geometrische Signaturen) realisieren. Aus graphischen Entwurfsvarian-ten kann der optimale Größenmaßstab für Signaturen zur Darstellung quantitati-ver Sachverhalte ermittelt werden (Abb. 7.04, Abb. 3.26). Bei gegenseitiger Über-deckung der Zeichen sorgt ein Unterprogramm oder ein interaktiver Eingriff für den graphischen Fortfall der überdeckten Linien.

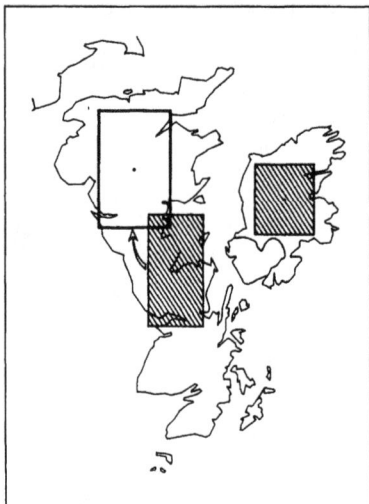

Abb. 7.04 Lösung von Überdeckungsproblemen

2. Typ der Areal- und Verbreitungskarte (Abb. 3.33)

Dieser Kartentyp differenziert nach qualitativen Merkmalen von Flächen; er tritt daher z. B. bei geologischen Karten und politischen Karten auf. Die Flächenabgrenzungen durch Konturen sind häufig den topographischen Karten nicht zu entnehmen; sie befinden sich auf Autorenentwürfen (Manuskriptkarten) oder Luftbildern und sind dort zu digitalisieren. Eine Rasterdigitalisierung ist möglich, wenn für die weitere Verarbeitung zugleich Flächenkennzeichen (z. B. durch Farbmarkierung) vorgenommen und erfasst werden. Ist ferner noch eine Flächenfüllung durch Farbflächen oder gleichförmige Flächensignaturen (z. B. Schraffuren) vorgesehen, so lässt sich diese Darstellung aus der Linienzeichnung ableiten.

3. Typ der Bezugsflächenkarte (Abb. 3.39, 3.15c)

Dieser Kartentyp ist graphisch der Areal- und Verbreitungskarte sehr ähnlich; er dient jedoch der Darstellung quantitativer, vielfach statistischer Angaben für die Bezugsflächen. Administrative und geographische Bezugsflächen lassen sich meist aus anderen Karten digitalisieren. Bei geometrischen Bezugsflächen in Form von Koordinatengittern beschränkt sich die Erfassung auf die Eingabe der Koordinatenwerte der Netzlinien. Solche Bezugsflächen unterliegen oft einer hierarchischen Ordnung (z. B. Gemeinde, Kreis, Land). Für eine flexible Datenverwaltung ist es daher sinnvoll, die Flächengrenzen bei der Erfassung im Sinne der Graphentheorie nach den zwischen den Knotenpunkten liegenden Kanten aufzugliedern und abzulegen (2.4.3.2). Damit ist eine bequeme Aktualisierung bei Gebietsveränderungen sowie ein einfacher Übergang zu höheren Einheiten möglich.

Wenn es sich bei den quantitativen Angaben um Absolutdarstellungen durch Signaturen handelt, so gelten auch hier die Ausführungen zum Typ der Signaturenkarte. Bei Relativdarstellungen (Choroplethenkarten) durch Helligkeitsstufen ist es möglich, die Grenzdarstellung so vorzubereiten, wie dies beim Typ der Arealkarte geschildert wurde. Die für Relativdarstellungen erforderliche Bildung von Wertgruppen kann auch im Wege der Datenverarbeitung durchgeführt werden; ein Beispiel hierzu gibt *Menke* (1981). Die rechnergestützte Herstellung von Relativdarstellungen gehört heute zu den Standardmethoden der GIS.

Bei geometrischen Bezugsflächen kann man absolute Zahlenwerte (Attribute) auch wie Höhen als (thematische) dritte Dimension über den Gitterpunkten oder Flächen auftragen. Man erhält am Bildschirm oder Plotter eine statistische Oberfläche, die perspektiv (meist als Axonometrie, 3.8) dargestellt wird. Die Parameter der Perspektive sind dabei so zu wählen, dass möglichst geringe Verdeckungen entstehen (*Kraak* 1988).

Die Möglichkeit der schnellen Berechnung perspektiver Darstellungen, auszulöschender verdeckter Linien und Flächen sowie der Ober- und Seitenflächendarstellung machen die Vorteile der rechnergestützten gegenüber der klassischen kartographischen Bearbeitung deutlich. Liegen die Ausgangsdaten vollständig und dreidimensional in digitaler Form vor, so ergeben sich hervorragende Voraussetzungen für die rechnergestützte Herstellung kartenverwandter Darstellungen (3.8).

4. Typ der Isolinienkarte (Abb. 10.17s)

Dieser Kartentyp dient der Darstellung von Kontinua (1.3.2). Die dazu benutzten Isolinien entstehen rechnerisch durch Interpolation aus Wertepunkten; für diesen Vorgang eignen sich die Verfahren der Bearbeitung digitaler Geländemodelle, soweit die Lageverteilung und Dichte der Wertepunkte dies gestattet (6.7.2). Liegen die Isolinien nur in graphischer Form vor, bietet es sich an, diese durch Scannen zu digitalisieren, durch Vektorisierung in Wertepunkte zu berechnen und schließlich eine kontinuierliche Fläche zu interpolieren.

5. Atlaskarten (Kap. 11)

Die rechnergestützte Kartenherstellung findet in der Atlaskartographie hervorragende Einsatzmöglichkeiten:

Durch Änderung der Parameter des *Netzentwurfs* lässt sich das Kartenlayout optimal gestalten. Zur Beurteilung der möglichen Netzentwürfe können z. B. die Netzlinien und die Tissotschen Indikatrizen (2.2.1.3) berechnet und dargestellt werden; diese Vorgehensweise ermöglicht eine objektive Auswahl des optimalen Netzwurfs; die Transformation der in einem anderen Netzentwurf vorliegenden kartographischen Darstellungen in den ausgewählten Netzentwurf lässt sich wirtschaftlich durchführen (Abb. 7.05). Für die visuelle Beurteilung und Auswahl von Signaturen und Kartenschriften können mehrere Varianten wirtschaftlich her-

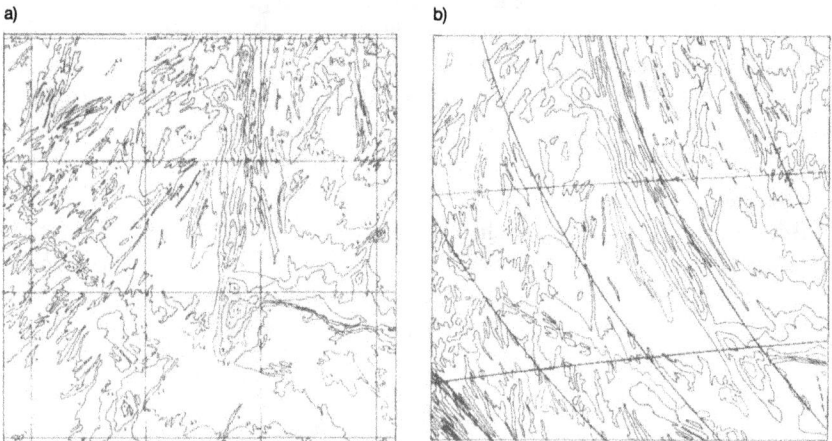

a)   b)

Abb. 7.05 Transformation eines komplexen Kartengrundes (aus Spiess 1987)
a) Entwurf der Tiefenkurven einer GEBCO-Karte in Mercatorprojektion;
b) Transformation des digitalisierten Entwurfs in eine flächentreue Azimutalprojektio

gestellt werden. Umfangreiche statistische Datenbestände werden für die Darstellung in Diagrammkarten aufbereitet.

Weitere Ausführungen hierzu machen *Brandenberger* (in *Mayer* 1988), *Spiess* (1987), und *Mayer* (in *Mayer* 1990, 1993).

7.4 Digitale Kartenherstellung

Während sich der Einsatz digitaler Technologien bei der rechnergestützten Kartenherstellung darauf beschränkt, den von einem menschlichen Experten gestalteten Kartenentwurf zu einem digitalen kartographischen Modell (DKM) zu verarbeiten, geht es nunmehr auch um die Simulation menschlicher Denkprozesse bei der Kartengestaltung durch digitale kartographische Informationsverarbeitung. Dadurch sollen Karten (Kap. 9 und 10) und kartenverwandte Darstellungen (Kap. 3.8) entstehen, die in ihrer Qualität dem in der Kartographie erreichten Stand entsprechen und den Anforderungen der Benutzer gerecht werden. Die zusätzlichen Forderungen hinsichtlich kurzer Bearbeitungszeiten und hoher Produktivität werden durch Integration der Verarbeitungsprozesse in einen ununterbrochenen digitalen Datenfluss von den Ausgangsdaten bis zum DKM realisiert.

7.4.1 Grundzüge digitaler kartographischer Informationsverarbeitung

Entwicklung und Einsatz der digitalen kartographischen Informationsverarbeitung stehen in einem engen Zusammenhang mit GIS. Abb. 7.06 gibt einen Überblick über die möglichen Verfahrenswege.

Die kartographische Informationsverarbeitung beginnt mit der Datenselektion aus digitalen objektorientierten Modelle (DOM, 6.7) oder digitalen bildorientierten Modellen (DBM), die durch Scannen von Karten oder als Orthobilder (georeferenzierte Sensordaten, z. B. digitale Orthophotos) entstanden sind.

Hiermit ergeben sich folgende Möglichkeiten zur Herstellung einer kartographischen Darstellung:

1. Herstellung kartographischer Ausdrucksformen aus DOM

Dabei führt der Weg über eine objektorientierte kartographische Modellierung des DOM zu einem objektorientierten DKM (ODKM) (7.4.3.1) und nach weiteren Prozessen zu einem ausgabereifen, bildorientierten DKM (Raster-Daten).

2. Visualisierung der Ergebnisse von Modellrechnungen im Rahmen von GIS

Modellrechnungen im Rahmen von GIS nutzen die integrierten Datenmodelle und andere Fachdaten für Analysen oder Simulationen räumlicher Strukturen und Prozesse. Ihre Ergebnisse sind in der Regel kartographisch zu visualisieren,

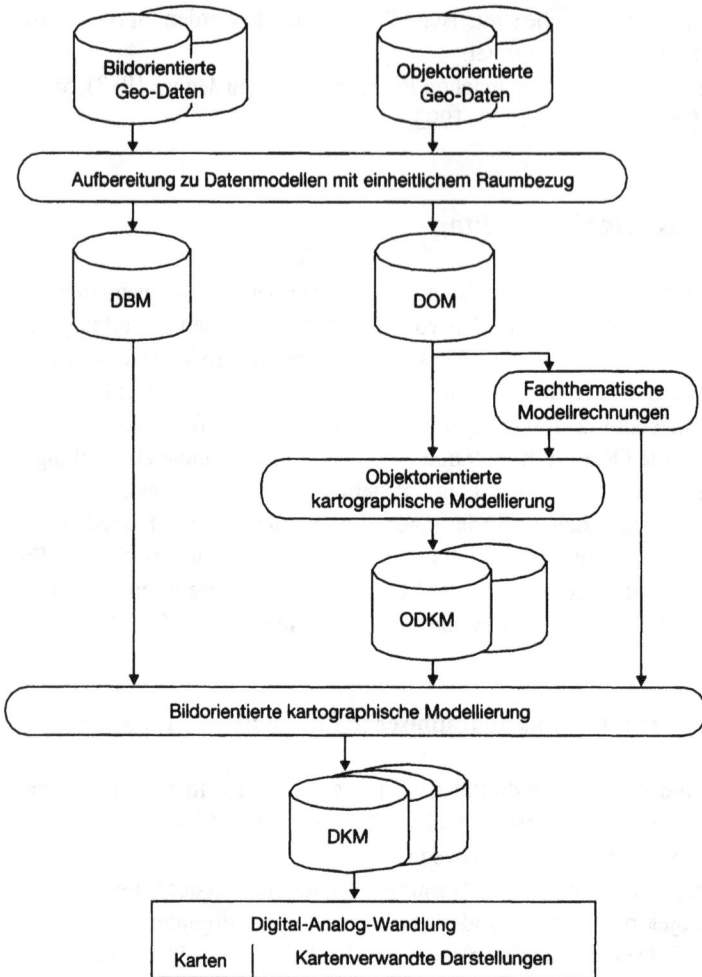

Abb. 7.06 Schema der digitalen Kartenherstellung

z. B. die Darstellung von Reliefparametern, Bodenarten und Niederschlagsmengen in thematischen Karten der Erosionsgefährdung oder die Zuordnung klassifizierter demographischer Daten zu Verwaltungsgebieten in Choroplethenkarten. Die Möglichkeit der Speicherung und Verarbeitung dreidimensionaler Daten in einem GIS erfordert verstärkt die Entwicklung von Methoden zur Darstellung kartenverwandter Darstellungen (*Kraak* 1988).

3. Herstellung kartographischer Ausdrucksformen aus DBM

Die hierbei angewendete bildorientierte kartographische Modellierung führt direkt zu einem DKM, z. B. digitale Orthobildkarte. Darüber hinaus kann auch eine Verknüpfung mit Darstellungen aus dem ODKM erforderlich sein, z. B. aus einem DGM abgeleitete Höhenliniendarstellung mit einer Orthobildkarte.

Für die graphische Ausgabe eines DKM werden i. d. R. die in 4.7.3 beschriebenen Geräte und Methoden benutzt; dabei kommt der Graphikbildschirm überwiegend bei GIS-Anwendungen, der Rasterplotter für die Herstellung von Karten zum Einsatz. Aufgrund der bestehenden Datenlage und der bisher verfügbaren Methoden lässt sich die digitale Herstellung kartographischer Ausdrucksformen gegenwärtig erst in wenigen Fällen produktionsmäßig durchführen, z. B. zur Herstellung von Katasterflurkarten, Wetterkarten, Karten der Statistik, Orthobildkarten und häufig zur temporären Darstellung dreidimensionaler Modelle am Bildschirm. In den meisten Anwendungsbereichen wird im Hinblick auf GIS-Anwendungen intensiv daran gearbeitet, die Datendefizite zu beseitigen (Kap. 9 und 10) und zunächst einfachere Methoden der digitalen kartographischen Informationsverarbeitung zu entwickeln. Zur Lösung komplexer Gestaltungsaufgaben (z. B. Generalisierung topographischer Karten) sind noch Grundlagenforschungen durchzuführen. Da der Übergang von der analogen Kartentechnik zur digitalen kartographischen Technologie bereits mit der rechnergestützten Kartenherstellung (7.3) geschafft ist, handelt es sich bei der weiteren methodischen Entwicklung der DKM-Bearbeitung um einen evolutionären Prozess. Dieser wird durch die Entwicklung leistungsfähiger und preiswerter Hardware sowie neuer Instrumente der Geo-Informatik (z. B. objektorientierte Programmentwicklung) für den Einsatz interaktiver kartographischer Arbeitsweisen unterstützt.

Zur digitalen Kartographie gibt es bisher nur wenige Lehrbücher. Einige Lehrbücher zu Geo-Informationssystemen und zur Kartographie enthalten einen Abschnitt darüber. Allgemeine Abhandlungen zur Konzeption und zum Leistungsstand der digitalen Informationsverarbeitung zur Herstellung kartographischer Darstellungen stammen von *AdV* (1989), *Brassel* (in *Mayer* 1990), *Endrullis/Hoppe* (1989), *Brülke/Hermann* (1991), *Brandenberger* (1993), *Grünreich* (in *DGfK* 1993) und *Jäger* (in *DGfK* 1993). Detaillierte Informationen erhält man vielfach im Rahmen wissenschaftlicher Untersuchungen (z. B. *Lichtner* 1981, *Fischer* 1982b), aus Fachaufsätzen mit geschlossener Darstellung von Teilgebieten oder mit dem Merkmal einer allgemeinen Übersicht (z. B. berichten *Spiess* (1988) über Entwicklung und Möglichkeiten der digitalen Kartographie, *Grünreich/Buziek* (1992) über die Rolle der Kartographie im Zusammenhang mit GIS), aus Arbeitsberichten (z. B. der IKV/ICA-Kommissionen), aus Konferenzberichten (Proceedings) (z. B. der EUROCARTO und von den Internationalen Kartographischen Konferenzen) und aus den einschlägigen Fachzeitschriften des In- und Auslandes. Einzelthemen werden in den Heften der Reihe I der Nachrichten aus dem Karten- und Vermessungwesen behandelt. Die Konzeption eines Schwerpunktprogramms Digitale Geowissenschaftliche Kartenwerke der Deutschen Forschungsgemeinschaft und die Forschungsergebnisse stellt *Vinken* (1985,1992) vor. Eine eingehende Behandlung findet das Gebiet auch in den Wiener Schriften zur Geographie und Kartographie mit den Vorträgen der Wiener Symposien Digitale Technologie in der Kartographie (*Mayer* 1988,1989,1990,1993). Die Bibliographia Cartographica enthält in ihren jährlich erscheinenden Ausgaben auch einen Abschnitt über Kartentechnik (Automation) mit Literatur aus aller Welt. Grundlegende Arbeiten zu den kartenverwandten Darstellungen stammen von *Herrmann/Kern* (1986), *Kraak* (1988), *Kraus/Jansa* (in *Mayer* 1988) und *Meng* (2001c).

7.4.2 Bearbeitung digitaler Kartenmodelle (DKM)

Die Bearbeitung eines DKM setzt voraus, dass die Analyse der inhaltlichen und gestalterischen Anforderungen durchgeführt worden und ein Regelwerk (sog. Signaturenkatalog) für die Produktion vorhanden ist. Dieses soll in Form einer Methodenbank, die aus Prozeduren für die Transformation der Daten der festgelegten Ausgangsmodelle, einer Bibliothek mit allen vorkommenden Signaturen in digitaler Form und Prozeduren für ihre Wiedergabe bestehen.

Das Regelwerk enthält Vorschriften für die Auswahl und Klassifizierung der DOM-Informationen und für die Gestaltung der einzelnen Signaturen. Dabei handelt es sich um die Vorgänge des Typisierens (d. h. Umwandeln der DOM-Informationen in Signaturen), des Vergrößerns aus Gründen der Lesbarkeit und des Bewertens im Hinblick auf die Darstellungspriorität des Objekts. Dadurch werden bereits einige Generalisierungsprozesse ausgeführt (3.7).

Bei der DKM-Bearbeitung ist noch eine Unterscheidung in Abhängigkeit von der Art der auszuführenden Prozesse bzw. Zwischenergebnisse zu machen (Abb. 7.06):

a) Sind kartographische Darstellungen aus einem DOM herzustellen, gliedert sich die Ausführungsphase in zwei logische Abschnitte: die objektorientierte Kartengestaltung und die bildorientierte Kartengestaltung.

b) Sind kartographische Darstellungen aus einem DBM herzustellen, ist nur eine bildorientierte Gestaltung erforderlich und möglich.

In beiden Fällen sind im Hinblick auf die Kartennutzung gut verständliche Erläuterungen zum Gebrauch und zum Geltungsbereich einer Karte, z.B. in Form von Legende, Nebenkarten, Qualitätsangaben, zu erstellen.

7.4.2.1 Objektorientierte DKM (ODKM)

Bei der Kartengestaltung im Rahmen von topographischen GIS wird ein objektstrukturiertes DKM mit vektorieller Darstellungsgeometrie erzeugt. Dieses lässt sich mit einem entsprechend gestalteten Pogrammsystem präsentieren; es kann aber noch in einem gewissen Umfang modifiziert bzw. selektiv genutzt werden (z. B. Auswahl bestimmter digitaler Folien). Die Prozesse umfassen:

a) eine darstellungsbedingte Aufbereitung der DOM-Daten einschließlich einer Modellgeneralisierung (6.8) mit den Teilprozessen Auswahl, Klassifizierung und begriffliche Zusammenfassung der DOM-Objekte sowie Vereinfachung der Objektgeometrie; Bildung von DKM-Objekten; Berechnung von Isolinien aus einem DGM; Berechnung von Perspektiven aus einem DGM; Berechnung von Klasseneinteilungen aus statistischen Daten; Auswertung von Zeitreihenmessungen (z. B. Pegelmessungen);

b) die objektorientierte kartographische Modellierung nach einem hierarchischen Prinzip in der Reihenfolge der Darstellungspriorität der Objekte mit den Vorgängen digitaler Entwurf durch programmgesteuerte Umsetzung der Signaturencodes mittels der entsprechenden digitalen Beschreibung der Signaturenbibliothek; Identifizierung möglicher Darstellungskonflikte; Lösung der Darstellungskonflikte durch weiteres Vereinfachen der geometrischen Informationen, durch begrifflich-geometrische Zusammenfassung und durch Verdrängen.

Aus wirtschaftlichen Gründen wird angestrebt, die umfangreichen Rechenoperationen zur Berechnung von Entwurfsdarstellungen weitgehend mit automatischen Prozeduren durchzuführen. Ein Entwurf ist grundsätzlich im Hinblick auf eine gute kartographische Qualität visuell am Bildschirm zu kontrollieren und interaktiv zu korrigieren. Zum Stand der rechnergestützten Generalisierung und der Forschungsansätze siehe 7.4.4.

7.4.2.2 Bildorientierte DKM

Durch die kartographische Modellierung wird ein DBM oder ein ODKM in ein DKM (Rasterdaten) umgewandelt, das unmittelbar mit einem Rasterplotter (4.7.3) ausgegeben werden kann. Dieser Abschnitt umfasst folgende Arbeitsschritte:

a) die Transformation der vektoriellen Kartengraphik in Raster-Daten (4.6.3.1);
b) Schriftgestaltung, d.h. Plazierung der Kartenschrift unter Verwendung der ausgewählten Schriftart und der weiteren Schriftmerkmale (4.6.6);
c) Lösung von Darstellungskonflikten durch Freistellung;
d) visuelle Kontrolle und Korrektur;
e) digitale Rasterung für die Ausgabe von Filmen für den Offset-Druck.

Die unter a) auszuführenden Einzelprozesse umfassen auch die Umwandlung von Ergebnissen der Modellrechnungen in kartenverwandte Darstellungen. Solche Modellrechnungen finden z.B. zur Erzeugung einer Geländeschummerung aus einem DGM statt. Dabei wird (als Teil der objektorientierten Modellierung) mit Hilfe eines dem Kartenmaßstab und der Geländestruktur angepaßten DGM für jede Gittermasche die mittlere Hangneigung und das Azimut für die Richtung des stärksten Gefälles bestimmt. Setzt man für eine gedachte Lichtquelle ebenfalls das Azimut und den Einfallswinkel der parallelen Lichtstrahlen fest, so lässt sich der Auftreffwinkel auf die Hangfläche innerhalb der Gittermasche und damit auch der Helligkeitswert innerhalb einer Grauwertskala errechnen. Setzt man die Helligkeitswerte in verschieden große Punkte von gleicher Schwärzung um, so entsteht quasi eine rechnergestützte autotypische Rasterung, die als Vorlage zur Druckplattenkopie dient. Eines der ersten Beispiele zur rechnergestützten Schummerung stammt von *Brassel* (1973), den aktuellen methodischen Stand spiegeln u.a. die Untersuchungen von *Schulz* (1990), *Böhm* (1991) und *Ecker* (1991) wider. In anderen Fällen können aus Modellrechnungen panoramische Darstellungen (*Weibel/Herzog* 1988), Anaglyphenkarten (*Mesenburg* 1985) und perspektive Siedlungsdarstellungen (*Mesenburg* 1988) entstehen. Die mathematischen Grundlagen kartenverwandter Darstellungen werden in 2.3 dargestellt.

7.4.3 Beispiele digital bearbeiteter kartographischer Darstellungen

Die Herstellung kartographischer Darstellungen durch Verfahren der digitalen Informationsverarbeitung ist in der Praxis erst in Ansätzen realisiert. Es werden überwiegend rechnergestützte Verfahren (7.3) angewendet, deren digitale Ergebnisse jedoch für weitere Prozesse genutzt werden. Daraus ergibt sich das Erfordernis, die verschiedenen Modelle zu kombinieren, z. B. Objektmodelle in Vektorform mit gescannten Karten (DBM).

7.4.3.1 Beispiele digital bearbeiteter topographischer Karten

Eine vollständige digitale Bearbeitung topographischer Karten traditioneller Qualität wird gegenwärtig nur im großmaßstäbigen Bereich, insbesondere in der Stadtkartographie durchgeführt. Hierüber berichten z. B. *Wilmersdorf* (in *Mayer* 1990) und *Matthias* (in *DGfK* 1993). Die Situation im mittel- und kleinmaßstäbigen Bereich ist im wesentlichen durch zwei Problembereiche geprägt:
1. Bislang standen topographische Daten in digitaler Form im erforderlichen Umfang nicht zur Verfügung. Dieses Defizit soll in Deutschland durch das ATKIS-Projekt beseitigt werden (Kap. 9).
2. Der Automatisierungsgrad der Verfahren zur rechnergestützten Generalisierung topographischer Darstellungen lässt eine wirtschaftliche Anwendung bisher noch nicht zu. Die Entwicklung leistungsfähiger Verfahren der digitalen Generalisierung unter Verwendung der inzwischen vorhandenen Methoden ist Aufgabe der angewandten kartographischen Forschung (7.4.4).

7.4.3.2 Beispiele digital beabeiteter thematischer Karten

In Anwendungsbereichen der thematischen Kartographie mit großer Bedeutung für Verwaltung und Wirtschaft werden seit etwa 1970 erhebliche Anstrengungen unternommen, die Fachdaten digital zu führen und kartographische Darstellungen auf digitalem Wege zu erzeugen (siehe Beispiele kartographischer Darstellungen – Anlage 13–18 auf CD-ROM).

1. Flurkarten des Liegenschaftskatasters (10.2.4.2 Nr. 2)

Die einfache und homogene Kartengraphik sowie die digitale Datenerfassung (z. B. durch registrierende Tachymeter oder realtime Kinematic GPS (RTK)) haben der Computertechnik einen festen Platz in der Praxis des Liegenschaftskatasters verschafft (Automatisierte Liegenschaftskarte – ALK, 10.1.3.1). In Verbindung mit dem digital geführten beschreibenden Teil des Liegenschaftsnachweises (Automatisiertes Liegenschaftsbuch – ALB, 10.1.3.1) bestehen umfangreiche Möglichkeiten zur digitalen Herstellung großmaßstäbiger thematischer Karten.

Die Datenverarbeitung bis hin zur graphischen Ausgabe ist verhältnismäßig problemlos: Die beiden wichtigsten Objektgruppen sind die Flurstücke und die Gebäude, wobei die Verbindungslinien der sie definierenden Grenz- bzw. Eckpunkte meist geradlinig verlaufen. Für Gebäudeschraffuren und -raster, Grenzsignaturen und Schriften gibt es spezielle Zeichenprogramme – evtl. unter interaktiver Bearbeitung –, so dass das Ergebnis der graphischen Ausgabe vielfach bereits das vollständige Original sein kann. Es ist jedoch auch die Kombination der Linienzeichnung mit nachfolgender Montage von Signaturen und Schriften möglich. Ein besonderer Vorzug der Datenverarbeitung besteht darin, dass weitere, für den Katasternachweis notwendige Angaben (z. B. Koordinaten, Flächen, Strecken, Winkel) gewissermaßen als Nebenprodukte der Kartenherstellung und -fortführung entstehen. In bestimmten Anwendungsfällen (z. B. Beschleunigung der Kartenherstellung) kann die Strichdarstellung mit digitalen Orthobildern kombiniert werden. Zur Kartengestaltung im ALK-System äußert sich *Mittelstraß* (1989).

2. Leitungskarten (10.2.4.2 Nr. 4)

Der Aufbau von Netzinformationssystemen ist bei vielen Versorgungsunternehmen weit vorangeschritten. Die geometrischen Informationen der fachlichen Objekte (Leitungen für Gas, Wasser, Elt, Telefon usw.) werden üblicherweise in das Landeskoordinatensystem integriert. Zunehmend wird die Datenintegration unter Verwendung der ALK-Grundrissdatei als Basis für den Raumbezug durchgeführt. Die Leitungsdarstellung erscheint entweder auf einer besonderen Folie (Deckfolie) oder in Kombination mit einer Wiedergabe der Bezugstopographie. Das häufige Vorkommen neben- oder übereinanderliegender Leitungen zwingt zu ausreichend differenzierender Darstellungsweise und zu einer teilweisen geometrischen Verschiebung der Wiedergabe im Sinne einer generalisierenden Verdrängung. Für diesen Zweck befinden sich auch Verfahren der rechnergestützten Generalisierung im Einsatz (*Pollmann* in *Schilcher* 1991). Erfahrungen aus der Anwendung der digitalen Kartenherstellung stellt *Schwarz* (in *Schilcher* 1991) vor.

3. Wetterkarten (10.2.4.1 Nr. 6)

Die Karten mit den Stationsdaten entstehen an Plottern mit den vollständigen Schrift- und Zeichenangaben nach dem internationalen Wetterschlüssel. Die daraus abgeleitete Ausgabe anderer Karten (z. B. über Luftdruck) ergibt sich nach einem Interpolationsprogramm. Der Kartengrund ist meist vorgedruckt oder liegt digital vor. Die so entstandenen Originalwetterkarten lassen sich anschließend über Funk oder Fernsprechnetz übertragen; auf der Empfängerseite entstehen dann sog. Faksimilekarten. Für die Wettervorhersage werden bewegte Karten (animated maps, 12.4) hergestellt.

4. Verkehrskarten (10.2.4.2 Nr. 6)

Die Herstellung von Verkehrskarten geschieht zunehmend im Zusammenhang
mit Fahrzeugnavigationssystemen (10.1.3.2). Karten dieses Typs enthalten:

a) bei Straßenkarten das Straßennetz mit seiner verkehrsspezifischen Differenzierung,

b) bei Seekarten die Küstenkonturen, die Schifffahrtswege, die Tiefenlinien und
die linearen nautischen Angaben (Sektorengrenzen bei Leuchttürmen, Decca-
Netze usw.), soweit sie für die Führung eines Schiffes benötigt werden (Beispiele kartographischer Darstellungen – Anlage 10 auf CD-ROM). Über digital erstellte Seekarten im ECDIS (10.3.1.3) berichtet *Hecht* (1989, 1993).

c) bei Luftfahrtkarten (Beispiele kartographischer Darstellungen – Anlage 8 auf
CD-ROM) die Objekte der Flugsicherung in Verbindung mit einer topographischen Karte in digitaler Form (z. B. Digital Chart of the World – DCW).

7.4.3.3 Beispiele digital bearbeiteter kartenverwandter Darstellungen

Kartenverwandte Darstellungen haben in vielen Anwendungen gegenüber Karten
den Vorteil der größeren Anschaulichkeit (siehe Beispiele kartographischer Darstellungen – Anlage 11, 19, 20 auf CD-ROM). Ihre Herstellung mit klassischen
Verfahren ist jedoch aufwendig und fand deshalb bisher in relativ wenigen Fällen
statt. Liegen nunmehr die dreidimensionalen geometrischen Objektbeschreibungen in digitaler Form vor, lassen sich solche Darstellungen vergleichsweise einfach auf digitalem Wege mittels mathematischer Abbildungen konstruieren und
kartographisch modellieren. Dabei ist entsprechend der in 3.8 beschriebenen Einteilung der kartenverwandten Darstellungen zu unterscheiden zwischen echten
dreidimensionalen Modellen und zweidimensionalen Abbildungsmodellen.

Es ergeben sich dadurch neue Möglichkeiten und Aufgaben für die digitale
Kartographie; manche Autoren sprechen von 3D-Kartographie (*Kraak* 1988). Die
mathematische und algorithmische Formulierung der Abbildungsaufgaben (einschließlich der Probleme der Sichtbarkeitsberechnungen, der Schattierungsbe-
rechnung u. a. m.) findet man in den Lehrbüchern der GDV (z. B. *Fellner* 1992).

7.4.4 Entwicklungsstand der rechnergestützten Generalisierung

Die Entwicklung wirkungsvoller Verfahren der rechnergestützten Generalisierung von Geo-Daten wird als die Hauptaufgabe der Forschung in der Kartographie angesehen.

Die aktuellen *Forschungsarbeiten zur kartographischen Generalisierung*
konzentrieren sich darauf, die Vorgehensweise eines Kartographen durch ein
Prozessmodell zu simulieren, welches aus elementaren Generalisierungsvorgän-
gen gebildet und auf die Daten des Ausgangsmodells angewendet wird. Im Hinblick auf die Komplexität des Ansatzes beschränkt man sich in der aktuellen For-

schung auf gut standardisierte Kartenwerke, z. B. topographische Karten. Ziel der Untersuchungen ist es, das kartographische Expertenwissen zu ermitteln und in Form von Regeln als Voraussetzung für die Implementierung in einem Computer zu beschreiben.

Dazu sind u. a. folgende Forschungsaufgaben zu lösen:

- Bewertung existierender Regeln der Generalisierung; diese sind aus Quellen wie Arbeitsrichtlinien, Musterblätter und Lehrbücher abzuleiten;
- Bestimmung von Regeln durch Untersuchung konventionell bearbeiteter Karten; Untersuchung der funktionalen Zusammenhänge zwischen den verschiedenen Objektbereichen, z. B. Gewässernetz und Relief;
- praktische Untersuchung der Regeln einschließlich Vergleich mit konventionell bearbeiteten Musterlösungen.

Bei der Implementierung sind die verschiedenen Möglichkeiten der Informatik zu berücksichtigen; hierbei lassen sich prozedurale, regelbasierte und objektorientierte Ansätze sowie solche nach der Methode der neuronalen Netze unterscheiden (*Meng* 1993, 1998). Als Prototyp der Generalisierung mit einem Expertensystem gilt das von *Nickerson/Freeman* (1986) beschriebene System MAPEX. Dieses enthält eine Regelbasis für die Steuerung der Folge der geometrischen Operationen und eine Bibliothek mit Prozeduren für die Auswahl, die Vereinfachung und Kombination von Objekten, die Skalierung von Signaturen, die Identifizierung von Konflikten bei Signaturen und deren Lösung durch Verdrängung sowie die automatische Namensplazierung.

Weitere konzeptionelle Arbeiten zur Anwendung der Expertensystemtechnik stammen z. B. von *Mackaness/Fischer* (1987), *Brassel/Weibel* (1987), und *Muller* (1990). Eine kritische Betrachtung zur Anwendung von Techniken der künstlichen Intelligenz stellt *Weibel* (in *Buttenfield/McMaster* 1991) an. Eine Zusammenstellung der wissenschaftlichen Arbeiten zur Generalisierung an der Universität Hannover findet man in der Festschrift *Hake* (1992). Diese konzentrieren sich auf die Generalisierung topographischer Objekte für den groß- und mittelmaßstäbigen Anwendungsbereich. Spezielle Ansätze zur Gebäudegeneralisierung stammen von *Meyer* (1989), zur Generalisierung von Verkehrswegen und Gewässern von *Menke* (1982), zum Problem der Verdrängung, *Christ* (1979), *Endrullis* (1987), *Monmonier* (1989), *Jäger* (1990), *Mackaness/Purves* (1999), *Sarjakoski/Kilpeläinen* (1999) und *Burghardt* (2001), sowie zur Generalisierung mehrerer Objektgruppen von *Grünreich* (1985) und *Powitz* (1993).

8 Gewinnung raum-zeitlicher Informationen

Zusammenfassung

Das Kapitel 8 befasst sich mit der Gewinnung von Geo-Informationen durch Auswertung von analogen und digitalen kartographischen Darstellungen sowie den dafür erforderlichen Methoden. Ausgehend von dem im Kapitel 1 vorgestellten Konzept der modellorientierten kartographischen Kommunikation wird die visuelle Informationsgewinnung beschrieben. Sie führt zu einem Vorstellungsmodell der Umwelt (Tertiärmodell), das die notwendige Grundlage für raumbezogene Handlungen und Entscheidungen ist. Danach werden die kartometrischen Methoden für die Gewinnung quantitativer Informationen aus Karten beschrieben. Einen weiteren Schwerpunkt bildet die Beschreibung der grundlegenden Methoden der Informationsgewinnung aus digitalen Geo-Daten, die zusammen mit Verfahren der visuellen Geo-Datenexploration und Geo-Datenanalyse eingesetzt werden.

8.1 Begriffe und Aufgaben

Eine Karte beruht im Gegensatz zur physikalisch erzeugten Abbildung der Photogrammetrie und Fernerkundung auf dem *gedanklichen Ansatz* zur Konstruktion eines Modells der Umwelt. Dabei werden die geometrischen und semantischen Objektinformationen mit Hilfe eines Kartennetzes und einer vorgegebenen Kartengraphik zu einem ortsgebundenen Abbildungsmodell (Sekundärmodell der Umwelt) verarbeitet (1.4.2). Die Vorteile einer Karte als Informationsquelle liegen in der eindeutigen Codierung der semantischen Informationen, der Strukturierung nach dem Folienprinzip sowie der im Rahmen des Kartenzwecks vollständigen topologischen Beschreibung der Umwelt und der maßstabsbedingten geometrischen Genauigkeit. Zur Gewinnung von Informationen ist es notwendig, die Kartengraphik syntaktisch einwandfrei zu erkennen und die Semantik der Kartenzeichen richtig zu verstehen (8.2.1).

Jeder Benutzer kartographischer Informationen bildet aus solchen *Sekundärmodellen* der Umwelt im Zuge der Auswertung sein entsprechendes *Tertiärmodell*. Dabei kann man zwei Arten der Auswertung unterscheiden:

1 *Interne* Auswertung im Zuge kartographischer Arbeiten als *Umgestaltung* einer solchen Darstellung, und zwar *inhaltlich* (Hinzufügen, Ändern von Daten usw.) oder *formal* (Vergrößern, Zerschneiden, Zusammenfügen usw.), ferner als *Ableitung* einer neuen aus einer anderen Darstellung.

2. *Externe* Auswertung nach den jeweiligen beruflichen oder persönlichen Belangen des Benutzers (Auswertung im engeren Sinne). Neben den vielen

zweckgebundenen Inhalten solcher Auswertung gibt es noch die *Kartenkritik*. Diese befasst sich speziell mit der Karte als kartographischem Produkt, und zwar über die Quellenkritik hinaus auch mit den Objektdaten, der Kartengraphik, der technischen Wiedergabequalität und der ästhetischen Wirkung.

Nachfolgend geht es nur um die *externe* Auswertung. Diese lässt sich wie folgt in zwei Bereiche gliedern:
a) Die klassische Auswertung bezog und bezieht sich ausschließlich auf die Karte als *graphisches* Informationsmittel (8.2).
b) Die Auswertung raumbezogener Informationssysteme führt durch den Einsatz der Computertechnik zu wesentlichen Erweiterungen der Auswertemöglichkeiten (8.3). Dabei bleiben die herkömmlichen Ansätze zur Ermittlung geometrischer Daten auch beim Vorliegen großer Datenmengen praktikabel (z. B. umfangreiche Flächenberechnungen). Darüber hinaus führen neue und komplexere Verfahrensansätze zu weiterem Erkenntnisgewinn (z. B. durch Datenanalyse, statistische Ansätze, Flächenverschneidungen usw.).

Nach *MacEachren* (1995) lässt sich der Gebrauch kartographischer Darstellungen mit dem Konzept eines dreidimensionalen Koordinatensystems (sog. *map use cube*) veranschaulichen. Dabei werden die drei *Koordinatenachsen* wie folgt definiert (Abb. 8.01):

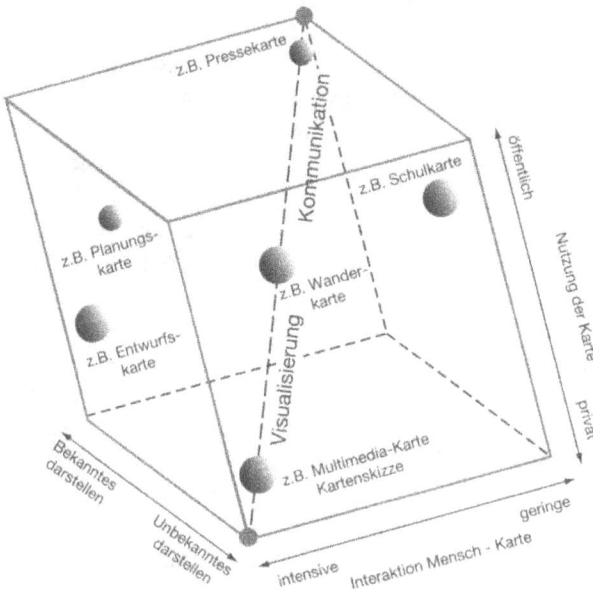

Abb. 8.01 Die drei wichtigsten Fälle der Nutzung kartographischer Darstellungen (nach *MacEachren* 1995 und *Freitag* in *Koch* 2001)

1. Zweck des Kartengebrauchs mit dem Wertebereich *öffentlich* (allgemein üblicher Gebrauch) bis *privat* (individueller Gebrauch),
2. Bekanntheitsgrad der räumlichen Strukturen mit dem Wertebereich *bekannt* bis *unbekannt* und
3. Grad der (technischen) Interaktion mit dem Wertebereich *niedrig* bis *hoch.*

Im einzelnen ergeben sich noch folgende Erläuterungen zu den drei Hauptarten des Gebrauchs kartographischer Darstellungen:
1. Die *linke untere Ecke* repräsentiert den klassischen Gebrauch allgemein verfügbarer Karten. Dabei werden Geo-Informationen in Form von materiellen Karten (z.B. topographische Karten) präsentiert („*Präsentation*") und unter Anwendung der klassischen Methoden der Karteninterpretation und Kartometrie, d.h. mit geringem (technischem) Interaktionsgrad, ausgewertet.
2. Die *diagonal gegenüberliegende Ecke* des „Würfels" repräsentiert die moderne Form der visuellen Nutzung von Geo-Daten in GIS-Anwendungen: die hochinteraktive *visuelle Datenexploration* mittels multimedialer und temporaler Bildschirmkarten. Sie wird angewendet, wenn man sich einen Einblick in die Qualität, Verteilung und Struktur unbekannter Geodaten verschaffen möchte, und sie ist häufig Voraussetzung für die gezielte Analyse.
3. Der dritte bedeutende Fall der Nutzung kartographischer Ausdrucksformen ist die visuell unterstützte *Analyse* im Rahmen von GIS oder modernen elektronischen Atlanten. Sie beginnt üblicherweise mit einer Übersichtskarte; weitere Karten werden zur Beurteilung von Zwischenergebnissen hergestellt. Typische Anwendungen ergeben sich im Zusammenhang mit räumlichen Planungen, wenn verschiedene Planungsvarianten durchzuspielen sind, oder im geowissenschaftlichen Erkenntnisprozess.

8.2 Kartenauswertung

8.2.1 Aufgaben und Begriffe der Kartenauswertung

Der Umgang mit Karten wird allgemein als *Kartengebrauch* oder *Kartenbenutzung* bezeichnet. Sie reicht von der einfachen Identifizierung eines Objekts bis zur umfangreichen Interpretation. Wenn dabei der Kürze wegen nur von der Auswertung der Karte die Rede ist, so gilt dies jedoch sinngemäß auch für alle kartenverwandten Darstellungen (3.8), soweit sie sich dazu eignen.

Jede Kartenauswertung lässt sich als Informationsverarbeitung durch den Kartenbenutzer auffassen:

Die in der Karte enthaltenen Darstellungen bilden die *Primärinformationen* (über Raum-, Sach- und Zeitbezug der Objekte, 1.3). Diese lassen sich im Sinne des Kommunikationsprinzips (1.5) durch Auswertung entnehmen, wenn eine ungestörte Informationsübertragung, eine ausreichende Gestaltwahrnehmung (3.2.5) und ein bekanntes Zeichenrepertoire gewährleistet sind. Damit spielt die meist im Kartenrand befindliche *Legende* mit ihrem Kernstück, der *Zeichenerklärung*, für den Kartenbenutzer eine zentrale Rolle (vgl. 1.2.5) (*Freitag* in *Koch* 2001). Darüber hinaus ist es möglich, in nahezu unbegrenzter Weise *Sekundärinformationen* (1.3.5) abzuleiten.

Jede Kartenauswertung erzeugt beim Benutzer ein inneres Bild, eine Vorstellung der räumlichen Verhältnisse als *kognitive Karte (Vorstellungskarte, mental map, 1.5.2)* oder sie bestätigt bzw. korrigiert eine bereits vorhandene innere Karte. Dabei ergibt sich am Ende der Auswertung im Sinne der Zeichentheorie (1.2.4) die *pragmatische* Dimension der Kartenzeichen: Die syntaktisch einwandfrei wahrgenommenen und semantisch richtig erkannten Zeichen nehmen Einfluss auf die Verhaltensweise des wahrnehmenden Subjekts. Jedes wahrgenommene Zeichen fordert gewissermaßen zur einer Handlung auf (z. B. Wandern auf dem erkannten Wege, Planen im Anhalt an erkannte Gebäude), auch wenn diese Handlung zunächst nur in der Änderung des räumlichen Bewusstseins oder in einer Bestätigung des vorhandenen Wissens besteht.

Die Kartenauswertung lässt sich beschreiben nach ihrem Zweck (1) und nach der – damit häufig verbundenen – Art des methodischen Ansatzes (2).

1. Über die verschiedenen *Zwecke* der Kartenauswertung *(Kartenfunktion)* gibt Abb. 8.02 eine Übersicht. Dabei gilt die Karte am Beginn der Auswertung stets als *Darstellungsmittel* mit *beschreibender* Funktion *(Deskriptionsmittel)*, vorwiegend für die Entnahme von Primärinformationen zum Gewinnen, Bestätigen oder Korrigieren von Wissen. Als *Arbeitsmittel* ist sie bereits zugleich Informationsquelle und Grundlage für neue Darstellungen, wobei Primär- und Sekundärinformationen benutzt werden. Als *Forschungsmittel (Erkenntnismittel)* schließlich ist sie durch Analyse und experimentelle Variation thematischer Verknüpfungen vor allem ein heuristisches Werkzeug zur Gewinnung von Sekundärinformationen; dies gilt besonders für Karten komplexen Inhalts und beim gleichzeitigen Gebrauch mehrerer Karten.

   In einer Welt voller Ereignisse und bisher nie gekannter Mobilität spielt die Karte als Mittel zur raschen Unterrichtung eine zunehmende Rolle. Man schätzt, dass etwa 10 – 15% der täglichen, durch Presse, Rundfunk und Fernsehen vermittelten Informationen geographischer Natur sind. Diese werden weitgehend erst verständlich, wenn man dazu die räumlichen Bezüge auf Karten nachvollzieht oder vorher bereits nachvollzogen und dann behalten hat. Dabei wächst für die Kartographie in besonderem Maße die Bedeutung der *Medienkarten* in Zeitungen und Fernsehen, weil viele Menschen ihr gegenwartsnahes, auf raumbezogene Ereignisse gerichtetes Wissen ganz oder überwiegend diesen Karten als Schnellinformation entnehmen.

   Beim Bodenrecht kann über die beschreibende Funktion hinaus eine Kartendarstellung auch von rechtswirksamer Bedeutung sein. Das gilt vor allem für
   - Liegenschaftskarten zum Nachweis von Flur- und Grundstücken, soweit deren Inhalt am öffentlichen Glauben des Grundbuchs teilnimmt;
   - Festlegungskarten, in denen Grenzlinien die örtliche Abgrenzung von Rechtsgebieten nach Gesetz oder Vertrag verbindlich fixieren (z. B. Hoheits- und Naturschutzgebiete, Sperrzonen);

Funktion der Karte	Verhältnis Primär- zu Sekundär- Informationen	Anwendungs- bereich	Zweck der Kartenauswertung
Beschreibung	viel / wenig	Bildung	**Allgemeine Vermittlung von Wissen** Unterricht, Selbststudium, Erläuterung aktueller Geschehnisse, Kommunikation über Geo-Objekte **Spezielle Erkenntnisse** z.B. Bodenrecht, zeitliche Datierung usw.
Arbeitsmittel als Informations- quelle und Grundlage neuer Darstellungen	unterschiedlich	Orientierung	**Zurechtfinden (örtlich und häuslich)** Aufsuchen von Wegen und Ziel-Objekten, Wandern, Sport, militärische Operationen
		Verwaltung	**Bestandsermittlung, Organisations- und Entscheidungshilfe**
		Planung	**Entwicklungun Festlegung von Zielen** Flächenhaft: Land- u. Forstwirtschaft, Industrie, Wasserwirtschaft, Raumordnung u. Städtebau, Landesverteidigung; Linienhaft: Verkehrswege, Ver- und Entsorgung, Energiewirtschaft
		Kartographie, GIS	**Unterlag für andereKartenun Inf.-systeme** Amtliche und private stellen des Vermessungs- und kartenwesens, Quelle und Grundlage für Folgekarten und thematische Karten
Analyse, Forschung	wenig/viel	Wissenschaft	**Raumanalyse, Prüfung von Hypothesen, Erkenntnisgewin aus Art der Darstellung** Geowissenschaften, Ur-, Siedlungs-, Verkehrs- und wirtschaftsgeschichte

Abb. 8.02 Zwecke der Kartenauswertung

– Planungskarten, deren Planinhalt für die Träger künftiger Maßnahmen bindend ist (z. B. Flächennutzungsplan, Bebauungsplan).

2. Über die *Arten* der Kartenauswertung gibt Abb. 8.03 einen Überblick, wobei auch gegenseitige Abhängigkeiten zum Ausdruck gebracht werden. Im allgemeinen kann man unterscheiden zwischen den qualitativen und teilweise auch quantitativen Vorgängen des *Kartenlesens* (8.2.2) und den geometrischen Prozeduren des *Kartenmessens (Kartometrie* 8.2.3).

Allgemein lässt sich feststellen, dass in jedem Auswertezweck die einzelnen Auswertearten in jeweils unterschiedlicher Häufigkeit auftreten.

Für die Heranbildung zur Kartenauswertung spielen Schulunterricht und schulkartographische Produkte eine wesentliche Rolle. In neueren Schulatlanten wird dabei die wachsende Bedeutung der thematischen Karte deutlich. Neben den Wandkarten und Atlanten werden im Unterricht *stumme* Karten bzw. *Umrisskarten* zur Erarbeitung geographischer Kenntnisse benutzt. Diese erscheinen in Form gedruckter Arbeitsblätter, in gestempelter Form oder als abwaschbare Folien. Zum Vorführen und Üben gibt es Arbeitstransparente als Grund- und Deckfolien sowie Magnetwände und Magnetsignaturen.

Größere Abhandlungen zur Kartenauswertung, teilweise mit einer Einführung in die Kartenkunde, stammen z. B. von *Fezer* (1976), *Hüttermann* (1979, 1981, 1993), *Keates*

Kartenlesen ---------------------- Kartenmessen

Wahrnehmen, Erkennen, Identifizieren

Art, (Qualität) **Menge** (Quantität) und **Geometrie** (Winkel, Strecke, Fläche, Höhe)

Vergleichen	**Auszählen**	**Schätzen**	**Messen**

1. Am Objekt selbst
2. Bezug zu anderen Objekten, zu anderen Karten,
zu anderen Medien, zur Wirklichkeit

Analysieren, Interpretieren, Deuten

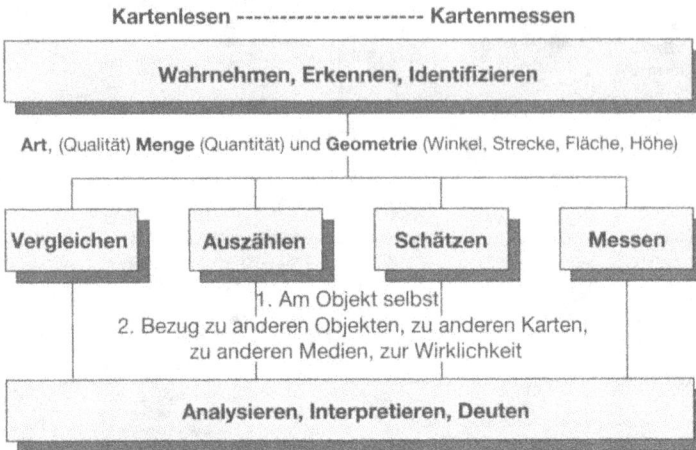

Abb. 8.03 Arten der Kartenauswertung

(1996), *Maling* (1989), *Jeschor/Bleiel* (1989), *Muehrcke* (1992) und *Linke* (1996). Zur Kartennutzung in der Schule siehe *Hüttermann* (1995).

8.2.2 Kartenlesen (Karteninterpretation)

Das Kartenlesen – auch als *Karteninterpretation im weiteren Sinne* bezeichnet – besteht im 1. Wahrnehmen (Erkennen, Identifizieren), 2. Auszählen, 3. Schätzen, 4. Vergleichen oder 5. Deuten (Interpretieren, Analysieren) von Einzelheiten des Karteninhalts. Diese einzelnen Tätigkeiten sind in der Praxis des Kartenlesens meist eng miteinander verbunden. Sie beziehen sich auf Art (Qualität) und Menge (Quantität) der Objekte sowie in einer vorwiegend überschlägigen Weise auch auf den Raumbezug (Geometrie).

Bei *topographischen Karten* soll das Lesen *der Karte allein* zu einer zutreffenden Vorstellung vom Gelände und damit auch zu einer richtigen Geländebeurteilung führen; dies setzt allerdings voraus, dass der Benutzer über Geländekenntnisse verfügt, die ihm solche Vorstellungen ermöglichen. Das Kartenlesen *im Gelände* dient neben der Schulung derartiger Vorstellungen vor allem der Orientierung. *Thematische Karten* werden meist für sich, d. h. ohne Vergleich mit dem Objekt gelesen.

1. Das visuelle *Wahrnehmen* eines Objektes nach Lage und Art (Qualität) ist die erste und stets notwendige Phase jeder Kartenauswertung. Die dabei aus den graphischen Strukturen sieh ergebenden Gestalttendenzen führen über das Erkennen von Unterschieden zwischen den einzelnen Darstellungen zur *Identifizierung* des Objekts. Schnelligkeit und Zuverlässigkeit des Wahrnehmens hängen sowohl von der Dichte und Lesbarkeit des Karteninhalts wie auch vom Kartenverständnis des Benutzers ab.

So können einander ähnliche Darstellungen (z. B. zahlreiche Einzelhäuser, dichtes Wege- oder Grabennetz) oder nicht vollständig dargestellte Objekte (z. B. Verwaltungsgrenzen) das Wahrnehmen erschweren und leichter Irrtümer erzeugen; eine Dorfkirche ist dagegen meist schnell erkannt. Oft ist das Wahrnehmen erst aus dem räumlichen Zusammenhang benachbarter Objekte möglich, seltener durch das Objekt allein: Zum Wahrnehmen eines unter vielen Gebäuden bedarf es der Identifizierung mit Hilfe der Umgebung; eine typische Flussschleife ist dagegen bereits an ihrer Form selbst zu erkennen. Das Wahrnehmen typischer Oberflächenformen aus Höhenlinien oder anderen Darstellungsmitteln erfordert Formkenntnisse und Anschauungsvermögen; es leitet bereits zum Deuten über.

2. Das *Auszählen* ist im Gegensatz zum Wahrnehmen und Deuten ein quantitativer Prozess. Mit ihm wird für einen bestimmten Bereich die Anzahl von Objekten gleicher Qualität ermittelt (z. B. Gebäude an einem Ort, Orte eines Kreises, Bahnhöfe, Fabriken, Fundorte usw.) Das Ergebnis ist aber nur dann einwandfrei, wenn die Objekte in der Karte noch vollständig enthalten sind, also nicht bereits durch eine Auswahlgeneralisierung reduziert wurden.

In thematischen Karten erstreckt sich das Auszählen auch auf Darstellungen durch Punkte, Signaturen, Kartodiagramme usw., wenn für einen größeren Bereich eine Gesamtmenge (z. B. Bevölkerung, Produktion) ermittelt werden soll. Im weiteren Sinne kann man zum Auszählen auch das Ermitteln einer Fahrstrecke aus Entfernungsangaben (z. B. in Straßenkarten) rechnen, wobei statt der oft langwierigen Längenmessung (8.2.3.3) lediglich ein Summieren der abgelesenen Teilstrecken vorzunehmen ist.

3. Das *Schätzen* ist eine überschlägliche Ermittlung einer Quantität (anstelle des exakten Auszählens) oder einer geometrischen Größe (anstelle des exakten Kartenmessens, einschließlich Größensignaturen usw.).

4. Das *Vergleichen* bezieht sich hier nur auf seine qualitative bzw. quantitative Seite, da Vergleiche geometrischer Größen (z. B. Flächen) zur Kartometrie (8.2.3) gehören. Es gibt vier Fälle des Vergleichens:
   a) Der *Vergleich zwischen Karte und Gelände* beruht auf einem fortgesetzten Verfahren des bereits beschriebenen Wahrnehmens (Nr. 1). Er dient der Geländeorientierung, aber auch dem Training des Vorstellungsvermögens und dem besseren Verständnis für die Möglichkeiten und Grenzen der Kartengestaltung. Das Zurechtfinden im Gelände wird erleichtert, wenn die Karte richtig orientiert ist (8.2.3.4).
   b) Der *Vergleich verschiedener Karten* desselben Gebietes und *gleicher* Thematik liefert in ähnlicher Weise Hinweise zur Beurteilung der Kartengraphiken und der äußeren Form der Karten. Werden Karten desselben Gebietes, aber *verschiedener* Themen miteinander verglichen, so können die Karten Forschungsinstrumente sein, die zu neuen Erkenntnissen über Abhängigkeiten, Korrelationen usw. von Objekten verhelfen; ein Beispiel ist die Grenzgürtelmethode (10.2.3.1 Nr. 3) zur Bestimmung von Kernräumen und deren Grenzzonen.

c) Beim *Vergleich zwischen Karte und anderem Informationsträger* verdeutlicht die Karte die Merkmale des Raumbezugs, während z.B. ein Text stärker auf die Merkmale von Art und Menge des Objekts eingehen kann oder
eine Tabelle genaueres Zahlenmaterial liefert.

d) Der *Vergleich zwischen verschiedenen Objekten innerhalb einer Karte*
geht schließlich über zum Deuten (Nr. 5) unter gleichzeitiger Wertung
nach bestimmten Gesichtspunkten (z.B. Bedeutungsunterschiede bei Orten,
Strassen, Gewässern). Auch das Vergleichen thematischer Größendarstellungen (z.B. gestufte Signaturen, Diagramme) gehört hierher.

5. Das *Deuten* als *Interpretation im engeren Sinne* geht als Ergebnis einer intensiven Denkleistung einen wesentlichen Schritt weiter. Es versucht, aus der
kartographischen Darstellung auch Aussagen zu gewinnen über die Eigenart
der räumlichen Beziehungen, ihre Entwicklungen, Funktionen und Strukturen. Neben dem notwendigen Wahrnehmen kann es sich dazu auch des Auszählens, Schätzens und Vergleichens sowie kartometrischer Methoden bedienen. Eine solche Karteninterpretation ist ihrem Wesen nach eine meist fachbezogene *Analyse* des Raumes. Die dabei gewonnenen Erkenntnisse können in
einem weiteren Schritt zur *Synthese* führen, wenn sich ein Raumtyp beschreiben lässt als eine modellartige Einheit aus herausragenden Merkmalen. Mitunter schließt sich an diese Modellbildung und -vorstellung auch eine *Beurteilung (Bewertung)* nach bestimmten Gesichtspunkten an, z.B. als Entscheidungshilfe über die Geländeeignung für bauliche Maßnahmen oder die mögliche Änderung des Verlaufs von Verwaltungsgrenzen.

Ein Beispiel des Deutens sind geographisch-landeskundliche Beschreibungen zu
topographischen Karten, z.B. die 1978–1982 vom Zentralausschuss für deutsche Landeskunde herausgegebenen „Deutsche Landschaften" als Erläuterungen zur Topographischen Karte 1:50000. Auch die Topographischen Atlanten (11.2.5) enthalten landeskundliche Beschreibungen. Häufig werden die Deutungen unter einem bestimmten,
fachwissenschaftlich eng begrenzten Thema vorgenommen. So können z.B. Geograph
und Historiker aus der gegenseitigen Stellung der Gebäude, aus Bebauungsdichte und
Straßennetz wesentliche Erkenntnisse zur Siedlungsgeschichte gewinnen. Die Höhenlage von Quellen und die Dichte des Gewässernetzes geben dem Geologen Aufschluss
über Lage und Eigenschaft von Gesteinsschichten. Kartographische Darstellungen in
thematischen Karten können als gelungen gelten. wenn sie die Deutungen weitgehend
erleichtern (z.B. Klimakarten, die die Relation zwischen Niederschlag und Geländer-
relief deutlich aufzeigen).

8.2.3 Kartenmessen (Kartometrie)

Kartometrie bedeutet Messen oder Übertragen geometrischer Größen auf Karten und kartenverwandten Darstellungen. Sie setzt voraus, dass die betroffenen
Objekte einwandfrei identifiziert sind (8.2.2 Nr. 1) und die möglichen Fehlerquel-
len (8.2.3.1) ausreichend berücksichtigt werden.

8.2.3.1 Fehlerquellen der Kartometrie

1. Verzerrungen des Kartennetzentwurfes. Diese fallen umso größer aus, je kleiner der Maßstab der Karte und je ausgedehnter die Messung ist: Kein Netzentwurf ist völlig längentreu; flächentreue Entwürfe weisen teilweise starke Winkelverzerrungen auf; umgekehrt können bei konformen Abbildungen die Flächen stark verzerrt sein. Zu rechnerischen Korrekturen an den ermittelten Größen kommt es aber gewöhnlich nur bei Bedarf und in Karten kleinerer Maßstäbe (etwa ab 1:1 Mio.). Einzelheiten siehe Kap. 2.

2. Geometrische Genauigkeit des Karteninhalts. Diese hängt ab a) von der geodätischen Grundlage (2.1), b) von der Genauigkeit der Einzelerfassung (topographische Vermessung oder thematische Aufnahme), c) vom Ausmaß der Generalisierung und den daraus resultierenden Lagemerkmalen (3.7.4) und schließlich d) von den kartentechnischen Vorgängen von der Kartierung bis zum Mehrfarbendruck (4.7).

Im allgemeinen sollten Grundrissangaben im Rahmen der Zeichengenauigkeit von etwa ± 0,15 mm geometrisch richtig sein. Diese Bedingung ist aber unter dem Einfluss der Generalisierung nicht mehr völlig einzuhalten. Bei lokalen Objekten wird die Lage meist durch die Mitte oder den Fußpunkt der Signatur gekennzeichnet. Am stärksten wirken sich die unvermeidbaren Verdrängungen aus. Bei linearen Objekten wie Wegen und Gewässern bleibt, wenn sie verbreitert, aber nicht verdrängt sind, wenigstens die richtige Lage der Mittellinie erhalten.

3. Einfluss des Papierverzuges. Schwankungen der Luftfeuchtigkeit rufen Längenänderungen des Papiers hervor (4.2.2.1). Man erhält die tatsächliche mittlere Maßstabszahl einer Karte aus einer bekannten Naturstrecke s und der gemessenen Kartenstrecke s' zu $m = s/s'$ (3.5.2). Als bekannte Strecken eignen sich z. B. auch die Sollstrecken aus dem Kartennetz. Solche Berechnungen sind aber entbehrlich, wenn man sich bei der Messung von Kartenstrecken der häufig auf der Karte mitgedruckten Maßstabsskala bedient, deren Teilung die Maßänderung des Papiers mitmacht.

8.2.3.2 Koordinatenmessung auf Karten

Das Ermitteln oder Übertragen von Koordinaten bezieht sich bei Karten großer und mittlerer Maßstäbe in der Regel auf ebene rechtwinklige (geodätische) Koordinaten, in Karten kleiner Maßstäbe meist auf geographische Koordinaten. Solche Koordinaten legen Punkte im Grundriss in *absoluter* Weise fest.

Mit einfachen Hilfsmitteln wie Anlegemaßstab, Zirkel usw. geht man so vor, wie in den Abb. 8.04 und 8.05 dargestellt. Dazu sollte wenigstens die den Punkt P umgebende Netzmasche vollständig ausgezogen sein. Das ist mitunter durch Auszeichnen der Netzlinien (Abb. 3.45c) noch nachzuholen.

Da in *geodätischen* Koordinatensystemen die Gitterlinien parallel verlaufen und das metrische System zugrunde liegt, kann man zwischen den Netzlinien die Koordinatenabschnitte unmittelbar mit dem Maßstab ablesen. Dabei hat man auch jeweils den Rest bzw.

<table>
<tr><td>

1:25 000

$^{57}97$

$(0,39)$

0,72 —— (0,28)

P

0,61

$^{57}96$

$^{35}48$ $^{35}49$

</td><td>

1:50 000

$^{6}07$ $^{6}08$

$^{55}23$

1,0 0,8 0,6 0,4 0,2 0,0

0,0

P 0,0

0,2

0,4

0,6 $^{55}22$

0,8

1,0

Transparentes Gitter mit
gegenläufigerTeilung

</td></tr>
</table>

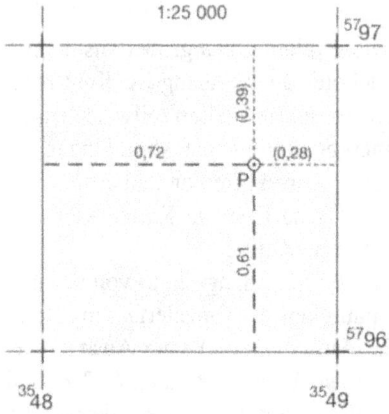

Aus der Karte ermittelte Koordinaten
des Punktes P i m Gauß-Krüger-System:
Rechts (R): 3548,72 km   Hoch (H): 5796,61 km

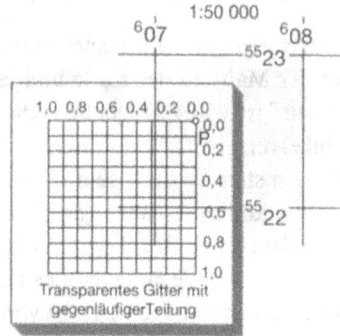

In die Karte zu übertragende Koordinaten
eines Punktes P i m UTM-System:
East (E): 607,28 km   North (N): 5522,56 km

a)   b)

Abb. 8.04 Ermitteln (a) und Übertragen (b) geodätischer Koordinaten

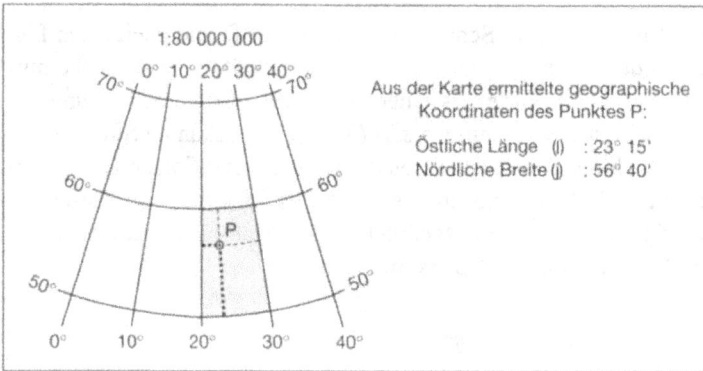

1:80 000 000

0° 10° 20° 30° 40°

70°   70°

60°   60°

P

50°   50°

0°   10°   20°   30°   40°

Aus der Karte ermittelte geographische
Koordinaten des Punktes P:

Östliche Länge (l)   : 23° 15'
Nördliche Breite (j)   : 56° 40'

Abb. 8.05 Ermitteln geographischer Koordinaten

die ganze Strecke zu messen, um den Einfluss des Papierverzuges zu tilgen. Sind z. B. in
Abb. 8.04 im Rechtswert statt der dort angegebenen Zahlen die Intervalle 0,75 und 0,29
km abgelesen, so liegt eine tatsächliche Maschenweite von 1,04 km vor; um wieder auf
den Sollwert 1,00 km zu kommen, muss man demnach die Abschnitte anteilmäßig auf
0.72 bzw. 0.28 km reduzieren.

Geographische Netzlinien bilden gewöhnlich kein quadratisches Gitter. Die durch den
Punkt *P* führenden Hilfslinien der Koordinatenermittlung (Abb. 8.05) haben sich daher

dem Verlauf der Netzlinien entsprechend anzupassen. Für die Ablesung der Grade und Minuten eignet sich am besten die meist im Kartenrahmen befindliche Skala.

Sind für eine größere Anzahl von Punkten geodätische Koordinaten zu ermitteln, so eignen sich andere Verfahren besser für solche Arbeiten. So kann man ein transparentes engmaschiges Quadratnetz (Millimeterpapier, Quadratglastafel) auf die Netzmasche legen, die mm-Teilung abzählen und das den Punkt enthaltende kleine Feld abschätzen. Man erhält die Koordinatenabschnitte durch Multiplikation der abgelesenen Werte mit der Kartenmaßstabszahl m$_k$, oder man zählt die Teilung sogleich in Einheiten des Kartenmaßstabes. Ähnlich verfährt man mit dem sog. *Planzeiger* (Kartenzeiger, Koordinatenmesser) mit einer dem jeweiligen Maßstab entsprechenden Teilung. Eine weitere Beschleunigung ist möglich durch den Einsatz eines Koordinatographen (4.2.7.2) oder eines Digitalisiergerätes (4.4.2.1), das auch eine weitere Verarbeitung der Daten ermöglicht (z. B. zur Entfernungsberechnung).

Mit dem zunehmenden Einsatz der einfachen Ortsbestimmung durch Satellitenmessung (GPS-System) ist das *Übertragen* von Koordinaten in die Karte von wachsender Bedeutung. Auch hierfür ist oft vorab das Darstellen der Netzmasche erforderlich. Eine weitere Anwendung ist die Eintragung eines modernen Koordinatennetzes in eine alte Karte anhand identischer Punkte. Das so entstehende *Verzerrungsgitter* liefert eine klare Anschauung über das Ausmaß der geometrischen Lagefehler der alten Karte (*Imhof* 1964).

8.2.3.3 Längenmessung auf Karten

Solche Längenangaben sind im Gegensatz zur absoluten Koordinatenmessung eines Punktes relative Festlegungen zwischen zwei Punkten im Grundriss.

1. Geradlinige Verbindungen

Man erhält die *Horizontal-* oder *Grundrissentfernung* auf *großmaßstäbigen* Karten zwischen zwei Punkten *eines* Kartenblattes am einfachsten mit Hilfe eines Anlegemaßstabes. Liegen die Punkte auf *zwei verschiedenen* Kartenblättern, so ordnet man entweder die beiden Blätter in der richtigen gegenseitigen Lage an und greift dann die Entfernung ab, oder man entnimmt für die mit A und B bezeichneten Punkte die geodätischen Koordinaten (8.2.3.2, Abb. 8.04) und rechnet mit $x_A - x_B$ und $y_A - y_B$ die Entfernung s zu

$$s = \sqrt{\left(x_A - x_B\right)^2 + \left(y_A - y_B\right)^2}. \qquad (8.2.3\ a)$$

Streng genommen ergibt die Formel eine Strecke im Koordinatennetz und ist auf das Meeresniveau bezogen. Der Unterschied gegen die horizontale Naturstrecke ist jedoch im Hinblick auf den Kartenmaßstab meist vernachlässigbar klein.

In bestimmten Fällen ist auch die räumliche Entfernung *(Schrägentfernung)* s$_r$ zweier Punkte von Interesse. Man erhält sie aus der Horizontalstrecke s und dem Höhenunterschied $h = H_A - H_B$, und zwar in strenger Form oder in einer meist ausreichenden Näherungsformel, wenn h wesentlich kleiner ist als s:

$$s_r = \sqrt{s^2 + h^2} \quad \text{bzw. genähert} \quad s_r = s + \frac{h^2}{2s}, \text{ wenn } h \ll s. \quad (8.2.3 \text{ b})$$

In *kleinmaßstäbigen* Karten ist neben der Längenverzerrung des Netzentwurfes noch zu berücksichtigen, dass die kürzeste Verbindungslinie zweier Punkte auf der Kugeloberfläche, die *Orthodrome*, auf den Karten in der Regel nicht geradlinig verläuft (2.2.1.4). Bei größeren Entfernungen ist daher ein mit dem Anlegemaßstab abgelesener Wert zu ungenau; man bestimmt besser die geographischen Koordinaten (Breite φ und Länge λ) der Punkte A und B (Abb. 8.05) und rechnet (siehe auch 2.2.1.3) die Entfernung auf der Kugeloberfläche mit dem Radius R ausreichend genau nach den Formeln:

$$\cos\delta = \sin\varphi_A \cdot \sin\varphi_B + \cos\varphi_A \cdot \cos\varphi_B \cdot \cos(\lambda_A - \lambda_B), \quad s = R \cdot \delta. \quad (8.2.3 \text{ c})$$

Zu den geradlinigen Längenmessungen kann man auch das Bestimmen von Länge, Breite, Durchmesser usw. von Signaturen, Kartodiagrammen u. a. bei thematischen Darstellungen rechnen.

2. Gekrümmt oder geknickt verlaufende Verbindungen

Solche Fälle treten z. B. auf, wenn die Straßenentfernung zwischen zwei Punkten, die Länge eines Flusslaufes, einer Küstenlinie oder einer Staatsgrenze zu ermitteln ist. Die Verbindung wird entweder in besser messbare Teilstücke zerlegt oder mittels Messrädern kontinuierlich abgefahren.

Für *Teilstreckenmessungen* eignet sich das Verfahren der *wachsenden Zirkelöffnung*. Man nimmt das erste gerade Stück der Verbindung in den Zirkel, dreht diesen um den ersten Knickpunkt in die Verlängerung des nächsten geraden Stücks ein und erweitert die Zirkelöffnung um den Betrag dieses zweiten Intervalls, dann dreht man um den zweiten Knickpunkt usw., bis man zum Schluss die Gesamtlänge in der Zirkelöffnung hat, die man dann an einem Maßstab abliest.

Zum *kontinuierlichen* Abfahren einer Länge gibt es Kurvenmesser, deren kleines Messrad von Hand entlang der zu messenden Länge geführt wird. Die Umdrehungen des Rades übertragen sich auf einen Zeiger, der die unmittelbare Ablesung der Naturstrecke für die wichtigsten Kartenmaßstäbe mit Hilfe zahlreicher Skalen gestattet (Abb. 8.06)

Bei der Messung in *kleinmaßstäbigen* Karten ist zu berücksichtigen, dass infolge der vereinfachenden Wirkung der Generalisierung die Längen stets kürzer als der Natur entsprechend ausfallen. Das gilt in besonders hohem Maße für in der Natur stark gewundene Flüsse wie auch für zerklüftete Küstenlinien. Für einen Küstenabschnitt in Istrien wurden z. B. die folgenden Längen ermittelt:

Maßstab 1:	75 000	300 000	750 000	1,5 Mio.	3,7 Mio.	15 Mio.
Länge in km	223,81	190,6	199,5	157,6	132	105

3. Der Einfluss des Papierverzuges wird nach 8.2.3.1 berücksichtigt.

Abb. 8.06 Kurvenmesser der Firma Thoma/Erlangen

8.2.3.4 Winkelmessung auf Karten

Auf Karten lassen sich Horizontalwinkel unmittelbar und Vertikalwinkel mittelbar bestimmen bzw. übertragen. Solche Winkelangaben haben teils *absoluten*, teils *relativen* Festlegungscharakter.

1. Horizontalwinkel

Der von zwei Richtungen im Grundriss eingeschlossene Winkel gilt als *Richtungswinkel*, wenn die Nullrichtung parallel zur x'-Achse (Gitter-Nord) eines geodätischen Koordinatensystems verläuft. Beim *geographischen Azimut* zeigt die Nullrichtung nach Geographisch-Nord, beim *magnetischen Azimut* nach Magnetisch-Nord (2.2.1.5). Die Winkelzählung ist rechtsläufig, d. h. im Uhrzeigersinn. Über Winkelteilungen siehe 2.1.2.4.

Zur Winkelmessung dienen Vollkreis- oder Halbkreiswinkelmesser *(Transporteure)* aus Plexiglas. Soll wie in Abb. 8.07 der Richtungswinkel von A nach B gemessen werden, so zeichnet man von A die Richtungen zum Gitternord und nach B, legt dann den Transporteur mit dem Zentrum auf A und dreht ihn so, dass der Wert Null auf der Nullrichtung liegt. An der Strecke AB wird sodann der Winkelwert abgelesen. Halbkreiswinkelmesser besitzen oft eine gegenläufige Winkelskala und eignen sich daher besonders zum *Absetzen* eines Winkels. Wie in Abb. 8.08 dreht man z.B. den Winkelwert des Azimuts an der vorher eingetragenen Nullrichtung ein und zeichnet dann die Richtung von C nach D entlang der Kante des Winkelmessers.

Lässt der Papierverzug bzw. der Netzentwurf eine größere Winkelverzerrung beim Messen mit Winkelmessern befürchten, so ist es besser, die Koordinaten abzugreifen (8.2.3.2) und aus diesen den Winkel zu rechnen. Dieses Verfahren ist ferner immer angebracht, wenn die beiden Punkte A und B auf verschiedenen Karten liegen. Bei geodätischen Koordinaten x_A, y_A, x_B, y_B ergibt sich dann der Richtungswinkel t von A nach B zu

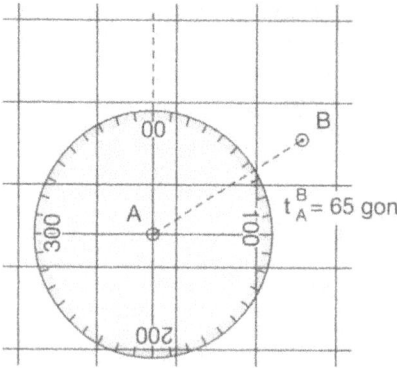

Abb. 8.07 Bestimmung eines geodätischen Richtungswinkels mittels Vollkreiswinkelmessers

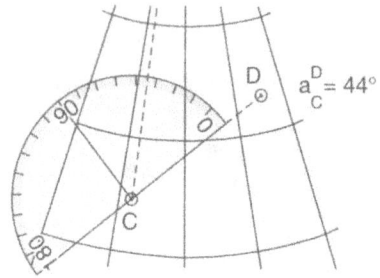

Abb. 8.08 Absetzen (Übertragen) eines geographischen Azimuts (Kurswinkel) mittels

$$\tan t = \frac{y_B - y_A}{x_B - x_A}. \tag{8.2.3 d}$$

Liegen für die Punkte C und D geographische Koordinaten φ_C, λ_C, φ_D, λ_D vor, so folgt für das Azimut α, wenn die Erdfigur als Kugel angenommen wird,

$$\cot \alpha = \frac{\cos \varphi_D - \sin \varphi_C \cdot \cos(\lambda_D - \lambda_C)}{\sin(\lambda_C - \lambda_A)}. \tag{8.2.3 e}$$

Die bekannteste Anwendung der Winkelmessung auf Karten ist die in der Schiff- und Luftfahrt bei der Navigation übliche Messung oder Übertragung eines Kurswinkels (meist eines Azimuts). Die Linie konstanten Azimuts heißt Loxodrome. Sie bildet sich in den Kartennetzen der Mercatorprojektion als Gerade ab (2.2.1.4, 2.2.4.3).

Zur Winkelmessung auf Karten kann man auch die *Kartenorientierung* (das *Einnorden*) rechnen. Man legt z. B. einen Kompass mit seiner Kante an eine Netzlinie und dreht die Karte mit dem Kompass so lange, bis die Magnetnadel unter Berücksichtigung von Nadelabweichung bzw. Deklination (2.2.1.5) richtig einspielt. Ein anderes Verfahren besteht darin, dass eine in der Karte identifizierte Richtung vom Standpunkt zu einem markanten Punkt (z. B. Kirchturm) mit der örtlichen Richtung zu diesem Punkt durch Eindrehen der Karte in Übereinstimmung gebracht wird.

2. Vertikalwinkel

Er gibt die in einer Vertikalebene gemessene Neigung einer Geraden gegen eine Horizontalebene (*Höhenwinkel* α) bzw. gegen die Lotrichtung (*Zenitwinkel* z) an ($\alpha + z = 100$ gon). Da die Karte eine ebene Darstellung ist, lassen sich solche Winkel nur mittelbar aus Höhenunterschied h und Horizontalentfernung s zwischen zwei Punkten bestimmen:

Höhenwinkel: $\tan\alpha = \dfrac{h}{s}$,   Zenitwinkel: $\cot z = \dfrac{h}{s}$.   (8.2.3 f)

In der Praxis interessiert vor allem der *Böschungswinkel* als Maß für die Geländeneigung. In diesem Falle entspricht in den angegebenen Formeln h dem Höhenunterschied benachbarter Höhenlinien und s ihrem gegenseitigen Horizontalabstand. Der in den amtlichen topographischen Karten früher enthaltene *Neigungsmaßstab (Böschungsdiagramm)* ermöglichte es, mit dem in der Karte abgegriffenen Abstand s' den Böschungswinkel sowie die Geländeneigung in Prozenten oder im Verhältnis 1 : x zu ermitteln.

8.2.3.5 Flächenmessung auf Karten

Sie dient der Ermittlung der Flächeninhalte von Grundstücken, politischen Bezirken (Gemeinden, Kreise, Staaten), Bodennutzungen (Wald, Acker, Grünland), Einzugsgebieten von Gewässern, Höhenschichten, geologischen Formationen usw. Will man dabei den Papierverzug berücksichtigen, misst man zusätzlich Flächen aus dem Kartennetz aus, für die sich der Sollwert leicht berechnen lässt. Bei der Messung auf kleinmaßstäbigen, nicht flächentreuen Karten ist evtl. eine weitere Korrektur infolge der Flächenverzerrung anzubringen. Auf der Grundlage einer Flächenberechnung zwischen Höhenlinien lassen sich auch Rauminhalte unterhalb der Erdoberfläche ermitteln.

Ist die zu messende Fläche durch gerade Linien begrenzt oder lässt sie sich durch solche ausreichend genau annähern, so kann man sie in leicht zu berechnende geometrische Figuren zerlegen und die Einzelflächen dann zur Gesamtfläche summieren. Als einfache Figuren kommen in Betracht:

- Dreieck $F = \frac{1}{2} g\, h$ (g = Grundlinie, h = Höhe über g),
- Rechteck $F = a\, b$ (a und b = Rechteckseiten),
- Trapez $F = \frac{1}{2}(a+b)\, h$ (a und b = parallele Seiten, h = Höhe darüber).

Sind für die Eckpunkte einer solchen polygonalen Figur die Koordinatenwerte bekannt, so ist auch eine Flächenberechnung nach der sog. *Gaußschen Dreiecksformel* möglich, bei der der Index i alle Punktnummern von 1 bis zur letzten Punktnummer n durchläuft (siehe auch 8.3):

$$F = \frac{1}{2}\sum_{1}^{n} x_i\left(y_{i+1} - y_{i-1}\right) = \frac{1}{2}\sum_{1}^{n} y_i\left(x_{i-1} - x_{i+1}\right). \qquad (8.2.3\ g)$$

Häufiger als polygonal konturierte Flächen treten aber solche auf, die von gekrümmten Linien begrenzt sind. Zu ihrer Bestimmung sind in der Praxis der *graphischen* Flächenbestimmung vorwiegend zwei Verfahren im Gebrauch: die Messung mit einem transparenten Millimetergitter und die mit dem Planimeter.

1. Als Millimetergitter eignet sich am besten eine auf die Fläche aufgelegte *Quadratglastafel*. Sie trägt gewöhnlich eine Teilung in mm², bei der die vollen cm² durch stärkere Linien hervorgehoben sind. Benutzt man statt der Glastafel transparentes Millimeterpapier, so ist evtl. noch der Ist-Wert der Millimeterteilung auf den Sollwert zu berichtigen. Statt des ermüdenden und fehleranfälligen Auszählens der vielen kleinen Quadrate teilt man die Figur besser in Zonen bestimmter Breite (z. B. 1 cm) und nimmt dann innerhalb jeder Zone einen flächenerhaltenden Grenzausgleich so vor, dass einfache geometrische Figuren (Trapeze, Rechtecke) entstehen, die sich leicht auszählen lassen. Die aus allen Zonen ermittelte Gesamtzahl der mm² ist dann noch mit dem Flächenwert zu multiplizieren, der 1 mm² auf der Karte in der Natur entspricht.

2. Das *Planimeter* ist ein mechanisches Integriergerät, mit dessen Hilfe der Inhalt einer Fläche durch Abfahren ihrer Umringslinie ermittelt wird. Die Abfahrbewegungen übertragen sich auf eine Messrolle, deren Umdrehung proportional der Fläche ist.

Das herkömmliche *Polarplanimeter* besteht aus einem Pol, der außerhalb der zu messenden Fläche durch Gewicht und Nadel festgelegt wird und um den sich der Polarm dreht. Dieser ist durch ein Gelenk mit dem Fahrarm verbunden, der an einem Ende den Fahrstift (die Fahrlupe) und am anderen Ende seitlich eine Messrolle trägt. Im Gelenk lassen sich Polarm und Fahrarm gegeneinander drehen; ferner kann die Fahrarmlänge durch Verschieben im Gelenk verändert werden. Eine besondere Zählscheibe registriert die vollen Rollenumdrehungen. Man erhält, wenn der Pol außerhalb der Fläche liegt, den Flächeninhalt zu $F = kn$, wobei k eine Konstante ist, die durch Fahrarmlänge und Rollenumfang bestimmt wird, während n ein Maß für die Rollenabwicklung ist, die an der Rolle abgelesen wird. Der Gerätehersteller gibt auf einer Tabelle für die gängigen Kartenmaßstäbe die zugehörigen Werte k an. Man kann aber k auch ermitteln durch Ausmessen einer Sollfläche (z. B. einer Netzmasche des Koordinatengitters); damit wird zugleich der Einfluss des Papierverzugs weitgehend getilgt.

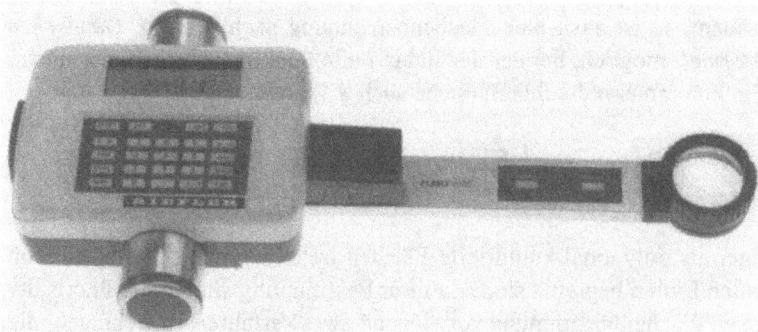

Abb. 8.09 Längen- und Flächenmessgerät Planix 5000 der Firma Riefler

Neben den konventionellen Polarplanimetern mit der visuellen (analogen) Ablesung an der Rolle gibt es noch Geräte mit elektronisch bewirkter digitaler Anzeige, die teilweise auch noch mit einem Mikroprozessor verbunden sind. Solche Geräte sind häufig Rollplanimeter (d.h. mit dem Pol im Unendlichen), die je nach Ausstattung auch den Papierverzug in zwei zueinander senkrechten Richtungen berücksichtigen und ihre Daten über eine Schnittstelle an einen Rechner abgeben können (Abb. 8.09).

8.2.3.6 Höhenermittlung aus Karten

Exakte Höhenermittlungen sind nur aus Höhenliniendarstellungen in Karten großer und mittlerer Maßstäbe möglich. Dabei ergibt sich eine *absolute* Höhenangabe durch Zählung von der allgemeinen Bezugsfläche (z.B. Normalnull) aus, während ein *relativer* Höhenwert als Differenz zweier Absoluthöhen entsteht (Höhenunterschied).

Die absolute Höhe eines Punktes ermittelt man in der Regel durch *lineare Interpolation* zwischen benachbarten Höhenlinien (Punkt *A* in Abb. 8.10), in einfachen Fällen kommt man auch mit einer Schätzung aus (Punkt *B* in Abb. 8.11). Im Bereich ausgezeichneter Geländepunkte (Bergspitzen, Sattel- und Muldenpunkte) und starker Gefällwechsel entspricht eine lineare Interpolation nicht immer den örtlichen Verhältnissen; hier sind ebenfalls nur Abschätzungen möglich (Punkte *C* bis *F* in Abb. 8.11).

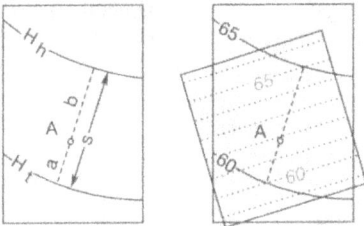

Abb. 8.10 (a) Rechnerische und (b) graphische Interpolation zwischen Höhenlinien

$H_A = 61{,}8$ m

a)   b)

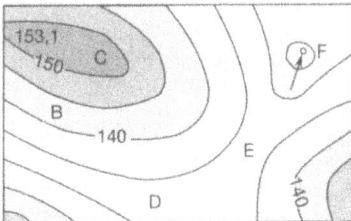

Abb. 8.11 Einfaches Abschätzen von Punkthöhen zwischen Höhenlinien

$H_B = 142$ m ; unsichere Ermittlung der Höhen bei den Punkten C, D, E, F

Die lineare Interpolation ist rechnerisch oder graphisch möglich: Bei *rechnerischer* Interpolation ist s der Horizontalabstand benachbarter Höhenlinien im Bereich des Punktes A (Abb. 8.10), a der Horizontalabstand des Punktes A von der tiefer gelegenen Höhenlinie mit der Höhe H_t, b der entsprechende Abstand von der höheren Linie mit der Höhe H_h. Dann ist (mit $a + b = s$)

$$H_A = H_t + \frac{a}{s} \cdot \left(H_h - H_t\right) \quad \text{bzw.} \quad H_A = H_h - \frac{b}{s} \cdot \left(H_h - H_t\right). \tag{8.2.3 h}$$

Mit gleichem Ansatz gelangt man umgekehrt zur Interpolation von Höhenlinien zwischen bekannte Höhenpunkte (6.3.1): Ist der s der Horizontalabstand zwischen zwei bekannten Höhenpunkten H_A und H_B, so kommt es darauf an, den Durchstoßpunkt einer Höhenlinie mit der Höhe H_L durch die Verbindungslinie der beiden Punkte zu finden. Für den gesuchten Horizontalabstand c dieses Durchstoßpunktes vom tieferen Punkt A sowie für den entsprechenden Abstand d vom höheren Punkt B ergibt sich dann (mit $c + d = s$)

$$c = \left(H_L - H_A\right) \frac{s}{H_B - H_A} \quad \text{und}$$
$$d = \left(H_B - H_L\right) \frac{s}{H_B - H_A}. \tag{8.2.3 i}$$

Die *graphische* Interpolation bedient sich einer geeigneten. auf einem Transparent (z. B. Millimeterpapier) gezeichneten Parallelenschar, die auf die Strecke s so eingedreht wird, dass die Endpunkte der Strecke, d. h. die Punkte auf den beiden Höhenlinien mit ihren Höhenwerten, den auf der Parallelenschar festgelegten Höhenwerten entsprechen (Abb. 8.10b). Dann liest man die Höhe des Punktes A aus der Parallelenschar ab.

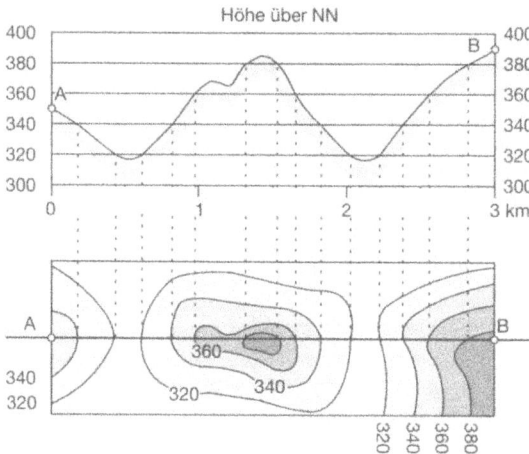

Abb. 8.12 Geländeprofil (Vertikalprofil) aus Höhenlinien: Kartenmaßstab 1:50 000, Höhenmaßstab 1:5 000 (10fache Überhöhung)

Neben der Entnahme einzelner Höhenwerte ist in der kartometrischen Praxis noch die Entnahme von *Profilen* aus Karten von Bedeutung. Dabei wird die vertikale Profilebene in der Karte durch eine Gerade markiert. Trägt man an den Schnittpunkten dieser Geraden mit den einzelnen Höhenlinien die jeweiligen Höhenwerte rechtwinklig zur Geraden ab und verbindet die Endpunkte miteinander, so entspricht das einem Umklappen des Profils in die Kartenebene (Abb. 8.12). Über Anwendung, Benennung und Überhöhung von Profilen siehe 3.8.

8.3 Informationsgewinnung aus digitalen Geo-Daten

8.3.1 Grundzüge der digitalen Informationsgewinnung

Für die Speicherung, Verwaltung und Benutzung (Retrieval) von Geo-Daten hat die Informatik effiziente Methoden entwickelt. Dadurch sind rechnergestützte Analysemethoden an die Stelle der analogen Kartenauswertung getreten, und für ihre in den meisten Anwendungen notwendige graphische Wiedergabe (Visualisierung) entwickelt die Kartographie geeignete Techniken und Methoden. Dabei handelt es sich um Methoden der Auswertung von Geo-Daten (z. B. Abstandsberechnung, Flächenberechnung, Massenberechnung) sowie der Interpolation und Extrapolation nach Raum und Zeit, die der Gewinnung von abgeleiteten Geo-Informationen dienen (*Teutsch, Zölitz-Möller/Reiche* in *Günther u. a.* 1992). Wie bei der klassischen Kartenauswertung besteht auch das Ziel der Auswertung digitaler Geo-Daten darin, im Bewusstsein des Auswerters ein Tertiärmodell der Wirklichkeit zu erzeugen. Damit es dazu kommt, sind folgende Maßnahmen durchzuführen:

– On-Demand-Visualisierung von Geo-Daten,
– interaktive Auswahl der erforderlichen Datensätze,
– rechnergestützte Analyse und kognitive Exploration und
– Präsentation der gewonnenen Geo-Informationen.

1. Unter *On-Demand-Visualisierung* wird generell die am individuellen Bedarf orientierte Umsetzung von Geo-Daten am Bildschirm in Form von kartographischen und kartenverwandten Darstellungen verstanden. Sie bietet ein intuitives Werkzeug zur Veranschaulichung des Umfangs und/oder der Struktur einer Datenbank, die beispielsweise auf einem Server oder als distributive Datenbank auf mehreren Servern verteilt aufbewahrt ist. Oft erscheint dieselbe Datenbank in mehreren unterschiedlichen Formen. Man spricht von der *Multipräsentationstechnik* bzw. *expression and re-expression*, die dem Zweck dient, einerseits als Kommunikationsmittel bekannte Tatsachen zu übertragen, andererseits als Explorationsmittel unbekannte Tatsachen hervorzuheben (8.3.2). Man versteht eine Sache nur dann besser, wenn sie von unterschiedlichen Seiten betrachtet wird.

2. Die für die Auswertung erforderlichen Geo-Daten sind mit einem bestimmten Suchkriterium im digitalen Datenmodell zu *identifizieren*. Es gibt zwei elementare Möglichkeiten der Anfrage:

   a) *Was* befindet sich in einem bestimmten Bereich?

   b) *Wo* sind Objekte mit einer bestimmten Eigenschaft?

Im Falle a) wird ein *geometrisches* Suchkriterium vorgegeben, und zwar ein Punkt, eine Linie oder eine Fläche. Durch entsprechende geometrische Operationen sind die gespeicherten Informationen zu identifizieren. Die Effizienz der Suche wird entscheidend durch die logische Datenstruktur, ihre Implementierung und die räumliche Anfragesprache beeinflusst. Eine ausführliche Auseinandersetzung mit interaktiven Suchmethoden findet sich in (*Kelnhofer* in *Koch* 2001).

In Abb. 8.13 wird die häufig gebrauchte Punkt-in-Fläche-Abfrage (*point-in-polygon test*) dargestellt. Damit wird für einen vorgegebenen Punkt (Suchkriterium) geprüft, in welcher Fläche er liegt. Die weitere Auswertung wird mit den Daten der identifizierten Fläche fortgesetzt. Häufig sind Geo-Daten eines bestimmten Gebietes in der Nachbarschaft des eingegebenen Suchkriteriums auszuwerten. Dann wird daraus das eigentliche Suchkriterium abgeleitet. Abb. 8.14 zeigt den oft verwendeten Pufferbereich, der durch Konstruktion von Parallelen zur eingegebenen Linie entsteht.

Im Falle b) wird ein *semantisches* Suchkriterium (z.B. eine bestimmte Objektklasse) vorgegeben. Die Auswahl bezieht sich auf den Gesamtbereich oder den definierten Teilbereich des digitalen Modells; als Ergebnis werden alle zur vorgegebenen Objektklasse gehörenden Objekte für die weitere Auswertung bereitgestellt.

Für die Datenselektion werden logische Operationen wie z.B. „gleich", „größer als" oder „logisches UND" (Abb. 4.25) sowie geometrische Operationen wie z.B. Schnittbildung in Kombination mit interaktiven Funktionen verwendet. Zahlreiche räumliche Anfragesprachen stehen bereits zur Verfügung.

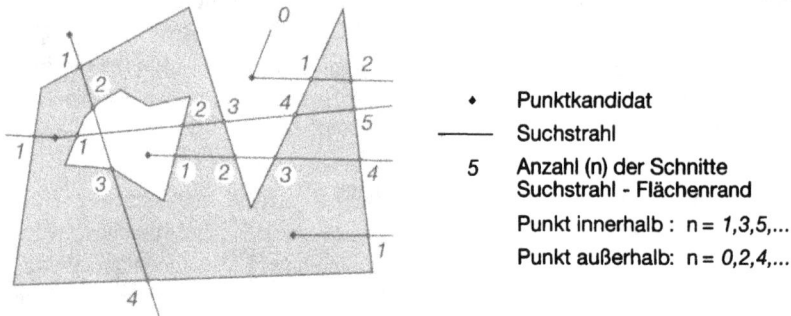

Abb. 8.13 Punkt-in-Fläche-Abfrage (Point-in-Polygon Test)

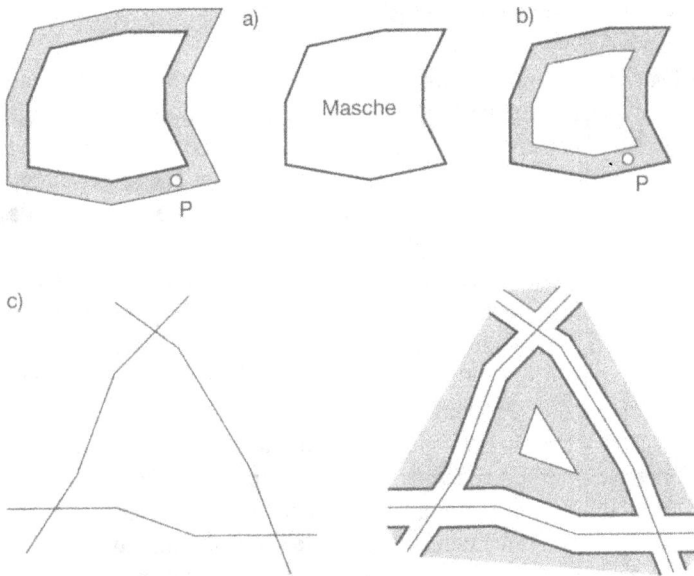

Abb. 8.14 Suchflächen mittels Pufferzonen

3. Die selektierten Geo-Daten werden mit problemspezifischen Methoden analysiert. Mit einfacheren Operationen lassen sich die im digitalen Modell gespeicherten semantischen und geometrischen *Primärinformationen* ermitteln, soweit dies nicht bereits im Zuge der Auswahl geschehen ist. Darauf aufbauend ergeben sich mittels fachlicher Auswertemodelle vielfältige *Sekundärinformationen*, z. B. die Klassifizierung bzw. Typenbildung von Planungsräumen einschließlich der Entwicklungstendenzen und -potentiale. Weitere Datenexplorationsmethoden richten sich auf die Gewinnung verborgener bzw. impliziter Informationen, z. B. raum-zeitlicher Relationen zwischen verschiedenen Objekttypen.

In den raumbezogenen Wissenschaften ist seit 1980 eine umfangreiche Literatur zur Auswertung digitaler Geo-Daten entstanden. Überwiegend im englischsprachigen Raum wird die Gewinnung raumbezogener Informationen als kartographische Modellierung bezeichnet, und die dafür verwendeten Funktionen werden zu einer kartographischen Algebra zusammengefasst (z. B. *Tomlin* in *Maguire* u. a. 1991). Die Möglichkeiten der rechnergestützten Analyse digitaler Modelle haben die Entwicklung der GIS besonders stark beeinflusst. Die Auswertung digitaler kartographischer Modelle (8.3.2) und die Auswertung digitaler Objektmodelle (8.3.3) sind mittlerweile wesentliche Bestandteile des Geomarketings geworden.

4. Die Auswerteergebnisse einschließlich ihrer Qualität (8.3.4) sind verständlich zu *präsentieren*. Dies geschieht üblicherweise in Form kartographischer bzw. kartenverwandter Darstellungen. Multipräsentationstechnik kommt auch hier zum Zweck der Kommunikation und Qualitätssicherung zum Einsatz.

8.3.2 Auswertung digitaler kartographischer Modelle

Aus einer Geo-Datenbank kann man mehrere kartographische Modelle (Karten oder kartenverwandte Darstellungen) ableiten, die als unmittelbare Auswertungsgrundlage dienen. Mit Rücksicht auf die unvermeidbaren Abbildungsverzerrungen, Generalisierungseffekte und subjektive Einflüsse bei der Kartengestaltung werden digitale kartographische Modelle überwiegend zur Auswertung in mittle- und kleinmaßstäbigen Bereich verwendet.

Der Begriff *Multipräsentation* ist mit einer mehrfachen Bedeutung verknüpft. Typischerweise wird Multipräsentation als Präsentation derselben Daten in multiplen Gestaltungsstilen (z. B. fotorealistisch, illustrativ, abstrakt) bzw. Variationen eines bestimmten Stils (z. B. Isolinien und Punktstreuungsdarstellung, siehe Kap.10) aufgefasst. Jede Präsentation eignet sich zur Darstellung bestimmter Eigenschaften der Daten für bestimmte Zwecke und Zielgruppen. Verschiedene Präsentationen ergänzen einander; dadurch wird die Informationsaufnahme erleichtert. Multipräsentation bedeutet auch perspektivische Wiedergabe derselben Daten von multiplen Betrachtungsstandpunkten, die jeweils zur genauen Betrachtung einer bestimmten Facette der Geo-Daten gewählt sind. Je mehr Facetten sich zusammensetzen, desto vollständiger erfolgt die Interpretation der Daten. Unter Multipräsentation ist ferner die Präsentation in multiplen Maßstäben zu verstehen. Eine Reihe von separaten Präsentationen können im Maßstabsraum gestapelt werden, wobei jede Präsentation einem Maßstab entspricht. Auf Grundlage der Anamorphose, wie z. B. Fischaugen-Ansicht, hyperbolischer Raum und polyfokale Abbildung (3.8.2), lassen sich auch mehrere Maßstäbe in dieselbe Kartengraphik einbetten. Die Visualisierung im Maßstabsraum erlaubt uns, die Daten auf verschiedenen LoD (Levels of Detail) und LoA (Levels of Abstraction) zu analysieren. Die Präsentation mit multiplen Modellauflösungen bildet eine weitere Variante von Multipräsentation. Bei einer groben Auflösung wird die Aufmerksamkeit des Betrachters auf globale Strukturen gelenkt. Die lokalen Strukturen hingegen werden bei feineren Auflösungen effizient wahrgenommen. Mit der Multipräsentation ist manchmal auch die Wiedergabe der Geodaten anhand multimedialer Gestaltungsmittel gemeint. Indem verschiedene motorsensorische Wahrnehmungskanäle auf eine harmonische Weise und mit notwendiger Redundanz von einer multimedialen Darstellung angesprochen werden, erwartet man generell eine Leistungserhöhung bei der Informationsaufnahme (*Meng* 2001a).

Der Schwerpunkt bei der Entwicklung von Multipräsentationstechniken liegt einerseits in der funktionalen und gestalterischen Ausschöpfung der Ausdrucksformen und andererseits in der Qualitätssicherung als vorbeugender Maßnahme gegen Missbrauch technischer Möglichkeiten. Kognitionswissenschaftliche Untersuchungen sind erforderlich, um z. B. herauszufinden, welche Auswirkungen die Präsentationsart hat und wann sie am besten eingesetzt werden soll (*Bitter* 1999, *Meng* 2001b).

Bei der Auswertung digitaler kartographischer Modelle lassen sich die multiplen Präsentationen im Vektor- und/oder Rasterformat nebeneinander, aufeinander oder zeitlich hintereinander vergleichen. Dabei steigt die Wahrscheinlichkeit für die Aussortierung zufälliger Fehler und die Erkennung bzw. Bestätigung raum-zeitlicher Invarianzen. Zahlreiche interaktive Funktionen zur Kartenanalyse (z. B. Flächenberechnung, Puffergenerierung, Schichtmanipulation) sind in vielen kommerziellen geographischen und kartographischen Informationssystemen, z. B. ArcView (Firma ESRI), MapInfo (Firma MapInfo) und Geomedia (Firma Intergraph), verfügbar.

8.3.3 Auswertung digitaler Objektmodelle

Der Wunsch nach Gewinnung objektiver Geo-Informationen im großmaßstäbigen Bereich hat die Entwicklung digitaler Objektmodelle maßgeblich beeinflusst. Diese haben den Vorteil, dass sie z. B. von der darstellungsbedingten kartographischen Generalisierung unbeeinflusst sind und somit sowohl in semantischer als auch in geometrischer Hinsicht differenziertere und genauere Ausgangsdaten liefern.

Bestimmte kartographische Darstellungen sind für die Auswertung digitaler Objektmodelle zwar nach wie vor notwendig, sie dienen jedoch in erster Linie als Fenster bzw. Schnittstelle zwischen dem Auswerter und dem Objektmodell. Dabei greift man durch die Karte auf das damit verbundene Objektmodell zu.

1. Ermittlung von Primärinformationen

Semantische Angaben lassen sich im einfachsten Fall durch Zählen bestimmter Attribute oder in Verbindung mit geometrischen Operationen (z. B. Flächeninhalt aller Waldgebiete im Suchbereich) qualitativ und quantitativ ermitteln.

Die geometrischen Operationen basieren auf der koordinatenmäßigen Beschreibung der Objekte; sie werden mit den in 8.2.3 beschriebenen Ansätzen durchgeführt. Dabei ist zu berücksichtigen, dass sich die Ergebnisse auf die geodätischen Referenzsysteme (z. B. die zweidimensionalen Auswertungen auf das Referenzellipsoid, 2.1.1.2) beziehen. Falls zu den Angaben z. B. von Strecken und Flächen auch Geländehöhen benötigt werden, müssen sie bei höheren Genauigkeitsanforderungen noch entsprechend umgerechnet werden.

Zu den in 8.2.3 angegebenen Methoden ergeben sich noch folgende Ergänzungen:

a) Bestimmung von Kurvenlängen
Für kurvenförmige Geometrien ist unter Verwendung einer geeigneten Interpolationsfunktion ein Polygonzug mit krümmungsabhängigen Punktabständen zu berechnen. Die Kurvenlänge ergibt sich durch Aufsummierung der Längen der n Polygonseiten, die sich nach der 8.2.3.3 angegebenen Formel berechnen lassen:

b) Bestimmung von Höhen einzelner Punkte aus einem DGM
Die Höhe eines Punktes P (x,y) wird durch Interpolation im Dreieck (bei einem triangulierten DGM) oder in der umgebenden Gittermasche (bei einem regelmä-

ßigen DGM) berechnet. Im zweiten Fall ergibt sich die gesuchte Höhe z z.B. durch bilineare Interpolation:

$$z = a_0 + a_1 x + a_2 y + a_3 xy. \tag{8.3.2 a}$$

Die Koeffizienten a_0 bis a_3 lassen sich aus den vier Stützpunkthöhen eindeutig berechnen.

c) Bestimmung von Vertikalwinkeln
Voraussetzung ist die Ermittlung der Höhen der beteiligten Punkte, z.B. durch Interpolation aus einem DGM, sowie die Berechnung der Horizontalstrecken aus Koordinaten.

d) Berechnung von Profilen
Dabei sind in Profilrichtung Schnitte mit einem DGM zu bilden und die Höhenverhältnisse für die Ermittlung der vom Standpunkt nicht einsehbaren Bereiche zu untersuchen. Solche Berechnungen werden z.B. bei Sichtbarkeitsanalysen und bei der rechnergestützten Konstruktion panoramischer Ansichten durchgeführt.

2. Ermittlung von Sekundärinformationen

Sekundärinformationen ergeben sich aus Modellberechnungen auf der Grundlage von Primärinformationen.

a) Auswertung zweidimensionaler Datenmodelle
Eine zentrale Funktion ist die Verschneidung von digitalen Modellen (Informationsschichten). Das Prinzip wird in Abb. 8.15a dargestellt.

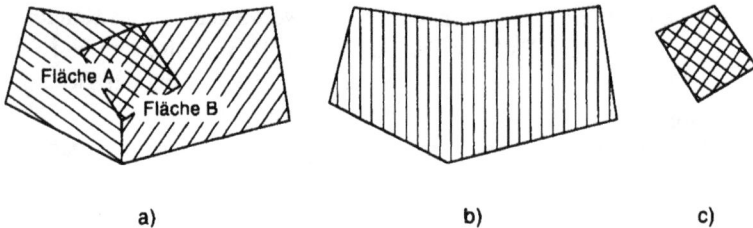

Abb. 8.15 a) Verschneidung der Flächen A und B, b) Vereinigung und c) Schnitt von A und B

Der Ablauf der *Verschneidung* ist wie folgt:
– Identifizieren der Liniensegmente (Polygonseiten) unter Auswertung der Topologie;
– mit Punkt-in-Fläche-Abfrage prüfen, ob Liniensegmente der einen Fläche innerhalb der anderen Fläche liegen;

– mit den ermittelten Segmenten die Schnitte berechnen;
– neue Segmente einschließlich ihrer topologischen Relationen bilden;
– neue Flächenobjekte aus den neuen Segmenten bilden;
– abschließend sind den Flächenobjekten die aus den semantischen Beschreibungen der Ausgangsflächen ermittelten Attribute zuzuordnen. Dieser Vorgang wird auch als Aggregation bezeichnet.

Durch Verschneidung lassen sich mehrere Informationsschichten verknüpfen,
z. B. zur Ermittlung von Konfliktbereichen. Abb. 8.16 zeigt ein Beispiel für die
Auswertung dreier digitaler Fachmodelle auf der Grundlage eines einheitlichen
Raumbezugssystems. Für die Qualität der Auswertung ist die Integration aller
beteiligten Geo-Daten in ein solches System von besonderer Bedeutung.

Die *Vereinigung* (Abb. 8.16c) benachbarter Flächen setzt voraus, dass diese
durch Klassifizierung der gleichen Objektklasse zugeordnet werden können.
Durch Weglassen gemeinsamer Grenzen ergeben sich neue, größere Objekte.

Einen graphentheoretischen Ansatz für die Vereinigung stellt *Grünreich* (1985) vor.
Ein Verfahren der integrierten Auswertung von Umweltzustandsdaten *Mutz* und *Bock* (in
Günther 1992). *Rase* (1991) behandelt die geometrische Mengenbildung als Auswerteme-

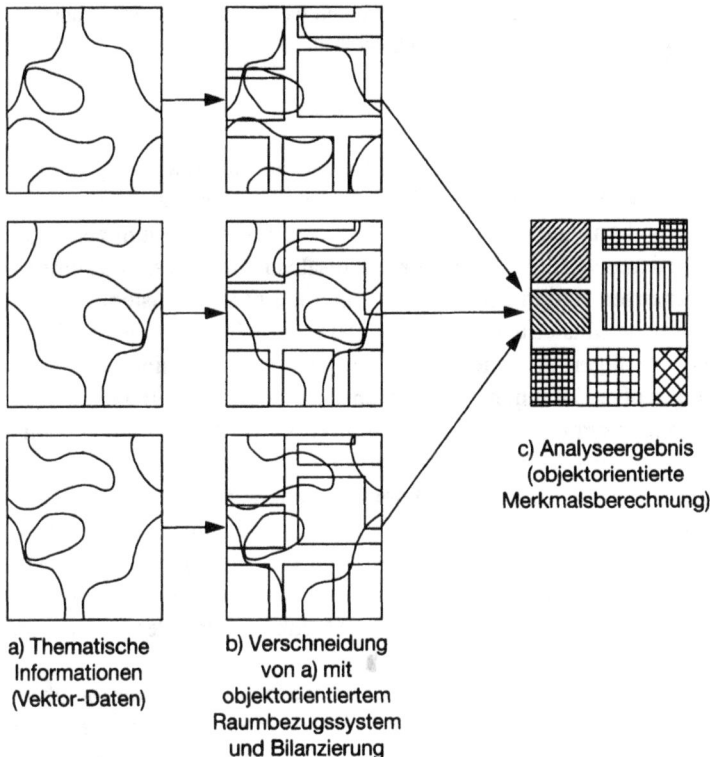

c) Analyseergebnis
(objektorientierte
Merkmalsberechnung)

a) Thematische   b) Verschneidung
Informationen   von a) mit
(Vektor-Daten)   objektorientiertem
                       Raumbezugssystem
                       und Bilanzierung

Abb. 8.16 Auswertung digitaler Objektmodelle

thode für die Planung (in *ARL* 1991). Weitere Auswertungen beziehen sich auf Netzbe-rechnungen, z. B. die Berechnung von Routen in einem Verkehrsnetz für die Fahrzeugna-vigation.

b) Auswertung dreidimensionaler Datenmodelle

Die Ermittlung abgeleiteter Größen aus DGM (Reliefparameter) nimmt einen breiten Raum ein, insbesondere in den Geowissenschaften, in Hydrographie und Topographie sowie im Ingenieurbau. Hierzu gehören die Berechnung von

- Hangneigung und Exposition mit Darstellung als Fallinienvektorfeld;
- Einzugsgebieten für Fliessgewässer;
- Vertikal- und Horizontalkrümmung u. a. m.;
- Differenzen zweier DGM desselben Gebietes zu verschiedenen Zeiträumen, z. B. um die zeitliche Veränderung im Bereich der Morphologie zu bestimmen und anschaulich darzustellen.

Arbeiten zur Auswertung digitaler Geländemodelle stammen von *Rieger* (1992), *Köthe* und *Lehmeier* (1993) und *Buziek/Grünreich* (1993). Integrierte Auswertungen von zwei- und dreidimensionalen Geo-Daten sind auch durchgeführt worden, z. B. von Bodendaten, der Hangneigung, der Landnutzung, dem Klima zur Ermittlung der Erosionsgefährdung *(Heineke u. a.* 1992, *Oelkers* 1993). Einige Standardfunktionen für 2D- und 3D-Geodaten-auswertung (z. B. Netzwerkanalyse, Triangulation, pixel- und voxelbasierte Operationen) sind bereits in vielen kommerziellen GIS erhältlich und werden zunehmend als ausführ-bare Applikationen *(Plug-Ins)* im Internet verfügbar sein.

3. Datenexploration

Zur Aufgabe der digitalen Auswertung gehört nicht nur die Gewinnung der auf lexikalischer Ebene kodierten geometrischen und semantischen Bedeutungen ein-zelner Objekte, sondern vielmehr auch die Entdeckung tieferer raum-zeitlicher Strukturen sowie deren vertikale, horizontale, kausale und temporale Zusammen-hänge. Menschenaugen sind in der Lage, aus einer kleinen visualisierten Daten-menge raum-zeitliche Muster und deren Korrelationen schnell zu identifizieren. Die meisten GIS verfügen über diese Fähigkeit noch nicht, sie sind jedoch bei der Verarbeitung großer Datenmenge dem Menschen deutlich überlegen.

Die Geo-Datenexploration hat zum Ziel, mit Hilfe der *Datamining-Technik* einem Computersystem beizubringen, interessante Muster oder Korrelationen aus einer unüberschaubaren Datenbank automatisch herauszukristallisieren und quantitativ zu beschreiben. Indem die für bestimmte Anwendungen unwichtigen bzw. redundanten Datensätze oder Attribute durch Datamining aussortiert wer-den, gewinnt man auch eine bessere Einsicht in ein veredeltes Objektmodell. Datamining-Technik wird z. Zt. zunehmend zur Strukturierung der im Internet verfügbaren Geo-Daten eingesetzt.

Im Kern der Datamining-Technik stehen verschiedene *ML-Methoden (machine learning)*, die als Erweiterungen der statistischen Verfahren aufzufassen sind. Mathematisch lässt sich jede ML-Methode durch eine allgemeine Funktion zwischen einem Merkmalsvektor und einem Konzeptvektor beschreiben. Diese

Funktion ist normalerweise nicht linear. Für das Training sind unvollständige Merkmalswerte als Beispiele zulässig. Eingehende Beschreibungen über die Datamining-Technik und deren Anwendungen in der Kartographie finden sich u. a. in *Meng* (1998).

8.3.4 Informationsqualität

Die Auswertung digitaler Geo-Daten ist nur dann sachgerecht und sinnvoll möglich, wenn die wesentlichen Qualitätsmerkmale der Daten bekannt sind. Dazu gehören (vgl. *Caspary* 1993):

- die Herkunft der Daten (Datenquellen, Erfassungsmethoden, Transformationen, Interpolationsverfahren, Generalisierungsprozesse, Veredlungsverfahren u. a.m.);
- Positionsgenauigkeit (Nachbarschaftsgenauigkeit, absolute Genauigkeit, Restklaffungen, Zuverlässigkeitsmaße u. a.m.);
- Attributgenauigkeit (Klassifizierungsgenauigkeit, Abgrenzungsgenauigkeit, kontinuierliche metrische Attribute wie Breite und Höhe u. a.);
- Logische Konsistenz (Richtigkeit der Beziehungen im Datenbestand, der Geometrie, der Topologie u. a.m.);
- Vollständigkeit (Auflösung, Klassifizierungsmethode, Generalisierung, Vollständigkeitstest u. a.m.)
- Aktualität (Quellendatum, Erfassungsdauer und -datum, Testdatum, geschätzte Veränderungsrate, letzte und nächste Aktualisierung u. a.m.).

Im Hinblick auf ein breites Spektrum unterschiedlicher Anwendungen ist es erforderlich, diese Merkmale als Metadaten zu erfassen und in ein dem digitalen Objektmodell zugeordneten Qualitätsmodell zu integrieren. Dieses soll einerseits den Anwendern eine vollständige Auskunft über die Qualität des Geo-Datenmodells geben und andererseits die Beurteilung der Qualität von Auswerteergebnissen ermöglichen.

Wesentliche Teile eines Qualitätsmodells sind auch im Objektartenkatalog des ATKIS-Projekts (*AdV* 1989, 1999) enthalten. Im Bereich der Erfassung, Strukturierung und Visualisierung von Metadaten besteht noch großer Forschungsbedarf.

Teil 2:
Angewandte Kartographie

9 Topographische Informationssysteme und topographische Karten

Zusammenfassung

Als topographische Informationen im engeren Sinne gelten die semantischen und geometrischen Objektinformationen der Siedlungen, des Verkehrsnetzes, des Gewässernetzes, der Bodenbewachsung (Vegetation) und des Geländereliefs einschließlich der zugehörigen Namen und Erläuterungen. Darüber hinaus werden im weiteren Sinne auch thematische Informationen wie z. B. Verwaltungsgebiete, Schutzgebiete zugerechnet. Um dem Nutzerbedarf gerecht zu werden, werden bis heute amtliche Kartenwerke verschiedener Maßstäbe bearbeitet (9.2). Mit der seit Mitte der 1980er Jahre zunehmenden Anwendung rechnergestützter Verfahren in den raumbezogenen Fachdisziplinen ergab sich die Notwendigkeit, auch die Informationen der topographischen Landesaufnahme und Landeskartographie in digitaler Form bereitzustellen. Dem technologisch bedingten Wandel entsprechend werden in diesem Kapitel zuerst topographische Informationssysteme und danach die topographischen Kartenwerke abgehandelt. Abschließend werden vergleichbare Entwicklungen in Europa und anderen Regionen vorgestellt.

9.1 Topographische Informationssysteme

9.1.1 Begriffe und Aufgaben

Topographische Informationssysteme stellen eine spezielle Form der Geo-Informationssysteme dar (1.7). Sie haben hinsichtlich des geodätischen Raumbezugs sowie der in vielen Fachgebieten für die räumliche Orientierung benötigten topographischen Objekte eine Basisfunktion.

In Deutschland ist die Erfassung und Verbreitung topographischer Informationen originäre Aufgabe der Bundesländer im Rahmen der Landesvermessung. Diese gliedert sich in die topographische Landesaufnahme und die Landeskartographie. Dafür hat die Arbeitsgemeinschaft der Vermessungsverwaltungen der Länder (AdV) einheitliche Erfassungs- und Gestaltungsvorschriften erarbeitet. Das Bundesamt für Kartographie und Geodäsie (BKG), früher Institut für Angewandte Geodäsie, unterstützt die Landesvermessungsbehörden aufgrund von Verwaltungsvereinbarungen schon seit den 1950er Jahren durch die Bearbeitung der mittel- und kleinmaßstäbigen Kartenwerke und seit Mitte der 1980er Jahre bei der Entwicklung und Realisierung des Amtlichen Topographisch-kartographischen Informationssystems (ATKIS). Insbesondere sorgt das beim BKG eingerichtete Geo-Datenzentrum für die bundesweit homogene Bereitstellung der in ATKIS erzeugten digitalen Landschaftsmodelle und topographischen Karten.

Die Ziele des ATKIS sind:
- Bereitstellung eines einheitlichen räumlichen Bezugssystems und aktueller topographischer Objektinformationen für GIS-Anwendungen in Deutschland,
- effiziente Herstellung und Aktualisierung der amtlichen topographischen Kartenwerke durch digitale Verfahren (7.3).

Nachdem die Impulse für die Entwicklung von ATKIS anfangs aus dem Projekt Topographisches Informationssystem (TOPIS) des Militärgeographischen Dienstes der Bundeswehr und aus dem Statistischen Informationssystem zur Bodennutzung (STABIS) des Statistischen Bundesamts kamen, konkretisierten sich seit Mitte der 1980er Jahre auch die Anforderungen der Länder bei Umwelt- und Bodeninformationssystemen sowie bei Planungsinformationssystemen. Arbeitsgruppen der AdV entwickelten von 1984 bis 1989 die Konzeption für ein rechnergestütztes topographisch-kartographisches Informationssystem (*AdV* 1989, *Grünreich* 1990). Dieses ist bis 2001 weitgehend realisiert worden (www.adv-online.de, www.geodatenzentrum.de).

9.1.2 Topographisches Datenmodell – Konzeption und Realisierung

9.1.2.1 Konzeption

Das den Kern des ATKIS bildende topographische Datenmodell wurde auf der Grundlage der kartographischen Modelltheorie konzipiert (1.7, 3.6). Die Konzeption geht davon aus, dass der Benutzerbedarf durch die Bereitstellung von vier digitalen Landschaftsmodelle unterschiedlicher semantischer und geometrischer Detaillierung und daraus abgeleiteten digitalen kartographischen Modellen (von der AdV als digitale topograpische Karten (DTK) bezeichnet) erfüllt werden kann (Abb. 9.1).

Hierbei handelt es sich um folgende *digitale Landschaftsmodelle* (*DLM*)
- Basis-DLM (früher DLM 25),
- DLM 50,
- DLM 250 (früher DLM 200) und
- DLM 1000

Das Basis-DLM ist das Ergebnis der topographischen Landesaufnahme. Es soll die Landschaft entsprechend dem Inhalt bisheriger topographischer Grundkarten (DGK 5, TK 10, s. 9.2) objektstrukturiert beschreiben. Sein Inhalt und die Regeln für die Modellierung der Landschaft werden in einem Objektartenkatalog (sog. ATKIS-OK) dargestellt. Dieser dient auch als Grundlage für die Objektkartenkataloge der DLM 50, DLM 250 und DLM 1000. Dabei behalten die aus dem Basis-DLM selektierten Objektklassen und Attributtypen ihren Namen, Code und Definition.

Weiterhin sieht die Konzeption der AdV vor, die mit den DLM korrespondierenden *digitalen topographischen Karten* (*DTK*) unter Einsatz rechnergestützter bzw. digitaler kartographischer Herstellungsverfahren aus den DLM abzuleiten.

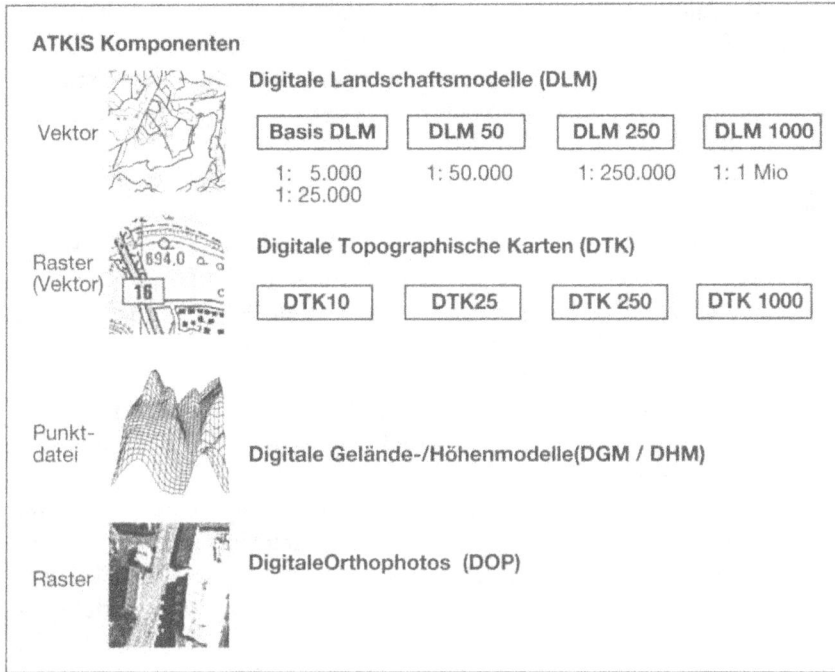

ATKIS Komponenten

Vektor

Digitale Landschaftsmodelle (DLM)

Basis DLM	DLM 50	DLM 250	DLM 1000
1: 5.000	1: 50.000	1: 250.000	1: 1 Mio
1: 25.000			

Raster (Vektor)

Digitale Topographische Karten (DTK)

| DTK10 | DTK25 | DTK 250 | DTK 1000 |

Punkt-datei

Digitale Gelände-/Höhenmodelle(DGM / DHM)

Raster

DigitaleOrthophotos (DOP)

Abb. 9.01 Konzeption des Amtlichen Topographisch-kartographischen Informationssystems (ATKIS)

Im einzelnen handelt es sich um folgende amtlichen Kartenwerke:
– DTK 10 und DTK 25 aus dem Basis-DLM
– DTK 50 und DTK 100 aus dem DLM 50
– DTK 250 aus dem DLM 250
– DTK 1000 aus dem DLM 1000.

Für jede DTK werden die Gestaltungsregeln (Signaturendefinition, Darstellungsprioritäten, Darstellungsgeometrie) in einem Signaturenkatalog festgelegt. Dieser dient u. a. als Grundlage für die programmtechnische Realisierung der Verfahren der digitalen Kartenherstellung (7.3).

Darüber hinaus bieten die Landesvermessungsbehörden auch (georeferenzierte) *digitale Orthophotos (DOP)* an (6.4.2). Bei diesen Produkten ist jedoch zu beachten, dass sie keine semantische Landschaftsmodelle darstellen. Ihr Informationsgehalt ist, aufgabenbezogen, durch Bildinterpretation zu ermitteln.

9.1.2.2 Realisierung

Im Hinblick auf die Forderung wichtiger Anwender, flächendeckende digitale Landschaftsmodelle möglichst frühzeitig nutzen zu können, hat die AdV Ende der 1980er Jahre ein Stufenkonzept für den Aufbau von zunächst drei DLM unterschiedlicher Auflösungsstufen entwickelt. Dabei handelt es sich um das Basis-DLM, das DLM 250 und das DLM 1000 (Abb. 9.02). Da die Verfahren der Modellgeneralisierung nicht zur Verfügung standen, wurden die DLM durch Digitalisierung der korrespondierenden Kartenwerke (DGK 5, TK 10/25, JOG, 250 und D 1000) aufgebaut. Es besteht deshalb keine logische Verbindung zwischen den Objekten des Basis-DLM und denen der Folge-DLM.

Das Basis-DLM der 1. Realisierungsstufe (früher DLM 25/1) ist bis 2001 von den Landesvermessungsbehörden fertiggestellt worden. Es ist in den Objektbereichen *Verkehrsnetz*, *Gewässernetz*, *Vegetation* und *Verwaltungsgebiete* vollständig für das Gebiet Deutschlands verfügbar. Der Objektbereich *Siedlung* ist dagegen noch unvollständig, weil er u. a. keine Gebäudeobjekte enthält, und der Objektbereich *Relief* wird unabhängig als DHM aufgebaut; das Basis-DLM ist also lediglich ein digitales Situationsmodell. Die vom BKG bearbeiteten DLM 250 und DLM 1000 sind dagegen vollständig verfügbar.

In der ATKIS-Konzeption haben die *kartographischen Landschaftsmodelle* der Umwelt den gleichen Stellenwert wie die topographischen Landschaftsmodelle. Da aber bislang weder die Verfahren der kartographischen Generalisierung einsatzbereit sind noch der Inhalt des Basis-DLM der 1. Realisierungsstufe eine digitale Herstellung traditioneller topographischer Karten erlaubt hätte, wurden Vorstufen der DTK durch Scannen der vorhandenen amtlichen topographischen Kartenwerke (9.2) realisiert.

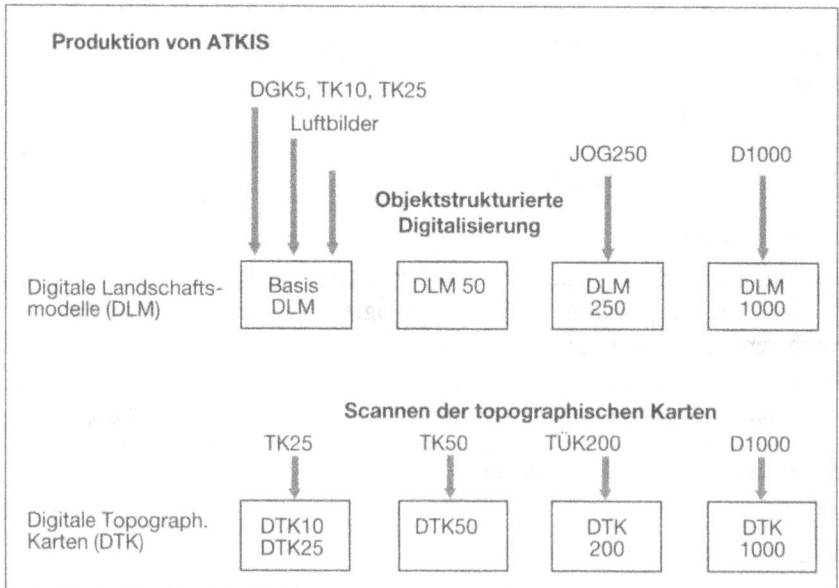

Abb. 9.02 Realisierung des ATKIS (1989 – 2001)

9.1.2.3 Weiterer Ausbau

Im Hinblick auf den vollständigen Ausbau des AKTIS sind folgende Maßnahmen geplant (Abb. 9.03):

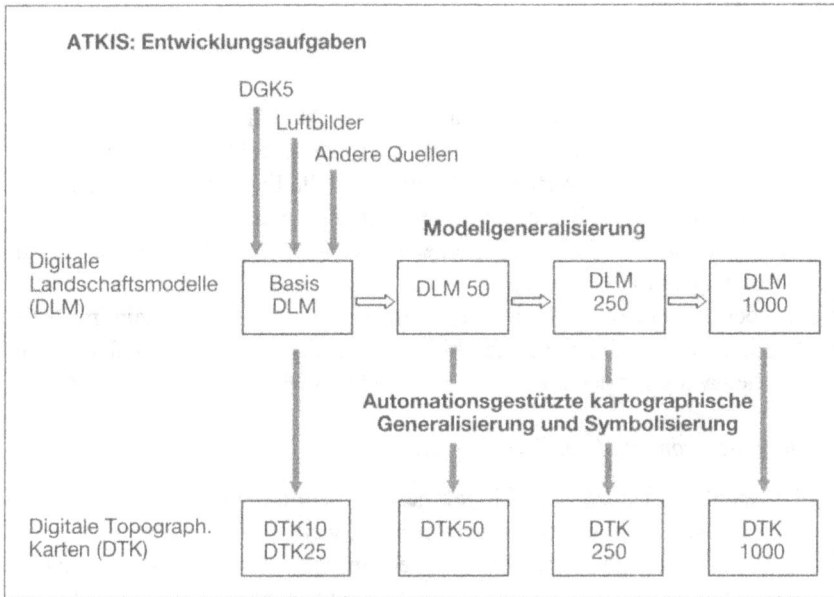

ATKIS: Entwicklungsaufgaben

DGK5
Luftbilder
Andere Quellen

Modellgeneralisierung

Digitale
Landschaftsmodelle
(DLM)

| Basis DLM | DLM 50 | DLM 250 | DLM 1000 |

Automationsgestützte kartographische
Generalisierung und Symbolisierung

Digitale Topograph.
Karten (DTK)

| DTK10 DTK25 | DTK50 | DTK 250 | DTK 1000 |

Abb. 9.03 Entwicklungsaufgaben im Projekt ATKIS

1. Aufbau des DLM50

Für den Aufbau des noch fehlenden DLM 50 bestehen theoretisch zwei Ansätze. Nach dem ersten Ansatz wird das DLM 50 gemäß OK 50 durch objektstrukturierte Digitalisierung der TK 50 erfasst. Dabei richtet sich die Objektstrukturierung nach dem Basis-DLM, dessen semantische Informationen hierfür einer reduzierten Modellgeneralisierung unterzogen werden müssen. Als alternativer Ansatz wird vorgeschlagen, das DLM 50 durch vollständige semantische und geometrische Modellgeneralisierung aus dem Basis–DLM abzuleiten.

Beiden Ansätzen gemeinsam ist die logische Verknüpfung des DLM 50 mit dem Basis-DLM. Dadurch wird nicht nur eine ökonomische Lösung für seinen erstmaligen Aufbau, sondern auch für seine künftige Aktualisierung (vgl. 2.) erreicht. Das nach dem ersten Ansatz aufgebaute DLM 50 ist jedoch unmittelbar für die kartographische Präsentation geeignet, weil die entsprechend generalisierte Geometrie der TK 50 erfasst wird, und außerdem ist es geeignet als Integrationsbasis für die objektstrukturierte Erfassung thematischer Karten, die die TK 50 als topographischen Kartengrund nutzen. Ein weiterer Vorteil besteht darin, dass der Ansatz mit den verfügbaren Methoden und Technologien realisierbar ist. Im Vergleich dazu müssen die für den alternativen Ansatz erforderlichen Technologien noch entwickelt werden. Unter Berücksichtigung des für den Aufbau des DLM 50 vorgesehenen Zeitrahmens ist zu erwarten, dass auch das DLM 50 (wie die übrigen DLM) durch Digitalisierung des entsprechenden Kartenwerkes aufgebaut wird.

2. Aktualisierung

Technologische Voraussetzung für eine effiziente Aktualisierung der vier DLM des ATKIS-Projekts ist das Verfahren der automatisierte Modellgeneralisierung in Verbindung mit einem Verfahren, das eine gezielte Fortschreibung des Datenbankinhalts durch objektbezogene Datenintegration erlaubt. Ein Verfahren mit diesen Eigenschaften wird als inkrementelles Aktualisierungsverfahren (engl. incremental updating) bezeichnet.

Das noch zu entwickelnde Verfahren soll es ermöglichen, die allein im Basis-DLM erfassten Änderungen der Landschaft mit durchgehendem digitalen Datenfluss in die nachfolgenden DLM 50, DLM 250 und DLM 1000 einzuarbeiten.

3. Integration von DSM und DGM zu DLM

Digitale Landschaftsmodelle (DLM) als geschlossene dreidimensionale Beschreibungen der Landschaft existieren derzeit nicht, weil die Landesvermessungsbehörden die DSM und DGM aus historischen Gründen getrennt produziert haben. Um den in vielen Anwendungen (z. B. in den Geowissenschaften) festgestellten Bedarf nach integrierten DLM befriedigen zu können, werden gegenwärtig spezielle Verfahren der Datenintegration entwickelt, mit denen DGM und DSM integriert werden können. Über aktuelle Lösungsansätze berichtet *Lenk* (2001).

4. Digitale Herstellung topographischer Karten

Bisher werden digitale topographische Karten in der Praxis nach Verfahren der Rasterdatenverarbeitung hergestellt. Künftig soll das durch automatisierte Ableitung digitaler topographischer Karten (DTK) aus den korrespondierenden DLM geschehen, um eine unwirtschaftliche Parallelbearbeitung von DLM und DTK zu vermeiden. Dafür wird das Verfahren der kartographischen Generalisierung entwickelt und mit dem Verfahren der Datenintegration zu kombinieren.

9.1.3 Überblick über topographische Informationssysteme außerhalb Deutschlands

In allen europäischen Ländern werden derzeit *Nationale Geodateninfrastrukturen (NGDI)* aufgebaut, bei denen die überwiegend durch Digitalisierung der vorhandenen Kartenwerke entstehenden bzw. entstandenen topographische Informationssysteme eine Basisfunktion haben. In Europa strebt *EuroGeographics*, die

Assoziation der für Geodäsie und Kartographie zuständigen Institutionen (eng. National Mapping Agencies – NMA) aller europäischen Länder, an, eine sog. *European Spatial Data Infrastructure* (ESDI) auf der Basis eines europaweit einheitlichen geodätischen Referenzsystems aufzubauen. Dazu werden zunächst kleinmaßstäbige digitale Landschaftsmodelle nach einheitlichen Standards erfasst. Zu nennen sind hier das Projekt *EuroGlobalMap (EGM)* mit einem dem Maßstab 1:1 000 000 entsprechenden Inhalt und das Projekt *EuroRegionalMap (ERM)* entsprechend 1:250 000. Einzelheiten können der Internetseite der EuroGeographics (*www.eurogeographics.org*) entnommen werden.

In den USA ist der *U.S. Geological Survey* für eine umfassende Beschreibung der natürlichen Resourcen zuständig, seine *National Mapping Division* speziell für die topographischen Basisdaten und Kartenwerke. Die Projekte im Bereich der mittelmaßstäbigen topographischen Kartographie sind mit dem ATKIS-Projekt vergleichbar. Die Arbeiten für den Aufbau und die Nutzung einer sog. National Spatial Data Infrastructure werden durch das *Federal Geographic Data Committee (FGDC)* koordiniert.

Die *Vereinten Nationen* haben in 2000 ein Projekt „Geographic Data Base" begonnen (www-Adresse, s. Anhang 4). Es wird von den derzeit 189 Mitgliedsländern erwartet, dass sie ihre topographischen Basisdaten dafür zur Verfügung stellen.

9.2 Topographische Karten

9.2.1 Begriffe und Aufgaben

Der Abschnitt 9.2 behandelt alle topographischen Karten, die als analoge und materielle Präsentation in einer nicht mehr veränderbaren Weise zur Veröffentlichung bestimmt sind.

Dies gilt damit für folgende Gruppen topographischer Karten:
1) Topographische Karten, die im klassischen Verfahren entstanden und die mit entsprechenden Kartentechniken auch zur Ausgabe gelangen (passive Karten).
2) Topographische Karten nach (1), deren Inhalt jedoch digitalisiert wurde, um ihn zu aktualisieren, in seiner Geometrie zu verbessern, auf einen neuen Zeichenschlüssel umzustellen usw. und ihn danach mit neueren Techniken analog auszugeben.
3) Topographische Karten, die von Anfang an durch GDV entstanden und auf einem Datenträger (meist CD) gespeichert sind, meist noch im Anhalt oder sogar in Übereinstimmung mit dem Inhalt bereits bestehender Karten. Ihre analoge blattschnittfreie Ausgabe entspricht damit der Karte nach (1), doch lässt die digitale Bearbeitung Maßstabsänderungen sowie kartometrische Prozeduren, evtl. auch interaktive Eingriffe zu.

Nicht erfaßt sind damit Zwischenergebnisse, Entwurfsvarianten, Arbeitsunterlagen und -vorlagen und weitere interne Produkte, die nicht der Veröffentlichung dienen.

Entsprechend der Unterscheidung der Karten nach ihrem Inhalt (1.6.2 Nr.2) gilt als topographische Karte in einem sehr weiten und allgemeinen Sinne jede

„Karte, in der Situation, Gewässer, Geländeformen, Bodenbewachsung und eine Reihe sonstiger zur allgemeinen Orientierung notwendiger oder ausgezeichneter Erscheinungen den Hauptgegenstand bilden und durch Kartenbeschriftung eingehend erläutert sind" *(Internationale Kartographische Vereinigung 1973)*. Eine andere und kürzere Definition spricht von „ ... Karten aller Maßstäbe, in denen die Landschaft charakteristisch vereinfacht dargestellt ist" *(IfAG 1971)*.

Topographische Karten gibt es in Form amtlicher Kartenwerke in bestimmten Maßstäben, als amtliche und private Stadtkarten sowie von verschiedenen Herstellern als touristische Karten, Übersichtskarten, Erdkarten usw., auch in der Form von Kartenwerken und Atlaskarten. Dabei handelt es sich nur selten um reine topographische Karten; fast immer trifft man auch auf *thematische Angaben* wie politische Grenzen, Nummern von Fernstraßen, Einwohnerzahlen (z. B. erkennbar an Art und Größe der Ortsnamen) usw. Häufig gibt es bei amtlichen Kartenwerken verschiedene *Arten der Ausgabe*, z. B. ohne Geländedarstellung, mit farblicher Betonung des Straßennetzes, mit Darstellung von Radwanderwegen, als einfarbige Ausgabe.

Die topographische Karte entstand in ihrer klassischen Ausprägung im Wege von Erfassung – Kartierung – Entwurf – Originalisierung. In zunehmenden Maße entsteht sie nunmehr aber durch Ableitung aus einem topographischen Informationssystem. Allgemein ist damit die Zukunft der topographischen, vor allem der amtlichen Karten, durch folgende Einflüsse gekennzeichnet:

- *Methodisch* bedeutet die Einbettung in Geo-Infomationssysteme (GIS), dass sich Benutzerwünsche in bezug auf Inhalt, Graphik, Maßstab, Format usw. vielseitiger und leichter erfüllen lassen.
- *Inhaltlich* zeigt sich durch die neueren kartentechnischen Möglichkeiten die Tendenz zu weiterer Farbdifferenzierung und den dadurch verminderten Gebrauch von Signaturen, ferner als Anpassung an die veränderten Lesegewohnheiten der Benutzer ein Festlegen höherer graphischer Mindestgrößen.
- *Organisatorisch* erzwingen die umfangreichen und raschen Veränderungen im Landschaftsbild, dass der Schwerpunkt topographisch-kartographischer Arbeiten in der *Aktualisierung* der bestehenden Karten liegt. Dies setzt allerdings voraus, dass bereits geschlossene Kartenwerke vorliegen.

Die *Aufgaben* topographischer Karten orientieren sich an den mannigfaltigen, sich ständig verändernden und nicht selten divergierenden Forderungen und Wünschen der Benutzer. Solange die topographischen Karten lediglich als analoge Darstellungen bestanden und bestehen, war und ist es nicht leicht, dieser Vielfalt von Erwartungen zu entsprechen. Im 19. Jh. standen bei den amtlichen Karten zunächst die militärischen Aspekte im Vordergrund; heute jedoch haben sie als Vielzweckkarten für verschiedene Bereiche zu dienen. Diese Entwicklung führte in vielen Staaten zu einer dichten Maßstabsfolge mit jeweiliger Festlegung der Karteninhalte nach Umfang der Darstellung und Grad der Generalisierung sowie dem Angebot verschiedener Ausgabearten. Im einzelnen bestimmen sich die Aufgaben aus den in der Tabelle der Abb. 8.02 aufgeführten Zwecken der Kartenauswertung.

Neben einer umfassenden Darstellung in Lehr- und Handbüchern (*Imhof* 1968, *Arnberger/Kretschmer* 1975, *Jordan/Eggert/Kneissl* 1956) finden sich umfangreichere Ausführungen zu Teilbereichen wie Geländedarstellung bei *Imhof* (1965), *Bosse* (1978), Gebirgskartographie bei *Brandstätter* (1983) und Stadtkartographie bei *Bosse* (1976), *Gorki/Pape* (1987). Den Bereich der Generalisierung behandeln u. a. *Schweiz. Ges. f. Kartographie* (1975, 1990), beim Siedlungsbild *Neumann* (1972, 1978), *Meine* (in *Kretschmer* 1977). Zum Schrifttum über den Einsatz digitaler Technologien einschließlich der rechnergestützten Generalisierung siehe 7.4, über Kartenauswertung siehe Kap. 8. Zur Erschließung der Erde durch topographische Karten siehe *Böhme* (1989/1991/1993).

9.2.2 Gruppierung topographischer Karten

Bei einer weitgehend gleichbleibenden Thematik topographischer Karten ergibt sich – im Gegensatz zu den thematischen Karten – lediglich eine Gliederung nach Maßstabsbereichen:
1. *Topographische Karten im engeren Sinne* sind solche, die das Gelände und die mit ihm verbundenen Gegenstände in großen und mittleren Maßstäben mit maßstabsbedingter Vollständigkeit und Genauigkeit darstellen. Die Grenze dieses Bereiches liegt etwa beim Maßstab 1:300000, und manche Autoren betrachten überhaupt nur solche Karten als topographische Karten. Deren weitere Einteilung ist meist wie folgt üblich:
   a) *Topographische Grundkarten oder Plankarten* bis etwa 1:10000 mit vorwiegend grundrisstreuer Darstellung,
   b) *topographische Spezialkarten* etwa zwischen 1:20000 und 1:75000 mit weitgehend grundrissähnlicher Darstellung und stärkerer Farbdifferenzierung,
   c) *topographische Übersichts- oder Generalkarten* etwa ab 1:100000 mit höherem Grad von Generalisierung.
   d) Daneben gibt es in zunehmendem Maße die besondere Gruppe der *Luft- und Satellitenbildkarten* (3.8.1.1).
2. *Topographische Karten im weiteren Sinne* gelten vielfach auch als *geographische* Karten, *chorographische* ("raumbeschreibende") oder *physische* Karten. Sie stellen die landschaftlichen Raumverhältnisse charakteristisch vereinfacht dar. Solche Karten in Maßstäben kleiner als etwa 1:300000 sind gekennzeichnet durch den maßstabsbedingten Verzicht auf Detailwiedergabe zugunsten einer gut abgestimmten Darstellung geographischer Zusammenhänge. Zu dieser Gruppe gehören auch die meisten Karten in allgemeinen Atlanten. Mitunter wird auch in dieser Gruppe noch unterteilt in Generalkarten (bis 1:1 Mio.), Regional- und Länderkarten (bis etwa 1:10 Mio.), Erdteilkarten und Erdkarten (etwa ab 1:10 Mio. und kleiner). Dazu treten in wachsendem Umfang *Satellitenbildkarten* als die Ergebnisse der Fernerkundung aus Satelliten.

9.2.3 Karteninhalt

Als Karteninhalt gilt in syntaktischer Hinsicht die Summe der graphischen Darstellungen *(Kartenbild)* bzw. der dafür stehenden Daten *(digitale Modelle)*, im semantischen Sinne die Gesamtheit der dargestellten Objekte *(Kartenthema)*.

Die Aussagen zu inhaltlichen Bestandteilen wie Kartennetz, Kartenrand und Kartenrahmen sowie die Festlegungen zum Kartenfeld, zur Kartenbenennung und zum Kartenmaßstab sind weitgehend für Karten aller Art gültig. Einzelheiten dazu sind daher bereits unter 3.5 zusammengestellt. Über die Aktualisierung topographischer Karten siehe 7.3.2.

Die nachfolgenden Ausführungen beschränken sich damit auf inhaltliche Darstellungen im Kartenfeld. Sie gehen aus von bestimmten Objektgruppen und erörtern die dafür geeigneten kartographischen Gestaltungsmittel mit ihren Lagemerkmalen, ihrer Generalisierung sowie besonderen Kennzeichen und Problemen. Neben den Textabbildungen geben die Kartenbeispiele 1 bis 7 und 9 (Kartenbeispiele, s. CD-ROM) typische Beispiele für den jeweiligen Kartenmaßstab und lassen dabei in der Folge der Anlagen 2 bis 7 auch die Wirkungen der Generalisierung gut erkennen.

9.2.3.1 Situationsdarstellung (Grundriss, Planimetrie)

Diese bezieht sich auf alle topographischen Objekte mit Ausnahme der Geländeoberfläche. Die graphische Wiedergabe in der zweidimensionalen Kartenebene entsteht entweder über einen graphischen Entwurf oder von einem digitalen Situationsmodell (DSM) her. Nach der Art des Raumbezuges handelt es sich stets um *Diskreta* (1.3.2). Wenn man dazu auch von Lage- oder Grundrissdarstellung spricht, so ist zu bedenken, dass auch die Geländewiedergabe auf einer Grundrissdarstellung beruht.

1. Siedlungen

Neben dem kartographischen Kennzeichen als Gebäude bzw. bebaute Fläche gewinnt die Gebäudehöhe als weiteres *topographisches* Merkmal des sog. Stadtreliefs an Bedeutung, und zwar durch Variation in Farbe oder Füllung der Fläche oder in der Strichbreite der Umringslinie. Als *thematisches* Merkmal erscheint vor allem in größeren Maßstäben die Angabe der Gebäudenutzung durch Flächenfarben oder -schraffuren.

a) *Grundrisstreue Darstellung*

Noch im Maßstab 1:5000 lassen sich alle wesentlichen Grundrisseinzelheiten des Gebäudes maßstäblich wiedergeben: Bei der graphischen Minimaldimension von 0,3mm (Abb. 3.03) entspricht dies einem noch darstellbaren Gebäudemaß von 1,5m. Mit Mindestgrößen von 3 m erreicht man mit 1:10000 den Grenzmaßstab für grundrisstreue Darstellung.

b) Grundrissähnliche Darstellung

Mit kleiner werdendem Maßstab setzt der Prozess der *Generalisierung* (3.7) ein, weil sonst bei maßstabstreuer Wiedergabe zuerst Details, später ganze Objekte geringer Ausdehnung die kartographischen Minimaldimensionen unterschreiten würden.

– Bei *offener Bauweise* (freistehenden Einzelgebäuden) sind Einzelheiten (z. B. Anbauten) zu vernachlässigen und dadurch die Formen zu *vereinfachen*, ferner kleinere Objekte *fortzulassen*. Ist es aber wichtig, typische Merkmale (z. B. schmale Gebäudeseiten) bzw. auch kleinere Objekte (z. B. Türme) noch darzustellen, so sind die Dimensionen zu *vergrößern*. Das führt zu *Verdrängungen* in den gegenseitigen Lageverhältnissen; so müssen z. B. die Abstände zwischen Gebäuden und Verkehrswegen unterdrückt werden. In der Folge kleinerer Maßstäbe sind schließlich *Zusammenfassungen* nicht zu vermeiden oder es fallen (z. B. in regelmäßigen Einzelhaussiedlungen) so viele Gebäude fort, dass die verbleibenden Darstellungen in Form kleiner schematischer Rechtecke damit als *Gebäudesignaturen* gelten, die jeweils mehrere Häuser repräsentieren.

Die Generalisierung eines Ortsbildes beginnt mit der lagerichtigen Festlegung der wichtigsten Bauwerke, Gewässer und Verkehrswege wie Kirchen, Bahnhöfe, Brücken, große Plätze, Hauptdurchgangsstraßen, Eisenbahnlinien. Vom Ortskern ausgehend folgen abschnittsweise die übrigen Straßen, Häuserblöcke und Einzelhäuser. Typische Formen von Kreuzungen und Abzweigungen sind eher zu betonen als abzuschwächen. Je nach topographischer Situation ist u. U. die äußere Bebauungsgrenze und die daran anschließende Gartenfläche unter Beachtung des sich ebenfalls ändernden Höhenlinienbildes leicht zu verdrängen. Für die notwendige Erhaltung bereits generalisierter Darstellungen lassen sich dazu auch grundrisstreue Darstellungen und Luftbilder zu Rate ziehen. Ähnliches gilt auch bei der Aktualisierung von Karten mit den dabei unvermeidbaren Zwängen und Kompromissen.

Abb. 9.04 zeigt eine Siedlung im Maßstab 1:5000 sowie in den Maßstäben 1:25000 und 1:50000. Abb. 9.05 verdeutlicht die Auswirkungen der Generalisierung durch Reduktion auf den gleichen Maßstab 1:10000.

– Bei *geschlossener Bauweise* erscheinen in Karten 1:25000 die Gebäude noch in ihren Einzelgrundrissen, soweit dies möglich ist. Dagegen ergeben sich in den Maßstäben 1:50000 bis 1:200000 die eng bebauten Ortskerne in lückenlos gefüllter Flächendarstellung der Wohnblöcke ohne Berücksichtigung von Freiflächen. Die damit verbundene höhere Darstellungsdichte wird aber teilweise wieder aufgehoben durch die notwendige Verbreiterung der Straßenflächen. Abb. 9.06 zeigt einen Ortskern im jeweils richtigen Maßstab sowie im Ausgangsmaßstab 1:25000.

Für den genannten Maßstabsbereich verstärkt sich die Tendenz zu verstärkter Flächendarstellung, tlw. auch bei offener Bauweise in Verbindung mit farblicher Differenzierung und auch mit Beschriftung der wichtigsten Straßen usw. (Schrifttum siehe 9.2.4.1).

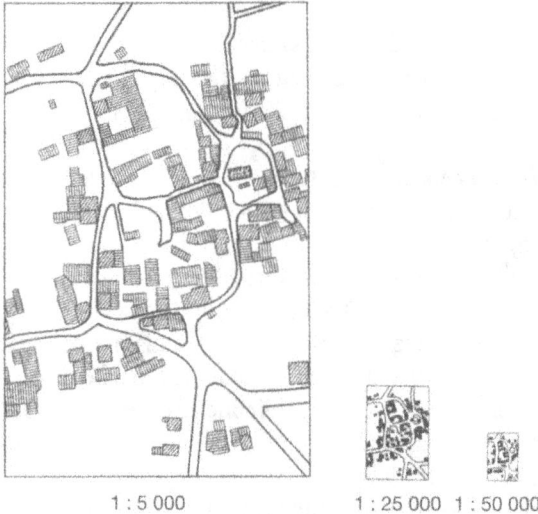

Abb. 9.04 Offene Bauweise in den Maßstäben 1:5000, 1:25000, 1:50000

Abb. 9.05 Offene Bauweise (Abb. 9.04), im einheitlichen Maßstab 1:10000

– Ohne Angaben zur *Bebauungsdichte* bleiben die Darstellungen in 1:300000 und kleiner. Man beschränkt sich auf *Gesamtumrisse*, die bei sehr großen Städten bis zu Maßstäben von 1:5 Mio. erscheinen (Abb. 9.07a).

c) *Lagetreue Darstellung durch Ortssignaturen*

Etwa zwischen 1:300000 und 1:1 Mio. lässt sich zwar die gesamte Siedlungsstruktur und bebaute Fläche eines bestimmten Gebietes noch durch Gesamtumrisse zum Ausdruck bringen (Abb. 9.07a), doch geht man in der Praxis dieses Maßstabsbereiches meist zu Ortssignaturen über, die nicht mehr die bebaute Fläche anzeigen, sondern etwa in Ortsmitte als Zeichen für Siedlung stehen (Abb. 9.07b).

In kleineren Maßstäben erscheinen die Orte nur noch in einer bestimmten Auswahl; diese kann nach der Einwohnerzahl, aber auch nach verkehrstechnischen,

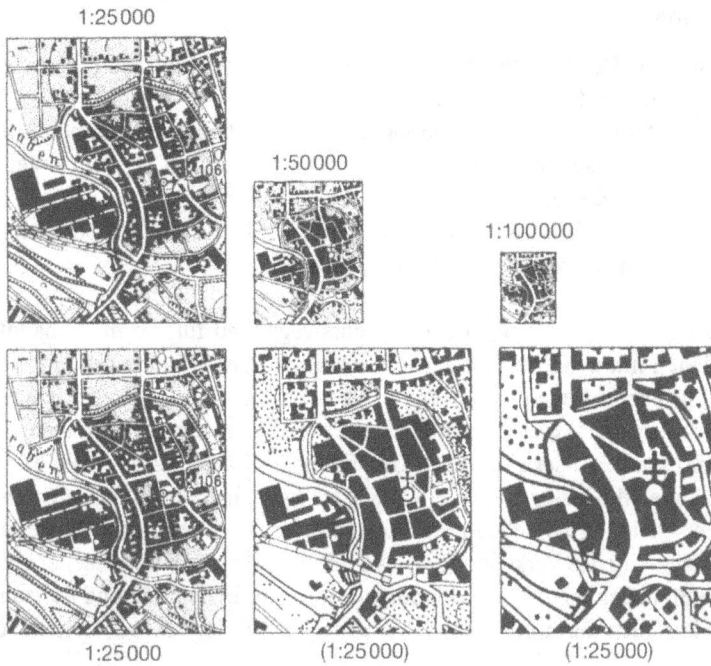

Abb. 9.06 Geschlossene Bauweise in den Maßstäben 1:25000, 1:50000, 1:100000, zugleich auch dargestellt im einheitlichen Maßstab 1:25000

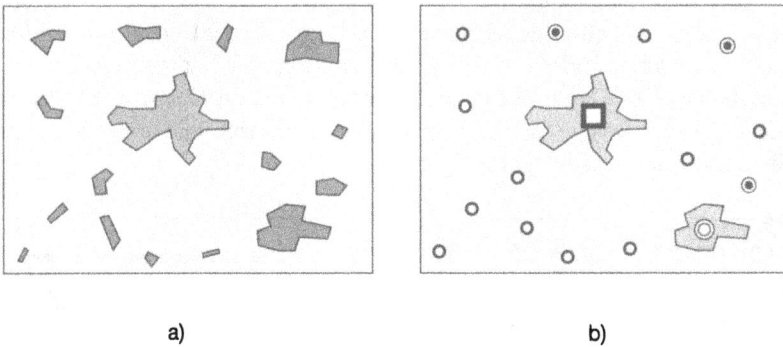

Abb 9.07 Siedlungsdarstellung durch a) Gesamtumrisse und b) Ortssignaturen

wirtschaftlichen, kulturellen, historischen, politischen und anderen Gesichtspunkten getroffen werden. Durch Variation in Größe, Form oder Füllung der Ortssignatur kann man zusätzlich eine *quantitative* Angabe – hier die Einwohnerzahl – in gestufter Weise darstellen.

2. Verkehrswege

Im Vergleich zur Darstellung der Siedlungsbereiche weist die Darstellung der Verkehrswege folgende Besonderheiten auf:

- Sie erstreckt sich auch auf die topographisch meist nicht erkennbaren und nicht eindeutig festlegbaren Wasserwege (z. B. für Fähren) auf Binnengewässern und an der Küste.
- Sie erfasst gewöhnlich auch wichtige Verkehrsprojekte (z. B. Autobahnabschnitte), wenn sie in absehbarer Zeit fertig sind.

Grundrisstreue Darstellungen der Verkehrswege sind für die meist bandförmigen Flächen mit den Dämmen und Einschnitten etwa möglich bis zum Maßstab 1:5000. Damit ließen sich Wege entsprechend den graphischen Mindestgrößen noch mit einer Breite von 1,25 m maßstäblich wiedergeben; manche Zeichenvorschriften (z. B. der Deutschen Grundkarte 1:5000, 9.2.4.1) sehen hierfür jedoch größere Mindestbreiten vor, z. B. 3 m. In kleineren Maßstäben richtet sich die Entscheidung zwischen *grundrissähnlicher* bzw. *lagetreuer* Darstellung nach der Betonung des Verkehrsweges und der verfügbaren Kartenfläche. Qualitative, darunter auch thematische Merkmale (z. B. Art, Bedeutung und Leistungsfähigkeit) kommen durch Signaturen, Schriften und farbige Angaben zum Ausdruck.

Schienenwege erscheinen wegen ihrer relativ geringen Breite meist in einer lagetreuen Darstellung, die sich gewöhnlich auf die Gleisachsen, bei mehrgleisigen Strecken auf eine gedachte Mittelachse bezieht. In größeren Maßstäben sind sie oft qualitativ nach Spurweite und Anzahl der Gleise differenziert, vereinzelt auch durch Angabe der Elektrifizierung. Maßnahmen der Generalisierung beschränken sich auf einzelne lokale Verschiebungen, da der Linienverlauf selbst sich wegen der fahrtechnisch erforderlichen relativ großen Radien meist unverändert darstellen lässt. Kleinmaßstäbige Karten zeigen nur die Hauptverkehrslinien, in Atlanten meist als volle Striche in schwarzer Farbe. Abb. 9.08 bringt Beispiele für die Darstellung von Schienenwegen.

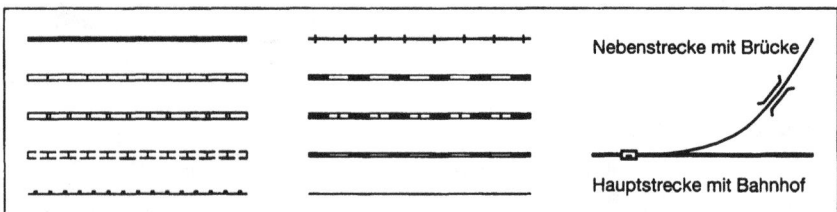

Abb. 9.08 Beispiele der Darstellung von Schienenwegen

Für das grundrissähnliche oder lagetreue *Straßen- und Wegenetz* beziehen sich die qualitativen Angaben auf die *verwaltungsmäßige Einteilung* als thematischer Ausdruck der Verkehrsbedeutung (Bundesfernstraßen, Landes-, Kreis-

und Gemeindestraßen sowie sonstige Straßen) aber auch auf den *Ausbauzustand* als topographisches Merkmal der tatsächlichen Leistungsfähigkeit. In Karten kleiner Maßstäbe erscheinen mit Rücksicht auf die Übersichtlichkeit nur die Hauptverkehrsadern, in Atlanten meist als volle Striche in roter Farbe. Abb. 9.09 zeigt Beispiele für die Darstellung von Straßen und Wegen.

Abb. 9.09 Beispiele der Darstellung von Straßen und Wegen

Die Darstellung der Straßen in topographischen Karten Westeuropas beschreibt *Berger* (1976). Zu den Problemen der Klassifizierung äußert sich *Bertinchamp* (1980).

Im Gegensatz zu den Schienenwegen kann bei Straßen und Wegen der Zwang zur Generalisierung im Hinblick auf Anzahl, Form und Nachbarschaft erheblich größer sein. Neben der Objektauswahl ist vor allem die Verbreiterung typisch; sie ergibt bereits im Maßstab 1:25000 etwa das Vierfache und erreicht in 1:100000 etwa das Fünfzehnfache der natürlichen Breite. Daneben führt die teilweise Unterdrückung von Krümmungen, vor allem in bergigem Gebiet (Abb. 9.10), zu Verkürzungen der Längen, was bei Entfernungsmessungen in Karten zu berücksichtigen ist (8.2.3.3).

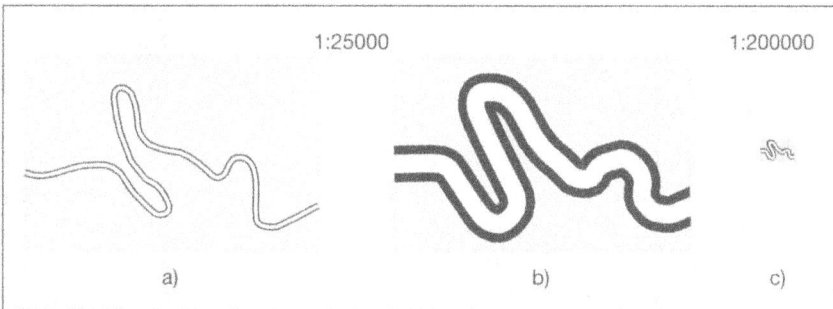

Abb. 9.10 Straßenverlauf (a), für eine Karte im 8fach kleineren Maßstab generalisiert im Ausgangsmaßstab (b) und im Endmaßstab(c)

3. Gewässer

Zum *Gewässernetz* zählen alle dauernd oder zeitweise mit Wasser bedeckten Flächen. Bei kleineren Wasserläufen führen grundrissähnliche Darstellungen mit Doppellinien meist zu einer Verbreiterung; lagetreue Darstellungen stellen die Mittellinien dar. Die Uferlinien von Flüssen, Strömen, Seen und Meeresküsten sind grundrisstreu oder -ähnlich; in mehrfarbigen Karten erscheinen sie in Blau und die von ihnen eingeschlossenen Wasserflächen gewöhnlich im Punktraster dieser Farbe. Wattflächen erhalten meist einen lichteren Punktraster oder bräunlich-grauen Farbton. Richtungspfeile geben die Fließrichtung an. Für die Gewässernamen ist meist eine rückwärtsliegende Schrift üblich. Die *mit Gewässern verbundenen Objekte* erscheinen grundrissähnlich (z. B. Talsperren, Fähren) oder lagetreu (z. B. Buhnen, Furten) oder als lagetreue Signaturen (z. B. Brunnen, Pegel, Kran). Abb. 9.11 zeigt Beispiele zur Darstellung der Gewässer.

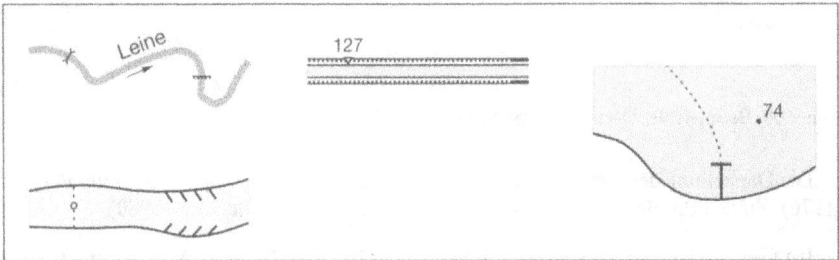

Abb. 9.11 Beispiele der Darstellung von Gewässern.

Die Generalisierung der Gewässer drückt sich aus in einer Verbreiterung der Linien und in besonderem Maße in einem Fortfall der nicht mehr darstellbaren Bögen und Schleifen bei Flussläufen bzw. Buchten und Vorsprüngen bei Küstenlinien. Eine solche Vereinfachung der Linienführung bewirkt eine Verkürzung der Längen, die noch erheblich größer sein kann als bei Straßen und Wegen (8.2.3.3). Beim Fortfall ganzer Wasserläufe ist darauf zu achten, dass das generalisierte Gewässernetz eine Dichte aufweist, die charakteristisch ist für die geomorphologischen und hydrogeologischen Verhältnisse des Gebietes.

4. Bodenbedeckungen

Zur *Bodenbedeckung* gehören alle flächenhaften topographischen Erscheinungen natürlicher Herkunft (z. B. Urwald, Wüste) oder als Folge menschlichen Wirkens (z. B. Garten). Dagegen ist die *Bodennutzung* mehr ein thematisches, stets mit menschlichem Eingriff verbundenes Merkmal, das lediglich durch topographische Anzeichen (z. B. Getreide) sichtbar werden kann.

Die Objekte werden durch Linien oder lineare Signaturen (z. B. Punktreihen) abgegrenzt, soweit dies exakt möglich ist. Der Angabe der Qualität in Karten großer und mittlerer Maßstäbe dienten bisher vorwiegend flächenhafte Signaturen (Abb. 9.12). Nunmehr treten an deren Stelle in mehrfarbigen Karten zunehmend Flächenfarben. Bei einfarbigen Ausgaben (z. B. für Planungszwecke) eignen sich nur Flächensignaturen, in geringem Maße daneben wenige Flächentonwerte (Graustufen). In kleineren Maßstäben wird der Umfang der Darstellung insgesamt geringer; ab 1:500000 erscheint meist nur noch der Wald. Karten kleiner als 1:1 Mio. weisen kaum noch Bodenbedeckungen nach; die Flächenfarben

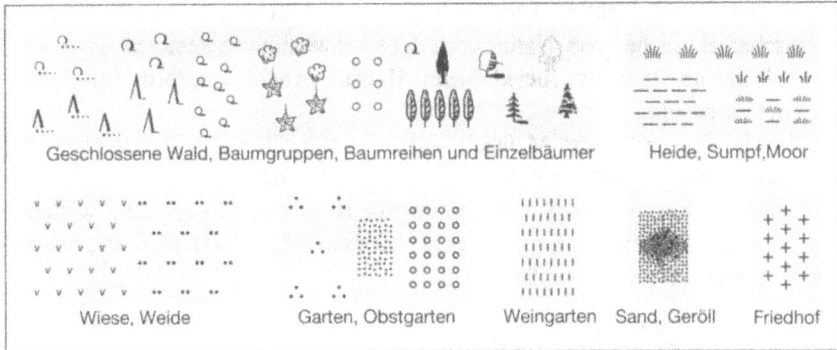

Geschlossene Wald, Baumgruppen, Baumreihen und Einzelbäumer   Heide, Sumpf,Moor

Wiese, Weide   Garten, Obstgarten   Weingarten   Sand, Geröll   Friedhof

Abb. 9.12 Beispiele der Darstellung von Bodenbedeckungen

sind den farbigen Höhenschichten (9.2.3.2) vorbehalten, und für Signaturen ist
kaum noch Platz.

In neuerer Zeit verstärkt sich jedoch die Tendenz, die Bodenbedeckung bzw. -nutzung
auch in Karten kleinerer Maßstäbe noch differenzierter zum Ausdruck zu bringen, z. B. in
der Kombination von Oberflächenbedeckungsfarben und Schräglichtschattierung (*Herr-mann* 1972).

5. Einzelobjekte

Unter diesen Sammelbegriff fallen alle Objekte, die sich wie folgt beschreiben
lassen:

– Sie bilden in den anderen Objektgruppen (Siedlung, Verkehr und Transport,
  Gewässer, Bodenbedeckungen, Gelände) eine herausragende topographische
  Erscheinung oder sind thematisch von besonderer Bedeutung, und
– sie lassen sich wegen ihrer geringen, auf den Maßstab bezogenen Ausdehnung nur als Signaturen (3.4.4) darstellen und sind daher in der Zeichenerklärung besonders zu erläutern (sog. *Einzelzeichen*, Abb. 9.13).

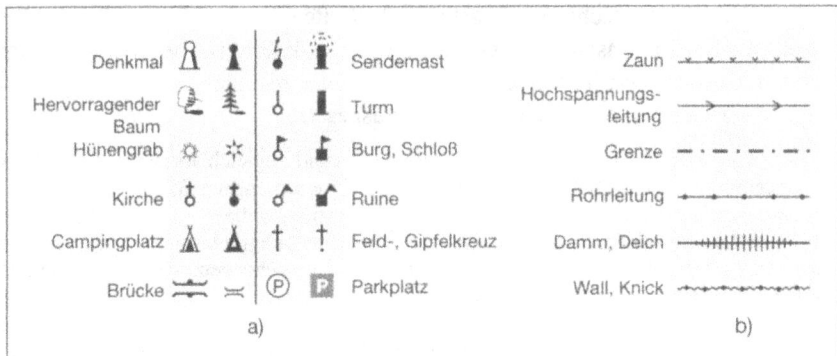

Abb. 9.13 Beispiele der Darstellung lokaler (a) und linearer (b) Einzelobjekte

Zu den Einzelobjekten *thematischer* Art gehören vor allem die Grenzen politischer Bereiche, von Naturparks, Überschwemmungsgebieten usw., und zwar als lineare Signaturen, bei kleineren Maßstäben auch bandförmig als Schraffur oder Farbsaum.

Mit kleiner werdendem Maßstab findet ein fortwährendes Umsetzen in der Darstellung statt: Auf der einen Seite gehen grundrisstreue bzw. -ähnliche Darstellungen immer mehr in Signaturen über (z. B. Kirchen, Flughäfen), während auf der anderen Seite die Signaturen für kleinere Objekte (Denkmäler, Schornsteine) mehr und mehr fortfallen.

9.2.3.2 Geländedarstellung (Reliefdarstellung)

1. Aufgaben und Probleme

Als Gelände oder Relief gilt die Grenzfläche zwischen fester Erde (Lithosphäre) und Luft (Atmosphäre) bzw. Wasser (Hydrosphäre) als Gesamtheit der räumlichen, d. h. dreidimensionalen Oberflächenformen. Die graphische Wiedergabe in der zweidimensionalen Kartenebene entsteht entweder aus einem graphischen Entwurf oder aus einem digitalen Geländemodell (DGM) mit Zahlenangaben in Koordinaten und Höhen (6.7.2). Nach der Art des Raumbezugs handelt es sich um ein *Kontinuum*, das aber auch Unstetigkeitsstellen (Fels, Böschungskanten u. ä.) aufweist. Die graphische Darstellung soll 1. geometrisch ausreichend exakt sein und 2. den Formcharakter zutreffend erkennbar machen. Diese Aufgabe wird dadurch erschwert, dass die vertikale Dimension nicht unmittelbar darstellbar ist.

Bei Karten *großer* Maßstäbe steht die erste Bedingung im Vordergrund: Eine geometrisch einwandfreie Darstellung durch Höhenlinien gewährleistet, dass Höhenangaben, Geländeneigungen, Fallrichtungen und Profile bestimmbar und Erdmassen berechenbar sind. Dagegen ist eine unmittelbare Vorstellung von der Geländeoberfläche – außer bei Kleinformen – nur bedingt zu erzielen.

In Karten *mittlerer* Maßstäbe ergibt sich die beste Synthese beider Bedingungen: Die geometrische Wiedergabe bleibt weitgehend erhalten, von generalisierungsbedingten Einschränkungen abgesehen; andererseits lässt sich mit Hilfe weiterer Gestaltungsmittel eine anschauliche oder gar plastische Geländewiedergabe erzielen – geeignetes Gelände vorausgesetzt.

Hervorragende Beispiele für geometrisch exakte und zugleich formengerechte Kartendarstellungen liefern die zwischen 1968 und 1975 erschienenen *Topographisch-Geomorphologischen Kartenproben* 1:25000. 30 Kartenausschnitte 4 × 6 km² zeigen verschiedene Landschaftstypen auf der Grundlage neuerer topographischer Vermessungen, dazu mit kartographischen Gestaltungsvarianten und eingehenden, vor allem geomorphologischen Beschreibungen (*Hofmann* 1976).

In Karten *kleiner* Maßstäbe ist eine geometrisch einwandfreie Wiedergabe weder möglich noch besonders nötig. Da auf der anderen Seite eine Karte stets einen relativ großen Geländeabschnitt erfaßt, wird die unmittelbare Vorstellung noch dadurch gefördert, dass die Formen in ihren großen Zusammenhängen erkennbar werden.

Auch die Situationsdarstellung kann mitunter Hinweise auf das Geländerelief geben: Der Verlauf der Gewässer markiert die jeweils tiefsten Stellen. Wege und Wirtschaftsgrenzen haben sich der Geländeform anzupassen; daher sind gewundene Linienführungen ein Indiz für steile Hänge oder Mulden, während gekrümmte Grenzen oft eine stärkere Hangwölbung anzeigen.

2. Höhenlinien und Höhenpunkte

a) Begriffliches

Alle Linien, die durch den Schnitt von Niveauflächen mit der Geländeoberfläche entstehen, lassen sich allgemein als *Niveaulinien* oder *Horizontallinien* bezeichnen. Wählt man nun eine bestimmte Niveaufläche als Bezugsfläche (2.1.3.2) aus (z.B. Normalnull), so gelten die Niveaulinien *oberhalb* dieser Bezugsfläche als *Höhenlinien (Höhenkurven, Höhenschichtlinien, Isohypsen)*, die unterhalb gelegenen Niveaulinien als *Tiefenlinien (Isobathen)*. Höhenlinien bzw. Tiefenlinien lassen sich damit auch als Verbindungslinien benachbarter Geländepunkte gleicher Höhe über bzw. unter einer Bezugsfläche definieren. Ihre Orthogonalprojektion in die Kartenebene ergibt die Höhen(Tiefen-)liniendarstellung oder das *Höhen(Tiefen-)linienbild*.

Höhenlinien entstehen indirekt durch graphische oder rechnerische Interpolation zwischen Höhenpunkten aus topographischen Vermessungen oder über digitale Geländemodelle; auf direktem Wege lassen sie sich durch Stereo-Luftbildauswertung (6.4.1.2) erzeugen. Sie sind demnach gedachte (fiktive) Linien, die nur im Falle von Uferlinien stehender Gewässer und bei Reisterrassen eine reale Entsprechung besitzen. Zur Entstehung der Tiefenlinien siehe 6.3.2. Solche Tiefenlinien erscheinen bereits ab 1600 in Karten, da für die erforderlichen Lotungen die Wasseroberfläche als reale Bezugsfläche relativ einfach zur Verfügung steht (Abb. 13.04). Dagegen konnten sich Höhenlinien wegen der meßtechnischen Erfordernisse, der Festlegung einer allgemein gültigen Bezugsfläche und wegen des stärkeren Abstraktionsgrades erst seit der Mitte des 19. Jh. durchsetzen.

b) Äquidistante Höhenlinien

Der Höhenunterschied zwischen benachbarten Höhenlinien wird als Höhenstufe *(Schichthöhe, Höhenlinienintervall)* bezeichnet. Ist diese für ein Höhenliniensystem konstant, so spricht man von **Äquidistanz**. Die durch sie festgelegten Höhenlinien gelten als *Haupthöhenlinien*. Diese erscheinen gewöhnlich als durchgehende Linien, in bestimmten Abständen (z.B. jede 10. Linie) zur besseren Gliederung des Höhenlinienbildes in größerer Strichbreite. Bezifferte Haupthöhenlinien bezeichnet man als *Zähllinien*. Der Betrag der Äquidistanz hängt ab vom Kartenmaßstab, von der Geländeneigung, vom Formenschatz und von der Genauigkeit der Höhenmessung.

lmhof (1965) findet die sog. *ideale Äquidistanz* für eine Geländeneigung α zu

$$A = n \cdot \lg n \cdot \tan \alpha \ [\text{m}] \quad \text{mit} \quad n = \sqrt{\frac{m_k}{100} + 1} \ . \qquad (9.2.3 \ a)$$

Daraus ergeben sich für die gebräuchlichsten großen und mittleren Kartenmaßstäbe die auf benachbarte volle Meter abgerundeten Werte der Tabelle in Abb. 9.14.

Geländeneigung α_{max}	Maßstabszahl m_k						
	2 000	5 000	10 000	25 000	50 000	100 000	200 000
45° (Gebirge)	2	5	10	20	30	50	100
25° (Berg-u. Hügelland)	1	2	5	10	15	25	50
10° (Flachland)	0,5	1	2	2,5	5	10	10

Abb. 9.14 Ideale Äquidistanzen der Höhenlinien für große und mittlere Kartenmaßstäbe

Da die maximale Geländeneigung in den Einzelblättern eines großen Kartenwerks sehr verschieden sein kann, ist es kaum möglich, insgesamt eine einheitliche Äquidistanz beizubehalten. So berücksichtigen die Musterblätter der deutschen amtlichen Kartenwerke den jeweiligen Landschaftscharakter, indem sie verschiedene Äquidistanzen festlegen. Aber auch innerhalb eines Kartenblattes können die Geländeneigungen stark differieren. Hier besteht die Möglichkeit, nach Bedarf an flachen Stellen *Hilfshöhenlinien (Zwischenhöhenlinien)*, meist in halber Äquidistanz, in Form linearer Signaturen einzuschalten (Abb. 9.15). Darüber hinaus lässt sich für flachere Gebietsteile auch allgemein eine kleinere Äquidistanz wählen, die dann im Kartenfeld zu *kombinierten (schwingenden) Äquidistanzen* führt. Solche Lösungen erhöhen zwar die lokale morphologische Aussagekraft, erschweren aber andererseits die Gesamtvorstellung vom Gelände. Mitunter hilft in solchen Fällen auch der Gebrauch von Formzeichen (Nr. 4).

Die *kleinstmögliche Äquidistanz* in der graphischen Darstellung ergibt sich aus der Überlegung, dass bei einer vorgegebenen Strichbreite und -distanz nur eine Anzahl von k Linien in einem Millimeterintervall auf der Karte nebeneinander liegen kann. Dann ist

$$A_{min} = \frac{m_k \cdot \tan\alpha_{max}}{1000 \cdot k} [m] \qquad (9.2.3\ b)$$

Da sich k kaum größer als 3 wählen lässt, ergibt sich mit den Werten $\alpha_{max} = 45°$ bzw. 25° bzw. 10° (vgl. Abb. 9.14) $A_{45} = m_k/3000$ bzw. $A_{25} = m_k/6400$ bzw. $A_{10} = m_k/17000$.

c) Probleme der Höhenliniendarstellung

Trotz vieler Vorzüge weisen die Höhenlinien nicht die Eindeutigkeit auf, die im Grundriss der Situationsdarstellung vorherrscht. Im Flachland ist ihr Verlauf besonders unsicher und daher mit großen Lagefehlern behaftet. Auch ist für die Bereiche zwischen den Höhenlinien die Annahme eines gleichmäßigen Gefälles zunächst nur hypothetisch. Schließlich entsteht eine anschauliche Formwirkung nur bei genügend enger Scharung (formverwandtem Verlauf) benachbarter Linien; in anderen Fällen ist eine räumliche Vorstellung gewöhnlich erst auf dem Wege eines intensiven geistigen Prozesses zu gewinnen.

Ein weiterer Mangel ist die Tatsache, dass die Höhenliniendarstellung bestimmter Einzelformen von ihrer absoluten Höhenlage und von der Geländeneigung abhängt. So ändert sich z. B. das Höhenlinienbild eines Dammes, wenn man ihn bis zum Betrage einer Äquidistanz gleichmäßig hebt, aber auch, wenn man ihn neigt. Schließlich ist zu berücksichtigen, dass die Höhenlinien auch die Krümmung des Geländes nicht exakt wiedergeben: Während sich die Krümmung einer Oberfläche aus der Schnittlinie mit der zu ihr senkrechten Ebene (Normalschnitt) ergibt, zeigen die Höhenlinien als Schnittlinien mit einer Horizontalebene stets größere Krümmungen, und zwar um so stärker, je weniger das Gelände geneigt ist. Nach dem Satz von Meusnier ist der Krümmungsradius in der horizontalen Kartenebene $r_H = r_N \sin \alpha$. Dabei ist r_N der Krümmungsradius im Normalschnitt und α die Geländeneigung, d.h. r_H ist stets kleiner als r_N. Die Ebene des Normalschnitts ist um $90° - \alpha$ gegen die Kartenebene geneigt.

d) Generalisierung der Höhenlinien

Höhenlinien lassen sich auffassen als fiktive Teilobjekte des Kontinuumobjekts Gelände. Somit kann man die Generalisierungsregeln auch auf Höhenlinien in modifizierter Weise anwenden, wobei Formcharakter und Nachbarschaftstreue so weit wie möglich zu beachten sind.

Die Generalisierung beginnt mit dem *Auswählen* von Linien durch Festlegen einer größeren Äquidistanz, am einfachsten als Vielfaches der ursprünglichen Äquidistanz. Dabei erhalten die verbleibenden Linien im Ausgangsmaßstab eine größere Strichbreite (*Verbreitern*). Bei Bedarf bleiben Teile einer sonst fortfallenden Linie als Hilfshöhenlinie bestehen; das entspricht einer Anzeige typischer lokaler Formen (*Bewerten*). Die weiteren Maßnahmen beziehen sich auf die geometrische Lage der Höhenlinien: Das notwendige Glätten des Linienverlaufs führt zum *Vereinfachen* der Formen. Dabei haben meist die Vollformen Vorrang vor den Hohlformen, so dass mitunter kleine Hohlformen zu schließen sind. Sollen aber Hohlformen erhalten bleiben, so sind sie etwas zu öffnen (*Betonen*). Schließlich kann der Platzbedarf der generalisierten Situation auch ein *Verdrängen* der Höhenlinien zur Folge haben (Abb. 9.15).

Mit kleiner werdendem Maßstab spielt die *absolute*, also koordinatentreue Lage einer Höhenlinie eine abnehmende Rolle; dagegen bleibt die *relative*, d.h. die nachbarschaftliche Lage weiterhin wichtig, da nur aus ihr die Angaben über Größe, Richtung und Änderung des Gefälles sowie über Einzelformen zu gewinnen sind. Bei sehr enger lokaler Scharung der Höhenlinien kann es zu geringfügigen Verdrängungen kommen. Verdrängungen aus dem vorweg generalisierten Grundriss sind in Zonen abzufangen, die um so breiter sind, je steiler das Gelände ist, damit sich keine zu großen Formverzerrungen, Gefällländerungen usw. einstellen. Unter Beachtung solcher Regeln ist selbst in den Maßstäben 1:100000 und 1:200000 durchaus noch eine formtypische Generalisierung möglich.

e) Farbton der Höhenlinien.

In mehrfarbigen Karten erscheinen die Höhenlinien meist in einem sepia- bis rotbraunen Farbton. Beim Verlauf durch Felsdarstellungen wird häufig auch eine schwarze, in Gletscherbereichen eine blaue Darstellung benutzt.

f) Höhenpunkte

Diese ergänzen das Höhenlinienbild durch sachgerechte Auswahl aus den Einzelpunkten der topographischen Vermessungen, und zwar mit beigeschriebener Höhenzahl an markanten Stellen, d.h. auf Kuppen und Sätteln, in Mulden und Kesseln sowie an einwandfrei identifizierbaren Örtern der Situation (z.B. Wegekreuzungen und Bahnübergänge).

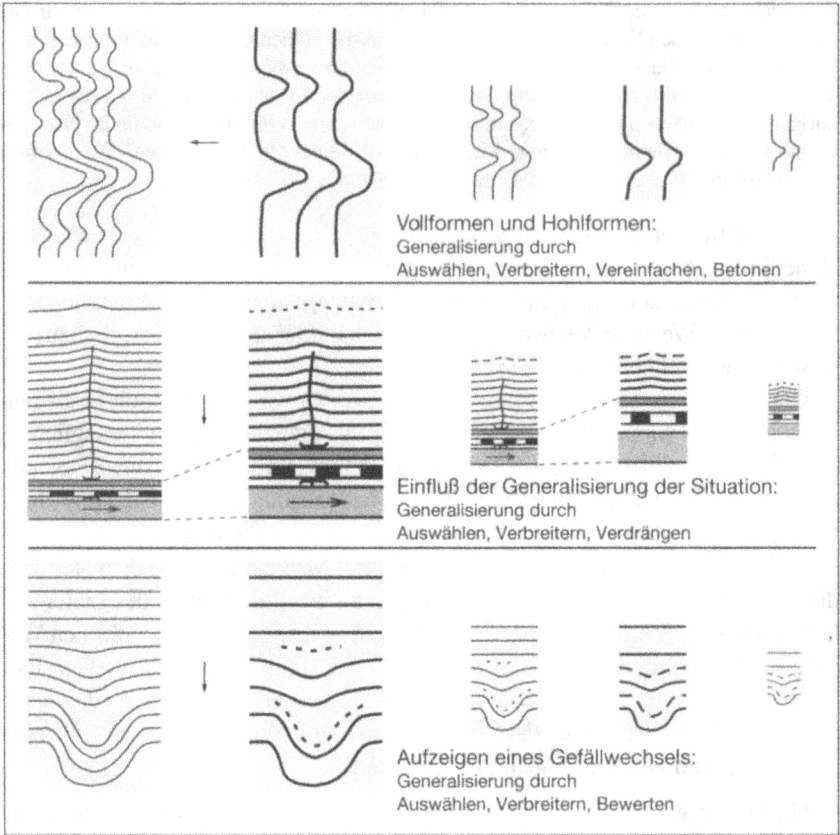

Abb. 9.15 Schematische Beispiele der Reliefgeneralisierung, dargestellt mit Höhenlinien im Ausgangsmaßstab und in einem zweifach kleineren Folgemaßstab

3. Schattierung (Schummerung)

Sie hat die Aufgabe, durch Erzeugung von Schatteneffekten die Geländeformen möglichst unmittelbar zu veranschaulichen (Kartenbeispiele 3 bis 7, s. CD-ROM). Als Gestaltungsmittel eignet sich der echte oder unechte Halbton (3.4.6) mit der Variation seines Tonwerts nach bestimmten Regeln: Denkt man sich ein Geländemodell durch eine Lichtquelle beleuchtet, so ergeben sich je nach Flächenneigung und Lichtrichtung unterschiedliche Tonwerte, die in die Kartenfläche zu übertragen sind.

Bei der einfachen *Böschungsschummerung* nach dem Prinzip „je steiler, desto dunkler" ist die plastische Wirkung gering. Die dazu angenommene Senkrechtbeleuchtung entspricht der bei den in älteren Karten dargestellten *Böschungsschraffen* (13.5, Abb. 13.05). Die *Schräglichtschummerung* nimmt meist eine von links oben kommende Richtung des Lichtes an. Das entspricht wie bei den *Schattenschraffen* (Abb. 13.06) dem üblichen Lichteinfall beim Lesen und Schreiben und zugleich dem aus der Photographie bekannten plastischen Gegenlichteffekt. Eine von den natürlichen Verhältnissen auf der Nordhalbkugel abgeleitete Südbeleuchtung ruft dagegen beim Lesen der nach Norden orientierten Karten leicht Pseudoeffekte hervor; dies lässt sich feststellen, wenn man die Abb. 3.39 aus verschiedenen Richtungen betrachtet. Um an allen Stellen einen bestmöglichen Formeindruck zu erzielen, kommt man ohne lokale Lichtdrehungen nicht aus. Horizontale Flächen erhalten einen mittleren Tonwert. Die *kombinierte Schummerung* ist eine Verknüpfung von Böschungsschummerung mit Schräglichtschummerung. Damit ergibt sich für die flachen Bereiche ein relativ heller bis weißer Tonwert. Da aber gerade in den Talebenen die Situationsdarstellung besonders dicht ist, bleibt somit die Voraussetzung für eine gute Lesbarkeit erhalten.

Der Einsatz der Schattierung setzte sich durch, als die drucktechnische Vervielfältigung von Halbtönen durch die autotypische Rasterung (4.2.5) der Vorlage möglich wurde. Bis dahin ließen sich solche Flächentönungen nur von Hand für Unikate ausführen. Heute entstehen die Schattierungsvorlagen im Regelfall durch GDV (7.4.2.2). Um dabei einen zutreffenden Formeindruck zu erhalten, ist es wichtig, sich beim Entwurf an den Höhenlinien und am Gewässernetz zu orientieren.

Schummerungen eignen sich – bewegtes Gelände vorausgesetzt – in den Maßstäben 1: 25000 und kleiner zur plastischen Ausgestaltung des Kartenbildes. Wegen ihres Mangels an geometrischer Aussage erscheinen sie in den mittleren Maßstäben (bis etwa 1:500000) in der Regel in Verbindung mit einer Höhenliniendarstellung. Im Gegensatz zu den Schraffen beeinträchtigen sie die Lesbarkeit des übrigen Karteninhalts kaum. In Karten kleinerer Maßstäbe ist die Schummerung in Verbindung mit einigen Höhenzahlen oft alleiniges Mittel für die Geländedarstellung. Als *vereinfachte Gebirgsdarstellung* kann sie bis zu kleinsten Maßstäben benutzt werden.

4. Formzeichen und Formzeichnungen

Formzeichen können als einzige Art der Geländedarstellung reale und diskrete topographische Erscheinungen wiedergeben, die als gewisse Unstetigkeitsstellen im Kontinuum „Oberfläche" auftreten. Solche *Kleinformen* lassen sich dadurch zur Ergänzung des Höhenlinienbildes vollständig oder überhaupt erst erkennbar machen. Als Gestaltungsmittel dienen lineare oder flächenhafte Signaturen, in erster Linie Schraffen.

a) Natürliche Kleinformen

Gefällwechsel in den Oberflächenformen lassen in der Natur mehr oder weniger scharfe Kanten entstehen. Da diese durch Höhenlinien oft nicht ausreichend erkennbar werden, verwendet man zusätzliche *Kantenlinien*, meist in der Farbe der Höhenlinien. *Neugebauer* (1962) unterscheidet je nach Ausprägung im Gelände zwischen scharfen und stumpfen Kanten, gerundeten Übergängen und Negativkanten (am Rande von Talböden) (Abb. 9.16).

Abrisse, Dolinen, Schutthalden, Dünen, vulkanische Kleinformen usw. werden meist durch Keilschraffen in Fallrichtung dargestellt. Als *Formzeichnung* gilt eine meist in Schwarz gehaltene Felsdarstellung, wenn die Schraffenkonstruktion nicht nur auf geometrischen Prinzipien beruht, sondern auch auf freie-

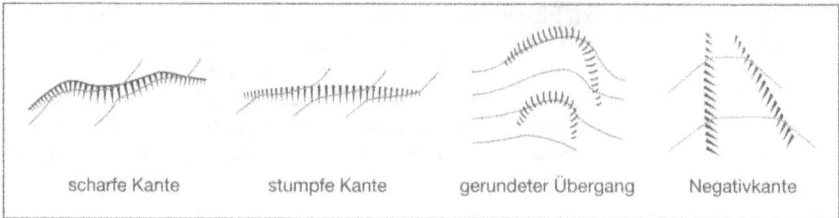

Abb. 9.16 Kantenlinien (in Kombination mit Höhenlinien)

ren, künstlerischen Strichdarstellungen. So kann z. B. eine horizontale Schraffur eine typische Schichtcharakteristik wiedergeben (Abb. 9.17a).

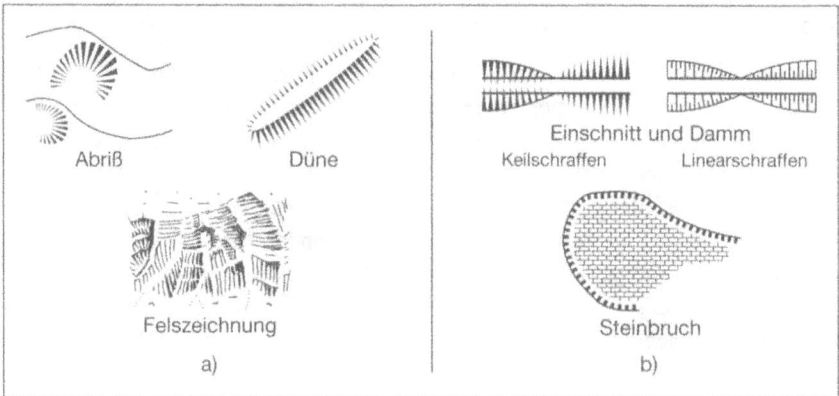

Abb. 9.17 Natürliche und künstliche Kleinformen

b) Künstliche Kleinformen

Die wichtigste künstliche Form ist die Böschung. *Keilschraffen* liefern dabei die ansprechendste Darstellung, erfordern aber manuell mehr Zeichenaufwand. Man findet daher besonders in Karten großer Maßstäbe die leichter darstellbaren *Linearschraffen*. Auch zur Darstellung von Kiesgruben, Abraumhalden, Steinbrüchen usw. verwendet man meist die Schraffen (Abb. 9.17b).

Die Schraffen verlaufen senkrecht zu den Höhenlinien und erscheinen in Karten großer Maßstäbe meist in schwarzer Farbe. Als Teil der Situationsdarstellung sind sie damit auch dann noch erkennbar, wenn die Karte keine Geländedarstellung durch Höhenlinien enthält (z. B. als Vorstufe der Deutschen Grundkarte 1:5000).

5. Farbige Höhenschichten

Keine der bisher behandelten Darstellungsweisen vermag allein aus der *Anschauung* einen unmittelbaren Eindruck über die *absolute* Höhe von Geländebereichen zu vermitteln. Dies lässt sich jedoch erreichen, wenn für solche Bereiche der

Höhe entsprechend eine *Farbvariation* nach den Farbmerkmalen Ton, Sättigung und/oder Helligkeit (3.3) stattfindet. Auch ergibt sich zugleich eine rasche und wirkungsvolle Übersicht über die großen Formzusammenhänge (Kartenbeispiele 6 und 7, s. CD-ROM). Da gewöhnlich die Zonen zwischen bestimmten Höhenlinien mit konstanten Farbmerkmalen versehen werden, entsteht allerdings ein gestufter Eindruck, der an sich dem Prinzip des Kontinuums nicht gerecht wird (siehe Abb. 3.15d).

Die beschriebene Darstellungsweise durch *farbige Höhenstufen* (*Höhenschichtenfarben, hypsometrische Methode*) hat etwa ab der Mitte des 19. Jh. zur Entwicklung zahlreicher *Höhenfarbskalen* geführt, die auf unter schiedlichen Regeln und Auffassungen beruhen. In den Anfängen gab es neben regellosen, meist sehr kontrastreichen Farbskalen solche nach dem Grundsatz „Je höher, desto heller" (Graugrün bis Weiß), aber auch solche nach dem umgekehrten Prinzip „Je höher, desto dunkler" (Weiß bis Braun). Heute lässt sich ein großer Teil der vor allem bei Atlaskarten angewandten Höhenfarbskalen aus Bodenbedeckungsfarben und/oder abgewandelten spektralen Farbreihen erklären. Daneben gibt es die in der Schweiz als luftperspektivische Höhenabstufung entwickelte Farbskala, bei der neben dem Effekt der Luftperspektive (je tiefer, desto dunstiger) durch ein Zusammenspiel von Oberflächenfarbe und Schattenton eine möglichst natürliche Vorstellung von der Landschaft entstehen soll.

- Die auf *E. v. Sydow* (1838) zurückgeführten sog. *Regionalfarben* bilden eine Skala von Grün über Gelb oder Hellbraun zu Mittelbraun und Dunkelbraun, die damit etwa einer Gliederung nach kulturgeographischen Regionen (Grünland, Ackerland, Bergland) entspricht.
- *K. Peucker* entwarf (1898) eine gesetzmäßige Farbenplastik nach folgenden Regeln:
  - Je höher, desto heller   (Helligkeitsreihe)
  - Je höher, desto farbsatter   (Sättigungsreihe)
  - Je höher, desto wärmere Farbtöne   (Spektralreihe).

Diese drei Farbmerkmale bestimmen den Raumwert der „spektral-adaptiven" Skala. Sie führt aus mittlerer Höhe in Gelb über abgestufte Orangetöne mit zunehmenden Braun- und Rotanteilen zum Rot der Berggipfel sowie über eine Skala von Grüntönen mit wachsenden Grauanteilen bis zum Grau der Täler. Die blaue Farbe ist den Gewässern vorbehalten. Zwar wird die Theorie der *Farbenplastik* heute weitgehend abgelehnt, doch hat sie auf die Praxis großen Einfluß ausgeübt.
- Die heutigen konventionellen Höhenfarbskalen lassen sich als Verfeinerungen oder Abwandlungen der Regionalfarben oder der Farbenplastik auffassen. Dabei steigen die Höhenstufen progressiv in nachstehender Folge nach oben:

0–100 m Blaugrün	200–500 m Gelb	1000–2000 m Braun
100–200 m Gelbgrün	500–1000 m Hellbraun	2000–4000 m Rotbraun
		über 4000 m Braunrot.

Anstelle der braunen Farbtöne gibt es auch aufgehellte Folgen (z. B. Violett – Grau – Weiß bei der Internationalen Weltkarte, 9.2.4.1). Die blauen Stufen der Ozeane zeigen mit zunehmender Tiefe eine stärkere Sättigung. Die äquidistanten Tiefenstufen sind in Küstennähe in der Regel kleiner, im offenen Ozean größer.

– Die *luftperspektivische Farbleiter* beginnt meist von unten nach oben mit grauem Grünblau und geht in allmählicher Weise über in Blaugrün, Grün, Gelbgrün, Gelb und rötliches Gelb. Die Wahl eines relativ hellen Tons für die hohen Bereiche soll bewirken, dass die Schummerung nicht wesentlich beeinträchtigt wird.

6. Kombination der Darstellungsarten

Da keine der besprochenen Darstellungsarten allein geeignet ist, die in Nr.1 genannten Bedingungen einer Geländedarstellung zu erfüllen, führt dies in den einzelnen Maßstabsbereichen zu folgenden üblichen Kombinationen:
– in *großen Maßstäben* Höhenlinien und Formzeichen,
– in *mittleren Maßstäben* Höhenlinien, Schummerung und Formzeichen,
– in *kleinen Maßstäben* farbige Höhenschichten und/oder Schummerung. Daneben erscheinen in allen Maßstabsbereichen einzelne Höhenpunkte.

Bei den in der Schweiz entwickelten *Reliefkarten* sind Höhenlinien, Felszeichnung, Schummerung bei Schrägbeleuchtung und luftperspektivische Höhenabstufung zu einem harmonischen Gesamtbild vereinigt, das vor allem geeignet ist, die großen Formzusammenhänge optimal wiederzugeben *(Imhof* 1965). Andererseits versucht *Brandstätter* (1983) mit dem von ihm entwickelten System der Scharungsplastik die aus Luftbildmessungen zu gewinnenden Aussagen über die kleineren Formen kartographisch deutlicher zu machen. Hierbei werden äquidistante Höhenliniensysteme ausreichend mit Kantenlinien versehen, und an Böschungsänderungen verstärken lokale Schummerungen den Eindruck von der Struktur des Reliefs. Solche und andere Bemühungen um die bestmögliche Aussage finden ihren Niederschlag auch in den topographisch-geomorphologischen Kartenproben 1:25 000 (9.2.3.2) und in zahlreichen Alpenvereinskarten (9.2.4.2) als Beispiele eindrucksvoller Hochgebirgskartographie. Dass diese auch durch Einsatz der GDV erzielt werden kann, zeigen *Hurni/Neumann* (1999).

9.2.3.3 Schrift

Die Schrift ist das erläuternde Element der Karte. Obwohl sie die Situations- und Geländedarstellung teilweise beeinträchtigt, ist sie zu deren Ergänzung unentbehrlich, weil sie bestimmte notwendige Angaben liefert, die sich nicht als Graphik darstellen lassen.

Über die allgemeinen *Merkmale der Kartenschrift* und die damit verbundenen Aussagemöglichkeiten siehe 3.4.7.1. In topographischen Karten dient sie der individuellen Benennung durch (1) Eigennamen (Namengut) und Gattungsnamen oder durch (2) Abkürzungen, ferner der Angabe von (3) Zahlenwerten. Eine Karte 1:25 000 enthält oft mehr als 1 000 Namen, Bezeichnungen und Höhenzahlen, eine einzige Atlaskarte nicht selten mehr als 5 000 Schriftangaben.

Die Wahl der Schriftart orientiert sich an der Lesbarkeit und der harmonischen Ein-
fügung in das Kartenbild: Groteskschriften sind in kleinem Schriftgrad noch am besten
lesbar; Antiquaschriften stören eine vorwiegend linienhafte, häufig gleichfarbige Darstellung am wenigsten. Vorteilhaft ist auch eine Schriftfarbe, die sich vor allem von der
der Siedlungen und des Verkehrsnetzes unterscheidet. In den amtlichen topographischen
Karten Deutschlands erscheinen politische Gemeinden in stehender Schrift (dabei Städte
in Großbuchstaben), Gemeindeteile in rechtsliegender Schrift. Die Schriftgröße kennzeichnet die Einwohnerzahl. Gewässer werden oft mit einer rückwärtsliegenden Schrift
bezeichnet, die bei mehrfarbigen Karten meist blau ist.

1. Bei den *Namen* handelt es sich gewöhnlich um Eigennamen von Siedlungen,
   Bodenerhebungen (Berge, Gebirge), Bodensenkungen (Täler, Niederungen),
   Bodenbedeckungen (Wald, Heide), Straßen und Plätzen, Gewässern (Flüsse,
   Seen, Buchten), Inseln, Fluren, Landschaften, historischen Stätten (Burgen),
   Hoheits- und Eigentumsverhältnissen sowie weiterer Einzelobjekte. Daneben
   lässt sich eine Objektklasse durch Gattungsnamen (Postamt, Naturpark) wei-
   ter gliedern, häufig in Verbindung mit einem Eigennamen.

   Allgemein erlangt dazu die **Ortsnamenkunde (Toponymie)** eine zunehmende Bedeutung, auch im Hinblick auf das Namengut in Informationssystemen. Zu den weltweiten Bemühungen um die Standardisierung geographischer Namen siehe u. a. *Böhme* (1987, 1988) und *StAGN* (2000); ein Standardwerk in englischer Sprache stammt von *Kadmon* (1999). Das deutsche
   Glossar zur toponymischen Terminologie erschien 1995 (*StAGN* 1995). Ein
   sechssprachiges Wörterbuch der Toponymie ist bei den Vereinten Nationen in
   Vorbereitung. Amtliche Gemeindeverzeichnisse und geographische Namenbücher sind unentbehrliche Datenquellen. Zahlreiche Beiträge zur Darstellung
   von Ortsnamen finden sich in *Kretschmer/Desoye/Kriz* (1997). Über die Herkunft und Bedeutung geographischer Namen in Deutschland siehe *Berger*
   (1993), über die Probleme ihrer Standardisierung *Sievers* (1999).

   Probleme der Schreibweise ergeben sich aus Umbenennungen sowie bei
   der Darstellung fremder Sprachbereiche, vorwiegend in kleinmaßstäbigen
   Karten.

   - *Umbenennungen* folgen meist aus Änderungen von Staatsgebieten, z. B. Stettin zu
     Szczecin, oder aus innenpolitischen Umbrüchen, z. B. Leningrad zu St. Petersburg.
     Ob die alte Bezeichnung noch erscheinen soll, hängt vom Zweck der Karte ab.
   - Üblicherweise enthalten die Karten die Ortsnamen so, wie sie in der jeweiligen
     Landessprache fixiert sind, d. h. als sog. *Endonyme*. Dagegen gelten als *Exonyme*
     die Bezeichnungen für solche Orte aus fremden Sprachgebieten, die in der eige-
     nen Sprache auch einen besonderen Namen besitzen, z. B. Brüssel für Bruxelles
     und Mailand für Milano. Sie erscheinen allein oder neben dem landessprachlichen
     Namen.
   - *Fremde Sprachen in lateinischer Schrift* sind zwar lesbar, doch kann im Einzelfalle
     die Aussprache nicht geläufig sein, vor allem bei den diakritischen Zeichen, wie
     z. B. bei ä, á, à, â, å. Wertvolle Hinweise hierzu sind enthalten für den europäischen
     Bereich im Wörterbuch geographischer Namen *(Ständiger Ausschuß …1966)* sowie
     in den Geographischen Namenbüchern einiger Staaten. Zur Schreibweise der Staa-
     ten und Hauptstädte siehe *Ständiger Ausschuß* in *(Dodt/Herzog* 1991).

- *Fremde Sprachen in nichtlateinischer Schrift* werden nach bestimmten Regeln in die lateinische Schreibweise umgesetzt. Dabei ist die *Transkription* eine mehr phonetische Umschrift unter Erhaltung des Lautwerts (z. B. ARJOL für die russische Stadt ОРЕЛ); sie ist die einzig möglich Methode für den Übergang aus einer Bilder- oder Silbenschrift (z. B. aus dem Japanischen). Dagegen ist die *Transliteration* eine buchstabengetreue Umsetzung (z. B. OREL für ОРЕЛ); sie gestattet auch eine Rückübertragung. In der Praxis trifft man oft auf Mischformen beider Verfahren.

2. *Abkürzungen (Abbreviaturen)* sind Übergangsformen zwischen Schrift und Signatur (3.4.4.1) und stets in der Legende zu erläutern. Anstelle eines Gattungsnamens entlasten sie das Kartenbild (z. B. Kapelle = Kp) oder sie erweitern noch die Aussage zu einer Signatur (z. B. Br = Brunnen).

3. *Zahlen* sind Daten des Raumbezugs (a) und/oder zum Objekt selbst (b).

   a) Angaben zum Raumbezug ergeben sich für die *Erdoberfläche* an Punkten (Höhe bzw. Tiefe) und an Zähllinien im Höhen- bzw. Tiefenlinienbild, für *Gewässerspiegel* fließender und stehender Binnengewässer sowie als *Entfernungen* bei Verkehrswegen (Kilometrierung).

   b) Sachangaben findet man als *Ordnungsmerkmale* bei der Numerierung von Straßen, Häusern, Forstabteilungen, Suchnetzen usw., als *Gattungsmerkmale* bei der Angabe von Baumhöhe und -dicke, Fahrbahnbreite usw. Als Orientierungshilfe sind sie zugleich ein gewisses Raumbezugsmerkmal.

9.2.4 Überblick zu den topographischen Karten

9.2.4.1 Amtliche topographische Kartenwerke

1. Amtliche topographische Kartenwerke in Deutschland

Die folgenden Ausführungen beschreiben etwa den Zustand, der weitgehend Ende der 1990er Jahre anzutreffen war. Diese Einschränkung ist bedingt durch erhebliche inhaltliche und institutionelle Veränderungen in der Gegenwart. Sie ergeben sich durch die Entwicklung und den Einsatz von Informationssystemen, durch die Umstellung auf neuere technologische Systeme von der Erfassung bis zur Ausgabe der Daten sowie durch strukturelle Maßnahmen im Zuge verwaltungspolitischer Entwicklungen.

Die Angelegenheiten des amtlichen Vermessungs- und Kartenwesens fallen in Deutschland in die gesetzliche Zuständigkeit der Bundesländer. Diese haben die Herstellung und Aktualisierung ihrer „Topographischen Landeskartenwerke" im Rahmen von *Vermessungsgesetzen* geregelt. Als zuständige Behörden sind die *Landesvermessungsämter* tätig, teilweise auch die staatlichen und kommunalen Vermessungsämter (Katasterämter). Eine bundesweite Koordinierung findet statt in der *Arbeitsgemeinschaft der Vermessungsverwaltungen der Länder der Bundesrepublik Deutschland (AdV)*.

Das *Bundesamt für Kartographie und Geodäsie (BKG)* (früher *Institut für Angewandte Geodäsie (IfAG))* in Frankfurt am Main (mit Außenstellen in Leipzig und Wettzell) ist eine dem Bundesminister des Innern unterstellte Bundesbehörde, die im Rahmen eines Verwaltungsabkommens zwischen Bund und Ländern die amtlichen Kartenwerke 1:200000 bis 1:1000000 führt, d.h. herstellt, aktualisiert und veröffentlicht.

Über Organisationsformen der behördlichen Kartographie in den westlichen Bundesländern siehe *Harbeck* in *(Dodt/Herzog 1991)*, in den östlichen Bundesländern *Dodt/ Herzog* in *(Dodt/Herzog 1992)*. Einzelheiten zur Entwicklung und zum Stand der Kartenwerke in den alten Bundesländern finden sich in *Leibbrand* 1984a, bei *Schmid* in *(Dodt/Herzog 1988)*, ferner auch in einschlägigen Aufsätzen in den Topographischen Atlanten (11.2.5); in den neuen Bundesländern siehe *Schirm* in *(Dodt/Herzog 1992)*. Zur Gestaltung der amtlichen topographischen Kartenwerke und ihrem Wandel, auch im äußeren Erscheinungsbild, sowie über entsprechende Versuche, Musterblätter usw. siehe u.a. *Müller* (1982), *Christ u. a.* (1983), *Grothenn* (1986,1990), *Harbeck* in *(Mayer* 1990), *Grothenn* in *(Festschrift* 1992), *Grimm* (1993), *Koch* (1994), *Müller* (1994), *Oster* (1994) und *Koch* (1996). Vergleiche mit den Kartenwerken der DDR führt *Meine* (1968b) durch. Mit dem Verbleib der Originale der Kartenwerke des Deutschen Reiches befaßt sich *Böhme* (1978). Über Kartennachweise siehe 12.5.

Die künftige Entwicklung der Kartenwerke orientiert sich am Aufbau des *ATKIS (Amtliches Topographisch-Kartographisches Informations-system)* und an den daraus sich ergebenden inhaltlichen und formalen Möglichkeiten. Näheres siehe 9.1.2.

Bei der nachfolgenden Beschreibung der Kartenwerke müssen inhaltliche und formale Besonderheiten in den einzelnen Bundesländern zum Teil unberücksichtigt bleiben. Über die Bezugsgrundlagen der Kartenwerke siehe 2.1 und 2.2.4.4. Zur Blattschnittsystematik (3.5.1.1) gilt allgemein folgendes:

In den westlichen Bundesländern (alte Bundesrepublik)

- sind die Grundkarten 1:5000 (und größer) Gitternetzkarten,
- ergeben sich die Karten 1:25000 bis 1:200000 als Gradabteilungskarten dadurch, dass 4 Karten des Ausgangsmaßstabs jeweils eine Folgekarte des nächstkleineren Maßstabs bilden,
- weisen die Karten 1:500000 und 1:1 Mio. einen besonderen Blattschnitt auf.

In den östlichen Bundesländern (ehemalige DDR) ergaben sich die Karten aller Maßstäbe als Gradabteilungskarten durch fortgesetztes Teilen eines Blattes der Internationalen Weltkarte 1:1 Mio. (3.5.1.1 Nr. 4, Abb. 3.46b) auf jeweils mehrere volle Blätter des nächstgrößeren Maßstabs. Sie wurden nach 1990 weitgehend auf den Blattschnitt der westlichen Bundesländer umgestellt.

Die einzelnen Stellen führen über die von ihnen herausgegebenen Karten Verzeichnisse mit näheren Angaben zu Arten der Herausgabe, zu Sonderkarten, zu Nachdrucken alter Karten, zu Bestellungen usw.

a) Topographische Grundkarten

1 Deutsche Grundkarte 1 : 5000 (DGK 5)

Herstellungszeitraum: Ab 1925, amtliche Karte seit 1940, Kartenwerk unvollendet.

Art der Entstehung: Topographische Grundkarte unter Verwendung von Katasterkarten und anderen großmaßstäbigen Karten, terrestrischen und photogrammetrischen Vermessungen, Orthophotos und durch digitale Verfahren.

Benennung: Rechts- und Hochwert der linken unteren Blattecke (in km) sowie Name des wichtigsten Ortes, Berges usw.

Kartennetz: Gauß-Krüger-Merdianstreifensystem, Netzlinien alle 200 m ($\approx$ 40 mm i.d.K.).

Blattschnitt: Durch Linien der geraden km-Werte des Gauß-Krüger-Netzes mit Ausnahme an den Grenzmeridianen.

Format: 0,40 x 0,40 m² (entspricht 2 x 2 = 4 km² Geländefläche).

Karteninhalt: Zweifarbige, weitgehend grundrisstreue Darstellung, dazu Grundstücksgrenzen, soweit maßstabsbedingt möglich (Kartenbeispiel 1, s. CD-ROM). Schwarz: Situation, Schrift, Höhen der Festpunkte; Braun: Höhenlinien und -punkte mit Zahlen, natürliche Kleinformen.

Ausgabearten neben der DGK 5: Einfarbige Kopie (Grundriss und Höhe), DGK 5 G (teilweise Katasterplankarte) als Vorstufe nur mit einfarbiger Situation (Grundriss); DGK 5 L als Luftbildkarte; Sonderausgabe in mehr als zwei Farben für städtische Bereiche; DGK 5 Bo mit den Ergebnissen der Bodenschätzung (in Grün).

In Bayern wird die Karte nicht hergestellt, da dort die Höhenflurkarte 1:5000 vorliegt; das gleiche gilt für den württembergischen Landesteil von Baden-Württemberg, da es dort bereits Höhenflurkarten 1:2500 gibt. In Hessen entsteht nur im Bedarfsfalle die einfarbige Topographische Karte 1:5000 (TK 5) bzw. Luftbildkarte 1:5000 (LK 5) im Maßstab und Blattschnitt der DGK 5.

2 Topographische Karte 1 : 10 000 (TK 10)

In den neuen Bundesländern existiert flächendeckend die „Topographische Karte 1:10000", daneben für Stadtbereiche auch als „Topographischer Stadtplan" sowie teilweise auch in 1:5000. Die TK 10 umfasst ein Viertel der bisherigen Top. Karte 1:25000 als Gradabteilungskarte in Abständen von λ = 3'45" (Länge) und φ = 2'30" (Breite). Sie wird einstweilen in der bisherigen Ausgabeform beibehalten. Es ist beabsichtigt, die TK 10 in modifizierter Form auch in den westlichen Bundesländern herauszugeben.

b) Topographische Karte 1 : 25 000 (TK 25)

Herstellungszeitraum: Seit Anfang des 19. Jh., zunächst nur als Aufnahmemaßstab für Karten 1:100000. Erst ab 1868 in Preußen als selbständiges Kartenwerk veröffentlicht und dort zu Beginn des 20. Jh., in anderen Ländern nach Umstellungen bis 1960 fertig.

Art der Entstehung: Als topographische Grundkarte durch Meßtischtachymetrie (daher früher als Meßtischblatt bezeichnet); heute Folgekarte durch Neuzeichnung bzw. Aktualisierung über die DGK 5 oder andere topographische Unterlagen (u. a. Orthophotos).

Benennung: Durch Kombination der jeweils zweiziffrigen Numerierung von Kartenreihen und -spalten (Abb. 3.46a), dazu Name des wichtigsten Ortes.

Kartennetz: In Norddeutschland ursprünglich Preußische Polyederprojektion (2.2.5): Begrenzungsmeridiane und -parallelkreise längentreu; letztere aber nicht als Kreisbogenstücke, sondern als deren Sehnen. Neu gezeichnete Blätter (etwa ab 1925) im Gauß-Krüger-System. Unterschiede beider Netzentwürfe jedoch geringer als die Zeichenungenauigkeit. Alle Blätter enthalten daher das Gauß-Krüger-Gitter im Kartenrahmen (Abstand 1 km, entsprechend 40 mm i.d.K.).

Blattschnitt: Durch Linien geographischer Koordinaten mit jeweils vollen 10' in λ (Länge) und vollen 6' in φ (Breite) (Gradabteilungskarte).

Format: Ost-West-Ausdehnung bei $\varphi = 55°$ etwa 425 mm, bei $\varphi = 47,5°$ etwa 500 mm; Nord-Süd-Ausdehnung rund 445 mm (Kartenfläche entspricht etwa 120 bis 140 km² Geländefläche).

Karteninhalt: Ursprünglich einfarbige, heute überwiegend vierfarbige, weitgehend grundrissähnliche Darstellung (Kartenbeispiel 2, s. CD-ROM). Schwarz: Situation und Schrift (ohne Gewässer); Blau: Gewässer, Firnhänge und Gletscher mit Namen; Braun: Höhenlinien und -punkte mit ihren Zahlen, natürliche Kleinformen; Grün: Flächenfarbe für Wald.

Ausgabearten: Neben der Normalausgabe teilweise Ausgaben mit Wanderwegen, teilweise mit Schummerung sowie auf Bestellung einfarbig und auch als Vergrößerung auf 1:10000.

Die Topographische Karte 1:25000 der ehemaligen DDR besaß eine abweichende Kartengraphik. Sie wurde im Blattschnitt und Blattbenennung auf das System der alten Bundesländer umgestellt.

c) Topographische Karte 1 : 50000 (TK 50)

Herstellungszeitraum: 1956–1967. Vorgänger: Ab Mitte 19.Jh. in Süddeutschland Topographische Atlanten 1:50000, in den 30er Jahren dieses Jh. wenige Blätter der Deutschen Karte 1:50000.

Art der Entstehung: Als Folgekarte aus der TK 25 und anderen Unterlagen durch kartographisches Generalisieren.

Benennung: Buchstabe L (römische Schreibweise für 50 als Maßstabshinweis) und Blattnummer der in der Südwestecke gelegenen TK 25, dazu wichtigster Ortsname.

Kartennetz: Gauß-Krüger-System; im Kartenrahmen jede gerade km-Linie (entsprechend 40 mm Abstand i.d.K.).

Blattschnitt: Durch Linien geographischer Koordinaten mit jeweils vollen 20′ in Länge und vollen 12′ in Breite. Damit umfasst ein Blatt der TK 50 vier ganze Blätter der TK 25.

Format: Ost-West- bzw. Nord-Süd-Ausdehnung ergeben sich damit wie bei der TK 25 (Kartenfläche entspricht etwa 480 bis 560 km² Geländefläche).

Karteninhalt: Vierfarbige, weitgehend grundrissähnliche Normalausgabe. Schwarz, Blau, Braun: Ähnlich wie bei TK 25; Grün: Bodenbewachsung (Linien- und Flächenfarben).

Ausgabearten: Normalausgabe 6 bis 8farbig mit orange und gelbem Straßenaufdruck, im Bergland mit Schummerung (Kartenbeispiel 3, s. CD-ROM), teilweise Sonderausgaben mit Wanderwegen; orohydrographische Ausgabe (nur Gewässernetz und Geländedarstellung); Sonderformate für Naturparkkarten, Kreiskarten usw., teilweise mit Grundriss in Braun oder Grau; Militärisches Kartenwerk 1:50000 (Serie M 745) mit voll durchgezogenem 1 km-UTM-Gitter, anderen und mehrsprachigen Randangaben, rot gerasterten Höhenlinien und ohne Schummerung.

Die Topographische Karte 1:50000 der ehemaligen DDR besaß eine abweichende Kartengraphik. Sie wurde in Blattschnitt und Blattbenennung auf das System der alten Bundesländer umgestellt.

d) Topographische Karte 1 : 100000 (TK 100)

Herstellungszeitraum: ab 1962, Vorgänger: Karte des Deutschen Reiches 1:100000 (Abb. 13.05) aus dem 19. Jh.

Art der Entstehung: Folgekarte aus TK 50 und TK 25.

Benennung: Buchstabe C (römische Schreibweise für 100 als Maßstabshinweis), sonst wie bei TK 50.

Kartennetz: Gauß-Krüger-System; im Kartenrahmen alle vollen 5 km-Linien (entsprechend 50 mm Abstand i.d.K.).

Blattschnitt: Durch Linien geographischer Koordinaten mit jeweils vollen 40' in Länge und 24' in Breite. Damit umfasst ein Blatt der TK 100 vier ganze Blätter der TK 50.

Format: Abmessungen der Karte wie bei TK 25 und TK 50.

Karteninhalt: Weitgehend grundrissähnliche Normalausgabe mit Farbgebung ähnlich TK 50, aber auch Blätter mit flächenhafter Siedlungsdarstellung.

Ausgabearten: Wie die zivilen Ausgaben der TK 50 (Kartenbeispiel 4, CD-ROM). daneben tlw. in 1:75000 (z. B. Radwanderkarten), ferner in Großformaten (z. B. als Kreiskarten), ab 1986 auch militärische Ausgabe (Serie M 648) mit UTM-Gitter.

Die Topographische Karte 1:100000 der ehemaligen DDR besaß eine abweichende Kartengraphik. Sie wurde in Blattschnitt und Blattbenennung auf das System der alten Bundesländer umgestellt.

e) Topographische Übersichtskarte 1 : 200000 (TÜK 200)

Herstellungszeitraum: 1961–1974 durch das Institut für Angewandte Geodäsie (44 Blätter). Vorgänger: Topographische Übersichtskarte des Deutschen Reiches 1 : 200000.

Art der Entstehung: Folgekarte aus TK 50, TK 25 u. a.

Benennung: Buchstabe CC usw. wie das System der TK 100.

Kartennetz: Gauß-Krüger-System; im Kartenrahmen alle vollen 10 km-Linien (entsprechend 50 mm Abstand i.d.K.).

Blattschnitt: Durch Linien geographischer Koordinaten mit jeweils vollen 80' in Länge und 48' in Breite. Ein Blatt umfasst damit vier ganze Blätter der TK 100.

Format: Abmessungen der Karte wie bei TK 25, TK 50 und TK 100.

Karteninhalt: Relativ detaillierte Siedlungsdarstellung, doch wird eine flächenhafte Wiedergabe diskutiert. Farbgebung der Normalausgabe etwa wie bei TK 100, jedoch nur Eisenbahnen und Schrift in Schwarz, Siedlungen und Straßen in Braun.

Ausgabearten: Normalausgabe 7farbig (Flachlandbereiche ohne Schummerung) bzw. 11farbig (Kartenbeispiel 5), 6–7farbige Arbeitsausgabe (ohne Straßenfüllung und Schummerung), 3 bzw. 6farbige orohydrographische Ausgabe, Umgebungskarten von Berlin, Hamburg, Bremen, Frankfurt am Main und Stuttgart wie Normalausgaben mit farbiger Straßenfüllung.

Die Blätter der ehemaligen DDR besitzen eine abweichende Kartengraphik. Sie wurden in Blattschnitt und Blattbenennung den übrigen Blättern angeglichen.

f) Übersichtskarte 1 : 500000 (ÜK 500)

Herstellungszeitraum: 1973–1976 durch das Institut für Angewandte Geodäsie als 4 Einzelblätter (zunächst militärische, dann auch zivile Ausgabe) sowie 1979–1981 auch als 4 Großblätter.

Art der Entstehung: Aus der französischen Version des britischen Militärkartenwerks World Map 1:500000 (Serie 1404) (9.2.4.3 Nr.1).

Benennung: Einzelblätter 170-C (Hamburg), 231-A (Frankfurt am Main), 231-D (Stuttgart), 231-C (München); Großblätter Blatt 1 (Nordwest), Blatt 2 (Nordost), Blatt 3 (Südost), Blatt 4 (Südwest).

Kartennetz: konforme konische Abbildung mit zwei längentreuen Parallelkreisen (2.2.2.3) (geographisches Netz des Internationalen Ellipsoids) mit Darstellung des UTM-Gitters.

Blattschnitt und Format: Einzelblätter durch Linien geographischer Koordinaten mit 2,5° Längenunterschied und 2° Breitenunterschied, Großblätter in Anpassung an die Ländergrenzen mit starken Überlappungen.

Karteninhalt: Auf bis zu 27 Folien verteilt zur Erleichterung der Ausgabearten und thematischer Sonderwünsche.

Ausgabearten: 10farbige Normalausgabe mit farbigen Höhenschichten und Schummerung (Kartenbeispiel 6, s. CD-ROM), 6farbige Arbeitsausgabe (ohne Höhenschichten), 8farbige orohydrographische Ausgabe, 3farbige Verwaltungsausgabe, daneben spezielle Länderkarten durch die Länder herausgegeben.

In der DDR wies die Karte 1:500000 einen Blattschnitt von 3° in Länge und 2° in Breite auf und enthielt 9 Blätter der Karte 1:200000; sie wurde inzwischen auf die ÜK 500 umgestellt.

g) Internationale Weltkarte 1 : 1000000 (IWK 1000)

Das Bundesamt für Kartographie und Geodäsie gibt abweichend vom Blattschnitt des um 1986 unvollendet eingestellten Kartenwerks die Blätter „NN-31/32 Amsterdam-Hamburg" achtfarbig und „NM-32/33 München" neunfarbig heraus. Daneben gibt es ein Blatt für den gesamten Bereich der Bundesrepublik Deutschland (D 1000), und zwar in den Ausgabearten Normal, orohydrographisch, Verwaltungsgrenzen und Landschaften. Weitere Einzelheiten siehe 9.2.4.3 Nr. 2 und Kartenbeispiel 7 (CD-ROM).

2. Amtliche topographische Kartenwerke in Österreich

Das Bundesamt für Eich- und Vermessungswesen in Wien gibt die folgenden Kartenwerke heraus:

a) Österreichische Basiskarte 1:5000 (ÖBK 5)
Einfarbiges Orthophoto mit Kartenrahmen und Kombinationsmöglichkeit mit Grundrissangaben des Katasters, Höhenlinien und Schrift. Format 0,5 x 0,5m² im Gauß-Krüger-Netz. Bisher nur für kleine Bereiche vorhanden.

b) Österreichische Luftbildkarte 1:10000 (ÖLK 10)
Einfarbiges Orthophoto mit Kartenrahmen, Höhenpunkten und Schrift im Format 0,5 x 0,5m² nach Gauß-Krüger-Netz. Für den größten Teil des Staatsgebietes vorhanden, für die übrigen Gebiete liegen Orthophotos 1:5000 bzw. 1:10000 vor.

c) Österreichische Karte 1:50000 (ÖK 50)
Seit 1959 als Grundkarte aus Luftbildmessungen und terrestrischen Ergänzungen; 213 Blätter in Gauß-Krüger-Abbildung als Gradabteilungskarten im Format $\lambda = 15'$ (Länge) und $\varphi = 15'$ (Breite); 7–8farbig mit Schummerung. Neben der Normalausgabe gibt es eine mit Wegmarkierung, eine mit Straßenaufdruck sowie eine dreifarbige Arbeitskarte. Daneben erscheint als photographische Vergrößerung der ÖK 50 auf 1:25000 die Österreichische Karte 1:25000 (ÖK 25V) als Wanderkarte mit Wegmarkierung und als dreifarbige Karte für Planungszwecke.

d) Österreichische Karte 1:200000 (ÖK 200)
Seit 1961 als Folgekarte aus der Karte 1:50000; 23 Blätter in Gauß-Krüger-Abbildung als Gradabteilungskarten mit 1° x 1° in Länge und Breite (1 Blatt enthält das Gebiet von 16 ganzen Blättern der Karte 1:50000); 11–14 farbige Ausgabe mit Schummerung. In besonderem Blattschnitt gibt es Bundesländerkarten für Burgenland, Kärnten und Vorarlberg.

e) Übersichtskarte von Österreich 1:500000 (ÖK 500)
Ein einziges Blatt in konformer konischer Abbildung mit 2 längentreuen Parallelkreisen bei $\varphi_1 = 46°$ und $\varphi_2 = 49°$; 10farbige Ausgabe mit Schummerung und Straßenfarben. Neben der topographischen Ausgabe mit Straßenaufdruck gibt es verschiedene Sonderausgaben.

Schrifttum: *Bernhard* in (*Inst.f.Kartographie d. Österr. Akad. d. Wiss.* 1984), *Meckel* in (*Dodt/Herzog* 1988) und *Franzen/Kohlhofer, Meckel* und *Zill*, alle in (*Kretschmer/Kriz* 1996).

3. Amtliche topographische Kartenwerke in der Schweiz

Das Bundesamt für Landestopographie in Bern gibt die Landeskarten in den Maßstäben 1:25000 und kleiner heraus; für die Karten größerer Maßstäbe sind kantonale Behörden zuständig. Es erscheinen in schiefachsiger konformer Zylinderabbildung (2.2.4.4) die folgenden Kartenwerke:

a) Grundbuchübersichtspläne 1:5000 und 1:10000
Topographische Grundkarte als Ergebnis der 1920 begonnenen Grundbuchvermessungen, früher 5-6farbig, heute einfarbig.

b) Landeskarte der Schweiz 1:25000
Seit 1952 aus Grundbuchübersichtsplänen und Luftbildmessungen 249 Blätter als rechteckige Gitternetzkarte (0,48 m in Nordsüd x 0,70 m in Westost) in 8farbiger Ausgabe mit Schummerung, daneben 14 Zusammensetzungen (Umgebungskarten).

c) Landeskarte der Schweiz 1:50000
Seit 1938 aus Grundbuchübersichtsplänen und Luftbildmessungen 78 Blätter (0,48 x 0,70 m²) mit dem Gebiet von jeweils 4 ganzen Karten 1:25000 als 6farbige Ausgabe mit Schummerung, daneben 21 Zusammensetzungen für touristisch interessante Regionen sowie Wander- und Skiroutenkarten.

d) Landeskarte der Schweiz 1:100000
Seit 1954 aus der Karte 1:50000 insgesamt 23 Blätter (0,48 x 0,70 m²) mit dem Gebiet von jeweils 4 ganzen Karten 1:50000 in 10 Farben mit Schummerung und Straßenfarben, daneben 3 Zusammensetzungen.

e) Landeskarte der Schweiz 1:200000
Seit 1971 aus der Karte 1:100000 insgesamt 4 überlappende Blätter in 16 Farben mit Schummerung.

f) Generalkarte der Schweiz 1:300000
Zusammengesetzt aus 4 verkleinerten Blättern der Landeskarte 1:200000

g) Landeskarte der Schweiz 1:300000
Abgeleitet aus der Vergrößerung der Landeskarte 1:500000

h) Landeskarte der Schweiz 1:500000: Ein seit 1965 erscheinendes Blatt für die gesamte Schweiz in 13 Farben.

Schrifttum: *Schweizerische Gesellschaft für Kartographie* (1984), *Jeanrichard* in (*Dodt/ Herzog* 1991), *Gurtner* (1995), *Matthias/Spiess* (1995).

4. Amtliche topographische Karten anderer Staaten

Für die meisten europäischen Staaten gilt etwa folgende Situation: Karten in den Maßstäben 1:5000 und 1:10000 liegen nur zum Teil flächendeckend vor, doch nimmt ihr Bestand weiterhin zu. Dabei treten neben Strichkarten auch Luftbildkarten auf. Die Maßstäbe 1:25000, 1:50000 und 1:100000 sind für die Mehrzahl der Staaten geschlossen vorhanden, doch gibt es dabei häufig provisorische Ausgaben, wechselnde Erscheinungsformen und unterschiedliche Aktualisierungsgrade. Auch die Maßstäbe 1:200000 und 1:500000 liegen in vielen Staaten vor. Als topographisches Kartenwerk der NATO gibt es die Kartenserie *Joint Operations Graphics* 1:250000 (JOG 250).

Die Zuständigkeit für amtliche topographische Karten liegt in den meisten europäischen Ländern bei zentralen zivilen staatlichen Institutionen, z. B. Institut Géographique National (IGN) in Frankreich, Ordnance Survey (OS) in Großbritannien. Von 1980 bis 2000 bestand für die Leiter dieser Institutionen in Europa ein *Comité Européen des Responsables de la Cartographie Officielle (CERCO)*, in dem die Vertreter der meisten europäischen Staaten Erfahrungen und Gedanken austauschten (*Brüggemann* 1994). In der seit 2001 bestehenden Folgeorganisation *EuroGeographics* erarbeiten die zuständigen Institutionen von 35 europäischen Staaten gemeinsam klein- und mittelmaßstäbige Karten- bzw. Datenwerke für Europa (*Illert* in *Dodt/Herzog* 2001).

Die verschiedenartige geschichtliche Entwicklung des Kartenwesens in den einzelnen Staaten hat dazu geführt, dass die genannten Regelmaßstäbe nicht selten aus anderen, meist älteren Kartenwerken abgeleitet wurden, und zwar aus anderen Maßstäben (z. B. aus 1:20000 und 1:80000 in Frankreich), aus anderen Netzentwürfen oder aus nichtmetrischen Maßsystemen (z. B. aus der „One Inch Map" 1:63360 Großbritanniens, bei der 1 Zoll einer Meile entspricht).

Neueres Schrifttum über die amtliche topographische Kartographie einiger Nachbarstaaten Deutschlands gibt es u. a. zu den Niederlanden (*Geudeke* in *Dodt/Herzog* 1992), zu Frankreich (*Dupuis* in *Dodt/Herzog* 1994), zu Tschechien (*Mikšovský/Šidlo/Talhofer* in *Dodt/Herzog* 1996), zu Dänemark (*Brodersen* 1996) und zu Belgien (*de Smet* in *Dodt/ Herzog* 2001) sowie zur Vereinheitlichung von *Grothenn* (1994).

Der relativ dichten Maßstabsfolge in Europa steht auch heute noch die Tatsache gegenüber, dass in vielen außereuropäischen Bereichen – vor allem in Mittel- und Südamerika, Afrika und Teilen Asiens – brauchbare Karten in den Maßstäben 1:50000 und größer nicht ausreichend vorhanden sind (*Böhme* 1989/1991/1993). Über Kartennachweise siehe 12.4.

9.2.4.2 Topographisch-thematische Kartenwerke und Karten

Neben den amtlichen topographischen Karten gibt es in großen und mittleren Maßstäben weitere topographische Karten amtlicher und privater Herkunft, die ihrer Zweckbestimmung entsprechend in stärkerem Maße auch thematische Angaben enthalten. Sie liegen damit im Übergangsbereich zwischen topographischen und thematischen Karten.

Dabei besitzen Stadtkarten, Gewässer-, Watt- und Gletscherkarten sowie Karten für Tourismus und Freizeit meist einen noch weitgehend vollständigen topographischen Inhalt; sie werden daher nachfolgend behandelt. Dagegen sind Liegenschaftskarten (Flurkarten, Katasterkarten) und Verkehrskarten (Straßen-, See-, Eisenbahn- und Luftfahrtkarten) meist stärker thematisch geprägt; sie kommen deshalb im Kap. 10 zur Sprache. Über kleinmaßstäbige topographische Kartenwerke siehe 9.2.4.3. Atlaskarten werden wegen ihrer besonderen Erscheinungsform im Kap. 11 behandelt. Über Stadtkarten, Straßenatlanten mit Karten von Innenstädten usw. auf CD-ROM siehe Nr. 1.

1. Stadtkarten

Diese werden von den Städten (Stadtvermessungsämtern) oder von anderen öffentlichen Stellen als *amtliche* Grund- oder Folgekarten, aber auch von *privater* Seite als Folgekarten herausgegeben. Die Maßstabsreihe der amtlichen Stadtkarten beginnt meist mit den auch als *Stadtgrundkarten* bezeichneten Rahmenkarten 1:1000. Von diesen werden häufig die Karten 1:2000 durch einfaches photographisches Verkleinern abgeleitet. Dagegen sind die Karten 1:5000 entweder mit der Deutschen Grundkarte 1:5000 identisch oder beruhen auf ähnlichen, oft vielfarbigen Konzepten. Über das vom Deutschen Städtetag empfohlene „Maßstabsorientierte Einheitliche Raumbezugsbasis für Kommunale Informations-Systeme (MERKIS)" siehe 10.1.3.1.

Von besonderer Bedeutung sind vor allem die Folgekarten, die in einem Blatt das gesamte Stadtgebiet darstellen. Die Kartenmaßstäbe richten sich dabei nach der Ausdehnung des Stadtgebietes und dem vorgesehenen Kartenfeldformat; sie reichen von 1:5000 bis 1:50000, wobei die meisten Stadtkarten in den Bereich von 1:10000 bis 1:20000 (z.B. Kartenbeispiel 9, s. CD-ROM) fallen. Der Karteninhalt entsteht durch Generalisieren der Stadtgrundkarten, anderer topographischer Grundkarten, Flurkarten und Luftbilder.

Stadtkarten dienen der mannigfaltigen Planung und Verwaltung im Stadtgebiet; sie spielen daher eine bedeutende Rolle als Kartengrund zahlreicher thematischer Karten. Daneben dienen Stadtkarten aber auch in erheblichem Maße den verschiedenen Orientierungszwecken. Darstellungen, die vorwiegend nur der Übersicht und Orientierung dienen sollen und daher ihrem Maßstab entsprechend geometrisch und inhaltlich stärker vereinfacht sind, werden häufig auch als *Stadtpläne* bezeichnet.

Je nach Funktion der Stadtkarte ist das Siedlungsbild mehr oder weniger stark gegliedert. Öffentliche Gebäude sind meist besonders hervorgehoben. Historische Bauwerke und andere Sehenswürdigkeiten erscheinen mitunter in einer ihrem tatsächlichen Aussehen entsprechende Ansichtsdarstellung. Auch das Straßen- und Verkehrsnetz wird gewöhnlich betont dargestellt und nach seiner Funktion gegliedert; die Wiedergabe umfasst alle Straßennamen, oft auch einzelne Hausnummern, ferner Parkplätze, Einbahnstraßen, Haltestellen, Nummern der Verkehrslinien usw. Im Gegensatz zu vergleichbaren topographischen Karten der amtlichen Landesvermessung herrschen die Flächenfarben vor, doch ist die Grundrissdarstellung so gehalten, dass auch einfarbige, meist graue Drucke für Planungszwecke oder als Grundlage thematischer Karten alle Angaben zur Geometrie und zur Schrift enthalten.

Zu den bei Karten sonst üblichen Randangaben (3.5.1.2) tritt oft ein Verzeichnis der Straßen, Behörden, kulturellen Einrichtungen, das Stadtwappen, ein historischer Abriß, Beschreibungen, Bilder usw. Mitunter erscheinen diese Angaben aber auch in einer besonderen Beilage.

Bei der Abgrenzung des Kartenfeldes ist nicht nur der Grenzverlauf für den Bereich der politischen Gemeinde zu berücksichtigen, sondern es sind evtl. auch noch solche Bereiche darzustellen, in denen wichtige Verkehrsanschlüsse, Erholungsgebiete, Sehenswürdigkeiten usw. liegen. In stärkerem Maße als bei anderen Karten treten Überzeichnungen und Nebenkarten auf. Oft müssen einzelne, weit ins Land hinausragende Flächen noch dargestellt werden. Großstadtkarten in relativ kleinem Maßstab erfordern meist noch eine Nebenkarte, die den Citybereich in größerem Maßstab wiedergibt. In anderen Fällen ist das Kartennetz so verzerrt dargestellt, dass der Stadtkern in relativ großem, die Randgebiete in relativ kleinem Maßstab erscheinen (3.8.2). Fast immer enthalten die Karten ein Suchgitter (3.5.1.2).

Die vielen und raschen Veränderungen im Siedlungsbild zwingen dazu, die Stadtkarten in relativ kurzen Zeitabständen zu aktualisieren. Im Hinblick auf die meist hohen Auflagen – vor allem bei Großstädten – sind solche kurzen Aktualisierungsperioden jedoch auch wirtschaftlich vertretbar.

Neben den zahlreichen Cityplänen größerer Städte als Teile von Autoatlanten, Routenplanern usw.auf CD erscheinen in zunehmendem Maße auch CD, auf denen sich jeweils der Gesamtbereich einer Stadt befindet. Solche blattschnittlosen Darstellungen ermöglichen einfache kartometrische Prozeduren und in bestimmten Bereichen auch Maßstabsänderungen (Zoomen). Das Beispiel Hamburg beschreibt *Schulz* (1995), die entsprechende Entwicklung für das Stadtplanwerk Ruhrgebiet stellt *Wirth* (1995) vor.

Eingehendere Darstellungen zur Stadtkartographie, teilweise mit vielen Beispielen, bringen u. a. *Gintzel/Pfadenhauer* in *(Leibbrand* 1984a) und *Gorki/Pape* (1987). Eine Bibliographie stammt von *Dodt/Gorki/Herzog/Pape/Schöppner* (1985).

2. Karten der Binnengewässer, Watten und Gletscher

Karten der *Binnengewässer* stellen größere Flüsse, Ströme, Kanäle und Seen in Maßstäben zwischen 1:5000 und 1:100000 dar. Die Herausgabe amtlicher Karten dazu betreiben in Deutschland die Wasser- und Schiffahrtsverwaltungen des Bundes. Die Wasserflächen erscheinen mit eingehenden Angaben zu den Tiefenverhältnissen, zu Schiffahrtseinrichtungen, zu Wassersportmöglichkeiten usw. Die Wiedergabe angrenzender Landflächen stammt aus amtlichen topographischen Karten oder ist nach diesen neugestaltet.

Wattkarten geben die an Gezeitenküsten bei Tideniedrigwasser trockenfallenden Watten wieder. Sie schließen damit die Lücke zwischen den Landkarten mit ihrer undifferenzierten Wattdarstellung und den Seekarten, die zwar einige Tiefenpunkte darstellen, aber eingehendere Angaben meist erst für die schiffbaren Tiefen enthalten. Herausgeber sind die zuständigen Fachbehörden der Küstenländer. Das Kuratorium für Forschungen im Küsteningenieurwesen (KFKI) betreibt seit 1977 die Herausgabe von 65 Blättern des mehrfarbigen *Küstenkartenwerkes 1:25000* für die gesamte Deutsche Bucht im Blattschnitt und doppelten Format der Topographischen Karte 1:25000. Wegen der fortwährenden Veränderungen der Watten sind periodische Neuaufnahmen aus technischen und wissenschaftlichen Gründen von erheblicher Bedeutung.

Wattkarten 1:5000 oder 1:10000 beruhen auf terrestrischen, hydrographischen oder photogrammetrischen Vermessungen; Karten 1:25000 sind teils Grundkarten, teils Folgekarten. Da topographische Einzelheiten im Wattgebiet meist fehlen, besteht die Darstellung fast nur aus Höhenlinien, bei mehrfarbigen Ausgaben ergänzt durch farbige Höhenschichten. Bezugsfläche ist Normalnull. Über Wattkarten als Luftbildkarten berichten u. a. *Hake/Heidorn/Wegener* (1982); dabei erscheinen alle Kleinformen wie Prielverästelungen, Rippeln usw. in einer sonst nicht zu erreichenden Feinheit der Wiedergabe.

Gletscherkarten stellen die vergletscherten Bereiche von Hochgebirgen dar. Sie dienen in großen Maßstäben (z.B. 1:10000) der Bestandsaufnahme und der Ermittlung von Schwankungen; daher sind auch hier wie bei den Wattkarten Wiederholungsmessungen sehr wichtig. Orthophotos ermöglichen eine naturnahe Wiedergabe der feinen Gletscherstrukturen und finden daher zunehmend Anwendung. Über exakte Gletscherkartierungen der letzten 100 Jahre berichtet *Brunner* (1988).

3. Karten für Tourismus und Freizeit

Wanderkarten in den Maßstäben 1:20000 bis 1:100000 entstehen
- als Produkt der Privatkartographie in Form der reinen Wanderkarte bzw. als kombinierte Straßen- und Wanderkarte oder
- aus amtlichen Karten durch Aufdruck zusätzlicher Informationen über markierte Wanderwege, Aussichtspunkte, Hütten usw.

Daneben gibt es auch Wanderkarten auf der Basis von Luftbildern, ferner Wanderkarten mit zusätzlichen geologischen, pflanzenkundlichen, ökologischen, historischen, technischen usw. Erläuterungen. Zur Orientierung mit Karte und Kompaß siehe z. B. *Linke* (1996).

Kartenrand oder Kartenrückseite enthalten häufig nähere Beschreibungen der Routen oder auch der Landschaft, ihrer Sehenswürdigkeiten, Geschichte usw. Für einige Gebirge gibt es Ausgaben für den Sommer und den Winter. *Naturparkkarten* erscheinen vorwiegend in 1:50 000. Unter den von den großen Wandervereinen betreuten oder herausgegebenen Karten nehmen die *Alpenvereinskarten* eine besondere Stellung ein: Sie sind nicht nur gute Gebrauchskarten für Bergsteiger und Schifahrer, sondern vermitteln auch durch die exakte Geländedarstellung wertvolle geowissenschaftliche Informationen *(Arnberger* 1970, *Brandstätter* 1983, *Finsterwalder* 1984,1994).

Radwegekarten zeigen das Netz der Radwege auf der Grundlage von Stadtkarten oder – mitunter vergrößerten – amtlichen topographischen Karten. Einen Überblick über Radwanderkartenwerke bringt *Schulz* (1984). Der Allgemeine Deutsche Fahrrad-Club (ADFC) gibt für Deutschland die ADFC-Radwanderkarte 1:150000 heraus. *Freizeitkarten* stellen Freizeiteinrichtungen aller Art in 1:50000 bis 1:200000 dar. *Orientierungslaufkarten (OL-Karten)* bringen im Format DIN A4 und kleiner in den Maßstäben 1:15000, 1:16667 oder 1:20000 die vorgesehenen Laufstrecken und eine Differenzierung der Topographie nach dem Grade der Belaufbarkeit (vor allem im Walde) *(Deumlich* 1987, *Holloway/Mumme* 1987).

Seit 1952 gibt Mairs Geographischer Verlag ein Kartenwerk heraus, das zunächst als sog. *Deutsche Generalkarte*, heute als *Die Generalkarte* den Bereich Deutschlands in nunmehr 37 sich etwas überlappenden Blättern 1:200000 darstellt. Diese enthalten das UTM-Gitter, betonen das Straßennetz, zeigen Waldflächen in schwach grünem Flächenton und stellen das Gelände durch Schummerung und vereinzelte Höhenpunkte dar; sie eignen sich vor allem für Autoreisen. Die Kartenrückseite enthält touristische Informationen. Das Kartenwerk erstreckt sich inzwischen auch auf Dänemark, die Niederlande, Belgien, die Schweiz, Österreich sowie Tschechien und die Slowakei ferner auf touristisch wichtige Bereiche der Atlantik- und Mittelmeerküste sowie einiger Inseln.

9.2.4.3 Topographische Kartenwerke der Erde

Solche Kartenwerke werden von nationalen oder internationalen, amtlichen oder privaten Institutionen herausgegeben. Dabei ist die noch überwiegend bestehende Bezeichnung als „Weltkarten" nicht mehr ganz zutreffend angesichts des weitergehenden Bedeutungsinhalts der neueren Weltraumkartographie; streng genommen handelt es sich um globale Erdkartenwerke.

1. World 1:500000 (Serie 1404)

Das in Großbritannien entstandene Kartenwerk wird inzwischen auch von anderen europäischen Ländern für die eigenen Bereiche bearbeitet; dabei übernahm Deutschland die

Art der inhaltlichen Neubearbeitung von Frankreich (vgl. 9.2.4.1 und Kartenbeispiel 6, s. CD-ROM). Das Kartenwerk überdeckt Europa, Nordafrika und den Vorderen Orient. Die Gradabteilungskarten im Blattschnitt der Internationalen Weltluftfahrtkarte 1:1 Mio. beruhen auf der konformen konischen Abbildung des Internationalen Ellipsoids (mit zwei längentreuen Parallelkreisen). Sie enthalten farbige Höhenschichten (seit 1960 im metrischen System), teilweise Schummerung, Straßenkilometrierung und teilweise das UTM-Gitter.

2. Internationale Weltkarte 1:1000000 (IWK)

Zweck: Einheitliche und allgemeine Übersicht der Landflächen, systematische Einbettung nationaler Kartenwerke, Kartengrund für thematische Darstellungen.

Entstehung: Anregung durch *Penck* 1891, seit Konferenzbeschluß 1913 in Paris als internationales Gemeinschaftswerk; Landflächen der Erde in etwa 750 Blättern weitgehend erfaßt, jedoch mit teilweise schlechtem Aktualisierungsstand und vielfach vergriffen; Bearbeitung 1986 eingestellt. Als Ersatz eignet sich militärisches Luftfahrtkartenwerk ONC 1:1 Mio (10.2.4.2 Nr. 6).

Benennung: Siehe 3.5.1.1 Nr. 4 und Abb. 3.46b.

Kartennetz: Zunächst modifizierte polykonische Abbildung (2.2.5) mit Daten eines speziellen Ellipsoids; ab 1962 konforme konische Abbildung des Internationalen Ellipsoids (mit zwei längentreuen Parallelkreisen).

Blattschnitt: Gradabteilungskarte im Format λ = 6° (Länge) und φ = 4° (Breite).

Karteninhalt: 8–9 farbige Ausgabe mit Geländedarstellung durch farbige Höhenschichten (Kartenbeispiel 7, s. CD-ROM); in vielen Fällen jedoch Abweichungen vom Zeichenschlüssel; teilweise auch Sonderdrucke einzelner Staaten (siehe 9.2.4.1 Nr. 1g).

Schrifttum: *Meynen* 1962 (Bibliographie), *United Nations* 1979.

3. Weltkarte 1:2500000

Zweck: Einheitliche und allgemeine Übersicht der gesamten Erdoberfläche (auch Ozeane), Kartengrund für thematische Darstellungen, insgesamt 234 Blätter.

Entstehung: 1964–1976 als Gemeinschaftsarbeit der ehemaligen sog. Ostblockstaaten unter Führung der Sowjetunion.

Benennung: Durchlaufende Numerierung vom Nordpol (1) durch die Breitenzonen bis zum Südpol (234), dazu Name der wichtigsten Stadt, Insel usw.

Kartennetz: Mittabstandstreue konische Abbildung (2.2.2.1) des Ellipsoids von Krassowskij (mit 2 längentreuen Parallelkreisen) zwischen 60° südl. und 64° nördl. Breite, mittabstandstreue Azimutalabbildung (2.2.3.1) für die Polbereiche.

Blattschnitt: Zwischen 48° südl. und nördl. Breite als Gradabteilungskarte mit Abständen von 12° in der Breite und 18° in der Länge (1 Blatt umfasst 9 volle Blätter der IWK), in den Polregionen wachsende Längenunterschiede.

Karteninhalt: 12 farbige Ausgabe mit farbigen Höhenschichten, lateinischer Schrift (nach Transliterationsregeln), Randangaben in englischer und russischer Sprache; daneben Varianten für thematische Darstellungen.

Schrifttum: *Meine* 1971, *Haack* 1989.

Das Kartenwerk ist neu bearbeitet worden. Beim Bundesamt für Kartographie und Geodäsie sind aus der 2. Ausgabe Blätter vom Bereich Europa und Südamerika verfügbar.

4. Kartenwerke 1:5000000

a) *World 1:5000000* als US-amerikanisches Kartenwerk mit 16 nur über die Landflächen und Polgebiete verteilten mehrfarbigen, verschieden orientierten und teilweise überlap-

penden Blättern in modifizierter stereographischer Projektion (2.2.3.3). Von Blatt zu Blatt
ergibt sich ein stetiger Übergang.
b) *Carte des Continents 1:5 000 000* des Institut Géographique National (IGN) in Paris
mit 34 Blättern (dazu Sonderblatt Antarktis), 7–11farbig in transversaler konformer Zylinderabbildung (2.2.4.4), die sich kontinentweise zusammenfügen lassen.

5. Kartenwerke 1:10 000 000 und kleiner

1. *Carte Général du Monde 1:10 000 000* des Institut Géographique National (IGN) in
Paris mit 12 rechteckig geschnittenen gleichformatigen 10farbigen Blättern in normaler
konformer Zylinderabbildung (2.2.4.3) für die Erdoberfläche zwischen 57° südl. und 72°
nördl. Breite, die sich zu einem Ganzen zusammenfügen lassen.
2. *The World 1:14 000 000* als US-amerikanisches Kartenwerk aus 6 mehrfarbigen Blättern in transversaler konformer Zylinderabbildung (2.2.4.4).
3. *Carte Général du Monde 1:15 000 000* als Kartenwerk des IGN in 3 Blättern, aus dem
Kartenwerk 1:10 Mio. abgeleitet.
4. *The World 1:22 000 000* als US-amerikanisches Kartenwerk aus 3 mehrfarbigen Blättern in transversaler konformer Zylinderabbildung.
5. In Maßstäben 1:22 Mio. bis 1:50 Mio. erscheinen zahlreiche Erddarstellungen auf
einem Blatt in Formaten bis zu 120 x 180 cm², vorwiegend von privaten Institutionen.

9.2.4.4 Topographische Karten anderer Weltkörper

1. Merkmale der Aufnahme und Wiedergabe

Mit der Raumfahrttechnik entwickelt sich auch die *Weltraumkartographie* als
ein neuer Objektbereich der Kartographie: Neben den klassischen *astronomischen Karten (Himmelskarten, Sternkarten)* als Übersichtskarten zum Sternenhimmel (10.2.4.1 Nr. 9) entstehen nunmehr *Gestirnskarten* als topographische
oder thematische Karten anderer Weltkörper *(Meine* in *Bosse* 1979). Bis dahin
beruhten solche Karten auf visuellen Beobachtungen oder photographischen Aufnahmen an den Sternwarten der Erde; sie führten zu Strichkarten oder photographischen Bildmosaiken, meist in transversalen orthographischen oder stereographischen Abbildungen (2.2.3.5, 2.2.3.3).

Der große Aufschwung in der Kartendarstellung der Planeten und ihrer
Monde begann mit den Starts der sowjetischen und US-amerikanischen Raum-
sonden ab 1959. Bei den *unbemannten* Raumflügen wurden zunächst Fernsehbil-
der und dann photographische Bilder, letztere automatisch entwickelt, abgetastet
und im Funkwege übertragen. Für die *bemannten* Raumflüge standen zunächst
einfachere Photoapparate, ab 1971 auch Meßkammern zu Verfügung. In Zukunft
werden vor allem digitale Techniken der Aufnahme und der Auswertung zum
Zuge kommen (*NASA* 1984, *Batson* 1987, *Greeley/Batson* 1990).

Die Daten zur Figur und zum Gradnetz der Weltkörper beruhen auf astronomischen Messungen oder auf den Daten der Aufnahmen selbst. Erste Karten
enhielten zunächst nur die Situation; spätere Darstellungen von Höhenlinien
(aus Schattenmessungen oder durch Photogrammetrie) besitzen vorwiegend relativen Charakter wegen des Fehlens einer dem irdischen Meeresspiegel vergleich-

baren realen Bezugsfläche. Neben topographischen Karten gibt es auch thematische Karten sowie Atlanten und Globen (*Janle* 1984).

Das Institut für Planetenerkundung der Deutschen Forschungsanstalt für Luft- und Raumfahrt (DLR) in Berlin sammelt und vertreibt die Bilddaten von Weltraumflügen in Form von Filmen, Abzügen, Datenträgern usw. sowie die daraus abgeleiteten Karten und gibt ein Bestandsverzeichnis heraus *(Neukum/Pieth* 1997). Karten der Planeten und Monde erscheinen auch von privaten Verlagen, vor allem beim Hallwag-Verlag.

2. Topographische Karten des Erdmondes

Seit 1960 entstand beim Aeronautical Chart and Information Center (ACIC) das Kartenwerk *Lunar Astronautical Chart (LAC) 1: 1000000* als Reliefkarte mit Höhenlinien und Schummerung in konformer Abbildung auf Zylinder, Kegel oder Ebene (je nach Breitengrad) über die gesamte Mondoberfläche in 144 Blättern. Die Auswertung basierte zunächst auf Teleskopbeobachtungen, später auf Aufnahmen aus zahlreichen unbemannten und bemannten US- und sowjetischen Satelliten. Folgekartenwerke entstanden in den Maßstäben 1:2,75 Mio., 1:5 Mio. und 1:10 Mio. Daneben gibt es geologische Karten 1:10 Mio. Die Satellitenaufnahmen lieferten auch Strich- und Photokarten in 1:250000, teilweise auch in größeren Maßstäben bis zu 1:10000, vor allem von Lande- und Erkundungsgebieten.

3. Topographische Karten der anderen Planeten und Monde

a) Merkur. Die Aufnahmen der US-Sonde Mariner 10 (1973) von etwa 50 % der Oberfläche führten zu Reliefkarten 1:15 Mio. und 1:5 Mio. sowie geologischen Karten 1:5 Mio.
b) Venus. Nach ersten Anflügen ab 1962 mit physikalischen Messungen wurde die durch dichte Wolken verdeckte Oberfläche ab 1978 durch Radarmessungen aus US-Pioneer Venus und sowjetischen Venera erfaßt und in Karten 1:50 Mio. sowie Radar-Mosaiken wiedergegeben. Die Radarabtastung aus der US-Sonde Magellan (1989) ergab für 95% der Oberfläche ein Kartenwerk 1:1,5 Mio.
c) Mars. Aus den 1964 begonnenen Missionen (US-Mariner, sowjetische Mars, US-Viking) entstanden Karten in 1:25 Mio. bis 1:1 Mio. (teils Relief-, teils Photokarten, teils auch geologische Karten), ferner für kleinere Teilbereiche in Maßstäben 1:500000 und 1:250000. Auch von den Monden Phobos und Deimos liegen Karten vor.
d) Jupiter. Die Aufnahmen der Sonden US-Pioneer (1973), US-Voyager (1979) und Galileo (USA und Deutschland, 1991), die im optischen Bereich eine dichte Atmosphäre zeigen, lassen die Ableitung topographischer Karten nicht zu. Dagegen gibt es Karten 1:25 Mio. bis teilweise 1:1 Mio. der vier großen Monde Io, Europa, Ganymed, Callisto.
e) Saturn. Der Vorbeiflug von Voyager 1 und 2 ergab 1980 Aufnahmen des Planeten und einiger Monde, aus denen bisher von 5 der 18 Monde Karten 1:20 Mio. bis 1:2 Mio. entstanden.
f) Uranus. Neben den Aufnahmen von 1986 (Voyager 2) entstanden Photomosaike 1:10 Mio. bis 1:2 Mio. der 5 größeren Monde.
g) Neptun. Die Aufnahmen von Voyager 2 1989 führten auch zu Photokarten 1:15 Mio. und 1:5 Mio. des größten Mondes Triton.

10 Fachinformationssysteme und thematische Karten

Zusammenfassung

Das Kapitel 10 behandelt die fachthematischen Geo-Informationen aus zwei Betrachtungsrichtungen: Einerseits wird ein Überblick über die Anwendungsbereiche gegeben; andererseits werden die technologischen Konzeptionen für ihre Verwaltung und Präsentation beschrieben. Im Vordergrund stehen die heute in allen raumbezogenen Aufgabenbereichen entwickelten und eingesetzten digitalen Fachinformationssysteme (FIS). Dabei ermöglicht es die digitale Datenform, alle in Kapitel 3 vorgestellten kartographischen Ausdrucksformen für die Kommunikation der Geo-Informationen effizient anzuwenden. Eine herausragende Bedeutung haben aber noch immer die thematischen Karten – zunehmend als interaktive Bildschirmkarten – und/oder als materielle Darstellungen in einer nicht mehr veränderbaren Weise. Deshalb stellt ihre Behandlung den zweiten Schwerpunkt dieses Kapitels dar.

10.1 Fachinformationssysteme (FIS)

10.1.1 Begriffe und Aufgaben

Als FIS soll ein Informationssystem bezeichnet werden, mit dessen Datenbanksystem ein raumbezogenes objektstrukturiertes Fachdatenmodell (DFM, 3.6) verwaltet wird. Dieses beschreibt einen fachspezifisch modellierten Ausschnitt der Umwelt (i.w.S.). Mit den Funktionen eines GIS lassen sich daraus fachspezifische Geo-Informationen ableiten und präsentieren, so dass fachliche Aufgaben schneller und wirtschaftlicher bearbeitet und kommuniziert werden können als mit den bisherigen Methoden und der Kommunikation mittels materieller Karten (10.2).

10.1.2 Konzeption und Realisierung

Der in den 1980er Jahren in einzelnen Fachgebieten einsetzende Aufbau von FIS ist bisher gekennzeichnet durch isolierte Konzeptionen und Implementierungen. Besonders im Bereich öffentlicher Aufgaben ist jedoch der Bedarf zur Integration der fachlichen Datenmodelle für fachübergreifende Anwendungen groß, z. B. in einem Umweltinformationssystem. Die dafür erforderlichen organisatorischen, methodischen und technischen Maßnahmen konnten jedoch erst in wenigen Fällen geleistet werden.

Im folgenden wird eine moderne Konzeption dargelegt, die von einer Arbeitsgruppe im Bereich der deutschen Umweltministerkonferenz ursprünglich für
den Aufbau und Einsatz eines integrierten GIS im Bereich der Geowissenschaften, speziell des Bodenschutzes, entwickelt wurde, jedoch auch auf andere Aufgabenstellungen übertragen werden kann (*Heineke u. a.* 1992).

Ein *integriertes GIS* besteht aus einem Kernsystem und einer Anzahl von FIS
(Abb. 10.01).

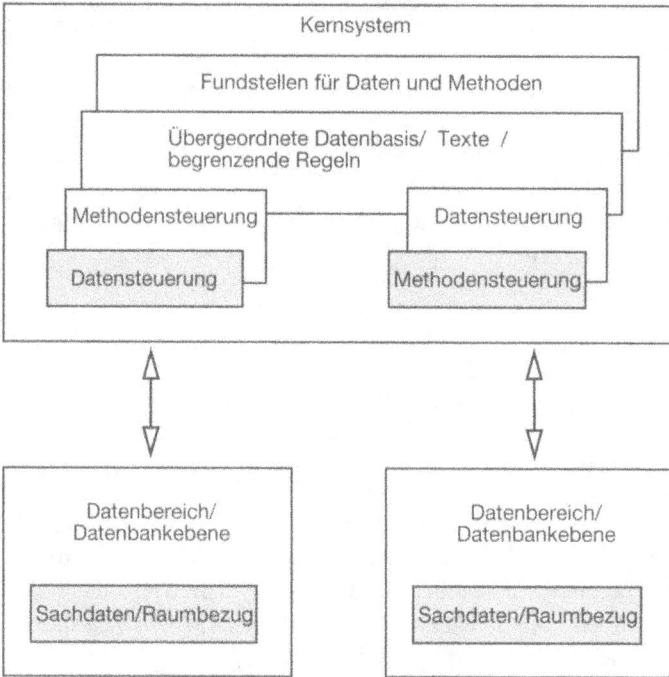

Abb. 10.01 Aufbau eines integrierten GIS

Aufgabe des Kernsystems ist es, über die vorhandenen Daten und Methoden
zu informieren, Bedingungen des Zugriffs auf Daten festzulegen und Steuerungs-
funktionen auszuführen. Die FIS bestehen jeweils aus einem Methodenbereich
und einem Datenbereich. Der Methodenbereich enthält die Methoden für die
Systematisierung, Erhebung, Homogenisierung und Auswertung der Daten. Der
Datenbereich umfasst die Werkzeuge für ihre Erfassung, Verwaltung, Auswertung und Ausgabe.

10.1.3 Überblick über FIS

10.1.3.1 FIS im Bereich öffentlicher Aufgaben

1. Basisinformationssysteme

Erste konzeptionelle Arbeiten im Bereich des deutschen *Liegenschaftskatasters* wurden in den 1970er Jahren für das Projekt Grundstücksdatenbank durchgeführt (*AdV* 1973/1975, *Schlehuber* 1975). Sie führten zur Automatisierung des Liegenschaftskatasters. Das für jedes Bundesland flächendeckend geführte Liegenschaftskataster besteht traditionell aus einem beschreibenden Teil, dem *Liegenschaftsbuch*, und einem darstellenden Teil, der *Liegenschaftskarte* (10.2.4.2 Nr. 2). Seine kleinste Einheit, das Flurstück, ist elementarer Baustein und Träger raum- und personenbezogener Merkmale. Dazu gehören Flurstückskoordinaten, Bezeichnung der Flurkarte, Straße, Hausnummer, Gemeinde, Baublock, tatsächliche Nutzung und Bodenschätzungsmerkmale in Verbindung mit unterschiedlichen Flurstücksabschnitten, Flächengröße, Eigentumsverhältnissen. Die Flurstücke lassen sich zu Bezugsflächen verschiedener Struktur zusammensetzen, z. B. als Baublöcke oder Rasterelemente, was für den Bezug weiterer statistischer Daten und deren Kartendarstellung von Vorteil ist.

Das EDV-Verfahren für die *Automatisierung des Liegenschaftsbuchs (ALB)* wurde in einer Gemeinschaftsarbeit mehrerer Bundesländer entwickelt (Nds.MI 1984); es ist seit 1986 im Einsatz. Das informationstechnische Konzept der *Automatisierten Liegenschaftskarte (ALK)* ist durch die Trennung von flächendeckender Datenverwaltung und auftragsbezogener Datenverarbeitung gekennzeichnet. Die logische Datenstruktur ist das verbindende Element zwischen dem *Datenbankteil* und dem *Verarbeitungsteil*. Sie wird sowohl in der Datenbank als auch in der im Verarbeitungsteil eingesetzten GIS-Datenverwaltungssoftware implementiert und darüber hinaus in linearisierter Form in der Einheitlichen Datenbankschnittstelle (EDBS), die der Kommunikation zwischen dem Datenbankteil und dem Verarbeitungsteil dient.

Der Datenbankteil des ALK-Systems umfasst folgende Primärdateien:
- Die objektstrukturierte *Grundrissdatei* enthält alle geometrischen und semantischen Informationen für die Darstellung des Karteninhalts auf der Grundlage der Gauß-Krüger-Lagekoordinaten;
- die Punktdatei enthält die Lagekoordinaten und Höhen sowie weitere Angaben zur Beschreibung und Verwaltung der Punkte des Lage- und Höhenfestpunktfeldes, der numerierten Punkte des Liegenschaftskatasters und weiterer Punktarten;
- die optionale *Datei der Messungselemente* umfasst alle Bestimmungsstücke für die Koordinatenberechnung.

ALB und ALK sind über die Datenelemente Flurstückskennzeichen und Flurstückskoordinate miteinander verknüpft. Mit der Flurstückskoordinate kann vom ALB auf die Geometrie des entsprechenden Flurstücks und mit dem Flurstückskennzeichen aus der ALK-Grundrissdatei auf die beschreibenden Daten der Fachdatei ALB zugegriffen werden. Anstelle der Fachdatei ALB können andere Fachdateien mit der Basisgeometrie der ALK-Grundrissdatei verbunden werden.

Die allgemeine Einbeziehung der Katasterangaben in die Datenverarbeitung erörtert *Herzfeld* (in *Kriegel-Herzfeld* 1973/1983). *Haag und B. Köpper* (1987) beschreiben die ALK-Grundrissdatei als zentrale Datei eines bodenbezogenen Informationssystems. Eine moderne, die internationalen Standards der Geoinformatik (ISO 19100, Anhang 2) berücksichtigende Entwicklung in der AdV soll ALB und ALK in einem „Automatisierten Liegenschaftskasterinformationssystem (ALKIS)" zusammenführen.

2. Kommunale Informationssysteme

In den Kommunen besteht ein erheblicher Bedarf an Geo-Informationen für Planung, Verwaltung und Schutz der natürlichen Lebensgrundlagen. Dieser lässt sich nur durch Einrichtung und Führung der kommunalen Grundlagenkarten in digitaler Form sowie den Einsatz von GIS und GDV erfüllen. Der Deutsche Städtetag hat hierzu empfohlen, eine **Maßstaborientierte Einheitliche Raumbezugsbasis** für **Kommunale Informationssysteme (MERKIS)** aufzubauen (*DST* 1988). Darunter wird eine digitale Datenbasis verstanden, die alle katastertechnischen, topographischen und fachthematischen Geo-Daten innerhalb einer Kommune umfasst. Damit sollen im wesentlichen zwei Anwendungsbereiche unterstützt werden:

– Aufbau, Aktualisierung und Nutzung eines integrierten Datenmodells aus den Daten aller Fachbereiche der kommunalen Verwaltung;
– Herstellung und Aktualisierung der kommunalen Kartenwerke

Das MERKIS-Konzept entspricht der FIG-Definition für ein Landinformationssystem (LIS). Dieses ist nach einer Definition der *Fédération Internationale des Géometrès (FIG)* ein Instrument zur Entscheidungsfindung in Recht, Verwaltung und Wirtschaft sowie ein Hilfsmittel für Planung und Entwicklung. Ein LIS besteht einerseits aus einer Datensammlung, welche auf Grund und Boden bezogene Daten einer bestimmten Region enthält, andererseits aus Verfahren und Methoden für die systematische Erfassung, Aktualisierung, Verarbeitung und Umsetzung dieser Daten. Die Grundlage eines LIS bildet ein einheitliches, räumliches Bezugssystem für die gespeicherten Daten, welches auch eine Verknüpfung der im System gespeicherten Daten mit anderen bodenbezogenen Daten erleichtert (*Eichhorn* 1980). Darüber hinaus kann ein LIS auch noch Angaben enthalten über die natürlichen Gegebenheiten (Geologie, Lagerstätten, Wasser, Vegetation, Klima usw.), über technische Anlagen (Industrie, Verkehr usw.), über wirtschaftliche, soziale und kulturelle Indikatoren, über Umwelteinflüsse usw.. Damit ließen sich in einem LIS auch bereits bestehende Straßendatenbanken, kommunale und regionale Informationssysteme sowie Leitungskataster integrieren. *Wieser* (1990) behandelt die organisatorischen Probleme (u. a. Aktualisierung) kommunaler LIS.

Ein nach dem MERKIS-Konzept eingerichtetes Kommunales Landinformationssystem (KLIS) orientiert sich an den analogen Stadtkartenwerken. Nach dem Prinzip der vertikalen Integration werden mehrere Raumbezugsebenen (RBE) eingerichtet, die jeweils ein digitales Objektmodell (3.6) bilden:

- die RBE 500 stellt die Grundstufe dar; sie wird aus der Stadtgrundkarte/
  Flurkarte 1:500/1000 abgeleitet;
- die RBE 5000 bildet die erste Folgestufe, sie entspricht der topographischen
  Stadtkarte/Deutschen Grundkarte 1:2500/5000;
- die RBE 10000 ist die 2. Folgestufe. Grundlage ist die Stadtübersichtskarte
  1:10000. Die RBE 10000 dient der Darstellung verschiedener Themenbereiche bis zu Maßstäben kleiner 1:50000.

Die enge Verbindung der Konzeptionen von MERKIS, ALK und ATKIS ist
offensichtlich. Die ALK-Grundrissdatei bildet Basis für die RBE 500 und das
ATKIS-Basis-DLM für die RBE 10000. Die AdV entwickelt derzeit ein integriertes Modell, welches einerseits die Datenwerke ALB und ALK des Liegenschaftskatasters zu einem integrierten Automatisierten Liegenschaftskataster-Informati-
onssystem (ALKIS) zusammenführen und andererseits ALKIS und ATKIS über
ein einheitliches Datenmodell verknüpfen soll.

Künftig soll im Hinblick auf die vertikale Integration aller Geo-Daten einer Kommune
mit den Methoden der rechnergestützten Generalisierung auf der Basis der digitalen Stadt-
grundkarte gearbeitet werden. Weiterhin wird gefordert, die dritte Dimension sowohl für
das Geländerelief als auch für die Bauwerke (Höhe der Bauwerke) im Datenmodell zu
berücksichtigen. Diese Anforderungen werden sich mit dem integrierten ALKIS/ATKIS-
Datenmodell erfüllen lassen.

3. GIS in der Statistik

Nachdem die früher auf agrarstatistische Erhebungen auf der Basis des Liegenschaftskatasters beschränkte raumbezogene Statistik nicht mehr den Informationsbedarf erfüllte, wurde das Statistische Bundesamt 1986 beauftragt, das Konzept für ein *Statistisches Informationssystem zur Bodennutzung (STABIS)* zu entwickeln, mit dem differenzierte Bodennutzungsdaten erhoben und ausgewertet
werden können (*Deggau* 1991).

Ziel ist die Einrichtung eines Datenmodells, mit dem u. a. folgende Auswertungen durchgeführt werden sollen:
- Bodennutzungsstatistiken,
- exakte Analysen der Veränderungen der Bodennutzung im Zeitablauf
  (Wanderungsanalysen),
- Nachbarschaftsanalysen, (z. B. welche Flächennutzung haben die Objekte in
  einer bestimmten Abstandszone um Autobahnen),
- zu einem späteren Zeitpunkt sollen weitere Daten, z. B. geplante Bodennutzungen, Bevölkerung, Arbeitsstätten, Wohnungen u. a. m., einbezogen werden, um
  damit eine sog. umweltökonomische Gesamtrechnung im Rahmen einer statistischen Umweltberichterstattung durchführen zu können (*Radermacher* 1992).

Für STABIS wurde eine Systematik der Bodennutzung entwickelt, die 70 Nutzungsarten umfasst. In einem Forschungsvorhaben wurde diese Systematik erprobt. Als Daten-

quelle wurden in einer größeren Anzahl von Testgebieten S/W-Luftbilder 1:32 000 sowie die entsprechenden Blätter der TK 25 verwendet; darüber hinaus wurde daran mitgearbeitet, das ATKIS-DLM 25 als mögliche Datenquelle auf die Anforderungen der Bodennnutzungssystematik abzustimmen, und die rechnergestützte Ableitung des STABIS-Datenmodells wurde in einem Testgebiet untersucht.

Der Aufbau des STABIS-Datenmodells wird in zwei Stufen durchgeführt. Zunächst soll ein Datenmodell mit der Modellauflösung 1:100 000 mit 44 Nutzungsarten im Rahmen des europäischen Projekts CORINE (Community-wide COoRdination of INformation on the Environment) aufgebaut werden. Es ist geplant, die STABIS-relevanten Daten in der zweiten Stufe aus dem Basis-DLM abzuleiten. Hierfür sind noch Verfahren der automatisierten Modellgeneralisierung des Basis-DLM zu entwickeln.

4. GIS im Umweltbereich

Im Rahmen des Umweltschutzes ist der Bedarf an bodenkundlichen Informationen sprunghaft angestiegen. Dafür werden Boden-Informationssysteme (BIS) aufgebaut. Mit ihnen sollen z. B. Gefährdungen der Böden vorhergesagt werden (*Heineke u. a.* 1991). Hierfür wird der Zustand der Böden und ihre Belastbarkeit in einem fachlichen Datenmodell beschrieben. Abb. 10.02 stellt den Aufbau der Datenbasis eines BIS durch systematische Auswertung der vorhandenen Unterlagen am Beispiel des Niedersächsischen Boden-Informationssystems (NIBIS) dar.

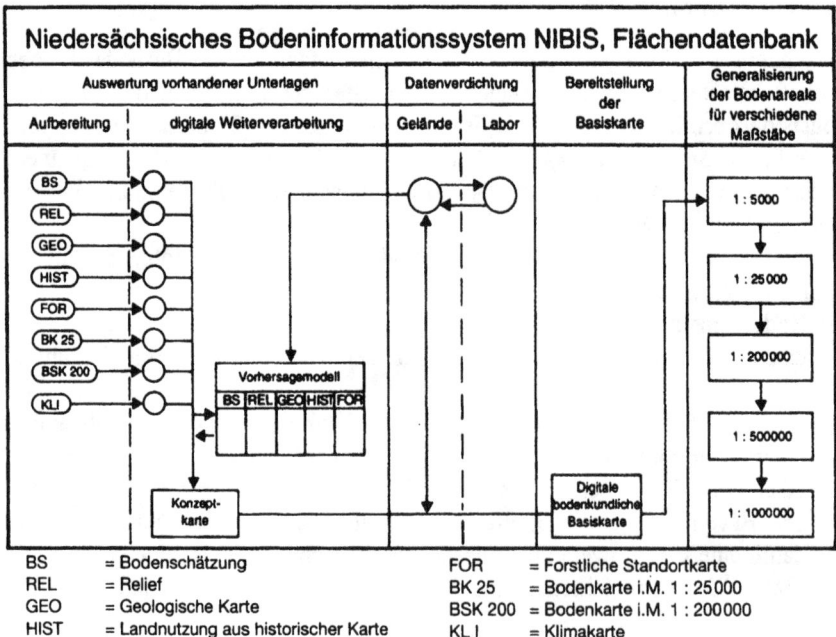

Abb. 10.02 Aufbau der bodenkundlichen Datenbank des NIBIS (aus *Oelkers* 1993)

Eine typische Anwendung ist die Ableitung von Vorhersagemodellen für die Entwicklung der Ertragsfähigkeit der Böden. Ausgehend von den im Datenbestand enthaltenen bodenkundlichen Basiskarten werden mittels GIS-Operationen (u. a. Verschneidung von Flächenobjekten) neue Flächenobjekte gebildet. Ihre nach fachlichen Gesichtspunkten definierten semantischen Informationen werden durch eine regelbasierte Interpretation aus den Ausgangsfaktoren ermittelt (Vorhersagemodell). Die dabei entstehende Konzeptkarte wird durch weitere Erhebungen noch aussagekräftiger gemacht. Dabei entsteht neues Wissen über Wirkungszusammenhänge, das im Vorhersagemodell gespeichert wird. Weiterhin lassen sich aus der bodenkundlichen Basiskarte durch Generalisierung Folgekarten ableiten. Weitere Ausführungen dazu stammen von *Oelkers* (1993).

Weitere Entwicklungen von GIS im Umweltbereich werden z. B. in *Günther u. a.* (1992) dargestellt. WWW-Adressen zu GIS im Umweltbereich s. Anhang 4.

5. GIS für die Raumplanung

Der Einsatz von GIS in der Raumplanung ermöglicht eine vorzügliche Unterstützung bei den Planungs- und Entscheidungsprozessen. Die längsten Erfahrungen im Bereich der Bundesraumordnung liegen beim Bundesamt für Bauwesen und Raumordnung (BBR) (früher Bundesforschungsanstalt für Landeskunde und Raumordnung) vor (*Rase* 1992, 1993). Auf der Ebene der Regionalplanung haben eine Reihe von Planungsverbänden bereits seit Mitte der 1970er Jahre GIS für raumbezogene Informationen aufgebaut und für die Planung eingesetzt. Es ist zu erwarten, dass dieser GIS-Anwendungsbereich mit der flächendeckenden Bereitstellung der Basisinformationssysteme ALK/ALB und ATKIS sowie der geowissenschaftlichen GIS weiter ausgebaut wird. Dabei können Planungskarten vorwiegend als Mittel zur analytischen Durchdringung der Planungsgrundlagen, zur Aufdeckung von Nutzungskonflikten und zur Erarbeitung von Nutzungskompromissen verwendet werden.

Der Einsatz von GIS in der Raumplanung wurde u. a. von der ARL (*ARL* 1990 und 1991) untersucht. Über das ökologische Planungsinstrument Berlin berichtet *Bock* (in *Günther u. a.* 1992).

6. GIS in der Nautik

Bisher bilden traditionelle Seekarten ein unentbehrliches Hilfsmittel für die Sicherheit und Leichtigkeit des Seeverkehrs (*Hecht* 1989). Nachdem Verfahren der Datenverarbeitung schon seit Beginn der 1970er Jahre für die rationelle Herstellung von Seekarten eingesetzt werden, entwickelt sich seit Mitte der 1980er Jahre die Technik in Richtung auf die elektronische Seekarte (Electronic Navigation Chart – ENC) als Komponente eines Electronic Chart Display and Information Systems (ECDIS) (*Hecht u. a.* 1999).

Die Vorteile eines solchen Systems sind folgende (Abb. 10.03):

– In Verbindung z. B. mit einem Satelliten-Positionierungssystem werden Schiffsort und Kurs auf dem Graphik-Bildschirm dargestellt;

- die Seekartenanzeige wird automatisch dem sich ändernden Standort angepasst;
- Fahrtplanung und -überwachung lassen sich schneller und sicherer durchführen;
- bei Bedarf (z. B. schlechte Sicht) kann das Radarbild der Karte überlagert werden;
- Veränderungen in den Seekarten können mittels Satelliten übertragen und ohne Verzögerung in die Elektronische Seekarte eingetragen werden.

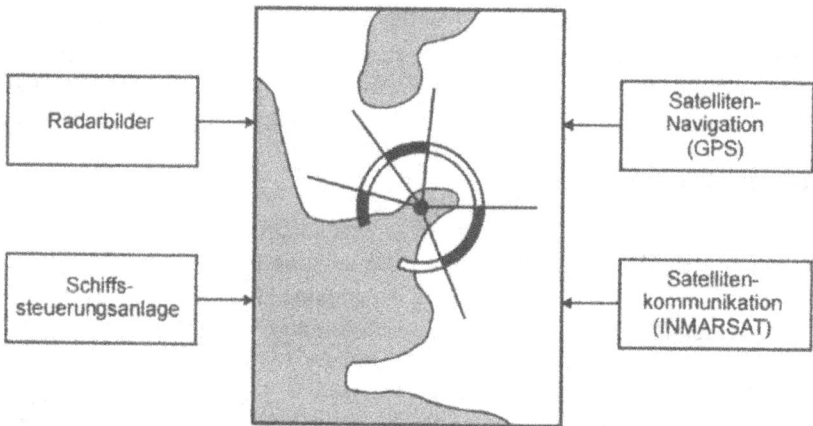

Abb. 10.03 Electronic Chart Display and Informationsystem (ECDIS)

7. Entwicklungen im Ausland (Auswahl)

Für die Unterstützung der raumbezogenen Statistik in Europa wird seit Mitte der 1990er Jahre eine Datenbank der Verwaltungsbezirke in den europäischen Ländern bis zur Gemeindeebene aufgebaut und gepflegt. Das aufgrund seiner englischen Bezeichnung (Seamless Adminstrative Boundaries of Europe) als SABE-Projekt bekannte Projekt wird vom deutschen Bundesamt für Kartographie und Geodäsie als Produktzentrum betreut. SABE ist das erste Produkt der Assoziation der zuständigen Landesvermessungsbehörden in Europa *EuroGeographics* (früher MEGRIN, *Illert* (1998)).

10.1.3.2 FIS in der Industrie

1. Ver- und Entsorgungsindustrie

Die Industrie setzt bereits seit Anfang der 1970er Jahre FIS für die Dokumentation und Bearbeitung von Daten für den Betrieb von Ver- und Entsorgungsnetzen (Betriebsmittel) ein. Hierfür wird der Begriff Facility Management (FM) benutzt. In Verbindung mit der eingesetzten GIS-Technologie (Automated Mapping – AM) ist die international gebräuchliche Abkürzung AM/FM entstanden.

Es gibt einen internationalen AM/FM-Dachverband und gleichnamige nationale Organisationen, die z. B. jährliche Tagungen zum Einsatz und zum Trend von GIS für durchführen. Im Hinblick auf die mathematische Modellierung handelt es sich um Netzinformationssysteme, die Vektor-Daten verwenden.

2. FIS im Bereich der Kfz-Navigation

Die Elektronikindustrie hat in den 1990er Jahren Kfz-Navigations- und Informationssysteme entwickelt, die aus den Komponenten Ortungssystem, Elektronischer Verkehrslotse und einem digitalen Modell des Straßennetzes und damit verbundener Objekte bestehen (Abb. 10.04). Aufgabe eines Kfz-Navigationssystems ist es, zuverlässig und schnell Antwort auf folgende Fragen zu geben:
– Wo befinde ich mich?
– Auf welcher Straße erreiche ich mein Ziel am günstigsten?
– Wie kann ich flexibel auf Verkehrsstörungen reagieren ?
– Wo erhalte ich Service-Leistungen?

Aufgabe dieser Systeme ist es, den Fahrer schneller und besser zum Ziel zu lotsen als es mit Hilfe herkömmlicher Straßenkarten normalerweise gelingt. Das mathematische Modell für die Beschreibung des Straßennetzes ist ein Graph (2.4.3.2). Dieser ist nach Teilgebieten (Segmenten) gegliedert, die nach geogra-

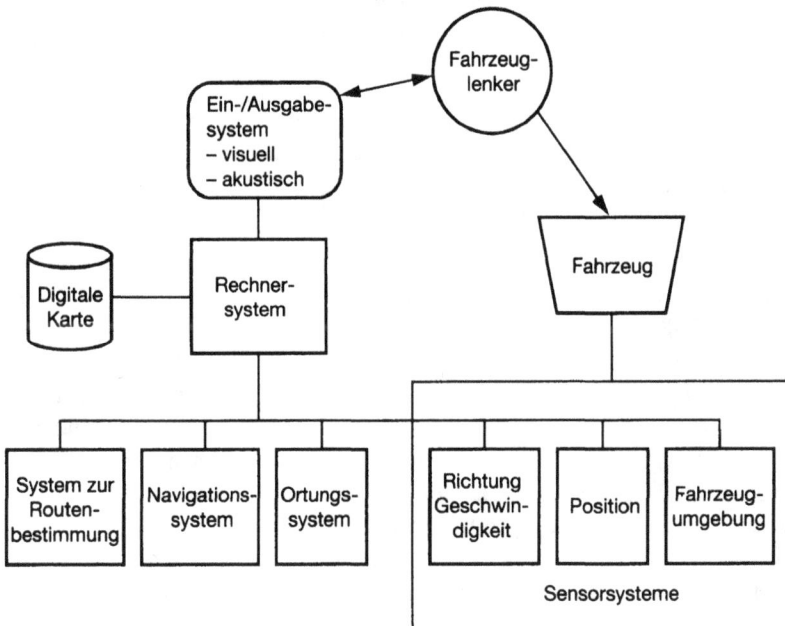

Abb. 10.04 Prinzipieller Aufbau eines Kfz-Navigationsystems

phischen Gegebenheiten gebildet werden. Für die Routenbestimmung werden
Verfahren der kürzesten Fahrtzeit-Bestimmung verwendet, die auf den in der Graphentheorie bekannten Kürzeste-Wege-Algorithmen aufbauen.

Autonome Navigationssysteme führen die Positionsbestimmung nach dem Prinzip der
Koppelnavigation oder mittels GPS durch. Da die Positionen nicht fehlerfrei bestimmt
werden können, müssen sie von Zeit zu Zeit korrigiert werden. Diesem Zweck dient
(neben der Routenbestimmung) die im Bordcomputer auf einer CD-ROM mitgeführte
digitale Straßenkarte. Zur Korrektur der aus Sensormessungen geschätzten Fahrzeugpo-
sition werden gewöhnlich die Koordinaten von Knoten des Straßennetzes verwendet
(Abb. 10.05).

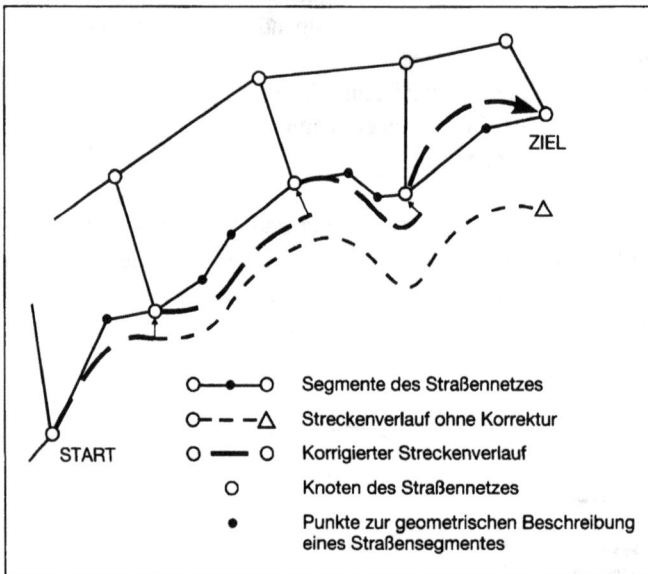

Abb. 10.05 Prinzip der kartengestützten Koppelnavigation

Im Zusammenhang mit den hohen Aktualitätsanforderungen an die digitale
Straßenkarte ergeben sich neue Aufgaben für die Kartographie. Um den Kauf
einer neuen CD-ROM mit aktuellen Straßendaten in kurzen Zeitabständen zu vermeiden, müssen Verfahren der selektiven Aktualisierung entwickelt werden. Ein
möglicher Ansatz besteht darin, das digitale Modell des Straßennetzes auf einem
zentralen Rechner zu führen und von dort die regional benötigten Straßendaten
z. B. per Funk anzubieten. Neben der Bewältigung der Aktualisierung ergäbe
sich dabei auch die Möglichkeit, komplexe Visualisierungsprobleme zentral zu
bearbeiten. Weitere Ausführungen hierzu stammen *von Rappe* (1993). *Mertens*
(in *Schilcher* 1993) betrachtet das wissenschaftliche Umfeld und die technische
Realisierbarkeit der Verkehrs-Informationssysteme.

Im Hinblick auf die arbeitsteilige Herstellung einer digitalen Straßenkarte
für Europa haben sich die einschlägigen Firmen zu einer Task Force European

Digital Road Map zusammengefunden und einen Austauschstandard Geographic Data File-Exchange Format (GDF-EF) entwickelt. Dadurch soll die arbeitsteilige Digitalisierung der verfügbaren Karten unterstützt werden.

10.2 Thematische Karten

10.2.1 Begriffe und Aufgaben

Der Abschnitt 10.2 behandelt alle thematischen Karten, die als analoge und stoffliche Darstellungen in einer nicht mehr veränderbaren Weise zur Veröffentlichung bestimmt sind. Im einzelnen geht es sowohl um Karten, die in klassischer Weise entstanden sind, als auch um solche, die sich als analoge Ausgabe digitaler Prozesse ergeben. Ihre nähere Beschreibung entspricht damit der in 9.2.1 gegebenen Erläuterung.

Entsprechend der Unterscheidung der Karten nach ihrem Inhalt (1.6.2 Nr. 2) gilt als *thematische Karte* jede „Karte, in der Erscheinungen und Sachverhalte zur Erkenntnis ihrer selbst dargestellt sind. Der Kartengrund dient zur allgemeinen Orientierung und/oder zur Einbettung des Themas" *(Internationale Kartographische Vereinigung 1973)*.

Als Begriff hat sich die „thematische Karte" gegenüber früheren Bezeichnungen wie „angewandte Karte", „Sonderkarte", „Spezialkarte" oder „wissenschaftliche Karte" seit etwa 1950 weitgehend, auch international, durchgesetzt.

Während die *Methodenlehre* der thematischen Kartographie noch ziemlich jung ist, liegen die ersten *praktischen* Anwendungen geschichtlich schon weit zurück (z. B. im Besitznachweis, Bergbau, Verkehrswesen und Militär). Inzwischen gibt es kaum eine raumbezogene Disziplin, die sich nicht der thematischen Karte bedient, und bis zu 85% aller herausgegebenen Karten sind heute solche mit thematischem Inhalt *(Ormeling 1978)*. Dabei spielen auch die Medienkarten (1.6.2 Nr. 6) eine zunehmende Rolle.

Die *Aufgaben* der thematischen Karte bestimmen sich aus den in der Tabelle der Abb. 8.02 aufgeführten Zwecken der Kartenauswertung, jedoch im Vergleich zu den Aufgaben der topographischen Karte mit den im Einzelfalle jeweils thematisch bedingten Einschränkungen. Sie dienen daher ebenfalls der Bildung und Information, der Orientierung (bis zur Navigation bei Verkehrskarten), der Verwaltung und Planung (als Datensammlung und Entscheidungshilfe bis hin zur Festlegungskarte mit rechtlichen Wirkungen, 8.2.1), der wissenschaftlichen Interpretation sowie als Quelle für den Entwurf neuer Themakarten. Dabei ergibt sich, dass die thematische Karte oft mehr ist als nur die Wiedergabe räumlicher Objektbezüge, sondern dass sie darüber hinaus auch Erkenntnisse über die dahinter stehenden Strukturen, Kausalitäten und Funktionen vermittelt. Während es nämlich noch möglich ist, die konkreten Erscheinungen einer Landschaft außer durch *topographische* Karten auch mit Bildern zu vermitteln, ist die Information über abstrakte, raumbezogene Sachverhalte am wirksamsten oder überhaupt erst möglich mit Hilfe der *thematischen* Karten. Darin liegt ihre besondere Bedeutung.

Während die *topographischen* Karten in Geometrie und Erscheinungsbild vorwiegend nur vom Maßstab abhängen sowie meist langfristig und mit stetigem Wandel angelegt sind, lassen sich im Vergleich dazu die *thematischen* Karten etwa wie folgt kennzeichnen:

– Sie weisen selbst bei gleichen Maßstäben je nach thematischer Aussage eine sehr große kartengraphische Gestaltungsvielfalt auf.
– Sie besitzen je nach Thema einen unterschiedlichen Grad geometrischer Exaktheit, der mitunter sogar bis zur bloßen Raumtreue reduziert ist.
– Sie führen in den Fällen großer Gestaltungsspielräume innerhalb eines Themas zu günstigeren Voraussetzungen für die Anwendung der graphischen Datenverarbeitung (GDV) und moderner graphischer Techniken (vgl. Kartenbeispiele auf CD-ROM).
– Es können alle Möglichkeiten von der kurzfristigen Einmaligkeit bis zur kontinuierlichen Daueraufgabe vorkommen.

Im Vergleich zu den topographischen Karten ist für thematische Karten die sachgerechte Visualisierung der fachlichen Aussagen mit deutlich größeren Risiken verbunden, vor allem dann, wenn die thematischen Daten generalisiert werden müssen. In ganz besonderem Maße gilt dies dort, wo für quantitative Darstellungen Bezugsflächen festzulegen und Wertgruppen zu bilden sind. Selbst bei ehrlichem Bemühen um eine möglichst objektive Darstellung kann eine ungewollte Verfälschung entstehen. Erst recht ergeben sich Täuschungen, Verschleierungen und bewußt tendenzielle Aussagen, wenn eine Absicht dahinter steckt und die Darstellung z. B. als Grundlage für politische, wirtschaftliche oder technische Verhandlungen dienen soll (siehe auch 1.5.1) oder Teil einer historischen Dokumentation ist. Beispiele hierzu gibt u. a. *Monmonier* (1996).

In der Praxis von Datengewinnung und Entwurf ist die thematische Karte gekennzeichnet durch eine enge Kooperation zwischen Fachautor und Kartograph. Der Fachautor ist zuständig für die sachgerechte Verarbeitung der Fachdaten, evtl. zu einem digitalen Objektmodell (DOM) im Rahmen eines Fachinformationssystems (FIS), sowie zu ihrer ersten graphischen Wiedergabe in einer *Arbeits-* oder *Materialaufbereitungskarte*. Der Kartograph setzt das DOM um in ein digitales kartographisches Modell (DKM) bzw. „übersetzt" die bereits geometrisch geordnete fachliche Aussage der Arbeitskarte in den eigentlichen *Kartenentwurf*.

Große Gestaltungsspielräume in der Themakartographie bedeuten eine große kartengraphische Chance. Sie können aber auch die Lesbarkeit und vor allem den Vergleich thematischer Karten erschweren; dies wirft die Frage nach einer möglichen Normung der graphischen Strukturen auf. Für Flurkarten und viele Planungskarten bestehen bereits Normierungen, die vielfach sogar rechtsverbindlich vorgeschrieben sind. Die Darstellungen in Wetterkarten und geologischen Karten beruhen weitgehend auf international vereinbarten Zeichenschlüsseln. Allerdings ist eine universelle Standardisierung nicht praktikabel, doch bejaht *Arnberger* (1974) grundsätzlich die Bemühungen um themenspezifische Vereinheitlichungen, hält sie aber solange für verfrüht, solange nicht auf wissenschaftlichem

Wege die jeweils optimale Struktur in bezug auf die visuelle Auffassung der Kartenzeichen gefunden ist.

Außer in den Lehr- und Handbüchern sowie in den Fachlexika zur gesamten Kartographie finden sich Gesamtdarstellungen zur thematischen Kartographie bei *Arnberger* (1966,1977), *Witt* (1970), *Monkhouse/Wilkinson* (1971), *Imhof* (1972), *Cuff/Matson* (1982), *Dent* (1990). Daneben gibt es Sammelwerke mit zahlreichen Aufsätzen zu diesem Bereich (*ARL* 1969/1971/1973,1977,1987,1990,1991), *Bosse* (1962,1967,1970a, 1970b,1979), *Österr. Geograph. Ges.* (1970), *Schweiz. Ges. f. Kartographie* (1978, 1984), *Inst. f. Kartographie d. Österr. Akad. d. Wiss.* (1984), *Leibbrand* (1984a,1989), *Kelnhofer* (1989), *Asche/Topel* (1989), *Mayer* (1990). Über Stand und Zukunftsaspekte siehe z. B. *Mayer* (in *Kainz/Mayer* 1993).

10.2.2 Gruppierung thematischer Karten

Anders als bei topographischen Karten (9.2) gibt es bei den thematischen Karten mehrere Gruppierungsmöglichkeiten (siehe auch 1.6.2):

1. Gruppierung nach dem Karteninhalt (Kartenthemen, Kartenarten)

Die Gliederung nach Fachgebieten ist für die Praxis sinnvoll und übersichtlich; sie wird in 10.2.4 näher behandelt und mit Beispielen belegt. Für die Systematik der Kartengestaltung ist sie allerdings wenig geeignet und daher nur von exemplarischer Bedeutung.

2. Gruppierung nach Maßstabsbereichen

Diese für topographische Karten sinnvolle Gliederung erweist sich für thematische Karten als nur bedingt geeignet. Zwar lassen sich bestimmte Themen (z. B. Geologie, Seeverkehr) weiter nach Maßstabsbereichen gliedern, doch treten viele Themen nur in einem einzigen Maßstabsbereich auf (z. B. Grundbesitz im großen, Landesplanung im mittleren und Weltstatistik im kleinen Maßstab).

3. Gruppierung nach der Entstehung

Während sich die topographischen Karten relativ leicht in Grund- und Folgekarten (1.6.2 Nr. 4) einteilen lassen, ist eine entsprechende Zweiteilung bei den thematischen Karten teilweise schwieriger:

a) Zu den *Grundkarten* kann man ohne Vorbehalt alle Karten rechnen, die unmittelbare Beobachtungen und Messungen (also originär erfaßte thematische Informationen, 6.3.3) wiedergeben. Das gilt für viele qualitative Karten großen Maßstabs (z. B. über Fundorte, Bodenarten) und bei zahlreichen quantitativen Karten mit absoluten Angaben (z. B. mit Daten von Wetterstationen). *Pillewizer* (1964) nennt dies *thematische Aufnahmekarten, Meynen* (1972) *thematische Primärkarten*. Der Begriff *Grundlagenkarte* meint den topographischen Kartengrund thematischer Karten (10.2.3.3), allgemeiner jede Karte als Arbeitsgrundlage.

Nicht mehr eindeutig sind dagegen die Fälle, in denen die geometrischen Festlegungen der Ausgangsdaten ungenau sind, z. B. bei der Linienkartierung im Anhalt an nur wenige gemessene Stützpunkte (Isolinien bei Wetterkarten, Wertgrenzen bei Bodengütekarten usw.).

b) Die *Folgekarten* lassen sich am besten als *abgeleitete* Karten (*thematische Sekundärkarten* nach *Meynen* 1972) kennzeichnen: Die thematischen Informationen stammen nicht aus einer unmittelbaren, also originären Erfassung, sondern aus anderen Quellen. Für ihre Verarbeitung gelten daher die Grundsätze und Methoden der Generalisierung (3.7). Während jedoch bei topographischen Karten alle Objekte in einer gegenseitig gut ausgewogenen Weise zu generalisieren sind, kommt es hier gerade auf eine das Thema betonende Vorgehensweise an. Dabei gibt es zwei Fälle:

– Handelt es sich bei den Quellen um Statistiken, Fachliteratur, Archivalien (6.6.4), so sind die Informationen meist noch einer besonderen, oft nicht ganz problemlosen Aufbereitung zu unterziehen (z. B. durch Bildung von Dichte- oder Mittelwerten, Wertgruppen, Bezugsflächen). Damit liegt eine *Objektgeneralisierung* (3.7.2) vor.

– Handelt es sich bei den Quellen um Karten (6.5), so ergibt sich die *Folge-karte* durch eine typische *kartographische Generalisierung* (3.7.2). Dabei ist der Entwurf einer abgeleiteten *analytischen* Karte (siehe Nr. 5) meist relativ einfach: Da sich am Thema nichts ändert und die Vorlage gewöhn-lich einen größeren Maßstab aufweist, ist der Generalisierungsprozess vor-wiegend *maßstabsbedingt* (z. B. bei geologischen Karten und Fundkarten). Dagegen ist der Entwurf einer *synthetischen* Karte, oft auch schon einer *komplexen* Karte, häufig wesentlich schwieriger. Hier wird das Thema umgestaltet, finden Typisierungen, Zusammenfassungen usw. statt, und diese Generalisierung ist daher vorwiegend *themabedingt*. Als Ausgangs-karten dienen mehrere analytische Karten; der Maßstab bleibt erhalten oder wird kleiner gewählt.

4. Gruppierung nach der Struktur der Kartengraphik (Kartentypen)

Nach den Erscheinungsformen der Kartengraphik ergibt sich eine *metho-denorientierte* Gliederung: So kann man unterscheiden nach Punktkarten, Iso-linienkarten, Arealkarten, Signaturenkarten, Diagrammkarten usw. Eine solche Gruppierung geht (umgekehrt wie in Nr. 5) vom graphischen Gestaltungsmittel aus und fragt nach den Objekten mit ihren Merkmalen, die sich mit ihm wieder-geben lassen.

5. Gruppierung nach Merkmalen der Objekte

Diese Gruppierung entspricht einer *objektbezogenen (problemorientierten)* Betrachtungsweise. Sie geht (umgekehrt wie in Nr. 4) vom Objektmerkmal aus und fragt nach den Gestaltungsmitteln, die zu seiner Bearbeitung geeignet sind. In dieser Weise sind auch die späteren Betrachtungen zum Karteninhalt (10.2.3) gegliedert; dabei kann man im Anhalt an die in 1.3 beschriebenen Objektmerkmale wie folgt unterscheiden:

a) Nach den Arten des Raumbezugs: *Diskreta* oder *Kontinua*.

b) Nach dem sachlichen (substantiellen, semantischen) Bezug:
  - *Qualitative* Karten geben nur die Objektqualität zu erkennen und beantworten damit die Frage „*Was* ist wo?". Beispiele dafür sind geologische und politische Karten sowie Standort- und Fundkarten.
  - *Quantitative* Karten bringen daneben auch Größen, Mengen, Werte usw. des Objekts zum Ausdruck und beantworten damit die Frage „*Wieviel* ist wo?". Die Angaben sind absolute (z. B. Einwohnerzahlen) oder relative Werte (z. B. Bevölkerungsdichte); weitere Kriterien siehe Abb.1.06. Soweit die quantitativen Daten statistischer Herkunft sind, spricht man auch von statistischen Karten oder Statistik in Kartenlage.

c) Nach dem zeitlichen (temporalen) Bezug („*Wann* war was wo und wie?"):
  - *Statische* Karten sind das Ergebnis der Bestandsaufnahme zu einem bestimmten Zeitpunkt. Zu dieser Gruppe der Bestands- oder Zustandskarten gehören die meisten thematischen Karten.
  - *Dynamische* Karten geben entweder die Gesamtveränderungen der Objekte wieder (z. B. Transporte, Vogelflüge) oder die raumzeitlichen Entwicklungen von Objektabgrenzungen (z. B. Stadtentwicklung).

6. Gruppierung nach Umfang und Verarbeitungsgrad der Thematik

Hierbei ergeben sich folgende Fälle:

a) *Analytische Karten* sind monothematisch, d. h. sie stellen ein einziges Thema in seiner räumlich/sachlichen Aufgliederung dar. Zu ihnen gehören die meisten Themakarten, z. B. viele Einzelthemen aus dem Naturbereich sowie Bestandsdarstellungen zur Planung.

b) *Komplexe Karten (komplexanalytische Karten, Verknüpfungskarten)* sind polythematisch, d. h. sie behandeln mehrere Themen, die meist in sachlichem Zusammenhang stehen, jedoch weiterhin einzeln erkennbar bleiben. Sie sind daher eigentlich nur Zusammenfassungen mehrerer analytischer Karten (z. B. Heimatkarten mit historischen, siedlungs-, verkehrs- und wirtschaftsgeographischen Angaben).

c) *Synthetische Karten* ergeben sich als Darstellungen eines Gesamtbildes über das Zusammenwirken mehrerer Themen durch Überarbeitung analytischer Karten, evtl. bis zur *Typenbildung* (z. B. Karten der Landwirtschaftstypen, in denen betriebliche, bodenkundliche und klimatische Merkmale enthalten sind).

10.2.3 Karteninhalt

Als Karteninhalt gilt in syntaktischer Hinsicht die Summe der graphischen Darstellungen *(Kartenbild)* bzw. der dafür stehenden Daten *(digitale kartographische Modelle)*, im semantischen Sinne die Gesamtheit der dargestellten Objekte *(Kartenthema)*.

Die Aussagen zu inhaltlichen Bestandteilen wie Kartennetz, Kartenrand und Kartenrahmen sowie die Festlegungen zum Kartenfeld, zur Kartenbenennung und zum Kartenmaßstab sind weitgehend für Karten aller Art gültig. Einzelheiten dazu sind daher bereits unter 3.5.1 und 3.5.2 zusammengestellt.

Die nachfolgenden Ausführungen beschränken sich damit auf inhaltliche Darstellungen im Kartenfeld. Im Gegensatz zu den topographischen Karten besteht das Kartenbild thematischer Karten aus der eigentlichen thematischen Darstellung (10.2.3.1) und dem topographischen Kartengrund (10.2.3.2).

10.2.3.1 Thematische Darstellung

Die Erläuterungen zur thematischen Darstellung verlaufen ähnlich wie bei den topographischen Karten (9.2.3): Sie gliedern sich nach Objektgruppen mit ihren Merkmalen (1.3, 10.2.2 Nr. 5) und beschreiben die dafür geeigneten kartographischen Gestaltungsmittel mit ihren Lagemerkmalen, ihrer Generalisierung sowie besonderen Kennzeichen und Problemen. Neben den Textabbildungen geben die Anlagen 10 bis 19 typische Beispiele für den jeweiligen Kartenmaßstab.

1. Lokale Diskreta

Da die Dimensionen der Objekte im jeweiligen Kartenmaßstab eine Grundrissdarstellung nicht mehr erlauben, erscheinen sie nur lagetreu als lokale, d. h. quasipunktförmige Objekte. Sie sind statisch und unterscheiden sich (1) in ihrer Qualität oder auch (2) in Quantität. Ob ein Objekt als lokal einzustufen ist, hängt von seiner absoluten Größe und vom Kartenmaßstab ab: Eine Fabrik lässt sich in sehr großem Maßstab noch in ihrem Grundriss, also flächenhaft darstellen; mit kleiner werdendem Maßstab entsteht daraus eine lokale Signatur.

1) Qualitative lokale Diskreta

Solche Darstellungen sind neben denen der qualitativen flächenhaften Diskreta (Nr. 3a) der wichtigste Fall der sog. qualitativen Karten (10.2.2 Nr. 5). Als Gestaltungsmittel eignen sich alle Arten lokaler Signaturen *(Ortslagekartenzeichen)* als sog. *Gattungs-* oder *Objektsignaturen*. Dabei wird die Objektlage meist durch die Signaturenmitte, die Objektqualität durch graphische Variation nach Form oder Farbe der Signatur angegeben. Solche *Positionskarten (Ortslagekarten, Signaturenkarten)* können infolge der Variationsmöglichkeiten und der geringen Größe der Kartenzeichen auch eine größere Anzahl lokaler Themen als komplexe Karte (10.2.2 Nr. 6) wiedergeben.

Positionskarten zeigen als *Standortkarten* die Lage von Industrien, Behörden, Schulen, Wetterstationen, historischen Stätten usw., als *Fundkarten* den Nachweis von Fundstätten urgeschichtlicher Gräber, Geräte, Siedlungen usw. Da sie keine quantitativen Angaben (z. B. Personenzahl, Produktionsmenge) liefern, kann ihr Aussagegehalt, z. B. bei der Darstellung von Berufsgruppen oder Industrien, mitunter gering sein, evtl. sogar zu falschen Bedeutungsvorstellungen führen.

Über die graphischen Gestaltungsmöglichkeiten solcher lokaler Objekte finden sich weitere Einzelheiten in 3.4.4.2 Nr. 1 und in den Abb. 3.17 bis 3.20. Abb. 10.06 zeigt einen Kartenausschnitt, in dem das gleiche Thema einmal mit bildhaften und einmal mit geometrischen Signaturen dargestellt ist.

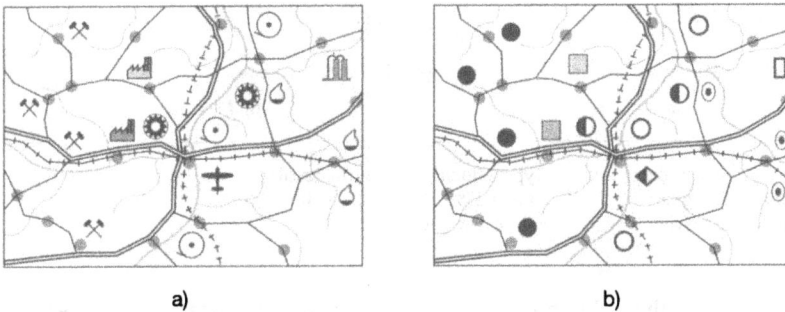

a)   b)

Abb. 10.06 Darstellung qualitativer lokaler Diskreta durch (a) bildhafte und (b) geometrische Signaturen

Das Darstellen lokaler Qualitäten, die als *Objekttypen* anzusehen sind, erfordert vorab die Aufbereitung der Ausgangsdaten zum Zwecke der Typenbildung. Diese ergibt sich aus den unterschiedlichen Anteilen oder Gewichten der Merkmale, die zur Beschreibung eines Typus dienen. Lassen sich die Anteile durch Zahlenwerte ausdrücken, so eignet sich z. B. das Dreiecksdiagramm zum Gebrauch bei drei Relativwerten, deren Summe 100% beträgt. Dann ergibt sich u. a. für die Bevölkerung eines Ortes der *Typ der Beschäftigungsstruktur* aus den Anteilen von Landwirtschaft, Industrie und Dienstleistung, der *Typ der Altersstruktur* aus den Anteilen von drei bestimmten Altersgruppen. Die Einzelfälle werden nach ihren Zahlenwerten kartiert (Abb. 10.07a); nach dem entstandenen Verteilungsmuster lassen sich dann die Typen abgrenzen (Abb. 10.07b).

2) Quantitative lokale Diskreta

Neben der Qualität enthält die thematische Aussage auch noch Angaben über Größe, Menge, Wert usw., und zwar meist *absolute* Zahlenwerte (im Gegensatz zu den relativen Flächendarstellungen, Nr. 3b). Die Gestaltungsmittel sind (a) lokale Signaturen, (b) Punkte und (c) lokale Diagramme. Da die Variation der Gestaltungsmittel in erster Linie zur *quantitativen* Aussage herangezogen wird, ist eine so umfangreiche Wiedergabe verschiedener *Qualitäten* wie in Nr. 1 nicht möglich. Der Themenkreis einer Karte ist damit stärker eingeschränkt.

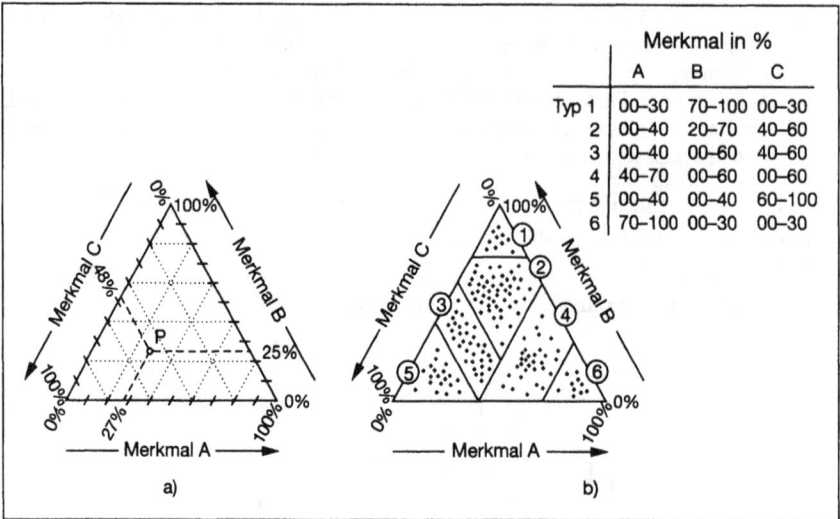

Abb. 10.07 Dreiecksdiagramm zur Typenbildung aus drei Merkmalen:
a) Einzelkartierung des Objekts P mit A = 27%, B = 25%, C = 48%;
b) Bildung von 6 Typen aus dem Verteilungsmuster

a) Die Darstellung durch *lokale Signaturen* lässt sich gestuft, stetig oder mittels Werteinheiten vornehmen:

- Die *gestufte Darstellung* beruht auf sprunghaftem Wechsel in Größe, Füllung, Form oder Farbe der meist geometrischen Signatur. Dabei erhalten größere Werte in der Regel auch größere „Signaturgewichte" oder „Farbgewichte". Voraussetzung ist eine Bildung von Wertgruppen (Nr. 3c); diese sind so abzugrenzen, dass sie jeweils typische Bereiche kennzeichnen (z.B. Klein-, Mittel- und Großbetriebe). Weitere Einzelheiten siehe 3.4.4.2 Nr. 2a und Abb. 3.21.
- Die *stetige Darstellung* führt zu einer kontinuierlichen Veränderung der Signaturengröße in Abhängigkeit von der Objektquantität. Da die Signatur meßbar sein muß, herrschen *geometrische Zeichen* vor (Abb. 3.18). Je nach der Form der Signaturen sind ein- und zweidimensionale sowie quasi-dreidimensionale Größendarstellungen möglich. Dabei spielt die Wahl des passenden *Größenmaßstabes* eine zentrale Rolle. Weitere Einzelheiten finden sich in 3.4.4.2 Nr. 2b sowie in den Abb. 3.23 bis 3.26. Abb. 10.08 stellt einen Kartenausschnitt dar, in dem das gleiche Thema einmal mit eindimensionalen (stabförmigen) und einmal mit zweidimensionalen (kreisförmigen) geometrischen Signaturen dargestellt ist.

Quantitative Aussagen mittels stetig veränderter Signaturen sind spürbar eingeschränkt, wenn sich die Signaturen in Ballungsgebieten oder bei komplexen Karten häufen. Der Ausweg, die Quantität lediglich durch Beischreiben des Zahlenwertes neben eine kleine Signatur anzugeben,

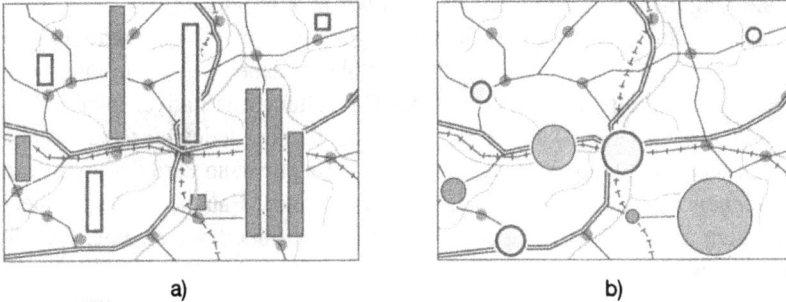

a)   b)

Abb. 10.08 Darstellung der Quantitäten für zwei Arten lokaler Objekte durch (a) Stabsignaturen (eindimensional) und (b) Kreissignaturen (zweidimensional). Die Werte der hellen Signaturen verhalten sich wie 1:2:4:8, die der dunklen Signaturen wie 1:3:9:27.

wäre jedoch unbefriedigend, da dies keinen unmittelbaren visuellen Über-blick vermittelt. Andere Lösungen sind differenziertere Darstellungen in Nebenkarten oder stärkere Generalisierungen, schließlich der Übergang zu Werteinheitssignaturen.

– Bei der Darstellung durch *Werteinheitssignaturen* stellt jede Signatur eine konstante Werteinheit *(Kartenzeichenwerteinheit)* dar. Die quantitative Angabe ergibt sich damit als Summe gleich großer und geometrisch streng geordneter Zeichen, die schnelle und sichere Vergleiche zulassen. Durch den damit verbundenen großen Bedarf an Kartenfläche geht allerdings die Lagetreue verloren. Weitere Einzelheiten siehe 3.4.4.2 Nr. 2c und Abb. 3.27 bis 3.29. Abb. 10.09 stellt einen Kartenausschnitt dar, in dem das gleiche Thema einmal mit gestuften Signaturen und einmal mit Werteinheitssigna-turen dargestellt ist.

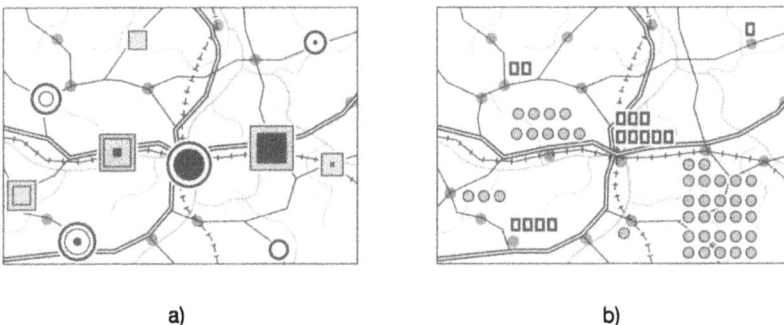

a)   b)

Abb. 10.09 Darstellung der Quantitäten für zwei Arten lokaler Objekte durch (a) gestufte Signatu-ren und (b) durch Werteinheitssignaturen. Im Falle (b) entsprechen die Wertverhältnisse denen der Abb. 10.08

b) Darstellung lokaler Quantitäten durch *Punkte (Punktmethode)*

Bei großer Objekthäufung und zur Wiedergabe typischer Objektverteilungen eignen sich Punkte als Gestaltungsmittel: Solange dabei jeweils ein Punkt ein Objekt repräsentiert, entspricht dies der Darstellung qualitativer lokaler Diskreta in Gestalt einer Standortkarte (Nr. 1a). Ist aber jedes *einzelne* Objekt infolge sehr großer Objektdichte nicht mehr darstellbar, so wird der Punkt zur Werteinheit für eine bestimmte Menge von Personen, Haustieren, Maschinen, Produkten usw. Damit ist die allgemeine Signaturenmethode zu einer spezifischen *Punktmethode* übergeleitet.

Bei solchen *Punktkarten (Punktstreuungs-* oder *Objektstreuungskarten)* ergibt sich die Gesamtmenge für einen Bereich durch Auszählen der Punkte und Multiplikation mit dem Mengenwert. Nachteilig ist die Tatsache, dass Objekte verschiedener Qualität nur durch kräftigen Farbwechsel oder durch Übergang zu kleinen Formsignaturen erkennbar zu machen sind; Punktstreuungskarten sind daher vorwiegend monothematisch, also analytische Karten. Abb. 10.10a zeigt einen Kartenausschnitt, der die Einwohnerzahl von Orten mit festgelegten Mengenwerten darstellt.

Je kleiner der Mengenwert des Punktes ist, desto differenzierter ist die Wiedergabe (Abb. 3.12a). Die Festlegung dieses Wertes richtet sich nach den Darstellungsmöglichkeiten in Gebieten größter Objektdichte. Ergibt sich dabei ein relativ großer Punktwert, so wird in Gebieten geringerer Dichte die Wiedergabe zu ungenau, weil der Punkt einen größeren Bereich repräsentieren muß und daher dort die Objektstreuung nicht mehr ausreichend zu erkennen ist (Abb. 3.12b). Als Ausweg kann man wie bei der Kleingeldmethode (Abb. 3.28) in den Ballungsgebieten den Punktwert vereinzelt höher setzen und dies durch eine besondere Signatur zum Ausdruck bringen (Abb. 3.12c).

c) Darstellung lokaler Quantitäten durch *lokale Diagramme*

Sind die Objektquantitäten (meist Absolutangaben) noch sachlich aufzugliedern (z. B. Bevölkerung nach Berufen) oder in zeitlicher Entwicklung (z. B. Veränderung der Einwohnerzahl) darzustellen, so benutzt man Diagramme

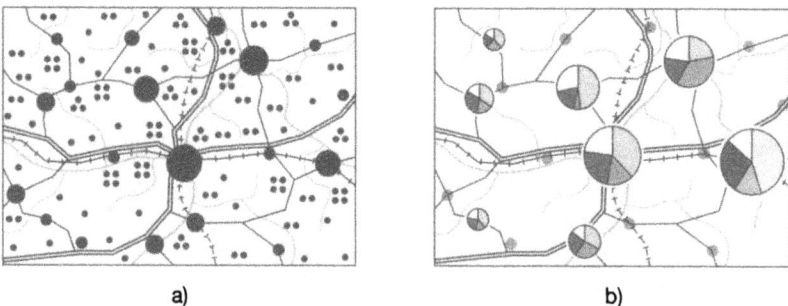

a)   b)

Abb. 10.10 Darstellung lokaler Quantitäten durch (a) Punkte als Werteinheiten für Einwohnerzahlen und durch (b) Diagramme zur Gliederung eines Sachverhalts

(*Ortslagediagramme, Positionsdiagramme*). Weitere Einzelheiten zu den Aussagemöglichkeiten solcher *Diagrammkarten* sowie Figurenbeispiele dazu finden sich in 3.4.5 und Abb. 3.38 bis 3.40. Abb. 10.10b zeigt einen Kartenausschnitt, der Teilmengen eines Sachverhalts durch Kreissektorendiagramme (Tortendiagramme) in einer auf den Bezugsort zentrierten Weise darstellt.

Äußerlich entsprechen die lokalen Diagramme den flächenbezogenen Diagrammen (Kartodiagramme, Nr. 3b), unterscheiden sich von diesen aber durch den eindeutigen lokalen Bezug, während die Kartodiagramme Summenwerte für eine bestimmte Bezugsfläche sind.

2. Lineare Diskreta

Diese erscheinen je nach Kartenmaßstab linienhaft bis bandförmig (z. B. Versorgungsleitung, Flugschneise). Die Wiedergabe erstreckt sich vorwiegend auf die Qualität des Objekts, vereinzelt auf zusätzliche quantitative Angaben. Das Lagemerkmal reicht von der Grundrissähnlichkeit bei Begrenzungslinien bis zur Lagetreue bei fiktiven Mittellinien. Die Objekte sind oft Träger räumlicher Veränderungen (Nr. 5).

Für die Angabe von (1) Lage, (2) Qualität und (3) Quantität lassen sich die Gestaltungsmittel wie folgt einsetzen:

1) Zur Lageangabe eignen sich Linien und lineare Signaturen. Beispiele dazu zeigen die Abb. 3.01, 3.13, 3.14 und 3.30. Weitere Einzelheiten zur linearen Kartengraphik finden sich in 3.4.2 und 3.4.4.

2) Qualitäten erscheinen bei reinen Linien durch Variation der Farbe oder Breite oder als Zusatz von Signaturen bzw. Schriften. Bei reinen linearen Signaturen ist neben der Farbvariation auch die Formvariation möglich (Abb. 3.30a). Abb. 3.14 zeigt einen Ausschnitt aus einem Verkehrsnetz, wobei die Verkehrsbedeutung durch Variation der linearen Signaturen und der Breite zum Ausdruck kommt.

3) Quantitäten (z. B. Straßenbelastung in to, Leistungsmerkmal von Leitungen) kommen durch Breite, Ziffernsignaturen oder Schrift zum Ausdruck.

3. Flächenhafte Diskreta

Sie erscheinen in der Karte flächenhaft ausgedehnt und gestatten damit eine grundrisstreue bzw. -ähnliche Darstellung. Eine Gliederung mit Beispielen gibt Abb. 1.04. Die in den weiteren Ausführungen als statisch anzusehenden Objekte unterscheiden sich (1) in ihrer Qualität oder auch (2) nach Quantität. Im Gegensatz zur möglichen Mehrfach-Thematik lokaler Diskreta (Nr. 1) muß sich die Darstellung meist auf ein einziges flächenhaftes Thema beschränken, kann jedoch weitere lokale und lineare Themen aufnehmen.

Die Einstufung eines Objekts als flächenhaft hängt von seiner absoluten Größe und vom Kartenmaßstab ab: Eine Siedlungsfläche erscheint in einer großmaßstäbigen Karte flächenhaft, in einer kleinmaßstäbigen Karte dagegen lokal (z. B. als Kreissignatur).

1) Qualitative flächenhafte Diskreta

Solche Darstellungen sind neben denen der qualitativen lokalen Diskreta (Nr. 1a) der Hauptfall der qualitativen Karten (10.2.2 Nr. 5). Sie gelten als *Arealkarten*, nach ihrer Erscheinung auch als *Mosaikkarten* oder *Gattungsmosaiken*. Über die weiteren Unterscheidungen nach (Objekt-)Flächenkarten, Verbreitungskarten und Bezugsflächenkarten finden sich nähere Erläuterungen in 1.3.2 und Abb. 1.04.

Spezifische Merkmale solcher Flächen ergeben sich in folgenden Fällen:

- Ein *Pseudo-Areal* liegt vor, wenn die Objekte gar keine Flächen sind. Vielmehr handelt es sich um die flächenhafte Zusammenfassung einer größeren Anzahl lagemäßig fester, meist kleiner Objekte (z. B. archäologische Fundstätten). Sie wären zwar durch entsprechende lokale Signaturen darstellbar, kommen aber durch eine Flächenwiedergabe zum Ausdruck, wobei die Angabe der Objektart in der Fläche durch Farbe, Signatur oder Schrift stattfindet.
- Bei der Wiedergabe flächenhafter *Objekttypen* kann es sich sowohl um Objektflächen (z. B. beim Bodentyp) als auch um Verbreitungsflächen (z. B. bei der Beschäftigungsstruktur in bestimmten Gebieten) handeln. Die vorangehende Typenbildung aus den einzelnen Merkmalen entspricht dem bei den lokalen Typen (Nr. 1b) beschriebenen Verfahren.

Als Gestaltungsmittel flächenhafter Diskreta kommen zur Anwendung:

- Linien bzw. lineare Signaturen zur grundrisstreuen bzw. grundrissähnlichen Abgrenzung der Objekte.
- Flächen (Vollflächen), flächenhafte Signaturen (Eigenschaftssignaturen) mit Einschluss von Strukturrastern (Abb. 4.02) oder Schriften, jeweils mit ihren graphischen Variationen, zur Angabe der Qualität. Bei Vollflächen ist auch ein Verzicht auf besondere Abgrenzungslinien möglich, da die Kontur dieser Flächen bereits selbst die Abgrenzung anzeigt.
- Ziffernsignaturen oder Schriften für evtl. zusätzliche quantitative Angaben (z. B. Ertragswertzahlen bei Bodengütekarten).

Flächen mit ihrer Farbvariation *(Flächenfarben)* wirken anschaulich und lassen sich noch gut mit weiteren Darstellungen belasten (z. B. geologische Karten, Bodenkarten, Geschichtskarten, politische Karten und Planungskarten); sie erfordern aber andererseits einen höheren kartentechnischen Aufwand. *Flächensignaturen* (Flächenkartenzeichen) eignen sich nicht nur für eine mehrfarbige, sondern auch für einfarbige Wiedergabe, wo diese aus wirtschaftlichen oder anderen Gründen erforderlich ist (z. B. bei der Wiedergabe zwischen Texten in Büchern und Zeitschriften). Sie lassen sich ferner – wie auch die *Schriften* – in komplexen Karten mit Flächenfarben kombinieren, wenn sich Flächen verschiedener Merkmalsgruppen überlagern.

2) Quantitative flächenhafte Diskreta (Flächenbezogene Quantitäten)

Solche quantitativen Karten (10.2.2 Nr. 5) entstehen aus der Zuordnung (Relation) von Quantitäten zu bestimmten Bezugsflächen (Gebietseinheiten). Da die Zahlenwerte sich innerhalb der Bezugsfläche nicht eindeutig und exakt fixieren lassen, ist ihre Darstellung lediglich raumtreu. Der Inhalt des topographischen Kartengrundes beschränkt sich daher meist auf wenige weitere Angaben (z. B. wichtigste Orte, Verkehrswege und Gewässer). Die Quantitäten sind (a) ungegliedert oder (b) gegliedert, absolute Zahlen (meist Summenwerte wie Produktionsmengen, Einwohnerzahlen) oder relative Größen (meist Mittelwerte wie Pro-Kopf-Verbrauch, Bevölkerungsdichte). Weitere Merkmale der Werte siehe auch Abb. 1.06.

a) Ungegliederte flächenbezogene Quantitäten

Darstellungen eines einzigen Zahlenwertes je Bezugsfläche werden oft als *Kartogramme* bezeichnet. Ist der Zahlenwert eine *absolute* Größe, so kommen als Gestaltungsmittel vorwiegend lokale Signaturen in Betracht *(Gebietssignaturenkarte, Signaturenkartogramm)*. Diese sind entweder geometrische Zeichen (Abb. 3.36a), bildhafte Figuren (Abb. 3.36b) – beide meist in stetiger Darstellung mit Hilfe eines Größenmaßstabs – oder Werteinheitssignaturen (Abb. 3.36c). Darstellungen durch gestufte Signaturen (wie in Abb. 3.21) oder durch verschiedene Flächenfüllungen (wie in Abb. 3.15c) sind bei Absolutwerten selten und auch meist ungeeignet.

Einzelheiten zur Systematik und Graphik von Größensignaturen siehe in 3.4.4.2 mit den Abb. 3.22 bis 3.26. Dabei gibt es jedoch trotz aller Gemeinsamkeiten im äußeren Erscheinungsbild folgenden Unterschied zu den lokalen Objekten: Beim flächenbezogenen Signaturenkartogramm ist die Signatur meist kleiner als die Bezugsfläche; beim lokalen Objekt ist die Signatur gewöhnlich größer als das Objekt selbst. Ferner ist die Kartogrammsignatur innerhalb der Bezugsfläche verschiebbar, während für die lokale Quantität eine exakte und damit feste Lage vorgegeben ist.

Einen Sonderfall bilden die Darstellungen, bei denen die Absolutangaben selbst die Größe der Bezugsflächen bestimmen. Solche verzerrten Karten *(Kartenanamorphosen, 3.8.2)* besitzen daher keinen geometrischen, sondern einen sachbezogenen Maßstab (Abb. 10.11).

Ist der Zahlenwert eine *relative* Größe, so treten als Gestaltungsmittel Vollflächen oder Flächensignaturen in gestufter Darstellung auf *(Flächendichtekarten, Flächenstufenkarten, Choroplethenkarten* oder *Flächenkartogramme)*. Die aus den Einzelwerten gebildeten Gruppen unterscheiden sich durch graphische Variation von Farbtönen oder -helligkeiten bei den Vollflächen bzw. auch von rasterartigen Stufen bei den Flächensignaturen (Abb. 3.36). Relativdarstellungen durch lokale Signaturen sind selten und meist ungeeignet.

Relative Angaben allein können bei bestimmten Themen unbefriedigend sein, wenn der Sachverhalt nicht in Verbindung mit der Absolutangabe deutlich wird. So können prozentuale Daten über die Konfessionszugehörigkeiten im Stadt/Land-Verhältnis zu unrichtigen absoluten Vorstellungen führen, wenn nicht auch die Einwohnerzahlen selbst erkennbar gemacht werden. Dies ist durch kombinierte Darstellung möglich, z. B. durch Größensignatur und Flächentonwert (Abb. 3.36).

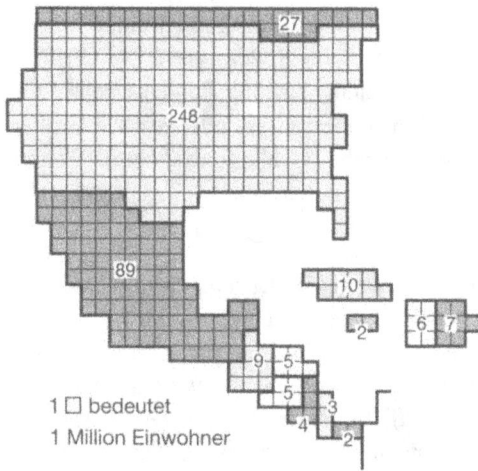

Abb. 10.11 Einwohnerzahlen als Bestimmungswerte für die Größe der Bezugsflächen der Staaten Nord- und Mittelamerikas

b) Gegliederte flächenbezogene Quantitäten

Hierbei gliedert sich der für eine Bezugsfläche gültige Zahlenwert sachlich nach Einzelmerkmalen (z. B. Fremdenverkehr nach Herkunftsländern) oder nach zeitlicher Entwicklung (z. B. Anzahl der Übernachtungen von Jahr zu Jahr). Solche Darstellungen gelten als *Kartodiagramme, Gebietsdiagrammkarten* oder – im Gegensatz zu den Ortslagediagrammen – als *Flächendiagramme*. Die dargestellten Zahlenwerte sind überwiegend absolute Angaben. Als Gestaltungsmittel eignen sich in erster Linie Diagramme (Abb. 3.38, 10.12a), daneben aber auch Werteinheitssignaturen (Abb. 3.27).

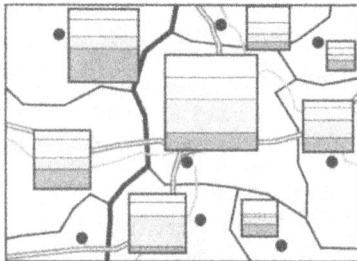

a)

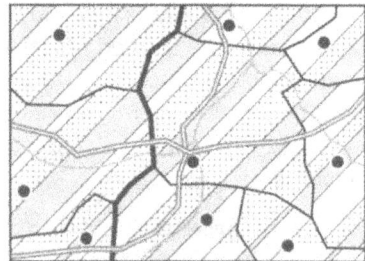

b)

Abb. 10.12 Beispiel eines (a) Quadratdiagramms und eines (b) Streifendiagramms

Einen Sonderfall bildet das Streifendiagramm (statistisches Mosaik, Abb. 10.12b), bei dem die einzelnen parallelen Streifen jeweils eine bestimmte Qualität (z. B. Art der landwirtschaftlichen Nutzung) angeben. Die Streifenbreite ist ein Maß für den relativen Anteil der einzelnen Qualitäten an der gesamten Bezugsfläche. Der Absolutbetrag einer Qualität lässt sich nur indirekt aus ihrem relativen Anteil und der Bezugsflächengröße ermitteln. Der Streifenmaßstab darf nicht zu groß sein, d. h. die Streifen müssen sich ausreichend wiederholen, da sonst bei sehr unregelmäßigen und ausgebuchteten Flächen der visuelle Eindruck der einzelnen Streifenflächen zu fehlerhaften Annahmen führen kann.

Weitere Einzelheiten zur Kartengraphik bei Flächendarstellungen finden sich in 3.4.3 und 3.4.4.2 Nr. 5 und 6 sowie in den Abb. 3.15, 3.33 bis 3.35. Dabei kommt auch das Problem der *Abgrenzung* zur Sprache, wenn sich mehrere Objekte in bestimmten Bereichen durchdringen (z. B. Volksgruppen, Sprachgebiete), ferner der Fall, dass sich für die Objekte überhaupt nur eine ungefähre Lage angeben lässt (z. B. politisches Einflußgebiet).

Solche Darstellungen unscharfer Abgrenzung und gegenseitiger Durchdringung liefern allerdings noch keine Angaben über das Maß der *quantitativen* Mischung. Für weitere Differenzierungen kämen dann Farbton- bzw. Helligkeitsvariationen oder Signaturen in Betracht, mit denen z. B. die Mischungsanteile in Prozenten gruppenweise erscheinen. Auch kann man Größensignaturen, Diagramme oder die Punktmethode anwenden (Nr. 1b).

In der raumbezogenen Forschung kann es vorkommen, dass für einen flächenhaften Objekttyp die Abgrenzung erst noch zu finden ist. So ergibt sich z. B. ein Landschaftstyp aus dem Zusammenspiel von Relief, Klima, Agrarverfassung, Konfession, Sprachbereich usw. Trägt man die Abgrenzungen dieser Merkmale zusammen, so erhält man im Zuge einer sog. *Grenzgürtelmethode* eine mehr oder weniger exakte Abgrenzung eines derartigen Landschaftstyps.

Die *Generalisierung* flächenhafter Darstellungen richtet sich nach Inhalt und Zweck des Themas. Für stark verästelte oder in kleine Einheiten aufgelöste Flächen beschreibt *Arnberger* (1966, 1977) vier Methoden:

- Die *selektive Methode* scheidet alle Flächen unterhalb einer bestimmten Mindestgröße aus.
- Die *individuelle Methode* zielt auf die Erhaltung des Formtypus (z. B. bandförmiges Grünland längs der Gewässer).
- Durch *einseitige Betonung* bleiben nur große, aber die Verteilung gut kennzeichnende Flächen erhalten.
- Die aufwendige *Wahrung der Flächenverhältnisse* kommt in Betracht, wenn dies für die Kartenauswertung von Bedeutung ist.

c) Aufbereitungs- und Darstellungsprobleme flächenbezogener Quantitäten
  Der Vorteil solcher kartographischer Darstellungen ist im Vergleich zu Tabellen und Texten offenkundig: Man erkennt sofort die räumlichen Verteilungsmuster, Schwerpunkte, Differenzierungen, Tendenzen usw. Eine sachlich zutreffende und anschauliche Darstellung solcher Sachverhalte erfordert jedoch eine sorgfältige Aufbereitung des Datenmaterials. Dieses

liegt zwar in den meisten Fällen bereits vor, ist aber primär für nichtkartographische Zwecke erfaßt worden (z. B. Einwohnerdaten, Verkehrszählungen, Wahlergebnisse). Die kartographische Aufbereitung zwingt zu mehr oder weniger generalisierenden Eingriffen in das Zahlenwerk. Die wichtigsten Entscheidungen dazu betreffen die *Wahl der Bezugsfläche* und – besonders bei Relativdarstellungen – die *Bildung von Wertgruppen*.

– Wahl der Bezugsfläche

Nach der Art der Abgrenzung kann man zwischen topographisch/geographischen, administrativen und geometrischen Bezugsflächen unterscheiden. Die Abb. 10.13 liefert dafür weitere Merkmale mit Beispielen dazu. Dabei gilt: Geographische und administrative Bereiche beruhen auf der örtlichen Situation und werden nach dieser kartographisch wiedergegeben; dagegen entstehen die geometrischen Bezugsflächen zunächst in der Karte und werden dann in die Örtlichkeit übertragen.

Art der Gebietsgliederung	Merkmal der Abgrenzung	Beispiele (nach kleiner werden dem Maßstab geordnet)
Topographisch Geographisch	Natürliche Grenze	Reliefgliederung – Bodenbedeckung – Bebaubare Fläche – Wassereinzugsgebiet – Naturraum
	Künstliche Grenze	Baublock – Bodennutzung – Wegeblock – Gleiche Siedlungsstruktur – Wirtschaftsraum
Administrativ	Öffentliche Rechte	Zählbezirk – Stimmbezirk – Ortsteil – Gemeinde – Zweckverband – Landkreis – Bezirk – Bundesland
	Private Rechte	Grundstück (Flurstück)–Wirtschaftseinheit – Arbeitsbezirk – Organisationsbezirk
Geometrisch	koordinaten-abhängig	Quadratgitter im System der Landesvermessung – seltener Netzmaschen nach geographischen Koordinaten
	koordinaten-unabhängig	Willkürlich dem Einzelfallan gepasstes Netz aus Quadraten, Rechtecken, Sechsecken oder Dreiecken

Abb. 10.13 Kartographische Bezugsflächen, Merkmale und Beispiele

(1) *Geographische Bezugsflächen* sind Bereiche mit möglichst einheitlichem Merkmal (z. B. Ortskern, Ortsrand, Agrarfläche, Abb. 10.14a), die in sachgerechter Beziehung zu den statistischen Daten stehen. So sind Daten der Bevölkerungsstruktur ausschließlich auf bebaubare Flächen, Daten der Agrarstruktur auf landwirtschaftliche Flächen zu beziehen. Man gewinnt z. B. solche Bezugsflächen aus den Dichtebereichen einer Punktstreuungskarte (Abb. 3.12 und Abb. 10.10a). Der Vorteil dieser Methode liegt in der stärkeren Berücksichtigung örtlicher Verhältnisse, der Nachteil im höheren Aufwand der Datenaufbereitung und in der eingeschränkten Vergleichbarkeit zwischen verschiedenen Erhebungszeitpunkten.

(2) Bei *administrativen Bezugsflächen* handelt es sich gewöhnlich um die Flächen, auf die sich vor allem die amtlichen Statistiken beziehen (*statistische Methode,* z. B. für Gemeinden, Kreise, Schulbezirke, Kirchenbezirke, Landwirtschaftsbezirke). Im Vergleich zu den geographischen Bezugsflächen kehren sich Vor- und Nachteile des Verfahrens um, und es kann z. B. ein auf die Gesamtfläche bezogener statistischer Mittelwert entstehen, der an keiner Stelle eine reale Entsprechung aufweist (Abb. 10.14b).

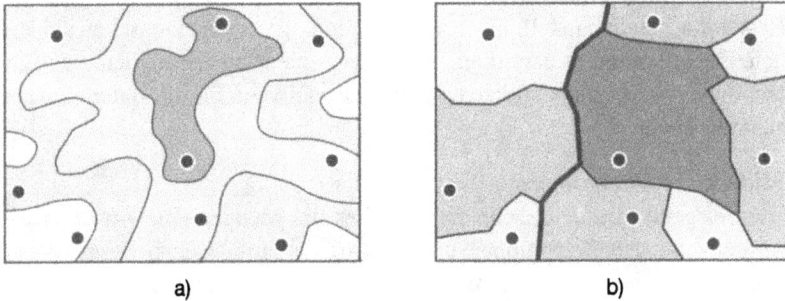

a)   b)

Abb. 10.14 Darstellung von Dichtewerten mit (a) geographischen Bezugsflächen und mit (b) administrativen Bezugsflächen (Bevölkerungsdichte genähert nach Abb. 10.10a)

(3) *Geometrische Bezugsflächen* entstehen aus der schematischen Festlegung durch ein regelmäßiges Netz (Abb. 10.15). Für eine allgemeine und übergebietliche Festlegung kommen als *Quadratgittermethode* oder *Verfahren der Rasterflächen* nur solche Quadratnetze in Betracht, die sich aus dem Koordinatensystem der Landesvermessung ergeben. Dieses Netz ist in allen amtlichen topographischen Karten (9.2.4.1) enthalten und ist darüber hinaus in digitalen Daten verfügbar. Für geometrische Bezugsflächen sprechen die folgenden Gründe:
– Der *räumliche* Vergleich wird durch gleich große Flächen begünstigt.

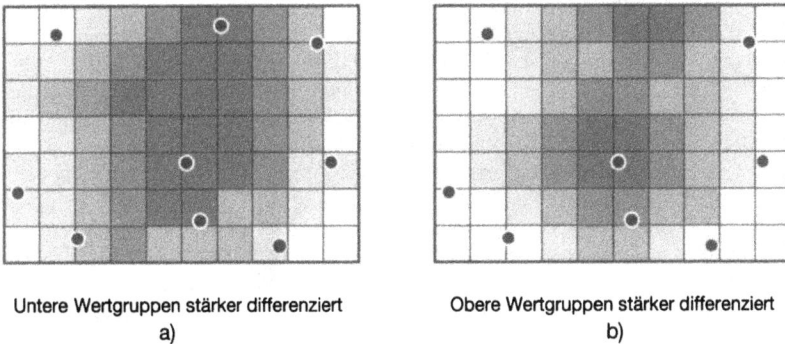

Untere Wertgruppen stärker differenziert   Obere Wertgruppen stärker differenziert
a)   b)

Abb. 10.15 Darstellung von Dichtewerten mit geometrischen Bezugsflächen (Bevölkerungsdichte genähert nach Abb. 10.10a) mit stärkerer Differenzierung der Wertgruppen (Sinngruppen) in (a) unteren Wertebereichen und in (b) oberen Wertebereichen

- Der *zeitliche* Vergleich wird möglich, weil auch im Falle der Änderung geographischer und administrativer Bezugsflächen die geometrische Bezugsfläche beibehalten werden kann. Das Verfahren wird damit – vor allem in Statistik und Planung – zugleich eine statistische Methode.
- Das Verfahren ist für die Modellierung und für die folgende Auswertung besonders vorteilhaft beim Einsatz der Datenverarbeitung. Dabei lässt sich je nach Thema und örtlicher Situation die Maschenweite (bis zu etwa 0,1 km) verhältnismäßig leicht verkleinern.

Da die Netzlinien keine Merkmalsgrenzen sind, können bei relativ grobem Raster die Relativdarstellungen sehr von der Lage der Netzmaschen abhängen. Daher kommt es darauf an, die Rasterweite ausreichend klein zu wählen, ohne dass damit sogleich der Erhebungsaufwand für die Daten unwirtschaftlich würde.

- Bildung von Wertgruppen (-klassen, -stufen)
  Hierbei geht es um Entscheidungen über die sachgerechte Anzahl und Abgrenzung der Wertgruppen und die Art der graphischen Wiedergabe. Diese Vorgänge sind ihrer Art nach quantitative Generalisierungen von Relativdaten durch Klassifizieren (3.7.2, Abb. 3.63).

(1) Die *Anzahl* der Wertgruppen sollte bei *einfarbiger* Darstellung höchstens 6 bis 8, bei *mehrfarbiger* Darstellung mit Kombination von Farbton- und Farbhelligkeitsvariation maximal 10 bis 12 betragen, weil sonst das Unterscheidungsvermögen zwischen benachbarten Stufen, vor allem bei sehr kleinen Bezugsflächen, nicht mehr ausreichend gewährleistet ist. Für die *Abgrenzung* der Wertstufen sind die folgenden Methoden üblich:

> Die *Stufung nach Sinngruppen* ist angebracht, wenn zwischen den zu bildenden Gruppen eindeutige und ausgeprägte Merkmalsunterschiede bestehen. So müßte z. B. eine Bevölkerungsdichtekarte von Europa die Ballungsräume, ihre Randzonen und die Agrarbereiche ausreichend differenziert erkennbar machen, während für die dünn besiedelten Gebiete eine einzige Gruppe (0-20 Einw./km²) genügt. Umgekehrt wäre für die bevölkerungsarmen Bereiche Australiens eine weitere Unterteilung dieser Gruppe zweckmäßig.
>
> Der *Stufung nach Häufigkeitsgruppen* (sog. natürlichen Gruppen) liegt die Häufigkeitsverteilung der Ausgangsdaten zugrunde, die sich z. B. aus einem Histogramm (Abb. 10.16) ergibt. Die dort auftretenden Minima ergeben die Grenzwerte (Schwellenwerte) zwischen den Wertgruppen. Die Verteilung darf jedoch nicht zu stark von Zufälligkeiten abhängen.
>
> Die *Stufung nach mathematischen Regeln* bietet sich an, wenn kein Anlaß besteht, die Schwellenwerte nach Sinngruppen oder nach der Häufigkeitsverteilung festzulegen. Sie schafft eine leichtere quantitative Vergleichbarkeit der Gruppen und ist besonders günstig für den Einsatz der GDV. Folgende Ansätze sind am bekanntesten:

- Die *arithmetische (äquidistante) Reihe* geht aus von einer konstanten Intervallbreite aller Wertgruppen. So ergibt sich z. B. bei einer Teilung der Prozentskala von 0 bis 100% in 10 Gruppen eine Intervallbreite von jeweils 10%. Das Ver-

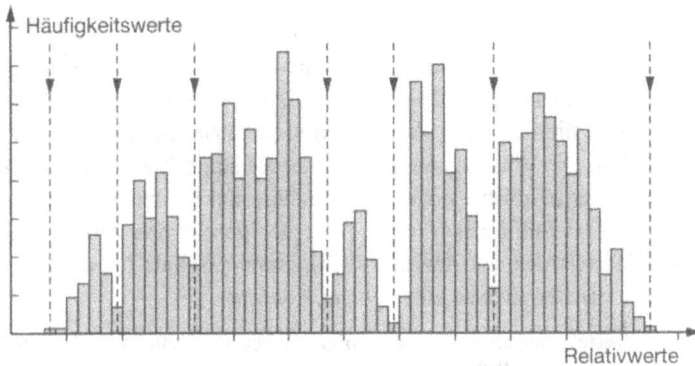

Abb. 10.16 Häufigkeitsdiagramm (Histogramm) von Relativwerten zur Festlegung von Wertgruppen. Die Pfeile markieren die Schwellenwerte.

fahren ist vorteilhaft, wenn der Vergleich von Wertstufen vor allem den Differenzen zwischen den Zahlenwerten gilt.

– Die *geometrische Reihe* beruht auf einem konstanten Zahlenverhältnis zwischen den Mittel- oder Grenzwerten benachbarter Gruppen, z. B. der Reihe 2, 4, 8, 16, 32... (Faktor 2) oder der absteigenden Reihe 100, 50, 25, 12, 6, 3... (Faktor 0,5). Die Methode ist günstig, wenn der Vergleich von Wertstufen vor allem den Verhältnissen zwischen den Zahlenwerten gilt.

– Das Prinzip der *Quantilen* sorgt dafür, dass alle Wertgruppen in einer gleich großen Anzahl von Bezugsflächen auftreten: Bei 7 Wertgruppen (Septilen) und 91 Bezugsflächen wären daher die Grenzwerte so festzulegen, dass jede Gruppe in 13 Bezugsflächen erscheint. Das Verfahren bietet die größtmögliche graphische Differenzierung.

Die Beschreibung der Wertgruppen durch die Zahlenwerte ihrer unteren und oberen Grenzen muß eindeutig sein, z. B. in der Folge 0 bis 10, >10 bis 20, >20 bis 30 usw. Das gilt vor allem, wenn nur ganzzahlige Werte darzustellen sind.

(2) Die *graphische Gestaltung* spielt vor allem eine Rolle bei der einfarbigen Wiedergabe mittels Helligkeitsstufen. Dabei liegen der Wahl der Tonwertabstände zur bestmöglichen Unterscheidung der Gruppen wahrnehmungspsychologische Überlegungen zugrunde *(Morgenstern 1974)*.

Mit den Mitteln der GDV ist zwar auch eine stetige Variation der Flächenhelligkeiten und damit die unmittelbare Wiedergabe des Einzelwertes möglich *(Kishimoto* in *Schweiz. Ges. f. Kartographie* 1990), ein spürbarer Gewinn ergibt sich aber nur dann, wenn die Helligkeit aus der Rasterweite oder densitometrisch meßbar ist. Ist dies nicht der Fall, so kann besonders der sog. Simultankontrast (3.2.5) die visuelle Zuordnung des Helligkeitswertes zur richtigen Gruppe bzw. zum richtigen Einzelwert verfälschen *(Schoppmeyer* 1978). Es gibt zahlreiche GDV-Programme für ein- und mehrfarbige Darstellungen, die teilweise stark von der sog. Präsentationsgraphik beeinflußt sind.

4. Kontinua

Diese sind räumlich oder flächenhaft unbegrenzt; sie gehören vorwiegend dem Naturbereich an. Eine Gliederung der *Kontinua* zeigt Abb. 1.05. Ein Kontinuum als *Wertefeld* wird durch die Lage von Zahlenwerten beschrieben, die sich von Ort zu Ort stetig ändern. Die Wiedergabe solcher hier als statisch zu betrachtenden Daten führt zu einer grundrisstreuen bzw. -ähnlichen oder lagetreuen Darstellung. Da das gesamte Kartenfeld graphisch in Anspruch genommen wird, ist in der Regel nur die Wiedergabe eines einzigen Kontinuums möglich, bei differenzierter Kartengraphik ausnahmsweise auch zweier Kontinua.

Ob ein Objekt als diskret oder als kontinuierlich anzusehen ist, kann mitunter vom Kartenmaßstab und von der Art der thematischen Aussage abhängen. So gilt z.B. ein Binnensee als Diskretum neben anderen diskreten Objekten in einer Atlaskarte, aber als Kontinuum, wenn eine Wiedergabe hydrographischer Daten des Sees allein stattfindet.

Als Gestaltungsmittel eignen sich (Abb. 10.17)
– Punkte bzw. lokale Signaturen zur Lageangabe der beobachteten oder registrierten Daten (z.B. Wetterstation, Grundwasserpegel),
– Schriften (Zahlen), seltener Diagramme zur Angabe der Daten selbst (z.B. Lufttemperatur, Wasserstand),
– Linien bzw. lineare Signaturen, die als sog. Isolinien nach den ermittelten Daten konstruiert werden,
– Flächenfarben bzw. Flächensignaturen, die zur besseren Veranschaulichung die Fläche zwischen benachbarten Isolinien ausfüllen.

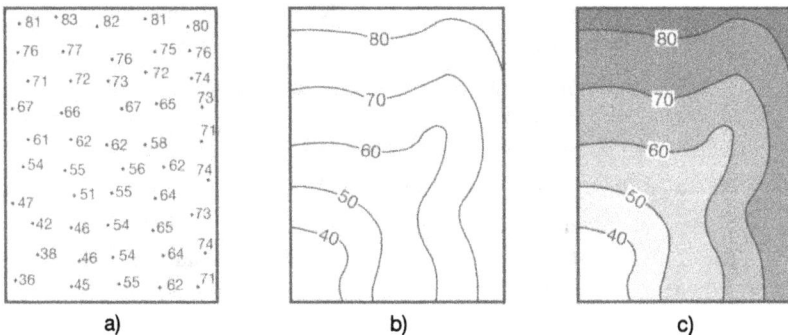

Abb. 10.17 Darstellung eines Kontinuums
(a) durch die Messpunkte mit Daten, (b) durch die daraus interpolierten Isolinien,
(c) durch Isolinien mit Flächenfüllung dazwischen

Das wichtigste und häufigste Mittel der Kontinuumsdarstellung sind *Isolinien (Isarithmen)* als Linien, die benachbarte Punkte gleicher Werte miteinander verbinden (*Isolinienkarte*, Abb. 10.17b). Sie stellen gewöhnlich runde Zahlenwerte dar (z. B. volle Temperaturgrade). Der Intervallwert (die Wertstufe) zwischen benachbarten Isolinien richtet sich nach dem Kartenmaßstab und nach der Genauigkeit der Ausgangsdaten; zu groß gewählte Intervallwerte und damit oft sehr große Horizontalabstände der Isolinien mindern den Aussagewert, zu kleine belasten den Karteninhalt stark. Ein konstanter Intervallwert entspricht den Äquidistanzen der Höhenlinien (9.2.3.2 Nr. 2b). Solche äquidistanten Systeme geben die beste Übersicht über die Werteverteilung im Kontinuum, lassen sich aber mitunter nur schwer realisieren, z. B. beim Auftreten großer Anomalien.

Die Konstruktion der Isolinien beruht auf einer Interpolation zwischen den Meßpunkten (vgl. 8.2.3.6). Während aber in der Topographie die Höhenlinien (Isohypsen) im Anhalt an ein dichtes Punktfeld meist linear interpoliert werden (6.3.1.2) und nur die Formrichtigkeit zu beachten ist, liegen beim Entwurf thematischer Isolinien die Punkte oft weit auseinander, und andere Zusammenhänge sind stärker zu beachten. So hängt z. B. der Verlauf der Linien gleichen Niederschlages (Isohyeten) in starkem Maße vom Geländerelief ab.

Isolinien treten vor allem in geowissenschaftlichen Karten auf. So stellen z. B. dar: Isobaren gleichen Druck, Isogammen gleiche Anomalie der Schwerkraft, Hydroisohypsen gleiche Grundwasserspiegelhöhe, Isoklinen gleiche erdmagnetische Inklination und Isothermen gleiche Temperatur. Isallobaren gleiche Luftdruckänderung je Zeiteinheit, Isoamplituden gleiche Schwankungen einer Größe, Isobasen gleiche tektonische Hebung, Isokatabasen gleiche tektonische Senkung. Weitere Isolinienbegriffe befinden sich in 10.2.4.1, ferner in Nr. 5b, wenn es um die Darstellung räumlicher Veränderungen eines Kontinuums geht. Heute verwendet man über 150 Isolinien-Begriffe, und zwar nicht nur in den Naturwissenschaften, sondern auch als Pseudo-Isolinien in den Sozialwissenschaften. *Gulley/Sinnhuber* (1961) haben die für die Kartographie wichtigsten Isolinien zusammengestellt; zur Geschichte der Isolinien siehe *Horn* (1959) und Kap.13.

Durch *Flächenfarben* oder *Flächensignaturen* (meist Raster) zwischen den Isolinien entsteht ein stufenförmiger Eindruck (Abb. 10.17c), der dem Stetigkeitsprinzip eines Kontinuums zwar widerspricht, doch kann man durch geschickte Wahl der Farbtöne oder der Rasterstufen die Werteverteilung im Kontinuum (Maxima, Minima, Gefällwechsel) unmittelbar und anschaulich erkennbar machen (vgl. die farbigen Höhenschichten in 9.2.3.2 Nr. 5). So werden z. B. in Niederschlagskarten die bläulich-kühlen Farbtöne bzw. die dunklen Rasterstufen den Bereichen mit hohen Niederschlägen zugeordnet. Mehr als 8 bis 10 Stufen sollte man dabei vermeiden.

Neben den Kontinua aus dem Naturbereich gibt es noch abstrakte (fiktive) Kontinua von meist *geometrischer* Art. Zu diesen zählt z. B. die Darstellung durch Isodistanzen als Orte gleicher räumlicher Entfernung von einem Punkt; diese sind im Falle geradliniger Verbindung konzentrische Kreise, bei Bindung an Verkehrswege dagegen unregelmäßige, vom Verlauf dieser Wege abhängige Linien. In ähnlicher Weise zeigen Isochronen alle Orte, die von einem Ausgangspunkt nach einer bestimmten Reisezeit erreicht werden können (Abb. 10.18 und 2.4.3.1). Ferner gibt es die Isodeformaten (Äquideformaten) als Linien gleicher Verzerrungen in Kartennetzentwürfen (2.2.1.3 Nr. 6) und die vergleichbaren Verzerrungsgitter bei der Lageprüfung von Karten (8.2.3.2).

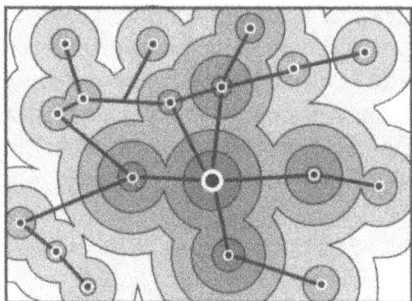

Abb. 10.18 Isochronen als Linien
gleicher Reisezeit von einem zentralen Punkt aus (genähert auf der
Grundlage der Abb. 10.06)

Pseudo-Isolinien (englisch isopleths) stellen konstante Werte für Objekte dar, die selbst keine Kontinua sind (z. B. Grundstückspreise, Bevölkerungsdichte, Abb. 10.19). Solche Darstellungen zeigen zwar ein gewisses Verteilungsmuster, doch sind die Pseudo-Isolinien nicht mehr als Wertgrenzlinien, die sich im Gegensatz zu den echten Isolinien auch berühren können und daher auch keine zuverlässigen Interpolationen gestatten. Die Konstruktion beruht meist auf Punktstreuungskarten (Nr. 1-2b).

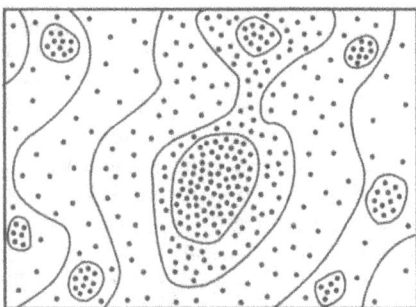

Abb. 10.19 Pseudo-Isolinien nach
einer Punktstreuungskarte am Beispiel
der Bevölkerungsdichte (genähert auf
der Grundlage der Abb. 10.09a)

Die *Generalisierung* von Isolinien besteht in der Auswahl durch Übergang zu einem größeren Intervallwert und einer Vereinfachung der Linienführung, bei der aber typische Aussagen (z. B. Anomalien, Einfluß von Geländerelief, Verkehrsnetz usw.) erhalten bleiben oder gar betont werden.

5. Räumliche Veränderungen

Während in den bisherigen Abschnitten die Objekte stets als ortsfest, d. h. statisch zu gelten hatten, kommt es nunmehr gerade darauf an, im zeitlichen Verhalten der Objekte ihre äußeren und inneren Änderungen, d. h. ihre *dynamische* Komponente darzustellen. Diese Veränderungen liegen

– im *Raumbezug*, d. h. in der Geometrie und/oder
– in der *Sache (Substanz)*, d. h. in der Qualität und/oder Quantität.

Die Objekte räumlicher Veränderungen können Diskreta oder Kontinua, ihre räumlichen Veränderungen kurz- oder langfristig sein. Allgemein ergibt sich dabei für die Wiedergabe solcher *dynamischen Karten* folgendes:

– Bei der Wiedergabe in einer *einzigen* Karte kommt es zur Anzeige der Veränderung innerhalb eines Zeitabschnitts oder der Zustände zu bestimmten Zeitpunkten. Dieser Fall wird nachfolgend behandelt; zur Methodik siehe auch *Bär* (1976).

– Bei der Wiedergabe in einer *Kartenfolge (multitemporale Karten)* handelt es sich um eine Sammlung statischer Karten mit dem jeweiligen Zustand eines Zeitpunktes, und zwar auf *einem* Träger nebeneinander, auf *verschiedenen* Trägern oder auf transparenten Deckblättern.

– Zur Wiedergabe als *bewegte Karte (Filmkarte, animated map).*

1) Veränderungen diskreter Objekte

   a) Bewegungen des gesamten Objekts

     Bei diesen meist *kurzfristigen* Veränderungen erscheint nicht das Objekt selbst, sondern nur der Weg seiner Veränderung (z.B. Vogelflüge, Berufspendler, militärische Operationen, Schiffsrouten). Ist der Weg topographisch fixierbar (z.B. Straße, Gewässer), so ist die Wiedergabe lagetreu, in anderen Fällen (z.B. beim Geldverkehr) nur raumtreu.

Als Gestaltungsmittel kommen in Betracht:

– Zur Lageangabe die für lineare Diskreta als den Trägern solcher Veränderungen (z.B. Schienenwege, Pipelines) üblichen Gestaltungsmittel (Nr. 2), zur Angabe der Bewegungsrichtung im Grundriss lineare, meist pfeilartige Signaturen (Bewegungslinien, Vektoren, Abb. 10.20);

– zur Angabe der Qualität (z.B. Alter und Geschlecht der Pendler, Transportgut) Signaturen, Schriften oder Farben mit ihren Variationen;

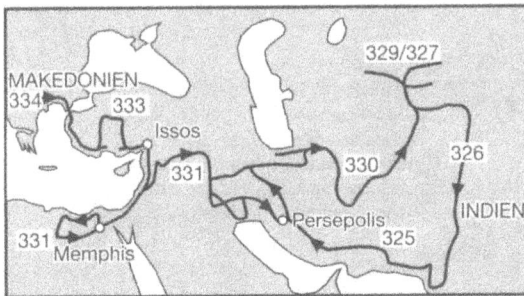

Abb. 10.20 Der Zug Alexanders des Großen. Rein qualitative Darstellung mit zeitlicher Fixierung durch Angabe der Jahre (v. Chr.)

– zur Angabe der Quantität (z.B. Zahl der Pendler, Transportmengen) lineare Signaturen in gestufter Darstellung (vergleichbar Abb. 3.31) oder in stetiger Darstellung (Bandsignatur variabler Breite mit besonderem Breitenmaßstab, Abb. 10.21).

a)   b)

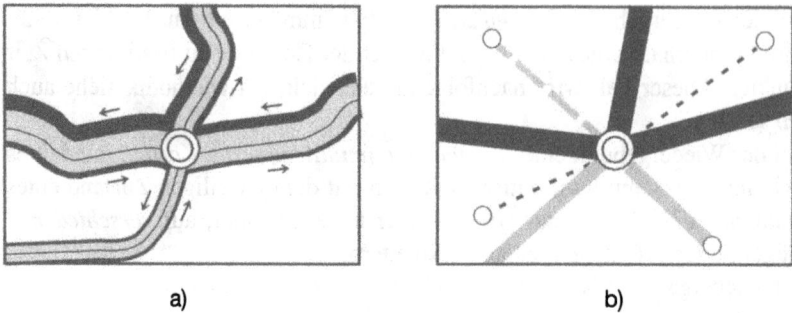

Abb. 10.21 Darstellung von Ortsveränderungen am Beispiel der Anzahl der Fahrzeuge im Straßenverkehr, bezogen auf einen Zeitabschnitt: a) Lagetreue Darstellung durch variable Bandbreite, getrennt nach Richtungen, Personen- und Lastkraftwagen, a) Raumtreue Darstellung in gestufter Form und zusammengefaßt für den Gesamtverkehr

Schematische, d. h. nur raumtreue Darstellungen von Objektbewegungen treten häufig bei statistischen Daten auf, für die der Transportweg uninteressant oder nicht fixierbar ist (z. B. Ein- und Ausfuhr). Da solche Objekte meist zu Bezugsflächen gehören (z. B. Staaten), spricht man in Anlehnung an 10.2.3 Nr. 3b oft auch von *Bandkartogrammen* (Abb. 3.37).

b) Veränderungen des Objekts nach Gestalt und Inhalt

Diese meist *langfristigen* Veränderungen (z. B. Entwicklung von Siedlungen, Landnutzungen, politischen Bereichen) führen zum Typ der *genetischen Karte* (Abb. 10.22). Dabei lässt sich die Veränderung von Flächenabgrenzungen (z. B. Ortsumrisse) grundrisstreu oder -ähnlich, die Entwicklung linearer Netze (z. B. Verkehrsnetze) lagetreu darstellen.

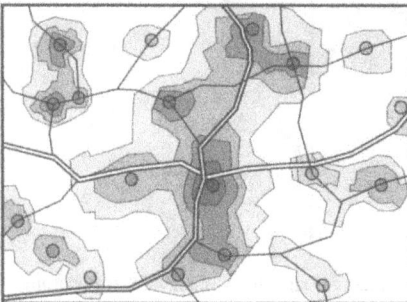

Abb. 10.22 Darstellung der zeitbezogenen Ausdehnung einer Objektfläche am Beispiel der Siedlungsfläche eines städtischen Ballungsgebietes. Die einzelnen Flächen entsprechen bestimmten Zeitintervallen.

Als Gestaltungsmittel eignen sich:
– Zur Lageangabe die Gestaltungsmittel, die dafür bei den linearen (Nr. 2) bzw. flächenhaften (Nr. 3) Diskreta üblich sind;

- zur Angabe der Qualität die Variation linearer und flächenhafter Darstellungen nach Form, Füllung (Abb. 3.18, 3.19) und Farbe, dazu gehören auch die zeitliche Datierung und die Angabe eines Trends;
- zur Angabe der Quantität, die vereinzelt bei Flächenobjekten auftritt (z. B. Zunahme in %), eine Darstellung, die in der Variation von Flächen und Signaturen auf die Wiedergabe der Qualitäten abgestimmt ist.

Nicht exakt fixierbare Flächenausdehnungen (z. B. bei der Erweiterung historischer Einflußbereiche oder bei generellen Planungsentwürfen) lassen sich durch verlaufende Farben oder Scharungen bzw. Bündelungen von Pfeilen darstellen, Objektveränderungen, die sich nur auf den Inhalt beziehen, durch Farbtonvariation wiedergeben (z. B. Zu- und Abnahme der Bevölkerungsdichte durch Rot und Blau bei gleichbleibenden Bezugsflächen und Dichteangabe durch Helligkeitsvariation).

2) Veränderungen kontinuierlicher Objekte
Hierbei handelt es sich meist um Veränderungen der Form oder des inneren Gefüges. Als *kurzfristig* gelten dabei z. B. Strömungen in Gewässern oder in der Atmosphäre, als *langfristig* die tektonischen Hebungen bzw. Senkungen, Änderungen im Magnetfeld der Erde usw.

Als Gestaltungsmittel dienen (vgl. Nr. 4)
- Punkte bzw. lokale Signaturen zur Lageangabe der Punkte, an denen die Veränderungen gemessen werden (z. B. Schreibpegel),
- Schriften (Zahlen) oder Diagramme zur Angabe der am Punkt ermittelten Daten (z. B. Luftdruckdifferenz, Pegeldiagramm),
- pfeilartige Signaturen, die entweder rein qualitativ nur Richtungstendenzen angeben (z. B. bei Wetterfronten) oder durch maßstäbliche Länge auch quantitative Daten ausdrücken (z. B. Strömungsgeschwindigkeiten, Abb. 10.23),
- schließlich Isolinien, die nach den Meßpunkten konstruiert werden. Solche Isolinien stellen z. B. dar als Isallobaren gleiche Luftdruckänderung je Zeiteinheit, als Isallothermen gleiche Temperaturschwankung, als Isoamplitu-

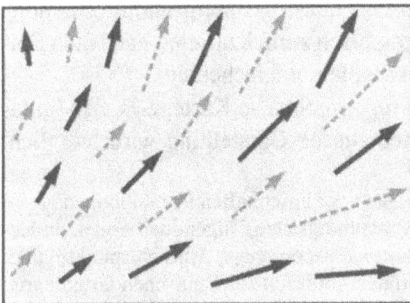

Abb. 10.23 Räumliche Veränderungen im Kontinuum am Beispiel einer Gewässerströmung. Die Pfeile als Geschwindigkeitsvektoren beschreiben die Ortsveränderung je Zeiteinheit sowie deren Richtung; die Strichform steht für eine bestimmte konstante Meßtiefe.

den gleiche Schwankungen einer Größe, als Isobasen gleiche tektonische Hebung und als Isokatabasen gleiche tektonische Senkung.

6. Komplexe Darstellung verschiedener Merkmalsgruppen

In komplexen und synthetischen Karten sind häufig Themen mit Objekten unterschiedlicher Merkmalsgruppen gemeinsam darzustellen und dazu die graphischen Möglichkeiten besonders sorgfältig aufeinander abzustimmen. Eine typische Kombination ist das Zusammentreffen flächenhafter, linearer und lokaler Diskreta, dazu evtl. auch noch räumlicher Veränderungen. Dabei halten die Flächenfarben noch eine relativ hohe Belastung durch weitere Gestaltungsmittel aus, ohne gleich an Ausdruckskraft und Lesbarkeit spürbar zu verlieren. Flächensignaturen, die den Flächenfarben überlagert werden, sollten sich aber in ihrer Wirkung so zurückhalten, dass die weiteren linearen und lokale Signaturen sich in Größe und Farbe noch deutlich herausheben können.

So ergibt sich z.B. für *Wirtschaftskarten* (10.2.4.2 Nr. 5) häufig die folgende Gestaltung: 1. Flächenhafte Diskreta (Acker, Grünland, Wald) durch Flächenfarben, die weitere Differenzierung solcher Flächen (Getreide, Hackfrüchte; Buche, Kiefer) durch Flächensignaturen, 2. lokale Diskreta (Industrieanlagen, Bohrtürme, Kraftwerke) durch lokale Signaturen, 3. lineare Diskreta, häufig als Träger räumlicher Veränderungen (Hochspannungsleitungen, Pipelines) durch lineare Signaturen. Regeln für die graphischen Maßnahmen bei sog. mehrschichtigem Bildaufbau beschreibt *Spiess* (in *Schweizerische Gesellschaft für Kartographie 1978)*.

10.2.3.2 Topographischer Kartengrund

Der topographische Kartengrund (*Basiskarte, Grundlagenkarte)* der thematischen Darstellung liefert die topographischen Angaben, die erforderlich sind
– als geometrisches Gerüst zur Festlegung der thematischen Angaben und
– zum sachlichen Verständnis des Themas.

Allgemein gilt für den topographischen Kartengrund, dass seine Darstellung zwar ausreichend lesbar sein muß, aber als quasi „Hintergrundinformation" gegenüber der thematischen Darstellung graphisch zurückzutreten hat. Nach Entstehung und Inhalt kann man zwischen vier Fällen unterscheiden:
1. Der Kartengrund ist eine *unveränderte* topographische Karte, z.B. der Auflagedruck einer amtlichen Karte. Die thematische Darstellung wird lediglich eingezeichnet oder eingedruckt.
   Dieser Fall ist anwendbar bei punktförmigen oder linienhaften Darstellungen geringen Umfangs, z.B. bei Standortkarten (Verwaltungssitze, Jugendherbergen, Industrien), Fundkarten (Hügelgräber), Wanderkarten (Wanderwege, Aussichtspunkte) und Arealkarten (z.B. Bodenkarte 1:5000 als grüner Aufdruck zur Deutschen Grundkarte 1:5000). Die unveränderte topographische Karte ist daneben oft auch die Kartengrundlage in der Entwurfsphase der thematischen Karte. In den dabei entstehenden *Arbeits-* oder *Materialaufbereitungskarten* lassen sich dadurch die thematischen Daten bestmöglich fixieren. Als Grundlage vieler geowissenschaftlicher Themen eignet sich

auch die orohydrographische Ausgabe amtlicher topographischer Karten (9.2.4.1 Nr. 2c,e).

2. Der Kartengrund entsteht durch Verändern der topographischen Karte:
a) Durch *reproduktionstechnisches Umwandeln* ergeben sich Basiskarten in matten Farben oder als einfarbige Schwarz- bzw. Graudrucke; dabei sind auch Maßstabsänderungen, meist Vergrößerungen, möglich.

b) Durch *Verzicht auf Farbfolien*, deren Inhalt für das Thema unbedeutend ist und stören würde (z. B. Flächenfarbe für Wald bei statistischen Darstellungen) kann das Thema selbst durch kräftige Farbflächen zum Ausdruck kommen.

3. Der Kartengrund entsteht als *neuer Entwurf* speziell für die thematische Darstellung. Dies ist in vielen Fällen die beste, aber auch die aufwendigste Lösung. Dabei ist häufig der Inhalt der Grundlage stärker zu generalisieren, als dies bei maßstabsgleichen topographischen Karten der Fall ist: Neben dem Fortlassen von Objekten ergibt sich oft eine deutliche Schematisierung in der Linienführung von Verkehrswegen und Grenzen.

4. Der Kartengrund entsteht als entzerrte Darstellung von *Luftbildern*, in kleinen Maßstäben auch von *Satellitenbildern*. Dabei lässt sich die Bildwiedergabe noch in ihren Helligkeits- und Farbtonwerten verändern sowie mit kartographischen Gestaltungsmitteln ergänzen. Schließlich kann man aus einer solchen Bildkarte mit Hilfe einer Interpretation (6.4.3) wieder eine Strichkarte im Sinne von Fall 3 ableiten.

Eine Übersicht über die Probleme und Wirksamkeiten des Kartengrundes gibt *Spiess* (1971). Dabei unterscheidet er vor allem zwei Haupttypen von sog. Basiskarten: Detailreiche Basiskarten mit einem dichten Netz von Bezugspunkten und -linien und vereinfachte Basiskarten mit relativ wenigen, aber möglichst charakteristischen Elementen. *Arnberger* (1966) stellt zum Inhalt des Kartengrundes fest, dass für eine überwiegende Anzahl von Themen die Kartengrundlage die wichtigsten Siedlungen, die Verkehrswege, Gewässer und Geländeformen enthalten sollte. *Hake* gibt (in *ARL* 1971) eine allgemeine Übersicht zum Bedarf an topographischen Angaben in thematischen Karten vieler Fachgebiete. Nach *Louis* (1960) soll die Dichte topographischer Bezugselemente mindestens etwa 4-8 mm, in Karten kleiner Maßstäbe 3-6 mm betragen, wenn zahlreiche thematische Daten in der Karte zu fixieren sind. Über den Kartengrund flächenbezogener Quantitäten siehe 10.2.3.1 Nr. 3b. Das Minimum an Grundlageninhalt ergibt sich bei den Wetterkarten, die in der Stufe der Arbeitskarten oder Entwürfe nicht viel mehr als die Umrisse der Kontinente enthalten, ferner bei der Wiedergabe physikalischer Kontinua (z. B. Schwerefeld, Geoid).

Für *thematische Atlanten* (z. B. Planungsgrundlagenatlanten) und vergleichbare Kartensätze, die für dasselbe Gebiet bestimmte Themenkreise darstellen, ist es – schon aus wirtschaftlichen Gründen – nicht möglich, jede einzelne Karte mit einem speziellen Kartengrund zu versehen. Statt dessen gibt es wenige Grundtypen für jeweils mehrere Themen. Dazu gehören vor allem 1. eine *Situationskarte* mit den wichtigsten Siedlungen, Verkehrswegen und Gewässern (für Darstellungen von Diskreta und Kontinua einschl. räumlicher Veränderungen, Abb. 10.24a) und 2. eine *Verwaltungsgrenzenkarte,* meist zur Wiedergabe flächenbezogener, vorwiegend statistischer Quantitäten (Abb. 10.24b.)

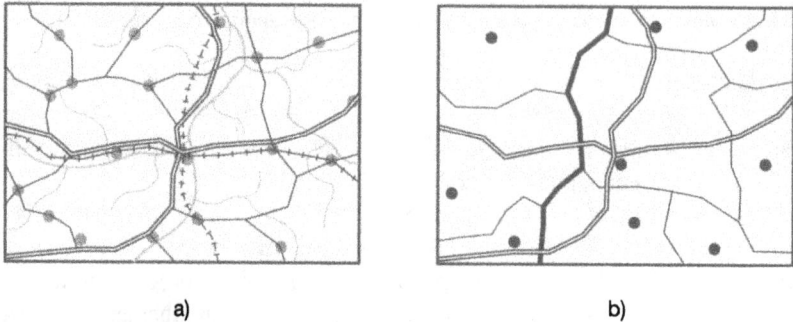

a)   b)

Abb. 10.24 Haupttypen für den topographischen Kartengrund:
a) Die wichtigsten topographischen Objekte, b) Verwaltungsgrenzen

10.2.3.3 Schrift

Wie bei den topographischen Karten (Näheres siehe bei 9.2.3.3) handelt es sich um Namen, Abkürzungen (mit Erläuterungen dazu) und Zahlen, hier jedoch mit stärkerer Fachbezogenheit. Daneben können textliche Darstellungen auftreten, die mitunter sehr umfangreich sind, wenn es um eingehende fachwissenschaftliche Darlegungen, vorgeschriebene planerische Aussagen, heimatkundliche Beschreibungen usw. geht. Solche Texte erscheinen seltener im Kartenfeld, meist dagegen im Kartenrand, mitunter auch auf der Kartenrückseite.

Bei den Namen sind die *Eigennamen* oft historisch-umgangssprachlich entstanden (z.B. alte Orte, Namen von Völkern); die *Gattungsnamen* ergeben sich dagegen überwiegend aus der Fachsprache (z.B. geologische Strukturen, Klimatypen, soziologische Klassifizierungen). Namen erscheinen mitunter in verstärktem Maße als Abkürzungen (z.B. Bodenarten, Luftfahrtzonen, Art der baulichen Nutzung); sie sind teilweise verbindlich festgelegt. Allgemeines zur Kartenschrift siehe 3.4.7.

Bei der Schrift des topographischen Kartengrundes zwingt der im Vergleich zu einer maßstabsgleichen topographischen Karte oft höhere Generalisierungsgrad auch zu einer sparsameren Verwendung der Schrift, insbesondere bei Angabe der Namen. Soll z.B. eine umfangreiche thematische Darstellung durch Schrift möglichst wenig beeinträchtigt werden, so erscheinen mitunter nur die Anfangsbuchstaben von Ortsnamen neben der Ortssignatur.

10.2.4 Überblick zu den thematischen Karten

Diese Übersicht orientiert sich an der Gruppierung nach Fachgebieten (10.2.2 Nr. 1), und liefert für deren wichtigste oder typische Kartenarten die Angaben über Inhalt, Gestaltung, Maßstab und Grundlage. Eine solche Einteilung schließt aber nicht aus, dass darüber hinaus noch folgende Fälle bestehen:

– Es gibt auch Karten, die in Einzelfällen im Grenzbereich zwischen zwei Fachgebieten liegen (z. B. Wasserwirtschaftskarten zwischen Hydrographie und Wirtschaft).

– Ferner treten auch komplexe und synthetische Karten auf, die zugleich Themen aus verschiedenen Fachgebieten behandeln.

Eine *thematische Landesaufnahme* liegt vor, wenn eine umfassende und systematische Zusammenstellung verschiedener thematischer Karten für ein Staatsgebiet oder eine größere Region vorliegt. In wachsendem Maße sind thematische Karten mit *Fachinformationssystemen* verbunden, und zwar als Datenquelle beim Aufbau und als Analogausgabe beim Benutzen solcher Systeme.

Allgemein trifft man in nahezu allen Fachgebieten daneben noch

– *Übersichtskarten*, die Auskunft geben zum Bearbeitungsstand, zur Zuständigkeit und zu den Grundlagen (z. B. Nachweis von Bildflügen, geodätischen Festpunkten, topographischen Kartenwerken) sowie die Bestellung von Karten erleichtern, ferner

– *Nebenkarten* zur eigentlichen Themakarte, die auf Quellenmaterial, Anschlußkarten, Aktualisierungszeitpunkte usw. hinweisen.

Mitunter werden Themakarten verschiedenen Inhalts für eine bestimmte Region zum Zwecke der Landeskunde, Planung usw. als lose Kartensammlung (Kartensatz) oder in Atlasform zusammengestellt (z. B. Regionalatlas, Planungsatlas, 11.2.3). Für jeweils ein einziges Fachgebiet gibt es auch zahlreiche Fachatlanten (11.2.6). Über Kartennachweise siehe 12.4.

10.2.4.1 Naturbereich

In diesem Bereich gibt es diskrete und kontinuierliche Objekte, die meist statischer, teilweise aber auch dynamischer Natur sind. Damit ergeben sich sowohl qualitative wie quantitative Angaben. Mittlere und kleine Maßstäbe herrschen vor. Der topographische Kartengrund ist bei einigen Themengebieten reichhaltig (z. B. in der mittelmaßstäbigen geologischen Karte), in anderen dagegen von geringem Inhalt (z. B. in Wetterkarten).

Thematische Karten anderer Weltkörper (thematische Gestirnskarten) sind „geo"-wissenschaftlichen Inhalts, meist geophysikalische oder geologische Karten. Über topographische Gestirnskarten siehe 9.2.4.4. Die klassischen *astronomischen Karten (Himmelskarten, Sternkarten)* sind Übersichtskarten über den Sternenhimmel (Nr. 9).

1. Geophysik

Die Daten aus geophysikalischen Messungen (z. B. mit Gravimeter, Magnetometer) sowie aus der Bestimmung der Stationspunkte nach Lage und Höhe (evtl. aus topographischen Karten) führen meist zu Kontinuumsdarstellungen durch Isolinien. Die analytischen Karten weisen vorwiegend mittlere oder kleine Maßstäbe auf; ihre Kartengrundlage ist meist von spärlichem topographischen Inhalt. Die Kartennetze sind durchweg winkeltreu, um den Verlauf der Isolinien sachgemäß auswerten zu können.

Isogonenkarten zeigen die Werte erdmagnetischer Deklination, *Isoklinenkarten* die der Inklination. In *Isogammenkarten* kommen die Werte der Abweichung vom Normalwert der Erdschwere zum Ausdruck. Durch *Isoseismen* bzw. *Isoseisten* wird die Häufigkeit bzw. Stärke von Erdbeben dargestellt. Daneben gibt es Karten über Geoidundulationen, isostatische Anomalien usw.

2. Geologie

Die thematische Erfassung *(geologische Kartierung)* auf der Grundlage der topographischen Karten 1 : 25000 und größer oder geeigneter Luftbilder bezieht sich auf die an der Erdoberfläche anstehenden Gesteinsformationen (Stratigraphie), ihre Struktur und sonstige Beschaffenheit sowie auf oberflächige Lockerdecken, auf Wasserführung, Bohrungen usw. Sie ergibt überwiegend qualitative Karten, und zwar typische Beispiele für die Wiedergabe flächenhafter Objekte durch Flächenfarben und Signaturen. Der meist analytische oder komplexe Karteninhalt wird u. U. noch durch Profildarstellungen ergänzt. Als Kartengrundlage dient in mittleren Maßstäben meist die vollständige amtliche topographische Karte, oft einfarbig, teilweise im Graudruck; in kleineren Maßstäben ist dagegen der topographische Inhalt knapper. Die Flächen sind meist in kräftigen Farben gehalten, deren Wahl sich vor allem bei kleinmaßstäbigen Karten nach einer internationalen Norm richtet.

Amtliche geologische Karten werden in Deutschland herausgegeben von den geologischen Landesämtern und der Bundesanstalt für Geowissenschaften und Rohstoffe *(Zitzmann* in *Dodt/Herzog* 1994). Die Geologischen Landesämter stellen vor allem her:
– Geologische Karte 1:25 000 (GK 25) in Anlehnung an die TK 25 (9.2.4.1),
– Geologische Karte von Mitteleuropa 1:2 Mio.

Die Bundesanstalt für Geowissenschaften und Rohstoffe gibt unter anderem heraus:
– Geologische Übersichtskarte 1:200 000 (GÜK 200) auf der TÜK 200 (9.2.4.1),
– Geologische Übersichtskarte der Bundesrepublik Deutschland 1:1 Mio.

sowie im Rahmen internationaler Vereinbarungen vom europäischen Bereich:
– Hydrogeologische Karte 1:1,5 Mio,
– Geologische Karte 1:1,5 Mio. und 1:5 Mio.,
– Quartärkarte 1:2,5 Mio.,
– Karte d. Eisenerzlagerstätten 1 : 2,5 Mio,
– Karte der Erdöl- und Gasfelder 1:1,5 Mio.

Sonderformen geologischer Karten entstehen durch Beschränkung, Umgestaltung oder Ergänzung des thematischen Inhalts. So geben *tektonische Karten* z. B. die Höhenlage der Grenzfläche zwischen zwei Systemen über ein größeres Gebiet zu erkennen oder sie stellen durch Isobasen die tektonische Hebung von Oberflächen dar. Für ingenieurgeologische Zwecke sind vor allem *petrographische Karten* von Bedeutung, die nähere Auskunft über die Gesteinseigenschaften geben, ferner *Lagerstättenkarten* mit genauer Bezeichnung mineralischer oder organogener Abbaustoffe, *hydrogeologische Karten,* die die geologischen Sachverhalte nach ihrer Beziehung zum Grundwasser (Nr. 5) gliedern, schließlich auch *Baugrundkarten*, die vor allem in städtischen Bereichen eine wichtige Rolle spielen und in großen Maßstäben eingehende Angaben über den Baugrund und das Grundwasser enthalten. *Höhlenkarten* sind Ergebnisse und Hilfsmittel der Höhlenforschung (Speläologie). Weitere Kartenarten zeigen rezente Bewegungen der Erdkruste, den Vulkanismus usw.

Ausführlichere Darstellungen zur geologischen Karte geben *Falke* (1975), *Vossmerbäumer* (1983) und *Blaschke* (1989), zur Photogeologie *Kronberg* (1984), zur Anwendung der Fernerkundung *Kronberg* (1985), ein Beispiel digitaler geowissenschaftlicher Kartenwerke erläutern *Heineke u. a.* (1992).

3. Bodenkunde (Pedologie)

Bodenkarten zeigen vorwiegend flächenhafte Diskreta, können analytisch oder synthetisch sein und treten in allen Maßstabsbereichen auf. In großen und mittleren Maßstäben dienen als Kartengrundlagen meist topographische Karten, in kleinen Maßstäben gewöhnlich Neuzeichnungen geringen Inhalts. Großmaßstäbige Karten sind Grundkarten durch die Eintragung von Bodenprofilen und Grenzlinien in Karten oder Luftbilder.

Bodenartenkarten geben in analytischer Weise die stoffliche Zusammensetzung des Bodens (z. B. Ton-, Lehm-, Sand-, Moorboden) wieder, während *Bodentypenkarten* in einer mehr synthetischen Weise die Entstehung des Bodens in Abhängigkeit vom Ausgangsgestein, vom Klima und vom Wasser kennzeichnen. Die *Bodenkarte der Bundesrepublik Deutschland 1:1 Mio.* von 1963 zeigt sowohl die Merkmale der Bodenart als auch des Bodentyps und des Ausgangsgesteins. *Bodengütekarten* und *Bodenschätzungskarten* enthalten zusätzliche quantitative Angaben in Form von Verhältniszahlen als Maß für die Ertragfähigkeit des Bodens bei landwirtschaftlicher Nutzung, z. B. die *Bodenkarte 1:5000 auf der Grundlage der Bodenschätzung* einiger Bundesländer. *Bodenkarten 1:25 000* benutzen die TK 25 als Kartengrund.

4. Geomorphologie

Geomorphologische Karten stellen in allen Maßstabsbereichen in meist qualitativer Weise den Formenschatz der Erdoberfläche nach Erscheinung und Entstehung dar. Der Mannigfaltigkeit flächiger, linearer und punktförmiger Diskreta (z. B. Schotterflächen, Geländekanten, Dolinen) entspricht ein umfangreicher Zeichenschlüssel, der mit Flächenfarben und verschiedensten Signaturen arbeitet. Kartengrundlage und zugleich Aufnahmeunterlage ist bei großen Maßstäben eine topographische Karte, die vor allem eine formrichtige Höhendarstellung enthalten muß. Bei Karten kleinerer Maßstäbe lassen Umfang und Detailreichtum der thematischen Darstellung kaum noch Platz für einen größeren Inhalt der Kartengrundlage.

Neben komplexen Karten als Gesamtdarstellungen gibt es spezielle Karten, die sich auf die Wiedergabe bestimmter Sachverhalte beschränken: So beschreiben *morphographische Karten* den gegenwärtigen Formenzustand, *morphogenetische Karten* dagegen die Entstehung und Entwicklung der Formen. In *morphometrischen Karten* treten quantitative Angaben, z. B. über Hangneigungen, Reliefenergie auf. Für ausgewählte Landschaftstypen gibt es in Deutschland die *Geomorphologischen Karten 1:25000 (GMK 25)* und *1:100 000 (GMK 100)* als Ergebnis eines Schwerpunktprogramms der Deutschen Forschungsgemeinschaft.

5. Hydrographie, Ozeanographie, Limnologie, Glaziologie

In diesen Fachgebieten gilt das ober- bzw. unterirdische Wasser entweder als Diskretum oder als Kontinuum. Die teils analytischen, teils komplexen Karten verschiedenster Maßstäbe enthalten qualitative und quantitative Daten. Zur Kartengestaltung kommen vorwiegend Linien, Flächenfarben und Signaturen in Betracht. Die Kartengrundlage ist entweder mit der topographischen Karte gleichen oder ähnlichen Maßstabes identisch, oder sie wird aus dieser abgeleitet und dient dann – z. B. bei Atlanten oder größeren Sammlungen für ein Gebiet – als einheitliche Arbeitskarte bzw. endgültige Grundlage.

Hydrographische Karten (Gewässerkarten im engeren Sinne) zeigen Gewässernetze, Wasserscheiden, Überschwemmungsgebiete, Pegelstellen, Wasserbauwerke usw. und mit quantitativen Angaben Wasserstände, Gewässerdichte, Abflußmengen u. dgl. Durch Zufügen weiterer, mehr wirtschaftlicher Daten wie Be- und Entwässerungsgebiete, Wasserentnahmestellen, Abwässereinleitungen usw. werden daraus *Wasserwirtschaftskarten* (10.2.4.2 Nr. 5). *Grundwasserkarten* enthalten Angaben über Grundwasservorkommen, Quellen usw. Dabei sind Hydroisobathen (Flurabstandsgleichen) die Linien gleicher Tiefe des Grundwasserspiegels unter der Erdoberfläche und Hydroisohypsen (Grundwasserhöhengleichen) die Linien gleicher Höhe über einer Bezugsfläche (z. B. Normalnull). In *Karten der Meere und Binnenseen* werden ozeanographische bzw. limnologische Daten dargestellt, z. B. durch Isobathen die Tiefenverhältnisse (Bathymetrische Karten, siehe auch Seekarten in 10.2.4.2 Nr. 6), durch Isobathythermen die Temperaturverhältnisse, durch Isohalinen der Salzgehalt, durch Isoplankten der Planktongehalt usw., ferner durch Bewegungssignaturen die Wanderung von Eisbergen, die Wasserströmungen an und unter der Oberfläche usw. Über *Wattkarten* und *Gletscherkarten* siehe 9.2.4.2 Nr. 2; dabei lassen sich auch durch Vergleich mit älteren Aufnahmen räumliche Veränderungen (z. B. durch Bewegungssignaturen oder Differenzenflächen) sowie weitere hydrographische und glaziologische Daten darstellen.

6. Meteorologie, Klimatologie

Karten dieser Fachgebiete sind meist analytische quantitative Karten als Darstellungen von Kontinua in mittleren oder kleinen Maßstäben, meist durch Isolinien. Daneben gibt es Signaturen für Stationspunkte, Wetterfronten, Niederschlagsgebiete usw. sowie lokale Diagramme für Windverhältnisse, tägliche Schwankungen usw. Der topographische Kartengrund ist im Inhalt unterschiedlich. Die Wahl der Maßstäbe, der Kartennetze und der Darstellungsmittel beruht teilweise auf internationalen Vereinbarungen bzw. Empfehlungen. Da die Lage der Meßstationen auf See und an Land sowie der Sonden und Satelliten bekannt oder bestimmbar ist, besteht die thematische Aufnahme aus der Erfassung der Sachdaten mit heute meist automatisch registrierenden Geräten und der Meldung dieser Daten über Funk oder Leitungen an zentrale Stellen.

Wetterkarten stellen in synoptischer Weise den gegenwärtigen Wetterzustand dar. Bei den meist kleinmaßstäbigen Karten in konformer Abbildung enthält der topographische

Kartengrund nur wenige Angaben (einzelne Höhenstufen, Gewässer und Orte). Die Arbeitskarten als Vorstufen dazu weisen meist nur die Küstenlinie in unterbrochener, oft nur angedeuteter Manier auf. Der Zwang zur raschen Verarbeitung umfangreicher Daten, die periodische, z.B täglich Neuzeichnung sowie die relativ einfache Kartengraphik sind günstige Voraussetzungen für Verfahren der GDV. Aus den amtlichen Wetterkarten werden die Fernseh- und Zeitungswetterkarten abgeleitet. Sonderformen der Wetterkarte sind die *Vorhersagekarte*, die Isobaren und Fronten enthält, die *Höhenkarte* mit Isohypsen (Höhenlinien) für einen bestimmten Wert des Luftdrucks sowie für den Seewetterdienst die *Seegangskarte* mit Linien gleicher Wellenhöhe und die *Eiskarte* mit verschiedenen Signaturen für Treibeis, Packeis, Eisberge usw.

Klimakarten geben für einen bestimmten Zeitabschnitt (z.B. Monat, Jahr) die Mittelwerte des atmosphärischen Zustandes oder die auftretenden Schwankungen an. So ergeben sich Linien gleicher Temperatur (Isothermen), gleicher Temperaturschwankung (Isallothermen), gleichen Luftdrucks (Isobaren), gleicher Luftdruckschwankung (Isallobaren), gleichen Niederschlags (Isohyeten), gleicher Windstärke (Isanemonen) usw. Die Karten mittlerer und kleiner Maßstäbe sind meist flächentreu und sollten zum Verständnis der klimatischen Verhältnisse mindestens das Geländerelief anzeigen. Zu den Klimakarten kann man auch die *phänologischen Karten* zählen, in denen durch Isolinien (Isophanen) der zeitliche Eintritt einer Wachstumsphase für eine bestimmte Pflanze (z.B. Apfelblüte) dargestellt wird. *Bioklimatische Karten* gliedern das Klima nach seinen Wirkungen auf Lebewesen, vor allem auf Menschen.

Über Wetter- und Klimakarten siehe z.B. *Vent-Schmidt* (1980) und *Kalb u.a.* (in *Leibbrand* 1984a), über *Klimaatlanten* siehe 11.2.6.

7. Pflanzen- und Tiergeographie

Hierbei geht es meist um Verbreitungskarten, die in qualitativer und analytischer Weise das Vorkommen einzelner Arten oder von Gesellschaften darstellen. In großmaßstäbigen Karten treten vereinzelt noch lokale Signaturen auf (z.B Standorte seltener Baumarten), im übrigen herrscht aber die flächige Darstellung durch Farben oder Signaturen vor. Die Kartengrundlage enthält zum Verständnis des Themas wenigstens das Gewässernetz und Geländerelief, was aber bei einfarbigen Darstellungen mitunter die Lesbarkeit erschweren kann.

Vegetationskarten entstehen als Grundkarten meist durch pflanzensoziologische Kartierung, oft mit Hilfe von Luftbildern. Die Generalisierung zu kleineren Maßstäben hin ist nicht ohne Probleme. Neben Darstellungen der tatsächlichen Vegetation gibt es auch solche der möglichen Vegetation; hierzu gehören z.B. die Blätter der *Karte der potentiellen natürlichen Vegetation der Bundesrepublik Deutschland 1:200000*. Die zusätzliche Darstellung wirtschaftlicher Daten leitet z.B. zu Forstwirtschaftskarten (10.2.4.2 Nr. 5) über.

Tiergeographische Karten gibt es fast nur in kleineren Maßstäben. Da im Gegensatz zu den Pflanzen rasche räumliche Veränderungen auftreten können, werden nicht nur die Vorkommen, sondern auch die Bewegungen (Vogelflüge, Heuschreckenschwärme, Fischströme) nachgewiesen (z.B. durch Bewegungssignaturen).

8. Landschaft, Ökologie, Umweltschutz

Karten zu diesen Themen stellen die jeweils typischen Objektmerkmale in vorwiegend großen und mittleren Maßstäben dar. Dabei ist der topographische Kartengrund zum Verständnis der Sachverhalte meist relativ ausführlich. Die Daten

stammen aus örtlichen Erhebungen, Laboruntersuchungen, Luftbildern und Fern-
erkundungen. Neben Bestandsdarstellungen erscheinen auch Karten über Tendenzen, geplante Eingriffe usw., meist verknüpft mit Darstellungen aus anderen
Fachgebieten.

Ökologische Karten stellen die Wechselwirkungen zwischen den Lebewesen untereinander sowie zwischen ihnen und den Standortfaktoren wie Boden, Klima usw. dar. Die
Daten über solche Ökosysteme sind notwendige Voraussetzungen für die Maßnahmen
des Umweltschutzes. Neben den Zustandskarten spielen die Eignungskarten eine zunehmende Rolle (z. B. zur Umweltverträglichkeitsprüfung bei planerischen Maßnahmen).

1m Rahmen des Umweltschutzes geben *Karten der Umweltschäden* zunächst Aus-
künfte über negative Einflüsse auf den Lebensraum, wie Verunreinigungen der Luft, des
Bodens und des Wassers (z. B. Gewässergütekarten), ferner Lärm, Gestank, Strahlung,
Abfälle usw. Dies schließt auch die Erhebung und Darstellung früherer Schäden als sog.
Altlasten ein. *Karten der Umweltgestaltung* beziehen sich sowohl auf Erhaltung und
Pflege einer gesunden Natur (z. B. Naturschutz-Karten) als auch auf Maßnahmen zur Ver-
meidung weiterer Schäden.

9. Astronomie

Himmelskarten (Sternkarten) sind Übersichtskarten zum Sternenhimmel oder
Teilen davon (z. B. bei den drehbaren Sternkarten). Das meist konforme Kartennetz wird aus den Linien von Rektaszension und Deklination gebildet. Die
Fixsterne, Sternhaufen, Nebel usw. erscheinen als Punkte oder Signaturen und
durch Angabe ihrer Bezeichnung. Gestufte Signaturen gliedern oft die Sterne
nach den Größenklassen der scheinbaren Helligkeit.

Thematische Karten der Gestirne sind meist geologischer oder geophysikalischer Art.
Raumfahrtkarten dienen dazu, die Bewegungen von Raumfahrzeugen zu veranschaulichen oder Orientierungshilfen zu geben. Als Sammelbegriff für alle Karten dieses The-
menbereichs spricht man auch von *Weltraumkarten*. *Zeitzonenkarten* stellen die Datums-
grenze (180° westl. bzw. östl. Greenwich) und die Zeitzonen der Erde dar; diese bilden
in weitgehender Anlehnung an die Meridiane einen Streifen von jeweils 15° Längenunterschied, was einer Stunde entspricht. Dabei sind Kartennetze mit geradlinig verlaufenden
Meridianen vorteilhaft, z. B. zylindrische Abbildungen in normaler Lage.

10.2.4.2 Bereich menschlichen Wirkens

Die Objekte dieses Bereiches sind fast immer Diskreta, und ihre Wiedergabe
kann statisch oder dynamisch, qualitativ und quantitativ, analytisch bis synthetisch sein. Alle Maßstabsbereiche sind vertreten, und die Kartengrundlagen reichen vom vollständigen Inhalt topographischer Karten (z. B. bei Verkehrsdarstel-
lungen) bis zu einfachen Verwaltungsgrenzenkarten (z. B. bei der Wiedergabe
statistischer Daten).

1. Bevölkerung und Kultur

Zu den wichtigsten Informationen über die Bevölkerung gehören Angaben über
ihre Verteilung und Dichte. Die *Verteilung* lässt sich am besten durch Punktstreu-

ungskarten, die *Dichte* (Einwohner je km²) durch relative Dichtekarten (Flächenkartogramme) veranschaulichen. Soweit diese Angaben als Sachinformationen nicht mehr ausreichen, sind sie noch zu ergänzen, z. B. über die Sozial- und Erwerbsstruktur, über die Mobilität und über eine Differenzierung nach Tag-, Nacht- und Freizeitbevölkerung. Die besondere Eignung der GDV ergibt sich aus der Existenz digitaler Daten in der amtlichen Statistik und der relativ einfachen Kartengraphik. Probleme ergeben sich jedoch aus den Erfordernissen des Datenschutzes und aus den Veränderungen der Erhebungsbereiche; sie können Detailangaben, Aussagen zu Tendenzen, historische Vergleiche usw. erschweren oder verhindern.

Punktstreuungskarten (10.2.3.1 Nr. 1b), die durch Auszählen der Punkte auch absolute Daten liefern können, bezeichnet man auch mitunter als *absolute Bevölkerungsdichtekarten*. Sie bereiten in großen Maßstäben keine Probleme, erfordern in kleineren Maßstäben aber u. U. für Ballungsgebiete den Übergang zu lokalen, nach den Einwohnerzahlen variablen Signaturen. Die *relativen Bevölkerungsdichtekarten* lassen sich aus Punktdarstellungen ableiten (Abb. 3.12), entstehen aber bis zu mittleren Maßstäben meist auf der Grundlage der statistischen Bezirke (Verwaltungseinheiten) oder der naturräumlichen Einheiten (Abb. 10.14). Die dabei auftretenden Probleme der Dichtestufen und Bezugsflächen sind in 10.2.3.1 Nr. 3b näher behandelt. Im allgemeinen sollte eine Kombination von absoluter und relativer Darstellung angestrebt werden, wobei durch Typenbildung auch bestimmte Strukturen zum Ausdruck kommen können.
Karten der Säuglingssterblichkeit, Geburtenüberschüsse usw. geben relative Daten wieder, während Darstellungen über die *Bevölkerungsentwicklung*, die *Aufgliederung nach Berufen*, den *Altersaufbau. ausländische Arbeitnehmer* usw. sowohl relativ wie absolut sein können. Über *Berufspendler* und die *Stadt- und Landflucht* ergibt sich eine statische Wiedergabe in relativer wie absoluter Weise für einen festen Zeitpunkt, eine dynamische Darstellung durch Einbeziehen von Zeitabschnitten mit zusätzlichen Angaben zum Verkehrsnetz, zur Wirtschaftsstruktur usw. Rein dynamische Karten sind solche über *Völkerwanderungen, Vertreibungen* usw., die sich vor allem bandförmiger Signaturen bedienen und sowohl rein qualitativ (Abb. 10.20) als auch quantitativ-absolut (Abb. 10.21) sein können.
Sprachenkarten, Völkerkarten, Rassenkarten, Konfessionskarten und *volkskundliche Karten* sind typische Karten relativen Vorkommens (10.2.3.1 Nr. 3a), in denen Flächenfarben und -Signaturen vorherrschen. Da diese Karten rein qualitativer Art sind, bleiben sie nur so lange unproblematisch, solange der jeweilige Sachverhalt in einem Gebiet ausschließlich oder ganz überwiegend anzutreffen ist. Das Problem der Mischgebiete (Abb. 3.34) kann dagegen in der Darstellungstendenz bis zur politischen Brisanz führen. Über die genannten Sachgebiete liegen zahlreiche Fachatlanten (11.2.6) vor
Medizinische Karten, die Auftreten und Ausbreitung von Epidemien anzeigen, enthalten auch meist so viele verkehrsbezogene, topographische, klimatologische und vegetationskundliche Daten, dass sich mit diesen die Verbreitung, besondere Gefährdung und örtliche Abgrenzung erklären lässt. Daneben kann man z. B. durch Linien gleichen Zeiteintritts (Isodaten) die räumliche und zeitliche Entfaltung von Krankheiten darstellen, ein Verfahren, das vor allem der Vorbeugung wichtige Hinweise liefert. *Anthropologische Karten* dienen dem Nachweis der Verbreitung bestimmter körperlicher und geistiger Merkmale des Menschen (z. B. Schädelindex, Intelligenzgrad).
Karten kultureller Einrichtungen und Bildungsstätten (Schulen, Museen, Theater) sind meist typische Standortkarten, in denen durch bildhafte oder abstrakte lokale Signaturen die einzelnen Objekte zum Ausdruck kommen. Bei der Angabe von Schulen wird häufig

auch das Einzugsgebiet sichtbar gemacht, evtl. in komplexer Weise in Verbindung mit Themen aus dem Bereich des Verkehrs.

2. Staat, Verwaltung, Recht

Karten mit der Darstellung von Staatsgebieten, Bündnisbereichen, Einflußsphären usw. gelten als *politische Karten*. Dagegen zeigen *Verwaltungskarten* die Bereiche von Provinzen, Bezirken, Kreisen, Gemeinden und bestimmter Gebietskörperschaften (z. B. Wasserverbände) sowie die Zuständigkeit von Gerichten und Behörden (z. B. Landgerichte, Forstämter).

Als Gestaltungsmittel dienen Flächenfarben, längs der Grenzen oft lineare Signaturen und Farbsäume, bei einfarbigen Karten auch Flächensignaturen. Die Kartengrundlage beschränkt sich auf die wichtigste Topographie (Orte, Verkehrs- und Gewässernetz); Verwaltungssitze werden durch lokale Signaturen oder Unterstreichungen hervorgehoben.

Verwaltungsgrenzenkarten stellen die Abgrenzung von Gemeinden, Kreisen usw. mit oder ohne Topographie dar. Neben der unmittelbaren Übersicht dienen sie auch als Kartengrundlagen oder Arbeitskarte für viele thematische Darstellungen, vor allem solche statistischer Art (10.2.3.1 Nr. 3b und Abb. 10.23b). Die Ergebnisse und Beteiligungen bei *Wahlen* werden durch Signaturen oder Diagramme unter Bezug auf Wahlkreise und Wahlbezirke dargestellt. *Karten der Anwendung bestimmter Rechtsnormen* sind typische Beispiele für flächenhafte absolute Vorkommen (10.2.3.1 Nr. 3a). Hierbei werden die Flächen durch Flächenfarben oder -signaturen gefüllt oder durch Farbsäume, Bandschraffuren oder lineare Signaturen abgegrenzt.

In Deutschland und seinen Bundesländern gibt es zahlreiche Verwaltungskarten, Kreisgrenzen- und Gemeindegrenzenkarten als Einzelblätter, aber auch in Atlasform (11.2.6) mit weiteren Erläuterungen über Entwicklung, Kompetenzen und Funktionen von Behörden usw. Ein Beispiel des Katastrophenschutzes ist die Waldbrandeinsatzkarte.

Dem Nachweis von Eigentumsrechten am Grund und Boden dienen die *Liegenschaftskarten (Flurkarten, Katasterkarten),* die in Österreich unter der Bezeichnung *Katastralmappen,* in der Schweiz als *Grundbuchpläne* geführt werden. Sie enthalten Angaben über Grenzabmarkungen und Grenzlinien, über den Gebäudebestand sowie über die Nutzungsarten und die Nummern der Flurstücke; die getrennt geführte *Schätzungsfolie* enthält für die landwirtschaftlichen Flächen die Merkmale der Bodenschätzung. Zusammen mit den Katasterbüchern bilden die Karten das sog. *Liegenschaftskataster* und werden bei den Kataster-(Vermessungs-)ämtern geführt. Die Karten dienen heute auch als Unterlagen der Ortsplanung und technischer Projekte sowie zur Herstellung der Deutschen Grundkarte 1:5000 (9.2.4.1).

Wegen der rechtlichen Bedeutung ihres Inhalts sind Herstellung und Aktualisierung an strenge Formvorschriften (z. B. Abmarkungsprotokolle, Fehlergrenzen bei Längenmessungen und Flächenberechnungen) gebunden. Die Zeichenvorschriften der Bundesländer orientieren sich weitgehend an den Normblättern.

Infolge der großen Unterschiede in Entstehung, Form und Inhalt dieser Karten fällt ihre Eingruppierung im System der Karten verschieden aus: In Süddeutschland entstanden sie auf einheitlicher Netzgrundlage im Rahmenformat und mit umfangreichen topographischen Darstellungen; durch zusätzliche Geländeaufnahme ergaben sie zugleich topographische Grundkarten *(Höhenflurkarten)*. In Norddeutschland, vor allem in Preußen, entstanden sie für einen beschränkten Zweck als Inselkarten (Insel = Flur) mit verschiedenen Maßstäben, Kartennetzen und meist spärlichem topographischen Inhalt, und sie besitzen daher mehr das Kennzeichen einer thematischen Karte.

Die Nachteile der uneinheitlichen und meist auch ungenauen Inselkarten sind schon frühzeitig erkannt worden. Intensiv betriebene *Neueinrichtungen des Kartenwerks* führen zu geometrisch einwandfreien Rahmenkarten 1:500, 1:1000 oder 1:2000 im System der Gauß-Krüger-Koordinaten (2.2.4.4) und in zunehmendem Maße als automatisierte Liegenschaftskarten (ALK, 10.1.3.1). Daneben ist der Buchnachweis bereits weitgehend automatisiert (automatisiertes Liegenschaftsbuch, ALB); Information zum Liegenschaftskataster siehe z.B. *Herzfeld/Kriegel* (1973ff) und www.adv-online.de.

3. Geschichte, Archäologie, Heimatkunde

Historische Karten behandeln geschichtliche Themen *(Geschichtskarten)*; Karten aus der Vergangenheit sollten dagegen als *alte Karten* oder *Karten aus früherer Zeit* gelten (Kap. 13). Geschichtskarten können statisch oder dynamisch sein; im ersten Falle geben sie den Zustand eines geschichtlichen Zeitpunktes wieder, im zweiten Fall zeigen sie Entwicklungen auf (z.B. Besiedlungen, Grenzänderungen). Die dynamischen Darstellungen sind häufig komplexer Natur: Besiedlungen werden erst richtig verständlich durch Angabe von Landnutzungen, Handelswegen usw., Grenzänderungen durch militärische Operationen oder koloniale Eroberungen. Die statischen Karten ähneln den politischen Karten; in den dynamischen Karten treten Bewegungssignaturen und Farbverläufe (zur Kennzeichnung variabler Grenzen) auf. Über Geschichtsatlanten siehe 11.2.6.

Geopolitische Karten stellen die Kraftfelder und Tendenzen politischer Machtentfaltung dar. Neben Flächenfarben treten dabei Bewegungssignaturen für Entwicklungen, Bündnisse usw. und lokale Signaturen für Brennpunkte des Geschehens, Machtzentren usw. auf.

Archäologische Karten sind der Typfall der Fundkarte. Ausgrabungsstätten, Hügelgräber usw. werden durch lokale Signaturen oder Pseudo-Areale dargestellt. Auf der Grundlage topographischer Karten oder spezieller Aufnahmen erscheinen daneben die Einzelheiten von Wallanlagen, Fluchtburgen usw. in möglichst lagerichtiger Wiedergabe.

Heimatkarten verknüpfen topographische Angaben mit solchen über bedeutende historische, wirtschaftliche und kulturelle Sachverhalte und Ereignisse. Es sind durchweg rein qualitative Darstellungen, die mitunter in sehr bildhaften Signaturen die Einzelobjekte anschaulich wiedergeben. In großen und mittleren Maßstäben dienen sie zugleich als Stadt-, Wander- oder Orientierungskarte.

4. Siedlungen

Siedlungsgeographische Karten geben in *statischer* Weise Auskunft über Siedlungs- und Flurformen (z.B. Haufendorf, Weiler, Gewannflur), über Siedlungsstrukturen (Kern- und Randgebiete, Art der Bebauung usw.) sowie über Siedlungsfunktionen (Verwaltung, Industrie, Verkehr, zentrale Einrichtungen, Grünflächen usw.); in *dynamischer* Weise liefern sie Angaben über die Entwicklung eines Ortes, und zwar entweder in Kartenfolgen gleichen Maßstabs oder durch andersfarbigen Eindruck eines neueren Karteninhalts in eine ältere Karte oder durch farbliche bzw. signaturenhafte Abstufung nach Zeitpunkten auf einer Karte des neuesten Zustandes.

Solche Darstellungen widmen sich ganz überwiegend den städtischen Bereichen, so dass man meist von *thematischen Stadtkarten* sprechen kann. Als Kartengrundlagen dienen gewöhnlich neuere oder ältere Karten großen oder mittleren Maßstabs (Stadtkarten, Flurkarten, topographische Karten), aus denen bereits ein Teil der thematischen Daten (z. B. Grundrisstypen, Dichte der Bebauung) zu gewinnen ist. Weitere Angaben (z. B. über Baustil, Baualter, Gebäudehöhe) lassen sich durch örtliche Aufnahme, aus Luftbildern oder mit Hilfe alter Unterlagen ermitteln.

Den heute zahlreichen Planungen in Siedlungsräumen müssen umfangreiche Bestandsaufnahmen aus vielen Fachbereichen vorausgehen. Dazu gehören auch *Grundbesitzkarten*, die auf der Basis von Kataster und Grundbuch die Besitz- bzw. Eigentumsverhältnisse mit Hilfe von Flurstücksnummern, Schlüsselzahlen oder Flächenfarben veranschaulichen. *Richtwertkarten* liefern unter Aufgliederung nach bestimmten Bodennutzungen Angaben über Grundstückspreise durch lokale Größensignaturen oder Zahlenwerte. Die Karten des sog. *Leitungskatasters* stellen vor allem für großstädtische Bereiche in Maßstäben zwischen 1:200 und 1:1000 die vielen unterirdischen Leitungen der Versorgung, der Post usw. durch lagetreue Linien bzw. lineare Signaturen mit erläuternden Zusätzen dar. Zu den thematischen Stadtkarten sind auch die Baugrundkarten (10.2.4.1 Nr. 2) zu rechnen. Über die Darstellung von Umweltschäden in Ballungsgebieten siehe 10.2.4.1 Nr. 8, über die Planungsdarstellung 10.2.4.2 Nr. 9.

Ausführliche Darstellungen zu thematischen Stadtkarten mit zahlreichen Beispielen finden sich u. a. bei *Gorki/Pape* (1987). Eine Bibliographie zur Stadtkartographie stammt von *Dodt u. a.* (1985).

5. Wirtschaft und Handel

Wirtschaftskarten zeigen die Nutzung von Gebieten, die Erzeugung und Verarbeitung von Gütern, den Transport, Handel und Verbrauch sowie die damit verbundenen Funktionen (z. B. Häfen, Banken) und sozialen Strukturen (z. B. Berufspendler). Sie reichen von der rein qualitativen Darstellung der Standorte über quantitative Wiedergaben von Produktions- oder Transportmengen bis zu synthetischen Karten über Wirtschaftsregionen mit jeweils typischen Funktionen im Innern und nach außen. Über *Wirtschaftsatlanten* siehe 11.2.6.

Landnutzungskarten (Bodennutzungskarten) geben in Maßstäben 1:25 000 bis 1:1 Mio. einen Überblick über die verschiedenen Nutzungen des Bodens ; dabei bedient sich die Datenerfassung zunehmend auch der Satellitenaufnahmen. *Landwirtschaftskarten* geben z. B. Auskunft über Art der Nutzung, Fruchtfolge, Betriebsformen, Hektarerträge, Grad der Mechanisierung; dazu gehören auch Karten der Weinbaugebiete. Zur Darstellung von Produktionsmengen verwendet man häufig – besonders in Karten kleiner Maßstäbe – die Methode der Punktstreuungskarte (10.2.3.1 Nr. 1b). Daneben gibt es spezielle Bodenrichtwertkarten. *Forstwirtschaftskarten* stellen in Flächenfarben und Signaturen die Angaben zusammen, die für Einrichtung und Bewirtschaftung von Forsten von Bedeutung sind. Zahlreiche Daten lassen sich dazu aus Luftbildern entnehmen. Als Kartengrundlage in großen Maßstäben dient – vor allem bei Staatsforsten – die Forstgrundkarte 1:5000 oder 1:10000; von ihr werden weitere Karten (z. B. Blankettkarte, Betriebskarte) abgeleitet. Übersichtskarten in Maßstäben bis zu 1:100000 vermitteln einen Einblick in die Verteilung und Struktur der Forstflächen; sie werden gewöhnlich aus amtlichen topographischen Karten abgeleitet.

Karten des Lagerstättenabbaus sind Sonderformen geologischer Karten (10.2.4.1 Nr. 2), die zusätzliche Angaben über die Standorte der Verarbeitungsbetriebe, die Fördermengen, das Verkehrsnetz und die Siedlungen enthalten. Daneben gibt es, vor allem unter den *Bergbaukarten*, nicht nur reine Wirtschaftskarten, sondern auch Verwaltungskarten, Karten der technischen Anlagen usw., meist in mittleren Maßstäben. Technischen und betrieblichen Zwecken dienen die in großen Maßstäben gehaltenen Grubenriß- und Betriebsplanwerke, deren Herstellung und Aktualisierung zu den Hauptaufgaben der Markscheider der Bergwerksgesellschaften gehören.

Industriekarten reichen von einfachen Standortkarten bis zu Darstellungen über die in der Industrie Beschäftigten sowie über Produktionsmengen, -entwicklung und -intensität. *Energiewirtschaftskarten* stellen durch Linien und lineare Signaturen den Transport von Strom, Öl, Ferngas sowie durch lokale Signaturen die zugehörigen Kraftwerke, Raffinerien, Kokereien, teilweise mit Angabe der Produktionsmengen dar. Durch Flächenfarben oder -signaturen werden die Versorgungsbereiche gekennzeichnet.

Wasserwirtschaftskarten sind hydrographische Karten (10.2.4.1 Nr. 5) mit zusätzlichen Angaben über Küstenschutzeinrichtungen, Kraftwerke, Dränflächen, Wasserversorgung usw. Mitunter erscheinen sie als Bestandteil einer Sammlung gewässerkundlicher Karten für einen bestimmten Bereich (z. B. die „Hydrogeologische Arbeitskarte 1:500000" in der Bundesrepublik Deutschland). *Fischereikarten* sind meist Seekarten (10.2.4.2 Nr. 6), die zusätzliche Daten über Hoheitsgewässer, Fischereigrenzen, Beschaffenheit des Meeresgrundes usw. enthalten. Andere Karten liefern dagegen mehr wirtschaftliche Angaben (Fangmengen, Heimathäfen, Verarbeitungsindustrie usw.).

Karten der Wirtschafts- und Finanzstatistik sind quantitative Darstellungen, die durch lokale Signaturen, Diagramme oder Flächenkartogramme Angaben über den Pro-Kopf-Verbrauch, die Devisenwirtschaft, die Entwicklung des Sozialprodukts und bestimmter Indexwerte usw. liefern. *Karten des Handels* verbinden meist quantitative Darstellungen mit der Wiedergabe von Transportwegen, Umschlagplätzen usw. Themenspezifische *Übersichtskarten* zeigen organisatorische, funktionale und andere Gliederungen von Firmen, Fachverbänden, Banken, Versicherungen usw. durch Angabe von Direktionsbezirken, Vertreterbereichen, Geschäftsstellen usw.

Fremdenverkehrskarten sind meist quantitativer Art und geben z. B. die Anzahl der Hotelbetten oder der Übernachtungen, evtl. gestaffelt nach Herkunftsländern, durch lokale Größensignaturen oder Diagramme wieder.

6. Verkehr

Verkehrskarten sind Karten (1) über Verkehrswege und (2) über den Verkehr selbst. Dabei zeigen komplexe Darstellungen auch noch Daten zur Bevölkerung, Siedlung, Wirtschaft und zum Handel. Allgemeine Abhandlungen zu Verkehrskarten stammen von *Freitag* (1966) und *Meine* (1967).

1) Karten der Verkehrswege

Solche Karten dienen der Übersicht, Planung und Beurteilung von Fahrtrouten sowie der räumlichen Orientierung während der Fahrt bis hin zur exakten Navigation. Nach der *Art* des Verkehr gibt es Karten des (a) Straßen-, (b) Schienen-, (c) Schiffs- und (d) Luftverkehrs, (e) der Raumfahrt sowie (f) der Touristik und (g) des Nachrichtenverkehrs. Die Karten liegen inhaltlich oft im topographisch-thematischen Grenzbereich. Dies ist besonders dort augenfällig, wo sie aus topographischen Karten lediglich durch Aufdrucke (z. B. Straßen mit roter Füllung, Entfernungsangaben) entstehen. Die meisten Karten sind jedoch das Ergebnis neuer, spezieller Entwürfe.

Mehr auf der Seite der thematischen Karten stehen dagegen z. B. die *Entfernungskarten*, die oft ohne weiteren topographischen Untergrund auskommen und das Verkehrsnetz vielfach in stark schematisierter Form wiedergeben. Sie zeigen für zweckvoll abgeteilte Wegeintervalle (zwischen Knoten, Abzweigungen usw.) jeweils die Streckenlängen an, so dass sich der Gesamtweg durch Summieren der Intervallängen ergibt.

a) *Straßenkarten* gehören heute zu den Karten mit den höchsten Auflagezahlen. Sie geben das Straßennetz in betonter und nach Bedeutung gegliederter Weise wieder und enthalten daneben die für den Kraftfahrer wichtigen Informationen (z. B. Entfernungen, Steigungen, Ausblicke, schöne Strecken, Ortsdurchfahrten, Rasthäuser, Fähren, Grenzübergänge). Anlage 16 zeigt ein Beispiel.

Die Karten stammen größtenteils aus der gewerblichen Kartographie (*Möller* in *Leibbrand* 1984a); mitunter trifft man auch auf Ausgaben, die durch Darstellung bestimmte Werkstatt- oder Tankstellennetze usw. zugleich der Werbung dienen. Die Karten sind häufig zu Atlanten bestimmter Gebiete zusammengefaßt (Straßenatlanten, Autoatlanten, siehe 11.2.6). Die Maßstäbe liege zwischen 1:200000 und 1:500000. Der weitere topographische Inhalt besteht mindestens aus der Wiedergabe der Siedlungen, des Gewässernetzes und oft auch der Waldgebiete. Die Geländedarstellung beschränkt sich meist auf eine Schummerung und die Angabe einzelner Höhenpunkte. Über die öffentlichen Straßen (Bundes-, Landes-, Kreis- und Gemeindestraßen) führen die zuständigen Behörden Übersichtskarten und großmaßstäbige Detailkarten, darüber hinaus in zunehmendem Maße auch sog. Straßendatenbanken. Für den allgemeinen Gebrauch gibt es zunehmend Straßenkarten auf Datenträgern und Kfz.-Navigationssysteme (10.1.3.2).

b) *Karten des Schienenverkehrs* dienen teils dem internen Betrieb und teils der öffentlichen Nachfrage. Herausgeber in Deutschland ist vor allem die Deutsche Bahn AG, früher Deutsche Bundesbahn (*Köthe* in *Leibbrand* 1984a) bzw. Deutsche Reichsbahn. Großmaßstäbige Karten dienen vorwiegend den technischen und liegenschaftsrechtlichen Belangen der Fachdienste, die weiteren Karten als Übersichten zu Verkehrsanlagen und fachthematischen Sachverhalten.

Zu den Karten des *Dienstbetriebes* gehören u. a. Strecken- und Brückenbelastungskarten, Übersichten zu Direktionen und Betriebsämtern, zur Streckenleistung und Stromversorgung, zu Tarifen usw. Zu den mehr für die *Öffentlichkeit* bestimmten Karten zählen z. B. die Reisekarte 1:1,2 Mio. (6-farbig mit Relief und Gewässern, auch in Zügen), die Übersichtskarten zum Kursbuch (Bahn/Bus 1:425000, Deutschland 1:1,2 Mio., Europa 1:5,3 Mio.) und als Sonderkarte die Bodensee-Schiffahrtskarte 1:50000, ferner Direktionskarten 1:300000, Streckenkarten 1:750000 (mit Angabe aller Bahnhöfe), Karten der Verkehrswege (auch mit Straßen) sowie internationale Personenverkehrs- und Güterverkehrskarten 1:3,5 Mio.

c) Zu den *Schiffahrtskarten* gehören Karten der (i) Binnenschiffahrt und (ii) Seekarten. Über die Datenerfassung für solche Karten siehe 6.3.2.

- *Binnenschiffahrtskarten* dienen dem Schiffsverkehr auf Binnenseen, Kanälen und schiffbaren Flüssen. Sie reichen von großmaßstäbigen Detailkarten mit Darstellung der Schiffahrtswege und -bauwerke bis zu kleinmaßstäbigen Übersichtskarten (*Lenz* in *Leibbrand* 1984a).

Strom- und Kanalkarten – meist im Maßstab 1:500 – geben alle Einzelheiten des Wasserweges und der baulichen Anlagen grundrisstreu wieder; daneben enthalten sie auch noch Angaben aus der Flurkarte des Liegenschaftskatasters. Für den Bereich größerer Bauwerke wie z. B. Schleusen und von Zusammenflüssen gibt es auch noch Übersichtskarten 1:10000. Die Bundeswasserstraßenkarte 1:1 Mio. unterteilt die Wasserstraßen in verschiedene Klassen, für die jeweils ein Typschiff mit bestimmten Abmessungen gilt. Daneben enthält sie eine Darstellung der Staats- und Verwaltungsgrenzen sowie der Grenzen der Binnenwasserstraßen und des Geltungsbereiches der Seeschiffahrtsstraßenordnung. Herausgeber der Karten sind die Behörden der Wasser- und Schiffahrtsverwaltung des Bundes.

- *Seekarten* sind die ältesten Verkehrskarten; sie dienen in erster Linie der Navigation. Dieser Hauptzweck bestimmt daher den Karteninhalt und die Wahl des Kartennetzes. Letzteres ist fast stets ein konformer zylindrischer Entwurf (Mercatorprojektion), da sich hierbei die Kurslinie (Loxodrome = Linie konstanten Azimuts, 2.2.1.4) als Gerade abbildet (2.2.4.3).

Der Karteninhalt erstreckt sich auf Tiefenangaben durch Tiefenpunkte (aus den Lotungen ausgewählt) und bestimmte Tiefenlinien (die z. B. flachere Gebiete abgrenzen), auf die Darstellung von Riffen, Sandbänken, Wracks usw. sowie im Küstenbereich auf alle für die Navigation wichtigen Seezeichen wie Leuchttürme, Bojen, Baken usw. Die Wiedergabe von Landflächen ist beschränkt auf die unmittelbar im Küstenbereich gelegenen wichtigsten Objekte wie Siedlungen, einzelne Türme, Erhebungen u. ä. Im Gegensatz zu den Landkarten und Atlaskarten werden die Wasserflächen ohne Farbe dargestellt; lediglich die flacheren Bereiche erscheinen je nach Kartenzweck in einem blauen Ton. Wattflächen sind blaugrau, Landflächen ockergelb. Die Tiefenangaben beziehen sich auf ein örtliches gezeitenbedingtes Seekartennull (SKN), das meist tiefer liegt als der Bezugshorizont der Landkarten (2.1.3.2).

Der Maßstab der Seekarten ist regional sehr unterschiedlich: Karten in 1:5 Mio. und kleiner dienen der Reiseplanung, in 1:1,6 Mio. bis 1:5 Mio. als Navigationsunterlagen auf hoher See. Maßstäbe zwischen 1:300000 bis 1:1,6 Mio. erlauben durch ihren detaillierteren Inhalt die Schiffsführung in Küstennähe, solche in 1:30000 bis 1:300000 (Kartenbeispiel 10, CD-ROM) die weitere Ansteuerung der Küste; noch größere Maßstäbe stellen schwierige Fahrwasser, Flußmündungen, Häfen usw dar. Zur *elektronischen Seekarte* siehe 10.1.3.1 und *Hecht u. a.* (1999). Für manche Gebiete enthalten die Karten auch Funkortungsnetze (z. B. mit Decca, Loran). Daneben gibt es nautische Hilfskarten (Großkreis-, Mercator- und Leerkarten), Karten für die Sportschiffahrt sowie Arbeitskarten mit den originären hydrographischen Daten.

Die Sicherheit der Schiffahrt erfordert eine laufende Aktualisierung der Seekarten (wegen Änderung der Tiefen, Betonnung, Gefährdung durch Wracks usw.). Die an Bord in Gebrauch befindlichen Karten lassen sich nach den Angaben periodisch erscheinender Mitteilungsblätter („Nachrichten für Seefahrer" – NfS) von Hand nachführen.

Das Seekartenwerk der Bundesrepublik Deutschland – 1861 ins Leben geru-
fen – wird vom *Bundesamt für Seeschiffahrt und Hydrographie (BSH)*, früher
Deutsches Hydrographisches Institut (DHI), in Hamburg und Rostock bearbeitet und umfasst etwa 1000 Seekarten der Meeresgebiete, die für die deutsche
Seefahrt von Bedeutung sind (*Bettac* in *Leibbrand* 1984a); zur weiteren Entwicklung siehe *Hecht u. a.* (1999). Der Vertrieb wird über Agenturen im In-
und Ausland abgewickelt. Das Internationale Hydrographische Büro in Monaco
sorgt dafür, dass durch Arbeitsteilung und Austausch von Unterlagen „Internationale Seekarten" entstehen und damit Mehrfachbearbeitungen identischer
Gebiete durch verschiedenene hydrographische Dienste vermieden werden; dies
ist vor allem schon bei kleinen Maßstäben der Fall.

d) *Luftfahrtkarten* sind wie die Seekarten in erster Linie Navigationskarten.
   Ihre Kartennetze sind daher gleichfalls konforme Abbildungen, jedoch als
   konische bzw. an den Polen als azimutale Entwürfe (2.2.2.3, 2.2.3.3).

Richtlinien für die Herstellung solcher Karten stammen von der Internationalen
Weltluftfahrtorganisation (International Civil Aviation Organisation, ICAO). Die
Aeronautical Chart ICAO 1:500 000 (Kartenbeispiel 8, s. CD-ROM)enthält die für
Sichtnavigation über Landflächen wichtigsten topographischen Objekte (Städte,
Verkehrswege, Gewässer, Waldflächen sowie das Gelände durch Schummerung
und Höhenpunkte). Die Blätter erscheinen mit Flugsicherungsaufdruck (Flughäfen,
Landeplätze, Funkfeuer, Sperrgebiete usw. in Dunkelblau). Neben Übersichtskarten 1:2 Mio. und 1:5 Mio. spielt vor allem das US-amerikanische Kartenwerk Ope-
rational Navigation Charts (ONC) 1:1 Mio. eine Rolle. Karten größerer Maßstäbe
erfüllen spezielle Aufgaben als Nahverkehrsbereichskarten (für An- und Abflug,
z. B. 1:200 000), Flugplatzkarten (für Starten und Landen, z. B. 1:35 000) und Flug-
platzhinderniskarten (z. B. 1:10 000). Flugstreckenkarten stellen streifenförmig in
etwa 1:1 Mio. bis 1:3 Mio. für eine Strecke zwischen zwei Flughäfen alle Angaben dar, die zur Sicht- und Funknavigation erforderlich sind. Spezialkarten für die
Funknavigation entsprechen nach Inhalt und Anwendung etwa den vergleichbaren
Seekarten. Näheres siehe z. B. *Reents* (in *Leibbrand* 1984a).
Analog zu der Regelung bei den Seekarten gibt es die „Nachrichten für Luftfah-
rer" (NfL), die behördliche Anordnungen und wichtige Informationen (vor allem
Änderungen) für die Luftfahrt enthalten. Herausgeber der Luftfahrtkarten für den
Bereich der Bundesrepublik Deutschland ist die *Deutsche Flugsicherung GmbH*
(DFS, früher Bundesanstalt für Flugsicherung, BFS) in Frankfurt am Main.

e) Unter den *Raumfahrtkarten* stehen zur Zeit die Umlaufkarten im Vordergrund. Diese stellen die Umlaufbahn eines Raumfahrzeuges um die Erde
   bzw. um den Mond als senkrechte Projektion auf die Oberfläche des Weltkörpers dar. Der Bahnverlauf wird vielfach mit Zeitangaben versehen; die
   Oberflächenwiedergabe ist weitgehend naturähnlich. In Zukunft dürften
   auch Orientierungskarten für Fahrten zwischen Weltkörpern an Bedeutung
   gewinnen.

f) *Karten der Touristik* reichen von Unterlagen für ausgedehnte Reisen bis zu
   solchen für Ausflüge begrenzten Umfangs. In kleinen Maßstäben sind sie
   häufig nur Übersichten über Feriengebiete mit vielfach bildhafter Darstel-

lung von Sehenswürdigkeiten, Verkehrsanschlüssen usw., als Prospektkarten oft in einer mehr bildhaften und unmaßstäblichen Weise.

In großen und mittleren Maßstäben bilden sie die Gruppe der Heimat-, Wander-, Radwander-, Schiwander-, Wassersport- und Umgebungskarten, in denen durch lineare und lokale Signaturen Wanderwege, Skirouten, Aussichtspunkte, Unterkünfte usw. wiedergegeben werden (9.2.4.2 Nr. 3). Oft trifft man am Kartenrande oder auf der Kartenrückseite auf heimatkundliche, kulturhistorische und andere Erläuterungen (siehe auch 10.2.4.2 Nr. 3).

g) *Karten der Nachrichtendienste* sind in einfachen Fällen Standort- und Leitungskarten; sie zeigen durch lokale und lineare Signaturen Einrichtungen des Nachrichtendienstes (z. B. Sende- und Relaisstationen, Fernsprechkabel), Zuständigkeiten, Postleitzahlen usw. Überwiegend quantitative Angaben liefern die Karten, die durch Größensignaturen oder Diagramme die täglichen oder jährlichen Leistungen im Brief-, Telegramm- und Fernsprechdienst aufzeigen. Funkkarten liefern Angaben für die Einstellung von Sendeantennen: Dazu befindet sich der Sender im Hauptpunkt einer mittabstandstreuen azimutalen Abbildung (2.2.3.1), so dass der Karte Richtung und Strecke vom Sender zu einem beliebigen Empfangspunkt unverzerrt entnommen werden können. Das Netz kann sich auf die gesamte Erdoberfläche ausdehnen.

2) Karten über den Verkehr

a) *Verkehrsdichtekarten* zeigen die Dichte eines Verkehrsnetzes durch eine relative Quantität (z. B. Straßenkilometer je km² für eine bestimmte Gebietseinheit meist durch Flächenkartogramme (10.2.3.1 Nr. 3b).

b) *Karten über das Verkehrsaufkommen (Verkehrsumfang)* geben z. B. die Straßenbelastung (stündlich, täglich usw.) sowie die Transportmengen im Personen- und Güterverkehr vorwiegen durch Bandsignaturen wieder.

c) Bei der Darstellung der *Verkehrsbeziehungen* kommen vor allem die räumlichen Beziehungen im Nah- und Fernverkehr nach Art und Menge zum Ausdruck. Hierzu kann man auch die *Isochronenkarten* rechnen, die durch Isolinien die Reisezeiten zu oder von einem Ausgangspunkt darstellen und dadurch z.B verkehrsgünstige bzw. -ungünstige Räume erkennbar machen (Abb. 10.18). *Verkehrsanalysen*, die auch den ruhenden Verkehr einschließen, lassen sich durch Diagramme oder Größensignaturen wiedergeben.

d) *Verkehrsleistungen* in bezug auf Fahrzeit, Verkehrsfrequenz und Platzangebot werden besonders für die Gruppe der öffentlichen Verkehrsmittel dargestellt. Den mehr wirtschaftlichen Aspekt zeigen dabei die *Tarifkarten*, die das Verkehrsnetz of schematisch (Topogramm) wiedergeben und Merkmale zu den Fahrpreisen enthalten. Mehr technischer Natur sind dagegen die *Betriebskarten* als Wiedergaben technischer Anlagen.

7. Raumgliederung

Es handelt sich um die Abgrenzung von Gebieten, in denen bestimmte geographische Sachverhalte weitgehend einheitliche Merkmale aufweisen. Solche Räume eignen sich in vielen Fällen auch als Bezugsflächen für relative Darstellungen (10.2.3.1 Nr. 3b).

Naturräumliche Gliederungen gehen in erster Linie von den natürlichen Gegebenheiten des Bodens, der Geländeform, des Wassers und Klimas aus und teilen die Landfläche in größere und kleinere Landschaften mit jeweils besonderen Merkmalen (z. B. die „Naturräumliche Gliederung Deutschlands" im Maßstab 1:1 Mio.). *Wirtschaftsräumliche Gliederungen* ergeben sich aus den Standortlagen und Verflechtungen der Wirtschaft. Der Abgrenzung solcher Räume liegen bestimmte Funktionen und Strukturen zugrunde, die den Raum prägen (z. B. die Ausstrahlung bestimmter Orte als Sitz von Industrien, Dienstleistungsbetrieben usw.). Darstellungen dieser Art sind durch Signaturen und Flächenfarben gekennzeichnet. In der Raumplanung spielen Wirtschaftsräume eine wichtige Rolle bei der Abgrenzung von Planungsregionen. *Sozialräumliche Gliederungen* sind neben den wirtschaftlichen Aspekten vor allem geprägt durch gesellschaftliche Merkmale (Sprache, Kultur usw.). Bei ausgedehnten Sozialräumen (z. B. Volksstamm) ist die Abgrenzung oft schwierig, bei kleinen Einheiten (z. B. Wohnviertel) meist günstiger. Über *administrative Gliederungen* siehe 10.2.4.2 Nr. 2.

8. Landesverteidigung

Thematische Karten dieses Bereichs sind solche, in denen die für taktische und strategische Maßnahmen notwendigen Daten zusammengetragen sind, ferner Operationskarten sowie Karten der militärischen Dokumentation.

In vielen Fällen lassen sich die für die Landesverteidigung erforderlichen Unterlagen aus Karten anderer Themenbereiche ableiten (z. B. hydrogeologische Angaben für den Stellungskrieg und zur Trinkwasserversorgung, Angaben zur Energieversorgung); andere Angaben sind dagegen besonders zusammenzutragen (z. B. Brückenbelastung und Geländebefahrbarkeit beim Einsatz von Panzerfahrzeugen, Breite und Strömungsgeschwindigkeit von Gewässern). *Lagekarten, Operationskarten* sind zum Teil auch dynamische Karten, da sie nicht nur die militärische Lage eines bestimmten Zeitpunktes, sondern auch eigene und gegnerische Truppenbewegungen durch Bewegungssignaturen auf der Grundlage topographischer Karten wiedergeben. In ähnlicher Weise stellen *Dokumentationskarten* den Ablauf eines Feldzuges, einer Belagerung usw. aus historischer Sicht dar, vielfach in kleineren Maßstäben und in generalisierter Form.

9. Raumbezogene Planungen

Nach dem *zeitlichen* Bezug und damit nach der künftigen Wirkung ihres Inhalts gruppieren sich die Karten dieses Bereichs wie folgt:
- *Planungsgrundlagenkarten (Bestandskarten, Zustandskarten)* geben den gegenwärtigen oder früheren Zustand der Erscheinungen und Sachverhalte im Planungsgebiet wieder, die als Ausgangsmaterial für die planerischen Vorhaben erforderlich sind. Neben topographischen Karten sind dies thematische Karten der meisten bisher behandelten Fachgebiete.
- *Planungsbeteiligungskarten* zeigen den am Planungsprozess Beteiligten im Anhalt an die Planungsgrundlagenkarten die gedanklichen Ansätze zu einem Vorhaben, evtl. auch Varianten dazu, so dass eine sachgerechte und erschöpfende Erörterung der geplanten Maßnahmen möglich ist; dazu gehören auch Darstellungen zur *Umweltverträglichkeitsprüfung (UVP)*.

– *Planungskarten* im engeren Sinne sind die kartographischen Darstellungen künftiger Vorhaben, d. h. der eigentlichen und endgültigen Planung. Solche Karten werden in den gesetzlichen Vorschriften (oft in Verbindung mit einem vorgeschriebenen Textteil) auch als Pläne bezeichnet, die jeweils ein räumlich und zeitlich begrenztes Planungsverfahren (Raumordnungsplan, Bebauungsplan usw.) mit teilweise rechtlichen Festlegungen regeln.
Über Planungsatlanten bzw. Planungsgrundlagenatlanten siehe 11.2.3.

Nach ihrem *sachlichen* Bezug ist Planung
1) *allgemeine* Planung, die sich übergreifend auf Siedlung, Verkehr, Wirtschaft und andere wichtige Strukturen im Planungsgebiet bezieht, oder
2) *Fachplanung*, die nur die Neugestaltung bestimmte Teilbereiche wie Verkehrswege, Agrarstruktur, Erholungsgebiete usw. zum Gegenstand hat.

Nach der *Größe* des Planungsgebietes bzw.-objektes reichen die Planungen von der große Bereiche erfassenden Raumordnung bis zur Ortsplanung, deren einzelner Bebauungsplan sich mitunter nur über wenige Grundstücke erstreckt, in der Fachplanung z. B. von wasserwirtschaftlichen Rahmenplänen bis zur Planung eines Brückenbauwerkes oder einer Grunstücksentwässerung.

1) Allgemeine Planung

a) Raumordnung, Landes- und Regionalplanung

In Deutschland bilden dazu das *Raumordnungsgesetz des Bundes* als Rahmengesetz und die *Raumordnungs- bzw. Landesplanungsgesetze der Bundesländer* die gesetzlichen Grundlagen. Danach stellen die Länder im Anhalt an das Bundesraumordnungsprogramm eigene Landesentwicklungsprogramme (Landesraumordnungsprogramme oder -pläne) auf. Für Teilbereiche der Länder (Planungsregionen) entstehen sodann durch staatliche, kommunale oder andere Stellen detailliertere Regionalpläne. Alle Pläne sind überörtliche Leitpläne zur künftigen Entwicklung; sie stimmen die verschiedenen Planungen der Fachressorts, der Gemeinden und anderer Institutionen aufeinander ab und binden diese andererseits.

Die eigentlichen Planungskarten sind vorwiegend qualitative und komplexe Darstellungen in Maßstäben zwischen 1:25 000 und 1:500 000. Als Gestaltungsmittel dienen Flächenfarben und Signaturen, die meist in relativ kräftigen Farben künftige Nutzungen, Standorte usw. zum Ausdruck bringen. Der topographische Kartengrund wird gewöhnlich von den amtlichen topographischen Kartenwerken gebildet, u. U. in einfarbig-matter Manier. Als Arbeitsmaterialien dienen neben den Grundlagenkarten auch Luft- und Satellitenbilder. Bei der Aufstellung solcher Pläne sind alle bereits vorliegenden Planungen zu berücksichtigen. Dazu dient ein als *Raumordnungskataster* bezeichneter Nachweis in topographischen Karten 1:5 000 bis 1:25 000 und in Datenbanken über bereits festgestellte Planungen (z. B. genaue und endgültige Festlegung eines Schiffahrtskanals) und über laufende Planverfahren (z. B. generelle Festlegung über die Linienführung einer Fernstraße).

b) Ortsplanung

Grundlage für die bauliche Entwicklung einer Gemeinde ist in Deutschland das *Baugesetzbuch* von 1986 (mit späteren Änderungen). Danach stellen die Gemeinden vorbereitende und verbindliche Bauleitpläne auf.

Vorbereitende Bauleitpläne sind sog. *Flächennutzungspläne*, die auf der Grundlage topographischer Karten in Maßstäben 1:5000, 1:10000 oder 1:25000 für das Gebiet einer Gemeinde die künftige Bodennutzung in rein qualitativer Darstellung in den Grundzügen, d. h. ohne geometrisch-exakte „Parzellenschärfe" meist durch Flächenfarben und Signaturen wiedergeben (Anlage 17). Flächennutzungspläne sind zwar unverbindlich im Detail, verpflichten jedoch jede Fachplanung zur Einpassung in den festgelegten Rahmen.

Verbindliche Bauleitpläne legen als sog. *Bebauungspläne* Art und Maß der Bebauung sowie die sonstige Nutzung von Grundstücken in einer für jedermann rechtsverbindlichen Weise fest. Die dazu notwendigen geometrischen und teilweise auch zahlenmäßigen Festlegungen (Straßenbreiten, Gebäudeabstände, Baulinien usw.) finden ihren Niederschlag in Karten 1:1000, zum Teil sogar 1:500. Die weitreichende Rechtswirksamkeit von Bebauungsplänen setzt voraus, dass der topographische Kartengrund (meist Flur- oder Stadtgrundkarten, evtl. topographisch ergänzt) inhaltlich vollständig und für eine widerspruchsfreie und genaue Eintragung der Planungsziele geeignet ist. Der Bedeutung des Planinhaltes entpricht auch die eingehend geregelte formale Gestaltung, wie sie in der dazu herausgekommenen Planzeichenverordnung zum Ausdruck kommt. Diese setzt die Art und Weise der Objektdarstellung im einzelnen fest, und zwar sowohl für eine mehrfarbige Bearbeitung mit Flächenfarben und Signaturen wie für eine aus reproduktionstechnischen Gründen oft unvermeidbare einfarbige Darstellung, in der statt der Flächenfarben relativ grobe Schraffuren sowie Strukturraster, Signaturen usw. zu benutzen sind. Die festgelegten Planzeichen gelten auch für Flächennutzungspläne.

Zahlreiche Abhandlungen zur Planungskartographie finden sich u. a. bei *Strubelt*, *Haubner/Wille*, *Reiners* (alle in *Leibbrand* 1984a), in *Leibbrand* (1989), *ARL* (1990, 1991), zum Raumordnungskataster u. a. bei *Reiners* (1991).

2) Fachplanungen

Flächenhafte Planungen, soweit sie größere Bereiche erfassen, tragen teilweise auch Merkmale der allgemeinen Planung. Dazu gehören z. B. Landschaftspläne, die den Naturschutz, die Landschaftspflege und die Grünordnung zum Gegenstand haben; sie ähneln nach Maßstab, Kartengrundlage und Darstellungsart den Flächennutzungsplänen. Auch Pläne im Bereich agrarstruktureller Maßnahmen (Flurbereinigung, Besiedlung, Dorferneuerung) sowie der wasserwirtschaftlichen Rahmenplanung haben zum Teil allgemeinen Charakter. In kleineren Bereichen erstrecken sich flächenhafte Planungen z. B. auf die Anlage von Flughäfen oder Kraftwerken. *Linienförmige* Planungen beziehen sich z. B. auf Straßen, Eisenbahnen, Schiffahrtswege sowie ober- und unterirdische Versorgungsleitungen.

Die Aufstellung der dazu gehörigen Pläne nach Inhalt und Darstellungsart richtet sich vielfach nach Rechtsverordnungen, Verwaltungsvorschriften oder Empfehlungen. Das Verfahren der förmlichen Feststellung und der örtlichen Ausführung der Fachpläne ist gesetzlich geregelt. Die mehr technische Seite der Fachplanung erfordert darüber hinaus noch weitere Karten und Pläne in größeren Maßstäben (z. B. Vorentwurf und Bauentwurf in der Straßenplanung). Der *Vorentwurf* beginnt mit einer Vorstudie (1:5000 bis 1:50000 je nach der topographischen Situation) über die vorgesehene Linienführung, evtl. mit Varianten. Darauf folgen Lagepläne 1:1000 bis 1:5000, u. U. auf der Grundlage einer besonderen Geländeaufnahme. Diese zeigen weitere Einzelheiten bis hin zu den Trassierungselementen und den Grundbesitzverhältnissen. Der *Bauentwurf* in 1:100 bis 1:1000 schließlich enthält alle technischen Angaben zur Durchführung des Bauvorhabens. Beim Einsatz der GDV entstehen Entwurfsvarianten, die zur Optimierung bestimmter Parameter führen (z. B. unter Minimierung der Erdmassenbewegung); erst der endgültige Entwurf wird dann kartographisch festgehalten.

11 Atlanten

Zusammenfassung

Das Kapitel 11 ist den verschiedenen Formen von Atlanten als systematischen Sammlungen topographischer und/oder thematischer Informationen für ein bestimmtes Gebiet und eine bestimmte Zielsetzung in analoger und digitaler Form gewidmet. Die Aufgabe von Atlanten lässt sich sehr allgemein als Präsentation raum-zeitlicher Informationen über einen bestimmten Bereich beschreiben, nach der Zweckbestimmung oft inhaltlich eingeschränkt und damit auf einen bestimmten Benutzerkreis bezogen. Ein Atlas ist keine einfache Kartensammlung, sondern das Ergebnis intensiver und umfangreicher inhaltlicher und gestalterischer Arbeit. Das Kapitel behandelt sowohl die klassische Form der Atlanten als auch die moderne Form der elektronischen (digitalen) Atlanten.

11.1 Begriffe und Aufgaben der Atlanten

Atlanten sind systematische Sammlungen topographischer und/oder thematischer Karten ausgewählter Maßstäbe für ein bestimmtes Gebiet und eine bestimmte Zielsetzung. Atlaskarten bilden daher inhaltlich keine neue Kartengruppe; sie unterscheiden sich jedoch von Einzelkarten durch den mit der jeweiligen Atlaskonzeption verbundenen Zwang hinsichtlich Inhalt, Abgrenzung, Format, Maßstab und Graphik. Ein Atlas ist auch keine einfache Kartensammlung. Durch konsistentes Strukturieren der Einzelkarten verfügt ein Atlas über eine intuitive Kognitionsfunktion und einen für den Vergleich zwischen Einzelkarten notwendigen Leitfaden. Die Reihenfolge der Karten im Atlas spielt dabei eine wichtige Rolle. Von der Aufbaustruktur her wird der Benutzer allmählich in den Atlas eingeführt, vorab mit vertrauter Topographie, sodass das Fremde durch die Verbindung mit dem Bekannten konkret eingeordnet werden kann (*Ormeling* in *Mayer/ Kriz* 1996). Die Gestaltung eines Atlasses erfordert besonders umfangreiche und diffizile redaktionelle Arbeiten (siehe 5.2.3). Zur Atlasgeschichte und zur Herkunft der Bezeichnung „Atlas" siehe Kap.13.7.

Die Aufgabe von Atlanten lässt sich in sehr allgemeiner Weise als Präsentation raum-zeitlicher Informationen über einen bestimmten Bereich beschreiben, nach der Zweckbestimmung oft inhaltlich eingeschränkt und damit auf einen bestimmten Benutzerkreis bezogen.

Danach lassen sich Atlanten *inhaltlich* wie folgt gliedern:

– Nach dem *geographischen Bereich* in Weltraum-, Erd- (Welt-), National- und Regional- sowie Stadt-Atlanten;

- nach dem *Objektbereich* in topographische Atlanten, Fachatlanten (einzelne Fachthemen oder Themengruppen) und Bildatlanten;
- nach *Zweck und Benutzergruppe* in Schul-, Planungs-, Auto-, Heimatatlanten usw.

Daneben führt das *äußere Erscheinungsbild* zu folgenden Gliederungen:
- Nach *Umfang und Format* in Taschen-, Lexikon- und Handatlas; als Hausatlas gilt gewöhnlich ein Erdatlas mittlerer Größe, der vorwiegend allgemeine, weniger detaillierte Informationen liefert (oft als Kartenauswahl aus einem Handatlas und dazu Bild- und Textteil);
- nach der *Art der Zusammenfügung der Karten* in Atlanten in gebundener Form als Ordner in Ring- oder Schraubheftung sowie in Mappenform mit loser Ablage der Karten; digitale Atlaskarten sind entweder in einer hierarchischen Baumstruktur oder einer Netzwerkstruktur organisiert, darüber hinaus lassen sie sich auch durch Hyperlinks miteinander beliebig verbinden;
- nach der *Art der Informationsspeicherung* in klassische Atlanten mit gedruckten Karten oder Bildern, in taktile Atlanten sowie Atlanten auf Videobändern oder auf Datenträgern (z. B. CD-ROM, Internet-Servern).

Schließlich lässt sich zur *Herausgabe* von Atlanten folgendes feststellen:
- Herausgeber von Atlanten sind Verwaltungen, wissenschaftliche Einrichtungen, nationale und internationale Organisationen, Verlage sowie Institutionen der gewerblichen Kartographie.
- Atlanten kommen vorwiegend komplett heraus. Umfangreiche wissenschaftliche Atlanten sowie National- und Regionalatlanten erscheinen jedoch häufig auch in Teillieferungen.

Neuere Atlanten lassen in ihrer Gestaltung zunehmend die Tendenz zu einer möglichst anschaulichen Präsentation erkennen. Damit soll ein größerer Kreis von Interessenten gewonnen und zugleich die Marktchance verbessert werden. Das damit verbundene didaktische Konzept führt zu einer stärkeren Verknüpfung der Karten mit kartenverwandten Darstellungen einerseits und mit multimedialen Gestaltungsformen andererseits. So z. B. ist es bei Atlanten auf Datenträgern möglich,
- bewegte Karten (Animationen) wiederzugeben,
- bei bestimmten Karten in der Darstellung zwischen Optionen (z. B. über die Wahl von Bezugsflächen) zu wählen,
- eigene Ausdrucksformen zu gestalten,
- Funktionen zur Auswertung und Exploration zu entwickeln,
- eigene Daten in bestimmte Karten zu integrieren,
- externe Datenquellen im Internet durch Hyperlinks einzubringen.

Über die beschriebene Einteilung hinaus wird der Begriff „Atlas" innerhalb und außerhalb der Kartographie zunehmend auch für Veröffentlichungen benutzt, die ausschließlich aktuelle Problemkreise (z. B. Umweltschäden, Rüstungspotentiale) behandeln und deren meist kleinmaßstäbige Karten in der Feinheit und Güte der Kartengraphik oft sehr unterschiedlich sind. Auch Themen ohne klaren Raumbezug, z. B. Chemie, Bildgalerie und der virtuelle Informationsraum *Cyberspace*, erscheinen im Buchhandel gelegentlich unter der Bezeichnung „Atlas".

Nachweise von Atlanten finden sich in Verzeichnissen von Verlagen, Vertriebsfirmen (z. B. „GEOCENTER"), Bibliotheken, nationalen und internationalen Organisationen (z. B. UNESCO). Über den Stand der Atlaskartographie berichten zu Deutschland *Lambrecht/Tzschaschel* (1999), zu Österreich *Kelnhofer/Lechthaler* (2000). Mit Entwicklungstendenzen befassen sich u. a. *Ormeling* (1996) in *Mayer/Kriz*, mit dem Einsatz der GDV z. B. *Spiess* (1987). Mit der Aktualität, Qualität und Interaktivität von Atlanten befassen sich *Voss* (1996), *Lorenz* u. a. (1999), *Palko* (1999) und *Frappier/Williams* (1999).

11.2 Graphische Atlanten

11.2.1 Weltraumatlanten

Weltraumatlanten enthalten Karten und Bilder der Gestirne einschließlich Ansichten der Erde aus dem Weltraum sowie Übersichtsdarstellungen zum Sternenhimmel. Weisen sie nur solche Übersichten auf, spricht man auch von *Himmels-* oder *Sternatlanten*.

Als klassischer Himmelsatlas gilt der Atlas der Bonner Durchmusterung (ab 1855 mit späteren Auflagen) mit über 450 000 Sternen (einschl. 9. bis 10. Größenklasse) bis zur südlichen Deklination von 23°; der Bereich bis zum Südpol ist später durch die sog. Cordobaer Durchmusterung erfasst worden. Daneben gibt es einige kleinere Atlanten in Kartenform oder auf der Grundlage von Himmelsphotos. Das größte Werk ist schließlich der Mount Palomar Sky Atlas, der als photographischer Himmelsatlas für die nördliche Himmelskugel Sterne bis zur 20. Größenklasse enthält. Thematisch umfassender sind Atlanten zur Himmelskunde, zum Universum u. ä. Daneben gibt es spezielle Atlanten zum Sonnensystem, zu allen und zu einzelnen Planeten und Monden, vorwiegend nach Aufnahmen aus Raumfahrzeugen.

11.2.2 Erdatlanten

Erdatlanten - meist nicht ganz zutreffend als Weltatlanten bezeichnet - stellen den Gesamtbereich der Erde in Karten verschiedener, jedoch aufeinander abgestimmter Maßstäbe dar. Sie enthalten topographische (geographische) und/oder thematische Karten. Während Erdatlanten früher meist neben den topographischen (physischen) nur noch politische Karten enthielten, hat inzwischen der Umfang thematischer Darstellungen stark zugenommen. Es gibt auch *thematische Erdatlanten*, die nur noch aus thematischen Karten bestehen; sie unterscheiden sich von den Fachatlanten durch einen ausgedehnten Themenkreis. In Atlanten mittlerer Größe (Hausatlanten) erscheinen häufig noch Weltraumkarten (Himmelskarten, Mondkarten, Darstellungen des Planetensystems usw.) sowie

Länderbeschreibungen mit Statistiken und Bildern. Herausgeber von Erdatlanten sind meist Institutionen der gewerblichen Kartographie.

Für die Karten der Erdatlanten ergibt sich etwa folgende Gruppierung:

Gesamte Erde	1:75 Mio. und kleiner	Teile von Staaten	1:1 Mio. bis 1:2 Mio.
Erdteile	1:20 Mio. und kleiner	Ballungsräume	1:500000 bis 1:1 Mio.
einzelne Staaten	1:5 Mio. bis 1:15 Mio.	Großstädte	1:200000 bis 1:500 000

Die Kartennetzentwürfe sind vorwiegend flächentreu bei Karten der gesamten Erde als Planisphären, teilweise auch in vermittelnder Abbildung. Beim Namengut ist die amtliche Schreibweise ebenso zu berücksichtigen wie die Regeln der Transkription oder Transliteration nichtlateinischer Alphabete (Kap. 9); einige Atlanten erläutern diese Regeln eingehend. Ein alphabetisch geordnetes Namenregister (bis zu 200000 Namen) in Verbindung mit den Angaben eines Suchnetzes, das meist mit dem geographischen Netz identisch ist, erleichtert das Auffinden von Orten.

Größere Erdatlanten in *deutscher Sprache* sind teils Eigenschöpfungen der Verlage, teils auch Lizenzausgaben fremdsprachiger Atlanten. Neben Werken in Formaten von 30×40 cm² und mehr gibt es noch die Lexikonatlanten im Format der Lexikonbände sowie Taschenatlanten im Format der Taschenbuchreihen. Für die international bekannten Erdatlanten in *fremder Sprache* gibt es teilweise auch Ausgaben in mehreren Sprachen.

Schulatlanten orientieren sich in ihrer Konzeption an den Belangen des Schulunterrichts, teilweise sogar einzelner Schulstufen. In ihren didaktisch-methodischen Grundsätzen sind sie damit an den Unterrichtsstoff und die Art seiner Vermittlung gebunden. Die veränderten Lehrinhalte haben bewirkt, dass insgesamt der Anteil thematischer Karten nunmehr überwiegt. Deren Gestaltung hat vorrangig und exemplarisch die gesamte Kartengraphik der thematischen Kartographie gefördert. Darüber hinaus zeigen die geänderten Ansätze der Atlaskonzeption insgesamt bei allen Erdatlanten die Fortschritte, die sich mit Hilfe der Satelliten- und Luftbilddaten, der GDV, den rechnergestützten Registerarbeiten und dem Vierfarbendruck in der kurzen Skala erzielen lassen.

Zur Herstellung und Redaktion von Erdatlanten äußern sich u.a. *Bormann* (1972) und *Thauer* (1980); eingehendere Ausführungen zur Namenschreibung und zu Problemen der Lizenzvergabe stammen von *Thieme* (1968a, 1980), zu Transkriptionssystemen von *Weygandt* (1961), zu Registern von *Rennau* (1976) und zur Standardisierung von Namen in mehrsprachigen Gebieten von *Spiess* (1997). Zu Schulatlanten finden sich Beiträge u.a. in *Mayer* (1992), *Elg* (1999), *Almeida* (1999) und *Spiess* (1994, 2000).

11.2.3 National- und Regionalatlanten

Die Atlanten dieser Gruppe sind durch folgende Merkmale gekennzeichnet:
1. Sie erfassen stets nur ein bestimmtes Gebiet. Handelt es sich dabei um den Bereich eines Staates, so spricht man vom *Nationalatlas*, ist dagegen ein Bundesland, ein Wirtschaftsraum oder eine Großstadt mit ihrem Umland dargestellt, so liegt ein *Regionalatlas* vor.
2. Sie sind meist eine Sammlung thematischer Karten aus fast allen Themenbereichen, besonders solchen, die als Bestandsdarstellung für raumplanerische

Maßnahmen von Bedeutung sind. Damit erscheinen sie wie das Ergebnis einer thematischen Landesaufnahme (10.2.4). Dies gilt auch für die meisten sog. *Planungsatlanten*, die daher streng genommen ganz oder vorwiegend Planungsgrundlagenatlanten sind.

3. Sie weisen meist einen einheitlichen Maßstab auf und machen damit die einzelnen Karten leichter aufeinander beziehbar. Abweichende Maßstäbe gibt es in erster Linie bei Nebenkarten.
4. Der topographische Kartengrund besteht aus wenigen Grundtypen und wiederholt sich daher bei vielen Darstellungen.
5. Herausgeber sind meist amtliche oder halbamtliche, häufig auch wissenschaftliche Institutionen.

Ein Projekt zur Herstellung des neuen Nationalatlasses der Bundesrepublik Deutschland in 12 Bänden läuft seit 1995 (*Großer* 1992). Band 1 „Gesellschaft und Staat", Band 10 „Freizeit und Tourismus" und Band 9 „Verkehr und Kommunikation" erschienen jeweils im Jahr 1999, 2000 und 2001. Das Gesamtwerk soll bis zum Jahre 2004 abgeschlossen sein.

Der „Deutsche Planungsatlas" wurde in 10 Länderbänden (1960–1990, dazu Ergänzungsblätter) veröffentlicht. Die Länderbände gehen von einer einheitlichen Grundkonzeption aus, unterscheiden sich aber im einzelnen nach Umfang, Gestaltung und durch die Hauptmaßstäbe, die den Ländergrößen am besten entsprechen. Als topographischer Kartengrund dienen vor allem a) Verwaltungsgrenzenkarten und b) Darstellungen, die das Verkehrs- und Gewässernetz, die Siedlungen und teilweise auch das Relief enthalten.

Über den aktuellen Stand der National- bzw. Regionalatlanten in Österreich und in der Schweiz wurde jeweils von *Kelnhofer* und *Hurni u. a.* in *Cartwright u. a.* (1999) berichtet.

11.2.4 Stadtatlanten

Stadtatlanten stellen den Bereich einer größeren Stadt mit ihrem Umland oder den Ballungsraum mehrerer Städte in den für Stadtkarten üblichen Maßstäben im handlichen Format für Orientierungszwecke dar. Dazu treten meist Übersichtskarten zu Verkehrsnetzen, Sehenswürdigkeiten usw. Im größeren Format und Umfang enthalten sie oft auch thematische Karten und sind dann (vergleichbar den National- und Regionalatlanten) vor allem für Zwecke der Verwaltung und Planung bestimmt.

Beispiele für Stadtatlanten, die hauptsächlich dem Orientierungszweck dienen, sind die gebundenen Stadtatlanten einiger Verlage sowie der Atlas des Stadtplanwerks Ruhrgebiet des Kommunalverbandes Ruhrgebiet, der in Form eines Schraubordners im Maßstab 1:20000 rund 7000 km² abdeckt.

11.2.5 Topographische Atlanten

Diese bilden eine Auswahl von Ausschnitten amtlicher topographischer Karten verschiedener Maßstäbe für Bereiche, die im Hinblick auf Landschaftsgliederung, Geomorphologie, Siedlungsstruktur und -entwicklung, Wirtschaft und Verkehr besonders interessante Beispiele liefern. Dazu enthält die jeweils gegenüberliegende Seite meist eine landeskundliche Beschreibung; mitunter treten auch noch Geschichtskarten und Luftbilder auf.

Als erster Atlas dieser Art erschien 1953 der Band „Die Landschaften Niedersachsens", in weiteren Auflagen als „Topographischer Atlas Niedersachsen und Bremen". Später folgten Atlanten in anderen Bundesländern sowie „Topographischer Atlas der Bundesrepublik Deutschland". Einzelheiten siehe z.B. *Grothenn* (1977).

Terminologisch wäre auch ein Erdatlas ein topographischer Atlas, wenn er nur topographische Karten – früher auch als physische Karten bezeichnet – enthielte, was heute kaum noch der Fall ist. Im 19. Jh. bezeichnete man andererseits als topographischen Atlas auch die Gesamtheit alle Karten eines bestimmten Kartenwerks (z.B. „Topographischer Atlas von Bayern 1:50000" und „Topographischer Atlas von Württemberg 1:50000").

11.2.6 Fachatlanten

Sie beziehen sich auf ein oder mehrere zusammenhängende Fachgebiete für den Bereich der Erde oder eines Teiles davon. Während die thematischen Karten in Erdatlanten vorwiegend Übersichtscharakter besitzen und in National- und Regionalatlanten als zusammenhängende Bestandsaufnahme anzusehen sind, überwiegt in den Fachatlanten die sehr detaillierte, aber gegen andere Themen stärker isolierte Wiedergabe aus einem Fachgebiet. Fachatlanten vom Gesamtbereich der Erde weisen meist unterschiedliche Maßstäbe auf, solche eines bestimmten Gebietes besitzen dagegen gewöhnlich einen einheitlichen Maßstab. Herausgeber sind amtliche oder wissenschaftliche Institutionen, aber auch private Verlage.

Über die Redaktion von Fachatlanten schreibt *Kretschmer* (1972). Zahlreiche Aufsätze zum Problem thematischer Weltatlanten befinden sich bei *Suchy* (1988). Eine Reihe von Fachatlanten ist in *Ehlers* (1991) aufgelistet. In der Reihenfolge der Themengebiete in 10.2.4 sind nachfolgend einige Beispiele für Fachatlanten zusammengestellt:

1. *Geologische Atlanten* decken die Maßstabsbereiche, Gebiete oder speziellen Themen ab, für die nicht bereits geologische Kartenwerke vorliegen. So gibt es z.B. einen Geologischen Weltatlas der UNESCO in 1:10 Mio. und den Geologischen Atlas von West- und Mitteleuropa in 1:7 Mio.
2. *Ozeanographische Atlanten* enthalten Karten mit den wichtigsten ozeanographischen Daten für die Weltmeere oder Teile davon; häufig treten dazu noch Klimakarten. Dazu gehören z.B. der sowjetische Meeresatlas (1976-1982, 3 Bde., auch mit englischen Erläuterungen), ferner der ozeanographische Atlas der Polarmeere (USA, 1957). 1978 erschien ein *Hydrologischer Atlas der Bundesrepublik Deutschland* mit einem Textband.
3. *Klimaatlanten* gibt es z.B. von Europa (1:5 und 1:10 Mio.), ferner als Klimadiagramm-Weltatlas mit über 8000 Klimadiagrammen. Neben dem vom Deutschen Wetterdienst herausgegebenen Klimaatlas der Bundesrepublik Deutschland 1:2 Mio. (mit Daten von 1931-1960) sowie Klimaatlanten der einzelnen Bundesländer in 1:1 Mio. gibt es den Klimaatlas der DDR in 1:1 Mio. (1953) und den Klimaatlas der Schweiz (ab 1982). Es gibt auch Atlanten über meteorologische Daten über die gesamte Erde.

4. Aus dem Bereich Bevölkerung und Kultur gibt es eine große Anzahl verschiedenster Atlanten. Dazu zählen *Nationalitäten-, Sprachen-, Dialekt-, Volkskunde-, Konfessions- und Kulturatlanten*. Beispiele dazu sind der „Atlas Linguarum Europae" (seit 1975), „Deutscher Sprachatlas" (1926–1956) sowie zahlreiche Sprachatlanten von Teilgebieten, ferner der „Atlas der deutschen Volkskunde" (seit 1958), der „Volkskundeatlas von Österreich" (seit 1959), der „Atlas der Schweizerischen Volkskunde" (seit 1950). Zu den *geomedizinischen* Atlanten gehören u. a. der deutsche Weltseuchenatlas (1952), der Krankenhausatlas der Bundesrepublik Deutschland (1977) sowie Krebsatlanten einiger Staaten. Gesellschaftliche Probleme werden z. B. in einem *Kriminalitätsatlas* berührt (1952).

5. *Verwaltungsatlanten* sind Kartensammlungen, in denen für einen bestimmten politischen Bereich die Verwaltungsgliederung, die regionale Zuständigkeit und der Sitz von Dienststellen usw., evtl. mit textlicher Erläuterung, dargestellt ist.

6. *Geschichtsatlanten (Historische Atlanten)* stellen in ihren Karten die wichtigsten geschichtlichen Sachverhalte und Ereignisse dar. Ihre äußere Gestaltung reicht vom Paperback bis zur großformatigen Kartensammlung. Neben Gesamtdarstellungen gibt es auch Atlanten, die sich auf ein bestimmtes Gebiet beschränken (z. B. „Deutscher Städteatlas" seit 1973, „Österreichischer Städteatlas" seit 1982, „Historischer Atlas von Wien" seit 1981), nur eine spezielle Thematik behandeln (z. B. zur Kirchengeschichte) oder nur einen besonderen Zeitabschnitt erfassen (z. B. *archäologische Atlanten)*. Eine große Rolle spielen die *geschichtlichen Schulatlanten*. Wegen ihres heute historischen Aspektes kann man zu den *historischen Atlanten* auch die Reprints älterer Atlanten (z. B. Katalanischer Weltatlas von 1375) zählen.

7. *Wirtschaftsatlanten* informieren über wirtschaftsgeographische Sachverhalte in bestimmten Ländern oder für den Bereich der ganzen Erde. Dabei erfassen die *Weltwirtschaftsatlanten* meist alle Bereiche der Wirtschaft sowie weitere für das Thema wichtige Sachverhalte wie Klima, Vegetation usw. *Landwirtschaftsatlanten* gibt es für zahlreiche Staaten (z. B. „Atlas der deutschen Agrarlandschaft" 1962-1971); für die gesamte Erde gibt es z. B. den „World Atlas of Agriculture" (1977). Auf eine einzige Kulturpflanze und ihre Anbaugebiete beschränken sich z. B. Weinatlanten. Als *Forstatlas* ist der deutsche „Weltforstatlas" (ab 1951) der erste seiner Art. Als *Lagerstättenatlas* gibt es z. B. den Petro-Atlas. In *Wasserwirtschaftsatlanten* sind hydrographische und wirtschaftliche Daten für einen politischen Bereich oder ein Einzugsgebiet zusammengetragen. *Industrieatlanten* einzelner Länder stellen Standorte und deren Industriepotenziale dar. Angaben zur Industrie, zum Bergbau und zur Energiewirtschaft sind auch in den Weltwirtschaftsatlanten enthalten.

8. Im Bereich des Verkehrs gibt es neben wenigen Atlanten über Verkehrsgeographie, Eisenbahnen und Schifffahrt vor allem die *Straßenatlanten (Autoatlanten)*. Sie enthalten neben einer Sammlung von Straßen-, Umgebungs- und Ortsdurchfahrtkarten häufig noch Namenregister, Ortsbeschreibungen, Hotelverzeichnisse usw. Autoatlanten liegen zunehmend auch in digitaler Form vor. Sie enthalten dann meist Übersichtskarten, blattschnittfreie Straßenkarten, Ortsdurchfahrtkarten und Citykarten, sie besitzen gewöhnlich Suchfunktionen für Orte, ermöglichen Routenplanungen, das Anzeigen von Koordinaten und weitere interaktive Funktionen (*Christ* 1994, *Vickus* 2001).

11.2.7 Bildatlanten

Als solche gelten Sammlungen photographischer Landschaftsbilder, wie man sie teilweise auch im Bildteil von Hausatlanten antrifft, ferner von vogelschauartigen Reliefdarstellungen, die zum Teil dem Anblick aus Raumfahrzeugen entspre-

chen sollen. *Luftbild- und Satellitenbildatlanten* sind Sammlungen von Aufnahmen, die aus Luftfahrzeugen (vorwiegend als farbige Schrägaufnahmen) bzw.
aus erdumkreisenden Satelliten aufgenommen wurden und denen textliche Erläuterungen beigefügt sind.

Luftbildatlanten gibt es seit 1972 von zahlreichen Bundesländern, ganz Deutschland
sowie von Österreich und anderen europäischen Staaten. Oft erscheinen dazu die entsprechenden Kartenausschnitte oder es wird auf vergleichbare Ausschnitte topographischer
Atlanten (11.2.5) verwiesen. Die bisher ab 1980 erschienenen Satellitenbildatlanten (Welt-
raumbildatlanten) beruhen meist auf der Wiedergabe von Landsat-Aufnahmen.

11.3 Taktile Atlanten

Taktile Atlanten als eine Sonderform von Atlanten besitzen eine große Bedeutung
für die selbständige Mobilität der Sehbehinderten. Sie bestehen aus tastbaren
Karten, die aufgrund der haptischen Wahrnehmung nach besonderen Prinzipien
gestaltet sind. Das bekannteste Beispiel ist der seit 1987 erscheinende *Tactual
Atlas of Australia.* Die haptische Wahrnehmung ist durch folgende Merkmale
gekennzeichnet (*Rainer* 2000):
– eine langsame Informationsaufnahme. Nur ca. 10% der Information kann aufgenommen werden, die im gleichen Zeitraum visuell wahrnehmbar ist;
– eine punktförmige Informationsaufnahme. Eine Darstellung kann nicht als
  komplette Einheit wahrgenommen werden. Räumliche Beziehungen sind im
  Gegensatz zum Gesichtssinn nicht ständig präsent, sondern müssen erarbeitet
  werden. Deshalb sollten z.B. Linien nicht unterbrochen werden, um Beschrif-
  tungen oder ähnliches hinzufügen;
– eine geringe Empfindlichkeit. Eine passiv wahrnehmende Hand kann z.B.
  punktförmige Reize im Abstand von 1,6 mm gerade noch unterscheiden. Für
  die Identifizierung der Reize ist ein minimaler Abstand von 2–3 mm zwischen
  den Reizen erforderlich. Blinde können die Richtung auch schlecht wahrnehmen, insbesondere bleiben leichte Kurven unbemerkt. Auch Linienlängen
  werden oft fehlerhaft wahrgenommen.

Sehbehinderte sind oft auf ihre verbleibenden Sinne angewiesen. Eine wichtige Rolle
nehmen dabei das Gehör und der Geruch ein. Im Gegensatz zu Sehenden benötigen
Blinde daher zusätzliche Informationen für ihre Mobilität. In einem taktilen Atlas finden
sich u.a. 1) Orientierungskarten (ca. 1:5000), die einen Überblick über ein größeres
Gebiet vermitteln, 2) Mobilitätskarten (ca. 1:1800 – 1:2500), beispielweise die Informationen zu Ampeln, Haltestellen, Hauseingängen, Unterführungen, Treppen enthalten, und
3) Routenkarten als eine Kombination von Orientierungskarte und Mobilitätskarte. Sie
stellen die Route mit ausführlichen Informationen zur Mobilität dar. Dabei werden für die
betroffenen Straßen breite Symbole gewählt, um alle Mobilitätssymbole unterzubringen.
Die Straßen in der Umgebung der Route werden hingegen schmal und in vereinfachter
Form präsentiert.

11.4 Elektronische Atlanten

Von elektronischen Atlanten spricht man, wenn die GDV nicht nur bei der Herstellung, sondern auch für die Präsentation und Auswertung mit Hilfe von digitalen Datenträgern und Bildschirmen zum Einsatz gelangt.

Zwischen elektronischen Atlanten und gedruckten Atlanten sind einige markante Unterschiede zu erkennen. In gedruckten Atlanten ist jedes Kartenblatt thematisch, räumlich und zeitlich isoliert. Der Zusammenhang zwischen einzelnen Kartenblättern ist nicht überschaubar. Bei elektronischen Atlanten hingegen kann der Kartennutzer durch Scrollen, Zoomen und Mausklicken selbständig Kartenausschnitte aufbauen und zusammenhängende Darstellungen nebeneinander oder übereinander lagern.

Der Maßstab und die Einschränkung durch das Format sind bei elektronischen Atlanten nicht mehr so wichtig wie bei gedruckten Atlanten. Jede Bildschirmgröße lässt sich komprimieren und ausdehnen, indem man sich in jede gewünschte Richtung und über den Kartenrahmen hinaus bewegen darf. Beliebig viele Informationsschichten darf man in die Karte integrieren und nach Bedarf ein- oder ausblenden.

In einer digitalen Umgebung spielt das Konzept des Atlasses als bewusste Sammlung von ausgewählten Karten eine untergeordnete Rolle. Nur bei *view only-Atlanten* mit vordefinierten Kartensequenzen wird eine Serie von Darstellungen noch in fester Reihenfolge präsentiert. *Interaktive elektronische Atlanten* sind direkt modifizierbar und erweiterbar. Der Benutzer darf nicht nur die Betrachtungsreihenfolge steuern, sondern auch selbständig die Symbolisierung und/oder Klassifizierung bestimmen. Eine derartige Gestaltungs- und Nutzungsfreiheit erfordert allerdings eine Navigationshilfe.

Die digitale Umgebung verstärkt die Funktion des Atlasses als Vergleichsmittel. Zahlreiche Suchverfahren und analytische Funktionen in elektronischen Atlanten ermöglichen einen genauen visuellen Vergleich. Außerdem kann man die Analysenergebnisse zeitgleich aufzeigen.

Elektronische Atlanten verfügen als Speichermedium über ein größeres Potential. Die Attributdaten bilden einerseits die Basis für die räumliche Abfrage und weitere Analysen, andererseits lassen sie sich beliebig visualisieren, auch wenn sie nicht für die Visualisierung gedacht sind.

Heutzutage werden elektronische Atlanten zunehmend als Explorationsmittel in Verbindung mit multi- und hypermedialer Darstellungstechnik sowie VR-Ansätzen verwendet (siehe 4.8). Landschaften können vertikal, schräg oder horizontal projiziert und betrachtet werden, daher ist der Übergang von Karten zu kartenverwandten Darstellungen beliebig durchführbar.

Aufgrund dieser Unterschiede ist bei der Gestaltung elektronischer Atlanten ein Umdenken erforderlich. Hinsichtlich der Strukturierung von Hyperlinks, der Optimierung der Benutzerschnittstelle und der Aufrechterhaltung des Atlaskonzepts in digitaler Umgebung besteht noch hoher Forschungsbedarf.

Bei der Entwicklung elektronischer Atlanten sind folgende Typen zu unterscheiden (vgl. *Mayer* 1990, *Ormeling* in *Kretschmer/Kriz* 1996):

11.4.1 Atlanten auf Datenträgern

Sie verfügen über ein statisches Kartenrepertoire. Der Hersteller wählt die Daten aus, bestimmt die Darstellungsoptionen und die dafür notwendige Interaktivität. Der Benutzer darf die Einzelkarten betrachten und hat zusätzlich die Möglichkeit, die Darstellung (z. B. Farben, Symbole, Maßstäbe, Beschriftung, Datenschichten, Medien, Legende, Layout) und/oder die Klassifizierung der dargestellten Daten nach eigenem Geschmack zu ändern.

Viele Länder bieten bei der Gestaltung der Nationalatlanten gleichzeitig eine gedruckte Version und eine View Only-Version auf CD-ROM, z. B. der Nationalatlas Schweden (1987–1996), der Atlas der Schweiz (*Hurni* 2000) und der Nationalatlas Deutschlands (1995–2004).

Die Interaktivität in gegenwärtigen elektronischen Atlanten variiert sehr stark. Bei manchen Atlanten besteht z. B. eine Optionswahl nur für bestimmte Gestaltungselemente in bestimmten Datenschichten, während bei anderen Atlanten der Benutzer jedes Gestaltungselement einer beliebigen Datenschicht modifizieren und mit dynamischer Lupe betrachten darf.

11.4.2 Web-Atlanten

Sie enthalten Richtlinien für die Konstruktion eines elektronischen Atlasses. Der Hersteller wählt weder die Daten, noch die Darstellungen aus, sondern stellt ein sog. *Atlas Authoring System* (*Electronic Atlas Shell*) zur Verfügung. Dabei handelt es sich um ein Softwareprogramm ohne geographische Informationen, welches aber mit topographischen oder thematischen Daten gefüllt werden kann, um einen elektronischen Atlas zu konstruieren. Dieses Programm enthält alle für die Atlasherstellung notwendigen interaktiven Funktionen, wird zugleich unterschiedlichen Ansprüchen gerecht und ist den geläufigen Plattformen angepasst. Der Benutzer hat die volle Freiheit, das Programm für eigene Zwecke zu verwenden. Er kann neben den evt. vorhandenen Daten seine eigene Daten und externe Daten (z. B. im Internet) einbringen, die Darstellungsstile bestimmen und die Verbindungsstruktur definieren. Ebenfalls kann er eine kontinuierliche Veränderung der Objektbetrachtung vornehmen (z. B. Änderungen in Perspektive und Maßstab, Standpunktänderungen als scheinbarer Flug über die Region) oder durch das Manipulieren des Zeitmaßstabs räumliche Objektveränderungen aufzeigen.

Die Gestaltung eines offenen interaktiven Atlasses, insbesondere eines internetfähigen Atlasses, ist aufgrund ihrer dynamischen Eigenschaft eine anspruchsvolle Aufgabe. Zu den Hauptschwierigkeiten zählen u. a. die Inkompatibilität bestimmter Funktionen zwischen den derzeit geläufigen Browsern „*Netscape Communicator*" und „*Internet Explo-*

rer", die Unklarheit des Urheberrechts bezüglich der externen Datenquellen, die Empfindlichkeit der Hyperlinks, die mangelhafte Unterstützung der vektorbasierten Graphik, die niedrige Geschwindigkeit bei der Datenübertragung und beim Graphikaufbau sowie die erforderliche Kulturneutralität der Benutzerschnittstelle. Über die ersten Erfahrungen mit der Gestaltung des interaktiven Atlas der Schweiz im Internet wurde in *Neumann/Richard* (1999) berichtet.

11.4.3 Atlasinformationssysteme

Bei Atlasinformationssystemen sind neben interaktiven Gestaltungsmöglichkeiten auch verschiedene Auswertungs- und Explorationsfunktionen verfügbar. Die Grenze zwischen dem Systementwickler und -benutzer ist nicht mehr so klar wie bei anderen Atlantentypen. Zu den wesentlichen Bestandteilen eines Atlasinformationssystems gehören:

1. interaktive Karten,
2. die mit Karten verbundenen Informationen (z. B. geometrische und semantische Attribute der Kartensymbole, Hyperlinks usw.),
3. eine Navigationshilfe, die u. a. Bewegungsoptionen und Hinweise dafür enthält, und
4. eine Benutzerschnittstelle.

Ein Atlasinformationssystem ist jedoch nicht mit einem GIS gleich zu setzen. Bei einem GIS stehen eine raum-zeitliche Datenbank und die damit möglichen Datenanalysen im Mittelpunkt. Die Darstellung der Datenbank fungiert als Hilfsmittel und besitzt daher nur eine sekundäre Bedeutung. Ein Atlasinformationssystem hingegen befasst sich in erster Linie mit der kartographischen Darstellung bewusst ausgewählter Datenkategorien über ein räumliches oder sachliches Gebiet. Attraktive, informative und vergleichbare Karten sind die zentralen Informationsträger. Die Auswertung erfolgt direkt mit diesen Karten. Aus diesem Grund stellt ein Atlasinformationssystem einen besonders hohen Anspruch an die Gestaltung, Strukturierung und Verbindung einzelner Karten.

Eine blattfreie bzw. nahtlose Visualisierung ist zwar technisch möglich, die Bewahrung des Blattschnitts im Atlasinformationssystem spielt jedoch eine nicht zu unterschätzende Rolle bei der Auswertung. Die räumliche Abgrenzung durch einen blattweisen Vergleich führt zur Bildung leicht wahrnehmbarer Informationsklötze (*information chunks*), somit zu einer effizienten Informationsgewinnung. Diese Kognitionseigenschaft ist mit Rücksicht auf die veränderten Gewohnheiten beim Lesen der Bildschirmkarten umso wichtiger. Die Benutzer der Bildschirmkarten bleiben kurz aufmerksam, lassen sich leicht ablenken und fühlen sich schnell müde.

Teil 3:
Gegenwart und Geschichte
der Kartographie

12 Gegenwart der Kartographie

Zusammenfassung

Das Kapitel 12 gibt einen Überblick über den Wirkungsbereich der Kartographie. Zunächst werden ihre Bezüge zu anderen Fachdisziplinen und Berufsfeldern aufgezeigt. Darüber hinaus wird über die Institutionen informiert, in denen kartographische Tätigkeiten ausgeübt werden sowie Kartographie gelehrt und erforscht wird. Mit einem Überblick über das kartographische Schrifttum und Kartennachweise endet das Kapitel.

12.1 Stellung der Kartographie

Eine der Kernaufgaben der Kartographie besteht darin, mit einer Zeichensprache die Umweltvielfalt anwendungsorientiert und benutzerangepasst darzustellen und die Darstellungen effizient zu interpretieren. Mit Rücksicht auf unterschiedliche Wahrnehmungskanäle werden die Zeichensysteme zwar stetig erweitert, die visuellen Zeichen bleiben jedoch nach wie vor dominierend aufgrund ihrer besonderen Bedeutung für die Informationsaufnahme.

Bei der sukzessiven Evolution von einem realitätsnahen Primärmodell zu einem abstrakten Sekundärmodell entsteht die Kartengraphik, die als ein Höhepunkt der kartographischen Wissenschaft und Kunst betrachtet wird. Allerdings widersetzt sich der aus der Geoinformatik kommende Entwicklungstrend dieser Tradition in der Kartographie. Um ihre Tätigkeitsfelder auszuweiten, müssen immer mehr professionelle Kartographen über die Anwendung der Standardkartengraphik hinaus auch nach multimedialen und interaktiven Ausdrucksformen suchen. Dadurch erweitert sich die Kartenkunst von den abstrakten Kartenbildern bis zu fotorealistischen Darstellungen. Auch werden gestalterische Elemente der Kartengraphik zugunsten der Datenanalyse immer weiter reduziert bis schließlich nur noch eine graphische Umsetzung der Objektgeometrie (z. B. Schwerpunktlage, Mittelachse oder Grundriss der Objekte) besteht.

Die in 1.2 beschriebenen Merkmale der Kartographie verdeutlichen zwar ihre Eigenständigkeit in Theorie und Praxis, doch bedingt ihr sachbezogenes Wirken zwangsläufig auch eine enge Verknüpfung mit verschiedenartigen Wissenschaften und Berufsfeldern. Zu den mit ihr verbundenen *Wissenschaften* zählen seit langem die Geowissenschaften (Geodäsie, Geographie, Geologie, Geophysik) und die Raumforschung; in diese Bereiche war sie anfänglich auch wissenschaftlich eingebettet. Darüber hinaus sind vertiefte Bezüge entstanden zur Kommunikationstheorie, zur Mathematik und Informatik, zur Wahrnehmungspsychologie, zur Nachrichtentechnik, zur Didaktik und zu den Geschichtswissenschaften.

Der Wirkungsbereich der Kartographie ergibt sich aus ihren in 1.1 beschriebenen Aufgaben. Daher liegt ihr Einsatz ganz allgemein in allen Bereichen von Praxis, Lehre und Forschung, in denen es um die Bearbeitung und den vielfältigen Gebrauch kartographischer Darstellungen geht. Dabei wird aber mit den zunehmenden Systemtechniken die fachliche Abgrenzung der Kartographie selbst immer unschärfer (1.1). So ergeben sich für die Kartographie die folgenden benachbarten *Berufsfelder* unter mehr oder weniger starker gegenseitiger Verzahnung: Vermessungswesen mit Topographie und Hydrographie, Geoinformatik, raumbezogene Bestandserhebung und Planung (von der Statistik bis zum Umweltschutz), Unterrichts- und Verlagswesen und graphisches Gewerbe.

12.2 Institutionen der Kartographie

Kartographische Tätigkeiten finden statt
- in *öffentlichen (amtlichen)* Einrichtungen des Bundes, der Länder, der Gemeinden sowie anderer öffentlicher Körperschaften (Nr. 1),
- in *gewerblichen* Unternehmungen wie Verlagen, Ingenieurbüros, Firmen der Industrie, des Handels, des Verkehrs usw. (Nr. 2),
- im Bereich der *Hochschulen* sowie besonderer Einrichtungen der Lehre und Forschung (12.3).

Daneben gibt es Fachvereine, die sich ganz oder teilweise der Kartographie widmen (Nr.3).

1. Die *amtliche* Kartographie in Deutschland wird in erster Linie von folgenden Stellen wahrgenommen:
- Landesvermessungsbehörden und Bundesamt für Kartographie und Geodäsie (Topographische Kartenwerke, 9.2.4.1 Nr. 1),
- Kataster- bzw. Vermessungsämter (Liegenschaftskarten, 10.2.4.2 Nr. 2),
- Stadtvermessungsämter (Stadtkarten, 9.2.4.2 Nr. 1, 10.2.4.2 Nr. 4),
- Landesforstverwaltungen (Forstkarten, 10.2.4.2 Nr. 5),
- Agrarstrukturbehörden (Karten der Agrarplanung, 10.2.4.2 Nr. 9),
- Bundesamt für Seeschiffahrt und Hydrographie (früher Deutsches Hydrographisches Institut, Seekarten, 10.2.4.2 Nr.6),
- Behörden der Wasser- und Schiffahrtsverwaltung (Strom- und Kanalkarten, 9.2.4.2 Nr. 2, 10.2.4.2 Nr. 6),
- Deutsche Bahn AG (Eisenbahnkarten, 10.2.4.2 Nr. 6),
- Deutsche Flugsicherung GmbH (früher Bundesanstalt für Flugsicherung) im Auftrage des Bundesverkehrsministers (Luftfahrtkarten, 10.2.4.2 Nr. 6),
- Bundesforschungsanstalt für Landeskunde und Raumordnung (Thematische Karten zur Raumentwicklung, 10.2.4.2 Nr. 9),
- Bundesanstalt für Geowissenschaften und Rohstoffe sowie Geologische Landesämter (Geologische Karten, 10.2.4.1 Nr. 2; Bodenkarten, 10.2.4.1 Nr. 3),

- Deutscher Wetterdienst (Wetter- und Klimakarten, 10.2.4.1 Nr. 6),
- Militärgeographischer Dienst (Karten der Landesverteidigung, 10.2.4.2 Nr. 8).

Über die Herausgeber der amtlichen topographischen Kartenwerke in Österreich und in der Schweiz siehe 9.2.4.1 Nr.2 und Nr.3.

2. Die *gewerbliche* Kartographie in Deutschland erzeugt vor allem Stadtkarten, Straßenkarten, Karten für den Tourismus, Wandkarten, Atlanten und Globen, in zunehmendem Maße auch in digitaler Form auf geeigneten Datenträgern. Zahlreiche Einrichtungen der Privatkartographie führen daneben ganz oder teilweise kartographische Aufträge anderer Stellen aus, vor allem von Behörden.

Eine aktuell gehaltene Zusammenstellung kartographisch tätiger Institutionen und Personen in Deutschland, Österreich und der Schweiz findet sich im periodisch erscheinenden kartographischen Taschenbuch (z. B. *Dodt/Herzog* 2001). Über die Kartographie in Österreich siehe z. B. in *Institut für Kartographie u.a.* (1984) und in *Kretschmer/Kriz* (1996), in der Schweiz z. B. in *Schweizerische Gesellschaft für Kartographie* (1984, 1996).

3. Die *Deutsche Gesellschaft für Kartographie (DGfK)* (www.kartographie-dgfk.de) ist eine Vereinigung von kartographisch Tätigen und Angehörigen verwandter Berufe zur Pflege der Kartographie sowie der fachlichen Förderung der in den kartographischen Berufen Tätigen und des Berufsnachwuchses. Sie besteht aus etwa 2000 Mitgliedern (2001) und veranstaltet jährlich den Deutschen Kartographentag. In Österreich gibt es die *Österreichische Kartographische Kommission in der Österreichischen Geographischen Gesellschaft (OeKK)* und in der Schweiz die *Schweizerische Gesellschaft für Kartographie (SGK)*. Diese drei Einrichtungen sind Mitglieder der 1959 in Bern gegründeten *Internationalen Kartographischen Vereinigung (IKV) (englisch: International Cartographic Association/ICA)*. Die IKV, die 79 nationale Mitgliedsgesellschaften umfasst (2001), veranstaltet alle zwei Jahre eine größere Tagung (u. a. 1962 in Frankfurt am Main, 1993 in Köln). Ihre Aufgaben im einzelnen beschreibt *Ormeling* in *(Bosse* 1979); aktuelle Informationen siehe www.icaci.org.

Neben solchen kartographisch orientierten Zusammenschlüssen gibt es weitere Fachgesellschaften, die sich teilweise auch mit Kartographie in Vorträgen und Veröffentlichungen befassen, z.B. Deutscher Verein für Vermessungswesen (DVW), Verband deutscher Vermessungsingenieure (VDV), Deutsche Gesellschaft für Photogrammetrie und Fernerkundung (DGPF), Zentralverband der Deutschen Geographen und andere geographische Verbände, Deutsche Geologische Gesellschaft, Deutsche Hydrographische Gesellschaft, Deutscher Markscheider-Verein, Österreichische Gesellschaft für Vermessung und Geoinformation, Schweizerischer Verein für Vermessungswesen und Kulturtechnik, Internationale Coronelli-Gesellschaft für Globen- und Instrumentenkunde.

12.3 Ausbildungswege und Forschungen zur Kartographie

Für die fachliche Ausbildung bestehen in Deutschland drei Möglichkeiten:

1. Die praktische Ausbildung zum Kartographen beruht auf der „Verordnung über die Berufsausbildung zum Kartographen von 1997". Sie ist bei geeigneten Stellen der amtlichen oder der gewerblichen Kartographie möglich und verteilt sich nach einem 3-jährigen Ausbildungsplan auf Betrieb und Berufsschule. Einen neueren Ausbildungsleitfaden als Ergebnis eines mehrjährigen Modellversuchs unter Berücksichtigung rechnergestützter Verfahren hat die *Deutsche Gesellschaft für Kartographie* (1992) erarbeitet; er ist seit 2000 auch in elektronischer Form verfügbar. Zur aktuellen Situation des Ausbildungsberufes siehe *Grebe* (1998, mit weiteren Literaturhinweisen).

2. Die Ausbildung zum Diplom-Ingenieur (FH) ist an den Fachhochschulen Berlin, Dresden, Karlsruhe und München möglich. Sie geht von einem 6-semestrigen bzw. 8-semestrigen (mit 2 Praxissemestern) Studienplan aus (*Zylka* in *Dodt/Herzog* 1991).

3. Die Ausbildung zum wissenschaftlichen Kartographen ist durch das Studium der Kartographie (nur an der TU Dresden), des Vermessungswesens oder der Geographie (Nebenfach Kartographie) an einer wissenschaftlichen Hochschule möglich. Sie beruht auf einem 8 bis 10-semestrigen Studienplan. Ein Teil der Diplom-Ingenieure des Vermessungswesens legt nach einem 2jährigen Vorbereitungsdienst noch die 2. Staatsprüfung ab und qualifiziert sich damit für den höheren vermessungstechnischen Verwaltungsdienst.

Die Ausbildung in den Fällen 2 und 3 beruht auf den jeweils gültigen Hochschulgesetzen, Studien- und Prüfungsordnungen. Für alle drei Bereiche gibt es einschlägige Blätter zur Berufskunde (Herausgeber: Bundesanstalt für Arbeit) als Informationsmaterial zur Berufswahl. Nähere Ausführungen zu den Ausbildungswegen in der Kartographie stammen von *Hake/Ferschke/Mellmann/Böser/ Brunner/Meine* (in *Leibbrand* 1984a) sowie von *Koch* (1993).

Der wissenschaftlichen Forschung und Entwicklung zur Kartographie und ihren Randbereichen widmen sich vor allem die Fachgebiete für Kartographie, Geoinformatik, Photogrammetrie, Fernerkundung, Geodäsie und Geographie der wissenschaftlichen Hochschulen sowie das Bundesamt für Kartographie und Geodäsie. Die Inhalte solcher Forschungen ergeben sich für die Kartographie entsprechend ihren Grundlagen (1.2) und Gliederungen (1.8). Die Schwerpunkte liegen heute weltweit in der Anwendung und Verbesserung digitaler Methoden zur Aufbereitung, Verarbeitung und Wiedergabe der Objektinformationen, vor allem im Rahmen von Geo-Informationssystemen sowie mit besonderem Gewicht bei den verschiedenen Generalisierungsprozessen und der multimedialen Visualisierung der Daten als Kommunikations- und Wahrnehmungsvorgang. Dabei geht es sowohl um theoretische Ansätze als auch um Realisierungen mittels GDV und modernen graphischen Techniken. Schließlich haben die Untersuchungen

zur Geschichte der Kartographie und einzelner kartographischer Darstellungen
weiterhin Bedeutung. Berichte über solche Arbeiten geben u. a. *Freitag* (1993),
Grünreich u. a. (1993), *Göpfert u. a.* (1993), *Bollmann* (1993).

Zur Ausbildung und Forschung in Österreich siehe z. B. *Institut f. Kartographie* (1984), in der Schweiz z. B. *Schweiz. Ges. f. Kartographie* (1996) und
Kretschmer/Kriz (1996).

12.4 Kartographisches Schrifttum, Kartennachweise

Der Entwicklung der Kartographie entsprechend erschienen Abhandlungen mit
kartographischer Thematik zunächst vor allem in Büchern und Zeitschriften aus
den Bereichen der Geographie und des Vermessungswesens. Daneben gab es
Monographien zu einzelnen Teilgebieten (z. B. Kartennetzentwürfen), kurzge-
fasste Einführungen sowie stärker anwendungsbezogene Werke (z.B zum militärischen Kartenwesen und zu geologischen Karten). Als erste allgemeine und
wissenschaftlich fundierte Darstellung in deutscher Sprache gilt das Werk von
Eckert (1921/1925).

Etwa seit der Mitte des 20. Jh. nimmt die Menge kartographischer Fachliteratur erheblich zu. Neben zahlreichen Hand- und Lehrbüchern (*Pobanz* in *Dodt/
Herzog* 1991) erscheinen auch neue Fachzeitschriften mit rein kartographischem
Inhalt in verschiedenen Sprachen. Eine Zusammenstellung von Zeitschriften mit
kartographischen Beiträgen gibt *Zögner* (in *Dodt/Herzog* 1988).

Als einzige Fachzeitschrift ihrer Art in deutscher Sprache gibt es seit 1951
die „Kartographische Nachrichten"; sie ist zugleich Organ der Deutschen Gesellschaft für Kartographie, der Schweizerischen Gesellschaft für Kartographie und
der Österreichischen Kartographischen Kommission in der Österreichischen
Geographischen Gesellschaft. Daneben erscheinen kartographische Fachaufsätze
auch in „Petermanns Geographischen Mitteilungen" (seit 1855), in Zeitschriften des Vermessungswesens, der Geowissenschaften (z. B. „Geo-Informations-
Systeme" seit 1988), der Raumplanung, der Datenverarbeitung, des graphischen
Gewerbes usw.

Mit Aufsätzen in Englisch, Französisch oder Deutsch erschien von 1961 bis 1992 in
Deutschland „Internationales Jahrbuch für Kartographie". Unter den Zeitschriften in fremder Sprache sind u. a. zu nennen: „Cartography and Geographic Information Systems"
(USA, bis 1989 „The American Cartographer"), „Cartographica" (Kanada, mit Abstracts
auch in Deutsch) und „The Cartographic Journal" (Großbritannien), „Bulletin du Comité
Français de Cartographie" (Frankreich), „Bolletino dell' Associazione Italiana di Carto-
grafia" (Italien), „Kartografisch Tijdschrift" (Niederlande), „World Cartography" (Ver-
einte Nationen).

Als Nachweis des nationalen und internationalen Schrifttums gibt es seit 1974
in der Bundesrepublik Deutschland jährlich die „Bibliographia Cartographica"
mit bisher 27 Bänden (Stand Mitte 2001) und insgesamt über 60 000 Titeln;

ihr Vorgänger war die „Bibliotheca Cartographica", die von 1957 bis 1971 in einer Folge von 30 Heften mit rund 25000 Titeln erschien (*Kallenbach* 1988). Daneben gibt es Bibliographien für einzelne Teilgebiete, z. B. zur Globenkunde *(Bonacker* 1960), für die Internationale Weltkarte 1:1 Mio. (*Meynen* 1962), zur Straßenkarte (*Bonacker* 1973), zu Schulatlanten *(Badziag/Mohs* 1982), zur Stadtkartographie *(Dodt u. a.* 1985).

Über die von ihnen herausgegebenen Karten führen die Behörden Kartenverzeichnisse mit Blattübersichten, Preisangaben usw. Daneben gibt es bei Buchhändlern auch Verlagsverzeichnisse sowie für bestimmte Gebiete Nachweise aller wichtigen amtlichen und privaten Karten, wobei meist touristische Gesichtspunkte vorherrschen. Nach Vollzähligkeit und Umfang ist besonders der jährlich erscheinende Geo-Katalog des „GEOCENTER" Touristik Medienservice, Stuttgart mit rund 50000 Titeln zu erwähnen, in dem Karten, Atlanten, Globen, Reiseführer und Zubehör aus allen Bereichen der Erde nachgewiesen sind. Ein internationaler Nachweis stammt auch von *Parry/Perkins* (1990). Zum Nachweis von Atlanten siehe auch 11.1.

Größere Bibliotheken mit Kartenabteilungen führen Kartenkataloge und geben Mitteilungen über Neuerwerbungen heraus. Über solche und andere Kartensammlungen informiert *Zögner* (1998 und in *Neumann/Zögner* 1992), siehe auch *Dodt/Herzog* (1994, 1996 und 2001). Einen weltweiten Überblick über Institutionen mit Kartensammlungen gibt *Wolter* (1986), siehe auch WWW-Adressen in Anhang 4.

13 Überblick zur Geschichte der Kartographie

Zusammenfassung

Dieser kurze geschichtliche Abriss beschreibt in erster Linie die historische Entwicklung im äußeren Erscheinungsbild von Karten und kartenverwandten Darstellungen, ihren sach- und gebietsbezogenen Inhalt und die damit verbundene jeweils typische Zweckbestimmung. Dabei kommt auch die Wechselwirkung zwischen dem graphischen Ausdruck einerseits und dem zeitgebunden technisch Möglichen andererseits zur Sprache. Die letzten Abschnitte des Kapitels befassen sich dazu noch etwas ausführlicher mit den Entwicklungen im Bereich der topographischen Kartographie, der Atlaskartographie und der thematischen Kartographie sowie mit den noch laufenden und weitreichenden Veränderungen in den Kartentechnologien. Schrifttumshinweise sind nur eine kleine Auswahl aus der umfangreichen Literatur zur Kartographiegeschichte.

13.1 Begriffe und Aufgaben

Die Geschichte der Kartographie befasst sich mit der wissenschaftlichen Erforschung und Beschreibung des Zwecks, der Möglichkeiten, der Bedeutung, der Entwicklung und des Wandels kartographischer Tätigkeiten bis zur Gegenwart. Sie bezieht sich dabei einerseits auf die entstandenen *Werke* – Karten, Atlanten, Globen usw. – von der Idee bis zur technischen Realisierung, auf ihre Nutzung und ihr weiteres Schicksal. Andererseits widmet sie sich auch den damit verbundenen *Personen* und *Institutionen*, den Auftraggebern, vor allem aber den Kartenmachern, daneben auch den Benutzern, den Kritikern und denen, die heute solche Werke sammeln, beschreiben oder nachweisen. Schließlich erstreckt sie sich auch auf die inhaltlichen und organisatorischen Strukturen der Ausbildung, der Berufsausübung, des Schrifttums und der fachlichen Vereinigungen.

Kartographie-Geschichte ist ein Teil der *Technik-Geschichte*, soweit die Techniken der Erfassung, Darstellung und Vermittlung von Informationen im Vordergrund stehen. Sie ist ein Teil der *Kultur-Geschichte*, soweit es vor allem um die kulturellen Funktionen, den künstlerisch-ästhetischen Ausdruck, das Statussymbol für Bildung und Wissen, den Prestigewert und den Informationsvorsprung einer kartographischen Darstellung in einer bestimmten Zeitepoche geht.

Begrifflich sollte man dabei wie folgt unterscheiden:

– *Karten aus früherer Zeit (alte Karten)* liegen vor, wenn sie ein gewisses Alter erreicht haben und nicht mehr bearbeitet werden oder bereits durch neue Kar-

ten in anderer Darstellungsweise ersetzt wurden. Über die früheren Längen-
und Flächenmaße, die solchen Karten zugrunde liegen, siehe 2.1.2.
- *Historische Karten* sind dagegen solche thematische Karten, die ein geschicht-
liches Thema behandeln *(Geschichtskarten)*.

Das zunehmende Interesse an Karten aus früherer Zeit und die Leistungsfä-
higkeit der modernen Reproduktionstechnik – insbesondere des elektronischen
Farbauszuges – bewirken in wachsendem Maße die Herstellung von *Faksimile-
Drucken*, die mit den Vorlagen weitgehend übereinstimmen.

Allgemeine Darstellungen der Kartographiegeschichte geben *Grosjean* (1980), *Bagrow/
Skelton* (1985), *Harley/Woodward* (1987/1992), *Sammet* (1990) und *Goss* (1994).
Geschichtliche Abhandlungen findet man auch in den Werken von *Eckert* (1925), *Arnberger* (1966), *Sališčev* (1967) sowie unter den jeweiligen Stichwörtern der Fachlexika.
Ein Lexikon zur Geschichte der Kartographie stammt von *Kretschmer/Dörflinger/Wawrik*
(1986). Eine Beschreibung der Zeitalter der Kartographie bzw. Zeittafeln liefern *Freitag*
(1972), *Witt* (1979), *Ogrissek* (1983) und *Wilhelmy* (1990). Über Kartenautoren informieren *Bonacker* (1966), *Crone* (1978) und *Tooley* (1979). Zu Problemen und Tendenzen der
Kartengeschichte äußern sich *Blackmore/Harley* (1980), *Scharfe* (1981 und in *Leibbrand*
1984a) und *Kretschmer* (in *Scharfe/Kretschmer/Wawrik* 1987), über Begriffsgeschichtliches *Neumann* (1988), über die Karte als Kunstwerk *Seifert* (1979); Einzelheiten zur
Geschichte der Globen und zu historisch bedeutenden Exemplaren finden sich bei *Muris/
Saarmann* (1961), *Fauser* (1967), *Stevenson* (1971) und *Allmeyer-Beck* (1997). Literatur
zur Globenkunde hat *Schmidt* (1995) zusammengestellt.

Seit 1967 findet im Turnus von 2 Jahren an wechselnden Orten die Internationale
Konferenz zur Geschichte der Kartographie statt. In vergleichbarer Weise veranstaltet
seit 1982 die Kommission (früher Arbeitskreis) „Geschichte der Kartographie" der Deutschen Gesellschaft für Kartographie alle 2 Jahre ein Kartographie-historisches Kolloquium. Auf dem 8. Kolloquium 1996 in Bern schlossen sich die deutschen, österreichischen und schweizerischen Kartographiehistoriker zu einer Arbeitsgruppe D-A-CH
zusammen. In den Veröffentlichungen der Kolloquien und in anderen Sammelwerken,
Monographien, Ausstellungskatalogen sowie in den Textteilen einiger Atlanten (z. B.
topographischer Atlanten) gibt es auch regionale Darstellungen sowie Biographien von
Kartenmachern.

Überblicke über den Stand der deutschen Kartographie im Jahr 1970 bzw. 1984 sowie
über Aktivitäten der Deutschen Gesellschaft für Kartographie (auch über ihre Vorgängerin
„Deutsche Kartographische Gesellschaft", über ihre Regionalvereine (heute Sektionen),
Arbeitskreise (heute Kommissionen) und IKV-Beziehungen) finden sich in *Bosse* (1970b)
und *Leibbrand* (1984a), über die Geschichte der Gesellschaft bis 1990 bei *Bosse* (1991),
über Entwicklungslinien deutscher Kartographiegeschichte *Neumann* (1993), zur Kartographie in der ehemaligen DDR *Wilfert* (1993). Zur Kartographie in Österreich in der
zweiten Hälfte des 20. Jahrhunderts berichten *Arnberger* (in *Inst. f. Kartographie...* 1984)
und *Kretschmer/Kriz* (1996), über 15 Jahre Schweizerische Gesellschaft für Kartographie
Ficker (in *Schweiz. Ges. f. Kartographie* 1984) sowie zur Kartographie in der Schweiz
1991-1996 *Schweizerische Gesellschaft für Kartographie* (1996).

Die Zeitschriften „Imago Mundi", „Der Globusfreund" und „Cartographica Helvetica"
widmen sich der Geschichte der Kartographie bzw. Teilen daraus; in „Acta Cartographica"
erscheinen Nachdrucke von Monographien sowie von Aufsätzen aus Periodika der Zeit
nach 1800. Bibliographien stammen von *Franz/Jäger* (1980), *Grewe* (1984/1992, mit
Betonung des Vermessungswesens) und *Zögner* (1984).

13.2 Die Kartographie im Altertum

Obwohl historische Quellen erkennen lassen, dass sich im Altertum vor allem die *Babylonier, Ägypter, Chinesen, Griechen* und *Römer* in der Blütezeit ihrer Kulturen auch mit kartographischen Darstellungen befasst haben, sind nur ganz wenige davon bis auf den heutigen Tag überliefert.

Als ältestes kartographisches Dokument gilt eine auf 3800 v. Chr. datierte *babylonische* Karte, die auf einem geritzten Tonplättchen das nördliche Mesopotamien mit dem Euphrat, einigen Orten und den das Land begrenzenden Gebirgen (in schematischen Aufrissbildern) wiedergibt. Eine bedeutende kartographische Urkunde der *Ägypter* ist die auf Papyrus gezeichnete nubische Goldminenkarte (1300 v. Chr.) als Versuch, die Berge durch umgeklappte Profile beiderseits der Wege in der Kartenebene wiederzugeben (Abb. 13.01).

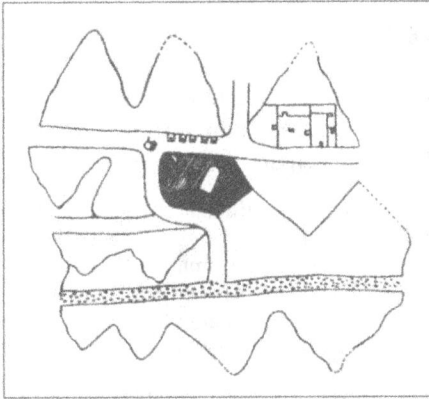

Abb. 13.01 Nubische Goldminenkarte

Die Entwicklung bis zu solchen Karten ist sicherlich von Darstellungen ausgegangen, wie sie auch später noch bei *Naturvölkern* in anderen Bereichen angetroffen wurden. Dazu gehören neben manchen Felszeichnungen vor allem die Ritzungen in Steine, Baumrinden, Mammutzähne (*Häberlein* 1990) sowie Zeichnungen auf gegerbte Häute. Bemerkenswert und ohne Gegenstück sind die etwa auf das 16. Jh. n. Chr. datierten Seekarten der Einwohner der Marshall-Inseln im Pazifischen Ozean: Aus Blattrippen der Kokospalme entstanden linienhafte Verknüpfungen, deren Knotenpunkte die Inseln durch Muscheln anzeigen. Über die Kartographie bei den Naturvölkern berichtet *Dröber* (1964).

Für die *Griechen* war die Kartographie weitgehend gleichbedeutend mit der Frage nach der Gestalt der Erde. Die ersten Erdkarten, über die berichtet wird, stellen die Erde als eine rings von Meeren umflossene Scheibe dar. Die Auffassungen von der Kugelgestalt der Erde breiteten sich aus mit den Lehren der *Pythagoräer* (etwa 500 v. Chr.) und durch den Beweis des *Aristoteles* (etwa 350 v. Chr.), wonach der stets kreisförmige Erdschatten bei Mondfinsternissen nur von einer Kugel stammen könne.

Als Folge davon kam es zur Entwicklung von Kartennetzen. *Dikäarchos* (350–290 v. Chr.) stellte zunächst nur eine West-Ost-Orientierungslinie dar, während *Eratosthenes* (276–195 v. Chr.), der als erster auch die Größe der Erde bestimmte (2.1.1.1), bereits ein Netz von Parallelscharen verwandte. *Hipparch* (190–125 v. Chr.) teilte den Äquator in 360° und entwarf die stereographische und die orthographische Projektion. *Marinus von Tyros* (um 100 n. Chr.) entwickelte das rechtwinklige Netz der mittabstandstreuen Zylinderentwürfe (Plattkarten), *Ptolemäus* (87–150 n. Chr.) den ersten Kegelentwurf.

Eine Vorstufe der Karte ist der im Altertum benutzte *Periplus*, der eine Beschreibung von Küsten, Inseln, Ländern mit nautisch-technischen Angaben darstellt. Dieser geht später in die mittelalterlichen *Portolane* über.

Von den Arbeiten des *Ptolemäus* in Alexandria ging der nachhaltigste Einfluss aus. Seine „Geographie", eine Anleitung zur Kartenanfertigung mit einem Verzeichnis von Orten, Ländern usw., wirkte bis ins 15. Jh. Die Originalmanuskripte gingen beim Brand der alexandrinischen Bibliothek 391 n. Chr. verloren, später aufgefundene Manuskripte und Karten wurden aber als Kopien seiner Arbeit gedeutet. Unter diesen befindet sich auch die bekannte Weltkarte.

Unter den *Römern* machte die Kartographie keine Fortschritte. Ihre Karten galten nicht geographischen Erkenntnissen wie bei den Griechen, sondern Darstellungen ihres Besitzes und der Verkehrsverbindungen in ihrem Reich. Die sehr unmaßstäblichen Itinerarien dienten als Wegekarten für militärische Zwecke, später wohl auch zur Wiedergabe von Handelswegen und -plätzen.

Die bekannte „Tabula Peutingeriana", die der Augsburger Humanist, Kaufmann und Stadtschreiber *K. Peutinger* (1465–1547) erwarb, soll eine im 14. Jh. gefertigte Kopie von Unterlagen sein, die aus römischen Straßenkarten abgeleitet und vermutlich bis zum 7. Jh. laufend ergänzt wurden. Die Tafel besteht aus 12 Blättern, die aneinandergelegt rund 7 m lang sind. Die Darstellung ist in Ost-West-Richtung gedehnt, in Nord-Süd-Richtung stark verkürzt und daher völlig unmaßstäblich. Einzelheiten beschreibt *Miller* (1962).

Der einzige aus der Antike erhalten gebliebene und damit älteste Globus, der Atlas Farnese in Neapel, ist ein Himmelsglobus, der als römische Kopie einer griechischen Arbeit auf das 1. Jh. v. Chr. datiert wird.

13.3 Die Kartographie im Mittelalter

Während die islamischen Kulturen das geographische Wissen der Griechen übernahmen und weiter entwickelten, verharrte die Kartographie des europäischen Mittelalters zunächst ganz in den religiösen Vorstellungen ihrer Zeit. Die *Mönchs-* oder *Klosterkarten* sind als Erdkarten nicht allein Darstellungen realer geographischer Gegenstände, sondern dienen auch der Illustration biblischen Geschehens. Die Erde erscheint als kreisförmige Scheibe (Radkarte) mit obenliegender Ostrichtung und einer meist T-förmigen Gliederung: Asien liegt oberhalb des T-Balkens, Europa links unten, Afrika rechts unten.

Eines der bekanntesten Beispiele ist die um 1235 entstandene *Ebstorfer Weltkarte* (Kloster Ebstorf bei Uelzen), die im 2. Weltkrieg zerstört, inzwischen aber neu gezeichnet wurde. Die kreisrunde Karte mit einem Durchmesser von 3,5 m und Jerusalem in der Mitte setzt sich aus 30 Pergamentblättern zusammen. Sie enthält neben der Wiedergabe von Städten, Flüssen, Bergen und Meeren auch die Lage des Paradieses, zahlreiche mythologische und biblische Figuren sowie Kopf, Hände und Füße des gekreuzigten Christus.

Die Gebirgsdarstellung in solchen Karten ergab sich in Form stark schematisierter Seiten- oder Schrägansichten, mitunter als Bänder mit teilweise ornamentalen und bildhaften Einzeichnungen, die man als *Haufenzeichnung* oder *Maulwurfshügelmanier* bezeichnet (Abb. 13.02).

Abb. 13.02 Maulwurfshügelmanier

Seitenansichten waren im Altertum und Mittelalter als relativ schematische *Haufenzeichnung* oder *Maulwurfshügelmanier* die vorherrschende Art der Reliefdarstellung (Abb. 13.02). Etwa ab dem 16. Jh. vollzog sich sodann der Übergang zu mehr individueller Formenwiedergabe und zu *Schrägansichten*, die das Grundrissbild weniger verdecken oder verdrängen (Abb. 13.03). Solche Seiten- und Schrägansichten trifft man heute nur noch bei Prospektkarten des Tourismus, kartenverwandten Darstellungen und einfachen Kartenskizzen an.

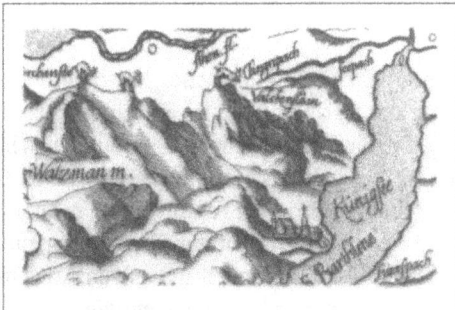

Abb. 13.03 Seitenansicht in individueller Form (aus Apians „Große Karte von Bayern")

Etwa um 1300 kamen in Italien und Katalonien die ersten Seekarten auf. Sie entwickelten sich aus den schon im Altertum gebräuchlichen Segelanweisungen über die später als Portolane oder Portulane bezeichneten Navigationsbeschreibungen zu den sog. *Portolankarten (Rumbenkarten)*. Diese meist auf Tierfellen gezeichneten Karten enthalten neben den Ländern, Inseln, Häfen usw. auch ein Netz von Rumben, die man auch als Windstrahlen bezeichnete, was zu der sachlich nicht korrekten Benennung als Kompasskarten geführt hat.

Erst im späten Mittelalter löste der zunehmende geographische Informationsstand die Kartographie aus ihren durch kirchlich-religiöse Vorstellungen geprägten Bindungen und führte zu Fortschritten in der Herstellung von Erdkarten. Bemerkenswerte Zeugnisse diese Art sind die ovale Genuesische Weltkarte (unbekannter Verfasser, 1457) und die kreisförmige (7 m Durchmesser) „mappa mundi" (1459) des Camaldulensermönches *Fra Mauro*.

13.4 Die Kartographie im Zeitalter der Entdeckungen

Zwei bedeutende Ereignisse beeinflussten die Entwicklung der Kartographie im 15. und 16. Jh.: Die geographischen Entdeckungen und das Aufkommen der Druckverfahren (*Campbell* 1987). Die Entdeckungen brachten eine Fülle neuer Kenntnisse, steigerten aber auch andererseits den Bedarf an Karten. Der Druck mit Holzschnitten oder Kupferstichen ersetzte das teure und fehleranfällige manuelle Kopieren und verhalf den Karten damit zu einer wachsenden Verbreitung.

Ein großer Anstoß zu geographischen Arbeiten ging auch von der „Geographie" des Ptolemäus aus, deren Kopien durch Flüchtlinge aus dem von den Türken bedrohten Byzanz rasch bekannt wurden. Aus der Übersetzung in das Lateinische (ab 1409) entstanden zahlreiche weitere Handschriften und Kartenkopien, denen später auch neue Karten hinzugefügt wurden. 1477 erschien die erste gedruckte Ausgabe als Atlas in Bologna. Schließlich verlor aber die „Geographie" an Bedeutung, als mit der in vielen Ausgaben herausgekommenen „Cosmographia" des *Sebastian Münster* (1488–1552) immer mehr neue und bessere Karten entstanden.

Das umfangreiche Sammeln und Verarbeiten geographischer Informationen führte zu einem gewaltigen Aufschwung der Kartographie. Es entstanden kartographische Zentren, zunächst in Italien, Spanien und Portugal, dann in Deutschland, später auch in den Niederlanden. Dabei galt das Hauptinteresse den Erd- und Seekarten; daneben entstanden aber auch die ersten Erdgloben und größere Regionalkarten. Die Forderung nach einer geometrisch richtigen Darstellung, die vor allem von der Seefahrt erhoben wurde, führte zur ersten intensiven Anwendung von Kartennetzen und zur Entwicklung weiterer Kartennetzentwürfe.

Bedeutende italienische Kartographen dieser Zeit waren u. a. *Fra Mauro* († 1460), *Paolo Toscanelli* (1397–1482), der in einer verlorengegangenen Karte den Seeweg nach Indien in westlicher Richtung beschreibt, ferner auch *Leonardo da Vinci* (1452–1519), der auch Karten kleinerer Gebiete herstellte. Der spanische Kartograph *Juan de la Cosa* († 1509), der mit Kolumbus und Vespucci nach Amerika segelte, fertigte 1500 eine Weltkarte, die als erste den amerikanische Kontinent enthält.

In Deutschland schuf *Martin Behaim* (1459–1507) den ersten Erdglobus („Erdapfel" 1492) sowie eine Seekarte für Magelhaes. Von *Erhard Etzlaub* (1460–1532) stammt die Romweg-Karte für Pilger mit einer Wegeteilung in Meilenintervalle, ferner der erste Versuch einer Weltkarte in Mercatorprojektion auf einem Kompassdeckel. *Martin Waldseemüller* gen. *Ilacomilus* (1470–1518) brachte die erste Weltkarte heraus, auf der sich der Name „Amerika" befindet, ferner eine See- und Europakarte; von ihm stammt auch eine Ausgabe der Ptolemäus-Geographie sowie ein Globus. Weitere Globen sind aus der Hand von *Johannes Schöner* (1477–1547).

Einen kartographischen Höhepunkt stellen die Werke des in Duisburg tätig gewesenen *Gerhard Kremer* gen. *Mercator* (1512–1594) dar. Nach zahlreichen Regionalkarten und Globen kam 1569 die berühmte, für die Seefahrt bestimmte Weltkarte in der nach ihm benannten Projektion heraus, die bis auf den heutigen Tag das Kartennetz der meisten Seekarten bestimmt. Seine drei Söhne setzten seine Arbeiten, vor allem am begonnenen Atlas, fort.

In den Niederlanden schuf *Abraham Ortelius* (1527–1596) eine achtblättrige Weltkarte, einzelne Gebietskarten sowie die in vielen Ausgaben erschienene Kartensammlung „Theatrum orbis terrarum". Weitere Weltkarten stammen von *Jodocus Hondius* (1563–1611), der neben *Gemma Frisius* (1508–1555) auch Globen herstellte.

Kennzeichnend für viele Karten dieser Zeit und bis etwa in das 18. Jh. hinein ist die oft sehr ausgeprägte Titel- und Randgestaltung: *Kartuschen* als schildförmige Ornamentmotive enthalten Erläuterungen und wortreiche Widmungen; der Rand ist durch ornamentale Verzierungen *(Vignetten)* geprägt, und daneben trifft man oft auf Wappen, Landschaftsbilder *(Veduten)*, mythologische Gestalten und allegorische Darstellungen. In Seekarten findet man häufig die sog. *Vertoonungen* als Ansichtsbilder der Küste von See her, die dem Seemann die Sichtnavigation durch Identifizierung topographischer Objekte erleichtern sollen.

Das Bedürfnis nach Information, aber auch nach eindrucksvoller Repräsentation förderte in starkem Maße auch die Herstellung von Globen. *V. Coronelli*, einer der bedeutendsten Globenhersteller, schuf um 1700 neben zahlreichen kleineren Globen auch mehrere Riesengloben von rund 2 bzw. 4 m Durchmesser.

13.5 Von der Regionalkartographie zur topographischen Landesaufnahme

So wie die Entwicklung von Geographie und Verkehr den Bedarf an Erd- und Seekarten weiter ansteigen ließ, so ließ sie auch das Interesse an Regionalkarten wachsen. Die dazu erforderlichen topographischen Arbeiten waren allerdings noch weit entfernt von den Techniken der späteren Landesaufnahmen. Die ersten Darstellungen beruhten auf groben geographischen Orientierungen, Auswertungen von Reisezeiten und skizzenartigen Einschneideverfahren. Später verwendete man auch Kompass, Messschnur und Schrittmaß; eine übergeordnete Festpunktbestimmung – von spärlichen astronomischen Ortsbestimmungen abgesehen – gab es noch nicht. Die Messungen führten meist an den Wegen entlang und erfassten das Gelände links und rechts mehr oder weniger skizzenhaft. Die kartographische Wiedergabe erstreckte sich auf die wichtigsten Gewässer und Siedlungen, letztere oft in individuellen Aufrissbildern, ferner auf die Geländedarstellung als Seiten- oder Schrägansicht mit zunehmender Darstellung der Einzelformen und oft künstlerisch-bildhafter Bearbeitung mit Hilfe von Formlinien und Schattenzeichnungen (Abb. 13.03). Die Namen erschienen in Fraktur-, später immer mehr in Antiquaschrift. Die Vervielfältigung beruhte zunächst auf dem Hochdruck nach Holzschnitten, später auf dem Tiefdruck nach Kupferstichen.

Erste Regionalkarten waren die Karte der Schweiz (1497) von *Konrad Türst* (1450–1503) und die Karte der Toscana (1503) von *Leonardo da Vinci*. Unter späteren Werken sind vor allem die 24 Blätter der „Bayerischen Landtafeln" (1568) von *Philipp Apian* (1531–1589) und die „Preußischen Landtafeln" (1584) des *Kaspar Hennenberger* (1529–1600) bekannt.

Die weitere Entwicklung der topographischen Kartographie ist gekennzeichnet durch die Verbesserung der topographischen Aufnahmemethoden und durch den allmählichen Übergang von der noch sehr bildhaften zur mehr abstraktgeometrischen Darstellungsweise. Dabei werden die topographischen Arbeiten – zunächst allerdings nur sehr langsam – durch zwei Neuerungen entscheidend beeinflusst: Die erste Dreiecksmessung (Triangulation) von 1617 des Niederländers *Willibrord Snellius* und die Erfindung des Messtisches (vermutlich durch *Johannes Prätorius* oder durch die sog. *Züricher Schule* um 1600).

Erste, wenn auch nur graphische Anwendungen der Triangulation finden sich bei den 56 Blättern 1:32000 der kartographisch hervorragenden Karte des Kantons Zürich von *Hans Konrad Gyger* (1599–1674) und den 13 (heute nur im Entwurf vorhandenen) Blättern 1:140000 der „Württembergischen Landtafeln" von *Wilhelm Schickhart* (1592–1635), der auch bereits die Messtischmethode einsetzte.

Durch die genauere Einzelvermessung war es auch möglich, die topographischen Gegenstände mehr und mehr nach ihrer exakten Grundrissprojektion darzustellen. So wurde die vogelschauartige Siedlungsdarstellung, deren Höhepunkt die „Topographien" von *Matthäus Merian* (Vater und Sohn, ab 1640) bildeten, durch den geometrisch-nüchternen Straßengrundriss abgelöst; für kleinere Objekte kamen die ersten Kartenzeichen (Signaturen) auf. Da die in der Geländedarstellung bis dahin üblichen Seitenansichten bei bergigen Gebieten große Teile des Grundrisses verdeckten, vollzog sich der allmähliche Übergang zu *Schrägansichten*, die oft aus militärischen Gründen gefertigt wurden und die Bezeichnung *Kavalier-, Militär-* oder *Halbperspektive* (3.8.1) erhielten. Schließlich gelangte man zu der heute üblichen *senkrechten (orthogonalen) Parallelprojektion*. Über Beiträge zur Geschichte der topographischen Kartographie, u. a. zur Prüfung der geometrischen Genauigkeit alter Karten mit einem *Verzerrungsgitter* (8.2.3.2, *Imhof* 1964).

Bei der Bestimmung von Wassertiefen an der Mündung schiffbarer Flüsse ergaben sich erste Anwendungen von Isolinien aus der Lotung gegen die Wasseroberfläche und der damit verbundenen Lagemessung. Die erste Karte mit Tiefenlinien (Isobathen) wird dem Feldmesser *P. Bruinss* zugeschrieben (7-Fuß-Tiefenlinie des Sparneflusses in Haarlem 1584). Der Rotterdamer Landmesser *P. Ancelin* schuf 1697 eine Karte der Maas einschließlich des alten Hafens mit Tiefenlinien von 5 zu 5 Fuß (Abb.13.04).

Abb. 13.04 Tiefenlinienkarte der Maas in Rotterdam von P. Ancelin, 1697, der Originalmaßstab beträgt 1:2500.

Die allgemeine Anwendung der Triangulation in der Landesvermessung setzte ein, nachdem die Franzosen sich dieses Verfahrens in ihren zahlreichen Erdmessungen (Gradmessungen) zwischen 1669 und 1741 mit Erfolg bedient hatten. *César François Cassini* (1714–1784), in dritter Generation an diesen Arbeiten beteiligt, überzog ab 1750 Frankreich mit einem Netz aus über 2000 Dreiecken und leitete auf dieser Grundlage die Herstellung des Kartenwerkes 1:86400 ein, das 1815 unter seinem Sohn *Jean Dominique Cassini* vollendet wurde.

Die Cassinische Karte stellte das Gelände in einer Schraffenmanier dar; ihr Kartennetz stammte aus einer mittabstandstreuen zylindrischen Abbildung in transversaler Lage. Sie war der Auftakt zur systematischen und exakten topographischen Landesaufnahme in zahlreichen Staaten. Diese Entwicklung wurde noch dadurch beschleunigt, dass vor allem militärische Zwecke ein geschlossenes topographisches Kartenwerk mit geeigneter Geländewiedergabe erforderten.

Zur deutschen Kartographie im 18. Jh. äußert sich u. a. *Satzinger* (1977), zur Kartographie Brandenburgs *Scharfe* (1972), des deutschen Südwestens *Oehme* (1961).

Zu Beginn des 19. Jh. war die Herstellung topographischer Karten mittlerer Maßstäbe wie folgt gekennzeichnet:

- Die Arbeiten lagen in den Händen staatlicher, oft militärischer Institutionen.
- Es entstanden einheitliche Triangulationsnetze.
- Die topographische Aufnahme war gewöhnlich die Messtischmethode.
- Das Geländerelief wurde grundrissartig durch Schraffen dargestellt; die dazu erforderlichen örtlichen Arbeiten bestanden im Aufsuchen von Formlinien und im Ermitteln von Böschungswinkeln.

Beim Übergang von der Schrägansicht zur senkrechten Projektion behielt man mit Rücksicht auf die damalige Technik von Kupferstich und Lithographie die gewohnte Strichzeichnung bei. Der einzelne Strich - die Schraffe (Bergschraffe, Bergstrich) – verlief als Fallinie meist in Richtung des stärksten Gefälles. Die von *Lehmann* 1799 eingeführte *Böschungsschraffe* (Abb. 13.05) lieferte ferner eine Aussage über die Hangneigung, die später entwickelte *Schattenschraffe* eine plastische Reliefvorstellung (Abb. 13.06). Eine absolute Höhenangabe war jedoch nicht möglich.

Abb. 13.05 Böschungsschraffen in der Karte des Deutschen Reiches 1:100 000 (vergleiche Kartenbeispiel 4/CD-ROM)

Schraffen erfordern einen hohen Zeichenaufwand und können die Kartenfläche graphisch so stark belasten, dass die Lesbarkeit anderer Darstellungen erschwert wird; daher benutzt man sie heute kaum noch. Ihre Systematik lässt sich wie folgt beschreiben: Als Fallinien sind sie gewöhnlich in horizontalen Reihen angeordnet, so dass ihre Länge von der Geländeneigung abhängt. Darüber hinaus ergeben sich die folgenden Merkmale:
- Für die *Böschungsschraffe*: Je steiler die Böschung, desto dicker sind die Schraffen, und desto dunkler ist die Schraffendarstellung.
- Für die *Schattenschraffe*: Mit einer angenommenen Schräglichtbeleuchtung (meist von links oben) sind die Schraffen an den Lichthängen dünner und an den Schattenhängen dicker.

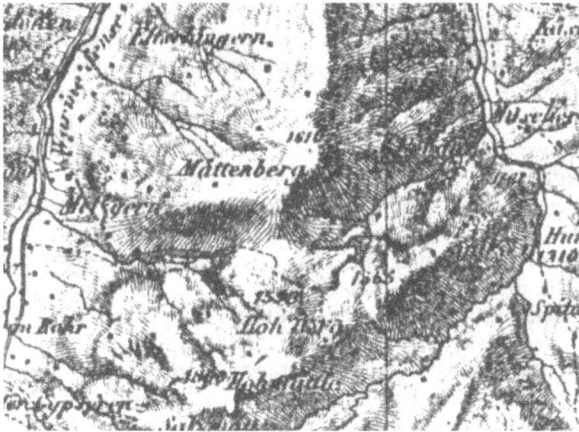

Abb. 13.06 Schattenschraffen in der Dufourkarte

Vereinfachte Gebirgsschraffen waren üblich in Karten kleiner Maßstäbe, z. B. Atlaskarten, wo die Schraffen aus Platzmangel und wegen des Zwanges zu stärkerem Generalisieren nicht mehr streng nach den obigen Regeln zu konstruieren waren.

Eine Höhenliniendarstellung mit absoluten Höhenzahlen war noch nicht möglich, da es an geeigneten Instrumenten und Bezugsgrundlagen fehlte; auch wurden die Höhenlinien als unanschaulich empfunden. Die für Schraffendarstellungen und einzelne Punktangaben benötigten Höhenunterschiede wurden meist barometrisch oder trigonometrisch gemessen. Erst in der Mitte des 19. Jh. kamen Tachymeter und Nivelliergeräte in Gebrauch, und es wurden Nivellementsnetze mit eindeutig definierter Höhenbezugsfläche gemessen. Im Anschluss daran fanden neue topographische Aufnahmen statt, die nunmehr durch die Höhenliniendarstellung und deren Genauigkeitsgrad auch die zivilen Belange des Ingenieurbaus, der wissenschaftlichen Forschung und der Planung berücksichtigten.

In *Preußen*, wo die Landesaufnahme seit 1816 in der Hand des Generalstabs lag, entstanden bis 1846 Messtischaufnahmen 1:25000 mit einer Schraffendarstellung des Reliefs. Die Ergebnisse dienten nur der Herstellung des Kartenwerks 1:100000 (Generalstabskarte, Abb. 13.05). Erst die Neuaufnahmen 1:25000 ab 1875 mit Höhenliniendarstellung und Bezug auf Normalnull schufen das eigenständige Kartenwerk 1:25000 (Messtischblatt), das vor allem den zunehmenden zivilen Bedarf befriedigen sollte. Unabhängig von dieser Landesaufnahme vollzog sich der Aufbau des zunächst nur für Steuerzwecke bestimmten Katasterkartenwerks auf der Grundlage eigener, regional begrenzter Triangulationssysteme.

In *Bayern* begann das 1801 gegründete Topographische Büro eine systematische Landesvermessung mit einheitlichem Netz, bei der Flurkarten 1:5000 (teilweise auch 1:2500) durch Messtischaufnahme entstanden. Verkleinerungen dienten ab 1817 als Ausgangsmaterial für den Grundriss der sog. Positionsblätter 1:25000 mit Schraffendarstellung unmittelbar im Maßstab dieser Blätter. Ab 1840 fanden jedoch Höhenaufnahmen nur noch unmittelbar auf dem Grundriss der Flurkarten 1:5000 statt. Die daraus abgeleiteten Positionsblätter 1:25000 dienten zunächst nur der Herstellung der Blätter des Topographischen Atlasses

1:50000 bis 1867. Ab 1872 wurden auch die Positionsblätter mit wechselndem Zeichenschlüssel veröffentlicht. 1866 entstanden erste Höhenlinienaufnahmen 1:5000, wegen unterschiedlicher Ausgangspunkte und Messmethoden jedoch nicht mehr als Formliniendarstellung. Das änderte sich ab 1896 mit dem Bezug auf Normalnull und ab 1920 infolge höherer Punktdichte, besserer Instrumente und einer speziellen Messmethode (Bayerisches Verfahren). Von 1910 an wurden diese Vermessungsergebnisse auch als selbständiges Kartenwerk „Höhenflurkarte 1:5000" im Zweifarbendruck veröffentlicht.

Die in *Württemberg* 1818 eingerichtete staatliche Landesvermessung stellte zunächst Flurkarten 1:2500 her, bildete dann aus Verkleinerungen dieser Karten Aufnahmeblätter 1:25000, die durch eine einfache Höhenmessung mit Lehmannschen Böschungsschraffen versehen wurden. Daraus entstanden 1826 bis 1851 55 Blätter „Topographischer Atlas 1:50000". Die systematische Landeshöhenaufnahme begann 1890 für die Topographische Karte 1:25000, und zwar auf der Grundlage der Flurkarte 1:2500, in die das Ergebnis der tachymetrischen Vermessungen (Württembergisches Verfahren) kartiert wurde. Diese Darstellung diente als sog. Topographische Flurkarte zunächst in erster Linie der Herstellung der Karte 1:25000; erst allmählich entwickelte sich daraus auch als selbständiges Kartenwerk die Höhenflurkarte 1:2500, die ab 1914 im Zweifarbendruck erschien.

Die Entwicklung des deutschen Vermessungswesens beschreiben *Jordan/Steppes* (1882) und *Scheel/Mohr* (1978), der Landesaufnahme *Krauß/Harbeck* (1984), des Beirats für das Vermessungswesen *Albrecht* (1984), die Reichskartenwerke *Kleffner* (1939), den Verbleib der Kartenoriginale des Deutschen Reiches *Böhme* (1978). Aus der Entwicklung in Teilbereichen Preußens berichten *Pesch* (in *Meine* 1968a), *Schmidt* (1973) und *Pötzschner* (1979), aus der bayerischen Kartographie *Finsterwalder* (1967), *Katzenberger* (1977) und *Thaler* (1982), aus der württembergischen Landesvermessung *Landesvermessungsamt Baden-Württemberg* (1968), aus dem Rhein-Main-Gebiet *Bertinchamp* (1979), aus der Landesaufnahme Sachsens *Töpfer* (1981). Regionale Einzelheiten beschreiben auch die topographischen Atlanten der Bundesländer (11.2.5).

In *Österreich* fand unter militärischer Leitung 1763–1787 die erste Landesaufnahme statt, der auf der Basis einer Triangulation die zweite Aufnahme 1806–1869 folgte. Die dabei entstandenen Aufnahmeblätter 1:28800 dienten der Herausgabe der Spezialkarte 1:144000 mit Böschungsschraffen. 1839 wurde das Militärgeographische Institut gegründet. Die später einsetzende dritte Landesaufnahme führte über Aufnahmeblätter 1:25000 mit Höhenlinien zur Spezialkarte 1:75000 mit Schraffen. Weitere Einzelheiten siehe *Bundesamt für Eich- und Vermessungswesen* (1970) und *Arnberger/Kretschmer* (1975).

In der *Schweiz* gab das 1838 gegründete Eidgenössische Topographische Büro 1844–1864 das eidgenössische Kartenwerk 1:100000 (Dufourkarte) mit Schattenschraffen (Abb. 13.06) auf der Grundlage vorhandener und verbesserter kantonaler Karten 1:25000 bzw. 1:50000 heraus. Ab 1870 erschienen als „Topographischer Atlas der Schweiz" (Siegfriedkarte) Blätter in 1:25 000 (bzw. 1:50000 für den alpinen Bereich) mit Höhenliniendarstellung. Weitere Einzelheiten siehe *Imhof* (1968).

13.6 Der Aufstieg der Themakartographie

Erste graphische Darstellungen aus dem Altertum und dem Mittelalter mit einem thematischen Raumbezug erstrecken sich vor allem auf die Nutzung von Böden und Lagerstätten sowie auf den Verkehr. Markante Beispiele des Altertums sind die Nubische Goldminenkarte (Abb. 13.01) und die „Tabula Peutingeriana" (13.2). Von den bereits im Altertum vorgenommenen Grenzfestlegungen nach den alljährlichen Nilüberschwemmungen in Ägypten existieren keine karteartigen Nachweise. Unter den Verkehrskarten des Mittelalters dominieren vor allem die Portolankarten (13.3), die der Seefahrt im Mittelmeer, später auch in anderen Gewässern dienten. Sie übertreffen in ihrer Relativgenauigkeit und in der regionalen Formtreue der Küstenbereiche fast alle anderen Karten des gleichen Zeitraums, weisen aber noch kein geographisches Netz auf.

Das Zeitalter der Entdeckungen fördert neben den mehr topographischen Welt- und Regionalkarten auch die Herstellung und Verbesserung der Seekarten, u. a. durch genauere Ortsbestimmungen und durch die damit verknüpfte exaktere Darstellung des geographischen Netzes, vor allem in Form der Mercatorprojektion. Ein bekanntes Beispiel für Verkehrskarten auf Landflächen ist die Romwegkarte von *Etzlaub* (13.4).

Insgesamt orientieren sich solche Darstellungen meist an ihrer jeweiligen Zweckbestimmung und lassen sich nicht selten in der Herkunft der Daten auf andere Karten zurückführen. Das ist verständlich, weil es an exaktem geometrischen Raumbezug mangelt (z. B. in Form des heute üblichen topographischen Kartengrundes) und weil neuere Informationen oft schwer zu erlangen waren oder gar unter Verschluss gehalten wurden.

Mit der zunehmenden Intensität der Landnutzungen und der Verfeinerung der Aufnahmemethoden kommt es ab dem 17. Jh. vermehrt zu Karten, die die Abgrenzung hoheitlicher Macht oder privater Nutzung dokumentieren und im Streitfalle als Grundlage dienen sollen. Auch enthalten Regionalkarten zunehmend administrative Informationen wie z. B. Amtssitze und Grenzen von Verwaltungseinheiten. Im großmaßstäbigen Bereich tauchen erste Karten auf, die sich befassen mit der Erschließung, Be- und Entwässerung neuer landwirtschaftlicher Flächen, mit Projekten und Dokumentationen zum Kanalbau sowie zum Küsten- und Hochwasserschutz, zum Bergbau, zur Forstwirtschaft. Die Karten sind in der Regel Unikate auf Karton, teilweise mit farbigem Handkolorit.

Im 18. Jh. kommt es als Folge der zunehmenden naturwissenschaftlichen Erkenntnisse und der Erforschung der Erde zu einer Reihe geowissenschaftlicher Karten, und im Bereich der Verkehrskarten entstehen zahlreiche Darstellungen der Handelswege und Postrouten. Diese Entwicklung verstärkt sich mit Beginn des 19. Jh., und sie wird begünstigt durch die aufkommenden topographischen Kartenwerke als Kartengrundlage sowie durch die Techniken der Vervielfältigung. Auch entstehen Karten aus neuen Themenbereichen, und es entwickeln sich die heute üblichen methodischen Ansätze: Die thematischen Kontinua in Geophysik und Meteorologie/Klimatologie fördern die Verbreitung der Isoliniendarstellung. Darstellungen zur Bevölkerung führen bei Nationalitäten-, Konfessions- und Sprachenkarten zur Methode der Verbreitungsflächen, im Falle statistischer Darstellungen zu den Verfahren der Punktstreuungskarten, der Kartodiagramme und der Flächendichtekarten, mitunter auch in der Vorstufe der einfachen Zahlenangaben innerhalb der jeweiligen Bezugsflächen.

1701 beginnt mit der Isogonenkarte (erdmagnetische Deklination) des Atlantiks von *Halley* die Darstellung thematischer Kontinua. In der Geophysik kommt es ferner zu

Karten der Inklination (Isoklinen) sowie der Intensität (Isodynamen), letzteres 1804 durch *A.v.Humboldt*. Dieser gibt ferner mit seiner Isothermenkarte (1817) den Anstoß zu weiteren ähnlichen Darstellungen. 1849 erscheint die erste Wetterkarte, ermöglicht durch die neue telegraphische Nachrichtenübermittlung.

Schon seit langer Zeit gibt es Himmelskarten (astronomische Karten, Sternkarten) mit Eintragung der Sternzeichen usw. Im 19. Jh. kommt es zu den ersten Karten der Erdmondes und der großen Planeten als Zeichnungen nach Beobachtungen an Fernrohren. An ihre Stelle treten später oft photographische Aufnahmen.

Erste Karten geologischen Inhalts erscheinen bereits Mitte des 18. Jh., erst einfarbig, danach auch in handkolorierten Flächenfarben. In der ersten Hälfte des 19. Jh. kommen die ersten geologischen Kartenwerke auf, ab 1842 auch die ersten Drucke durch Farblithographie. Mit der Einrichtung meist amtlicher geologischer Anstalten in der 2. Hälfte des 19. Jh. entstehen die ersten Kartenwerke 1:25000, und es verstärken sich die internationalen Bemühungen um eine einheitliche Farbgebung.

Bodenkarten entwickeln sich zunächst in Verbindung mit den geologischen Karten; erst ab der 2. Hälfte des 19.Jh. bleiben sie thematisch auf den Boden allein bezogen. In Verbindung mit der Aufstellung von Karten des Steuerkatasters orientieren sie sich an der landwirtschaftlichen Ertragsfähigkeit nach einem vorgegebenen Schätzungsrahmen. Zu geomorphologischen Karten kommt es dagegen erst im 20. Jh., bedingt durch die enge Wechselwirkung mit der Qualität der Reliefdarstellung in topographischen Karten. Eine längere Tradition besitzen Karten der Küstenbereiche, vor allem in Gezeitengebieten und hierbei meist in Verbindung mit den praktischen Erfordernissen des Küstenschutzes. Bereits seit dem 16. Jh. gibt es Gewässerkarten mit Darstellung von Tiefenlinien (Isobathen, Abb. 13.04). Erste Gletscherkarten 1:10000 und kleiner aus den Alpen gibt es seit 1840, später auch in 1:5000 und dann auch als Wiederholungsaufnahmen.

Mit dem Aufkommen der Statistik entstehen im 19. Jh. zunehmend detailliertere Bevölkerungskarten sowie Sprachen- und Völkerkarten. Dagegen treten erste Geschichtskarten schon seit *Ortelius, Mercator* und *Hondius* auf (meist mit Themen aus dem Altertum), doch setzt die strengere historische Sicht erst im 18. Jh. ein, und im 19. Jh. kommt es zu einer starken Entfaltung der historischen Karten durch die Entwicklung der Geschichtswissenschaft und die Anwendungen in der Schule.

Über die älteren politischen und administrativen Karten hinaus führt der Wunsch nach einer möglichst gerechten Bemessung bei der Erhebung der Grundsteuer in vielen Ländern zum Aufbau großmaßstäbiger Kartenwerke, aus denen Flächengrößen ermittelt und teilweise auch die Bodengüte abgelesen werden können. So entstehen in den Ländern des Deutschen Reichs ab der ersten Hälfte des 19. Jh. die Katasterkarten (Flurkarten) in Maßstäben 1:500 bis 1:5000 (Grundsteuerkataster), und zwar in Preußen als Inselkarten und weitgehend unabhängig von der topographischen Landesaufnahme und ihrer Triangulation, in den süddeutschen Ländern dagegen als Rahmenkarten unter stärkerer Verknüpfung mit den topographischen Karten und ihren Grundlagen. Seit 1897 sind die Flurkarten auch das amtliche Verzeichnis der Grundstücke für das Grundbuch und tragen seit 1934 die Ergebnisse der Bodenschätzung. In Österreich entsteht 1817 bis 1861 durch Triangulation und Messtischaufnahme das Grundsteuerkataster mit Karten 1:1440, 1:2880 bzw. 1:5760. In der Schweiz entsteht auf Basis des Zivilgesetzbuches von 1912 ein Rechtskataster mit Grundbuchplänen zwischen 1:500 und 1:10000 und topographischen Übersichtsplänen 1:5000 bzw. 1:10000. In allen Ländern werden die Katasterkarten in ihren geometrischen Grundlagen ständig verbessert und inhaltlich laufend aktualisiert. Einen weltweiten geschichtlichen Überblick zu Katasterkarten geben *Kain/Baigent* (1992).

Industrialisierung und verstärkte Landnutzung führen im 19. Jh. auch zu Karten der Land- und Forstwirtschaft, des Bergbaus und der damit verbundenen Festlegung von Bergrechten. Die Entwicklung der Städte erfordert Darstellungen zum Baugrund, zur Vegetation, zum Klima, zur Bevölkerungsstruktur sowie Planungskarten über städtebauliche Erschließungen (z. B. Fluchtlinienpläne) und über die dazu notwendige Kanalisation. Unter den Verkehrskarten gibt es im 19. Jh. neben Karten der Schiffahrts- und Handelswege nun auch Eisenbahnkarten, teilweise mit Angabe der dabei auftretenden Transportleistungen. Der verstärkte Welthandel, die weiteren Kolonialisierungen und die Wahrnehmung überseeischer politischer und militärischer Interessen sowie die immer dichteren und genaueren Tiefenangaben führen zum Aufbau umfangreicher Seekartenwerke mit Tiefenlinien (Isobathen): Das britische Seekartenwerk kommt auf etwa 4000 Karten, Frankreich und die USA erreichen jeweils rund 3000 Karten.

Eingehendere Angaben zur Geschichte der thematischen Karten finden sich bei *Eckert* (1925), *Arnberger* (1966), *Robinson* (1982), *Kretschmer/Dörflinger/Wawrik* (1986) und *Kretschmer* (in *Kelnhofer* (1989).

13.7 Die Entwicklung der Atlaskartographie

Als erste atlasähnliche Kartensammlungen gelten die Zusammenstellungen in den verschiedenen, ab Mitte des 15. Jh. erschienenen Ausgaben der Geographie des *Ptolemäus*. Freilich besaßen diese Sammlungen noch nicht die Einheitlichkeit in Form und Inhalt, die heute ein wesentliches Merkmal eines Atlasses ist, zumal alte und neue Karten zusammentrafen.

Einheitlichkeit nach Format und Druck zeigte dagegen schon das Kartenmaterial im „Theatrum orbis terrarum" (1570) des *Ortelius* (13.4). im „Speculum orbis terrarum" (1578) des *Gerard de Jode* (1515–1591) und im „Seespiegel" (1584) des *Lucas Jansz Waghenaer* († 1593).

Ein bedeutender Fortschritt, nämlich das Bemühen um Einheitlichkeit auch im Inhalt, zeigte sich in dem 1595 erstmalig vollständig erschienenen Atlas *Gerhard Mercators*. Diese Werk, zunächst nur als Illustration zu einer Beschreibung der Entstehung und Beschaffenheit der Welt bestimmt, weist durch seinen Titel „Atlas sive cosmographicae meditationes de fabrica mundi et fabricati figura" zum ersten Male die Bezeichnung „Atlas" auf. Der Textteil geriet bald in Vergessenheit, der Atlas aber wurde ein großer Erfolg und bestimmte maßgebend den weiteren Weg der Atlaskartographie.

Der neue Name „Atlas" setzte sich zunächst nur sehr zögernd durch und ist eigentlich erst seit 200 Jahren ein allgemeingültiger Begriff. Es ist nicht sicher, ob Mercator hierbei die Gestalt des Himmelsträgers Atlas mit dem ihm nach der Mythologie zugedachte Wissen um Himmel und Erde im Sinne hatte.

Im 17. Jh. waren vor allem die Niederländer in der Atlaskartographie führend. *Jodocus Hondius* (1563–1611) erwarb Mercators Platten und gab weitere Ausgaben heraus. Am umfangreichsten aber war die Produktion von *Willem Blaeu* (1571–1638) und seinem Sohne *Johan* (1596–1673); unter ihren zahlreichen Atlanten ist vor allem die 12bändige „Geographia Blaviana" bemerkenswert. Inhaltlich zeigen diese Werke allerdings keine Fortschritte gegenüber den Arbeiten Mercators. Von solchen Atlaswerken gibt es heute zahlreiche Nachdrucke; dazu gehört auch der Atlas des Großen Kurfürsten.

Weitere bedeutende Atlanten entstanden im 17. und 18. Jh. in Frankreich u. a. durch *Nicolas Sanson d'Abbéville* (1600–1667), seine Söhne und Enkel sowie durch *Guilleaume de l'Isle* (1675–1726). in Deutschland vor allem durch *Johann Baptist Homann*

(1663–1724) und seine Erben (bis 1813) in Nürnberg und durch *Matthäus Seutter* (1678–1757) in Augsburg. Eine besondere Stellung nimmt der 1749 erschienene „Preußische Seeatlas" ein, eine Sammlung von 12 Seekarten 1:20 Mio.

Wenn auch der Inhalt dieser Atlanten durch genauere Ortsbestimmungen und neuere Regionalkarten nach und nach verbessert werden konnte, so blieben doch noch spürbare Mängel. Diese lagen darin begründet, dass neuestes Quellenmaterial oft aus politischen oder wirtschaftlichen Gründen geheimgehalten wurde und dass man aus Kostengründen mitunter die Herstellung und Aktualisierung neuer Originale zurückstellte und dafür lieber die billigere Kopie älterer Vorlagen vornahm.

Im 19. Jh. beginnt die Entwicklung der modernen Atlaskartographie: Der Besitz teurer und großer Atlanten ist nicht mehr das Privileg einiger Begüterter; die zunehmende Bedeutung der Geographie in Unterricht und Allgemeinbildung schafft die Grundlage für eine weite Verbreitung von Schul- und Handatlanten. Durch die Ergebnisse der topographischen Landesaufnahme werden die Karten inhaltlich durchgreifend verbessert, und die Anwendung des Steindrucks ermöglicht hohe und zugleich preiswerte Auflagen.

Diese günstigen Umstände führen zur Entwicklung neuer und namhafter privatkartographischer Anstalten wie *Perthes* in Gotha, *Ravenstein* in Frankfurt am Main und *Wagner-Debes* in Leipzig, die sich intensiv mit der Herstellung von Atlanten befassen. Ein weltweit bekanntgewordenes Atlaswerk ist das von *Adolf Stieler* (1775–1836), das 1823 erstmalig vorlag und bis in das 20.Jh. hinein in laufend verbesserten Auflagen (Hundertjahrausgabe 1925 durch *Hermann Haack)* herauskam. 1883 erschien erstmalig der heute noch verlegte *Diercke-Atlas* im Verlag Westermann in Braunschweig.

Während in den ersten Jahrhunderten der Atlaskartographie nur solche Werke entstanden, deren Karten ihrem Wesen nach topographisch (allgemein-geographisch) sind, traten vom 19. Jh. an die ersten Atlanten mit thematischen Darstellungen auf. Um die Wende zum 20. Jh. kam es schließlich zur Herausgabe der ersten Nationalatlanten.

Im Anfang dieser Entwicklung stand 1848 der durch *Alexander von Humboldt* angeregte „Physikalischer Atlas" von *Heinrich Berghaus* (1797–1884) als Weltatlas mit Themen aus dem Naturbereich. Das Werk diente auch als Vorlage für den von *Alexander Keith Johnston* (1804–1871) in Edinburgh 1848 herausgegebenen Atlas. In der zweiten Hälfte des 19. Jh. erschienen die ersten Fachatlanten (z.B über Klima, Landwirtschaft, Bevölkerung, Geschichte). 1899 begann mit dem Atlas von Finnland die Reihe der Nationalatlanten. Es folgten weitere Werke dieser Art, doch setzte die große Welle in der Herstellung von Nationalatlanten erst nach 1950 ein.

Zur Geschichte der Atlanten siehe *Horn* (1961), zum Wandel von Schulatlanten *Arnberger* (1982a). Eine Bibliographie von Schulatlanten stammt von *Badziag u. a.* (1982).

13.8 Die Entwicklung der kartographischen Technologien

Im Altertum und Mittelalter entstanden Kartenoriginale meist durch Ritzen auf Tontafeln (Babylonien) oder Metallplatten (China), als Zeichnung auf Papyrus

(Ägypten), Pergament (Mönchskarten) oder Tierhäuten (Portolankarten) oder durch Meißeln in Stein (Rom). Das Vervielfältigen war nur möglich durch manuelles Anfertigen weiterer Exemplare (z. B. durch Ritzen und Zeichnen).

Erste Druckplatten entstanden als *Holzschnitte* etwa zu Beginn des 15. Jh.: Von diesen entstanden die Karten im Verfahren des Hochdrucks mit einer Handpresse in geringer Auflage. Die Wiedergabe feiner Linien war dabei naturgemäß nicht möglich. Um die Mitte des 15. Jh. brachte der *Kupferstich* einen großen Fortschritt; er machte es möglich, Karten hoher graphischer Qualität durch sehr feine Strichwiedergabe im Wege des Tiefdrucks herzustellen.

Die Anwendung der Druckverfahren beeinflusste auch die Originalherstellung nachhaltig. Formschneider und Graveure fanden ein großes Betätigungsfeld, und die Druckformen stellten erhebliche Wertobjekte dar. Von historischem Interesse sind heute vor allem die *Erstlings-* oder *Wiegendrucke* von Karten *(Inkunabeln)*.

Der seitenverkehrte Kupferstich wurde auf einer plangeschliffenen, bis zu 4 mm starken Kupferplatte nach einer Zeichnung durchgeführt, die anfangs durch eine Gelatinepause, später photographisch auf die Platte übertragen wurde. Durch die *Handgravur* wurden dann die Linien mit verschiedenartig geschliffenen Sticheln und Nadeln eingegraben; Kartenzeichen und Zahlen ließen sich mit Stahlstempeln einschlagen. Nach dem Farbauftrag war zunächst eine Reinigung der Plattenoberfläche erforderlich, und dann fand der Druck auf angefeuchtetes Papier statt. Die *galvanische Gravur*, d. h. das mechanische Tieflegen der Zeichnung auf elektrolytischem Wege, kam erst seit etwa 1930 zum Zuge. Der Druck von der Kupferplatte ließ wegen der Weichheit des Metalls nur geringe Auflagen zu. Größere Auflagen erforderten daher die Vervielfältigung mit Hilfe von Maschinendruckplatten (Stein oder Zink), die vom Kupferoriginal durch Umdruck mit besonderem Umdruckpapier abgeleitet wurden.

Zu den letzten Beispielen von Kupfer-Originalen gehörten die „Karte des Deutschen Reiches 1:100000" (Abb. 13.05) und die Karten des deutschen Seekartenwerks.

1796 erfand *Alois Senefelder* die Lithographie. Damit wurde der Steindruck zum ersten Flachdruckverfahren und als Kartolithographie ein rasch an Bedeutung gewinnendes Verfahren des Kartendrucks.

Das Ausgangsmaterial ist ein etwa 10 cm dicker Stein aus Plattenkalk (vorwiegend aus Solnhofen im Fränkischen Jura), dessen Oberfläche sehr glatt geschliffen und chemisch gegen Fett und Öl (Farbe!) widerstandsfähig gemacht wird. Auf diesen lässt sich die Entwurfsvorlage wie bei der Kupferplatte übertragen. Der Stein wird sodann entweder durch Gravur mit Stahlsticheln (Tiefmanier) oder durch Federzeichnung mit sog. Lithographietusche (Flachmanier) bearbeitet. Wie beim Kupfertiefdruck fand auch beim Steindruck der Auflagendruck nicht mit dem Originalstein (Abb. 13.07) statt, sondern mit einem zweiten sog. Umdruckstein oder mittels kopierter Metallplatte. Die letzten Stein-Originale gab es bei der Topographischen Karte 1:25000 und den Höhenflurkarten 1:5000 (Bayern) bzw. 1:2500 (Württemberg).

Die genannten Druckformen nahmen gewöhnlich jeweils die gesamte Kartendarstellung auf, d. h. die Karte wurde einfarbig gedruckt. Eine mehrfarbige Gestaltung (Flächen, Farbsäume an Grenzen usw.), wie man sie z. B. bei alten Atlaskarten trifft, war daher nur nachträglich durch Handkolorit des einzelnen Exemplars möglich.

Abb. 13.07 Originalstein

Der *mehrfarbige* Kartendruck, der im 19. Jh. vor allem bei den auflagenstärke-
ren Atlaskarten aufkam, wurde durch den Flachdruck und die neuen Reprodukti-
onstechniken ermöglicht bzw. begünstigt. Die *Photographie* (seit 1839) erlaubte
es, anstelle der manuellen Bearbeitung des Druckträgers das graphisch endgültige Original durch Zeichnung zu erstellen und dann auf den präparierten Druck-
träger zu übertragen. Darüber hinaus wurde es mit der autotypischen Rasterung
(1881) möglich, auch Halbtöne zu drucken. An die Stelle von Steinen traten
Metallplatten als Träger des Auflagen-Flachdrucks. Damit wurden auch die seit
der Mitte des 19. Jh. eingesetzten Steindruckschnellpressen allmählich abgelöst
durch Maschinen nach dem schnelleren Rotationsprinzip mittels Druckzylinder.
Im 20. Jh. setzte sich dann das 1904 erfundene Offset-Prinzip durch.

In den folgenden Zeiten erleichterten und verbesserten neue Materialien und
Methoden den Weg von den ersten Entwürfen bis zu einem als Vorlage für den
Offsetdruck geeigneten Kartenoriginal auf mehrfache Weise:

– In der *Zeichentechnik* führte der Einsatz von Präzisionskoordinatographen zu
  zu einem erheblichen Gewinn an Genauigkeit und Zeit bei der Kartierung von
  Kartennetzen und von Punkten nach Koordinatenwerten. Weitere Fortschritte
  traten ein durch bessere Zeichenträger (stabilisierter Zeichenkarton, ab 1937
  vor allem die transparente Kunststoff-Folie), durch methodische Qualitätsstei-
  gerung, besonders mit Hilfe der Schichtgravur (etwa ab 1950) und des pho-
  tomechanischen Schriftsatzes (etwa ab 1955). Eine interessante Variante der
  Schattierung ergab sich mit einem nach Höhenlinien gefrästen Geländemodell aus Gips, das mit einer langbrennweitigen Kamera aufgenommen wurde
  (*Wenschow*-Verfahren 1930).

- In der *Reproduktionstechnik* führte der Einsatz großer und präziser Kameras, der Gebrauch von Trockenfilmen (anstelle des nassen Jod-Kollodium-Verfahrens auf Glas), das Lichtpausverfahren (1923) und das Folien-Kopierverfahren (1937) zu einer großen Variations- und Kombinationsvielfalt auf dem Wege von der Reinzeichnung zur Druckplatte.

Die jüngste Epoche kartographischer Technologien ist gekennzeichnet durch den Einsatz der *Computertechniken,* vor allem der GDV und zunehmend der Multimediatechnik in nahezu allen Arbeitsfeldern. Damit ergeben sich in methodischer Hinsicht die bisher größten Änderungen der gesamten Kartographie.

Zur Geschichte der Druck- und graphischen Verfahren allgemein siehe z. B. *Gerhardt* (1974/1975) und *Wolf* (1990), zur Geschichte des Kartendrucks *Woodward* (1975) und *Gerhardt* (1981). Die historische Entwicklung der Kartentechnik beschreibt *Leibbrand* (1984b). Die Kartentechnik der ersten Hälfte des 20.Jh. schildern *Ermel* (1949) und *Bosse* (1954/1955), die der Zeit von 1950 bis 1990 erörtert *Hake* (1991).

Anhang

Anhang 1: Abkürzungen

Weitere Abkürzungen siehe Anhang 2 (DIN-Normen) und Anhang 3 (Formelzeichen)

1. Allgemeine Abkürzungen

Akad.	Akademie
Aufl.	Auflage
Bd.	Band
BGH	Bundesgerichtshof
BRD	Bundesrepublik Deutschland
bzw.	beziehungsweise
DIN	Deutsches Institut für Normung e.V.
Diss.	Dissertation
DDR	Deutsche Demokratische Republik
d.h.	das heißt
ETH	Eidgenössische Techn. Hochschule
evtl.	eventuell
FB	Fachbereich
f.	[die] folgende [Seite]
ff.	[die] folgenden [Seiten]
FH	Fachhochschule
Geogr.	Geograph(isch)
Ges.	Gesellschaft
ggfls.	gegebenenfalls
GI	Geoinformation
Gl.	Gleichung
Habil.	Habilitation
Hrsg.	Herausgeber
i.d.R.	in der Regel
Inst.	Institut
ISO	International Organization for Standardization
Jh.	Jahrhundert
i.d.K.	in der Karte
Kap.	Kapitel
Kartogr.	Kartograph(isch)
Kfz.	Kraftfahrzeug
max.	maximal
Mio.	Million
Mitt.	Mitteilung(en)

n. Chr.	nach Christi Geburt
o. ä.	oder ähnlich
o. g.	oben genannt
ö. L.	östliche Länge von Greenwich
Österr.	Österreich(isch)
Red.	Redaktion
S.	Seite
Schweiz.	Schweizerisch
sog.	sogenannt(e/er/es)
tlw.	teilweise
top.	topographisch
TU	Technische Universität
u. a.	unter anderem
u. a. m.	und anderes mehr
u. ä.	und ähnliches
UN	United Nations (Vereinte Nationen)
Univ.	Universität
USA	United States of America
usw.	und so weiter
u. U.	unter Umständen
v. Chr.	vor Christi Geburt
vgl.	vergleiche
w. L.	westliche Länge v. Greenwich
z. B.	zum Beispiel
z. Zt.	zur Zeit

2. Fachliche Abkürzungen

Es bedeuten   [...]   Erläuternder Zusatz
(...)   Äquivalent in deutscher Sprache

ACIC	Aeronautical Chart and Information Center
ACSM	American Congress on Surveying and Mapping
ADFC	Allgemeiner Deutscher Fahrrad-Club
AdV	Arbeitsgemeinschaft der Vermessungsverwaltungen der Länder der Bundesrepublik Deutschland
AGN	Astronomisch-Geodätisches Netz
ALB	Automatisiertes Liegenschaftsbuch
ALK	Automatisierte Liegenschaftskarte
ARL	Akademie für Raumforschung und Landesplanung
AP	Access Point
API	Application Program Interface (Schnittstelle für Anwendungsprogramme)
AS	Ausgabe für den Staat [amtl. Karten der ehem. DDR]
ASPRS	American Society of Photogrammetry and Remote Sensing
ATKIS	Amtliches Topographisch-Kartographisches Informationssystem
AV	Ausgabe für die Volkswirtschaft [amtl. Karten der ehem. DDR]
BKG	Bundesamt für Kartographie und Geodäsie [früher IfAG]

BFS	Bundesanstalt für Flugsicherung [jetzt DFS]
Bis	Bodeninformationssystem
BGH	Bundesgerichtshof
BSH	Bundesamt für Seeschiffahrt und Hydrographie
CAD	Computer Aided Design (Computergestützte Gestaltung)
CEN	Comité Européen de Normalisation (Europäisches Normungskomittee)
CIE	Commission Internationale de l'Éclairage (Internat. Beleuchtungs-Kommission)
CCD	Charge Coupled Devices (Ladungsgekoppelte Halbleiter-Bauelemente)
CD	Compact Disk
CD-ROM	Compact Disk - Read Only Memory
CD-R	CD-Recordable
CD-RW	CD-Rewritable
CERCO	Comité Européen des Responsables de la Cartographie Officielle [seit 2001 EuroGeographics]
CGI	Common Gateway Interface
CGM	Computer Graphics Metafile
CISC	Compact Instruction Set Computer
CMY	Cyan-Magenta-Yellow [Normfarben der Drucktechnik]
CODASYL	Conference on Data Systems Languages
COM	Computer Output on Microfilm
CORINE	Community-wide Coordination of Information on the Environement [Europäisches Projekt für die koordinierte Erhebung von Umweltdaten]
CRT	Cathode Ray Tube
DB	Datenbank
DBMS	Data Base Management System (Datenbankverwaltungssystem)
DBV	Digitale Bildverarbeitung
DCW	Digital Chart of the World (Digitale Weltkarte)
DDGI	Deutscher Dachverband für Geoinformation
DFG	Deutsche Forschungsgemeinschaft
DFM	Digitales fachthematisches Modell
DFS	Deutsche Flugsicherung GmbH[früher BFS]
DGFI	Deutsches Geodätisches Forschungsinstitut
DGfK	Deutsche Gesellschaft für Kartographie
DGK	Deutsche Geodätische Kommission
DGK 5	Deutsche Grundkarte 1:5000
DGM	Digitales Geländereliefmodell
DGPF	Deutsche Gesellschaft für Photogrammetrie und Fernerkundung
DGPS	Differential GPS
DHDN	Deutsches Hauptdreiecksnetz
DHHN	Deutsches Haupthöhennetz
DHI	Deutsches Hydrographisches Institut [jetzt BSH]
DHM	Digitales Höhenmodell
DHSN	Deutsches Hauptschwerenetz
DKM	Digitales Kartographisches Modell
DLM	Digitales Landschaftsmodell
DLR	Deutsche Forschungsanstalt für Luft- und Raumfahrt
DOM	Digitales Objektmodell

DRM	Digitales Reliefmodell
DSGN	Deutsches Schweregrundnetz
DSM	Digitales Situationsmodell
DSTN	Dual Scan Displays
DTK	(Amtliche) Digitale Topographische Karte
DTM	Desk Top Mapping
DV	Datenverarbeitung
DVA	Datenverarbeitungsanlage
DVD	Digital Versatile Disc
DVW	Deutscher Verein für Vermessungswesen
ECDIS	Electronic Chart Display and Informationsystem
EDBS	Einheiliche Datenbankschnittstelle der AdV-Projekte ALK und ATKIS
EER	Extended Entity-Relationship Model
EGM	EuroGlobalMap [Europäisches Geo-Datenbankprojekt 1:1 000 000]
E-Mail	Electronic Mail
ENC	Electronic Navigation Chart [Elektronische Seekarte]
ERM	EuroRegionalMap [Europäisches Geo-Datenbankprojekt 1:250 000]
ERS	European Remote Sensing Satellite (Europ. Fernerkundungssatellit)
ESA	European Space Agency
ESDI	European Spatial Data Infrastructure
ETRS	European Terrestrial Reference System [Konzeption]
ETRF	European Terrestrial Reference Frame [Implementierung des ETRS]
EUROGI	European Umbrella Organisation for Geographical Information
	(Europäischer Dachverband für Geo-Information)
FACC	Feature Attribute Coding Catalog
FIG	Féderation Internationale des Géométres
FIS	Fach-Informationssystem
FMS	File Management System (Dateiverwaltungssystem)
FTP	File Transfer Protocol
GDF-EF	Geographic Data File-Exchange Format
GAN	Global Area Network
GDV	Graphische Datenverarbeitung
GEBCO	General Bathymetric Chart of the Oceans (Tiefenkarte der Ozeane)
GI	Geoinformation
GIS	Geo-Informationssystem [mehrdeutiger Begriff; Bedeutungen:
	a) Informationssystem für die Erfassung, Verwaltung sowie anwendungs-
	bezogene Verarbeitung und Präsentation von Geodaten,
	b) dafür eingesetztes Softwaresystem]
GKS	Graphisches Kernsystem
GMK	Geomorphologische Karte
GPS	Global Positioning System [satellitenbasiertes Positionierungssystem
	der USA]
GSDI	Global Spatial Data Infrastructure
	[Infrastruktur (Konzeptionen, Standards usw.) für die Einrichtung eines
	globalen Geodatenbestands]
GSM	Groupe Spécial Mobile
HDM	Hierarchisches Datenmodell
HTML	Hyper Text Markup Languag

HTTP	Hyper Text Transfer Protocol
IAG	Internationale Assoziation für Geodäsie
ICA	International Cartographic Association [= IKV]
ICAO	International Civil Aviation Organisation
IfAG	Institut für Angewandte Geodäsie [seit 1997 BKG]
IGN	Institut Géographique National [Bezeichnung der Landesvermessungsämter von Frankreich und Belgien]
IGSN	International Gravity Standardization Net
IGU	Internationale Geographische Union
IKV	Internationale Kartographische Vereinigung [= IAC]
IMU	Inertial Measurement Unit
InSAR	Interferometric SAR
Internet	Interconnecting network
ISDN	Integrated Services Digital Network
B-ISDN	Breitband-ISDN
ISPRS	International Society of Photogrammetry and Remote Sensing
IT	Informationstechnologie
IUGG	Internationale Union für Geodäsie und Geophysik
IWK	Internationale Weltkarte 1:1 Mio. [jetzt Global Map]
JOG	Joint Operations Graphics [NATO-Kartenwerk 1:250 000]
KFKI	Kuratorium für Forschungen im Küsteningenieurwesen
LAC	Lunar Astronautical Chart
LAN	Local Area Network
LCD	Liquid Crystal Display
LED	Light Emitting Diodes
LINUX	frei verfügbare Variante des UNIX-Betriebssystems
LIS	Landinformationssystem
LUT	Look-up Table
MAN	Metropolitan Area Network
MAZ	Magnetische Aufzeichnung
MC	Metric Camera
MEGRIN	Multipurpose European Ground-Related Information Network [von 19 CERCO Mitgliedern gegr. Firma, seit 2001 in EuroGeographics integriert]
MERKIS	Maßstabsorientierte Einheitliche Raumbezugsbasis für kommunale Informationssysssteme
MOMS	Modular Optoelectronic Multispectral Scanner
MSpN	Örtliches mittleres Springniedrigwasser [als Seekartennull]
MSS	Multispectral Scanner [im LANDSAT-Satelliten]
NASA	National Aeronautics and Space Administration
NATO	North Atlantic Treaty Organisation
NCGIA	National Center for Geographic Information and Analysis [USA]
NDM	Netzwerk-Datenmodell
NEG	Negativ [bei Darstellung und Wiedergabe]
NfL	Nachrichten für Luftfahrer
NfS	Nachrichten für Seefahrer
NGDI	Nationale Geodateninfrastruktur [in Deutschland: GDI-DE]
NH	Normal-Höhenpunkt

NIBIS	Niedersächsisches Bodeninformationssystem
NivP	Nivellementspunkt
NN	Normalnull
NNTP	Network News Transport Protocol
NSDI	National Spatial Data Infrastructure [äquivalent zu NGDI]
N.4	[Pixel-Umgebung aus horizontalen und vertikalen Nachbarn]
N.8	[Pixel-Umgebung aus N.4 und den diagonalen Nachbarn]
O	Ordnung [z. B. 1. O. = Erster Ordnung]
ÖBK	Österreichische Basiskarte
OeKK	Österreichische Kartographische Kommission i.d.Österr.Geograph.Ges.
ÖK	Österreichische Karte
OL	Orientierungslauf [mit Karten]
ÖLK	Österreichische Luftbildkarte
ONC	Operational Navigation Chart
OODM	Objektorientiertes Datenmodell
OS	Ordnance Survey [Bezeichnung der Landesvermessungsämter in GB, Irland und Nordirland]
PC	Personal Computer
PDA	Personal Digital Assistant
PHIGS	Programmers Hierarchical Interactive Graphics Standard
PIM	Personal Information Manager
POS	Positiv [bei Darstellung und Wiedergabe]
R	Rasterform [der Daten]
RAM	Random Access Memory
RBÜ	Revidierte Berner Übereinkunft [zum Urheberrecht]
RDBMS	Relational Data Base Management System
REUN	Réseau Européen Unifié de Nivellement (Einheitliches Europäisches Niv.-Netz)
RGB	Rot-Grün-Blau [Grundfarben des Farbbildschirms]
RIPS	Raumbezogenes Informations- und Planungssystem
RIS	Raumbezogenes Informationssystem
RISC	Reduced Instruction Set Computer
ROM	Read Only Memory
SABE	Seamless Administrative Boundaries of Europe
SAR	Synthetic Aperture Radar
SGK	Schweizerische Gesellschaft für Kartographie
SGN	Staatliches Gravimeternetz
SI	Système International d'Unités (Internationales Einheitensystem)
SIE	Space Imaging Europe
SKN	Seekartennull
SMS	Short Message Service
SMTP	Simple Mail Transfer Protocol
SNN	Staatliches Nivellementsnetz
SPOT	Système Probatoire d'Observation de la Terre
SQL	Structured Query Language [Anfragesprache bei RDBMS]
STABIS	Statistisches Informationssystem zur Bodennutzung des Statistischen Bundesamtes

StAGN	Ständiger Ausschuss für Geographische Namen
STN	Staatliches Trigonometrisches Netz
TC	Technical Committee [Technische Kommission in CEN und ISO]
TCP/IP	Transmission Control Protocol/Internet Protocol [Kommunikationssystem für LAN]
Telnet	Remote Terminal Emulation
TFT	Thin Film Transistor
TIN	Triangulated Irregular Network
TK	[Amtliche] Topographische Karte
TM	Thematic Mapper [im LANDSAT-Satelliten]
TOPIS	Topographisches Informationssystem [GIS des Militärgeographischen Dienstes der Bundeswehr]
TP	Trigonometrischer Punkt
TÜK	[Amtliche] Topographische Übersichtskarte
UBA	Umweltbundesamt
UDM	Unstrukturiertes Datenmodell
UF	Unterirdische Festlegung
ÜK	[Amtliche] Übersichtskarte
UIS	Umweltinformationssystem
UMS	Unified Messaging Service
UN	United Nations (Vereinte Nationen)
UNESCO	United Nations Educational, Scientific and Cultural Organization
UNIX	Universal and Exchange [Betriebssystem für Server und Arbeitsstationen]
UPS	Universal Polar Stereographic [Geodätische konforme Azimutal-Abbildung der Pole]
UrhG	Urheberrechtsgesetz
UML	Universal Modeling Language
UMTS	Universal Mobile Telecommunications System
URL	Uniform Resource Locator
UTM	Universal Transversal Mercator Projection [Geodätische konforme Zylinder-Abbildung]
UV	Ultraviolett
UVP	Umweltverträglichkeitsprüfung
V	Vergrößerung [als Ausgabeart bei Karten] / Vektorform [der Daten]
VEB	Volkseigener Betrieb
VDV	Verband Deutscher Vermessungsingenieure
VR	Virtual Reality
VRML	Virtual Reality Modelling Language
VVK	Verwaltung Vermessungs- und Kartenwesen
WAIS	Wide Area Information System
WAN	Wide Area Network
WAP	Wireless Application Protocol
WGS	World Geodetic System [Internat. Bezugssystem für GPS]
WCA	Web Clipping Application
WLAN	wireless LAN
WML	Wireless Markup Language
WMRM	Write Multiple Read Multiple
WORM	Write Once Read Multiple

WUA	Welturheberrechtsabkommen
WWW	World Wide Web
XML	Extensible Markup Language

Anhang 2: DIN-Normen

(ISO) = Internationale Standards der ISO (International Organization for Standardization)

5	Axonometrische Projektionen
198	Endformate nach DIN 476; Beispiele
476	Papier-Endformate
1301	Einheiten, Teil 1: Einheitennamen, Einheitenzeichen
	Einheiten, Teil 2: Allgemein angewendete Teile und Vielfache
	Einheiten, Teil 3: Umrechnungen für nicht mehr anzuwendende Einheiten
1304	Allgemeine Formelzeichen
1313	Physikalische Größen und Gleichungen; Begriffe, Schreibweisen
1315	Winkel; Begriffe, Einheiten
1319	Grundbegriffe der Meßtechnik
1338	Formelschreibweise und Formelsatz
1353	Abkürzungen von Benennungen; Elementarabkürzungen
1450	Schriften; Leserlichkeit
1451	Schriften; Serifenlose Linear-Antiqua
2338	Begriffssystem Zeichen; Zeichentypologie
3872	(ISO) Drucktechnik; Bogendruckmaschinen; Auswahlreihe
4506	Photographische Papiere
4512	Photographische Sensitometrie
4513	Filme für den Photosatz
4514	Strahlungsempfindliche Papiere für den Photosatz
4515	Filme in Blattform
4518	Strahlungsempfindliche Materialien für die Reprographie
4895	Orthogonale Koordinatensysteme
5007	Ordnen von Schriftzeichenfolgen (ABC-Regeln)
5033	Farbmessung
5381	Kennfarben
6164	DIN-Farbenkarte; Farbmaßzahlen für Normlichtart C
6169	Farbwiedergabe
6728	Papiere für Landkartendruck
6730	Papier und Pappe; Begriffe
6774	Technische Zeichnungen; Ausführungsregeln, gezeichnete Vorlagen f. Druck
6776	Technische Zeichnungen; Beschriftung, Schriftzeichen (ISO 3098)
6778	Schrift- und Zeichenschablonen; Maße, Kennzeichnung
7942	(ISO) Graphical Kernel System - GKS; Functional Description
8402	(ISO) Qualitätsmanagement und Qualitätssicherung; Begriffe
8632	(ISO) Metafile for the Storage and Transfer of Picture Description Information (CGM)
8730	Druckmaschinen; Begriffe
8805	(ISO) Graphical Kernel System (GKS-3D)

9000ff   (ISO) Qualitätsmanagement
9592   (ISO) Programmer's Hierarchical Interactive Graphics System (PHIGS); Part 1
16500   Drucktechnik; Grundbegriffe
16507   Typographische Maße
16509   Farbskala für den Offsetdruck; Normfarben
16511   Korrekturzeichen
16515   Drucktechnik; Farbbegriffe im graphischen Gewerbe
16518   Drucktechnik; Klassifikation der Schriften
16519   Drucktechnik; Prüfung von Drucken und Druckfarben
16524   Drucktechnik; Prüfung von Drucken und Druckfarben
16525   Drucktechnik; Prüfung von Drucken und Druckfarben
16526   Drucktechnik; Prüfung von Drucken und Druckfarben
16527   Drucktechnik; Kontrollfeld, Kontrollbild, Kontrollmarke
16529   Drucktechnik; Begriffe für den Flachdruck
16536   Drucktechnik; Farbdichtemessung an Drucken, Begriffe
16539   Europäische Farbskala für den Offsetdruck; Normdruckfarben
16543   Aufsichts-Grauskala für die Reproduktionstechnik
16544   Drucktechnik; Begriffe der Reproduktionstechnik
16545   Durchsichts-Grauskala für die Reproduktionstechnik
16546   Filter für Farbauszüge in der Reproduktionstechnik
16547   Rasterwinklungen bei der Farben-Rasterreproduktion
16549   Sinnbilder für die Reproduktionstechnik
16553   Druck- und Reproduktionstechnik; Paßsysteme
16600   Reproduktionstechnik im graphischen Gewerbe; Rastertonwerte
16609   Drucktechnik; Durchdruck; Begriffe
16610   Drucktechnik; Begriffe für den Siebdruck
16611   Drucktechnik; Maßgrößen für den Siebdruck
16620   Drucktechnik; Druckplatten für den indirekten Flachdruck
18702   Zeichen für Vermessungsrisse, großmaßstäbige Karten und Pläne
18709   Begriffe, Kurzzeichen und Formelzeichen im Vermessungswesen
18716   Photogrammetrie und Fernerkundung
18718   Arten und Bauteile von geodätischen Instrumenten; Begriffe
18740   Photogrammetrische Produkte
19051   Testvorlagen für die Reprographie
19052   Mikrofilmtechnik; Zeichnungsverfilmung
19054   Mikrofilmtechnik; Mikroplanfilm (Microfiche)
19056   Mikrofilmtechnik; Diazo-Kopien
19063   Mikrofilmtechnik; Mikrofilmtasche (Microfilm Jacket)
19078   Mikrofilmtechnik; Mikrofilm-Lesegeräte
19101   (ISO) Geoinformation - Bezugsmodell (Geographic Information – Reference
          Model)
19102   (ISO) Geoinformation – Übersicht (Geographic Information - Overview)
19103   (ISO) Geoinformation – Begriffsschemasprache (Geographic Information –
          Conceptual Schema Language)
19104   (ISO) Geoinformation – Terminologie (Geographic Information - Terminology)
19105   (ISO) Geoinformation – Übereinstimmung und Prüfung (Geographic
          Information – Conformance and Testing)
19106   (ISO) Geoinformation – Fachprofile (Geographic Information - Profiles)

19107	(ISO) Geoinformation – Raumschema (Geographic Information – Spatial Schema)
19108	(ISO) Geoinformation – Zeitschema (Geographic Information – Temporal Schema)
19109	(ISO) Geoinformation – Anwendungsschema (Geographic Information – Rules for Application Schema)
19110	(ISO) Geoinformation – Objektkatalogisierungsmethodik (Geographic Information – Feature Cataloguing Methodology)
19111	(ISO) Geoinformation – Koordinatenbasierter Raumbezug (Geographic Information – Spatial Referencing by Co-ordinates)
19112	(ISO) Geoinformation – Geographischer Raumbezug (Geographic Information – Spatial Referencing by Geographic Identifiers)
19113	(ISO) Geoinformation – Qualitätsgrundsätze (Geographic Information – Quality Principles)
19114	(ISO) Geoinformation – Qualitätsbewertungsverfahren (Geographic Information – Quality Evaluation Procedures)
19115	(ISO) Geoinformation – Metadaten (Geographic Information – Metadata)
19116	(ISO) Geoinformation – Positionierungsdienste (Geographic Information – Positioning Services)
19117	(ISO) Geoinformation – Darstellung (Geographic Information – Portrayal)
19118	(ISO) Geoinformation – Verschlüsselung (Geographic Information – Encoding)
19119	(ISO) Geoinformation – Dienste (Geographic Information – Services)
19120	(ISO) Geoinformation – Funktionelle Standards (Geographic Information – Functional Standards)
19121	(ISO) Geoinformation – Bild- und Rasterdaten (Geographic Information – Bild- und Rasterdaten)
19122	(ISO) Geoinformation/Geomatik – Qualifizierung und Zertifizierung (Geographic Information – Qualification and Certification of Personnel)
19123	(ISO) Geoinformation – Coverage Geometrie- und Funktionsschema (Geographic Information – Coverage Geometry and Functions)
19124	(ISO) Geoinformation – Bild- und Rasterdatenkomponenten (Geographic Information – Imagery and Gridded Data Components)
19125	(ISO) Geoinformation – Zugriff auf einfache geometrische Objekte (Geographic Information – Simple Feature Access)
19126	(ISO) Geoinformation – FACC - Datenkatalog (Geographic Information – Profile – FACC Data Dictionary)
19128	(ISO) Geoinformation – Web Map Server Interface (Geographic Information – Web Map Server Interface)
19129	(ISO) Geoinformation – Bild-, Raster- und Coveragedatenrahmen (Geographic Information – Imagery, gridded and coverage Data Framework)
19130	(ISO) Geoinformation – Sensor- und Datenmodelle für Bild- und Rasterdaten (Geographic Information – Sensor and Data Models for Imagery and gridded Data)
19131	(ISO) Geoinformation – Datenproduktspezifikationen (Geographic Information – Data Product Specifications)
19132	(ISO) Geoinformation – Mögliche Normen für standortbezogene Dienste (Geographic Information – Location based Services – possible Standards)

21900	Bergmännisches Rißwerk
bis	
21920	
33855	Büro- und Datentechnik; graphische Symbole
40146	Begriffe der Nachrichtenübertragung
44300	Informationsverarbeitung; Begriffe
44301	Informationstheorie; Begriffe
44302	Informationsverarbeitung; Datenübertragung
44310	Gliederung der Informationstechnik
55350	Begriffe der Qualitätssicherung und Statistik
66001	Informationsverarbeitung; Sinnbilder
66003	Code Tabelle 2; Zulässige Zeichen
66008	Schrift für die maschinelle optische Zeichenerkennung
66234	Ergonomische Gestaltung von Bildschirmarbeitsplätzen
66241	Informationsverarbeitung; Entscheidungstabelle
66252	Graphisches Kernsystem - GKS; Funktionale Beschreibung

Anhang 3: Formelzeichen

1. Koordinatensysteme und Kartennetze

φ, λ	geographische Koordinaten in Breite und Länge
δ	Poldistanz = 90°– φ/Zentriwinkel einer Orthodrome/magnetische Deklination
x, y, z	allgemeine rechtwinklige Koordinaten (Abszisse, Ordinate, Höhe)
x_h, y_h, w	homogene (kartesische) Koordinaten d. graphischen Datenverarbeitung (GDV)
x_A, y_A	Koordinaten des Anfangspunktes eines Vektors
x_E, y_E	Koordinaten des Endpunktes eines Vektors
x_0, y_0	Koordinaten des Nullpunktes eines kartesischen Koordinatensystems
R, H	geodätische Koordinaten des Gauß-Krüger-Systems (Rechts und Hoch)
E, N	geodätische Koordinaten des UTM-Systems (East und North)
X, Y, Z	geozentrische (dreidimensionale) Koordinaten
r, α	allgemeine Polarkoordinaten (Radius und Winkel)
s, t	Entfernung und Richtungswinkel zwischen zwei Punkten
x', y'	rechtwinklige Koordinaten in der Abbildungsebene (Abszisse, Ordinate)
m, α	polare Koordinaten in der Abbildungsebene (Radius, Winkel)
d_,Δ_	Vorsatzbuchstabe für differentiellen bzw. endlichen Unterschied
R	Radius der Erdkugel
R^2	zweidimensionaler Raum
a, b	große und kleine Halbachse des Erdellipsoids
a, b	große und kleine Halbachse der Verzerrungsellipse
ϱ	differentielle Längenverzerrung in beliebiger Richtung
h, k	differentielle Längenverzerrung in Meridian und Breitenkreis
s, α	differentielle Elemente (Strecke, Azimut) im Urbild
s', α'	differentielle Elemente (Strecke, Azimut) im Abbild

F, F'	differentielle Flächenelemente in Urbild und Abbild
Φ	Flächenverzerrungsfaktor $= F'/F$
ω	Maximalwert der Richtungsverzerrung $= (\alpha' - \alpha)_{max}$
w	Maximalwert der Winkelverzerrung
n	Abbildungskonstante bei konischen Abbildungen $= \alpha/\lambda$
C	Integrationskonstante
r	Radius des Zylinders bei zylindrischen Abbildungen

2. Vermessungsverfahren und Kartometrie

t, α	Richtungswinkel, geographisches Azimut
s, s_r	Horizontalentfernung und Schrägentfernung (Raumstrecke)
S	Länge einer Kurve als Summe aller Streckenabschnitte
E	Entfernung bei der optischen Streckenmessung
l	Lattenabschnitt bei der optischen Streckenmessung
c, k	Additions-, Multiplikationskonstante bei der optischen Streckenmessung
c	Ausbreitungsgeschwindigkeit der Wellen bei elektronischer Streckenmessung
α, z	Vertikalwinkel als Höhen- bzw. Zenitwinkel ($\alpha = 100$ [gon] $- z$)
H, h	Höhe und Höhenunterschied
R, V	Rückblick, Vorblick (beim Nivellement)
i, t	Instrumenten- und Tafel-(Zielpunkt-)höhe
k	Refraktionskonstante
γ_0, g	Normalschwere, tatsächliche Schwere
M_k, M_b	Kartenmaßstab, Bildmaßstab
m_k, m_b	Kartenmaßstabszahl, Bildmaßstabszahl
n_x, m_y	Maßstabsfaktoren
f	Brennweite der Aufnahmekammer
s'	Bildstrecke im Luftbild
ν	Nadirwinkel der Luftbildaufnahmerichtung
$\Delta h, \Delta r$	Höhenunterschied bzw. radialer Lagefehler bei der Luftbildentzerrung
A_{min}	Kleinstmögliche Äquidistanz
α, p	Geländeneigung als Vertikalwinkel bzw. in Prozenten
r_H, r_N	Krümmungsradius der Höhenlinien im Horizontal- bzw. Normalschnitt
a, b	Konstanten der Höhenfehler-Formel (Koppe'sche Formel)
s_H, s_L	Standardabweichung in Höhe und Lage
F	Flächengröße
k	Planimeter-Konstante
r, α, β	Zylinderradius, Horizontal- bzw. Vertikalwinkel bei Panoramen
μ	Verkürzungsfaktor in Axonometrien

3. Kartographische Technologie

D	Dichte (Schwärzung)
ϕ	Lichtstrom

O_p	Opazität (Undurchlässigkeit)
R	Reflexionsgrad (Reflexionsvermögen)
T	Transmissionsgrad (Transparenz, Durchlässigkeit)
k_{mm}	Rasterkonstante, Rasterperiode
P_i, P_{i+1}	Stützpunkte einer Kurve
a	Breitenparameter eines Grenzbandes für Punktreduktion
a_i	Polynomkoeffizienten
A, B	Binärbilder (Rastermatrizen)
i_A, j_A	Zeilen- und Spaltennummer eines Anfangspixels
R_i	Richtung zum Folgepixel i
N	Anzahl Folgepixel
A1	Bezeichnung für Anwendungsprogramm
A_i	Bezeichnung für Attribute zum Objekt i
S	Schnittpunkt
t	Parameter für die Beschreibung von Kurven
Δt	Abstand zweier Polygonpunkte
XYZ	Normfarbwerte (Normvalenzen) der Commission Internationale de l'Éclairage (CIE)
$\vec{F}$	beliebige Farbvalenz im Normfarbsystem
CMY	Cyan, Magenta, Yellow
CMYK	Cyan, Magenta, Yellow, Black (kurze Skala)
IHS	Intensity (Helligkeit), Hue (Farbton), Saturation (Sättigung)
$\lambda_R, \lambda_G, \lambda_B$	Primärvalenzen (z. B. Rot, Grün und Blau) der CIE
$\vec{r}, \vec{g}, \vec{b}$	Einheitsvektoren der Primärvalenzen
R_F, G_F, B_F	Farbwerte der Primärvalenzen (z. B. Rot, Grün, Blau)
S/W	Schwarz/Weiß
dS_{max}	Maximaler Fehler bei der Approximation
S''_{max}	Maximale Krümmung zwischen zwei Polygonpunkten bei Kurvenapproximation

4. Abkürzung von Einheiten

Zu den Einheiten von Längenmaßen, Flächenmaßen und Winkelteilungen sowie deren Vielfache und Teile siehe 2.1.2

Bit	Binary digit (Binärziffer = kleinste Speichereinheit in der Form 0 oder 1)
Byte	(kleinste adressierbare Speichereinheit = 8 Datenbits und 1 Prüfbit)
KB	Kilo-Byte (1 kByte $= 2^{10}$ Byte $= 1024$ Byte)
MB	Mega-Byte (1 MByte $= 2^{10}$ KB $= 1024$ KB $= 2^{20}$ Byte $= 1048576$ Byte)
GB	Giga-Byte (1 Gbyte $= 2^{10}$ MB $= 1024$ MB $= 2^{20}$ KB $= 1048576$ KB)
dpi	dots per inch (Punkte je Zoll, Auflösungs-Merkmal graphischer Ausgabegeräte)
MIPS	Million instructions per second (Millionen Befehle pro Sekunde, Leistungsmerkmal der Rechner-Geschwindigkeit)
Pixel	Picture element (Bildelement, kleinste Einheit der digitalen Bildverarbeitung)

Anhang 4: WWW-Adressen (Auswahl)

Die folgende Liste bietet eine Auswahl stabiler WWW-Adressen, bei denen der Leser eine
Fülle von Verweisen auf andere WWW-Adressen finden kann.

www.adv-online.de	AdV, u. a. mit Verweisen auf die Landes-vermessungsämter, AdV-Dokumentationen u. a.m.
www.bkg.bund.de	Bundesamt für Kartographie und Geodäsie
crs.ifag.de	Transformationsparameter für die Umrechnung digitaler Geo-Daten der europäischen Länder in das einheitliche europäische Referenzsystem
www.geodatenzentrum.de	Geodatenzentrum beim BKG
www.imagi.de	Interministerieller Ausschuss für die Koordinierung des Geoinformationswesens auf Bundesebene
www.ddgi.de	Deutscher Dachverband für Geoinformation
www.digitalearth.ca	von den USA ausgehende internationale Initiative für Entwicklung und weltweiten Einsatz digitaler GI („digitale Erde")
www.eurogeographics.org	EuroGeographics, Assoziation der nationalen Dienstsstellen für Geodäsie, Kartographie und tlw. Kataster in Europa
www.kartographie-dgfk.de	Deutsche Gesellschaft für Kartographie
www.icaci.org	Internationale Kartographische Vereinigung/ ICA
www.un.org/Depts/Cartographic	Kartograph. Sektion der UN
www.iscgm.org/about-gm.html	Global Map Projekt
www.sunysb.edu/libmap/libcats.htm	On-line Kartenkataloge in Europa und Nordamerika
www.carto-tum.de	viele Verweise auf nationale und internationale Ausbildungsstätten für Vermessungswesen, Kartographie und Geoinformatik

Literaturverzeichnis

Hand- und Lehrbücher sind mit einem *vor dem Namen des Autors gekennzeichnet. Die daneben aufgezählten Zeitschriftenaufsätze, Monographien, Sammelwerke, Berichte, Bibliographien, Wörterbücher usw. stellen nur eine Auswahl dar. Diese Auswahl erfasst vor allem die leicht erreichbare Literatur in deutscher Sprache. Bei spezieller Thematik mit rascher Entwicklung beschränken sich die Angaben meist auf das jeweils neueste Schrifttum; erfahrungsgemäß enthält dieses dann weitere Hinweise auf älteres Schrifttum, auch solches in anderen Sprachen. Aufsätze in Festschriften, Sammelwerken u. ä. erscheinen nur dann, wenn diese Werke selbst nicht aufgeführt sind; im anderen Falle nennen die Zitate im Buchtext den jeweiligen Autor unter Hinweis auf den genannten Herausgeber des Werks. Allgemeines zum kartographischen Schrifttum siehe Kap. 12.4.

Abkürzungen

(für Institutionen, Publikationen und weitere bibliographische Angaben)

AdV	Arbeitsgemeinschaft der Vermessungsverwaltungen
AkNd	Arbeitskurs Niederdollendorf
ARL	Akademie für Raumforschung und Landesplanung
AVN	Allgemeine Vermessungs-Nachrichten
BuL	Bildmessung und Luftbildwesen (jetzt ZPF)
BKG	Bundesamt für Kartographie und Geodäsie (früher IfAG)
Diss.	Dissertation
DGfK	Deutsche Gesellschaft für Kartographie
DGK	Deutsche Geodätische Kommission
DVW	Deutscher Verein für Vermessungswesen
FuS	Forschungs- und Sitzungsberichte
GIS	Geo-Informations-Systeme
GTB	Geographisches Taschenbuch
IfAG	Institut für Angewandte Geodäsie (jetzt BKG)
IJGIS	International Journal of Geographical Information Systems
IJK	Internationales Jahrbuch für Kartographie (1961–1992)
KN	Kartographische Nachrichten
KS	Kartographische Schriften
KTB	Kartographisches Taschenbuch
LVA	Landesvermessungsamt
MBKG	Mitteilungen des BKG

NaKaVerm Nachrichten aus dem Karten- und Vermessungswesen (ersetzt durch
          MBKG)
NCGIA   National Center for Geographic Information and Analysis (USA)
PERS   Photogrammetric Engineering and Remote Sensing
PFG   Photogrammetrie, Fernerkundung, Geoinformation
PGM   Petermanns Geographische Mitteilungen
SIKB   Schriftenreihe d. Inst. f. Kartographie u. Topographie d. Univ. Bonn
StAGN   Ständiger Ausschuß für Geographische Namen mit Geschäftsstelle
          beim BKG
VPK   Vermessung, Photogrammetrie, Kulturtechnik
VR   Vermessungswesen und Raumordnung
VT   Vermessungstechnik
WAVH   Wiss. Arbeiten d. Fachrichtung Verm.wesen d. Univ. Hannover
ZfV   Zeitschrift für Vermessungswesen
ZPF   Zeitschrift für Photogrammetrie und Fernerkundung (früher BuL)

Aasgaard, R. (1992): Automated Cartographic Generalization, with Emphasis on
    Real-time Applications. Diss. Univ. Trondheim. Trondheim 1992
Ackermann F. (1999): Airborne Laser Scanning – Present Status and Future
    Expectations. ISPRS Journal of Photogrammetry & Remote Sensing. Vol.54–
    No.2–3, 1999, S. 64–67
AdV (Hrsg.) (1973): Automatisiertes Liegenschaftskataster als Basis der Grund-
    stücksdatenbank – Sollkonzept. LVA Rheinland-Pfalz, Koblenz 1973
AdV (Hrsg.) (1975): Automatisiertes Liegenschaftskataster als Basis der Grund-
    stücksdatenbank – Band 2: Automatisierte Liegenschaftskarte. Niedersächsi-
    sches Landesverwaltungsamt – Landesvermessung. Hannover 1975
AdV (Hrsg.) (1989): ATKIS-Gesamtdokumentation. Hannover 1989
AdV (Hrsg.) (1999): ATKIS-OK50. Objektartenkatalog für das Digitale Land-
    schaftsmodell 50 (DLM50). Bonn 1999
Ahlqvist, O. (2000): Context Sensitive Transformation of Geographic Informa-
    tion Diss. The Department of Physical Geography, Stockholm University,
    2000
Aigner, M. (1984): Graphentheorie – Eine Entwicklung aus dem 4-Farben-Pro-
    blem. Stuttgart 1984
Albertz, J., M. Kähler, B. Kugler u. a. Mehlbreuer (1987): A Digital Approach to
    Satellite Image Map Production. Berliner Geowiss. Abhandlungen, Reihe A,
    Bd. 75.3, Berlin 1987, S. 833–872.
Albertz/Kreiling (1989): Photogrammetrisches Taschenbuch, 4. Aufl. Karlsruhe
    1989
Albertz, J. (1991): Grundlagen der Interpretation von Luft- und Satellitenbildern.
    Darmstadt 1991
Albinus, H.-J. (1981): Anmerkungen und Kritik zur Entfernungsverzerrung. KN
    31 (1981), S. 179–183

Albrecht, O. (1984): Der Beirat für das Vermessungswesen im Deutschen Reich 1921–1935. DGK Reihe E Heft 21. München 1984

Allmeyer-Beck, P. (Hrsg.) (1997): Modelle der Welt-, Erd- und Himmelsgloben. Wien 1997

Almeida, R.D. (1999): Development of School Atlases for Local Studies. ICC proceedings, Ottawa 1999. Section 3, S. 93–97

Appelt, G. (1986): Scanner-unterstützte Nachführung topographischer Karten 1:25000. ZfV 111 (1986), S. 543–547

Appelt, G. (2001): Aktuelle Aspekte zum Urheberrecht bei konventionellen und elektronischen Kartenprodukten. KN 51 (2001), S. 91–96

ARL (Hrsg.) (1969/1971/1973): Untersuchungen zur thematischen Kartographie (1., 2. und 3. Teil). FuS Bände 51, 64 und 86. Hannover 1969, 1971, 1973

ARL (Hrsg.) (1977): Thematische Kartographie und elektronische Datenverarbeitung. FuS Band 115. Hannover 1977

ARL (Hrsg.) (1984): Angewandte Fernerkundung – Methoden und Beispiele. Hannover 1984

ARL (Hrsg.) (1987): Karten und Pläne im Planungsprozess. Arbeitsmaterial Nr. 117. Hannover 1987

ARL (Hrsg.) (1990): Einsatz graphischer Datenverarbeitung in der Landes- und Regionalplanung. FuS Band 183. Hannover 1990

ARL (Hrsg.) (1991): Aufgabe und Gestaltung von Planungskarten. FuS Band 185. Hannover 1991

*Arnberger, E. (1966): Handbuch der thematischen Kartographie, Wien 1966

Arnberger, E. (1970): Die Kartographie im Alpenverein. München-Innsbruck 1970

Arnberger, E. (1974): Problems of an International Standardization of a Means of Communication through Cartographic Symbols. IJK XIV (1974), S. 19–35

*Arnberger, E. u. I. Kretschmer (1975): Wesen und Aufgaben der Kartographie – Topographische Karten. Band I der Enzyklopädie der Kartographie. Wien 1975

Arnberger, E. (1976): Der Weg der Theoretischen Kartographie zur selbständigen Wissenschaft. In: Geodätische Woche Köln 1975, Stuttgart 1976, S. 264–270

*Arnberger, E. (1977): Thematische Kartographie (Das geographische Seminar). Braunschweig 1977

Arnberger, E. (1982a): Der Wandel der Schulgeographie in der Bundesrepublik Deutschland und in Österreich. Bd.10/10a d. Beiträge a.d. Seminarbetrieb d. Inst.f.Geographie d. Univ. Wien, 2.Aufl. Wien 1982

Arnberger, E. (1982b): Neuere Forschungen zur Wahrnehmung von Karteninhalten. KN 32 (1982), S. 121–132

Asche, H. (1988): Anwendungsmöglichkeiten rechnergestützter Blickregistrierung bei der Gestaltung von Planungskarten. KN 38 (1988), S. 236–240

Asche, H. u. T. Topel (Hrsg.) (1989): Beiträge zur Geographie und Kartographie; Festschrift für Ferdinand Mayer zum 60. Geburtstag. Wiener Schriften zur Geographie und Kartographie, Band 3. Wien 1989

Badziag, A. u. P. Mohs (Bearb.) (1982): Schulatlanten in Deutschland und benachbarten Ländern vom 18. Jh. bis 1950. Bibliographia Cartographica, Sonderheft 1. München 1982

Bagrow, L. u. R.A. Skelton (1985): Meister der Kartographie, 6. Aufl. Berlin 1985

Bär, W.-F. (1976): Zur Methodik der Darstellung dynamischer Phänomene in thematischen Karten. Diss. Univ. Frankfurt. Frankfurter Geographische Hefte, Nr.51. Frankfurt am Main 1976

Bartelme, N. (2000): Geoinformatik – Modelle, Strukturen, Funktionen. 3. Aufl. Berlin, Heidelberg, New York 2000

Barrault, M. u. a. (2001): Integrating Multi-Agent, Object-Oriented and Algorithmic Techniques for Improved Automated Map Generalization. ICC-Proceedings, Beijing 2001, Vol.3, S.2110–2116

Bartsch, E. (1983): Umbezifferung von Kartennetzen. ZfV 108 (1983), S. 471–478

Batson, R.M. (1987): Digital cartography of the planets: new methods, its status and its future. Photogrammetric Engineering and Remote Sensing 53 (1987), S. 1211–1218

Bauer, M. (1992): Vermessung und Ortung mit Satelliten. 2. Aufl. Karlsruhe 1992

Baumann, E. (1991/1992): Vermessungskunde, Band 1: Einfache Lagemessung und Nivellement, 3. Aufl. Bonn 1992, Band 2: Punktbestimmung nach Lage und Höhe, 3. Aufl. Bonn 1991

Becker, H. u. a. (1998): Progress in Archeological Prospecting by Data Fusion. Atti della 2a Conferenza Nazionale ASITA, Messe Bozen (Italien), 24.–27. November 1998, Vol. I, S.275 – 276

Beineke D. (1991): Untersuchungen zur Robinson-Abbildung und Vorschlag einer analytischen Abbildungsvorschrift. KN 41 (1991), S.85–94

Beineke D. (2001): Verfahren zur Genauigkeitsanalyse für Altkarten. Diss. Univ. BW. München 2001

Benning, W. u. T. Scholz (1990): Modell und Realisierung der Kartenhomogenisierung mit Hilfe strenger Ausgleichungstechniken. ZfV 115 (1990), S.45–55

Berger, A. (1976): Die Darstellung der Straßen in topographischen Karten Westeuropas. AVN 83 (1976), S.47–58

Berger, D. (1993): Geographische Namen in Deutschland (Duden Taschenbuch). Mannheim Leipzig Wien Zürich 1993

Bertin, J. (1974): Graphische Semiologie (übersetzt nach der 2.französischen Auflage), Berlin-New York 1974

Bertin, J. (1982): Graphische Darstellungen und die graphische Weiterverarbeitung der Information (aus dem Französischen), Berlin, New York 1982

Bertinchamp, H.-P. (1979): Historische Entwicklung der Landesaufnahmen im Rhein-Main-Gebiet. KN 29 (1979), S.165–172

Bialas, V. (1982): Erdgestalt, Kosmologie und Weltanschauung. Stuttgart 1982

*Bill, R. (1999a): Grundlagen der Geo-Informationssysteme, Band 1: Hardware, Software und Daten. 4. Aufl. Karlsruhe 1999

*Bill, R. (1999b): Grundlagen der Geo-Informationssysteme, Band 2: Analysen, Anwendungen und neue Entwicklungen. 2. Aufl. Karlsruhe 1999

Bill, R. u. M. Zehner (2001): Lexikon der Geoinformatik. Karlsruhe 2001

Bill, R. u. F. Schmidt (Red.) (2000): ATKIS – Stand und Fortführung. 51. DVW-Seminar, Univ. Rostock. DVW-Schriftenreihe, Bd. 39. Stuttgart 2000

Bitter, R. (1999): Kognitive Karten und Kartographie. KN 3 (1999), S. 93–97

Blackmore, M.J. u. J.B. Harley (1980): Concepts in the History of Cartography: A Review and Pespective. Cartographica, Vol.17, Nr.4 (Monograph 26), 1980

Blakemore, M. (Hrsg.) (1986): Proceedings AUTO CARTO London, Bd. 1: Hardware, Data Capture and Management Techniques; Bd. 2: Digital Mapping and Spatial Information Systems. The Royal Institution of Chartered Surveyors, London 1986

*Blaschke, R. u.a. (1989): Interpretation geologischer Karten, 2. Aufl. Stuttgart 1989

Board, C. (1967): Maps as Models. In: Chorley, R.J. and P. Haggett: Models in Geography, S. 671–725. London 1967

Böhm, R. (1991): Herstellung und Gestaltung von Schummerungen aus Raster-höhendaten. Anwendung von Filteralgorithmen auf digitale Geländemodelle. KN 41 (1991), S. 129–136

Böhme, R. (1978): Der Verbleib der Originale der amtlichen Kartenwerke des Deutschen Reiches. DGK Reihe E Heft 16. Frankfurt am Main 1978

Böhme, R. (1980): Geographisches Namenbuch Bundesrepublik Deutschland. KN 30 (1980), S. 92–102

Böhme, R. (1987): Bericht zur 6. Konferenz der Vereinten Nationen zur Standar-disierung geographischer Namen. KN 37 (1987), S. 231–234

Böhme, R. (1988): Der ständige Ausschuss für geographische Namen (StAGN). KN 38 (1988), S. 159–162

Böhme, R. (1989/1991/1993): Inventory of World Topographic Mapping. Vol.1 (1989): Western Europe, North America and Australasia. Vol.2 (1991): South America, Central America and Africa. Vol.3 (1993): Eastern Europe, Asia, Pacific, Antarctica. Lonon-New York 1989/1991/1993

Böhme, R. (1991): Der Beitrag der Deutschen Gesellschaft für Kartographie zur Entwicklung der Internationalen Kartographischen Vereinigung. KN 41 (1991), S. 59–61

Boljen, J. (1987): Berücksichtigung von Flächenangaben bei der Digitalisierung von Katasterkarten. ZfV 112 (1987), S. 545–548

Bolliger, J. (1967): Die Projektion der schweizerischen Plan- und Kartenwerke. Winterthur 1967

Bollmann, J. (1981): Aspekte kartographischer Zeichenwahrnehmung. Bonn 1981

Bollmann, J. (1993): Lehr- und Forschungssituation der Abteilung Kartographie an der Universität Trier. KN 43 (1993), S. 79–82

Bonacker, W. (1960): Das Schrifttum zur Globenkunde. Leiden 1960

Bonacker, W. (1966): Kartenmacher aller Länder und Zeiten. Stuttgart 1966

Bormann, W. (1972): Erdatlanten. AVN 79 (1972), S. 133–146

Bormann, W. (1975): Titel, Impressum, Copyright, Quellenangabe und Anerkennung der Urheberschaft kartographischer Werke – insbesondere von Atlanten – im Lichte der Gesetze. KN 25 (1975), S. 133–143

*Bosse, H. (1954/1955): Kartentechnik I/II. Lahr 1954/1955

Bosse, H. (Hrsg.) (1962): Kartengestaltung und Kartenentwurf. 4. AkNd 1962. Mannheim 1962

Bosse, H. (Hrsg.) (1967): Kartographische Generalisierung. 6. AkNd 1966. Mannheim 1967

Bosse, H. (Hrsg.) (1970a): Thematische Kartographie. 7. AkNd 1968. Mannheim 1970

Bosse, H. (Hrsg.) (1970b): Deutsche Kartographie der Gegenwart. Bielefeld 1970

Bosse, H. (Hrsg.) (1973): Kartographische Originalherstellung. 8. AkNd 1970. Bielefeld 1973

Bosse, H. (Hrsg.) (1976): Stadtkartographie. 9. AkNd 1972. Bielefeld 1976

Bosse, H. (Hrsg.) (1978): Probleme der Geländedarstellung. 11. AkNd 1976. Bielefeld 1978

Bosse, H. (Hrsg.) (1979): Kartographische Aspekte in der Zukunft. 12. AkNd. 1978. Bielefeld 1979

Bosse, H. (1991): Vierzig Jahre Deutsche Gesellschaft für Kartographie. KN 41 (1991), S. 62–68

Brandenberger, C.G. (1985): Koordinatentransformation für digitale kartographische Daten mit Lagrange- und Spline-Interpolation. Diss. ETH Zürich 1985

Brandenberger, C.G. (1993): Von der Datenübernahme aus einem GIS bis zu druckfertigen Kartenoriginalen. VPK 91 (1993), S. 28–34

Brandenberger, C.G. (1996): Verschiedene Aspekte und Projektionen für Weltkarten. Institut für Kartographie ETH Zürich 1996

*Brandstätter, L. (1983): Gebirgskartographie. Band II der Enzyklopädie der Kartographie. Wien 1983

Brassel, K. (1973): Modelle und Versuche zur automatischen Schräglichtschattierung. Diss. Univ. Zürich 1973

Brassel, K. u.R. Weibel (1988): A Review and Framework of Automated Map Generalization. In: IJGIS, Vol. 2, No. 3, S. 229–244

Bretterbauer, K. (1994): Ein Berechnungsverfahren für die Robinson-Projektion. KN 44 (1994), S. 227–229

Breu, J. (1975): Geographisches Namenbuch Österreichs. Forschungen zur theoretischen Kartographie, Band 3. Veröffentl.d.Inst.f.Kartographie d.Österreich. Akad.d.Wiss. Wien 1975

Brodersen, L. (1996): Topographische Kartographie in Dänemark. KN 46 (1996), S. 127–133

Brüggemann, H. (1981): Geometrische Bedingungen bei der Digitalisierung. NaKaVerm I/85, S. 5–11. Frankfurt am Main 1981

Brüggemann, H. (1994): CERCO im Wandel. KN 44 (1994), S. 89–96

Brülke, B. u. P. Hermann (1991): Ein Beispiel der darstellungsorientierten Klassifikation kartographischer Informationen. KN 41 (1991), S. 178–185

Brunner, K. (1988): Exakte großmaßstäbige Karten von Alpengletschern – ein Säkulum ihrer Bearbeitung. PGM 132 (1988), S. 129–140

Brunner, K. (2001): Kartengraphik am Bildschirm – Einschränkungen und Probleme. KN 5/2001. Bonn 2001, S. 233–238

*Buchroithner, M. (1989): Fernerkundungskartographie mit Satellitenaufnahmen. Digitale Methoden, Reliefkartierung, geowissenschaftliche Applikationsbeispiele. Band IV/2 der Enzyklopädie der Kartographie. Wien 1989

Buchroithner, M.F. u. R. Schenkel (1999): 3D Mapping with Holography. GIM International, 13 (1999), 8, S. 32–35

*Bugayevskiy, L.M. u. J.P. Snyder (1995): Map projections – a reference manual. London 1995

Bundesamt für Eich- und Vermessungswesen (Hrsg.) (1970): Die amtliche Kartographie Österreichs. Wien 1970

Burghardt (2001): Automatisierung der kartographischen Verdrängung mittels Energieminimierung. DGK bei der Bayerischen Akademie der Wissenschaften, München, Reihe C, Heft Nr. 536

Buttenfield, B.P. and R.B. McMaster (Hrsg.) (1991): Map Generalization – Making Rules for Knowledge Representation. Harlow/England 1991

Buziek, G. (1990): Neuere Untersuchungen zur Dreiecksvermaschung. NaKaVerm I/105, S. 41–54. Frankfurt am Main 1990

Buziek, G. u. D. Grünreich (1993): Anwendung digitaler Geländemodelle in der Bathymetrie. ZfV 118 (1993), S. 152–162

Buziek, G. u. G. Hake (1991): Feintopographische Vermessung ausgewählter Küstenbereiche zur Bestimmung morphologischer Analyseeinheiten. WAVH Nr. 171. Hannover 1991

Buziek, G., D. Dransch u. W.D. Rase (Hrsg.) (2000): Dynamische Visualisierung. Berlin 2000

Buzin R. u. T. Wintges (Hrsg.) (2001): Kartographie 2001 – multidisziplinär und multidimensional. Beiträge zum 50. Deutschen Kartographentag. Karlsruhe 2001

Campbell, T. (1987): The Earliest Printed Maps, 1472–1500. Berkeley 1987

*Canters, F. u. H. Decleir (1989): The World in Perspective – A Directory of World Map Projections. Chichester 1989

Carpendale M.S.T. u. a. (1995): Graph Folding: Extending Detail and Context Viewing into a Tool for Subgraph Comparisons. in F. J. Brandenburg (Hrsg) *Lecture Notes in Computer Science* 1027, Springer Verlag 1995, S. 127–139

570   Literaturverzeichnis

*Cartwright W., Peterson M.P. u. G. Gartner (Hrsg) (1999): Multimedia Cartography. Berlin, Heidelberg, New York. 1999

Caspary, W. (1992): Qualitätsmerkmale von Geo-Daten. ZfV (117) 1992, S. 360–367

Caspary, W. (1993): Qualitätsaspekte bei Geoinformationssystemen. ZfV (118) 1993, S. 444–449

Caspary, W. u. G. Joss (1999): Statistical Quality Control of Geodata. In: Proceedings of the International Symposium on Spatial Data Quality, S. 97–104. Hong Kong 1999

Caspary (2000): Qualität: Einführung und Überblick. AdV-Workshop, Potsdam 2000

Castner, H.W. u. R. Eastman (1984/1985): Eye Movement Parameters and Perceived Map Complexity. American Cartographer 11 (1984), S. 107–117 und 12 (1985), S. 29–40

Christ, F. (1979): Ein Programm zur vollautomatischen Verdrängung von Punkt- und Linienobjekten bei der kartographischen Generalisierung. IJK XIX, S. 41–63. Bonn-Bad Godesberg 1979

Christ, F. u. a. (1983): Versuch einer flächenhaften Siedlungsdarstellung in 1:100 000 und 1:200 000. KN 33 (1983), S. 19–24

Christ, F. (1988): Digitales Höhenmodell, dreidimensionales Geländerelief und mehrfarbige Reliefkarte von Berlin und Umgebung. ZfV 113 (1988), S. 445–453

Christ, F. (1994): Mairs Generalkarte auf CD-ROM. KN 44 (1994), S. 64–68

Clauer, A. u. W. Purgathofer (Hrsg.) (1988): AUSTROGRAPHICS ‚88, Proceedings. Informationsberichte. Berlin-Heidelberg 1988

Crone, G.R. (1978): Maps and their Makers, 6. Aufl. London 1978

*Cuff, D.J. u. M.T. Mattson (1982): Thematic Maps – Their Design and Production. New York-London 1982

Dahlberg, R.E. (1962): Evolution of Interrupted Map Projections. IJK 2 (1962), S. 36–54

Deggau, M. (1991): Abschlussbericht zum Forschungsvorhaben „Methodik der Auswertung von Daten zur realen Bodennutzung im Hinblick auf den Bodenschutz – Teilbeitrag zum Praxistest des Statistischen Informationssystems zur Bodennutzung". Statistisches Bundesamt, Wiesbaden 1991

*Dent, B.D. (1996): Cartography: Thematic map design, 4. Aufl. Dubuque/Iowa 1996

Deuel, L. (1977): Flug ins Gestern – Das Abenteuer der Luftarchäologie, 2. Aufl. München 1977

Deumlich, F. (1987): Spezialkarten für den Orientierungslauf. VT 35 (1987), S. 247–248

*Deumlich, F. (1988): Instrumentenkunde der Vermessungstechnik, 8. Aufl. Berlin-Karlsruhe 1988

DGfK (Hrsg.) (1992): Ausbildungsleitfaden Kartograph/Kartographin. Dortmund 1992

DGfK (Hrsg.) (1993): Kartographie und Geo-Informationssysteme. Kartographische Schriften, Band 1. Bonn 1993

DGfK (Hrsg.) (1997a): GIS und Kartographie im multimedialen Umfeld. Kartographische Schriften, Band 2. Bonn 1997

DGfK (Hrsg.) (1997b): Digitale Kartentechnologie, 21. AkNd 1997. Kartographische Schriften, Band 3. Bonn 1997

*DGfK (Hrsg.) (2000): Ausbildungsleitfaden Kartograph/Kartographin (auf CD-ROM im PDF-Format). Kommission Aus- und Weiterbildung der DGfK. Kernen 2000

Deutscher Städtetag (DST) (Hrsg.) (1988): Maßstabsorientierte Einheitliche Raumbezugsbasis für Kommunale Informationssysteme". Deutscher Städtetag, Reihe E, DST-Beiträge zur Stadtentwicklung und zum Umweltschutz, Heft 15. Köln 1988

DVW (Hrsg.) (1992): Grundbuch- und Katastersysteme in der Bundesrepublik Deutschland – Entwicklund und aktueller Stand. Schriftenreihe des DVW, Band 7. Stuttgart 1992

Dickmann, F. (2001): Web-Mapping und Web-GIS. Westermann Schulbuchverlag GmbH, Braunschweig, 1. Auflage, 2001

Dodt-Gorki-Herzog-Pape-Schöppner (1985): Bibliographie zur Stadtkartographie. Bochum 1985

Dodt, J. u. W. Herzog (Hrsg.) (1988): Kartographisches Taschenbuch 1988/89 Bonn 1988

Dodt, J. u. W. Herzog (Hrsg.) (1991): Kartographisches Taschenbuch 1990/91. Bonn 1991

Dodt, J. u. W. Herzog (Hrsg.) (1992): Kartographisches Taschenbuch 1992/93. Bonn 1992

Dodt, J. u. W. Herzog (Hrsg.) (1994): Kartographisches Taschenbuch 1994/95. Bonn 1994

Dodt, J. u. W. Herzog (Hrsg.) (1996): Kartographisches Taschenbuch 1996/97. Bonn 1996

Dodt, J. u. W. Herzog (Hrsg.) (2001): Kartographisches Taschenbuch 2001. Bonn 1996.

Douglas, D.h. u. Th.K. Peucker (1973): Algorithms for the Reduction of the Number of Points Required to Represent a Line or its Caricature. The Canadian Cartographer 10 (2), S. 112–123

Downs, R.M. u. D. Stea (1982): Kognitive Karten. Die Welt in unseren Köpfen (aus dem Englischen). New York 1982

Dransch, D. (1997): Computer-Animation in der Kartographie – Theorie und Praxis. Springer Verlag 1997

Dresbach, D. (1993): Prisma – Taschenbuch für das Vermessungswesen, 3. Aufl. Karlsruhe 1993

Dröber, W. (1964): Kartographie bei den Naturvölkern (1903). Nachdruck Amsterdam 1964

*Duppen, J.v. (1986): Handbuch für den Siebdruck. Lübeck 1986

*Dworatschek, S. (1989): Grundlagen der Datenverarbeitung, 5.Aufl. Berlin-New York 1989

Ebner, H. u. a. (1989): Beiträge der Rasterdatenverarbeitung zum Aufbau digitaler Geländemodelle. ZfV 114 (1989), S.268–278

Ecker, R. (1991): Rastergraphische Visualisierung mittels digitaler Geländemodelle. Diss. TU Wien. Geowiss. Mitteilung Nr.38. Wien 1991

*Eckert, M. (1921/1925): Die Kartenwissenschaft, 2 Bände. Berlin,Leipzig 1921/1925

*Eco, U. (1972): Einführung in die Semiotik. München 1972

Egenhofer, M.J. u. J. Herring (1991): Categorizing Binary Topological Relationships between Regions, Lines and Points in Geographic Databases. NCGIA Technical Report 91–7, University of Maine

Ehlers, E. (Hrsg.) (1991): Geographisches Taschenbuch 1991–1992. Stuttgart 1991

Eichhorn, G. (1980): Auf- und Ausbau von Landinformationssystemen in Industrie- und Entwicklungsländern. ZfV 105 (1980), S.541–550

Elg, M. (1999): A New Swedish School Atlas. ICC proceedings, Ottawa, 1999. Section 3. S.107–110

Endrullis, M. (1987): Zur rechentechnischen Lösung von darstellungskonflikten in topographischen Karten durch Verdrängung und Freistellung. Arbeiten aus dem Vermessungs- und Kartenwesen der DDR, Bd.54, S.81–95. Leipzig 1987

Endrullis, M. u. a. Hoppe (1989): Zur Klassifizierung von Darstellungsprinzipien für die automatisierte Kartenherstellung. VT 37 (1989), S.303–306

*Ermel, H. (1949): Die Reproduktionstechnik im Vermessungswesen und in der Kartographie. Berlin 1949.

*Falke, H. (1975): Anlegung und Ausdeutung einer geologischen Karte. Berlin 1975

Fauser, A. (1967): Die Welt in Händen. Stuttgart 1967

*Fellner, W.D. (1992): Computergrafik. Reihe Informatik, Bd. 58. Mannheim 1992

Ferschke, H. (1953): Militärperspektive – Kavalierperspektive. AVN 60 (1953), S.295–301

Festschrift für Günter Hake (1992): Festschrift zum 70. Geburtstag. WAVH Nr. 180. Hannover 1992

*Fezer, F. (1976): Karteninterpretation (Das geographische Seminar), 2.Aufl. Braunschweig 1976

Finsterwalder, R. (1967): Zur Entwicklung der bayerischen Kartographie von ihren Anfängen bis zum Beginn der amtlichen Landesaufnahme. DGK Reihe C Heft 108. München 1967

Finsterwalder, R. (1984): Die Alpenvereinskarte und ihr Gebrauch. München 1984

Finsterwalder, R. (1993): Die optimale Einpassung zweier ebener Liniensysteme aufeinander. KN 43 (1993), S. 111–113

Finsterwalder, R. (1994): Unabgerissene Tradition – 25 Jahre Kartographie beim Deutschen Alpenverein. Jahrbuch Deutscher Alpenverein 1994, S. 83–92

Fischer, E.-U. (1979): Zur Transformation digitaler kartographischer Daten mit Potenzreihen. NaKaVerm I/79, S. 23–42. Frankfurt am Main 1979

Fischer, E.-U. (1982a): Spektralanalytische Betrachtungen über Digitalisierungen im Vektorformat. NaKaVerm I/88, S. 41-60. Frankfurt am Main 1982

Fischer, E.-U. (1982b): Digitale Signalverarbeitung in der rechnergestützten Kartographie. Habilschrift Univ. Bonn. DGK Reihe C Nr.278. Frankfurt am Main 1982

Fischer, G. (1992): Automatisierte Digitalisierung von Katasterkarten mittels Mustererkennung beim Rhein-Sieg-Kreis. ZfV 117 (1992), S. 139–145

Frančula, N. (1971): Die vorteilhaftesten Abbildungen in der Atlaskartographie. Diss. Univ. Bonn 1971

Frank, A. (1985): Anforderungen an Datenbanksysteme zur Verwaltung großer raumbezogener Datenbestände. VPK 83 (1985), S. 5–16

Franz, G. u. H. Jäger (1980): Historische Kartographie – Forschung und Bibliographie. Bd.46 d. Beiträge d. ARL, 3.Aufl. Hannover 1980

Frappier, J. u. D. Williams (1999): An Overview of the National Atlas of Canada. ICC proceedings, Ottawa, 1999. Section 3. S. 27–32

Freitag, U. (1962): Der Kartenmaßstab – Betrachtungen über den Maßstabsbegriff in der Kartographie. KN 12 (1962), S. 134–162

Freitag, U. (1966): Verkehrskarten. Diss. Univ. Giessen 1966

Freitag, U. (1972): Die Zeitalter und Epochen der Kartengeschichte. KN 22 (1972), S. 184–191

Freitag, U. (1987): Die Kartenlegende – nur eine Randangabe? KN 37 (1987), S. 42–49

Freitag, U. (1991): Zur Theorie der Kartographie. KN 41 (1991), S. 42–49

Freitag, U. (1992): Kartographische Konzeptionen – Cartographic Conceptions. Berliner Geowissenschaftliche Abhandlungen, Reihe C, Kartographie, Band 14. Berlin 1992

Freitag, U. (1993): Lehre und Forschung der Fachrichtung Kartographie der Freien Universität Berlin. KN 43 (1993), S. 74–75

Frey, H. (1988): Digitale Bildverarbeitung in Farbräumen. Diss. TU München, Lehrstuhl für Nachrichtentechnik. München 1988

Fritsch, D. (1991): Raumbezogene Informationssysteme und digitale Geländemodelle. Habil.Schrift TU München. DGK C 369. München 1991

*Gaitzsch, R. (1987): Lehrbuch der Druckformenherstellung. Itzehoe 1987

Gartner, G. (2000): Telekartographie, GIS. Geoinformationssysteme, Jhrg.13, Heft 4, 2000

Gerhardt, C.W. (1974/1975): Geschichte der Druckverfahren I/II. Stuttgart 1974/1975

Gerhardt, C.W. (1981): Der Landkartendruck im 19. und 20. Jahrhundert. IJK XXI (1981), S. 82–96

Gersmehl, P.J. (1990): Choosing Tools: Nine Metaphors of Four-Dimensional Cartography. In: Cartographic Perspectives, No. 5, S. 3–17

Giebels, M. (1983): Automatische Symbolerzeugung für topographische Karten durch digitale Rasterdatenverarbeitung am Beispiel der Topographischen Übersichtskarte 1:200 000 (TÜK 200). NaKaVerm I/92, S. 11–26. Frankfurt am Main 1983

Giebels, M. u. H. Meurisch (1993): Ein neues automationsgestütztes Verfahren zur Fortführung der Kartenserie JOG 250. KN 43 (1993), S. 53–58

**Gierloff-Emden, H.G.* (1989): Fernerkundungskartographie mit Satellitenaufnahmen. Allgemeine Grundlagen und Anwendungen. Band IV/1 der Enzyklopädie der Kartographie. Wien 1989

Gloor, P. (1997): Elements of Hypermedia Design – Techniques for Navagation & Visualization in Cyberspace. Birkhäuser Bosten 1997

**Golpon, R. u. a.* (1988): Lehrbuch der Druckindustrie. Frankfurt am Main 1988

**Göpfert, W.* (1991): Raumbezogene Informationssysteme, 2. Aufl. Karlsruhe 1991

Göpfert, W. u. M. Weisensee (1993): Aktuelle Forschungsarbeiten im Fachgebiet Kartographie der Technischen Hochschule Darmstadt. KN 43 (1993), S. 78–79

**Goodchild, M. u. S. Gopal* (Hrsg.) (1989): Accuracy of Spatial Databases. London, New York, Philadelphia 1989

**Gorki, H.F. u. H. Pape* (1987): Stadtkartographie. Band III der Enzyklopädie der Kartographie. Wien 1987

**Goss, J.* (1994): KartenKunst – Die Geschichte der Kartographie. Aus dem Englischen. Braunschweig 1994

**Gould, P. and R. White* (1986): Mental Maps, 2. Aufl. Hemel Hempstead 1986

Grafarend, E. u. a. Niermann (1984): Beste echte Zylinderabbildungen. KN 34 (1984), S. 103–107

Grebe, U. (1998): Zur aktuellen Situation des Ausbildungsberufs Kartograph/Kartographin. KN 48 (1998), S. 146–154

Greeley, R. and R.M. Batson (1990): Planetary Mapping. Cambridge 1990.

Grewe, K. (1984/1992): Bibliographie zur Geschichte des Vermessungswesens (mit 1. Ergänzungslieferung). Stuttgart 1984/1992

Grimm, W. (1993): Neue Kartengraphik für „ATKIS-DKM 25". KN 43 (1993), S. 61–68

**Grosjean, G.* (1980): Geschichte der Kartographie. Bern 1980

Grosser, K. (1992): The Concept of a National Atlas of Germany. In: Proceedings of ICA National and Regional Atlases Commission Meeting, S. 161–164. Madrid 1992

**Großmann, W.* (1976): Geodätische Rechnungen und Abbildungen, 3. Aufl. Stuttgart 1976

*Groten, E. (1979/1980): Geodesy and the Earth's Gravity Field. 2 Bände, Bonn 1979/1980

Grothenn, D. (1977): Topographische Atlanten in der Bundesrepublik Deutschland. IJK XVII (1977), S. 90–103

Grothenn, D. (1986): Gestaltung der Topographischen Landeskartenwerke. KN 36 (1986), S. 1–6

Grothenn, D. (1990): Topographische Landeskartenwerke in neuem Gewand. KN 40 (1990), S. 18–19

Grothenn, D. (1994): Einheitliche Gestaltung der amtlichen topographischen Kartenwerke in Europa. KN 44 (1994), S. 1–6

Grüner, W. u. N. Carstensen (1993): Einsatz der Mustererkennung bei der Ersterfassung der ALK in Schleswig-Holstein. AVN 100 (1993), S. 191–197

Grünreich, D. (1985): Untersuchungen zu den Datenquellen und zur rechnergestützten Herstellung des Grundrisses großmaßstäbiger topographischer Karten. Diss. Univ. Hannover. WAVH Nr. 132. Hannover 1985

Grünreich, D. (1990): Amtliches Topographisch-Kartographisches Informationssystem der Landesvermessung. GIS 3 (1990), S. 4–9

Grünreich, D. u. G. Buziek (Red.) (1992): Gewinnung von Basisdaten für Geo-Informationssystemen. Schriftenreihe DVW, Bd. 4. Stuttgart 1992

Grünreich, D. u. a. (1993): Aktuelle Forschungs- und Entwicklungsarbeiten des Instituts für Kartographie der Universität Hannover. KN 43 (1993), S. 75–78

Gulley, J.L.M. u. K.A. Sinnhuber (1961): Isokartographie. KN 11 (1961), S. 89–99

Günther, O. u. W.-F. Riekert (Hrsg.) (1992): Wissensbasierte Methoden zur Fernerkundung der Umwelt. Karlsruhe 1992

Günther, O., K.-P. Schulz u. J. Seggelke (Hrsg.) (1992): Umweltanwendungen geographischer Informationssysteme. Karlsruhe 1992

Gurtner, M. (1995): Kartenlesen: Handbuch zu den Landeskarten. Wabern 1995

Györffy, J. (1990): Anmerkungen zur Frage der besten echten Zylinderabbildungen. KN 40 (1990), S. 140–146

Haack, E. (1989): Die 2. Ausgabe der Weltkarte 1:2 500 000 unter besonderer Berücksichtigung der verbesserten Darstellung des Karteninhalts. VT 37 (1989), S. 218–220

Haag, K. u. B. Köpper (1987): Die ALK-Grundrissdatei als zentrale Datei eines bodenbezogenen Informationssystems. ZfV 112 (1987), S. 459–474

Haberäcker, P. (1991): Digitale Bildverarbeitung – Grundlagen und Anwendungen. 4. Auflage. München, 1991

Häberlein, R. (1990): Kartenähnliche Darstellungen im Eiszeitalter. KN 40 (1990), S. 185–187

Hake, G. (1975): Zum Begriffssystem der Generalisierung. NaKaVerm-Sonderheft (Festschrift Knorr), S. 53–62. Frankfurt am Main 1975

Hake, G., D. Heidorn u. B. Wegener (1982): Wattkarten als Luftbildkarten – Gestaltung und Herstellung – WAVH Nr. 110, Hannover 1982

Hake, G. (1988): Gedanken zu Form und Inhalt heutiger Karten. KN 38 (1988), S. 65–72

Hake, G. (1991): Die Entwicklung der Kartentechnik seit 1950. KN 41 (1991), S. 50–59

*Hammer, E. (1889): Über die geographisch wichtigsten Kartenprojektionen. Stuttgart 1889

Harbeck, R. (2000a): Das topographische Geoinformationssystem ATKIS – Stand und Entwicklung aus der Sicht der AdV. Schriftreihe d. DVW, Bd. 39, 2000, S. 9–21

Harbeck, R. (2000b): Eine geographische Basis für Europa – Utopia, Vision, Wirklichkeit? KN 50 (2000), S. 103–112

*Harley, J.B. u. D. Woodward (Hrsg.) (1987/1992): The History of Cartography, 2 Bde. Chicago-London 1987/1992

Harrie, L. and A.-K. Hellström (1999): A Prototype System for Propagating Updates between Cartographic Data Sets. The Cartographic Journal, Vol.36, No.2, S. 133–140

Hecht, H. (1989): Innovationen bei der Herstellung und Fortführung von Seekarten. KN 39 (1989), S. 143–152

Hecht, H. (1993): Entwicklungsstand der Elektronischen Seekarte, KN 43 (1993), S. 58–61

*Hecht, H., B. Berking, G.B. Büttgenbach u. M. Jonas (1999): Die Elektronische Seekarte. Karlsruhe 1999

*Heck, B. (1995a): Rechenverfahren und Auswertemodelle der Landesvermessung. Karlsruhe 1995

Heck, B. (1995b): Grundlagen der erd- und himmelsfesten Referenzsysteme. Schriftenreihe des DVW, Bd. 18, 1995, S. 138–153

Heineke, H.J., H. Preuß u. R. Vinken (1992): Digitale geowissenschaftliche Kartenwerke im Niedersächsischen Bodeninformationssystem. KN 42 (1992), S. 85–94

Hellwich, O. u. H. Ebner (1998): A New Approach to SAR Interferogram Geocoding. In: International Archives of Photogrammetry and Remote Sensing, 1998, Vol. 32, Part 1, S. 108–112

Hellwich, O., I. Laptev u. H. Mayer (1998): Automated Pipeline Extraction from Interferometric SAR Data of the ERS Tandem Mission. In: International Archives of Photogrammetry and Remote Sensing, 1998, Vol.32 Part 7, S. 532–537

Hentschel, W. (1979): Zur automatischen Höhenliniengeneralisierung in topographischen Karten. Diss.Univ.Hannover. WAVH Nr.90. Hannover 1979

Herrmann, Ch. (1972): Studie zu einer naturähnlichen Karte. Diss. Univ. Zürich 1972

Herrmann, Ch. u. H. Kern (Hrsg.) (1986): Kartenverwandte Darstellungen. Karlsruher Geowissenschaftliche Schriften, Reihe A, Band 4. Karlsruhe 1986

Herzfeld, G. u. O. Kriegel (1973ff.): Katasterkunde in Einzeldarstellungen (Loseblattsammlung mit Ergänzungen. Karlsruhe 1973ff.

Herzog, W. (1988): „Kartographische Darstellungen", eine terminologische Diskussion. KN 38 (1988), S. 72–77

Heupel, A. u. J. Schoppmeyer (1979): Zur Wahl der Kartenabbildungen für Hintergrundkarten im Fernsehen. KN 29 (1979), S. 41–51.

*Hildebrandt, G. (1992): Fernerkundung und Luftbildmessung für Forstwirtschaft, Landespflege und Vegetationskartierung. Karlsruhe 1992

Hofmann, W. (1976): Die Topographisch-Geomorphologischen Kartenproben – Ein Bericht. In: Geodätische Woche Köln 1975, S. 270–275. Stuttgart 1976

Holloway, W. und J. Mumme (1987): Orientierungslauf – Training, Technik, Taktik. Hamburg 1987

Hölzel, F. (1963): Perspektivische Karten. IJK III (1963), S. 100–118.

Höpfner, J. (1990a): Methoden zur Höheninterpolation in digitalen Reliefmodellen. VT 38 (1990), S. 317–320

Höpfner, J. (1990b): Zum rationellen Aufbau digitaler Reliefmodelle. VT 38 (1990), S. 343–345

Horn, W. (1959): Die Geschichte der Isarithmenkarte. PGM 103 (1959), S. 225–232

Horn, W. (1961): Zur Geschichte der Atlanten. KN 11 (1961), S. 1–8

*Hoschek, J. (1984): Mathematische Grundlagen der Kartographie, 2. Aufl. Mannheim/ Wien/Zürich 1984

Hufnagel, H. (1989): Ein System unecht-zylindrischer Kartennetze für Erdkarten. KN 39 (1989), S. 89–96

Humbel, V. (1993): Frequenzmodulierte Rasterverfahren und ihre Eignung für niedrig auflösende Wiedergabesysteme. UGRA-Bericht 89/1. St. Gallen 1993

Hurni, L. u. a. Neumann (1999): Digitale Felsdarstellung für topographische Gebirgskarten. KN 49 (1999), S. 16–22

Hurni, L. (2000): Atlas der Schweiz – interaktiv. Die neue Multimedia-Version des Schweizerischen Landesatlasses. In: Neue Wege für die Kartographie? Symposium 2000 der DGfK. Königslutter a. Elm 2000

Huss, J. (Hrsg.) (1984): Luftbildmessung und Fernerkundung in der Forstwirtschaft. Karlsruhe 1984

Hüttermann, A. (Hrsg.) (1981): Probleme der geographischen Kartenauswertung. Darmstadt 1981

*Hüttermann, A. (1979/1993): Karteninterpretation in Stichworten, Band 1: Geograph. Interpretation topographischer Karten, 3. Aufl. Berlin-Stuttgart 1993, Band 2: Geograph. Interpretation thematischer Karten. Kiel 1979

Hüttermann, A. (Hrsg.) (1995): Beiträge zur Kartennutzung in der Schule. Didaktik der Geographie, Heft 17. Trier 1995

IfAG (Hrsg.) (1971): Fachwörterbuch – Benennungen und Definitionen im deutschen Vermessungswesen, Heft 6 – Topographie, Heft 8 – Kartographie, Kartenvervielfältigung, Frankfurt am Main 1971

578   Literaturverzeichnis

IfAG (Hrsg.) (1981): Geographisches Namenbuch, Bundesrepublik Deutschland. Frankfurt am Main 1981

IfAG (Hrsg.) (1993): Deutsches Fachwörterbuch Photogrammetrie und Fernerkundung. NaKaVerm Sonderheft. Frankfurt am Main 1993

IfAG (Hrsg.) (1997): Fachbibliographie Geodäsie und Kartographie 36 (1997) 3. Frankfurt am Main 1997

Ihde, J. (1991): Geodätische Bezugssysteme. VT 39 (1991), S. 13–15, 57–63

Ihme, R. (1991): Lehrbuch der Reproduktionstechnik. 4.Aufl. Leipzig 1991

Illert, A. (1990): Automatische Erfassung von Kartenschrift, Symbolen und Grundrissobjekten aus der Deutschen Grundkarte 1:5000. Diss. Univ. Hannover, WAVH Nr.166, Hannover 1990

Illert, A. (1992): Automatisierte Digitalisierung von Karten durch Mustererkennung. KN 42 (1992), S. 6–12

Illert, A. (1998): MEGRIN: Amtliche Geoinformation in Europa. In: DVW-Schriftenreihe Bd. 33, S. 12–21. Stuttgart 1998

Imhof, E. (1956): Aufgaben und Methoden der theoretischen Kartographie, PGM 100 (1956), S. 165–171

Imhof, E. (1963): Kartenverwandte Darstellungen der Erdoberfläche. IJK III (1963), S. 54–99

Imhof, E. (1964): Beiträge zur Geschichte der topographischen Kartographie. IJK IV (1964), S. 129–152

*Imhof, E. (1965): Kartographische Geländedarstellung. Berlin 1965

*Imhof, E. (1968): Gelände und Karte, 3.Aufl. , Erlenbach-Zürich 1968

*Imhof, E. (1972): Thematische Kartographie, Berlin-New York 1972

Institut für Kartographie der Österreichischen Akademie der Wissenschaften u. a. (Hrsg.) (1984): Kartographie der Gegenwart in Österreich. Wien 1984

Internationale Kartographische Vereinigung (1973): Mehrsprachiges Wörterbuch kartographischer Fachbegriffe. Wiesbaden 1973

Jäger, E. (1990): Untersuchungen zur kartographischen Symbolisierung und Verdrängung im Rasterdatenformat. Diss. Univ. Hannover, WAVH Nr.167. Hannover 1990

Janle, P. (1984): Kartographie der Oberfläche der terrestrischen Planeten. KN 34 (1984), S. 81–96

Jansa, J. u. E. Vozikis (1985): Karten-Transformation mittels optischer Differentialumbildung. AVN 92 (1985), S. 262–271

*Jeschor, A. u. K.-H. Bleiel (1989): Orientierung mit Karte und Luftbild, 3. Aufl. Regensburg 1989

*Jordan-Eggert-Kneißl (1956ff.): Handbuch der Vermessungskunde, 12 Bände. Stuttgart 1956ff.

Joos, G. (2000): Zur Qualität von objektstrukturierten Geodaten. In: Schriftenreihe des Studienganges Geodäsie und Geoinformation der Universität der Bundeswehr München (2000), Nr. 66

Jordan, W. u. K. Steppes (1882): Das deutsche Vermessungswesen. Stuttgart 1882

Kadmon, N. (1975): Data-bank Derived Hyperbolic Scale Equitemporal Town Maps. IJK XV (1975), S. 47–54

Kadmon, N. (2000): Toponymy – The Lore, Laws and Language of Geographical Names. 1. Aufl., New York 2000

Kager, H., K. Kraus u. K.Steinnocher (1992): Photogrammetrie und digitale Bildverarbeitung angewandt auf den Behaim-Globus. ZPF 60 (1992), S. 142–148

Kahmen, H. (1997): Vermessungskunde, 19. Aufl. Berlin-New York 1997

Kain, R.J.P. and E. Baigent (1992): The Cadastral Map in the service of the state – A History of Property Mapping. Chicago-London 1992

Kainz, W. u. F. Mayer (Hrsg.) (1993): GIS und Kartographie. Wiener Symposium 1991. Wiener Schriften zur Geographie und Kartographie, Band 6. Wien 1993

Kallenbach, H. (1988): 30 Jahre Bibliographie des kartographischen Schrifttums. KN 38 (1988), S. 156–159

Katzenberger, L. (1977): 175 Jahre Bayerische Landesvermessung in kartographischer Sicht. IJK XVII (1977), S. 104–112

Kauper, R. (1989): Zur Genauigkeitsuntersuchung von Digitizern. NaKaVerm I/103, S. 79–90. Frankfurt am Main 1989

Keates, J. (1989): Cartographic Design and Production, 2nd ed. Harlow 1989

Keates, J. (1996): Understanding Maps. 2.Auflage, Longman, 1996

Kelnhofer, F. (Hrsg.) (1989): Beiträge zur themakartographischen Methodenlehre und ihren Anwendungsbereichen. Österr. Akad. d. Wiss., Inst. f. Kartographie, Berichte und Informationen (Sammelband der Hefte 10–20). Wien 1989

Kelnhofer, F. u. M. Lechthaler (Hrsg.) (2000): Interaktive Karten (Atlanten) und Multimedia-Applikationen. Geowissenschaftliche Mitteilungen, Heft Nr. 53. Schriftenreihe der Studienrichtung Vermessung und Geoinformation, TU Wien

Kilpeläinen, T. (1997): Multiple representation and generalization of geodatabases for topographic maps. Diss., Publications of the Finnish Geodetic Institute, 1997

Klauer, R.H. (1986): Automatisierte Digitalisierung und Strukturierung von Strichdarstellungen. ZfV 111 (1986), S. 148–157

Klauer, R.H. (1993): Untersuchungen zur Optimierung von Verfahren der automatisierten Digitalisierung von Flurkarten. Diss. Univ. Hannover, WAVH Nr.184. Hannover 1993.

Kleffner, W. (1939): Die Reichskartenwerke. Berlin 1939

Klein, J. (1961): Methoden raumbildlicher Darstellungen und ihr Verhältnis zur Karte. DGK Reihe C Heft 43. München 1961

Koch, G. (1994): Topographische Karte 1:100 000 – Neuerscheinung Blatt Würzburg und Bearbeitungsstand des Kartenwerks. KN 44 (1994), S. 110–111

Koch, G. (1996): Kartenproben 1:25 000 „Voralpen mit Hochgebirge". KN 46 (1996), S. 93–98

Koch, W.G. (1993): Der Studiengang Kartographie an der Technischen Universität Dresden. AVN 100 (1993), S. 136–144

Koch, W.G. (1998): Zum Wesen der Begriffe Zeichen, Signatur und Symbol in der Kartographie. KN 48 (1998), S. 89–96 (mit viel Literatur-Hinweisen)

Koch, W.G. (Hrsg.) (2001): Theorie 2000. Kartographische Bausteine, Band 19, 2001, Technische Universität Dresden

*Konecny, G. u. G. Lehmann (1984): Photogrammetrie, 4. Aufl. Berlin-New York 1984

Köthe, R. u. F. Lehmeier (1991): Digitale Reliefanalyse – Ein Projekt zur geomorphologischen Auswertung Digitaler Geländemodelle. Freiburger Geographische Hefte, H.34, S. 99–101. Freiburg 1991

Kowanda, A. (1997): Zur Gliederung des kartographischen Zeichensystems. KN 47 (1997), S. 1–6

Kraak, M.J. (1988): Computer-assisted Cartographical Three-Dimensional Imaging Techniques. Diss. TH Delft. Delft 1988

Kraak, M.J. u. F. Ormeling (1996): Cartography – Visualization of Spatial Data. Harlow 1996

*Kraus, K. (1994/1996): Photogrammetrie, Band 1: Grundlagen und Standardverfahren, 5. Aufl. Bonn 1994, Band 2: Theorie und Praxis der Auswertesysteme, 3. Aufl. Bonn 1996

*Kraus, K. u. W. Schneider (1988/1990): Fernerkundung, Band 1: Physikalische Grundlagen und Aufnahmetechnik, Bonn 1988, Band 2: Auswertung photographischer und digitaler Bilder, Bonn 1990

Kraus, K. (1991): Die dritte Dimension in Geo-Informationssystemen. In: Schriftenreihe d. Inst. f. Photogrammetrie d. Univ. Stuttgart, Heft 15 (43. Photogrammetrische Woche 1991). Stuttgart 1991

Krauß, G. u. R. Harbeck (1984): Die Entwicklung der Landesaufnahme. Karlsruhe 1984

Kreifelts, T. (1974): Erfahrungen mit der Digitalisierung von rastermäßig erfassten Linienstrukturen. Mitteilung der Gesellschaft für Mathematik und Datenverarbeitung Nr.30. Bonn 1974

Kresse, W. (1994): Platzierung von Schrift in Karten. Diss. Univ. Bonn, Heft 23

Kretschmer, I. (1972): Die Redaktion von Fachatlanten. IJK XII (1972), S. 45–62

Kretschmer, I. (Hrsg.) (1977): Beiträge zur theoretischen Kartographie – Festschrift für Erik Arnberger. Wien 1977

Kretschmer, I. (1980): Theoretical Cartography: Position and Tasks. IJK XX (1980), S. 141–155

*Kretschmer I., J. Dörflinger u. F. Wawrik (Hrsg.) (1986): Lexikon zur Geschichte der Kartographie, Band C/1 und C/2 der Enzyklopädie der Kartographie. Wien 1986

Kretschmer, I. (1996): Frühe Alpenpanoramen aus Österreich. KN 46 (1996), S. 213–218

Kretschmer, I. u. K. Kriz (Hrsg.) (1996): Kartographie in Österreich ,96. Wiener Schriften zur Geographie und Kartographie, Band 9. Wien 1996

Kretschmer, I., Desoye. H. u. K. Kriz (Hrsg.) (1997): Kartographie und Namenstandardisierung. Wiener Schriften zur Geographie und Kartographie, Band 10. Wien 1997

Kretschmer, I., u. K.Kriz (Hrsg.) (1999): . 25 Jahre Studienzweig Kartographie. Wiener Schriften zur Geographie und Kartographie Band 12. Wien 1999

Kriegel/Dresbach (1991): kataster-abc, 2. Aufl. Karlsruhe 1991

Kriz, K. (Hrsg.) (1998): Hochgebirgskartographie Silvretta '98. Wiener Schriften zur Geographie und Kartographie, Band 11. Wien 1998

Kronberg, P. (1984): Photogeologie – Eine Einführung in die Grundlagen und Methoden der geologischen Auswertung von Luftbildern. Stuttgart 1984

Kronberg, P. (1985): Fernerkundung der Erde, Grundlagen und Methoden des Remote Sensing in der Geologie. Stuttgart 1985

Krüger, J. (1998): Die Geländeschummerung noch immer in der Krise? KN 48 (1998), S. 100–104

Kruse, I. (1990): Neuere Entwicklungen und Einsatzmöglichkeiten des Programmsystems TASH. KN 40 (1990), S. 90–93

Kühbauch, W. u. a. (1990): Fernerkundung in der Landwirtschaft. In: Luft- und Raumfahrt 11 (1990), S. 36–45

Kuntz, E. (1990): Kartennetzentwurfslehre, Grundlagen und Anwendungen, 2. Aufl. Karlsruhe 1990

Küppers, H. (1978): DuMont's Farbenatlas. Köln 1978

Küppers, H. (1985): Die Farbenlehre der Fernseh-, Foto- und Drucktechnik. Köln 1985

Lambrecht C. u. S. Tzschaschel (1999): National Atlas of the Federal Republic of Germany. ICC proceedings, Ottawa, 1999. Section 3. S. 54–62

Landesvermessungsamt Baden-Württemberg (Hrsg.) (1968): 150 Jahre Württembergische Landesvermessung. Stuttgart 1968

Laurini, R. u. D. Thompson (1992): Fundamentals of Spatial Information Systems. London-San Diego-New York 1992

Lay, H.-G. u. W. Weber (1983): Waldgeneralisierung durch digitale Rasterdatenverarbeitung. NaKaVerm I/92, S. 61–71. Frankfurt am Main 1983

Leibbrand, W. (Hrsg.) (1981): Planung, Steuerung und Kontrolle in der Kartographie. 13. AkNd. 1980. Bielefeld 1981

Leibbrand, W. (Hrsg.) (1984a): Kartographie der Gegenwart in der Bundesrepublik Deutschland ,84. Bielefeld 1984

Leibbrand, W. (Hrsg.) (1984b): Kartenoriginalherstellung ,83. 15. AkNd. 1983. Bielefeld 1984

Leibbrand, W. (Hrsg.) (1985): Kartentechnik und Reproduktionstechnik. 15. AkNd. 1985. Bielefeld 1985

Leibbrand, W. (Hrsg.) (1987): Kartengestaltung und Kartenentwurf. 16. AkNd. 1986. Bonn-Bad Godesberg 1987

Leibbrand, W. (Hrsg.) (1989): Planungskartographie und rechnergestützte Kartographie. 17. AkNd. 1988. Bonn-Bad Godesberg 1989

Leibbrand, W. (Hrsg.) (1991): Moderne Techniken der Kartenherstellung. 18. AkNd. 1990. Bonn 1991

Leibbrand, W. (Hrsg.) (1994): Kartenherstellung auf MAC, PC und Workstation. 20. AkNd. 1994. Bonn 1994

Lenk, U. (2001): 2.5D-GIS und Geobasisdaten – Integration von Höhendaten und Digitalen Situationsmodellen. Diss. Univ. Hannover, Veröff. in WAVH in Vorb.

Leser, H. (1977): Feld- und Labormethoden der Geomorphologie. Berlin-New York 1977

Lichtner, W. (1981): Anwendungsmöglichkeiten der Rasterdatenverarbeitung in der Kartographie. Habilschrift Univ. Hannover. WAVH Nr.105. Hannover1981

Lichtner, W. (1983a): Computerunterstützte Verzerrung von Kartenbildern bei der Herstellung thematischer Karten. IJK XXIII (1983), S. 83–96

Lichtner, W. (Hrsg.) (1983b): Funktion und Gestaltung der Deutschen Grundkarte 1:5000 (DGK 5). Darmstadt 1983

Lichtner, W. (1987): RAVEL – ein Programm zur Raster-Vektor-Transformation. KN 37 (1987), S. 63–68

Liedtke, C.-E. u. M. Ender (1989): Wissensbasierte Bildverarbeitung. Berlin-Heidelberg-New York 1989

Linke, W. (1996): Orientierung mit Karte und Kompass, 8.Aufl. Herford 1996

Louis, H. (1960): Die thematische Karte und ihre Beziehungsgrundlage. PGM 104 (1960), S. 54–62

MacEachren, A.M. (1995): How Maps Work – Representation, Visualization, and Design. New York, London 1995

Mackaness, W.A. u. P. Fisher (1987): Automatic recognition and resolution of spatial conflicts in cartographic generalisation. Proceedings AUTO-CARTO 8, S. 709–718. Maryland 1987

Mackaness, W.A. u. R. Purves (1999): Issues and Solutions to Displacement in Map Generalisation. ICC-Proceedings, '99, Ottawa S. 1081–1090

Maguire, D.J., M.F. Goodchild and D. Rhind (Hrsg.) (1991): Geographical Information Systems – Principles and Applications, 2 Bände. Harlow/England 1991

Malic, B. (1998): Physiologische und technische Aspekte kartographischer Bildschirmvisualisierung. SIKB 1998

Maling, D.h. (1989): Measurements from maps – Principles and methods of Cartometry. Oxford 1989

Maling, D.h. (1992): Coordinate Systems and Map Projections, 2. Aufl. Oxford 1992

Matthias, H.J. und E. Spiess (1995): Amtliche Vermessungswerke, Band 4: Topographische Grundkarte, der Übersichtsplan. Aarau 1995

Mayer, F. (Hrsg.) (1988): Digitale Technologie in der Kartographie. Wiener Schriften zur Geographie und Kartographie, Band 1. Wien 1988

Mayer, F. (Hrsg.) (1989): Digitale Technologie in der Kartographie. Wiener Schriften zur Geographie und Kartographie, Band 2. Wien 1989

Mayer, F. (Hrsg.) (1990): Kartographenkongress Wien 1989. Wiener Schriften zur Geographie und Kartographie, Band 4. Wien 1990

Mayer, F. (Hrsg.) (1992): Schulkartographie. Wiener Symposium 1990. Wiener Schriften zur Geographie und Kartographie, Band 5. Wien 1992

Mayer, F. (Hrsg.) (1993): GIS und Kartographie. Wiener Symposium 1991. Wiener Schriften zur Geographie und Kartographie, Band 6. Wien 1993

Mayer, F. u. K. Kriz (Hrsg.) (1996): Kartographie im multimedialen Umfeld. Wiener Schriften zur Geographie und Kartographie, Band 8. Wien 1996

Meier, S. (1991): Rechnergestützte Reliefgeneralisierung – ein integriertes Filterkonzept. VT 39 (1991), S. 188–190

Meier, S. (1993): Zur mathematischen Fundierung der Digitalkartographie. AVN 100 (1993), S. 197–199

Meine, K.-H. (1967): Darstellung verkehrsgeographischer Sachverhalte – Ein Beitrag zur thematischen Verkehrskartographie. Bd. 136 d. Forschungen zur deutschen Landeskunde. Bad Godesberg 1967

Meine, K.-H. (Hrsg.) (1968a): Kartengeschichte und Kartenbearbeitung. Bad Godesberg 1968

Meine, K.-H. (1968b): Grundzüge der Organisation, des Inhalts und der Gestaltung der amtlichen topographischen Kartenwerke in den Teilen Deutschlands von 1945 bis 1965. DGK Reihe C Heft 123. München 1968

Meine, K.H. (1971): КАРТА МИРА – World Map – Weltkarte 1:2 500 000. AVN 78 (1971), S. 12–23

Meinel, G. u. J. Reder (2001): IKONOS – Satellitenbilddaten – ein erster Erfahrungsbericht, KN 1/2001, S. 40–51

Meng, L. (1993): Erkennung der Kartenschrift mit einem Expertensystem. Diss. Univ. Hannover. WAVH Nr. 184. Hannover 1993

Meng, L. (1998): Strategies on Automatic Generalization of Geographic Data – Cognitive Modeling of Cartographic Generalization. Forschungsbericht, Swedish Foundation for Knowledge and Competence Development (KKS), 1998

Meng, L. (2001a): Towards Individualization of Mapmaking and Mobility of Map Use. ICC-Proceedings, 2001, Beijing, Vol. 1, S. 60–68

Meng, L. (2001b): Scroll the Space and Drill-Down the Information. ICC-Proceedings, Beijing 2001. Vol. 4, S. 2436–2443

Meng, L. (2001c): Die Bandbreite kartographischer Darstellungen. Festschrift: 50 Jahre Ingenieurausbildung für Kartographie-Studium in München, FH München, 2001, S. 67–74

Menke, K. (1981): Bemerkungen zu Prinzipien der Klasseneinteilung in der thematischen Kartographie und Vorstellung eines EDV-gestützten Verfahrens. KN 31 (1981), S. 139–149

Menke, K. (1982): Zur rechnergestützten Generalisierung des Verkehrswege- und Gewässernetzes, insbesondere für den Maßstab 1:25 000. Diss. Univ. Hannover. WAVH Nr. 119. Hannover 1982

Mesenburg, P. (1985): Zur Problematik der rechnergestützten Herstellung von Anaglyphenkarten und ihrer Vervielfältigung im Siebdruckverfahren. In: SIKB H.15, S. 89–96. Eine Festschrift für A. Heupel zum 60. Geburtstag. Bonn 1985

Mesenburg, P. (1988): Rechnergestützte Gestaltung anschaulicher Siedlungsdarstellungen. NaKaVerm I/101, S. 83–90. Frankfurt am Main 1988

Mesenburg, P. (Hrsg.) (1993): Proceedings of the 16th International Cartographic Conference Köln 1993, Vol.1 u. 2. Bielefeld 1993

Meurisch, H. u. W. Weber (1985): Reproduktion der Topographischen Übersichtskarte im verkürzten Rastermodus. NaKaVerm I/95, S. 107–114. Frankfurt am Main 1985

Meyer, U. (1989): Generalisierung der Siedlungsdarstellung in digitalen Situationsmodellen. Diss.Univ.Hannover. WAVH Nr.159. Hannover 1989

Meynen, E. (1962): International Bibliography of the «Carte internationale du Monde au Millionième». Bonn-Bad Godesberg 1962

Meynen, E. (1972): Die kartographischen Strukturformen und Grundtypen der thematischen Karte. GTB 1970/1972, S. 305–318. Wiesbaden 1972

*Mildenberger, O. (1990): Informationstheorie und Codierung. Braunschweig/Wiesbaden 1990

Miller, C.L. u. R.A. Laflamme (1958): The Digital Terrain Model – Theory and Application. Photogrammetric Engineering, Vol. 24, S. 433–442

Miller, K. (1962): Die Peutingersche Tafel. Neudruck Stuttgart 1962

Mittelstraß, G. (1989): Anforderungen an graphische Arbeiten aus der Sicht der ALK. ZfV 114 (1989), S. 176–189

Molenaar, M. (1998): An Introduction to the Theory of Spatial Object Modelling for GIS. London 1998

*Monkhouse, F.J. and H.R. Wilkinson (1971): Maps and Diagrams. 3.Aufl. London 1971

Monmonier, M.S. (1989): Interpolated Generalization: Cartographic Theory for Expert-Guided Feature Displacement. Cartographica, Vol.26, No.1, S. 43–64. 1989

Monmonier, M.S. (1996): Eins zu einer Million: Die Tricks und Lügen der Kartographen (aus dem Amerikanischen). Basel 1996

Morgenstern, D. (1974): Zur optimalen Auswahl einer physiologisch gleichabständigen Tonwertskala für die Kartographie. KN 24 (1974), S. 45–53

Morgenstern, D. (1985): Rasterungstechnik – fotomechanisch und elektronisch. Frankfurt am Main 1985

Morgenstern, D., Prell, K.-M. u. H.-G. Riemer (1988): Digitalisierung, Aufbereitung und Verbesserung inhomogener Katasterkarten. AVN 95 (1988), S. 314–324

Morgenstern, D. u. D. Schürer (1999): A Concept for Model Generalization of Digital Landscape Models from Finer to Coarser Resolution. ICC-Proceedings, 1999, Ottawa, S. 1021–1028

*Morris, Ch. (1972): Grundlagen der Zeichentheorie. München 1972

Mühle, H. (1967): Die Vakuumverformung von Kunststoff-Folien zu Kartenreliefs. NaKaVerm I/34, S. 25–45. Frankfurt am Main 1967

*Muehrcke, P.C. (1992): Map Use, Reading, Analysis and Interpretation. Madison, Wisconsin 1992

Mulders, M.A. (1987): Remote Sensing in Soil Science. Amsterdam 1987

Mulken, S. (1999): User Modeling for Multimedia Interfaces – Studies in Text and Graphics Understanding. Deutscher Universitäts-Verlag, Wiesbaden.

Muller, J.C. (1990): Rule-based generalization: potentials and impediments. Proceedings, 4th International Symposium on Spatial Data Handling, S. 317–334. Zürich 1990

Müller, H.H. (1982): Bemerkungen zur amtlichen Maßstabsreihe und zur Topographischen Übersichtskarte 1:200 000. KN 32 (1982), S. 161–167

Müller, H.H. (1994): Annäherung an die „Absolute Topographische Karte" in einer fünfstufigen Maßstabsfolge. KN 44 (1994), S. 104–110

Müller, J.C., J.P. Lagrange and R. Weibel (Hrsg.) (1995): GIS and generalization – Methodology and Practice. GISDATA 1, 1995

Müller, J.C., H. Scharlach u. M. Jäger (2001): Der Weg zu einer akustischen Kartographie. KN 1/2001, S. 26–40

Muris, O. u. G. Saarmann (1961): Der Globus im Wandel der Zeiten. Berlin 1961

NASA (Hrsg.) (1984): Planetary cartography in the next decade (1984–1994). SP-475. Washington D.C. 1984

Neugebauer, G. (1962): Die topographisch-kartographische Ausgestaltung von Höhenlinienplänen. KN 12 (1962), S. 102–109

Neukum, G. u. S. Pieth (Bearb.) (1997): Regional Planetary Image Facility (RPIF) – Bestandsverzeichnis Juli 1997. DLR Berlin-Adlershof 1997

Neumann, A. u. D. Richard (1999): Internet Atlas of Switzerland – New developments and improvements. ICC-proceedings, Ottawa 1999, Section 3 S. 18–26

Neumann, J. (1972): Gibt es bei der quantitativen Siedlungsgeneralisierung Gesetzmäßigkeiten? NaKaVerm I/55, S. 45–91. Frankfurt am Main 1972

Neumann, J. (1978): Untersuchungen zur Bebauungs- und Straßengeneralisierung. DGK Reihe B Heft 224. Frankfurt am Main 1978

Neumann, J. (1988): Begriffsgeschichtliches um den Kartographen. KN 38 (1988), S. 185–190

Neumann, J. (1993): Entwicklungslinien deutscher Kartographiegeschichte. KN 43 (1993), S. 41–48

Neumann, J. u. L. Zögner (Hrsg.) (1992): Aus Kartographie und Geographie. Festschrift für Emil Meynen. Karlsruher Geowissenschaftliche Schriften, Reihe A, Band 9. Karlsruhe 1992

Nickerson, B.G. u. H. Freeman (1986): Development of a rule-based system for automatic map generalization. Proceedings, 2. International Symposium on Spatial Data Handling, S. 537–556. Seattle 1986

Nds. MI (Hrsg.) (1984): Automatisiertes Liegenschaftsbuch (ALB) – verfasst von der Gemeinschaft der Anwender des ALB. Niedersächsisches Innenministerium, Hannover 1984

Nielson, G.M. u. a. (1997): Scientific Visualization – Overviews, Methodologies, Techniques. IEEE Computer Society, 1997

Nöth, W. (2000): Handbuch der Semiotik. 2. Aufl. Stuttgart, Weimar 2000

Oehme, R. (1961): Geschichte der Kartographie des deutschen Südwestens. Konstanz-Stuttgart 1961

Oelkers, K.-H. (1993): Aufbau und Nutzung des Niedersächsischen Bodeninformationssystems NIBIS – Fachinformationssystem Bodenkunde. Geologisches Jahrbuch, F27 (1993), S. 5–38. Hannover 1993

Oesten, G., S. Kuntz u. C.P. Gross (Hrsg.) (1991): Fernerkundung in der Forstwirtschaft – Stand und Entwicklung. Karlsruhe 1991

Oesterreichische Geographische Gesellschaft (Hrsg.) (1970): Grundsatzfragen der Kartographie. Wien 1970

*Ogrissek, R. (Hrsg.) (1983): Brockhaus ABC Kartenkunde. Leipzig 1983

*Ogrissek, R. (1987): Theoretische Kartographie. Gotha 1987

Ohlhof, T. (1992): Zur Digitalisierung topographischer Karten unter Einsatz von Geo-Informationssystemen. ZfV 117 (1992); S. 377–385

Ormeling, F.J. (1978): Einige Aspekte und Tendenzen der modernen Kartographie. KN 28 (1978), S. 90–95

Oster, M. (1994): Musterblatt der Topographischen Karte 1:25 000 (TK 25) neu erschienen. KN 44 (1994), S. 111–112

Palko, S. (1999): Partnerships and the Evolution of The National Atlas of Canada. ICC-Proceedings, Ottawa, 1999 Section 3, S. 40–49

Parry, R.B. and C.R .Perkins (1990): Information Sources in Cartography. London-Melbourne-Munich-New York 1990

Peters, A.B. (1982): Zur Theorie der Entfernungsverzerrung. KN 32 (1982), S. 132–134

Peterson, M.P. (1995): Interactive and Animated Cartography. Englewood Cliffs, New Jersey 1995

Peucker, T. and N. Chrisman (1975): Cartographic data structure. The American Cartographer, 2 (1975), S. 55–69

Peyke, G. (1989): Thematische Kartographie mit PC und Workstation. KN 39 (1989), S. 168–174

Pillewizer, W. (1964): Ein System der thematischen Karten. PGM 108 (1964), S. 231–238 und 309–317

Plümer, L.: Schriftplazierung – ein Problem an der Schnittstelle von Kartographie und Informatik. Aktuelle Forschung und berufliche Praxis im Umfeld der Kartographie. Festschrift zum 60. Geburtstag von Prof. Dr.-Ing. D. Morgenstern, Univ. Bonn, Heft 26, 1999

Podschadli, E. (1988): Tastbare Karten, Atlanten und Globen. KN 38 (1988), S. 47–55

Pötzschner, W. (1979): 150 Jahre Landesvermessung in Niedersachsen. ZfV 104 (1979), S. 26–37

Powitz, B.M. (1993): Zur Automatisierung der kartographischen Generalisierung topographischer Daten in Geo-Informationssystemen. Diss.Univ.Hannover. WAVH Nr.185. Hannover 1993

Pravda, J. und A. Wolodtschenko (Hrsg.) (1994): Kartosemiotik 5. Internationales Korrespondenz-Seminar. Dresden-Bratislava 1994

Radermacher, W. (Hrsg.) (1992): Neue Wege raumbezogener Statistik. Schriftenreihe Forum der Bundesstatistik, Bd.20. Stuttgart 1992

Rainer, M. (2000): Interaktiver Layoutentwurf für individuelle taktile Karten. Shaker Verlag, 2000

Rappe, B. (1993): Digitale Kartographie und Kfz-Navigationssysteme. KS Band 1, Bonn 1993, S. 129–139

Rase, W.-D. (1992): Kartographische Anamorphosen. KN 42 (1992), S. 99–105

Rase, W.-D. (1993): Liniengeometrie und Liniengraphik: Algorithmen und Programme für die Liniendarstellung mit GKS-Funktionen. Karlsruhe 1993

*Regensburger, K. (1990): Photogrammetrie – Anwendungen in Wissenschaft und Technik. Berlin-Karlsruhe 1990

Reignier, F. (1957): Les Systèmes de Projection et leurs Applications, 2. Bde. Paris 1957

Reiners, H. (1991): Raumordnungs- und Planungskataster. ARL, Arbeitsmaterial. Hannover 1991

Rennau, G. (1976): Register von Karten und Atlanten. Gotha/Leipzig 1976

*Richter, M. (1981): Einführung in die Farbmetrik, 2.Aufl. Berlin-New York 1981

Rieger, W. (1992): Hydrologische Anwendungen des digitalen Geländemodells. Diss. TU Wien. Geowissenschaftliche Mitteilungen Nr.39. Wien 1992

Rieländer, M.-M. (Hrsg.) (1982): Reallexikon der Akustik. Bochinsky Verlag, Frankfurt am Main, 1982

Robinson, A.H. and B.B. Petchenik (1976): The Nature of maps. Chicago-London 1976

Robinson, A.H. (1982): Early Thematic Mapping in the History of Cartography. Chicago-London 1982

*Robinson, A.H., R.D.Sale, J.L. Morrison, P.C. Muehrcke (1995): Elements of Cartography, 6. Aufl. New York 1995

Rose, A. (1988): Geraden- und Rechtwinkelausgleichung bei der Digitalisierung von Katasterkarten. ZfV 118 (1988), S. 581–587

Roszak, T. (1986): Der Verlust des Denkens – Über die Mythen des Computer-Zeitalters. München 1986

*Sališcev, K.A. (1967): Einführung in die Kartographie (aus dem Russischen), 2 Bände. Gotha 1967

Sališcev, K.A. (1979): Wie alt sind die Begriffe Karte und Kartographie? PGM 123 (1979), S. 65–68

*Sališcev, K.A. (1982 b): Kartografija (Kartographie, in russischer Sprache), Moskau 1982

*Samet, H. (1989): The design and analysis of spatial data structures. Reading (Mass.)/USA 1989

Sammet, G. (1990): Der vermessene Planet. Hamburg 1990

Sandermann, W. (1988): Die Kulturgeschichte des Papiers. Berlin 1988

Sarjakoski, T. u. T. Kilpeläinen (1999): Holistic Cartographic Generalization by Least Squares Adjustment for Large Data Sets. ICC-Proceedings, '99, Ottawa 1091–1098

Satzinger, W. (1975): Die Ableitung thematischer Karten aus amtlichen kleinmaßstäbigen Karten. NaKaVerm Sonderheft (Festschrift Knorr), S. 117–128. Frankfurt am Main 1975

Satzinger, W. (1977): Impulse zur Kartographie in Deutschland im 18. Jahrhundert. NaKaVerm I/71, S. 61–68. Frankfurt am Main 1977

Schaffeld, H.-J. (1988): Eine Finite-Elemente-Methode und ihre Anwendung zur Erstellung von Digitalen Geländemodellen. Veröffentlichung des Geodätischen Instituts der TH Aachen, Nr.42. Aachen 1988

Scharfe, W. (1972): Abriss der Kartographie Brandenburgs 1771–1821. Bd.35 d. Veröffentl. d. Hist. Kommission zu Berlin. Berlin 1972

Scharfe, W. (1981): Die Geschichte der Kartographie im Wandel. IJK XXI (1981), S. 168–176

Scharfe, W., I. Kretschmer u. F. Wawrik (Hrsg.) (1987): Kartographiehistorisches Kolloquium Wien ,86. Vorträge und Berichte. Berlin 1987

Scharfe, W. (Hrsg.) (1997): International Conference of Mass Media Maps. Berliner Geowissenschaftliche Abhandlungen, Reihe C, Band 16. Berlin 1997

Scharfe, W. (Hrsg.) (2000): Berliner Manuskripte zur Kartographie. Freie Universität Berlin

Scheel, G. u. G. Mohr (1978): Die Entwicklung der deutschen Landesvermessung. Wiesbaden 1978

Schilcher, M. (Hrsg.) (1991): Geo-Informatik – Anwendungen, Erfahrungen, Tendenzen. Berlin-München 1991

Schlehuber, J. (1975): Die Koordinaten- und Grundrissdatei als Bestandteil der Grundstücksdatenbank. In: Krauß, G. (Hrsg.): Geodätische Woche Köln 1975, S. 106–112. Stuttgart 1975

Schmidt, R. (1973): Die Kartenaufnahme der Rheinlande durch Tranchot und von Müffling 1801–1828. Köln-Bonn 1973

Schmidt, R. (1995): Literatur zur Globenkunde. Information. Internationale Coronelli-Gesellschaft für Globen- und Instrumentenkunde 22 (1995), S. 4–9

Schmidt-Falkenberg, H. (1964): Begriff, Einteilung und Stellung der Kartographie in heutiger Sicht. KN 14 (1964), S. 52–63

Schmidt-Falkenberg, H. (1974b): Zum Begriff „geistige Schöpfung" in der Kartographie und zum urheberrechtlichen Schutz kartographischer Ausdrucksformen. KN 24 (1974), S. 1–5

Schneider, H.-J. (Hrsg.) (1991): Lexikon der Informatik und Datenverarbeitung. München-Wien 1991

Schoppmeyer, J. (1978): Die Wahrnehmung von Rastern und die Abstufung von Tonwertskalen in der Kartographie. Diss. Univ. Bonn 1978

Schoppmeyer, J. (1991): Farbreproduktion in der Kartographie und ihre theoretischen Grundlagen. Habilschrift Univ. Bonn, SIKB Heft 18. Frankfurt am Main 1991

*Schröder, E. (1988): Kartenentwürfe der Erde. Leipzig 1988

Schulz, K.-L. (1984): Gestaltungsmerkmale bedeutender Radwanderkartenwerke. KN 34 (1984), S. 127–136

Schulz, S. (1990): Herstellung mehrfarbiger Schummerung mit Hilfe der EBV. KN 40 (1990), S. 1–5

Schulz, S. (1995): Stadtkarte von Hamburg auf CD. KN 45 (1995), S. 222–224

Schweinfurth, G. (1984): Höhenliniengeneralisierung mit Methoden der digitalen Bildverarbeitung. NaKaVerm I/94, S. 133–156. Frankfurt am Main 1984

Schweinfurth, G. (1991): Aufgaben und Aufbau des Geo-Informationssystems innerhalb des Regio-Klima-Projekts (REKLIP) im Oberrheingraben. NaKaVerm I/106, S. 105–114. Frankfurt am Main 1991

Schweiz. Ges. f. Kartographie (Hrsg.) (1975): Kartographische Generalisierung – Topographische Karten. Bern 1975

Schweiz. Ges. f. Kartographie (Hrsg.) (1978): Thematische Kartographie – Graphik, Konzeption, Technik –. Kartographische Schriftenreihe, Nr.3. Bern 1978

Schweiz. Ges. f. Kartographie (Hrsg.) (1984): Kartographie der Gegenwart in der Schweiz. Kartographische Schriftenreihe, Nr.6. Zürich 1984

Schweiz. Ges. f. Kartographie (Hrsg.) (1990): Kartographisches Generalisieren. Kartographische Publikationsreihe, Nr.10. Zürich 1990

Schweiz. Ges. f. Kartographie (Hrsg.) (1996a): Kartographie in der Schweiz. Kartographische Publikationsreihe, Nr.13. Zürich 1996

Schweiz. Ges. f. Kartographie (Hrsg.) (1996b): Kartographie im Umbruch. Kartographische Publikationsreihe, Nr.14. Zürich 1996

*Schwidefsky/Ackermann (1976): Photogrammetrie, 8. Aufl. Stuttgart 1976

*Seeber, G. (1993): Satellite Geodesy. Berlin-New York 1993

Seifert, T. (Bearb.) (1979): Die Karte als Kunstwerk. Bayer. Staatsbibliothek (Hrsg.). Unterschneidheim 1979

*Seiffert, H. (1991): Einführung in die Wissenschaftstheorie, 2 Bde., 11. bzw. 9. Aufl. München 1991

Sester, M. (2000): Maßstabsabhängige Darstellungen in digitalen räumlichen Datenbeständen. Habilitationsschrift, Fakultät Bauingenieur- und Vermessungswesen, Universität Stuttgart, 2000

Sievers, J. (1999): Geographische Namen – schwieriger Weg zur nationalen Standardisierung. KN 49 (1999), S. 246–253

Snyder, J.P. (1982): Geometry of a mapping satellite. PERS 48 (1982), S. 1593–1602

* *Snyder, J.P.* (1987): Map projections – a working manual. Washington 1987

Snyder, J.P. (1988): Bibliography of map projections. Denver 1988

Solar, G. (1979): Das Panorama. Zürich 1979

Späni, B. (1990): Scannen von Plänen – und dann? Eine Zwischenbilanz. VPK (1990), S. 251–253

Spiess, E. (1971): Wirksame Basiskarten für thematische Karten. IJK XI (1971), S. 224–238

Spiess, E. (1987): Computergestützte Verfahren im Entwurf und in der Herstellung von Atlaskarten. KN 37 (1987), S. 55–63

Spiess, E. (1988): Computergestützte Kartenherstellung und digitale Kartographie. VPK 86 (1988), S. 140–145

Spiess, E. (1994): Schweizer Weltatlas. Nachgeführte Neuausgabe. Zürich 1994

Spiess, E. (2000): Die Redaktionsarbeiten für den Schweizer Weltatlas. VPK 92 (2000), 3 S.

StAGN (Hrsg.) (1966): Duden – Wörterbuch geographischer Namen, Europa (ohne Sowjetunion). Mannheim 1966

StAGN (1995): Deutsches Glossar zur toponymischen Terminologie. Frankfurt a. M. 1995

StAGN (2000): Second International Symposium on Geographical Names – Geo-Names 2000. MBKG, Bd. 19. Frankfurt a. M. 2000

Staufenbiel, W. (1974): Zur Automation der Siedlungsgeneralisierung unter besonderer Berücksichtigung der Formvereinfachung. NaKaVerm I/65, S. 145–156. Frankfurt am Main 1974

Stevenson, E.L. (1971): Terrestrial and Celestial Globus – Their history and construction, 2 Bände. New York 1971

* *Stiebner, E.D. u. a.* (1986): Bruckmann's Handbuch der Drucktechnik. München 1986

Stollt, O. (1958): Die Geländedarstellung im Vogelschaubild. KN 8 (1958), S. 123–129

Strathmann, F.W. (1993): Taschenbuch zur Fernerkundung, 2.Aufl. Karlsruhe 1993

Strobel, E. (1988): BGH bejaht grundsätzlich Urheberrecht an topographischen Karten. ZfV 113 (1988), S. 146–147

Strothotte, T. (Hrsg.) (1998): Computational Visualization – Graphics, Abstraction, and Interactivity. Springer Verlag.

Stummvoll, F. (1986): Die Entstehung moderner Panoramen. KN 36 (1986), S. 92–97

Suchy, G. (Hrsg.) (1988): Zum Problem der thematischen Weltatlanten. Gotha 1988

Taylor, D.R.F. (1987): The Art and Science of Cartography. The Canadian Surveyor 41 (1987), S. 359–372

Taylor, D.R.F. (Hrsg.) (1991): Geographic Information Systems – The Microcomputer and Modern Cartography. Oxford 1991

*Tenzer, H.-J. (1989): Leitfaden der Papierverarbeitungstechnik. Leipzig 1989

*Teschner, H. (1990): Offsetdrucktechnik, 8.Aufl. Fellbach 1990

Thaler, E. (1982): Zur Entwicklung der Geländeaufnahme und der Geländedarstellung in den amtlichen topographischen Karten in Bayern von 1801 bis 1919. Diss. TU München. Schriftenreihe d. Mil.Geo.Dienstes H.20 (1982)

Thauer, W. (1980): Atlasredaktion im Zusammenspiel von Kartographie, Geographie und Regionalstatistik. IJK XX (1980), S. 180–204

Thieme, K. (1968a): Gedanken zur Namenschreibung in Karten und Atlanten. KN 18 (1968), S. 52–61

Thieme, K. (1968b): Die amtlichen Gemeindeverzeichnisse der Bundesrepublik. KN 18 (1968), S. 109–119

Thieme, K. (1980): Kartographische Aspekte bei der Vergabe von Lizenzen von Weltatlanten. KN 30 (1980), S. 122–130

*Thissen, F. (2000): Screen Design. Berlin 2000

Tönjes, R.., S. Growe, J. Bückner u. C.-E. Liedtke (1999): Knowledge Based Interpretation of Remote Sensing Images Using Semantic Nets. PERS Vol. 65 (1999), No. 7, S. 811–821

Tooley, R.V. (1979): Tooley's Dictionary of Mapmakers. New York-Amsterdam 1979

*Töpfer, F. (1974): Kartographische Generalisierung. Gotha-Leipzig 1974

Töpfer, F. (1981): 200 Jahre topographische Landesaufnahme in Sachsen. VT 29 (1981), S. 122–125

*Torge, W. (1975): Geodäsie. Berlin-New York 1975

*Torge, W. (2001): Geodesy, 3. Aufl. Berlin 2001

Trepper, W. (1991): Scannertechnologie als Alternative zum Hand-Digitalisieren – Datenerfassung der 90er Jahre. NaKaVerm I/106, S. 115–122. Frankfurt am Main 1991

United Nations (Hrsg.) (1979): International Map of the World on the Millionth Scale – Report for 1977. New York 1979

Vickus, G. (2001): GDF-Datenformat für die Navigationsindustrie. Workshop der DGfK, Schnittstellen, Datenaustausch und Geo-Daten aus dem Internet. Fulda, März 5.–7. 2001

Vent-Schmidt, V. (1980): Analytische und synthetische Klimakarten. KN 30 (1980), S. 137–143.

Verstappen, H.T. (1977): Remote Sensing in Geomorphology. Amsterdam 1977

Vinken, R. (1985): Digitale Geowissenschaftliche Kartenwerke. Ein neues Schwerpunktprogramm der Deutschen Forschungsgemeinschaft. NaKaVerm I/95, S. 163–173. Frankfurt am Main 1985

Vinken, R. (Hrsg.) (1992): From Geoscientific Map Series to Geo-Information Systems. Geologisches Jahrbuch A/122. Hannover 1992

Vonhoff, H.-P. (1987): Auswirkungen des neuen Urheberrechtsgesetzes auf kartographische Erzeugnisse – eine Übersicht. KN 37 (1987), S. 129–133

Voss, F. (1996): Atlaskartographie oder Das falsche Bild der Erde? KN 46 (1996), S. 137–139

* *Vossmerbäumer, H.* (1983): Geologische Karten. Stuttgart 1983

* *Wagner, K.H.* (1962): Kartographische Netzentwürfe. Mannheim 1962

Wagner, K.H. (1966): Über das Zusammenfügen von geographischen Kartennetzen. In: Die wissenschaftl. Redaktion, H.2 (S. 89–117) und H.3 (S. 7–55) Mannheim 1966

Wagner, K.H. (1982): Bemerkungen zum Umbeziffern von Kartennetzen. KN 32 (1982), S. 211–218

* *Walenski, W.* (1991): Polygraph Handbuch – Offsettdruck. Frankfurt am Main 1991

Walenski, W. (1994): Papierbuch. Itzehoe 1994

Watzlawick, P. (1971): Menschliche Kommunikation. Bern 1971

Weber, D. (1991): Die Vereinheitlichung der Höhen- und Schwerenetze in Deutschland. AVN 98 (1991), S. 190–197

Weber, W. (1980): Automation mit Rasterdaten in der topographischen Kartographie. KN 30 (1980), S. 161–176

Weber, W. (1982a): Raster-Datenverarbeitung in der Kartographie. NaKaVerm I/88, S. 111–190. Frankfurt am Main 1982

Weber, W. (1982b): Automationsgestützte Generalisierung. NaKaVerm I/88, S. 77–110. Frankfurt am Main 1982

Weber, W. (1986): Ein digitales Rasterverfahren zur Fortführung einer topographischen Karte. IJK XXVI (1986), S. 189–210

Weber, W. (1988): Kartographische Mustererkennung. KN 38 (1988), S. 103–120

Weber, W. (1991a): Zum Entwicklungsstand der rechnergestützten Kartographie. KTB 1990/91, S. 9–35

Weber, W. (1991b): Geographische Datenmodelle – Ein Überblick. NaKaVerm I/106, S. 123–144. Frankfurt am Main 1991

Wehr, A. u. U. Lohr (1999): Airborne laser scanning – an introduction and overview, ISPRS Journal of Photogrammetry & Remote Sensing Volume 54-No.2–3, 1999, S. 68–82

Weibel, R. u. a. Herzog (1988): Automatische Konstruktion panoramischer Ansichten aus digitalen Geländemodellen. NaKaVerm I/100, S. 49–84. Frankfurt am Main 1988

Weibel, R. (1989): Konzepte und Experimente zur Automatisierung der Reliefgeneralisierung. Diss. Univ. Zürich. Zürich 1989

Weibel, R. (1991): Entwurf und Implementation einer Strategie für die adaptive rechnergestützte Reliefgeneralisierung. KN (41) (1991), S. 94–103

Wiens, H. (1986): Flurkartenerneuerung mittels Digitalisierung und numerischer Bearbeitung unter besonderer Berücksichtigung des Zusammenschlusses von Inselkarten zu einem homogenen Rahmenkartenwerk. Diss. Univ. Bonn. SIKB Nr.17. Bonn 1986

Wieser, E. (1990): Bedarfsanalyse für ein kommunales Landinformationssystem. ZfV 115 (1990), S.112–123

* *Wilhelmy, H.* (1996): Kartographie in Stichworten, 6.Aufl. von *Hüttermann, A. u. P. Schröder.* Kiel 1996

Wilfert, I. (1993): Kartographie in der ehemaligen DDR. KN 43 (1993), S.48–53

Wilfert, I. (1998): Internet und Kartographie. 40. Jahre Kartographieausbildung an der TU Dresden 1957–1997 Kartographische Bausteine, Band 14, TU Dresden 1998, S.51–61

Williams, C.M. (1978): An Efficient Algorithm for the Piecewise Linear Approximation of Planar Curves. Computer Graphics and Image Processing, Vol 8 (1978), S.286–293

Wirth, K. (1995): Stadtplanwerk Ruhrgebiet, ein Stadtkartenwerk im Umbruch. KN 45 (1995), S.215–220

* *Witt, W.* (1970): Thematische Kartographie, 2.Aufl. Hannover 1970

* *Witt, W.* (1979): Lexikon der Kartographie, Band B der Enzyklopädie der Kartographie. Wien 1979

* *Witte, B. u. H. Schmidt* (2000): Vermessungskunde und Grundlagen der Statistik für das Bauwesen. Wittwer Verlag. 2000

Wolf, G.W. (1988): Generalisierung topographischer Karten mittels Oberflächengraphen. Diss. Univ. Klagenfurt. Klagenfurt 1988

* *Wolf, H.-J.* (1990): Geschichte der graphischen Verfahren. Dornstadt 1990

Wolter, J.A. (Hrsg.) (1986): World Directory of Map Collections, 2.Aufl. München-New York-London-Paris 1986

Woodward, D. (Hrsg.) (1975): Five Centuries of Map Printing. Chicago 1975

Wu, H.-H. (1981): Prinzip und Methode der automatischen Generalisierung der Reliefformen. NaKaVerm I/85, S.163–174. Frankfurt am Main 1981

Wu, H.-H. (2001): Research of Fundamental Theory and Technical Approaches to Automating Map Generalization. ICC Proceedings, Beijing 2001, Vol.3, S.1914–1921

Yang, H. (1992): Zur Integration von Vektor- und Rasterdaten in Geo-Informationssystemen – Theoretische und praktische Aspekte der Quadtree-Struktur für Geometrie-Daten. DGK Reihe C 389. München 1992

Yang, J. (1989): Automatische Digitalisierung von Deckfolien der Deutschen Grundkarte 1:5000 – Bodenkarte. Diss. Univ. Hannover WAVH Nr.161. Hannover 1989

Yoeli, P. (1986): Computer Executed Production of a Regular Grid of Height Points from Digital Contours. American Cartographer, Vol. 13, No. 3, 1986, S.219–229

Zögner, L. (Bearb.) (1984): Bibliographie zur Geschichte der deutschen Kartographie. Bibliographia Cartographica, Sonderheft 2. München 1984

Zögner, L. u. E. Klemp (Hrsg.) (1998): Verzeichnis der Kartensammlungen in Deutschland. 2. überarb. und erw. Auflage. Wiesbaden 1998

Sachverzeichnis